OTTO STRUVE · ASTRONOMIE

ASTRONOMIE

EINFÜHRUNG IN IHRE GRUNDLAGEN

OTTO STRUVE

ADDISON WHITE GREENWAY — GASTPROFESSOR DER ASTROPHYSIK,
CALIFORNIA INSTITUTE OF TECHNOLOGY UND
MT. WILSON AND PALOMAR OBSERVATORIES, PASADENA;
MITGLIED DES INSTITUTE FOR ADVANCED STUDY, PRINCETON

BEVERLY T. LYNDS

ASSISTANT PROFESSOR DER ASTRONOMIE,
UNIVERSITY OF ARIZONA, TUCSON, ARIZONA

HELEN PILLANS

MILLS COLLEGE, OAKLAND, CALIFORNIEN

DRITTE, VERBESSERTE AUFLAGE
VERMEHRT DURCH DIE LÖSUNGEN DER AUFGABEN
MIT 296 ABBILDUNGEN, 1 FARBTAFEL UND 4 STERNKARTEN

WALTER DE GRUYTER & CO · BERLIN 1967

VORMALS G. J. GÖSCHEN'SCHE VERLAGSHANDLUNG
J. GUTTENTAG, VERLAGSBUCHHANDLUNG
GEORG REIMER — KARL J. TRÜBNER — VEIT & COMP.

Titel der englischen Originalausgabe: Elementary Astronomy, Oxford University Press 1959

Deutsche Übersetzung: Dr. habil. Hans Klauder

 — Archiv-Nr. 12 37 661. — Satz und Druck: Walter de Gruyter & Co., Berlin 30. — Printed in Germany. — Ausstattung: Johannes Boehland.

VORWORT ZUR DEUTSCHEN AUSGABE

Die deutschsprachige Literatur weist bisher kein Werk auf, das dem vorliegenden gleichkommt. Otto Struve, der viele Jahre Direktor des Yerkes Observatory der Universität Chicago war, dann als Direktor des Leuschner Observatory in Berkeley an der Universität von Kalifornien wirkte und bis zu seinem Tode **1963** das U. S. National Radio Observatory in Green Bank, West Virginia, leitete, war einer der hervorragendsten Astronomen unserer Zeit. Wir verdanken ihm nicht nur viele großartige Forschungsergebnisse, sondern auch eine einmalige Breiten- und Tiefenwirkung seiner Lehrtätigkeit. Daher wurde das Erscheinen des vorliegenden Werkes aus seiner Feder in aller Welt begrüßt.

In diesem Werk ist es dem Verfasser gelungen, Astronomie sowohl elementar darzubieten als auch die wesentlichen letzten Erkenntnisse so zu bringen, daß der gebildete Laie vieles gewinnen wird und der Naturwissenschaftler sein Wissen in angenehmer Lektüre bereichern kann.

Daher war es zu begrüßen, daß sich der Verlag Walter de Gruyter & Co. um die Übertragung des Werkes in die deutsche Sprache bemühte und in Herrn Dr. Hans Klauder einen Fachgelehrten fand, dessen eigene Kenntnis der dargebotenen Materie eine zuverlässige Übersetzung verbürgte.

Dr. Walter Fricke

ord. Professor für theor. Astronomie und
Direktor des Astronomischen Rechen-Institutes
Heidelberg

VORWORT ZUR ENGLISCHEN AUSGABE

Dieses Buch will nicht die vielen ausgezeichneten Lehrbücher der beschreibenden Astronomie ersetzen, die zur Zeit an vielen Universitäten und Bildungsstätten in Gebrauch sind, sondern es beabsichtigt, den wachsenden Wunsch von Studenten nach einer zusammenfassenden Darstellung des Inhalts eines Astronomiekursus als allgemeine Grundlage für das Studium der physikalischen Wissenschaft zu befriedigen.

Vor dem zweiten Weltkrieg verfolgte die Mehrzahl der Kurse in elementarer Astronomie vor allem kulturelle Ziele; die dafür geschriebenen Lehrbücher legten das Hauptgewicht auf die beschreibenden Seiten des Gegenstandes und auf die philosophischen und historischen Zusammenhänge. Daneben erhob sich aber das Bedürfnis nach einem Buch, das die Grundgedanken der Physik in ihrer Beziehung zum Universum darstellte. Und demgemäß befassen wir uns in beträchtlichem Umfang mit Themen wie der allgemeinen Gravitation, dem Ursprung und der Entwicklung der Sterne, der Sonne, der Planeten und Kometen; mit Kernprozessen in Sternen und mit der Dynamik des Milchstraßensystems. Die Anordnung des Stoffes ist der in mehreren anderen Lehrbüchern ähnlich. Wir haben jedoch den beschreibenden Charakter der Darstellung etwas (aber wir hoffen nicht gänzlich) zurücktreten lassen, um dem Anfänger so früh wie möglich eine vertiefte Kenntnis einiger der grundlegenden Gedanken und Theorien der Physik wie Gravitation, Strahlung, Wärme usw. zu vermitteln, die alle für ihn von Nutzen sein dürften, sollte er sich später auf eine der anderen physikalischen Wissenschaften oder ihre technische Anwendung spezialisieren.

Mathematische und physikalische Vorkenntnisse werden nicht vorausgesetzt; mathematische Beweisführung und Trigonometric wurden gänzlich unterdrückt. Es wurde versucht, die Ergebnisse durch Zurückführung auf einfache arithmetische Rechnungen abzuleiten. Eine Reihe von Gegenständen wurde aufgenommen, die man in elementaren Büchern gewöhnlich nicht findet, so die Ableitung des dritten Keplerschen Gesetzes (für Kreisbahnen) aus dem Newtonschen Gravitationsgesetz, die Berechnung der Entweichungsgeschwindigkeit von der Erde, eine elementare Übersicht über den inneren Aufbau der Sonne, Berechnungen der Wahrscheinlichkeit von Zusammenstößen zwischen verschiedenen Arten von Himmelskörpern usw.

Um die den Rechnungen zugrunde liegenden Gedankengänge leichter verständlich zu machen, wurden für viele numerische Daten oft rohe Näherungswerte verwendet: $1{,}5 \cdot 10^8$ km für die astronomische Einheit, $7 \cdot 10^{10}$ cm für den Sonnenradius, 10^4 parsec für den Abstand der Sonne vom galaktischen Zentrum usw. Es wurde für das beste gehalten, das Gedächtnis des Lesers nicht mit Diskussionen der erreichbaren Genauigkeit bei den verschiedenen Arten von Messungen zu belasten. Die besten Werte für die wichtigsten Konstanten sind in einer besonderen Tabelle am Ende des Buches zusammengestellt. Wegen der großen Unsicherheit, die bei vielen der im Text gebrauchten numerischen Werte besteht, sollte der Leser nicht überrascht sein, wenn er in verschiedenen Abschnitten für dieselbe Konstante leicht voneinander abweichende Zahlenangaben findet. Zum Beispiel reicht es gewöhnlich aus, die Masse des Wasserstoffatoms zu 10^{-24} anzunehmen. Der genaue Wert beträgt $1{,}66 \cdot 10^{-24}$ g.

Zur Vereinfachung der Berechnungen wurde das metrische System der Einheiten verwandt. In einigen Fällen wurden englische Einheiten zusätzlich angegeben und die Umrechnungsfaktoren in einer Tabelle zusammengestellt. Nur im letzten Kapitel über Fernrohre und

Hilfsinstrumente wurden die Einheiten Zoll und Fuß für Öffnung bzw. Brennweite beibehalten.

Das Buch kann als Grundlage sowohl für eine zweisemestrige, wie auch für eine einsemestrige Vorlesung dienen. Im zweiten Fall können folgende Abschnitte übergangen werden: 7,8; 7,9; 7,10; 7,12; 8,2; 8,5; 8,12; 9,6; 10,3; 10,9; 13,2; 13,4; 14,5; 16,2; 16,3; 20; 21; 23,2; 26,3; 27,4; 27,5; 28,1; 28,2; 28,4; 28,5; 29,3; 29,4; 29,5; 29,6; 29,8; 31,4; 31,5; 31,6; 32; 33,6; 33,7; 33,10; 33,11; 33,12.

Für Unterstützung verschiedener Art sind wir vielen Astronomen zu Dank verpflichtet. In den Unterschriften zu den photographischen Abbildungen sind die Personen oder Stellen genannt, die die Originale zur Verfügung stellten. Besonders danken wir Herrn Dr. P. Frank für die Erlaubnis, für Kapitel 32 seine Aufsätze über allgemeine Relativität in „Sky and Telescope" (Bd. 1 und 2) zu benützen. Den Herausgebern von „Sky and Telescope" sind wir für viele Aufsätze und Abbildungen zu Dank verpflichtet. Herr Dr. W. H. McCrea hat eine Reihe wertvoller Anregungen in Verbindung mit dem Kapitel über die Relativität gegeben. Herrn Dr. R. Wildts Kritik an dem Kapitel über die Planeten war sehr förderlich. Herr Dr. George H. Herbig unterstützte uns bei dem Abschnitt über die T Tauri-Veränderlichen, und Herr Dr. W. P. Bidelman überprüfte die Tabellen der spektralen Eigenschaften von Sternen verschiedener Typen. Herr Dr. C. R. Lynds half eine Reihe von Punkten klarzustellen und stellte mehrere Abbildungen zur Verfügung. Herrn W. C. Miller verdanken wir zahlreiche schöne Reproduktionen von Mount Wilson und Palomar-Aufnahmen. Die Strichzeichnungen wurden von Fräulein E. Winkler angefertigt.

Frau Velta Zebergs war an der Vorbereitung des Manuskripts für den Druck beteiligt.

O. S., B. L., H. P.

Berkeley, Californien

INHALT

Vorwort

1. Das Universum 13
2. Fundamentale Einheiten 25
   - 2.1 Englische und metrische Einheiten 25
   - 2.2 Temperatur-Skalen 26
   - 2.3 Zehnerpotenzen 26
   - 2.4 Eigenschaften des Kreises und der Kugel 27
3. Koordinaten und Zeit 28
   - 3.1 Einleitung 28
   - 3.2 Koordinaten auf der Erde 29
   - 3.3 Koordinaten auf der Himmelskugel 30
   - 3.4 Die Bestimmung der Breite 33
   - 3.5 Die Bestimmung der Länge 34
   - 3.6 Die Zeit 35
4. Das Gravitationsgesetz 39
   - 4.1 Geschwindigkeit und Beschleunigung 39
   - 4.2 Newtons Bewegungsgesetze 43
   - 4.3 Das Gravitationsgesetz 44
5. Die Erde als physikalischer Körper 47
   - 5.1 Größe und Gestalt der Erde 47
   - 5.2 Die Masse der Erde 49
   - 5.3 Newtons Gravitationskonstante 51
   - 5.4 Die Dichte der Erde 54
   - 5.5 Erdbebenwellen 54
   - 5.6 Innere Struktur der Erde 55
   - 5.7 Das Magnetfeld der Erde 56
   - 5.8 Die Erdatmosphäre 57
   - 5.9 Refraktion und andere atmosphärische Effekte 59
   - 5.10 Das Alter der Erde 61
6. Die Bewegungen der Erde 64
   - 6.1 Einleitung 64
   - 6.2 Rotation 64
   - 6.3 Schwankungen der Breite 72
   - 6.4 Präzession und Nutation 75
   - 6.5 Bahnbewegung 77
   - 6.6 Die Jahreszeiten 78
   - 6.7 Die Bestimmung der astronomischen Einheit 79
   - 6.8 Die Eigenschaften des Lichts 80
   - 6.9 Der Doppler-Effekt 84
   - 6.10 Die Aberration des Sternlichts 87
7. Dimensionen des Mondes 91
   - 7.1 Die Entfernung des Mondes 91
   - 7.2 Die Größe des Mondes 92
   - 7.3 Die Masse des Mondes 92
   - 7.4 Die Dichte des Mondes 95
   - 7.5 Phasen und Aspekte des Mondes 95
   - 7.6 Siderische und synodische Perioden 96
   - 7.7 Finsternisse 97
   - 7.8 Der Saros 98
   - 7.9 Sonnenfinsternisse 99
   - 7.10 Mondfinsternisse 101
   - 7.11 Gezeiten auf der Erde 103
   - 7.12 Gezeitenentwicklung 105
8. Die Oberfläche des Mondes 107
   - 8.1 Allgemeiner Überblick 107
   - 8.2 Die Bestimmung der Höhen der Berge auf dem Monde 112
   - 8.3 Der Ursprung der Krater 114
   - 8.4 Energie 115
   - 8.5 Meteorzusammenstöße 116
   - 8.6 Die Temperatur des Mondes 116
   - 8.7 Das Fehlen einer Atmosphäre auf dem Mond 117
   - 8.8 Das Entweichen einer Atmosphäre 117
   - 8.9 Die Albedo des Mondes 118
   - 8.10 Der Helligkeitswechsel des Mondes 119
   - 8.11 Temperaturänderung während einer Finsternis 120
   - 8.12 Thermische Radiowellen vom Monde 121
9. Die Bewegungen der Planeten 122
   - 9.1 Hauptgesetzmäßigkeiten 122
   - 9.2 Aspekte und Phasen 122
   - 9.3 Siderische und synodische Umlaufzeiten 124
   - 9.4 Keplers Bestimmung der Marsbahn 126
   - 9.5 Die Keplerschen Gesetze 127
   - 9.6 Newtons Abänderung des dritten Keplerschen Gesetzes 131
   - 9.7 Die Entdeckung von Neptun und Pluto 135
10. Die physikalischen Eigenschaften der Planeten 137
   - 10.1 Die Einteilung der Planeten 137
   - 10.2 Der innere Aufbau der Planeten 137
   - 10.3 Entweichungsgeschwindigkeit von der Erde 138
   - 10.4 Die Atmosphären der Planeten 141
   - 10.5 Die jupiterähnlichen Planeten 145
   - 10.6 Spektrum und Albedo der Erde 148
   - 10.7 Die terrestrischen Planeten Merkur und Venus 150
   - 10.8 Mars 152
   - 10.9 Der Ursprung des Lebens auf den Planeten 159
   - 10.10 Das Pluto-Problem 160

11. Satelliten und der Saturnring 162
11.1 Allgemeine Daten 162
11.2 Die Marsmonde 163
11.3 Die Jupitermonde 164
11.4 Saturns Ring und Satelliten 166
11.5 Die Monde des Uranus und Neptun 169
11.6 Künstliche Satelliten 170
12. Die kleinen Planeten 174
12.1 Die Bodesche Beziehung 174
12.2 Die Trojaner und andere kleine Planeten 176
12.3 Planetenfamilien 177
13. Kometen 180
13.1 Die Bewegungen der Kometen 180
13.2 Die Entstehung der Kometen 182
13.3 Berühmte Kometen 184
13.4 Der Aufbau der Kometen 186
13.5 Kometenschweife 187
13.6 Meteorschwärme 189
14. Meteore 192
14.1 Sporadische Meteore 192
14.2 Radio-Meteore 192
14.3 Meteoriten 195
14.4 Meteorkrater 197
14.5 Mikrometeoriten 198
14.6 Staub im Sonnensystem 198
14.7 Das Zodiakallicht 201
14.8 Gas im Sonnensystem 201
15. Die Sonne 202
15.1 Die Sonnenmasse 202
15.2 Die Größe der Sonne 202
15.3 Die Dichte der Sonne 203
15.4 Die Solarkonstante 203
15.5 Energie pro Gramm 204
15.6 Aufbau der Atomkerne 204
15.7 Thermonukleare Reaktionen 205
16. Der Aufbau der Sonne 209
16.1 Die Oberflächentemperatur der Sonne 209
16.2 Die Zustandsgleichung 211
16.3 Der innere Aufbau der Sonne 212
17. Atomtheorie 216
17.1 Atombau 216
17.2 Anregung und Ionisation 217
17.3 Typen von Spektren 219
18. Die Sonnenatmosphäre 223
18.1 Fraunhofer-Linien 223
18.2 Die Photosphäre 223
18.3 Bildung von Absorptionslinien 226
18.4 Turbulenz 227
18.5 Die Chromosphäre 228
18.6 Die Korona 232
19. Die Aktivität der Sonne 237
19.1 Sonnenflecken 237
19.2 Spektroheliogramme 240
19.3 Fackeln 243
19.4 Chromosphärische Ausbrüche 243
19.5 Filamente und Protuberanzen 246
19.6 Das Magnetfeld der Sonne 248
19.7 Die Sonnenrotation 250
20. Solar-terrestrische Beziehungen 251
20.1 Die Strahlung der Sonne 251
20.2 Radiostörungen 251
20.3 Magnetische Stürme und Polarlichter 252
20.4 Kosmische Strahlen 256
20.5 Andere Effekte 257
21. Der Ursprung des Sonnensystems 259
21.1 Das Problem 259
21.2 Der Anfangszustand des Sonnensystems 262
21.3 Drehimpuls 262
21.4 Die Nebularhypothese 266
21.5 Andere Theorien 267
21.6 Die Protoplaneten-Hypothese 267
21.7 Gezeiteninstabilität 269
21.8 Stellare Planetensysteme 271
22. Entfernungen und Leuchtkräfte der Sterne 272
22.1 Sternparallaxen 272
22.2 Entfernungseinheiten 272
22.3 Scheinbare Größen 273
22.4 Visuelle, photographische und bolometrische Größen 275
22.5 Absolute Größen 276
23. Die Verteilung der Sterne in der Milchstraße 278
23.1 Scheinbare Verteilung der Sterne am Himmel 278
23.2 Sternzählungen 278
23.3 Interstellare Absorption 279
23.4 Kosmische Radiowellen 281
23.5 Galaktische Struktur 285
24. Sternbewegungen 292
24.1 Die Rotation der Galaxien 292
24.2 Die Rotation der Milchstraße 292
24.3 Die Pekuliargeschwindigkeit der Sonne 295
24.4 Eigenbewegung und Tangentialgeschwindigkeit 296
24.5 Raumgeschwindigkeiten 297
24.6 Bewegungshaufen 298
24.7 Statistische Parallaxen 302
25. Klassifikation der Sterne 303
25.1 Die stellare Temperatursequenz 303
25.2 Sternradien 303
25.3 Spektralklassifikation 305
25.4 Das H-R-Diagramm 309
25.5 Riesen 313
25.6 Überriesen 313
25.7 Leuchtkraftkriterien 314
25.8 Spektroskopische Parallaxen 316
25.9 Die weißen Zwerge 317
26. Sternhaufen 321
26.1 Galaktische Sternhaufen 321
26.2 Kugelhaufen 322
26.3 Stabilität von Sternhaufen 328
26.4 Farben-Helligkeits-Diagramme 330
26.5 Der innere Aufbau der Sterne 335

27. Interstellare Materie 339
27.1 Interstellarer Wasserstoff 339
27.2 Diffuse Nebel 341
27.3 Dunkelnebel 346
27.4 Die Polarisation des Sternlichts 348
27.5 Der Ursprung der Staubteilchen 350
27.6 Interstellare Absorptionslinien 350
27.7 Die Bestandteile des interstellaren Mediums 353

28. Sterne und Nebel 355
28.1 Wolf-Rayet-Sterne 355
28.2 Hüllen-Sterne 356
28.3 Planetarische Nebel 359
28.4 R Coronae Borealis-Sterne 363
28.5 P Cygni-Sterne 364
28.6 Novae und Supernovae 365
28.7 Der Krebs-Nebel 369
28.8 Die T Tauri-Sterne 374

29. Doppelsterne 376
29.1 Sternmassen 376
29.2 Beobachtungsmethoden 376
29.3 W Ursae Majoris und β Lyrae 385
29.4 Die Sterne größter Masse 385
29.5 Doppelsternstatistik 388
29.6 Die Entwicklung von Doppelsternen 389
29.7 Die Masse-Leuchtkraft-Beziehung 390
29.8 Sternrotation 391

30. Veränderliche Sterne 394
30.1 Echte Veränderliche 394
30.2 Beobachtungsdaten 395
30.3 Gruppen pulsierender Sterne 396
30.4 Der Mechanismus von Sternpulsationen 398
30.5 Langperiodische Veränderliche 401
30.6 Kurzperiodische Veränderliche 403
30.7 Spektrum-Veränderliche 404
30.8 Die Perioden-Leuchtkraft-Beziehung 405

31. Sternsysteme 409
31.1 Die Identifizierung extragalaktischer Systeme 409
31.2 Die Klassifikation extragalaktischer Systeme 410
31.3 Die Farben der Galaxien 417
31.4 Spektralklassifikation von Galaxien 417
31.5 Nebelzählungen 418
31.6 Zusammenstöße von Galaxien 418
31.7 Rotverschiebungen und Helligkeiten extragalaktischer Nebel 420

32. Relativität 425
32.1 Newtonsche Mechanik 425
32.2 Newtons Gravitationsgesetz 426
32.3 Einsteins Äquivalenzprinzip 426
32.4 Die Ablenkung des Sternlichts 426
32.5 Gravitationsrotverschiebung 428
32.6 Das Vorrücken des Merkurperihels 430

33. Fernrohre und Hilfsinstrumente 432
33.1 Einige Eigenschaften des Lichts 432
33.2 Eigenschaften der Linsen 433
33.3 Aberrationen einer einfachen Linse 434
33.4 Der Refraktor 435
33.5 Der Reflektor 439
33.6 Die Schmidt-Kamera 442
33.7 Fernrohrmontierungen 443
33.8 Radio-Teleskope 444
33.9 Spektrographen 445
33.10 Das Interferometer 452
33.11 Das Thermoelement 454
33.12 Lichtelektrische Photometrie 454

Konstantentafel 457

Lösungen der Aufgaben 462

Register 480

1. DAS UNIVERSUM

Das Wort *Astronomie* wird aus dem Griechischen abgeleitet: *astron*, Stern, und *nomos*, Gesetz. Die Astronomie befaßt sich dementsprechend mit dem Studium des Universums und der Gesetze, die es beherrschen.

Mit den größten zur Zeit existierenden Teleskopen können wir in den Raum hinaus vordringen bis zu einer Entfernung von der Größenordnung mehrerer Milliarden Lichtjahre, was bedeutet, daß die entferntesten Objekte, die großen äußeren Galaxien, so weit entfernt sind, daß ihre Lichtstrahlen, die sich mit einer Geschwindigkeit von 300 000 km (186 000 Meilen) pro Sekunde ausbreiten, mehrere Milliarden Jahre benötigen, um die Erde zu erreichen.

Innerhalb dieses beobachtbaren Teils des Universums gibt es einige zehn Milliarden einzelner Galaxien, deren größte der Milchstraße und dem großen Nebel in der Andromeda ähneln (Abb. 1.1). Jede Galaxis ist eine Ansammlung vieler Milliarden Sterne, von denen einige viel größer als die Sonne sind, andere dagegen erheblich kleiner. Die Gesamtzahl der Sterne im beobachtbaren Teil des Universums ist angenähert 10 000 000 000 000 000 000 000, und der Gesamtbetrag der in ihnen enthaltenen Materie übersteigt die Masse der Sonne um die gleiche Zahl.

Trotz dieser enormen Materiemenge in Form von Sternen ist die Haupteigenschaft des Universums seine Leere. In einer klaren, mondlosen Nacht kann das unbewaffnete menschliche Auge annähernd 2 000 bis 3 000 Sterne unterscheiden, die über die sichtbare Hemisphäre des Himmels verstreut sind. Mit dem gewöhnlichen Fernglas erhöht sich die Zahl der sichtbaren Sterne auf etwa 10 000, und auf photographischen Platten, die mit langer Belichtungszeit mit Hilfe der größten existierenden Teleskope aufgenommen wurden, liegt die Zahl der Sterne pro Hemisphäre zwischen zwei und drei Milliarden. Die meisten von ihnen gehören zur Milchstraße; nur in wenigen Fällen lassen sich einige der näheren Galaxien auf Photographien in Einzelsterne auflösen, und zwar handelt es sich dabei um die jeweils hellsten Sterne dieser Systeme. Die gesamte Himmelskugel, die 41 253 Quadratgrad oder rund 200 000mal die Fläche des Vollmonds, von der Erde aus gesehen, umfaßt, würde annähernd 10 000 Sterne pro Vollmondsfläche zeigen. Es ist nicht überraschend, daß auf den besten Milchstraßenaufnahmen die Bilder der Sterne so dicht gedrängt sind, daß sie ineinander fließen und so die milchige Erscheinung eines kontinuierlichen Hintergrundes diffusen Lichtes bewirken (Abb. 1.2).

Aber dieser Eindruck ist irreführend. In Wirklichkeit sind die einzelnen Sterne durch Entfernungen von mehreren Lichtjahren getrennt. In einem Milchstraßenmodell, in dem die Sterne durch Regentropfen dargestellt werden, müßten ihre gegenseitigen Abstände angenähert 75 km betragen, um die richtige Vorstellung von der Dichte der Materie zu geben, soweit sie in Form von Sternen in einer typischen Galaxis enthalten ist. Auf jeden Kubikzentimeter Sternmaterie entfallen rund 10 000 000 000 000 000 000 000 Kubikzentimeter fast leeren Raumes.

←

Abb. 1.1. Der Andromeda-Nebel, das große Sternsystem in der Andromeda, M 31 oder NGC 224. Seine Entfernung beträgt etwa 1,5 Millionen Lichtjahre, sein Winkeldurchmesser 3,5 Grad und sein linearer Durchmesser rund einhunderttausend Lichtjahre. Es enthält annäherungsweise einhundert Milliarden Sterne. *(Photographiert mit dem Crossley-Reflektor, Lick-Observatorium.)*

Die Durchschnittsentfernungen zwischen benachbarten Galaxien sind von der Ordnung einer Million Lichtjahre, und der Raum zwischen den Galaxien ist sogar in noch höherem Grade leer als der interstellare Raum innerhalb einer einzigen Galaxis. In dem erforschbaren Teil des Universums entfallen angenähert 10 000 000 000 000 000 000 000 000 000 Kubikzentimeter leeren Raumes auf jeden Kubikzentimeter Sternmaterie. Da die Durchschnittsdichte eines Sterns nur wenig größer als die des Wassers ist, kann die vorstehende Feststellung auch so formuliert werden, daß die durchschnittliche Dichte des Weltalls von der Ordnung ein Gramm pro 10^{28} Kubikzentimeter ist. Dies ist ungefähr zehn Billionen mal weniger dicht als das, was in der gewöhnlichen Laboratoriumstechnik als Hochvakuum betrachtet wird.

Außer den Sternen enthält das Universum eine gewaltige Menge Gas und Staub. Sie ist nahezu gänzlich in den Galaxien konzentriert, und im Durchschnitt ist der Anteil an Gas in einer Galaxis ungefähr gleich dem Anteil an Materie, die zu Sternen zusammengeballt ist. Der Staubanteil macht etwa 100mal weniger aus. Roh gerechnet entspricht die Dichte des Gases in einer Galaxis einem Atom im Kubikzentimeter. Zum Vergleich beträgt die Zahl der Atome in Luft an der Erdoberfläche ungefähr 10 000 000 000 000 000 000 pro Kubikzentimeter. Trotz der äußerst geringen Dichte des interstellaren Gases kollidieren die Atome miteinander in Intervallen von einigen Tagen oder Wochen und gehorchen wie ein normales Gas im Laboratorium den physikalischen Gesetzen für ideale Gase. Die Sterne andererseits sind so weit voneinander entfernt, daß Zusammenstöße zwischen ihnen niemals beobachtet wurden; Berechnungen zeigen, daß ein durchschnittlicher Stern, der sich nach dem Zufall durch eine Galaxis bewegt, kaum jemals einen wirklichen Zusammenstoß mit einem anderen Stern erleiden wird und nur wenig von seiner Bahn durch nahe Begegnungen mit anderen Sternen abgelenkt werden dürfte.

Die Sonne ist ein Durchschnittsstern nach Masse, Größe, Oberflächentemperatur und innerem Aufbau. Daher liefert das Studium der Sonne wesentliche Aufschlüsse über die physikalischen Eigenschaften anderer Sterne. Die vielleicht auffallendste Eigenschaft der Sonne ist ihre Kugelform. Sie ist eine Gaskugel, die ungefähr 300 000mal mehr Materie als die Erde enthält. Ihre Oberflächentemperatur liegt bei 6000 Grad, und ihre Zentraltemperatur ist von der Ordnung 20 Millionen Grad. Die Durchschnittsdichte der Sonne ist 40% größer als die des Wassers, doch verhält sich die Sonnenmaterie durchaus wie ein ideales Gas. Die Dichte am äußeren sichtbaren Rand der Sonne beträgt angenähert ein Millionstel, die Zentraldichte ungefähr das 50fache der Dichte des Wassers.

Die Sonne besitzt eine Familie von neun großen Planeten, Hunderten von Tausenden kleiner Planeten und unzähligen kleinen festen Bruchstücken, die gelegentlich als Meteore sichtbar werden, wenn sie in die Erdatmosphäre eindringen und dabei durch die Einwirkung der Luft aufleuchten. Bei Gelegenheit erreichen Meteore die Erde und werden dann als Meteoriten der Untersuchung zugänglich. Sie sind die einzigen kosmischen Körper, die in einem Laboratorium der physikalischen und chemischen Analyse unterworfen werden können. Man nimmt an, daß das Sonnensystem rund einhundert Milliarden Kometen enthält, sowie eine beträchtliche Menge feinen Staubes, der als Zodiakallicht nach Sonnenuntergang und vor Sonnenaufgang zu sehen ist. Der von den Planeten besetzte Raum erstreckt sich bis zu einer Entfernung von rund $^1/_{7000}$ der Entfernung bis zu den nächsten Sternen, Alpha und Proxima Centauri. Die Kometen andererseits bewegen sich von der Sonne bis zu Entfernungen von der Ordnung von einem

---

→

Abb. 1.2. Sternwolken im Sagittarius-Scorpius-Gebiet. Norden ist oben und Osten rechts. In der Mitte am äußersten rechten Rand des Bildes liegt der Kugelsternhaufen NGC 6522. Die durchschnittliche Entfernung der Wolken beträgt mehrere Tausend Lichtjahre. *(Photographiert im roten Licht mit dem 48-Zoll-Schmidt-Teleskop der Mount Wilson und Palomar-Observatorien.)*

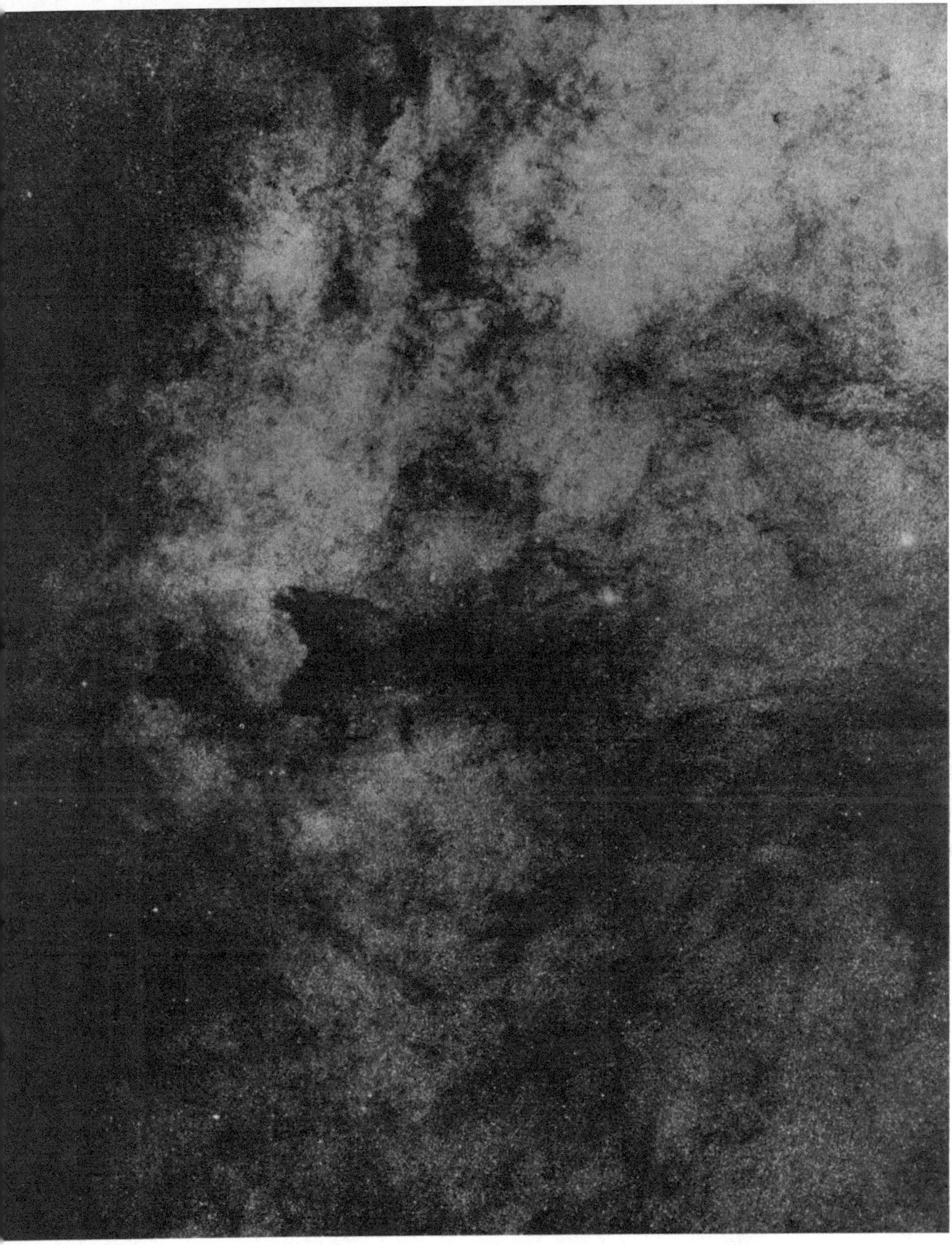

Drittel derjenigen bis α Centauri; wenn man daher die Größe des Sonnensystems nach den Abständen seiner entferntesten Glieder bemißt, so berührt also das ihm zuzuordnende Volumen das der anderen Nachbarsterne. Man kann daher eine Einteilung der Milchstraße in einander berührende Zellen annehmen, deren Radien gleich der Hälfte der Durchschnittsentfernungen zwischen benachbarten Sternen sind.

Der Größte unter den Planeten, Jupiter, hat eine Masse von der Ordnung $^1/_{1000}$ der Sonnenmasse. Sogar die Gesamtmasse aller Glieder der Sonnenfamilie ist nur sehr wenig größer als ein Zehntel von einem Prozent der Sonnenmasse. Niemand hat bisher ein Planetensystem in Verbindung mit einem anderen Stern als der Sonne gefunden, obgleich mehrere Sterne bekannt sind mit Sternbegleitern, die an Größe in der Mitte zwischen Jupiter und Sonne liegen. Beobachtungsschranken würden es unmöglich machen, mit den heutigen Instrumenten das schwache reflektierte Licht eines Planeten wie Jupiter zu entdecken, wenn er sich in derselben Entfernung von Alpha Centauri befände wie die Jupiters von der Sonne. Da jedoch Milliarden anderer Sterne der Sonne in allen beobachtbaren Eigenschaften ähneln, ist die Annahme berechtigt, daß sie der Sonne auch hinsichtlich des Besitzes von Planetensystemen ähnlich sind.

Die Sonne und nahezu alle Sterne besitzen eine fast kugelförmige Gestalt. Direkte Beobachtungen mit kleinen Fernrohren zeigen, daß die neun großen Planeten und einige der größten kleinen Planeten ebenfalls der Gestalt nach sehr nahe sphärisch sind. Warum ist dies so? Das Wachstum von Körpern an der Erdoberfläche, zum Beispiel von Kristallen, führt selten, wenn überhaupt jemals, zu sphärischen Objekten. Offensichtlich wird die Bildung von großen Körpern im Universum durch andere Prozesse bestimmt als diejenigen, die Kristalle und andere Formen von Materie an der Erdoberfläche hervorbringen. Diese und andere Überlegungen führen zur Erkenntnis der überragenden Bedeutung der allgemeinen Gravitation in der Astronomie.

Die Sterne und die größeren Planeten haben sich aus interstellarem Gas und Staub verdichtet infolge der Gravitationsanziehung der einzelnen Teilchen untereinander. Da die Gravitationskraft nach dem Zentrum eines anziehenden Körpers gerichtet ist, sind alle durch Kontraktion entstandenen Kondensationen notwendig sphärischer Gestalt, wenn das kondensierende Medium nicht rotiert. Andernfalls wird der kontrahierende Körper mehr oder weniger abgeplattet sein. Da die Sonne eine nur sehr kleine Rotationsgeschwindigkeit am Äquator besitzt, ist ihre Abplattung zu klein, um sich messen zu lassen. Auch die Gestalt der Erde weicht wenig von einer Kugel ab, doch die Jupiterscheibe ist, wie die Betrachtung durch ein Fernrohr zeigt, an den Polen abgeflacht. Es gibt eine Anzahl schnell rotierender Sterne in der Milchstraße, aber ihre Oberflächenformen können selbst mit den größten existierenden Fernrohren nicht direkt bestimmt werden. Jedoch ergibt die Theorie rotierender Gasmassen, daß ein Stern mit einer Rotationsperiode von der Ordnung einiger Stunden linsenförmige Gestalt annehmen würde mit einer scharfen Kante am Äquator und einem flachen äquatorialen Ring rundherum. In einem solchen Stern ist der Äquatordurchmesser etwa dreimal so groß wie die Entfernung zwischen den beiden Polen. Auch die Galaxien müssen als Verdichtungen in einem Urgas entstanden sein, welches das Universum vor einigen fünf oder sechs Milliarden Jahren erfüllte. Turbulente Bewegungen des Mediums waren nicht vollständig aufgehoben in einer einzelnen wolkenartigen Kondensation. Eine Wolke mit geringer oder gar keiner Rotation sollte eine kugelförmige Gestalt angenommen haben. Eine Anzahl sphärischer Galaxien wurde auf Photo-

---

→

Abb. 1.3. Sphärische Galaxis im Sternbild Virgo, M 87 oder NGC 4486. Diese Galaxis besteht aus Milliarden von Sternen ohne Anzeichen einer Spiralstruktur und ohne auffallende Staub- und Gaswolken. Die Originalaufnahme zeigt einen Gasstreifen nahe dem Zentrum. Dieses Objekt ist eine intensive Quelle von Radiostrahlung. *(Photographiert mit dem 200-Zoll-Reflektor, Mount Wilson und Palomar-Observatorien.)*

graphien beobachtet, die mit großen Teleskopen erhalten wurden (Abb. 1.3). Bei anderen Wolken mit größerer Rotationsgeschwindigkeit ergaben sich abgeflachte Formen. Bei seitlichem Anblick zeigen sie eine linsenartige Kontur. Bei senkrechter Aufsicht sind sie angenähert kreisförmig (Abb. 1.4 und 1.5).

Die Gravitationstheorie erhielt ihre stärksten Anregungen aus dem Studium der Planetenbewegungen. Die Anziehungskraft zwischen zwei irdischen Objekten ist so klein, daß sie nur eine geringe oder gar keine Rolle in der täglichen Erfahrung spielt. Die von der Erde auf Objekte an ihrer Oberfläche ausgeübte Anziehung war natürlich schon in alter Zeit bekannt, und die Eigenschaften fallender Körper wurden von Galilei in der ersten Hälfte des 17. Jahrhunderts untersucht. Aber es bedurfte des Genius eines Isaac Newton um zu beweisen, daß die gleiche Kraft, die das Fallen eines Steines zur Erdoberfläche hin bewirkt, auch den Mond zum Zentrum der Erde, und die Erde zum Zentrum der Sonne fallen läßt. Diese Verallgemeinerung der Gravitationstheorie wurde möglich, nachdem Newton seine drei Bewegungsgesetze aufgestellt hatte. Bis er erkannte, daß der Mond entweder stationär im Raum stehen bleiben oder sich mit gleichförmiger Geschwindigkeit längs einer geraden Linie bewegen würde, wenn keine Kraft auf ihn wirkte, wäre die Annahme unvernünftig erschienen, daß der Mond zur Erde fällt, ohne jedoch jemals ihre Oberfläche zu erreichen. Erst war Verständnis für die Tatsache erforderlich, daß die durchfallene Strecke dieselbe ist, ob nun ein Körper aus der Ruhelage senkrecht nach unten fällt oder, wenn er sich bereits bewegt, nur seine Bewegungskomponente in senkrechter Richtung, d. h. in Richtung der wirkenden Kraft, betrachtet wird.

Die Theorie des Sonnensystems so, wie wir sie heute kennen, ist erbaut auf dem Grund, der durch Newtons Arbeiten über die Gravitation gelegt wurde. Nur eine relativ geringfügige Ausdehnung war erforderlich, um zu erkennen, daß die Gravitation nicht auf das Sonnensystem beschränkt ist, sondern im ganzen Universum wirkt und daß viele Eigenschaften der Sterne und Sternsysteme mit Hilfe der Schwerkraft sich erklären lassen. Gravitationsanziehung spielt auch in der Dynamik von Doppelgalaxien eine Rolle, in denen die Entfernung der beiden Komponenten nicht viel größer ist als ihre Durchmesser. Mit sehr wenigen Ausnahmen werden die Bewegungen aller Objekte im Universum durch die allgemeine Gravitation bestimmt. Ihre Eigenschaften sind so wohlbekannt, daß sich die künftigen Stellungen der Planeten im Sonnensystem für Hunderte von Millionen Jahren vorhersagen lassen und daß Berechnungen, die sich in die Vergangenheit erstrecken, genau mit allen Beobachtungen übereinstimmen, die seit den frühesten Tagen der Astronomie angestellt wurden. Doch trotz dieses Erfolges ist die physikalische Natur der Gravitationskraft heute noch ebenso geheimnisvoll, wie sie es in den Tagen Galileis und Newtons war. Sie wirkt über Entfernungen von vielen Millionen Meilen und wird durch dazwischentretende Körper nicht absorbiert: Die Mondbewegung erleidet keine meßbare Störung während einer Mondfinsternis, wenn die Erde sich zwischen Sonne und Mond befindet. Noch überraschender ist die Tatsache, daß die Schwerkraft für alle Körper gleicher Masse dieselbe ist und nicht von ihrer chemischen Zusammensetzung und ihren physikalischen Eigenschaften abhängt.

Nahezu alle Probleme der Astronomie können gelöst werden, ohne daß man mehr über die Gravitation wissen muß als das, was in Newtons Gesetzen enthalten ist. Die wenigen Ausnahmen — und sie sind wichtig — betreffen allmähliche Änderungen der Bahnen der inneren Planeten, insbesondere Merkurs, und das Verhalten von Licht in einem Gravitationsfeld. Einsteins Relativitätstheorie ist ein weiterer Schritt in der Deutung des Gravitationsphänomens. Auf den ersten Blick erscheint die neue Gravitationstheorie nicht verständlicher als die alte

→

Abb. 1.4. Galaxis bei seitlichem Anblick. Ein Spiralnebel im Sternbild Coma Berenices, NGC 4565. *(Photographiert mit dem 200-Zoll-Teleskop, Mount Wilson und Palomar-Observatorien.)*

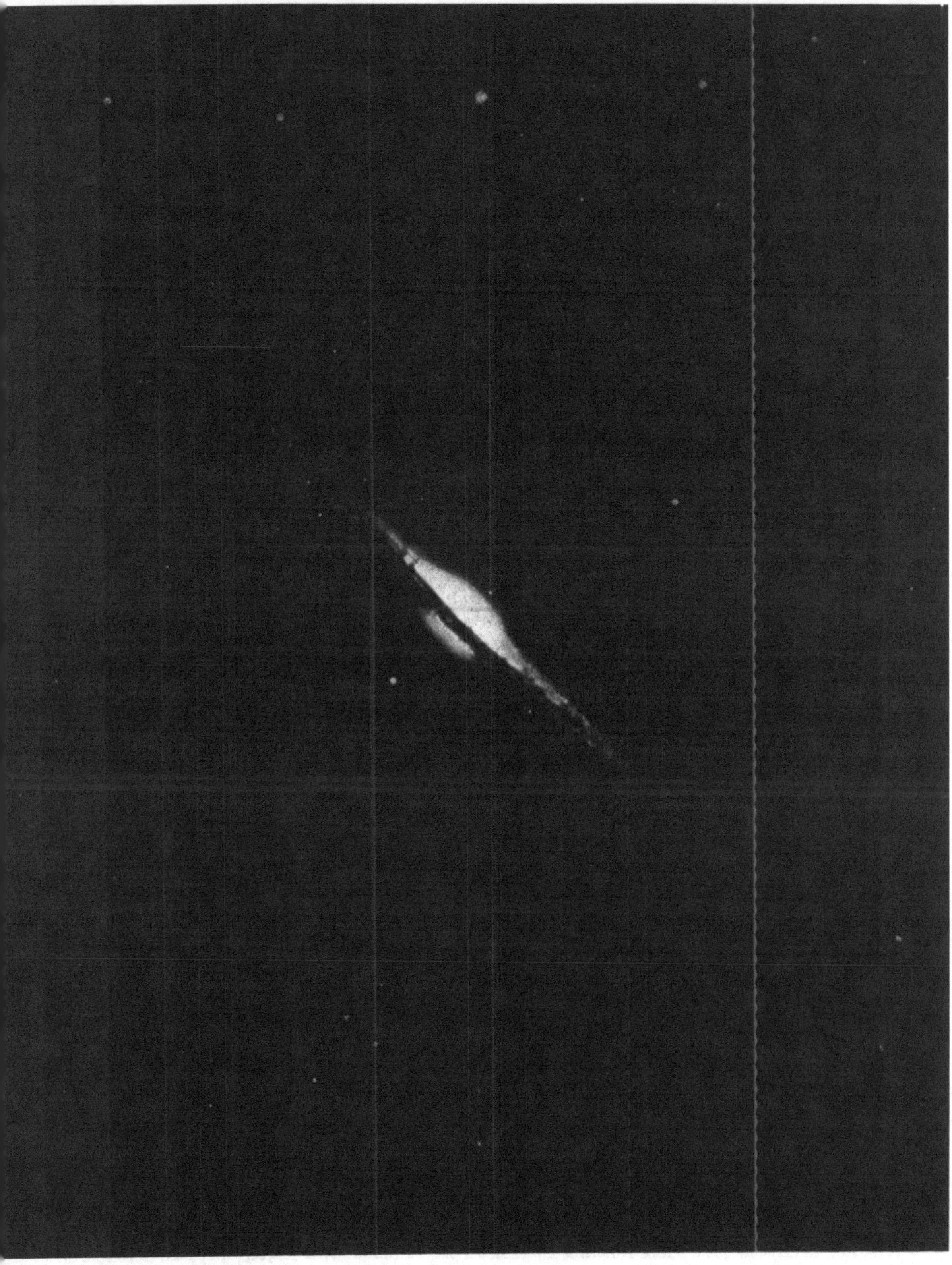

Theorie Newtons. Eine kleine Überlegung jedoch zeigt, daß keine Theorie erklärt, was Gravitation ist. Es ist in der Tat nutzlos, nach einer einfachen Erklärung der Gravitation durch irgendeine Theorie zu suchen. Beide Theorien gehen von dem beobachteten Verhalten bewegter Körper aus, und ihr Zweck ist es, folgerichtige Regeln zu entwickeln, um das Verhalten dieser Körper in Zukunft genau voraussagen zu können. Der Erfolg der Theorie hängt davon ab, ob die Voraussagen durch Beobachtungen bestätigt werden. Newtons Theorie reicht für fast alle Probleme aus und muß daher als eine weitgehende Annäherung an die Wahrheit angesehen werden. Einsteins Theorie sagt darüber hinaus die Phänomene genau voraus, bei denen Newtons Theorie versagt, und sie darf daher als noch bessere Annäherung an die Wahrheit betrachtet werden.

Die Bewegungen der Sterne innerhalb einer Galaxis lassen sich mit denen eines Moskitoschwarms vergleichen: Der Schwarm der Sterne läuft in einer Kreisbahn um das Zentrum der Galaxis mit einer Geschwindigkeit, die in der Umgebung der Sonne 300 km/sec beträgt entsprechend einer Periode von 200 Millionen Jahren. Die einzelnen Sterne innerhalb des Schwarms bewegen sich in alle Richtungen mit Geschwindigkeiten von der Ordnung 20 km/sec im Mittel. Manche Sterne können jedoch auch weit größere zufällige Bewegungen erhalten — bis zu 500 km/sec. Diese Bewegungen übersteigen die Geschwindigkeit, die ein Stern haben würde, wenn er aus dem Unendlichen in die Galaxis fallen würde. Man sagt daher, dieser Stern übersteige die Entweichungsgeschwindigkeit aus der Galaxis. Er wird die Galaxis verlassen und ein intergalaktischer Stern werden, bis er von einer anderen Galaxis eingefangen wird. Es gibt bisher noch keine direkten Beobachtungen von Einzelsternen zwischen den Galaxien, doch kann ihre Existenz nicht bezweifelt werden. Ihre Anzahl muß jedoch unbedeutend sein verglichen mit der Zahl der Sterne, die durch die Schwerkraft gezwungen sind, in den Spiralarmen von Galaxien zu bleiben.

Die Beobachtung zeigt, daß die Geschwindigkeiten von Galaxien, die durch Entfernungen von Millionen von Lichtjahren voneinander getrennt sind, durch zwei Bewegungstypen beschrieben werden können: Zufallsbewegungen in alle Richtungen mit Durchschnittsgeschwindigkeiten von der Ordnung 1000 km/sec und systematische Fluchtbewegungen mit der Tendenz, die intergalaktischen Entfernungen zu vergrößern. Hierbei handelt es sich um das Phänomen des expandierenden Universums. Die Materiedichte nimmt ständig ab und an den Grenzen des beobachtbaren Teils des Universums verschwinden laufend Galaxien in die unbeobachtbaren äußeren Gebiete mit Geschwindigkeiten von der Ordnung der Lichtgeschwindigkeit. Obgleich von Zeit zu Zeit die Vermutung geäußert wird, daß die Rotverschiebungen der Galaxien nicht durch wirkliche Fluchtgeschwindigkeiten bedingt sind, sondern durch eine Eigenschaft des Lichts verursacht werden, die der physikalischen Theorie noch unbekannt ist und etwas Ähnliches wie einen Energieverlust mit der Zeit in sich schließt, scheint das vorliegende Beweismaterial, soweit sich jetzt sagen läßt, die ursprüngliche Deutung zu stützen. Es wurde auch vermutet, daß trotz der Expansion des Universums die Dichte der Materie nicht abnimmt, sondern das neue Materie kontinuierlich in allen Teilen des Universums geschaffen wird, um die scheinbare Dichteabnahme auszugleichen. Diese Theorie der kontinuierlichen Materieerzeugung von F. Hoyle, H. Bondi und anderen ist einer der vielen Versuche, die Beobachtungsergebnisse verständlich zu machen, die den Forderungen des gesunden Menschenverstandes zu widersprechen scheinen.

→

Abb. 1.5. Galaxis in senkrechter Aufsicht. Spiralnebel im Sternbild Ursa Major, M 101 oder NGC 5457 Entfernung 3,6 Millionen Lichtjahre, linearer Durchmesser rd. 240000 Lichtjahre. Die Arme bestehen aus Sternen und Staub- und Gaswolken, der Kern überwiegend aus Sternen. *(Photographiert mit dem 200-Zoll-Reflektor, Mount Wilson und Palomar-Observatorien.)*

Wenn das Phänomen des expandierenden Weltalls wörtlich aufgefaßt wird und wenn in der Vergangenheit keine Erzeugung neuer Materie stattgefunden hat, so muß die Dichte in der Nachbarschaft der Milchstraße vor einigen Milliarden Jahren ganz beträchtlich größer gewesen sein als heute. In der Tat müßten vor fünf oder sechs Milliarden Jahren sämtliche Galaxien in ein ganz kleines Raumvolumen zusammengedrängt gewesen sein. Diese Überlegung ist es, die zu der Vorstellung des „Alters der Welt“ geführt hat, welches auf fünf bis sechs Milliarden Jahre geschätzt wird. Diese Vorstellung muß als eine zweckmäßige Art, die Ergebnisse der Messungen der Rotverschiebungen von Galaxien auszudrücken, angesehen werden, es sollte ihr aber keine tiefe philosophische Bedeutung unterlegt werden. Sie bedeutet nicht, daß das Universum plötzlich vor fünf bis sechs Milliarden Jahren aus dem Nichts entstanden ist; sie besagt nur, daß im Rahmen der gegenwärtigen Theorie die Entwicklung des Universums fünf oder sechs Milliarden Jahre zurückverfolgt werden kann und nichts über seine Eigenschaften in der Zeit vorher bekannt ist.

Während die Materie innerhalb einer Galaxis jetzt in Form von Sternen und Gas mit einer Beimischung von Staub verteilt und der interstellare und intergalaktische Raum fast leer ist, ist das gesamte Volumen des beobachtbaren Universums mit Energie in der Form von Strahlung erfüllt. Die Sterne senden dauernd Licht und Wärme in das Weltall aus, und jedes von einem Stern emittierte Photon wandert nach außen mit einer Geschwindigkeit von 300 000 km/sec. Der Betrag an Strahlungsenergie, der in einem Kubikzentimeter des interstellaren Raums enthalten ist, läßt sich berechnen. Das Ergebnis ist ein äußerst kleiner Betrag — angenähert 0,000 000 000 001 der konventionellen Energieeinheit, des Erg. Um diese Größe richtig einschätzen zu können, sollte sie mit der Menge an Sonnenenergie verglichen werden, die jeder Quadratzentimeter der Erdoberfläche empfängt, nämlich etwa eine Million erg/sec. Die Strahlungsdichte im leeren Raum ist in Annäherung dieselbe in einer Galaxis und zwischen den Galaxien. Strahlungsenergie strömt kontinuierlich in die äußeren, nicht beobachtbaren Raumgebiete und geht wahrscheinlich für immer verloren.

Fast unser gesamtes Wissen über das Weltall beruht auf dem Studium der Strahlung, die von den Himmelskörpern ausgesandt wird. Diese Strahlung umfaßt sichtbares Licht, wie auch unsichtbare Formen wie γ-Strahlen, Röntgen-Strahlen, ultraviolette und infrarote Strahlung, Wärmestrahlung, Mikrowellen und Radiowellen. Wie im Fall der Schwerkraft sind die Eigenschaften des Lichts gut bekannt. Dagegen gibt es keine einfache Erklärung des Lichtphänomens. Mathematisch lassen sich die meisten seiner Eigenschaften durch zwei verschiedene Theorien beschreiben. Die erste Theorie faßt das Licht als Schwingung auf, die Welleneigenschaften besitzt: Länge (Farbe), Amplitude (Intensität) und Ausbreitungsgeschwindigkeit. Die zweite Theorie beschreibt das Licht als einen Strom diskreter Photonen, von denen jedes ein Energiequantum trägt, dessen Betrag der Wellenlänge umgekehrt proportional ist, und die sich im Vakuum mit derselben Geschwindigkeit von 300 000 km/sec bewegen. In der ersten Theorie wird kein Versuch gemacht, das schwingende Medium zu beschreiben, noch wird in der zweiten Theorie versucht, etwas über die physikalischen Eigenschaften der Photonen auszusagen. Jede Theorie wird allein durch den Erfolg in der Voraussage verschiedener Phänomene gerechtfertigt, die sich durch Laboratoriumsexperimente oder astronomische Beobachtungen nachprüfen lassen.

Da alle Kenntnisse über die Sterne aus der Erforschung ihrer Strahlung folgen, erhebt sich die Frage, ob das Weltall dunkle Sterne in größerer Zahl enthält. Wahrscheinlich können sie nicht entdeckt werden außer in seltenen Fällen, wenn sie das Licht eines leuchtenden Objekts abschirmen, wenn nicht ihre Massen groß genug sind, um beobachtbare Störungen in den Bewegungen leuchtender Sterne als Ergebnis ihrer Gravitationsanziehung zu bewirken. Es kann gezeigt werden, daß die Kreisbahnen der Sterne um das galaktische Zentrum vollständig erklärt werden können durch die Anziehung, die auf jeden Stern durch die Gesamtheit aller leuchtenden Sterne in der Galaxis und ihres gesamten Gases und Staubes ausgeübt wird.

Dunkle und folglich nicht zu entdeckende Massen können nur einen kleinen Bruchteil zur Gesamtmasse der sichtbaren Himmelsobjekte beitragen.
Verfinsterungen eines Sternes durch einen anderen ereignen sich in Tausenden von Doppelsternsystemen, in denen periodisch die eine Komponente die andere bedeckt. Kein System ist jemals gefunden worden, in dem der verfinsternde Stern ganz dunkel ist. Es ist daher hinreichend sicher, daß große dunkle Sterne im Weltall nicht existieren. Dagegen würde ein sehr kleiner Stern oder ein Planet der Entdeckung entgehen sogar dann, wenn er zufällig bei seiner Bahnbewegung einen sehr kleinen Teil der Scheibe eines leuchtenden Sterns verfinstern würde. Solche kleinen dunklen Objekte könnten in großer Zahl in jeder Galaxis vorhanden sein, ohne merklich zu ihrer Gesamtmasse beizutragen. Aus verschiedenen Gründen dürfen wir annehmen, daß äußerst dichte Sterne, deren Masse der Sonnenmasse ähnlich, deren Volumen aber nahe gleich dem der Erde ist, der Zahl nach einen wesentlichen Teil der Populationen vieler Galaxien bilden. Die durch Beobachtungen bekannten „weißen Zwerg"-Sterne sind nicht vollständig dunkel, aber es ist wahrscheinlich, daß sie keine Energiequellen mehr enthalten und sich in dem Stadium befinden, in dem sie ihren Wärmegehalt durch Ausstrahlung verlieren. Das Schicksal eines solchen Sterns dürfte sein, schließlich ein dunkles Objekt zu werden. Es gibt auch keinen Grund, der der Annahme widerspricht, daß planetenartige Objekte nicht immer mit leuchtenden Sternen verbunden sind, daß aber viele derartige Körper in jeder Galaxis existieren und für immer ungesehen bleiben. Endlich muß sich im interstellaren Raum eine große Zahl kleiner fester dunkler Objekte wie Meteore und Kometen befinden. Unser eigenes Sonnensystem verliert jedes Jahr an den interstellaren Raum eine Anzahl Kometen und Meteore als Ergebnis von Störungen durch die Planeten, die unter günstigen Umständen die Bahngeschwindigkeiten dieser Objekte über die Entweichungsgeschwindigkeiten aus dem Sonnensystem hinaus erhöhen. Die Zahl dieser kleinen interstellaren Körperchen pro Volumeneinheit muß jedoch klein sein. Andererseits wird das Sonnensystem von Zeit zu Zeit Kometen oder Meteoren begegnen, die irgendeinem anderen Stern entwichen sind und als interstellare Objekte an der großen Annäherungsgeschwindigkeit erkannt werden, wenn sie in die Nachbarschaft der Sonne gelangen. Kein Komet oder Meteor ist jedoch bisher schlüssig als interstellar identifiziert worden.

Der Strahlungsfluß von der Sonne wird aus Messungen der Energie berechnet, die pro Zeiteinheit an der Erdoberfläche empfangen wird. Diese Energie ist so groß, daß in der Sonne irgendein Mechanismus wirksam sein muß, der einen ausreichenden Nachschub über Intervalle von mehreren Milliarden Jahren aufrechtzuerhalten gestattet. Die Quelle dieser Energie wurde in Kernprozessen gefunden, besonders in denjenigen der Umwandlung von Wasserstoff in Helium. Jedoch ist der Nachschub an Wasserstoff in der Sonne begrenzt; und daher wird die Sonne bei ihrer jetzigen Ausstrahlung den verfügbaren Wasserstoffvorrat in zehn bis hundert Milliarden Jahren verbrauchen. Soweit bekannt, geht dieser Alterungsprozeß in allen Sternen des Universums vor sich. Wasserstoff wird in Helium verwandelt und Helium wahrscheinlich in schwere Elemente; daher unterliegt die chemische Zusammensetzung des Universums einer kontinuierlichen Änderung. Es ist einleuchtend anzunehmen, daß vor fünf bis sechs Milliarden Jahren der größte Teil des Weltalls aus Wasserstoff bestand. Mit fortschreitender Zeit nimmt der Anteil an schweren Elementen relativ zum Wasserstoff zu. Ein Teil des mit schweren Elementen angereicherten stellaren Materials kehrt in das interstellare gasförmige Medium zurück, vielleicht in Form von Protuberanzen oder noch heftigeren Explosionen, und daher wird das interstellare Gas selbst mit schweren Elementen angereichert. Doch sind sogar im gegenwärtigen Zeitpunkt Wasserstoff-Atome etwa 2000mal häufiger als die Atome der schweren Elemente. Wahrscheinlich ist dieser Prozeß nicht umkehrbar. Alte Sterne wie die Sonne, die vor fünf Milliarden Jahren als Kondensation interstellaren Gases gebildet wurden, enthielten zu Anfang fast reinen Wasserstoff, während Sterne, die jetzt aus Gaswolken der Milchstraße entstehen, ihren Entwicklungsgang mit einer Beimischung von schweren Elementen beginnen.

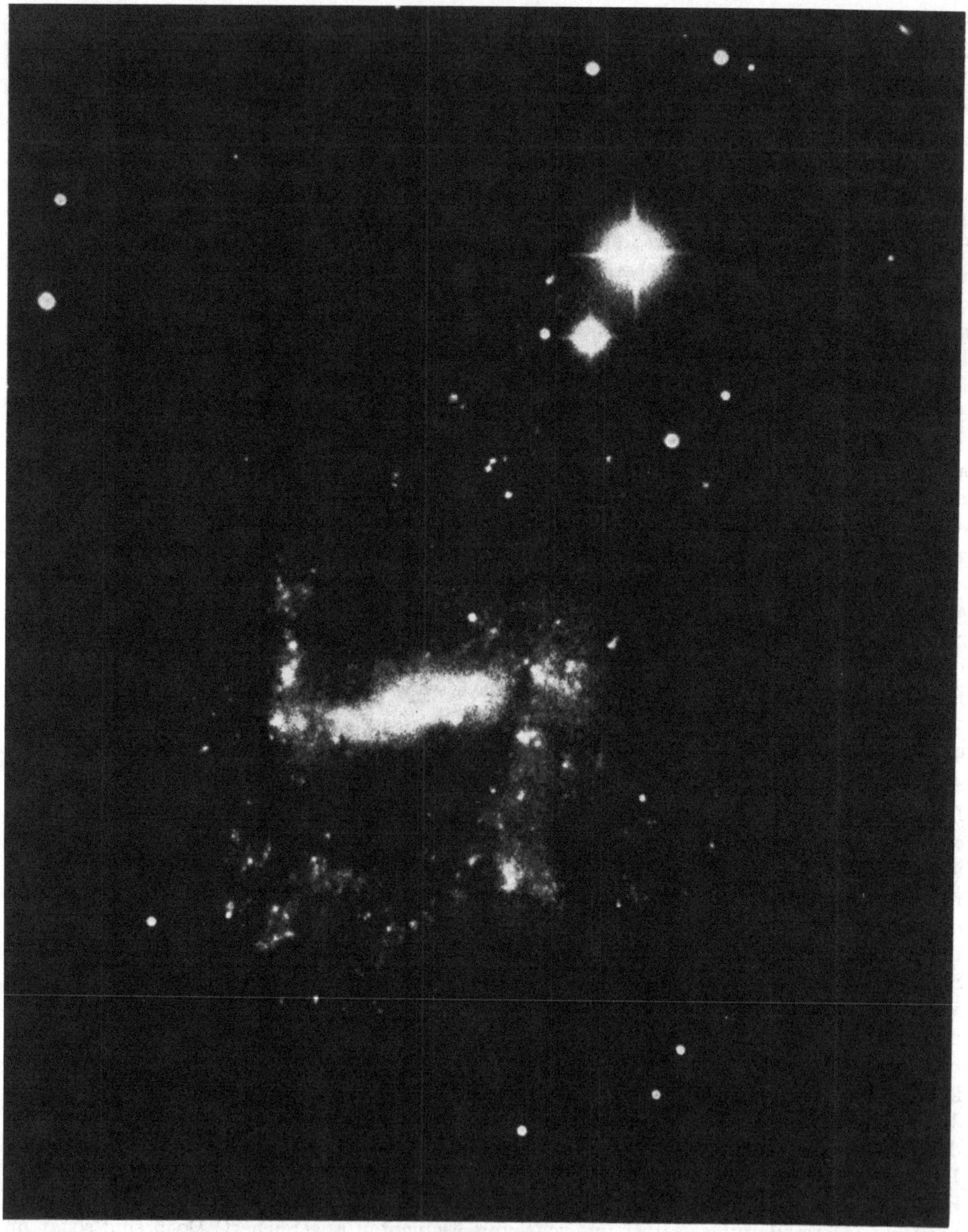

Abb. 1.6. Ein Balken-Spiralnebel, NGC 7741 im Pegasus. *(Photographiert mit dem 200-Zoll-Teleskop, Mount Wilson- und Palomar-Observatorien.)*

2. FUNDAMENTALE EINHEITEN

2.1 Englische und metrische Einheiten

Die Astronomie befaßt sich wie jede andere physikalische Wissenschaft mit quantitativen Messungen an den physikalischen Objekten. Der Astronom hat in erster Linie genaue Messungen der Entfernungen, Massen, Größen und Bewegungen der Planeten und Sterne anzustellen. Diese Größen lassen sich alle auf drei Fundamentaleinheiten zurückführen: Länge, Masse und Zeit. In den Vereinigten Staaten ist das gesetzliche System von Fundamental-Einheiten das englische System, in dem als Standardeinheiten dienen: Länge, 1 yard; Masse, 1 pound; Zeit, 1 second.

Das englische System mit seinen verschiedenen Teilen ist für wissenschaftliche Zwecke ungeeignet. Daher wurde für alle wissenschaftlichen Arbeiten das metrische System angenommen. Seine Standard-Einheiten sind:

Länge	1 Meter (m)
Masse	1 Kilogramm (kg)
Zeit..........	1 Sekunde (sec).

Das Meter, ursprünglich definiert als die Länge, auf der Erdoberfläche, des zehnmillionsten Teils des Bogens zwischen Pol und Äquator, wird in 100 Einheiten, genannt *Zenti*meter (cm), unterteilt. Das Zentimeter wird in 10 *Milli*meter (mm) unterteilt. Für größere Entfernungen ist das *Kilo*meter (km) = 1000 Meter in Gebrauch. Das Gramm ist definiert als die Masse eines Kubikzentimeters reinen Wassers bei 4° Celsius. Das Kilogramm (kg) enthält 1000 Gramm (g). Das englische und das metrische System verwenden die gleiche Zeiteinheit, die Sekunde, definiert als der Bruchteil 1 : 31 556 925,975 des tropischen Jahres für 1900,0 (Abschn. 6.6).

Die folgende Tabelle faßt die Beziehungen zwischen beiden Systemen zusammen:

Tabelle 2.1

Längeneinheiten		
	1 km = 0,6214 mile	1 mile = 1,6093 km
	1 cm = 0,3937 in	1 in = 2,5400 cm
Masseneinheiten		
	1 kg = 2,2046 lb	1 lb = 0,4536 kg
	1 g = 0,0353 oz	1 oz = 28,3495 g
Zeiteinheiten		
	1 siderisches Jahr = 31 558 150 sec = $3{,}2 \cdot 10^7$ sec.	

Obgleich das Meter, das Kilogramm und die Sekunde die Standardeinheiten sind, werden als metrische Einheiten am häufigsten das Zentimeter, das Gramm und die Sekunde gebraucht. Diese drei Einheiten bilden das cgs-System.

2.2 Temperatur-Skalen

Die Bestimmung der Temperatur eines Himmelskörpers spielt in der Astronomie eine ebenso fundamentale Rolle wie die Messungen seiner Masse, Entfernung und Bewegungen. Eine Temperatur-Skala wird festgelegt, indem man willkürlich das Intervall zwischen den Temperaturen gefrierenden und siedenden Wassers, gemessen in Seehöhe, in eine bestimmte Anzahl von Grad einteilt und einen Nullpunkt der Skala annimmt. Die im englischen System gewöhnlich benützte Fahrenheit-Skala legt 180 gleiche Grade zwischen den Gefrierpunkt und den Siedepunkt des Wassers. Der Nullpunkt der Skala (0° F) ist so gewählt, daß Wasser bei 32° gefriert und bei 32 + 180 oder 212° F siedet.

Das metrische System verwendet zwei Skalen, die sich nur im Nullpunkt unterscheiden und bei denen der Abstand zwischen den Fundamentalpunkten des Wassers in 100 Grad geteilt ist. Die Zentigrad- oder Celsius-Skala nimmt als Nullpunkt den Gefrierpunkt des Wassers an; in dieser Skala siedet folglich das Wasser bei 100° C. Die in der Astronomie am häufigsten gebrauchte Kelvin-Skala oder absolute Skala hat ihren Nullpunkt 273° unter dem Gefrierpunkt des Wassers. Nach den Gesetzen der Thermodynamik ist 0° K die niedrigste Temperatur, die es geben kann, — der sogenannte absolute Nullpunkt — weil bei dieser Temperatur die Atome eines Gases in Ruhe sein würden. Sogar der Staub im interstellaren Raum besitzt eine Temperatur von mehreren Grad über dem absoluten Nullpunkt. Nach der Kelvin-Skala gefriert Wasser bei 273° und siedet bei 373°. Abb. 2.1 zeigt die Beziehung zwischen den drei Temperaturskalen.

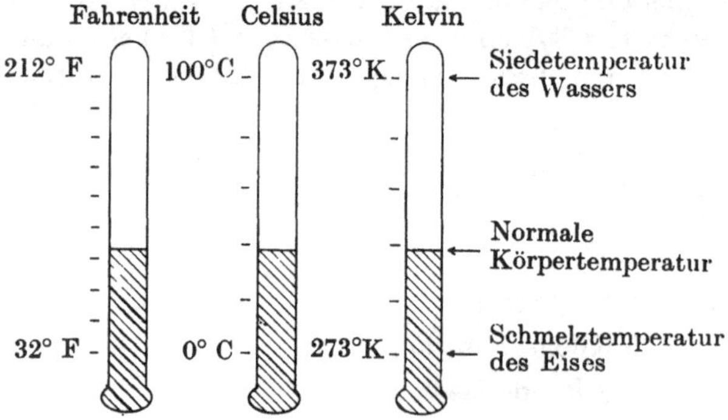

Abb. 2.1. Temperaturskalen. Fahrenheit, Celsius, Kelvin.

2.3 Zehnerpotenzen

Für den Astronomen ist es notwendig, mit sehr großen und sehr kleinen Zahlen umzugehen. Zum Beispiel ist die Entfernung der Erde von der Sonne 150 000 000 km, die Masse des Wasserstoffatoms 0,0000000000000000000000017 g, die Gesamtzahl der Sterne in der Milchstraße rund 100 000 000 000. Weil es lästig ist, jedesmal wenn eine solche Zahl vorkommt, diese sämtlichen Nullen zu schreiben, gebraucht man ein abgekürztes Bezeichnungssystem, das Zehnerpotenzen verwendet:

$$\begin{array}{rclrcl} 1 &=& 10^0 & 1 &=& 10^0 \\ 10 &=& 10^1 & 0{,}1 &=& 10^{-1} \\ 100 &=& 10^2 & 0{,}01 &=& 10^{-2} \\ 1\,000 &=& 10^3 & 0{,}001 &=& 10^{-3} \\ 10\,000 &=& 10^4 & 0{,}0001 &=& 10^{-4} \\ 100\,000 &=& 10^5 & 0{,}00001 &=& 10^{-5} \end{array}$$

Der Exponent (Potenz) von 10 gibt die Zahl der Stellen an, um die der Dezimalpunkt von der Einheit entfernt ist. Ein positiver Exponent zeigt eine Zahl größer als 1 an (Dezimalpunkt nach rechts verschoben), ein negativer Exponent eine Zahl kleiner als 1 (Dezimalpunkt nach links verschoben).

Unter Verwendung dieser Bezeichnungsweise werden die obigen Beispiele: $1{,}5 \cdot 10^8$ km für die Entfernung Erde—Sonne; $1{,}7 \cdot 10^{-24}$ g für die Masse des Wasserstoffatoms und 10^{11} für die

Gesamtzahl der Sterne des Milchstraßensystems. Die verschiedenen Einheiten im metrischen System können leicht in folgender Weise umgewandelt werden:

$$
\begin{aligned}
1\ \text{km} &= 10^3\ \text{m} &&= 10^5\ \text{cm} &&= 10^6\ \text{mm}\\
1\ \text{m} &= 10^2\ \text{cm} &&= 10^3\ \text{mm} &&= 10^{-3}\ \text{km}\\
1\ \text{cm} &= 10\ \text{mm} &&= 10^{-5}\ \text{km} &&= 10^{-2}\ \text{m}\\
1\ \text{mm} &= 10^{-1}\ \text{cm} &&= 10^{-3}\ \text{m} &&= 10^{-6}\ \text{km}\\
1\ \text{kg} &= 10^3\ \text{g}\\
1\ \text{g} &= 10^{-3}\ \text{kg}
\end{aligned}
$$

Diese Bezeichnungsweise ist für arithmetische Rechnungen nützlich, da bei der Multiplikation zweier Zahlen die Exponenten zu addieren sind:

$$
\begin{aligned}
10^3 \cdot 10^2 &= 10^{3+2} = 10^5\\
10 \cdot 10 \cdot 1 &= 10^{1+1+0} = 10^2\\
3 \cdot 10^5 \cdot 2 \cdot 10^{-3} &= 6 \cdot 10^{5-3} = 6 \cdot 10^2
\end{aligned}
$$

und bei der Division die Exponenten zu subtrahieren sind:

$$\frac{10^5}{10^3} = 10^{5-3} = 10^2$$

$$\frac{4 \cdot 10^2}{2 \cdot 10^{-3}} = 2 \cdot 10^{2-(-3)} = 2 \cdot 10^{2+3} = 2 \cdot 10^5.$$

2.4 Eigenschaften des Kreises und der Kugel

Die in diesem Buch gebrauchten Winkeleinheiten sind der Grad, die Minute und die Sekunde. Jeder Kreis enthält 360 Grad, jeder Grad 60 Minuten und jede Minute 60 Sekunden. Gelegentlich wird, um Verwechslungen mit den Zeiteinheiten zu vermeiden, der Ausdruck „*Bogen*" zum Winkelmaß hinzugefügt; zum Beispiel beträgt der Durchmesser des Vollmonds 30 Bogenminuten. Die Winkeleinheiten sind leicht umzurechnen: So enthält der Kreis $360 \cdot 60 \cdot 60 = 1\,296\,000 \approx 1{,}3 \cdot 10^6$ Bogensekunden.

Der Umfang eines Kreises mit dem Radius r cm ist gleich $2\,\pi \cdot r$ cm, worin $\pi = 3{,}1416$ ist. Eine Kugel, deren Querschnitt ein Kreis ist, enthält 41 253 Quadratgrad. Das Volumen einer Kugel beträgt $\frac{4\,\pi}{3}\, r^3$ Kubikzentimeter, wenn r der Kugelradius in cm ist. Die Oberfläche einer Kugel ist gleich $4\,\pi\, r^2$ Quadratzentimeter.

Aufgaben

1. Berechne die Zahl der Sekunden in einem Jahr.
2. Berechne die Gesamtmasse in g der Sterne des Milchstraßensystems. Ein Stern hat im Durchschnitt eine Masse von $2 \cdot 10^{33}$ g und es gibt 10^{11} Sterne im Milchstraßensystem.
3. Die Erde hat einen Radius von 6 400 km. Die Entfernung bis zum Mond beträgt 380 000 km. Drücke die Entfernung zum Mond in Einheiten des Erdradius aus.
4. Benütze den oben angegebenen Erdradius, um den Äquatorumfang der Erde in km und in Meilen zu finden.
5. Der Radius der Sonne ist ungefähr 100mal größer als der Erdradius. Gib das Verhältnis des Volumens der Sonne zum Volumen der Erde an.
6. Berechne die Zahl der Quadratzentimeter auf einer Kugel, deren Radius gleich der mittleren Entfernung der Erde von der Sonne ist.
7. $68°$ F $= 20°$ C. Drücke diese Temperatur in Kelvin-Grad aus.

3. KOORDINATEN UND ZEIT

3.1 Einleitung

Die ersten Photographien der Erde aus großer Höhe wurden mit Kameras von Raketen aus aufgenommen. Sie zeigen die Krümmung der Erde und die Ausdehnung ihrer Atmosphäre (Abb. 3.1), aber sie reichen noch nicht aus, um Aufschluß über ihre Größe, Gestalt und Bewegung zu geben. Alle grundlegenden Daten über die Erde stammen von Beobachtungen, die auf ihrer Oberfläche angestellt wurden. Die Erde ist ein angenähert sphärischer Körper, der einmal in 24 Stunden um eine Achse rotiert. Die Rotationsachse geht durch den Erdmittelpunkt und trifft die Oberfläche im Nord- und Südpol. Die Erde ist leicht abgeflacht an den Polen und besitzt eine Aufwölbung am Äquator, einem Großkreis auf ihrer Oberfläche halbwegs zwischen den Polen, der von einer Ebene durch den Erdmittelpunkt gebildet wird.

Die Rotation der Erde um ihre Achse von Westen nach Osten mit einer Periode von einem Tag läßt alle Himmelskörper — Sonne, Mond, Planeten und Sterne — sich scheinbar um die Erde von Osten nach Westen bewegen mit derselben Periode.

Die Erde bewegt sich um die Sonne mit einer Periode von nahezu $365^1/_4$ Tagen oder einem Jahr. Der Weg, auf dem die Erde den Raum durchläuft — ihre Bahn — liegt in einer Ebene und ist fast kreisförmig. Der Erdäquator liegt nicht in der Bahnebene, sondern bildet mit ihr einen Winkel von 23 ½ Grad.

Die Umlaufsbewegung der Erde in ihrer Bahn um die Sonne läßt die Sonne sich scheinbar allmählich ostwärts unter den Sternen im Laufe eines Jahres verschieben. Diese langsame jährliche Ostbewegung ist der viel schnelleren täglichen Bewegung in westlicher Richtung überlagert; die Sterne nehmen an der Ostbewegung wegen ihrer großen Entfernungen vom Beobachter nicht teil. Der scheinbare Weg der Sonne unter den Sternen wird die Ekliptik genannt. Da die Sonne sich in einem Jahr oder $365^1/_4$ Tagen einmal vollständig über den Himmel, d. h. um einen Winkel von 360°, zu bewegen scheint, beträgt ihre Bewegung nach Osten angenähert einen Grad pro Tag längs der Ekliptik.

Die zwei Hauptbewegungen der Erde — Rotation um ihre Achse in einem Tag und Umlauf um die Sonne in einem Jahr — finden sich mit verschiedenen Perioden bei allen Planeten des Sonnensystems wieder. Zum Beispiel rotiert der Planet Mars um seine Achse in $24^h\,37^m$ und wandert um die Sonne in 687 Tagen.

Beobachtungen von der Sonne aus, dem Zentrum des Sonnensystems, würden die wahren Bewegungen der Planeten erkennen lassen: Sie alle laufen um die Sonne in nahezu kreisförmigen Bahnen mit Perioden, die zwischen 88 Tagen bei Merkur, dem sonnennächsten Planeten, und 248 Jahren bei Pluto, dem entferntesten bekannten Planeten, variieren. Jeder Planet rotiert auch um seine Achse mit einer Periode, die zwischen $9^h\,50^m$ bei Jupiter und 88 Tagen bei Merkur liegt.

Da alle astronomischen Beobachtungen von der bewegten Erde aus angestellt werden, müssen wir unterscheiden zwischen den Bewegungen von Himmelsobjekten, die relativ zur bewegten Erde gemessen wurden, und solchen, bei denen die Bewegung der Erde um die Sonne in Rechnung gestellt ist. Die ersten werden durch verwickelte Bahnformen dargestellt und sind nur

Abb. 3.1. Photographie der Erde, aufgenommen von einer Navy Viking-Rakete aus über dem White Sands-Erprobungsgelände in New Mexiko aus einer Höhe von 143 Meilen. Man beachte die Krümmung der Erde, die sich am etwas unscharfen Rand der Atmosphäre deutlich erkennen läßt. Die große Wasserfläche links ist der Golf von Kalifornien. Dahinter liegen Nieder-Kalifornien und der Pazifik. Der kleine unregelmäßige dunkle Fleck rechts ist der Salton-See. Am unteren rechten Rand liegt das Gebiet um Phoenix, Arizona. Die von der Photographie überdeckte Fläche beträgt etwa 600000 Quadratmeilen. Der Horizont ist rund 1000 Meilen entfernt. *(Amtliche U. S. Navy-Photographie.)*

gelegentlich von Interesse, zum Beispiel in Verbindung mit dem Studium der Meteore; die letzteren sind einfache Kreis- oder Ellipsenbahnen und dienen als Grundlage für die Untersuchung der Kräfte, die im Sonnensystem wirksam sind.

3.2 Koordinaten auf der Erde

Die Lage eines Punktes auf der Erdoberfläche wird durch zwei Koordinaten festgelegt: Länge (l) und Breite (b). Zwei Großkreise, der Äquator und der Ortsmeridian, werden zu ihrer Messung verwandt. Der Ortsmeridian geht durch den Beobachtungsort und die beiden Pole. Die Länge des Orts wird auf dem Äquator gemessen von einem willkürlichen Nullpunkt aus bis zum Schnittpunkt des Ortsmeridians mit dem Äquator. Den Nullpunkt der Längenzählung hat man durch internationales Übereinkommen in den Schnittpunkt des Äquators mit dem durch die Sternwarte Greenwich, England, gehenden Meridian gelegt; dieser ist der Nullmeridian. Der Meridian, der durch das Zentrum des Uhrenhauses des U. S. Naval Observatoriums in Washington, D. C., geht, liegt 77°3′56″,7 westlich vom Nullmeridian. Da die wirklichen Längenmessungen von der Erdrotation abhängen (Abschnitt 3.5), wird die Länge eines Punkts gewöhnlich in Zeiteinheiten statt in Winkeleinheiten ausgedrückt. Die Erde dreht sich um 360° in 24 Stunden, daher ist

$$15^\circ = 1^h = 60^m$$
$$\text{oder}\quad 1^\circ = 4^m.$$

Somit beträgt die Länge von Washington $5^h\,8^m\,15^s{,}78$ westlich Greenwich (Abb. 3.2). Die Länge wird gemessen von 0^h bis 12^h östlich und westlich von Greenwich.

Die Breite eines Punktes ist der nördliche oder südliche Winkelabstand vom Äquator gemessen auf dem Ortsmeridian. Zum Beispiel beträgt die Breite von Washington + 38°55′14″,0, wobei das Plus-Zeichen anzeigt, daß es nördlich des Äquators liegt (Abb. 3.2).

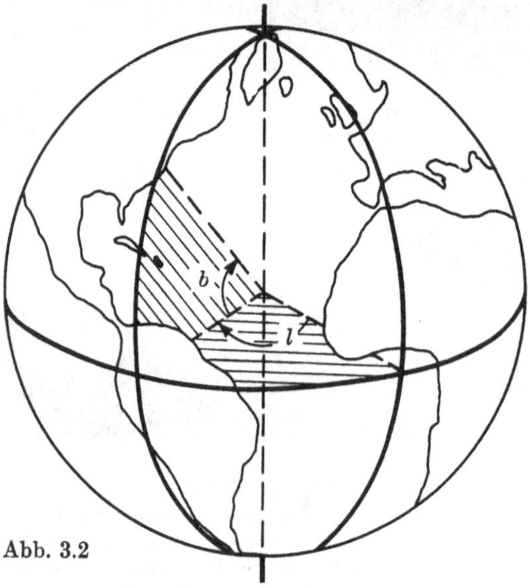

Abb. 3.2

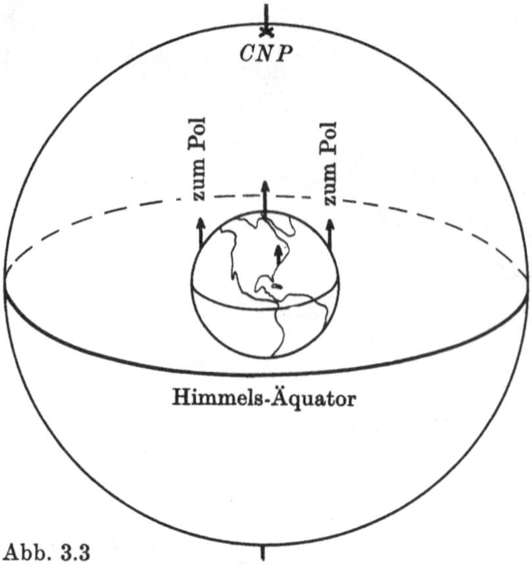

Abb. 3.3

Abb. 3.2. Koordinaten auf der Erde. Die gestrichelte Senkrechte stellt die Rotationsachse der Erde dar. Die ausgezogene gekrümmte Linie rechts ist der Nullmeridian durch die Sternwarte Greenwich. Die ausgezogene gekrümmte Linie links ist der Meridian von Washington. Die horizontale gekrümmte Linie ist der Erdäquator. Der Winkel *l* ist die Länge, der Winkel *b* die Breite von Washington.

Abb. 3.3. Die Himmelskugel. *CNP* und *CSP* stellen den Himmelsnordpol bzw. -südpol dar. Der Himmelsäquator ist die Schnittlinie der Ebene des Erdäquators mit der Himmelssphäre.

3.3 Koordinaten auf der Himmelskugel

Ebenso wie jeder Ort auf der Erdoberfläche durch zwei Koordinaten, Länge und Breite, festgelegt wird, kann auch jedes Himmelsobjekt in ähnlicher Weise identifiziert werden. Die beiden Koordinaten werden auf einer gedachten Himmelskugel gemessen, von der angenommen wird, daß sie die Erde in unendlicher Entfernung umgibt. Weil diese Entfernung unendlich ist, konvergieren alle parallelen Linien nach einem Punkt auf der Kugel. Zum Beispiel würde eine Linie, die parallel zur Erdachse durch einen auf der Erdoberfläche gegebenen Punkt geht, die Himmelskugel im gleichen Punkt schneiden wie die Verlängerung der Erdachse. Dies kann nicht in einer Zeichnung dargestellt werden, die notwendigerweise die Himmelskugel in endlicher Entfernung im Vergleich zur Größe der Erde zeigt. Die Schnittpunkte der Rotationsachse der Erde mit der Himmelskugel sind der Himmelsnord- und -südpol (CNP und CSP). Die Äquatorebene der Erde schneidet die Himmelskugel in einem Großkreis, dem Himmelsäquator, der 90° von den Polen entfernt ist, wie Abb. 3.3 zeigt.

Auch die Ebene, welche die Bahn der Erde um die Sonne enthält, trifft die Himmelskugel in einem größten Kreis, der Ekliptik. Von der Erde aus gesehen scheint die Sonne unter den Sternen längs der Ekliptik ostwärts zu wandern im Laufe eines Jahres. Weil die Äquatorebene gegen die Bahnebene um 23 ½° geneigt ist, bildet auch der Himmelsäquator mit der Ekliptik einen Winkel von 23 ½°, wie Abb. 3.4 zeigt. Die beiden Großkreise schneiden sich in zwei Punkten, dem Frühlingsäquinoktialpunkt (♈) und dem Herbstäquinoktialpunkt (♎).

Für unseren gegenwärtigen Zweck werden die Sterne in unendlicher Entfernung von der Erde und daher auf der Himmelskugel angenommen. Die Position eines Sterns an der Himmelssphäre wird durch zwei Koordinaten festgelegt, die Rektaszension α und die Deklination δ.

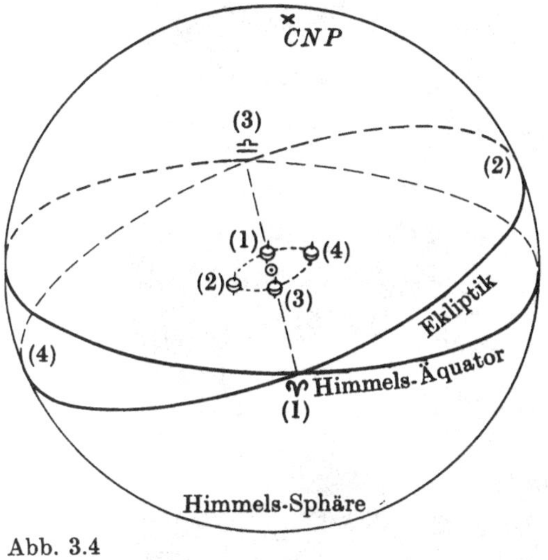

Abb. 3.4

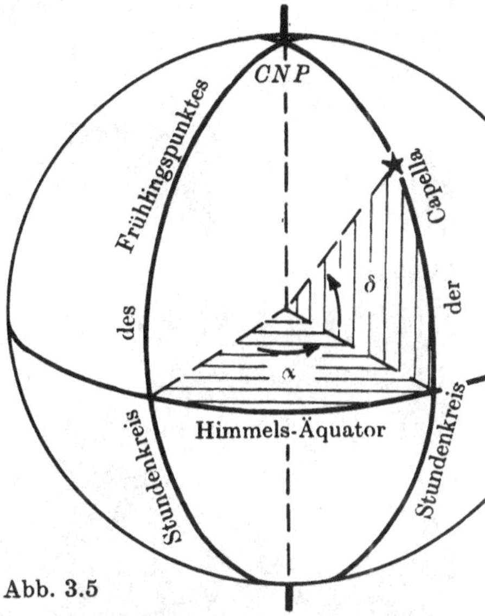

Abb. 3.5

Abb. 3.4. Himmelsäquator und Ekliptik. Der Punkt in der Mitte stellt die Sonne dar. Die Stellung der Erde in vier Punkten ihrer Bahn ist angedeutet. Die Schnittlinie der Bahnebene mit der Himmelskugel ist die Ekliptik. Die Schnittpunkte der Ekliptik mit dem Himmelsäquator sind ♈, das Frühlingsäquinox, und ♎, das Herbstäquinox. Die Rotationsachse der Erde ist um 66½° gegen die Bahnebene oder um 23½° gegen die Normale auf dieser Ebene geneigt, folglich bildet die Ekliptik mit dem Himmelsäquator ebenfalls einen Winkel von 23½°.

Abb. 3.5. Koordinaten an der Himmelskugel. Der Stundenkreis des Frühlingsäquinoktiums dient als Beginn für die Rektaszension so wie der Nullmeridian auf der Erde für die Länge. Der Schnittpunkt dieses Stundenkreises mit dem Himmelsäquator ist der Frühlingspunkt. Die Rektaszension α des Sterns Capella wird ostwärts längs des Himmelsäquators vom Frühlingspunkt bis zum Schnittpunkt des Stundenkreises der Capella mit dem Himmelsäquator gemessen. Die Deklination δ der Capella wird vom Himmelsäquator aus auf dem Stundenkreis des Sterns gemessen.

Das System, das diese Koordinaten verwendet, wird als Äquatorialsystem bezeichnet. Zwei Großkreise an der Himmelskugel, der Himmelsäquator und der Stundenkreis des Sterns, werden zur Messung der äquatorialen Koordinaten benützt. Der Stundenkreis eines Sterns ist der größte Kreis, der durch den Stern und die beiden Himmelspole geht. Die Rektaszension eines Sterns wird auf dem Himmelsäquator gemessen, von einem willkürlichen Nullpunkt, dem Frühlingspunkt, aus bis zum Schnittpunkt des Himmelsäquators mit dem Stundenkreis

a)

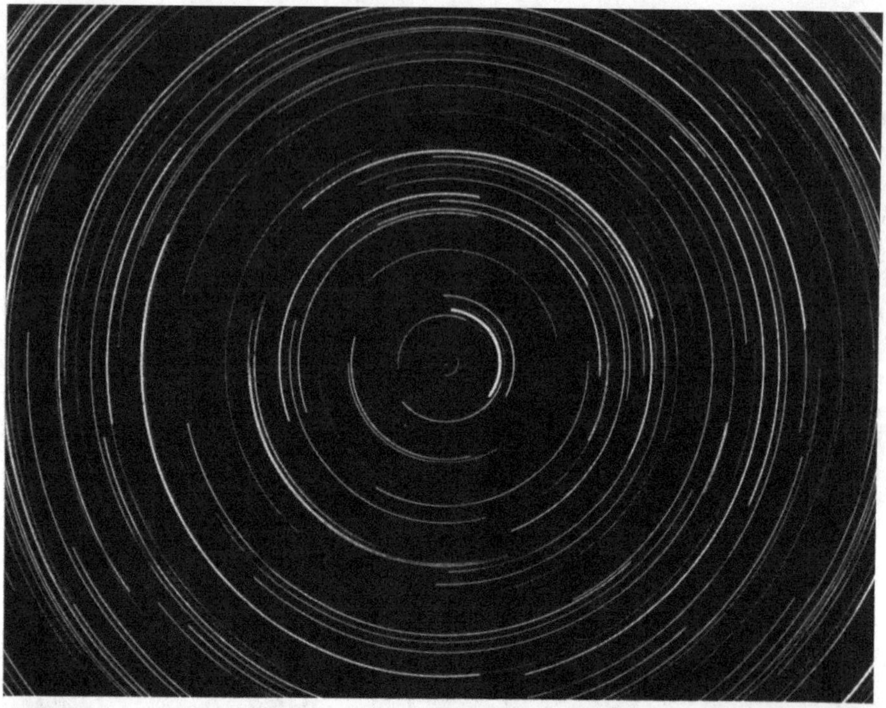

b)

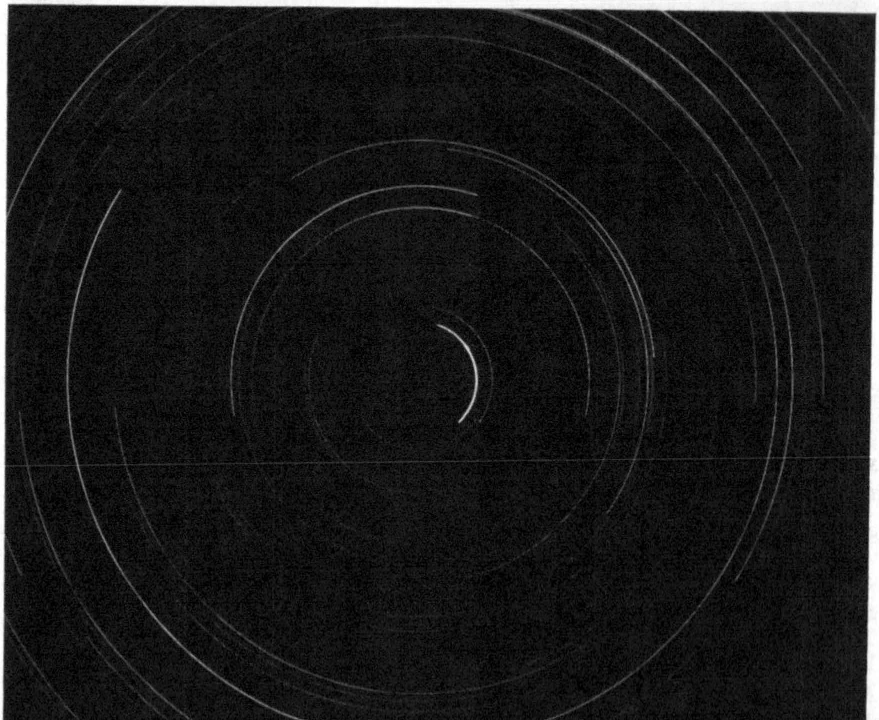

Abb. 3.6 (a). Sternspuren in der Nähe des nördlichen Himmelspols. *(Photographiert mit einer ruhenden Kamera am Lick-Observatorium im Jahre 1907, Belichtungszeit 8 Stunden.)*
(b). Sternspuren in der Nähe des nördlichen Himmelspols. *(Photographiert mit einer ruhenden Kamera am Lick-Observatorium im Jahre 1941, Belichtungszeit 8 Stunden.)* DieDifferenzen zwischen den Sternspuren auf beiden Photographien rühren von der Präzessionsbewegung der Erde her.

des Sterns. Wie die geographische Länge wird die Rektaszension gewöhnlich in zeitlichen Einheiten ausgedrückt. Analog zur geographischen Breite ist die Deklination der nördliche oder südliche Winkelabstand vom Himmelsäquator gemessen auf dem Stundenkreis des Sterns. Zum Beispiel sind die Koordinaten der Capella

$$\alpha = 5^{\mathrm{h}}\,13^{\mathrm{m}}$$
$$\delta = +\,45°\,57' \qquad \text{(Abb. 3.5)}.$$

Ihr Stundenkreis schneidet den Himmelsäquator $5^{\mathrm{h}}\,13^{\mathrm{m}}$ vom Frühlingspunkt entfernt. Von der Erde aus gesehen wird die Rektaszension vom Frühlingspunkt aus ostwärts gemessen. Capella liegt dann + 45°57′ nördlich (durch das Pluszeichen angedeutet) des Himmelsäquators gemessen auf ihrem Stundenkreis.

3.4 Die Bestimmung der Breite

Bevor die Koordinaten eines Punkts auf der Erde oder an der Himmelssphäre bestimmt werden können, muß die Lage der Himmelspole und des Himmelsäquators festgelegt werden. Da die Erde von Westen nach Osten um ihre Achse rotiert, scheint sich die Himmelskugel von Osten nach Westen zu drehen und alle Sterne an der Himmelskugel scheinen sich in kreisförmigen Bahnen parallel zum Himmelsäquator zu bewegen. Die polnahen Sterne beschreiben kleine Kreise um den Himmelspol. Für die Photographien in Abb. 3.6, die mit acht Stunden Belichtungszeit aufgenommen wurden, hielt man die Kamera in fester Lage in Richtung nach Norden. Obgleich kein Stern genau im Himmelspol steht, kann dessen Lage genau bestimmt werden als Mittelpunkt der konzentrischen Sternspuren, und der Himmelsäquator kann als größter Kreis in 90° Abstand vom Pol gefunden werden.

Um die Lage des Pols an der Himmelssphäre zu messen, wird ein lokales Koordinatensystem benutzt, das sich mit der Erde bewegt — das Horizontalsystem. Eine Lotlinie, die Vertikale darstellend, wird verlängert und schneidet die Himmelskugel in zwei Punkten, dem Zenit (genau über dem Beobachtungsort) und dem Nadir (genau unter dem Beobachtungsort). Der 90° von diesen Punkten entfernte größte Kreis an der Sphäre ist der Horizont. Die Höhe des Pols wird vom Horizont aus gemessen auf einem Großkreis, der durch Pol, Zenit und Nadir geht. Wenn der Beobachter sich am geographischen Nordpol befände, wo die Breite + 90° beträgt, würde die Höhe des Himmelspols 90° betragen, d. h. er stände im Zenit, und der Himmelsäquator würde mit dem Horizont zusammenfallen. Am Äquator, wo die Breite 0° ist, würde der Pol im Horizont liegen, seine Höhe würde 0° betragen und der Himmelsäquator durch den Zenit gehen. Durch eine in Abb. 3.7 dargestellte geometrische Konstruktion findet man, daß die Höhe des Himmelspols der Breite des Erdorts gleich ist, von dem aus die Beobachtungen gemacht werden. Die Breite eines Erdorts ist aber sein nördlicher oder südlicher Winkelabstand vom Äquator. Somit ist die Breite von Washington (W in Abb. 3.7) der Winkel ECW. Dieser Winkel ist der gleiche wie der Winkel QCZ, die Deklination des Zenits für Washington. Definitionsgemäß steht die Horizontalebene NCS senkrecht auf der zum Zenit gerichteten Vertikalen CZ, und der Himmelsäquator CQ steht senkrecht auf der Erdachse CP. Also stehen die Schenkel des Winkels QCZ senkrecht auf den entsprechenden Schenkeln des Winkels NCP, der Polhöhe. Somit ist Winkel QCZ = Winkel NCP oder

die Breite eines Erdorts ist gleich der Polhöhe für diesen Ort.

Zum Beispiel liegt in Washington der nördliche Himmelspol 38°55′14.″0 über dem Horizont.

Die Breite eines Beobachtungsortes wird bestimmt, indem man seine Polhöhe oder auch, was damit äquivalent ist, den Winkel zwischen Lotlinie und Pol mißt. Dies geschieht gewöhnlich mit einem sogenannten Meridiankreis, einem Fernrohr, das zwischen zwei Pfeilern montiert ist, deren Verbindungslinie ost-westlich orientiert ist, und das nur in einer Koordinate beweglich ist, dem Ortsmeridian. Ein großer mit einer Gradeinteilung versehener Kreis wird dabei zur Bestimmung entweder der Höhe eines Sterns über dem Horizont oder seiner Zenitdistanz benützt. Die mit diesem Instrument erreichbare Genauigkeit liegt bei 0″.1 oder im Fall von differentiellen Messungen (Differenz in Breite zwischen zwei Stationen) bei 0″.01. Diese Genauigkeit ist so groß, daß für zwei Punkte auf der Erde, die nur einen Fuß in nord-südlicher Richtung voneinander entfernt sind, die Breitendifferenz sich messen läßt.

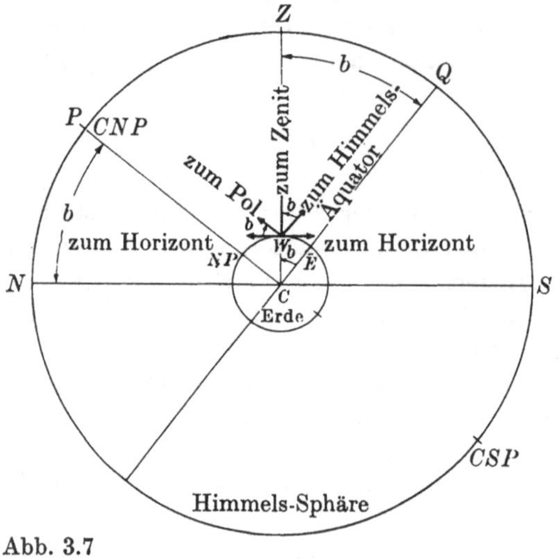

Abb. 3.7

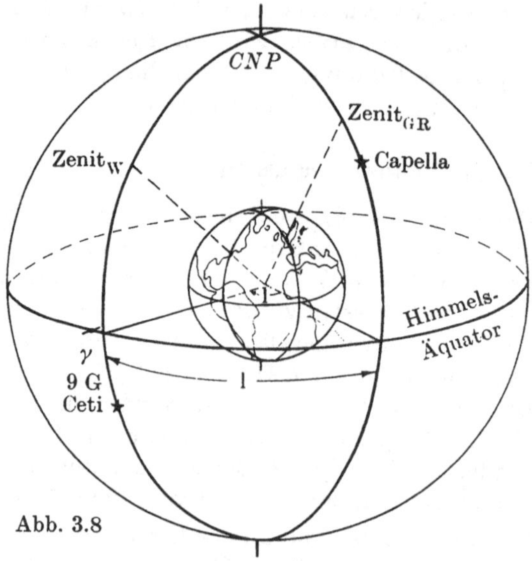

Abb. 3.8

Abb. 3.7. Bestimmung der geographischen Breite. Die Breite des Beobachters ist der Winkel *b*, gemessen im Erdzentrum vom Äquator zum Zenit. Er ist gleich der Höhe des Himmelsnordpols über dem Horizont.

Abb. 3.8. Bestimmung der geographischen Länge. Wenn der Stern Capella im Meridian von Greenwich beobachtet wird, steht der Stern 9 G Ceti im Meridian von Washington. Die Länge von Washington ist die Differenz der Rektaszensionen beider Sterne.

3.5 Die Bestimmung der Länge

Die Längenbestimmung schließt die Messung der Sternzeit in sich, die auf Beobachtungen der täglichen Bewegungen der Sterne beruht. Der Bezugskreis hierfür ist der Ortsmeridian, der durch Zenit und beide Himmelspole geht — der Großkreis, den man erhält, wenn man die Ebene des geographischen Ortsmeridians sich bis zur Sphäre erstrecken läßt. Der Sterntag ist das Zeitintervall zwischen zwei aufeinanderfolgenden Durchgängen des Frühlingspunktes durch den Ortsmeridian. Eine Sternzeituhr wird auf Null gestellt, wenn der Frühlingspunkt den Ortsmeridian kreuzt, und wird so reguliert, daß sie 24 Stunden später wieder Null zeigt, wenn der Frühlingspunkt durch den Meridian geht. Da der Frühlingspunkt jeden Meridian zu verschiedener Zeit kreuzt, wird die Sternzeit für Orte mit unterschiedlicher Länge verschieden sein. Somit kann dieser Punkt, wenn er im Meridian von Greenwich steht, nicht gleichzeitig im Meridian von Washington stehen, sondern dies wird erst der Fall sein, wenn sich die Erde 77° oder 5^h weiter gedreht hat. Wenn in Washington der Durchgang des Frühlingspunktes eintritt, ist es in Greenwich $5^h\,8^m$ Sternzeit und $0^h\,0^m$ in Washington. Allgemein ist der Längenunterschied zwischen zwei Orten gleich der Differenz der Ortszeiten dieser Orte. Da die Länge von Greenwich Null ist, folgt, daß

> die Länge eines Ortes auf der Erde gleich ist der Differenz zwischen der Sternzeit von Greenwich und der Sternzeit des Beobachtungsortes.

In der Praxis bestimmt man die Sternzeit durch Beobachtung des Meridiandurchgangs eines Sterns, dessen Koordinaten genau vermessen sind. Da die Rektaszension vom Frühlingspunkt aus ostwärts gerechnet wird, ist die Sternzeit gleich der Rektaszension aller Sterne im lokalen Himmelsmeridian. Zum Beispiel ist die Sternzeit in Washington $0^h\,5^m$, wenn dort der Durchgang des Sterns 9 G Ceti ($\alpha = 0^h\,5^m$, $\delta = -23°22'$) beobachtet wird. Zur gleichen Zeit, wenn in Washington 9 G Ceti den Meridian überschreitet, befindet sich in Greenwich Capella im Durchgang. Daher ist die Sternzeit in Greenwich, wenn in Washington 9 G Ceti im Meridian steht, gleich der Rektaszension der Capella gleich $5^h\,13^m$. Die Länge von Washington beträgt dann $5^h\,13^m - 0^h\,5^m$ oder $5^h\,8^m$ westlich von Greenwich. Dies wird durch Abb. 3.8 erläutert.

Die Bestimmung der Sternzeit und folglich die Bestimmung der Länge wird ebenfalls am Meridiankreis durchgeführt, der auf einem sich bewegenden Papierstreifen den genauen Zeitpunkt des Durchgangs eines Sterns durch den Meridian — definiert durch einen vertikalen Faden im Okular — zusammen mit Zeitsignalen von einer Sternzeituhr aufzeichnet. Die mit diesem Instrumententyp erreichbare Genauigkeit beträgt etwa $0^s,01$. Ein genaueres Instrument ist das Prismen-Astrolab, das von A. Danjon in Paris entwickelt wurde, die damit erreichbare Genauigkeit liegt angenähert bei $0\overset{s}{.}001$.

3.6 Die Zeit

Mehrere Arten, die Zeit zu messen, sind in der Astronomie in Gebrauch; eine von ihnen, die Sternzeit, wurde im Abschnitt 3.5 erörtert. Bei allen Arten beruht die Zeitmessung auf der Messung des Winkelabstands zwischen dem lokalen Himmelsmeridian und dem Stundenkreis eines Himmelsobjekts. Dieser in Zeiteinheiten ausgedrückte Winkelabstand ist der Stundenwinkel des Objekts.

> Der Stundenwinkel eines Himmelsobjekts ist die Winkeldistanz zwischen dem örtlichen Himmelsmeridian und dem Stundenkreis des Objekts, er wird auf dem Himmelsäquator in westlicher Richtung gemessen.

Sternzeit ist gleich dem Stundenwinkel des Frühlingspunkts. Aus praktischen Gründen wird sie im bürgerlichen Leben nicht benützt. Nehmen wir einmal an, ein Arbeitstag beginne um 6^h Sternzeit. Am 23. September scheint die Sonne sich auf dem Himmelsäquator in 180° oder 12^h Entfernung vom Frühlingsäquinox zu befinden (Stellung 3 in Abb. 3.4). Um 6^h Sternzeit ist der Stundenwinkel des Frühlingspunktes ebenfalls 6^h, der Frühlingspunkt geht gerade unter, während die Sonne, 12^h davon entfernt, eben aufgeht, so daß der Arbeitstag mit Sonnenaufgang beginnt. Sechs Monate später dagegen steht die Sonne im Frühlingspunkt (Stellung 1 in Abb. 3.4), und um 6^h gehen beide, Sonne und Frühlingspunkt, unter; wenn der Beginn des Arbeitstages so festgesetzt wäre, daß er immer zur gleichen Stunde nach Sternzeit anfangen sollte, so würde er bei Sonnenuntergang beginnen. Da dies nicht zweckmäßig wäre, wird im täglichen Leben eine Zeit gebraucht, die sich nach der Sonne richtet und nicht nach den Sternen.

Einer der ältesten Zeitmesser ist die Sonnenuhr, die die wahre Sonnenzeit, gemessen durch den Stundenwinkel der Sonne, aufzeigt. Es ist nicht möglich, eine mechanische Uhr zu konstruieren, die nach wahrer Sonnenzeit geht, weil die Intervalle zwischen aufeinanderfolgenden Durchgängen der Sonne nicht gleich lang sind. Für diese Ungleichheit gibt es zwei Gründe. Der eine ist der, daß die Erdbahn nicht genau kreisförmig ist, sondern von etwas elliptischer Form. Wie wir später sehen werden, ist die Erdbahn eine Ellipse, deren Exzentrizität größer als Null ist (Abschnitt 9.5). Ein Objekt, das in einer Ellipse läuft, bewegt sich während seines Umlaufs nicht mit gleichförmiger Geschwindigkeit. Diese Tatsache wird in dem Abschnitt behandelt werden, der den Keplerschen Gesetzen gewidmet ist. Wenn die Erde den sonnennächsten Punkt ihrer Bahn, das Perihel, durchläuft, bewegt sie sich schneller, als wenn sie sich in größter

Entfernung von der Sonne, dem Aphel, befindet. Somit scheint die Sonne, wenn die Erde in Perihelnähe ist, sich ostwärts in Rektaszension um etwa $1^\circ 6'.6$ pro Tag zu bewegen, während im Aphel ihre scheinbare Ostbewegung pro Tag nur etwa $1^\circ 2'.5$ beträgt. Die Differenz von 4′ entspricht ungefähr 16 Zeitsekunden; dieser Effekt bewirkt, daß der wahre Sonnentag zwischen Januar (Perihel) und Juli (Aphel) um 16 Sekunden schwankt.

Der zweite Grund der Ungleichheit der wahren Sonnentage ist die Neigung von 23½° der Ebene des Erdäquators gegen die Bahnebene, — die Schiefe der Ekliptik. Sogar wenn die Erde mit gleichförmiger Geschwindigkeit die Sonne umkreisen würde, was in einer scheinbaren gleichförmigen Bewegung der Sonne längs der Ekliptik nach Osten zum Ausdruck käme, würden die Intervalle zwischen aufeinanderfolgenden Sonnendurchgängen nicht konstant sein, da die Zeit längs des Himmelsäquators gemessen wird, während die Sonne ihren Ort längs der Ekliptik verändert. Wir nehmen an, die Erde bewege sich in ihrer Bahn mit einer solchen Geschwindigkeit, daß die Sonne sich gleichförmig genau um einen Grad pro Tag in der Ekliptik nach Osten zu bewegen scheint. Am 21. März fällt die Sonne mit dem Frühlingspunkt zu-

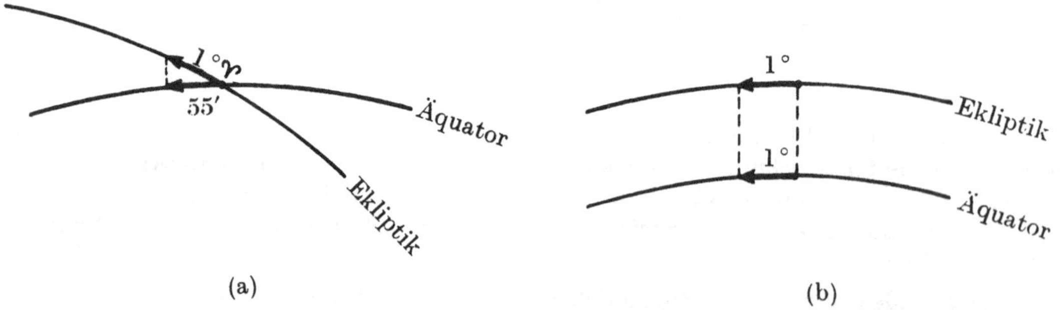

Abb. 3.9. Ostbewegung der Sonne längs der Ekliptik (a) am 21./22. März und (b) am 21./22. Juni. Angenommen ist, daß an beiden Tagen die Sonne sich um 1° längs der Ekliptik bewegt. Am 21./22. März beträgt die auf den Äquator projizierte Bewegung rund 55′, am 21./22. Juni 1°. Dies hat eine Ungleichheit der Intervalle zwischen aufeinanderfolgenden Durchgängen der Sonne durch den Meridian zur Folge.

sammen (Stellung 1, Abb. 3.4). Einen Tag später wird sich die Sonne in der Ekliptik einen Grad weiterbewegt haben an einen Ort über dem Äquator, die Erde aber wird sich um 360° plus dem Winkelabstand der Sonne vom Frühlingspunkt gedreht haben, gemessen auf dem Äquator. Dieser Abstand ist nicht gleich einem Grad, sondern beträgt $0^\circ.9$ oder etwa 55′, wie sich nach den Regeln der sphärischen Trigonometrie berechnen läßt. Somit wird der wahre Sonnentag am 21./22. März 360°55′ entsprechen (Abb. 3.9a). Drei Monate später, im Sommersolstitium (Stellung 2, Abb. 3.4), wird die Sonnenbewegung von einem Grad pro Tag in der Ekliptik dieselbe sein wie ihre auf den Äquator projizierte Bewegung. Folglich entspricht der wahre Sonnentag dann einer Rotation der Erde um 360° und 60′. Die Differenz zwischen den beiden wahren Sonnentagen am 21./22. März und 21./22. Juni, verursacht durch die Schiefe der Ekliptik, beträgt 5′ oder rund 20 Zeitsekunden.

Um eine konstante Zeiteinheit, die sich an die Sonne anschließt, zu erhalten, eliminieren die Astronomen die beiden Ursachen für die Unregelmäßigkeit des wahren Sonnentags mit Hilfe einer fiktiven Sonne, von der angenommen wird, daß sie sich gleichförmig im Himmelsäquator im Laufe eines Jahres bewegt. Ihr Stundenwinkel ist ein Maß für die mittlere Sonnenzeit. Die Länge des mittleren Sonnentags beträgt nach Sternzeit $24^h\,3^m\,56^s,555$. Da es zweckmäßiger ist, einen Tag um Mitternacht beginnen zu lassen als zu Mittag, wird die mittlere Sonnenzeit dem Stundenwinkel der mittleren Sonne plus 12^h gleichgesetzt. Daher ist es 12^h mittlerer Sonnenzeit, wenn die mittlere Sonne im Himmelsmeridian steht. Die Differenz zwischen wahrer und mittlerer Sonnenzeit heißt Zeitgleichung. Ein ernstlicher Nachteil für die Praxis bei Verwendung mittlerer Sonnenzeit im bürgerlichen Leben besteht darin, daß Orte, die nicht auf demselben Meridian liegen, verschiedene Zeiten haben. Wenn die mittlere Sonnenzeit von Washington $12^h\,00^m$ beträgt, ist es in New York $12^h\,12^m$. Um solche Differenzen zwischen nahe beieinander gelegenen Orten zu vermeiden, wurde durch internationale Abmachung eine Modifikation der mittleren Sonnenzeit eingeführt. Die mittlere Sonnenzeit von Greenwich, England, dient als Grundlage für alle Zeitmessungen und wird Weltzeit genannt. Die Erde wird in Zonen eingeteilt, von denen jede einem zentralen Standardmeridian zugeordnet ist, der in 1, 2, 3, ... 12 Stunden Abstand östlich oder westlich vom Nullmeridian verläuft. Zonenzeit ist die mittlere Sonnenzeit jedes Streifens, — ½ bis + ½, ½ bis 1 ½ usw. Stunden in Länge. Zwischen den Längen $0^h\,30^m$ westlich und $0^h\,30^m$ östlich von Greenwich wird nach Weltzeit gerechnet. Zwischen $0^h\,30^m$ und $1^h\,30^m$ östlich Greenwich gilt die Mitteleuropäische Zeit (Weltzeit + 1^h). Washington und New York, die beide weniger als $½^h$ vom 5^h-Meridian westlich Greenwich entfernt gelegen sind, ziehen 5 Stunden von der Weltzeit ab und verwenden diese Zeit als Östliche Standard-Zeit.

Im Prinzip ist dies das Zeitsystem, nach dem man sich im bürgerlichen Leben richtet, doch hat man die gleichförmige Einteilung in Zonen etwas den örtlichen Gegebenheiten angepaßt.

Wenn in Greenwich am 19. Juni Mittag ist, zeigen alle Punkte westlich Greenwich Morgenstunden des 19. Juni an, während östlich Greenwich die Stunden auf den Nachmittag desselben Datums fallen. An einem 180° oder 12^h von Greenwich entfernten Punkt beginnt der 19. Juni, wenn man von Greenwich westwärts rechnet, und endet der 19. Juni oder beginnt der 20. Juni, wenn ostwärts gemessen wird. Diese Diskontinuität bei der Länge 12^h wird als internationale Datumgrenze bezeichnet. Wenn ein Schiff von Kalifornien nach Japan fährt und die Datumgrenze am Abend des 24. Dezember erreicht, springt das Datum auf den 25. Dezember beim Überqueren der Linie und den Passagieren ist der Weihnachtstag entgangen. Ähnlich springt das Datum, wenn ein Schiff von Japan nach Kalifornien fährt und die internationale Datumgrenze am 26. Dezember morgens erreicht, auf den 25. Dezember und die Passagiere können zweimal Weihnachten feiern.

Wie wir gesehen haben, beruht die Messung der astronomischen Zeit auf der Rotation der Erde um ihre Achse. Bis vor kurzem noch hielt man diese Periode für streng konstant. Daher verlangte man von astronomischen Uhren, daß sie genau richtig gehen sollten zwischen Beobachtungen von Sterndurchgängen in aufeinander folgenden Nächten. Da die Beobachtungen die Zeit mit einer Genauigkeit von rund 0,01 Sekunden geben, braucht sich die Uhr nur unter einer Fehlergrenze von 0,01 Sekunden in 24 Stunden oder 86 400 Sekunden zu halten — einer Genauigkeit von 1 zu etwa 10^7. Die besten mechanischen Uhren beruhen auf der Konstanz der Schwingungsperiode eines freien Pendels. Um die gewünschte Genauigkeit zu erhalten, muß die Pendellänge konstant gehalten werden: Thermische Ausdehnung des Pendels kann durch die Verwendung von Invar-Metall, einer Nickelstahllegierung mit sehr kleinem Wärmeausdehnungskoeffizienten, verhindert werden, ferner dadurch, daß man die Uhr in einem thermostatisch kontrollierten luftdichten Keller unterbringt, wo der Druck konstant gehalten werden kann.

Wir werden in Abschnitt 6.2 sehen, daß die Geschwindigkeit der Erdrotation nicht absolut konstant ist. Astronomische Beobachtungen, gleichgültig wie genau, weichen von gleichförmiger Zeit um unregelmäßige Schwankungen von der Größenordnung 1 zu etwa $2 \cdot 10^7$ ab. Daher müssen wir, wenn wir die Zeit mit größerer Genauigkeit zu messen wünschen, die Annahme fallen lassen, die Erde selbst sei eine vollkommene Uhr. Dafür müssen wir auf irgendein anderes periodisches Phänomen zurückgreifen, dessen Gleichförmigkeit die der rotierenden Erde übersteigt. Eine solche Erscheinung hat man in den Schwingungen von Molekülen

(Ammoniak) und Atomen (Cäsium) gefunden, die es ermöglichen, die Zeit mit einer Genauigkeit von $1:10^9$ zu registrieren und wovon für die Zukunft eine Steigerung der Genauigkeit bis $1:10^{10}$ erwartet werden darf. Eine solche Uhr, einmal in Gang gesetzt, würde erst in 300 Jahren den Fehler bis zum Betrag von nur einer Sekunde auflaufen lassen! Die wissenschaftlichen Möglichkeiten, die durch die Erfindung der Atom-Uhren eröffnet wurden, sind wahrhaft atemberaubend. Sie schließen nicht nur die Umkehr des gewöhnlichen Verfahrens zur Regulierung einer Uhr nach der Rotationsgeschwindigkeit der Erde ein, sondern sie sollten es auch ermöglichen, die Zeitskala des Sonnensystems und der veränderlichen Sterne zu prüfen, und weiterhin auch, die Energieabnahme der Lichtwellen zu messen, wenn sie aus dem starken Schwerefeld der Erde herauswandern, ein Effekt, der schon vor längerer Zeit von der Relativitätstheorie vorhergesagt wurde und der bisher nur an Lichtwellen untersucht werden konnte, die von der Sonne und bestimmten Sternen ausgestrahlt wurden. Es werden jetzt Experimente geplant, eine Atomuhr in einem künstlichen Satelliten zur Messung des Relativitätseffekts zu verwenden.

Aufgaben

1. Der Stern Capella ist in Berkeley, Kalifornien, zur gleichen Zeit im Durchgang, zu der in Greenwich Spika (α Virginis, $\alpha = 13^h\,22^m$, $\delta = -11°$) den Meridian passiert. Bestimme die Länge von Berkeley.
2. Welche Sternzeit ist auf dem Mount Palomar, wenn dort Capella den Meridian kreuzt?
3. Für den Himmelsnordpol wird in New York eine Höhe von $+\,40°49'$ beobachtet und in Greenwich eine Höhe von $+\,51°29'$. Welche dieser Städte liegt nördlicher und um wieviel?
4. Am 20. Februar um 20^h mittl. Ortszeit beträgt der Stundenwinkel der Capella ungefähr eine Stunde westlich. Leite die Beziehung zwischen dem Stundenwinkel der Capella, ihrer Rektaszension und der Sternzeit ab.
5. Um Mitternacht des 20. Februar beträgt der Stundenwinkel der Capella 5 Stunden westlich. Gilt die in der vorstehenden Aufgabe abgeleitete Gleichung auch dann noch?

4. DAS GRAVITATIONSGESETZ

4.1 Geschwindigkeit und Beschleunigung

Die Geschwindigkeit eines Körpers ist das Maß für die Änderung seiner Position. Zum Beispiel (Abb. 4.1) fährt ein Automobil die Strecke zwischen zwei 500 m voneinander entfernten Zeichen in 5 Sekunden. Daher ist seine

$$\text{Geschwindigkeit} = \frac{500\ \text{Meter}}{5\ \text{Sekunden}} = 100\,\frac{\text{Meter}}{\text{Sekunde}}\,.$$

Somit

$$\text{Geschwindigkeit} = \frac{\text{Entfernung}}{\text{Zeit}}$$

oder in Symbolen,

$$v = \frac{d}{t}\,.$$

Abb. 4.1. Gradlinige Bewegung. Die Geschwindigkeit ist die Entfernung dividiert durch die Zeit.

Umgekehrt, wenn die Geschwindigkeit und die Zeit bekannt sind, kann die zurückgelegte Strecke gefunden werden aus der Beziehung

$$\text{Geschwindigkeit} \cdot \text{Zeit} = \text{Entfernung}$$

oder

$$v \cdot t = d.$$

Wenn das Automobil mit einer Geschwindigkeit von 100 Meter pro Sekunde fünf Sekunden lang fuhr, war die zurückgelegte Entfernung

$$100\,\frac{\text{Meter}}{\text{Sekunde}} \cdot 5\ \text{Sekunden} = 500\ \text{Meter}.$$

Nun betrachten wir den Fall der die Sonne umlaufenden Erde. Die Erde legt in ihrer Bahn eine Entfernung von 300 Kilometern in zehn Sekunden zurück (Abb. 4.2). Ihre Bahngeschwindigkeit beträgt dann

$$v = \frac{300\ \text{Kilometer}}{10\ \text{Sekunden}} = 30\,\frac{\text{km}}{\text{sec}}\,.$$

Die Geschwindigkeit der Erde in ihrer Bahn beträgt also 30 km/sec oder 18,6 Meilen/sec oder $6{,}7 \cdot 10^4$ Meilen pro Stunde. Unter der Voraussetzung, daß die Erde sich mit dieser Geschwindigkeit

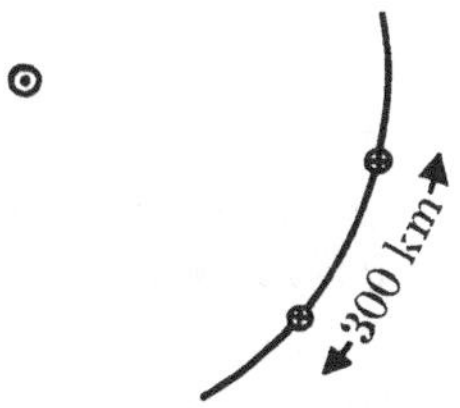

Abb. 4.2. Bewegung in einem Kreis. Die Bahngeschwindigkeit ist die Entfernung, gemessen längs des Kreises, dividiert durch die Zeit.

gleichförmig in ihrer Bahn bewegt, ist die gesamte, von der Erde in einem Jahr zurückgelegte Strecke, da

$$1 \text{ Jahr} = 365 \cdot 24 \cdot 60 \cdot 60 = 3{,}2 \cdot 10^7 \text{ Sekunden},$$

$$30 \frac{\text{km}}{\text{sec}} \cdot 3{,}2 \cdot 10^7 \text{ sec} = 9{,}6 \cdot 10^8 \text{ km}.$$

Wenn das Jahr in Sekunden ausgedrückt wird, fallen die Zeiteinheiten heraus, und es ergibt sich das numerische Resultat in Kilometern:

$$\text{Entfernung} = \frac{\text{Kilometer}}{\text{Sekunden}} \cdot \text{Sekunden} = \text{Kilometer}.$$

Die Geschwindigkeit eines Objekts besitzt nicht nur einen Zahlenwert, sondern auch eine Richtung. Wenn einer Größe ein bestimmter Betrag und eine Richtung zukommt, so wird sie ein Vektor genannt. Der Geschwindigkeitsvektor wird gewöhnlich durch einen Pfeil dargestellt, dessen Länge den Betrag der Geschwindigkeit und dessen Orientierung die Bewegungsrichtung anzeigt. Wenn die Zeichen im ersten Beispiel in nord-südlicher Richtung aufgestellt wären (Abb. 4.3), dann würde der Geschwindigkeitsvektor des Automobils nach Norden oder Süden

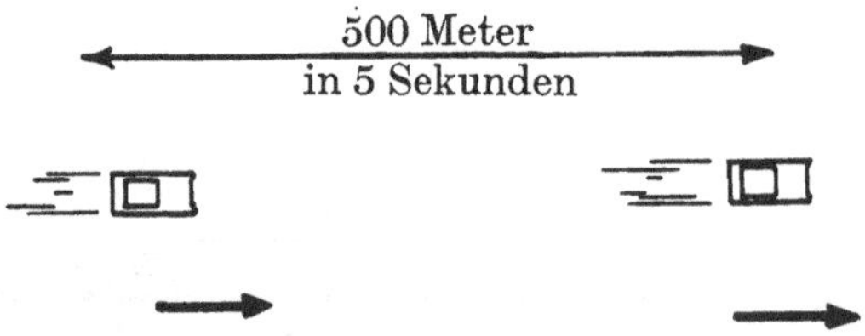

Abb. 4.3

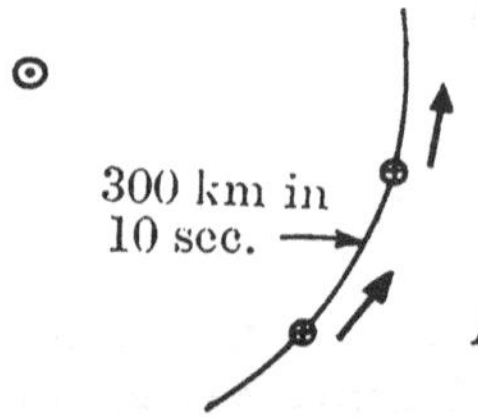

Abb. 4.4

Abb. 4.3. Geradlinige Geschwindigkeit. Die Geschwindigkeit wird nicht nur durch einen Zahlenwert, sondern auch durch eine Richtung charakterisiert, wie durch die fettgedruckten Pfeile dargestellt wird.

Abb. 4.4. Geschwindigkeit in einer Kreisbahn. Obgleich der Zahlenwert der Geschwindigkeit konstant ist, ändert sich die Richtung.

zeigen, je nach der Richtung, in der das Automobil fährt. Im Fall der Erdbewegung ändert sich der Geschwindigkeitsvektor in jedem Augenblick, da die Bewegung längs einer gekrümmten Kurve und nicht längs einer Geraden erfolgt (Abb. 4.4). Wenn daher auch die Geschwindigkeit der Erde in ihrer Bahn angenähert konstant bleibt, ändert sich der Geschwindigkeitsvektor kontinuierlich.

Die Beschleunigung ist definiert als Maß der Geschwindigkeitsänderung. Wenn ein Automobil mit einer Geschwindigkeit von 100 m/sec fährt und sie allmählich auf 150 m/sec steigert, ist seine

$$\text{Beschleunigung} = \frac{\text{Geschwindigkeitsänderung}}{\text{Zeit}}$$

$$= \frac{150 \text{ m/sec} - 100 \text{ m/sec}}{5 \text{ sec}}$$

$$\text{Beschleunigung} = \frac{50 \text{ m/sec}}{5 \text{ sec}} = 10 \frac{\text{m}}{\text{sec}^2}.$$

Umgekehrt kann, wenn die Beschleunigung und die Zeit, während der die Beschleunigung andauert, bekannt sind, die Änderung der Geschwindigkeit aus der Beziehung

$$\text{Geschwindigkeitsänderung} = \text{Beschleunigung} \cdot \text{Zeit}$$

gefunden werden. Wenn das Automobil anfangs die Geschwindigkeit 100 m/sec besitzt und seine Beschleunigung 5 Sekunden lang 10 m/sec² beträgt, wird die Endgeschwindigkeit in folgender Weise errechnet:

$$\text{Geschwindigkeitsänderung} = 10\,\frac{\text{m}}{\text{sec}^2}\cdot 5\,\text{sec} \quad \text{oder}$$

$$= 50\,\frac{\text{m}}{\text{sec}}\,.$$

$$\text{Endgeschwindigkeit} = \text{Anfangsgeschwindigkeit} + \text{Geschwindigkeitsänderung}$$

oder

$$= 100\,\frac{\text{m}}{\text{sec}} + 50\,\frac{\text{m}}{\text{sec}}$$

$$= 150\,\frac{\text{m}}{\text{sec}}\,.$$

Der Geschwindigkeitsvektor der Erde in ihrer Bahn ändert sich stetig; daher erfährt die Erde eine Beschleunigung, obgleich sich ihre Geschwindigkeit nicht merklich ändert. (Es besteht eine kleine Geschwindigkeitsänderung, die im Abschnitt 9.5 über die Keplerschen Gesetze behandelt werden wird.)

Der Betrag der Beschleunigung kann berechnet werden, wenn man näher betrachtet, wie die Änderung der Geschwindigkeit vor sich geht. In Abb. 4.5 stelle der Vektor A die Erdgeschwindigkeit zu einer gegebenen Zeit dar. Da die Erde 360° in einem Jahr ($3{,}2 \cdot 10^7$ sec) durchläuft, verschiebt sich ihre Stellung in einer Sekunde um einen Winkel von $360/3{,}2 \cdot 10^7$ Grad. Diese Winkelgeschwindigkeit (stark übertrieben in der Abbildung) wird mit dem Buchstaben ω bezeichnet. Wenn sich die Erde eine Sekunde lang weiterbewegt hat, möge ihr Geschwindigkeitsvektor durch den Pfeil B dargestellt werden, wobei B dieselbe Länge wie A hat, aber dagegen um den Winkel ω gedreht ist. Dabei ist unwesentlich, daß beide Vektoren

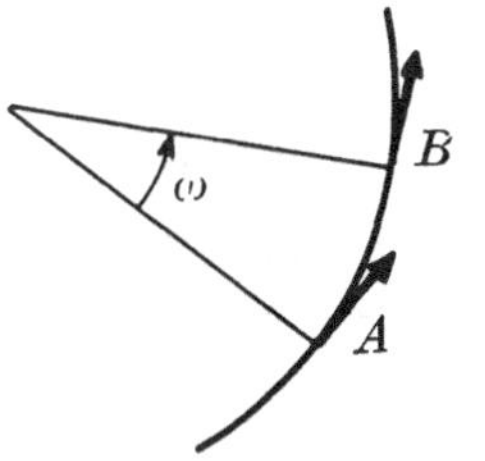

← Abb. 4.5. Winkelgeschwindigkeit der Erde um die Sonne. Der Winkel ω ist derselbe wie der Winkel zwischen den Vektoren A und B.

→ Abb. 4.6. Beschleunigung der Erde in ihrer Kreisbahn um die Sonne. Die Vektordifferenz A—B ist die Änderung des Geschwindigkeitsvektors der Erde in einer Sekunde. Sie ist mit C bezeichnet und ist immer nach der Sonne hin gerichtet. Ihr numerischer Wert beträgt 0,59 cm/sec pro Sekunde.

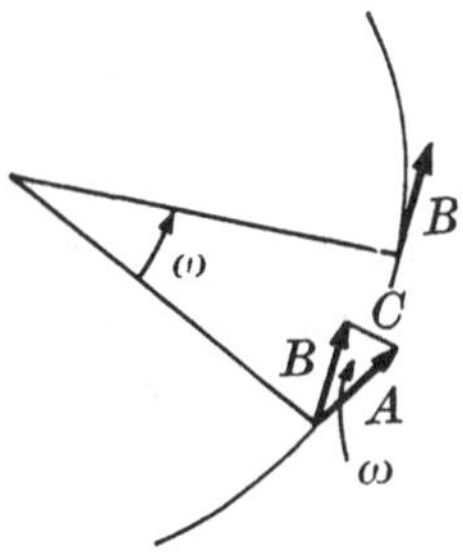

verschiedenen Ursprung haben: ihre Eigenschaften sind Größe und Richtung. Daher ist es erlaubt, zur Vereinfachung der Rechnung die Ursprungspunkte der Vektoren zusammenzulegen, ohne aber ihre Größen und Richtungen zu ändern. Dies ist in Abb. 4.6 dargestellt. Die Geschwindigkeitsänderung in einer Sekunde ist die Differenz zwischen A und B, die in der Abbildung mit C bezeichnet ist. Der Wert von C kann gefunden werden, da ja ω, B und A bekannte Größen sind. Da ω klein ist, kann C als Bogen eines Kreises betrachtet werden, dessen Radius gleich der Größe von A und B in Abb. 4.7 ist, und weiter ist das Verhältnis der Bogenlänge C zum Kreisumfang gleich dem Verhältnis des Winkels ω zur Anzahl von Graden des ganzen Kreises, d. h. es ist

$$\frac{C}{2\pi A} = \frac{\omega}{360^\circ}\,.$$

Der Wert von ω ergibt sich zu $360°/3{,}2 \cdot 10^7$ und der von A und B ist 30 km/sec oder $30 \cdot 10^5$ cm/sec. Daher ist

$$C = \frac{360 \cdot 2\pi \cdot 30 \cdot 10^5}{3{,}2 \cdot 10^7 \cdot 360°} = 0{,}59\,\frac{\text{cm}}{\text{sec}}\,.$$

Und da dieser Wert für die Änderung des Geschwindigkeitsvektors der Erde pro Sekunde gilt, beträgt folglich

$$\text{die Beschleunigung der Erde} = 0{,}59\ \text{cm/sec}^2.$$

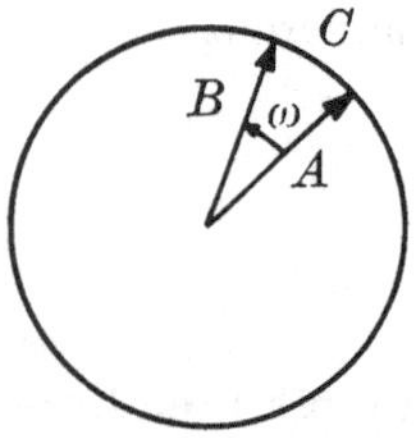

Abb. 4.7. Geometrische Bestimmung der Größe von C in Abb. 4.6. Obgleich C, genau genommen, eine gerade Linie ist, kann es durch einen Bogen ersetzt werden, wenn der Winkel ω klein ist.

Die Beschleunigung der Erde ist immer nach der Sonne hin gerichtet. Darauf ist die Ausdrucksweise begründet, daß „die Erde zur Sonne hin fällt" mit einer Beschleunigung von 0,59 cm/sec². Der Wert von C kann natürlich schneller und genauer mit Hilfe trigonometrischer Tafeln gefunden werden. Doch ist in vielen astronomischen Problemen, wie bei der vorstehenden Berechnung der Erdbeschleunigung, der Winkel ω so klein, daß das Verhältnis des Bogens zum Umfang hinreichend genau ist. Um die Verwendung trigonometrischer Funktionen zu vermeiden, wird diese Methode wiederholt in diesem Buch gewählt werden.

Die Beschleunigung der Erde in ihrer Bahn um die Sonne kann auch berechnet werden, wenn man sich erinnert, daß die von einem Körper aus der Ruhelage durchfallene Strecke pro Sekunde gleich der halben Beschleunigung ist. Zum Beispiel würde in Nähe der Erdoberfläche ein aus der Ruhelage fallender Stein auf einer Filmaufnahme am Ende der ersten Sekunde eine Geschwindigkeit von 980 cm/sec zeigen. Dies ist seine Beschleunigung. Seine Durchschnittsgeschwindigkeit während der ersten Sekunde ist daher $\frac{980 + 0}{2} = 490$ cm/sec und die durchfallene Strecke ist Geschwindigkeit · Zeit $= 490\,\frac{\text{cm}}{\text{sec}} \cdot 1\ \text{sec} = 490$ cm oder die Hälfte der Beschleunigung. Wenn auf die Erde keine Kraft ausgeübt würde, bewegte sie sich auf einer Geraden, tangential zu ihrer Bahn, pro Sekunde um 30 km. In Wirklichkeit wird sie auf ihrer Bahn um die Strecke X der Sonne näher gefunden. X ist daher die Fallstrecke während einer Sekunde.

Es sei nun ein Dreieck konstruiert, dessen eine Seite der Radius der Erdbahn ist, $1{,}5 \cdot 10^8$ km, der die Sonne und die Anfangsposition der Erde verbindet; die andere Seite, rechtwinklig dazu, ist der 30 km lange Weg, den die Erde in einer Sekunde zurückgelegt hätte, wenn keine Kraft wirken würde. Die Hypotenuse ist die Linie, die die Sonne mit dem Endpunkt der 30-km-Seite verbindet, oder $(1{,}5 \cdot 10^8 + X)$ km. Nach dem Lehrsatz des Pythagoras haben wir

$$(1{,}5 \cdot 10^8)^2 + (30)^2 = (1{,}5 \cdot 10^8 + X)^2.$$

Da das Quadrat der Summe auf der rechten Seite gleich

$$(1{,}5 \cdot 10^8)^2 + 2 \cdot 1{,}5 \cdot 10^8 \cdot X + X^2$$

ist, wo X^2 im Vergleich zu den anderen Gliedern so klein ist, daß es vernachlässigt werden kann, finden wir:

$$30^2 = 2 \cdot 1{,}5 \cdot 10^8 \cdot X,$$

woraus sich

$$X = \frac{900}{3 \cdot 10^8} = 3 \cdot 10^{-6}\,\text{km} = 0{,}3\,\text{cm}$$

ergibt. Die Beschleunigung ist zweimal so groß, 0,6 cm/sec².

4.2 Newtons Bewegungsgesetze

Man stelle ein Spielzeugautomobil an das eine Ende eines Tisches (Abb. 4.8). Es wird ruhig stehen bleiben, bis irgendeine Kraft wirkt, die es dazu veranlaßt, sich zu bewegen. (Für dieses Experiment wird angenommen, daß Reibungseffekte zu vernachlässigen sind.) Nun lasse man

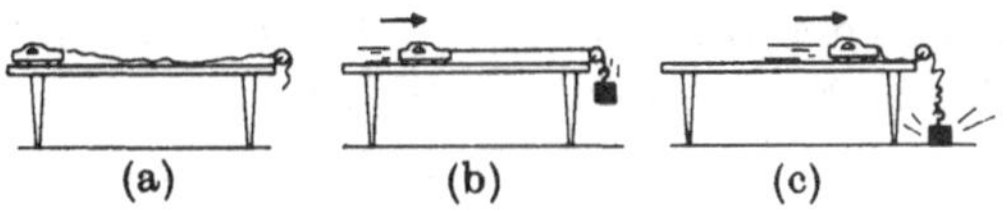

Abb. 4.8. Proportionalität von Kraft und Beschleunigung. Solange die konstante, von dem Gewicht ausgeübte Kraft wirkt, bewegt sich das Automobil mit gleichförmiger Beschleunigung.

auf das Automobil eine konstante Kraft wirken mit Hilfe eines fallenden Gewichts, das mit ihm durch einen Faden verbunden ist, der über eine Rolle läuft. Während die Kraft auf das Automobil wirkt, wird dessen Geschwindigkeit zunehmen — das Automobil wird beschleunigt werden. Wenn das Gewicht den Fußboden erreicht, wird die Kraft aufhören zu wirken und das Automobil wird seine Fahrt mit der Geschwindigkeit fortsetzen, die es zu dem Zeitpunkt erreicht hatte, in dem das Gewicht auf dem Boden auftraf. Dieses Experiment demonstriert Newtons erstes Bewegungsgesetz:

> Ein in Ruhe oder gleichförmiger geradliniger Bewegung befindlicher Körper bleibt in Ruhe oder gleichförmiger geradliniger Bewegung, wenn er nicht durch eine äußere Kraft gezwungen wird, diesen Zustand zu ändern.

Das Experiment zeigt auch, daß während der Zeit, in der die Kraft auf ein Objekt wirkt, dieses beschleunigt wird. Um die Beziehung zwischen Kraft und Beschleunigung auf eine quantitative Form zu bringen, muß eine Krafteinheit definiert werden. Wenn das Spielzeugautomobil eine Masse von einem Gramm besitzt und um 1 cm/sec² beschleunigt wird, nennt man die Kraft, die die Beschleunigung hervorruft, ein Dyn. Somit ist durch Definition

> ein Dyn die Kraft, die erforderlich ist, um einer Masse von einem Gramm eine Beschleunigung von einem Zentimeter pro Sekunde pro Sekunde zu erteilen.

Um die Beschleunigung zu erhöhen, muß man eine größere Kraft wirken lassen: Wenn ein Gramm Masse um 3 cm/sec² beschleunigt werden soll, so läßt sich zeigen, daß hierfür eine Kraft von 3 dyn gebraucht wird. Demgemäß ist die Kraft der Beschleunigung proportional, d. h.

$$F \sim a.$$

Wenn die Masse des Objekts vergrößert wird, ist die für eine vorgegebene Beschleunigung benötigte Kraft ebenfalls zu vergrößern. Um eine Masse von 5 g um 1 cm/sec² zu beschleunigen, ist eine Kraft von 5 dyn aufzuwenden. Daher ist

$$F \sim m.$$

Newtons zweites Bewegungsgesetz vereinigt diese beiden Proportionalitäten und wird in der Form ausgesprochen

$$F = m \cdot a,$$

worin F die Kraft in Dyn, die auf ein Objekt der Masse m in Gramm wirkt, und a die Beschleunigung in cm/sec² bedeuten. Aus dieser Beziehung ersieht man, daß das Dyn eine Kombination der drei Fundamentaleinheiten ist:

$$\text{Dyn} = \frac{\text{Gramm} \cdot \text{Zentimeter}}{\text{Sekunde} \cdot \text{Sekunde}} = \frac{\text{Masse} \cdot \text{Länge}}{\text{Zeit} \cdot \text{Zeit}}.$$

Es soll noch erwähnt werden, daß die Beschleunigung eine Vektorgröße ist, die einen Betrag und eine Richtung besitzt, und auch die Kraft ist eine Vektorgröße. Die obige Gleichung besagt nicht nur, daß die Kraft dem Zahlenwert nach gleich dem Produkt aus Masse und Beschleunigung ist, sondern auch, daß die Richtungen von Kraft und Beschleunigung gleich sind. Immer wenn ein Körper beschleunigt ist, wirkt eine Kraft auf ihn. Zum Beispiel ist die Erde, da sie um die Sonne läuft, zur Sonne hin beschleunigt (Abschnitt 4.1), daher muß eine Kraft existieren, die die Erde zur Sonne hin zieht. Diese Kraft ist die Schwerkraft oder Gravitation. Die Sonne zieht die Erde mit einer Kraft an, welche diese um 0,59 cm/sec^2 beschleunigt. Die Masse der Erde beträgt $6 \cdot 10^{27}$ g (Abschnitt 5.2); daher ist der numerische Wert der Kraft, die die Sonne auf die Erde ausübt

$$F = m \cdot a = 6 \cdot 10^{27} \cdot 0{,}59 = 3{,}5 \cdot 10^{27} \text{ dyn}.$$

Die Erde zieht andererseits die Sonne mit der gleichen Kraft in entgegengesetzter Richtung an. Da die Kraft dieselbe ist, kann man die durch die Schwerkraft zwischen Sonne und Erde der ersteren erteilte Beschleunigung berechnen, indem man von der Tatsache Gebrauch macht, daß die Sonnenmasse $2 \cdot 10^{33}$ g beträgt (Abschnitt 15.1).

$$F = m \cdot a$$

oder

$$a = F/m.$$

Daher ist die

$$\text{Beschleunigung der Sonne} = 3{,}5 \cdot 10^{27}/2 \cdot 10^{33}$$

oder angenähert

$$\text{Beschleunigung der Sonne} = 10^{-6} \text{ cm/sec}^2.$$

Somit ist die Sonne wegen ihrer größeren Masse weniger beschleunigt als die Erde. Die Existenz entgegengesetzter Kräfte wird in Newtons drittem Bewegungsgesetz ausgesprochen, das auf alle Kräfte anwendbar ist:

Zu jeder Kraft gibt es eine gleiche Kraft, die in entgegengesetzter Richtung wirkt.

4.3 Das Gravitationsgesetz

Im Abschnitt 4.2 wurde die gegenseitige Anziehung der Sonne und der Erde durch die Schwerkraft erklärt. Diese Kraft ist nicht auf Himmelskörper beschränkt, sondern wirkt auf jedes Objekt im Weltall. Die Anziehung zwischen zwei Körpern auf der Erdoberfläche ist im Laboratorium mit Hilfe empfindlicher Instrumente gemessen worden. Das hypothetische Experiment, das in diesem Abschnitt beschrieben wird, kann zwar nicht mit den vorhandenen Instrumenten durchgeführt werden, weil die Kräfte sehr klein sind, aber es dient dazu, das Gravitationsgesetz zu erläutern.

Man betrachte zwei kugelförmige Körper, A und B, die beide je ein Gramm wiegen und deren Abstand voneinander einen Zentimeter beträgt (Abb. 4.9). Von diesen beiden Massen zieht

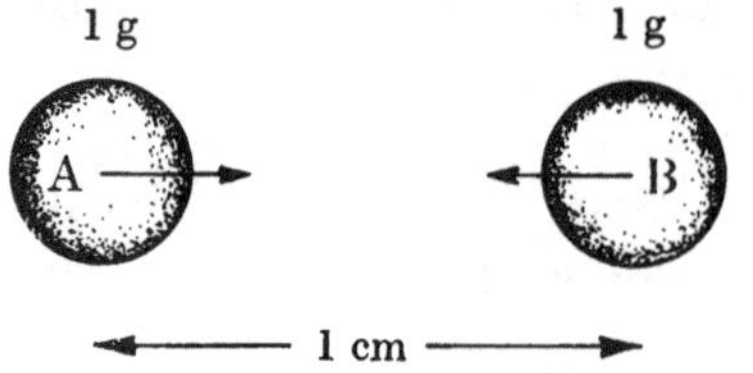

Abb. 4.9. Gravitationsanziehung von zwei Körpern. Die Kraft beträgt $6{,}7 \cdot 10^{-8}$ dyn.

jede die andere an auf Grund ihrer gegenseitigen Gravitation: Es besteht eine Anziehungskraft zwischen ihnen. Wenn die Anziehung, die die Erde auf die beiden Objekte ausübt, ausgeschaltet werden könnte und wenn es den beiden Objekten möglich wäre, von einem stationären Zustand aus sich gegeneinander zu bewegen, so würde das Experiment zeigen, daß jedes von ihnen nach Ablauf einer Sekunde eine Geschwindigkeit von $6{,}7 \cdot 10^{-8}$ cm/sec erhalten haben würde. Folglich beträgt die Beschleunigung jedes Objekts $6{,}7 \cdot 10^{-8}$ cm/sec². Nach Newtons 2. Bewegungsgesetz ist die Kraft das Produkt aus Masse, 1 g, und Beschleunigung, $6{,}7 \cdot 10^{-8}$ cm/sec². Somit zieht jedes der beiden Objekte das andere mit derselben Kraft, $6{,}7 \cdot 10^{-8}$ dyn, an und nach Newtons 3. Gesetz sind beide Kräfte entgegengesetzt gerichtet.

Wenn die Masse von A auf 3 g erhöht wird, während die Masse von B 1 g bleibt, so wird die Kraft von A auf B dreimal so groß sein wie die im ursprünglichen Experiment, und die Kraft von B auf A wird ebenfalls dreimal $6{,}7 \cdot 10^{-8}$ dyn betragen. Wenn beide, B und A, eine Masse von 3 g haben, findet man, daß die Kraft gegenüber dem ursprünglichen Experiment um einen Faktor 9 vergrößert ist. Daher ist die Schwerkraft proportional dem Produkt der Massen beider Körper. Wenn die ursprünglichen 1-Gramm-Massen um zwei Zentimeter voneinander entfernt wären, würde man für die Kraft ein Viertel des ursprünglichen Wertes finden, und bei einer Entfernung von drei Zentimetern ergäbe sich für die Kraft ein Neuntel des ursprünglichen Wertes. Wenn man also die Entfernung verändert, so sieht man, daß die Kraft dem Quadrat der Entfernung umgekehrt proportional ist. Durch Kombination beider Resultate ergibt sich

$$F \sim \frac{m_A \cdot m_B}{d^2}.$$

Die Proportionalität kann in Gleichheit verwandelt werden, wenn ein konstanter Faktor eingeführt wird, so daß

$$F = G\frac{m_A \cdot m_B}{d^2}. \qquad \text{(Gleichung 4.1)}$$

ist. G ist die Newtonsche Gravitationskonstante. Da $F = 6{,}7 \cdot 10^{-8}$ dyn, wenn $m_A = m_B =$ 1 g und $d = 1$ cm, beträgt der Wert von G in cgs-Einheiten

$$G = 6{,}7 \cdot 10^{-8}.$$

Gleichung 4.1 ist das Newtonsche Gravitationsgesetz. Es erklärt die Bewegungen der Erde, der anderen Planeten und der Satelliten ebenso wie die Bewegungen von Doppelsternen und sogar von Doppelgalaxien. Alle Massenbestimmungen astronomischer Körper beruhen auf ihm.

Aufgaben

1. Für einen fallenden Körper auf der Erde liefert die Beobachtung für dessen Geschwindigkeit die Werte

Geschwindigkeit	am Ende der Sekunde
0 cm/sec	0
980	1
1960	2
2940	3
3920	4
4900	5

Ist die Beschleunigung des fallenden Körpers veränderlich oder konstant? Bestimme den Wert der Beschleunigung in cm/sec². Man beachte, daß die Fallstrecke am Ende der ersten Sekunde

$$\text{Durchschnittsgeschwindigkeit} \cdot \text{Zeit} = \frac{1}{2}\left(980\,\frac{\text{cm}}{\text{sec}} + 0\,\frac{\text{cm}}{\text{sec}}\right) \cdot 1\ \text{sec} = 490\ \text{cm},$$

am Ende der zweiten Sekunde

$$490\ \text{cm} + \frac{1960 + 980}{2} \cdot 1\ \text{sec} = 490 + 1470 = 1960\ \text{cm}$$

usw. beträgt. Allgemein ist $s = \frac{1}{2}\,a \cdot t^2$.

2. Welche Kraft übt die Erdatmosphäre auf ein Meteor aus, das 0,001 g wiegt, wenn sie das Meteor um 1,000 cm/sec^2 verzögert? (Vernachlässige die Anziehung der Erde auf das Meteor.)
3. Der Planet Jupiter läuft mit einer Periode von rund 12 Jahren in einer mittleren Entfernung von $7{,}8 \cdot 10^8$ km um die Sonne. Die Jupiterbahn sei ein Kreis. Man berechne die lineare Geschwindigkeit v Jupiters in km/sec und in cm/sec, ferner seine Winkelgeschwindigkeit ω in Grad/sec.
4. Unter Verwendung des Ergebnisses der vorstehenden Aufgabe ist die Beschleunigung Jupiters durch die Sonne zu finden.
5. Die Sonnenmasse beträgt $2 \cdot 10^{33}$ g, die mittlere Entfernung Jupiters von der Sonne $7{,}8 \cdot 10^8$ km. Auf Grund des Newtonschen Gravitationsgesetzes ist die Beschleunigung Jupiters durch die Sonne zu berechnen.

5. DIE ERDE ALS PHYSIKALISCHER KÖRPER

5.1 Größe und Gestalt der Erde

Während einer Mondfinsternis (Abb. 5.1) sieht man die Mondoberfläche innerhalb des von der Sonne geworfenen Erdschattens. Die kreisförmige Begrenzung dieses Schattens läßt sich nur folgerichtig erklären, wenn die Erde eine angenähert sphärische Gestalt besitzt.

Da die Erde zu groß ist, um direkt gemessen werden zu können, muß eine indirekte Methode zur Bestimmung ihrer Größe angewandt werden. Ein kleiner Bogen ihres Umfangs könnte mit einem Meßband ausgemessen werden zwischen zwei Orten, die auf demselben Meridian liegen, deren Breite aber um 1 Grad differiert. Wenn die Erde eine vollkommene Kugel wäre, würde überall die Entfernung zwischen zwei Punkten, deren Breitenunterschied einen Grad beträgt und die auf dem gleichen Meridian liegen, dieselbe sein. Aus einer Messung dieser Entfernung ließe sich dann der Erdumfang berechnen. Ist d die gemessene Entfernung und c der gesuchte Erdumfang, so gilt

$$\frac{d}{c} = \frac{1^\circ}{360^\circ}.$$

Wenn c gefunden ist, kann der Erdradius $R_\oplus$ aus der Beziehung

$$c = 2\pi R_\oplus = 2 \cdot 3{,}142 \cdot R_\oplus$$

berechnet werden.

Direkte Messungen ergeben, daß der Abstand zweier Punkte, die in Breite 1° voneinander entfernt sind, durchschnittlich 111 km beträgt. Hieraus folgt der Erdumfang

$$c = 111 \cdot 360 = 39\,960 \text{ km},$$

und weiter erhält man für den Radius der Erde

$$R_\oplus = 6\,400 \text{ km} \quad (3\,900 \text{ Meilen}).$$

Wenn jedoch längs eines Erdmeridians eine Reihe von Punktepaaren ausgewählt wird — jedes Paar mit einem Grad Breitendifferenz —, so führen die Messungen mit dem Maßband nicht überall auf dasselbe Ergebnis. Tafel 5.1 zeigt, daß solche Punkte in Äquatornähe etwas dichter beieinander liegen als solche in Nähe der Pole.

Tafel 5.1. Längen von 1 Grad-Bogen

Lage	Breite	1° Breite entsprechende Entfernung	Radius
Nordpol	+ 90°	111,68 km	6356,912 km
Washington	+ 39°	111,39 km	6365,8 km
Äquator	0°	111,12 km	6378,388 km
Mittel	—	—	6370 km

a)

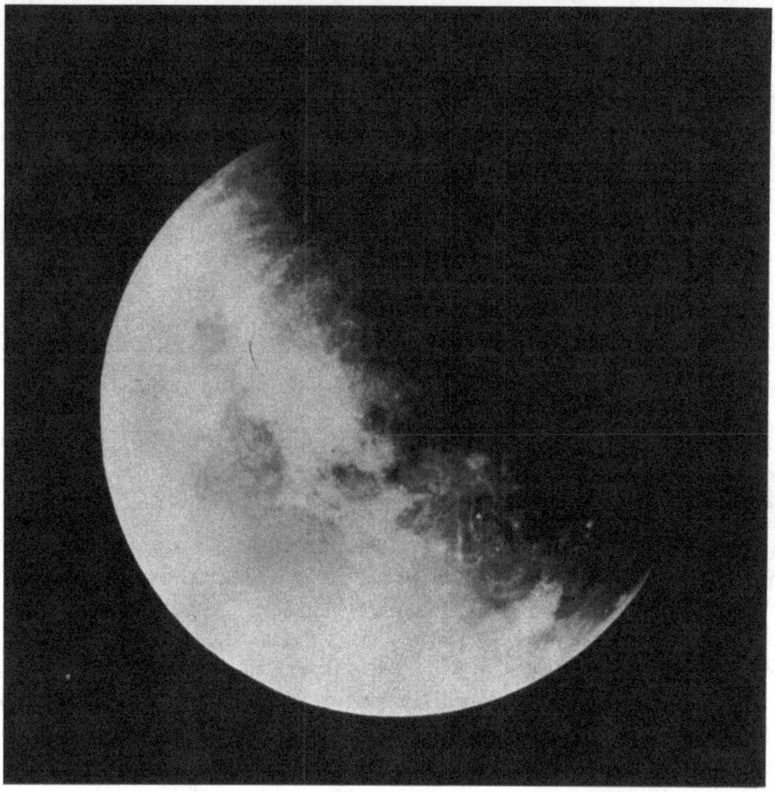

b)

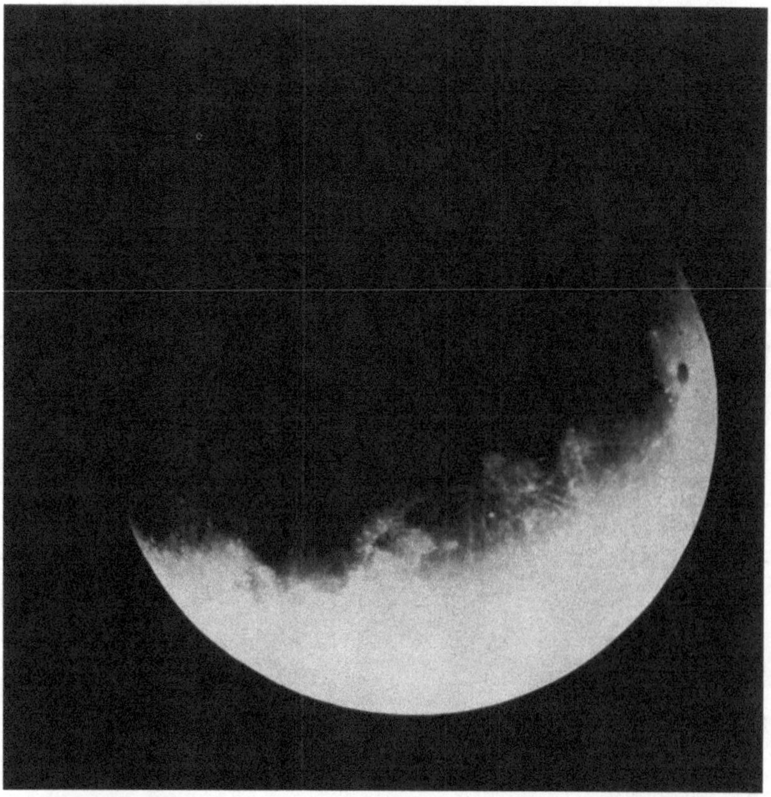

Da die Entfernungen, die einer Breitendifferenz von 1° entsprechen, zum Pol hin größer werden, muß die Erde an den Polen abgeflacht sein und am Äquator eine Krümmung besitzen, die die mittlere Krümmung übersteigt. Dies ist in Abb. 5.2 dargestellt, die in übertriebener Form die Abweichung eines Querschnitts durch die Erde von einem Kreis zeigt. Die Entfernungen, die einem Winkelabstand von 10 Grad in Breite entsprechen, sind für Pol und Äquator angedeutet.

Die Gestalt der Erde ist somit die eines abgeplatteten Sphäroids, das an den Polen nur wenig abgeflacht ist und eine symmetrische äquatoriale Aufwölbung besitzt. Der Grad der polaren Abflachung wird durch die Abplattung des Sphäroids gemessen, die als

$$\text{Abplattung} = \frac{\text{Äquatorradius} - \text{Polradius}}{\text{Äquatorradius}}$$

definiert wird. Bei der Kugel beträgt die Abplattung null und für die Erde

$$\text{Abplattung} = \frac{6378{,}39 - 6356{,}91}{6378{,}39} = \frac{1}{297}\,.$$

Da die Erdabplattung klein ist, kann das Volumen der Erde mit genügender Genauigkeit unter der Annahme berechnet werden, daß diese eine Kugel mit dem Radius $R_\oplus = 6400\ \text{km} = 6{,}4 \cdot 10^8\ \text{cm}$ ist. Dieses Volumen ist

$$V = \frac{4\pi}{3} R_\oplus^3 = \frac{4\pi}{3} (6{,}4 \cdot 10^8)^3$$

oder

$$\text{Erdvolumen} = 1{,}1 \cdot 10^{27}\ \text{cm}^3.$$

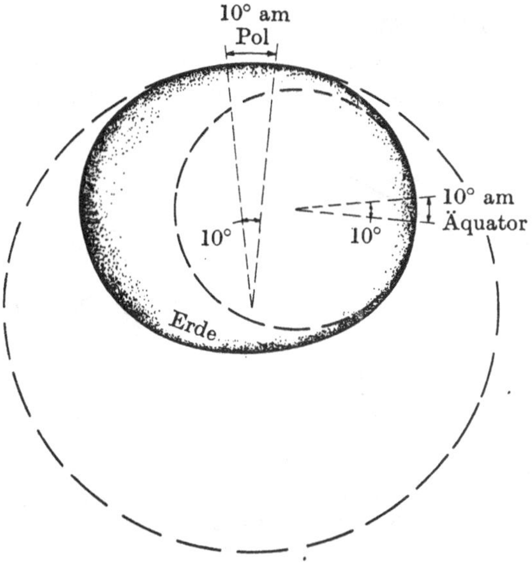

Abb. 5.2. Abplattung der Erde. Die Entfernung auf der Erdoberfläche, die einer Breitendifferenz von 10 Grad entspricht, ist in den Polargebieten größer als in den tropischen Zonen. Daher ist die Erdkrümmung, angedeutet durch die gestrichelten Kreise, am Äquator größer als an den Polen.

5.2 Die Masse der Erde

Bevor die Erdmasse sich auf Grund des Newtonschen Gravitationsgesetzes bestimmen läßt, muß das Problem der Anziehung eines Objekts endlicher Größe auf ein kleines Teilchen in seiner Nähe behandelt werden. Von besonderer Wichtigkeit ist die Anziehung einer Kugel auf ein Massenteilchen der Masse m nahe seiner Oberfläche. Man stelle sich vor, daß die Kugel (der Masse E) in eine große Zahl (n) von Zellen gleicher Masse (E/n) geteilt ist. Jede Zelle zieht die Partikel der Masse m nach dem Newtonschen Gesetz an; diejenigen, die der Partikel nahe sind, ziehen sie stark an, die weiter entfernten ziehen sie schwach an. Die Summe aller dieser Kräfte ist

$$G\frac{m \cdot E/n}{r_1^2} + G\frac{m \cdot E/n}{r_2^2} + \cdots\cdots,$$

worin $r_1, r_2, \ldots$ die Entfernungen der ersten, zweiten usw. Zelle von der Partikel bedeuten. Es ist anschaulich klar, daß die verschiedenen Abstände r durch einen Durchschnittswert

←

Abb. 5.1. (a und b) Mondfinsternis. Die Begrenzung des Erdschattens auf der Mondscheibe ist angenähert kreisförmig. *(Photographiert mit dem Crossley-Reflektor, Lick-Observatorium, 14./15. Juni 1927.)*

ersetzt werden können, von dem sich herausstellt, daß es der Erdradius ist. Daher kann die Anziehung einer homogenen Kugel (oder einer solchen, in der die Dichte nur vom Mittelpunktsabstand abhängt) so berechnet werden, wie wenn die gesamte Masse im Zentrum vereinigt wäre: Für ein Teilchen der Masse m beträgt auf der Erdoberfläche die Schwerkraft

$$F = G \cdot \frac{m \cdot E}{R_{\oplus}^2},$$

worin E die Masse der Erde ist.

Mit Hilfe dieses Ausdrucks ist es möglich, auf Grund eines Laboratoriumsexperiments die Erdmasse abzuleiten. Abb. 5.3 erläutert schematisch eine der angewandten Methoden. Ein empfindlicher Waagebalken wird durch zwei identische sphärische Massen m auf jeder Seite im Gleichgewicht gehalten. Eine Zusatzmasse M wird unter die Masse m auf der rechten Seite des Waagebalkens gebracht. Die Anziehung von M auf m wirkt als Zusatzkraft auf der rechten Seite, und zwar ist sie nach unten gerichtet. Die Waage ist so gebaut, daß die Anziehung zwischen M und den Massen auf der linken Seite zu vernachlässigen ist. Um nun die Waage wieder ins Gleichgewicht zu bringen, muß man ein kleines Gewicht n, das durch Probieren gefunden wird, auf der linken Seite hinzufügen. Nun betrachte man die an der Waage angreifenden Kräfte. Dies sind auf der linken Seite die Gravitationskräfte zwischen der Erde mit der Masse E und den Massen m und n. Die gesamte nach unten wirkende Kraft ist die Summe dieser beiden Kräfte:

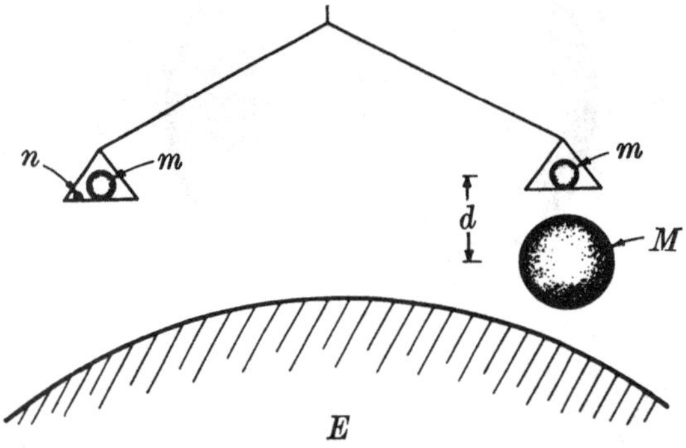

Abb. 5.3. Messung der Erdmasse mit Hilfe der Waage von v. Jolly. Die kleine Masse n muß empirisch ermittelt werden. Ihr Zweck ist, das Gleichgewicht wieder herzustellen, nachdem die schwere Masse M unter den rechten Arm der Waage gebracht wurde.

$$F_{\text{links}} = G \cdot \frac{m \cdot E}{R_{\oplus}^2} + G \cdot \frac{n \cdot E}{R_{\oplus}^2}.$$

Die auf der rechten Seite abwärts gerichteten Kräfte rühren von der Anziehung zwischen m und M, sowie zwischen m und E her. Die Gesamtkraft ist also

$$F_{\text{rechts}} = G \cdot \frac{m \cdot E}{R_{\oplus}^2} + G \cdot \frac{m \cdot M}{d^2},$$

worin d die Entfernung der Mittelpunkte von m und M bedeutet. Da die Waage im Gleichgewicht ist, müssen die auf der einen Seite abwärts wirkenden Kräfte den auf der anderen Seite abwärts wirkenden Kräften gleich sein:

$$F_{\text{links}} = F_{\text{rechts}}$$

oder

$$G \cdot \frac{m \cdot E}{R_{\oplus}^2} + G \cdot \frac{n \cdot E}{R_{\oplus}^2} = G \cdot \frac{m \cdot E}{R_{\oplus}^2} + G \cdot \frac{m \cdot M}{d^2}.$$

Dies kann durch Subtraktion von $G \cdot \frac{m \cdot E}{R_{\oplus}^2}$ auf beiden Seiten vereinfacht werden zu

$$\frac{n \cdot E}{R_{\oplus}^2} = \frac{m \cdot M}{d^2}. \qquad \text{(Gleichung 5.1)}$$

In einem Einzelfall wurden folgende Massen und Entfernungen verwandt:

$$m = 5\ \text{kg} = 5 \cdot 10^3\ \text{g}$$
$$M = 6000\ \text{kg} = 6 \cdot 10^6\ \text{g}$$
$$d = 57\ \text{cm}.$$

Für das kleine Zusatzgewicht n wurde dabei 0,6 mg oder $0{,}6 \cdot 10^{-3}$ g gefunden. Da $R_\oplus = 6{,}4 \cdot 10^8$ cm ist, kann Gleichung 5.1 für E gelöst werden:

$$E = \frac{m \cdot M \cdot R_\oplus^2}{d^2 \cdot n} = \frac{5 \cdot 10^3 \cdot 6 \cdot 10^6 \cdot (6{,}4 \cdot 10^8)^2}{(57)^2 \cdot 0{,}6 \cdot 10^{-3}},$$

und daher ist die

$$\text{Masse der Erde} = 6 \cdot 10^{27}\ \text{g}.$$

5.3 Newtons Gravitationskonstante

Die Waage kann auch dazu benützt werden, um den Wert der Newtonschen Gravitationskonstanten G zu bestimmen, wenn durch Messung der Schwerebeschleunigung die Kraft (in dyn), die von der Masse n ausgeübt wird, bekannt ist. Hängt man eine Masse von 1 Milligramm über der Erdoberfläche auf, so ist eine Kraft erforderlich, um die Anziehung der Erde auf dieses Gewicht zu kompensieren. Diese Kraft ergibt sich experimentell der Kraft äquivalent, die gebraucht wird, um eine Masse von 1 Gramm pro Sekunde um 1 Zentimeter pro Sekunde zu beschleunigen — d. h. sie ist gleich 1 dyn. Daher beträgt die von der Erde auf eine Masse von 1 Milligramm ausgeübte Gravitationskraft 1 dyn (genauer 0,98 dyn). Da die Schwerkraft den beiden beteiligten Massen direkt proportional ist, unterliegt eine Masse von 0,6 Milligramm an der Erdoberfläche einer Kraft von 0,6 dyn. In dem obigen Experiment benötigte man 0,6 Milligramm um die Anziehung zwischen m und M auszugleichen, folglich ist eine Kraft von 0,6 dyn der Schwerkraft zwischen m und M äquivalent:

$$0{,}6 = G \cdot \frac{m \cdot M}{d^2}.$$

Werden die oben angegebenen Werte für m, M und d eingesetzt, so erhält man für G den Näherungswert

$$G = 0{,}6 \cdot \frac{(57)^2}{5 \cdot 10^3 \cdot 6 \cdot 10^6} = 6{,}5 \cdot 10^{-8}.$$

In ähnlicher Weise kann G durch Messung der Beschleunigung eines frei fallenden Körpers ermittelt werden. Wenn man ein Objekt der Masse m zu Boden fallen läßt, so wird es durch die Schwerkraft der Erde beschleunigt. Diese Beschleunigung kann gemessen werden (zum Beispiel mit einer Filmkamera): Die Fallgeschwindigkeit am Ende der ersten Sekunde ist rund 1000 cm/sec. Daher ist auch die Beschleunigung rund 1000 cm/sec² (genauer 980 cm/sec²). Die auf den Körper wirkende Kraft beträgt nach dem 2. Newtonschen Bewegungsgesetz:

$$F = m \cdot a = m \cdot 1000. \qquad \text{(Gleichung 5.2)}$$

Dies ist aber auch die Anziehungskraft zwischen der Masse m und der Erde, welche

$$F = G \cdot \frac{m \cdot E}{R_\oplus^2} \qquad \text{(Gleichung 5.3)}$$

beträgt. Die Kombination von Gleichung 5.2 und 5.3 führt auf folgenden Ausdruck für G, der außerdem nur bekannte Größen enthält:

$$F = G \cdot \frac{m \cdot E}{R_{\oplus}^2} = m \cdot a$$

oder

$$\frac{G \cdot E}{R_{\oplus}^2} = a\,. \qquad \text{(Gleichung 5.4)}$$

Wenn E, $R_{\oplus}$ und a schon gemessen sind, läßt sich G berechnen. Gleichung 5.4 drückt eine wichtige Eigenschaft fallender Körper aus: Die Beschleunigung ist von der Masse des fallenden Körpers unabhängig. Dies wurde zuerst von Galilei nachgewiesen, der zwei gleich große Kugeln — die eine aus Holz, die andere aus Metall — gleichzeitig vom schiefen Turm zu Pisa herabfallen ließ und feststellte, daß sie zur selben Zeit auf dem Boden auftrafen.

Ein interessantes Beispiel für einen fallenden Körper ist der Mond. Er fällt zur Erde in derselben Weise, wie die Erde zur Sonne fällt (Abschnitt 4.1). Die Bahngeschwindigkeit des Mondes ist angenähert 1 km/sec oder 10^5 cm/sec. Da der Mond 360° in 27,33 Tagen ($2{,}36 \cdot 10^6$ sec) durchläuft, ist seine Winkelgeschwindigkeit gleich $360/(2{,}36 \cdot 10^6)$ Grad/sec. Die Beschleunigung des Mondes, bei seinem Fall zur Erde, kann dann nach derselben Methode gefunden werden, die in Abschnitt 4.1 zur Bestimmung der Erdbeschleunigung benutzt wurde. Abb. 5.4 zeigt die Geschwindigkeitsvektoren des Mondes. Die Differenz zwischen ihnen ist die gesuchte Beschleunigung. Im Fall des Mondes sind die Beträge von A und B 10^5 cm/sec und ω ist $360/(2{,}36 \cdot 10^6)$. Die Beschleunigung C ergibt sich aus dem Verhältnis

$$\frac{C}{2\pi \cdot 10^5} = \frac{360}{360 \cdot 2{,}36 \cdot 10^6}$$

oder

$$\text{Beschleunigung des Mondes} = 0{,}27 \text{ cm/sec}^2.$$

Die Strecke, um die der Mond pro Zeiteinheit in Richtung zur Erde fällt, ist gleich der Hälfte der Beschleunigung oder pro Sekunde ungefähr 1 Millimeter.

Dieser Wert gibt die Beschleunigung des Mondes zur Erde hin unter der Voraussetzung, daß die Erde sich nicht im Raum bewegt. Tatsächlich handelt es sich also um die relative Beschleunigung

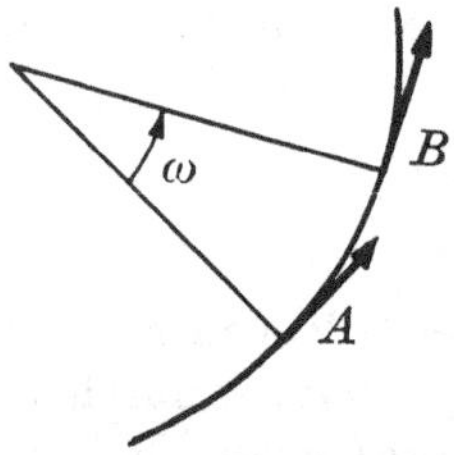

Abb. 5.4. Die Winkelgeschwindigkeit des Mondes um die Erde. Die Bedeutung der Vektoren A und B entspricht der der Vektoren für die Erde in Abb. 4.5.

des Systems Erde—Mond. Nach Newtons 3. Gesetz erfährt aber auch die Erde eine Beschleunigung durch den Mond, und der Wert 0,27 cm/sec² ist die Summe beider Beschleunigungen. Um jede von ihnen getrennt zu finden, muß der Gesamtbetrag im Verhältnis der Massen von Mond (Abschnitt 7.3) und Erde geteilt werden. Daher entfallen $^1/_{80}$ der Gesamtbeschleunigung auf die Erde und $^{79}/_{80}$ auf den Mond.

Der Wert der Mondbeschleunigung kann durch Vergleich des Mondes mit einem fallenden Körper nahe der Erdoberfläche geprüft werden. Newtons 2. Gesetz besagt, daß für jede Kraft

$$F = m \cdot a$$

gilt, worin m die Masse mit der Beschleunigung a ist. Wenn F die Anziehung zwischen dem Mond mit der Masse m und der Erde mit der Masse E ist, so haben wir

$$F = G \cdot \frac{m \cdot E}{d^2},$$

worin d den Abstand der Mittelpunkte von Erde und Mond bedeutet. Da die Kraft in beiden Ausdrücken die gleiche ist, erhält man

$$m \cdot a = G \cdot \frac{m \cdot E}{d^2}$$

oder

$$a = G \cdot \frac{E}{d^2}.$$

Für einen Körper an der Oberfläche der Erde ist für d der Erdradius $R_\oplus$ einzusetzen, und man findet

$$g = G \cdot \frac{E}{R_\oplus^2},$$

wenn mit g die Beschleunigung des fallenden Körpers an der Erdoberfläche bezeichnet wird. Wenn d aber die Entfernung $d_☾$ des Mondes von der Erde ist ($= 384\,000$ km oder $3{,}84 \cdot 10^{10}$ cm), ergibt sich

$$a_☾ = G \cdot \frac{E}{d_☾^2}.$$

Das Verhältnis der Beschleunigung des Mondes zu der des fallenden Körpers an der Erdoberfläche ist

$$\frac{a_☾}{g} = \frac{R_\oplus^2}{d_☾^2}.$$

Der Wert von g war zu rund 10^3 cm/sec^2 bestimmt worden. Da $R_\oplus$ und $d_☾$ ebenfalls bekannt sind, kann die Mondbeschleunigung berechnet werden:

$$a_☾ = g \cdot \frac{R_\oplus^2}{d_☾^2} \approx 10^3 \left(\frac{6{,}4 \cdot 10^8}{3{,}8 \cdot 10^{10}}\right)^2$$

oder

$$a_☾ = 0{,}27 \text{ cm/sec}^2.$$

Das Ergebnis ist dasselbe wie das, welches aus der geometrischen Konstruktion abgeleitet wurde. Diese Überlegungen führten Newton zur Aufstellung des Gesetzes der allgemeinen Gravitation. Er bewies, daß das Gesetz nicht nur auf fallende Körper an der Erdoberfläche, sondern auch auf Himmelskörper angewandt werden konnte.

Von Interesse ist es, aus rein geometrischen Erwägungen die Strecke abzuleiten, die der Mond in einer Sekunde in Richtung zur Erde fällt. (Eine ähnliche Berechnung war in Abschnitt 4.1 für die Beschleunigung der Erde durch die Sonne durchgeführt worden.) Nehmen wir an, die Mondbahn sei ein Kreis mit dem Radius $3{,}84 \cdot 10^{10}$ cm (der Entfernung des Mondes). In einer Sekunde bewegt sich der Mond um 1 km oder 10^5 cm weiter. Wenn keine Kraft auf ihn wirkte, würde seine Bewegung in Richtung der Tangente verlaufen, und er würde dann am Ende der kürzeren, 10^5 cm langen Seite eines rechtwinkligen Dreiecks stehen, dessen andere Seite gleich $3{,}84 \cdot 10^{10}$ cm und dessen Hypotenuse gleich $3{,}84 \cdot 10^{10} + X$ ist, worin X die gesuchte Fallstrecke zur Erde hin ist. Nach dem pythagoräischen Lehrsatz ist

$$(3{,}84 \cdot 10^{10} + X)^2 = (3{,}84 \cdot 10^{10})^2 + (10^5)^2$$

oder

$$(3{,}84 \cdot 10^{10})^2 + 2 \cdot 3{,}84 \cdot 10^{10} \cdot X + X^2 = (3{,}84 \cdot 10^{10})^2 + (10^5)^2$$

oder, da X klein ist,

$$2 \cdot 3{,}84 \cdot 10^{10} \cdot X = (10^5)^2.$$

Löst man nach X auf, so findet man

$$X = \frac{10^{10}}{7{,}68 \cdot 10^{10}} = 0{,}13 \text{ cm}.$$

Dies ist die Hälfte der Beschleunigung. Das früher für einen fallenden Körper an der Erdoberfläche erhaltene Resultat (Aufgabe 1, Kap. 4) läßt sich also auch auf den Mond anwenden.

5.4 Die Dichte der Erde

Die Dichte einer Substanz ist ihre Masse pro Volumeneinheit. In den Einheiten des cgs-Systems ist die Dichte gleich der Zahl von Gramm, die im Kubikzentimeter enthalten sind. Die Dichte von Wasser bei 4° C beträgt 1 g/cm³. Für die Erde haben wir in Abschnitt 5.2 eine Gesamtmasse von $6{,}0 \cdot 10^{27}\,g$ gefunden. Diese Masse ist auf $1{,}1 \cdot 10^{27}$ cm³ verteilt (Abschnitt 5.1); daher ist die durchschnittliche Dichte $\bar{\varrho}$ der Erde

$$\bar{\varrho}_\oplus = \frac{\text{Masse}}{\text{Volumen}} = \frac{6{,}0 \cdot 10^{27}}{1{,}1 \cdot 10^{27}}$$

oder

$$\bar{\varrho}_\oplus = 5{,}5 \text{ g/cm}^3.$$

Dieser Wert ist wesentlich größer als die Dichte der Gesteine, aus denen sich die Erdrinde zusammensetzt und deren Dichte rund 3 g/cm³ beträgt; selbst die schwersten der gewöhnlichen Gesteinsarten haben Dichten, die 3,3 g/cm³ nicht übersteigen. Da die Oberflächenschichten beträchtlich weniger dicht sind als die Erde als Ganzes, so muß die Dichte im Erdinnern sicherlich größer als 5,5 g/cm³ sein.

5.5 Erdbebenwellen

Die Tatsache, daß die mittlere Dichte der Erde die ihrer äußeren Schichten übersteigt, führt zu dem Schluß, daß das Erdinnere viel dichter als 5,5 g/cm³ ist. Aufschluß über die wirkliche Struktur des tiefen Inneren unseres Planeten erhält man jedoch nicht aus einer Analyse der Dichte, sondern durch das Studium von Erdbebenwellen.

Erdbeben und Explosionen erzeugen elastische Wellen. Diese seismischen Wellen pflanzen sich durch die Erde fort und lassen sich mit Hilfe empfindlicher Instrumente, Seismographen genannt, Hunderte oder Tausende von Kilometern von ihrem Ursprungsort entfernt aufzeichnen. Man kann mehrere Arten seismischer Wellen unterscheiden, die beiden für die Untersuchung des inneren Aufbaus der Erde wichtigsten Arten sind die P- und S-Wellen. P ist eine Kompressions- oder Longitudinalwelle, S eine Scherungs- oder Transversalwelle. Zur Erläuterung des Unterschieds zwischen ihnen betrachte man eine lange Spiralfeder und nehme an, sie werde zusammengedrückt und plötzlich an einem Ende losgelassen. Man kann dann sehen, daß sich die Kompression mit endlicher Geschwindigkeit längs der Feder fortpflanzt, wie in Abb. 5.5a dargestellt ist. Die Geschwindigkeit der Kompressionswelle läßt sich durch Messung der Strecke ermitteln, die die Kompression in einer Sekunde zurücklegt. Abb. 5.5b zeigt eine Transversalwelle in einem langen Seil. In einer solchen Welle schwingen einzelne Teile des Seils senkrecht zur Ausbreitungsrichtung der Welle. Auch hier kann man sehen, wie sich jeder Wellenberg längs des Seiles mit endlicher Geschwindigkeit verschiebt.

Im Fall der P- und S-Wellen sind die ungleichen Ausbreitungsgeschwindigkeiten Funktionen des physikalischen Zustands des Mediums, in dem sich die Wellen ausbreiten. Die Durchschnittsgeschwindigkeit der P-Wellen beträgt 8 km/sec und die der S-Wellen 4 km/sec, aber beide Geschwindigkeiten werden in den dichteren Schichten der Erde größer.

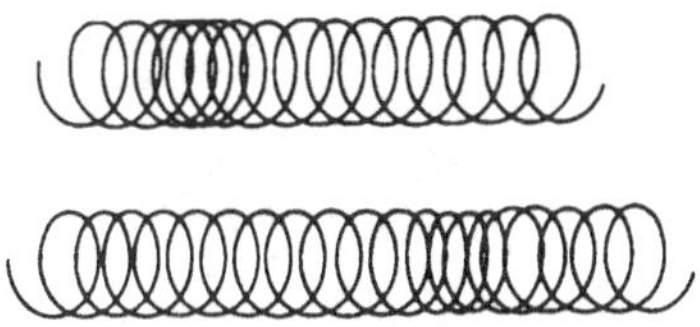

(a)

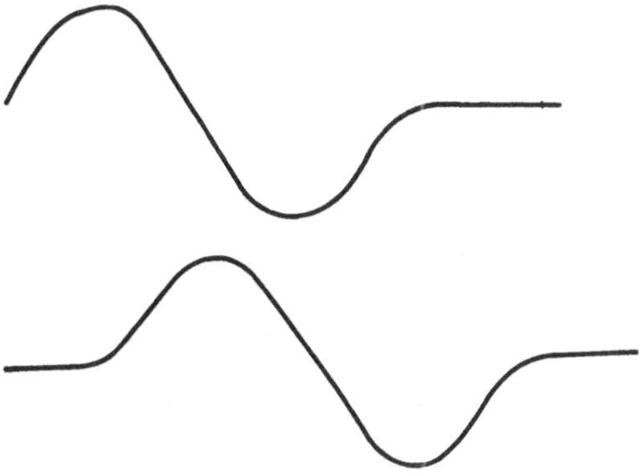

(b)

Abb. 5.5. Die beiden Wellenarten. In *a* ist eine Kompressionswelle in einer Sprungfeder dargestellt, in *b* eine Transversalwelle in einem Seil. Eine feste Substanz leitet Wellen beider Typen mit verschiedenen Geschwindigkeiten weiter.

5.6 Innere Struktur der Erde

Da die P- und S-Wellen sich durch ein Medium wechselnder Dichte und Zusammensetzung fortpflanzen, ändern sich die Geschwindigkeiten beständig. Dies führt zu einer Krümmung oder Refraktion der Wellen, wenn sie sich im Erdinnern ausbreiten. Dies Phänomen ähnelt dem der Lichtbrechung (Abschnitt 33.1), aber hierbei nimmt die Ausbreitungsgeschwindigkeit ab beim Übergang aus Luft in ein dichteres Medium wie zum Beispiel Glas, während im Fall der Erdbebenwelle die Geschwindigkeit in den dichteren Schichten zunimmt. Daher wird ein Lichtstrahl, wenn er in ein Glasprisma eintritt, nach der Grundfläche des Prismas abgelenkt, während im Falle der Erdbebenwellen die Ablenkung in der entgegengesetzten Richtung erfolgt.

In Abb. 5.6 bedeutet F einen Punkt, in dem ein Erdbeben stattgefunden hat. In dem Gebiet zwischen F und A lassen sich an der Oberfläche durch Seismographen sowohl P- als auch S-Wellen nachweisen. Zwischen A und B, der sogenannten Schattenzone, werden nur sehr schwache P-Wellen aufgezeichnet. Jenseits B schließlich werden wieder stärkere P-Wellen beobachtet. Die Deutung dieser Resultate wird in Abb. 5.7 gegeben, die einen Querschnitt durch die Erde zeigt. Die Schattenzone wird durch die Existenz eines Kerns erklärt, an dessen Grenze sich die Dichte plötzlich ändert. In diesem Kern werden die P-Wellen so gebrochen, daß eine Zone entsteht, in die weder die vom Kern gebrochenen, noch die den Kern streifenden Wellen eindringen. Das Auftreten sehr schwacher P-Wellen in der Schattenzone läßt sich auf einen inneren Kern zurückführen, der die P-Wellen so ablenkt, wie durch die gestrichelten Linien angedeutet wird. Im Falle eines festen Balkens erzeugt ein Hammerschlag auf das eine Ende in Richtung des Balkens eine Kompressionswelle. Ein Schlag nahe dem Ende senkrecht zum Balken lenkt das Ende momentan ab und erzeugt eine Transversalwelle. Es ist offensichtlich, daß eine P-Welle sich nicht nur in einem festen Körper, sondern auch in einer Flüssigkeit und in einem Gas ausbreiten kann. Schallwellen sind ein Beispiel für P-Wellen, sie treten in festen, flüssigen und gasförmigen Medien auf. S-Wellen dagegen breiten sich in Flüssigkeiten und Gasen nicht aus; daher kann man aus dem Fehlen von S-Wellen in der Schattenzone und dem anschließenden Gebiet folgern, daß sich der Kern in einem flüssigen Zustand befindet (er kann schwerlich als gasförmig gedacht werden!).

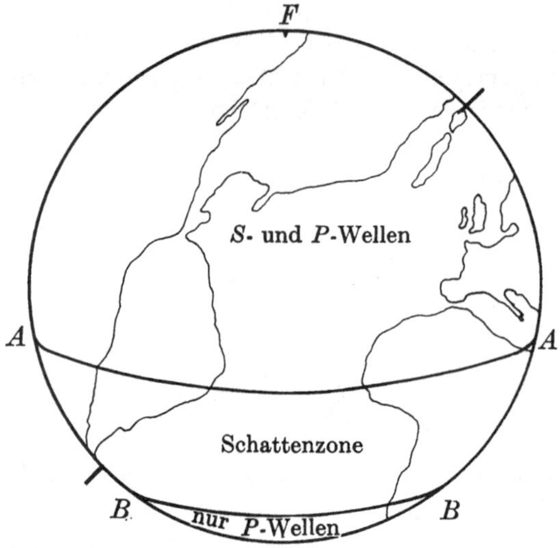

Abb. 5.6

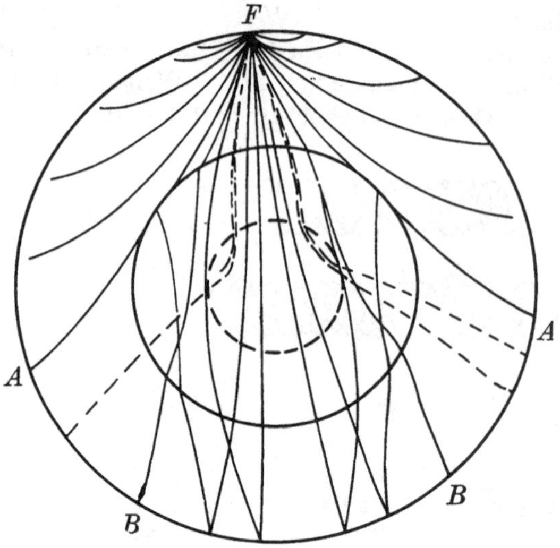

Abb. 5.7

Abb. 5.6. Ausbreitung von Erdbebenwellen. Bei einem Erdbeben im Punkt F gehen nach allen Richtungen Kompressionswellen (P) und Transversalwellen (S) aus. In der Umgebung von F werden beide Wellenarten aufgezeichnet. Nur sehr schwache Kompressionswellen sind in der Schattenzone nachzuweisen. Mäßig starke Kompressionswellen beobachtet man in dem Gebiet diametral gegenüber F.

Abb. 5.7. Ausbreitung von Kompressionswellen im Erdinnern. Die Wellen erfahren eine Brechung (oder Refraktion). Der innere ausgezogene Kreis stellt die äußere Begrenzung des Kerns dar. Der gestrichelte Kreis deutet den inneren Kern an.

Unter Berücksichtigung der Dichteänderung mit der Tiefe, der Geschwindigkeiten der P- und S-Wellen und der Häufigkeiten der chemischen Elemente geben die Geologen folgendes Bild des inneren Aufbaus der Erde:

Unterhalb der Oberflächenschichten ist die Erde von ziemlich gleichförmiger Zusammensetzung und gliedert sich in mehrere, klar unterschiedene Zonen. Der Mantel, das Gebiet zwischen Rinde und Kern, wird hauptsächlich aus Silikaten gebildet, wie Olivin, $(Mg, Fe)_2SiO_4$, der eine Dichte zwischen 3 und 6 g/cm³ besitzt. Der flüssige Kern mit einer Dichte zwischen 10 und 12 g/cm³ beginnt in einer Tiefe von 2900 km. Sehr wahrscheinlich besteht der Kern aus flüssigem Eisen. Der Aufbau des inneren Kerns, der in einer Tiefe von 5120 Kilometern liegt, ist noch nicht bekannt.

5.7 Das Magnetfeld der Erde

Mit der Erde ist ein Magnetfeld verbunden, das dem ähnlich ist, das von einem Stabmagneten erzeugt wird, dessen Achse durch den Erdmittelpunkt geht, aber ungefähr 20° gegen deren Rotationsachse geneigt ist. Die beiden Enden eines Stabmagneten sind sein Nord-und Südpol. Ungleiche Pole ziehen sich an, gleiche Pole stoßen sich ab. In Abb. 5.8 sind die magnetischen Kraftlinien eingezeichnet, die die Richtung einer Kompaßnadel an verschiedenen Stellen dieser Linien anzeigen. Die Kraftlinien sind die Bahnen, die geladene Teilchen bei Annäherung an die Erde zu beschreiben suchen — eine bedeutsame Tatsache für das Studium der Polarlichter (Abschnitt 20.3).

Magnetfelder sind keine ungewöhnlichen Phänomene in unserem Sternsystem; die Sonne ist ein Magnet, dessen allgemeines Feld (zum Unterschied gegen die wesentlich stärkeren Felder der Sonnenflecken) etwa doppelt so stark wie das der Erde ist. Mehrere Dutzend Sterne hat man entdeckt, die Magnetfelder besitzen, die einige tausendmal stärker als das Erdfeld sind, und es ist wahrscheinlich, daß alle Sterne Magnete sind. Sogar das Milchstraßensystem als Ganzes ist ein Magnet, wenn auch seine Feldstärke hunderttausendmal schwächer als die des Erdfeldes ist, und die magnetischen Kräfte in der Galaxis spielen eine wichtige Rolle für die Probleme der galaktischen Struktur.

Die Einheit, in der magnetische Feldstärken ausgedrückt werden, ist das „Gauss". Das fundamentale Kraftgesetz des Magnetismus (Coulombsches Gesetz) ist dem Newtonschen Gravitationsgesetz ähnlich. Zwischen zwei gleichen Polen existiert eine Abstoßungskraft, die der Polstärke direkt und dem Quadrat der Entfernung zwischen den Polen umgekehrt proportional ist. Zwei 1 cm voneinander entfernte Einheitspole derselben Polarität (zwei Nordpole oder zwei Südpole) stoßen sich mit einer Kraft von 1 dyn ab. Einheitspole entgegengesetzter Polarität, ebenfalls im Abstand von 1 cm, ziehen sich mit der Kraft 1 dyn an. Die Feldstärke eines Magneten in einem gegebenen Punkt ist die Kraft, die auf einen an diesem Punkt befindlichen Einheitspol ausgeübt wird. Ein Feld von 1 Gauss übt eine Kraft von 1 dyn auf einen Einheitspol aus. Die Stärke des Magnetfeldes der Erde beträgt am Magnetpol 0,63 Gauss, d. h. auf einen Einheitspol am magnetischen Nordpol der Erde würde eine Kraft von 0,63 dyn wirken. Am Äquator hat das Feld eine Stärke von 0,31 Gauss. Somit besitzt die Erde ein relativ schwaches Feld.

Der Ursprung des magnetischen Feldes der Erde ist noch unbekannt, doch dürfte es mit der Erdrotation in Zusammenhang stehen und möglicherweise auch mit elektrischen Strömen im Erdkern.

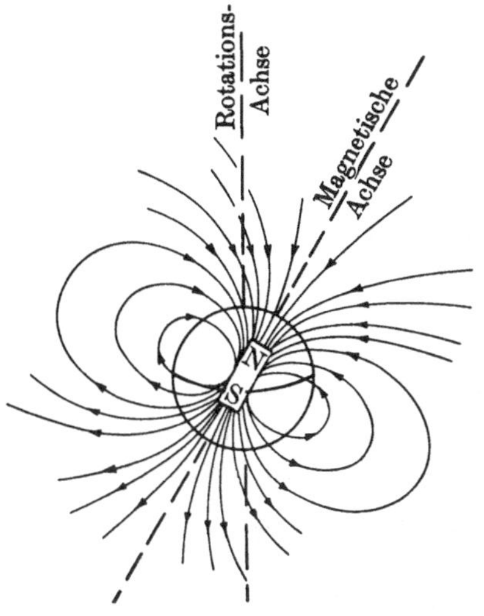

Abb. 5.8. Das Magnetfeld der Erde. Das Feld wird aufgefaßt als Feld eines hypothetischen Stabmagneten (Dipol), dessen Achse rund 20° gegen die Rotationsachse der Erde geneigt ist. In Wirklichkeit liegen die Magnetpole nicht genau an entgegengesetzten Punkten der Erdoberfläche. Die Natur des Magnetfeldes im Erdinnern ist nicht bekannt.

5.8 Die Erdatmosphäre

Die Atmosphäre der Erde erstreckt sich bis in unbestimmte Höhe, und ihr Gewicht übt auf jeden Quadratzentimeter ihrer Oberfläche einen Druck aus, für den am Barometer der Wert $1{,}013 \cdot 10^6$ dyn abzulesen ist (der äquivalente Wert im englischen Maßsystem beträgt 14,7 lbs/in²). Es wurde schon festgestellt, daß eine Masse von 1 mg ($= 10^{-3}$ g) eine Kraft von fast 1 dyn an der Erdoberfläche ausübt. Da der Druck der Atmosphäre angenähert 10^6 dyn/cm² beträgt, ist ihre Masse über jedem Quadratzentimeter $10^6 \cdot 10^{-3} = 10^3$ g. Für die Anzahl der Quadratzentimeter der Erdoberfläche (diese als kugelförmig angenommen) ergibt sich $4\pi \cdot R_\oplus^2$ oder $4\pi \cdot (6{,}4 \cdot 10^8)^2$ cm² $= 5 \cdot 10^{18}$ cm². Das Produkt aus der Gesamtzahl der Quadratzentimeter der Erdoberfläche und der Masse der Atmosphäre über jeden Quadratzentimeter ist dann $5 \cdot 10^{18} \cdot 10^3 = 5 \cdot 10^{21}$ g (angenähert ein Millionstel der Erdmasse) — die Gesamtmasse der Atmosphäre.

Man hat gefunden, daß die Atmosphäre soweit zusammengedrückt ist, daß sie zur Hälfte unterhalb 6 km liegt, die Hälfte des verbleibenden Teils unterhalb 12 km usw. Der Zusammensetzung nach ist die Atmosphäre ein Gasgemisch, das zu 78% des Volumens aus Stickstoffmolekülen (N_2) und zu 21% aus Sauerstoffmolekülen (O_2) besteht. Andere Gase sind nur in geringen Spuren vorhanden, wie Tafel 5.2 zeigt.

Tafel 5.2. Zusammensetzung der Atmosphäre

Komponente	Prozent
Stickstoff	78
Sauerstoff	21
Argon	0,934
Kohlendioxyd	0,033

Wasserstoff, das häufigste Element in nahezu allen Himmelskörpern, fehlt in der Erdatmosphäre fast gänzlich. Seine geringe Häufigkeit wird in Abschnitt 10.4 durch Vergleich der Durchschnittsgeschwindigkeit der Wasserstoffmoleküle (H_2) mit derEntweichungsgeschwindigkeit von der Erde erklärt werden. Ozon (O_3), das ein Dichtemaximum in 20—30 km Höhe besitzt, und andere Moleküle absorbieren die gesamte Sonnen- und Sternstrahlung unterhalb einer Wellenlänge von 3000 Ångström. Hierbei handelt es sich um unsichtbares ultraviolettes Licht, dessen Intensität im Fall der Sonne von mäßiger Größe ist.

Mit Hilfe von Raketen aus 200—400 km Höhe erhaltene Zahlenwerte ermöglichen es, die durchschnittliche Temperaturänderung mit der Höhe darzustellen (rechte Seite in Abb. 5.9). Der Verlauf der Temperaturkurve führt zu einer Einteilung der Atmosphäre in mehrere Schichten. Die Troposphäre ist das Gebiet, in dem sich die Witterungserscheinungen abspielen und in dem die Temperatur stetig mit wachsender Höhe abnimmt. Die Stratosphäre wird durch eine konstante Temperatur von etwa — 55° charakterisiert. In der Mesosphäre steigt die Temperatur zuerst und fällt dann ab bis zu einem zweiten Minimum von — 65°. Oberhalb 80 km, in der Thermosphäre, wächst die Temperatur stetig an und erreicht vermutlich einen konstanten Wert von + 1500° in der Exosphäre.

Beobachtungen der Empfangsbedingungen von unterhalb des Horizonts gelegenen Radiosendern haben zur Entdeckung von ionisierten oder elektrisch leitenden Schichten in Höhen über 80 km geführt. Diese Schichten reflektieren bestimmte Radiowellen zurück zur Erde und ermöglichen so einen Rundfunk über große Entfernungen. Ultraviolettstrahlung der Sonne, die auf die verdünnte obere Atmosphäre trifft, bewirkt, daß viele Atome und Moleküle Elektronen verlieren und elektrisch geladen oder ionisiert werden. In mehreren Atmosphärenschichten verschiedener Höhe wird die Elektronendichte größer als im Durchschnitt. Die Bereiche maximaler Elektronendichte bezeichnet man als D-, E-, F_1- und F_2-Schicht. Auf der linken Seite der Abb. 5.9 sind die mittleren Höhen und Elektronendichten dieser Schichten angegeben. Wählt man die vorwiegend sich abspielenden Prozesse als Einteilungsprinzip, so ergibt sich eine Zweiteilung der Atmosphäre in die Chemosphäre unter 80 km Höhe, in der chemische Prozesse von Bedeutung sind, und in die Ionosphäre oberhalb 80 km, für die elektrische Prozesse charakteristisch sind.

Studien an Wolken in der Troposphäre unter 10 km Höhe, an Meteorschweifen, die zwischen 120 und 80 km Höhe beobachtet wurden, und an Polarlichtern in Höhen zwischen 80 und 1000 km haben die Existenz starker Höhenwinde gezeigt, die sowohl horizontal wie auch vertikal vorkommen und die eine großräumige atmosphärische Turbulenz zur Folge haben. Die Windgeschwindigkeiten liegen durchschnittlich zwischen 50 m/sec (180 km pro Stunde) in 80 km Höhe und 500 m/sec (1800 km pro Stunde) in Höhen um 700 km. Das Vorkommen von Polarlichtern in 1000 km Höhe beweist, daß sich die Atmosphäre mindestens zweimal so weit erstreckt, wie in Abb. 5.9 gezeichnet ist, und sie kann sogar um ein Mehrfaches höher sein.

Abb. 5.9. Die Atmosphäre der Erde.

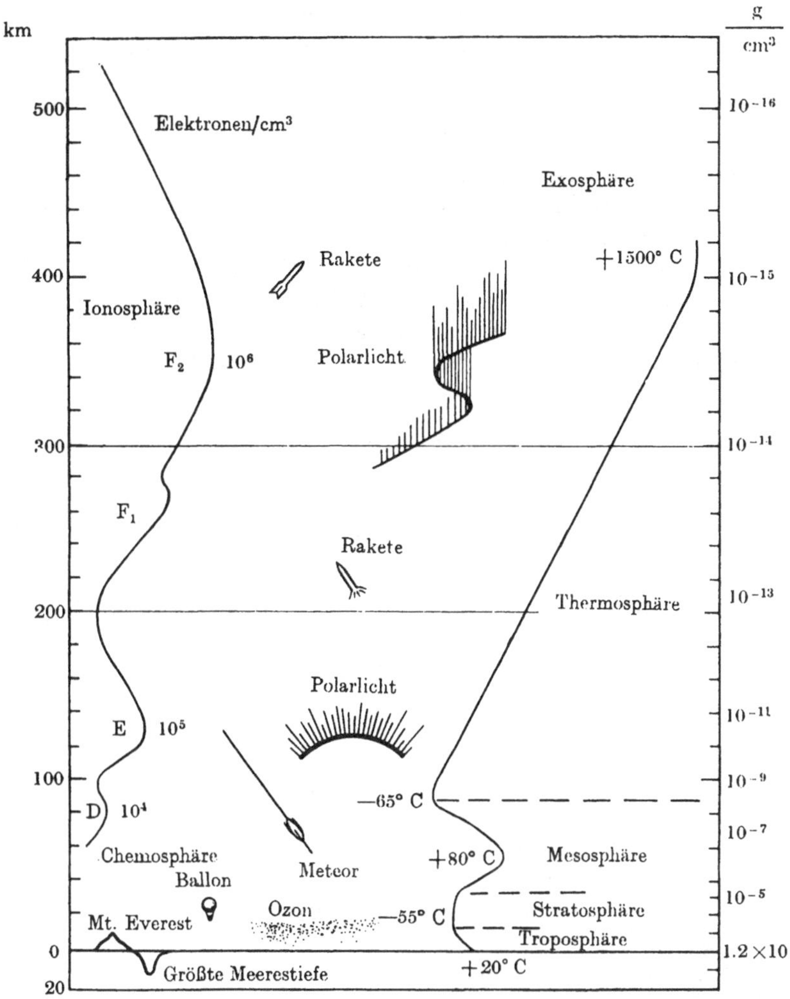

Die Beobachtung zeigt uns, daß der nächtliche Himmel nicht vollkommen dunkel ist, sondern eine schwache Strahlung aussendet. Zum Teil rührt diese von einzeln nicht wahrnehmbaren schwachen Sternen her; jedoch besitzt der Nachthimmel auch wirkliches Eigenlicht. Es stammt aus der Energie, die von Natrium-, Stickstoff- und Sauerstoffatomen bzw. -molekülen abgegeben wird. Während der Tagesstunden speichern diese Atome und Moleküle Sonnenenergie und strahlen sie bei Nacht wieder aus. Einen ähnlichen Effekt findet man in Emissionsnebeln (Abschnitt 27.2). Das Studium des Nachthimmelleuchtens ist bis jetzt das einzige Mittel, um Aufschluß über die Zusammensetzung, die Temperatur und den Ionisationszustand der oberen Atmosphärenschichten zu gewinnen. Die Schätzung der sehr hohen Temperatur 1500° in der Exosphäre gründet sich auf diese Untersuchungen.

5.9 Refraktion und andere atmosphärische Effekte

Bevor ein Lichtstrahl von einem Stern das Auge eines Beobachters erreichen kann, muß er die Erdatmosphäre durchdringen. Hierbei ist die ursprüngliche Strahlung den Prozessen der Refraktion und Dispersion, der Absorption und der Streuung unterworfen, von denen jeder den ursprünglichen Charakter der Strahlung verändert.

Die Atmosphäre besitzt eine merkliche Dichte (0,001 g/cm³ in Meereshöhe); daher wird ein Lichtstrahl, der aus dem fast vollkommenen Vakuum des interplanetaren Raums in sie eindringt, gebeugt oder gebrochen, so daß er sich der Normalen auf den atmosphärischen Schichten (*PP'* in Abb. 5.10) nähert in genau der gleichen Weise, wie ein Lichtstrahl in einer Linse oder einem Prisma gebrochen wird (Abschnitt 33.1). Im Gegensatz zu einer Linse besteht jedoch die Atmosphäre aus Schichten, deren Dichte nach der Erdoberfläche hin zunimmt. Daher werden die Lichtstrahlen zunehmend stärker gebrochen, wenn sie tiefer in diese Schichten eindringen. Dies ist auf der rechten Seite der Abb. 5.10 dargestellt. Alle Himmelsobjekte, ausgenommen diejenigen im Zenit, deren Strahlen die Atmosphärenschichten senkrecht durchlaufen, scheinen am Himmel höher zu stehen, als es wirklich der Fall ist. Daher müssen die beobachteten Höhen der Sterne und anderer Objekte wegen atmosphärischer Refraktion korrigiert werden. Der Wert dieser Korrektion schwankt zwischen 0′ für einen Stern im Zenit

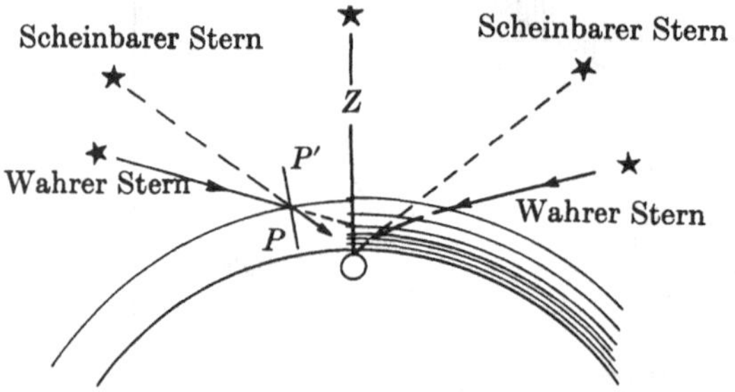

Abb. 5.10. Refraktion in der Erdatmosphäre. Das Licht eines Sterns, das schief die Atmosphäre durchläuft, wird so gebrochen, daß dessen Bild am Himmel höher zu stehen scheint als bei Abwesenheit der Refraktion. Die Linie *PP'* stellt die Normale zur Atmosphäre dar und zeigt, daß der Einfallswinkel größer als der Brechungswinkel ist.

und fast 35′ (mehr als ½°) für einen Stern im Horizont. Für einen Stern, der 5° über dem Horizont steht, beträgt die Refraktionskorrektion fast 10′. Objekte in Horizontnähe, deren Licht in der Atmosphäre einen langen Weg zurückzulegen hat, werden am stärksten von der atmosphärischen Refraktion beeinflußt. In der Tat erscheint die Sonne, deren Winkeldurchmesser ungefähr 30′ oder ½° beträgt, bei Sonnenauf- und -untergang um mehr als ihren eigenen Durchmesser gehoben, und der lichte Tag dauert daher mehrere Minuten länger, als es ohne Atmosphäre der Fall sein würde. Auch verbreitert die Atmosphäre wie ein Linse einen in sie eindringenden Strahl weißen Lichts in ein schmales Spektrum.

Das Vorhandensein atmosphärischer Schichten variabler Dichte, Temperatur und Zusammensetzung und die Existenz vertikaler und horizontaler Bewegungen in diesen Schichten kann unregelmäßige Änderungen der Refraktion bewirken, die die Sterne funkeln oder szintillieren läßt. Der Astronom spricht dann von „schlechter Sicht". „Gute Sicht" erfordert, daß die Atmosphärenschichten einigermaßen frei von variabler Refraktion sind.

Das Refraktionsphänomen spielt eine wichtige Rolle beim Studium der Atmosphäre mehrerer Planeten, besonders der Jupiters. Seltsamerweise ist es aber gänzlich zu vernachlässigen für optisches Licht im Fall der Atmosphären von Sonne und Sternen. Für Radiowellen im 1-m-Bereich des Spektrums jedoch kann der Brechungsindex sogar für die äußersten Sonnenschichten — die Korona — sehr groß werden. Solche Wellen werden beim Durchgang durch die Korona stark abgelenkt. Radiowellen, die von den tieferen Sonnenschichten, der Photosphäre, emittiert werden, können den freien Weltraum überhaupt nicht erreichen, sondern sie werden in die Photosphäre zurückgeworfen — gerade so wie bestimmte sehr lange Radiowellen, die von Rundfunkstationen ausgesandt werden, an der ionisierten Schicht unserer Atmosphäre — der Ionosphäre — nach der Erdoberfläche reflektiert werden.

Staub- und Rauchteilchen in der Erdatmosphäre und sogar die Moleküle in ihr wirken wie kleine Spiegel und streuen einen Teil des auf sie fallenden Lichtes. Der auffälligste Effekt der atmosphärischen Streuung ist das leuchtende Himmelsblau, das durch Streuung des Sonnenlichts hervorgerufen wird. Die kleinsten festen Teilchen in der Atmosphäre und die Luftmoleküle streuen violettes Licht kurzer Wellenlänge weit wirksamer als das langwelligere rote Licht. Daher wird ein Strahl weißen Sonnenlichts, der in die Atmosphäre eintritt, beträchtlich mehr violettes und blaues Licht verlieren. Das Licht, das dem durchlaufenden Strahl entzogen und gestreut wird, ruft das Blau des Tageshimmels hervor. Wenn es die Streuung des Sonnenlichts an den atmosphärischen Teilchen nicht gäbe, würden die Sterne immer bei klarem Himmel sichtbar sein, sogar wenn die Sonne sich über dem Horizont befinden würde, und der Himmel selbst erschiene schwarz.

Ein anderer Effekt der atmosphärischen Streuung ist die Morgen- und Abenddämmerung, die durch die Beleuchtung der oberen Atmosphärenschichten nach Sonnenuntergang und vor Sonnenaufgang bedingt ist. Wenn der Sonnenmittelpunkt 6° unter dem Horizont steht, beginnt und endet die bürgerliche Dämmerung, wenn auch der Himmel dann nicht ganz dunkel ist. Die astronomische Dämmerung dauert, bis der Sonnenmittelpunkt 18° unter dem Horizont steht. In hohen nördlichen und südlichen Breiten ist der Himmel während des Sommers für astronomische Beobachtungen niemals dunkel genug.

Kleine Teilchen in der Atmosphäre bewirken auch die Abschwächung oder Extinktion des Sternlichts, die nach dem Horizont hin zunimmt. Sogar ziemlich helle Sterne werden unsichtbar, wenn sie dicht über dem Horizont stehen. Da die kleinen atmosphärischen Partikel blaues Licht stärker als rotes streuen, behält der durchgehende Strahl von Sonnen- oder Sternlicht, der den Beobachter erreicht, einen größeren Teil seines roten als seines blauen Lichts. Die untergehende Sonne erscheint daher rot oder orangefarben.

Die Rötung des Lichts beim Durchgang durch die Erdatmosphäre ist theoretisch von Lord Rayleigh untersucht worden. Der Betrag des Lichts, das von sehr kleinen Staubteilchen (viel kleiner als 10^{-5} cm im Durchmesser) und Molekülen gestreut wird, ändert sich umgekehrt proportional zur vierten Potenz der Wellenlänge (λ^{-4}) (Abschnitt 6.8). Da rotes Licht eine Wellenlänge von 7000 Ångström $= 7 \cdot 10^{-5}$ cm und violettes Licht eine solche von 3500 Å $= 3{,}5 \cdot 10^{-5}$ cm hat, entzieht die Atmosphäre dem einfallenden Strahl $(7000/3500)^4 = 16$ mal mehr violettes als rotes Licht. Sehr große Teilchen — größer als 10^{-4} cm im Durchmesser — streuen die gleichen Beträge an Licht in allen Wellenlängen. An Größe dazwischenliegende Teilchen bewirken gewöhnlich etwas Rötung, aber weniger als das Rayleighsche Gesetz verlangt. Solche Teilchen, von etwa 10^{-5} cm Durchmesser, kommen sehr häufig in den Wolken der Milchstraße vor. Gelegentlich enthält die Erdatmosphäre Teilchen bestimmter Größe mit bestimmten optischen Eigenschaften, die rotes Licht wirksamer streuen als blaues Licht. Dann kann, in seltenen Fällen, die Sonne in einem heftigen Sandsturm bläulich erscheinen.

5.10 Das Alter der Erde

Schätzungen des Alters der Erde reichen von ungefähr 5000 bis 5 Milliarden Jahre. 1715 sprach E. Halley die Vermutung aus, daß der Salzgehalt der Meere als Maß für ihr Alter verwendet werden könne, wenn die Zuwachsrate an Salz aus Flüssen bekannt ist. Er nahm an, daß das in den Ozeanen vorhandene Salz dorthin transportiert wurde, nachdem es von den Süßwasserströmen und -flüssen, die sich in sie ergießen, gelöst und ausgespült worden war. Im Jahre 1899 schätzte J. Joly den gegenwärtigen Gehalt an Natrium — der einen Komponente des Salzmoleküls NaCl — in den Ozeanen und Sedimentgesteinen auf $1{,}5 \cdot 10^{16}$ Tonnen und 1937 fand A. Holmes für die Zuwachsrate an Natrium aus Flüssen den Wert $6 \cdot 10^7$ Tonnen pro Jahr. Das Alter der Ozeane würde sich dann auf $1{,}5 \cdot 10^{16}$ dividiert durch $6 \cdot 10^7$ oder rund 250 Millionen Jahre belaufen. Gegen diese Schätzung lassen sich mehrere Einwände vorbringen. Zum

Beispiel ist nicht bekannt, ob das Meerwasser ursprünglich Süßwasser war, noch weiß man, wieviel Natrium den Ozeanen durch Ablagerungen in ihnen entzogen wurde oder durch Flüsse, die das Natrium in Wüstenbecken transportierten. Ferner braucht der jährliche Betrag, um den der Salzgehalt des Meerwassers zunahm, nicht zu allen Zeiten konstant gewesen zu sein. Wenn dies langsamer vor sich ging, als die Erde noch jung war, würden die Ozeane viel älter als $2{,}5 \cdot 10^8$ Jahre sein. Da es keinen Weg gibt, die zeitliche Änderung der Geschwindigkeit festzustellen, mit der das Salz auf der Erde verlagert wird, kann die Methode kein verläßliches Alter der Erde angeben, doch können $2{,}5 \cdot 10^8$ Jahre als Minimum für das Alter der Ozeane angesehen werden.

Eine andere Methode, die der auf dem Salzgehalt der Ozeane beruhenden analog ist, ergibt viel bessere Resultate. Sie basiert auf dem radioaktiven Zerfall von Uran in Blei. Uran wird gelegentlich in Gesteinen gefunden; wenn die Bleimenge, die durch den Zerfall des Urans entsteht, gemessen werden kann, läßt sich das Alter der Gesteine berechnen, vorausgesetzt die Geschwindigkeit der Umwandlung von Uran in Blei ist bekannt. Der Hauptvorteil dieser Methode gegenüber der Meeressalzmethode besteht darin, daß die Geschwindigkeit, mit der sich das Blei bildet, während der Lebensdauer der Erde als konstant betrachtet werden darf.

Ein Uranatom mit dem Atomgewicht 238 (Abschnitt 15.6) zerfällt spontan unter Abgabe einer Reihe von Alphateilchen (Heliumkerne), von denen jedes das Atomgewicht 4 besitzt; das Endprodukt ist Blei vom Atomgewicht 206 und Heliumgas. Jedes bei dem Zerfall freiwerdende α-Teilchen bewegt sich eine bestimmte Strecke weit, die durch die Zerfallsgeschwindigkeit bestimmt wird. Bleibt eine kleine Uranmenge in einem Gestein ungestört seit dessen Bildung, so kann man um das Uran acht konzentrische Ringe feststellen, die durch die Reihe der beim Zerfall freiwerdenden α-Teilchen hervorgerufen werden. Solche Ringe oder pleochroitischen Höfe wurden in vielen Mineralien aller geologischen Alter gefunden und exakte Messungen haben gezeigt, daß diese Ringe immer im gleichen Abstand von dem Uran in ihrem Mittelpunkt auftreten, woraus sich ergibt, daß die α-Teilchen immer dieselbe Reichweite besitzen. Da nun die Reichweite dieser Teilchen von der Zerfallsgeschwindigkeit des Urans abhängt, beweist die Tatsache, daß die pleochroitischen Höfe immer in derselben Entfernung von ihrer Quelle auftreten, die Konstanz der Zerfallsgeschwindigkeit des Urans.

Als Uranerz, wie zum Beispiel Pechblende, sich ursprünglich verfestigte, war wahrscheinlich kein Blei darin enthalten: Von allem Blei mit dem Atomgewicht 206, das in solchen Erzen gefunden wurde, nimmt man an, daß es erst nach Bildung des Gesteins sich darin angesammelt hat. Eine Messung des Gehalts an Blei 206, relativ zum Gehalt an Uran 238, ist dann alles, was zur Altersbestimmung der Gesteinsprobe erforderlich ist, wenn die Zerfallsgeschwindigkeit einmal bekannt ist. Für Uran 238 wird diese Geschwindigkeit durch die sogenannte Halbwertzeit von $4{,}5 \cdot 10^9$ Jahren gegeben. Während dieses Zeitintervalls zerfällt die Hälfte der ursprünglichen Uranmenge in Blei und Helium. Die ältesten Gesteine, die in dieser Weise untersucht wurden, besitzen Alter von $2{,}5 \cdot 10^9$ Jahren.

Gelegentlich findet man Bleierze in Verbindung mit Gesteinen, die mit Hilfe ihrer Radioaktivität datiert werden konnten. Diese Erze, die sich zu verschiedenen Zeiten in der Vergangenheit bildeten, wurden dabei von den radioaktiven Elementen getrennt; dann ist uns in ihnen gleichsam eine Urkunde über die langsam sich ändernden Häufigkeiten der Bleiisotope erhalten geblieben (natürliches Blei besitzt das Atomgewicht 204, dagegen das aus Uran durch Zerfall entstandene Blei das Atomgewicht 206, solche verschiedenen Formen desselben Elements werden *Isotope* genannt). Je älter das Erz, um so kleiner ist der Gehalt an Blei 206 in ihm. Durch Extrapolation in die Vergangenheit fanden Collins, Russell und Farquhar, daß vor $5{,}4 \cdot 10^9$ Jahren kein Blei 206 existierte. Da nun aber ein negativer Gehalt an Blei 206 unmöglich ist, muß der Wert $5{,}4 \cdot 10^9$ Jahre das Maximalalter dieser Isotope sein.

Dieselbe Methode der Altersbestimmung kann auf Meteoriten angewandt werden. W. J. Arrol, B. B. Jacobi und F. A. Paneth haben für eine Anzahl Meteorite die Mengen an radioaktiven Elementen und an Helium bestimmt, das neben Blei als Endprodukt des Zerfalls radioaktiver Elemente entsteht. Der Spielraum für das Verhältnis Helium zu Uran war für die verschiedenen untersuchten Proben sehr groß: Der Tundra-Meteorit ergab ein Alter von $6 \cdot 10^9$ Jahren, der Mount Ayliff-Meteorit $7 \cdot 10^9$ Jahre. Wenn auch diese beiden Meteoriten die einzigen mit so extremen Altern waren, so wurden doch viele Objekte mit Altern über $3 \cdot 10^9$ Jahren gefunden. Da Helium ein Gas ist, hängt die Menge, die von ihm in einem Meteoriten vorhanden ist, im gewissen Umfang davon ab, ob das feste Material fähig ist, das Gas zu halten: Eine poröse Substanz kann eine merkliche Menge Gas verloren haben durch wiederholte Erwärmung durch die Sonne.

Die Alter von Meteoriten wurden auch aus dem Blei/Uran-Verhältnis bestimmt. C. Patterson und R. Hayden haben die Menge an Blei 206 gemessen in Meteoriten, die überhaupt kein Uran enthalten. Dieses Blei konnte nicht aus Uran nach Bildung des Meteoriten entstanden sein, da, wenn zu dieser Zeit Uran in ihm vorhanden war, auch jetzt noch ein Bruchteil, und wenn auch nur ein kleiner, darin sein müßte. Wenn dann das Blei 206 in einem anderen Meteoriten gemessen wird, der etwas Uran enthält, so wird die Differenz eine vertrauenswürdige Schätzung des Zeitintervalls ergeben, das seit Bildung der Meteoriten verflossen ist. Auf diese Weise hat man gefunden, daß das Alter der Meteoriten ungefähr gleich dem Alter der Erde anzusetzen ist — angenähert $4 \cdot 10^9$ Jahre.

Aufgaben

1. Der Äquatorradius des Saturn beträgt 60 400 km, sein Polarradius 54 600 km. Wie groß ist die Abplattung?
2. Die Masse Saturns ist 95mal so groß wie die der Erde. Wenn man für Saturn eine kugelförmige Gestalt annimmt und einen Radius von 60 400 km, welche mittlere Dichte ergibt sich?
3. Berechne die Schwerebeschleunigung am Nordpol und am Äquator der Erde. In welchem Punkt würde das Gewicht von 1 g Masse am größten sein? (Die Wirkung der Rotation auf das Gewicht ist zu vernachlässigen.)
4. Tabelle 10.1 gibt für Jupiter den Äquatorradius und die Abplattung. Berechne die Differenz zwischen Jupiters äquatorialem und polarem Radius in km und in Meilen.
5. Es wird berichtet, daß zur Zeit des Eratosthenes, um 250 v. C., die Sonne, wenn sie in Syene genau im Zenit stand, in Alexandria $7{,}^\circ2$ südlich des Zenits beobachtet wurde. Alexandria lag nahezu 5000 Stadien nördlich von Syene. Man setze 1 Stadie = 0,161 km und bestimme den Erdumfang nach Eratosthenes. Vergleiche ihn mit dem modernen Wert für den Erdumfang.
6. Zwei Sterne werden nahe dem südlichen Horizont im Meridian beobachtet. Die Höhe des Sterns A ist 1°, die des Sterns B 5°. Gib die angenäherte Deklinationsdifferenz zwischen beiden Sternen an.

6. DIE BEWEGUNGEN DER ERDE

6.1 Einleitung

Bewegung ist die Ortsveränderung eines Punktes relativ zu einem Bezugssystem oder Koordinatensystem. Ein Objekt auf der Erdoberfläche kann sich relativ zu einer Straße bewegen. Die Straße wird dann als ruhend betrachtet und die Bewegung des Objekts auf sie bezogen. Aber die Straße ist ein Teil der rotierenden Erde. Und daher hätte man die Bewegung des Objekts auch auf den Erdmittelpunkt als neuen Ruhepunkt beziehen können. Welcher Punkt zum Ruhepunkt gewählt wird, ist eine Sache der Zweckmäßigkeit. Es würde unzweckmäßig sein, die Bewegungen von Zügen oder Automobilen relativ zum Erdmittelpunkt zu beschreiben, und es würde unmöglich sein, die Eigenschaften der Erdrotation zu studieren, wenn alle Bewegungen auf einen Ruhepunkt bezogen würden, der sich mit der Erde bewegt.

Eine Person, die in einem Zug umhergeht, könnte annehmen, der Zug wäre ihr Bezugssystem. Um dann ihre Bewegung in bezug auf den Bahnkörper zu beschreiben, würde sie die beiden Vektoren, den ihrer eigenen Bewegung relativ zum Zug und den der Bewegung des Zuges gegen den Bahnkörper, geometrisch addieren. Ähnlich hätte man, wenn zuerst die Bewegung relativ zum Bahnkörper gegeben wäre, die Bewegung relativ zum Zug durch Subtraktion des Vektors der Zugbewegung vom Vektor der zusammengesetzten Bewegung ableiten können. Allgemein läßt sich die Bewegung durch Subtraktion von Vektoren in eine beliebige Zahl von zweckmäßig gewählten Komponenten zerlegen. Zum Beispiel könnte die Bewegung eines Schiffs auf See in eine Komponente längs des Meridians und eine Komponente senkrecht dazu zerlegt werden.

Es ist von Vorteil, die Bewegung der Erde als aus mehreren getrennten Bewegungen zusammengesetzt zu betrachten, jede von ihnen in einem eigenen Bezugssystem. Es sind dies:

1. Die Rotation der Erde um ihre Achse.
2. Die Variation der Breite.
3. Die Präzession und Nutation.
4. Die jährliche Bewegung der Erde um die Sonne.

Im Fall 1, 2 und 3 werden die Bewegungen auf den Erdmittelpunkt bezogen. In Fall 4 ist der Bezugspunkt die Sonne. Es wäre möglich, diese Liste noch zu erweitern und die Bewegung des ganzen Sonnensystems relativ zur Milchstraße und die der Milchstraße gegen die anderen Sternsysteme einzuschließen. Glücklicherweise ist es nicht notwendig, die einzelnen Bewegungen zusammenzusetzen; jede Teilbewegung kann ohne Rücksicht auf die anderen untersucht werden. Zum Beispiel ergeben sich die Eigenschaften der Erdbahn um die Sonne in allen Einzelheiten, wenn wir die Sonne als ruhend und die Erdbahn als in einer Ebene liegend annehmen. Es ist nicht notwendig, die Spiralbahn zu untersuchen, die die Erde in einem Bezugssystem beschreibt, das relativ zu den nächsten Sternen in Ruhe ist.

6.2 Rotation

Das Foucaultsche Pendel: Da die Erde von Westen nach Osten rotiert, scheint sich die Himmelssphäre von Osten nach Westen zu drehen. Jedoch können die täglichen Bewegungen der

Gestirne nicht als Beweis für die Erdrotation angesehen werden. Die alte Hypothese einer kristallenen Himmelssphäre, die sich um eine ruhende Erde dreht, ist mit den beobachteten täglichen Bewegungen der Sterne nicht unvereinbar. Zu ihrer Widerlegung sind andere Beweise erforderlich.

Im Jahre 1851 hing der französische Physiker L. Foucault im Pantheon zu Paris ein Pendel auf, das frei in jeder vertikalen Ebene schwingen konnte. Er befestigte eine Metallkugel von 28 kg Gewicht an einem 200 Fuß langen Draht und ließ sie ihre Schwingungen in der Meridianebene beginnen. Einige Minuten später hatte sich die Schwingungsebene in Richtung des Uhrzeigers gedreht.

In Übereinstimmung mit den Newtonschen Gesetzen schwingt ein Pendel, das keiner anderen Kraft als der Schwerkraft unterworfen ist, in einer festen Ebene. Da die Ebene des Foucault-Pendels sich im Uhrzeigersinn zu bewegen scheint, muß sich die Erde unter ihm in der Gegenrichtung drehen, während das Pendel seine ursprüngliche Schwingungsebene beibehält.

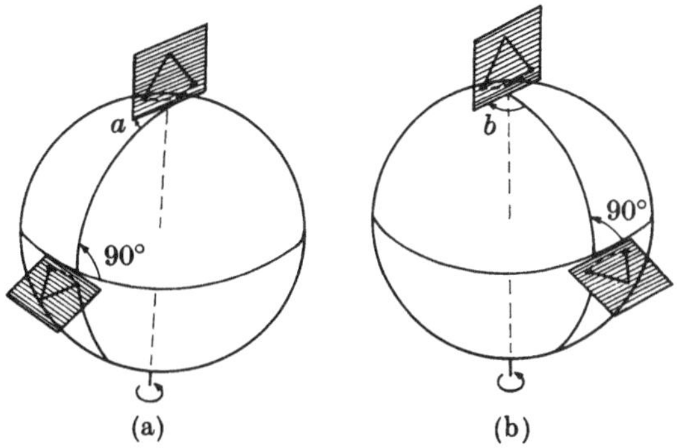

Abb. 6.1. Das Foucaultsche Pendel. Ein Pendel an einem der Erdpole schwingt in einer Ebene, während sich die Erde unter ihm dreht. Am Äquator wird das Pendel von der Erdrotation mitgenommen, wobei sich aber die Orientierung der Ebene seiner Bewegung gegen die Äquatorebene nicht ändert.

Zur Erläuterung dieses Effekts zeigt Abb. 6.1 schematisch die Schwingungsebene eines Pendels am Nordpol und eines anderen am Äquator. Wenn das Pendel am Nordpol in Schwingungen versetzt wird in einer Ebene, die mit einer bestimmten Meridianebene den Winkel a bildet, so würde sich, wenn die Erde um den Winkel $(b—a)$ Grad entgegen dem Uhrzeiger weiter rotiert wäre, die Ebene des Pendels scheinbar um die gleiche Zahl von Graden in Uhrzeigerrichtung gedreht haben. Wenn $b—a = 360°$ ist, wird die Erde eine volle Umdrehung beendet haben, und folglich beträgt am Pol die Periode des Foucaultschen Pendels 24 Stunden. Am Äquator ist dies nicht der Fall. Denn wenn dort das Pendel in der Äquatorebene, d. h. senkrecht, zum Meridian schwingt, so wird nach Drehung der Erde um $(b—a)$ Grad die Pendelebene immer noch auf dem Meridian senkrecht stehen. Die Ebene eines Pendels am Äquator scheint sich überhaupt nicht zu bewegen. Das Resultat würde dasselbe sein, wenn das Pendel seine Bewegung in der Meridianebene oder irgendeiner anderen Ebene begonnen hätte. Dies wird gewöhnlich so ausgedrückt, daß man sagt, am Äquator sei die Rotationsperiode des Foucaultschen Pendels unbestimmt. Am Südpol dreht sich die Ebene eines Pendels einmal in 24 Stunden herum entgegen dem Uhrzeiger. Zwischen dem Äquator und den Polen liegt die Periode des Pendels zwischen unendlich (keine scheinbare Bewegung) und 24 Stunden. In der Breite von Paris beträgt die Periode 32 Stunden und in New York 36 Stunden.

Mit etwas Trigonometrie und Rechnung kann ein Ausdruck für die Periode in jeder Breite abgeleitet werden. Sogar ohne die Hilfsmittel der Mathematik läßt sich die Periode für eine gegebene Breite bestimmen, beispielsweise für 30°.

In Abb. 6.2 schwingt das Pendel in der Meridianebene. Das Gewicht befinde sich in einem gegebenen Moment in P_1. Dieser Punkt in der Breite 30° bewegt sich infolge der Erdrotation mit der Geschwindigkeit v. Eine Sekunde später ist das Gewicht in A und der Aufhängungspunkt in P_2. Nun rotiert aber die Erde in der Breite $30° + \Delta b$ mit einer kleineren Geschwindigkeit als in der Breite 30°. Daher erscheint das Gewicht in der Bewegungsrichtung um den Betrag Δv verschoben. Von einem Beobachter auf der Erde aus gesehen erscheint die Pendelebene in Uhrzeigerrichtung um den Winkel α gedreht.

Die Geschwindigkeitsdifferenz zwischen 30° und $30° + \Delta b$ kann leicht berechnet werden, da

$$\Delta v = \frac{2\pi \cdot r_b}{P} - \frac{2\pi \cdot r_{b+\Delta b}}{P}$$

ist, worin P die Rotationsperiode der Erde, 86 400 sec, bedeutet. Die Differenz $r_b - r_{b+\Delta b}$ ist die untere Seite des kleinen schwarzen Dreiecks, das dem Dreieck CEP_1 ähnlich ist. Damit ergeben sich der Reihe nach folgende Beziehungen:

$$P_1E = \frac{1}{2} CP_1 = \frac{1}{2} R_\oplus ,$$

$$r_b - r_{b+\Delta b} = \frac{1}{2} R \cdot \Delta b ,$$

und

$$\Delta v = \frac{2\pi}{P}\left(\frac{R \cdot \Delta b}{2}\right).$$

Den Winkel α erhält man nun mit Hilfe der Proportion

$$\frac{\alpha°}{360°} = \frac{\frac{2\pi}{P}\left(\frac{1}{2} R \cdot \Delta b\right)}{2\pi \cdot R \cdot \Delta b} = \frac{1}{2P}$$

oder

$$\frac{360°}{\alpha} = 2P = 2 \cdot 86400 \text{ sec} = 48^h .$$

Der Wert $360°/\alpha$ ist die Zeit, die der Winkel α braucht, um auf eine vollständige Umdrehung von 360° anzuwachsen. Er ist daher gleich der Periode des Foucaultschen Pendels in einer Breite von 30°.

Die Länge des Pendels und sein Gewicht haben keinen Einfluß auf die Rotationsperiode der Pendelebene. Foucault machte sein Pendel lang und schwer, um den Reibungseffekt möglichst klein zu halten, der das Pendel zur Ruhe zu bringen sucht.

Die Ablenkung von Geschossen: Da die Erde ein fester Körper ist, rotiert ein Punkt ihres Äquators mit einer größeren linearen Geschwindigkeit als jeder andere Punkt in einer anderen Breite. Ein Äquatorpunkt legt den Erdumfang in 24 Stunden zurück; daher beträgt seine Geschwindigkeit:

$$v_{\text{Äqu.}} = \frac{2\pi \cdot 6\,400}{24 \cdot 60 \cdot 60} \text{ km/sec}$$

oder

$$v_{\text{Äqu.}} = 0{,}5 \text{ km/sec.}$$

Ein Punkt in 45° Breite bewegt sich in einem kleinen Kugelkreis mit dem Radius 4500 km und hat die Geschwindigkeit

$$v = \frac{2\pi \cdot 4\,500}{24 \cdot 60 \cdot 60} = 0{,}3 \text{ km/sec.}$$

Die Geschwindigkeit einer Rakete, die vom Äquator nach Norden abgeschossen wird, setzt sich zusammen aus der Geschwindigkeit, die sie beim Abfeuern erhält, und der Geschwindigkeit, die sich aus der Erdrotation ergibt. Die einzige Kraft, die nach dem Abfeuern auf die Rakete wirkt, ist die Schwerkraft der Erde (bei Vernachlässigung der Luftreibung). Diese Kraft bewirkt eine abwärts gerichtete Beschleunigung, auf die Ost-West-Bewegung des Pro-

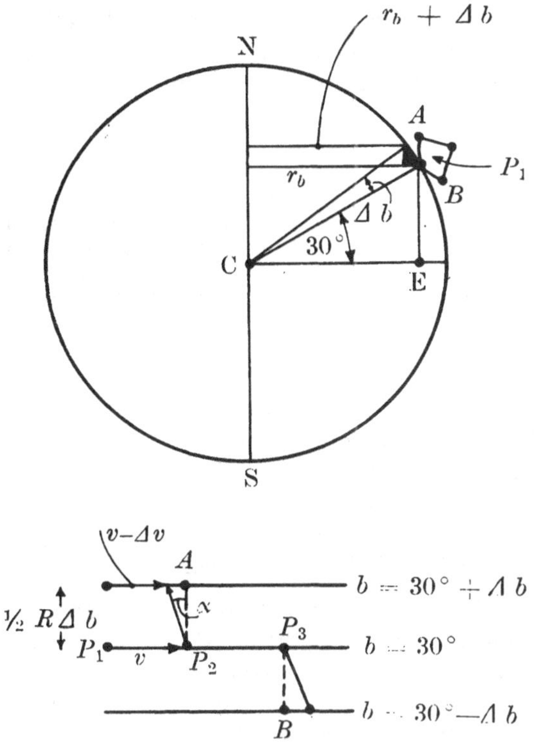

Abb. 6.2. Das Foucault-Pendel in einer Breite von 30°. In der Ruhelage besitzt das Pendelgewicht die Rotationsgeschwindigkeit der Erde, die der Breite 30° entspricht. Mit dieser Geschwindigkeit bewegt sich das Gewicht ostwärts, so daß es sich am Ende einer Schwingung in Punkt A befindet, dessen Breite $30° + \triangle b$ beträgt. Die ostwärtige Geschwindigkeit des Gewichts ist größer als der Breite in A entspricht. Gegenüber einem Punkt in $30° + \triangle b$ Breite, der anfangs genau nördlich von P_1 lag, erscheint das Gewicht daher etwas nach Osten vorgerückt. P_1 bewegt sich in 30° Breite mit der Geschwindigkeit v (von P_1 über P_2 nach P_3, während das Pendelgewicht sich von P_1 nach A und dann nach B bewegt). In B ist die Ostgeschwindigkeit des Gewichts kleiner als der Breite $30° — \triangle b$ entspricht. Daher scheint das Gewicht etwas hinter dem Punkt zurückzubleiben, der anfangs genau südlich von P_1 lag. Die Ebene der Pendelschwingungen scheint sich also relativ zum Meridian zu drehen.

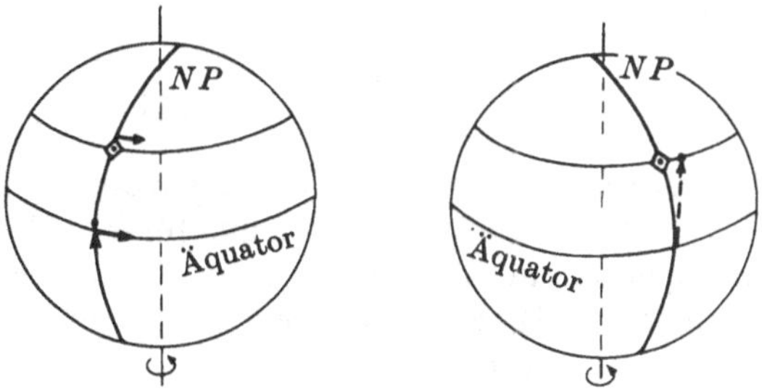

Abb. 6.3. Ablenkung von Projektilen. Die Bewegung des Projektils beim Start setzt sich aus der Rotationsgeschwindigkeit der Erde und seiner beim Abfeuern erhaltenen Eigengeschwindigkeit zusammen. In der nördlicheren Breite des Ziels ist die Rotationsgeschwindigkeit der Erde kleiner als am Äquator. Daher erscheint das Projektil nach Osten abgelenkt zu werden.

jektils hat sie keinen Einfluß. Die Rakete behält ihre Anfangsgeschwindigkeit von 0,5 km/sec nach Osten bei, wenn sie nach Norden fliegt, und eine Sekunde später haben die Rakete und der Punkt, an dem sie abgefeuert wurde, sich 0,5 km nach Osten bewegt. Das nördlich des Äquators gelegene Ziel aber hat sich nicht so weit bewegt wie der Abfeuerungspunkt der Rakete. Daher trifft die Rakete östlich des Ziels auf. Von der Erde gesehen, scheint die Flugbahn der Rakete nach Osten abgelenkt zu werden so, als ob die Rakete eine nach Osten gerichtete Geschwindigkeit angenommen hätte (Abb. 6.3). Dies beweist wieder, daß die Erde rotiert. Ein in Richtung nach den Polen geworfenes Objekt wird nach Osten abgelenkt, ein nach dem Äquator geworfenes Objekt nach Westen. Auf der Nordhalbkugel ist die Ablenkung, wenn man in der Bewegungsrichtung blickt, immer nach rechts gerichtet, auf der Südhalbkugel immer nach links.

Eine ähnliche Ablenkung findet man in der Vorzugsrichtung der Winde. Heiße Luftmassen steigen am Äquator auf und rufen dadurch Luftströmungen an der Erdoberfläche hervor, die sich von höheren nördlichen und südlichen Breiten nach dem Äquator bewegen. Diese Strömungen werden nach Westen abgelenkt und ergeben so auf der Nordhalbkugel die Nordost-Passate, auf der Südhalbkugel die Südost-Passate (Abb. 6.4).

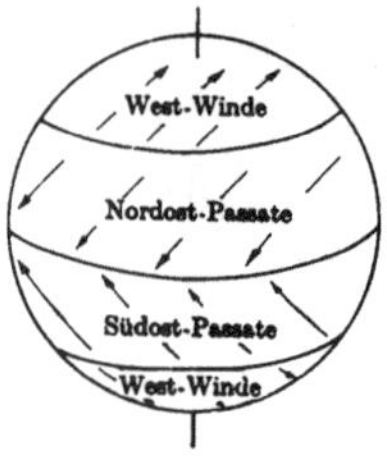

Abb. 6.4. Ablenkung von Luftmassen an der Erdoberfläche. Erhitzte Luft steigt am Äquator auf und wird durch Luft aus den gemäßigten Zonen ersetzt. Die Ablenkung dieser Passatwinde ist nach Westen gerichtet. Die in den gemäßigten Zonen absinkende Luft strömt nicht nur nach dem Äquator, sondern auch nach den Polen. Dort erfährt sie eine Ablenkung nach Osten.

Die Erdrotation ist auch verantwortlich für die spiralige Richtungsverteilung der Winde in Zyklonen und Antizyklonen. Die ersteren sind Gebiete niedrigen Druckes, in die von außen Luft einströmt. Die Luftmassen werden durch die Erdrotation abgelenkt, die eine Kreisbewegung bewirkt, auf der Nordhalbkugel entgegen der Uhrzeigerrichtung, auf der Südhalbkugel in Uhrzeigerrichtung. Den entgegengesetzten Effekt finden wir in den Antizyklonen, den Gebieten hohen Luftdrucks.

Ein Körper, der senkrecht von einem Turm oder in einem Schacht herabfällt, wird nach Osten abgelenkt werden, da die Rotationsgeschwindigkeit zu Beginn des Falls diejenige im Aufschlagpunkt übersteigt. Wir haben schon gesehen, daß am Äquator die Rotationsgeschwindigkeit der Erdoberfläche 0,5 km/sec $= 5 \cdot 10^4$ cm/sec beträgt. In der Höhe Δ über dem Erdboden würde die Geschwindigkeit $0{,}5 \cdot (R_\oplus + \Delta)/R_\oplus$ km/sec betragen. Da ein Körper in der ersten Sekunde 500 cm fällt, können wir $\Delta = 500$ cm setzen und berechnen, wie weit der Anfangspunkt dem Aufschlagpunkt vorauseilt, indem wir die Differenz beider Geschwindigkeiten bilden:

$$5 \cdot 10^4 \cdot \frac{6{,}4 \cdot 10^8 + 500}{6{,}4 \cdot 10^8} - 5 \cdot 10^4 = 0{,}04 \text{ cm} = 0{,}4 \text{ mm}.$$

Diese Ablenkung ist zu klein, um gemessen werden zu können. Wenn wir jedoch durch eine ähnliche Überlegung die Ablenkung für eine Fallhöhe 175 m berechnen, so würde das Ergebnis am Äquator rund 5 cm und in der Breite von Deutschland rund 2,5 cm betragen, wo diese Ablenkung 1831 tatsächlich gemessen wurde: Aus 106 Einzelversuchen fand man einen Wert von etwas mehr als 2,5 cm.

A. H. Comptons Experiment: Im Jahre 1914 beschrieb A. H. Compton einen Laboratoriumsversuch, mit dessen Hilfe es möglich ist, die Rotationsgeschwindigkeit der Erde, die Breite des Laboratoriums und die Meridianrichtung in einem geschlossenen Raum zu bestimmen, ohne auf astronomische Beobachtungen zurückgreifen zu müssen. Ein mit Wasser gefülltes ringförmiges Rohr wurde auf Zapfen so gelagert, daß es schnell um 180° um eine in seiner eigenen Ebene gelegenen Achse gedreht werden konnte (Abb. 6.5). Wenn zu Beginn des Versuchs der Ring horizontal und die Rotationsachse senkrecht zum Meridian stand, nahm das Wasser im Rohr an der Erdrotation mit der der Breite entsprechenden Geschwindigkeit teil;

Abb. 6.5. Laboratoriumsversuch zur Demonstration der Erdrotation. Das kreisförmige Rohr wird mit Wasser gefüllt, das in Ruhe bleibt, wenn das Rohr vertikal steht. Wenn das Rohr schnell um eine horizontale Achse in seiner Ebene gedreht wird, setzt sich das Wasser in Bewegung und seine Geschwindigkeit kann mit Hilfe des Mikroskops auf der linken Seite gemessen werden.

das dem Äquator am nächsten befindliche Wasser hatte eine schnellere Rotationsgeschwindigkeit als die etwas polnähere Seite des Rings. Kein Wasserfluß wurde beobachtet, wenn der Ring in Ruhe blieb. Drehte man jedoch den Ring um 180° um seine horizontale Achse, so erfolgte eine Umkehrung der Lage der verschiedenen Teile des Rings in Breite und in einer Einschnürung des Ringes konnte durch ein Glasfenster ein Strömen des Wassers beobachtet werden. Die Bewegung des Wassers erfolgte auf der Nordhalbkugel in Richtung des Uhrzeigers. Wäre das Experiment südlich des Äquators durchgeführt worden, so hätte man ein Strömen des Wassers in entgegengesetzter Richtung feststellen können.

Befand sich aber der Ring zu Versuchsbeginn in einer senkrechten Ebene, so nahm das Wasser entsprechend dem Abstand vom Erdmittelpunkt an der Erdrotation teil. Die Geschwindigkeit des Wassers im oberen Teil des Ringes war daher wegen des größeren Mittelpunktabstandes etwas größer als die des unteren Teils. Drehte man nun den Ring um eine waagrechte Achse, so wurde wieder ein Strömen des Wassers eingeleitet, weil jetzt die schneller bewegten Teile des Rings und das Wasser in ihnen nach dem Erdzentrum hin verlagert wurden und daher einen Bewegungsüberschuß hatten.

Bildete die horizontale Achse des Rings einen beliebigen Winkel mit dem Meridian, so ergab sich eine geringere Wasserströmung, und die Meridianrichtung konnte aus derjenigen Orientierung der Achse abgeleitet werden, die eine maximale Wasserströmung ergab. Aus den Dimensionen des Ringes und seines Querschnitts und aus Messungen der Wassergeschwindigkeit ließen sich weiter die Rotationsgeschwindigkeit der Erde und die Breite des Laboratoriums bestimmen.

Die Genauigkeit des Versuchs von Compton war von der Ordnung 1%, was natürlich nicht ausreichte, um die astronomischen Beobachtungen zu ersetzen. Trotzdem ist es von Interesse, daß im Prinzip alle Eigenschaften der Erdrotation ohne astronomische Beobachtungen untersucht werden können.

Änderungen der Tageslänge: Die Periode der Erdrotation, 24^h oder 86 400 sec, wurde mit Hilfe von Beobachtungen aufeinanderfolgender Meridiandurchgänge der mittleren Sonne bestimmt. Es erhebt sich nun die Frage, ob die Periode streng konstant ist. Da ja die Erdrotation selbst als Basis für die Zeitmessung dient, dürfte eine Schwankung in der Rotationsperiode nur schwer zu entdecken sein, weil bis vor kurzem keine Uhr konstruiert worden war, deren Gang mehrere Tage lang konstant blieb.

Das erste Anzeichen für eine Änderung der Tageslänge wurde bemerkt, als man alte und neue Finsternisbeobachtungen miteinander verglich. Die Theorie des Sonnensystems stellt uns genaue Berechnungen der Zeiten von vergangenen und künftigen Finsternissen zur Verfügung. Die neueren Finsternisse traten nun früher ein, als nach der Vorausberechnung zu erwarten war, und man schrieb dies zuerst einer Beschleunigung des Mondes in seiner Bahn zu. Da die scheinbare Beschleunigung der Mondbewegung aber nicht durch die Anziehung der anderen Körper des Sonnensystems zu erklären war, faßte man sie als eine Verlangsamung der Erdrotation, d. h. als Verlängerung der Zeiteinheit, auf. Das Phänomen wird durch Gezeitenreibung verursacht: Die Zunahme der Tageslänge beläuft sich auf ungefähr 0,0016 sec pro Jahrhundert oder $5 \cdot 10^{-8}$ sec pro Tag. Dies ist zwar eine äußerst kleine Änderung, die sich aber über Jahrhunderte summiert und dann Unterschiede bewirkt, die leicht zu beobachten sind.

Wenn zu Beginn eines Jahrhunderts ein Beobachter eine mechanisch vollkommene Uhr in Gang gesetzt und so reguliert hätte, daß sie genau 86 400 sec zwischen den beiden ersten Durchgängen der mittleren Sonne zählte, so würde die Uhr am Ende des Jahrhunderts trotzdem falsch gehen. Da ja der erste Tag des zweiten Jahrhunderts nach Angabe der Uhr eine Länge von 86 400,0016 sec haben würde, so ergibt sich für die durchschnittliche Tageslänge im Jahrhundert z. B. in seiner Mitte, der Wert 86 400,0008 sec; und da dieses erste Jahrhundert $365^1/_4 \cdot 100 = 36\,525$ Tage hätte, so würde an seinem Ende der Fehler der Uhr auf

$$0{,}0008 \cdot 36\,525 = 29 \text{ sec}$$

aufgelaufen sein. Zu Beginn des zweiten Jahrhunderts würde der Gang der Uhr schon um 0,0016 sec pro Tag fehlerhaft sein und am Ende des Jahrhunderts würde die Uhr für einen Tag 86 400,0032 sec anzeigen. Zur zweiten Jahrhundertmitte würde der Gang einen Fehler von $\frac{0{,}0016 + 0{,}0032}{2} = 0{,}0024$ sec haben, und der Fehler im Uhrstand würde während des Jahrhunderts auf

$$0{,}0024 \cdot 36\,525 = 88 \text{ sec}$$

anwachsen. Da er aber zu Beginn bereits 29 sec betrug, so ergibt sich für das Ende des zweiten Jahrhunderts ein Gesamtfehler der Uhr von

$$29 + 88 = 117 \text{ sec.}$$

Setzt man diese Berechnung fort, so finden wir folgende Uhrfehler:

Tabelle 6.1 Aufgelaufene Uhrfehler

Zeit	Uhrfehler (vorgehend)	
0	0	0
100 Jahre	29 sec	29^s
200 „	117 „	$1^m\,57^s$
300 „	263 „	$4^m\,23^s$
400 „	468 „	$7^m\,48^s$
500 „	730 „	$12^m\,10^s$
600 „	1052 „	$17^m\,32^s$
700 „	1432 „	$23^m\,52^s$
800 „	1870 „	$31^m\,10^s$
900 „	2367 „	$39^m\,27^s$
1000 „	2922 „	$48^m\,40^s$
2000 „	11688 „	$3^h\,14^m\,48^s$

Wenn wir heute eine Sonnenfinsternis über 100 Jahre voraussagen und für diesen Zweck Durchgänge der mittleren Sonne verwenden würden, so wäre dies gleichbedeutend mit der Voraussage eines bestimmten Ereignisses, das nach einer vollkommen mechanischen Uhr, die nach der heutigen Tageslänge reguliert wäre, 100 Jahre später stattfinden würde. Gezeitenreibung verlängert jedoch jeden folgenden Tag. Und daher würde ein künftiger Beobachter, der nichts von unserer vollkommenen Uhr wüßte und seine eigene Uhr an einem Tage 86 400 etwas längere Sekunden als die unsrigen anzeigen ließe, die Finsternis 29 sec früher beobachten, als er nach unserer Voraussage erwarten durfte.

Offensichtlich beeinflußt die Nichtgleichförmigkeit der Tageslänge nicht nur die Zeiten der Sonnen- und Mondfinsternisse (die mit hoher Genauigkeit zu beobachten sind), sondern auch alle anderen periodischen Erscheinungen im Weltall, wie etwa die Bewegungen der Planeten und Satelliten, das Eintreten von Verfinsterungen in Doppelsternen, die periodischen Schwingungen schnell pulsierender Sterne usw.

Zusätzlich zu der gleichmäßigen, durch Gezeitenreibung bewirkten Zunahme der Tageslänge gibt es auch kleine unregelmäßige Schwankungen, die manchmal den Mond einige Jahre lang beschleunigt und später wieder verzögert erscheinen lassen. Diese Schwankungen der Tageslänge führen zu akkumulierten Uhrfehlern von der Größenordnung $\pm\,{}^1/_2$ Minute. Sie werden wahrscheinlich durch Änderungen der Massenverteilung im Erdinnern bewirkt: Erhaltung des Drehimpulses (Abschnitt 21.3) würde den Tag länger werden lassen, wenn der durchschnittliche Erdradius etwas größer als gewöhnlich wäre, und würde ihn verkürzen, wenn die Materie in der Nähe des Erdmittelpunkts etwas stärker konzentriert wäre.

Nach Entwicklung genau gehender Uhren, die ihren Gang ein Jahr oder länger streng beibehalten, wurde noch eine andere Änderung der Tageslänge entdeckt, die auf die wechselnde Verteilung der Luftmassen und des Schnees auf der Erdoberfläche zurückzuführen ist. Die Luft sammelt sich im Winter über Asien an wegen der dort äußerst niedrigen Temperaturen.

Die Entdeckung jährlicher Schwankungen in der Rotationsgeschwindigkeit der Erde wurde durch die Quarzuhr ermöglicht, die auf der Schwingungsperiode eines Quarzkristalls beruht. Die Ammoniakuhr oder Atomuhr macht von der Tatsache Gebrauch, daß die Atome in einem Ammoniakmolekül mit konstanter Periode Schwingungen ausführen. Dieses Molekül besteht aus drei Wasserstoffatomen und einem Stickstoffatom (NH_3), die im Normalfall die Ecken von zwei Pyramiden mit gemeinsamer Grundfläche einnehmen. Die Wasserstoffatome bilden die Grundfläche in Form eines gleichseitigen Dreiecks, während das Stickstoffatom zwischen den Spitzen der beiden Pyramiden hin- und herschwingt, wobei es jedesmal durch die Grundfläche hindurchtritt. Die Frequenz dieser Schwingung beträgt 23 870 MegaHz (1 MegaHz = 10^6 Hertz = 10^6 Schwingungen pro Sekunde). Daher emittiert oder absorbiert ein NH_3-Molekül in 1 sec $2{,}4 \cdot 10^{10}$ Schwingungen, die sich mit Lichtgeschwindigkeit ($3 \cdot 10^{10}$ cm/sec) ausbreiten. Ihre Wellenlänge ist folglich $\frac{3 \cdot 10^{10}\,\text{cm/sec}}{2{,}4 \cdot 10^{10}\,\text{sec}^{-1}}$ oder rund 1 cm. Die Schwingungen eines Quarzkristalls werden dazu verwandt, die Wellenlänge (oder Frequenz) eines monochromatischen Strahlenbündels zu regulieren. Wenn der Strahl eine mit NH_3 gefüllte Glasröhre durchläuft, wird er durch die Moleküle ausgelöscht, wenn seine Wellenlänge genau mit der der starken Absorptionslinie des Ammoniaks übereinstimmt. Wenn der Kristall aber zu schnell oder zu langsam schwingt, weicht die Wellenlänge des Strahls von der Absorptionslinie ab, und die dann durch das Glasrohr hindurchtretende Strahlung kann dazu benutzt werden, automatisch die Schwingungsdauer des Kristalls zu korrigieren.

6.3 Schwankungen der Breite

Der Äquatorwulst der Erde (Abschnitt 5.1) ist eine Folge der Erdrotation. Ein Masseteilchen, das nicht gezwungen ist, auf einem rotierenden Körper zu bleiben, wird nach dem ersten Newtonschen Bewegungsgesetz in tangentialer Richtung wegfliegen. Wenn ein Gewicht am Ende eines Fadens schwingt und der Faden reißt, so wird das von seiner Zwangskraft befreite Gewicht in Richtung der Tangente an dic Kreisbahn wegfliegen. Obgleich die Erde rotiert, werden die Partikel an ihrer Oberfläche nicht wegfliegen, da sie durch die Schwerkraft daran gehindert werden. Im Fall des an einem Faden schwingenden Gewichts liegt die Zwangskraft in der Ebene des kreisförmigen Weges des Gewichts (Abb. 6.6a). Auf der Erde aber liegt die als Zwangskraft wirkende Schwerkraft nicht in der Ebene der Rotation, ausgenommen am Äquator (Abb. 6.6b). Es bleibt eine Restkraft übrig, die alle Objekte auf der Erde nach dem Äquator hin zu bewegen sucht.

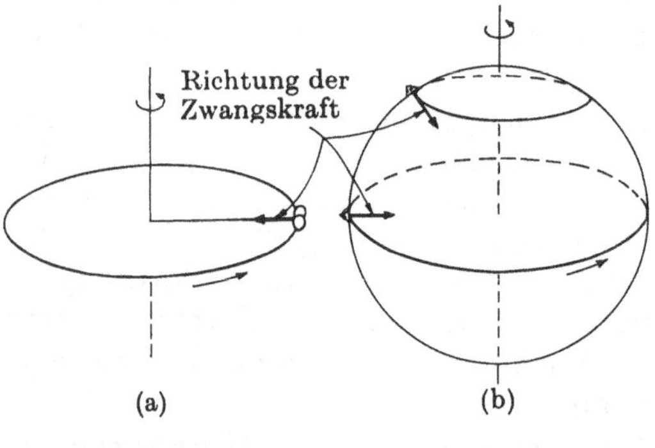

Abb. 6.6. Wirkung von Zwangskräften auf rotierende Objekte. In (a) ist das Gewicht durch die Spannung des Fadens gezwungen, sich in einem Kreise zu bewegen. In (b) ist die Zwangskraft die nach dem Zentrum gerichtete Schwerkraft. Ein Berg am Äquator verhält sich wie das Gewicht in (a). Ein Berg in einer nördlichen Breite, der einen Teil der Erde bildet, rotiert längs des kleinen Kreises, die Zwangskraft hat daher eine äquatorwärts gerichtete Komponente. Die Richtung der Rotationsachse im Raum bleibt erhalten.

Diese Restkraft hat auf die plastische Erde selbst eingewirkt und einen Überschuß an Masse in Nähe der Äquatorebene hervorgerufen, der einen äquatorialen Wulst bildet. Ein Wanderer auf der Erdoberfläche müßte also bergan steigen, wenn er sich dem Äquator nähert. Die Masse des Äquatorwulstes verteilt sich nach Betrag und Gestalt gerade so, daß die Restkraft, die die Partikel zum Äquator hin treibt, jetzt durch die Zusatzkraft kompensiert wird, die sie für das „Bergansteigen" nach dem Äquator hin benötigen. Folglich ändert sich jetzt die Gestalt der Erde nicht mehr, da sie einen Gleichgewichtszustand erreicht hat.

Bringt man aber eine gewisse Menge Materie zusätzlich an einen nicht am Äquator gelegenen Ort der Erdoberfläche, so sucht die Restkraft diese Zusatzmasse wieder in die Äquatorebene zu verlagern. Wenn sich zum Beispiel eine Bergkette irgendwo nördlich des Äquators bilden würde, so wäre sie dem Zug zum Äquator hin unterworfen. Da diese Berge mit der Erdrinde fest verbunden wären, würde die Rinde als Ganzes und mit ihr die Zusatzmasse sich etwas äquatorwärts verschieben. Dieses Gleiten der Erdrinde würde auf die Rotationsachse der Erde keinen Einfluß haben, diese würde ihre feste Richtung im Raum behalten. Newton stellt in seinen „Principia“ fest, daß eine Kugel, die durch irgendeine Ursache in Rotation geraten ist, aus eigener Kraft niemals ihre Achse oder deren Neigung verändern könne; alles was eintreten kann, ist eine Änderung der Orientierung der Kugel selbst relativ zur Achse. Da bei gebirgsbildenden Prozessen und bei Massenverlagerungen im Erdinnern nur relativ kleine Massen, vielleicht von der Ordnung 10^{20} g, in Bewegung gesetzt werden, während die Masse der Aufwölbung am Äquator rund 10^5mal größer ist, muß jede derartige Tendenz sehr klein sein, da sie ja eine Massenverlagerung von der Äquatorebene weg erforderte. Das Endergebnis ist eine Zitterbewegung des Erdkörpers relativ zu seiner Rotationsachse. Diese Bewegung kann in zwei, im wesentlichen gleichförmige, kreisförmige Komponenten zerlegt werden, die eine mit einer Periode von 14 Monaten, die andere mit einer Periode von genau einem Jahr. Letztere ist offensichtlich eine erzwungene Schwingung bedingt durch jahreszeitliche Schwankungen in der Verteilung von Luft, Schnee usw. Die 14 monatige Chandlersche Periode ist die natürliche Schwingungsperiode der Erde (analog zur Periode eines Pendels), die von L. Euler und S. Newcomb theoretisch erklärt wurde.

Auf der Erde kommt es häufig zu Änderungen in ihrer Massenverteilung, wahrscheinlich in unregelmäßiger Folge, wodurch die Erde eine Reihe von Stößen erleidet, manchmal in der einen, manchmal in der anderen Richtung. Diese Erscheinung ähnelt dem, was sich an einem freien Pendel zeigt, wenn es von allen Seiten kleine unregelmäßige Stöße erhält: Das Pendel beginnt hin- und herzuschwingen mit seiner natürlichen Periode, der sich infolge der einzelnen Stöße kleine unregelmäßige Störungen überlagern.

Die Erde pendelt relativ zu ihrer Rotationsachse, und folglich unterliegt die Breite eines Punktes auf ihrer Oberfläche Änderungen. Solche Breitenschwankungen sind seit 1842 an mehreren Observatorien auf verschiedenen Seiten des Pols gemessen worden. Abb. 6.7 zeigt, daß die Breite von B um denselben Betrag abnimmt, um den die von A zunimmt. Die Orientierung der Rotationsachse im Raum ändert sich nicht, aber zu verschiedenen Zeiten fallen verschiedene Punkte der Erdoberfläche mit den Rotationspolen zusammen. Aus diesem Grunde wird die Breitenschwankung zuweilen als „Polwanderung“ bezeichnet.

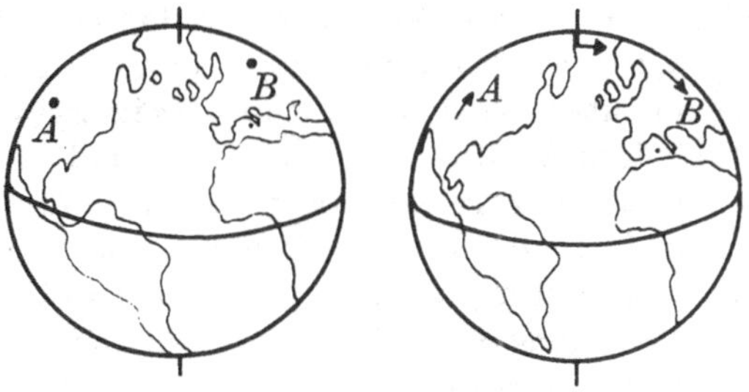

Abb. 6.7. Breitenschwankung. Wegen der Starrheit der Erde entspricht einer Breitenabnahme in B eine Zunahme der Breite von A um denselben Betrag. Die beobachteten Verschiebungen von B in der einen Richtung und von A in der entgegengesetzten Richtung übersteigen 15 m nicht. Weit größere Breitenschwankungen können in ferner Vergangenheit vorgekommen sein.

Bei der Bestimmung der Breitenschwankung eines Punktes auf der Erde handelt es sich um eine der genauesten Messungen, die in den Naturwissenschaften erforderlich werden. Die Unterschiede in Breite zu verschiedenen Zeiten können mit einer Genauigkeit von etwa 0,″01 gemessen werden, was 30 cm (oder rund 1 Fuß) entspricht. Das bedeutet eine Genauigkeit von $1:10^8$. Abb. 6.8 zeigt die Wanderung der Pole von 1941 bis 1947.

Seit den ersten Messungen der Breitenschwankung haben sich die Pole um Entfernungen von der Ordnung 15 m verschoben. Es gibt jedoch einige Anhaltspunkte dafür, daß in der Frühgeschichte der Erde die Pole Tausende von Meilen von ihrem heutigen Ort entfernt lagen. Man schließt dies aus Beobachtungen gewisser magnetischer Mineralien, die sich in geschmolzener Lava nach dem Magnetfeld der Erde ausrichteten. Als die Lava sich abkühlte, behielten diese magnetischen Nadeln ihre Ausrichtung nach dem ursprünglichen Magnetfeld bei und zeigen uns folglich noch die Richtung des Magnetfeldes zu der Zeit, als die Lavaströme gebildet wurden. Das Gestein, in dem man die Magnete findet, kann in manchen Fällen datiert werden, und die Orientierung des Feldes läßt sich dann zeitlich zurückverfolgen. Wenn die Magnetpole immer in der Nähe der Rotationspole lagen, so würde die wechselnde Lage der ersteren die Wanderung der Pole andeuten. Vor rund 500 Millionen Jahren kann der Nordpol in der Nähe der Hawaii-Inseln gelegen haben, Tausende von Meilen von der heutigen Rotationsachse entfernt.

In Abb. 6.7 nähert sich Punkt B dem Äquator, wenn Punkt A an den Pol heranrückt. Wenn die Breitenschwankung so groß ist, wie die magnetischen Daten vermuten lassen, würden daher ausgeprägte Klimawechsel die Folge sein: Das Wetter in B würde tropischer werden, während das in A sich nach polarem Klima hin verändern würde. Doch ist die Beziehung zwischen den magnetischen Achsen und den Rotationsachsen noch nicht genug gesichert; die Breitenschwankung aber, die in den letzten 100 Jahren von den Astronomen beobachtet wurde, ist viel zu klein, um irgendeinen Einfluß auf das Wetter haben zu können.

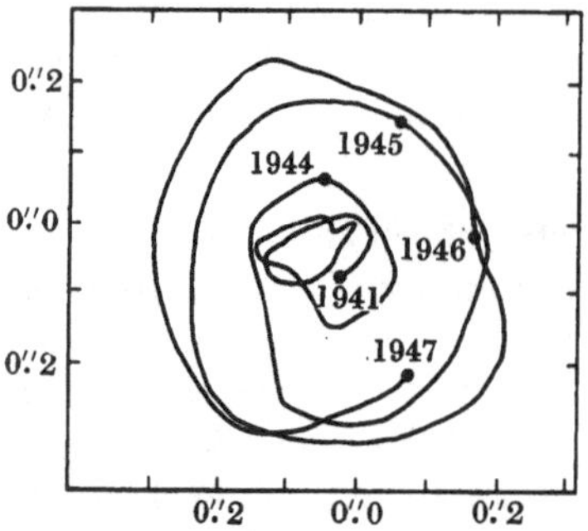

Abb. 6.8. Wanderung der Pole zwischen 1941 und 1947. Die Rotationsachse der Erde bleibt fest im Raum, aber in verschiedenen Jahren fallen verschiedene Punkte auf der Oberfläche mit den Polen zusammen. Die unregelmäßige Form der Kurve kann in zwei annähernd kreisförmige Komponenten mit Perioden von 14 und 12 Monaten zerlegt werden. *(Aus den Transactions der Internationalen Astronomischen Union, Bd. 7, 1950.)*

Die Schwankungen in Breite theoretisch zu deuten, ist eines der schwierigsten Probleme der Himmelsmechanik. Vor rund 100 Jahren gab es einen lebhaften wissenschaftlichen Streit, begonnen von G. Darwin (dem Sohn des großen Naturforschers Charles Darwin) und Lord Kelvin, über die Frage, ob die Breitenschwankung jemals die kleinen Pendelbewegungen übersteigen kann, die durch die 12- und 14-Monats-Periode dargestellt werden. Die letzten theoretischen Ergebnisse von T. Gold und W. H. Munk scheinen die Frage entschieden zu haben. Wenn die Erde vollkommen starr wäre, würde eine gebirgsbildende Umwälzung das Zusammenfallen von Figurenachse und Rotationsachse der Erde aufheben, und eine konische Zitterbewegung der Erde um ihre Figurenachse mit einer Periode von rund 10 Monaten würde die Folge sein. Etwas Ähnliches würde auch eintreten, wenn man einen unregelmäßigen starren Körper, etwa ein Meteor oder einen kleinen Planeten, um eine andere als seine Figurenachse rotieren ließe. Fallen jedoch Figurenachse und Rotationsachse zusammen, so würde es keine Breitenschwankung geben.

Nun ist aber die Erde nicht vollkommen starr, sie ist plastisch, und ihr Äquatorwulst wird sich, wenn einmal durch eine Umwälzung das Gleichgewicht gestört wird, allmählich wieder anpassen durch die Tendenz neuer Gebirge, äquatorwärts zu gleiten. Dies hat zwei Effekte zur

Folge: Die natürliche Periode der Erde wird 14 statt 10 Monate, und es findet eine langsame säkulare Anpassung der Erdfigur statt, die Verschiebungen von Tausenden von Meilen bewirken kann. Schließlich sei noch bemerkt, daß man annimmt, daß die Starrheit der Erde, zwar nicht vollkommen ist, aber doch die von Stahl übersteigt.

6.4 Präzession und Nutation

Die Rotation der Erde um ihre Achse hat eine äquatoriale Aufwölbung hervorgebracht und die Erde veranlaßt, die Gestalt eines abgeplatteten Sphäroids anzunehmen. Die Anziehung eines abgeplatteten Sphäroids auf ein entferntes Objekt ist aber etwas verschieden von der einer Kugel. Der Äquatorwulst ist gegen die Ekliptik um $23^1/_2°$ geneigt. Auf Grund dessen kann man sich die Erde aus drei Teilen aufgebaut denken: eine eingeschriebene Kugel und zwei Wülste, von denen der eine der Sonne näher ist als der andere (Abb. 6.9). Die Beschleunigung X,

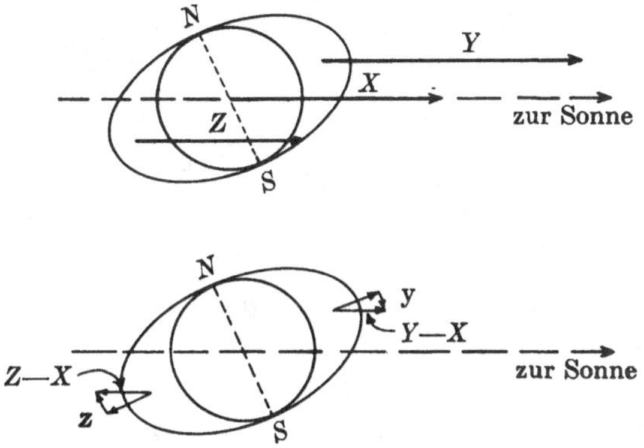

Abb. 6.9. Anziehung der Sonne auf die abgeplattete Erde. Die Beschleunigungen Y, X und Z werden im oberen Teil der Figur erklärt. Da die eine Hälfte des Äquatorwulstes der Erde der Sonne näher ist als die andere Hälfte, ist Y größer als X und Z kleiner als X. Im unteren Teil beziehen sich die Beschleunigungen auf den Erdmittelpunkt. Die beiden verbleibenden Beschleunigungen $Y—X$ und $Z—X$ werden in je zwei Komponenten zerlegt. Die Komponenten y und z bilden ein Kräftepaar, das die Erde zu drehen sucht.

die von der Anziehung der Sonne auf die Kugel herrührt, liegt in der Ekliptikebene; die Beschleunigungen Y und Z, die der Anziehung auf die beiden Wülste entsprechen, sind ein wenig gegen die Ekliptik geneigt. Der obere Teil von Abb. 6.9 zeigt diese drei Beschleunigungen: Y ist größer als X und X größer als Z. Wenn wir den Vektor X von den Vektoren Y und Z subtrahieren, erhalten wir den unteren Teil der Figur, in dem die Vektoren $Y—X$ und $Z—X$ zwar dem Betrage nach fast gleich, aber entgegengesetzt in der Richtung sind. Jede dieser beiden Beschleunigungen kann in zwei Komponenten zerlegt werden, die einen parallel zum Äquator, die anderen, y und z, senkrecht dazu. Diese beiden Komponenten würden, für sich betrachtet, die Äquatorebene der Erde in die Ebene der Ekliptik zu drehen suchen. In fast derselben Weise wirkt sich die Anziehung des Mondes aus, dessen Bahnebene von der Ekliptik nur unbedeutend (rund 5°) abweicht. Auch sie ist daher bestrebt, den Äquatorwulst der Erde in eine andere Lage zu bringen, und zwar sucht sie ihn in die Mondbahnebene zu ziehen. Die Beschleunigung durch die vom Mond ausgehenden Kräfte ist beträchtlich kleiner als die, welche der Sonne zuzuschreiben ist, die Komponenten y und z sind aber doch für den Mond größer als für die Sonne, weil die Entfernung des Mondes sehr viel kleiner ist als die Entfernung der Sonne.

Diese Neuausrichtung der Erdachse erfolgt jedoch in Wirklichkeit nicht, da sich die Erde um ihre Achse dreht. Eine Kraft auf einen sich drehenden Körper führt nämlich nicht zum gleichen Ergebnis wie eine Kraft auf einen nichtrotierenden Körper. Zum Beispiel wird ein Kreisel, der sich nicht dreht, wegen der Erdanziehung sofort umfallen; wenn er sich aber dreht, wird er unter dem Einfluß derselben Erdanziehung eine Präzessionsbewegung um eine Achse in Richtung der Schwerkraft ausführen (Abb. 6.10a). In ähnlicher Weise wird die rotierende

Erde, anstatt ihre Äquatorebene in ihre Bahnebene zu verlagern, um eine Achse präzessieren, die angenähert senkrecht auf der Bahnebene steht (Abb. 6.10b).

Die Präzessionsbewegung der Erde bewirkt, daß die Himmelspole an der Sphäre Kreise um die Pole der Ekliptik beschreiben. Die Präzession des nördlichen Himmelspols um den nördlichen Ekliptikpol wird in Abb. 6.11 durch die allgemeine Westbewegung des Pols erläutert. Der Nordpol führt einen vollständigen Umlauf um den Ekliptikpol in 26 000 Jahren aus.

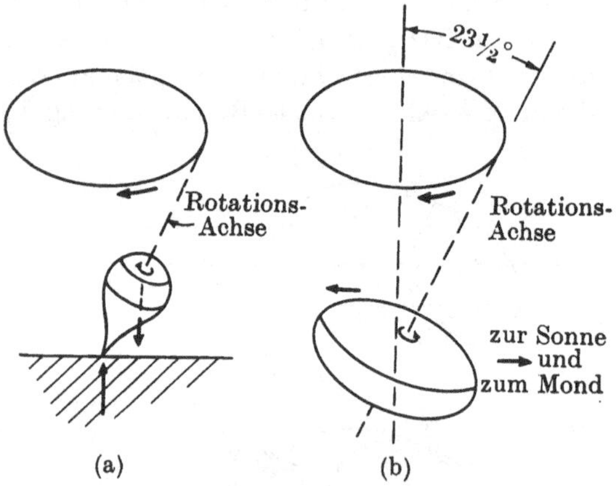

Abb. 6.10

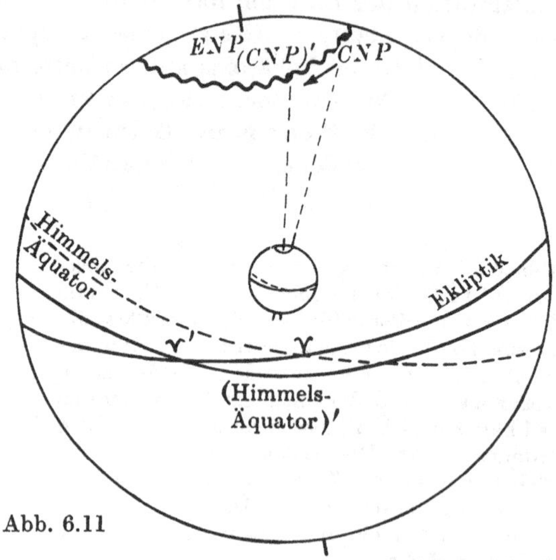

Abb. 6.11

Abb. 6.10. Präzession eines sich drehenden Kreisels (a) und der rotierenden Erde (b). Die Anziehung der Erde auf den Schwerpunkt des geneigten Kreisels würde diesen umfallen lassen. Dies wird aber durch die Drehung des Kreisels verhindert. Das Ergebnis ist eine konische Bewegung der Kreiselachse. Im Fall der Erde verhindert die Achsendrehung, daß der Äquatorwulst sich nach der Ekliptik orientiert. Statt dessen ergibt sich eine Bewegung der Erdachse auf einer Kegelfläche.

Abb. 6.11. Präzession und Nutation an der Himmelssphäre. Die konische Bewegung der Erdachse läßt den Himmelspol um den Pol der Ekliptik einen Kreis beschreiben. Die Wirkung der Nutation bringt kleine periodische Störungen in dem glatten Verlauf des Präzessionskreises hervor. Die Lage des Himmelsäquators ändert sich im Einklang mit der Bewegung des Himmelspols. Wenn der Pol in *CNP* steht, fällt der Himmelsäquator mit der gestrichelten Linie zusammen; steht der Pol in *(CNP)'*, fällt der Äquator mit der ausgezogenen, mit (Himmelsäquator)' bezeichneten Linie zusammen.

Wenn die von Sonne und Mond auf die beiden Hälften des Äquatorwulstes ausgeübten Kräfte immer dieselben blieben, würde die Präzessionsbewegung ganz gleichförmig ablaufen. In Wirklichkeit ändern sich diese Kräfte aus mehreren Gründen:

(a) Zweimal im Jahr, im März und September, steht die Sonne im Äquator. Die Kräfte Y und Z liegen dann in der Ekliptik und die Komponenten y und z bewirken keine Drehung. (Dies würde der Fall sein, wenn in Abb. 6.9 die Sonne vor oder hinter der Bildebene stände.)

(b) Ebenso gibt es zwei Zeitpunkte in jedem Monat, in dem die Anziehung des Mondes auf den Wulst in der Mondbahnebene liegt und die lunaren Komponenten y und z keine Drehung bewirken.

(c) Die Mondbahnebene, die immer 5° gegen die Ekliptik geneigt ist, präzessiert selbst um die Ekliptik: Die Normale (Senkrechte) auf der Mondbahn läuft dabei in etwas weniger als 19 Jahren auf einer Kegelfläche um die Normale auf der Ekliptik. Dieser Effekt, die Regression der Mondbahnebene, bewirkt in Verbindung mit den Effekten (a) und (b) ein leichtes Pendeln, die Nutation, der Erdachse bei ihrer Präzession um die Pole der Ekliptik. Anstatt einen gleichförmigen Kreis um die Ekliptikpole zu beschreiben, bewegen sich die Himmelspole auf der in Abb. 6.11 gezeigten periodischen Kurve.

Mehrere sekundäre Auswirkungen der Präzession müssen erwähnt werden. Die wichtigste ist die Änderung der Sternkoordinaten. Da die Rektaszension vom Frühlingspunkt aus gemessen wird, beeinflußt jede Änderung der Lage des letzteren die Rektaszension der Sterne. Wenn in Abb. 6.11 der Pol infolge der Präzession von CNP nach $(CNP)'$ rückt, verschiebt sich auch der Schnittpunkt der Ekliptik mit dem Himmelsäquator; folglich wandert der Frühlingspunkt von ♈ nach ♈′ westwärts auf der Ekliptik und die Rektaszensionen der Sterne nehmen mit der Zeit zu. Die Verschiebung des Himmelsäquators läßt auch die Deklinationen der Sterne sich ändern.

Da die Periode der konischen Präzessionsbewegung 26 000 Jahre beträgt, ergibt sich für die Verschiebung von ♈ in einem Jahr

$$\frac{360° \cdot 60' \cdot 60''}{26000 \text{ Jahre}} = 50'' \text{ pro Jahr.}$$

Dies ist die Präzessionskonstante.

Die Nutation erzeugt in ihrer 19jährigen Periode kleine zusätzliche Änderungen der Sternkoordinaten, die im Höchstfall 9″, die Nutationskonstante, ausmachen. Die letztere kann oft vernachlässigt werden, z. B. bei Arbeiten wie etwa der Justierung eines Fernrohrs. Die Präzession muß jedoch an alle Katalog-Positionen angebracht werden, wenn man eine korrekte Aufstellung des Fernrohrs erzielen will.

Wegen der Präzession wird die Erdachse mit fortschreitender Zeit nach anderen Sternen zeigen. Der Polarstern, der hellste Stern in der Nähe des heutigen Himmelsnordpols, wird dies nicht immer bleiben. In ungefähr 13 000 Jahren wird der helle Stern Wega in Polnähe stehen. Zur Zeit nähert sich der Himmelsnordpol noch dem Polarstern. Dies wird durch Abb. 3.6 veranschaulicht, die die Spuren der polnahen Sterne auf photographischen Aufnahmen von 1917 (a) und 1940 (b) zeigt. Der kleine Kreis um den Pol, der vom hellsten Stern auf der Photographie, dem Polarstern, beschrieben wurde, hatte 1917 einen größeren Radius als 1940. Daher lag 1940 der Pol dichter am Polarstern als 1917; zwischen 1917 und 1940 hat die Entfernung Pol—Polarstern um 7 Bogenminuten abgenommen.

Es sei noch bemerkt, daß die Effekte der Präzession und Nutation durch äußere Kräfte entstehen, die die Orientierung der Rotationsachse der Erde im Raum verändern. Dagegen bleibt der Erdkörper relativ zur sich verschiebenden Achse sozusagen fest. Eine Fahne, die heute am Nordpol aufgepflanzt würde, bezeichnete auch in 13 000 Jahren noch den Pol und die Breite würde 90° bleiben. Da Präzession und Nutation keine Breitenänderung irgendwo auf der Erde in sich schließen, haben diese Phänomene auch keine Klimaänderungen zur Folge. Jedoch führen sie zu einer Verschiebung der Jahreszeiten in bezug auf einen vollkommenen Kalender (Abschnitt 6.6).

6.5 Bahnbewegung

Die scheinbare Ostbewegung der Sonne von 1° pro Tag längs der Ekliptik ist eine Folge, aber kein Beweis der jährlichen Umlaufsbewegung der Erde um die Sonne. Die scheinbare Sonnenbewegung läßt sich im Rahmen der geozentrischen Theorie deuten, die von Ptolemäus entwickelt wurde und viele Jahrhunderte lang in Geltung blieb; in ihr wurde angenommen, daß die Erde ruhte und die Sonne sie umkreiste. Zu Beginn des 16. Jahrhunderts begründete Nikolaus Kopernikus die Ansicht, daß die Sonne im Zentrum des Sonnensystems stehe und die Planeten sich in Kreisbahnen um sie bewegten. Als eine Folge der kopernikanischen oder heliozentrischen Theorie ergibt sich, daß die näheren Sterne eine parallaktische Verschiebung zeigen sollten, wenn man sie von der bewegten Erde aus beobachtet. In Abb. 6.12 ist diese scheinbare Verschiebung eines Vordergrundsterns gegen die entfernten Sterne an der Himmelssphäre dargestellt.

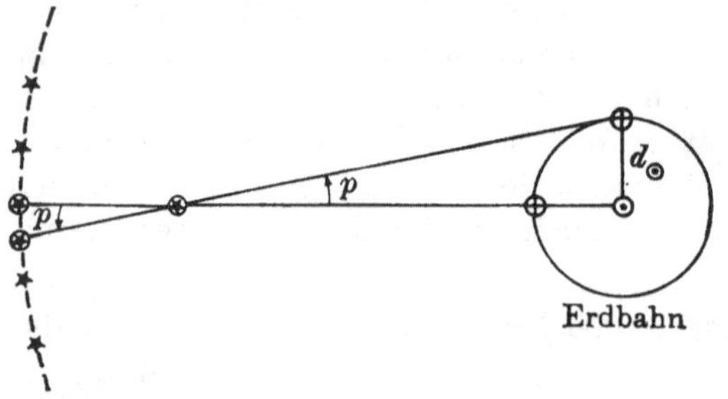

Abb. 6.12. Heliozentrische Parallaxe eines Sterns. Der Winkel p, unter dem der Erdbahnradius von dem Stern aus erscheint, ist die heliozentrische Parallaxe. Er wird durch Messung der Verschiebung des Sterns an der Himmelssphäre bestimmt, wenn man diesen von zwei verschiedenen Positionen der Erde in ihrer Bahn aus beobachtet.

Vor Erfindung des Fernrohrs konnte Tycho Brahe unter Verwendung der genausten Instrumente seiner Zeit die Positionen der Sterne und Planeten mit einer Genauigkeit von rund 1′ messen. Da er keine parallaktischen Verschiebungen der Sterne fand, lehnte er das kopernikanische System ab und setzte sich für eine Modifikation der geozentrischen Theorie ein. Er dachte noch nicht daran, daß die Sterne so weit entfernt sein könnten, daß eine Genauigkeit von 1′ bei weitem nicht ausreichte, um ihre parallaktischen Verschiebungen zu messen. Erst 1838 gelang es Bessel, eine kleine jährliche Verschiebung bei dem Stern 61 Cygni zu messen. Seitdem wurden mehrere Tausend Sternparallaxen gemessen. Die größte beträgt 0″,76 für den Stern Proxima Centauri am Südhimmel.

6.6 Die Jahreszeiten

Die Jahreszeiten sind eine Folge des Umlaufs der Erde um die Sonne und der Neigung der Äquatorebene der Erde gegen ihre Bahnebene. In Abb. 6.13 ist die Erde in vier Punkten ihrer Bahn dargestellt. In Punkt (1) steht die Sonne im Himmelsäquator im Frühlingspunkt; folglich haben alle Breiten dann 12 Stunden Tageslicht. Wenn die Erde ihre Bahn weiter

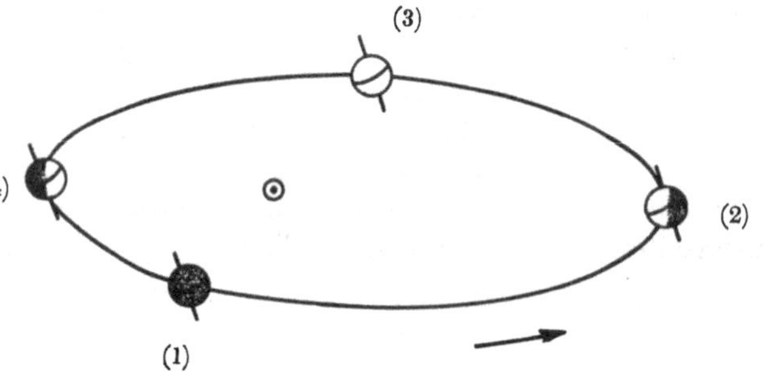

Abb. 6.13. Orientierung der Erdachse zur Erdbahn. Im Laufe eines Jahres bleibt die Richtung der Erdachse im Raum fast unverändert. Ein Planet besitzt Jahreszeiten, wenn sein Äquator gegen seine Bahnebene geneigt ist. Bei der Erde beträgt die Neigung 23½° und die jahreszeitlichen Unterschiede sind merklich. Die Schiefe des Marsäquators beträgt 25° und seine Jahreszeiten sind denen der Erde ähnlich. Die Neigung des Jupiteräquators dagegen ist nur 3° und daher sind dort die Jahreszeiten kaum merklich. Bei Uranus sind die Jahreszeiten ganz verschieden von denen der Erde, da die Neigung des Uranusäquators 98° beträgt.

durchläuft, scheint sich die Sonne nördlich des Äquators zu bewegen und erreicht ihre größte nördliche Deklination (+ 23½°) in Punkt (2) am 21. Juni, dem Sommersolstitium. Auf der Nordhalbkugel ist die Sonne dann mehr als 12 Stunden über dem Horizont, ihre Strahlen fallen steil auf die Erde und erzeugen die sommerliche Wärme, während auf der Südhalbkugel die Sonne sich weniger als 12 Stunden über dem Horizont befindet und ihre Strahlen flach auf die

Erde fallen, was dort eine kühlere Jahreszeit bedingt. Zur Zeit des Herbstäquinoktiums (3) steht die Sonne wieder im Äquator, bewegt sich aber nach Süden; sie erreicht ihre größte südliche Deklination (— 23 ½°) zum Wintersolstitium (4). Zu diesem Zeitpunkt fallen die Strahlen auf der Südhalbkugel weniger flach ein als auf der Nordhalbkugel. Der Winter auf der Nordhalbkugel ist gleichzeitig mit dem Sommer der südlichen Hemisphäre. Die Punkte (1) bis (4) in der Figur entsprechen dem Beginn von Frühling, Sommer, Herbst und Winter auf der Nordhemisphäre. Wegen des Treibhauseffekts der Erdatmosphäre treten die Temperaturextreme nicht in den Stellungen (2) und (4) ein, sondern erst etwa zwei Monate später. Der Frühlingsbeginn wird durch Beobachtungen der Deklination der Sonne bestimmt. Diese steht im Frühlingspunkt, wenn sie den Äquator von Süden nach Norden überschreitet und wenn ihre Deklination den Wert Null hat.

Die Präzession der Erde läßt das Klima an allen Orten unverändert, sie bewirkt nur eine Änderung der Stellungen in der Bahn, in denen die Jahreszeiten beginnen. Wir wollen annehmen, daß zur Zeit der Nordpol der Rotationsachse um 23½° von der Sonne weg geneigt ist, wenn die Erde in (4) steht. Die Präzession läßt die Achse einen Kegel um die Normale auf der Ekliptikebene beschreiben. Daher wird nach 13 000 Jahren in (4) der Winkel immer noch 23½° betragen, aber der Nordpol wird nach der Sonne hin geneigt sein. Es wird dann auf der Nordhalbkugel der Sommer beginnen. Und ein halbes Jahr später, in Stellung (2), werden wir im Norden Winteranfang haben. Die Strenge der Winter auf der Nordhalbkugel wird aber nicht beeinflußt werden, wenn man von einem kleinen Effekt absieht, der darauf beruht, daß die Erde in (4) der Sonne etwas näher steht als in (2). Berücksichtigt man diese Tatsache, so ergibt sich eine Verstärkung der Strenge der Nordwinter, da ja nach 13 000 Jahren auf der Nordhalbkugel der Winteranfang in Stellung (2) stattfindet, d. h. wenn die Entfernung der Erde von der Sonne am größten ist. Auf der Südhalbkugel liegen die Verhältnisse umgekehrt: Zur Zeit tritt der Winter in (2) ein, wenn die Entfernung von der Sonne am größten ist, 13 000 Jahre später aber wird der Winter dort in (4) beginnen, wenn die Entfernung zur Sonne am kleinsten ist.

Da die Jahreszeiten durch die Stellung der Sonne in der Ekliptik bestimmt werden, wird das ihnen entsprechende Jahr, das sogenannte *tropische Jahr*, als das Zeitintervall zwischen zwei aufeinander folgenden Durchgängen der Sonne durch den Frühlingspunkt definiert. Während dieses Zeitraums wandert der Frühlingspunkt wegen der Präzession längs der Ekliptik um 50″ oder 0°014 nach Westen. Die Sonne braucht daher nur 360° — 0°014 ihres gesamten Umlaufs zu vollenden, um wieder den Frühlingspunkt zu erreichen. Da sich die Sonne in 24 Stunden längs der Ekliptik 1° nach Osten zu bewegen scheint, ist das tropische Jahr angenähert $0{,}014 \cdot 24 = 0{,}3$ Stunden oder rund 20 Minuten kürzer als die wahre Umlaufsperiode der Erde, das siderische Jahr, das als Zeitintervall zwischen zwei aufeinander folgenden Vorübergängen der Sonne relativ zu den Sternen definiert wird.

6.7 Die Bestimmung der astronomischen Einheit

Die Entfernung zur Sonne kann im Prinzip durch Messung ihrer geozentrischen Parallaxe bestimmt werden. Wenn zwei Beobachter am Äquator, der eine in A (Abb. 6.14) und der andere in B, sechs Stunden östlich von A, die Sonne im gleichen Zeitpunkt photographierten, so würden die Aufnahmen eine Verschiebung der Sonne gegen die Hintergrundsterne zeigen. In Winkeleinheiten ist dies die geozentrische Horizontal-Parallaxe der Sonne. Da der Erdradius $R_\oplus$ bekannt ist, kann die Entfernung bis zur Sonne, $d_\odot$, aus dem Verhältnis

$$\frac{p^\circ}{360^\circ} = \frac{R_\oplus}{2\pi \cdot d_\odot}$$

gefunden werden.

Die Beobachtung zeigt, daß $d_{\odot}$ sich im Laufe eines Jahres etwas ändert. Der Mittelwert zwischen der größten und kleinsten Entfernung von der Erde zur Sonne wird die astronomische Einheit genannt.

Die durchschnittliche geozentrische Parallaxe der Sonne beträgt 8″,80; daher ist eine astronomische Einheit = 150 000 000 Kilometer.

Diese Methode kann in Wirklichkeit nicht angewandt werden. Erstens würde der Beobachter in *A* die Sonne im Horizont erblicken, wo die Refraktion eine große Unsicherheit in den Messungen bewirken würde. Diese Schwierigkeit könnte dadurch überwunden werden, daß man die Beobachtungen nicht in *A* und *B*, sondern an zwei anderen Punkten auf der Erdoberfläche durchführte. Die geozentrische Parallaxe könnte dann auf Grund der geometrischen Gegebenheiten des Problems abgeleitet werden. Zweitens kann die Sonne notwendigerweise nur am Tage beobachtet werden, wenn der Himmel hell ist und alle Sterne außer den hellsten selbst in großen Fernrohren unsichtbar sind. Es gibt jedoch andere Methoden zur Bestimmung

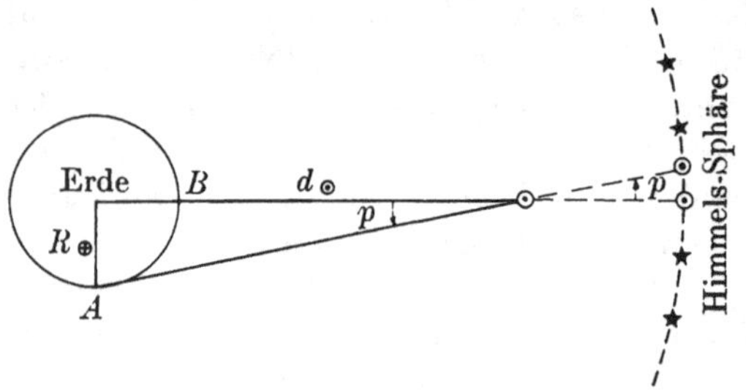

Abb. 6.14. Geozentrische Parallaxe der Sonne. Der Winkel, unter dem vom Sonnenmittelpunkt aus der Erdradius erscheint, ist die geozentrische Parallaxe der Sonne.

der astronomischen Einheit. Die genaueste von ihnen beruht auf Parallaxenmessungen des kleinen Planeten Eros. Die relativen Entfernungen aller Körper im Sonnensystem können aus Newtons Bewegungsgesetzen und seinem Gravitationsgesetz berechnet werden (Kapitel 4). Zum Beispiel können sie alle in astronomischen Einheiten ausgedrückt werden. Wenn dann die Entfernung zwischen zwei beliebigen dieser Körper in Kilometern gefunden werden kann, ist es möglich, den Skalenfaktor und daraus die astronomische Einheit in Kilometern abzuleiten. Eros wurde gewählt, weil sein sterngleiches Bild relativ hell und daher leicht zu beobachten ist und weil der Planct zeitweilig der Erde viel näher als eine astronomische Einheit kommt. Seine große geozentrische Parallaxe gestattet es, seine Entfernung mit beträchtlicher Genauigkeit zu berechnen.

Zwei andere Methoden zur Ermittlung der astronomischen Einheit beruhen auf der endlichen Geschwindigkeit des Lichtes (Abschnitt 6.9).

6.8 Die Eigenschaften des Lichts

Viele Eigenschaften des Lichts lassen sich auf Grund der Annahme erklären, daß das Licht ein Schwingungsvorgang in einem unbekannten, nicht notwendig realen Medium ist. Jeder

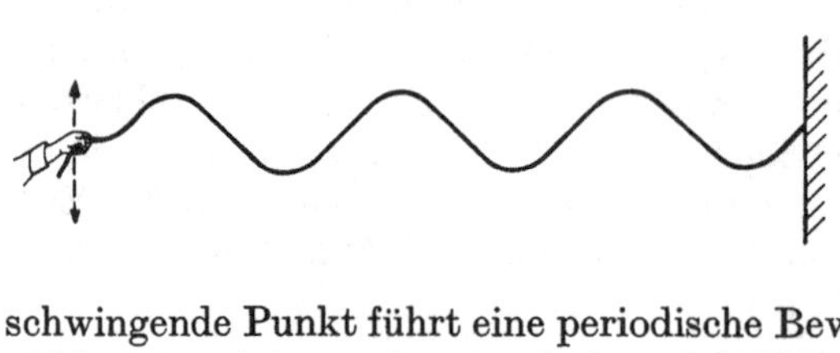

Abb. 6.15. Transversalwellen in einem Seil. Jedes kleine Element des Seils bewegt sich rechtwinklig zur Horizontalen, aber die Welle durchläuft das Seil mit endlicher Geschwindigkeit.

schwingende Punkt führt eine periodische Bewegung aus. Führt man mit dem Ende eines Seils (Abb. 6.15) einige ruckartige Auf- und Abbewegungen aus, so sieht man eine Reihe von Wellen sich längs des Seils fortpflanzen. Jeder Punkt des Seils schwingt auf und abwärts, die Welle aber breitet sich in Richtung des Seils aus. Wellen dieser Art heißen Transversalwellen, und Licht besteht aus solchen Wellen.

Wellen unterscheiden sich voneinander durch Amplitude und Wellenlänge. Die Amplitude ist ein Maß für die Lichtintensität. Abb. 6.16 zeigt zwei Wellen verschiedener Amplitude: Die eine mit kleinerer Amplitude (b) ist weniger hell als die mit größerer Amplitude (a). Die Wellenlänge λ ist die Entfernung zwischen zwei aufeinander folgenden Maxima oder Minima (Abb. 6.17). Die Wellenlänge im Fall (a) ist größer als die im Fall (b). Licht kurzer Wellenlänge

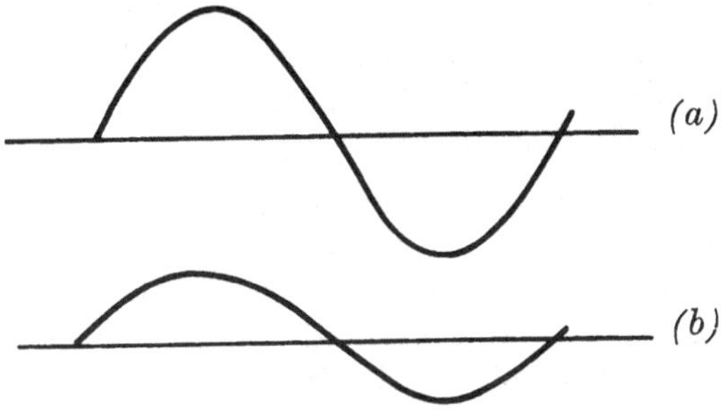

Abb. 6.16. Wellen verschiedener Amplitude.

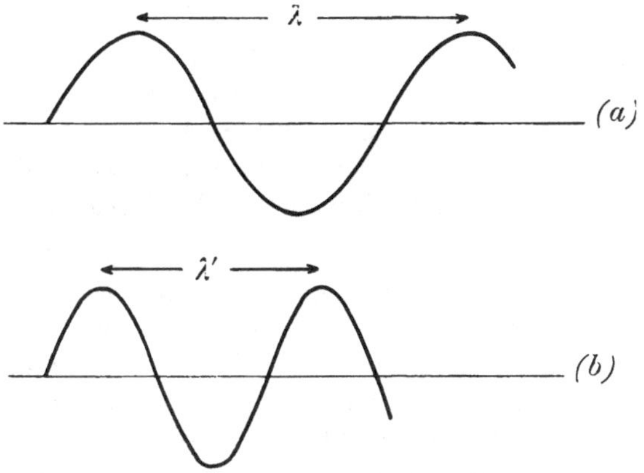

Abb. 6.17. Wellen verschiedener Länge.

ruft den Eindruck violetter Farbe hervor, den größeren Wellenlängen entspricht rotes Licht. Das Auge ist in einem nur sehr kleinen Wellenlängenbereich empfindlich: von $4 \cdot 10^{-5}$ cm im Violett bis $7 \cdot 10^{-5}$ cm im Rot. Doch der gesamte Bereich sichtbaren und unsichtbaren Lichts, d. h. elektromagnetischer Strahlung, soweit er im Laboratorium untersucht worden ist, erstreckt sich von etwa 10^{-8} cm bis zu vielen Kilometern. Das Spektrum der elektromagnetischen Strahlung ist in Abb. 6.18 schematisch dargestellt.

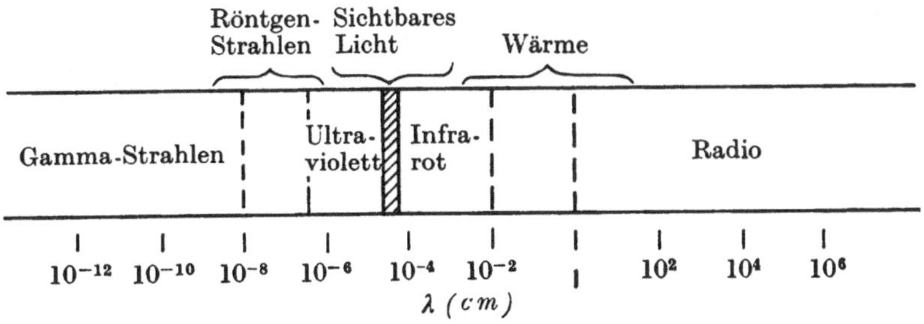

Abb. 6.18. Spektrum der elektromagnetischen Strahlung. Die in Zentimetern ausgedrückten Wellenlängen sind angegeben. Die spektroskopische Einheit der Wellenlänge ist 1 Ångström = 10^{-8} cm. Eine Wellenlänge von 10^{-4} cm oder 10000 Å wird oft als 1 Mikron (μ) bezeichnet.

Da die Wellenlängen des sichtbaren Lichts sehr klein sind, wird bei ihrer Messung eine Längeneinheit gebraucht, die kleiner als das Zentimeter ist. Die Ångström-Einheit — abgekürzt als Å — hat den Wert

$$1 \text{ Å} = 10^{-8} \text{ cm}.$$

Die Wellenlänge des violetten Lichts ist von der Ordnung 4 000 Å, die des roten Lichts beträgt rund 7 000 Å.

Die Wellen, die an einem Seil entlang laufen, wandern mit meßbarer Geschwindigkeit. In ähnlicher Weise breiten sich Lichtwellen nicht momentan aus, sondern mit zwar großer, aber endlicher Geschwindigkeit, die von dem Medium abhängt, durch das das Licht hindurchtritt: In Luft ist sie ein wenig langsamer als im Vakuum, in Glas ist sie rund zwei Drittel so schnell. Da der interstellare Raum sehr nahe ein Vakuum ist, sind die Astronomen in erster Linie an der Lichtgeschwindigkeit im Vakuum, die mit c bezeichnet wird, interessiert. Ihr Wert, der aus zahlreichen Laboratoriumsversuchen abgeleitet wurde, beträgt

$$c = 3 \cdot 10^{10}\ \text{cm/sec} = 3 \cdot 10^{5}\ \text{km/sec.}$$

Die Lichtgeschwindigkeit wird von der Geschwindigkeit der Lichtquelle oder der des Beobachters nicht beeinflußt. Diese Tatsache ist von äußerster Wichtigkeit in Physik und Astronomie und bildet die Grundlage der Relativitätstheorie. Die Wellenlänge des Lichts dagegen ändert sich mit der Geschwindigkeit der Quelle und der des Beobachters, eine Erscheinung, die unter der Bezeichnung Doppler-Fizeausches Prinzip bekannt ist.

Eine Lichtquelle emittiere einen Lichtstrahl der Wellenlänge λ und bewege sich mit der Geschwindigkeit v auf einen Beobachter zu. In Abb. 6.19 stelle die ausgezogene Kurve eine von der Quelle emittierte Welle dar. Da Licht sich mit der Geschwindigkeit c ausbreitet, benötigt der Strahl ein zwar sehr kleines, aber nichtsdestoweniger endliches Zeitintervall, um den Beobachter in O zu erreichen, dessen Entfernung von S gerade eine Wellenlänge betragen soll. Da die von der Lichtwelle durchlaufene Strecke gleich ist dem Produkt aus ihrer Geschwindigkeit und der Zeit t_{S-O}, die sie braucht, um die Entfernung λ von S nach O zurückzulegen, ergibt sich

$$t_{S-O} = \frac{\text{Entfernung}}{\text{Geschwindigkeit}} = \frac{\lambda}{c}.$$

Im gleichen Zeitintervall hat die Quelle sich um eine Strecke weiterbewegt, die gleich ihrer Geschwindigkeit v ist multipliziert mit der Zeit:

$$v \cdot \frac{\lambda}{c}.$$

Die Wellenlänge, die von der Quelle emittiert wurde, erscheint verkürzt, wie in der Abbildung durch die gestrichelte Kurve angedeutet wird, und zwar ist die Verkürzung gleich der Entfernung, die die Quelle in der Zeit λ/c zurückgelegt hat. Daher beträgt die Wellenlängenänderung

$$\Delta\lambda = v \cdot \frac{\lambda}{c}$$

oder

$$\frac{\Delta\lambda}{\lambda} = \frac{v}{c}.$$

Dies ist die Dopplersche Formel.

Wenn die Wellenlänge einer ruhenden Quelle bekannt ist, kann die Wellenlänge λ' einer mit der bekannten Geschwindigkeit v bewegten Quelle aus der Beziehung

$$\Delta\lambda = \lambda - \lambda'$$

gefunden werden. Umgekehrt kann, wenn die beiden Wellenlängen der bewegten und der ruhenden Quelle bekannt sind, die Geschwindigkeitskomponente der bewegten Quelle in der Blickrichtung gefunden werden. Wenn die Quelle sich dem Beobachter nähert, wird die Wellenlänge verkürzt, wie die Abbildung zeigt; wenn die Quelle sich entfernt, wird die Wellenlänge vergrößert. Somit entspricht eine Wellenlängenverschiebung nach Violett einer Annäherungsgeschwindigkeit und eine Wellenlängenverschiebung nach Rot einer Entfernungsgeschwindigkeit.

Der Doppler-Effekt unterscheidet nicht zwischen einem bewegten Beobachter und einer bewegten Quelle. Die Formel wäre die gleiche, wenn in Abb. 6.19 S den mit der Geschwindigkeit v bewegten Beobachter und O eine ruhende Quelle bedeuten würde.

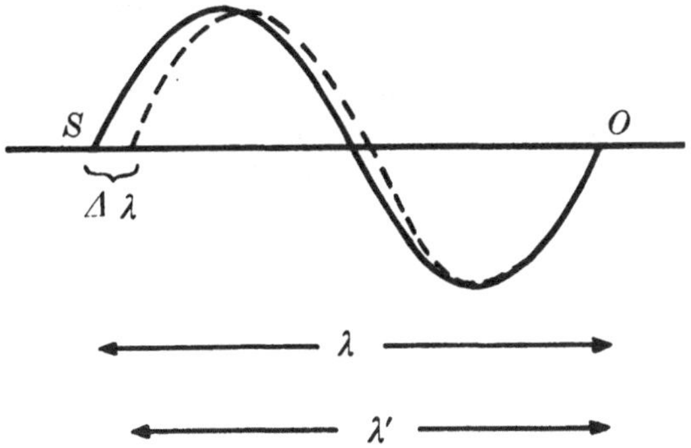

Abb. 6.19. Der Doppler-Fizeau-Effekt. Die Lichtquelle in S nähert sich dem Beobachter in O. Bis zu dem Zeitpunkt, in dem der Strahl O erreicht, hat die Quelle die Strecke $\Delta\lambda$ zurückgelegt und die ursprüngliche Wellenlänge λ erscheint zur kürzeren Wellenlänge λ' komprimiert.

Zur Erläuterung betrachte man ein Flugzeug, das mit der Geschwindigkeit von 200 km/Stunde oder rund $5 \cdot 10^3$ cm/sec auf eine Radiostation zu fliegt. Wenn die Station mit einer Wellenlänge von 60 m oder $6 \cdot 10^3$ cm sendet, beträgt die Änderung der Wellenlänge

$$\Delta\lambda = v \cdot \frac{\lambda}{c} = 5 \cdot 10^3 \frac{6 \cdot 10^3}{3 \cdot 10^{10}}$$

oder

$$\Delta\lambda = 10^{-3} = 0{,}001 \text{ cm}.$$

Der Pilot stellt daher seinen Empfänger auf die Wellenlänge 6000 cm — 0,001 cm oder 5 999,999 cm ein. Wenn das Flugzeug von der Radiostation wegfliegen würde, wäre die beobachtete Wellenlänge gleich 6 000,001 cm. Man würde auch eine Verschiebung in λ von 0,001 cm feststellen, wenn das Flugzeug sich nicht bewegte, sondern die Radiostation mit der Geschwindigkeit 200 km/Stunde, oder das Flugzeug gegen die Station mit der Geschwindigkeit 100 km/Stunde und die Station gegen das Flugzeug mit derselben Geschwindigkeit 100 km/Stunde. Jede Kombination der Geschwindigkeiten in der Blickrichtung, die eine Relativgeschwindigkeit von 200 km/Stunde ergibt, führt zu derselben Wellenlängenverschiebung.

Wenn die Doppler-Verschiebung $\Delta\lambda$ sehr groß ist, kann ein Lichtstrahl dem Auge rot erscheinen, wenn derselbe Strahl, von einer ruhenden Lichtquelle emittiert, blau sein würde. Aber gewöhnlich sind die Verschiebungen zu klein, so daß das Auge die Farbdifferenzen nicht unterscheiden kann. In der Praxis ist es daher notwendig, die Wellenlänge zu messen einmal, wenn der Lichtstrahl von einer ruhenden Quelle, und ein zweites Mal, wenn er von einer bewegten Quelle ausgesandt wird. Dies kann mit einem Spektrographen durchgeführt werden (Abschnitt 33.9) — einem Instrument, welches das Licht in ein farbiges Band auseinander zieht ähnlich einem Regenbogen, violett an einem Ende, rot am anderen Ende. Verschiedene Lichtquellen, z. B. der Eisenbogen, senden Licht vieler diskreter Wellenlängen aus. Wenn das Spektrum eines Eisenbogens im Laboratorium mit dem Spektrum von Eisenatomen in einem Stern verglichen wird, kann die Wellenlängenverschiebung bestimmt werden.

6.9 Der Doppler-Effekt

Die Länge der astronomischen Einheit läßt sich mit Hilfe des Doppler-Effekts bestimmen. In Abb. 6.20 (a) wird ein ruhender Stern betrachtet, der in der Erdbahnebene liegen möge. Er sendet Licht bestimmter charakteristischer Wellenlängen aus, das von den Molekülen und Atomen in seiner Atmosphäre ausgeht. Diese Wellenlängen können gemessen und in einer Skala als senkrechte Linien eingetragen werden wie in Abb. 6.20 (b) und (c). Wenn solche Messungen laufend ein Jahr hindurch ausgeführt werden, kann man eine periodische Verschiebung in den Wellenlängen beobachten. Zum Beispiel kann sich die Lage einer die Wellenlänge darstellenden Linie ändern wie in Abb. 6.20 (b), in die vier Verschiebungen, entsprechend vier Positionen der Erde in ihrer Bahn relativ zum Stern, eingetragen sind. So entspricht die Wellenlänge der Linie (1) in (b) dem Zeitpunkt, in dem sich die Erde gerade rechtwinklig zum Stern bewegt und keine Relativgeschwindigkeit zwischen beiden besteht. Wenn die Erde in

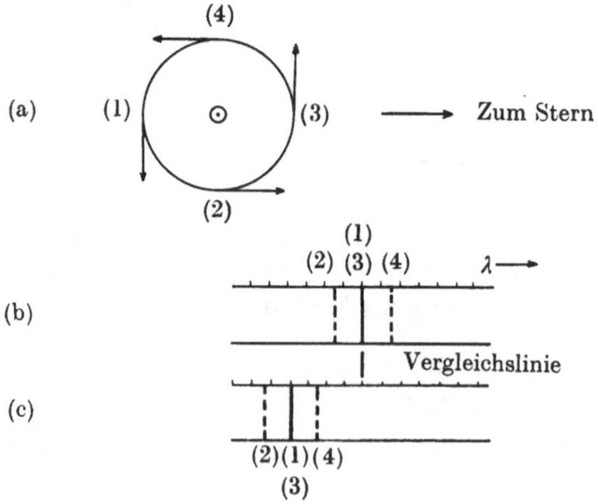

Abb. 6.20. Jährliche Änderung des Doppler-Effekts eines ruhenden Sterns. Der Stern liege in der Bildebene auf der rechten Seite. In Position (2) nähert sich die Erde dem Stern, in Position (4) entfernt sie sich von ihm. Die entsprechenden Änderungen der Wellenlänge sind in (b) angedeutet. Wenn der Stern eine Eigenbewegung in der Blickrichtung hat, sind die Wellenlängen jeweils wie in (c) verschoben.

ihrer Bahn weiterläuft, nähert sie sich dem Stern, bis sie in Position (2) sich gerade auf ihn zu bewegt. Zwischen den Positionen (1) und (2) in (a) verschiebt sich die Wellenlänge der Linie von (1) nach (2) in (b), d. h. nach Violett. Die Linie kehrt in Position (1) in (b) zurück bis zu dem Zeitpunkt, in dem die Erde den Punkt (3) ihrer Bahn erreicht und sich wieder rechtwinklig zum Stern bewegt. Wenn die Erde sich von dem Stern entfernt, verschiebt sich die Linie nach Rot und erreicht die größte Wellenlänge, wenn die Erde in Position (4) ist, wo ihre Entfernungsgeschwindigkeit vom Stern am größten ist. Wenn die Erde in ihrer Bahn zur Position (1) zurückkehrt, verschiebt sich auch in (b) die Wellenlänge der Absorptionslinie wieder nach (1). In Position (2) würde z. B. die Verschiebung einer Linie bei 5153,64 Å zu —0,51 Å gefunden, die Geschwindigkeit der Erde $v_\oplus$ beträgt dann nach der Dopplerschen Formel

$$\frac{\Delta\lambda}{\lambda} = \frac{v}{c}$$

oder

$$v_\oplus = \frac{\Delta\lambda}{\lambda} \cdot c = \frac{0{,}51}{5{,}153} \cdot 3 \cdot 10^{10}$$

$$= 30 \cdot 10^5 \text{cm/sec} = 30 \text{ km/sec}.$$

Das Ergebnis von Geschwindigkeitsmessungen nach dieser Methode enthält in graphischer Form die Abb. 6.21, in der die Zahlen (1), (2), (3), (4) wieder den Positionen der Erde in Abb. 6.20 entsprechen. Wenn sich die Erde auf den Stern zu oder von ihm weg bewegt, d. h. in (2) und (4), fällt der Geschwindigkeitsvektor in die Verbindungslinie von Erde und Stern und die gemessene Verschiebung wird den vollen Betrag der Geschwindigkeit geben. Nur eine Komponente dieser Geschwindigkeit wird an anderen Punkten der Bahn gemessen. Unter der Voraussetzung, daß die Erde ihre Bahn mit gleichförmiger Geschwindigkeit durchläuft, läßt sich diese bestimmen, wenn man die Verschiebungen der Linie eines Sterns mißt, wenn sich die Erde in den Positionen (2) und (4) befindet. In Abb. 6.21 beträgt diese Geschwindigkeit 30 km/sec.

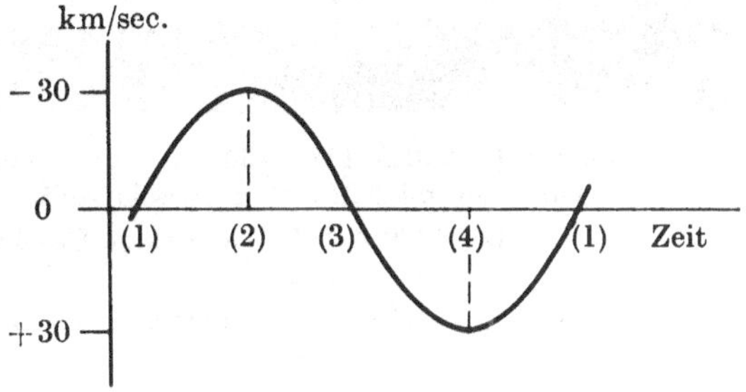

Abb. 6.21. Geschwindigkeitskurve eines ruhenden Sterns von der Erde aus beobachtet. Die Positionen (1), (2), (3) und (4) entsprechen denen in Abb. 6.20. Die Geschwindigkeit in (2) und (4), 30 km/sec, ist die durchschnittliche Geschwindigkeit der Erde in ihrer Bahn.

Es ist natürlich wahrscheinlich, daß der Stern auch eine radiale Bewegung relativ zum Sonnensystem besitzt. Doch macht das für die Bestimmung der Bahngeschwindigkeit der Erde nichts aus. Der Stern möge sich der Erde mit 50 km/sec Geschwindigkeit nähern. Dann fällt in den Positionen (1) und (3) der Abb. 6.20 die Wellenlänge des Sterns nicht mehr mit der im Laboratorium gemessenen Wellenlänge von z. B. 4000 Å desselben Elements zusammen, sondern sie ist um

$$\Delta\lambda' = \frac{\lambda \cdot v}{c} = 0{,}67 \text{ Å}$$

nach Violett verschoben. In Position (2) erscheint die Linie bei der Wellenlänge

$$\lambda - \Delta\lambda - \Delta\lambda'$$

und in Position (4) bei

$$\lambda + \Delta\lambda - \Delta\lambda'.$$

Die resultierenden Lagen der Spektrallinien zeigt Abb. 6.20 (c). Es ist klar, daß man aus den Verschiebungen der gestrichelten Linien (2) und (4) in Abb. 6.20 (c) die Bahngeschwindigkeit der Erde in genau derselben Weise bestimmen kann wie an Hand der Abb. 6.20 (b).

Abb. 6.22 zeigt das Spektrum des Arktur (α Bootis) ungefähr in diesen beiden Positionen. Die Linienverschiebungen des Sterns wurden mit einem Mikroskop gegen Vergleichslinien gemessen, die nicht verschoben waren, da die sie erzeugende Lichtquelle sich unmittelbar vor dem Spektrographen befand und daher die gleiche Geschwindigkeit wie der Beobachter hatte.

Die genaueste Bestimmung der Bahngeschwindigkeit der Erde nach der geschilderten Methode wurde von W. S. Adams durchgeführt, der aus Beobachtungen des Arktur folgende Ergebnisse erhielt:

Maximalgeschwindigkeit am 15. 7.	= + 20	km/sec
Minimalgeschwindigkeit am 15. 1.	= − 32	„
Halbe Geschwindigkeitsdifferenz	= 26	„
Korrektion wegen Ekliptikabstands des Sterns	= + 5	„
Angenäherte Bahngeschwindigkeit	= 31	„
Sonnenparallaxe	= 8,″805.	

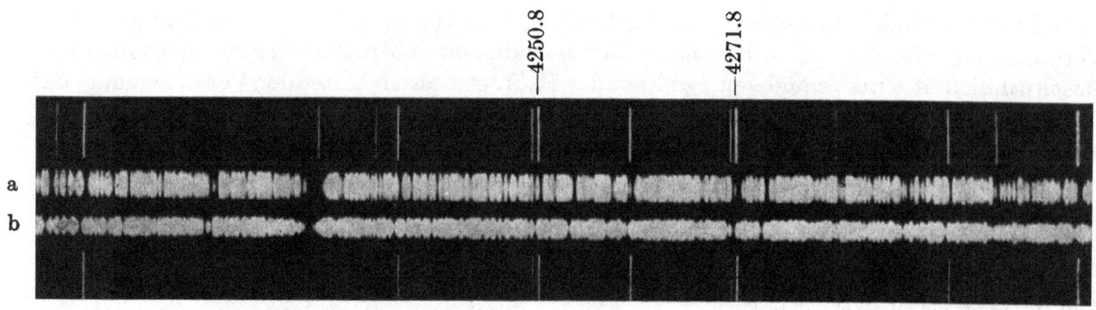

Spektren (λ 4200 Å bis λ 4300 Å) des Arktur, eines Sterns konstanter Geschwindigkeit, aufgenommen mit 6 Monaten Zwischenzeit.

(a) 1939 Juli 1 Gemessene Geschwindigkeit + 18 km/sec
(b) 1940 Jan. 19 „ „ — 32 km/sec

Die gemessene Geschwindigkeitsdifferenz von 50 km/sec rührt gänzlich von der Bahngeschwindigkeit der Erde her.

Abb. 6.22. Zwei Spektren des Arktur. Die beiden hellen Bänder stellen das kontinuierliche Spektrum des Sterns dar und die schwarzen senkrechten Linien zeigen die Wellenlänge des Lichts an, das von verschiedenen Stoffen in der Sternatmosphäre absorbiert wird. Die weißen senkrechten Linien oben und unten wurden von einem Eisenbogen unmittelbar vor dem Instrument erzeugt. Sie geben die Wellenlängen des Eisens einer ruhenden Lichtquelle an. In (a) sind die Eisenlinien des Sterns nach dem rechten (roten) Ende des Spektrums verschoben, in (b) nach dem linken (violetten) Ende. Die Wellenlängen von zwei Vergleichslinien sind am oberen Rand angegeben. *(Photographie der Mount Wilson und Palomar-Observatorien.)*

Die Methode ist weiterer Verfeinerung fähig und kann zweifellos dazu dienen, die Sonnenparallaxe mit sogar noch größerer Genauigkeit zu bestimmen, als es aus Eros-Messungen möglich war.

Wenn die Bahngeschwindigkeit der Erde einmal bekannt ist, kann der Umfang der Erdbahn gefunden werden. Da die Erde 30 Kilometer ihrer Bahn in einer Sekunde zurücklegt und ein Jahr ($3{,}15 \cdot 10^7$ sec) braucht, um einen Umlauf zu vollenden, beträgt die Länge der gesamten Bahn

$$\begin{aligned} \text{Geschwindigkeit} \cdot \text{Zeit} &= 30 \cdot 3{,}15 \cdot 10^7 \\ &= 9{,}4 \cdot 10^8 \text{ km}. \end{aligned}$$

Die Annahme einer gleichförmigen Geschwindigkeit der Erde in ihrer Bahn besagt, daß die Erdbahn ein Kreis sei. Der Umfang eines Kreises mit dem Radius $d_\oplus$ ist aber

$$\text{Umfang} = 2\pi \cdot d_\oplus ,$$

worin $d_\oplus$ die astronomische Einheit ist. Daher ist

$$9{,}4 \cdot 10^8 = 2\pi \cdot d_\oplus$$

oder

$$d_\oplus = 1{,}5 \cdot 10^8 \text{ km}.$$

Die hier angewandte direkte Bestimmung ist nur für Sterne in der Erdbahnebene richtig, d. h. für Sterne, die in der Ekliptik zu stehen scheinen. Zweimal im Jahr ist die Gesamtgeschwindigkeit der Erde genau nach diesen Sternen hin oder von ihnen weg gerichtet. Einem Stern am Pol der Ekliptik nähert sich die Erde niemals bzw. sie entfernt sich nicht von ihm, so daß die Methode nicht angewandt werden kann. Alle anderen Sterne zeigen eine periodische Geschwindigkeitsschwankung von kleinerer Amplitude als die in der Ekliptik. Dies erklärt die oben in W. S. Adams Ergebnissen angegebene Korrektion wegen Ekliptikabstands des Sterns.

In Wirklichkeit ist die Erdbahn eine sehr wenig gestreckte Ellipse, und ihre Geschwindigkeit ist nicht vollkommen konstant, sondern ist am größten im Perihel (größte Sonnennähe) mit 30,3 km/sec und am kleinsten im Aphel (größte Sonnenentfernung) mit 29,3 km/sec.

6.10 Die Aberration des Sternlichts

Die Erscheinung der Aberration ist durch die endliche Geschwindigkeit des Lichts bedingt. Während wir im vorhergehenden Abschnitt über den Dopplereffekt das Licht als aus Wellen bestehend betrachteten, wollen wir hier die andere Deutungsmöglichkeit zugrunde legen, die das Licht als Strom von Energiebündeln oder -teilchen, Photonen genannt, auffaßt. Jedes Photon kann mit einem Energie-„Regentropfen“ verglichen werden, und es ist aufschlußreich, sich die Ähnlichkeit klar zu machen zwischen dem, was ein Astronom beobachtet, wenn ihn die Photonen mit der Geschwindigkeit c erreichen, und dem, was sich abspielt, wenn ein Mensch in einen Regenschauer gerät. Wenn jemand in einem heftigen Regen stehenbleibt, hält er seinen Schirm gerade über sich, aber wenn er geht, muß er ihn schräg nach vorn halten, wenn er trocken bleiben will. Je schneller er geht, um so mehr muß er den Schirm neigen. Obgleich die Tropfen senkrecht von oben fallen, scheinen sie doch aus der Richtung zu kommen, in der der Schirm geneigt wird. Die in Abb. 6.23 (a) dargestellte Person geht mit einer solchen Geschwindigkeit, daß die Regentropfen unter einem Winkel von 15° gegen die Vertikale zu fallen scheinen. Die Geschwindigkeitsvektoren sind in 6,23 (b) gezeichnet, und zwar ist v_a der Vektor der scheinbaren und v_t der wahren Geschwindigkeit der Tropfen. Die Vektor-

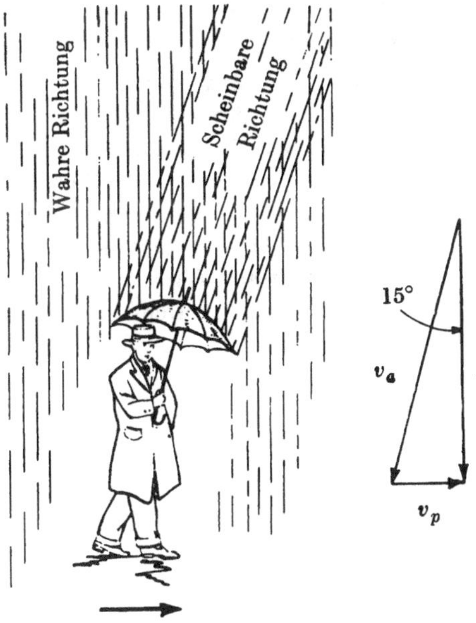

(a) (b)

Abb. 6.23

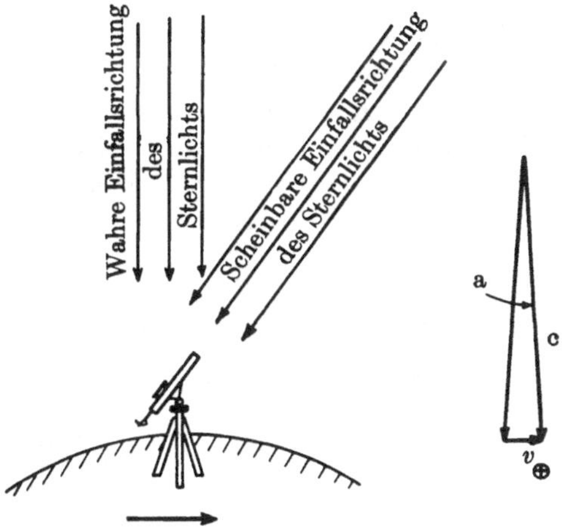

(a) (b)

Abb. 6.24

Abb. 6.23. Der Effekt der Aberration von Regentropfen. Die Geschwindigkeit der Tropfen beträgt v_t. Wenn der Schirm 15° gegen die Senkrechte geneigt wird, ist die Geschwindigkeit der Person v_p.

Abb. 6.24. Der Effekt der Aberration des Sternlichts. Die Lichtgeschwindigkeit c ist bekannt. Für den Winkel a ergab sich aus den Messungen der Wert 20,5 Bogensekunden. Die Bahngeschwindigkeit der Erde $v_\oplus$ läßt sich aus dem Dreieck in (b) berechnen. Der Aberrationseffekt ist stark übertrieben gezeichnet, besonders in (a).

differenz v_p ist die Geschwindigkeit der Person. Sie kann berechnet werden, wenn die wahre Geschwindigkeit der Regentropfen und der Neigungswinkel des Schirms bekannt sind. Nimmt man an, daß die Regentropfen mit einer Geschwindigkeit v_t von 2 m/sec fallen und der Schirm um 15° geneigt ist, so ergibt sich aus dem Vektordreieck der Abb. 6.23 (b) für v_p:

$$\frac{15^\circ}{360^\circ} = \frac{v_p}{2\,\pi \cdot v_t}$$

oder

$$v_p = 0{,}5\ \text{m/sec} = 1{,}8\ \text{km/Stunde}.$$

Die Aberration des Sternlichts, das von der bewegten Erde aus beobachtet wird, ist der Neigung der Regentropfen ähnlich, die auf eine bewegte Person herabfallen. Das Licht eines Sterns, der am Pol der Ekliptik steht, d. h. rechtwinklig zur Richtung der Erdbewegung, gelangt ohne Verschiebung zur Erde wie die Regentropfen in Abb. 6.23 (a). Bei der Beobachtung eines Sterns muß jedoch ein Astronom das Fernrohr ein wenig nach vorn neigen, da sich die Erde und folglich auch er selbst mit der Bahngeschwindigkeit der Erde bewegen. Ein Lichtstrahl, der durch die Objektivlinse in ein Fernrohr eintritt, braucht eine gewisse Zeit, um die Länge des Rohrs zu durchlaufen, während das letztere sich mit der Geschwindigkeit der Erde in ihrer Bahn weiterbewegt. Und wenn das Rohr in die wahre Richtung zum Stern eingestellt wäre, würde ein Lichtstrahl in einem sehr langen Fernrohr die Seitenwand des Tubus treffen, bevor er das Okular erreichen könnte.

Ein Vektordiagramm der Geschwindigkeiten ist in Abb. 6.24 (b) gegeben, die der Abb. 6.23 (b) ähnlich ist. Da die Lichtgeschwindigkeit c bekannt ist und der Winkel a gemessen werden kann, läßt sich somit die Geschwindigkeit der Erde in ihrer Bahn finden.

Wenn sich die Erde immer in dieselbe Richtung bewegte relativ zum Stern am Pol der Ekliptik, wäre der Beobachter nicht imstande die Aberrationsverschiebung des Sterns zu entdecken, weil er die wahre Richtung zum Stern nicht kennen würde. Doch sechs Monate nach der in Abb. 6.24 (a) gezeichneten Stellung würde die Erde sich in die entgegengesetzte Richtung bewegen, und der Beobachter hätte sein Fernrohr um den Winkel a nach der anderen Seite der Vertikalen zu neigen. Von der Erde aus gesehen verschiebt sich der Ort des Sterns um den Winkel $2a$ zwischen der ersten und der zweiten Beobachtung, und dieser Winkel wird tatsächlich gemessen. Der wahre Ort des Sterns kann dann gefunden werden, indem man a als Korrektion an dem beobachteten Ort des Sterns anbringt. Der Winkel a hat den Wert

$$a = 0^\circ\!\!.00569 = 20''\!\!.48$$

und wird Aberrationskonstante genannt.

Die Erdgeschwindigkeit ergibt sich aus Abb. 6.24 (b) zu

$$\frac{0^\circ\!\!.00569}{360^\circ} = \frac{v_\oplus}{2\,\pi \cdot c}$$

oder

$$v_\oplus = \frac{0{,}00569}{360} \cdot 2\,\pi \cdot 3 \cdot 10^5 = 30\ \text{km/sec}.$$

Dies ist der gleiche Wert wie der mit Hilfe des Doppler-Effekts bestimmte. Die astronomische Einheit wird dann aus der Länge der Erdbahn berechnet:

$$\text{Umfang} = \text{Geschwindigkeit} \cdot \text{Zeit} = 30 \cdot 3{,}2 \cdot 10^7 = 2\,\pi \cdot d_\oplus$$

und daraus

$$d_\oplus = 1{,}5 \cdot 10^8\ \text{km}.$$

Abb. 6.25. Foucault-Pendel in der Halle der Astronomie gegenüber dem Eingang zum Alexander F. Morrison-Planetarium in San Franzisko. Die Periode dieses Pendels beträgt angenähert 39 Stunden. *(Photographie der Akademie der Wissenschaften von Kalifornien.)*

Da das von einem Stern am Pol der Ekliptik kommende Licht immer senkrecht zur Erdbewegung einfällt, beschreibt der Stern jährlich an der Himmelssphäre einen kleinen Kreis mit dem Durchmesser $2a$. Ein Stern in der Ekliptik scheint längs eines Bogens der Länge $2a$ hin- und zurückzuschwingen. Sterne, die an der Sphäre zwischen der Ekliptik und ihrem Pol stehen, beschreiben kleine Ellipsen, deren große Achsen $2a$ betragen.

Der Aberrationseffekt ist immer vorhanden, sobald die Bewegung des Beobachters eine Komponente senkrecht zur Blickrichtung hat. Daher bewirkt auch die Erdrotation eine kleine tägliche Aberrationsverschiebung, die ihre Extremwerte auf dem Erdäquator erreicht. Die Amplitude der täglichen Aberration übersteigt niemals 0,4 Bogensekunden.

Aufgaben

1. Die Geschwindigkeit eines Beobachters am Äquator ist gleich der Rotationsgeschwindigkeit der Erde, nämlich 0,5 km/sec. Berechne die durch die Erdrotation bedingte Aberrationsverschiebung eines Sterns auf dem Himmelsäquator, wenn er im Zenit steht.
2. Der Gang einer Uhr nahm in 10 Tagen um 10 Sekunden zu. Man bestimme den Uhrstand am Ende des zehnten Tages.
3. Berechne die Zeit, die das Licht braucht, um den Äquatorumfang der Erde zurückzulegen.
4. Berechne die Zeit, die das Licht zum Durchlaufen der astronomischen Einheit benötigt.
5. Die Länge einer Welle multipliziert mit der Frequenz (der Zahl der Schwingungen pro Sekunde) ist gleich der Geschwindigkeit der Welle. Berechne die Frequenz von orangefarbenem Licht, dessen Wellenlänge rund 6000 Ångström beträgt.
6. Man finde die beobachtete Wellenlänge einer Spektrallinie, deren Laboratoriumswellenlänge 4861 Å ist, wenn die Erde wegen ihrer Bahnbewegung sich direkt auf einen Stern zu bewegt. (Der Stern wird als ruhend angenommen.)

7. DIMENSIONEN DES MONDES

7.1 Die Entfernung des Mondes

Die Entfernung des Mondes erhält man aus Messungen seiner geozentrischen Parallaxe. Wenn zwei Beobachter, A und B (Abb. 7.1), den Mond gleichzeitig photographieren, wird sein Bild auf den Aufnahmen relativ zu den entfernteren Sternen nicht dieselbe Lage einnehmen. Die Winkelverschiebung p des Bildes und die Entfernung $d_☾$ sind durch die Beziehung

$$\frac{p^\circ}{360^\circ} = \frac{R_\oplus}{2\pi \cdot d_☾}$$

miteinander verbunden. Setzt man in diesen Ausdruck für die geozentrische Parallaxe des Mondes $p = 57'$ oder $0{,}^\circ 95$ und für den Erdradius $R_\oplus = 6370$ km ein, so ergibt sich

$$d = 384\,000 \text{ km} = 60 \cdot R_\oplus.$$

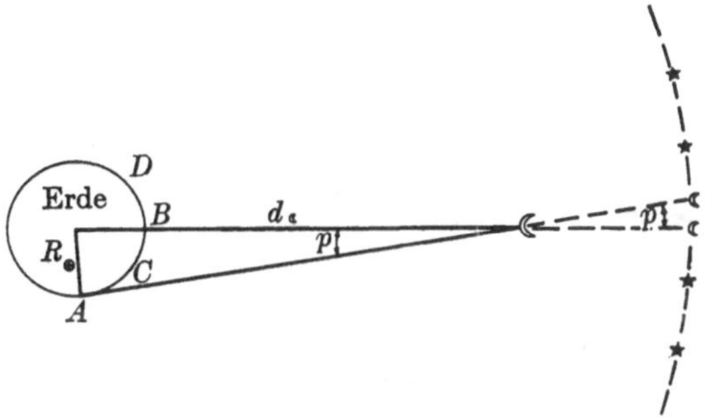

Abb. 7.1. Geozentrische Parallaxe des Mondes. Die Parallaxe ist der Winkel p, unter dem der Erdradius vom Monde aus erscheint. Er wird bestimmt durch Messung der Verschiebung des Mondbildes an der Himmelssphäre, wenn man von zwei Punkten der Erdoberfläche aus beobachtet.

In der Praxis ist es nicht möglich, den Mond in A und B gleichzeitig zu beobachten, weil der Mond für A im Horizont steht. Es ist daher notwendig, den Mond von zwei anderen Punkten auf der Erde aus zu photographieren, für die der Mond über dem Horizont steht, z. B. C und D. Die parallaktische Verschiebung wird auf diesen Photographien gemessen und in die geozentrische Parallaxe umgerechnet.

Eine andere Methode zur Bestimmung der Mondentfernung beruht auf den Eigenschaften des Lichts. Wenn ein Lichtsignal zum Mond geschickt und von seiner Oberfläche reflektiert wird, so trifft das Echo nach der Zeit wieder auf der Erde ein, die das Licht benötigt, um zweimal die Entfernung bis zum Mond zurückzulegen. Bei der Durchführung dieser Messung verwandte das U. S. Army Signal Corps Strahlung von Radar-Wellenlänge, rund 300 cm. Die Strahlungsstöße dauerten etwa $^1/_4$ Sekunde; schwache Echos wurden nach 2,56 Sekunden empfangen. Die Mondentfernung ist dann die Strecke, die das Licht (dessen Geschwindigkeit $c = 3 \cdot 10^{10}$ cm/sec ist) in $^1/_2 \cdot 2{,}56$ oder 1,28 Sekunden durcheilt:

$$\begin{aligned} \text{Entfernung} &= \text{Geschwindigkeit} \cdot \text{Zeit} \\ &= 3 \cdot 10^5 \cdot 1{,}28 = 384\,000 \text{ km}. \end{aligned}$$

Diese Methode könnte wahrscheinlich noch verbessert und eine Genauigkeit von 0,1 Kilometer erreicht werden.

7.2 Die Größe des Mondes

Wenn die Entfernung des Mondes bekannt ist, kann sein Radius aus seiner Winkelgröße bestimmt werden. Von der Erde aus erscheint der Mondradius unter einem Winkel von $^1/_4{}^\circ$. Aus dem Dreieck in Abb. 7.2 ergibt sich die Beziehung:

$$\frac{^1/_4{}^\circ}{360^\circ} = \frac{R_{☾}}{2\pi \cdot d_{☾}}\,.$$

Da $d_{☾} = 3{,}84 \cdot 10^5$ km ist, erhält man

$$R_{☾} = \frac{2\pi \cdot 3{,}84 \cdot 10^5}{4 \cdot 360}$$

oder

$$\text{Mondradius} = 1\,670 \text{ km} = {}^1/_4\, R_{\oplus}.$$

Dies kann auch direkt aus der geozentrischen Parallaxe des Mondes $p \approx 1^\circ$ geschlossen werden, ohne diese in eine lineare Entfernung umzuwandeln. Definitionsgemäß ist die geozentrische Parallaxe der Winkel, unter dem der Erdradius vom Monde aus erscheint. Abb. 7.3 zeigt mit einem Blick, daß

$$\frac{R_{☾}}{R_{\oplus}} = \frac{^1/_4{}^\circ}{1^\circ} = \frac{1}{4}\,.$$

Das Volumen einer Kugel ist der dritten Potenz ihres Radius proportional:

$$\text{Mondvolumen} = \frac{1}{64}\, V_{\oplus} = 2 \cdot 10^{25} \text{ cm}^3.$$

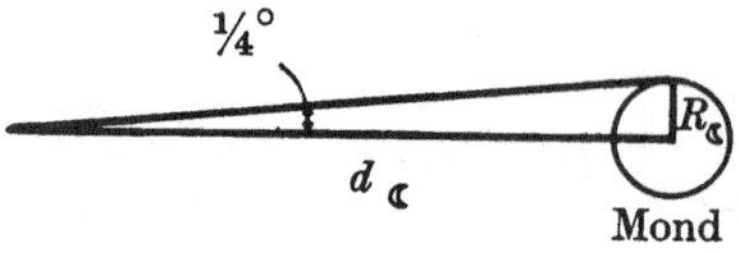

Abb. 7.2

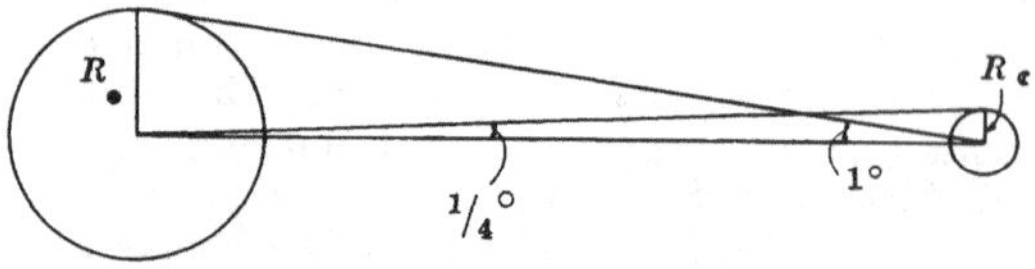

Abb. 7.3

Abb. 7.2. Bestimmung des Mondradius. Von der Erde aus erscheint der Mondradius unter einem Winkel von $^1/_4{}^\circ$. Da $d_{☾}$, die Entfernung von der Erde zum Mond, bekannt ist, kann der Radius in Kilometern aus dem Dreieck berechnet werden.

Abb. 7.3. Bestimmung des Mondradius in Einheiten des Erdradius. Die geozentrische Parallaxe des Mondes d. h. der Winkel, unter dem der Erdradius vom Mond aus erscheint, ist rund viermal größer als der Winkel, unter dem der Mondradius von der Erde aus erscheint.

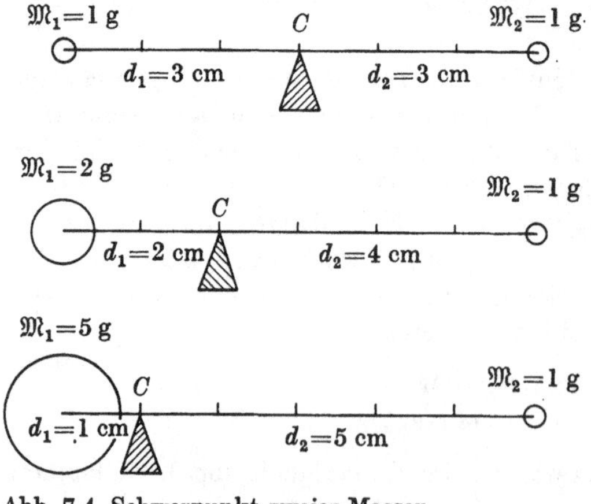

Abb. 7.4. Schwerpunkt zweier Massen.

7.3 Die Masse des Mondes

Die Bestimmung der Mondmasse hängt von der Lage des Schwerpunkts im System Erde—Mond ab. Man nehme an, daß ein imaginärer Stab beide Kugeln verbindet. Es gibt dann einen Punkt dieses Stabes, der im Raum festgehalten oder gestützt werden müßte, um es den Kugeln zu ermöglichen, frei im Gleichgewicht zu schweben oder, wenn sie in Bewegung gesetzt würden, reibungslos umeinander zu rotieren. Dieser Punkt wird der Schwerpunkt des Systems genannt. Abb. 7.4 erläutert das Ergebnis von drei Gedankenexperimenten. In jedem ist der Stab 6 cm lang. $\mathfrak{M}_1$ und $\mathfrak{M}_2$ sind die Massen der Kugeln und d_1 und d_2 sind deren Abstände vom Schwerpunkt. In jedem Fall genügen diese Werte der Gleichung

$$\mathfrak{M}_1 \cdot d_1 = \mathfrak{M}_2 \cdot d_2 \,.$$

Wenn die Länge des imaginären Stabes, d. h. die Entfernung zwischen den Mittelpunkten beider Kugeln, mit D bezeichnet wird, so ist

$$d_1 + d_2 = D$$

oder

$$d_2 = D - d_1,$$

und der allgemeine Ausdruck wird

$$\mathfrak{M}_1 \cdot d_1 = \mathfrak{M}_2 \cdot (D - d_1).$$

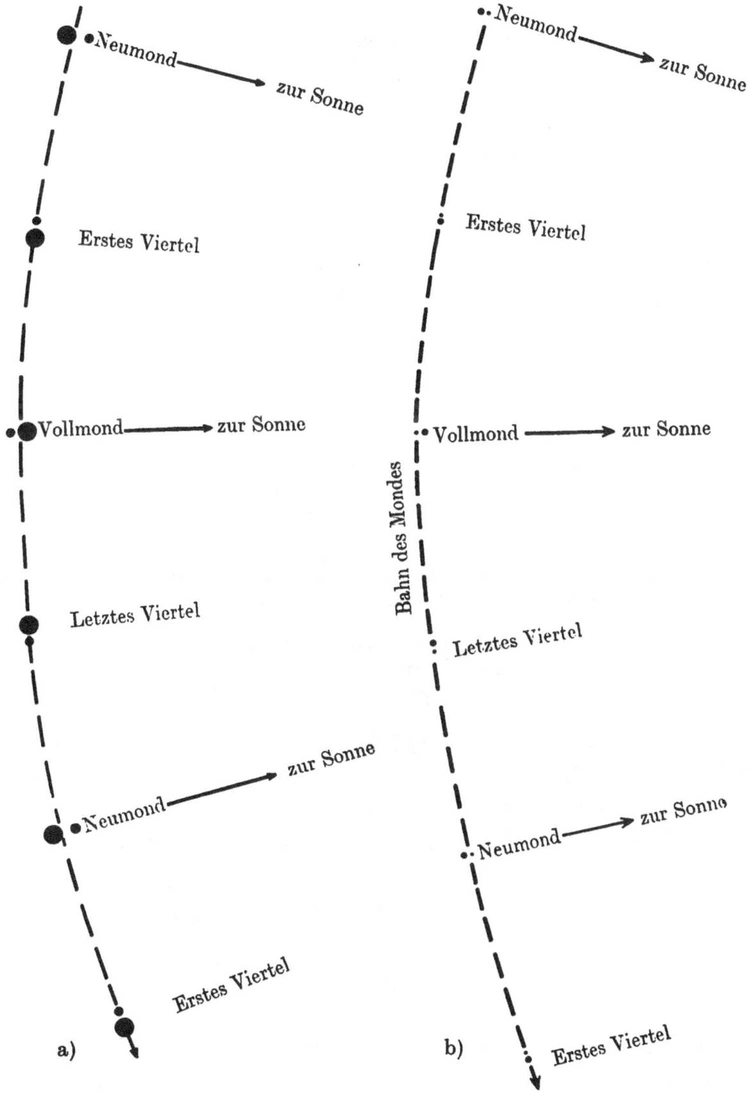

Abb. 7.5 (a) und (b). Bahnbewegung des Erde-Mond-Systems um die Sonne. Der Schwerpunkt des Systems bewegt sich auf einer glatten Kurve, die einem Kreisbogen ähnelt, wie in (a) gezeigt. Bei Neumond steht die Erde etwas außerhalb des Bogens und der Mond innerhalb. Bei Vollmond sind die relativen Stellungen von Erde und Mond umgekehrt. Die Bewegung des Mondes um die Sonne ist in (b) dargestellt. Die Krümmung dieses Kurvenstücks variiert etwas, und zwar ist sie bei Vollmond etwas größer als bei Neumond, doch ist die Bahn immer konkav zur Sonne. In (a) sind die Durchmesser der beiden Objekte und ihr Abstand voneinander übertrieben. In (b) ist die Entfernung Erde — Mond im Verhältnis zur astronomischen Einheit richtig wiedergegeben.

Daher müssen wir zur Bestimmung der Mondmasse nicht nur die Entfernung bis zum Mond ($D = d_☾$) und die Erdmasse ($\mathfrak{M}_1 = \mathfrak{M}_⊕$) kennen, sondern auch die Entfernung d_1 der Erde vom Schwerpunkt des Systems Erde—Mond.

Wenn immer zwei Körper sich unter der Wirkung der Schwerkraft bewegen, beschreibt jeder von ihnen eine Bahn um den gemeinsamen Schwerpunkt. So bewegen sich auch Erde und Mond in elliptischen Bahnen um ihren Schwerpunkt, der selbst eine glatte Ellipsenbahn um die Sonne beschreibt. In Kapitel 6 hatten wir angenommen, daß der Erdmittelpunkt angenähert eine Kreisbahn um die Sonne durchläuft. Wir sehen nun, daß diese Annahme nicht streng richtig war. Abb. 7.5 veranschaulicht die Stellungen von Erde und Mond während dessen Umlaufsperiode. Während einer Hälfte des Monats befindet sich der Mittelpunkt der Erde etwas weiter von der Sonne entfernt als der Schwerpunkt des Systems, während der anderen Hälfte steht er der Sonne näher. Die relativen Entfernungen zwischen Erde und Sonne im Laufe eines Monats könnte man durch Messung der Änderung des Winkeldurchmessers der Sonnenscheibe bestimmen. Der größte und kleinste Winkeldurchmesser der Sonne seien α_{max} und α_{min} (Abb. 7.6). Dann ist

$$\frac{{}^1/_2\,[\alpha_{max} - \alpha_{min}]}{{}^1/_2\,[\alpha_{max} + \alpha_{min}]} = \frac{d_1}{1} \text{ astronomische Einheiten.}$$

Die Differenz $[\alpha_{max} - \alpha_{min}]$ beträgt nur 0,06 Bogensekunden, ein Wert, der nicht genau gemessen werden kann wegen der schlechten Sichtverhältnisse am Sonnenrand.

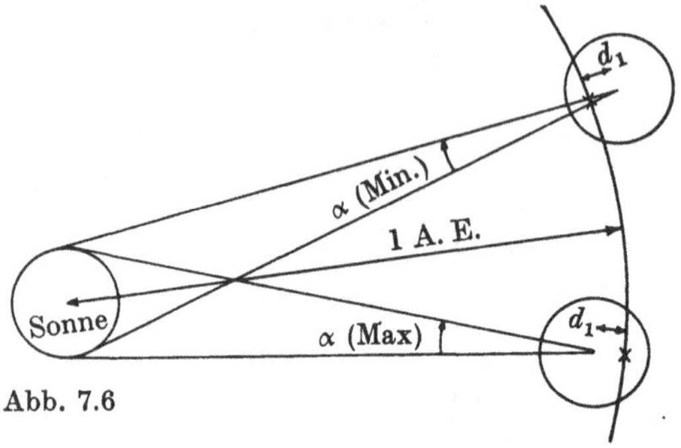

Abb. 7.6

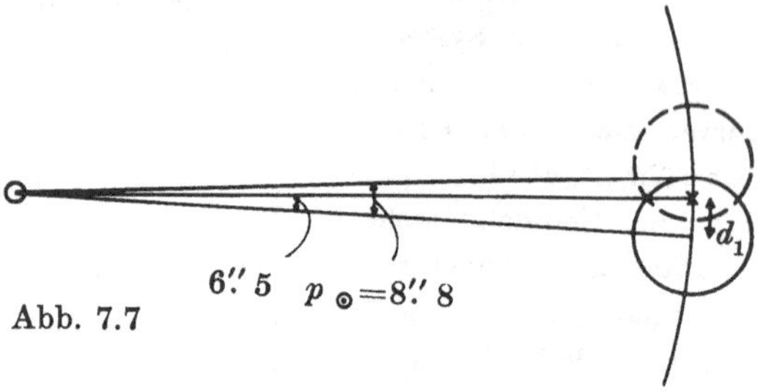

Abb. 7.7

Abb. 7.6. Hypothetische Bestimmung des Massenverhältnisses von Erde und Mond durch Messung des Winkeldurchmessers der Sonne bei Voll- und Neumond.

Abb. 7.7. Bestimmung des Massenverhältnisses von Erde und Mond aus östlichen und westlichen Verschiebungen der Sonne während eines Monats.

In der Praxis werden daher die kleinen östlichen oder westlichen Verschiebungen der Positionen der Sonne oder besser noch eines erdnahen Planeten wie Eros während eines Monats gemessen. Die Verschiebungen werden in Abb. 7.7 erläutert. Im Fall der Sonne betragen die monatlichen Verschiebungen rund 6″.5. Da die geozentrische Parallaxe der Sonne 8″.8 beträgt, ergibt sich

$$\frac{d_1}{R_⊕} = \frac{6''.5}{8''.8}$$

oder

$$d_1 = 6\,400 \cdot \frac{6{,}5}{8{,}8} \approx 4\,800\,\text{km}.$$

Eros kommt der Erde rund achtmal näher als die Sonne. Die monatliche Ost-West-Verschiebung seiner Stellung am Himmel ist daher im gleichen Verhältnis größer. Da der Erdradius 6400 km beträgt, liegt der Schwerpunkt des Systems Erde—Mond im Innern der Erde. Da d_1 bekannt ist, läßt sich das Verhältnis der Massen von Erde und Mond aus der Gleichung

$$\frac{\mathfrak{M}_\oplus}{\mathfrak{M}_☾} = \frac{D - d_1}{d_1}$$

berechnen. Da $D = d_☾ = 384\,000$ km ist, ergibt sich somit

$$\frac{\mathfrak{M}_\oplus}{\mathfrak{M}_☾} = \frac{384\,000 - 4\,800}{4\,800}$$

oder

$$\frac{\mathfrak{M}_\oplus}{\mathfrak{M}_☾} = 80:1\,,$$

d. h. die Erde ist 80mal massereicher als der Mond. Da die Erdmasse gleich $6{,}0 \cdot 10^{27}$ g ist, erhält man schließlich

$$\mathfrak{M}_☾ = \text{Mondmasse} = {}^1/_{80}\ \text{Erdmasse} = 7 \cdot 10^{25}\ \text{g}.$$

7.4 Die Dichte des Mondes

Die durchschnittliche Dichte des Mondes $\bar{\varrho}$ kann aus

$$\bar{\varrho} = \frac{\mathfrak{M}_☾}{V_☾}$$

berechnet werden. Die Werte von $\mathfrak{M}_☾$ und $V_☾$ wurden bereits in den Abschnitten 7.3 und 7.2 angegeben, und aus ihnen ergibt sich:

$$\bar{\varrho} = 7 \cdot 10^{25}/2 \cdot 10^{25} = 3{,}5\ \text{g/cm}^3.$$

Die durchschnittliche Dichte des Mondes liegt bei rund 3 g/cm^3 (ein genauerer Wert ist 3,3 g/cm^3), während die Erddichte im Durchschnitt 5,5 g/cm^3 beträgt. Die Differenz in der durchschnittlichen Dichte von Erde und Mond ist von großem Interesse, denn die Abweichung der mittleren Erddichte von der ihrer Oberflächengesteine (3 g/cm^3) war es, die zu der Hypothese eines dichten Kerns im Erdinnern führte. Da die mittlere Dichte des Mondes und die der Oberflächengesteine der Erde von ähnlicher Größenordnung sind, besitzt der Mond wahrscheinlich keinen dichten Kern. Dies ist ein wichtiger Unterschied im inneren Aufbau zwischen der Erde, die aus einem äußeren Mantel und einem dichten Kern besteht, und dem Mond, der fast gänzlich aus Gesteinen aufgebaut ist.

7.5 Phasen und Aspekte des Mondes

Bei dem Licht des Mondes handelt es sich um reflektiertes Sonnenlicht. Auf einer Hälfte der Mondoberfläche ist es immer hell, aber wir sehen die beleuchtete Halbkugel nur dann, wenn Sonne, Erde und Mond in einer Linie stehen. Diese Stellung oder diesen Aspekt des Mondes nennen wir die Opposition, die entsprechende Lichtgestalt oder Phase Vollmond. Einen halben Monat nach Vollmond ist die dunkle Hemisphäre der Erde zugewandt. In diesem Fall sprechen wir vom Aspekt der Konjunktion bzw. von der Phase des Neumonds. Halbwegs zwischen Konjunktion und Opposition und zwischen Opposition und nächster Konjunktion sehen wir die beleuchtete Halbkugel des Mondes zur Hälfte. Diese Phasen heißen erstes und letztes Viertel, die Aspekte Quadraturen. Abb. 7.8 zeigt die Stellungen des Mondes relativ zur Erde und zur Sonne für verschiedene Phasen, die gewöhnlich durch ihr Alter, d. h. die Zahl der seit Neumond verflossenen Tage, bezeichnet werden. Der Winkelabstand des Mondes von der Sonne wird die Elongation des Mondes genannt.

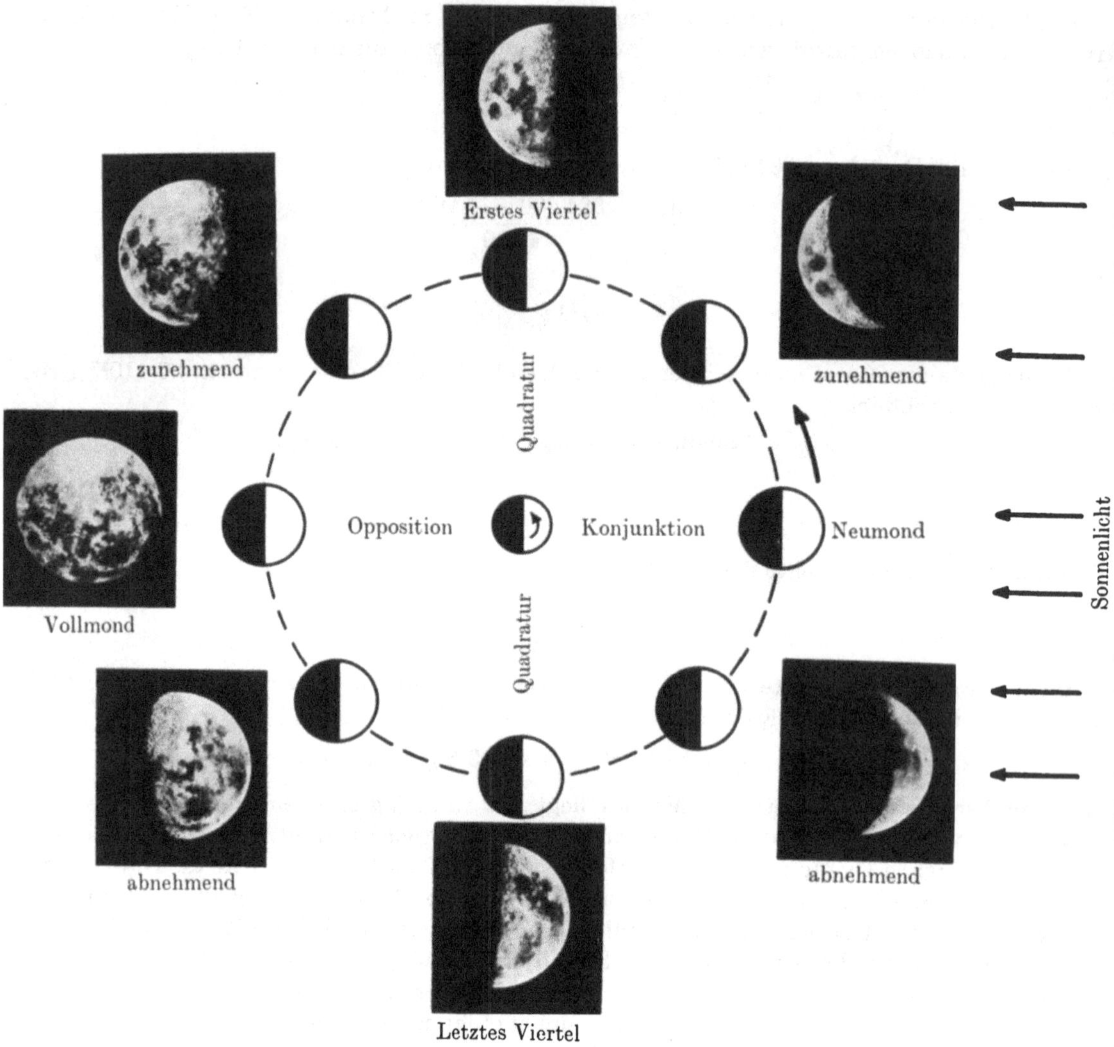

Abb. 7.8. Aspekte und Phasen des Mondes. Die Photographien zeigen den Mond bei Betrachtung durch ein umkehrendes Fernrohr. *(Photographiert mit dem 36″-Refraktor des Lick-Observatoriums.)*

7.6 Siderische und synodische Perioden

Das Zeitintervall zwischen zwei aufeinander folgenden Neumonden beträgt 29 ½ Tage, dies ist die synodische Periode oder Periode der Phasen. Das Intervall, das der Mond benötigt, um zu demselben Sternbild zurückzukehren, dauert $27^1/_3$ Tage und heißt seine siderische Periode oder Umlaufszeit. Die siderische und synodische Periode unterscheiden sich um etwa zwei Tage, weil das Erde-Mond-System sich um die Sonne bewegt, während der Mond die Erde umkreist.

Wenn Sonne und Mond in Konjunktion stehen, werden sie an der Himmelssphäre in der gleichen Richtung gesehen — z. B. im Frühlingspunkt —, $27^1/_2$ Tage später hat sich der Schwerpunkt des Systems Erde—Mond um einen Winkel von rund 27° um die Sonne bewegt, und der Mond steht wieder im Frühlingspunkt. Um aber wieder die Konjunktion mit der Sonne zu erreichen, muß der Mond dann noch 27° weiter wandern. Daher ist die synodische Periode des Mondes länger als seine siderische Periode, nämlich um die Zeit, die er zum Durchlaufen von (ein wenig mehr als) 27° benötigt.

Die Erde umkreist die Sonne in $365^1/_4$ Tagen. Daher scheint sich die Sonne an der Sphäre ostwärts um $360/365^1/_4$ Grad pro Tag zu bewegen. Der Mond läuft mit einer Periode von $27^1/_3$ Tagen um die Erde, und daher beträgt die scheinbare Ostbewegung des Mondes $360/27^1/_3$ Grad pro Tag. Die Differenz zwischen diesen zwei scheinbaren Ostbewegungen ist der Winkel, um den der Mond die Sonne in einem Tage überholt:

$$\frac{360}{27^1/_3} - \frac{360}{365^1/_4} = \text{tägliche Zunahme des Winkelabstandes zwischen Sonne und Mond.}$$

Da der Mond die Konjunktion mit der Sonne alle $29^1/_2$ Tage erreicht, ist seine tägliche ostwärtige Bewegung am Himmel um $360/29^1/_2$ Grad größer als die der Sonne:

$$\frac{360}{29^1/_2} = \text{tägliche Zunahme des Winkelabstandes zwischen Sonne und Mond.}$$

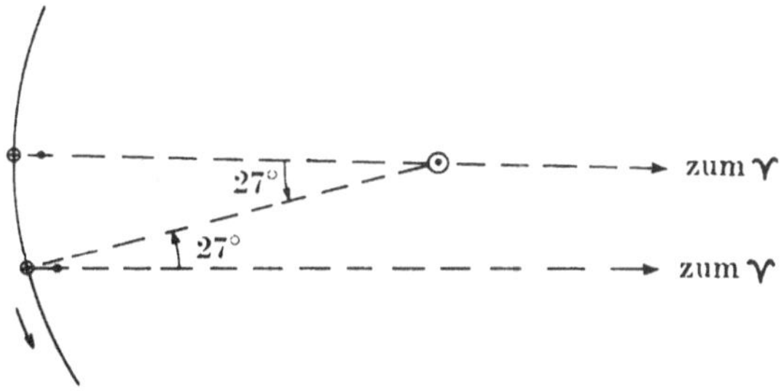

Abb. 7.9. Siderischer und synodischer Monat. Der Mond kehrt in dieselbe Stellung relativ zum Frühlingspunkt nach $27^1/_3$ Tagen zurück. Um die gleiche Phase wieder zu erreichen, muß er sich zusätzlich um einen Winkel von angenähert 27° nach Osten weiterbewegen. Daher beträgt seine synodische Periode (die Periode der Phasen) $29^1/_2$ Tage.

Daher ist

$$\frac{360}{27^1/_3} - \frac{360}{365^1/_4} = \frac{360}{29^1/_2}$$

oder

$$\frac{360}{P_{\text{sid}}} - \frac{360}{P_{\oplus}} = \frac{360}{P_{\text{syn}}},$$

worin P_{sid} = siderische Periode des Mondes

$P_{\oplus}$ = Periode des Erdumlaufs

P_{syn} = synodische Periode des Mondes.

Kürzt man die 360° in den Zählern beider Seiten, so ergibt sich

$$\frac{1}{P_{\text{sid}}} - \frac{1}{P_{\oplus}} = \frac{1}{P_{\text{syn}}},$$

eine Beziehung, die nicht nur für den Mond, sondern für alle Planeten im Sonnensystem gilt.

7.7 Finsternisse

Zu einer Finsternis kommt es dann, wenn der Mondschatten auf die Erde fällt oder der Erdschatten auf den Mond. Im ersten Fall wird die Sonne verfinstert, im zweiten Fall der Mond. Einmal im Monat steht der Mond in Konjunktion mit der Sonne, doch sind keineswegs in jedem Monat Sonnenfinsternisse zu beobachten. Die Ebene der Mondbahn ist gegen die der Erdbahn um 5° geneigt, und der Mond wird, obgleich der Winkelabstand zwischen Mond und Sonne dann Null ist, gemessen längs der Ekliptik, über oder unter der Ekliptik stehen und sein Schatten daher nicht auf die Erde fallen. Dies wird durch Abb. 7.10 veranschaulicht.

In Stellung (1) steht der Mond in Konjunktion mit der Sonne, liegt aber über der Ekliptikebene; folglich fällt sein Schatten über die Erde und es findet keine Sonnenfinsternis statt. In den Stellungen (2) und (4) befindet sich der Mond in der Ebene der Ekliptik, und Sonne, Mond und Erde stehen in gerader Linie. Daher kommt es zu einer Sonnenfinsternis. In Stellung (3) steht der Mond zur Konjunktion unter der Ekliptik und sein Schatten fällt unter die Erde. Wie aus der Abbildung zu ersehen ist, finden Finsternisse in Abständen von rund sechs Monaten statt. Einer Finsternis im Januar folgt gewöhnlich eine im Juli.

Wenn die Mondbahnebene im Raume fest wäre, könnten in jedem Jahr in denselben Monaten Finsternisse stattfinden. Die Anziehung der Sonne läßt jedoch die Mondbahn sich so drehen, daß die Senkrechte auf der Bahnebene einen Kegelmantel in etwa 18,6 Jahren beschreibt. Dabei bleibt die Neigung der Mondbahn gegen die Ekliptik 5°, aber die Schnittpunkte der beiden Ebenen (Bahn und Ekliptik), die Knoten, wandern westwärts. Diese Erscheinung,

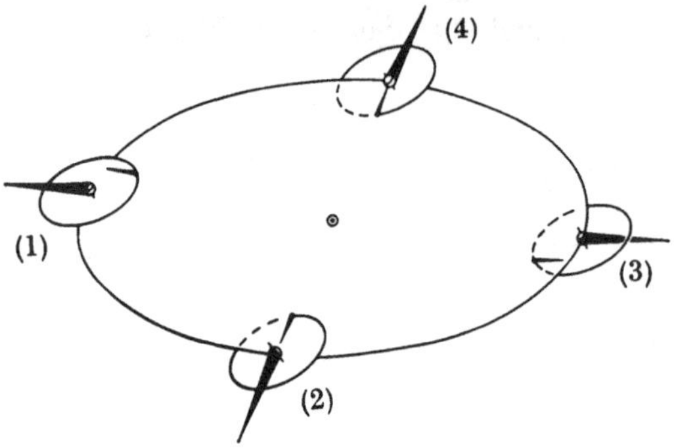

Abb. 7.10. Sonnenfinsternisse. In Stellung (1) und (3) liegt der Mondschatten über bzw. unter der Erde, da die Mondbahn 5° gegen die Ekliptik geneigt ist. In Stellung (2) und (4) stehen Sonne, Mond und Erde in einer geraden Linie, der Knotenlinie, und der Mondschatten fällt auf die Erde. Eine gerade Linie, die die Stellungen (2) und (4) verbindet, würde die Knotenlinie der Mondbahn darstellen.

bekannt als Regression der Knoten der Mondbahn, ähnelt der Präzession der Erdachse (Abschnitt 6.4). Es ergibt sich, daß über ein Intervall von 20 Jahren Finsternisse in jedem Monat des Jahres eintreten können. Wenn in Abb. 7.10 die Orientierung der Verbindungslinie von Sonne, Mond und Erde so ist, daß Finsternisse im Januar und Juli stattfinden, so werden ein Jahr später die Finsternisse im Dezember und Juni eintreten. Im Mittel rücken die Finsterniszeiten in jedem Jahr um $365^1/_4/18{,}6 = 20$ Tage vor.

7.8 Der Saros

In einem einzigen Kalenderjahr gibt es mindestens zwei Sonnenfinsternisse im Abstand von rund sechs Monaten; im Höchstfall können es fünf sein: zwei in einem Monat, zwei rund sechs Monate später und eine fast zwölf Monate später.

Die alten Chaldäer bemerkten, daß Finsternisse unter sehr ähnlichen Bedingungen in Intervallen von 6 585,32 Tagen (gewöhnlich 18 Jahre $11^1/_3$ Tage) eintraten, dies ist fast, aber nicht genau, die Periode der Regression der Mondknoten (18,6 Jahre). Das kürzere Intervall, die Sarosperiode, ist ein genaues Vielfaches des synodischen Monats (29,5306 Tage · 223 = 6 585,32 Tage). Eine Sonnenfinsternis kann nur bei Neumond stattfinden. Daher ist die erste Bedingung, die erfüllt sein muß, wenn man eine künftige Finsternis vorhersagen will, daß das Intervall zwischen Finsternissen ein genaues Vielfaches des synodischen Monats ist. Die zweite Bedingung ist weniger starr und besagt, daß der Mond einem seiner Knoten nahe stehen muß. Wenn eine Finsternis beobachtet wird, wenn der Neumond genau im Knoten steht, dann wird eine andere Finsternis nahe dem Ende der Sarosperiode stattfinden, etwas weiter westlich vom Knoten, aber noch genügend nahe, damit es überhaupt zu einer Finsternis kommen kann (genau im Knoten wird der Mond nach 18,6 Jahren stehen). Nahe dem Ende einer weiteren

Sarosperiode wird die Phase wieder Neumond, und die Westabweichung vom Knoten wird zweimal so groß sein. Am Ende eines dritten Saros, insgesamt also nach $3 \cdot 18$ Jahren $11\,^1/_3$ Tagen = 54 Jahre 34 Tage, wird es wieder eine Finsternis geben, und diese wird nahezu im gleichen Gebiet der Erdoberfläche sichtbar sein wie die erste der Reihe, und zwar deshalb, weil die Sarosperiode um ein Drittel eines Tages länger ist als die Anzahl ganzer Tage 6585. Die zweite Finsternis wird sichtbar sein an einem Ort, der $120° = 360/3°$ weiter westlich in Länge gelegen ist als die Gegend der Sichtbarkeit der ersten Finsternis. Die dritte Finsternis wird 240° weiter westlich als die erste beobachtbar sein.

Die folgenden Finsternisse werden nach und nach immer weniger günstig wegen ihres zunehmenden Abstandes von der Knotenlinie. Nach etwa 35 Finsternissen, gezählt von der genau im Knoten stattfindenden, endet die Reihe. Der Saros von 6 585,32 Tagen ist zufällig fast genau gleich 239 Umläufen, von einem Perigäum (dem Punkt größter Annäherung des Mondes an die Erde in der leicht elliptischen Mondbahn) bis zum nächsten gezählt. Dieser anomalistische Monat von 27,5546 Tagen ist nicht genau gleich dem synodischen Monat, da die Lage des Perigäums sich in der Mondbahnebene vorwärts bewegt. Das Produkt $239 \cdot 27{,}5546$ ist gleich 6 585,54 Tagen, was mit der Länge des Saros fast übereinstimmt. Daher sind in Intervallen von einem Saros die Entfernungen Mond—Erde fast gleich: Einer totalen Finsternis langer Dauer folgt eine andere, auch von langer Dauer, nach 18 Jahren $11\,^1/_3$ Tagen. Zum Beispiel sind die folgenden Finsternisse Mitglieder des gleichen Saroszyklus:

1919 Mai 29; 6 Minuten Dauer, sichtbar in Brasilien und Westafrika.

1937 Juni 8; 7 Minuten Dauer, sichtbar im Großen Ozean.

1955 Juni 20; 7 Minuten Dauer, sichtbar in Indien und auf den Philippinen.

1973 Juni 30; 6 Minuten Dauer, sichtbar in Afrika.

7.9 Sonnenfinsternisse

Die folgenden Eigenschaften der drei an einer Finsternis beteiligten Himmelskörper — Sonne, Erde und Mond — sind für die Diskussion der verschiedenen Arten von Finsternissen von Wichtigkeit:

1. Die Bahn der Erde um die Sonne ist kein Kreis, sondern eine Ellipse. Im Perihel (im Januar) beträgt die Entfernung zur Sonne etwa $2{,}5 \cdot 10^6$ km weniger als eine astronomische Einheit, im Aphel (im Juli) ist sie um ebensoviel größer. Daher ist im Januar der Durchmesser der Sonnenscheibe 1,7% größer, im Juli 1,7% kleiner als der mittlere Winkeldurchmesser von 31′59″.
2. Die Bahn des Mondes um die Erde ist auch eine Ellipse. Seine Entfernung beträgt im Perigäum 356 000 km und im Apogäum 407 000 km. Während der Monddurchmesser im Mittel einen Winkel von 31′5″ bildet, erscheint er im Perigäum 7% größer und im Apogäum 6% kleiner. Unter Durchschnittsbedingungen ist die Mondscheibe, von der Erde aus gesehen, kleiner als die Sonnenscheibe. Selbst wenn die Verfinsterung zentral ist, wozu erforderlich ist, daß der Mond im Knoten steht, bleibt ein heller Rand um die Sonne sichtbar. Wir haben dann eine ringförmige Finsternis. Aber wenn der Mond im Perigäum ist, übertrifft sein Winkeldurchmesser von 33′16″ den der Sonne, sogar im Januar, wenn dieser am größten ist. Im Perigäum ist die Verfinsterung total: Die gesamte Sonnenscheibe ist von der dunklen Scheibe des Mondes bedeckt.
3. Vor und nach einer zentralen Finsternis bedeckt die Mondscheibe einen Teil der Sonne (Abb. 7.11). Die Finsternis ist dann partiell. Einige Finsternisse sind durchweg nur partiell. Dies tritt ein, wenn der Mond zu weit östlich oder westlich von seinem Knoten steht, um eine totale oder ringförmige Finsternis hervorrufen zu können.

4. Die Einteilung in verschiedene Arten von Sonnenfinsternissen kann noch klarer gemacht werden, wenn man den Schatten betrachtet, der vom Mond geworfen wird. In Abb. 7.12 ist der dunkle kugelförmige Raum die Umbra (Kernschatten), der schwach schattierte Raum die Penumbra (Halbschatten). Die Länge des Mondschattens in Abb. 7.12 (b) ist gleich 373 000 km, wogegen die mittlere Entfernung Erde—Mond 384 000 km beträgt. Im Perigäum ist die Entfernung zum Mond 356 000 km und der Kernschatten erreicht in einem kleinen Gebiet die Erde. Die Finsternis ist dann total. Im Apogäum ist die Entfernung 407 000 km, und der Kernschatten ist nicht lang genug, um die Erde treffen zu können. Die Finsternis ist dann ringförmig. Die Stelle auf der Erde, wo eine Sonnenfinsternis zu einem bestimmten Zeitpunkt total ist, kann niemals viel größer als 160 km im Durchmesser sein.

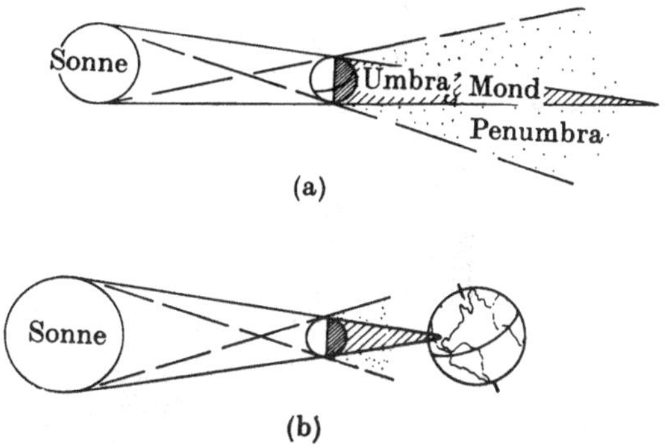

Abb. 7.12. Verfinsterungen des Mondes (a) und der Sonne (b). Bei einer totalen Mondfinsternis befindet sich der Mond vollständig innerhalb des Kernschattens der Erde. Bei einer totalen Sonnenfinsternis reicht die Spitze des Kernschattens des Mondes bis zur Erdoberfläche. Bei einer ringförmigen Sonnenfinsternis endet die Spitze des Kernschattens des Mondes dicht über der Erdoberfläche. Eine partielle Sonnenfinsternis wird in den Teilen der Erdoberfläche beobachtet, die im Halbschatten des Mondes liegen. Das Diagramm ist schematisch und stellt das Gebiet der Erdoberfläche, in dem die Finsternis partiell gesehen wird, zu groß dar.

Da der Mond seine Bahn mit einer Geschwindigkeit von 1 km/sec durchläuft, bewegt sich sein Schatten mit annähernd derselben Geschwindigkeit über die Erde. Inzwischen dreht sich die Erde in derselben Richtung, aber nicht so schnell, mit nur rund $\frac{1}{2}$ km/sec. Dementsprechend scheint sich der Mondschatten mit einer Geschwindigkeit von $1 - \frac{1}{2} = \frac{1}{2}$ km/sec über die Erde zu bewegen. Das Gebiet auf der Erde, über das der Mondschatten läuft, wird die Totalitätszone genannt. Als Ergebnis der Bewegungen von Mond und Erde dauert eine von einem Punkt der Totalitätszone aus beobachtete Finsternis nur einige Minuten — immer weniger als zehn Minuten und oft nur eine oder zwei Minuten. Die Zonen der Totalität und Ringförmigkeit der Finsternisse zwischen 1940 und 1962 enthält Abb. 7.13, der eine Abbildung in dem Werke „Canon der Finsternisse" von T. R. Oppolzer (1887) zugrunde liegt. Dieses Buch enthält alle Finsternisspuren zwischen 1200 v. Chr. und 2160 n. Chr.

Eine partielle Sonnenfinsternis wird in den Gebieten der Erde beobachtet, die vom Halbschatten des Mondes erreicht werden.

7.10 Mondfinsternisse

Abb. 7.12 (a) stellt die relativen Dimensionen des Schattens, der von der Erde geworfen wird, und des Mondes dar, Während einer Mondfinsternis tritt der Mond zuerst in den Halbschatten der Erde ein. Vom Monde aus gesehen würde die Erde nur einen Teil der Sonnenscheibe

←

Abb. 7.11. Die Sonnenfinsternis vom 30. Juni 1954. Diese Reihe von Photographien wurde von Roy Swan in Minneapolis aufgenommen. Die erste Aufnahme der Sonne nahe dem Horizont zeigt die partielle Phase schon weit vorgerückt. Die dritte Aufnahme zeigt die totale Verfinsterung der vollständig vom dunklen Mond bedeckten Sonnenscheibe und die die Sonne umgebende Korona. Die übrigen Photographien zeigen die partiellen Phasen nach der Totalität, wenn die Sonne während des Tages am Himmel steigt.

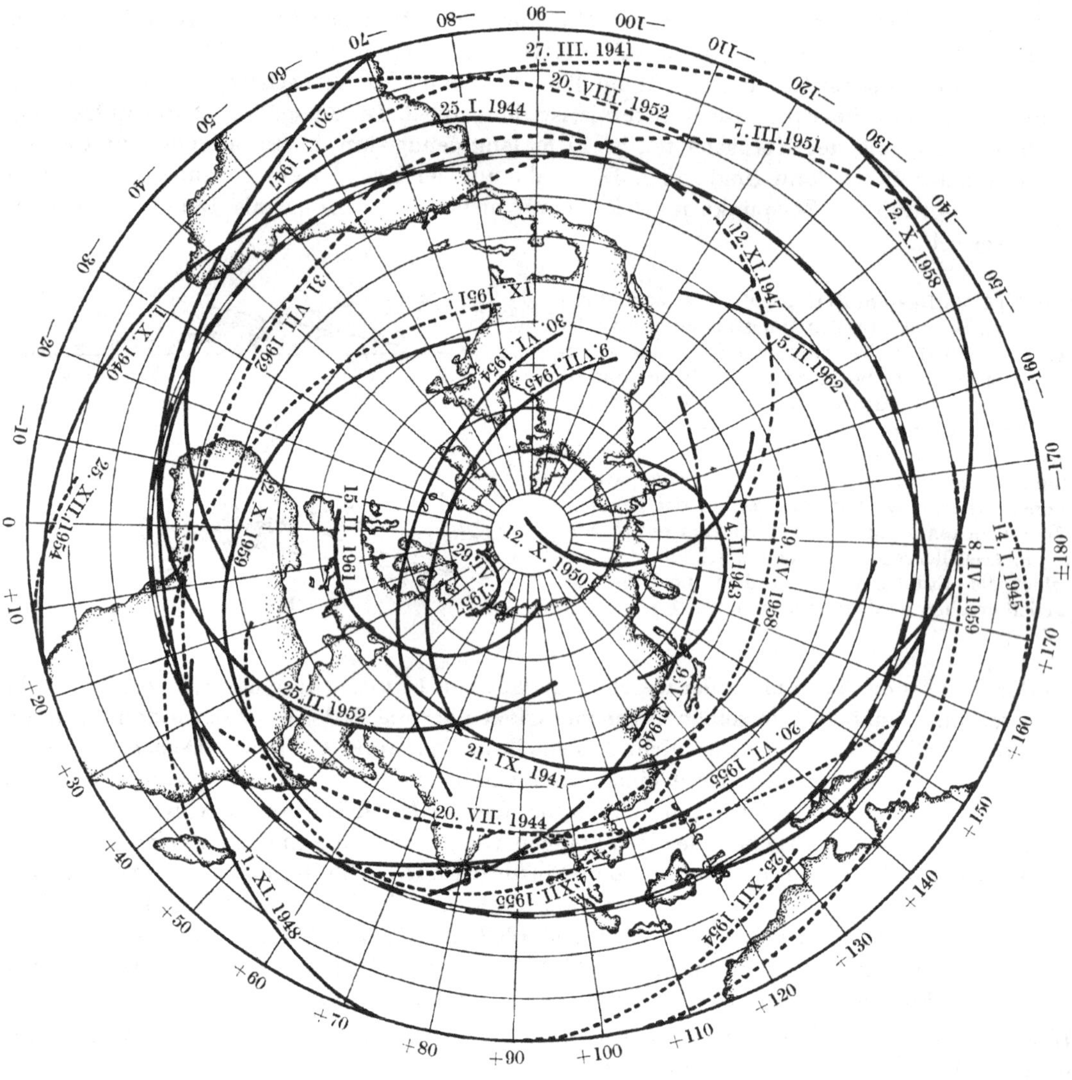

Abb. 7.13. Zone der Sichtbarkeit der totalen (ausgezogene Linien) und ringförmigen (gestrichelte Linien) Sonnenfinsternisse zwischen 1940 und 1962. *(Nach einer Abbildung in T. R. Oppolzers Canon der Finsternisse.)*

bedecken. Die Verfinsterungen des Mondes durch den Halbschatten sind nicht leicht zu sehen, weil die Oberflächenhelligkeit des Mondes relativ wenig durch sie beeinflußt wird. Sie werden oft aus Finsternistafeln weggelassen.

Wenn eine Mondfinsternis in der Nähe der Mondknoten stattfindet, kann sie partiell werden, wenn ein Teil des Mondes in den Erdkernschatten eindringt, und sie kann total werden, wenn der ganze Mond in ihn eintaucht.

In Mondentfernung hat der Erdkernschatten einen Durchmesser von rund 9 000 km, während der Monddurchmesser nur 3 400 km beträgt. Daher kann eine Mondfinsternis bis zu zwei oder drei Stunden dauern.

Sogar während einer totalen Mondfinsternis bleibt der Mond schwach sichtbar, weil ein Teil der Sonnenstrahlen in der Erdatmosphäre gebrochen wird und so den Mond erreichen kann. Da die Erdatmosphäre mehr rotes als blaues Licht durchläßt, nimmt der Mond während einer totalen Verfinsterung eine rötliche Färbung an.

Wegen ihrer astronomischen Bedeutung werden alle totalen und viele partielle Sonnen- und Mondfinsternisse viele Jahre im voraus untersucht. Der Weg des Mondschattens, die Dauer der Totalität und andere Finsternisdaten werden vorausberechnet und jährlich in den astronomischen Jahrbüchern veröffentlicht.

7.11 Gezeiten auf der Erde

Die Hauptmerkmale des Gezeitenphänomens sind das Steigen, oder die Flut, und das Fallen, oder die Ebbe, des Meerwassers zweimal in einem durchschnittlichen Intervall von $24^{h}\ 50^{m}$. Da der Mond infolge seines Umlaufs um die Erde sich pro Tag 12° bis 13° ostwärts relativ zur Sonne bewegt, ist das Intervall von $24^{h}\ 50^{m}$ (da $1^\circ = 4^{m}$) also die durchschnittliche Zwischenzeit zwischen aufeinanderfolgenden Durchgängen des Mondes durch den Himmelsmeridian. Diese Übereinstimmung deutet an, daß die Anziehungskraft des Mondes auf das Wasser der Erde die Hauptkraft ist, die die Gezeiten hervorruft.

Die gezeitenanhebende Kraft ist die Differenz zwischen der Mondanziehung auf das Wasser an der Erdoberfläche und der auf die fast starre Erde. Die Anziehungskraft zwischen zwei Objekten ändert sich umgekehrt proportional zum Quadrat der Entfernung zwischen ihnen. Somit zieht der Mond das Wasser der Meere pro Masseneinheit mit einer größeren Kraft an, als er die feste Erde anzieht, deren Masse man sich im Erdmittelpunkt konzentriert denken kann; und seine Anziehung auf die feste Erde ist wiederum größer als die auf die Gewässer auf der abgewandten Seite der Erde. Das Ergebnis dieser differentiellen Anziehung besteht in einem Ansteigen des Wassers direkt unter dem Mond und gleichzeitig auf der entgegengesetzten Seite der Erde verbunden mit einem Sinken des Wassers in den Zwischengebieten. Im Endeffekt passiert dann ein Punkt auf der rotierenden Erde zweimal innerhalb eines Zeitraums von $24^{h}\ 50^{m}$ Gebiete mit hohem und niedrigem Wasserstand.

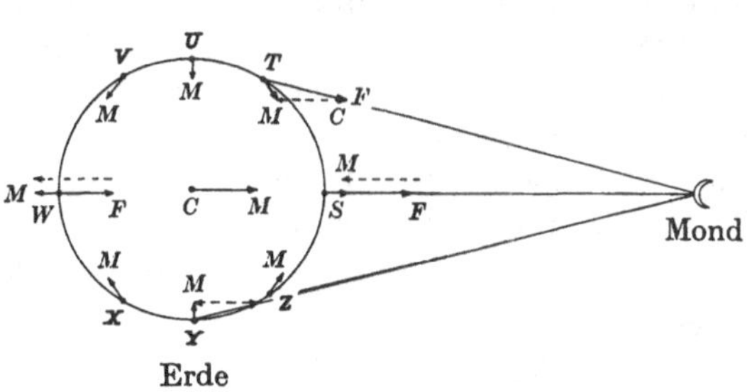

Abb. 7.14. Gezeitenerregende Kräfte auf der Erde. Der Mond übt eine größere Anziehungskraft F im Punkt S aus als im Erdmittelpunkt C. Daher besteht in S relativ zu C eine Kraft die von der Erde weg zum Mond hin gerichtet ist. Im Punkt W ist die Kraft F kleiner als im Erdmittelpunkt C. Die dort wirkende Kraft relativ zu C ist also ebenfalls von der Erde und damit auch vom Monde weg gerichtet.

Eine vollständigere Beschreibung der gezeitenerregenden Kräfte auf der Erdoberfläche findet sich in Abb. 7.14. S, T, U, V, W, X, Y und Z sind verschiedene Punkte auf der Erde. Die Pfeile (Vektoren) SF, CM und WF geben Richtung und Betrag der Mondanziehung in den Punkten S und W und im Erdmittelpunkt C an. Da der Abstand des Mondes von S nach C und von C nach W zunimmt, nehmen die Gravitationskräfte des Mondes pro Masseneinheit von S über C nach W ab. Die Vektoren, die diese Kräfte darstellen, sind für die Punkte S, C und W fortschreitend kleiner gezeichnet. Die Differenz zwischen der Mondanziehung in diesen beiden Punkten und der im Erdmittelpunkt erhält man durch Umkehrung des Vektors *CM* und Addition zu *SF* bzw. *WF*. Die resultierenden Vektordifferenzen sind die gezeitenerregenden Kräfte *SM* und *WM*, die beide das Wasser anzuheben suchen. Abb. 7.14 erläutert noch das Entstehen dieser Kräfte für mehrere andere Punkte der Erdoberfläche. Zum Beispiel ist der Vektor *TF*, die Mondanziehung in Punkt *T*, nach dem Mond gerichtet und liegt, was die Länge anbetrifft, in der Mitte zwischen *SF* und *CM*. Den Unterschied zwischen der vom Mond auf diesen Punkt ausgeübten Gravitationskraft und der auf den Erdmittelpunkt findet man durch Subtraktion des Vektors *CM* vom Vektor *TF*. Die Gezeitenkraft in *T* ist dann der Vektor *TM*. In ähnlicher Weise ergeben sich die Gezeitenkräfte in den anderen Punkten zu *UM*, *VM*, *XM*, *YM* und *ZM*. Der kombinierte Effekt bewirkt ein Ansteigen des Wassers zu hohen Gezeiten in der Umgebung von *S* und *W* und ein Sinken zu niedrigen Gezeiten in der Nähe von *U* und *Y*.

Die gezeitenerregende Kraft ist umgekehrt proportional zur dritten Potenz der Entfernung vom anziehenden Körper (Abschnitt 21.7). Daher ist der Mond der beherrschende gezeitenbewirkende Körper, trotzdem auch die weit massereichere Sonne Gezeiten auf der Erde hervorruft in derselben Weise wie der Mond. Da ja die Sonne roh gerechnet 400mal weiter entfernt ist als der Mond, beträgt das Verhältnis der von Sonne und Mond ausgehenden Gezeitenkräfte

$$\frac{\mathfrak{M}_\odot}{\mathfrak{M}_☾} : 400^3 .$$

Das Massenverhältnis ist $\mathfrak{M}_\odot / \mathfrak{M}_☾ = 2{,}7 \cdot 10^7$ und $400^3 = 6{,}4 \cdot 10^7$. Daher ist die Sonne etwas weniger als halb so wirksam wie der Mond bei der Erzeugung der Gezeiten. Die beobachteten Gezeiten sind die Summe der Mond- und der Sonnengezeiten. Bei Neumond und Vollmond wirken die Gezeitenkräfte der Sonne und des Mondes gleichsinnig und erzeugen sehr hohe oder Springfluten, bei erstem und letztem Viertel des Mondes wirken die Gezeitenkräfte beider Körper in entgegengesetzter Richtung und erzeugen sehr niedrige oder Nippfluten.

In der vorstehenden Betrachtung wurde stillschweigend angenommen, daß die Erde sehr langsam rotiert und daß ein tiefer Ozean die gesamte Erdoberfläche bedeckt. Die Existenz der Kontinente, das Vorhandensein von vorherrschenden Windrichtungen und von Luftdruckschwankungen und viele andere Effekte machen die Untersuchung der Gezeiten im einzelnen äußerst verwickelt. Zum Beispiel tritt die eine der beiden täglichen Fluten nicht immer in dem Moment ein, in dem der Mond den Meridian überschreitet. Für einen bestimmten Hafen wird das mittlere Zeitintervall zwischen dem Eintreten der Flut und dem Meridiandurchgang des Mondes die Hafenzeit genannt. Wenn der Mond weit nördlich oder südlich des Äquators steht, können die beiden täglichen Fluten sehr verschiedene Höhen haben, was in der sogenannten täglichen Ungleichheit zum Ausdruck kommt. Die durchschnittliche Schwankung zwischen Ebbe und Flut kann variieren von 2 oder 3 Fuß im offenen Meer bis 40 Fuß in engen trichterförmigen Buchten, die vom tieferen Ozean durch weite Sandbänke abgetrennt sind.

Die vielleicht wichtigste Folge der Mond- und Sonnengezeiten ist die allmähliche Zunahme der Periode der Erdrotation (Abschnitt 6.2). G. I. Taylor hat gezeigt, daß die Gezeitenreibung der dritten Potenz der Gezeitenströmung proportional ist. Daher findet die Dissipation der Energie auf Kosten der Rotationsenergie der Erde hauptsächlich in den flachen Meeren und Buchten der Welt statt (wie etwa im Bering-Meer, der Irischen See und in der Fundy-Bucht).

Sehr empfindliche Messungen haben ergeben, daß Mond und Sonne auch in der festen Oberfläche und in der Atmosphäre der Erde Gezeiten hervorrufen. Zur Zeit der Springfluten hebt sich der Erdboden um rund 20 Zentimeter, und daraus hat man abgeleitet, daß die Erde fast vollkommen elastisch ist, obwohl ihre Starrheit die von Stahl übertrifft.

7.12 Gezeitenentwicklung

Während der Mond in $27\,^1/_3$ Tagen um die Erde läuft, dreht er sich mit derselben Periode um seine Achse. Folglich ist immer nur dieselbe Seite von ihm von der Erde aus zu sehen. Die Gleichheit seiner Umlaufs- und Umdrehungsperioden ist eine Folge der Gezeitenwirkung der Erde auf ihn. Da der Mond nur $^1/_{80}$mal so schwer wie die Erde ist, sind die Gezeitenkräfte, die die Erde auf dem Mond hervorruft, wesentlich größer als die, welche der Mond auf die Erde ausübt. Die meisten Astronomen nehmen an, daß Erde und Mond getrennt in dem ursprünglichen Medium entstanden sind und daß sie in ihrer Frühgeschichte einander näher standen als heute. Im Anfang rotierte der Mond sehr schnell um seine Achse. Die Anziehungskraft der Erde verursachte aber Gezeiten auf dem Monde, die diesen eine längliche Gestalt annehmen

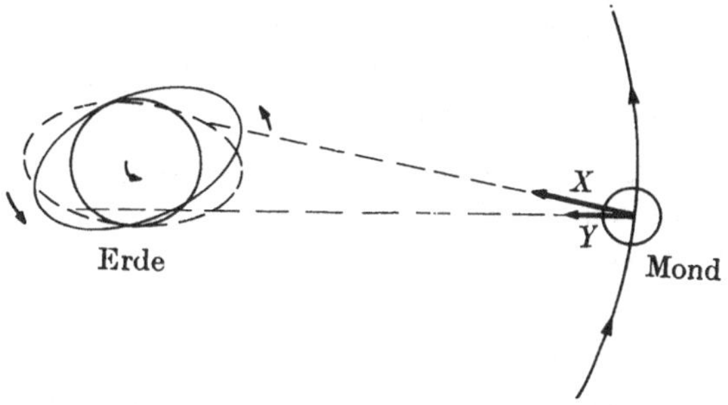

Abb. 7.15. Beschleunigung des Mondes infolge Gezeitenreibung auf der Erde. Die schnelle Rotation der Erde hat die Tendenz, die Flutberge in Richtung der Pfeile zu verlagern. Dies bewirkt wiederum, daß die Beschleunigung durch einen Flutberg, X, größer ist als die durch den anderen Flutberg, Y. Die beiden Beschleunigungen zusammen ergeben eine kleine Beschleunigungskomponente in Richtung der Mondbewegung.

ließen. Gezeitenreibung verringerte allmählich die Rotationsgeschwindigkeit und verlängerte die Rotationsperiode, bis sie der Umlaufsperiode gleich wurde. Im Laufe der Zeit erstarrte der Mond in einer verlängerten Gleichgewichtsfigur.

Weil der Mond auf der Erde Gezeiten bewirkt, wird der irdische Tag länger werden, bis die Rotationsdauern von Erde und Mond sich der Umlaufsperiode des Mondes angeglichen haben werden. Gleichzeitig rufen die Gezeiten auf der Erde eine kleine Beschleunigung der Bahnbewegung des Mondes hervor. In Abb. 7.15 ergeben die beiden Beschleunigungen X und Y bei genauer Betrachtung zusammen eine kleine Komponente in Richtung der Mondbewegung (und eine Komponente in Richtung zum Erdmittelpunkt). Die beschleunigende Kraft wird ihre Wirkung ausüben, so lange die Erde schneller als der Mond rotiert, und sie verursacht eine geringfügige Verlagerung der Flutberge auf der Erde nach Osten aus der Richtung zum Monde heraus. Wenn der Mond in seiner Bahn plötzlich angehalten werden könnte, würde er auf die Erde fallen. Umgekehrt wird er sich, da er ja in seiner Bahn beschleunigt ist, auf einer Spiralbahn von der Erde entfernen. Solange die Erde sich schneller dreht, als der Mond sie umläuft, wird daher der Abstand zwischen Erde und Mond größer und die Umlaufsperiode länger werden. Die Beobachtung zeigt nun, daß die jetzige Gestalt des Mondes stärker verlängert ist, als es der Fall sein würde, wenn der Mond in seiner heutigen Entfernung erstarrt wäre. Daher muß er der Erde näher gewesen sein, als der Flutberg fest wurde und seitdem in dem sehr harten Gestein, aus dem er besteht, seine Form nicht mehr veränderte. Man kann berechnen, daß der Mond fortfahren wird, auf spiralförmiger Bahn nach außen zu wandern, bis seine Umlaufsperiode auf 50 Tage angewachsen ist; die Rotationsperioden der Erde und des Mondes würden dann ebenfalls 50 unserer jetzigen Tage betragen.

Die Gezeitenentwicklung wird anhalten, in viel langsamerem Tempo allerdings, wegen der Anziehung der Sonne. Gezeitenreibung läßt die Rotationsperiode der Erde weiter anwachsen, bis sie schließlich ihrer Umlaufsperiode um die Sonne gleich geworden ist. Ein solcher Zustand hat sich schon bei dem Planeten Merkur herausgebildet.

Die allmähliche Verlängerung des Tages infolge der Sonnengezeiten wird die Mondbewegung beeinflussen, und der Mond wird, wenn nicht andere Effekte überwiegen sollten, anfangen, sich der Erde wieder auf einer Spiralbahn zu nähern.

Aufgaben

1. Man berechne den Winkel, unter dem ein künstlicher Satellit vom Durchmesser 1 Meter erscheint, wenn er sich in 100 km Abstand von der Erdoberfläche befindet.
2. Die Jupitermasse beträgt $2 \cdot 10^{30}$ g und die Sonnenmasse $2 \cdot 10^{33}$ g. Jupiter ist $7{,}8 \cdot 10^{8}$ km von der Sonne entfernt. Suche den Schwerpunkt des Systems Sonne—Jupiter.
3. Für den kleinen Planeten Eros ergaben die Beobachtungen zur Zeit seiner größten Erdnähe eine geozentrische Parallaxe von rund 1 Bogenminute. Berechne die Entfernung des Eros von der Erde in diesem Zeitpunkt.
4. Man beschreibe die Phasen der Erde, wie sie einem imaginären Beobachter auf dem Monde erscheinen würden.
5. Vergleiche die scheinbare Größe (d. h. den Winkeldurchmesser) von Erde und Sonne, wie sie vom Mond aus zu beobachten wären.
6. Beschreibe die Erscheinungen, die ein Beobachter auf dem Monde während einer Mondfinsternis auf der Erde wahrnehmen würde.
7. Beschreibe die Erscheinungen, die ein Beobachter auf dem Monde während einer totalen Sonnenfinsternis auf der Erde wahrnehmen würde.
8. Ein künstlicher Erdsatellit besitze eine Periode von 7 Tagen. Man berechne das Zeitintervall zwischen zwei aufeinanderfolgenden Konjunktionen des Satelliten mit dem Monde.

8. DIE OBERFLÄCHE DES MONDES

8.1 Allgemeiner Überblick

Die siderische Periode der Rotation des Mondes ist gleich der siderischen Periode seines Umlaufs um die Erde. Daher ist immer dieselbe Seite des Mondes der Erde zugewandt. Doch können wir ein wenig mehr als eine Halbkugel sehen, weil die Bahnbewegung des Mondes nicht ganz gleichförmig ist (gemäß dem zweiten Keplerschen Gesetz, Abschnitt 9.5): Manchmal eilt er einem mit konstanter Umlaufsgeschwindigkeit sich bewegenden Körper etwas voraus, während er zu anderer Zeit hinter ihm zurückbleibt. Folglich zeigt der Mond unseren Blicken ein schmales Segment an seinem Westrand, wenn er vorauseilt, und ebenso an seinem Ostrand, wenn er zurückbleibt. Da die Mondbahn 5° gegen die Ekliptik geneigt ist, können wir zuweilen etwas über den Nordpol des Mondes hinaussehen, und zu anderer Zeit über den Südpol hinaus, wie durch Abb. 8.1 erläutert wird. Diese Effekte sind als die Libration des Mondes bekannt. Wenn also auch zu einem bestimmten Zeitpunkt nur eine Hemisphäre sichtbar ist, umfaßt doch die gesamte Fläche, die zu verschiedenen Zeiten beobachtet werden kann, 59% der Mondoberfläche. 41% bleiben jederzeit unsichtbar (Abb. 8.1).

Das unbewaffnete Auge kann helle und dunkle Flächen auf dem Monde unterscheiden. Die größeren dunklen Flecken wurden schon vor langer Zeit als maria bezeichnet, dem lateinischen Wort für Meere. Wir wissen heute, daß es auf dem Monde kein Wasser gibt und daß die Meere trockne, relativ flache, ebene Gebiete sind von etwas dunklerer Schattierung als die übrige Oberfläche.

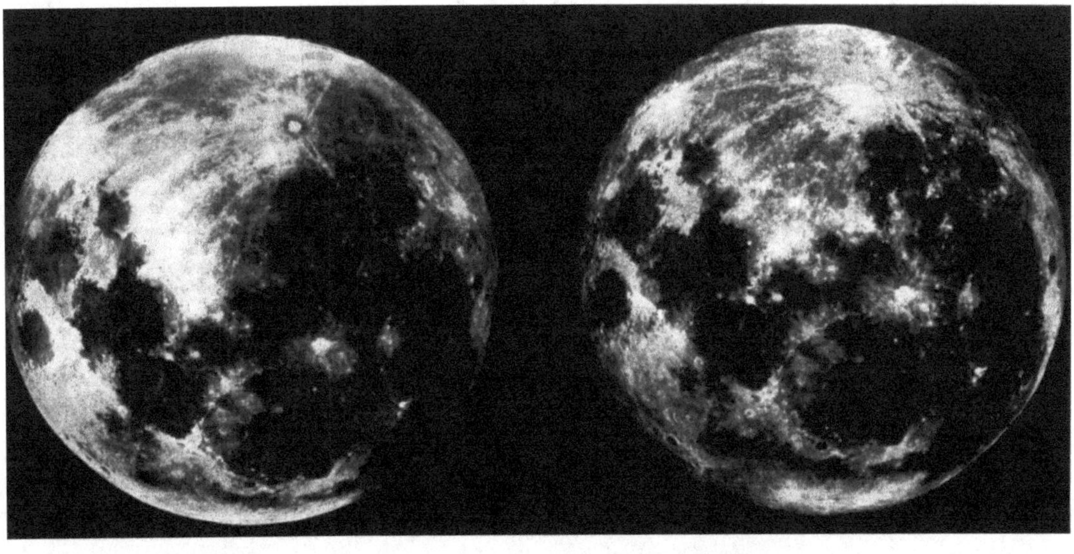

Abb. 8.1. Mondlibration. Beide Photographien wurden bei Vollmond aufgenommen. Die Oberflächengebilde sind etwas gegeneinander verschoben, weil wir in dem einen Fall etwas über den Nordpol, im andern Fall über den Südpol des Mondes hinaussehen. *(Photographie des Yerkes-Observatoriums.)*

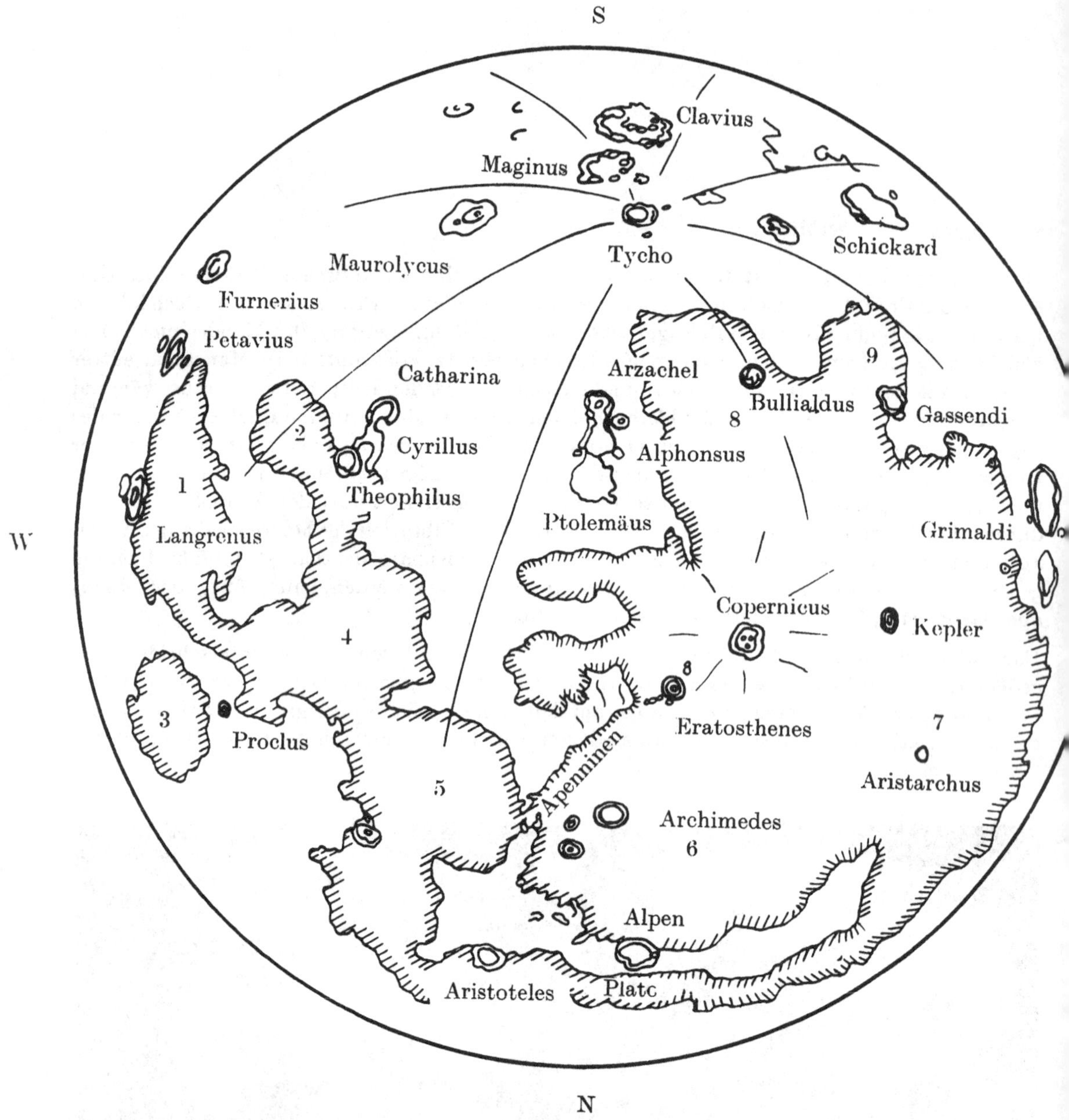

Abb. 8.2. Karte des Mondes. Die wichtigsten Krater sind in der Abbildung angegeben. Die Namen der Meere sind folgende: 1 Mare Foecunditatis; 2 Mare Nectaris; 3 Mare Crisium; 4 Mare Tranquillitatis; 5 Mare Serenitatis; 6 Mare Imbrium; 7 Oceanus Procellarum; 8 Mare Nubium; 9 Mare Humorum.

→

Abb. 8.3. Der Vollmond (im Alter von 15 Tagen). Süden ist oben. *(Photographiert mit dem 36-Zoll-Refraktor des Lick-Observatoriums.)*

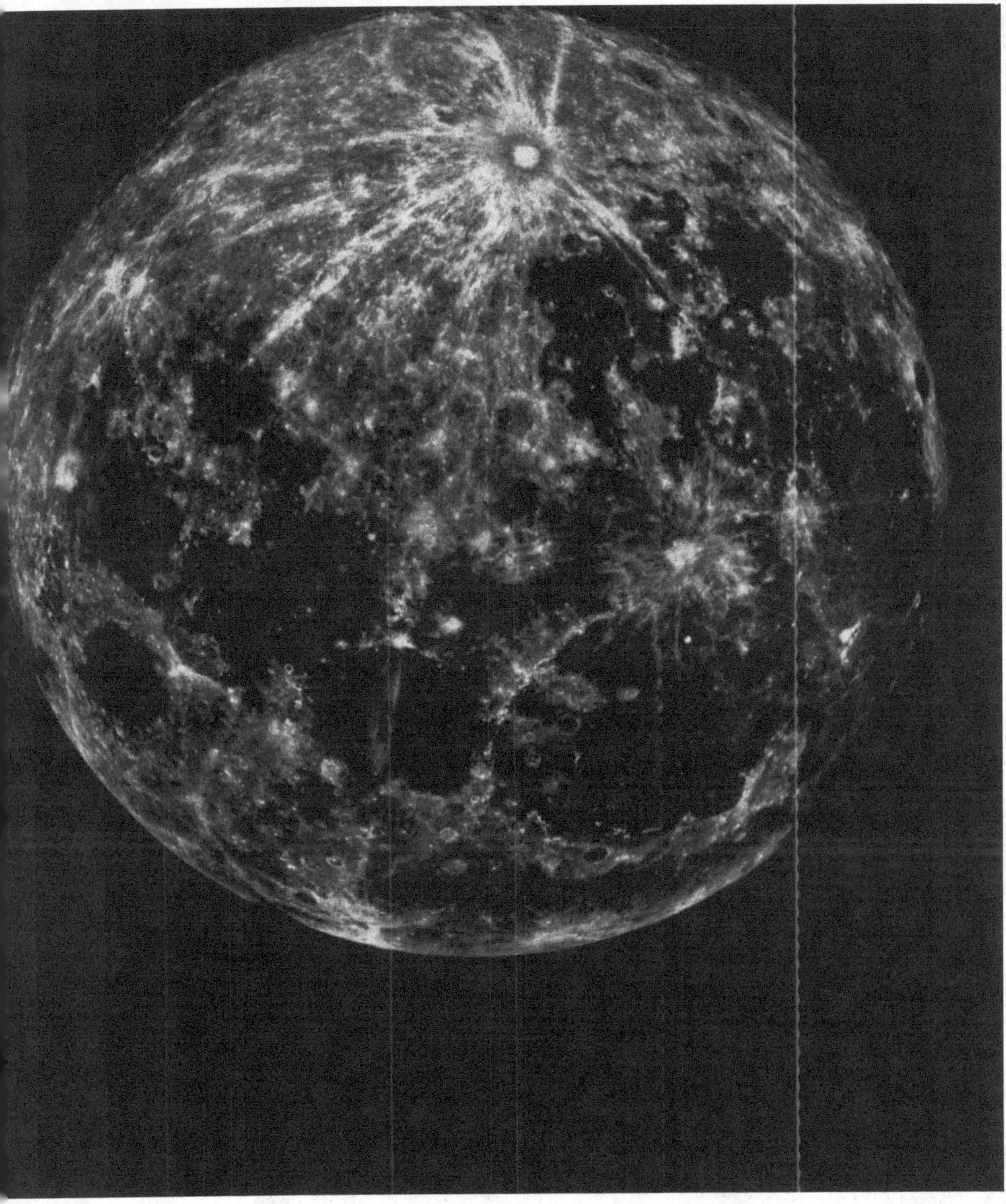

Durch ein Fernrohr erscheint die Mondoberfläche mit Narben bedeckt und in weiten Teilen mit Bergketten und Kratern übersät. Viele der Krater sind nach berühmten Philosophen und Astronomen benannt. In Abb. 8.2 sind die Namen einiger Krater, Gebirgszüge und Meere eingetragen. Auf der Mondoberfläche finden sich auch Rillen (oder Risse) und Verwerfungen, von denen mehrere auf den Photographien der Abbildungen 8.3 und 8.4 zu sehen sind.

Beobachtungen mit großen Teleskopen zeigen, daß selbst die anscheinend glatten Teile des Mondes mit vielen kleinen Gruben und Erhebungen bedeckt sind, wie in Abb. 8.7 zu sehen ist.

Die Krater sind besonders zahlreich — weit häufiger als auf der Erde. Mindestens 30 000 kann man mit einem Fernrohr mäßiger Größe zählen und die kleinsten mit Durchmessern von nur wenigen hundert Metern sind so zahlreich, daß man auf eine Katalogisierung verzichtet hat. Die größten Krater haben Durchmesser von 100 km und mehr, ihre ringförmigen Wälle erheben sich oft bis zu Höhen von 6 000 Metern.

Bergketten, die uns auf der Erde so vertraut sind, gibt es auf dem Monde nur relativ selten. Die auffälligsten von ihnen tragen die Namen irdischer Gebirge: Apenninen, Kaukasus, Alpen usw. Sie sind nur wenig niedriger als die höchsten Erdgebirge. Oft sind sie auf einer Seite steiler als auf der anderen, etwa wie die Sierra Nevada in den Vereinigten Staaten, aber im Gegensatz dazu werden viele von ihnen durch tiefe Täler quer zur Zugrichtung der Gebirge unterbrochen.

Die Gebirge und Vertiefungen sind am besten bei zunehmender Phase des Mondes zu beobachten, wenn die Schatten lang sind. Bei Vollmond sind die auffallendsten Objekte die Mondstrahlen — helle Streifen, die gewöhnlich von einem großen Krater wie Tycho oder Kopernikus ausgehen, sich annähernd längs Großkreisen bis 1000 km weit erstrecken und häufig über Krater und Meere ohne Unterbrechung hinweggehen. Die Mondstrahlen werfen keine beobachtbaren Schatten und sind daher nicht merklich höher als die Mondoberfläche im Durchschnitt. Aber G. P. Kuiper und D. Alter wiesen darauf hin, daß es längs der Strahlen viele kleine Gruben von unregelmäßiger Gestalt gibt, die ganz verschieden von der nahezu kreisförmigen Gestalt der Krater ist. Es scheint so, als ob die Krater zur Zeit ihrer Bildung explosionsartig große Mengen von Oberflächenmaterial in Form von feinem Staub und Steinbrocken aller Größen ausgeworfen hätten, das sich wegen der niedrigen Oberflächenschwerkraft des Mondes (nur 0,16 der Erdanziehung) in große Höhen erhob und sich strahlenförmig in verschiedenen Richtungen ausbreitete, deren Orientierung durch die Gestalt des Loches, das den Krater bildete, bestimmt wurde. Der feine Staub ergab die Strahlen, während die Steine mit relativ kleiner Geschwindigkeit auf den Mond herabfielen und dabei die unregelmäßigen Gruben und Poren erzeugten.

Jeder, der den Mond durch ein Fernrohr gesehen hat, dürfte sich kaum des Eindrucks haben erwehren können, daß einige Gebiete, besonders die Meere, irgendwann einmal zu einem weit zurückliegenden Zeitpunkt flüssige Lava gewesen sind. Noch wird er bezweifeln können, daß einige Krater von unregelmäßiger Gestalt sehr alte Gebilde sind, während andere mit nahezu vollständigen kreisförmigen Wällen und Zentralbergen relativ jung sind. In vielen Fällen sieht man dem Rand eines alten Kraters einen jungen Krater überlagert. Offenbar erstreckte sich die Bildung der Krater über einen sehr langen Zeitraum, vielleicht über mehrere Milliarden Jahre.

←

Abb. 8.4. Der Mond im letzten Viertel (im Alter von 22 Tagen). *(Photographiert mit dem 36-Zoll-Refraktor des Lick-Observatoriums.)*

8.2 Die Bestimmung der Höhen der Berge auf dem Monde

Die Bestimmung der Höhen der Mondgebirge beruht auf der Messung der Längen ihrer Schatten. Bei Vollmond (Abb. 8.3) fallen die Sonnenstrahlen senkrecht auf die Zentralgebiete der Mondoberfläche; dann sind von der Erde aus keine Schatten zu sehen. In allen anderen Phasen werfen die Mondberge Schatten. Abb. 8.4 zeigt den östlichen Teil des Mondes mit dem Krater Kopernikus nahe der Bildmitte. Am linken Rand des Mondes (dem Terminator) werfen die Gebirge sehr lange Schatten, weil die Sonne von diesen Bergen aus gesehen tief am Horizont steht.

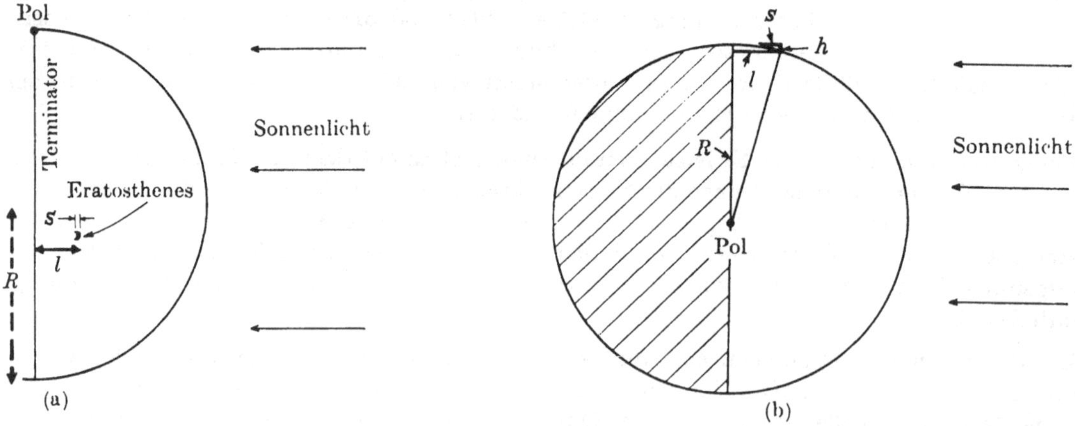

Abb. 8.5. Bestimmung der Höhen der Mondgebirge. (a) zeigt den Schatten (in Form des zunehmenden Mondes), der vom kreisförmigen Wall des Kraters Eratosthenes geworfen wird; s ist die Länge des Schattens und l der Abstand des Walls vom Terminator. (b) ist der Äquatorquerschnitt des Mondes mit der Projektion des Pols im Zentrum. Die Höhe h des Walls wird aus den gemessenen Größen bestimmt: aus R (Mondradius), l und s, sowie aus dem Winkel zwischen s und der Tangente an die Mondoberfläche am Fuße des Walls.

Man betrachte zum Beispiel den Krater Eratosthenes, der in Abb. 8.4 nahe dem Mondäquator zu sehen ist. Drei Messungen auf der Photographie sind zur Bestimmung der Kraterhöhe erforderlich: s die Länge des vom Krater geworfenen Schattens, l die Entfernung des Eratosthenes vom Terminator und R der Mondradius. Abb. 8.5 (b) zeigt einen Äquatorquerschnitt des Mondes, in den die Größen s, l und R eingezeichnet sind. Aus den Dreiecken in Abb. 8.5 (b) ergibt sich folgende Beziehung:

$$\frac{R}{l} = \frac{s}{h},$$

worin h die Höhe des Eratosthenes bedeutet. Da s, l, und R in Millimetern gemessen worden sind, erhält man auch den Wert von h in Millimetern. Da aber R auch in Kilometern bekannt ist, kann h bestimmt werden aus

$$\frac{R\,\text{mm}}{R\,\text{km}} = \frac{h\,\text{mm}}{h\,\text{km}}.$$

→

Abb. 8.6. Photographie eines Modells eines typischen Mondkraters und eines typischen Vulkankegels. *(Aus R. B. Baldwin, The Face of the Moon, University of Chicago Press, 1949, copyright by the University of Chicago.)*

Abb. 8.7. Eine Mondlandschaft in der Nähe des Kopernikus. Ein Zentimeter der Photographie entspricht rund 17 Kilometern auf dem Monde. Der Krater Reinhold liegt in der oberen linken Ecke. Auf dem Bilde sind mehrere Mondvulkane zu sehen, die dreieckige Vertiefung nahe der Bildmitte dürfte eine lunare Senke sein. *(Photographiert von G. P. Kuiper mit dem 82-Zoll-Reflektor des McDonald-Observatoriums.)*

Abb. 8.6

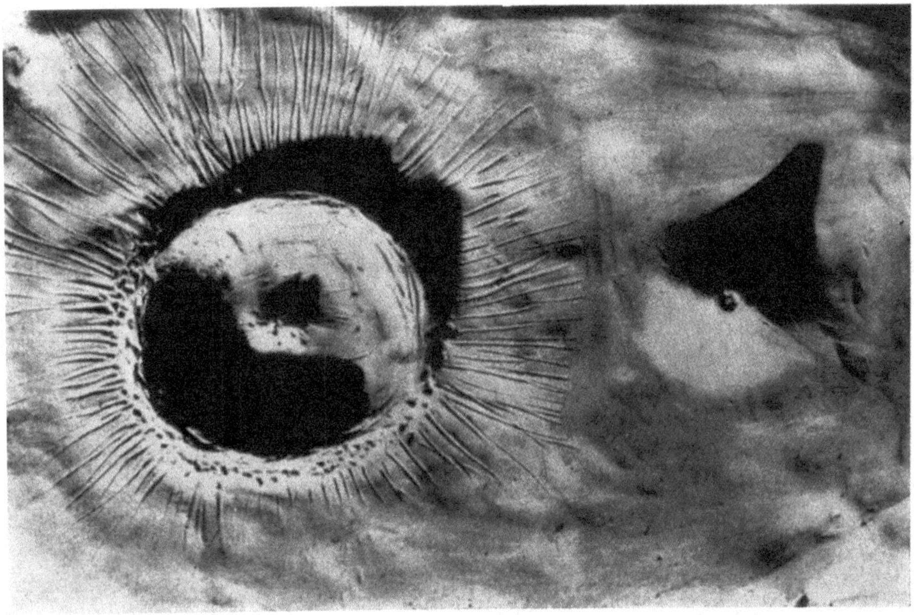

Abb. 8.7

8.3 Der Ursprung der Krater

Zur Erklärung des Ursprungs der Mondkrater hat man zwei Hypothesen vorgeschlagen. Die eine faßt die Krater als Ergebnis vulkanischer Kräfte auf, die andere schreibt sie Meteoraufschlägen zu.

Der sehr ausgeprägte Unterschied im Profil zwischen irdischen Vulkanen und den meisten Mondkratern wird in Abb. 8.6 veranschaulicht. Wir wissen nicht, ob ein beträchtlicher Teil des Mondes jemals flüssig war. Wenn der Mond während seiner Entwicklung niemals in einem geschmolzenen Zustand war, ist es unwahrscheinlich, daß es an seiner Oberfläche irgendeine vulkanische Aktivität gegeben hat. Aber der Mond enthält unzweifelhaft radioaktive Elemente wie Uran und Thorium, die im Erdkern für dessen innere Wärme verantwortlich zu machen sind. Es ist daher durchaus nicht sicher, daß der Mond in seinem Innern immer kalt war. Es ist richtig, daß die Lavaflüsse, die in den Meeren so auffällig sind, durch Erhitzung infolge von Aufschlägen sehr großer Meteoriten hervorgebracht sein können. Aber Kuiper hat die Aufmerksamkeit auf Formationen auf dem Monde gelenkt, die wie erloschene Vulkane aussehen — erloschen, weil wir niemals irgendeine Aktivität in ihnen beobachten. Es handelt sich um eine nur kleine Anzahl, aber diejenigen, die man photographiert hat, sehen genau so aus wie irdische Vulkane. Daher kann es keinen ernsthaften Zweifel geben, daß es vulkanische Aktivität geringen Umfangs auf dem Monde gegeben hat, vielleicht in sehr entfernter Vergangenheit (Abb. 8.7).

Die Meteorhypothese für den Ursprung zahlreicher Krater wird durch die Existenz vieler sich überschneidender Krater auf dem Monde gestützt. Aufeinanderfolgende Aufschläge könnten solche Krater erzeugt haben, wohingegen es unwahrscheinlich ist, daß diese Formationen vulkanischen Ursprungs sind. Das System von Strahlen, von denen einige in Abb. 8.3 zu sehen sind, kann durch beide Theorien erklärt werden. Das pulverisierte Material hohen Reflexionsvermögen, aus dem sie bestehen, könnte durch Kondensation von Dampf aus Spalten der Mondoberfläche gebildet worden sein, es könnte aber auch bei Aufschlägen hochgewirbelt und über größere Gebiete verteilt worden sein.

Auf Grund der Beobachtungen läßt sich sagen, daß während der letzten 300 Jahre in keinem der Oberflächengebilde des Mondes irgendwelche Veränderungen von Bedeutung vor sich gegangen sind. Vulkanische Aktivität gibt es jetzt nicht. Und daher neigen viele Astronomen zur Meteorhypothese für die Bildung der Mehrzahl der Krater. Aber Alter hat darauf hingewiesen, daß es viele kleine Krater gibt, die wie Perlen auf einer Schnur angeordnet sind. Meteoraufschläge sollten aber nach dem Zufall verteilt sein. Es ist daher wahrscheinlich, daß nach Entstehung eines großen Kraters durch Meteoraufschlag sich zusätzlich kleine Krater durch der Vulkantätigkeit ähnliche Prozesse längs Verwerfungslinien oder Oberflächenrissen bildeten, die zur Zeit des Aufschlags entstanden waren.

Daß es auf dem Monde eine wesentlich größere Zahl von Aufschlagskratern gibt als auf der Erde, wird durch die Tatsache erklärt, daß die Erdoberfläche der Erosion unterworfen ist. Die einzigen Verwitterung bewirkenden Kräfte auf dem Monde rühren von Temperaturänderungen des Gesteins zwischen Mondtag und -nacht und während der Mondfinsternisse her. Oder anders ausgedrückt, die Mondlandschaft hat in ihren vielen Narben und Wunden uns eine Urkunde bewahrt über alle Aufschläge fremder Körper nach ihrer Entstehung. Andererseits würde ein irdischer Krater durch die Wirkung von Wind und Regen und durch gebirgsbildende Prozesse bald eingeebnet werden. Nichtsdestoweniger ist die Zahl der Krater auf dem Monde im Vergleich mit dem Dutzend etwa auf der Erde, dessen meteoritischer Ursprung bekannt ist, so groß, daß die Meteoraufschläge während der ersten Milliarde Jahre der Lebenszeit unseres Sonnensystems wahrscheinlich weit häufiger waren als heute. Sowohl Erde wie Mond müssen in häufigen Intervallen mit großen und kleinen interplanetaren Körpern bombardiert worden sein. Auf der Erde sind jedoch die Spuren davon verschwunden, während sie sich auf dem Monde erhalten haben.

8.4 Energie

Das Problem des Ursprungs von Meteorkratern schließt eine Untersuchung der enormen Energie in sich, die beim Zusammenstoß zweier interplanetarer Körper frei wird. Ein bewegter Körper besitzt Energie, was durch seine Fähigkeit, Arbeit zu leisten, bewiesen wird. Wenn ein Körper der Masse m, der sich mit der Geschwindigkeit v bewegt, auf ein Hindernis trifft, leistet er eine bestimmte Arbeit an ihm — so zum Beispiel, wenn er das Hindernis in Bewegung setzt oder ein Ziel beschädigt. Wenn die Masse des bewegten Körpers $5\,m$ beträgt, ist seine Fähigkeit, Arbeit zu leisten, die zum Beispiel durch den Beschädigungsgrad des Ziels zu messen ist, fünfmal so groß. Wenn man dagegen die Geschwindigkeit eines Körpers der Masse m von v auf $3\,v$ erhöht, wird sein Vermögen zur Arbeitsleistung 3^2 oder 9mal so groß. Somit ist die kinetische Energie — die Energie, die ein Körper infolge seiner Bewegung besitzt, — seiner Masse und dem Quadrat seiner Geschwindigkeit direkt proportional, d. h. es ist

$$E_{\text{kin}} \sim m \cdot v^2.$$

Hat ein Körper die Masse 1 g und die Geschwindigkeit 1 cm/sec, so setzt man seine kinetische Energie gleich ½ erg und daher ist

$$E_{\text{kin}} = \frac{m}{2} \cdot v^2,$$

worin E_{kin} in erg, m in g und v in cm/sec gemessen wird. Das Erg ist eine sehr kleine Energieeinheit: Ein fliegender Moskito durchschnittlicher Größe zum Beispiel hat eine kinetische Energie von etwa 1 erg.

Die Energie kann auch durch die bei einem Zusammenstoß freiwerdende Wärme gemessen werden. In diesem Fall ist die Energieeinheit die Kalorie, das ist die Wärmemenge, die erforderlich ist, um die Temperatur von 1 g (oder 1 cm³) Wasser um 1° Celsius (oder Kelvin) zu erhöhen.

Das Gesetz von der Erhaltung der Energie besagt, daß Energie weder erzeugt, noch vernichtet, sondern nur aus einer Form in eine andere Form umgewandelt werden kann. Zum Beispiel läßt sich kinetische Energie in Wärmeenergie verwandeln. Erg und Kalorie sind nur verschiedene Einheiten derselben physikalischen Größe Energie. Um den Umrechnungsfaktor zwischen Kalorie und Erg zu finden, betrachte man ein Gedankenexperiment, bei dem man kleine 1 g-Kügelchen in einen Kubikzentimeter Wasser fallen läßt. Wird die Höhe, aus der sie herabfallen, so gewählt, daß sie beim Auftreffen auf dem Wasser die Geschwindigkeit 1 cm/sec besitzen, so ist die kinetische Energie jedes Kügelchens

$$E_{\text{kin}} = \frac{m}{2} \cdot v^2 = \frac{1}{2} \cdot 1 \cdot 1^2 = \frac{1}{2}\,\text{erg}.$$

Diese kinetische Energie geht in Wärme über, und die Zahl von Kügelchen, die man braucht, die Wassertemperatur um 1° zu steigern, kann gezählt werden. Wenn das Experiment sich tatsächlich durchführen ließe, wäre es notwendig, 80 Millionen Kügelchen in das Wasser fallen zu lassen. Da jedes von ihnen ½ erg beiträgt, erhält man

$$1\ \text{Kalorie} = 40\ \text{Millionen erg}$$

oder

$$1\ \text{cal} = 4 \cdot 10^7\ \text{erg}.$$

Dieses sogenannte mechanische Wärmeäquivalent macht es möglich, Energie entweder in Erg oder in Kalorien auszudrücken. Wenn zum Beispiel 1000 g Wasser von Zimmertemperatur bis zum Siedepunkt des Wassers erhitzt werden, d. h. von 20° auf 100°, dann werden dazu $1000 \cdot (100 - 20)$ oder 80 000 cal gebraucht. Da nun 1 cal $4 \cdot 10^7$ erg gleichwertig ist, sind insgesamt $32 \cdot 10^{11}$ erg erforderlich. Die Verbrennung von rund 10 g Kohle oder die Explosion einer ähnlichen Menge Nitroglycerin würde die gleiche Menge Energie liefern.

8.5 Meteorzusammenstöße

Da die Bahnformen der Meteore sehr mannigfaltig sind, durchziehen diese den interplanetaren Raum mit verschiedenen Geschwindigkeiten. Diejenigen, die sich in Kreisbahnen mit dem Radius gleich der astronomischen Einheit bewegen, haben dieselbe Geschwindigkeit wie die Erde, 30 km/sec, aber nicht notwendig die gleiche Richtung.

Man nehme einmal an, der berühmte Tunguska-Meteorit, der im Jahre 1908 in Sibirien niederging (Abschnitt 14.4) hätte den Mond getroffen. Die Masse dieses Meteoriten hat man auf mehr als eine Million Tonnen geschätzt. Da eine Tonne 10^6 g hat, betrug die Masse des Tunguska-Meteoriten etwa 10^{12} g, und diese würde auf dem Monde mit ungefähr derselben Geschwindigkeit aufgeschlagen sein, die sie beim Aufprall auf die Erde besaß — ungefähr 60 km/sec ($6 \cdot 10^6$ cm/sec). Daher würde die kinetische Energie des Meteoriten

$$\begin{aligned} E_{\text{kin}} &= \frac{1}{2} \cdot 10^{12} (6 \cdot 10^6)^2 \\ &= 1{,}8 \cdot 10^{25} \text{ erg} \end{aligned}$$

oder

$$E_{\text{kin}} = 4 \cdot 10^{17} \text{ cal}$$

betragen haben.

Zur Verdampfung eines Gemisches von Wasser, Steinen und meteoritischem Material wäre eine Wärmemenge von rund 10^3 cal/g erforderlich. Der Tunguska-Meteorit hätte folglich

$$4 \cdot 10^{17}/10^3 = 4 \cdot 10^{14} \text{ g}$$

oder 400mal die Masse des aufschlagenden Körpers explodieren lassen können. Dabei dürfte nicht die gesamte kinetische Energie in Wärme umgesetzt worden sein. Ein bestimmter — wenn auch wahrscheinlich ziemlich kleiner — Bruchteil wäre verbraucht worden, um in der Umgebung des Aufschlagpunktes die Erdschichten zu verlagern, Erdbebenwellen im Erdinnern und Schallwellen in der Luft zu erzeugen usw.

Nichtsdestoweniger ist es plausibel, daß beim Aufprall eines großen Meteoriten, eine beträchtliche Menge des Bodenmaterials in Lava, Dampf und Staub überging. H. C. Urey hat die Auffassung vertreten, daß nicht nur die Mondkrater, sondern auch die Meere als Folge von Aufschlägen sehr großer Meteore oder kleiner Planeten auf dem Monde entstanden sind.

8.6 Die Temperatur des Mondes

Die Oberflächentemperatur des Mondes kann mit Hilfe eines Thermoelements im Brennpunkt eines Fernrohrs gemessen werden. Der Mond erscheint hell, weil er das Sonnenlicht reflektiert, aber er absorbiert auch einen Teil der Sonnenstrahlung und wandelt sie in Wärme um. Und daher strahlt der Mond zusätzlich zum reflektierten Sonnenlicht auch einen kleinen Betrag an Energie aus, der seiner Oberflächentemperatur entspricht. Eine etwa noch hinzukommende Menge an innerer Wärme aus radioaktiven Stoffen im Innern des Mondes würde so langsam uach außen dringen, daß sie nur einen zu vernachlässigenden Beitrag zur Langwellen-Strahlung der Mondoberfläche liefern würde. Messungen der echten Mondstrahlung ergeben, daß die

Temperatur des Mondes zwischen rund 100° K (173° unter dem Gefrierpunkt des Wassers) während einer Mondnacht und rund 400° K (27° über dem Siedepunkt des Wassers) zur Zeit, wenn die Sonne im Zenit steht (vom Mond aus gesehen), variiert.

Während eines Mondtages, der ja nahezu einen Monat dauert, ändert sich die Temperatur an einem Punkt der Mondoberfläche um rund 300°. Der Grund für diese gewaltige Temperaturschwankung ist das Fehlen einer Atmosphäre auf dem Monde. Auf der Erde wirkt die Atmosphäre wie eine Decke, die ein schnelles Abfallen der Oberflächentemperatur während der Nacht verhindert. Der Mond aber, dem dieser Schutz fehlt, unterliegt extremen Temperaturschwankungen.

8.7 Das Fehlen einer Atmosphäre auf dem Mond

Die Abwesenheit einer ständigen Atmosphäre auf dem Monde kann aus folgenden Beobachtungen geschlossen werden:

a) Die Schatten sind scharf und schwarz; es fehlt ihnen die Abschwächung der Kontraste, die für Schatten auf der Erde, bedingt durch die Streuung des Lichts in Luft, charakteristisch ist.

b) Sternbedeckungen durch den Rand des Mondes finden ganz plötzlich statt. Es geht ihnen keine allmähliche Verminderung der Helligkeit des bedeckten Sterns voraus, wie man sie bei Bedeckungen durch Planeten (z. B. durch Jupiter) mit dichten Atmosphären beobachtet hat.

c) Die Spitzen der zunehmenden Mondsichel zeigen keine Verlängerungen wie bei der Venus, wo sie durch die Dämmerung hervorgerufen werden.

d) Es gibt keine spektroskopischen Anzeichen für irgendeine Absorption oder Emission durch freie Atome oder Moleküle auf dem Monde. Das Spektrum des Mondes ist das des Sonnenlichts, nur etwas verändert durch die Orangefärbung der Mondoberfläche, die bewirkt, daß das reflektierte blaue, violette und ultraviolette Licht schwächer als im Sonnenspektrum ist.

Alle diese Ergebnisse sind negativen Charakters, aber sie ermöglichen es doch, eine obere Grenze von rund 10^{-8} für das Verhältnis einer etwa vorhandenen Mondatmosphäre zur Erdatmosphäre anzugeben.

Das erste positive Anzeichen (welches noch der Bestätigung bedarf) einer Mondatmosphäre fand 1957 B. Elsmore an der Universität Cambridge. Er beobachtete mit einem Radioteleskop die Bedeckung des Krebsnebels — einer starken Quelle von Radiowellen (Abschnitt 23.4) — durch den Mond und fand eine schwache Beugung oder Refraktion der Wellen der Quelle, die durch ein ionisiertes Gas erklärt werden konnte, dessen Dichte die Größenordnung des 10^{-13}fachen der Luftdichte hatte. Dieses Gas kann aus Helium- und Argonatomen bestehen, die bei radioaktiven Prozessen im Gestein der Mondoberfläche entstanden sein können, und wird nicht dauernd vom Monde festgehalten. Das Fehlen einer permanenten Mondatmosphäre ist nicht überraschend. Wenn es sie jemals gegeben hätte, würde sie sich innerhalb von ein paar hundert Jahren in den Raum verflüchtigt haben.

8.8 Das Entweichen einer Atmosphäre

Die Anziehungskraft der Erde auf eine Masse m beträgt

$$F_{\oplus} = G\,\frac{\mathfrak{M}_{\oplus} \cdot m}{R_{\oplus}^2}\,,$$

während die Kraft des Mondes

$$F_{☾} = G\,\frac{\mathfrak{M}_{☾} \cdot m}{R_{☾}^2}$$

ist. Da nun die Masse des Mondes $^1/_{80}$ der Erdmasse und der Mondradius $^1/_4$ des Erdradius ausmachen, erhält man

$$F_{☾} = G \frac{\left(\frac{1}{80} \cdot \mathfrak{M}_{\oplus}\right) \cdot m}{\left(\frac{1}{4} R_{\oplus}\right)^2} = \frac{1}{5} G \frac{\mathfrak{M}_{\oplus} \cdot m}{R_{\oplus}^2} = \frac{1}{5} F_{\oplus}.$$

Der Mond zieht eine gegebene Masse an seiner Oberfläche mit einem Fünftel der Kraft an, die die Erde auf dieselbe Masse an ihrer Oberfläche ausüben würde. (Eine genauere Berechnung ergibt, daß dieses Verhältnis in Wirklichkeit $^1/_6$ beträgt).

Ein mit hinreichend großer Geschwindigkeit sich bewegendes Objekt auf der Erde kann die Schwerkraft überwinden und in den Raum entweichen. Diese Geschwindigkeit wird die Entweichungsgeschwindigkeit genannt. Da die zu überwindende Kraft auf dem Monde nur $^1/_6$ derjenigen auf der Erde ausmacht, ist die Entweichungsgeschwindigkeit vom Monde (2,4 km/sec) geringer als die von der Erde (11,2 km/sec). Im Abschnitt 10.3 wird gezeigt, wie die Entweichungsgeschwindigkeit von der Erde berechnet werden kann. Für irgendeinen anderen Körper ist sie proportional zur Quadratwurzel aus dem Verhältnis Masse : Radius.

Die Molekülgeschwindigkeiten in einem Gas, die von der Temperatur abhängig sind, können innerhalb eines weiten Bereichs variieren (Abschnitt 10.4). Am absoluten Nullpunkt der Temperatur sind die Moleküle eines Gases in Ruhe; in der Nähe des Gefrierpunktes des Wassers (273° K) sind die thermischen Geschwindigkeiten der Wasserstoffmoleküle von der Ordnung 2 km/sec, ein Wert, der zufällig sehr nahe bei der Entweichungsgeschwindigkeit vom Monde liegt. Da die Mondtemperatur oft größer als 273° K ist, würden die Wasserstoffmoleküle imstande sein, sich vollständig aus dem Anziehungsbereich des Mondes zu entfernen.

Die Geschwindigkeit von 2 km/sec ist nur ein Durchschnittswert für die Wasserstoffmoleküle; einige bewegen sich schneller und ein beträchtlicher Prozentsatz besitzt Geschwindigkeiten über 11 km/sec, der Entweichungsgeschwindigkeit von der Erde. Dies ist der Grund, warum es fast keinen Wasserstoff in der Erdatmosphäre gibt. Im Laufe der Zeit werden nahezu alle Wasserstoffmoleküle Geschwindigkeiten von 11 km/sec oder mehr angenommen haben und verloren gegangen sein. Die thermischen Geschwindigkeiten der Moleküle der schweren Elemente sind kleiner als diejenigen des Wasserstoffs, aber da die Temperatur des Mondes bis über den Siedepunkt des Wassers ansteigen kann, konnten sogar einige der schweren Gase entweichen.

Es ist nicht ganz unmöglich, daß etwas Gas aus Spalten des Mondes oder sogar aus seiner Oberfläche entweicht. Aber der größte Teil dieses Gases würde nicht lange gehalten werden können. G. Herzberg hat die Vermutung ausgesprochen, daß der schwache Lichtschein von durch die Sonnenstrahlung angeregten Molekülen — analog dem Leuchten der hohen Atmosphäre der Erde — mit spektroskopischen Hilfsmitteln am Rande des Mondes entdeckt werden kann.

8.9 Die Albedo des Mondes

Aufschluß darüber, aus welchem Material die Oberflächenschichten des Mondes bestehen, erhalten wir aus mannigfaltigen Beobachtungen: Messungen der Mondhelligkeit in verschiedenen Phasen, Messungen der Temperaturschwankungen während einer Mondfinsternis und Messungen der vom Monde ausgesandten Radiowellen.

Ein Photograph mißt mit einem Belichtungsmesser die Helligkeit des Gegenstandes, den er aufnehmen will. Eine sonnenbeschienene Schneeszene mag eine Belichtungszeit von $^1/_{100}$ sec erfordern, während diese für eine Sommerlandschaft auf $^1/_{20}$ sec erhöht werden müßte. Unterschiede im Reflexionsvermögen zwischen verschiedenen Substanzen werden durch deren Albedo zum Ausdruck gebracht. Die Albedo einer glatten weißen Fläche beträgt 100% (manchmal mit 1,00 bezeichnet), sie reflektiert oder streut alles einfallende Licht. Eine Sommerlandschaft reflektiert oder streut nur ein Fünftel des einfallenden Lichts, die restlichen vier Fünftel werden zur Temperaturerhöhung verbraucht. Das erwärmte Material strahlt die gesamte absorbierte Energie wieder in den Raum aus in Form infraroter Wellen.

Es bildet sich dann ein Gleichgewichtszustand heraus, in dem die Temperatur des Materials konstant bleibt und

die einfallende Strahlung = reflektierter Strahlung
+ absorbierter und wieder ausgesandter Strahlung

ist. Die Albedo von Schnee beträgt im sichtbaren Licht rund 100%. Die Albedo des Mondes ist nur 7% — ungefähr der gleiche Wert wie der für vulkanisches Gestein —, aber der Mond reflektiert rotes Licht stärker als blaues oder violettes Licht. Dieses selektive Reflexionsvermögen läßt das Mondlicht etwas gelblicher erscheinen als das Sonnenlicht. Verschiedene Gebiete der Mondoberfläche besitzen verschiedene Albedowerte, die hellsten Flecken sind weißem Sand ähnlich, die grauen Flächen sind so dunkel wie Schiefer.

8.10 Der Helligkeitswechsel des Mondes

Wenn der Mond eine glatte Kugel wäre, würden die Änderungen seiner Helligkeit proportional der Größe des sichtbaren Teils seiner beleuchteten Hemisphäre sein. Die Helligkeit einer glatten Fläche hängt von dem Winkel ab, unter dem sie betrachtet wird. Wenn man eine weiße, von der Sonne beleuchtete Wand photographiert, ist die erforderliche Belichtungszeit immer dieselbe, gleichgültig welchen Winkel die Blickrichtung mit der Wand bildet. Aber sie würde sich stark ändern, wenn der Einfallswinkel der Sonnenstrahlen variiert wird. Bei senkrechtem Einfall ist die Helligkeit der Wand viel größer als bei streifendem Einfall. Bei Vollmond wird ein großer Teil der Mondoberfläche senkrecht beleuchtet, und nur am Rande fallen die Sonnenstrahlen schräg ein. Bei zunehmender Phase jedoch treffen die Strahlen, besonders in Nähe des Terminators, schief auf. Unter sonst gleichen Umständen würde die Flächenhelligkeit des Mondes bei voller Phase am größten sein. Berechnungen ergeben, daß der Effekt der Schiefe der einfallenden Strahlen klein ist und daß daher die Gesamthelligkeit des Vollmonds nur wenig mehr als das Doppelte seiner Gesamthelligkeit bei Halbmond ausmachen würde.

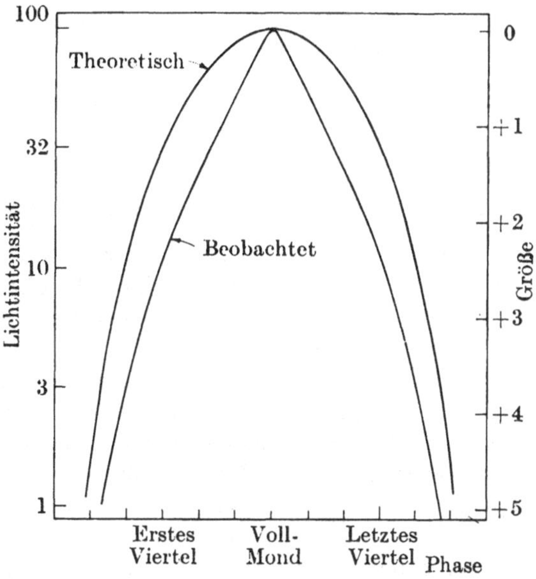

Abb. 8.8. Die Änderung der Totalhelligkeit des Mondes mit der Phase. Die theoretische Kurve gibt an, was wir beobachten würden, wenn der Mond eine glatte Oberfläche hätte. Die Abweichung der beobachteten von der theoretischen Kurve zeigt, daß die Schatten der Unebenheiten auf der Mondoberfläche die Gesamthelligkeit des Mondes in allen Phasen außer bei Vollmond herabsetzen.

In Abb. 8.8 wird die zu erwartende Änderung der Helligkeit des Mondes durch die Kurve dargestellt, die mit „theoretisch" bezeichnet ist. Die beobachtete Helligkeit wird durch die andere Kurve wiedergegeben. Der Halbmond ist nur ungefähr $^1/_9$ mal so hell wie der Vollmond. Die auffallende Differenz zwischen beiden Kurven ist auf die Rauheit der Mondoberfläche zurückzuführen.

Wenn zwei Photographen, *A* und *B* in Abb. 8.9, Bilder einer mit Skispuren bedeckten Schneefläche aufnehmen wollen, müßte *A* eine wesentlich längere Belichtungszeit wählen als *B*. Wenn wir den Mond bei Halbmond beobachten, werfen die vielen kleinen Unebenheiten auf seiner Oberfläche sichtbare Schatten, genau wie im Fall der von *A* gesehenen Skispuren. Bei Vollmond sind alle Schatten dem Blick entzogen durch die Objekte, die sie verursachen. Die beobachtete Abweichung der Helligkeit des Halbmonds von der einer glatten Kugel gleicher Albedo ist so groß, daß wir annehmen müssen, daß die Mondoberfläche mit Felsen, Steinen und Sandkörnern bedeckt ist, deren Schatten viel zu klein sind, um einzeln gesehen werden zu können, durch deren Zusammenwirken aber die Flächenhelligkeit herabgesetzt wird.

Abb. 8.9

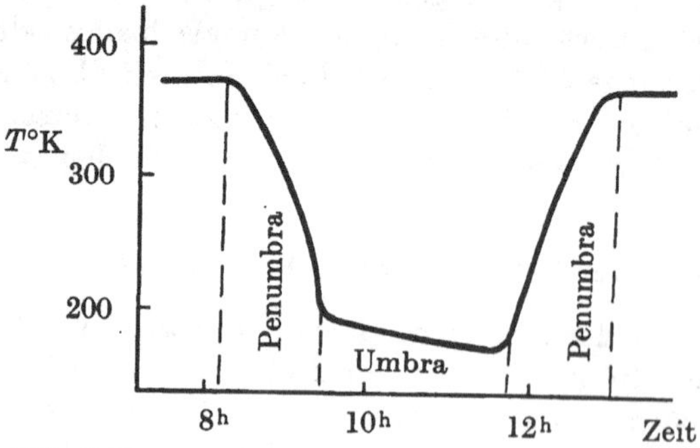

Abb. 8.10

Abb. 8.9. Der Effekt der Schatten auf die Helligkeit einer terrestrischen Landschaft. Der Beobachter in *B* sieht keine Schatten und daher ist die Helligkeit im Tal für ihn größer als für den Beobachter in *A*.

Abb. 8.10. Temperaturänderungen der Mondoberfläche während einer Mondfinsternis. *(Nach Beobachtungen von E. Pettit und S. B. Nicholson am Mount Wilson-Observatorium.)*

8.11 Temperaturänderung während einer Finsternis

Einiges über die Struktur der Mondoberfläche erfahren wir aus Temperaturmessungen des Mondes während einer Finsternis. Eine Mondfinsternis dauert mehrere Stunden, während der Mond durch den Erdschatten wandert. Unmittelbar vor der Finsternis ist die Temperatur hoch — von der Größenordnung 400° K —, da ja die Phase notwendigerweise die des Vollmonds sein muß. Die Temperatur des Mondes sinkt plötzlich ab, wenn der Erdschatten über seine Oberfläche zieht (Abb. 8.10). Auf der Erde dauert es viele Stunden, bis ein Felsen sich abgekühlt hat, wenn die Sonnenstrahlen plötzlich abgeschnitten werden. Die schlagartig einsetzende Temperaturänderung auf dem Monde läßt sich erklären, wenn man annimmt, daß die Wärmeleitfähigkeit des Oberflächenmaterials des Mondes äußerst gering ist. Irdisches Gestein würde die Sonnenwärme in seinen tieferen Schichten aufspeichern und sie während einer Finsternis abgeben. Auf dem Monde würde nur feiner Staub eine hinreichend niedrige thermische Leitfähigkeit besitzen, um seinen Wärmevorrat so schnell verlieren zu können, wie die Beobachtungen es anzeigen. Irdischer Staub hat eine höhere Leitfähigkeit, weil die Zwischenräume zwischen den einzelnen Staubkörnern Luft enthalten; auf dem Monde sind die Zwischenräume leer. Es sind dort keine Gasmoleküle vorhanden, die den Übergang von Wärme von Korn zu Korn unterstützen könnten. Die Dicke der Staubschicht auf dem Monde kann am besten auf Grund von Radiobeobachtungen geschätzt werden (Abschnitt 8.12).

8.12 Thermische Radiowellen vom Monde

Vom einfallenden Sonnenlicht reflektiert der Mond 7%, darüber hinaus strahlt er aber zusätzlich noch entsprechend seiner eigenen Oberflächentemperatur alle Energie, die er von der Sonne absorbiert, wieder in den Raum aus. Dies kann nicht nur im Gebiet der Infrarotwellen nachgewiesen werden, auf die am empfindlichsten das Thermoelement anspricht, sondern auch im Bereich der Radiowellenlängen. Man hat Messungen der Strahlung des Mondes bei einer Wellenlänge von 1,25 cm durchgeführt, um seine Temperatur zu bestimmen. Die Temperaturänderung mit der Phase wird in Abb. 8.11 gezeigt, in der die gestrichelte Kurve die Ergebnisse im infraroten Gebiet und die ausgezogene Kurve die im Radiobereich darstellt.

Die beiden Kurven unterscheiden sich ganz wesentlich in der Amplitude und in der Zeit der Maximaltemperatur. Die thermische Strahlung bei $\lambda = 1{,}25$ cm erreicht ihr Maximum rund vier Tage nach Vollmond, wogegen im Infrarot die Zeit der Maximaltemperatur mit dem Vollmond zusammenfällt. Die Radiowellen dringen durch die Staubschicht hindurch und lassen somit die Temperaturschwankung in einer größeren Tiefe erkennen als in derjenigen, auf die sich die Infrarotmessungen beziehen. Die Dicke der Staubschicht braucht nicht größer als ein paar Millimeter zu sein, um den Beobachtungen Rechnung zu tragen. (T. Gold hat jedoch einige Gründe vorgebracht zugunsten der Auffassung, daß sie viele Meter dick sein könnte.) Der Staub kann aus meteoritischen Teilchen und aus Körnchen bestehen und dem in Meteorkratern auf der Erde gefundenen Steinstaub ähnlich sein.

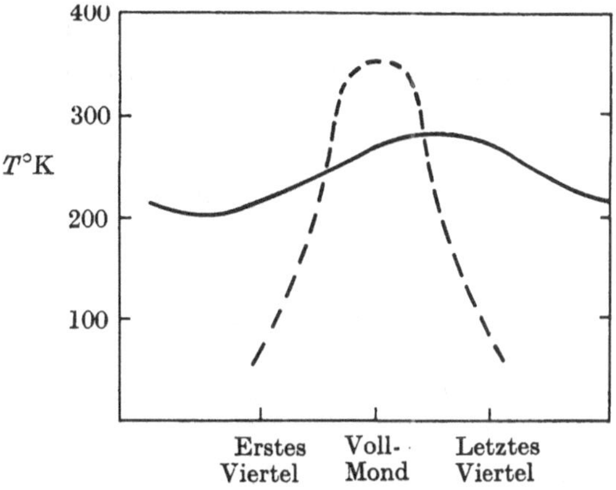

Abb. 8.11. Die beobachtete Temperaturänderung der Mondoberfläche mit der Phase. Die gestrichelte Kurve wurde aus Beobachtungen im Infrarot abgeleitet. Der ausgezogenen Kurve liegen Radiobeobachtungen zugrunde. Die Verschiebung des Maximums der Kurve führt zu einer Schätzung der Dicke der Staubschicht auf dem Monde.

Aufgaben

1. Man messe in Abb. 8.4 den Durchmesser des Kraters Eratosthenes und leite daraus seinen Durchmesser in Kilometern und Meilen ab.
2. Bestimme den Durchmesser des Kraters Ptolemäus in Kilometern und Meilen.
3. Nach dem im Abschnitt 8.2 geschilderten Verfahren leite man numerisch die Höhe des östlichen (rechten) Walls des Eratosthenes ab. (Man messe mit einem Maßstab die Schattenlänge s, den Abstand 1 des Kraters vom Terminator und den Mondradius R.)
4. Man finde die Höhe des Piton. Piton ist die einzelne Bergspitze im Mare Imbrium. Er liegt sehr dicht am Terminator halbwegs zwischen dem Krater Plato und den drei auffälligen Kratern nahe dem westlichen (linken) Rand des Mare Imbrium. Die lunare Breite des Piton ist zu berücksichtigen.
5. Die Masse des Mondes beträgt $7 \cdot 10^{25}$ g und seine Bahngeschwindigkeit 1 km/sec. Berechne die kinetische Energie des Mondes.
6. Wie groß ist die Wärmemenge in cal, die freiwerden würde, wenn ein Meteorit von 1 Tonne Gewicht mit einer Geschwindigkeit von 40 km/sec die Erde trifft?
7. Titan ist der einzige Satellit im Sonnensystem, bei dem eine Atmosphäre beobachtet wurde. Unter Beachtung der Diskussion in Abschnitt 8.8 und der Entfernung des Saturn von der Sonne (Tabelle 9.2) ist zu erklären, warum es möglich ist, daß Titan eine Atmosphäre besitzen kann, während der Mond keine Atmosphäre hat.

9. DIE BEWEGUNGEN DER PLANETEN

9.1 Hauptgesetzmäßigkeiten

Es gibt neun Planeten und einunddreißig natürliche Satelliten im Sonnensystem. Das Studium ihrer Bewegungen ergibt folgende Gesetzmäßigkeiten:

1. Die Planetenbahnen sind nahezu kreisförmig.
2. Die Planetenbahnen liegen nahezu in einer Ebene, d. h. ihre Neigungen gegen die Ekliptik sind klein.
3. Alle Planeten bewegen sich im gleichen Sinn um die Sonne.
4. Alle Planeten (mit Ausnahme des Uranus) und die Sonne rotieren ebenfalls in dieser Richtung.
5. Bei allen Planeten (mit Ausnahme des Uranus) und der Sonne ist die Neigung des Äquators gegen die Bahnebene klein.
6. Auch die Bahnen der meisten Satelliten sind nahezu kreisförmig.
7. Die Bahnebenen der meisten Satelliten fallen angenähert mit den Äquatorebenen ihrer Planeten zusammen und sind daher nahezu coplanar mit den Planetenbahnen.
8. Die meisten Satelliten und der Saturnring bewegen sich in derselben Richtung um ihre Planeten, in der die Planeten die Sonne umkreisen.

Die Bewegung wird direkt oder rechtläufig genannt, wenn sie mit den genannten Regeln übereinstimmt (d. h. von Westen nach Osten verläuft). Ist sie entgegengesetzt gerichtet, wie im Fall einiger Satelliten, wird sie retrograd oder rückläufig genannt.

9.2 Aspekte und Phasen

Da die Planeten von der bewegten Erde aus beobachtet werden, zeigen sie Aspekte und Phasen ähnlich denen des Mondes.

Die beiden unteren Planeten, Merkur und Venus, bewegen sich innerhalb der Erdbahn. Die oberen Planeten, Mars, Jupiter, Saturn, Uranus, Neptun und Pluto, befinden sich außerhalb der Erdbahn. Die Phasen der unteren Planeten sind ganz verschieden von denjenigen der oberen Planeten. Die ersteren zeigen während ihrer synodischen Umlaufszeit zeitweilig zunehmende Phasen (Abb. 9.1), weil sie wie der Mond zwischen Erde und Sonne gelangen können. Bei den letzteren kann dies dagegen niemals vorkommen, so daß sie auch niemals in zunehmender Phase gesehen werden können. Ein unterer Planet steht während zunehmender Phase der Erde viel näher als bei voller Phase (Abb. 9.1). Die relativen Größen und Phasen von Merkur und Venus zeigt Abb. 9.2.

Entsprechend den relativen Stellungen der Erde und der Planeten in bezug auf die Sonne werden die unteren Planeten niemals in sehr großem Winkelabstand von der Sonne gesehen. Die größte Elongation der Venus beträgt 48°, die Merkurs rund 28°, was diesen zu einem der am schwierigsten zu beobachtenden Planeten macht. Da er ja immer dicht bei der Sonne steht, ist er am dunklen Himmel nur nahe dem Westhorizont kurz nach Sonnenuntergang oder dicht über dem Osthorizont unmittelbar vor Sonnenaufgang zu beobachten.

Abb. 9.1. Diese fünf Aufnahmen der Venus erläutern Phasen und relative Größe der Venusscheibe während der synodischen Periode. *(Photographie des Lowell-Observatoriums.)*

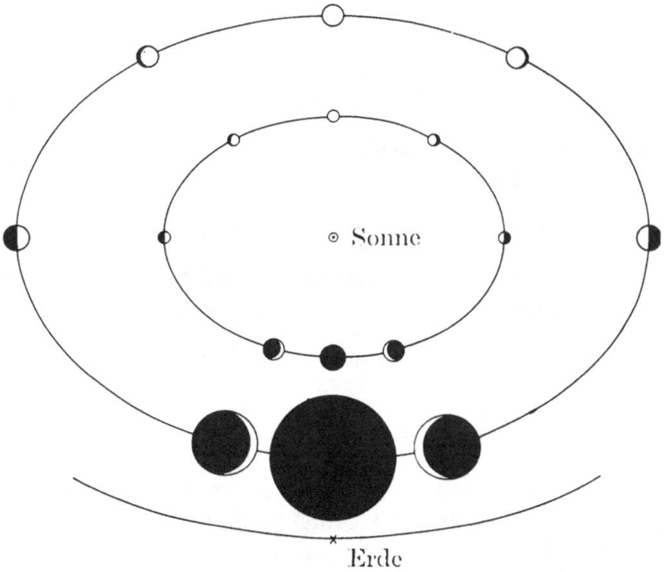

Abb. 9.2. Phasen und Aspekte von Merkur und Venus von der Erde aus gesehen. Die unteren Planeten haben zwei Konjunktionen. Jeder Planet erscheint von der Erde aus unter größtem Winkel, wenn er in unterer Konjunktion steht. Die Phasen sind den Mondphasen ähnlich.

Ein oberer Planet kann in jeder Elongation von der Sonne gesehen werden. In Opposition ist er 180° von der Sonne entfernt und ist daher um Mitternacht sichtbar. In Konjunktion ist sein auf der Ekliptik gemessener Winkelabstand von der Sonne null, aber er braucht von dieser nicht bedeckt zu werden, da er gewöhnlich über oder unter ihr am Himmel steht. Die oberen Planeten haben niemals zunehmende Phasen, sondern zeigen immer die volle oder fast volle Phase. Abweichungen davon sind nur beim Mars deutlich sichtbar, während die anderen Planeten zu weit entfernt sind.

Die unteren Planeten können niemals in Opposition gelangen. Statt dessen haben sie zwei Konjunktionen — eine untere Konjunktion, wenn der Planet der Erde am nächsten steht, und eine obere Konjunktion, wenn sein Abstand von der Erde am größten ist. Die Aspekte und Phasen der unteren Planeten, des Mondes und der oberen Planeten sind in Tabelle 9.1 zusammengestellt und werden in Abb. 9.3 erläutert.

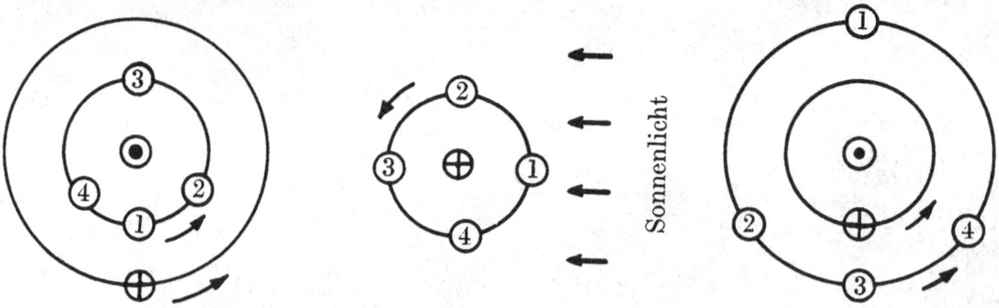

Abb. 9.3. Aspekte der unteren Planeten (links), des Mondes (Mitte) und der oberen Planeten (rechts).

Tabelle 9.1 Aspekte und Phasen der Planeten

Untere Planeten Aspekt	Phase	Mond Aspekt	Phase	Obere Planeten Aspekt	Phase
1. Untere Konjunktion	Neu	Konjunktion	Neu	Konjunktion	Voll
2. Größte Elongation	Erstes Viertel	Quadratur	Erstes Viertel	Quadratur	fast voll
3. Obere Konjunktion	Voll	Opposition	Voll	Opposition	Voll
4. Größte Elongation	Letztes Viertel	Quadratur	Letztes Viertel	Quadratur	Fast voll
1. Untere Konjunktion	Neu	Konjunktion	Neu	Konjunktion	Voll

9.3 Siderische und synodische Umlaufszeiten

Die Beziehung zwischen der siderischen und synodischen Umlaufszeit des Mondes (Abschnitt 7.6) gilt auch für die Planeten. Die synodische Umlaufszeit eines Planeten ist das Zeitintervall zwischen aufeinanderfolgenden Konjunktionen mit der Sonne von der Erde aus gesehen. Die siderische Umlaufszeit ist das Zeitintervall, das für einen vollständigen Umlauf des Planeten um die Sonne erforderlich ist. Man betrachte zwei Planeten A und B, die die Sonne umkreisen, wobei A eine kleinere Bahn als B beschreibt (Abb. 9.4). Die siderische Umlaufszeit von A sei

$P_{\text{sid}(A)}$, die von B $P_{\text{sid}(B)}$. Wenn zu einer gegebenen Zeit A von B aus gesehen in Konjunktion mit der Sonne steht, wird diese Konfiguration von Sonne, A und B in der Abbildung durch die Positionen A (1) und B (1) dargestellt. Einen Tag später hat sich Planet A $360°/P_{\text{sid}(A)}$ Grad über A (1) hinausbewegt und befindet sich in Position A (2). Planet B hat sich inzwischen in seiner Bahn um $360°/P_{\text{sid}(B)}$ Grad weiterbewegt und die Position B (2) erreicht. Die Differenz

$$\frac{360}{P_{\text{sid}(A)}} - \frac{360}{P_{\text{sid}(B)}}$$

ist die Anzahl von Graden, die Planet A relativ zu Planet B an einem Tage gewinnt. Nach einer bestimmten Zeit stehen die beiden Planeten wieder mit der Sonne in einer Geraden. Dieser Zeitraum ist die synodische Umlaufszeit $P_{\text{syn}(A)}$ von A in bezug auf B (welches die Erde sein könnte). Während $P_{\text{syn}(A)}$ Tagen gewinnt Planet A relativ zu B 360° und in einem Tag $360°/P_{\text{syn}(A)}$. Diese Größe ist gleich dem vorstehenden Ausdruck:

$$\frac{360}{P_{\text{sid}(A)}} - \frac{360}{P_{\text{sid}(B)}} = \frac{360}{P_{\text{syn}(A)}}$$

oder

$$\frac{1}{P_{\text{sid}(A)}} - \frac{1}{P_{\text{sid}(B)}} = \frac{1}{P_{\text{syn}(A)}}.$$

Für den Fall, daß Planet B die Erde ist, ergibt sich

$$\frac{1}{P_{\text{sid}(A)}} - \frac{1}{P_{\oplus}} = \frac{1}{P_{\text{syn}(A)}},$$

worin $P_{\oplus} = 365^1/_4$ Tage ist. Für einen oberen Planeten nimmt die Beziehung die Form

$$\frac{1}{P_{\oplus}} - \frac{1}{P_{\text{sid}}} = \frac{1}{P_{\text{syn}}}$$

an.

Ihre Bedeutung für das Studium der Planetenbewegungen liegt in der Tatsache begründet, daß die siderische Umlaufszeit eines Planeten, d. h. die auf die Sonne bezügliche Periode, physikalisch wichtiger ist als die synodische Periode, die von der zufälligen Stellung der Erde relativ zum Planeten abhängt. Die synodische Umlaufszeit aber ist es, die allein von der Erde aus direkt gemessen werden kann. Wenn dies geschehen ist, kann daher die Beziehung zur Bestimmung der siderischen Umlaufszeit eines Planeten benützt werden.

Als Beispiel betrachte man die synodische Umlaufszeit Merkurs, die 116 Tage beträgt. Die siderische Umlaufszeit ergibt sich durch Einsetzen in die obige Gleichung zu:

$$\frac{1}{P_{\text{sid}}} - \frac{1}{365{,}25} = \frac{1}{116}$$

oder

$$P_{\text{sid}} = \frac{116 \cdot 365{,}25}{116 + 365{,}25} = 88 \text{ Tage.}$$

Bei Mars beträgt die synodische Umlaufszeit 780 Tage. Seine siderische Umlaufszeit läßt sich in folgender Weise ableiten:

$$\frac{1}{365{,}25} - \frac{1}{P_{\text{sid}}} = \frac{1}{780}$$

oder

$$P_{\text{sid}} = \frac{365{,}25 \cdot 780}{780 - 365{,}25} = 687 \text{ Tage.}$$

Die synodische Umlaufszeit ist das Intervall zwischen aufeinander folgenden Aspekten gleicher Art eines Planeten, zum Beispiel zwischen aufeinander folgenden Oppositionen (im Fall der oberen Planeten) oder zwischen zwei aufeinander folgenden oberen Konjunktionen (im Falle eines unteren Planeten). Bemerkt sei noch, daß im allgemeinen aufeinander folgende Aspekte gleicher Art sich nicht an denselben Stellen der Bahnen von Planet und Erde wiederholen werden. Mit anderen Worten, wenn eine Marsopposition beobachtet wird, wenn sich die Erde an der Stelle ihrer Bahn befindet, die auf unserer nördlichen Hemisphäre der Sommermitte entspricht, so wird die nächste Opposition, 780 Tage später, in den Frühherbst fallen, weil $780^d = 365^d{,}25 + 365^d{,}25 + 50^d$ ist. Die Erde hat inzwischen zwei vollständige Umläufe um die Sonne und dazu noch 50/365,25 = 0,14 eines Umlaufs vollendet.

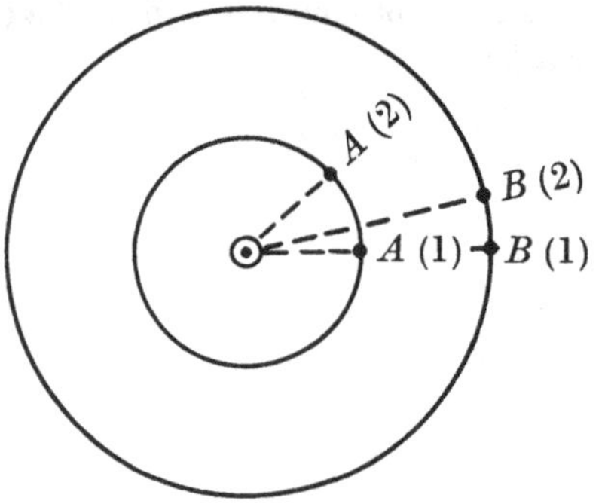

Abb. 9.4. Unterschied zwischen der siderischen und synodischen Periode eines Planeten.

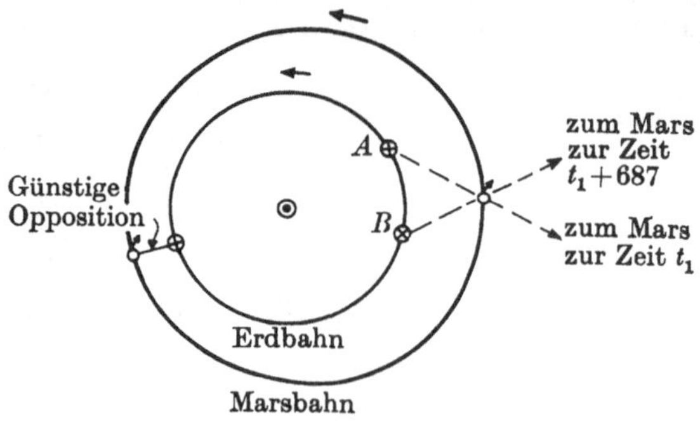

Abb. 9.5. Keplers Bestimmung der Marsbahn.

9.4 Keplers Bestimmung der Marsbahn

Tycho Brahe, ein dänischer Astronom des 16. Jahrhunderts, widmete seine Lebensarbeit der genauen Messung der Positionen von Sternen und Planeten. Dem deutschen Astronomen Johannes Kepler, der während der letzten Lebensjahre Tychos dessen Mitarbeiter war, fiel die Aufgabe zu, diesen gewaltigen Schatz von Beobachtungen auszuwerten, und er entschied sich dafür, ihn zur Bestimmung der heliozentrischen Planetenbahnen zu benützen. Eine seiner wichtigsten Untersuchungen handelt von der Bewegung des Mars.

Kepler wußte, daß die Länge der synodischen Umlaufszeit des Mars 780^d beträgt. Mit Hilfe der im vorhergehenden Abschnitt gegebenen Beziehung berechnete er die siderische Umlaufszeit des Mars und fand dafür 687^d. Wenn er nun mit einem beliebigen Datum t_1 begann und die Erdbahn als Kreis mit dem Radius 1 annahm, konnte er aus Tychos Beobachtungen für dieses Anfangsdatum die Richtung ableiten, in der Mars relativ zur Sonne stand. Die Erde befand sich zur Zeit t_1 im Punkt A der Abb. 9.5. Da die siderische Umlaufszeit des Mars 687^d beträgt, erreicht er zur Zeit $t_1 + 687$ wieder dieselbe Stellung relativ zur Sonne. Die Erde, die in 687^d $1^5/_6$ Umläufe vollendet, wird nach dieser Zeit im Punkt B ihrer Bahn angelangt sein. Tychos Beobachtungen für $t_1 + 687$ ermöglichten es Kepler, die Richtung des Mars für dieses Datum zu bestimmen. In der Abbildung gibt der Schnittpunkt der beiden Richtungen (zur Zeit t_1 und $t_1 + 687$) den Ort des Mars in seiner Bahn zur Zeit t_1 und 687^d später. In dieser Weise wurde ein Punkt der Bahn festgelegt. Durch Wiederholung des Verfahrens mit einem anderen Ausgangsdatum t_2 fand Kepler die Richtung des Mars relativ zur Sonne zur Zeit t_2 und $t_2 + 687$. Und so konnte er Schritt für Schritt die gesamte Bahn des Planeten in Einheiten des Erdbahnradius bestimmen. Abb. 9.5 zeigt die Projektion der Bahn auf die Ekliptik, da aber der Winkel zwischen beiden Bahnebenen nur 2° beträgt, ist der Unterschied zwischen projizierter und wahrer Marsbahn nur klein.

Der Abbildung ist zu entnehmen, daß die Marsbahn relativ zur Sonne exzentrisch ist. Sie ist eine ovale Kurve, die Ellipse genannt wird. Die Bahn der Erde, obwohl auch eine Ellipse, ist viel weniger exzentrisch. Daher ist die Entfernung zwischen Erde und Mars nicht zu allen Oppositionen die gleiche. Alle 15 bis 17 Jahre befinden sich die beiden Planeten in einer Stellung relativ zueinander, in der die Oppositionsentfernung geringer ist als zu jeder anderen Zeit. In einer günstigen Opposition nähert sich Mars der Erde bis auf eine Entfernung von rund 55 000 000 km, während in einer ungünstigen Opposition die Entfernung fast zweimal so groß ist. Zur Konjunktion, wenn der Planet hinter der Sonne steht, ist seine Entfernung von der Erde rund 380 000 000 km.

9.5 Die Keplerschen Gesetze

Im Laufe seiner Arbeiten über den Mars bemerkte Kepler, daß dessen Bahn kein Kreis ist, wie Kopernikus angenommen hatte, sondern daß sie eine ovale oder elliptische Form hat. Eine Ellipse besitzt folgende interessante Eigenschaft: Die Summe der Entfernungen jedes Punktes der Kurve von zwei festen Punkten im Innern der Kurve, den Brennpunkten, ist konstant. Um eine Ellipse zu zeichnen, befestige man mit zwei Reißzwecken in den Brennpunkten die Enden eines Fadens. Mit einem Bleistift spanne man dann den Faden straff und ziehe eine vollständige Kurve. Das resultierende Oval wird eine Ellipse sein. Die große Achse ist der längste Durchmesser des Ovals (die Hälfte davon ist die große Halbachse); auf ihr liegen die beiden Brennpunkte. Die Exzentrizität, die ein Maß für die Gestrecktheit der Kurve darstellt, ist das Verhältnis der Entfernung der beiden Brennpunkte voneinander zur Gesamtlänge des Fadens, die gleich der großen Achse der Ellipse ist. Wenn die Exzentrizität Null ist, fallen die Brennpunkte zusammen, und die Kurve wird ein Kreis. Wenn der Abstand der Brennpunkte gleich der Fadenlänge wäre, würde die Exzentrizität 1,0 betragen und die Kurve in eine gerade Linie entarten.

Bei der elliptischen Marsbahn steht die Sonne in dem einen Brennpunkt. Der andere Brennpunkt ist nicht besetzt. Die Gerade von der Sonne zu einem Punkt der Bahn heißt Radiusvektor dieses Punktes.

Die Ellipse ist eine geschlossene Kurve, die vom Planeten periodisch durchlaufen wird. Einige Bahnbewegungen im Sonnensystem (zum Beispiel die einiger Kometen) sind jedoch nicht periodisch und werden durch offene Kurven dargestellt, die Parabeln und Hyperbeln heißen. In beiden Fällen nähert sich das Objekt der Sonne aus dem Unendlichen und entfernt sich wieder ins Unendliche. Die Parabel kann als eine Ellipse angesehen werden, in der der Abstand der Brennpunkte unendlich groß ist. Wenn auch ein Objekt, das eine Parabelbahn beschreibt, niemals tatsächlich durch den Brennpunkt geht, sondern ihn mit hoher Geschwindigkeit in endlichem Perihelabstand umläuft, kann doch gezeigt werden, daß die Parabelexzentrizität gleich 1,0 ist. Die Hyperbel ist eine noch offenere Kurve, deren Exzentrizität größer als 1,0 ist.

Um den Unterschied zwischen elliptischen, parabolischen und hyperbolischen Bahnen noch deutlicher zu machen, wollen wir annehmen, die Erdbahn sei ein Kreis, und ihre Geschwindigkeit senkrecht zum Radiusvektor betrage 30 km/sec. Wenn wir in einem bestimmten Punkt der Bahn die Geschwindigkeit verkleinern, den Ort der Sonne aber unverändert lassen im Abstand einer astronomischen Einheit, wird die Bahnform notwendigerweise von einem Kreis abweichen. Wenn wir zum Beispiel die Erde vollständig anhielten, so würde sie in die Sonne stürzen (Abb. 9.6), und zwar zunehmend schneller, wenn sie sich der Sonne nähert. Wenn die Sonne unendlich klein wäre, aber ihre Masse behielte, würde die Erde eine unendlich große Geschwindigkeit annehmen in dem Zeitpunkt, in dem sie den Sonnenmittelpunkt erreicht

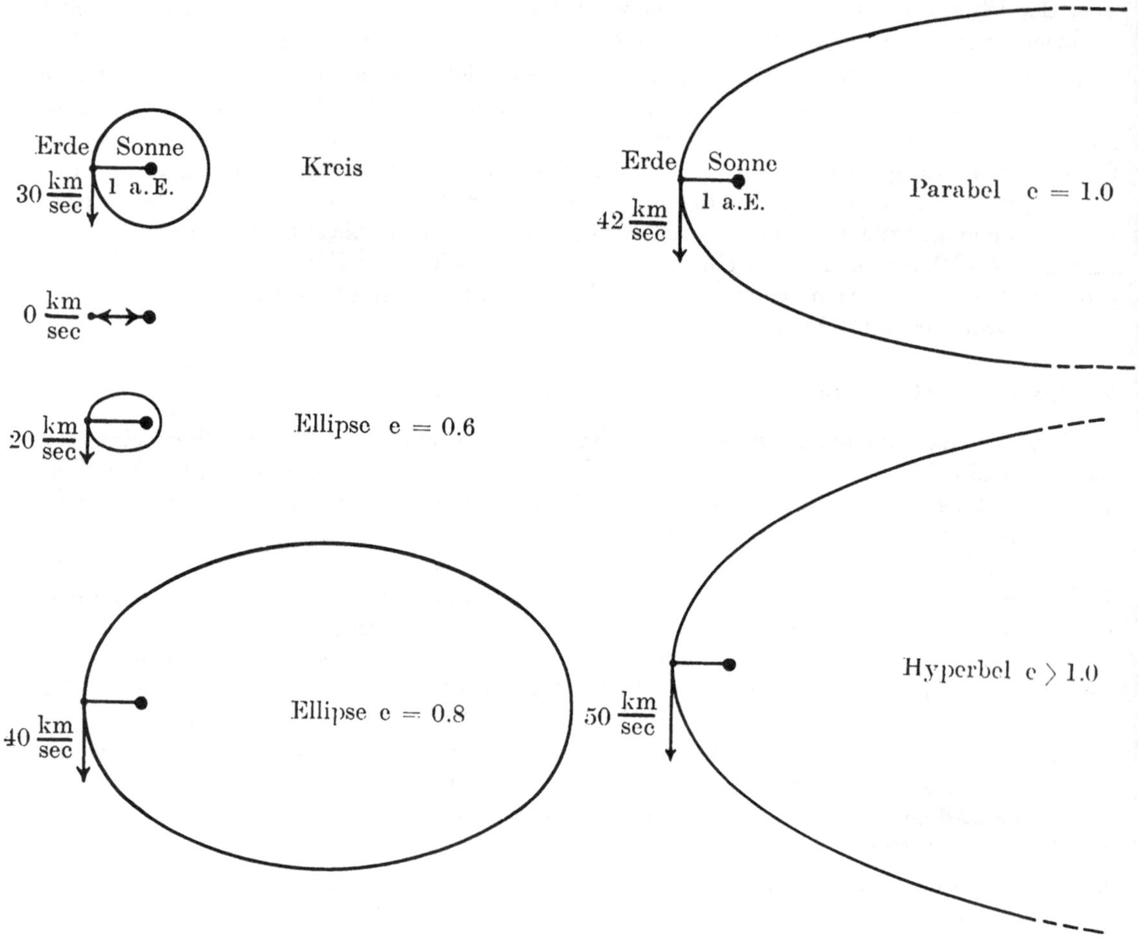

Abb. 9.6. Schematische Darstellung möglicher Bahnen von Körpern im Sonnensystem, deren Geschwindigkeiten im Abstand von einer astronomischen Einheit von der Sonne senkrecht zum Radiusvektor zwischen 0 und 50 km/sec liegen.

hätte. Man könnte denken, die Erde würde längs einer Geraden über die Sonne hinaus immer weiter fliegen bis zu einer Entfernung von einer astronomischen Einheit auf der entgegengesetzten Seite der Sonne (wie im Fall des „harmonischen Oszillators"). Aber dies wird nicht eintreten, denn die Anziehung durch den die Sonne darstellenden Massenpunkt nimmt noch schneller zu als der Impuls, der die Erde vorwärts zu treiben sucht. Sie wird überhaupt nicht über den Massenpunkt hinausgelangen, sondern sie wird sofort umkehren und in ihre Anfangsposition zurückkehren, wo ihre Geschwindigkeit wieder Null sein wird. Die Bahn wird eine Gerade oder entartete Ellipse sein, deren Exzentrizität 1 ist, und in deren einem Brennpunkt steht eine astronomische Einheit vom Ausgangspunkt der Erde entfernt der Massenpunkt der Sonne. Der zweite, nicht besetzte Brennpunkt ist natürlich die Anfangsposition der Erde selbst.

Nun nehme man an, daß wir die Erdgeschwindigkeit von 30 km/sec — nicht auf Null, aber etwa auf 20 km/sec vermindern. Die Bahn wird dann eine Ellipse sein mit der Sonne im entfernteren Brennpunkt, und die Exzentrizität wird nicht länger mehr 1, sondern rund 0,6 betragen.

Wenn wir die Bahngeschwindigkeit der Erde von 30 auf 40 km/sec steigern, wird die Bahn wieder eine Ellipse sein, aber diesmal wird die Sonne den näheren Brennpunkt einnehmen, während der entferntere Brennpunkt unbesetzt bleiben wird, und die Exzentrizität dürfte bei 0,8 liegen. Der freie Brennpunkt wird jetzt einen großen Abstand besitzen, und die Bahn wird sich weit über die Sonne hinaus erstrecken. Erhöht man die Erdgeschwindigkeit noch weiter, so würde man finden, daß der freie Brennpunkt sich immer weiter und weiter verlagert und bei einer Geschwindigkeit von 42 km/sec (was $\sqrt{2}$ mal die Kreisbahngeschwindigkeit der Erde ist) ins Unendliche gerückt sein wird. Gleichzeitig wird die Exzentrizität genau gleich 1. Die Bahn ist nun eine Parabel. Eine Geschwindigkeit, die um den Faktor $\sqrt{2}$ größer als die Kreisbahngeschwindigkeit ist, wird die parabolische Geschwindigkeit eines Körpers genannt.

Bei noch größeren Geschwindigkeiten wird die Bahn immer offener. Die Exzentrizität übersteigt den Wert 1 und der freie Brennpunkt rückt, paradox gesprochen, über das Unendliche hinaus. Die Bahnkurve ist dann eine Hyperbel (Abb. 9.6).

Kepler untersuchte die Bahnen aller damals bekannten Planeten und stellte seine berühmten drei Gesetze der Planetenbewegung auf:

1. Die Bahn jedes Planeten ist eine Ellipse, in deren einem Brennpunkt die Sonne steht.
2. Der Radiusvektor überstreicht in gleichen Zeiten gleiche Flächenräume.
3. Das Verhältnis der Kuben der großen Halbachsen der Bahnen von je zwei Planeten ist gleich dem Verhältnis der Quadrate ihrer Umlaufszeiten.

Im Sonnensystem steht die Sonne immer in einem Brennpunkte der elliptischen Bahn eines jeden Planeten. Wenn der Abstand des Planeten von diesem Brennpunkt am kleinsten ist, sagt man, der Planet befinde sich im Perihel, und im Aphel, wenn der Abstand am größten ist. Wenn die Bahn ein Kreis ist, ist die große Halbachse der Radius des Kreises.

Bis Kepler sein erstes Gesetz aufstellte, glaubten die Astronomen, daß alle Bewegungen von Himmelskörpern in Kreisbahnen verlaufen müßten, da der Kreis für die „vollkommene Kurve" gehalten wurde. In der Tat stieß Kepler mit seiner Planetentheorie auf beträchtlichen Widerstand, weil er nicht nur das heliozentrische System von Kopernikus annahm, sondern auch auf das von den Alten ersonnene System von Kreisbewegungen verzichtete.

Keplers zweites Gesetz spricht aus, daß die Verbindungslinie von Sonne und Planet gleiche Flächen in der Ellipse in gleichen Zeitintervallen überstreicht. Als Folge hiervon muß ein Planet sich in Nähe des Perihels schneller bewegen als in Nähe des Aphels. Dies erläutert Abb. 9.7.

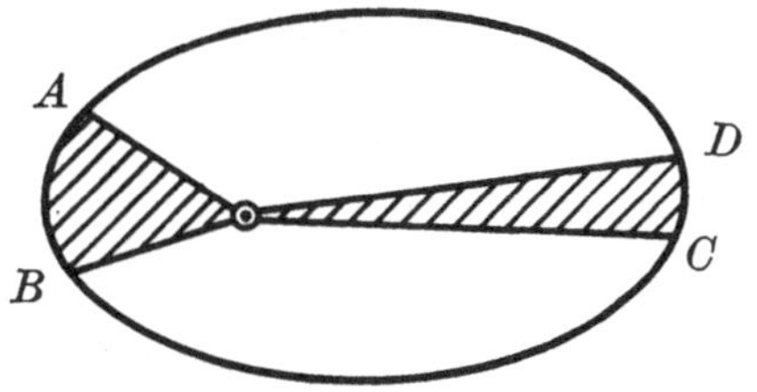

Abb. 9.7. Das 2. Keplersche Gesetz. Der Planet paßt seine Bahngeschwindigkeit so an, daß er sich von C nach D in derselben Zeit wie von A nach B bewegt. Die schraffierten Ellipsensektoren sind inhaltsgleich.

Wenn sich der Planet in derselben Zeit von A nach B und von C nach D bewegt, ist seine Geschwindigkeit in AB größer als in CD. Im Fall der Erde ist die Änderung der Bahngeschwindigkeit nur klein: von 30,3 km/sec im Perihel bis 29,3 km/sec im Aphel. Ihre Bahnexzentrizität 0,017 ist klein, die Bahn weicht nur wenig von einem Kreise ab. Nichtsdestoweniger bewirkt sogar diese kleine Schwankung der Bahngeschwindigkeit eine merkliche Unregelmäßigkeit der wahren Sonnenzeit, die für ein Glied in der Zeitgleichung verantwortlich ist (Abschnitt 6.2).

Mars hat eine Bahnexzentrizität von 0,09, und seine Bahngeschwindigkeit variiert zwischen 26,5 und 22,0 km/sec. Das entsprechende Glied der Zeitgleichung würde auf dem Mars weitaus größer sein als auf der Erde.

Viele Kometen laufen in sehr exzentrischen Bahnen um die Sonne. Ein paar sind im Perihel der Sonne bis auf 500 000 Kilometer nahe gekommen (sie befinden sich dann innerhalb der Korona), und man hat bei ihnen Geschwindigkeiten von 500 km/sec beobachtet. Im Aphel dürfte ihr Abstand von der Sonne rund 200 000 astronomische Einheiten oder $3 \cdot 10^{13}$ km (nahezu ein Parsek) betragen, und ihre Bahnexzentrizität ist angenähert 0,99999999. Die Geschwindigkeit eines solchen Kometen ist im Aphel von der Ordnung 0,00001 km/sec oder 1 cm/sec. Im Perihel bewegt er sich in wenigen Stunden 180° um die Sonne, im Aphelnähe dagegen hält er sich etwa 10 Millionen Jahre auf.

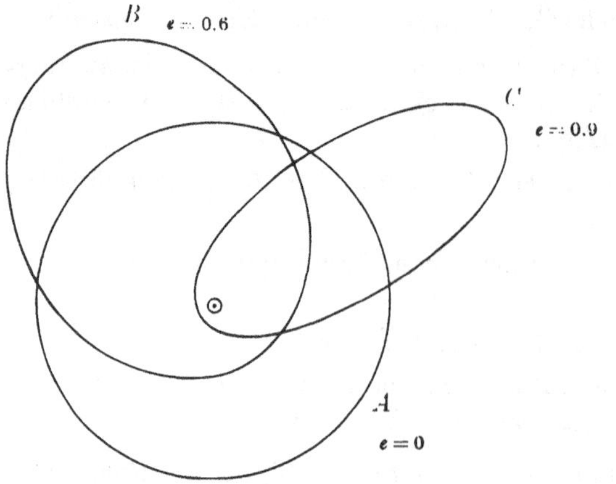

Abb. 9.8. Zwei Ellipsenbahnen und eine Kreisbahn mit gleicher großer Achse. Die Umlaufszeit würde für alle drei Bahnen dieselbe sein.

Das dritte Gesetz legt den Maßstab des Sonnensystems fest. Nachdem die siderische Umlaufszeit eines Planeten bestimmt worden ist, kann die große Halbachse seiner Bahn im Verhältnis zu derjenigen der Erde berechnet werden. Das Gesetz läßt sich dann in der Form

$$\frac{P_1^2}{P_2^2} = \frac{a_1^3}{a_2^3} \tag{9.1}$$

schreiben, worin P_1 und P_2 die siderischen Umlaufszeiten von je zwei Planeten (durch die Indizes 1 und 2 bezeichnet) und a_1 und a_2 ihre mittleren Abstände von der Sonne bezeichnen. Diese Beziehung kann vereinfacht werden, wenn man für P_2 und a_2 die Werte für die Erde einsetzt und diese Werte als Einheiten wählt. Dann ist

$$P_2 = 1, \quad a_2 = 1$$

und die Beziehung wird

$$P_1^2 = a_1^3 .$$

Zum Beispiel ist die siderische Umlaufszeit des Mars $687^d = (687/365)^a$. Sein mittlerer Abstand von der Sonne, in astronomischen Einheiten, beträgt somit

$$a = \sqrt[3]{(687/365)^2}$$

oder

$$a = 1{,}5 \text{ astronomische Einheiten.}$$

Keplers Gesetze lassen die Gestalt der Planetenbahnen im einzelnen noch offen. In Abb. 9.8 sind zwei Ellipsen und ein Kreis mit gleicher großer Achse gezeichnet, in deren einem Brennpunkt die Sonne steht. Wenn diese drei Ellipsen die Bahnen von drei Körpern im Sonnensystem darstellen, so ergeben sich nach dem 3. Keplerschen Gesetz bei allen dreien dieselben Umlaufszeiten. Die Ellipse *A* ist eine typische Planetenbahn, während *B* und *C* für die Bahn eines kleinen Planeten oder eines Kometen in Frage kommen (Abschnitt 13.1).

Die synodischen und siderischen Umlaufszeiten und die mittleren Abstände von der Sonne sind für alle Planeten in Tabelle 9.2 zusammengestellt.

Tabelle 9.2 Zahlenwerte für die Bahnen der Planeten

Planet	Symbol	Halbachse der Bahn in astr. Einheiten	Halbachse der Bahn in 10^6 km	Siderische Umlaufszeit in tropischen Jahren	Siderische Umlaufszeit in Tagen	Synodische Umlaufszeit in Tagen	Mittlere Bahngeschwindigkeit in km/sec	Exzentrizität e	Neigung gegen die Ekliptik i
Merkur	☿	0,3871	57,91	0,2408	87,97	115,88	47,9	0,21	7° 0′
Venus	♀	0,7233	108,21	0,6152	224,70	583,92	35,0	0,01	3° 24′
Erde	⊕	1,0000	149,60	1,0000	365,26		29,8	0,02	
Mars	♂	1,5237	227,9	1,8809	686,98	779,94	24,1	0,09	1° 51′
Jupiter	♃	5,2027	778,3	11,8622	4332,59	398,88	13,1	0,05	1° 19′
Saturn	♄	9,546	1428	29,4577	10759,2	378,09	9,6	0,06	2° 30′
Uranus	♅	19,20	2872	84,018	30687,	369,66	6,8	0,05	0° 46′
Neptun	♆	30,09	4498	164,78	60184,	367,49	5,4	0,01	1° 47′
Pluto	♇	39,5	5910	248,4	90700,	366,74	4,7	0,25	17° 9′

9.6 Newtons Abänderung des dritten Keplerschen Gesetzes

Die Keplerschen Gesetze lassen sich aus Newtons allgemeinem Gravitationsgesetz ableiten, jedoch besteht ein wichtiger Unterschied. Kepler gab seinem Gesetz folgende Form:

$$\frac{P_1^2}{P_2^2} = \frac{a_1^3}{a_2^3}.$$

Wenn es aber mathematisch aus dem Gravitationsgesetz abgeleitet wird, lautet es

$$\frac{m_1 + m_2}{m_3 + m_4} \cdot \frac{P_{12}^2}{P_{34}^2} = \frac{a_{12}^3}{a_{34}^3},$$

worin m_1, m_2 und m_3, m_4 irgend zwei Massenpaare sind, die paarweise einander mit den Umlaufszeiten P_{12} und P_{34} in den mittleren Abständen a_{12} bzw. a_{34} umkreisen.

Die relative Beschleunigung von zwei Körpern, die sich umeinander bewegen, war in Abschnitt 4.1 und 5.3 durch Betrachtung der Richtungsänderung der Bewegung eines Körpers relativ zum andern, der als ruhend angenommen wurde, gefunden worden. In ähnlicher Weise läßt sich die Beschleunigung des einen der beiden Körper relativ zum Schwerpunkt berechnen. Wir wollen annehmen, daß die beiden Körper in Kreisbahnen mit der Umlaufszeit P einander umkreisen und daß ihre mittleren Abstände vom Schwerpunkt a_1 bzw. a_2 betragen. Der gegenseitige Abstand der Mittelpunkte beider Körper ist $a = a_1 + a_2$.

Die Geschwindigkeit einer Masse m_1 (z. B. des Mondes) relativ zum Schwerpunkt ist

$$v_1 = \frac{2\pi a_1}{P}. \tag{9.2}$$

Die Winkeländerung der Richtung des Geschwindigkeitsvektors ist

$$\omega = \frac{360°}{P}. \tag{9.3}$$

Die Geschwindigkeitsänderung pro Sekunde oder Beschleunigung war in Abschnitt 4.1 aus

$$\frac{\omega}{360} = \frac{b_1}{2\pi \cdot v_1} \tag{9.4}$$

abgeleitet worden, worin das Symbol b_1 die Beschleunigung von m_1 bedeutet. Gleichung 9.4 kann durch Einsetzen von ω aus Gleichung 9.3 und von v_1 aus 9.2 umgeformt werden in

$$\frac{360}{P} : 360 = \frac{b_1}{2\pi \cdot \frac{2\pi}{P} a_1}$$

oder

$$b_1 = \frac{4\pi^2 a_1}{P^2}. \qquad (9.5)$$

Die Beschleunigung kann auch direkt aus Newtons zweitem Gesetz und dem Gravitationsgesetz gefunden werden. Ist m_2 die Masse des zweiten Körpers (z. B. der Erde), so beträgt die Anziehung, die jeder Körper auf den anderen ausübt,

$$F = G\frac{m_1 \cdot m_2}{a^2}.$$

Nach Newtons zweitem Gesetz ist diese Kraft gleich dem Produkt aus Masse und Beschleunigung eines jeden Körpers, d. h.

$$m_1 \cdot b_1 = G\frac{m_1 \cdot m_2}{a^2}$$

oder

$$b_1 = G\frac{m_2}{a^2}. \qquad (9.6)$$

Dieser Wert für die Beschleunigung kann nun in Gleichung 9.5 eingesetzt werden:

$$G\frac{m_2}{a^2} = \frac{4\pi^2 a_1}{P^2}. \qquad (9.7)$$

In ähnlicher Weise läßt sich die Beschleunigung des zweiten Körpers ableiten:

$$G\frac{m_1}{a^2} = \frac{4\pi^2 a_2}{P^2} \qquad (9.8)$$

Addiert man die Gleichungen 9.7 und 9.8, so erhält man

$$\frac{G}{a^2} \cdot (m_1 + m_2) = \frac{4\pi^2}{P^2}(a_1 + a_2)$$

oder

$$\frac{G}{a^2} \cdot (m_1 + m_2) = \frac{4\pi^2}{P^2} a.$$

Dies kann in der Form

$$(m_1 + m_2) P^2 = \frac{4\pi^2}{G} a^3 \qquad (9.9)$$

geschrieben werden.

Die Beziehung gilt für jedes Paar von Körpern, das sich in Kreisbahnen umeinander bewegt, zum Beispiel für einen Planeten, der sich um die Sonne bewegt, oder für einen Satelliten, der einen Planeten umkreist. Es sei nun $P_{\oplus}$ die Umlaufsdauer der Erde in Jahren und $P_{☾}$ die Umlaufsdauer des Mondes in denselben Einheiten. Gleichung 9.9 kann dann auf das System Erde—Sonne und auf das System Mond—Erde angewandt werden, und es ergibt sich

$$(\mathfrak{M}_\oplus + \mathfrak{M}_\odot) \cdot P_\odot^2 = \frac{4\pi^2}{G} a_\oplus^3 \tag{9.10}$$

und

$$(\mathfrak{M}_☾ + \mathfrak{M}_\oplus) \cdot P_☾^2 = \frac{4\pi^2}{G} a_☾^3 , \tag{9.11}$$

worin $a_\oplus$ die astronomische Einheit und $a_☾$ die Mondentfernung sind. Dividiert man 9.10 durch 9.11, findet man

$$\frac{\mathfrak{M}_\oplus + \mathfrak{M}_\odot}{\mathfrak{M}_☾ + \mathfrak{M}_\oplus} \cdot \frac{P_\oplus^2}{P_☾^2} = \frac{a_\oplus^3}{a_☾^3} . \tag{9.12}$$

Allgemein für ein beliebiges Paar von anziehenden Körpern lautet diese Beziehung:

$$\frac{m_1 + m_2}{m_3 + m_4} \cdot \frac{P_{12}^2}{P_{34}^2} = \frac{a_{12}^3}{a_{34}^3} . \tag{9.13}$$

Dies ist die genaue Form des dritten Keplerschen Gesetzes, die nicht nur für Kreisbahnen, sondern auch für exzentrische Bahnen gilt. In Gleichung 9.13 können beliebige Einheiten für m, P und a benützt werden.

Keplers Formulierung seines dritten Gesetzes auf Grund der Beobachtungen Tycho Brahes unterscheidet sich von der exakten Formulierung durch den Faktor

$$\frac{m_1 + m_2}{m_3 + m_4} .$$

Da er nur die Bewegungen der Planeten um die Sonne behandelte, würden in diesem Falle m_1 und m_3 beide Male die Sonnenmasse, m_2 die Marsmasse und m_4 die Erdmasse bedeuten. Die exakte Formulierung des dritten Gesetzes für Mars und Erde erhält man durch Einsetzen folgender Zahlenwerte in 9.13:

$$\begin{aligned} m_1 &= \mathfrak{M}_\odot \\ m_2 &= \mathfrak{M}_♂ = 0{,}0000003\ \mathfrak{M}_\odot \\ m_3 &= \mathfrak{M}_\odot \\ m_4 &= \mathfrak{M}_\oplus = 0{,}000003\ \mathfrak{M}_\odot \\ P_{12} &= 687^d \\ P_{34} &= 365^d . \end{aligned}$$

Das Ergebnis ist

$$\frac{(\mathfrak{M}_\odot + \mathfrak{M}_♂)\, P_{12}^2}{(\mathfrak{M}_\odot + \mathfrak{M}_\oplus)\, P_{34}^2} = \frac{a_{12}^3}{a_{34}^3}$$

oder

$$\frac{\mathfrak{M}_\odot\,(1 + 0{,}0000003)\, P_{12}^2}{\mathfrak{M}_\odot\,(1 + 0{,}000003)\, P_{34}^2} = \frac{a_{12}^3}{a_{34}^3} .$$

Die Sonnenmasse $\mathfrak{M}_\odot$ fällt in Zähler und Nenner heraus und das Verhältnis 1,0000003/1,000003 liegt äußerst nahe bei 1. Daher ist mit sehr hoher Genauigkeit

$$\frac{P_{12}^2}{P_{34}^2} = \frac{a_{12}^3}{a_{34}^3} ,$$

was der Keplerschen Formulierung des dritten Gesetzes entspricht. Sogar die Jupitermasse ist ein so kleiner Bruchteil der Sonnenmasse, daß das Verhältnis der Summen der Massen bei den meisten Berechnungen gleich 1 gesetzt werden kann. Wenn zum Beispiel die Jupitermasse unendlich klein wäre anstatt $^1/_{1000}$ der Sonnenmasse, würde die Umlaufszeit nur zwei Tage länger sein, als sie jetzt tatsächlich ist. Ähnlich würde die Umlaufszeit der Erde nur 48 Sekunden länger als ein Jahr sein, wenn die Erdmasse unendlich klein wäre.

Als Anwendungsbeispiel für das dritte Keplersche Gesetz soll die Marsmasse mit Hilfe von Beobachtungen des einen seiner Satelliten, Deimos, berechnet werden. Der mittlere Abstand des Deimos vom Mars beträgt 23 000 km und seine Umlaufsdauer um den Mars $30^h\ 18^m$. In Gleichung 9.13 sind folgende Werte einzusetzen:

$$m_1 = \mathfrak{M}_{♂},\ P_{12} = 30^h\ 18^m = 3{,}4 \cdot 10^{-3}\ \text{Jahre}$$
$$m_2 = \mathfrak{M}_{\text{Deimos}},\ a_{12} = 23\,000\ \text{km} = 1{,}5 \cdot 10^{-4}\ \text{astr. Einh.}$$
$$m_3 = \mathfrak{M}_{\odot},\ P_{34} = 1\ \text{Jahr}$$
$$m_4 = \mathfrak{M}_{\oplus},\ a_{34} = 1\ \text{astr. Einh.}$$

$$\frac{\mathfrak{M}_{♂} + \mathfrak{M}_{\text{Deimos}}}{\mathfrak{M}_{\odot} + \mathfrak{M}_{\oplus}} \cdot \frac{(3{,}4 \cdot 10^{-3})^2}{1^2} = \frac{(1{,}5 \cdot 10^{-4})^3}{1^3}$$

oder

$$\frac{\mathfrak{M}_{♂} + \mathfrak{M}_{\text{Deimos}}}{\mathfrak{M}_{\odot} + \mathfrak{M}_{\oplus}} = \frac{(1{,}5)^3}{(3{,}4)^2} \cdot 10^{-6}\,.$$

Vernachlässigt man die Masse des Deimos, weil sie im Vergleich zur Marsmasse verschwindend klein sein muß (weil Deimos nämlich ein sternähnliches Bild der Helligkeit 13 zur Opposition des Planeten zeigt, während Mars selbst dann von der Größe —2 ist), und die Erdmasse, die gegenüber der Sonnenmasse unbedeutend ist, so ist

$$\frac{\mathfrak{M}_{♂}}{\mathfrak{M}_{\odot}} = 0{,}0000003.$$

Somit ist die Masse der Sonne rund drei Millionen mal größer als die des Mars.

Newtons Ableitung des dritten Keplerschen Gesetzes beruht auf der Voraussetzung, daß die beiden anziehenden Körper nicht durch andere Körper gestört werden. Wenn ein anderer Körper sich nahe genug befindet, damit seine Anziehung das Paar beeinflussen kann, wird die Bewegung des Paares gestört werden, und die Bahnen werden nicht mehr genau den Keplerschen Gesetzen entsprechen. Ein einzelner Planet wird ebenfalls durch einen anderen Planeten gestört werden, und die Störungen werden zum Teil von der Masse des störenden Körpers abhängen. Daher können sie zur Bestimmung der Massen von Planeten benützt werden, die keine Satelliten besitzen, wie Merkur und Venus.

Im Zwei-Körper-Problem ist es möglich, die Bahn eines sich bewegenden Körpers (eines Planeten oder Satelliten) in bezug auf einen ruhenden Körper (die Sonne oder die Erde) analytisch zu berechnen, wenn für einen gegebenen Zeitpunkt der Ort des sich bewegenden Körpers und seine Geschwindigkeitsvektoren bekannt sind. Die Bahn bleibt für immer gleich, und der Körper durchläuft sie wieder und wieder (abgesehen von einer kleinen Änderung der Bahn, die von der Relativitätstheorie verlangt wird), wenn er sich nicht in einem widerstehenden Mittel bewegt oder die Sonne Masse verliert.

Wenn drei oder mehr anziehende Körper vorhanden sind — wie im Sonnensystem —, gibt es keine analytische Lösung außer in sehr speziellen Fällen. Die Bahn verändert sich kontinuierlich infolge der Störungen, und numerische Verfahren müssen angewandt werden, um sie zu bestimmen. Am genauesten sind die Bahnen der großen Planeten von G. M. Clemence und seinen Mitarbeitern am U. S. Naval Observatorium berechnet worden. Moderne elektronische Rechenmaschinen mit hoher Rechengeschwindigkeit ermöglichen es, die Bahnen aller Planeten Hunderttausende von Jahren zurück und voraus zu berechnen. Die sich ergebenden Änderungen sind klein, die geometrischen Verhältnisse des Sonnensystems haben sich in 10^5 Jahren noch nicht wesentlich verändert. Die beobachteten Positionen und Geschwindigkeiten sind jedoch nicht genau genug, um die Berechnungen bis zur Zeit des Ursprungs des Sonnensystems vor rund $5 \cdot 10^9$ Jahren ausdehnen zu können.

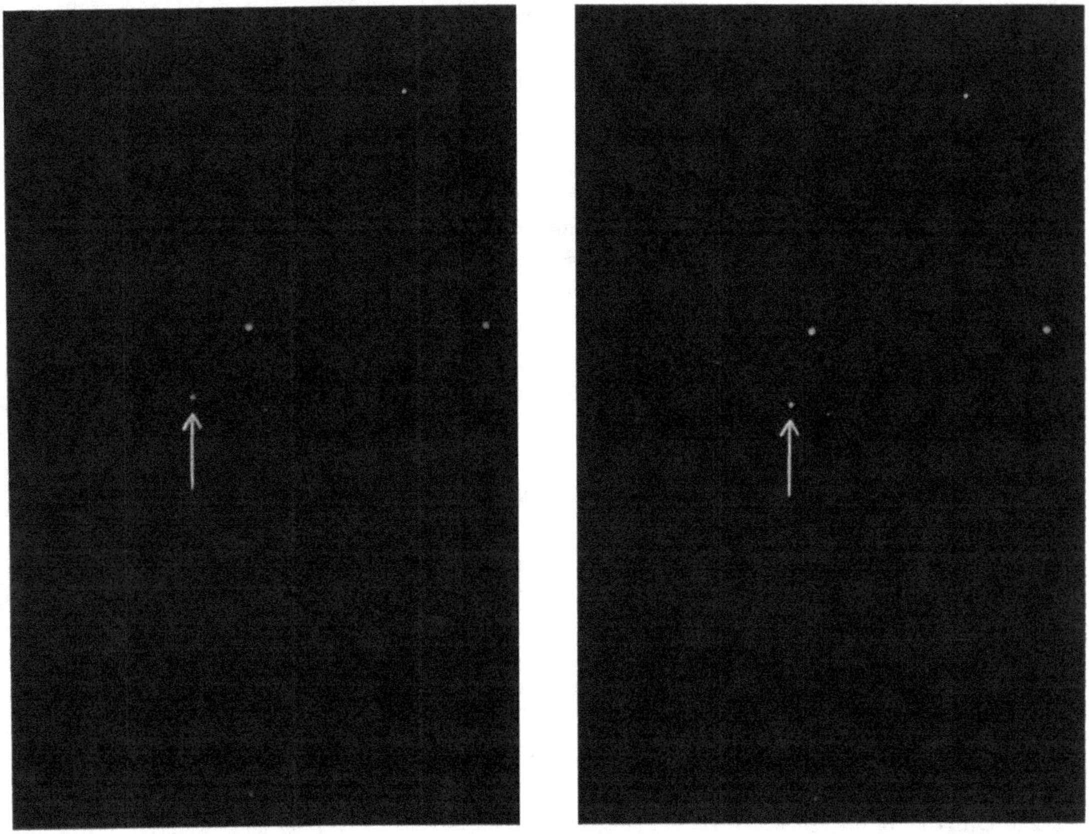

Abb. 9.9. Photographie des Planeten Pluto, aufgenommen mit dem 200-Zoll-Reflektor in zwei aufeinanderfolgenden Nächten. Der Ort des Planeten unter den Fixsternen wird durch Pfeile angezeigt. *(Photographie der Mount Wilson und Palomar-Observatorien.)*

9.7 Die Entdeckung von Neptun und Pluto

Der erste Planet, der mit Hilfe des Fernrohrs entdeckt wurde, war Uranus, der von W. Herschel im Jahre 1781 zufällig gefunden wurde. Er war schon vorher einige zwanzigmal von anderen Beobachtern gesehen worden, die aber seine Bewegung nicht erkannt hatten.

Man fand bald heraus, daß Uranus allmählich von seiner berechneten Bahn abwich, und dies zeigte das Vorhandensein eines störenden Körpers in der Nähe an. U. J. Leverrier in Frankreich und unabhängig von ihm J. C. Adams in England berechneten die Position des störenden Körpers, und am 23. September 1846 stellte J. G. Galle in Deutschland ein sich bewegendes Objekt am vorausgesagten Ort fest. Der neue Planet wurde Neptun genannt.

Der Planet Pluto (Abb. 9.9) wurde im Jahre 1930 von C. Tombaugh am Lowell-Observatorium entdeckt. Die gemessenen Positionen Neptuns verteilten sich zu dieser Zeit noch nicht über einen hinreichend langen Teil seiner Umlaufsperiode, um auf seine Störungen die Vorausberechnung des Orts eines möglicherweise existierenden störenden Körpers stützen zu können. P. Lowell und W. C. Pickering hatten jedoch vorher gefunden, daß die störende Wirkung Neptuns nicht ausreichte, um die Abweichungen in der Uranusbewegung zu erklären. Sie berechneten einen Ort am Himmel — im Sternbild der Zwillinge —, an dem sich ein störender Körper außerhalb der Neptunbahn befinden sollte. Tombaughs Entdeckung stellte Pluto in der Nähe des vorausberechneten Ortes fest. Die vorausgesagte Masse Plutos war jedoch wesentlich größer als die Masse, die auf Grund anderer Daten geschätzt worden war (Abschnitt 10.10).

Aufgaben

1. Für einen imaginären Beobachter auf dem Mars
   a) berechne man die synodische Umlaufszeit der Erde,
   b) stelle man die Aspekte und Phasen der Erde zusammen,
   c) berechne man die größte Elongation der Erde.
2. Erkläre qualitativ, warum die synodischen Umlaufszeiten aller Planeten von Jupiter bis Pluto fast ein Jahr (365^d) dauern, während die synodischen Umlaufszeiten von Venus und Mars nahe bei 2 Jahren liegen. Warum ist insbesondere die synodische Umlaufszeit Jupiters fast genau gleich 1 Jahr + 1 Monat?
3. Man nehme an, daß für ein Objekt eine synodische Umlaufszeit von $1^1/_4$ Jahren beobachtet wurde. Berechne seine siderische Umlaufszeit. Zwischen welchen beiden Planeten würde sich ein solches Objekt befinden?
4. Zeichne nach dem in Abschnitt 9.5 geschilderten Verfahren eine Ellipse, die folgende Eigenschaften hat:
   große Halbachse $a = 3$ astr. Einheiten (man zeichne 1 a. E. = 2,5 cm) und Exzentrizität $e = 0{,}333$ ($^1/_3$).
   Die Sonne nehme man in einem der Brennpunkte an und bezeichne die Punkte der Sonnennähe und -ferne.
5. Berechne die Umlaufsperiode eines Objekts, dessen mittlerer Abstand von der Sonne 3 astronomische Einheiten beträgt.
6. Die Umlaufsdauer eines künstlichen Erdsatelliten betrage $3^1/_2$ Tage ($^1/_8$ Monat). Wie groß ist der mittlere Abstand des Satelliten von der Erde?
7. Berechne die Umlaufsperiode eines künstlichen Satelliten, der sich in 7000 km Entfernung vom Erdmittelpunkt in einer Kreisbahn bewegt. Die verzögernde Wirkung der Luftreibung lasse man außer acht.
8. Berechne die Bahngeschwindigkeit in km/sec eines künstlichen Satelliten, der sich nahe der Erdoberfläche bewegt, (unter Vernachlässigung der Luftreibung) und zeige, daß diese Geschwindigkeit $1/\sqrt{2}$ der Entweichungsgeschwindigkeit von der Erde ist.
9. Auf Grund der Angaben in Tabelle 9.2 beantworte man folgende Fragen:
   a) Welche Planeten weichen am meisten von den Hauptgesetzmäßigkeiten in Abschnitt 9.1 ab?
   b) Welche Planeten haben die kreisähnlichsten Bahnen?
   c) Welche Planeten werden die größten Unterschiede zwischen der Perihel- und der Aphelgeschwindigkeit haben? Warum?
10. Berechne die Jupitermasse im Vergleich zur Sonnenmasse aus den folgenden Angaben über den Jupitersatelliten Ganymed:
    Mittlerer Abstand von Ganymed $a = 1{,}071000$ km $= 7{,}14 \cdot 10^{-3}$ astr. Einheiten
    Umlaufszeit von Ganymed $P = 7{,}1$ Tage $= 1{,}9 \cdot 10^{-2}$ Jahre.
11. Berechne die Erdmasse im Vergleich zur Sonnenmasse aus folgenden Angaben über den Mond:
    Mittlerer Abstand des Mondes $a = 384000$ km $= 2{,}56 \cdot 10^{-3}$ astr. Einh.
    Umlaufszeit des Mondes $P = 27{,}3$ Tage $= 7{,}5 \cdot 10^{-2}$ Jahre.

10. DIE PHYSIKALISCHEN EIGENSCHAFTEN DER PLANETEN

10.1 Die Einteilung der Planeten

Die neun Planeten kann man nach ihren physikalischen Kennzeichen ganz allgemein in zwei Gruppen einteilen: die inneren terrestrischen und die äußeren Jupiter-Planeten. Wie die Bezeichnung schon andeutet, sind die terrestrischen Planeten der Erde ähnlich, die Jupiter- oder Riesen-Planeten dem Jupiter. Die wichtigsten Zahlenangaben für die Planeten finden wir in Tabelle 10.1 zusammengestellt.

Tabelle 10.1 Physikalische Angaben über die Planeten

Planet	Äquatorradius in km	in Erdradien	Abplattung	Masse in 10^{27}g	in Erdmassen	Dichte g/cm³	Siderische Rotationsperiode (am Äquator)	Neigung des Äquators gegen die Bahn
Innere Planeten								
Merkur	2 420	0,38	0,0	0,32	0,053	5,3	(88 Tage)	—
Venus	6 200	0,97	0,0	4,87	0,815	4,95	(224,7 Tage)	(32°)
Erde	6 378	1,00	0,0034	5,98	1,000	5,52	$23^h\ 56^m$	23° 27′
Mars	3 400	0,53	0,0052	0,64	0,107	3,95	$24^h\ 37^m$	25° 12′
Äußere Planeten								
Jupiter	71 400	11,20	0,062	1900	318,00	1,330	$9^h\ 50^m$	3° 7′
Saturn	60 400	9,47	0,096	569	95,22	0,687	$10^h\ 14^m$	26° 45′
Uranus	23 800	3,75	0,06	87	14,55	1,56	$10^h\ 49^m$	97° 59′
Neptun	22 300	3,50	0,02	103	17,23	2,27	$15^h\ 40^m$	29°
Pluto	7 200	1,1 ?		5	0,9	4	16^h	
Sonne	$6{,}96 \cdot 10^5$ km	109	0,00	$1{,}99 \cdot 10^{33}$ gm	333 000	1,41	25 Tage	7° 15′ gegen die Ekliptik

10.2 Der innere Aufbau der Planeten

Die beiden Gruppen von Planeten in Tabelle 10.1 unterscheiden sich deutlich nach Größe, Gestalt, Masse und Dichte. Daher müssen sie auch im inneren Aufbau verschieden sein. Die terrestrischen Planeten sind der Erde (Kapitel V) im inneren Aufbau und wahrscheinlich auch in der chemischen Zusammensetzung ähnlich. Die Zusammensetzung Jupiters und der anderen äußeren Planeten ist von der der Erde ganz verschieden. Obgleich diese Körper einmal heiß genug gewesen sein dürften, um das gesamte Innere im gasförmigen Aggregatzustand halten zu können, werden sie doch diesen Wärmevorrat schnell in äußerst kurzer Zeit relativ zum Alter des Sonnensystems verloren haben. Weil nun diese Körper nicht mehr gasförmig sein können, muß ein grundlegender Unterschied in der chemischen Zusammensetzung bestehen, wie die Dichtedifferenz zwischen den Jupiterplaneten und den erdähnlichen Planeten andeutet. Die mittleren Dichten Jupiters (1,3 g/cm^3) und Saturns (0,7 g/cm^3) sind so niedrig, daß der Hauptteil des Materials aus verfestigtem Wasserstoff bestehen muß, dem am wenigsten dichten aller festen Stoffe. Sogar verfestigtes Helium, der nächstschwerere feste Stoff, müßte die mittlere Dichte Saturns erreichen, wenn er einem Druck von $2 \cdot 10^{10}$ dyn/cm^2 unterworfen wird, während im Innern Saturns der durchschnittliche Druck rund 10^{12} dyn/cm^2 beträgt. Der Schluß ist unvermeidbar, daß Jupiter und Saturn größtenteils aus festem Wasserstoff aufgebaut sind.

Die Erde hat wahrscheinlich ihren Vorrat an Wasserstoff verloren (Abschnitt 10.4). Für Jupiter beträgt aber die Entweichungsgeschwindigkeit etwa 60 km/sec gegen nur 11 km/sec für die Erde. Weil die Temperatur Jupiters sehr niedrig ist, haben die Wasserstoffatome in seiner Atmosphäre sogar noch kleinere thermische Geschwindigkeiten als die in der Erdatmosphäre. Und daher sollte Jupiter als Folge der thermischen Bewegungen einen nur unbedeutenden Bruchteil seines Wasserstoffs in $5 \cdot 10^9$ Jahren verloren haben, wenn seine Temperatur oder sein Radius zu irgendeiner Zeit nicht wesentlich größer als heute gewesen sind.

Auch zwischen der Abplattung der inneren und äußeren Planeten besteht ein ausgeprägter Unterschied. Die Abplattung Jupiters — groß genug, um schon in einem kleinen Fernrohr gesehen werden zu können — ist die Folge seiner kurzen Rotationsdauer (10 Stunden). Durch Rechnung läßt sich aber zeigen, daß, wenn die Erde mit einer Periode von 10 Stunden rotieren würde, ihre Abplattung sogar noch größer als die Jupiters sein würde. Daraus ist zu schließen, daß die Jupitermasse stärker nach innen konzentriert ist als die der Erde. Die Dichte des Kerns wird auf 3 bis 6 g/cm^3 oder angenähert gleich der mittleren Dichte der Erde geschätzt. Wenn die Dichte des Kerns 6 g/cm^3 beträgt, dürfte etwa die Hälfte der Jupitermasse in ihm enthalten sein, und die äußeren Schichten müßten eine sehr niedrige Dichte besitzen; sie könnten fast vollständig aus Wasserstoff und seinen leichteren Verbindungen bestehen. Daher wird angenommen, daß das auf dem Jupiter am häufigsten vorkommende Molekül das des H_2 (molekularer Wasserstoff) ist; He und H_2O (in fester Form als Eis) sind wahrscheinlich ebenfalls vorhanden. CH_4 (Methan) und NH_3 (Ammoniak) sind zwar beobachtet worden, tragen aber wahrscheinlich weniger als 1% bei. Die anderen Jupiter-Planeten enthalten vermutlich weniger Wasserstoff.

Das Studium des inneren Aufbaus der Planeten stößt auf viel mehr Schwierigkeiten als die Untersuchung des Sterninnern. Die Sterne setzen sich aus heißen Gasen zusammen, die bestimmten einfachen Gesetzen für die Drucke, Temperaturen und Dichten gehorchen. Die Planeten andererseits sind kalte Körper, die aus Flüssigkeiten und festen Stoffen zusammengesetzt sind, auf die sich die einfachen Gasgesetze nicht anwenden lassen. Während viele zufriedenstellende Berechnungen von Sternmodellen durchgeführt worden sind, ist bis jetzt noch kein Modell berechnet worden, daß alle beobachteten Eigenschaften der Planeten wiedergibt.

10.3 Entweichungsgeschwindigkeit von der Erde

Um einen Stein oder ein Atom für dauernd von der Erdoberfläche zu entfernen, muß ihm ein Stoß gegeben werden, der die Anfangsgeschwindigkeit auf einen hinreichend großen Wert erhöht, die Entweichungsgeschwindigkeit. Für die meisten praktischen Zwecke reicht es aus, die etwas kleinere Geschwindigkeit zu berechnen, die erforderlich sein würde, um den Stein oder das Atom bis zum Monde gelangen zu lassen, 384 000 km oder 60 Erdradien weit. Diese Anfangsgeschwindigkeit muß der Geschwindigkeit gleich sein, mit der der Stein oder das Atom auf der Erde auftrifft, wenn er aus Mondentfernung frei zur Erde fällt (wobei aber der Anfangspunkt des Falls nicht in der Nachbarschaft des Mondes gelegen sein darf).

Die geradlinige Fallstrecke kann als die Hälfte einer elliptischen Bahn angesehen werden, deren Exzentrizität 1 und deren große Achse daher gleich der halben großen Achse der Mondbahn ist. Die für diesen Fall benötigte Zeit kann nach dem dritten Keplerschen Gesetz berechnet werden, welches aussagt, daß die Quadrate der Umlaufszeiten den Kuben der großen Halbachsen proportional sind. Somit ist

$$\left(\frac{P_{\text{Stein}}}{P_{☾}}\right)^2 = \left(\frac{a_{\text{Stein}}}{a_{☾}}\right)^3$$

oder, da die Umlaufsdauer des Mondes 27 Tage beträgt,

$$\left(\frac{P_{\text{Stein}}}{27}\right)^2 = \left(\frac{1/2}{1}\right)^3 = \frac{1}{8},$$

worin die großen Halbachsen in Einheiten der Mondentfernung einzusetzen sind. Ziehen wir die Quadratwurzel, so finden wir

$$\frac{P_{\text{Stein}}}{27} = \sqrt{\frac{1}{8}} = \frac{1}{2{,}8},$$

und die Periode des Steins beträgt

$$P_{\text{Stein}} = \frac{27}{2{,}8} = 10^{\text{d}}.$$

Die Fallzeit ist die Hälfte hiervon oder 5 Tage. Natürlich würde die Hälfte der nach dem Keplerschen Gesetz ermittelten Periode ausreichen, den Stein bis zum Erdmittelpunkt fallen zu lassen, wenn er nicht vorher auf der Erdoberfläche aufschlagen würde. Doch ist der Bruchteil der Fallzeit, der deswegen von 5 Tagen abzuziehen wäre, so klein, daß wir ihn bei einer rohen Berechnung sicherlich vernachlässigen können. Zu Beginn, wenn der Stein 384 000 km entfernt ist, ist seine Beschleunigung in Richtung zur Erde gleich der des Mondes, nämlich 0,27 cm/sec² (Abschnitt 5.3). An der Erdoberfläche beträgt seine Beschleunigung 980 cm/sec² (Abschnitt 5.3). Dazwischen nimmt die Beschleunigung kontinuierlich umgekehrt proportional zum Abstand von der Erde zu, wie aus der Tatsache zu schließen ist, daß

$$\frac{\text{Beschleunigung an der Erdoberfläche}}{\text{Beschleunigung des Mondes}} = \frac{980}{0{,}27} = \left(\frac{d_{☾}}{R_{\oplus}}\right)^2.$$

Bei der Berechnung der Geschwindigkeit im Moment des Auftreffens auf der Erde muß der Änderung der Beschleunigung Rechnung getragen werden. In erster Näherung kann dies schrittweise erfolgen. Während des ersten Tages beträgt die Beschleunigung 0,27 cm/sec². Wenn der Fall aus der Ruhelage beginnt, wird der Stein am Ende des ersten Tages eine Geschwindigkeit von 0,27 cm/sec² mal der Zahl von Sekunden pro Tag = 0,27 · 86 400 = 23 000 cm/sec oder 0,23 km/sec erreicht haben. Seine Durchschnittsgeschwindigkeit ist halb so groß, 0,12 km/sec; damit hat er 86 400 · 0,12 = 10 000 km zurückgelegt, also nur rund $^1/_{40}$ der Gesamtstrecke, und er ist dann 59½ Erdradien entfernt.

Während des zweiten Tages beträgt die Beschleunigung nicht mehr 0,27 cm/sec², sondern sie ist etwas größer, weil der Stein jetzt der Erde näher ist. Und zwar beträgt sie 980/59² = 0,28 cm/sec². Der Stein hat schon eine Geschwindigkeit von 0,23 cm/sec. Dazu gewinnt er während des zweiten Tages noch 0,28 · 86 400 = 0,25 km/sec. Am Ende des zweiten Tages wird demnach die Geschwindigkeit 0,23 + 0,25 = 0,48 km/sec betragen. Die durchschnittliche Geschwindigkeit während des zweiten Tages beläuft sich auf $\frac{1}{2}$ (0,23 + 0,48) = 0,36 km/sec. und der Stein wird daher eine Entfernung von 0,36 · 86 400 km = 31 000 km zurückgelegt haben bzw. 10 000 + 31 000 = 41 000 km vom Anfangspunkt.

Setzt man die Rechnung in dieser Weise fort und verkleinert dabei die Zeitintervalle, wenn der Abstand von der Erde abnimmt (da die pro Tag zurückgelegte Strecke zu groß und die Annahme einer gleichförmigen Beschleunigung damit hinfällig wird), findet man, daß zur Zeit des Aufschlags auf der Erde die Geschwindigkeit des Steins 11 km/sec ausmacht. Dies ist sehr nahe die Entweichungsgeschwindigkeit von der Erde. Tabelle 10.2 dient zur Erläuterung der Rechnung.

Tabelle 10.2 Berechnung der Entweichungsgeschwindigkeit von der Erde

Ende des Zeitintervalls (Tage)	Anfangs-beschleunigung (cm/sec)	Zurückgelegte Gesamtstrecke (km)	Geschwindigkeit am Intervallende (km/sec)
1	0,27	10 000	0,23
2	0,28	41 000	0,48
3	0,34	95 000	0,79
4,0	0,39	184 000	1,3
4,1	0,89	196 000	1,4
4,2	0,99	209 000	1,5
4,3	1,2	223 000	1,6
4,4	1,4	237 000	1,8
4,5	1,7	254 000	1,9
4,6	2,2	271 000	2,2
4,7	3,0	291 000	2,5
4,8	4,5	315 000	3,0
4,9	8,1	345 000	4,2
5,0	25 }	378 000	11,1
Ende	980 }		

Die Geschwindigkeit eines fallenden Körpers kann mathematisch abgeleitet werden. Für die Erde ist

$$v = \sqrt{8 \cdot 10^5 \left(\frac{1}{s} - \frac{1}{s_0}\right)},$$

worin s_0 die Anfangsentfernung in km ist. Zum Beispiel ist an der Erdoberfläche

$$v = \sqrt{8 \cdot 10^5 \left(\frac{1}{6\,400} - \frac{1}{384\,000}\right)} = 11{,}1 \text{ km/sec.}$$

In 192 000 km Entfernung vom Erdmittelpunkt ist

$$v = \sqrt{8 \cdot 10^5 \left(\frac{1}{192\,000} - \frac{1}{384\,000}\right)} = 1{,}4 \text{ km/sec.}$$

Die Ergebnisse stimmen mit denen in der Tabelle überein.

Eine ähnliche Berechnung läßt sich für einen Stein oder ein Atom durchführen, das aus einer Höhe von 384 000 km auf den Mond fällt. Die resultierende Entweichungsgeschwindigkeit vom Monde würde 2 km/sec betragen.

10.4 Die Atmosphären der Planeten

Ob ein Planet eine Atmosphäre besitzt oder nicht und welche chemische Zusammensetzung sie gegebenenfalls hat, hängt ab

a) von der Entweichungsgeschwindigkeit von dem Planeten,

b) von den Geschwindigkeiten der verschiedenen Atome und Moleküle in dem Gas,

c) von den Häufigkeiten der chemischen Elemente auf dem Planeten.

Die Häufigkeiten der Elemente in zahlreichen astronomischen Objekten sind mit spektroskopischen Methoden untersucht worden. In der Sonne, in der Mehrzahl der Sterne und im interstellaren Gas sind die Häufigkeiten nahezu gleich, und man spricht daher in diesen Fällen von „kosmischen Häufigkeiten". Tabelle 10.3 enthält eine Reihe der Elemente mit ihren Atomgewichten in Einheiten des Gewichts eines Sauerstoffatoms 16. Die Häufigkeiten sind für jedes Element in Atomzahlen pro Sauerstoffatom gegeben.

Tabelle 10.3

Atomnummer	Element	Symbol	Atomgewicht	Häufigkeiten (in Atomzahlen) relativ zum Sauerstoff
1	Wasserstoff	H	1,008	1600
2	Helium	He	4,003	160
3	Lithium	Li	6,940	0,0000002
4	Beryllium	Be	9,02	0,000002
5	Bor	B	10,82	0,00002
6	Kohlenstoff	C	12,011	0,3
7	Stickstoff	N	14,008	0,5
8	Sauerstoff	O	16,000	1,0
10	Neon	Ne	20,183	0,2
11	Natrium	Na	22,995	0,005
12	Magnesium	Mg	24,32	0,06
13	Aluminium	Al	26,97	0,005
14	Silizium	Si	28,06	0,05
15	Phosphor	P	30,98	0,0008
16	Schwefel	S	32,06	0,02
17	Chlor	Cl	35,457	0,001
18	Argon	Ar	39,944	0,003
20	Kalzium	Ca	40,080	0,004
26	Eisen	Fe	55,85	0,1
28	Nickel	Ni	58,69	0,005
47	Silber	Ag	107,880	0,0000001
56	Barium	Ba	137,36	0,0000008
63	Europium	Eu	152,0	0,00000003
79	Gold	Au	197,2	0,00000003
92	Uran	U	238,07	0,00000003

Die durchschnittliche Geschwindigkeit eines Moleküls ist von der Temperatur des Gases und der Masse des Moleküls abhängig:

$$v_m = \sqrt{3\,k\,T/m}\,, \qquad (10.1)$$

worin k die Boltzmannsche Konstante, m das Molekulargewicht des Moleküls und T die Temperatur des Gases bedeuten.

Um diese Formel abzuleiten, wollen wir Wasserstoffmoleküle in gewöhnlicher Luft betrachten. Am absoluten Nullpunkt der Temperatur (0° K = — 273° C) sind die Atome in Ruhe und besitzen keine kinetische Energie; bei jeder anderen Temperatur fliegen sie im Gas umher, und jedes Molekül (aus zwei Atomen bestehend) hat im Durchschnitt eine kinetische Energie von $\frac{m}{2}\,v_m^2$, worin m gleich der Masse von zwei Wasserstoffatomen, $2 \cdot 1{,}7 \cdot 10^{-24} = 3 \cdot 10^{-24}$ g, und v_m die Durchschnittsgeschwindigkeit der Moleküle ist. Tatsächlich wird der Gesamtbetrag der kinetischen Energie aller Moleküle im Gas durch die Temperatur gemessen.

Man betrachte einen würfelförmigen Behälter, der ein Volumen von 1 cm³ hat und n H_2-Moleküle enthält. Obgleich sich die Moleküle in allen Richtungen bewegen, darf ohne Verzicht auf Allgemeinheit angenommen werden, daß sich in einem gegebenen Moment je $^1/_3$ von ihnen parallel zu den drei Kanten des Würfels bewegt. Dann ist die gesamte kinetische Energie dieser Moleküle $\frac{1}{3}\,n \cdot \frac{m}{2}\,v_m^2$. Jedes Molekül prallt jedoch beim Auftreffen auf die Wand mit der umgekehrten Geschwindigkeit zurück und behält dabei seine ursprüngliche kinetische Energie. Daher ist die Energie, die auf die Wände des Würfels einen Druck ausübt, $2 \cdot \frac{n}{3} \cdot \frac{m}{2}\,v_m^2$, und der Druck — die Kraft pro Flächeneinheit ausgedrückt in dyn/cm² — kann

$$p \text{ dyn/cm}^2 = \frac{n \cdot m \cdot v_m^2}{3} \qquad (10.2)$$

geschrieben werden.

Der Druck eines Gases ist seiner Temperatur direkt proportional. Wenn das Volumen konstant gehalten wird — zum Beispiel, wenn Gas in einen festen Behälter von 1 cm³ Volumen gepumpt wird —, kann die Temperatur gemessen werden, während der Druck steigt. Es ergibt sich

$$p \text{ dyn/cm}^2 = R \cdot T,$$

worin R eine Konstante ist. Setzt man diesen Wert für den Druck in Gleichung 10.2 ein, so findet man als Gleichung zur Bestimmung von v_m:

$$R \cdot T = \frac{n \cdot m \cdot v_m^2}{3}$$

oder

$$v_m = \sqrt{\frac{3\,R \cdot T}{n \cdot m}}\,.$$

Das Verhältnis R/n ist seinem Zahlenwert nach gleich der Boltzmannschen Konstanten $k = 1{,}38 \cdot 10^{-16}$ erg/Grad und daher ist

$$v_m = \sqrt{\frac{3\,k \cdot T}{m}}\,. \qquad (10.1)$$

Bei Zimmertemperatur (300° K) ist die durchschnittliche Geschwindigkeit der Wasserstoffmoleküle

$$v_m = \sqrt{\frac{3 \cdot 1{,}38 \cdot 10^{-16} \cdot 300}{3 \cdot 10^{-24}}}\,,$$

weil das Gewicht eines Wasserstoffmoleküls (H_2) gleich dem Gewicht von zwei Wasserstoffatomen (H) ist, d. h. $m = 2 \cdot 1{,}6 \cdot 10^{-24}$ g.

Das Ergebnis ist

$$v_m = 2 \text{ km/sec.}$$

Für andere Temperaturen und Molekülmassen ändert sich die Geschwindigkeit proportional zu $\sqrt{T/m}$. Wasserstoffatome, deren Masse die Hälfte derjenigen des H_2-Moleküls ausmacht, würden $\sqrt{1/{}^1/_2} = 1{,}4$mal schneller fliegen, ihre Durchschnittsgeschwindigkeit also $2 \cdot 1{,}4 = 2{,}8$ km/sec betragen. Bei einer absoluten Temperatur von 6 000° (der Oberflächentemperatur der Sonne) würden sie sich noch um einen Faktor $\sqrt{6000/300} = 4{,}5$ schneller bewegen.

Ähnlich verhält es sich mit der Abhängigkeit von der Masse. Wenn ein O_2-Molekül bei einer gegebenen Temperatur eine Geschwindigkeit von 2 km/sec besitzt, so hat ein Wasserstoffmolekül bei der gleichen Temperatur eine viermal größere Geschwindigkeit oder 8 km/sec. Es ist wichtig, daran zu erinnern, daß v_m in Formel 10,1 die mittlere Geschwindigkeit einer bestimmten Molekül- oder Atomart ist. Nun unterliegen aber die Partikel eines Gases zahlreichen Zusammenstößen, wobei einige von ihnen viel größere, andere viel kleinere Geschwindigkeiten als die mittlere für alle Partikel annehmen. Wenn die mittlere Geschwindigkeit der atmosphärischen Moleküle gleich der Entweichungsgeschwindigkeit von dem Planeten ist, wird sich das Gas nach sehr kurzer Zeit verflüchtigt haben. Wenn die Entweichungsgeschwindigkeit die mittlere Geschwindigkeit um einen Faktor 5 übersteigt, wird nur ein sehr kleiner Bruchteil der Gasmoleküle Geschwindigkeiten haben, die über der Entweichungsgeschwindigkeit liegen, und nur dieser kleine Bruchteil wird verloren gehen. Nichtsdestoweniger werden, in einem Zeitraum von 10^9 Jahren zum Beispiel, nahezu alle Moleküle hinreichend große Geschwindigkeiten erhalten haben, damit sich die ganze Planetenatmosphäre zerstreuen kann. Das übliche Kriterium dafür, daß eine Planetenatmosphäre sich 10^9 Jahre lang halten kann, lautet

$$v_m < 0{,}2\, v_{\text{entw}} .$$

Formel 10.1 zeigt, daß die mittlere Geschwindigkeit eines Moleküls von der Temperatur des Gases abhängt. Die Wärmemenge, die ein Planet von der Sonne erhält, ist umgekehrt proportional dem Quadrat seines Abstandes von der Sonne. Zum Beispiel empfängt Jupiter, der rund fünfmal weiter von der Sonne entfernt ist als die Erde, nur $^1/_{25}$ soviel Wärme wie die Erde. Die Temperatur eines schwarzen Körpers hängt mit der Wärmemenge, die er ausstrahlt, durch das Stefansche Gesetz (Abschnitt 16.1)

$$Q = \sigma \cdot T^4 \tag{10.3}$$

zusammen. Die von einem Planeten (wenn man ihn als schwarzen Körper betrachtet) ausgestrahlte Wärmemenge ist gleich der Strahlungsmenge, die er von der Sonne absorbiert. Daher ist Q die einem Körper zugestrahlte Wärme, σ eine numerische Konstante und T die Temperatur. Da die Erde 25mal mehr Wärme als Jupiter auffängt, sollte ihre Temperatur die Jupiters um einen Faktor $\sqrt[4]{25} = 2{,}24$ übersteigen. Die Temperatur an der Erdoberfläche beträgt ungefähr 300° K, die Jupiters rund 130° K. Die Temperaturen aller anderen Planeten, die mit Hilfe der Gleichung 10.3 bestimmt wurden, sind in Tabelle 10.4 enthalten, zusammen mit den Entweichungsgeschwindigkeiten und den mittleren Geschwindigkeiten der häufigsten Elemente. Es ist strittig, ob den Temperaturen in dieser Tabelle Bedeutung zukommt, da wir jetzt wissen, daß in der Erdatmosphäre Zonen sehr hoher Temperatur existieren.

Ein Vergleich der kritischen, zum Entweichen erforderlichen Geschwindigkeit ($0{,}2\, v_{\text{entw}}$) in Spalte 3 mit den mittleren Geschwindigkeiten der Moleküle zeigt, daß die Atmosphären der terrestrischen und der jupiterähnlichen Planeten verschieden sein müssen. Bei den äußeren Planeten sind die mittleren Geschwindigkeiten aller Verbindungen viel kleiner als $0{,}2\, v_{\text{entw}}$. Folglich können diese Moleküle in den Atmosphären der Jupiterplaneten vorhanden sein.

Die terrestrischen Planeten sind wegen ihrer niedrigeren Entweichungsgeschwindigkeiten und höheren Temperaturen nicht imstande, die leichteren Elemente zu halten, sie sollten nur wenig Wasserstoff, Helium, Ammoniak und Methan besitzen. In erster Linie sollten die Atmosphären der terrestrischen Planeten außer Merkur Stickstoff, Sauerstoff und Kohlendioxyd enthalten. Merkur ist nicht imstande, eine Atmosphäre zu halten.

Tabelle 10.4

Entweichungsgeschwindigkeiten und mittlere Molekulargeschwindigkeiten der Planeten

Planet	T (Kelvingrad)	v_{entw} km/sec	0,2 v_{entw} km/sec	v_m km/sec								
				H_2	He	N_2	O_2	H_2O	NH_3	CO_2	CH_4	Ar
Merkur	480	3,9	0,8	2,4	1,7	,7	,6	,8	,8	,5	,9	,6
Venus	350	10,3	2,	2,1	1,5	,6	,5	,7	,7	,4	,7	,5
Erde	300	11,2	2,	1,9	1,4	,5	,5	,6	,7	,4	,7	,5
Mars	240	5,1	1,	1,7	1,2	,5	,4	,6	,6	,4	,6	,4
Jupiter	130	60,2	12,	1,3	,9	,3	,3	,4	,4	,3	,5	,3
Saturn	100	36,3	7,	1,1	,8	,3	,3	,4	,4	,2	,4	,3
Uranus	70	22,0	4,	,9	,7	,2	,2	,3	,3	,2	,3	,2
Neptun	50	25,1	5,	,8	,6	,2	,2	,3	,3	,2	,3	,2

Bei den Temperaturen in Tabelle 10.4 müssen drei Einschränkungen gemacht werden:

a) Sie sind nicht mit einem Thermometer oder einem ähnlichen Instrument gemessen.

b) Sie beruhen auf der Anwendung des Stefanschen Gesetzes, welches nur für schwarze Körper gilt, d. h. für Körper, die die gesamte auffallende Strahlung absorbieren und wieder emittieren. Weder die Erde noch die übrigen Planeten sind schwarze Körper in strengem Sinne, aber sie sind solchen Körpern ziemlich ähnlich.

c) Die berechneten Temperaturen beruhen sämtlich auf der gegenwärtigen durchschnittlichen Oberflächentemperatur der Erde.

Wenn die Erde zu irgendeiner Zeit in ihrer Geschichte heißer als heute war, so würden damals die mittleren Geschwindigkeiten der Gasmoleküle größer gewesen sein. Das geologische Beweismaterial spricht dafür, daß die Erdtemperatur bis zu 4000° betragen haben kann. Wenn die Erde eine so hohe Temperatur für einen Zeitraum von 1 Million Jahre etwa behalten hätte, so würden sogar die Sauerstoffmoleküle die kritische Stabilitätsgrenze überschritten haben, und die Erde würde den größten Teil ihrer ursprünglichen Atmosphäre verloren haben. Dasselbe Argument läßt sich auch auf die anderen terrestrischen Planeten anwenden, jedoch wahrscheinlich nicht auf die jupiterähnlichen Planeten. Man nimmt an, daß die heutigen Atmosphären der inneren Planeten hauptsächlich aus Gasen sekundären Ursprungs zusammengesetzt sind, die im tiefen Innern der Planeten enthalten waren und langsam zur Oberfläche stiegen, nachdem die Planeten sich abgekühlt hatten.

Das Problem des thermischen Entweichens von Gasen ist nur im Fall der Planeten und anderer astronomischer Körper kleiner Masse von Bedeutung. Die Entweichungsgeschwindigkeit von der Sonne beträgt 617 km/sec. Selbst bei der Temperatur der Sonnenatmosphäre von 6000° K sind die thermischen Geschwindigkeiten der Atome und Moleküle zu klein, als daß diese sich von der Sonne entfernen könnten. Nichtsdestoweniger verlassen dauernd Partikelströme, welche durch verschiedene Kräfte dazu befähigt werden, die Sonnenoberfläche.

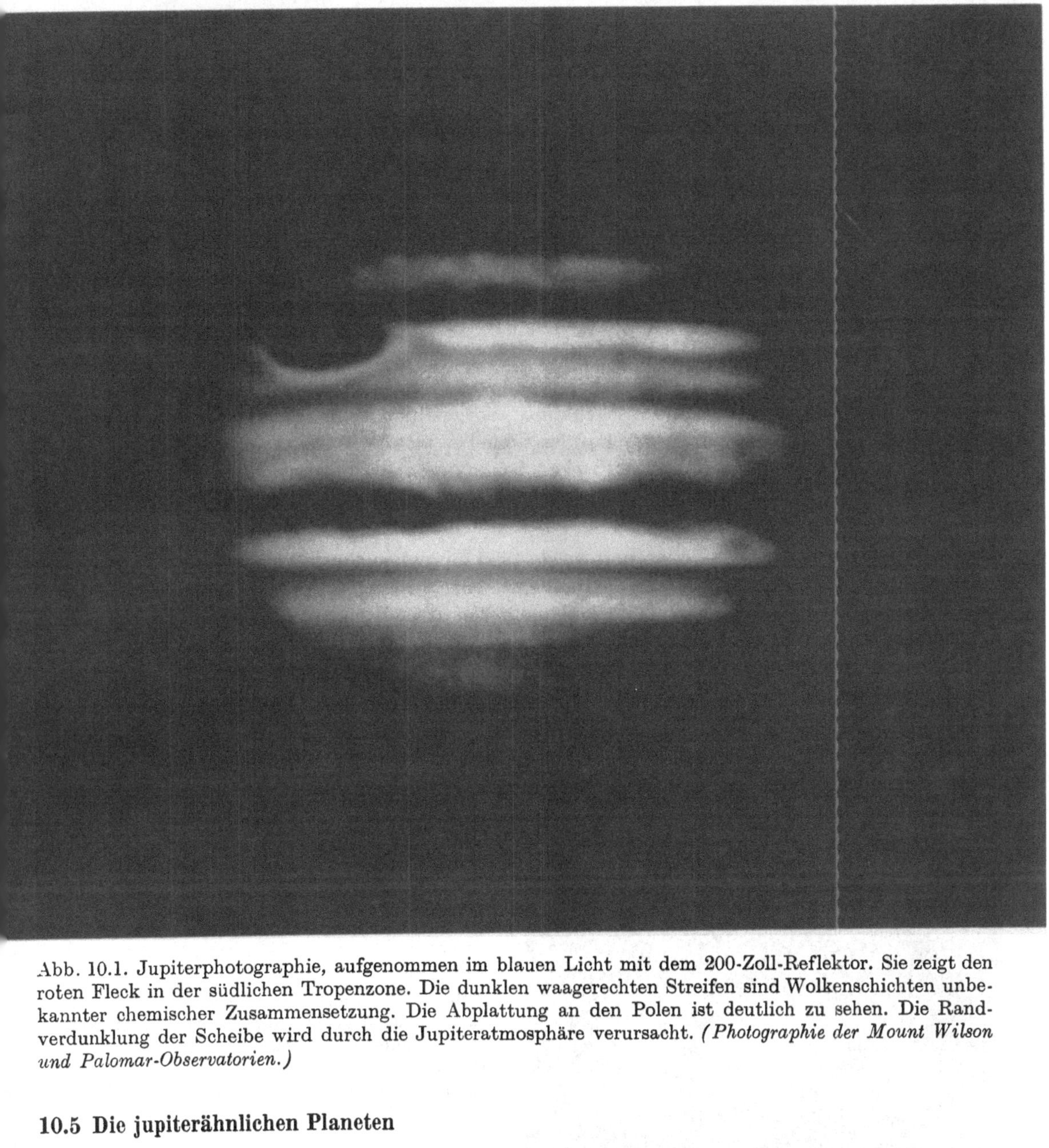

Abb. 10.1. Jupiterphotographie, aufgenommen im blauen Licht mit dem 200-Zoll-Reflektor. Sie zeigt den roten Fleck in der südlichen Tropenzone. Die dunklen waagerechten Streifen sind Wolkenschichten unbekannter chemischer Zusammensetzung. Die Abplattung an den Polen ist deutlich zu sehen. Die Randverdunklung der Scheibe wird durch die Jupiteratmosphäre verursacht. *(Photographie der Mount Wilson und Palomar-Observatorien.)*

10.5 Die jupiterähnlichen Planeten

Die vielleicht schönsten Objekte, die man im Fernrohr sehen kann, sind Jupiter (Abb. 10.1) und Saturn (Abb. 10.2). Auf der Jupiteroberfläche erblickt man Streifen in den verschiedensten Farben, von rot und braun bis bläulich-weiß, dazu helle und dunkle Flecken, die sich alle ständig verändern. Die Rotationsperiode Jupiters, wie sie sich aus der Bewegung der Oberflächengebilde — fast alles Wolken — ergibt, ist nicht gleichförmig; die Äquatorzonen vollenden eine Umdrehung in $9^h\,50^m$, während für die übrigen Teile des Planeten die Rotationsperiode $9^h\,55^m$ beträgt. Kleinere Unterschiede finden sich zwischen anderen Zonen. Relativbewegungen zwischen verschiedenen Flecken sind oft gemessen worden, manche bis zu 300 km/Stunde. Die Streifen Jupiters, die parallel zum Äquator verlaufen, und die hohen Geschwindigkeiten in ihnen hält man für eine Folge der schnellen Rotation des Planeten. Nach R. Wildt ist die Färbung der Bänder versuchsweise festen Lösungen metallischen

Natriums in Ammoniak oder bestimmten instabilen Stickstoffverbindungen zugeschrieben worden. Die dunklen und hellen Streifen werden wahrscheinlich durch zyklonische bzw. antizyklonische Bewegungen hervorgerufen.

Obgleich auf dem Jupiter keine beständigen Oberflächeneinzelheiten zu sehen sind, ist eine eigenartige ovale Vertiefung in der südlichen Tropenzone — der große Rote Fleck — fast seit Erfindung des Fernrohrs beobachtet worden. Dieser in Abb. 10.1 abgebildete Fleck umfaßt eine Fläche von annähernd $4 \cdot 10^8$ Quadratkilometern. Positionsmessungen dieses Gebildes auf der Jupiterscheibe zeigen, daß es sich relativ zu seiner Umgebung bewegt. Man hält es nicht für ein der Oberfläche zugehöriges Phänomen, sondern für eine Ansammlung von Wolken über einer festen Masse, die in einem flüssigen Wasserstoffozean schwimmt. In demselben Band wie der Rote Fleck befindet sich die sogenannte südliche tropische Störung oder der Schleier. Diese Störung bewegt sich längs des Bandes schneller als der Rote Fleck und überholt ihn gelegentlich. Die Bewegungen beider Flecken beeinflussen sich gegenseitig beim Überholen: Die Störung wird beschleunigt, wenn sich der Schleier dem Roten Fleck von Westen nähert, und sie scheint den Roten Fleck mitzuziehen, wenn sie an ihm vorbeigeströmt ist.

Eine Entdeckung von großer Bedeutung wurde 1955 mit einem Radioteleskop am Department of Terrestrial Magnetism der Carnegie-Institution in Washington gemacht: Jupiter sendet zuweilen eine starke Strahlung bei Wellenlängen von etwa 13 m aus. Da diese Wellen nicht immer nachweisbar sind und Ähnlichkeit mit irdischen Gewitterstörungen haben, ist es wahrscheinlich, daß sie in heftigen Zyklonen oder Antizyklonen in der Jupiteratmosphäre entstehen.

Die Farben Saturns sind weniger ausgeprägt als diejenigen Jupiters. Die Saturnscheibe zeigt ein Bandensystem (Abb. 10.2) und gelegentlich sind weiße Flecken zu sehen, die das Resultat tiefer gelegener Eruptionen sein können. Die hierbei in höhere Schichten gelangten Massen bilden einen Fleck, der allmählich in einen Streifen in der vorherrschenden Windrichtung auseinandergezogen wird.

Abb. 10.2. Saturn. Die Planetenscheibe zeigt eine deutliche polare Abplattung und mehrere verschwommene Wolkenstreifen. Die Ebene des Rings fällt mit der Äquatorebene des Planeten zusammen. *(Photographiert am 16. Mai 1950 mit dem 36-Zoll-Refraktor des Lick-Observatoriums.)*

Uranus und Neptun sind so weit entfernt, daß Einzelheiten ihrer Oberflächen nur unter Schwierigkeiten zu beobachten sind. Jedoch sind schwache Banden, ähnlich denen des Saturn, gelegentlich auf dem Uranus gesehen worden.

Die Zusammensetzung der Planetenatmosphären ist teilweise aus spektroskopischen Untersuchungen erschlossen worden. Da alle Planeten im reflektierten Sonnenlicht leuchten, zeigen ihre Spektren alle Züge des Sonnenspektrums. Jedoch absorbieren die in einer Planetenatmosphäre vorhandenen Gase zusätzlich bestimmte Wellenlängen des Lichts. Zum Beispiel erzeugen Ammoniak(NH_3)- und Methan(CH_4)-Moleküle in der Jupiteratmosphäre viele

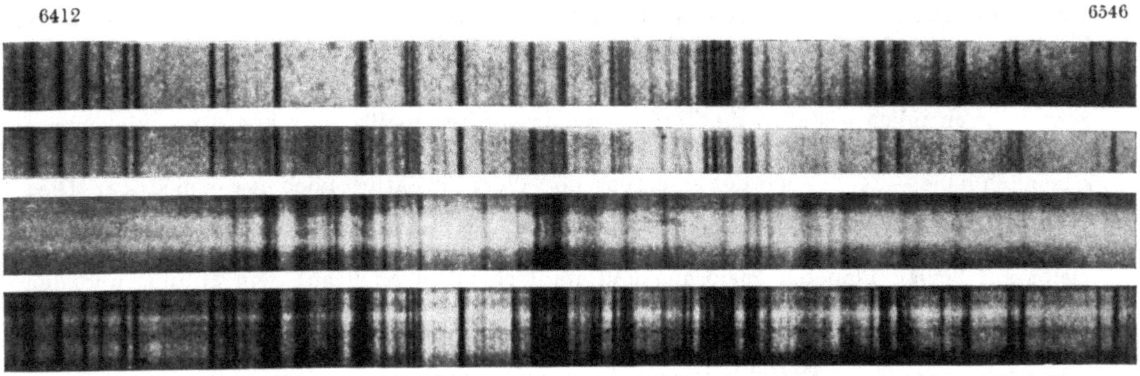

Abb. 10.3. Spektren von Sonne, Jupiter und Ammoniak zwischen λ 6400 Å und 6550 Å. (a) Sonne, (b) Jupiter, (c) Lampe + 40 m NH_3 bei 1 Atm., (d) Sonne + 40 m NH_3 bei 1 Atm. *(Photographien von T. Dunham Jr. am Mount Wilson-Observatorium.)*

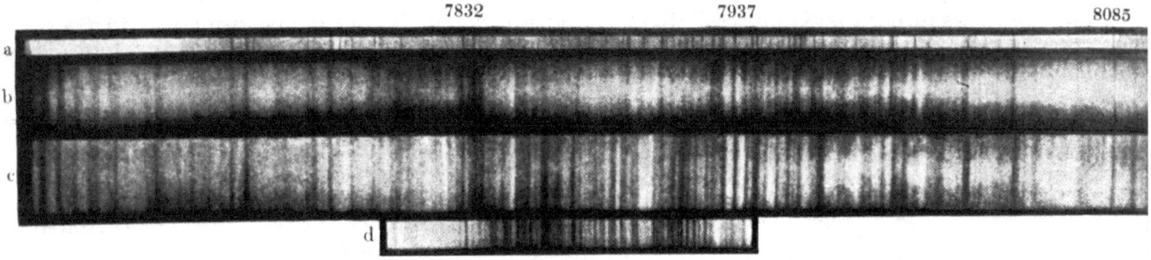

Abb. 10.4. Spektren Saturns und Jupiters zwischen λ 7700 Å und λ 8100 Å. (a) Sonne; (b) Saturn; (c) Jupiter; (d) Lampe + 40 m NH_3 bei 1 Atm. *(Photographien von T. Dunham Jr., Mount Wilson-Observatorium.)*

Absorptionslinien, die im direkten Sonnenlicht nicht zu sehen sind. Abb. 10.3 zeigt vier Spektren: (a) das der Sonne; (b) das Jupiters; (c) das einer Lampe durch eine 40 m dicke Ammoniakschicht; (d) das von Sonnenlicht, das ebenfalls durch eine 40 m dicke Schicht von NH_3-Gas im Laboratorium hindurchgegangen ist. Die Übereinstimmung mit den Wellenlängen des Ammoniaks beweist dessen Vorhandensein auf dem Jupiter. Darüber hinaus ist es möglich, die Ammoniakmenge über einem Quadratzentimeter der Wolkenschicht auf dem Jupiter zu bestimmen, indem man die Intensitäten der Linien im Laboratorium mit denen der im Spektrum des Planeten beobachteten Linien vergleicht, wenn dabei dem Temperaturunterschied zwischen dem Planeten und der Laboratoriumslichtquelle Rechnung getragen wird.

Mehrere Gruppen starker Absorptionslinien (Molekularbanden) des Methan liegen im roten Gebiet des Spektrums; sie sind bei Uranus und Neptun so stark, daß diesen Planeten ein großer Teil des roten Lichts entzogen wird, wodurch sie eine grünliche Färbung erhalten. Wasserstoff, unzweifelhaft das häufigste Element auf dem Jupiter, hat normalerweise keine charakteristischen Absorptionslinien im beobachtbaren Wellenlängenbereich. Unter hohem Druck absorbiert jedoch das Wasserstoffmolekül Energie bei einer Wellenlänge von etwa 8270 Å. Diese Absorptionslinie ist in den Spektren von Uranus und Neptun von G. Herzberg und G. P. Kuiper beobachtet worden.

Die Absorptionsbanden des CH_4 und NH_3 erscheinen auch im Saturn-Spektrum (Abb. 10.4), aber die Ammoniak-Absorption ist schwächer als bei Jupiter. Obgleich Ammoniak auf dem

Saturn wahrscheinlich reichlich vorhanden ist, dürfte der größte Teil davon sich in Form von Kristallen (gefrorenes Ammoniak) befinden, die in der Saturnatmosphäre schweben und Cirruswolken aus Ammoniak bilden.

Sehr wahrscheinlich bestehen die Wolkengebilde auf beiden Planeten aus Ammoniakschneeflocken. Die Temperatur im Niveau der Wolkenschicht in der Jupiteratmosphäre liegt wahrscheinlich nahe —140° C und der entsprechende Wert für Saturn noch etwas niedriger. Diese niedrigere Temperatur auf dem Saturn wird mehr Ammoniak haben gefrieren lassen, und daher erklärt die Temperaturdifferenz qualitativ die Abschwächung der Ammoniak-Banden. Methan bleibt auf beiden Planeten gasförmig und wahrscheinlich auch auf dem Uranus und dem Neptun.

Der über der Wolkenschicht gelegene Teil der gasförmigen Atmosphäre muß klein sein, weil er nur eine geringfügige Extinktion zeigt. Da der Hauptteil von Jupiter und Saturn aus festem H und He besteht, darf man erwarten, daß auch ihre Atmosphären größtenteils aus gasförmigen H und He mit einer nur kleinen Beimischung von Ammoniak und Methan zusammengesetzt sind. Unter dem Niveau der Wolkenschicht würde die Dichte einer solchen Atmosphäre infolge von Kompression unter ihrem eigenen Gewicht ansteigen, bis in einer bestimmten Tiefe Verfestigung, d. h. Gefrieren der Atome, unter ihrem eigenen Gewicht eintreten würde. Nach dem, was über die Kompressibilität von gasförmigem H und He bekannt ist, dürfte es erlaubt sein, die Dicke der gasförmigen Atmosphäre unterhalb der sichtbaren Wolkenschicht auf wahrscheinlich weniger als ein Prozent des Radius des Planeten zu schätzen. Das bedeutet, daß diese Himmelskörper sich tatsächlich durchweg in festem Zustand befinden. Die unteren Schichten dieser Atmosphäre würden eine Dichte von der Ordnung 0,2 g/cm³ besitzen und in ihren Eigenschaften weitgehend festen Körpern gleichen.

S. L. Hess hat die Mengen gasförmigen Methans und Ammoniaks an verschiedenen Stellen der Jupiter- und Saturnscheibe gemessen. Er findet, daß es am Rande Jupiters weniger Methan gibt als in der Mitte, was darauf hindeutet, daß die Wolkenschicht in den der Sonne zugewandten Gebieten etwas höher ist als am Rande der Scheibe. Zweifellos läßt die mittägliche Wärme der Sonne die oberen Schichten der Wolkenzone verdampfen, und dadurch wird es uns möglich, tiefer in die Atmosphäre einzusehen, als es bei Sonnenaufgang oder -untergang auf dem Planeten möglich ist.

10.6 Spektrum und Albedo der Erde

Das Licht aller kosmischen Lichtquellen muß durch die Erdatmosphäre hindurchgehen, bevor es den Beobachter erreicht. Daher zeigen alle astronomischen Spektren nicht nur die Absorptionslinien dieser Quellen, sondern auch solche, die durch Luftmoleküle entstanden und dem kontinuierlichen Spektrum überlagert sind. Man spricht in diesen Fällen von „tellurischen Linien". Ihre Doppler-Verschiebungen sind immer gleich Null, während ihre Intensitäten sich in Abhängigkeit von der Länge des Weges ändern, den die Strahlen in der Atmosphäre zurückzulegen haben. Zwischen dem Meeresniveau und 20 km Höhe wird die Sonnenstrahlung unterhalb 2900 Å durch den Sauerstoff und Stickstoff in der Erdatmosphäre absorbiert. Ein 64 km über dem Erdboden aufgenommenes Spektrum erstreckt sich bis zu viel kürzeren Wellenlängen. Das Spektralgebiet zwischen 2900 Å und 2300 Å wird durch Ozon(O_3)-Moleküle absorbiert; photographische Aufnahmen deuten an, daß das Ozon in der Erdatmosphäre sich größtenteils unterhalb 64 km befindet. Von Raketen aus wurde das Sonnenspektrum im äußersten ultravioletten Gebiet (bis etwa 1200 Å), das bis vor wenigen Jahren der Untersuchung vollkommen unzugänglich war, gut photographiert. Abb. 10.5 enthält elf Spektren der Sonne, die von einer Rakete aus in verschiedenen Höhen über dem Erdboden aufgenommen wurden.

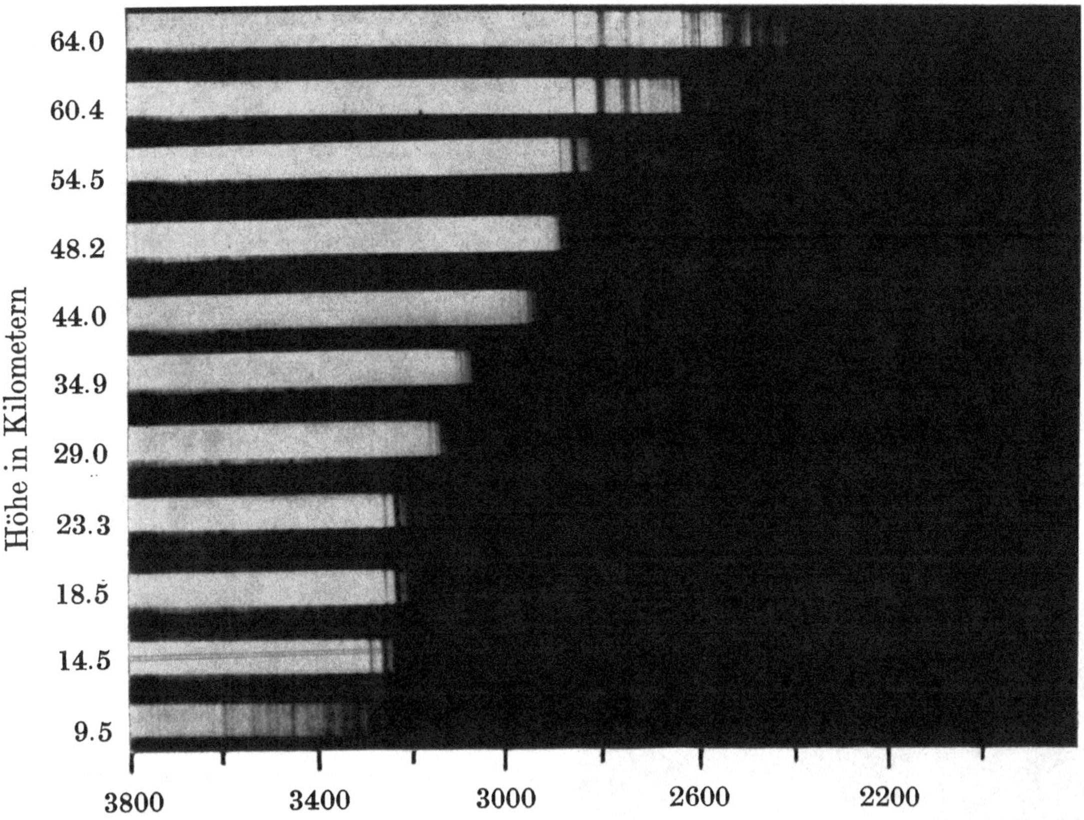

Abb. 10.5. Sonnenspektren, aufgenommen von einer Rakete aus in verschiedenen Höhen. Die starke Absorption unter 2600 Å wird durch Ozonmoleküle in der Luft verursacht. In größeren Höhen ist die Ozon-Absorption unbedeutend. *(Aus „Die Erde als Planet", herausgegeben von G. P. Kuiper, University of Chicago Press, 1954, copyright by the University of Chicago.)*

Abb. 10.6 zeigt die Wellenlängen der stärksten tellurischen Absorptionslinien und -banden, die durch die Erdatmosphäre erzeugt werden, bis 10 000 Å. Die Analyse der tellurischen Linien liefert uns wichtige Daten über die Temperatur, Dichte und Zusammensetzung der Erdatmosphäre. Die häufigsten Moleküle — die des N_2, der 78% der Gesamtmasse der Atmosphäre ausmacht, — ergeben keine Absorptionslinien im beobachtbaren Teil des Spektrums, aber die

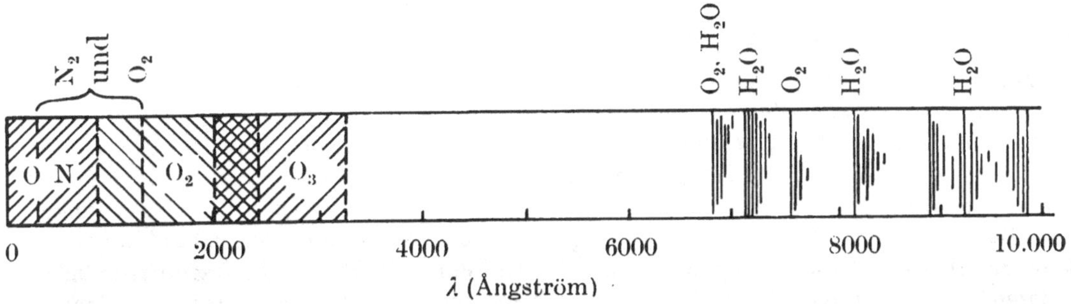

Abb. 10.6. Die wichtigsten tellurischen Absorptionen. An der Erdoberfläche wird alles Licht unterhalb von etwa 3000 Å absorbiert. Im roten Bereich über 7000 Å etwa liegen kräftige Absorptionsbanden des Wasserdampfs und Sauerstoffs. Das Gebiet von 3000 Å bis 5000 Å ist frei von tellurischen Linien. Zwischen 5000 Å und 7000 Å gibt es nur ein paar tellurische Linien.

relativen Häufigkeiten des O_2, O_3, CO_2, CH_4, H_2O usw. lassen sich aus den Intensitäten ihrer Absorptionen bestimmen. Von besonderem Interesse sind die Linien des Wasserdampfs (H_2O), die sehr starken Änderungen in Abhängigkeit von der Luftfeuchtigkeit zur Beobachtungszeit unterliegen.

Die Albedo der Erde, das Verhältnis des reflektierten zum einfallenden Sonnenlicht, kann nicht direkt bestimmt werden. Aber sie läßt sich aus Messungen des „Erdlichts" berechnen, das man auf dem dunklen Teil des Mondes sehen kann, der von der Sonne kein direktes Licht erhält. Diese Fläche ist nicht vollkommen dunkel, besonders während der frühesten zunehmenden Phase nicht, in der der gesamte Umriß des Mondes zu erkennen ist. Die „dunkle" Seite des Mondes wird in der Tat schwach von der Erde beleuchtet, gerade so wie die Nächte auf der Erde vom Mondlicht erhellt werden. Der Mond strahlt dann einen Teil des Sonnenlichts wieder zurück zu uns, das schon von der Erde reflektiert worden war. Da die Mondalbedo bekannt ist, läßt sich aus der Intensität des Erdlichts die Albedo der Erde berechnen. Ihr Durchschnittswert beträgt 0,40, aber sie ist jahreszeitlichen Schwankungen unterworfen. Während der Monate März bis Juni und wieder im Oktober und November reflektiert die Erde mehr Sonnenlicht als von Juli bis September. Während des Jahres verändert sich die Erdalbedo zwischen 0,52 — etwa dem Wert für Wolken — und 0,32. Die Farbe des Erdlichts ist bläulich, unterliegt aber jahreszeitlichen Veränderungen derart, daß sie am blausten ist bei der größten Helligkeit des Erdlichts.

Abb. 10.7. Venus in zunehmender Phase nach einer Aufnahme des Lowell-Observatoriums. Die Spitzen sind weit ausgedehnt und ein schwacher leuchtender Rand ist auf der dunklen Seite des Planeten sichtbar. Die Pfeile zeigen auf zwei hohe Wolken in der Venusatmosphäre, die das Sonnenlicht streuen, das von der beleuchteten Seite her auf sie fällt. *(Aus „Planeten- und Satellitenatmosphären" von G. P. Kuiper, Reports on Progress in Physics, vol. 13, 1950.)*

10.7 Die terrestrischen Planeten Merkur und Venus

Die Entweichungsgeschwindigkeit vom Merkur ist so niedrig und seine Temperatur so hoch, daß es wahrscheinlich auf diesem Planeten keine Atmosphäre gibt. Da seine Umdrehungsdauer der Umlaufsdauer gleich ist, wendet er immer dieselbe Hemisphäre der Sonne zu. Temperaturmessungen zeigen an, daß die Temperatur auf der heißen Seite des Planeten bei etwa 610° K liegt, während es auf der dunklen Seite sehr kalt ist — vielleicht 10—20° K. Auf der dunklen Seite Merkurs werden alle bis auf die flüchtigsten Gase gefroren sein, während auf der heißen Seite die Moleküle Geschwindigkeiten von der Ordnung der Entweichungsgeschwindigkeit besitzen dürften. Das Merkurspektrum zeigt keine planetarischen Absorptionen. Dagegen haben einige visuelle Beobachter manchmal einen schwachen Nebel auf dem Merkur gesehen, der möglicherweise durch eine sehr dünne Atmosphäre von CO und Edelgasen hervorgerufen wird.

Die Albedo Merkurs vom Betrage 0,06 ist der des Mondes sehr ähnlich. Alle anderen Planeten haben viel größere Albedowerte, besonders mit 0,76 die Venus, die eine dichte Atmosphäre voller Wolken besitzt. Mars mit dünner Atmosphäre und wenigen Wolken hat eine Albedo von 0,15 — größer als die Merkurs, aber kleiner als die der anderen Planeten. Eine dichte Atmosphäre voller Wolken ist ein guter Reflektor für Licht: Irdische Wolken, die von der Sonne beleuchtet und von oben betrachtet werden, erscheinen strahlend weiß. Die Albedo von Steinen oder Sand ist ganz klein. Aus guten Gründen dürfen wir schließen, daß auf dem Merkur, wie auf dem Monde, der niedrige Wert der Albedo auf das Fehlen einer Atmosphäre beträchtlicher Dichte zurückzuführen ist.

Die Albedowerte der Planeten enthält Tabelle 10.5.

Tabelle 10.5 Die Albedo der Planeten

Planet	Albedo
Merkur	0,06
Venus	0,76
Erde	0,40
Mars	0.15
Jupiter	0,51
Saturn	0,50
Uranus	0,66
Neptun	0,62
Pluto	0,16

Den Gegensatz zum Merkur bildet der Planet Venus, bei dem die Existenz einer dichten Atmosphäre mit Sicherheit aus der Verlängerung der Spitzen seiner Sichel folgt (Abb. 10.7). Der gesamte Umfang der Venusscheibe leuchtet schwach, weil das Sonnenlicht, das von hinten durch die Venusatmosphäre hindurchtritt, in ihr gebrochen und zerstreut wird. Die Oberfläche der Venus ist niemals durch die dichte Atmosphäre hindurch beobachtet worden. Es gibt helle und dunkle Flecken, die den Streifen auf dem Jupiter etwas ähnlich sind und die ihr Aussehen von Tag zu Tag verändern. Die dunklen Flecken sind auf Ultraviolettphotographien deutlich erkennbar, während sie im sichtbaren Licht kaum zu sehen sind. Sie sind auch zu unbestimmt, um zur Bestimmung der Rotationsperiode des Planeten verwertet werden zu können. Spektroskopische Untersuchungen ergaben auf Grund des Doppler-Effekts, daß die Rotationsdauer wahrscheinlich länger als 20 Tage ist.

Nach E. Pettit und S. B. Nicholson liegt die Temperatur der dunklen Seite der Venus bei etwa —25° C = 248° K. Die Oberflächentemperatur auf der der Sonne zugewandten Seite des Planeten kann + 100° C = 373° K — rund ebensoviel wie die Siedetemperatur des Wassers oder sogar mehr betragen, wie aus Radiobeobachtungen zu schließen ist. H. N. Russell hat darauf hingewiesen, daß, wenn die Rotationsdauer der Venus 225 Tage beträgt — mit anderen Worten, wenn der Planet der Sonne immer die gleiche Hemisphäre zukehren würde, die Temperatur auf der ständig unbeleuchteten Halbkugel weit unter —25° C liegen müßte, wenn sie nicht durch Winde beträchtliche Wärmemengen von der heißen Hemisphäre erhalten sollte. Eine photographische Untersuchung von A. Dollfus hat 1956 wesentliche Argumente zugunsten der zuerst von G. Schiaparelli aufgestellten Hypothese ergeben, daß nämlich die Rotationsperiode tatsächlich gleich der Umlaufperiode — 225 Tage — ist.

In der Hoffnung, die Existenz von Wasserdampf nachweisen zu können, hat T. Dunham Jr. das Venusspektrum im roten Gebiet photographiert. An Stelle von Wasserdampf fand er jedoch deutliche spektrale Merkmale, die von Kohlendioxyd herrührten. Anzeichen für Wasserdampf und Sauerstoff ergaben sich nicht, doch waren die Beobachtungen ungewöhnlich schwierig wegen der starken tellurischen Linien des H_2O und O_2 im Spektrogramm. Glücklicherweise ist die Bahngeschwindigkeit der Venus so groß, daß sie bei Beobachtungen zur Zeit der größten Elongation ausreicht, genügend große Dopplerverschiebungen zu bewirken, um die in der Venusatmosphäre entstehenden Linien von den in der Erdatmosphäre entstehenden zu trennen.

10.8 Mars

Merkur und Mars sind außer der Erde die beiden einzigen Planeten, deren feste Oberflächen zu beobachten sind. Wegen seiner Sonnennähe steht Merkur jedoch viel weniger günstig am Himmel als Mars für ein ins einzelne gehendes Studium der Oberfläche. In seiner günstigsten Opposition ist Mars rund halb so weit entfernt von der Erde wie Merkur.

Die Marsbahn besitzt eine merkliche Exzentrizität ($e = 0{,}093$), während die Erdbahn nahezu kreisförmig ist ($e = 0{,}017$). Daher sind aufeinanderfolgende Oppositionen des Planeten, die in Intervallen von der Länge der synodischen Umlaufszeit oder 780^d (zwei Jahre und zwei Monate) wiederkehren, nicht gleich günstig. Wenn Mars in Perihelnähe steht zur Zeit der Opposition (z. B. am 11. 9. 1956 und am 10. 8. 1971), beträgt sein Abstand von der Erde rund 56 000 000 km. Steht er jedoch zur Zeit der Opposition im Aphel (z. B. am 4. 2. 1963 und am 9. 3. 1965), so ist sein Abstand von der Erde mehr als 97 000 000 km. Abb. 10.8 zeigt die aufeinanderfolgenden Oppositionen von 1956 bis 1971. Günstige Oppositionen treten in Abständen von 15—17 Jahren ein, und zwar immer in den irdischen Monaten August und September. Während einer günstigen Opposition beträgt der Winkeldurchmesser des Mars 25″, während einer ungünstigen Opposition dagegen nur 14″. Wenn Mars in Konjunktion mit der Sonne steht, liegt sein Abstand von der Erde bei rund 377 000 000 km, und sein Winkeldurchmesser ist nur $3\frac{1}{2}''$. In einer günstigen Opposition ist er noch wesentlich heller als Sirius, während er in Konjunktion so schwach wie der Polarstern ist.

Der Äquator des Mars ist gegen seine Bahnebene um 25° geneigt (rund ebensoviel wie die Neigung des Erdäquators gegen die Ekliptik), aber die Orientierung der Marsachse im Raum ist ganz verschieden von der der Erdachse. Im Juli und August sind die nördlichen Gebiete der Erde der Sonne zu- und vom Mars abgewandt. Die Folge davon ist, daß während der günstigsten Oppositionen der Mars immer südlich des Himmelsäquators steht und sich dann für Beobachter auf unserer Südhalbkugel in bester Position befindet. Die Orientierung der Marsachse während der Opposition von 1956 ist in Abb. 10.9 dargestellt: Der Südpol des Planeten ist oben, wie im Gesichtsfeld eines umkehrenden Fernrohrs. Am 11. September ist der Südpol uns etwas zugekehrt, das Marsdatum würde Mitte Dezember sein — es ist Mitte des Winters auf der Nordhalbkugel und Mitte des Sommers auf der Südhalbkugel des Planeten. Der größte Teil unseres Wissens über den Mars stammt aus dem Studium seiner Südhälfte, weil diese während aller günstigen Oppositionen uns zugewandt ist.

Da die Rotationsperiode des Mars die Rotationsperiode der Erde nur um $\frac{1}{2}$ Stunde übertrifft, sieht ein irdischer Beobachter sehr nahe die gleiche Seite des Mars zur gleichen Stunde in aufeinanderfolgenden Nächten. Aber bei Ausdehnung der Beobachtungen über sechs oder mehr Stunden in einer Nacht bringt die Rotation des Planeten neue Oberflächendetails in das Blickfeld und erlaubt dem Beobachter, etwa $^2/_3$ der Oberfläche zu zeichnen. Das Zeichnen der gesamten Marsoberfläche erfordert dann einen Monat.

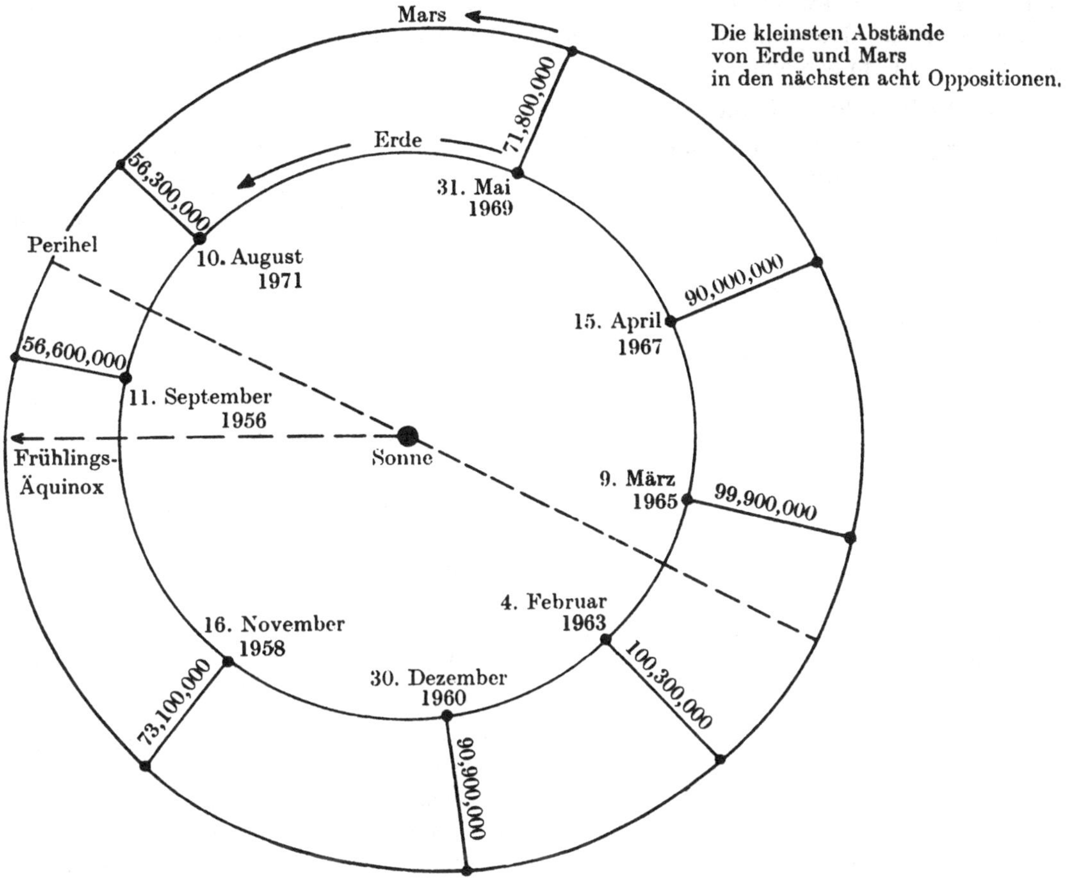

Abb. 10.8. Die Marsbahn mit den Oppositionen von 1956 bis 1971 und den entsprechenden Abständen zwischen beiden Planeten in Kilometern. *(Sky and Telescope.)*

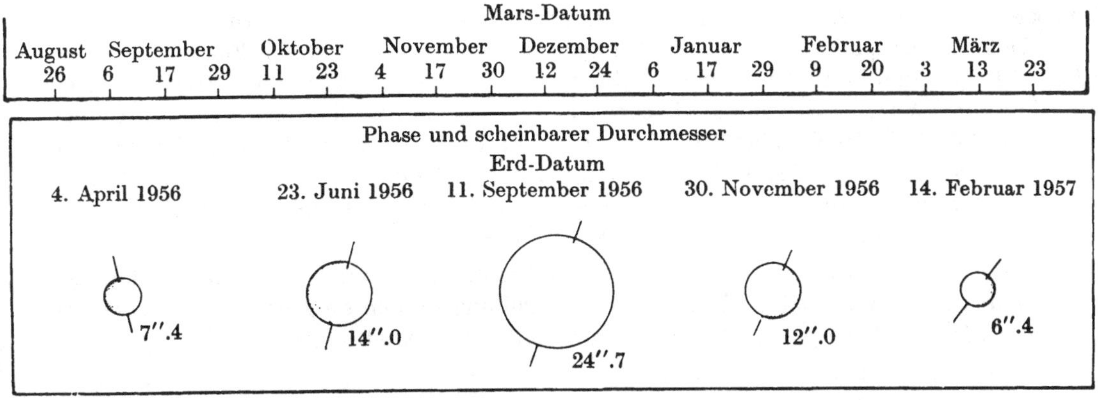

Abb. 10.9. Die Orientierung der Marsachse und die scheinbare Größe der Marsscheibe zwischen dem 4. 4. 1956 und dem 14. 2. 1957. Die Opposition fand am 11. 9. 1956 statt. *(Sky and Telescope.)*

Die Entweichungsgeschwindigkeit vom Mars (Tabelle 10.4) ist genügend groß, um den Planeten in Stand zu setzen, eine Atmosphäre zu halten. Daher lassen sich die Erscheinungen auf seiner Scheibe in zwei Gruppen einteilen:

I. Atmosphärische Erscheinungen:
   a) atmosphärische Streuung, die die Unschärfe der wahren Oberflächenzeichnung nach dem Rande hin verursacht;
   b) mehrere verschiedene Arten von (gelben, weißen, und blauen) Wolken, die in der Atmosphäre treiben;
   c) veränderlicher violetter Dunst in der Atmosphäre.

II. Oberflächenerscheinungen:
   a) weiße Polkappen aus Reif oder hellem Schnee;
   b) beständige dunkle Flächen, die ihre Lage auf dem Planeten behalten, aber jahreszeitlichen Farbänderungen und Veränderungen der Gestalt und Schärfe von einem Marsjahr zum nächsten unterliegen;
   c) gelbliche Wüstengebiete, die während des Marsjahrs im wesentlichen gleich bleiben;
   d) unregelmäßige kleine Flecken, die dunkler als die umgebenden Wüstenflächen sind und sich in Erscheinung und Schärfe von einer Opposition zur nächsten verändern. Sie werden oft als Oasen bezeichnet.
   e) „Kanäle", die wie schmale dunkle Streifen aussehen, sich über Hunderte von Kilometern quer durch Wüstengebiete erstrecken und gewöhnlich dunkle Flächen mit Oasen verbinden. Einige der schärferen Kanäle hat man photographieren können.

Mars besitzt Jahreszeiten, die denen der Erde ähnlich sind, mit Ausnahme, daß ein Marsjahr ungefähr gleich zwei irdischen Jahren ist und jede Jahreszeit rund zweimal so lange dauert wie auf der Erde. Die Oberflächenerscheinungen verändern ihr Aussehen in jahreszeitlichem Rhythmus (Abb. 10.10). Zu Beginn eines Marsfrühlings bedeckt eine ausgedehnte weiße Kappe rund 10 Millionen Quadratkilometer des Polargebiets. Mit fortschreitendem Frühling nimmt die Polkappe an Größe ab und wird von einem dunklen Rand begrenzt. Am Ende des Sommers ist die Kappe klein geworden, aber sie bleibt gewöhnlich sichtbar, und verschwommene weiße „Schleier" beginnen über den Polargebieten zu erscheinen. Während des Herbstes und Winters ist die ganze Polarregion von diesen Schleiern bedeckt, die erst zu Beginn des folgenden Frühlings verschwinden. Die Polkappen weichen ziemlich gleichförmig zurück, wenn der Frühling fortschreitet, aber es kommen gelegentlich Verzögerungen des Abschmelzens des Schnees vor, die ohne Zweifel durch späte Winterstürme in der Planetenatmosphäre bedingt sind. Wenn die Kappe kleiner wird, bleiben gewöhnlich zwei kleine weiße Flecke zurück, die Mitchell-Berge. Man hält sie für relativ unbedeutende, erhöhte Gebiete oder Hochebenen auf der Oberfläche. Mars besitzt keine schneebedeckten Bergspitzen und keine vereisten Gebiete wie etwa Grönland. In Wirklichkeit geht das Zurückweichen der Polkappen fast mit der Geschwindigkeit vor sich, die aus den Strahlungsmengen, die in jeder Breite auf dem Planeten auffallen, berechnet wurden; es existiert keine zeitliche Verzögerung, wie sie beim Abschmelzen einer dicken Eis- oder Schneeschicht zu erwarten wäre.

Die dunklen Gebiete des Mars, die rund ein Viertel seiner Oberfläche ausmachen, ändern sich in Farbe und Größe während des Marsjahres. Im Frühling werden sie größer und schärfer. Im Winter werden sie wieder schwach und ihre Grenzen unbestimmt.

Abb. 10.10. Jahreszeitliche Veränderungen auf dem Mars. Die entsprechenden Marsdaten sind für jede Aufnahme angegeben. *(Photographie des Lowell-Observatoriums.)* →

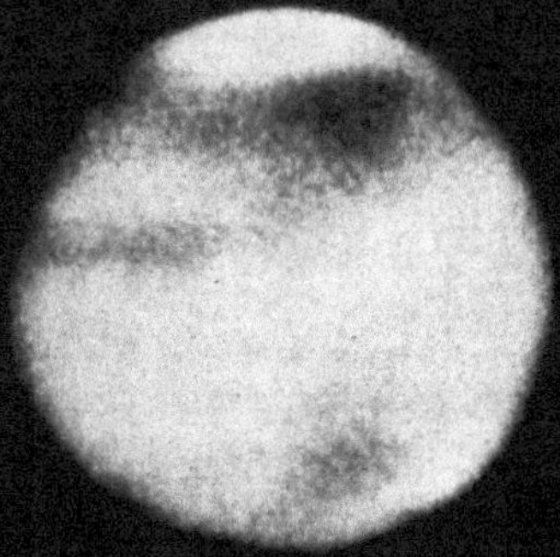

März

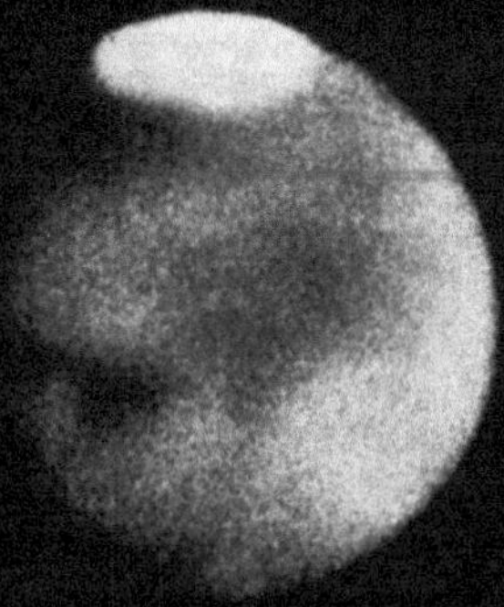

1. Mai

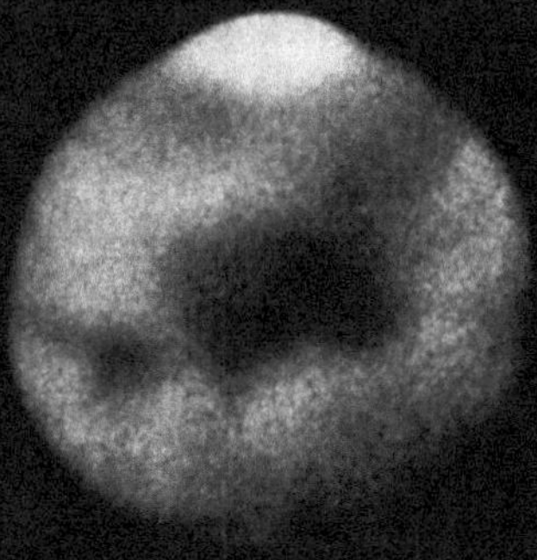

29. Mai

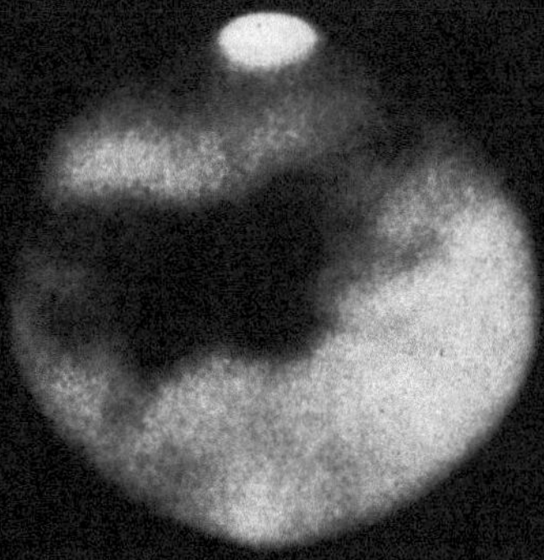

23. Juni

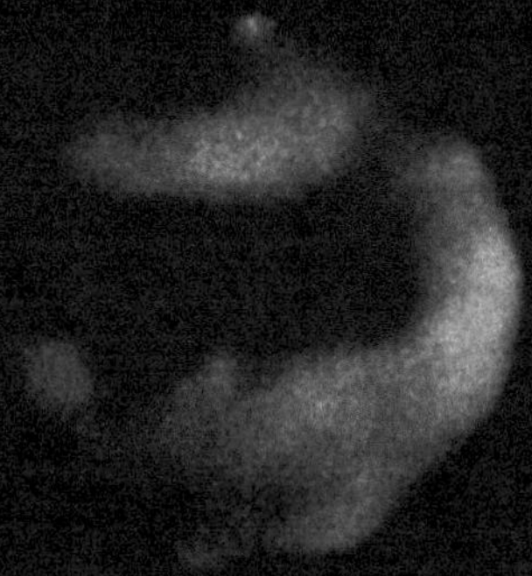

31. Juli

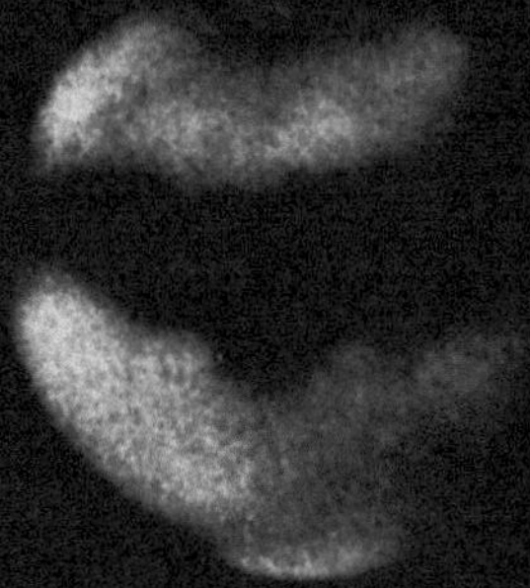

21. August

Die übrigen drei Viertel der Marsoberfläche zeigen geringen jahreszeitlichen Wechsel; sie umfassen die helleren, rötlich-orangegelben Gebiete (s. Abb. 10.11), die für die rote Farbe des Planeten verantwortlich sind.

Mars mit nur $^1/_{10}$ der Masse und $1/_2$ des Radius der Erde besitzt eine äußerst trockene Atmosphäre von relativ niedriger Dichte. Mehrere Arten von Wolken sind beobachtet worden: gelbe Wolken, die zwar für das Auge sichtbar sind, aber von einer blauempfindlichen Platte nicht erfaßt werden; blaue Wolken, die sich im blauen und violetten Licht photographieren lassen, die aber im gelben oder roten Licht unsichtbar sind und weiße Wolken, die in allen Farben gleichmäßig sichtbar sind. Aus den Wolkenbewegungen lassen sich die Winde und die

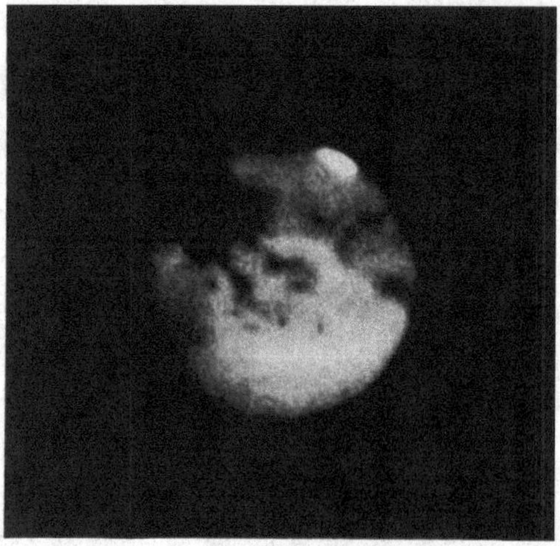

Abb. 10.11. Photographie des Mars. Der kleine weiße Fleck ist die südliche Polkappe. Das unregelmäßige Gebiet im Zentrum der Scheibe ist der „Solis Lacus"; die dunkle Fläche links, die dem Auge grün erscheint, ist das „Mare Erythraeum", das helle Gebiet auf der unteren rechten Seite der Scheibe erscheint dem Auge gelb und umfaßt den „Tractus Albus". *(Photographiert von H. M. Jeffers mit dem 36-Zoll-Refraktor des Lick-Observatoriums.)*

allgemeine atmosphärische Zirkulation auf dem Mars erschließen. Im blauen und violetten Licht erscheint der Planet von einem dichten Nebel umgeben. Gelegentlich löst sich dieser „violette Nebel" auf und die Oberflächengebilde lassen sich dann im einzelnen sogar im violetten Licht wahrnehmen. Der Nebel ist im roten und gelben Spektralbereich durchsichtig, und die Oberflächenformen des Mars sind immer sichtbar mit Ausnahme, wenn sie von gelben Wolken verdeckt werden. Die blauen Wolken hält man für Kondensationen des violetten Nebels.

Spektroskopische Untersuchungen der Marsatmosphäre haben meist negative Ergebnisse erbracht. Ein Versuch, Sauerstoff und Wasserdampf nachzuweisen, wurde von T. Dunham Jr. auf dem Mount Wilson unternommen. Da beide Gase starke tellurische Linien besitzen, könnten ihre Absorptionen, wenn sie in der Marsatmosphäre existieren sollten, nicht entdeckt werden, wenn nicht eine Doppler-Verschiebung eine Trennung bewirkte. Zur Quadratur reicht die Relativgeschwindigkeit des Mars in bezug auf die Erde aus, um alle Linien, die etwa vorhanden sein könnten, erkennen zu lassen, aber keine derartigen Absorptionslinien konnten in den Spektren entdeckt werden. Nur für das Verhältnis des Sauerstoffs und Wasserdampfs auf dem Mars zu dem auf der Erde konnte eine obere Grenze von 0,0015 abgeleitet werden. G. P. Kuiper entdeckte Absorptionslinien, die von Kohlendioxyd (CO_2) herrührten, im infraroten Bereich des Spektrums.

Da CO_2 das einzige Molekül ist, das in der Marsatmosphäre identifiziert wurde, könnten die weißen Polkappen aus gefrorenem Kohlendioxyd (trocknem Eis) bestehen. Kuipers Untersuchung des infraroten Marsspektrums hat jedoch ergeben, daß die Polkappen aus gefrorenem H_2O bestehen, entweder aus Schnee oder aus Reif, und nicht aus CO_2. Von festem Kohlendioxyd reflektiertes Sonnenlicht bleibt nämlich bis weit ins Infrarot „weiß“, während irdischer Schnee oder Reif über eine Wellenlänge von 15 000 Å (gewöhnlich als 1,5 Mikron bezeichnet) hinaus fast schwarz ist. Da die Polkappen im Infrarot fast schwarz sind, müssen sie also aus H_2O bestehen. Kuiper schließt daraus, daß die Polkappen des Mars aus einer Reifschicht von etwa 1 mm Dicke gebildet werden bei einer Temperatur weit unter 0° C.

Da die Marsatmosphäre sehr dünn ist, würde in ihr Wasser bei rund +40° C sieden gegenüber 100° C auf der Erde. Auch besitzt bei niedrigem Atmosphärendruck Eis die Tendenz zu sublimieren, d. h. direkt aus dem festen in den gasförmigen Zustand überzugehen, anstatt zu schmelzen (fest in flüssig). Daher verdampfen die Polkappen wahrscheinlich im Frühling und Sommer. Wasserdampf müßte demnach in der Marsatmosphäre vorhanden sein, doch ist die Menge zu klein, um beobachtbare Absorptionslinien hervorrufen zu können. Der violette Nebel und die violetten Wolken könnten aus Eiskristallen bestehen, doch ist es möglich, daß in der Höhe, in der sich die Wolken bilden, die Temperatur so niedrig ist, daß auch CO_2 Kristalle bilden wird. Die weißen Wolken werden wahrscheinlich aus größeren Kristallen gebildet als der Nebel. Das gelegentliche Aufklären in dem violetten Nebel ist die Folge einer Temperaturerhöhung, die die Kristalle zum Verdampfen bringt. E. Schatzman hat berechnet, daß die Menge Wasserdampf, die erforderlich ist, den violetten Nebel zu erzeugen, innerhalb Dunhams spektroskopischer Grenze liegt.

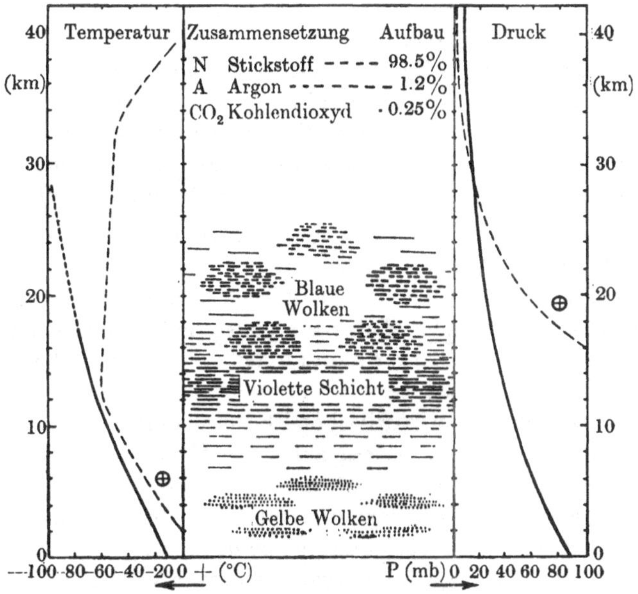

Abb. 10.12. Aufbau der Marsatmosphäre nach G. de Vaucouleurs. Die Temperatur- und Druckverteilung mit der Höhe in der Marsatmosphäre wird durch die ausgezogenen Kurven dargestellt; die gestrichelten Kurven bedeuten die Temperatur- und Druckverteilung in der Erdatmosphäre. *(Aus „Physics of the Planet Mars“ von G. de Vaucouleurs, Faber und Faber, London 1954.)*

Die gelben Wolken entstehen in den Wüstengebieten des Planeten, und einige Astronomen haben die Vermutung geäußert, daß diese Gebiete größtenteils aus Rost, Fe_2O_3, bestehen könnten. Zum Beispiel meint A. Dollfus am Observatorium auf dem Pic du Midi, daß es sich bei den gelben Flächen um pulverisierten Limonit oder Brauneisenstein (2 Fe_2O_3, 3 H_2O) handeln könnte. Kuiper fand jedoch, daß das Infrarotspektrum der gelben Gebiete auf dem Mars dem der irdischen Wüsten, die Fe_2O_3 in beträchtlicher Menge enthalten, nicht ähnlich ist, sondern daß jene eher Ähnlichkeit mit einem bräunlichen Gestein besitzen, dem felsitischen Rhyolit (Aluminium- und Kaliumsilikat mit Quarzkörnern in Okklusion). Wenn diese Identifizierung richtig ist, dann hat Verwitterung, die die Sedimentgesteine der Erde hervorgebracht hat, keine Rolle auf dem Mars gespielt. Woraus auch immer die Wüsten bestehen mögen, so muß sich doch im Lauf der Zeit infolge von Meteoraufschlägen und Temperaturschwankungen eine mehr oder weniger große Menge Staub angesammelt haben. Und gelegentlich dürften Winde in diesen Gebieten Anstoß zu Sandstürmen und gelben Wolken geben. Die Häufigkeit der gelben Wolken ist am größten in der Nähe des Periheldurchgangs des Planeten, wenn die einfallende Sonnenstrahlung ihr Maximum erreicht.

Ein Profil der Marsatmosphäre und Schätzungen von Druck und Temperatur sind in Abb. 10.12 wiedergegeben. Man beachte, daß der Druck an der Marsoberfläche nur rund ein Zehntel desjenigen an der Erdoberfläche beträgt, daß aber in einer Höhe von 30 km der Druck auf dem Mars größer als auf der Erde ist, weil die geringere Schwerkraft des Mars im Vergleich zu der der Erde die Atmosphäre nicht so sehr zusammendrückt.

Nach G. de Vaucouleurs bestehen die jahreszeitlichen Änderungen der dunklen Flecken in einer Zunahme ihrer Dunkelheit, die in den polaren Gebieten beginnt und allmählich nach dem Äquator fortschreitet. Was den Mechanismus anbetrifft, der dieses Dunklerwerden bewirkt, so dürfte es sich hierbei wahrscheinlich eher um die Ausbreitung von Wasserdampf in der Atmosphäre von den Polen her handeln als um ein Strömen flüssigen Wassers am Boden. Die meisten der dunklen Flecken behalten ihre Lage auf dem Planeten bei und werden in jeder günstigen Opposition beobachtet. Es war daher möglich, eine ziemlich vollständige Karte dieser Gebiete zu zeichnen, die im Charakter den Erdkarten ähnelt. Es gibt auf dem Mars keine offenen Meere und die dunklen Flächen werden von den gelben wüstenähnlichen Gebieten umgeben. Selbst relativ kleine Seen hätten, wenn es sie auf dem Mars gäbe, entdeckt werden können an dem hellen Spiegelbild der Sonne auf der Wasseroberfläche. Es wurde aber bisher niemals von einer derartigen Beobachtung berichtet. Die genauen Grenzen der dunklen Gebiete unterliegen kleinen jahreszeitlichen Schwankungen, und sie zeigen oft große Unterschiede in aufeinanderfolgenden Oppositionen. Sie dürfen nicht als etwas Ähnliches wie die Kontinente auf der Erde oder die Meere auf dem Mond aufgefaßt werden.

Viele Beobachter schreiben den dunklen Gebieten eine grünliche Farbe zu, was vermuten läßt, daß sie mit Vegetation bedeckt sein könnten. Jedoch haben Beobachtungen während der Opposition von 1956 beträchtlichen Zweifel an einer solchen Folgerung erregt. Spektroskopische Versuche Kuipers ergeben keine Anzeichen für das charakteristische hohe Reflexionsvermögen des Chlorophylls im Infrarot. Kuiper wies aber darauf hin, daß einige primitive Pflanzenformen kein Chlorophyll enthalten und daß das Infrarotspektrum der dunklen Marsgebiete dem von irdischen Flechten ähnelt, die sich ohne Schwierigkeit der Marstemperatur anpassen könnten. Hierzu bemerkte E. Öpik ergänzend, daß die dunklen Flächen, wenn es keine regenerierenden Kräfte in ihnen gäbe, jetzt von dem gelben Staub überdeckt sein würden. Kuiper schloß seine Diskussion mit der Warnung: „. . . dem Vergleich mit Flechten dürfte nur heuristischer Wert beizumessen sein; es wäre höchst überraschend, wenn sich auf dem Mars ähnliche Pflanzenarten entwickelt hätten wie auf der Erde.“

Eine andere Hypothese, die neuerdings von D. B. McLaughlin zur Diskussion gestellt wurde, faßt die dunklen Flächen als Ablagerungen vulkanischer Asche aus aktiven Vulkanen auf (jedoch ist noch kein Vulkan in Tätigkeit oder sonstwie tatsächlich beobachtet worden). Dieser Gedanke erfüllt die Forderung Öpiks und er erklärt auch die Form der dunklen Flecken. Er gibt aber keine vollständige Erklärung der jahreszeitlichen Farbänderungen, von denen manche Beobachter berichten.

Die „Kanäle“ auf dem Mars wurden 1877 von G. Schiaparelli entdeckt. Er beschrieb sie als schwache und regelmäßige gerade Linien in den gelben Teilen des Planeten, die oft dunkle Flächen und Flecken miteinander verbinden. P. Lowell nahm sogar an, daß sie künstlichen Ursprungs wären und dazu dienten, Wasser auf dem trocknen Planeten zu verteilen. Andere kompetente Astronomen haben jedoch die Existenz eines Netzes gerader Linien auf dem Mars bezweifelt. E. M. Antoniadi, der von 1909 bis 1924 den Mars eingehend untersucht hat, zog den Schluß, daß „die Einzelheiten auf dem Mars überall eine unbestimmte unregelmäßige und natürlich aussehende Struktur zeigen". Ein paar der auffälligsten Kanäle, die visuell von Schiaparelli und Lowell beobachtet wurden, sind von E. C. Slipher am Lowell-Observatorium und in Südafrika photographiert worden; daher kann kein Zweifel an ihrer Existenz bestehen. Die photographische Methode ist in diesem Fall den visuellen Beobachtungen unterlegen, weil die erforderlichen Belichtungszeiten nicht kurz genug sind, um den Planeten selbst bei guten Sichtbedingungen aufzunehmen; unregelmäßige Refraktion in der Erdatmosphäre läßt die Bilder verwischen, die mit Belichtungszeiten von einer Sekunde erhalten wurden. Sogar für den Mond, der heller als der Mars ist und für den man mit kürzeren Belichtungszeiten auskommt, findet Kuiper ein visuelles Auflösungsvermögen, das viermal größer als das der besten Photographien ist. Man hat elektronische Verfahren entwickelt, die die Belichtungszeiten um einen Faktor 10 oder 100 vermindern werden; mit ihrer Hilfe sollte es schließlich gelingen, das Problem der Marskanäle zu lösen.

10.9 Der Ursprung des Lebens auf den Planeten

Leben ist eine Eigenschaft bestimmter Ansammlungen von komplexen organischen Molekülen, welche Kohlenstoff enthalten. Die Hauptbausteine lebender Organismen sind die Kohlehydrate, Fette, Proteine und Nukleinsäuren. Sie alle sind komplizierte Gebilde aus Dutzenden oder Hunderten von Atomen der recht gewöhnlichen Elemente Wasserstoff, Kohlenstoff, Sauerstoff und Stickstoff, die sämtlich auf der Erde und auch auf den anderen Planeten in großen Mengen vorkommen. Für die Bildung komplexer organischer Moleküle ist es notwendig, daß die Atome Gelegenheit zu enger gegenseitiger Annäherung haben, und zwar milliardenmal in einem kurzen Zeitintervall. In einer festen Substanz ist dies den Atomen nicht möglich. Um die Bedingung zu erfüllen, ist ein flüssiges oder gasförmiges Medium erforderlich — für irdisches Leben beispielsweise Wasser oder Luft. Wenn auch die Wahrscheinlichkeit für die spontane Bildung eines organischen Moleküls äußerst gering ist, so ist doch andererseits die Anzahl der Atome im Wasser überaus groß, und der Zeitraum, während dem sich solche Prozesse in der Natur haben abspielen können, ist außerordentlich lang. Die meisten Biologen glauben, daß der Ursprung des Lebens auf der Erde in großen, warmen (aber nicht heißen) Gewässern eher als in Luft zu suchen ist.

Die Ansicht, daß lebende Moleküle durch zufällige Begegnungen von Atomen in Wasser während der ersten paar Milliarden Jahre der Lebensdauer der Erde entstanden sind, ist einleuchtend. Man kann dann weiter fragen, ob diese Moleküle Möglichkeiten zur Vermehrung und zur Bildung noch komplizierterer lebender Organismen hatten.

Es hat den Anschein, als ob die ursprüngliche Heimat der ersten lebenden Moleküle im Wasser nichts enthielt, was als Nahrung hätte dienen können. Sauerstoff, der chemisch aktiv ist, würde zur Oxydation der festen Gesteine der Erdoberfläche verbraucht worden sein. Die Moleküle waren daher gezwungen, sich gegenseitig voneinander zu ernähren. Man hat daran gedacht, daß die Ernährung organischer Substanzen durch andere ein Prozeß ähnlich der Gärung von Zucker durch Hefe sein könnte — er setzt einen kleinen Energiebetrag frei und erzeugt auch Alkohol und Kohlendioxyd.

Sobald CO_2 einmal vorhanden war, erschloß sich den verbleibenden Organismen eine neue und reiche Energiequelle — das Sonnenlicht —, das dem CO_2 die Verbindung mit Wasser ermöglicht unter Bildung von Zucker und freiem Sauerstoff. Dies ist der Prozeß der Photosynthese.

Somit war die Bildung von etwas CO_2 das Einzige, was erforderlich war. Photosynthese würde dann automatisch zur Erzeugung weiteren Zuckers führen, der wieder vergoren werden könnte. Dabei würde aber auch freier Sauerstoff entstehen, der vorher nicht vorhanden war. Dieser freie Sauerstoff würde den Zucker und andere organische Moleküle oxydieren, wobei das verbrauchte CO_2 ersetzt und weitere Energie frei würde.

Dies ist das Bild, das uns die Biologen vom Ursprung des Lebens auf der Erde zeichnen. Es erhebt sich nun die Frage, ob auch auf einem anderen Planeten des Sonnensystems Leben entstanden sein könnte.

Die Marsatmosphäre enthält keinen freien Sauerstoff in beobachtbarer Menge. Wasserdampf wurde bisher nicht gefunden, obgleich durch Kuipers Beweis, daß die Polkappen aus Reif bestehen, seine Existenz nachgewiesen wurde. Eine beträchtliche Menge CO_2 ist vorhanden, einigemal mehr als in der Luft. Es gibt aber keine ständigen offenen Wasserflächen auf dem Mars, und die Temperatur liegt im Durchschnitt 30 bis 40 Grad tiefer als auf der Erde. Unter diesen Umständen kann zur Zeit vermutlich kein Leben entstehen. Es läßt sich höchstens sagen, daß wenn jetzt Flechten und Moose in den dunklen Gebieten des Planeten wachsen, lebende Organismen vor einigen Milliarden Jahren in ziemlich großen permanenten Gewässern entstanden sein müssen.

In mancher Hinsicht ist der Planet Venus sogar noch interessanter als Mars. Er empfängt eine größere Menge an Sonnenstrahlung, und seine Oberflächentemperatur dürfte erheblich höher als die der Erde sein. Sie kann sogar über dem Siedepunkt des Wassers liegen, doch ist dies unwahrscheinlich, in den Polargebieten liegt sie auf jeden Fall unter 100° C. Die Atmosphäre der Venus ist der der Erde ähnlich was die Gesamtmenge und die Dichteverteilung anbetrifft. Aber man hat keinen freien Sauerstoff und keinen Wasserdampf beobachtet, statt dessen aber CO_2 in großer Menge. Die meisten Astronomen vertreten die Ansicht, daß auf der unsichtbaren Venusoberfläche Wasser vollständig fehlt und daß sie eine trockene staubige Wüste ohne Leben ist. Wenn diese Folgerungen richtig sind, hat Leben auf der Venus niemals in der Vergangenheit existiert — ihre Temperatur war niemals wesentlich niedriger als jetzt. Es ist jedoch einleuchtend, daß, wenn die Venustemperatur unter den Siedepunkt des Wassers sinken würde, auch auf diesem Planeten Leben entstehen könnte.

10.10 Das Pluto-Problem

Über Pluto, den am spätesten (1930) entdeckten und entferntesten der Planeten, läßt sich wenig sagen. Seine Masse beträgt 0,8 der Erdmasse nach Berechnungen von D. Brouwer aus den Störungen der Bewegungen von Uranus und Neptun durch Pluto. Von der Existenz eines Satelliten Plutos ist nichts bekannt. Kuiper hat neuerdings den Durchmesser Plutos mit dem 200-Zoll-Teleskop auf dem Mount Palomar gemessen und dafür rund 5 700 km oder etwa die Hälfte des Erddurchmessers gefunden. Seine Dichte würde daher 35 g/cm³ betragen — das ist mehr als für jede häufigere Substanz auf der Erde. Die wahrscheinlichste Erklärung ist, daß entweder die Massenbestimmung fehlerhaft ist oder daß Kuiper nicht den wahren Plutodurchmesser gemessen hat, sondern einen hellen Fleck, der auf Spiegelung an seiner Oberfläche beruht. Eine blanke Eisfläche könnte ein solches Spiegelbild der Sonne erzeugen. Durch Meteoritenaufschläge würde jedoch die Glätte der Oberfläche zerstört werden. H. C. Urey hat vermutet, daß es dort plastische Substanzen geben könnte, in denen die Spur eines Meteoraufschlags bald verschwinden und die Glätte des Bodens wiederhergestellt würde. Doch läßt sich dieses Problem zur Zeit nicht lösen.

Die Bahn des Pluto unterscheidet sich auffallend von den Bahnen aller anderen regulären Planeten. Sie ist sogar noch exzentrischer ($e = 0{,}249$) als die Bahn Merkurs ($e = 0{,}206$); Pluto ist der einzige Planet, dessen Bahn fast (wenn auch nicht ganz) die Bahn seines nächsten Nachbars schneidet. Kuiper und Rabe, und vor ihnen R. A. Lyttleton, haben die Auffassung vertreten, bei Pluto handle es sich um einen früheren Satelliten Neptuns, der aus dessen Gravitationsfeld entwichen sei.

Aufgaben

1. In der Himmelsmechanik wird die sogenannte Energiegleichung

$$v^2 = 2\,G(M + m)\left(\frac{1}{r} - \frac{1}{2\,a}\right)$$

aus den Newtonschen Gesetzen abgeleitet für ein Objekt der Masse m, das sich um einen Körper M bewegt, worin a die große Halbachse der Bahn bedeutet.

   a) Berechne die Geschwindigkeit eines Steins, der aus der Mondentfernung zur Erde fällt, wenn er einen Abstand r von 192 000 km hat.

   b) Berechne die Geschwindigkeit eines Kometen, der sich in einer Parabelbahn um die Sonne bewegt, wenn er sich in einem mittleren Abstand von der Sonne von einer astronomischen Einheit befindet. (Beachte, daß die Halbachse einer Parabel unendlich groß ist, so daß $\frac{1}{a}$ gleich Null gesetzt werden kann.)

   c) Leite eine Formel für die Entweichungsgeschwindigkeit von einem Körper der Masse M und des Radius R ab.

2. Der Halleysche Komet besitzt eine Apheldistanz von 35 a. E. und eine Periheldistanz von 0,6 a. E. Berechne die mittlere Geschwindigkeit der H_2-Moleküle im Kometenkern (als Gas betrachtet) in diesen beiden Entfernungen.

3. Wie groß ist die Geschwindigkeit in Kilometern pro Stunde, mit der ein Fleck am Jupiteräquator, der eine Rotationsperiode von $9^h\,50^m$ hat, einen anderen Fleck überholen würde, der eine Periode von $9^h\,55^m$ hat?

4. Spektroskopische Beobachtungen des Mars wurden am Mount Wilson-Observatorium angestellt, als die Geschwindigkeit des Mars relativ zur Erde + 12,6 km/sec betrug. Berechne die Verschiebung in Ångström, die die Sauerstoff-Bande λ 7621 Å des Mars haben würde, wenn sie im Spektrum zu sehen wäre.

11. SATELLITEN UND DER SATURNRING

11.1 Allgemeine Daten

Einunddreißig Satelliten sind jetzt im Sonnensystem bekannt. Der Mond ist der einzige natürliche Satellit der Erde; zwei kleine Satelliten gehören zum Mars; Jupiter hat zwölf, Saturn neun, Uranus fünf und Neptun zwei. Die Satelliten sind von besonderer Bedeutung für die Massenbestimmung der Planeten, um die sie sich bewegen (Abschnitt 9.5); Merkur, Venus und Pluto haben keine Satelliten, und ihre Massen sind daher weit unsicherer bekannt als die der anderen Planeten.

Obgleich unser Mond nicht der Satellit mit der größten Masse im Sonnensystem ist — er wird von drei Satelliten Jupiters, einem Saturns und einem Neptuns übertroffen —, so ist er doch bei weitem der massereichste relativ zu seinem Planeten. Für den Mond ist das Verhältnis 1:81, für alle anderen ist es kleiner als 1:1000. Der kleinste Saturnsatellit, für den die Masse bekannt ist, wiegt nur $\frac{1}{15\,000\,000}$ soviel wie Saturn selbst. Es gibt wahrscheinlich kaum eine untere Grenze für die Masse eines natürlichen Satelliten, jeder meteoritische Körper könnte

Tabelle 11.1 Satelliten

Name	Mittl. Abstand vom Planeten in 10^3 km	Siderische Umlaufszeit			Bewegung (direkt oder rückläufig)	Radius in km	Masse in 10^{24} g	ϱ in g/cm³	Albedo
					Erdmond				
Mond	384,4	27^d	7^h	43^m	d	1,738	73,4	3,3	,072
					Marsmonde				
Phobos	9,4	0	7	39	d	8			
Deimos	23,5	1	6	18	d	4			
					Jupitermonde				
V	181	0	11	57	d	80			
I Jo	421,8	1	18	28	d	1,660	79	4,1	,57
II Europa	671,4	3	13	14	d	1,440	47,8	3,8	,60
III Ganymed	1,071	7	3	43	d	2,470	135	2,4	,34
IV Callisto	1,884	16	16	32	d	2,340	90	1,7	,15
VI	11,500	250	15		d	60			
VII	11,750	260			d	20			
X	11,750	260			d	10			
XII	21,000	625			r	10			
XI	22,500	696			r	12			
VIII	23,500	739			r	20			
IX	23,700	755			r	11			

Name	Mittl. Abstand vom Planeten in 10^3 km	Siderische Umlaufszeit			Bewegung (direkt oder rückläufig)	Radius in km	Masse in 10^{24} g	ϱ in g/cm³	Albedo
				Saturnmonde					
Mimas	185,7	0^d	22^h	37^m	d	260	0,038	0,5	,8
Enceladus	238,2	1	8	53	d	300	0,07	0,6	,8
Tethys	294,8	1	21	18	d	600	0,65	0,7	,8
Dione	377,7	2	17	41	d	650	1,03	0,9	,8
Rhea	527,5	4	12	25	d	900	2,3	0,8	,8
Titan	1,223	15	22	41	d	2,500	137	2,1	,27
Hyperion	1,484	21	6	38	d	200	0,11	3,2	
Japetus	3,563	79	7	56	d	600	5	5,4	var.
Phoebe	12,950	550	11		r	150			
				Uranusmonde					
Miranda	130,1	1	10						
Ariel	191,8	2	12	29		300			
Umbriel	267,3	4	3	27		200			
Titania	438,7	8	16	56		500			
Oberon	586,6	13	11	7		400			
				Neptunmonde					
Triton	353,6	5	21	3	r	2,000	150	4,4	,2 ?
Nereid	6,000 ?	500			d	150	0,05	3,5	

infolge von Störungen ein Satellit werden. Aber im Fall des Mondes dürfte wohl die obere Grenze für das Verhältnis Satellitenmasse:Planetenmasse vorliegen.

Tabelle 11.1 gibt die Hauptdaten für die bekannten Satelliten; die Massen von 15 von ihnen wurden aus Störungen bestimmt, die sie auf andere denselben Planeten umlaufende Satelliten ausüben.

11.2 Die Marsmonde

Mars hat zwei Satelliten, Phobos und Deimos. Abb. 11.1 zeigt ihre Bahnen, von der Erde aus gesehen, am 16. November 1958. Phobos, der größere und hellere der beiden, läuft mit einer Periode um, die weniger als ein Drittel der Rotationsperiode des Mars beträgt. Alle elf Stunden geht er, vom Mars aus betrachtet, im Westen auf und im Osten unter. Durch einen ungewöhnlichen Zufall wurden die Marssatelliten zuerst im Jahre 1726 von einem Zeitgenossen Newtons beschrieben, 150 Jahre vor ihrer Entdeckung! Jonathan Swift schrieb in Gullivers Reisen, daß die Astronomen von Laputa „zwei kleine Sterne oder Satelliten entdeckt hätten, die den Mars umkreisen; der innere von ihnen sei vom Zentrum des Planeten genau drei seiner Durchmesser entfernt (in Wirklichkeit ist er 1,4 Durchmesser entfernt), der äußere fünf (in Wirklichkeit 3,6); der erstere vollende einen Umlauf in einem Zeitraum von 10 Stunden (in Wirklichkeit 7½), und der letztere in 21½ Stunden (in Wirklichkeit 30,3), so daß die Quadrate ihrer Umlaufsperioden sehr nahe im gleichen Verhältnis zueinander stehen wie die Kuben ihrer Abstände vom Marszentrum, wodurch gezeigt wird, daß sie offensichtlich von demselben Gravitationsgesetz beherrscht werden, dem die anderen Himmelskörper unterliegen“.

11.3 Die Jupitermonde

Die vier größten Jupitermonde, die von Galilei bald nach der Erfindung des Fernrohrs im Jahre 1610 entdeckt wurden, sind an Größe mit dem Merkur vergleichbar. Ihre Bahnen sind nahezu kreisförmig und liegen angenähert in der Ebene des Jupiteräquators. Alle vier stehen nahe genug bei Jupiter, damit ihre Schatten auf seine Oberfläche fallen können, wenn sie zwischen ihm und der Sonne hindurchgehen. Wenn einer der Jupitermonde über die Scheibe des Planeten hinweggeht, ist das Bild des Satelliten gewöhnlich als heller Fleck sichtbar, während der Schatten in einiger Entfernung als dunkler Punkt zu sehen ist. Jupiter verfinstert

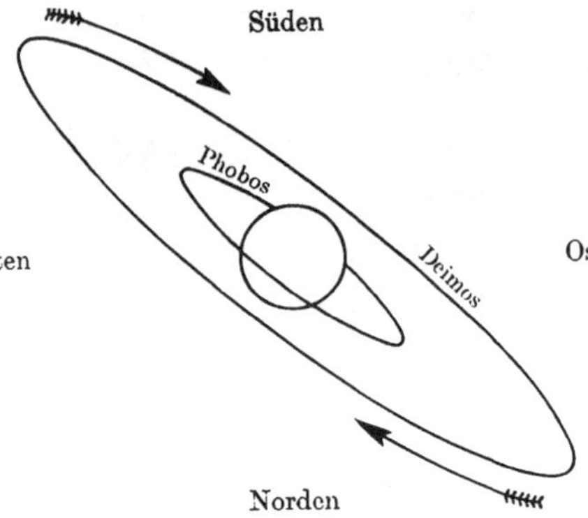

Scheinbare Bahnen der Marsmonde zur Opposition am 16. November 1958

Namen der Monde	Siderische Periode
I Phobos	$7^h\ 39^m\ 13^s.85$
II Deimos	30 17 54.87

Abb. 11.1. Aus American Ephemeris and Nautical Almanac 1958.

Jupitermonde, 1958

Scheinbare Bahnen der Jupitermonde I—V zur Opposition am 17. April 1958. (Die Bahnen sind in Richtung ihrer kleinen Achsen im Verhältnis 3:1 verbreitert.)

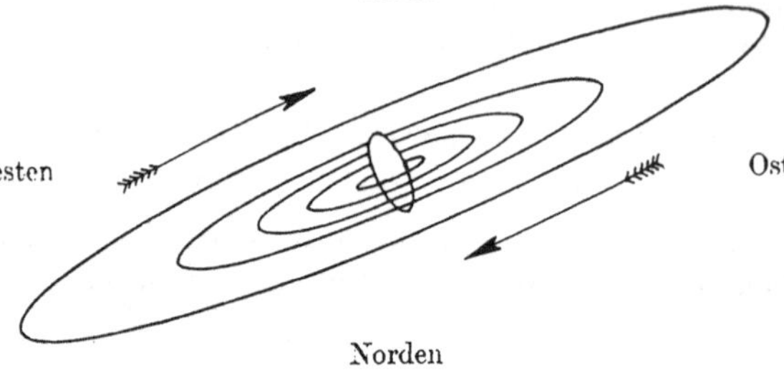

Abb. 11.2. Aus American Ephemeris and Nautical Almanac 1958.

auch seine Galileischen Monde. Wegen des großen Querschnitts des Jupiterschattens und der geringen Neigung der Satellitenbahnen gegen die Bahn Jupiters um die Sonne werden die drei inneren Galilei-Monde bei jedem Umlauf verfinstert. Satellit IV dagegen zieht manchmal am Jupiterschatten vorbei. Wenn Jupiter nicht genau in Opposition oder Konjunktion steht, bildet sein Schatten einen Winkel mit der Geraden, die Erde und Sonne verbindet. Daher kann eine Finsternis sehr wohl außerhalb der Planetenscheibe stattfinden. Man muß infolgedessen zwischen Verfinsterungen und Bedeckungen der Satelliten unterscheiden. Die letzteren treten ein, wenn ein Mond hinter der Planetenscheibe verschwindet.

Von historischer Bedeutung ist die Tatsache, daß Ole Römer, ein dänischer Astronom des 17. Jahrhunderts, zum ersten Male die Lichtgeschwindigkeit mit Hilfe der Zeiten dieser Finsternisse bestimmte. Er fand, daß der Unterschied zwischen den vorausberechneten und den beobachteten Zeiten der Finsternisse um so größer war, je weiter die Erde vom Jupiter entfernt stand. Er nahm ganz richtig an, diese Erscheinung sei eine Folge davon, daß das Licht eine längere Zeit benötigt, um die vergrößerte Entfernung Jupiter—Erde zurückzulegen. Da die Verfinsterungen, wenn Jupiter in Konjunktion stand, $16\frac{1}{2}$ Minuten später eintraten, als

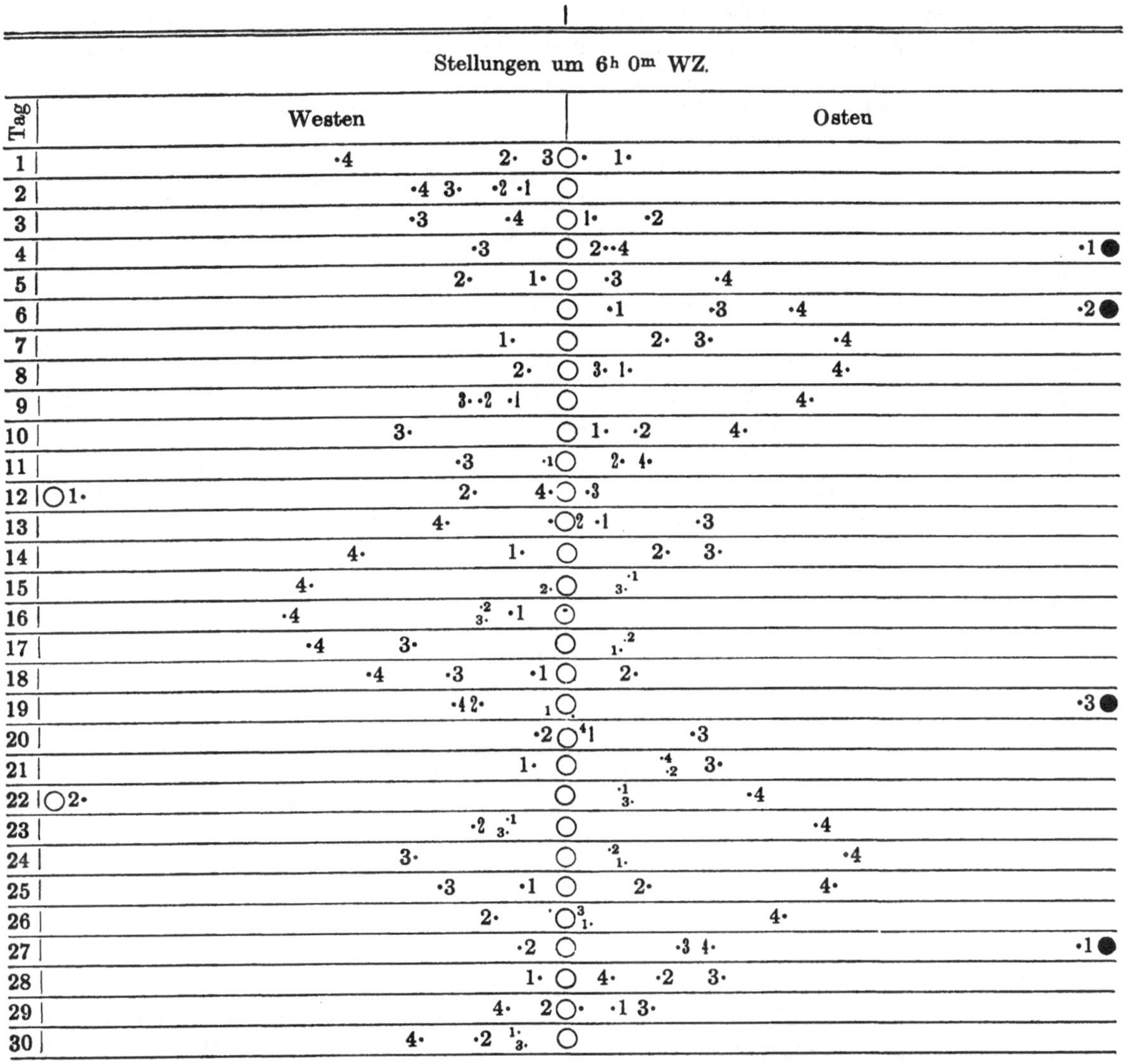

Abb. 11.3. Stellungen der Galileischen Satelliten I, II, III und IV des Jupiter um $6^h 0^m$ Weltzeit im April 1958. Die Verfinsterungen der Satelliten werden durch die ausgefüllten Kreise am rechten Rand angezeigt, die Vorübergänge vor der Planetenscheibe durch die offenen Kreise am linken Rand. *(Aus American Ephemeris and Nautical Almanac 1958.)*

wenn er in Opposition stand, schloß Römer, daß die Geschwindigkeit des Lichts 2 astr. Einheiten/16½ Minuten $= (3 \cdot 10^8)$ km/10^3 sec $= 3 \cdot 10^5$ km/sec beträgt.

Abb. 11.2 zeigt die Bahnen der fünf inneren Satelliten für das Jahr 1958. Die Neigung ihrer Bahnebenen zur Ekliptik beträgt durchschnittlich rund 2^0. Daher werden die Bahnen von der Erde aus fast geradlinig aussehen. Aus Gründen der Anschaulichkeit wurden sie in der Abbildung jedoch als Ovale gezeichnet. Ähnlich erklärt sich auch die eiförmige Gestalt Jupiters, in Wirklichkeit ist er in der Äquatorebene abgeplattet.

In Abb. 11.3 sind die vorausberechneten Stellungen der Galileischen Satelliten für jeden Tag im April 1958 dargestellt.

Bei den beiden innersten der Galileischen Jupitermonde, die bei visueller Beobachtung auffallend weiß erscheinen, hat Kuiper festgestellt, daß sie die charakteristische Energieverteilung im Infrarot besitzen, die er bei Schnee beobachtet hatte. Diese Satelliten sind somit von einer Schicht H_2O (Eis oder Reif) bedeckt. Bei der sehr niedrigen Temperatur Jupiters und seiner Satelliten geht die Sublimation von Eis so langsam vor sich, daß selbst eine sehr dünne Schicht für Milliarden von Jahren bestehen könnte, eine Verdampfung der Art, wie sie in jahreszeitlichem Rythmus an den Polkappen des Mars zu beobachten ist, würde es nicht geben.

Die äußeren Jupitermonde sind klein und schwach. Vier von ihnen bewegen sich in retrograden oder rückläufigen Bahnen, bei allen sind die Bahnneigungen groß und die Exzentrizitäten beträchtlich. Der entfernteste, Satellit IX, hat eine Umlaufszeit von 755^d. Sein Abstand vom Jupiter beträgt $2{,}4 \cdot 10^7$ km oder 0,16 astr. Einheit. In Winkelmaß kann dieser Satellit mehr als 2^0 vom Planeten entfernt stehen. Im größten Abstand von Jupiter ist die Bahn des Satelliten höchst instabil. F. R. Moulton hat gezeigt, daß mehrere der äußeren Jupiter- und Saturnmonde von ihren Planeten losgelöst werden könnten und dann in unabhängigen Bahnen die Sonne umkreisen würden. In ähnlicher Weise könnte umgekehrt ein kleiner Planet von Jupiter eingefangen werden und dann ein „irregulärer" Satellit werden, wenn die Anziehungen von Sonne und Planet am Ort des kleinen Planeten sich zufällig nahezu aufheben würden.

11.4 Saturns Ring und Satelliten

Von den neun Saturnmonden ist Titan vielleicht der interessanteste, denn unter allen Satelliten hat er allein, soweit bekannt, eine Atmosphäre. Sein Spektrum zeigt die Absorptionsbanden des Methan.

Wegen seines Rings stellt Saturn einen Sonderfall im Sonnensystem dar. Visuelle Beobachtungen und photographische Aufnahmen zeigen, daß der Ring in Wirklichkeit aus drei konzentrischen Ringen besteht (Abb. 11.4), die mit A, B (der helle Ring) und C (der Kreppring) bezeichnet werden. Der dunkle Streifen zwischen A und B ist die Cassinische Teilung. Die Ringebene liegt genau in der Äquatorebene Saturns und ist gegen die Bahnebene um rund 27^0 geneigt.

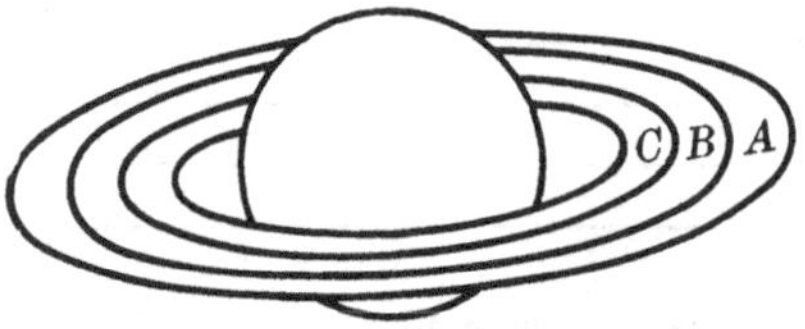

Abb. 11.4. Der Saturnring und seine Unterteilungen. *B* ist der hellste Teil des Rings. Er wird vom etwas dunkleren Ring *A* durch die Cassinische Teilung getrennt. *C* ist der Kreppring.

Von der Erde aus sieht man den Ring unter verschiedenen Neigungswinkeln. Da Saturn eine siderische Umlaufszeit von 29½ Jahren besitzt, wird der Ring in Intervallen von etwa 15 Jahren von der Kante gesehen. Er erscheint dann so schmal, daß seine Dicke nicht gemessen werden kann. Sie kann nur geschätzt werden. Die Schätzungen bewegen sich zwischen 10 und 20 km; der äußere Durchmesser des Rings beträgt rund 300 000 km. Abb. 11.5 zeigt den Saturnring unter verschiedenen Neigungswinkeln.

Die Natur des Rings wird durch spektroskopische und photometrische Untersuchungen enthüllt. Abb. 11.6 gibt das Spektrum Saturns und seines Rings wieder. Die weißen Linien über und unter dem Spektrum sind die Vergleichslinien; sie zeigen die Lage der Wellenlängen an, wenn keine Doppler-Verschiebung vorhanden ist. Wenn Saturn nicht rotieren würde, verliefen seine Absorptionslinien parallel zu den Vergleichslinien. Aber er rotiert ziemlich schnell, und daher sind die Absorptionslinien merklich geneigt, da der eine Rand des Planeten sich nähert,

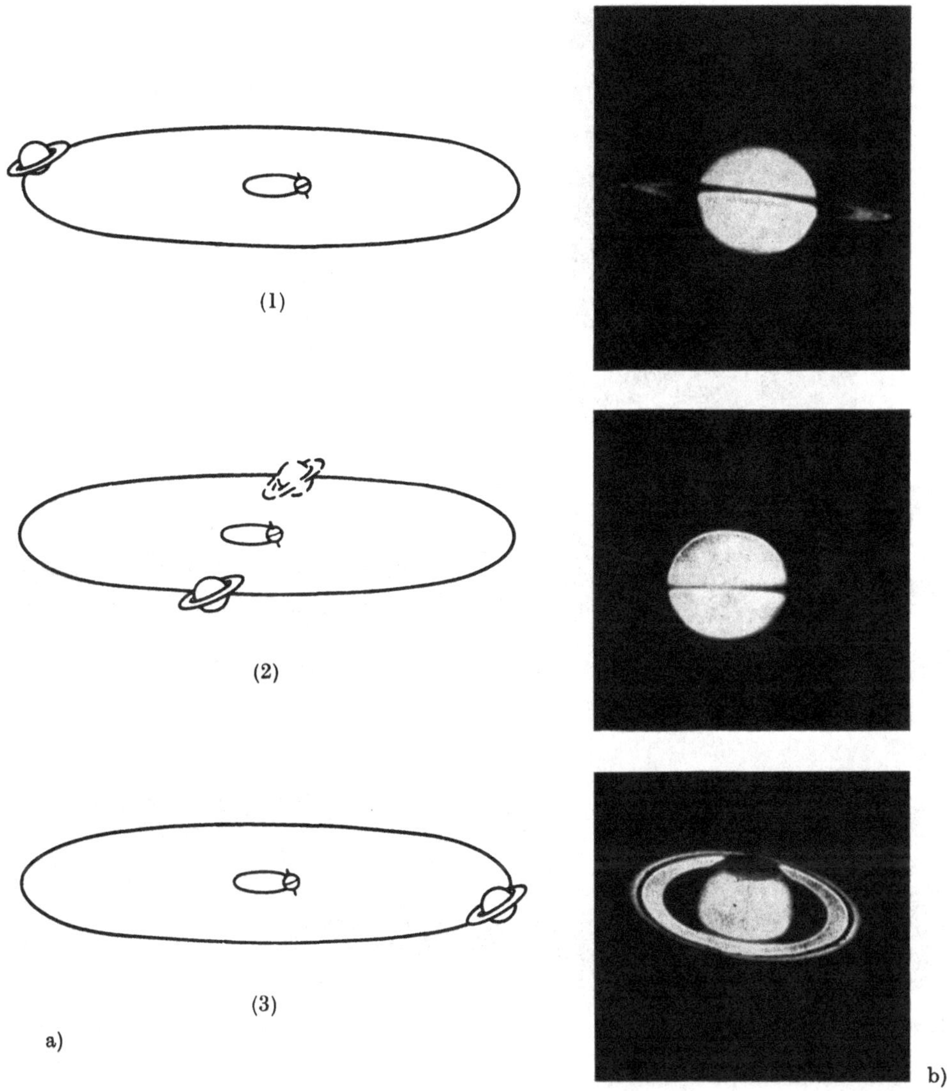

Abb. 11.5. (a) Die Orientierung des Saturnrings relativ zur Erde. In (1) sieht ein Beobachter auf der Erde den Ring von unten, während er in (3) von oben auf ihn blickt. Wenn sich Saturn in den zwei Stellungen in (2) befindet, wird der Ring vom Rande gesehen.

Abb. 11.5. (b) Photographien des Saturn, die die verschiedenen Orientierungen des Rings zeigen. *(Photographie des Lick-Observatoriums.)*

während der andere sich entfernt. Wenn der Ring mit dem Planeten fest verbunden wäre, würde seine Geschwindigkeit mit dem Abstand vom Saturn zunehmen. In diesem Fall würde die Doppler-Verschiebung am äußersten Rand des Ringes am größten sein. In Wirklichkeit hat der innere Rand des Ringes eine viel größere Doppler-Verschiebung als der äußere Rand, wie Abb. 11.6 zeigt. Das läßt sich durch die Annahme erklären, daß der Ring aus kleinen Teilchen besteht, die einzeln dem dritten Keplerschen Gesetz gehorchen:

$$P^2 \sim a^3 ,$$

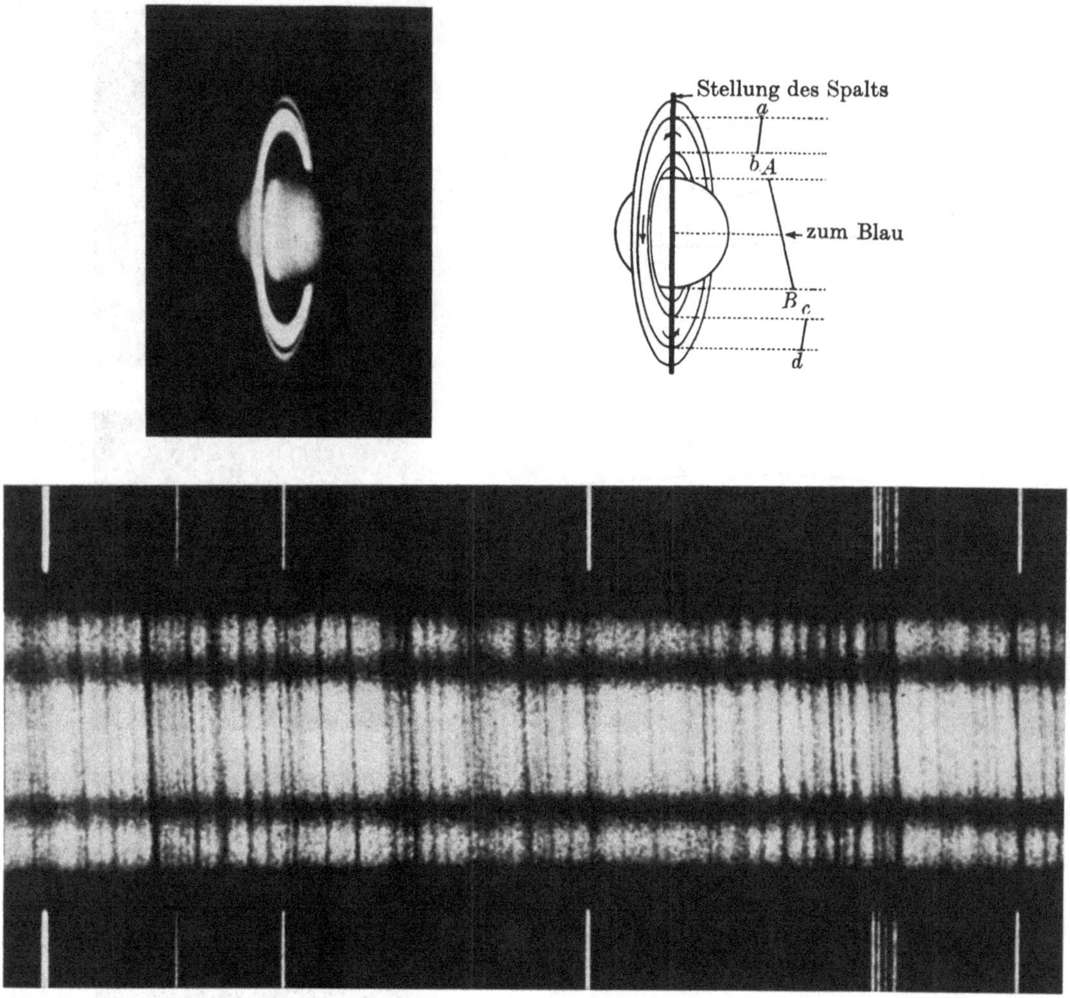

Abb. 11.6. Spektrum des Saturn und seines Rings, das die Neigung der Linien infolge der Rotation des Planeten (mittleres Spektrum) und die entgegengesetzte Neigung der von den Ringpartikeln erzeugten Linien (oberes und unteres Spektrum) zeigt. Die Vergleichslinien in den beiden äußersten Streifen verlaufen senkrecht zur Dispersionsrichtung und haben die Neigung 0. *(Photographie des Lick-Observatoriums.)*

so daß eine Partikel in Nähe des Planeten sich schneller bewegt als eine in größerer Entfernung. Man vermutet, daß der Ring aus Milliarden von Teilchen besteht, deren Größe gleich der von Sandkörnern oder kleinen Steinen ist und die sich alle genau in Kreisbahnen bewegen, ohne daß sie zusammenstoßen.

Dieser Schluß konnte durch photometrische Messungen des Rings in verschiedenen Phasenwinkeln bestätigt werden. Wenn die Erde die Stellung (A) in Abb. 11.7 einnimmt, wird der Ring durch die Sonne voll beleuchtet; wenn die Erde aber in (B) ist, verfinstern die Schatten der Partikel andere Partikel und vermindern somit die Helligkeit des Rings. Zur Opposition, wenn der Phasenwinkel Null ist, wurde der Ring wesentlich heller beobachtet als zu anderen Zeiten.

Die Cassinische Teilung ist ein kreisförmiger Zwischenraum, in dem sich keine Partikel befinden. Seine Entfernung vom Mittelpunkt des Saturn ist bekannt, und daher kann man die

Umlaufsperiode eines Teilchens, wenn es sich in der Cassini-Teilung befände, aus dem dritten Keplerschen Gesetz finden. Diese Periode beträgt 11,2 Stunden — genau die Hälfte des siderischen Umlaufs des saturnnächsten Satelliten, Mimas. Wegen der Kommensurabilität dieser Perioden akkumulieren sich die Störungen, die von Mimas auf ein Teilchen in der Cassini-Teilung ausgeübt werden, und das Teilchen kann sich nicht lange im Gebiet der Teilung halten. Partikel in den Ringen A, B und C unterliegen dem Akkumulationseffekt der Störungen nicht. Wenn Mimas zu einer gegebenen Zeit ein Teilchen in einer bestimmten Richtung beschleunigt, wird er es nach $22\frac{1}{2}^{h}$ (der siderischen Periode des Mimas) mit großer Wahrscheinlichkeit in

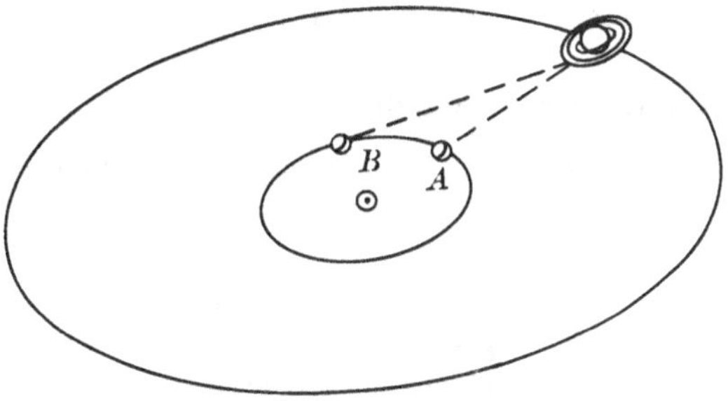

Abb. 11.7. Photometrie des Saturnrings. Genau zur Opposition, wenn die Erde in A steht, sind die Schatten der Ringteilchen von der Erde aus unsichtbar und die Flächenhelligkeit des Rings ist am größten. Steht die Erde in B, so verfinstern die Schatten der Teilchen teilweise andere Teilchen des Rings, und die Flächenhelligkeit des Rings wird herabgesetzt.

einer andern Richtung beschleunigen. Andere weniger auffallende Teilungen im Saturnring lassen sich durch ähnliche Kommensurabilitäten erklären. Die Frage, warum Saturn einen Ring und keinen Satelliten in einer durchschnittlichen Entfernung von 10^5 km besitzt, wurde von dem französischen Astronomen E. Roche beantwortet, der zeigte, daß die Gezeitenkraft Saturns auf einen Satelliten das Objekt zerbrechen würde, wenn es sich innerhalb von 2,5 Planetenradien befände. Der Saturnring liegt innerhalb dieser kritischen Entfernung: Wenn sich jemals ein Satellit dem Saturn bis auf Ringentfernung genähert haben würde, so würde er in kleine Bruchstücke aufgelöst worden sein. Die Ringpartikel von Korngröße sind nicht weiter in noch kleinere Körnchen zerbrochen, weil ihre inneren Kohäsionskräfte sie zusammenhielten. Kuiper hat gefunden, daß die Kurve des infraroten Reflexionsvermögens der Ringe mit der von Schnee übereinstimmt. Daher sind die Teilchen entweder mit einer Reifschicht überzogen — eine äußerst dünne Schicht würde praktisch für unbeschränkte Zeit der Verdampfung durch das Sonnenlicht widerstehen — oder sie können auch ganz aus Eis bestehen.

11.5 Die Monde des Uranus und Neptun

Die Rotationsachse des Uranus liegt fast in seiner Bahnebene, die nahezu mit der Ebene der Ekliptik übereinstimmt. Da seine fünf Satelliten in Bahnen umlaufen, deren Ebenen gegen seine Äquatorebene nur wenig geneigt sind, so sind die Ausdrücke direkt und rückläufig etwas zweideutig, wenn man sie auf die Satelliten anwendet. Sie umlaufen den Uranus in derselben Richtung, in der dieser rotiert, aber ihre Bahnebenen sind 98^0 gegen die Ekliptik geneigt,

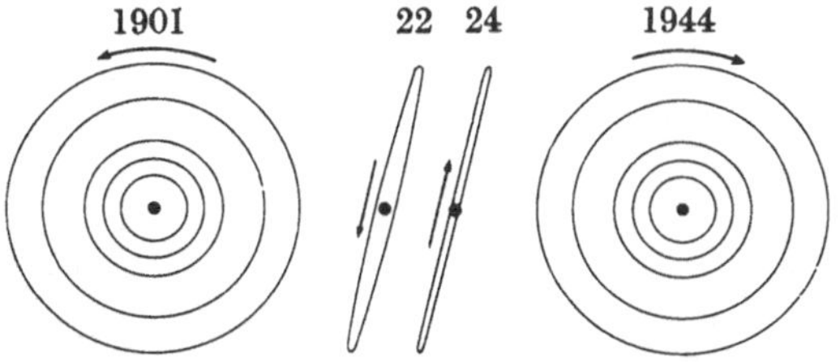

Abb. 11.8. Die scheinbaren Bahnen der fünf Uranusmonde während der Oppositionen zwischen 1901 und 1944. 1901 und 1944 lag die Rotationsachse des Planeten in der Blickrichtung. 1923 stand sie auf der Blickrichtung senkrecht, und die Bahnen erschienen als gerade Linien. Die scheinbare Bewegungsrichtung der Satelliten kehrte sich zwischen 1922 und 1924 um. *(Zeichnung von G. van Biesbroeck, Yerkes-Observatorium.)*

und daher sind ihre Bewegungen strenggenommen rückläufig. Wäre die Neigung ein wenig kleiner statt ein wenig größer als 90°, so würden die Bewegungen als direkt bezeichnet werden. Als Folge der Neigung von nahe 90° sieht man die Bahnen während eines siderischen Umlaufs von Uranus zweimal in senkrechter Aufsicht und zweimal in ihrer eigenen Ebene. Die Bahnen dieser Satelliten sind in Abb. 11.8 dargestellt.

Triton, der größere Neptunmond, besitzt eine so große Masse, daß die Entweichungsgeschwindigkeit von ihm 2,7 km/sec beträgt, ein Fünftel hiervon, 0,54 km/sec, übersteigt für die meisten Gase die Durchschnittsgeschwindigkeiten, die in Tabelle 10.4 für Neptun angegeben sind. Daher dürfte Triton wahrscheinlich eine Atmosphäre besitzen, die aber bis jetzt noch nicht nachgewiesen werden konnte.

11.6 Künstliche Satelliten

Am 4. Oktober 1957 wurde der erste künstliche Satellit der Erde von einer Raketenstation in der Sowjet-Union abgeschossen. Im Moment des Abschusses teilte der Satellit mit der Erde die Geschwindigkeit (nach Betrag und Richtung) ihrer Achsendrehung. Wenn die Richtung beim Start vertikal war, würde der Satellit nicht senkrecht nach oben geflogen sein, sondern eine kleine Ablenkung nach Westen erfahren haben. Wenn er zurück auf die Erde hätte fallen können, würde er um den gleichen Betrag von der Erde nach Osten abgelenkt worden sein und im Abschußplatz den Erdboden wieder erreicht haben (abgesehen vom Effekt der Luftreibung, Abschnitt 6.2).

Die Anfangsgeschwindigkeit, die erforderlich ist, um ein Projektil eine vorgegebene Höhe erreichen zu lassen, kann durch Umkehrung der in Abschnitt 10.3 beschriebenen Rechnungen bestimmt werden. Wenn die Höhe im Vergleich zum Erdradius klein ist, ist die Annahme zulässig, daß die Beschleunigung der Erdanziehung konstant gleich 980 cm/sec² ist (in Wirklichkeit ändert sie sich proportional $1/r^2$). Wenn der Körper aus der Ruhelage in der Höhe S herabfiele, würde er in der ersten Sekunde die Strecke $\frac{1}{2} \cdot 980$ cm zurücklegen; während der nächsten Sekunde würde die Geschwindigkeit zu Anfang 980 cm/sec und am Ende $2 \cdot 980 =$ 1960 cm/sec betragen. Seine mittlere Geschwindigkeit wäre also $\frac{1}{2}(980 + 1960) = \frac{3}{2} \cdot 980$ cm/sec. Während dieser Sekunde würde er um $\frac{3}{2} \cdot 980$ cm fallen, und die gesamte Fallstrecke wäre $\frac{3}{2} \cdot 980 + \frac{1}{2} \cdot 980 = 2 \cdot 980$ cm. Nach 3 sec hätte er eine Gesamtfallstrecke von $4\frac{1}{2} \cdot 980$ cm zurückgelegt usw. Allgemein gilt, wie sich leicht zeigen läßt,

$$S = \frac{1}{2} a \cdot t^2 ,$$

worin $a = 980$ cm/sec und t die Fallzeit ist. Die Geschwindigkeit im Moment des Auftreffens ist $v = a \cdot t$.

Wir wollen nun annehmen, daß wir das Projektil in eine Höhe von 500 km oder $5 \cdot 10^7$ cm zu bringen wünschen. Wir kehren die vorstehende Diskussion um und berechnen zuerst die Zeit, die zum Erreichen dieser Höhe benötigt würde:

$$5 \cdot 10^7 = \frac{1}{2} \cdot 980\, t^2$$

oder

$$t^2 = \frac{2 \cdot 5 \cdot 10^7}{980} \approx 10^5 \text{ sec}^2$$

$$t = \sqrt{10^5} \approx 300 \text{ sec.}$$

Als nächstes setzen wir diesen Wert in den Ausdruck für die Anfangsgeschwindigkeit ein:

$$v = 980 \cdot 300 \approx 3 \cdot 10^5 \text{ cm/sec} = 3 \text{ km/sec}.$$

Dieser Wert werde nun mit dem verglichen, der in Abschnitt 10.3 unter Berücksichtigung der Änderung der Beschleunigung mit der Höhe abgeleitet wurde:

$$v = \sqrt{8 \cdot 10^5 \cdot \left(\frac{1}{6\,400} - \frac{1}{6\,900}\right)} = 3{,}0 \text{ km/sec}.$$

Um den Körper auf eine Kreisbahn zu bringen, muß ihm eine tangentiale Geschwindigkeit erteilt werden. Den Wert dieser Geschwindigkeit können wir mit Hilfe des dritten Keplerschen Gesetzes berechnen, wobei wir den natürlichen Mond als Vergleichskörper verwenden:

$$\frac{\mathfrak{M}_\oplus + \mathfrak{M}_☾}{\mathfrak{M}_\oplus + \mathfrak{M}_{\text{sat}}} \cdot \frac{P^2_☾}{P^2_{\text{sat}}} = \frac{a^3_☾}{a^3_{\text{sat}}}.$$

Wenn wir die Masse von Mond und Satellit vernachlässigen, gilt

$$\frac{(27^1/_3{}^{\text{d}})^2}{P^2_{\text{sat}}} = \frac{384\,000^3}{6\,900^3}.$$

Aus diesem Ausdruck ergibt sich für die Umlaufsperiode des Satelliten

$$P_{\text{sat}} = 1{,}58 \text{ Stunden}.$$

Der Umfang der Satellitenbahn beträgt

$$2\,\pi \cdot 6\,900 \text{ km},$$

und seine Kreisbahngeschwindigkeit würde daher den Wert 7,6 km/sec besitzen.

Wenn die Tangentialgeschwindigkeit kleiner als 7,6 km/sec wäre, ergäbe sich eine elliptische Bahn, deren Apogäum mit dem Abschußpunkt zusammenfallen würde; der Satellit würde dann sein Perigäum in 180° Winkelabstand vom Abschußpunkt haben und auf der Erdoberfläche auftreffen, wenn seine Geschwindigkeit sogar nur wenig geringer als die Kreisbahngeschwindigkeit wäre. Läge dagegen v über der Kreisbahngeschwindigkeit, so würde das Perigäum sich im Abschußpunkt befinden und der Satellit in 180° Abstand eine größere Höhe über der Erde erreichen als im Abschußpunkt. Wenn keine Störungen auftreten, würde die Bahn konstant bleiben — die Lage ihrer Ebene würde sich im Raum nicht verändern und die Erde innerhalb der Satellitenbahn rotieren, wie es in Abb. 11.9 dargestellt ist.

Die Hauptstörungen rühren her

a) von der Reibung in den obersten Schichten unserer Atmosphäre. Diese bewirkt, daß sich der Satellit auf einer Spiralbahn nach innen zur Erde bewegt mit zunehmendem v und abnehmendem P, bis er schließlich auf die Erde herabfallen würde; und

Abb. 11.9. Die Ebene der Satellitenbahn bleibt fest im Raum (von Störungseffekten abgesehen), während die Erde sich innerhalb der Bahn um ihre Achse dreht. Diese Zeichnungen stellen jeden dritten Umlauf des ersten künstlichen Satelliten über Rußland, Westafrika, den Vereinigten Staaten, dem Ostpazifik und China dar.

b) von der nicht-kugelförmigen Gestalt der Erde, was eine „Regression der Knotenlinie" (wie im Fall des Mondes, Abschnitt 7.7) zur Folge haben würde, sowie einige kleinere Änderungen in Form und Orientierung der Ellipse.

Es ist von Interesse, die Anfangsgeschwindigkeiten zu berechnen, die für andere Arten von Satelliten erforderlich sind. Um einen Satelliten in eine Bahn zu bringen, die der Mondbahn gleicht, wäre (in Übereinstimmung mit Abschnitt 10.3) ein anfänglicher vertikaler Schub erforderlich, der $v = 11$ km/sec entspricht; der tangentiale Schub würde nur für eine kleine Geschwindigkeit $v = 1$ km/sec benötigt — dies ist ja die Bahngeschwindigkeit des natürlichen Mondes. Die Energie, die man für beide Satelliten braucht — sie ist ein Maß für den Brennstoffbedarf —, beträgt $\frac{m}{2} v^2$; sie hängt nur von zwei Geschwindigkeiten ab — der vertikalen und horizontalen jedes Satelliten. Da wir im ersten Fall beim Start 3 km/sec und dann 8 km/sec brauchen, während im zweiten Fall beim Start 11 km/sec und dann 1 km/sec notwendig sind, ergeben sich für die aufzuwendenden Energien keine sehr verschiedenen Werte.

Um einem Satelliten das Verlassen der Erde zu ermöglichen und ihn in eine selbständige Bahn um die Sonne zu bringen, muß man ihm nur die Entweichungsgeschwindigkeit von der Erde erteilen, 11,2 km/sec. Um einen der unteren Planeten zu erreichen, wird nicht mehr als dies verlangt. Um zu einem oberen Planeten gelangen zu können, hätte der Satellit die Schwerkraft der Sonne zu überwinden. Die Entweichungsgeschwindigkeit von der Sonnenoberfläche liegt bei 600 km/sec; im Abstand von einer astronomischen Einheit von der Sonne beträgt sie aber nur 42 km/sec (das ist die in Abschnitt 9.5 besprochene parabolische Geschwindigkeit). Um die oberen Planeten zu erreichen, würden daher Geschwindigkeiten zwischen 11,2 und 42 km/sec erforderlich sein. Um zu einem Fixstern zu gelangen, würde die parabolische Geschwindigkeit im Abstand von 1 astr. Einheit ausreichen, aber die damit benötigte Zeit, um auch nur den nächsten Stern zu erreichen, würde Zehntausende von Jahren betragen. Im Prinzip könnte die Flugzeit verkleinert werden durch Erhöhung der Anfangsgeschwindigkeit (und Aufwendung von mehr als dem Minimalwert an Brennstoff), aber der Satellit würde dann natürlich über den Stern hinaus fliegen, wenn er nicht mit ihm zusammenstieße oder einigen Brennstoff für einen Rückstoß aufwenden würde.

Die Zahl der Probleme, vor die sich nun die Astronomen gestellt sehen, ist enorm. Die ersten künstlichen Satelliten waren dazu bestimmt, Aufschlüsse über die Dichte und Temperatur der oberen Atmosphäre und über die Massenverteilung im Erdinnern zu gewinnen. Aus der Änderung der Beschleunigung des ersten russischen Sputnik haben Whipple und andere abgeleitet, daß in Höhen von 220 bis 230 km die Luftdichte mehrere Male größer ist, als vorher angenommen wurde. Wie Dr. Whipple festgestellt hat, „fand sich der Mensch während der Jahrtausende, die er schon der Beobachtung der Sterne gewidmet hat, noch niemals einer so erregenden Aufgabe gegenübergestellt, wie sie das Jahr 1957 ihm plötzlich aufgedrängt hat."

Aufgaben

1. Für einen Beobachter auf dem Mars berechne man das Zeitintervall zwischen aufeinanderfolgenden Meridiandurchgängen von
   a) Phobos,
   b) Deimos.
2. Bestimme den Winkeldurchmesser des Ganymed, des größten Jupitermonds, wie er vom Jupiter aus erscheinen würde.
3. Der Jupitersatellit VIII bewegt sich in einer Bahn, deren Exzentrizität angenähert 0,4 ist. Hieraus und aus den Daten in Tabelle 11.1 berechne man

a) den größten und kleinsten Abstand des Satelliten VIII vom Jupiter und

b) den größten und kleinsten Winkeldurchmesser der Scheibe von VIII vom Jupiter aus gesehen.

4. Würde ein Beobachter auf dem Jupiter jemals eine totale Sonnenfinsternis sehen können?

5. Mit den Angaben für Mimas in Tabelle 11.1 berechne man den Abstand vom Saturn, in dem ein Teilchen eine Umlaufszeit gleich $^1/_3$ derjenigen des Mimas haben würde. Dieser Abstand entspricht der Lücke zwischen den Ringen *B* und *C*.

6. Die Umlaufsperioden der Partikel im Saturnring variieren zwischen $12^h\ 27^m$ für den äußeren Teil des äußeren Ringes *A* und $7^h\ 46^m$ für den inneren Teil des hellen Ringes *B*. Für einen Beobachter auf dem Saturn beschreibe man das Auf- und Untergehen der Teilchen, die den Ring bilden.

7. Aus den in 6 gegebenen Perioden und der Tatsache, daß der Abstand des äußeren Teils von *A* vom Saturn 275 000 km und des inneren Teils von *B* 208 000 km beträgt, berechne man

a) die Geschwindigkeit eines Teilchens in jedem dieser Abstände und

b) das Verhältnis $\Delta\lambda/\lambda$ für ein Teilchen in jedem dieser Abstände (unter der Annahme, daß der Ring von der Kante gesehen wird).

8. Berechne den Unterschied zwischen der Anziehung der Sonne auf den Neumond und der auf den Vollmond. Vergleiche das Ergebnis mit der Anziehung der Erde auf den Mond.

12. DIE KLEINEN PLANETEN

12.1 Die Bodesche Beziehung

Die Entdeckung des Uranus führte indirekt zur Entdeckung der kleinen Planeten und des Neptun. Der mittlere Abstand des Uranus von der Sonne beträgt 19 astronomische Einheiten. Dieser Wert liegt dicht bei dem Wert, der auf Grund einer Beziehung vorausgesagt wurde, die von J. D. Titius entdeckt und von J. E. Bode im Jahre 1772 — neun Jahre bevor W. Herschel den Uranus fand — genauer untersucht worden war. Wählt man den Erdabstand als Einheit, so kann man die Entfernungen der anderen Planeten finden, indem man die Zahl 0,4 zu dem Produkt $0{,}3 \cdot 2^n$ addiert.

Tabelle 12.1 Die mittleren Abstände der Planeten

Planet	Bodes Beziehung	Wahrer Abstand (in astr. Einheiten)
Merkur	$0{,}4 + 0{,}3 \cdot 2^{-1} = 0{,}5$	0,4
Venus	$0{,}4 + 0{,}3 \cdot 2^{0} = 0{,}7$	0,7
Erde	$0{,}4 + 0{,}3 \cdot 2^{1} = 1{,}0$	1,0
Mars	$0{,}4 + 0{,}3 \cdot 2^{2} = 1{,}6$	1,5
Kleine Planeten	$0{,}4 + 0{,}3 \cdot 2^{3} = 2{,}8$	2,8
Jupiter	$0{,}4 + 0{,}3 \cdot 2^{4} = 5{,}2$	5,2
Saturn	$0{,}4 + 0{,}3 \cdot 2^{5} = 10{,}0$	9,5
Uranus	$0{,}4 + 0{,}3 \cdot 2^{6} = 19{,}6$	19,2
Neptun	$0{,}4 + 0{,}3 \cdot 2^{7} = 38{,}8$	30,1
Pluto	$0{,}4 + 0{,}3 \cdot 2^{8} = 77{,}2$	39,5

Die Tatsache, daß die Uranusentfernung mit der Bodeschen Beziehung übereinstimmte, regte eine systematische Suche nach einem Planeten zwischen Mars und Jupiter an, dessen Abstand von der Sonne bei etwa 2,8 astr. Einheiten liegen würde. Aber bevor eine Gemeinschaftsarbeit beginnen konnte, fand G. Piazzi am 1. Januar 1801 zufällig ein sternähnliches Objekt, dessen Bewegungen anzeigten, daß es zum Sonnensystem gehörte. Nur ein Jahr später entdeckte H. W. M. Olbers einen weiteren schwachen Planeten. Beide waren etwa 2,8 astr. Einheiten von der Sonne entfernt. Sie erhielten die Namen Ceres und Pallas. Die Entdeckung kleiner Planeten schritt bis zur Erfindung der Photographie langsam fort; seit dieser Zeit aber hat man sie zu Dutzenden und sogar zu Hunderten in jedem Jahr gefunden. Weil sie der Erde relativ nahe sind, bewegen sie sich ziemlich schnell an der Himmelskugel. Auf lang belichteten photographischen Aufnahmen, die den Sternen nachgeführt wurden, erscheinen sie als Striche.

Die Berechnung der Bahnen und Störungen von einigen 2000 kleinen Planeten ist eine riesige Arbeit, aber sie hat schon sehr aufschlußreiche Ergebnisse gebracht. Sämtliche kleine Planeten bewegen sich rechtläufig. Ihre Bahnen sind oft weit stärker gegen die Ekliptik geneigt und wesentlich exzentrischer als die der großen Planeten. Ihre durchschnittliche Neigung beträgt

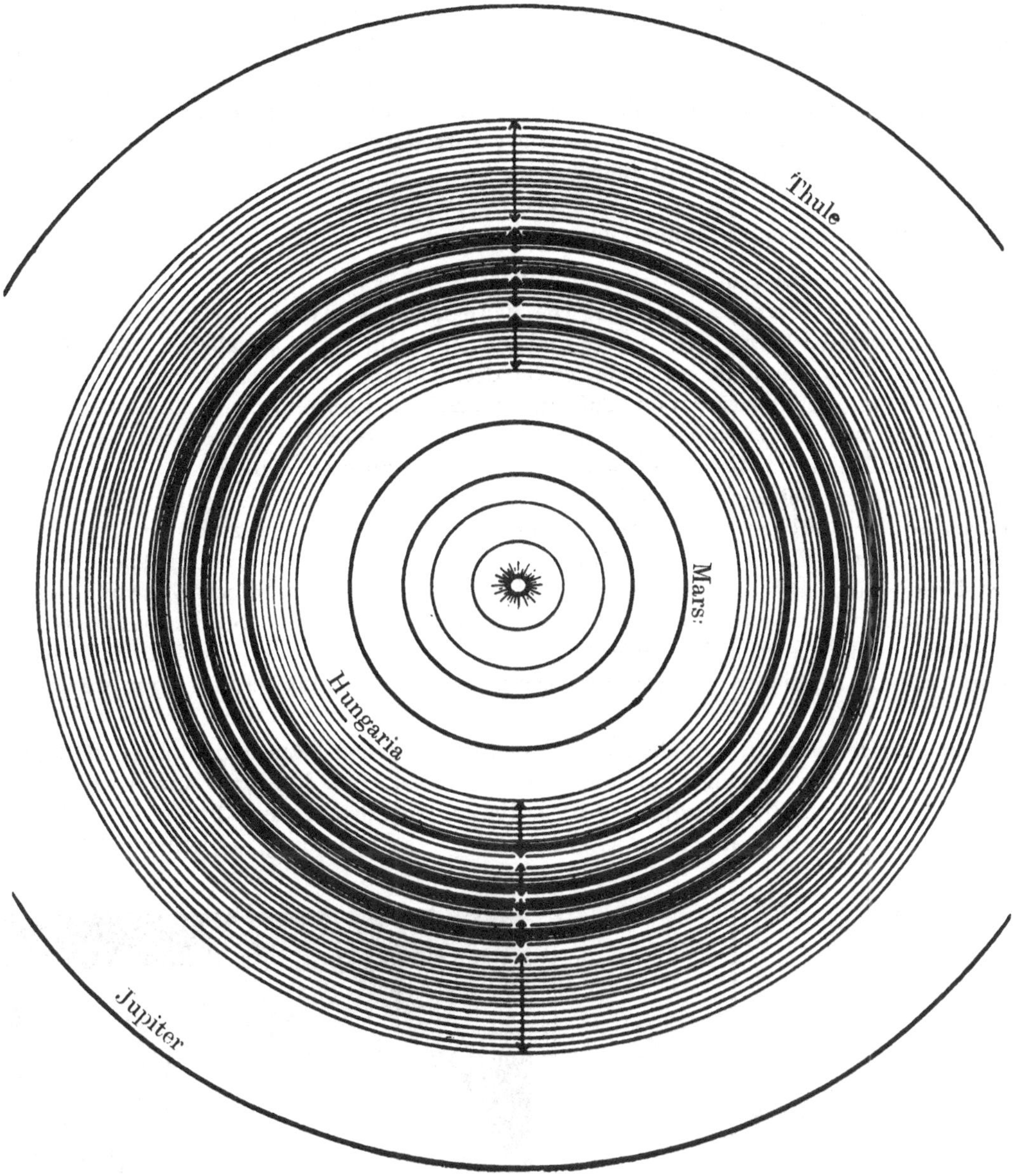

Abb. 12.1. Schematische Verteilung der Bahnen der kleinen Planeten. Die große Mehrheit bewegt sich zwischen Mars und Jupiter angenähert in Kreisbahnen. Dicht besetzte Bereiche werden durch „Kirkwood-Lücken" voneinander getrennt. Die diesen Lücken entsprechenden Perioden sind einfache Bruchteile der 11,9 Jahre dauernden siderischen Umlaufszeit Jupiters. *(Sky and Telescope.)*

9,5° und ihre durchschnittliche Exzentrizität 0,15. Die meisten Perioden liegen zwischen 3,5 und 6 Jahren, was mittleren Abständen zwischen 2,3 und 3,3 astr. Einheiten entspricht.

Abb. 12.1 zeigt, daß die Verteilung der kleinen Planeten hinsichtlich der großen Halbachse a nicht gleichförmig ist. Es bestehen mehrere Lücken für Perioden, die einfache Bruchteile von Jupiters Umlaufsdauer sind. Das Fehlen jedes kleinen Planeten in diesen sogenannten Kirkwood-Lücken wird durch die Anziehung Jupiters erklärt, gerade so wie das Fehlen von Teilchen in den Teilungen des Saturnrings durch die Störungen des Mimas erklärt wurde. Keine Kirkwood-Lücken existieren unter den kleinen Planeten, wenn ihre Perioden der Jupiters nahe kommen. Wenn die Periode gleich der Jupiters ist, kommt es zu einer Anhäufung kleiner Planeten an Stelle einer Lücke. Ein japanischer Astronom, K. Hirayama, erklärte dies auf Grund der Gesetze der Drei-Körper-Bewegung.

12.2 Die Trojaner und andere kleine Planeten

Die Keplerschen Gesetze wurden aus den Newtonschen Gesetzen abgeleitet, aber sie sind nur auf zwei anziehende Körper anwendbar. Die Bewegungen von drei oder mehr anziehenden Körpern sind weitaus komplizierter und sind nur in wenigen Spezialfällen in aller Strenge bekannt. In einem dieser Fälle befinden sich die drei Körper in den Eckpunkten eines gleichseitigen Dreiecks; die Theorie ergibt, daß die drei Körper ihre relative Stellung zueinander beibehalten und sich um ihren gemeinsamen Schwerpunkt bewegen werden, wenn ein Körper eine zu vernachlässigende Masse besitzt und die Masse des zweiten weniger als 0,04 derjenigen des dritten Körpers beträgt. Da die Massen der kleinen Planeten sehr gering sind und die Jupitermasse nur 0,001 der Sonnenmasse ausmacht, läßt sich diese spezielle Lösung hier anwenden: Alle kleinen Planeten, die von Jupiter und der Sonne gleich weit entfernt sind, werden ihre Stellung solange behalten, bis Störungen durch andere Planeten diesen Zustand ändern. Es gibt zwei Gruppen von kleinen Planeten mit gleichem Abstand von Jupiter und der Sonne, die die Sonne in der gleichen Zeit umlaufen wie Jupiter. Sie sind unter dem Namen Trojaner bekannt (Abb. 12.2); sieben gehören zur Gruppe östlich von Jupiter, fünf zur westlichen Gruppe.

Wenn auch die meisten kleinen Planeten in Bahnen zwischen Mars und Jupiter die Sonne umkreisen, so gibt es doch einige mit so großen Exzentrizitäten, daß ihre Bahnen, wenn man sie auf die Ebene der Ekliptik projiziert, die Erdbahn schneiden. Abb. 12.3 zeigt die Bahn des Ikarus, des Planeten mit der kleinsten bekannten mittleren Entfernung, der 1949 von W. Baade

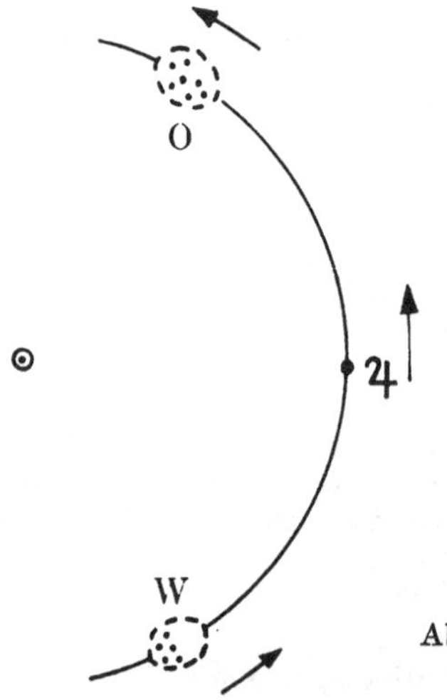

Abb. 12.2

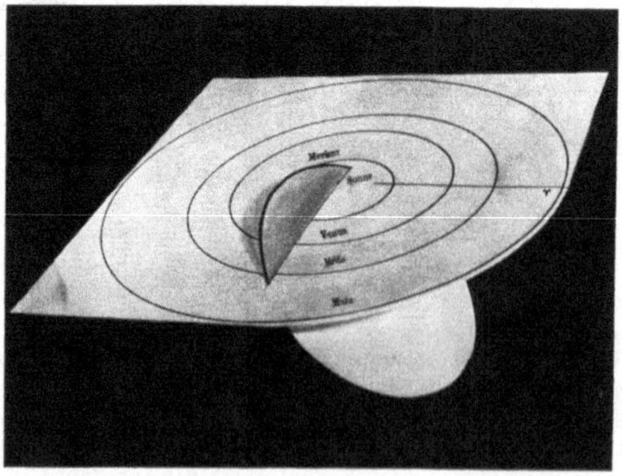

Abb. 12.3

Abb. 12.2. Die Trojaner-Gruppen der kleinen Planeten. Beide Gruppen, die östliche und die westliche, haben von der Sonne denselben Abstand wie von Jupiter (5,2 astr. Einheiten).

Abb. 12.3. Modell der Bahn des kleinen Planeten Ikarus in bezug auf die Ebene der Ekliptik. *(Sky and Telescope)*.

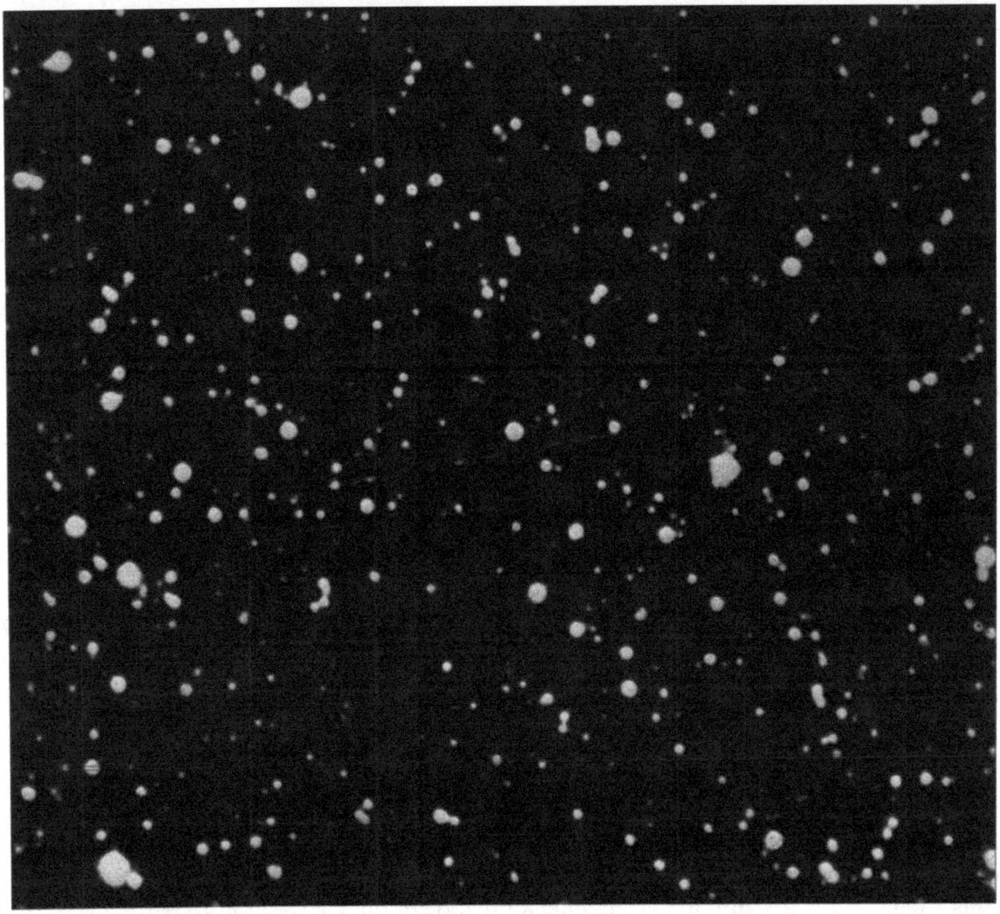

Abb. 12.4. Aufnahme eines Sternfeldes mit der Spur des Ikarus nahe der Plattenmitte. *(Photographiert mit dem 48-Zoll-Schmidt-Teleskop, Mount Wilson und Palomar-Observatorien.)*

auf einer mit der 48-Zoll-Schmidt-Kamera auf dem Mount Palomar aufgenommenen Platte entdeckt wurde (Abb. 12.4). Ikarus ist, soweit bekannt, der einzige Körper im Sonnensystem außer Kometen und Meteoren, dessen Bahn zum Teil innerhalb der Merkurbahn liegt.

Obgleich einige der kleinen Planeten der Erde recht nahe kommen können, sind doch ihre Oberflächen in der Regel nicht zu beobachten wegen ihrer geringen Größe. Gewöhnlich erscheinen sie als sternähnliche Objekte, und sie werden daher auch als ,,Asteroiden" bezeichnet. Die Durchmesser sind nur von vier Asteroiden gemessen worden — Ceres (770 km), Pallas (490 km), Juno (180 km) und Vesta (380 km). Die Größen der anderen lassen sich nur auf Grund ihrer Helligkeiten schätzen; sie liegen zwischen 200 km und 16 km oder weniger.

Die Helligkeit eines kleinen Planeten ändert sich mit seinem Abstand von der Sonne und von der Erde. Viele kleine Planeten zeigen zusätzlich echte Helligkeitsschwankungen. In Abb. 12.5 ist die Helligkeitsänderung der beiden kleinen Planeten Ceres und Juno wiedergegeben. Der Lichtwechsel verläuft periodisch und ist durch axiale Rotation von Körpern unregelmäßiger Gestalt zu erklären. Bei Eros wurde tatsächlich in einer seiner größten Erdnähen eine hantelförmige Gestalt beobachtet.

12.3 Planetenfamilien

Man hat vermutet, daß die kleinen Planeten die bei Zusammenstößen entstandenen Bruchstücke größerer Körper seien. K. Hirayama und erst vor kurzem D. Brouwer haben gezeigt.

daß bestimmte Gruppen oder ,,Familien" kleiner Planeten sehr ähnliche Bahnen besitzen. Wenn sie durch Zertrümmerung großer Körper bei Zusammenstößen entstanden sind und wenn es keine Störungen gäbe, würden sich ihre Bahnen alle in demselben Punkt des Raumes schneiden — dem Punkt, in dem der Zusammenstoß stattfand. Dies ist nicht der Fall, aber nach Brouwer kann dies durch Störungen seit dem Zeitpunkt der Zertrümmerung erklärt werden.

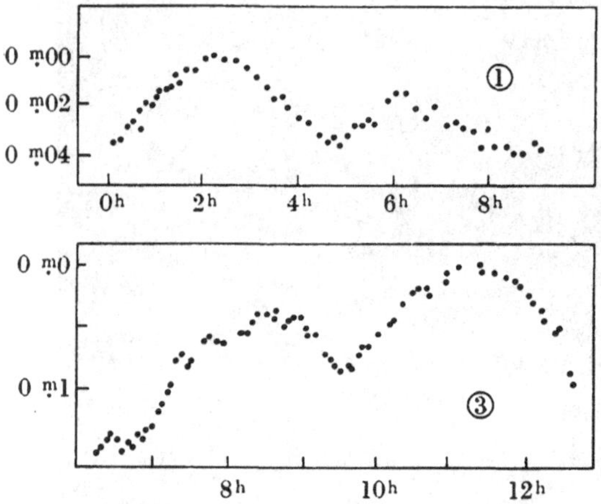

Abb. 12.5. Lichtkurven der kleinen Planeten Ceres ① (von I. I. *Ahmad)* und Juno ③ *(von I. Groeneveld und G. P. Kuiper)* aus dem Astrophysical Journal, Vol. 120, 1954. Die periodische Helligkeitsänderung eines kleinen Planeten wird der Rotation eines Körpers mit unregelmäßiger Gestalt zugeschrieben.

Die geometrische Wahrscheinlichkeit für einen Zusammenstoß zwischen zwei Körpern ist ihren Querschnitten $\pi \cdot r_1^2 + \pi \cdot r_2^2$ proportional, wenn r_1 und r_2 die Radien der beiden Asteroiden sind. Man nehme nun an, daß ein Zusammenstoß stattgefunden hat und dabei jeder Asteroid in 10 gleiche Bruchstücke zerfallen ist. Die Volumina der ursprünglichen Körper waren $\frac{4}{3}\pi \cdot r_1^3$ und $\frac{4}{3}\pi \cdot r_2^3$; das Gesamtvolumen der 20 neugebildeten Körper ist das gleiche,

$$\frac{4}{3}\pi \cdot r_1^3 = 10 \cdot \frac{4}{3}\pi \cdot r_{1x}^3 \text{ und } \frac{4}{3}\pi \cdot r_2^3 = 10 \cdot \frac{4}{3}\pi \cdot r_{2x}^3$$

oder

$$r_{1x} = r_1 \sqrt[3]{\frac{1}{10}} \approx \frac{1}{2} r_1$$

$$r_{2x} = r_2 \sqrt[3]{\frac{1}{10}} \approx \frac{1}{2} r_2 .$$

Die Wahrscheinlichkeit eines weiteren Zusammenstoßes zwischen zwei beliebigen der 20 Bruchstücke ist der Summe aller Querschnitte

$$10\,\pi \cdot \left(\frac{1}{2} r_1\right)^2 + 10\,\pi \cdot \left(\frac{1}{2} r_2\right)^2$$

proportional. Da dieser Betrag erheblich größer ist als die Summe der Querschnitte der beiden ursprünglichen Körper, ist der Schluß berechtigt, daß die gegenseitige Zertrümmerung der kleinen Planeten sich mit zunehmender Häufigkeit fortsetzt. Hierauf bezieht sich eine Bemerkung A. Unsölds, daß ,,das Sonnensystem eine Kugelmühle sei". Das Endergebnis wird die Bildung einer großen Menge feinen Staubes sein.

Die großen Planeten (außer Pluto und Neptun) können niemals zusammenstoßen, weil ihre Bahnen sich jetzt nicht schneiden und wahrscheinlich auch niemals schneiden werden. Aber die Bahnen einiger der kleinen Planeten schneiden sich gegenseitig, und sie können auch die Erdbahn schneiden. Wenn die Erde und ein kleiner Planet gleichzeitig den Schnittpunkt erreichen, muß ein Zusammenstoß erfolgen, aber die Wahrscheinlichkeit für ein solches Ereignis ist äußerst gering. Nichtsdestoweniger mögen während der Lebensdauer des Sonnensystems — rund $5 \cdot 10^9$ Jahre — mehrere solche Zusammenstöße stattgefunden haben.

Aufgaben

1. Bevor das Vorrücken des Perihels der Merkurbahn durch die Relativitätstheorie erklärt wurde, nahmen einige Astronomen als Ursache für diese Unregelmäßigkeit die Existenz eines intramerkuriellen Planeten an, den man Vulkan nannte. Bestimme den mittleren Abstand eines solchen Planeten mit Hilfe der Bodeschen Beziehung.
2. Berechne den mittleren Abstand von der Sonne
   a) für einen kleinen Planeten mit einer Umlaufsdauer, die gleich der Hälfte der Umlaufsdauer Jupiters ist,
   b) für einen kleinen Planeten mit einer Umlaufsdauer, die gleich einem Drittel derjenigen Jupiters ist.
3. Die Bodesche Beziehung läßt einen Planeten in einer Entfernung von 2,8 astronomischen Einheiten von der Sonne erwarten. Obgleich dies die durchschnittliche Entfernung der kleinen Planeten ist, werden nur sehr wenige von ihnen genau in dieser Entfernung gefunden. Gib eine Erklärung dafür.
4. Wenn ein kleiner Planet einen mittleren Abstand von der Sonne von 2 astronomischen Einheiten und einen Perihelabstand gleich Merkurs mittlerem Sonnenabstand besitzt, wie groß würde dann seine Bahnexzentrizität sein?
5. Man nehme an, daß zwei kleine Planeten, von denen jeder einen Radius von 20 km hat, zusammenstießen und dabei aus jedem fünf gleich große Körper entständen. Vergleiche die Oberfläche der beiden ursprünglichen Körper mit der Gesamtoberfläche der resultierenden zehn Körper.

13. KOMETEN

13.1 Die Bewegungen der Kometen

Wenn ein Komet zuerst beobachtet wird, gewöhnlich in einem Abstand von der Sonne von mehreren astronomischen Einheiten, sieht er wie ein diffuser Stern aus. Wenn er sich der Sonne nähert, entwickelt er einen Schweif (Abb. 13.1), der fast immer von der Sonne weggerichtet ist und der vor dem Periheldurchgang des Kometen hinter dem Kometenkopf zurückbleibt, nach dem Periheldurchgang des Kometen aber diesem vorangeht. Die Massen der Kometen sind von der Größenordnung 10^{17} g. 60 Milliarden Kometen würden gleich der Erdmasse sein.

In jedem Jahr werden rund ein Dutzend Kometen beobachtet. Davon sind sechs oder sieben neu und vier oder fünf wurden bereits früher beobachtet und ihr Wiedererscheinen vorausgesagt. Zwei Kometen, und zwar der Komet Schwassmann-Wachmann und der Komet Oterma, werden in jedem Jahr beobachtet. Nur etwa fünf oder sechs Kometen in einem Jahrhundert stellen eindrucksvolle Erscheinungen dar. Im 19. Jahrhundert waren die Kometen von 1823, 1843, 1858, 1861, 1882 und 1897 besonders hell; derartig bemerkenswerte Kometen sind im 20. Jahrhundert noch nicht erschienen.

Um die Bahn eines Kometen zu bestimmen sind mindestens drei Beobachtungen seines Ortes zu verschiedenen Zeiten erforderlich; seine künftigen Positionen lassen sich dann vorausberechnen. Etwa ein Viertel der neuen Kometen sind kurzperiodisch (im Durchschnitt beträgt die Periode 7 Jahre), die übrigen drei Viertel haben sehr lange Perioden (zwischen 100 und 10^7 Jahre).

Die Kometen werden nach der Länge ihrer Umlaufszeiten in zwei Gruppen unterteilt, diejenigen mit kurzer Periode haben kleinere Exzentrizitäten (zwischen 0,2 und 0,9) als solche mit langer Periode. In Tabelle 13.1 wird ein Vergleich einiger charakteristischer Werte der beiden Gruppen gegeben.

Tabelle 13.1 Kometengruppen

	Gruppe I	Gruppe II
Periode	$P = 7$ Jahre im Mittel	$P = 10^6$ Jahre im Mittel
Exzentrizitäten	0,2—0,9	um 0,99999
Bahnebenen	nahe der Ekliptik	beliebig
Bewegungen	gewöhnlich direkt	beliebig
Untergruppen	Jupiterfamilie	—

Rund 45 der Kometen der Gruppe I bewegen sich in der gleichen Richtung wie die Planeten, und ihre Aphelien liegen in Nähe der Jupiterbahn. Sie bilden die Kometenfamilie Jupiters,

→

Abb. 13.1. Entwicklung des Kometen Brooks 1911 nach Photographien des Yerkes-Observatoriums. Das Fernrohr wurde dem Kometen nachgeführt. Die Sternbilder erscheinen als Striche wegen der Bewegung des Kometen relativ zu den Sternen.

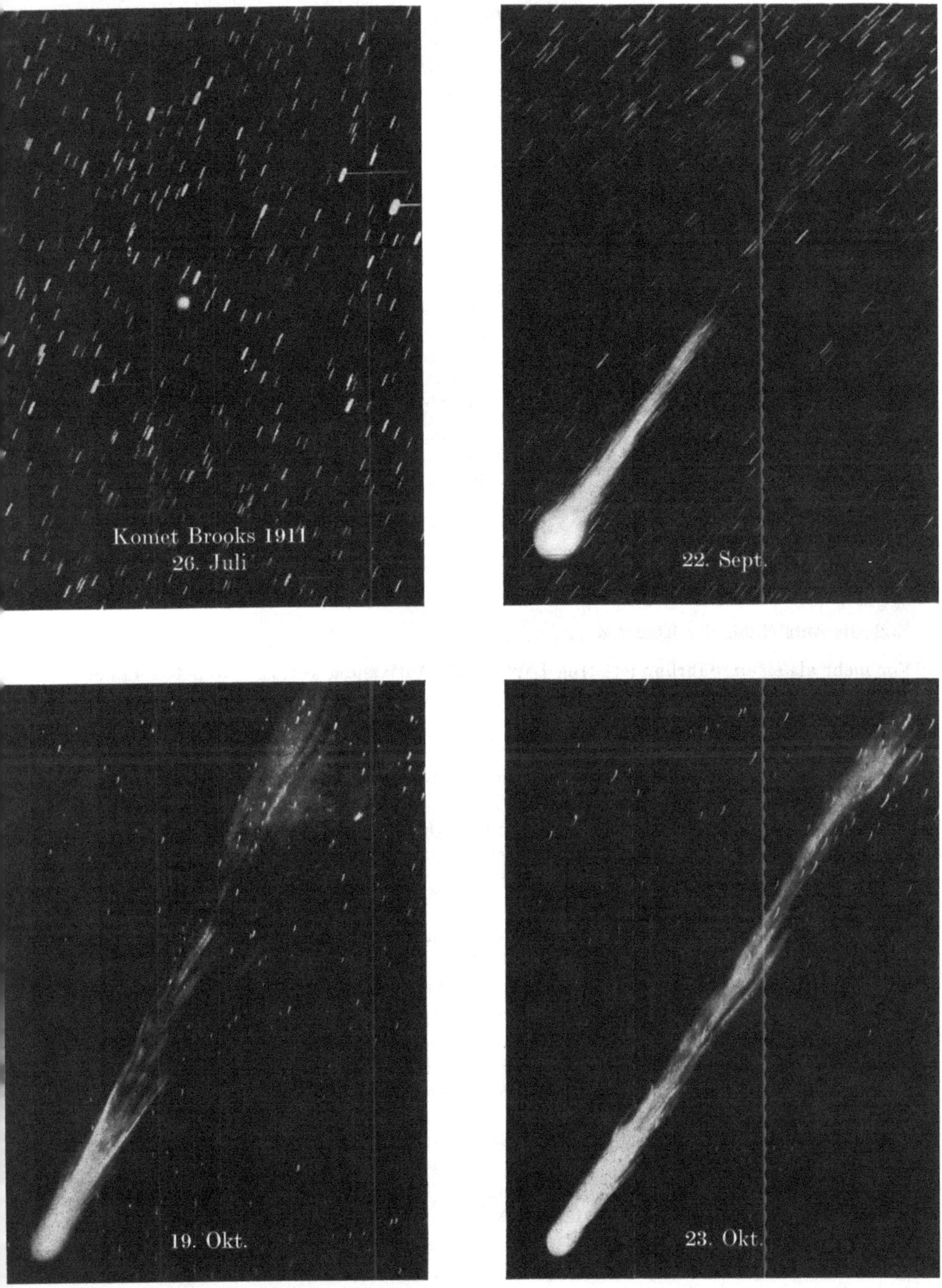

Komet Brooks 1911
26. Juli

22. Sept.

19. Okt.

23. Okt.

deren Bahnen, ursprünglich von langer Periode, durch starke Störungen während einer nahen Begegnung mit Jupiter grundlegend geändert wurden. Abb. 13.2 erläutert schematisch die Art, wie die Bahn eines langperiodischen Kometen in eine kurzperiodische Bahn umgewandelt werden kann. Dieser Vorgang erklärt nicht nur den Ursprung der Jupiterfamilie, sondern die heutige Bahnform aller Kometen der Gruppe I.

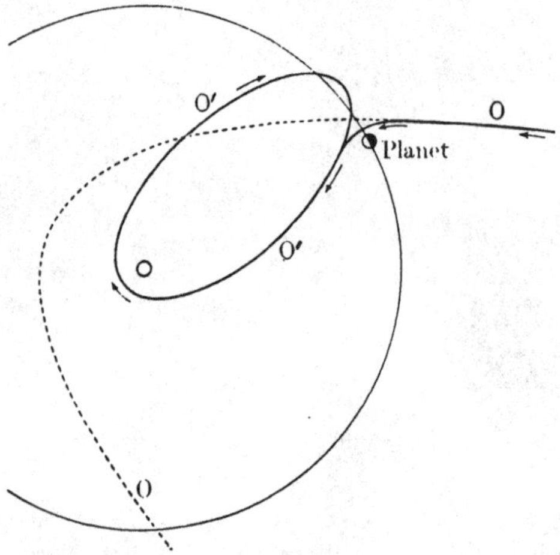

Abb. 13.2. Störung der Bahn eines Kometen durch einen Planeten. Der Komet würde seinen Lauf längs der gestrichelten Linie O fortgesetzt haben, wenn keine Störung aufgetreten wäre. Die Anziehung des Planeten verwandelt die ursprüngliche parabelnahe Bahn in eine elliptische Bahn O'. Dieser Komet würde ein Mitglied der Kometenfamilie des Planeten werden. *(Nach „Astronomie", von L. Rudaux und G. de Vaucouleurs, Librairie Larousse, 1948.)*

13.2 Die Entstehung der Kometen

Vor mehr als einem Jahrhundert trug Laplace die Auffassung vor, die Kometen kämen aus dem interstellaren Raum. Diese Theorie kann aber nicht zutreffen, weil dann zu erwarten wäre, daß interstellare Kometen so große Geschwindigkeiten relativ zur Sonne besitzen würden, wie sie für Objekte in Hyperbelbahnen charakteristisch sind.

Aus der Erörterung in Abschnitt 9.5 wissen wir, daß jeder Komet, dessen Geschwindigkeit in einer Entfernung von einer astronomischen Einheit von der Sonne kleiner als 42 km/sec ist, eine Ellipsenbahn beschreibt; wenn die Geschwindigkeit genau 42 km/sec beträgt, ist die Bahn eine Parabel; und liegt sie über 42 km/sec, ist die Bahn eine Hyperbel.

Wenn interstellare Kometen überhaupt existieren, müssen sie zufällige Geschwindigkeiten besitzen, die in einigen Fällen ungefähr nach dem Sonnensystem hin gerichtet sein sollten. Derartige Kometen würden die Sonnenumgebung mit Geschwindigkeiten erreichen, die mit größerer Wahrscheinlichkeit über als unter 42 km/sec liegen. Die meisten von ihnen würden sich dem Sonnensystem aus der Gegend des Sternbilds Herkules nähern, nach dem sich das ganze Sonnensystem hinbewegt mit einer Geschwindigkeit von 20 km/sec (Abschnitt 24.3).

Um den bemerkenswerten Unterschied zwischen den langperiodischen und den kurzperiodischen Kometen zu erklären, ging J. H. Oort von den Arbeiten E. Strömgrens aus und machte auch Gebrauch von den Ergebnissen späterer Untersuchungen. Oort fand, daß ein ausgeprägtes Häufigkeitsmaximum für Kometen mit großen Achsen von der Ordnung von rund 150000 astr. Einheiten existiert, ein Wert, der nicht sehr verschieden von der Entfernung bis zu den nächsten Sternen ist. Dies bedeutet aber nicht, daß diese Kometen interstellar sind. Im Gegenteil, Oort glaubt, daß sie Glieder des Sonnensystems sein müßten, weil sie an der Bewegung der Sonne durch den interstellaren Raum teilnehmen. Als erster zeigte Elis Strömgren, daß es keine Kometen gibt, von denen feststeht, daß ihre Bahnen mit Sicherheit hyperbolisch waren, bevor sie in den Bereich der Planeten gelangten. Es ist richtig, daß für einige Kometen die Beobachtungen größere Werte als eins für die Exzentrizitäten ergaben, was bedeutet, daß die

Kometen Hyperbelbahnen zur Zeit der Beobachtungen beschrieben. Doch bedeutet das nicht, daß ihre Bahnen ursprünglich hyperbolisch waren. In der Tat wiesen Strömgrens Berechnungen der Bahnformen mehrerer Kometen, lange bevor sie in die Nähe der Sonne kamen, überzeugend nach, daß die Bahnexzentrizitäten kleiner als eins waren. Erst in der Nachbarschaft der großen Planeten wurden die Bahnen hyperbolisch, und oft blieben sie es auch, nachdem die Kometen die Sonnenumgebung wieder verlassen hatten. Solche Kometen gehen für dauernd verloren und werden echte interstellare Objekte, die nur mit äußerst geringer Wahrscheinlichkeit jemals wieder in unsere Nachbarschaft zurückkehren werden. Strömgren schloß daraus, daß alle beobachteten Kometen zum Sonnensystem gehörten, bevor sie sich dem Perihel näherten.

Vor ein paar Jahren untersuchte ein Mitarbeiter Oorts an der Leidener Sternwarte, A. J. J. van Woerkom, im einzelnen die Wirkung der Störungen der Planeten auf verschiedene Arten von Kometenbahnen. Er fand, daß ein Komet mit sehr langer Umlaufszeit, wenn er einmal das verhältnismäßig kleine Raumgebiet erreicht hat, in dem die Planeten die Sonne umkreisen, im Mittel infolge der Störungen aus seiner ursprünglich stark exzentrischen Ellipsenbahn in eine elliptische Bahn mit kurzer Umlaufszeit übergehen wird und in diesem Falle zeitweilig ein Glied der Jupiterfamilie werden kann. Oder seine Bewegung kann hyperbolisch werden, und der Komet wird dann für alle Zeiten aus dem Sonnensystem herausgeworfen.

Man nehme nun an, daß es eine Wolke von Kometen gibt, die verschiedene Arten von Bahnen mit großen Achsen von rund 150 000 astr. Einheiten Länge beschreiben. Wir können die Gesamtzahl der Mitglieder dieser Wolke berechnen, wenn wir die Bedingungen betrachten, unter denen einige der Kometen Periheldistanzen von der Ordnung von ein oder zwei astronomischen Einheiten besitzen können, in welchem Falle sie uns nahe genug kommen können, damit ihre Beobachtung möglich ist. Wenn wir zunächst annehmen, daß die Geschwindigkeiten entfernter Kometen hinsichtlich ihrer Richtung relativ zur Sonne nach dem Zufall verteilt sind, so wird die überwiegende Mehrheit niemals die kleine Kugelfläche kreuzen, in deren Zentrum die Sonne steht und deren Radius ein oder zwei astron. Einheiten beträgt, und kann daher auch niemals hell genug werden, um von der Erde aus gesehen werden zu können.

Von einem 150 000 astr. Einheiten entfernten Kometen aus wird der Erdbahnradius (eine astr. Einheit) unter einem Winkel von X^0 erscheinen, wo

$$\frac{X}{360^\circ} = \frac{1 \text{ a. E.}}{2\pi \cdot 150\,000 \text{ a. E.}}$$

und folglich $X = (4 \cdot 10^{-4})^0$ ist. Die Kugel mit einem Radius von 1 a. E. wird, aus einem Sonnenabstand von 150 000 a. E. betrachtet, an der Sphäre eine Fläche von $\pi \cdot (4 \cdot 10^{-4})^2$ Quadratgrad einnehmen. Da die ganze Kugel angenähert $4 \cdot 10^4$ Quadratgrad umfaßt, hat nur ein Komet von $4 \cdot 10^4/\pi \cdot (4 \cdot 10^{-4})^2 = 10^{11}$ einen Geschwindigkeitsvektor, der nach dieser kleinen Zielfläche hin gerichtet ist. Da es nun in jedem Jahr mehrere Kometen gibt, die in die Nachbarschaft der Sonne gelangen, so muß die Gesamtzahl von Mitgliedern der Kometenwolke mindestens 100 Milliarden betragen.

Nach van Woerkoms Berechnungen scheint es so, als wären die Planetenstörungen so groß, daß nahezu jeder Komet, der näher als zwei astr. Einheiten an die Sonne herankommt, aus seiner ursprünglichen Bahn herausgeworfen wird, und entweder in einen kurzperiodischen Kometen verwandelt wird oder aber das Sonnensystem überhaupt verlassen muß.

Da die Umlaufszeiten der entfernten Kometen alle von der Größenordnung einiger Millionen Jahre sind, ist es sicher, daß alle die Kometen, bei denen ursprünglich die Voraussetzungen dafür erfüllt waren, schon längst in Sonnennähe hätten gelangen müssen. Um das ständige Neuerscheinen von Kometen in der Umgebung der Planeten zu erklären, hat Oort die Wirkung stellarer Störungen auf die Kometenwolke berechnet. Er fand, daß diese sich nicht weit über 150 000 astr. Einheiten hinaus erstrecken kann, da in noch weiterer Entfernung die Störungen groß genug sind, um die Bahnen der Kometen so stark beeinflussen zu können, daß diese sich aus dem Sonnensystem für immer entfernen müssen. In der Entfernung von 150 000 astr. Einheiten, in der sich ein Komet wahrscheinlich während des größten Teils seiner mehrere Millionen Jahre dauernden Umlaufszeit aufhält, sind die stellaren Störungen zwar im Mittel nicht ausreichend, um den Kometen ganz aus dem Sonnensystem entfernen zu können, sie sind aber andererseits groß genug, um seine Geschwindigkeit und Richtung zu verändern. Diese Störungen geben eine Erklärung dafür, daß kontinuierlich aus der äußeren Wolke Kometen nachgeliefert werden, wenn die Zahl der Kometen in der Wolke von der Ordnung 10^{11} ist, und dieser Prozeß wird erst aufhören, nachdem ein beträchtlicher Teil der 10^{11} Kometen in den Bereich der Planeten gekommen ist. Es läßt sich zeigen, daß während der Lebensdauer des Sonnensystems der langsame Übergang von Kometen aus der äußeren Wolke durch die Planetenzone in den interstellaren Raum noch nicht sehr weit vorangeschritten ist. Oorts Theorie zeigt auch, warum die Neigungen der Bahnen langperiodischer Kometen keine Beziehung zur Ebene der Ekliptik aufweisen, da nämlich die stellaren Störungen die Kometengeschwindigkeiten fast gleichmäßig auf alle Richtungen zu verteilen suchen.

13.3 Berühmte Kometen

Von den periodischen Kometen ist der vielleicht berühmteste der Halleysche Komet (Abb. 13.3). Berichte über sein Erscheinen lassen sich bis 240 v. Chr. zurückverfolgen. Er ist zu Ehren von Edmund Halley benannt worden, der zuerst erkannte, daß die in den Jahren 1531, 1607 und 1682 beobachteten Kometen verschiedene Erscheinungen desselben Objekts waren, und voraussagte, daß er 1758 wieder erscheinen würde. Seine Rückkehr im Jahre 1758 bewies, daß er ein Glied des Sonnensystems ist. Bei seinem Erscheinen im Jahre 1910 ging die Erde durch seinen Schweif hindurch, eine Tatsache, die zu einer Quelle vielfacher Unruhe in der Öffentlichkeit wurde, obgleich keine besonderen Wirkungen des Durchgangs entdeckt wurden. Der Halleysche Komet hat eine Umlaufsdauer von rund 76 Jahren und seine nächste Rückkehr wird für das Jahr 1986 erwartet.

Der erste periodische Komet, der in allen Teilen seiner Bahn beobachtet werden konnte, war der Komet Schwassmann-Wachmann (1925 II). Es handelt sich hierbei tatsächlich um einen bemerkenswerten Kometen, denn seine Exzentrizität beträgt nur 0,14, und seine Bahn verläuft gänzlich zwischen Jupiter und Saturn. Außerdem unterliegt seine Helligkeit starken Schwankungen, die von seinem heliozentrischen Abstand unabhängig sind. Die Ursache dieser plötzlichen Schwankungen ist nicht sicher bekannt, aber sie können mit solaren Ausbrüchen — denselben Vorgängen, die für die Polarlichter verantwortlich zu machen sind —, in Beziehung stehen. Komet Oterma, dessen Periode 8 Jahre beträgt, läßt sich in allen Teilen seiner zwischen Mars und Jupiter verlaufenden Bahn beobachten. Der Enckesche Komet ist mit einer Umlaufszeit von 3,3 Jahren ein Mitglied der Jupiterfamilie. Seit der Zeit seiner Entdeckung hat seine Periode um einen Betrag abgenommen, der sich nicht durch Planetenstörungen erklären läßt.

Einer der bemerkenswertesten Kometen ist der von 1882. Er war bei vollem Tageslicht deutlich sichtbar und ging durch die Sonnenkorona hindurch in einem Abstand von rund 500 000 km von der Sonnenoberfläche. Er wurde am Kap der Guten Hoffnung beobachtet, bis er am

→

Abb. 13.3. Der Halleysche Komet. Durch seinen Schweif ging die Erde am 18. Mai 1910. *(Photographiert mit dem Crossley-Reflektor des Lick-Observatoriums am 6. Mai 1910.)*

17. September zwischen $15^h\,37^m$ und $16^h\,54^m$ vor der Sonne vorbeizog, wobei er im Fernrohr nicht sichtbar war. Um $17^h\,31^m$ ging er durchs Perihel, danach wurde er von der Sonne verdeckt und erschien wieder um $21^h\,5^m$. Die Geschwindigkeit des Kometen im Perihel betrug 480 km/sec.

13.4 Der Aufbau der Kometen

Die Temperatur eines Kometen hängt von seinem Abstand von der Sonne ab. Im Aphel ist die Temperatur von der Ordnung einiger Grade über dem absoluten Nullpunkt, aber im Perihel würde ein Komet wie der von 1882 in einer Entfernung von nur 500 000 km von der Sonnenoberfläche eine Temperatur von 4500° annehmen, die ausreicht, Körper von einem Meter Durchmesser und mehr zu verdampfen. Der Komet von 1882 blieb nach dem Periheldurchgang sichtbar, sein Kern nahm an Helligkeit nicht wesentlich ab und muß daher ziemlich groß gewesen sein. Da der Komet nicht sichtbar war, als er vor der Sonne stand, konnte sein fester Kern nicht größer als 70 km gewesen sein. Es ist vernünftig, für den Durchmesser des festen Kerns einen Wert von rund 1 km anzunehmen.

Man hat mehrere Kometen beobachtet, die sich nach dem Periheldurchgang in zwei oder mehrere Komponenten teilten, zweifellos wegen der enormen solaren Gezeitenkraft. Der Komet Biela wurde 1806, 1826 und 1832 beobachtet, 1846 und 1852 bestand er aus zwei Teilkörpern, und dann hat man ihn niemals wieder gesehen. Stattdessen wird in jedem Jahr ein Meteorschwarm — die Bieliden — beobachtet. Dies ist ein klarer Beweis, daß Kometen auch meteorische Partikel zusätzlich zu ihren größeren festen Bestandteilen enthalten.

Alle Kometen werden von einer Gashülle, der Koma, umgeben, die aus Molekülen und Atomen besteht, welche aus dem Kern stammen. Diese Gase bilden gewöhnlich symmetrische, scharf begrenzte Höfe, die häufig in eine Reihe von Hüllen von parabolischer Gestalt unterteilt sind, die sich um den Kern lagern. Diese Gebilde sind hauptsächlich aus Gasen zusammengesetzt. Die am häufigsten vertretenen Substanzen sind einfache, aus zwei leichten Atomen bestehende Moleküle (Radikale), wie zum Beispiel OH (Hydroxyl), NH, CH, CN oder C_2 (Abb. 13.4). Die meisten dieser Moleküle sind nicht sehr stabil und werden leicht durch die Wirkung des Sonnenlichts zersetzt; der Druck der Sonnenstrahlung treibt die Moleküle des N_2, CO, CO_2 usw. in den Kometenschweif.

Es ist nicht wahrscheinlich, daß die instabilen Radikale im Kern längere Zeit existiert haben können. Besonders aus den Arbeiten von K. Wurm, P. Swings und N. T. Bobrovnikoff wissen wir, daß der Kometenkern nicht die wirklichen beobachteten Radikale enthält, sondern eine

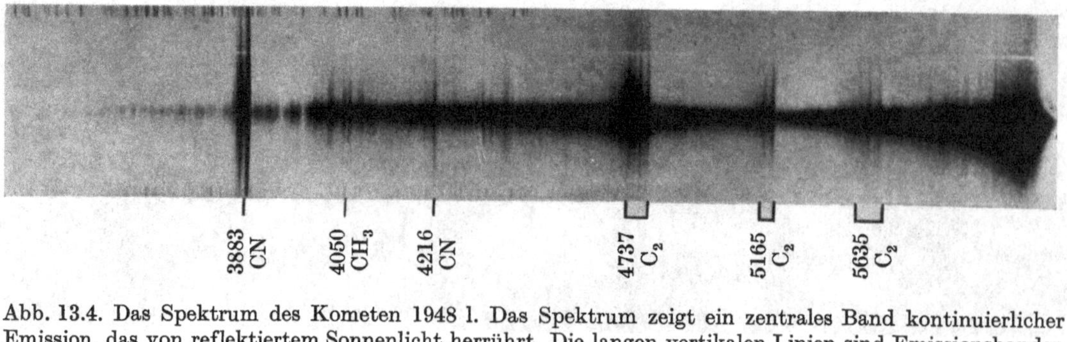

Abb. 13.4. Das Spektrum des Kometen 1948 l. Das Spektrum zeigt ein zentrales Band kontinuierlicher Emission, das von reflektiertem Sonnenlicht herrührt. Die langen vertikalen Linien sind Emissionsbanden verschiedener Moleküle im Kometenkopf. *(Photographiert von P. D. Jose und P. Swings mit dem 82-Zoll-Reflektor des McDonald-Observatoriums.)*

Gruppe ziemlich gewöhnlicher Stammoleküle, wie Wasserdampf (H_2O), Ammoniak (NH_3), Methan (CH_4) usw. Diese werden nicht direkt beobachtet, sondern ihre Existenz wird aus ihren Zersetzungsprodukten — OH, NH usw. — erschlossen.

Auf der Erde sind einige dieser Substanzen als Gase (Ammoniak) oder Flüssigkeiten (Wasser) oder in beiden Formen vorhanden. Doch haben Swings und Wurm darauf hingewiesen, daß in den mittleren Entfernungen der meisten Kometen von der Sonne für alle diese Stammoleküle nur der feste Aggregatzustand in Frage kommt, gewöhnliches Eis im Fall von Wasser und Ammoniakeis, Methaneis usw. bei den anderen Substanzen. F. L. Whipple beschreibt einen Kometen als eine Mischung solcher verfestigten Gase mit in sie eingebetteten Körnern aus meteoritischem Material, das hauptsächlich aus Eisen, Kalzium, Magnesium, Mangan, Silizium, Nickel, Aluminium und Schwefel besteht. Es gibt keinen Anhaltspunkt für die Größe dieser Körner. Wahrscheinlich kommt der gesamte Bereich von freien Atomen, die metallische Emissionslinien in Kometenspektren erzeugen, bis zu größeren Blöcken von einigen Zentimetern oder sogar Metern Durchmesser in Frage.

Man glaubt, daß der Komet ein fester Körper ist; Whipple bezeichnet ihn als „schmutzigen Eisberg" und als „dreckiges Eis". Wenn sich diese Masse der Sonne nähert, verdampfen die leichteren Moleküle. Dies führt zu einem Rückstoß, der bei einem nicht rotierenden Kometen radial von der Sonne weg gerichtet ist, der aber eine beschleunigende Kraftkomponente in der Bewegungsrichtung besitzt, wenn der Komet in rückläufigem Sinn (der Bahnbewegung entgegengesetzt) rotiert, oder eine verzögernde Komponente, wenn die Rotation rechtläufig ist. Die Asymmetrie ist eine Folge des Zeitunterschiedes zwischen der Erwärmung einer hinreichend dicken Eisschicht und dem Einsetzen der Verdampfung.

Dieser Mechanismus erklärt die Tendenz des Enckeschen Kometen, sich langsam auf einer Spiralbahn der Sonne zu nähern, und des Kometen d'Arrest, seine Umlaufszeit zu verlängern.

In dem Maß, wie das Eis eines periodischen Kometen von einer Rückkehr zur Sonne zur nächsten schmilzt, wird die Oberfläche zunehmend „schmutziger", bis sie einer Gletschermoräne ähnlich ist, unter der eine Schicht festen Eises gut geschützt vor der Sonnenstrahlung liegt. Aus den beobachteten Beschleunigungen und Verzögerungen berechnete Whipple, daß ein Komet im Durchschnitt bei einem einzigen Periheldurchgang $^1/_{200}$ seiner Masse verdampft. Das bedeutet, daß in einem solchen Kometen wie dem Enckeschen genug Masse vorhanden sein würde, um rund 200 Umläufe oder 660 Jahre überdauern zu können. Nach Schätzungen Whipples ist der Kern eines durchschnittlichen Kometen eine Kugel von 1 km Radius, die rund $4 \cdot 10^{15}$ g Materie enthält.

Wenn das Eis des Kometen schmilzt und verdampft, werden einige der Blöcke meteoritischen Materials an der Oberfläche hinter dem Kometen zurückbleiben. Sie bilden zuerst eine kompakte Wolke von Teilchen (Meteoren), die sich in derselben Bahn wie der Kometenkern bewegen. Mit der Zeit aber werden Störungen durch die Planeten die Wolke in einen großen Meteorschwarm auseinanderziehen.

13.5 Kometenschweife

Die Schweife von Kometen sind fast immer von der Sonne weg gerichtet. Ihre Spektren (Abb. 13.4) lassen erkennen, daß sie aus ionisierten Molekülen, die durch den Prozeß der Fluoreszenz (d. h. durch Absorption des Sonnenlichts und anschließende Re-emission der absorbierten Energie in den charakteristischen Wellenlängen der Moleküle) Strahlung aussenden, und aus kleinen festen Teilchen bestehen, die das Sonnenlicht ohne Absorption reflektieren (d. h. durch den gleichen Prozeß, der das Leuchten von Mond und Planeten bewirkt).

Die Moleküle und Teilchen eines Kometenschweifes werden von der Sonne weggetrieben durch eine Abstoßungskraft, die der Schwerkraft entgegenwirkt und die dem Betrage nach überwiegt. Diese Kraft ist der Druck der Sonnenstrahlung. Obgleich sie die kleinen Partikel des Schweifes wegtreibt, übt sie keine meßbare Wirkung auf die Bewegungen größerer Körper aus — der Planeten, Kometenkerne und Meteore.

Ein kugelförmiger Körper mit dem Querschnitt A cm² senkrecht zur Richtung der Sonnenstrahlen ist einer abstoßenden Kraft unterworfen, die sich messen läßt:

$$\text{Strahlungsdruck} = 4{,}5 \cdot 10^{-5} \cdot A = 4{,}5 \cdot 10^{-5} \cdot \pi \cdot r^2 \,\text{dyn},$$

worin r den Radius des Körpers bedeutet. Die Masse des Körpers ist gleich dem Produkt aus Volumen und Dichte

$$\frac{4\pi}{3} r^3 \varrho \,.$$

Im Abstand von 1 astr. Einheit von der Sonne erfährt dieser Körper eine Anziehungskraft nach der Sonne hin:

$$\text{Anziehungskraft nach der Sonne hin} = G \frac{M \cdot \frac{4\pi}{3} r^3 \varrho}{(1{,}5 \cdot 10^{13})^2} = 0{,}58 \frac{4\pi}{3} r^3 \varrho \,\text{dyn}.$$

Für das Verhältnis dieser beiden Kräfte ergibt sich

$$\frac{\text{Strahlungsdruck}}{\text{Schwerkraft}} = 7{,}6 \cdot 10^{-5} \cdot \frac{3}{4 \varrho r} \,.$$

Die Dichte möge $\varrho = 5$ g/cm³ betragen, dann ist angenähert

$$\frac{\text{Strahlungsdruck}}{\text{Schwerkraft}} = \frac{10^{-5}}{r} \,.$$

Dieser Ausdruck zeigt, daß ein Staubkörnchen mit einem Radius von 10^{-5} cm im Gleichgewicht sein wird; Strahlungsdruck und Schwerkraft kompensieren sich. Kleinere Teilchen werden von der Sonne abgestoßen, während Teilchen mit Radien von der Ordnung 1 cm nur unbedeutend vom Strahlungsdruck beeinflußt werden.

Der auf die Moleküle ausgeübte Strahlungsdruck hängt von deren Absorptionskoeffizienten ab. In der Regel werden sie ebenfalls von der Sonne weggetrieben. Die Abstoßungskraft ist in mehreren Fällen aus den Bewegungen von Verdichtungen in Kometenschweifen bestimmt worden. Bei einigen Kometen liegt das beobachtete Verhältnis beider Kräfte zwischen 15 und 20. In diesen Fällen sind die Schweife fast geradlinig. Bei anderen ist das Verhältnis fast 2, und die Schweife sind merklich gekrümmt, weil die Teilchen, nachdem sie aus dem Kometenkopf herausgetrieben worden sind, dem zweiten Keplerschen Gesetz gehorchen: Eine gerade Linie von der Sonne nach dem Teilchen (der Radiusvektor) überstreicht in gleichen Zeiten gleiche Flächen. Die Partikel eines sich nähernden Kometen bleiben hinter dessen Kern zurück, wenn sie sich von der Sonne entfernen.

L. Biermann hat letzthin gezeigt, daß zusätzlich zum Strahlungsdruck die Teilchen eines Kometenschweifs eine Abstoßungskraft durch Atomströme von der Sonne erfahren, die gleichen Ströme, die die Polarlichter erzeugen. Sie sind von unregelmäßigem Charakter, und sie wirken auf den Schweif mit Unterbrechungen ein. Man hat vermutet, daß einige der schnellen Änderungen, die bei mehreren Kometen beobachtet wurden, auf Zusammenstößen mit außergewöhnlich kräftigen solaren Partikelwolken beruhen.

Komet Arend-Roland (Abb. 13.5) zeigte im April 1957 nicht nur einen normalen, von der Sonne abgewandten, sondern noch einen zweiten langen, geradlinigen Schweif, der zur Sonne gerichtet war (wie auch von Bessel beim Halleyschen Kometen und von anderen Beobachtern bei mehreren anderen Kometen wahrgenommen worden war). Ein solcher Schweif kann nicht durch einen explosionsartigen Vorgang auf dem Kometen in Richtung zur Sonne erklärt werden, weil die weggeschleuderten Teilchen den Keplerschen Gesetzen gehorchen würden und der Schweif daher gekrümmt sein müßte. Es wurde darauf hingewiesen, daß der eigentümliche geradlinige Schweif am besten zu sehen war, wenn die Erde durch die Bahnebene des Kometen hindurchging: Der Schweif könnte auf Staub- und Gaswolken zurückzuführen sein, die aus dem Kometen in einer dünnen Schicht in seiner eigenen Bahnebene herausdiffundiert waren.

Abb. 13.5. Komet Arend-Roland. *(Photographiert von C. A. Wirtanen am Lick-Observatorium am 25. April 1957.)*

13.6 Meteorschwärme

Es gibt keinen geologischen Beweis dafür, daß die Erde einmal mit einem Kometenkopf zusammengestoßen ist, und die Wahrscheinlichkeit für einen solchen Zusammenstoß ist sehr klein. Wenn die Periheldistanz des Kometen größer als eine astr. Einheit ist, kann kein Zusammenstoß eintreten. Nur etwa fünf Kometen dringen in jedem Jahr in die Kugel ein, die die Sonne im Abstand von einer astr. Einheit umgibt, und haben daher eine gewisse Aussicht, mit der Erde zusammenzustoßen. Der kleine feste Kometenkern kann sich der Kugel aus allen Richtungen nähern. Die Wahrscheinlichkeit für einen Zusammenstoß ist das Verhältnis des

Querschnitts der Erde $\pi \cdot 6400^2$ zur Oberfläche der Kugel $4\,\pi\,(1{,}5 \cdot 10^8\ \text{km})^2$. Wenn der Komet aber auf dem Wege nach innen keinen Zusammenstoß erleidet, besteht auf dem Wege nach außen nochmals die Möglichkeit dafür. Daher ist die Wahrscheinlichkeit

$$2 \cdot \frac{\pi\,(6{,}4 \cdot 10^3)^2}{4\,\pi\,(1{,}5 \cdot 10^8)^2} = 9 \cdot 10^{-10} \approx 10^{-9},$$

d. h. rund eins zu einer Milliarde. Bei fünf Kometen pro Jahr ist die Wahrscheinlichkeit für einen Zusammenstoß mit einem von ihnen $5 \cdot 10^{-9}$ oder einer in 200 Millionen Jahren.

Dagegen liegen zahlreiche Berichte vor über Zusammenstöße mit Teilchen, aus denen sich die äußere Hülle eines Kometen zusammensetzt. Diese Zusammenstöße sind weit zahlreicher, weil der Schwarm, der den festen Kern umgibt, vielmals größer als die Erde sein kann; in diesem Fall ist die Wahrscheinlichkeit das Verhältnis des Querschnitts des Schwarms zur Oberfläche der Kugel mit dem Radius von einer astr. Einheit.

Zusammenstöße dieser Art geben Anlaß zu Meteorschauern. In der Nacht des 12. November 1833 lieferten Meteore, die von einem Punkt am Himmel (dem Radianten) auszugehen schienen, ein glänzendes Schauspiel, bei dem ein Beobachter 200 000 von ihnen pro Stunde zählen konnte. Der Meteorschauer von 1833 hatte seinen Radianten im Sternbild des Löwen und wird daher als Leoniden-Schauer bezeichnet. Ein ähnlicher Schauer war schon 1799 gesehen worden und ein weiterer ereignete sich im Jahre 1866. Das deutete eine Periode von 33 Jahren an. H. A. Newton verfolgte die Leoniden zurück bis 902 v. Chr. Zwischen 1866 und 1899 ging der Schwarm nahe an Jupiter und Saturn vorbei und wurde so stark gestört, daß es 1899 oder 1900 zu keinem auffallenden Meteorfall mehr kam. Die Erde durchläuft jetzt die äußeren Teile des

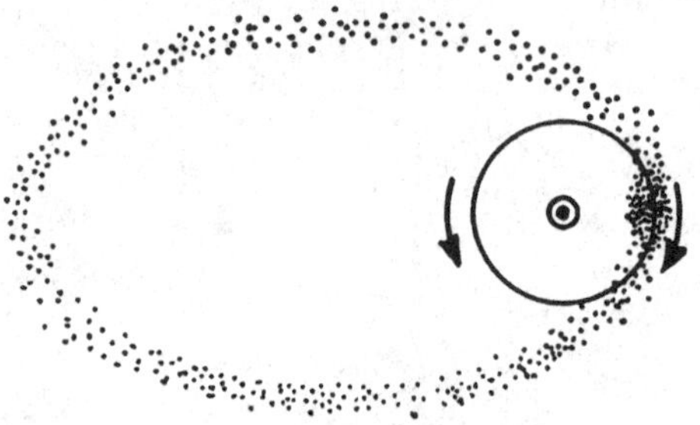

Abb. 13.6. Der Leoniden-Meteorschauer. Die Meteore sind längs der ganzen elliptischen Bahn des Ursprungskometen verteilt, dessen Periode 33 Jahre dauert. Eine starke Konzentration von Meteoren wurde 1799, 1833 und 1866 beobachtet, später aber wurden sie durch andere Planeten gestört und werden nun nicht mehr im November beobachtet, wenn die Erde in der Nähe des Schnittpunkts ihrer Bahn mit der Bahn des Ursprungskometen steht.

Schwarms, und nur noch ein paar Leoniden werden in jedem Jahr um den 15. November gesehen (Abb. 13.6). Man fand, daß die Bahn eines schwachen Kometen, der 1866 beobachtet worden war, mit dem Weg der Leoniden übereinstimmte; dieser Komet verschwand in der Folgezeit.

Da die Auflösung eines Kometen ein allmählich fortschreitender Prozeß ist, können der Meteorschwarm und sein Ursprungskomet lange Zeit zusammen bestehen. Schließlich wird sich jedoch der Komet einmal aufgelöst haben und nur der Meteorschwarm übriggeblieben sein. Störungen der Meteorbahnen durch Planeten zerstreuen allmählich den Schwarm und lassen am Ende dessen Mitglieder zu „sporadischen" Meteoren werden, die nicht länger einem bestimmten Schauer zuzuordnen sind.

Von den bekannten Meteorschauern haben acht sich mit Sicherheit mit einem Kometen identifizieren lassen; sie sind in Tabelle 13.2 zusammengestellt.

Tabelle 13.2 Mit Kometen verbundene Meteorschauer

Schauer	Jahreszeit	zugehöriger Komet
Lyriden	April 21	Komet 1861 I
Aquariden	Mai 5	Halleyscher Komet
Perseiden	August 12	Komet 1862 III
Giacobiniden	Oktober 9	Komet Giacobini-Zinner
Orioniden	Oktober 20	Halleyscher Komet
Tauriden	November 7	Enckescher Komet
Leoniden	November 15	Komet 1866 I
Bieliden	November 23	Bielascher Komet

Die Perseiden unterscheiden sich von den Leoniden dadurch, daß sie in jedem Jahr ungefähr die gleiche Häufigkeit besitzen, rund 50 in der Stunde. Offenbar hat sich der Schwarm allmählich über seine ganze Bahn verteilt, und jedesmal, wenn die Erde die Perseidenbahn schneidet, wird ein Schauer mäßiger Intensität beobachtet. Kein Meteorit wurde bisher gefunden, der einem Schwarm angehörte, aber die Spektren mehrerer Schauermeteore deuten darauf hin, daß Meteore, die einem Kometen zuzuordnen sind, eine Zusammensetzung ähnlich der von Gesteinen besitzen.

Aufgaben

1. Der Enckesche Komet ist mit einer Periode von 3,3 Jahren ein Glied der Jupiterfamilie und sein Aphel liegt nahe der Jupiterbahn. Man bestimme die Exzentrizität der Bahn des Kometen Encke.
2. Es ist das Verhältnis der vom Strahlungsdruck herrührenden Abstoßungskraft zur Anziehungskraft durch die Gravitation auf einen Mikrometeoriten (Abschnitt 14.5) zu berechnen. Für den Radius des Mikrometeoriten nehme man den Wert 4 Mikron an (1 Mikron = 0,0001 cm).
3. Die Wahrscheinlichkeit eines Zusammenstoßes der Erde mit den Teilchen der Außenhülle eines Kometen (Abschnitt 13.6) beträgt rund 1 in 100 Jahren. Berechne den Querschnitt dieses Schwarmes unter der Annahme, daß fünf Kometen pro Jahr ins Innere der Kugel mit dem Radius von einer astr. Einheit eintreten.
4. Wenn aus einem Kometen eine Teilmasse von $^1/_{1000}$ der Gesamtmasse des Kometen ausströmt, wie groß ist das Verhältnis der Beschleunigung des ausströmenden Materials zur Beschleunigung des Kometen (man berücksichtige Abschnitt 4.2)?

14. METEORE

14.1 Sporadische Meteore

Ein Meteor ist ein kleines Teilchen, gewöhnlich ungefähr von Sandkorngröße, das sich im interplanetaren Raum bewegt. Wenn es die Erde trifft, wird es infolge seiner schnellen Bewegung durch Reibung mit der Luft bis zur Weißglut erhitzt, und es wird dann die Gasmoleküle ionisieren, was diese zur Lichtemission veranlaßt. Nahezu alle Meteore sind aufgezehrt, bevor sie die Erdoberfläche erreichen. Gelegentlich erscheint ein großes und außergewöhnlich helles Meteor am Himmel, das sich teilen oder sogar während des Fluges explodieren kann: Ein solches Meteor wird eine Feuerkugel genannt.

Die Geschwindigkeit eines Meteors, relativ zu einem Beobachter auf der Erde, setzt sich aus den Bahngeschwindigkeiten von Meteor und Erde zusammen. Die Erde bewegt sich in ihrer Ellipsenbahn mit einer Durchschnittsgeschwindigkeit von 30 km/sec. Die Geschwindigkeit eines Meteors in einer Parabelbahn würde in der Nähe der Erde 42 km/sec betragen. Wenn beide Bahngeschwindigkeiten entgegengesetzt gerichtet sind, würde daher das Meteor beim Eindringen in die Erdatmosphäre eine Relativgeschwindigkeit von $30 + 42 = 72$ km/sec besitzen, wenn man die Rotationsgeschwindigkeit der Erde und die von der Erde auf das Meteor ausgeübte Anziehung vernachlässigt. Ein Meteor, das mit einer größeren Geschwindigkeit als 42 km/sec — nach Subtraktion der Erdgeschwindigkeit — beobachtet wird, hat die parabolische Grenzgeschwindigkeit überschritten und ist kein Glied des Sonnensystems. Seine Bahn muß dann eine Hyperbel sein. Ein die Erde überholendes Meteor aber kann sich anscheinend langsam bewegen, sogar wenn seine wirkliche Geschwindigkeit im Raum hyperbolisch ist (Abb. 14.1).

Während der letzten 15 Jahre wurden systematische Meteorphotographien an der Harvard-Sternwarte und an mehreren Hilfsstationen aufgenommen in der Weise, daß die Meteorspuren während jeder Sekunde durch einen rotierenden Sektor viele Male unterbrochen wurden. Wenn mit zwei Fernrohren an verschiedenen Orten gleichzeitig dieselbe Meteorspur photographiert wird, so kann Höhe und Länge der Spur aus Messungen ihrer Parallaxe und aus der Entfernung der beiden Beobachtungsorte berechnet werden. Wenn durch den rotierenden Sektor auch die Dauer des Aufleuchtens des Meteors festgelegt wurde, läßt sich dessen Geschwindigkeit ableiten. F. L. Whipple hat über Geschwindigkeitsmessungen von 144 Meteoren berichtet; eins von ihnen ist in Abb. 14.2 abgebildet. 15 Meteore wurden gefunden mit Geschwindigkeiten, die etwas größer als 42 km/sec waren, doch neigt Whipple zu der Ansicht, daß diese wenigen hyperbolischen Geschwindigkeiten durch Meßfehler zu erklären seien. Unter den 144 beobachteten Meteoren befand sich kein einziger Fall, in dem eine echte Hyperbelbahn schlüssig nachgewiesen werden konnte.

Die Bahnrechnung für zwei von Whipple am 13. und 15. Dezember 1950 beobachtete Meteore ergab Übereinstimmung mit dem Kometen Mellish 1917 I; dies erhärtet den Schluß, daß zwischen Kometen und Meteoren enge Beziehungen bestehen.

14.2 Radio-Meteore

Die *E*-Schicht der Erdatmosphäre (Abschnitt 5.8) liegt in einer Höhe von rund 100 km, in der viele Meteore entweder visuell oder auf direkten Photographien beobachtet werden.

Normalerweise werden die Reflexionseigenschaften der E-Schicht von der Ultraviolettstrahlung der Sonne beherrscht, die einzelne Elektronen von den Molekülen abtrennt und diese damit in den ionisierten Zustand versetzt; sie sind dann elektrisch geladen und üben auf die elektromagnetischen Wellen, mit denen sie zusammentreffen, einen Einfluß aus.

Zusätzlich zu dieser regulären Ionisation, deren Änderungen beim Übergang vom Tag zur Nacht sich im voraus übersehen lassen, kommen gelegentlich unregelmäßige Schichten reflektierenden, ionisierten Gases im 100-km-Niveau vor, die in keiner erkennbaren Beziehung zu irgendwelchen Sonnenphänomenen stehen. Im Jahre 1932 fanden Skellett, Schafer und

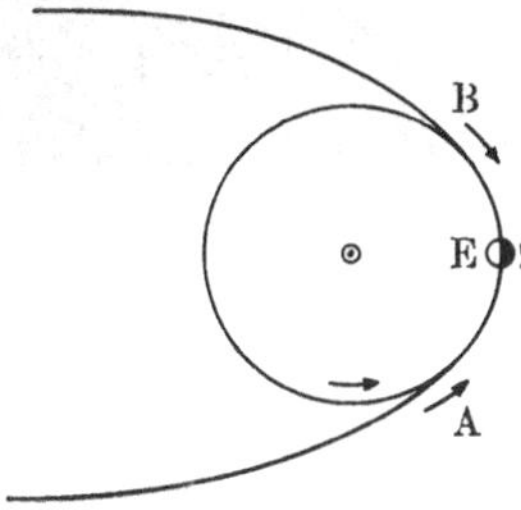

Abb. 14.1. Relativgeschwindigkeit eines Meteors in bezug auf die Erde. Die Geschwindigkeit eines Meteors in seiner parabelnahen Bahn beträgt 42 km/sec in der Entfernung von 1 astr. Einheit von der Sonne. Wenn seine Bewegung rückläufig ist *(B)*, trifft das Meteor die Erde, deren Bahngeschwindigkeit 30 km/sec ist, mit der Relativgeschwindigkeit 72 km/sec. Ein Meteor, dessen Bewegung rechtläufig ist *(A)*, überholt die Erde mit einer Relativgeschwindigkeit von 12 km/sec.

Goodall und unabhängig davon Pickard, daß diese gelegentliche Zunahme der Ionisation der E-Schicht jedesmal gleichzeitig mit dem Aufleuchten von visuell beobachteten Meteoren eintrat; dieser schon früh gezogene Schluß wurde 1947 sicher bestätigt durch die Arbeiten von Appleton und Naismith. Offenbar hinterläßt ein großes Meteor auf seiner Bahn einen Rückstand von ionisiertem Material, das in der normalen E-Schicht aufgeht und ihre Eigenschaften verändert.

Mit genügend leistungsfähigen Instrumenten, die Wellen ausstrahlen, die normalerweise von der E-Schicht und ihren sporadischen Störungen durchgelassen werden, ist es gelegentlich möglich, Echos von sehr kurzer Dauer aus Höhen von rund 100 km zu empfangen. Diese flüchtigen Echos wurden von Schafer und Goodall während des Leonidenschauers bemerkt und von Appleton, Naismith und Ingram als ganz normale Erscheinungen erkannt, die wahrscheinlich in sporadischen Meteoren ihre Ursache haben.

In der Regel werden diese Radar-Echos von Meteoren auf dem Schirm eines Kathodenstrahloszillographen beobachtet, eines Geräts, daß in Form einer leuchtenden Kurve die Schwankungen des sich schnell ändernden elektrischen Stromes in der Empfangsantenne aufzeichnet. Wenn die Antenne nicht durch das Echo eines Meteors erregt wird, bewegt sich der leuchtende Fleck auf dem Oszillographenschirm schnell längs einer horizontalen Linie. Erregung der Antenne durch einen kurzen Impuls — sei es auf dem direkten Wege vom Sender, sei es als Echo — äußert sich auf dem Schirm als helle Zacke nach oben in der horizontalen Linie.

Wenn die reflektierende Schicht 150 km entfernt ist, wird das Echo $(150 + 150)/300000$ oder rund $^1/_{1000}$ sec später empfangen als das direkte Signal, da ja die Welle erst 150 km auf dem Hinweg zurückzulegen hat und dann nochmals 150 km auf dem Rückweg. Wenn die Bewegung des leuchtenden Flecks auf dem Schirm sehr schnell von links nach rechts vor sich geht, wird die dem Echo entsprechende Zacke nach rechts verschoben erscheinen, und zwar um einen Betrag, der der Zeitdifferenz zwischen dem Eintreffen des direkten Impulses und dem des Echos proportional ist, bezogen auf die Geschwindigkeit, mit der sich der Fleck auf dem Schirm bewegt. Bei gleichbleibendem Abstand des Meteors bleibt die Entfernung zwischen den Zacken, die dem direkten Signal und dem Echo entsprechen, unverändert; nähert sich aber das Meteor, so verschiebt sich die Echozacke nach links, wenn aufeinanderfolgende Impulse aufgezeichnet

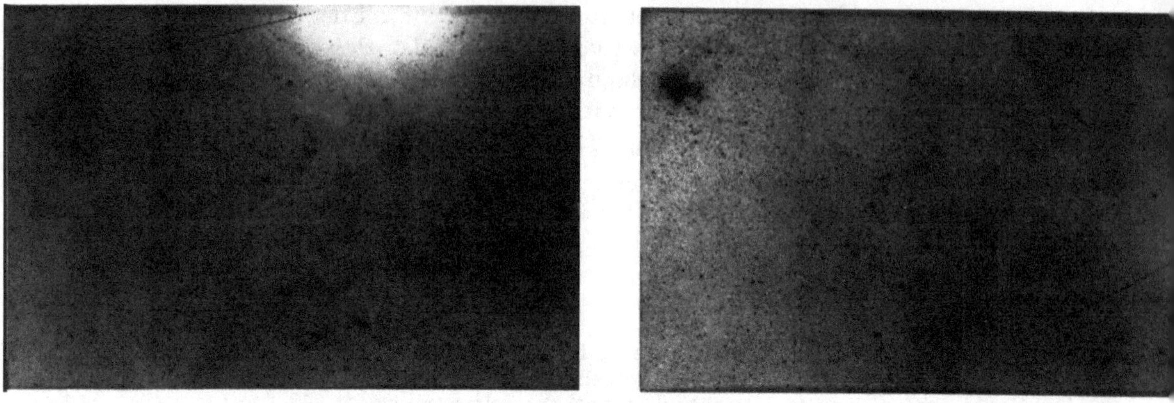

Abb. 14.2. Gleichzeitige Photographie einer Meteorspur. Diese beiden Negative wurden aufgenommen mit zwei Baker-Super-Schmidt-Meteorkameras, die von James G. Baker konstruiert und an zwei verschiedenen Orten in New Mexiko aufgestellt worden waren. Im oberen linken Teil jeden Bildes sind die Plejaden zu sehen. Eine Messung der parallaktischen Verschiebung der Meteorspur relativ zu den Hintergrundsternen ergibt Höhe und Bewegungsrichtung des Meteors. Die weißen Stellen auf jeder Photographie werden durch die Achsen des rotierenden Sektors hervorgerufen, der die Spur 60mal pro sec unterbricht. Messung der Unterbrechungen ergibt die Geschwindigkeit des Meteors. *(Photographien des Harvard-Meteor-Unternehmens, geleitet von F. L. Whipple.)*

werden, und umgekehrt, wenn der Abstand des Meteors größer wird. Der zeitliche Ablauf der Verschiebung der Echozacken läßt sich auf Filmaufnahmen des Oszillographenschirms deutlicher verfolgen.

Man erhält auf den Filmen hyperbolische Kurven, aus denen man die Geschwindigkeiten der Meteore berechnen kann, weil ihre Entfernung R in einem bestimmten Zeitpunkt t die Entfernung R_0 im Moment t_0 der größten Annäherung um einen Betrag übersteigt, der von dem Zeitintervall $t - t_0$ und der Geschwindigkeit abhängt. In der Tat stellt der Ausdruck für den Abstand

$$R^2 = R_0^2 + v^2 (t - t_0)^2$$

eine Hyperbel dar. Aufeinanderfolgende Wertepaare R und t können vom Film abgelesen werden, und die einzige Unbekannte v ist dann leicht zu berechnen.

P. M. Millman und D. W. R. McKinley in Canada haben nachgewiesen, daß die hyperbolischen Echos dem Meteor in seiner Bewegung entsprechen. Das Meteorteilchen ist gewöhnlich zu klein, um ein Echo reflektieren zu können, aber seine ultraviolette Strahlung erzeugt eine Art leuchtender Kugel von ziemlich beträchtlicher Größe um das Teilchen, die aus ionisierten Luftatomen und -molekülen besteht und an der Bewegung des Meteors teilnimmt. Diese Kugel bleibt nach dem Durchgang des Meteors nicht bestehen, weil schnelle Rekombination der ionisierten O- und N-Atome mit freien Elektronen den elektrisch neutralen Zustand wiederherstellt.

Die Radarmethode ist äußerst empfindlich. Durch sie werden viel mehr Meteore nachgewiesen, als visuell zu beobachten sind, und die Beobachter glauben, daß die Häufigkeit kleiner Meteore sogar noch größer sein kann, als vor vielen Jahren von F. G. Watson aus visuellen Daten vorhergesagt wurde. Die Radarmethode erfaßt jedoch wirksam nur die Meteore, deren Bahnen nahezu rechtwinklig zu dem Radarstrahl verlaufen, weil die Reflexion spiegelnd ist. Bei dem ionisierten Kanal müssen wir an einen hochpolierten Zylinder oder spitzen Kegel denken.

Strahlung, die unter einem von 90° wesentlich verschiedenen Winkel auf ihn fällt, wird in andere Richtungen reflektiert, nur in der Nähe von 90° wird der Strahl zurück zum Empfänger reflektiert.

Das steht in direktem Gegensatz zur visuellen Beobachtungsmethode, die am wirksamsten in der Umgebung des Radianten der Meteore ist. So fanden im Fall des großen Schauers des Kometen Giacobini-Zinner Lovell, Banwell und Clegg im Jahre 1946, daß, wenn ihr gerichteter Radarstrahl zum Radianten hinzeigte, die Zahl der Echos auf etwa 4% der rechtwinklig zum Radianten beobachteten Anzahl absank. Zufällig ermöglichte der gleiche Meteorschauer es Hey, Parsons und Stewart, zum ersten Male die Geschwindigkeiten von Meteoren nach der Echo-Methode zu bestimmen. Sie fanden 22,9 km/sec, ein Wert, der mit dem visuell ermittelten Wert 23,7 km/sec gut übereinstimmt.

Unter fast 11 000 Meteoren, die in 847 Beobachtungsstunden von Dezember 1948 bis März 1950 registriert wurden, fand McKinley nur 32 mit Geschwindigkeiten relativ zur Erde, die etwas größer als 72 km/sec waren. Interstellare Meteore müssen sehr selten sein, wenn sie überhaupt existieren. Darüber hinaus bedeutet die Tatsache, daß ein Meteor jetzt eine Geschwindigkeit über der Entweichungsgeschwindigkeit besitzt und schließlich interstellar werden wird, nicht, daß es aus dem interstellaren Raum gekommen ist. Es ist viel wahrscheinlicher, daß das Meteor innerhalb des Sonnensystems entstanden ist und durch die Anziehung der Planeten gestört wurde, wobei es eine schwach hyperbolische Geschwindigkeit erhielt, die es vorher nicht besaß. Dies würde erklären, warum es keine Meteore gibt mit Geschwindigkeiten, die wesentlich über der Grenzgeschwindigkeit liegen.

Unter vielen anderen Ergebnissen der Radarbeobachtungen wollen wir erwähnen, daß in der Regel die gewöhnlichen Schauer, wie z. B. die Perseiden, weniger auffallend hervortreten, als es bei der Analyse visueller Beobachtungen der Fall ist. Dies ist ein deutliches Anzeichen dafür, daß Schauermeteore und sporadische Meteore nicht immer physikalisch identisch sind. Die Schauer sind reich an großen Meteoren, während die sporadischen Meteore besonders zahlreich unter den schwachen Echos sind. Ein solcher Unterschied kann von Bedeutung sein. Nach F. C. Leonard sind alle zur Erde gefallenen Meteoriten sporadisch; es gibt keine authentischen Beispiele für Meteoriten aus irgendeinem der bekannten Meteorschauer. Die unregelmäßige Gestalt dieser Eisen- oder Steinbrocken spricht deutlich zugunsten einer Entstehung durch Zusammenstoß.

Andererseits müssen die Meteore, die mit Kometen in Zusammenhang stehen, zu der Zeit entstanden sein, als Whipples „Schneebälle aus gefrorenem Eis" mit ihrer Beimischung von schweren Teilchen gebildet wurden. Wenn es nicht zu häufigen Zusammenstößen kam, seitdem die Meteore aus ihren Kometen heraustauten, sollten wir erwarten, daß sie entweder von sphärischer Gestalt oder symmetrisch je nach der Kristallstruktur ihrer Substanz sein sollten. Zur Zeit gibt es keinen direkten Weg, um diesen Punkt zu prüfen. Aber es ist sicherlich sehr bemerkenswert, daß man zwei verschiedene Arten von Meteoren auf Grund der Radarbeobachtungen unterscheiden kann und daß sie sich den kometarischen bzw. sporadischen Objekten zuordnen lassen.

14.3 Meteoriten

Nach dem Eintritt in die Erdatmosphäre bewegen sich die Meteore gewöhnlich schneller als die Luftmoleküle; sie drücken die Luft auf ihrer Stirnseite zusammen, wenn sie zur Erde stürzen, und werden so heiß, daß ihre Oberflächenschichten schmelzen und weggefegt werden. Die meisten Meteore werden vollständig aufgezehrt, bevor sie den Erdboden erreichen. Diejenigen, die auf die Erde fallen, werden Meteoriten genannt.

Abb. 14.3. Ein typischer Steinmeteorit, Gewicht 55 kg, gefunden in der Nähe von Gladstone, New Mexiko. Die Fallzeit ist unbekannt. *(Amerikanisches Meteoriten-Museum, Sedona, Arizona.)*

Rund 2000 Meteoriten mit durchschnittlich 100 kg Masse fallen in jedem Jahr auf die Erde, etwa 25 davon fallen auf das Gebiet der Vereinigten Staaten. Das bedeutet einen Massenzuwachs der Erde von 200 000 kg jährlich.

Es gibt zwei Arten von Meteoriten, solche, die hauptsächlich aus Eisen bestehen, und solche aus Stein. Die Eisenmeteoriten lassen sich leicht erkennen, weil sie vorwiegend aus metallischem Nickel-Eisen zusammengesetzt sind, welches in gleicher Form auf der Erde nicht gefunden wird; die Steinmeteorite (Abb. 14.3) sind irdischen Gesteinen ähnlich und reich an Eisen, Silizium- und Magnesium-Oxyden.

Der größte bekannte Meteorit, der Hoba West, liegt am Fallort in der Nähe von Grootfontein in Südwest-Afrika. Seine Masse besteht größtenteils aus Nickel-Eisen und beträgt nahezu 50 000 kg; sein Volumen liegt bei neun Kubikmetern.

Der größte bisher in den Vereinigten Staaten gefundene Meteorit ist im Hayden-Planetarium in New York ausgestellt. Er wurde bei Willamette, Oregon, gefunden und hat eine Masse von 14 000 kg.

14.4 Meteorkrater

Am Morgen des 12. Februar 1947 stürzte auf die felsigen Hänge des Sichoté-Aliner Gebirges in Ostsibirien ein Meteorit herab. Bei seinem Flug durch die Atmosphäre wurde er als glühende funkensprühende Lichtkugel gesehen, die so hell wie die Sonne war und einen dicken schwarzen Schweif hinter sich zurückließ.

Eine von W. G. Fessenkow geführte Expedition fand mehr als 100 Löcher oder Krater, von denen der größte eine Tiefe von 15 bis 20 Metern und einen Durchmesser von rund 40 Metern hatte und die über eine Fläche von etwa drei Quadratkilometern verstreut waren. Die meisten der angesengten und umgefallenen Bäume lagen in radial von den Kratern ausgehender Richtung.

Stücke von Meteoreisen, und zwar 50-kg-Blöcke bis herab zu mikroskopischen Stäubchen, fand man um die Krater herum auf einer mehrere Quadratkilometer großen Fläche. Über diesem Gebiet sei ein wahrer ,,Eisenregen“ niedergegangen, heißt es in einer Beschreibung. Der Meteorit war im Fluge explodiert, seine Bruchstücke durchschnitten die Atmosphäre mit Überschallgeschwindigkeit und von ihrer Vorderseite gingen verheerende Stoßwellen von komprimierter Luft aus.

Das Gebiet des Tunguska-Flusses in Nordsibirien war der Schauplatz eines anderen bemerkenswerten Meteoritenfalls im Juni 1908 (Abschnitt 8.5). Auf der beim Aufprall verwüsteten Fläche wurden keine meteoritischen Bruchstücke gefunden. Die kinetische Energie des Meteoriten muß so groß gewesen sein, daß nicht nur der Meteorit selbst, sondern auch noch der Erdboden und Felsen in der Umgebung des Auftreffpunktes in beträchtlichem Umfang verdampften. Dieser Meteorit erzeugte eine Kompressionswelle in der Atmosphäre, die mehrere Male um die Erde lief.

Der am leichtesten zugängliche Meteorkrater in den Vereinigten Staaten ist der Barringer-Krater in der Nähe von Winslow, Arizona (Abb. 14.4). Er ist annähernd kreisförmig, sein Durchmesser liegt bei 1200 Metern, seine Tiefe bei 175 Metern. Ein etwa 37 m hoher Wall erhebt sich über die umgebende Wüste. Pulverisierter Sandstein und Bruchstücke von Nickel-Eisen wurden in dem Krater und seiner Umgebung gefunden. Man nimmt an, daß der Hauptteil des Meteoriten einige 400 m tief unter dem Südrand des Kraters liegt.

Die Massen der Meteoriten, die groß genug sind, um Krater erzeugen zu können, sind von der Ordnung 10^9 g, und ihre Volumina betragen rund 10 m^3. Solche Meteoriten würden, wenn sie vor ihrem Eintritt in die Erdatmosphäre entdeckt würden, als kleine Planeten bezeichnet werden.

Ein kugelförmiges Meteor mit einer Masse von 60 Tonnen oder $6 \cdot 10^7$ g würde einen Radius von etwa 100 cm besitzen. Wenn es sich in derselben Entfernung von uns befände wie der Mond, würde sein Winkeldurchmesser 10^6mal kleiner sein als der Durchmesser der Mondscheibe (30′). Und falls es von der Sonne beleuchtet wird, würde es zum Beobachter 10^{12}mal weniger Licht als der Vollmond reflektieren. Es könnte jedoch immer noch in einem großen Teleskop als schwaches sternartiges Objekt gesehen werden.

Abb. 14.4. Der Barringer-Meteorkrater bei Winslow, Arizona. *(Photographiert von John Farell.)*

14.5 Mikrometeoriten

Die Bezeichnung „Mikrometeorit" wurde von Whipple für ein Meteor geprägt, das so klein ist, daß es ohne Beschädigung durch die Erdatmosphäre gelangen kann. Die Grenzgröße eines solchen Teilchens liegt bei 3 oder 4 Mikron (1 Mikron = 0,0001 cm). Abb. 14.5 ist eine Mikrophotographie von Meteorstaub, der von W. J. Thomsen 1951—1952 gesammelt wurde.

Ein Teil der Nickeleisen-Mikrometeorite ist magnetisch und kann mit einem Magneten aufgelesen werden. Sie sind nicht selten; Thomsen schätzt die Menge, die jährlich auf die ganze Erde fällt, auf $2 \cdot 10^9$ kg, sie tragen somit 10^4mal mehr als die größeren Meteoriten zur Gesamtmasse bei. Einige Anzeichen deuten daraufhin, daß die Mikrometeoriten am häufigsten während Meteorschauern fallen.

14.6 Staub im Sonnensystem

In Abschnitt 12.3 wurde gezeigt, daß Zusammenstöße unter kleinen Planeten häufig vorkommen. Sie bewirken eine allmähliche Zertrümmerung großer Körper und die Bildung kleiner Bruchstücke und fein verteilten Staubes.

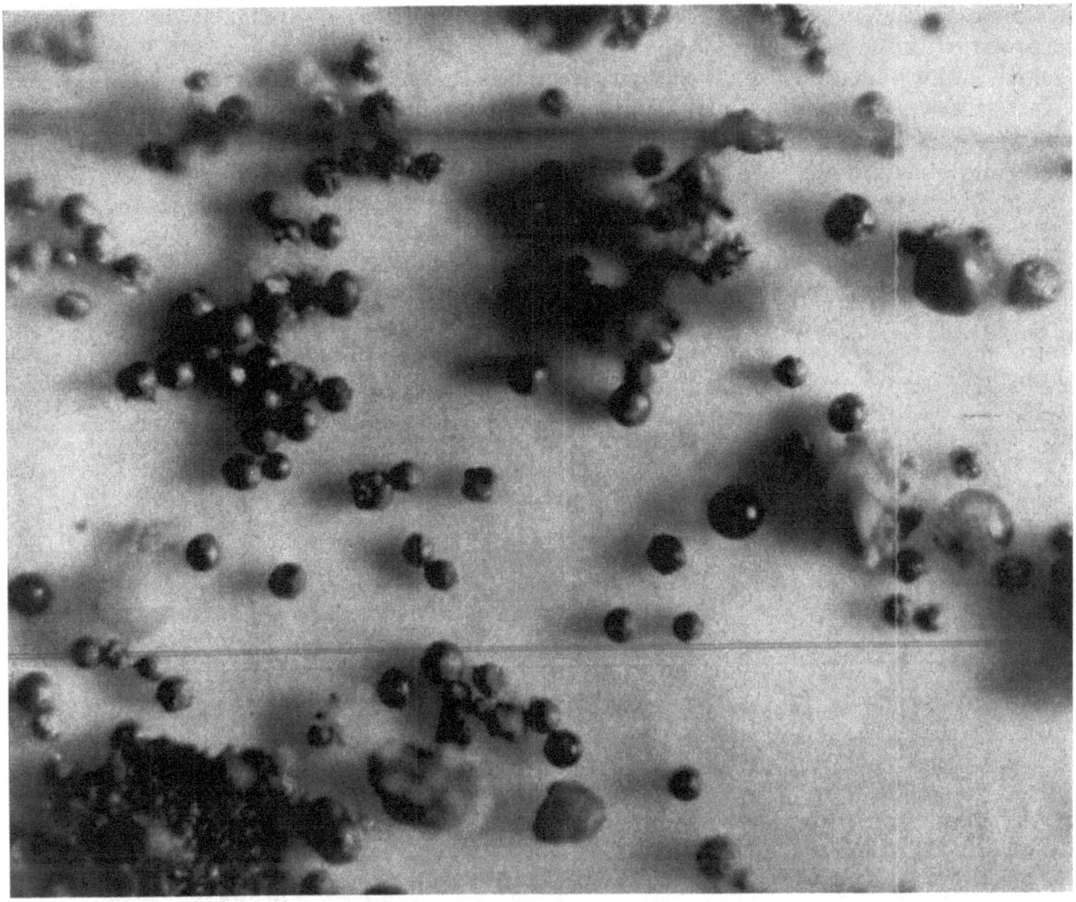

Abb. 14.5. Mikrophotographie von Meteorstaub. *(Sky and Telescope.)*

Die Mondoberfläche ist mit einer Schicht pulverisierten Staubes bedeckt (Abschnitt 8.12), dessen Teilchen Durchmesser von der Ordnung von $^1/_{10}$ eines Millimeters haben. Der einzige bekannte Prozeß der Staubbildung auf dem Monde ist die zerstäubende Wirkung von Meteoriten, wodurch eine Art „Steinmehl" entsteht ähnlich dem, welches im Barringer-Meteorkrater in Arizona gefunden wurde. Wenn ein ziemlich großes Meteor auf dem Monde, der Erde oder dem Mars aufschlägt, werden große Staubmengen in die Höhe gewirbelt. Ein Teil davon kann Geschwindigkeiten erhalten, die über der jeweiligen Entweichungsgeschwindigkeit liegen, und kann daher den Ursprungskörper für immer verlassen, um zu einer diffusen Wolke fein verteilter Teilchen zu werden, die sich auf Keplerbahnen um die Sonne bewegen. Im Fall der Erde und des Mondes ist dieser Prozeß nicht sehr wirksam, aber er erzeugt wahrscheinlich eine große Menge Staub im Fall der kleinen Planeten, von denen nach W. Baade 30 000 bis 40 000 mit dem 100-Zöller zu beobachten sind. Die Gesamtmasse dieser kleinen Körper beträgt nur einen Bruchteil der Erdmasse, doch ist ihre gesamte Oberfläche, die dem Bombardement ausgesetzt ist, viele Male größer als die aller großen Planeten und ihrer Satelliten zusammen. Die kleinen Einzelmassen sind nicht imstande, den bei den Aufschlägen entstehenden Staub zu halten, und dieser entweicht vollständig in den Raum.

Fessenkow hat die Verteilung des Staubes im Sonnensystem berechnet, der nach Zertrümmerung eines typischen kleinen Planeten nach allen Richtungen mit einer bestimmten Geschwindigkeit fortgeschleudert wird. Die Staubteilchen, die mit der Geschwindigkeit des Ursprungskörpers wegfliegen, bilden eine starke Verdichtung in der Nähe der Sonne, eine Zone geringer Dichte im Zwischengebiet und eine ringförmige Verdichtung in dem Gebiet der kleinen Planeten. Die Dichte des Mediums nimmt jedoch nicht durch weitere Zusammenstöße kontinuierlich zu, weil sehr kleine Teilchen (mit kleinerem Durchmesser als etwa 10^{-5} cm) durch den Strahlungsdruck fortgetrieben werden und sich in Hyperbelbahnen entfernen, um ein Teil der interstellaren Staubwolke zu werden, während etwas größere Teilchen auf Spiralbahnen zur Sonne fallen.

Abb. 14.6. Das Zodiakallicht, aufgenommen mit einer ruhenden Kamera am Yerkes-Observatorium. Rechts die Silhouette der Kuppel des 40-Zoll-Teleskops. Die Sternspuren über dem Westhorizont geben einen Hinweis auf die Belichtungsdauer.

14.7 Das Zodiakallicht

Die Wolke von Staubteilchen, die die Sonne umkreist, streut das Sonnenlicht und wird dadurch sichtbar, eine Erscheinung, die als Zodiakallicht bezeichnet wird. Da die Wolke angenähert in der Ekliptikebene liegt, erscheint das Zodiakallicht als ein Band, das sich längs der Ekliptik erstreckt und am besten kurz nach Ende der Abenddämmerung im Westen oder vor Beginn der Morgendämmerung im Osten gesehen werden kann (Abb. 14.6). In der Nachbarschaft der Sonne geht das Zodiakallicht in die verdünnte Gashülle über, die die Sonne umgibt, und bildet damit einen Teil der Sonnenkorona. Diese „falsche" oder *F*-Korona hat die Erforschung der „wahren" oder *K*-Korona sehr erschwert.
Rund 180° von der Sonne entfernt wird in der Ekliptik ein diffuser, schwach leuchtender Fleck beobachtet, der sogenannte Gegenschein. Er ist schwierig zu photographieren, aber lichtelektrische Messungen seiner Helligkeit von C. T. Elvey geben ein Bild seiner Gestalt und Ausdehnung. Nach H. Gylden und F. R. Moulton besitzen die kleinen meteorischen Teilchen des Gegenscheins die Tendenz sich vorzugsweise in einem Punkt aufzuhalten, der auf der Verbindungslinie von Sonne und Erde in einer Entfernung von rund $1{,}6 \cdot 10^6$ km vom Erdmittelpunkt liegt.

14.8 Gas im Sonnensystem

Physiker am U. S. Naval Research Laboratory in Washington haben ein schwaches Leuchten im Lichte der Lyman-Alpha-Linie des Wasserstoffs (λ 1216 Å, Abschnitt 17.1) am Nachthimmel entdeckt mit Hilfe von Raketen, die mit geeigneten Registrierinstrumenten ausgerüstet waren. In Höhen über rund 100 km, wo die Erdatmosphäre praktisch durchsichtig ist, hat dieses unsichtbare ultraviolette Leuchten seine geringste Intensität im Gegenpunkt der Sonne an der Sphäre. Das Wasserstoffleuchten geht aus von Wasserstoffatomen, etwa 500 pro cm³, die dem Sonnensystem angehören und zum Leuchten angeregt werden durch den Prozeß der Fluoreszenz (Absorption von ultraviolettem Sonnenlicht und Reemission in Form von $L\alpha$-Quanten). Diese Atome werden wahrscheinlich durch den Strahlungsdruck aus dem Sonnensystem herausgetrieben und ständig durch Wolken von Atomen aus der Sonne ersetzt (Abschnitt 13.5).

Aufgaben

1. Berechne die Länge des Zeitintervalls, nach dem ein an der *E*-Schicht reflektierter Radarimpuls empfangen wird (die Höhe der *E*-Schicht ist aus Abb. 5.9 zu ersehen).
2. Das Zerspringen einer Feuerkugel, das von einer Beobachtungsstation aus im Zenit beobachtet wurde, wurde gleichzeitig von einer 30 km nördlich gelegenen Station 5° südlich des Zenits gesehen. Man bestimme die Höhe der Feuerkugel im Moment des Zerspringens.
3. Vergleiche die kinetischen Energien zweier Meteore von 20 000 kg Gewicht, wenn sie auf der Erde auftreffen. Es werde angenommen, daß ihre Bahnen in der Ekliptik liegen und daß sich das eine Meteor mit parabolischer Geschwindigkeit rechtläufig, das andere ebenfalls mit parabolischer Geschwindigkeit rückläufig bewege.
4. Erkläre, warum von Mitternacht bis zum Morgen mehr Meteore beobachtet werden als von der Abenddämmerung bis Mitternacht.

15. DIE SONNE

15.1 Die Sonnenmasse

Die Sonne ist ein Durchschnittsstern; sie strahlt Energie aus, deren Betrag in Verbindung mit Masse und Radius ihren Aufbau und ihre Lebensdauer bestimmt.

Die Beschleunigung der Erde durch die Sonne beträgt 0,59 cm/sec² (Abschnitt 4.1). Um die Sonnenmasse zu bestimmen, wenden wir das zweite Newtonsche Bewegungsgesetz an, welches lautet:

$$F = m \cdot a. \tag{15.1}$$

Wenn wir für m die Masse der Erde $\mathfrak{M}_\oplus$ setzen und für a ihre Beschleunigung zur Sonne hin, dann ist F die Kraft zwischen Erde und Sonne. Diese Kraft läßt sich durch das Newtonsche Gravitationsgesetz ausdrücken:

$$F = G\,\frac{\mathfrak{M}_\oplus \cdot \mathfrak{M}_\odot}{d_\odot^2}, \tag{15.2}$$

worin $\mathfrak{M}_\odot$ die Sonnenmasse und $d_\odot$ die astronomische Einheit ($1{,}5 \cdot 10^{13}$ cm) bedeuten. Durch Gleichsetzen der beiden Ausdrücke (15.1) und (15.2) für die Kraft erhält man

$$\mathfrak{M}_\oplus \cdot a_\oplus = G\,\frac{\mathfrak{M}_\oplus \cdot \mathfrak{M}_\odot}{d_\odot^2}$$

oder

$$\mathfrak{M}_\odot = \frac{a \cdot d_\odot^2}{G}.$$

Da $a_\oplus$, $d_\odot$ und G bekannt sind, folgt

$$\mathfrak{M}_\odot = \frac{0{,}59 \cdot (1{,}5 \cdot 10^{13})^2}{6{,}6 \cdot 10^{-8}}$$

oder

$$\text{Sonnenmasse } \mathfrak{M}_\odot = 2 \cdot 10^{33}\,\text{g}.$$

15.2 Die Größe der Sonne

Da die astronomische Einheit bereits in km berechnet wurde (Abschnitt 6.7), läßt sich der Sonnendurchmesser durch Messung ihrer Größe in Winkelmaß finden. Ihr Radius erscheint unter einem Winkel von angenähert $^1/_4$° (Abb. 15.1). Daher ist

$$\frac{R_\odot}{^1/_4} = \frac{2\pi\, d_\odot}{360}.$$

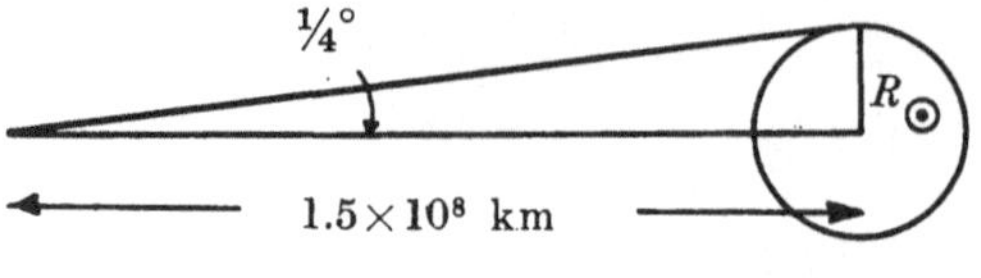

Abb. 15.1. Bestimmung des Sonnenradius. Von der Erde aus erscheint der Radius der Sonne unter einem Winkel von $^1/_4$°. Da die Entfernung zur Sonne $d_\odot$ bekannt ist, kann der Radius, in km ausgedrückt, aus dem Dreieck berechnet werden.

Nun ist $d_\odot = 1{,}5 \cdot 10^8$ km und folglich

$$R_\odot = \frac{2\pi \cdot 1{,}5 \cdot 10^8}{4 \cdot 360} = 6{,}5 \cdot 10^5\,\text{km}$$

oder genauer

$$R_\odot = 696\,000\,\text{km}.$$

15.3 Die Dichte der Sonne

Da die Sonne angenähert kugelförmig ist, läßt sich ihr Volumen nach der Formel für das Kugelvolumen zu

$$V_\odot = \frac{4\pi}{3} R_\odot^3 = 1{,}4 \cdot 10^{33}\ \text{cm}^3$$

berechnen. Die mittlere Dichte der Sonne beträgt daher

$$\bar{\varrho}_\odot = \frac{\mathfrak{M}_\odot}{V_\odot} = \frac{2 \cdot 10^{33}}{1{,}4 \cdot 10^{33}} = 1{,}4\ \text{g/cm}^3.$$

Obgleich die Sonne rund 100mal größer (im Radius) und 300 000mal massereicher ist als die Erde, übertrifft die Erddichte die der Sonne etwa um einen Faktor 4.

15.4 Die Solarkonstante

Die Bestimmung der Leuchtkraft der Sonne, d. h. der gesamten von ihr in der Sekunde ausgestrahlten Energiemenge, hat in zwei Schritten zu erfolgen:

1. Bestimmung des Betrages an Sonnenenergie, den ein Quadratzentimeter in einer Sekunde im Abstand der Erde von der Sonne empfängt;
2. Multiplikation dieses Energiebetrages mit der Gesamtzahl der Quadratzentimeter einer Kugelfläche, deren Radius gleich dem mittleren Abstand der Erde von der Sonne ist.

Wir messen mit Hilfe einer Stoppuhr das Zeitintervall, das vergeht, bis sich die Temperatur von 1 cm³ (1 g) Wasser um 1°C erhöht hat. Es stellt sich heraus, daß dieses Intervall angenähert 30 sec lang ist. Die Wärmemenge, die dem Wasser durch seine Oberfläche von 1 cm² zugeführt wird, beträgt eine Kalorie. Daher empfängt in der mittleren Erdentfernung 1 cm² pro sec $^1/_{30}$ cal. Somit ist

$$\begin{aligned}\text{Solarkonstante} &= {}^1/_{30}\ \text{cal/sec/cm}^2\\ &= 1{,}4 \cdot 10^6\ \text{erg/sec/cm}^2\end{aligned}$$

oder

$$\text{Solarkonstante} = 2\ \text{cal/min/cm}^2.$$

Diese Berechnung setzt voraus, daß kein Wärmeverlust aus dem das Wasser enthaltenden Gefäß eintritt und auch kein Verlust infolge atmosphärischer Absorption. Das muß bei der wirklichen Berechnung der Solarkonstanten in Rechnung gestellt werden — eine mühevolle und hohe Genauigkeit erfordernde Aufgabe.

Der gesamte Energiebetrag, der von der Sonne in jeder Sekunde ausgestrahlt wird, ist gleich dem Produkt aus der auf 1 cm² fallenden Energie und der Zahl von Quadratzentimetern der Kugelfläche mit einem Radius von einer astronomischen Einheit, d. h. es ist, da im mittleren Abstand der Erde von der Sonne jeder cm² pro sec $1{,}4 \cdot 10^6$ erg empfängt,

$$\begin{aligned}\text{gesamte Energieerzeugung der Sonne} &= 4\pi \cdot (1{,}5 \cdot 10^{13})^2 \cdot 1{,}4 \cdot 10^6\\ &= 4 \cdot 10^{33}\ \text{erg/sec}.\end{aligned}$$

15.5 Energie pro Gramm

Nach der Berechnung im Abschnitt 15.4 strahlt die Sonne $4 \cdot 10^{33}$ erg/sec aus, während ihre Masse $2 \cdot 10^{33}$ g beträgt. Die im Durchschnitt pro sec und pro g Sonnenmaterie freiwerdende Energie ist daher gleich $4 \cdot 10^{33}/2 \cdot 10^{33} = 2$ erg/sec pro Gramm. Dies besagt nicht, daß jedes Gramm des Sonnengases dieselbe oder fast dieselbe Energiemenge erzeugt. Zu einem gegebenen Zeitpunkt ist die Energieerzeugung auf die innersten — und daher heißesten — Schichten der Sonne beschränkt. Konvektion würde jedoch bestrebt sein, die Gase im Innern der Sonne zu durchmischen, so daß der Wert von 2 erg/sec/g als der zeitliche Mittelwert der solaren Energieerzeugung anzusehen ist.

Dies ist kein sehr großer Energiebetrag; ein Gramm eines hochexplosiven Stoffes erzeugt rund 10^{11} erg. Es liegt geologisches Beweismaterial dafür vor, daß die Leuchtkraft der Sonne während der letzten $3 \cdot 10^{9}$ Jahre angenähert gleich geblieben ist. Obgleich die Energieerzeugung pro g und sec verhältnismäßig klein ist — nur 2 erg pro sec —, so hat sie sich doch während einiger $3 \cdot 10^{9}$ Jahre oder 10^{17} sec nicht geändert. Daher ist die gesamte Energie, die bisher schon von jedem Gramm erzeugt wurde, gleich $2 \cdot 10^{17}$ erg, ein Betrag, der jeden bekannten chemischen Energieerzeugungsprozeß um einen Faktor von rund einer Million übertrifft. Die Quelle der Sonnenenergie wurde in Elementumwandlungen durch Kernprozesse gefunden.

Die in Abschnitt 5.10 behandelte Bestimmung des Alters der Erde beruht auf der Umwandlung von Uran in Blei, wobei pro Uranatom acht α-Teilchen frei werden. Bei diesem Teilungsprozeß wird Energie erzeugt, aber ihr Betrag ist bei weitem nicht ausreichend, um die Sonnenenergie damit erklären zu können, sogar wenn Uran das einzige chemische Element auf der Sonne wäre.

Der Zerfall eines Elements in zwei oder mehr Elemente kleineren Atomgewichts ist ein Beispiel für einen Kernprozeß, bei dem Energie frei wird. Ein anderes Beispiel ist der Aufbau oder die Fusion von zwei oder mehr Elementen zu einem Element größeren Atomgewichts. Atomzerfall findet sich am häufigsten unter den schwereren Elementen des periodischen Systems. Die leichteren Elemente am Anfang der Reihe der Elemente verbrauchen Energie, wenn sie in leichtere Kerne aufgespalten werden, und es wird Energie frei, wenn aus ihnen schwerere Kerne aufgebaut werden.

15.6 Aufbau der Atomkerne

Atome setzen sich aus einem zentralen Kern zusammen, in dem fast die gesamte Masse vereint ist, und einem oder mehreren Elektronen, die in verschiedenen Schalen den Kern umkreisen, wobei jede Schale eine bestimmte Anzahl von Elektronen enthält. Bei chemischen Reaktionen wird nur die Anordnung der äußeren Elektronen verändert; zum Beispiel können sich zwei Wasserstoffatome, von denen jedes aus einem Kern und einem Elektron besteht, mit einem Sauerstoffatom, das acht Elektronen besitzt, zu einem Wassermolekül H_2O verbinden. In diesem Molekül treten die zwei Elektronen der beiden H-Atome zu dem O-Atom, dem noch zwei Elektronen zur Vervollständigung seiner äußeren Schale fehlen. Die Kerne der beiden H-Atome und des O-Atoms bleiben unverändert, werden aber durch starke Molekularkräfte aneinander „gebunden". Bei dem Prozeß der Bindung der Atome zu einem Molekül wird Energie frei, und zwar so viel, wie zur Dissoziation eines stabilen Wassermoleküls erforderlich ist. Bei allen chemischen Reaktionen werden Moleküle auf- oder abgebaut, jedoch verlieren die Atome, aus denen die Moleküle bestehen, niemals ihre Identität. Der Kern eines Atoms verändert sich nicht, nur die Elektronen ändern ihre Zahl und ihren Platz.

Die Entdeckung der Radioaktivität ließ deutlich werden, daß in einigen Elementen auch die Kerne spontanen Umwandlungen unterliegen. Zum Beispiel verwandelt sich Uran schließlich in Blei. Untersuchungen des Atomzerfalls führten allmählich zur Kenntnis des Aufbaus des

Atomkerns; man fand, daß er aus einer Anzahl von Elementarteilchen besteht, die durch gewaltige Bindungskräfte zusammengehalten werden. Die wichtigsten Elementarteilchen sind:

Das Proton (p), ein Teilchen, das eine positive elektrische Ladung trägt und eine Masse von $1{,}66 \cdot 10^{-24}$ g, oder 1,008 atomaren Masseneinheiten besitzt.

Das Elektron (e^-), ein Teilchen, das eine negative elektrische Ladung vom gleichen Betrag wie die des Protons trägt und eine Masse von $9{,}1 \cdot 10^{-28}$ g oder $^1/_{1840}$ der Protonenmasse besitzt.

Das Positron (e^+), ein Teilchen, das mit dem Elektron identisch ist, ausgenommen, daß es eine positive Ladung trägt.

Das Neutron (n), ein Teilchen, dessen Masse der des Protons fast gleich ist, das aber keine elektrische Ladung trägt.

Die chemischen Elemente können nach ihrer Atomzahl angeordnet werden, d. h. nach der Zahl der Protonen im Kern. Das Atomgewicht ist näherungsweise gleich der Zahl von Protonen und Neutronen im Kern und für die meisten Elemente sehr nahe zweimal so groß wie die Atomzahl. In Tabelle 15.1 sind eine Reihe von Elementen mit ihren Atomzahlen und ihren Massen in atomaren Einheiten und in Gramm zusammengestellt.

Tabelle 15.1 Atomare Zahlenwerte

Element	Symbol	Atomzahl	Atommasse der häufigsten Isotopen	Masse in g
Wasserstoff	H	1	1,00813	$1{,}67 \cdot 10^{-24}$
Helium	He^4	2	4,00389	$6{,}65 \cdot 10^{-24}$
Lithium	Li^7	3	7,0180	$1{,}17 \cdot 10^{-23}$
Beryllium	Be^9	4	9,0150	$1{,}50 \cdot 10^{-23}$
Bor	B^{11}	5	11,0129	$1{,}83 \cdot 10^{-23}$
Kohlenstoff	C^{12}	6	12,0040	$1{,}99 \cdot 10^{-23}$
Stickstoff	N^{14}	7	14,00750	$2{,}33 \cdot 10^{-23}$
Sauerstoff	O^{16}	8	16,00000	$2{,}66 \cdot 10^{-23}$

Die Atommassen der Tabelle sind diejenigen der häufigsten Formen der Elemente. Die meisten Elemente kommen in mehreren Formen oder Isotopen vor, die sich voneinander im Atomgewicht, aber nicht in der Atomzahl unterscheiden. Zum Beispiel besteht der gewöhnliche Wasserstoffkern der Atomzahl 1 und Atommasse 1 aus nur einem Proton; der Kern des schweren Wasserstoffs oder Deuteriums (D), also der Atomzahl 1, aber der Atommasse 2, besteht dagegen aus einem Proton und einem Neutron. Ähnlich kann Kohlenstoff, normal C^{12}, ein zusätzliches Neutron enthalten und C^{13} bilden.

15.7 Thermonukleare Reaktionen

Zwei Protonen stoßen sich gegenseitig ab, weil sie identische positive elektrische Ladungen, $e = +4{,}8 \cdot 10^{-10}$ elektrostatische Einheiten, tragen. Das Gesetz der Abstoßung gleicher oder der Anziehung entgegengesetzter Ladungen (Coulombsches Gesetz, Abschnitt 5.7) ist dem Newtonschen Gravitationsgesetz ähnlich. Die Abstoßungskraft zwischen zwei Protonen beträgt

$$F \text{ dyn} = \frac{e^2}{s^2} = \frac{(4{,}8 \cdot 10^{-10})^2}{s^2} = \frac{2{,}3 \cdot 10^{-19}}{s^2},$$

worin s den Abstand beider Protonen voneinander bedeutet. Wenn eine Kraft längs eines Weges s wirkt, leistet sie Arbeit:

$$\text{Arbeit} = \text{Kraft} \cdot \text{Weg} = F \cdot s = \frac{2{,}3 \cdot 10^{-19}}{s^2} \cdot s = \frac{2{,}3 \cdot 10^{-19}}{s}. \qquad (15.3)$$

F wird in dyn $\left(g \cdot \frac{cm}{sec^2}\right)$ gemessen, die Einheit der Arbeit ist dyn · cm $\left(g \cdot \frac{cm}{sec^2} \cdot cm = g \cdot \frac{cm^2}{sec^2}\right)$, was dasselbe ist wie die Einheit der kinetischen Energie oder das Erg. Somit ist die kinetische Energie die Fähigkeit eines bewegten Körpers, Arbeit zu leisten (Abschnitt 8.4).

Um den durch Gleichung 15.3 gegebenen Betrag an Arbeit leisten zu können, müssen die Protonen ihre verfügbare kinetische Energie verbrauchen:

$$\frac{m}{2} v^2 + \frac{m}{2} v^2 = 0{,}8 \cdot 10^{-24} \cdot v^2 + 0{,}8 \cdot 10^{-24} v^2 \approx 2 \cdot 10^{-24} v^2,$$

weil ja die Masse jedes Protons $1{,}7 \cdot 10^{-24}$ g beträgt. Wenn sie sich einander mit einer Relativgeschwindigkeit von 1000 km/sec $= 10^8$ cm/sec nähern, ist $v^2 = 10^{16}$ cm²/sec², und die gesamte kinetische Energie oder die Arbeit, die die Protonen leisten, wenn sie die zwischen ihnen bestehende Abstoßungskraft überwinden, ist rund $2 \cdot 10^{-8}$ erg:

$$\text{Arbeit} = 2 \cdot 10^{-8} \text{ erg}.$$

Nun ist aber nach Gleichung 15.3

$$\text{Arbeit} = \frac{2{,}3 \cdot 10^{-19}}{s},$$

und daher erhält man

$$2 \cdot 10^{-8} = \frac{2{,}3 \cdot 10^{-19}}{s}.$$

oder

$$s = \frac{2{,}3 \cdot 10^{-19}}{2 \cdot 10^{-8}} = 10^{-11} \text{ cm}.$$

Dieser Wert von s stellt die größte Annäherung der beiden Protonen dar, die sich einander mit einer Relativgeschwindigkeit von 1000 km/sec nähern. Er ist gleich rund $^1/_{1000}$ des Radius der innersten Schale des Wasserstoffatoms ($n = 1$, Abb. 17.1) und gleich dem 10fachen des Radius des Protons selbst. Bei einer gegebenen Temperatur, z. B. $20 \cdot 10^6$ Grad, gibt es aber viele Teilchen, deren Geschwindigkeiten den Durchschnittswert von 500 km/sec übersteigen und die tatsächlich unter Überwindung der ,,Potentialschwelle" der Abstoßungskraft, die in einer Entfernung von etwa 10^{-12} cm vom Kernmittelpunkt liegt, in den Kern eindringen können. Nach der Quantentheorie kann ein bestimmter Bruchteil der langsamen Protonen, die nach den gewöhnlichen klassischen Gesetzen außerstande wären, die Potentialschwelle zu überwinden, doch über diese Schwelle hinübergelangen und den Kern erreichen, ,,gerade so wie in alten Zeiten ein Geist die dicken Mauern eines alten Schlosses durchdrang", wie G. Gamow diesen Sachverhalt in einem Vergleich erläutert. Offenbar können dann zwei Protonen, die sich mit thermischen Geschwindigkeiten entsprechend $20 \cdot 10^6$ Grad bewegen, einander nahe genug kommen, um die Abstoßungskraft überwinden und sich zu einem Deuteron (Kern des Deuteriums) vereinigen zu können. Da in den Sternen die Geschwindigkeiten thermischen Ursprungs sind, während sie bei künstlicher Beschleunigung Folge elektrischer oder magnetischer Kräfte sind, ist die Bildung eines Deuterons durch kinetischen Stoß ein Beispiel für einen ,,thermonuklearen Prozeß". Wenn die Temperatur des Gases größer als $20 \cdot 10^6$ Grad ist, wird die mittlere Geschwindigkeit der Protonen sogar noch größer und die Wahrscheinlichkeit für die

Bildung eines Deuterons erhöht sein. Bei niedrigeren Temperaturen werden nur ein paar Protonen genügend hohe Geschwindigkeiten haben, um über die ,,elektrostatische" Abstoßungsschranke gelangen zu können, die Reaktion wird dann zwar immer noch ablaufen, aber in schwächerem Maße. Die Ergiebigkeit der Reaktion ist somit eine Funktion der Temperatur des Gases.

Es werde angenommen, daß für ein idealisiertes Experiment ein Gramm Wasserstoffgas (H_2) bei Zimmertemperatur zur Verfügung stehe. Die Moleküle bewegen sich mit einer mittleren Geschwindigkeit

$$v_m = \sqrt{\frac{3\,k\,T}{m}}\,. \tag{15.4}$$

Wenn die Gastemperatur erhöht wird, wächst die mittlere Geschwindigkeit proportional $\sqrt{T}$ und die kinetische Energie proportional T. Es kommt zu zahlreichen Zusammenstößen zwischen den Molekülen des Gases und, wenn genügend Energie verfügbar ist, werden zuerst die Moleküle in ihre atomaren Bausteine zerlegt und dann auch einige der die Kerne umgebenden Elektronen abgetrennt werden. Der molekulare Wasserstoff wird dissoziiert werden und in atomaren Wasserstoff (H) übergehen bei Temperaturen von der Ordnung 10^3 Grad K, und die neutralen Atome werden ionisiert werden bei Temperaturen von der Ordnung 10^4 Grad K. Wird die Temperatur noch weiter erhöht, so wird bei mehreren Millionen Grad ein Punkt erreicht, wo eine merkliche Anzahl von Protonen hinreichend große Energien haben wird, um über die Potentialschwelle gelangen und Deuteronen bilden zu können:

$$p + p \rightarrow [\mathrm{He}^2] \rightarrow \mathrm{H}^2 + e^+,$$

was ,,Proton plus Proton ergibt ein Deuteron plus ein Positron" gelesen wird. Das He^2 in Klammern ist ein zusammengesetzter Kern, der fast unmittelbar nach der Bildung in ein Deuteron und ein Positron zerfällt.

Ein Zusammenstoß zwischen einem neugebildeten Deuteron und einem Proton wird

$$\mathrm{H}^2 + p \rightarrow \mathrm{He}^3$$

ergeben, wo He^3 ein Heliumisotop mit dem Atomgewicht 3 ist. Diese He^3-Kerne werden miteinander reagieren und ein normales Heliumatom und zwei Wasserstoffatome bilden:

$$\mathrm{He}^3 + \mathrm{He}^3 \rightarrow \mathrm{He}^4 + p + p$$

oder

$$\mathrm{He}^3 + \mathrm{He}^3 \rightarrow \mathrm{He}^4 + 2\,\mathrm{H}^1.$$

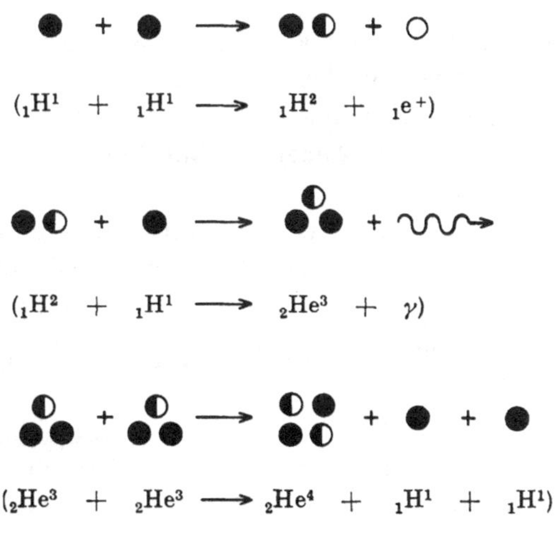

Abb. 15.2. Der Proton-Proton-Zyklus. Zwei Protonen (dargestellt durch die ausgefüllten Kreise) treten zu einem Deuteron zusammen, das ein Proton und ein Neutron (in der Abbildung durch einen halbausgefüllten Kreis dargestellt) sowie ein Positron (dargestellt durch einen offenen Kreis) enthält. Das Deuteron verbindet sich mit einem weiteren Proton zu einem He^3-Atom. Zwei He^3-Kerne treten zusammen und bilden einen Kern des häufigsten Heliumisotops He^4 und zwei Protonen.

Alle diese Reaktionen zusammen machen den Proton-Proton-Zyklus aus, der in Abb. 15.2 schematisch erläutert wird. Da zwei He^3-Kerne gebildet werden, bevor der letzte Schritt erfolgen kann, beträgt die Gesamtzahl der an der Reaktion beteiligten Wasserstoff-Kerne sechs; die Endprodukte des Zyklus sind ein Heliumkern und zwei Wasserstoffkerne. Im Endeffekt werden vier Wasserstoffkerne in einen Heliumkern umgewandelt. Nach Tabelle 15.1 ist die Gesamtmasse eines Heliumatoms 4,004, während die Gesamtmasse von vier Wasserstoffatomen sich auf $4 \cdot 1{,}008 = 4{,}032$ beläuft. Somit gehen bei dem Prozeß 0,028 Masseneinheiten oder $5 \cdot 10^{-26}$ g verloren. Nach Einstein ist Masse eine Form der Energie und kann durch die Beziehung $E = m \cdot c^2$ in erg ausgedrückt werden, worin m die Masse in g und c die Lichtgeschwindigkeit bedeuten. Bei einem Proton-Proton-Zyklus wird $5 \cdot 10^{-26}$ g in Energie umgewandelt:

$$E = 5 \cdot 10^{-26} \cdot (3 \cdot 10^{10})^2 = 4 \cdot 10^{-5}\ \text{erg}.$$

Ein anderer Kernprozeß, der Kohlenstoff-Stickstoff — oder *C-N* — Zyklus, führt auf das gleiche Endresultat wie der Proton-Proton-Zyklus, d. h. zur Umwandlung von vier H-Atomen in ein He-Atom. Bei einer Temperatur von 20 Millionen Grad laufen beide Reaktionen ab. Wenn ein Gramm Wasserstoff in Helium verwandelt ist, hat sich die Masse um 0,01 g vermindert und dafür ist Energie vom Betrage

$$E = 0{,}01 \cdot (3 \cdot 10^{10})^2 = 10^{19}\ \text{erg}$$

frei geworden, was die Gesamtenergie, die von einem Gramm Sonnenmaterie während der bisherigen Lebensdauer des Sonnensystems erzeugt wurde, etwa um einen Faktor 50 übertrifft. Die Umwandlung von Wasserstoff in Helium liefert mehr als genug Energie pro Gramm, um der Leuchtkraft der Sonne Rechnung zu tragen.

Die Bildung von Helium aus Wasserstoff geht am wirksamsten bei extrem hohen Temperaturen vor sich, aber Protonen können auch schon bei niedrigeren Temperaturen genügend Energie besitzen, damit sie sich mit anderen Kernen verbinden können. Zum Beispiel kann die Reaktion

$$H + Li^6 \rightarrow He^3 + He^4$$

bei einer Temperatur von einigen 100 000 Grad ablaufen. Reaktionen dieser Art erklären, warum die leichten Elemente Lithium, Beryllium und Bor in der Sonne sehr selten sind: sie sind schon zu Helium „verbrannt" worden.

Aufgaben

1. Die Sonne strahlt $4{,}0 \cdot 10^{33}$ erg/sec aus. Man berechne die Masse, die die Sonne pro sec in Form von Strahlung verliert.
2. Man berechne die gesamte Masse, die der Sonne in Form von Strahlung verloren gegangen ist unter der Annahme, daß ihre Leuchtkraft schon seit $3 \cdot 10^9$ Jahren den jetzigen Wert besitzt.
3. Wenn ein Proton in ein Lithiumatom eindringt, werden ein He^3-Atom (von der Atommasse 3,01700) und ein He^4-Atom gebildet:

   $$H^1 + Li^6 \rightarrow He^3 + He^4.$$

   Mit Hilfe der Tabelle 15.1 ist der Energiebetrag zu ermitteln, der bei dieser Reaktion frei wird.
4. Die in Aufgabe 3 angegebene Reaktion kann ablaufen, wenn das Proton eine durchschnittliche Geschwindigkeit von 200 km/sec hat. Bei welcher Temperatur wird die Reaktion ablaufen?

16. DER AUFBAU DER SONNE

16.1 Die Oberflächentemperatur der Sonne

Die Ergiebigkeit der Kernprozesse in der Sonne hängt wesentlich von ihrer inneren Temperatur ab. Aber zuvor wollen wir die Bestimmung ihrer Oberflächentemperatur und die Gesetze erörtern, denen Temperatur und Druck der Sonnengase gehorchen. Diese Gesetze in Verbindung mit dem Gravitationsgesetz ermöglichen es, den inneren Aufbau der Sonne zu berechnen.

Man nehme an, daß in einem Gedankenexperiment eine schwarze Eisenkugel allmählich erwärmt wird und daß ein in sie eingeführtes Thermometer in jedem Augenblick ihre Temperatur (in K-Grad) anzeigt. Der Radius der Kugel betrage 10 cm, ihre Oberfläche also $4\,\pi \cdot 10^2 = 1{,}3 \cdot 10^3$ cm². Ein Würfel, der 1 cm³ Wasser enthält, befinde sich in 10 m (1000 cm) Entfernung von der Kugel hinter einem Verschluß, mit dessen Hilfe, ähnlich wie in Abschnitt 15.4, die Zeit gemessen wird, die erforderlich ist, bis die Wassertemperatur sich um 1° erhöht hat. Der Versuch wird ergeben, daß bei einer Temperatur der Kugel von 500° K der Verschluß 32 Stunden (10^5 sec) geöffnet werden muß (wir nehmen natürlich an, daß kein Wärmeverlust an die Umgebung während des Versuchs eintritt). Folglich erhält jeder cm² in einer Entfernung von 10 m von der Eisenkugel pro sec 10^{-5} cal $= 4 \cdot 10^2$ erg. Der gesamte Energiebetrag, der pro sec von der Kugel emittiert wird, beträgt $4 \cdot 10^2$mal Anzahl der cm² auf einer Kugel mit 10 m Radius oder $5 \cdot 10^9$ erg/sec. Da die Oberfläche der Eisenkugel gleich $1{,}3 \cdot 10^3$ cm² ist, strahlt jeder cm² des erwärmten Körpers $4 \cdot 10^6$ erg/sec aus.

Wenn die Temperatur der Eisenkugel auf $T = 1000°$ erhöht wird, würde ein ähnliches Experiment ergeben, daß jeder cm² ihrer Oberfläche $16 \cdot 4 \cdot 10^6$ erg/sec ausstrahlt. Da 16 die vierte Potenz von 2 ist, und da die Temperatur um einen Faktor 2 erhöht wurde, ist der Betrag der von jedem cm² der Oberfläche des erwärmten Körpers in den Raum ausgestrahlten Energie proportional zu T^4.

Die vierte Potenz von 500° ist $6{,}2 \cdot 10^{10}$; daher läßt sich die pro sec emittierte Energie in folgender Form schreiben:

$$4 \cdot 10^6 \text{ erg} = \sigma \cdot 500^4 = \sigma \cdot 6{,}2 \cdot 10^{10},$$

woraus sich ergibt

$$\sigma = 6 \cdot 10^{-5} \text{ erg/Grad}^4\text{/sec/cm}^2.$$

Die obigen Beziehungen stellen das Stefansche Gesetz für den Energiebetrag dar, den 1 cm² der Oberfläche eines Körpers der Temperatur T pro sec ausstrahlt:

$$Q = 6 \cdot 10^{-5} \cdot T^4.$$

Dieses Gesetz kann auf die Sonne unter der Voraussetzung angewandt werden, daß die letztere einem schwarzen Körper ähnlich ist. Die gesamte von der Sonne pro sec emittierte Energie hatten wir zu $4 \cdot 10^{33}$ erg/sec gefunden (Abschnitt 15.4). Da die Sonnenoberfläche $4\,\pi\,R^2$ oder $6 \cdot 10^{22}$ cm² beträgt, erhält man für die von einem cm² pro sec emittierte Energie

$$Q = \frac{4 \cdot 10^{33}}{6 \cdot 10^{22}} = 7 \cdot 10^{10} \text{ erg/sec/cm}^2.$$

Setzt man diesen Wert für Q in den Ausdruck für das Stefansche Gesetz ein, so findet man aus

$$T^4 = \frac{7 \cdot 10^{10}}{6 \cdot 10^{-5}}$$

die „effektive" Temperatur $T = 6\,000°$ K.

Strahlung wird als solche eines schwarzen Körpers nicht nur durch die pro sec emittierte Gesamtenergie, sondern auch durch die spektrale Energieverteilung charakterisiert. Wenn der pro cm² ausgestrahlte Energiebetrag in Abhängigkeit von der Wellenlänge aufgetragen wird, erhält man für verschiedene Temperaturen eine Kurvenschar wie in Abb. 16.1. Diese Kurven wurden theoretisch von Max Planck abgeleitet und lassen sich durch eine Formel darstellen, die die ausgestrahlte Energie als Funktion der Temperatur des schwarzen Körpers und der

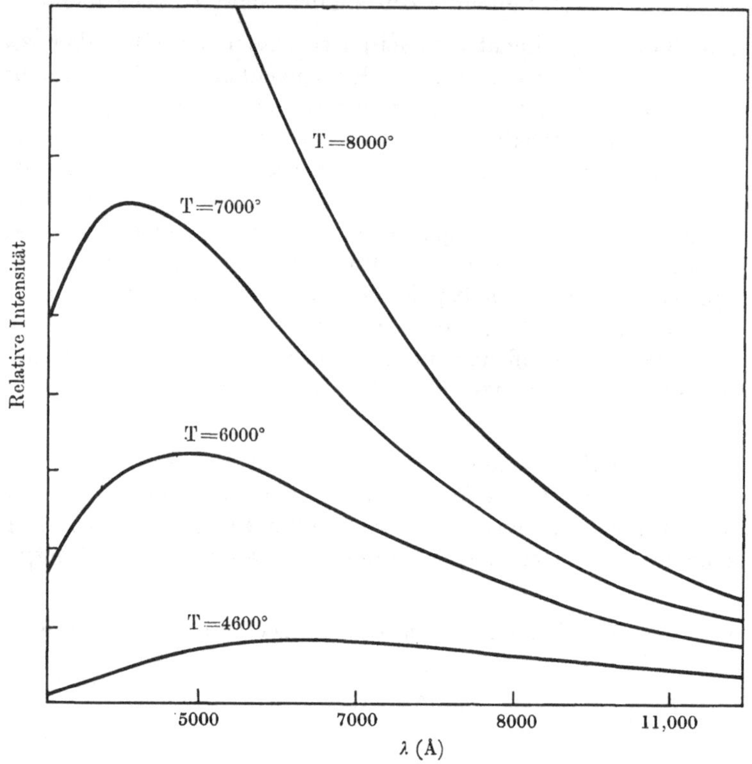

Abb. 16.1. Planck-Kurven für verschiedene Temperaturen. Die Strahlungsintensität wächst mit der Temperatur in allen Wellenlängen, aber die Maxima der Kurven verschieben sich nach kürzeren Wellenlängen, wenn die Temperatur erhöht wird.

Wellenlänge angibt. Die Höchstwerte der Kurven verschieben sich mit steigender Temperatur mehr und mehr nach kürzeren Wellenlängen. Dieser Sachverhalt kommt formelmäßig im Wienschen Gesetz zum Ausdruck, welches besagt, daß die Wellenlänge $\lambda_{\max}$, die dem maximalen, von einem schwarzen Körper ausgestrahlten Energiebetrag entspricht, der Temperatur umgekehrt proportional ist, d. h.

$$\lambda_{\max} = \frac{3 \cdot 10^7}{T},$$

worin $\lambda_{\max}$ in Ångström gemessen wird.

Somit läßt sich die Oberflächentemperatur der Sonne nicht nur mit Hilfe des Stefanschen Gesetzes, sondern auch unter Verwendung der Planck-Kurven oder des Wienschen Gesetzes ableiten, indem man entweder die Strahlungsenergie für jede Wellenlänge bestimmt oder die Wellenlänge ermittelt, bei der die Intensität am größten ist. Die Energieverteilung der Sonne ist in Annäherung diejenige, die durch die Planck-Kurve für 6000° gegeben wird; die maximale Intensität findet man bei einer Wellenlänge von rund 5000 Å. Daher ist

$$T = \frac{3 \cdot 10^7}{\lambda_{max}} = \frac{3 \cdot 10^7}{5000} = 6000° K .$$

Wenn die Sonne ein vollkommen schwarzer Körper wäre, würden diese drei Methoden zur Bestimmung der effektiven Temperatur genau den gleichen Wert ergeben. Jedoch strahlt weder die Sonne noch irgendein anderer Stern wie ein vollkommen schwarzer Körper, und daher muß man jeweils die zur Bestimmung einer Sterntemperatur angewandte Methode angeben.

16.2 Die Zustandsgleichung

Die Moleküle eines Gases sind in beständiger Bewegung, deren mittlere Geschwindigkeit die Temperatur charakterisiert. Wenn das Gas eingeschlossen ist, treffen die Moleküle auf die Wände des Behälters und üben auf sie einen Druck aus. Je größer die durchschnittliche kinetische Energie der Moleküle ist, desto größer ist der Druck, und da die kinetische Energie der Temperatur proportional ist (Abschnitt 8.4), hängt auch der Gasdruck von der Temperatur ab. Je häufiger die Zusammenstöße sind, desto größer ist der Druck; daher bestimmt auch die Gasdichte den Druck. Die Beziehung zwischen Druck, Dichte und Temperatur kommt in dem Gesetz der idealen Gase

$$P \cdot V = R \cdot T \tag{16.1}$$

zum Ausdruck (die Gleichung $P = R \cdot T$ in Abschnitt 10.4 ist ein Spezialfall, in dem das Volumen V konstant gleich 1 cm³ gehalten wird). Diese Beziehung kann durch Änderung des Druckes oder des Volumens oder beider Größen und Messung der entsprechenden Temperaturen experimentell geprüft werden.

Die Konstante R läßt sich durch die Zahl n der Moleküle im Volumen V und durch die Boltzmannsche Konstante k ausdrücken, so daß

$$P \cdot V = n \cdot k \cdot T \tag{16.2}$$

ist. Das Volumen des Behälters aber kann durch Masse und Dichte ausgedrückt werden:

$$\text{Volumen } V = \frac{\text{Masse}}{\text{Dichte}} = \frac{\text{Masse}}{\varrho},$$

und die Gesamtmasse der Moleküle ist gleich ihrer Einzelmasse multipliziert mit ihrer Gesamtzahl. Somit ist

$$\text{Masse} = \text{Masse pro Partikel} \cdot n .$$

Die Masse pro Partikel ist gleich der Masse des Wasserstoffatoms H multipliziert mit dem Molekulargewicht μ des Partikels, d. h. mit seiner Masse in Einheiten des Wasserstoffatoms, also ist

$$\text{Masse} = H \mu \cdot n$$

oder

$$V = H \cdot \mu \cdot \frac{n}{\varrho}.$$

Setzt man den Wert von V in Gleichung 16.2 ein, so finden wir

$$P \cdot \frac{\mu \cdot H \cdot n}{\varrho} = n \cdot k \cdot T$$

oder

$$P = \frac{k}{\mu \cdot H} \varrho \cdot T \qquad (16.3)$$

Gleichung 16.3 ist die Form des idealen Gasgesetzes, die in der Astronomie angewandt wird.

Zusätzlich zum Gasdruck übt die Strahlungsenergie in der Sonne einen (schon in Abschnitt 13.5 behandelten) Druck aus, der eine Funktion der Temperatur ist:

$$P_{\text{Str.}} = \frac{4\,\sigma}{3\,c} T^4 = \frac{a}{3} T^4 ,$$

worin σ die Konstante des Stefanschen Gesetzes, c die Lichtgeschwindigkeit und $a = 7{,}6 \cdot 10^{-15}$ cgs-Einheiten sind.

Der Gesamtdruck ist die Summe des Gasdrucks und des Strahlungsdrucks; in den kühleren Sternen, zu denen auch die Sonne gehört, ist der Strahlungsdruck relativ klein und kann vernachlässigt werden.

16.3 Der innere Aufbau der Sonne

Es erhebt sich natürlich die Frage: Wie lassen sich $2 \cdot 10^{33}$ g Sonnenmaterial in einer Kugel von 700 000 km Radius verteilen und wie können sie beständig während eines Zeitraums von etwa $3 \cdot 10^9$ Jahren 2 erg/sec/g Energie erzeugen?

In Abschnitt 16.1 wurde gezeigt, daß die Oberflächentemperatur der Sonne 6000° beträgt. Die Temperatur im Innern der Sonne kann geschätzt werden, wenn wir uns vorstellen, daß die Sonne in zwei Körper geteilt ist, von denen jeder $1 \cdot 10^{33}$ g enthält und deren Mittelpunkte einen Sonnenradius von $7 \cdot 10^{10}$ cm voneinander entfernt sind. Die gegenseitige Anziehung beider Körper beträgt

$$F = G \frac{m_1 \cdot m_2}{d^2} = 6{,}6 \cdot 10^{-8} \cdot \frac{1 \cdot 10^{33} \cdot 1 \cdot 10^{33}}{(7 \cdot 10^{10})^2}$$

oder

$$F = 10^{37}\,\text{dyn}\,.$$

Diese Anziehung der einen Sonnenhälfte auf die andere muß kompensiert werden durch den durchschnittlichen Druck im Sonneninnern, verteilt auf eine Fläche, die angenähert gleich dem Querschnitt der Sonne $\pi \cdot (7 \cdot 10^{10})^2 = 2 \cdot 10^{22}$ cm² ist. Das Ergebnis ist

$$P = \frac{10^{37}}{2 \cdot 10^{22}} = 5 \cdot 10^{14}\,\text{dyn/cm}^2$$

(rund 500 Millionen mal größer als der von der Erdatmosphäre ausgeübte Druck).

Um die entsprechende mittlere Temperatur abzuleiten, wenden wir die Zustandsgleichung idealer Gase an

$$P = \frac{k}{\mu H} \varrho \cdot T\,.$$

Wenn P der mittlere Druck im Sonneninnern ist und $\varrho = 1{,}4$ g/cm³ die mittlere Dichte, kann man hieraus die Durchschnittstemperatur in der Sonne finden, wenn man annimmt, daß die durchschnittliche Masse μ eines Teilchens gleich eins ist:

$$5 \cdot 10^{14} = \frac{1{,}4 \cdot 10^{-16}}{1 \cdot 1{,}7 \cdot 10^{-24}} \cdot 1{,}4 \cdot T$$

oder angenähert $T = 10^7$ Grad K oder 10 Millionen Grad.

Somit steigt die Sonnentemperatur schnell an von rund 6000° an der Oberfläche bis auf mehrere Millionen Grad in einem Punkt mit Durchschnittsverhältnissen im Innern, der ohne zu großen Fehler etwa halbwegs zwischen Zentrum und Oberfläche angenommen werden darf. Die Werte P und T in einem solchen Punkt in der Sonne können als erste Annäherung an die Bedingungen angesehen werden, die im Sonneninnern herrschen. Da jedoch die Zustandsgleichung Druck, Dichte, Temperatur und die mittlere Masse eines repräsentativen Teilchens enthält, lassen sich Temperatur und Dichte für einen bestimmten Punkt nicht gleichzeitig berechnen, d. h. die Temperatur in irgendeinem gegebenen Punkt in der Sonne kann nicht eindeutig bestimmt werden, wenn nicht die Dichteverteilung längs des Sonnenradius bereits bekannt ist. Man nehme zum Beispiel eine beliebige Änderung der Dichte mit dem Abstand vom Sonnenzentrum an. Dann kann man, analog zu der den obigen Berechnungen zugrunde gelegten Einteilung in zwei Körper, die Sonne in Schichten einteilen und den Druck mit Hilfe der Schwerkraft berechnen, die die inneren Schichten auf alle äußeren Schichten ausüben. Mit anderen Worten, der Gasdruck muß mit dem Gewicht der darüberliegenden Gase genau im Gleichgewicht stehen. Wenn Druck und Dichte bekannt sind, können ihre Werte in die Zustandsgleichung eingesetzt und die entsprechenden Temperaturen abgeleitet werden.

Dies ist natürlich noch keine Lösung des Problems, weil auch eine andere Dichteverteilung angenommen werden könnte, wenn nur die Bedingung erfüllt ist, daß die Gesamtmasse der Sonne $2 \cdot 10^{33}$ g beträgt. Daher ist jede Verteilung der Dichte (als Funktion des Abstands vom Zentrum), die auf eine mittlere Dichte von 1,4 g/cm³ führt, ebenfalls zulässig und es läßt sich eine unendliche Anzahl von Druck- und Temperaturverteilungen finden, die den idealen Gasgesetzen gehorchen und die beobachteten Werte von Masse und Radius ergeben.

Um zu entscheiden, welche dieser Dichteverteilungen die richtige ist, muß man zusätzlich noch weitere Bedingungen und Beziehungen heranziehen: Für die Leuchtkraft der Sonne muß sich der beobachtete Wert $4 \cdot 10^{33}$ erg/sec ergeben, und die Art und Weise, wie die Energie in Nähe des Sonnenmittelpunkts erzeugt und wie sie nach außen transportiert wird, muß berücksichtigt werden.

Früher glaubte man, daß sich die Sonne in einem konvektiven Zustand befände derart, daß heiße Gasmassen schnell vom Zentrum nach außen strömten und dafür zum Ausgleich kältere Massen von außen nach innen. Später zeigte A. S. Eddington, daß im Sonneninnern Konvektion eine geringere Rolle spielt; die Strömungen sind nicht genügend leistungsfähig, um die erforderlichen Energiemengen nach außen transportieren zu können. Statt dessen wird der Wärmetransport fast vollständig durch Strahlung bewerkstelligt, ausgenommen vielleicht in den äußersten Schichten. Eine innere Schicht in der Sonne tauscht nicht ihren Platz mit einer äußeren Schicht, aber jede Schicht strahlt Wärme aus, die in der darüberliegenden Schicht absorbiert und einer etwas niedrigeren Temperatur entsprechend wieder ausgestrahlt wird. Diese Überlegung führt auf den Begriff des Temperaturgradienten der Sonne — der Zahl von Graden, um die sich die Temperatur einer Schicht von der der nächsten unterscheidet. Der Temperaturgradient kann mit Hilfe der Zustandsgleichung berechnet werden, nachdem man eine Dichteverteilung vorgegeben hat. Zum Beispiel hatte sich in den bisherigen Rechnungen die Temperatur im Abstand von 0,5 Sonnenradius ($3 \cdot 10^{10}$ cm) vom Mittelpunkt zu rund 10^7 Grad ergeben, während sie an der Oberfläche $6 \cdot 10^3$ Grad beträgt. Der entsprechende Temperaturgradient ist

$$\text{T.-Grad.} = (10^7 - 6 \cdot 10^3)/3 \cdot 10^{10}$$

$$= 3 \cdot 10^{-4} \text{ Grad/cm.}$$

Der Temperaturgradient ist nicht notwendig durch die ganze Sonne konstant. Sein jeweiliger Wert hängt von der angenommenen Dichteverteilung ab.

Weiter ist auf den Temperaturgradienten die Art und Weise von Einfluß, in der die Strahlungsenergie durch jede Schicht des Sonneninnern nach außen fließt, geradeso wie der Wärmestrom in einem Stab von dessen Material abhängt. Das Problem, den Nettostrom an Energie in der Sonne zu berechnen, ist schwierig zu lösen, da ja keine Laboratoriumserfahrungen für Temperaturen von mehreren Millionen Grad vorliegen. Man muß die Berechnungen mit Hilfe der Atomtheorie durchführen, die die „Opazität" des Gases als Funktion von Dichte und chemischer Zusammensetzung liefert. Für eine beliebig angenommene Dichteverteilung läßt sich die Opazität der Sonnenmaterie für jede Stelle im Sonneninnern berechnen. Um physikalisch sinnvoll zu sein, muß der Temperaturgradient, der sich aus der Zustandsgleichung für eine Mannigfaltigkeit von Dichteverteilungen ergibt, mit dem Temperaturgradienten übereinstimmen, den man auf Grund des angenommenen Opazitätsgesetzes ebenfalls für eine Reihe von Dichteverteilungen berechnet.

Ein zusätzlicher Faktor, der in die Berechnungen eines Sonnenmodells eingeht, wurde in dieser Diskussion bisher übergangen — nämlich das mittlere Molekulargewicht μ der Teilchen im Sonneninnern. Da die Sonnenmaterie hauptsächlich aus Wasserstoff besteht, der in ein Proton von der Masse 10^{-24} g und ein Elektron, dessen Masse rund 2000mal kleiner ist, aufgespalten ist, beträgt die durchschnittliche Masse eines Teilchens im Innern der Sonne etwa die Hälfte von der eines Protons. Doch enthält die Sonne nicht nur Wasserstoff, sondern auch einen merklichen Anteil Helium und eine kleine Menge schwererer Kerne. Wenn das Gas gänzlich aus ionisiertem Helium bestände, dann würde ein Teilchen, nämlich der He-Kern, 4 Masseneinheiten haben, und die beiden Bahnelektronen, jetzt als frei betrachtet, würden eine verschwindende Masse haben; auf je drei Teilchen würde daher eine Masse 4 kommen und das mittlere Molekulargewicht $^4/_3$ betragen. Bei schweren Elementen ist die Zahl der Bahnelektronen angenähert gleich der Hälfte ihres Atomgewichts; wenn ein Gas vom Atomgewicht m vollständig ionisiert wird, ist die Zahl der freien Teilchen rund $\frac{m}{2} + 1$. Das vereinigte Gewicht aller Bahnelektronen ist zu vernachlässigen. Daher verteilt sich das Gewicht m des Kerns auf die Anzahl freier Teilchen — ungefähr $\frac{m}{2} + 1$ — und die durchschnittliche Masse eines Partikels wird etwas größer als 2 sein $\left(\frac{m}{\frac{m}{2}+1} \approx 2\right)$. Zur rohen Abschätzung von Temperatur, Dichte und Druck ist der Wert $\mu = 1$ hinreichend genau, da wir ja wissen, daß der Anteil der schweren Elemente in der Sonne klein ist. Bei der praktischen Berechnung wird aber die chemische Zusammensetzung als unbekannt angenommen und ein Ausdruck, der die Häufigkeiten von Wasserstoff (X) und Helium (Y) enthält, aus der Bedingung abgeleitet, daß in jedem Punkt im Sonneninnern Gleichgewicht zwischen dem Gasdruck und dem Gewicht der darüberlagernden Schichten herrscht. Ein weiterer Ausdruck, der ebenfalls X und Y enthält, ergibt sich aus der Bedingung, daß in der Sonne die Energie durch thermonukleare Prozesse erzeugt und dann durch Strahlungstransport an die Oberfläche übertragen wird. Diese beiden Ausdrücke werden für die Werte X und Y gelöst, die die Häufigkeiten von Wasserstoff und Helium in der Sonne bestimmen. Wenn diese Werte bekannt sind, läßt sich μ berechnen und der gesamte Aufbau der Sonne bestimmen.

Dasselbe Verfahren kann man auf alle anderen Sterne anwenden, für die M, L und R bekannt sind. Für einen hellen Stern wie Sirius ergibt sich eine Zentraltemperatur, die nur wenig größer ist als die der Sonne, während für einen roten Zwergstern mit einer kleineren Gesamtausstrahlung die Zentraltemperatur einige Millionen Grad niedriger ist als für die Sonne. Somit erstreckt sich der Bereich, in dem die Zentraltemperaturen für verschiedene Sterne liegen, wenn man nur diejenigen ausschließt, die aus entarteter Materie bestehen und für die daher die Zustandsgleichung idealer Gase nicht gilt (weiße Zwerge), sowie diejenigen mit äußerst kleiner mittlerer Dichte (Riesen und Überriesen), von rund fünfzehn bis dreißig Millionen Grad.

Aufgaben

1. Die Oberflächentemperatur der Sonne beträgt 6000°, und die Wellenlänge maximaler Intensität ist 5000 Å. Die Zentralgebiete der Sonne haben eine Temperatur von rund 20 000 000° und strahlen wie schwarze Körper. Man bestimme die Wellenlänge maximaler Intensität für den Sonnenmittelpunkt.
2. Man nehme an, eine schwarze Kugel von 10 cm Radius sei auf 1000° erhitzt:
   a) Man berechne die Strahlungsenergie, die aus einem cm^2 der Kugeloberfläche austritt.
   b) Wie lange muß ein Verschluß vor einem cm^3 Wasser geöffnet werden, damit die Wassertemperatur um 1° C steigen kann, wenn der Würfel von der Kugel 1000 cm entfernt ist?
3. Vergleiche den Strahlungsdruck an der Sonnenoberfläche mit dem Strahlungsdruck an der Oberfläche eines Sterns von 24 000° Temperatur.
4. Die Leuchtkraft des Sirius ist rund 40mal so groß wie die der Sonne, seine Masse zweimal so groß wie die Sonnenmasse und sein Radius zweimal so groß wie der Sonnenradius.
   a) Berechne die durchschnittliche Energieerzeugung pro sec und pro g der Materie im Sirius.
   b) Wenn Sirius zu Anfang aus reinem Wasserstoff bestanden hätte, berechne die Gesamtenergie, die erzeugt werden könnte, wenn der gesamte Wasserstoff in Helium verwandelt würde.
   c) Durch Vergleich von b) mit der Leuchtkraft des Sirius bestimme man die maximale Lebensdauer von Sirius.
5. Am Grunde der Erdatmosphäre sind der Druck $P = 10^6$ dyn/cm² und die Dichte $\varrho = 10^{-3}$ g/cm³. Das mittlere Molekulargewicht der Luftmoleküle beträgt rund 29. Die Masse eines H-Atoms ist $1{,}7 \cdot 10^{-24}$ g und die Boltzmann-Konstante $k = 1{,}4 \cdot 10^{-16}$ cgs. Berechne die Durchschnittstemperatur der Erde in Kelvingrad aus Gleichung 16.3 und zeige damit, daß die Gleichung ungefähr das richtige Resultat liefert.

17. ATOMTHEORIE

17.1 Atombau

Ein Atom wird aus einem relativ schweren Kern gebildet, der Protonen und Neutronen enthält und der von einer oder mehreren Elektronenschalen umgeben ist. Die Energie eines Elektrons bestimmt die Schale, der dieses Teilchen zugehört. Der Einfachheit halber kann man das Elektron als ein sehr kleines Teilchen beschreiben, das den Kern in einer Bahn umkreist analog der eines Planeten um die Sonne. Dieser Vergleich ist aber nur oberflächlich: Ort und Geschwindigkeit eines Planeten lassen sich genau messen, aber der Ort eines Elektrons bleibt seltsamerweise unbestimmt, wenn die Energie des Elektrons genau bekannt ist, und umgekehrt. Das bedeutet, daß der Impuls eines Elektrons (Masse mal Geschwindigkeit) nicht gleichzeitig mit seinem Ort gemessen werden kann — eine Folgerung aus W. Heisenbergs Unbestimmtheitsprinzip.

Die Elektronenschalen werden in der Reihenfolge ihrer Abstände vom Kern bezeichnet. Die erste Schale hat die niedrigste Energie und wird durch $n = 1$ bezeichnet; sie besteht aus zwei Untergruppen mit etwas verschiedenen Energien. Gewöhnlich gibt es $2\,n^2$ Untergruppen in der n-ten Schale. In einem gegebenen Zeitpunkt kann eine Untergruppe jeweils nur mit einem Elektron besetzt sein. Somit können sich nur zwei Elektronen in der Schale $n = 1$ befinden. Für $n = 2$ sind 8 Elektronen erlaubt und in der n-ten Schale kann es $2\,n^2$ Elektronen geben.

Die physikalischen und chemischen Eigenschaften verschiedener Atome hängen von der Zahl der Elektronen in der äußersten Schale ab. Zum Beispiel besitzt Wasserstoff ein Elektron, normalerweise in Schale 1. Bei Helium mit zwei Elektronen sind die zwei Untergruppen der Schale $n = 1$ besetzt, während Lithium mit drei Elektronen zusätzlich zur vollständigen Schale $n = 1$ noch ein Elektron in Schale $n = 2$ besitzt. Die Elemente, die gerade genug Elektronen haben, um ihre äußerste Schale voll zu besetzen, sind die trägen oder Edelgase, deren Atome nicht leicht Elektronen aufnehmen oder verlieren. Zum Beispiel vereinigen sich Helium(2 Elektronen)- und Neon(10 Elektronen)-Atome nicht leicht mit anderen Atomen zu Molekülen, noch teilen sie ihre Elektronen mit anderen Helium- oder Neonatomen.

Ein Elektron ist imstande, von einer Schale zur anderen zu springen, wenn die letztere nicht schon besetzt ist. Im Fall des Wasserstoffs kann das Elektron von Schale $n = 1$ nach Schale $n = 2$ übergehen, wenn genügend Energie zugeführt wird. Umgekehrt kann das Elektron, wenn es sich in der Schale $n = 2$ befindet, spontan in die Schale $n = 1$ fallen, wobei derselbe Energiebetrag frei wird, der es von $n = 1$ nach $n = 2$ übergehen lassen würde. Die Schalen $n = 1, 2, 3, \ldots$ stellen die Energieniveaus des Atoms dar; ein Elektron, das von einem Niveau zum andern springt, absorbiert oder emittiert Energie — je nachdem, welcher Fall vorliegt, kinetische Energie oder Strahlungsenergie — von einem Betrag, der durch die Anordnung der Niveaus bestimmt wird. Wenn zwei Atome zusammenstoßen, kann ein Elektron einen Teil der kinetischen Energie der Atome absorbieren und in einen höheren Energiezustand übergehen, aber nach einem Zeitintervall von rund 10^{-8} sec wird es spontan in seine normale Lage zurückkehren, wobei es Energie in Form von Strahlung aussendet.

Die Energie des Lichts ist umgekehrt proportional der Wellenlänge. Jedes Photon kann als Energiequantum angesehen werden vom Betrage

$$\text{Energie} = \frac{h \cdot c}{\lambda}, \tag{17.1}$$

worin h die Plancksche Konstante $= 6{,}6 \cdot 10^{-27}$ erg · sec, c die Lichtgeschwindigkeit und λ die Wellenlänge des Lichts bedeuten. Zum Beispiel besitzt ein Photon H_α-Strahlung eine Energie von

$$\frac{6{,}6 \cdot 10^{-27} \cdot 3 \cdot 10^{10}}{6\,563 \cdot 10^{-8}} \approx 3 \cdot 10^{-12}\,\text{erg},$$

da H_α die Wellenlänge 6563 Å hat. Anstatt die Energien von Photonen in Erg auszudrücken, ist es oft zweckmäßiger sie in „Elektronenvolt" zu messen, womit die elektrische Spannung bezeichnet wird, die erforderlich ist, um die Geschwindigkeit eines freien Elektrons soweit zu erhöhen, daß seine Energie gleich $\frac{h \cdot c}{\lambda}$ wird. Ein Elektronenvolt ist dem Wert $1{,}6 \cdot 10^{-12}$ erg äquivalent. Ein H_α-Photon besitzt daher eine Energie von nahezu 2 Elektronenvolt.

Wenn ein Elektron von einem Energieniveau in ein anderes mit niedrigerer Energie übergeht, wird ein Photon frei; und wenn die Wellenlänge dieses Photons gemessen werden kann, läßt sich die Energiedifferenz zwischen den Elektronenschalen nach Gleichung 17.1 berechnen. Durch Messung der Wellenlängen, die allen möglichen Elektronenübergängen entsprechen, kann somit das Energieniveau-Diagramm eines Atoms bestimmt werden. Abb. 17.1 ist ein schematisches Diagramm der verschiedenen Elektronenschalen eines Wasserstoffatoms. Die Pfeile entsprechen möglichen Elektronenübergängen. Wenn das Elektron sich in Richtung der Pfeile bewegt, strahlt es Energie aus. Wenn Licht aller Wellenlängen auf ein Atom fällt, könnte das Elektron umgekehrt die Photonen absorbieren, die genau die Energie besitzen, die gebraucht wird, um es auf eins der höheren Niveaus zu heben. Alle Spektrallinien mit einem gemeinsamen unteren Niveau bilden eine „Serie"; zum Beispiel bilden alle Wasserstofflinien, deren unteres Niveau $n = 1$ ist, die Lyman-Serie, deren einzelne Linien durch griechische Buchstaben bezeichnet werden: Lyman alpha (L_α) entspricht dem Übergang von $n = 1$ nach $n = 2$, L_β dem von $n = 1$ nach $n = 3$ usw. Alle Linien dieser Serie konvergieren nach der Wellenlänge 912 Å; dies ist die Grenze der Lyman-Serie, an der die Linien unendlich dicht zusammengedrängt sind. Das Spektralgebiet mit Wellenlängen unter 912 Å ist das Lyman-Kontinuum. Die Linien, die Übergängen aus der Schale $n = 2$ entsprechen, bilden die Balmer-Serie, die in das beobachtbare Spektralgebiet fällt; sie besteht aus H_α (rot), H_β (grün), H_γ (blau) usw. Die Balmer-Linien konvergieren nach einer Seriengrenze bei der Wellenlänge 3646 Å, an die sich nach kürzeren Wellenlängen hin das Balmer-Kontinuum anschließt. Im Prinzip überlagern sich alle Kontinua der verschiedenen Wasserstoffserien im Wellenlängengebiet unter 912 Å. Andere Serien sind in der Figur angegeben.

17.2 Anregung und Ionisation

Wenn ein Elektron die Energie absorbiert hat, die zum Übergang in eine äußere Schale erforderlich ist, befindet sich das Atom in einem angeregten Zustand. So ist ein Wasserstoffatom, dessen Elektron sich in der Schale $n = 2$ befindet, angeregt und wird spontan ein L_α-Photon der Wellenlänge 1216 Å emittieren, um in seine normale Konfiguration zurückzukehren. In einem Gas hoher Temperatur stoßen die Atome häufig miteinander zusammen, und viele der Elektronen werden in höhere Niveaus gehoben. Auf Grund einer statistischen Analyse ist es möglich, den Prozentsatz der Atome in jedem angeregten Zustand zu berechnen; diese Prozentsätze sind Funktionen der Energie des Zustands und der Temperatur des Gases.

Wenn die kinetischen Energien der zusammenstoßenden Atome oder die Strahlungsenergien der Photonen genügend hoch sind, kann ein Elektron vollständig vom Kern abgetrennt werden. So wird ein Elektron, das zu einem Wasserstoffatom gehört und einen genügend großen Betrag an kinetischer Energie oder Strahlungsenergie empfängt, dem Kern verlorengehen, und ein Wasserstoffion oder Proton wird zurückbleiben. Ein Atom, das eins seiner Elektronen verloren hat, wird als einfach ionisiert bezeichnet.

Wenn den Atomen von Elementen mit mehr als einem Elektron genügend Energie zugeführt wird, können davon zwei, drei oder mehr Elektronen soviel Energie erhalten, daß sie den Kern verlassen können und die Atome zweifach, dreifach usw. ionisiert werden. Jede nachfolgende Ionisation erfordert mehr Energie als die vorhergehende. Dreifach ionisiertes Eisengas, Fe IV, muß eine höhere Temperatur besitzen als doppelt ionisiertes Eisengas, Fe III, wenn die Dichten des Fe IV und des Fe III gleich sind. In einem dichten Gas ist die Wahrscheinlichkeit größer,

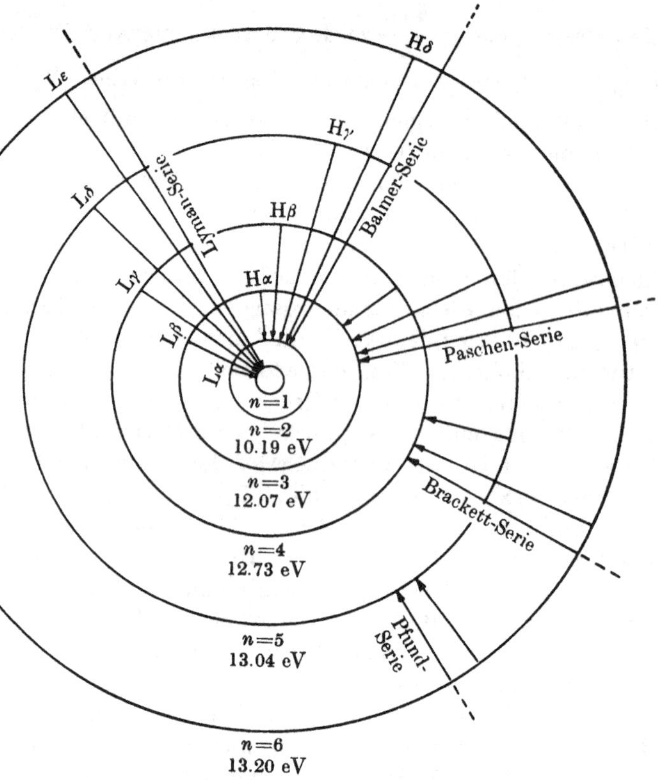

Abb. 17.1. Das Wasserstoffatom. Im Mittelpunkt befindet sich das Proton, das ungestörte Elektron in Schale $n = 1$. Wenn dem Atom Energie in Form eines Quants von 10,19 eV oder in Form von Bewegungsenergie desselben Betrags zugeführt wird, springt das Elektron von Bahn $n = 1$ nach Bahn $n = 2$. Es bleibt in der letzteren Bahn im Mittel für 10^{-8} sec und fällt dann auf Bahn $n = 1$ zurück unter Emission von Strahlung der L_α-Wellenlänge. Wenn die Energie des Photons oder des stoßenden Teilchens gleich oder größer als 13,595 eV ist, wird das Elektron von dem Proton abgetrennt und wird ein freies Elektron. Das verbleibende freie Proton mit seiner positiven elektrischen Ladung kann dann ein anderes freies Elektron einfangen. Wenn es zuerst in einen angeregten Zustand eingefangen wird, z. B. $n = 3$, kann es nach etwa 10^{-8} sec in den niedrigeren angeregten Zustand $n = 2$ fallen und dabei die H_α-Wellenlänge emittieren. Nach einem weiteren Intervall von 10^{-8} sec fällt es von der Bahn $n = 2$ auf die Bahn $n = 1$ unter Aussendung der Wellenlänge von L_α. Wenn das freie Elektron kinetische Energie besaß, bevor es in den zweiten angeregten Zustand $n = 3$ überging, so würde es ein Lichtquant einer Wellenlänge länger als 8206 Å ausstrahlen und daher zur kontinuierlichen Emission jenseits der Paschen-Grenze beitragen.

daß freie Elektronen von freien Ionen eingefangen werden. Der Ionisationsgrad hängt nicht nur von der Temperatur, sondern auch von der Dichte des Gases ab — oder genauer von der Dichte der freien Elektronen.

17.3 Typen von Spektren

Einzelne Atome oder solche, die weit voneinander entfernt sind, erzeugen schmale, getrennte Spektrallinien. Wenn die Atome dicht beieinander liegen, wie in einem festen Körper, in einer Flüssigkeit oder auch in einem dichten Gas, so stören sie sich gegenseitig, und die resultierenden Spektrallinien sind so verbreitert, daß sie in ein kontinuierliches Spektrum verschmelzen.

Wenn dies der Fall ist und außerdem der emittierende Körper „schwarz" ist — in dem Sinne, daß er die gesamte Strahlung absorbiert, die auf ihn fällt, und keine Strahlung an seiner Oberfläche reflektiert oder streut, sondern die absorbierte Strahlung nach dem Planckschen Gesetz entsprechend seiner eigenen Oberflächentemperatur wiederausstrahlt (Abschnitt 16.1) —, zeigt das Spektrum alle Wellenlängen in Emission. Alle schwarzen Körper der gleichen Temperatur emittieren dasselbe kontinuierliche Spektrum unabhängig davon, aus welchen chemischen Elementen sie bestehen. Bei niedrigen Temperaturen ist das kontinuierliche Spektrum reich an infrarotem und rotem Licht. Ein Stück Metall beginnt in rötlicher Farbe zu glühen, wenn es eine Temperatur von 1000^0 erreicht. Unterhalb von 1000^0 liegt die Emission größtenteils im unsichtbaren Infrarot oder im Gebiet der Mikrowellen-Strahlung. Bei höheren Temperaturen nimmt die Intensität des grünen, blauen, violetten und ultravioletten Lichts schneller zu als die der roten und infraroten Strahlung, und die erhitzte Substanz erscheint heller als zuvor, wird allmählich weiß und schließlich bläulich, wenn ihre Temperatur erhöht wird. Ein sehr heißer schwarzer Körper sendet überwiegend ultraviolette oder sogar Röntgen-Strahlung aus. Jedoch nimmt die Menge des sichtbaren Lichts stetig mit der Temperatur zu, wenn auch nicht so schnell wie die unsichtbare ultraviolette Strahlung. Die Sonne emittiert, obgleich sie gasförmig ist, kontinuierliche Strahlung aus ihren tieferen Schichten; daher ist sie einem schwarzen Körper ähnlich.

Ein heißes Gas niedriger Dichte strahlt nur in den Wellenlängen, die für die Energieniveaus der Atome und Moleküle, aus denen es besteht, charakteristisch sind. So emittiert Wasserstoffgas, das angeregte Atome enthält, die Lyman-, Balmer-, Paschen- und andere Serien, entsprechend dem Grad der Anregung. Es gibt jedoch noch eine andere Art von — kontinuierlichem — Spektrum, die von einem heißen Gas bei niedrigem Druck emittiert (oder absorbiert) werden kann. Wenn ein Atom mit einem anderen Teilchen oder mit einem Photon zusammentrifft, verwendet es einen bestimmten Energiebetrag, um eins seiner Elektronen von einer Schale in eine andere übergehen zu lassen. Wenn die kinetische Energie eines stoßenden Teilchens größer ist als hierfür erforderlich, nimmt das Atom sich nur die Energiemenge, die es zum Übergang braucht, während der Rest bei dem Teilchen verbleibt. Wenn ein Atom einem Photon begegnet, das zu viel oder zu wenig Energie für den Übergang besitzt, wird nicht ein Teil des Photons absorbiert, sondern dieses durchläuft frei seine Bahn durch das Gas. Wenn jedoch die kinetische Energie des stoßenden Teilchens über einem bestimmten Wert liegt, der als Ionisationsenergie oder Ionisationspotential bezeichnet wird, wird das Atom ionisiert, und die überschüssige Energie wird von dem freien Elektron mitgenommen. So macht sich das Atom die gesamte Energie des stoßenden Teilchens oder Photons nutzbar, nicht nur bestimmte diskrete Energiewerte, vorausgesetzt, daß die Energie über dem Ionisationspotential liegt. Bei dem umgekehrten Prozeß, wenn ein freies Elektron von einem Proton eingefangen wird, wird die kinetische Energie, wie groß auch immer ihr Betrag ist, als Licht ausgestrahlt. Dies ergibt ein kontinuierliches Spektrum, das sich von der Seriengrenze ins Ultraviolett erstreckt.

Wir haben schon gesehen, daß es üblich geworden ist, in der Spektroskopie und in der Kernphysik eine Energieeinheit, das Elektronenvolt, zu verwenden, die gleich der Energie eines Elektrons ist, wenn es in einem Entladungsrohr durch eine elektrische Potentialdifferenz von einem Volt beschleunigt wurde. Der Umrechnungsfaktor beträgt:

$$1\ \mathrm{eV} = 1{,}602 \cdot 10^{-12}\ \mathrm{erg}.$$

Daher ist die zur Anregung von L_α erforderliche Energie:

$$\text{Anregungspotential von } L_\alpha = 10{,}19\ \mathrm{eV},$$

und ähnlich die zur Ionisation des Wasserstoffs benötigte Energie:

$$\text{Ionisationspotential von } H = 13{,}53\ \mathrm{eV}.$$

Wie Abb. 17.1 zeigt, beträgt die Energie, die für den L_α-Übergang gebraucht wird, $1{,}6 \cdot 10^{-11}$ erg. Setzt man diesen Wert in Gleichung 17.1 ein, so findet man für die Wellenlänge der L_α-Linie 1216 Å. Kein Teilchen oder Photon mit einer Energie unterhalb dieses Wertes kann mit dem ungestörten Wasserstoffatom reagieren: Ein Teilchen prallt ab und ein Photon fliegt unabsorbiert hindurch.

Es dürfte von Interesse sein, die Geschwindigkeiten eines Elektrons und eines Protons zu berechnen, die gerade zur Ionisation eines Wasserstoffatoms ausreichen. Wie in Abschnitt 15.7 wird die Energie von 13,6 eV ($= 13{,}6 \cdot 1{,}6 \cdot 10^{-12}$ erg) gleich $\frac{m}{2} v^2$ gesetzt, wobei im Fall des Elektrons

$$m_e = 9 \cdot 10^{-28}\ \mathrm{g}$$

und im Fall des Protons

$$m_p = 1{,}7 \cdot 10^{-24}\ \mathrm{g}$$

ist. Dementsprechend ist die erforderliche Geschwindigkeit des Elektrons 2000 km/sec und die des Protons 50 km/sec. Diese Geschwindigkeiten entsprechen nach Gleichung 15.4 einer Temperatur von 100 000° K. Wenn die Geschwindigkeit des Elektrons oder Protons kleiner ist, wird es nicht zur Ionisation kommen. Obgleich das Elektron oder Proton im Durchschnitt die notwendige Geschwindigkeit nur bei Temperaturen von 100 000° K annimmt, kann ein erheblicher Prozentsatz von ihnen infolge von Zusammenstößen zwischen den Teilchen die erforderliche Geschwindigkeit auch schon erhalten, wenn die Temperatur nur 10 000° beträgt. Die Durchschnittsgeschwindigkeit eines Protons liegt bei dieser Temperatur nur wenig über 15 km/sec.

Das Wasserstoffspektrum ist einfach, weil es aus deutlich getrennten Serien besteht (Lyman, Balmer, Paschen usw.). Die Spektren aller anderen Elemente sind viel verwickelter, obgleich auch sie im Prinzip aus ähnlichen Serien gebildet werden. Die einzelnen Linien verschiedener Serien fallen oft in denselben Teil des Spektrums, und es gehört viel Scharfsinn dazu, die Linien der verschiedenen Serien zu trennen.

Wenn sich ein kühleres Gas vor einer Quelle kontinuierlicher Strahlung befindet, werden einige Photonen von dem Gas absorbiert und dienen zur Anregung der Atome. So werden in kaltem Wasserstoffgas vor einem schwarzen Körper, der eine Temperatur von beispielsweise mehreren 1000° besitzt, die Elektronen die Photonen absorbieren, die der Lyman-, Balmer- usw. Serie entsprechen. Das Endresultat ist ein kontinuierliches Spektrum (entsprechend der Kurve des kontinuierlich strahlenden schwarzen Körpers), dem in den Wellenlängen, die für Wasserstoff charakteristisch sind, Energie entzogen ist. Ein solches Spektrum ist ein Absorptionsspektrum. Wenn das Gas vor dem schwarzen Körper heißer ist als der schwarze Körper selbst, sind dem kontinuierlichen Spektrum an Stelle von Absorptionslinien Emissionslinien überlagert.

Abb. 17.2. Typen von Spektren. (a): Das kontinuierliche Spektrum im sichtbaren Gebiet zwischen 3900 und 7000 Å. Dieses Spektrum entsteht in den heißen und dichten Gasen der unteren Photosphäre; (b)—(f): Die Emissionsspektren mehrerer Atome und Ionen (man beachte besonders das gewöhnlich mit dem Buchstaben *D* bezeichnete enge gelbe Dublett des Natriums *(d)*, und die ersten fünf Linien der Balmer-Serie des Wasserstoffs (f)); (g): Das Absorptionsspektrum der Sonne, das den Untergrund der kontinuierlichen Emission zeigt, dem Absorptionslinien verschiedener Atome und Ionen überlagert sind. Die schwarzen Linien weisen auf Lichtabsorption aus dem kontinuierlichen Spektrum hin.

Die drei Typen von Spektren sind in Abb. 17.2 wiedergegeben. Die Erklärung dieser Spektren wurde von G. Kirchhoff um die Mitte des 19. Jahrhunderts gegeben. Seine Gesetze der Spektralanalyse lassen sich in folgender Weise zusammenfassen:

Spektrum	Ursprung
1. Kontinuum:	Glühender fester Körper, glühende Flüssigkeit oder glühendes Gas unter hohem Druck
2. Emission:	Glühendes Gas
3. Absorption:	Kontinuierliche Quelle umgeben von kühleren Gasen bei niedrigem Druck.

Aufgaben

1. Aus Abb. 17.1 und Gleichung 17.1 berechne man die Wellenlängen der ersten drei Balmer-Linien.
2. Die Wellenlänge der Linie des He II, die der L_α-Linie des Wasserstoffs entspricht, beträgt 303 Å. Die Energiedifferenz zwischen Schale $n = 1$ und Schale $n = 2$ des He II ist zu ermitteln.
3. Jedes Photon, dessen Wellenlänge kürzer als 912 Å ist, ist imstande, ein Wasserstoffatom zu ionisieren.
   a) Berechne das Ionisationspotential des Wasserstoffs (die Energie, die für die Ionisation des Atoms notwendig ist).
   b) Wenn das ionisierende Photon eine Wellenlänge von 800 Å hat, welches ist die Geschwindigkeit des freigewordenen Elektrons, wenn man annimmt, daß es sich anfangs in der Schale $n = 1$ befand?

18. DIE SONNENATMOSPHÄRE

18.1 Fraunhofer-Linien

Die Ergebnisse der Atomtheorie finden eine unmittelbare Anwendung bei der Untersuchung der Sonnenatmosphäre. Das Innere der Sonne besteht aus heißem Gas unter hohem Druck umgeben von den kühleren Schichten ihrer Atmosphäre. Nach den Kirchhoffschen Gesetzen sollte das Sonnenspektrum dunkle Absorptionslinien auf einem kontinuierlichen Untergrund zeigen. In der Tat findet man in ihm viele Hunderte von Absorptionslinien (Abb. 18.1), deren Messung, Identifizierung und Deutung einen wesentlichen Teil der astrophysikalischen Forschung ausgemacht haben.

Die dunklen Absorptionslinien im Sonnenspektrum wurden zuerst eingehend von Joseph Fraunhofer studiert, der 574 von ihnen vermessen hat. Im Jahre 1859 identifizierte G. Kirchhoff das Element Natrium auf der Sonne, als er bemerkte, daß ein enges Paar von Absorptionslinien im Gelb in seiner Wellenlänge mit zwei gelben Emissionslinien übereinstimmte, die vom Licht einer Flamme ausgingen, in die man ein paar Körner Kochsalz (NaCl) gestreut hatte. Seit dieser Zeit sind über 25 000 solare Absorptionslinien gemessen worden, und die meisten von ihnen haben sich mit den Laboratoriumslinien bekannter chemischer Elemente identifizieren lassen. Doch sind immer noch bis heute Tausende von Linien, besonders im ultravioletten und infraroten Spektralgebiet, unidentifiziert geblieben.

Die Fraunhoferschen Linien variieren, wie ein Blick auf das Spektrum zeigt, nach Intensität und Breite in einem sehr weiten Bereich. Die Untersuchung der Formen (oder Profile) dieser Linien läßt uns Einblick in die physikalischen Bedingungen in der Sonnenatmosphäre gewinnen. Um dies Problem zu vereinfachen, kann man sich die Sonnenatmosphäre als aus mehreren Schichten aufgebaut vorstellen. Die effektive „Oberfläche" der Sonne, d. h. die Schicht, unter welcher wegen der rasch zunehmenden Opazität direkte Beobachtungen nicht möglich sind, stellt den Grund der *Photosphäre* dar. Die beobachtbare kontinuierliche Strahlung stammt aus der Photosphäre selbst. Zwei äußere Schichten geringerer Dichte, die Chromosphäre und die Korona, werden in späteren Abschnitten dieses Buches behandelt werden.

18.2 Die Photosphäre

Wenn die Photosphäre exakt wie ein schwarzer Körper mit der effektiven Temperatur der Sonne strahlen würde, erschiene sie uns als eine gleichförmig helle Scheibe. Direkte Photographien der Sonne (Abb. 18.2) zeigen aber eine *Randverdunklung*: Ihr Rand ist dunkler als ihr Zentrum. Da die Sonne gasförmig ist und einen Temperaturgradienten besitzt, durchläuft die Sichtlinie die kühleren atmosphärischen Gase am Rande auf einer längeren Strecke als im Zentrum. Photographien, die im roten Licht aufgenommen wurden, zeigen eine viel geringere Randverdunklung als diejenigen, die man im blauen Licht aufgenommen hat; Messungen der Randverdunklung in verschiedenen Farben dienen dazu, die Änderung der Opazität des Gases mit der Wellenlänge zu bestimmen. Außerdem führen sie zu einer Bestimmung der Temperaturänderung mit der atmosphärischen Tiefe in verschiedenen Teilen der Sonnenscheibe. Auf Photographien, die nahe dem Rande aufgenommen wurden, wo die Sichtlinie eine dickere Schicht der Sonnenatmosphäre durchläuft, werden nur die äußeren kühleren Oberflächen-

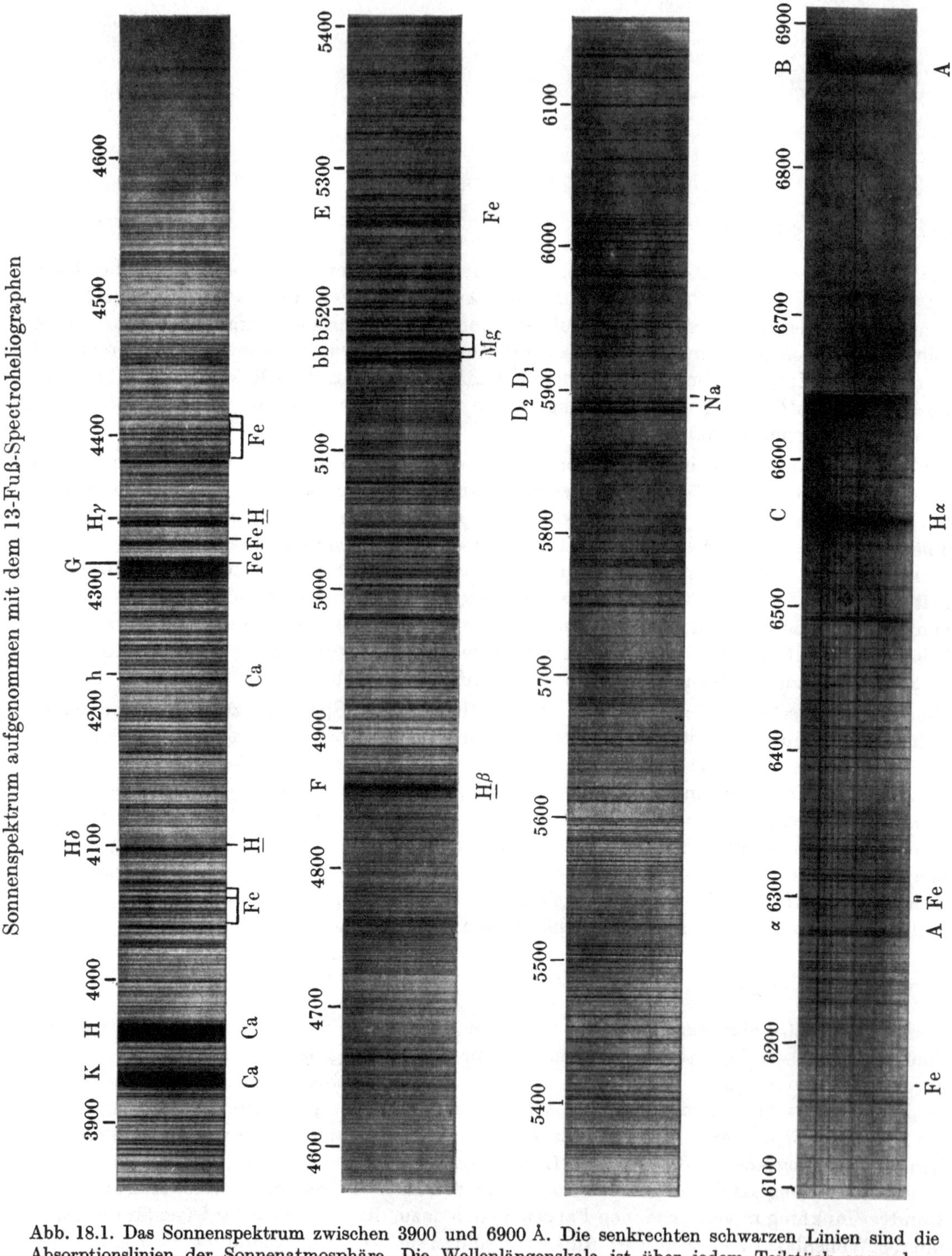

Abb. 18.1. Das Sonnenspektrum zwischen 3900 und 6900 Å. Die senkrechten schwarzen Linien sind die Absorptionslinien der Sonnenatmosphäre. Die Wellenlängenskala ist über jedem Teilstück angegeben. Fraunhofers Originalbezeichnungen K, H, h, G, F, b, E, D, C und B sind ebenfalls über jedem Teilstück vermerkt. Einige moderne Identifizierungen findet man darunter angegeben. *(Photographie der Mount Wilson und Palomar-Observatorien.)*

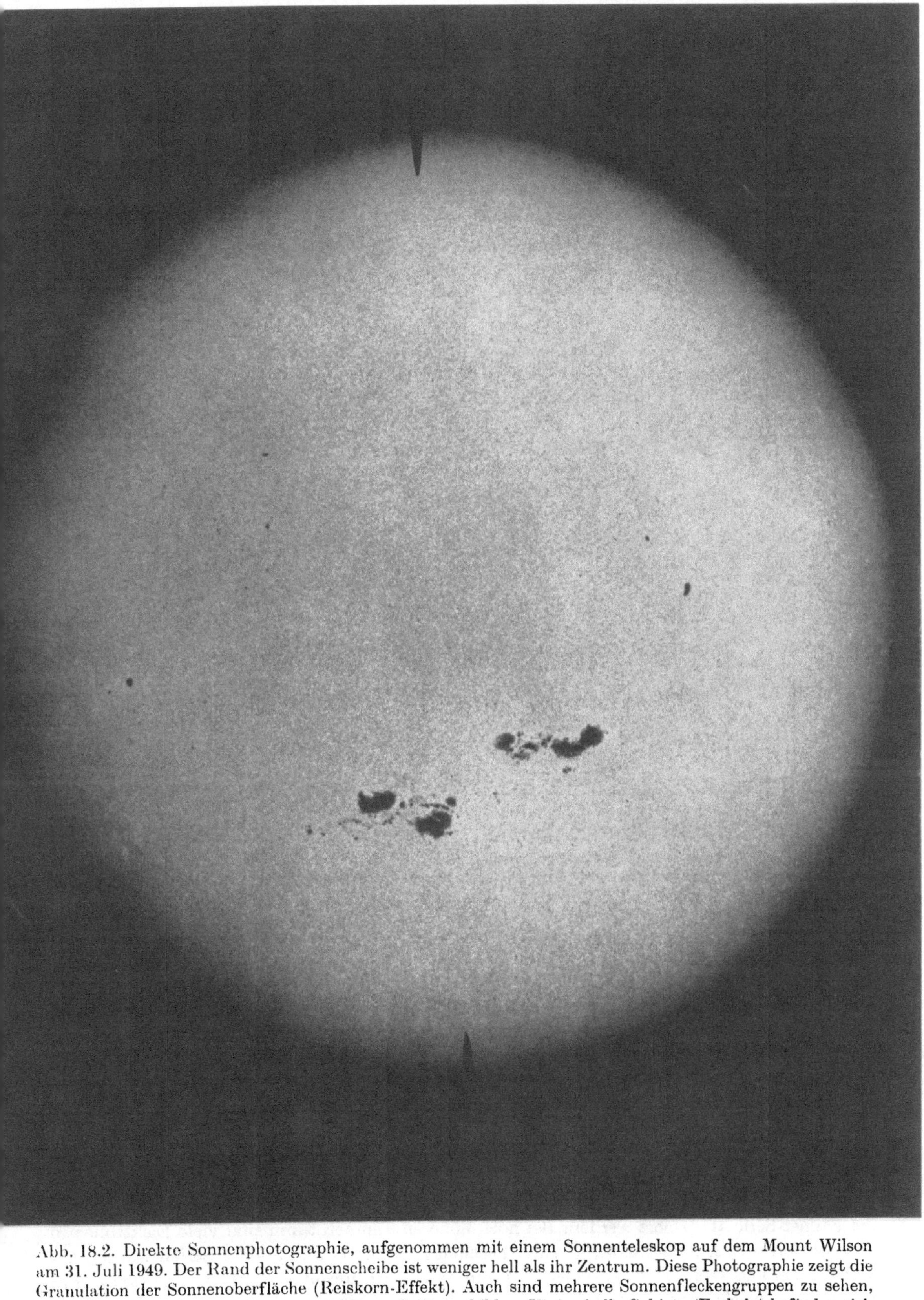

Abb. 18.2. Direkte Sonnenphotographie, aufgenommen mit einem Sonnenteleskop auf dem Mount Wilson am 31. Juli 1949. Der Rand der Sonnenscheibe ist weniger hell als ihr Zentrum. Diese Photographie zeigt die Granulation der Sonnenoberfläche (Reiskorn-Effekt). Auch sind mehrere Sonnenfleckengruppen zu sehen, von denen die größten zwei zusammenhängende Paare bilden. Einige helle Gebiete (Fackeln) befinden sich am Ost- und Westrand der Sonne. *(Photographie der Mount Wilson und Palomar-Observatorien.)*

schichten abgebildet; der Strahlung der tieferen Schichten verwehrt die Opazität der darüberliegenden Gase den Austritt. Auf Photographien der zentralen Teile der Scheibe sehen wir tiefere Schichten, in denen eine höhere Temperatur herrscht. Dieser Effekt wird durch Abb. 18.3 erläutert; in A ist die Temperatur höher als in B.

Derartige Beobachtungen ermöglichen es, ein Modell der Sonnenatmosphäre zu berechnen, das die Änderung von Temperatur und Druck mit der Tiefe zeigt (Abb. 18.4).

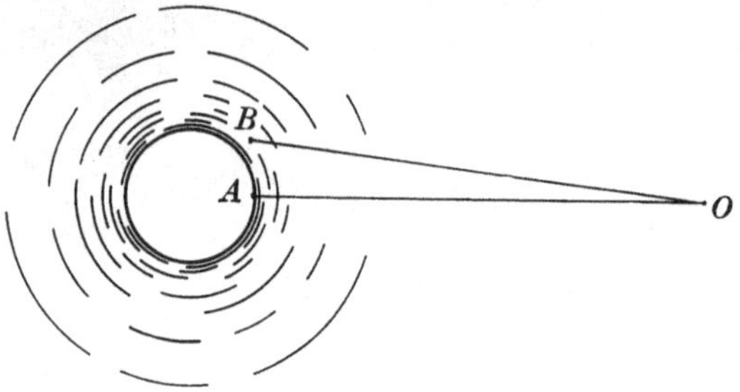

Abb. 18.3. Verteilung der Gase in der Sonnenatmosphäre und in der Korona. Wegen der Opazität der äußeren Atmosphäre reicht der Blick eines Beobachters im Punkt O bis zum Punkt A in der Nähe des Mittelpunkts der Scheibe, aber nur bis zum Punkt B in Nähe des Randes.

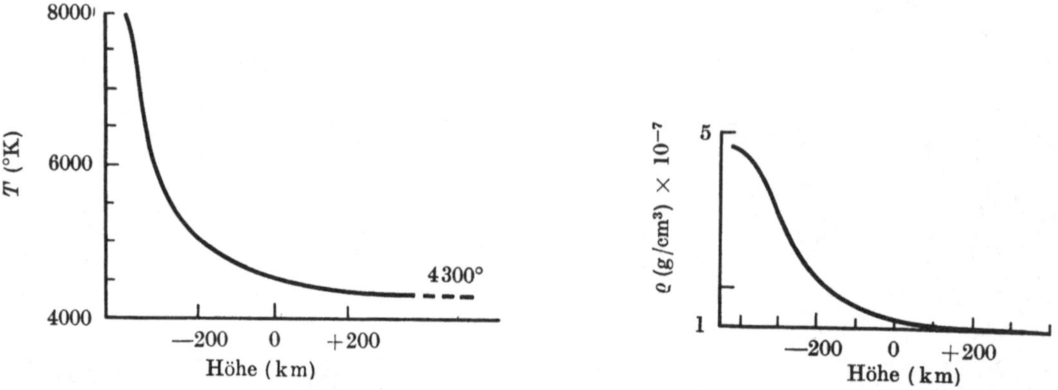

Abb. 18.4. Änderung der Temperatur und Dichte mit der Tiefe in der Photosphäre der Sonne. Die Höhe Null entspricht ungefähr der unteren Begrenzung der sichtbaren Photosphäre.

18.3 Bildung von Absorptionslinien

Die Fraunhoferlinien entstehen bei der Absorption von Strahlungsenergie, wenn die äußeren Elektronen der Atome, aus denen die atmosphärischen Gase bestehen, in höhere Energieniveaus übergehen. Die den Atomen eines Elements zugehörigen Elektronen sind imstande, in zahlreichen verschiedenen, aber diskreten Wellenlängen zu absorbieren, in den Wellenlängen, die zwischen zwei benachbarten, absorbierten Wellenlängen liegen, sind die Atome jedoch fast durchsichtig. Von dem Anfangs- und Endzustand des Elektrons hängt die Wellenlänge eines Photons ab, dessen Absorption möglich ist. Wenn beispielsweise die Wasserstoffatome in der Photosphäre in hinreichend schneller thermischer Bewegung sind, würden sich bei einer beträchtlichen Zahl von ihnen die Elektronen in der Schale $n = 2$ befinden. In diesem Fall würde die Balmer-Serie absorbiert werden. Bei noch höheren Temperaturen sind viele Elektronen in den Schalen $n = 3$, $n = 4$ usw., und die Paschen-, Brackett- und andere Serien würden absorbiert werden. Das Auftreten einer bestimmten Absorptionslinie im Sonnenspektrum gibt also einen Hinweis auf den Grad der Anregung der absorbierenden Atome, der wiederum eine

Funktion der Temperatur des Gases ist. Temperaturen, die aus den Intensitäten von Absorptionslinien, die verschiedenen Energieniveaus entsprechen, bestimmt wurden, nennt man Anregungstemperaturen.

Wenn die Temperatur hinreichend hoch ist, werden die Atome ionisiert, und die Fraunhoferlinien sind die der Ionen. Im Sonnenspektrum gibt es viele Absorptionslinien von Ionen, wie auch von nichtionisierten (neutralen) Atomen. Zum Beispiel sind Linien des neutralen Eisenatoms (Fe I) vorhanden, aber auch solche des einfach-ionisierten Eisenatoms (Fe II). Das Verhältnis der Intensitäten

$$\frac{\text{Fe II-Linien}}{\text{Fe I-Linien}}$$

dient als Maß für den Ionisationsgrad der Sonnenatmosphäre, der von Temperatur und Druck abhängt. Temperaturen, die auf diese Weise bestimmt wurden, werden Ionisationstemperaturen genannt. Da die Konzentration der Ionen auch von der Elektronendichte abhängig ist, kann das gleiche Verhältnis auch zur Bestimmung der Elektronendichte benützt werden.

Die Intensität einer solaren Absorptionslinie, z. B. des Natriums, kann mit der Intensität derselben im Laboratorium erzeugten Linie verglichen werden, wo die Zahl der absorbierenden Atome gemessen werden kann. Hierbei wird die Anzahl der Na-Atome in einer Absorptionskammer von 1 cm^3 Volumen geändert, bis die Intensität der Absorptionslinie im Laboratorium dieselbe ist wie die der Linie im Sonnenspektrum. Man schließt dann, daß die Zahl absorbierender Atome in einer Säule der Sonnenatmosphäre von 1 cm^2 Querschnitt gleich der Zahl solcher Atome in der Absorptionskammer ist. Wenn aus anderen Beobachtungen noch bekannt ist, daß die effektive Dicke der Sonnenatmosphäre rund 100 km oder 10^5 cm beträgt, läßt sich die Zahl der Na-Atome pro cm^3 in der Sonnenatmosphäre berechnen. Auf diese Weise wurden die relativen Häufigkeiten der Elemente in der Sonne bestimmt. 67 der 101 Elemente sind im Sonnenspektrum identifiziert worden, und es besteht kein Zweifel, daß alle Fraunhoferschen Linien von Elementen erzeugt werden, die auf der Erde bekannt sind.

18.4 Turbulenz

Wenn die Erdatmosphäre sich in Ruhe befindet, zeigt die Sonnenoberfläche ein gekörntes Aussehen (Granulation), als ob sie in unregelmäßiger Verteilung mit weißen Reiskörnern bedeckt sei. Die einzelnen Körner oder Granula besitzen Durchmesser von der Ordnung von ein oder zwei Bogensekunden oder rund 1500 km. Sie bleiben nur ein paar Minuten bestehen und verschwinden dann wieder in dem gleichförmigen Untergrund der Photosphäre. Im Durchschnitt sind die Granulen 50° bis 100° heißer als die umgebende Photosphäre zwischen den Granulen. Von M. Schwarzschild wurden noch kleinere Granula von der Ordnung von 500 km Durchmesser auf Sonnenphotographien gefunden, die 1957 mit einem Fernrohr aufgenommen worden waren, das in einem Ballon in die Stratosphäre gebracht worden war, um die Unschärfe der Bilder bei schlechter Sicht in den unteren Schichten der Erdatmosphäre zu vermindern (Abb. 18.5).

Es ist die Auffassung vertreten worden, daß die Granulen die Bilder vertikal aufsteigender Strömungen in der Sonnenatmosphäre seien. Wenn dies der Fall ist, sollten ihre radialen Bewegungen als Doppler-Verschiebungen der solaren Linien beobachtbar sein. Abb. 18.6 ist ein Spalt-Spektrogramm der Sonne, aufgenommen am McMath-Hulbert-Observatorium. Die beiden Absorptionslinien erscheinen gezackt, was noch deutlicher in den Kurven gleicher Schwärzung der Absorptionslinie λ 6102,733 des Kalziums auf der rechten Seite der Abbildung zum Ausdruck kommt. Die Skala am unteren Rand zeigt, daß gelegentlich schmale horizontale Streifen nach Violett verschoben sind um Beträge, die drei oder mehr Kilometern pro Sekunde ent-

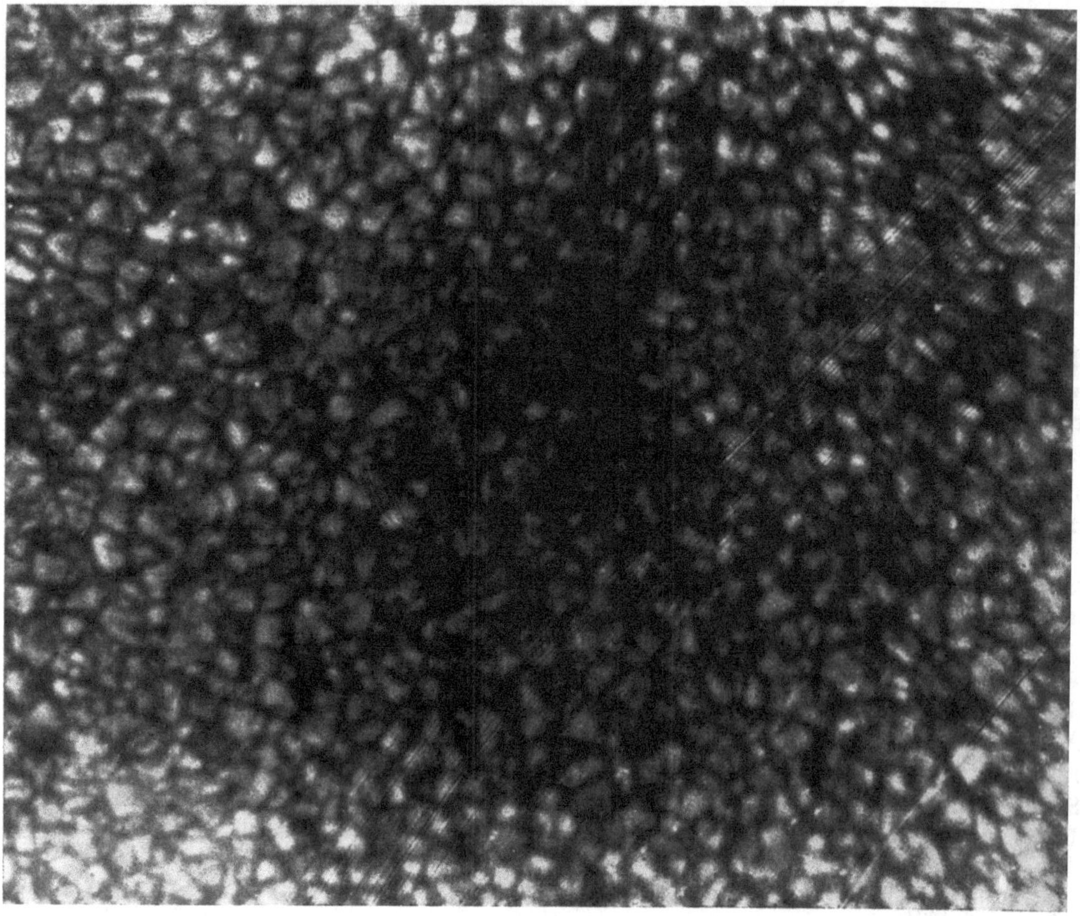

Abb. 18.5. Ein kleiner Teil der Sonnenoberfläche, photographiert von M. Schwarzschild und seinen Mitarbeitern mit einem 12-Zoll-Teleskop von einem Ballon in rund 80000 Fuß Höhe aus. Die Granulation besteht aus unregelmäßigen hellen Flecken — häufig von sechseckiger Gestalt —, die Ähnlichkeit mit turbulenten Zellen in Laboratoriumsversuchen mit Flüssigkeiten haben.

sprechen. Diese Streifen treten auf, wenn das Bild eines hellen Granulums auf den Spektrographenspalt fällt. Die Zwischenräume zwischen den Granulen sind etwas weniger deutlich ausgeprägt; sie entsprechen abwärts gerichteten Bewegungen in der Sonnenatmosphäre, ebenfalls von der Ordnung von rund 3 km/sec. Eine in der Erdatmosphäre erzeugte tellurische Absorptionslinie würde als vollkommen gerades vertikales Band abgebildet werden ohne die unregelmäßige gezackte Begrenzung. Vertikale Bewegungen in der Erdatmosphäre — aufwärts oder abwärts — sind so klein, daß sie vernachlässigt werden können selbst bei der hohen Dispersion des Sonnenspektrographen des McMath-Hulbert-Observatoriums.

18.5 Die Chromosphäre

Die Photosphärengase gehen in die der Chromosphäre über, deren untere Grenze rund 500 km über dem Sonnenrand liegt. Die untere Chromosphäre erstreckt sich bis in rund 4000 km Höhe; darüber liegen die obere Chromosphäre und die Korona.

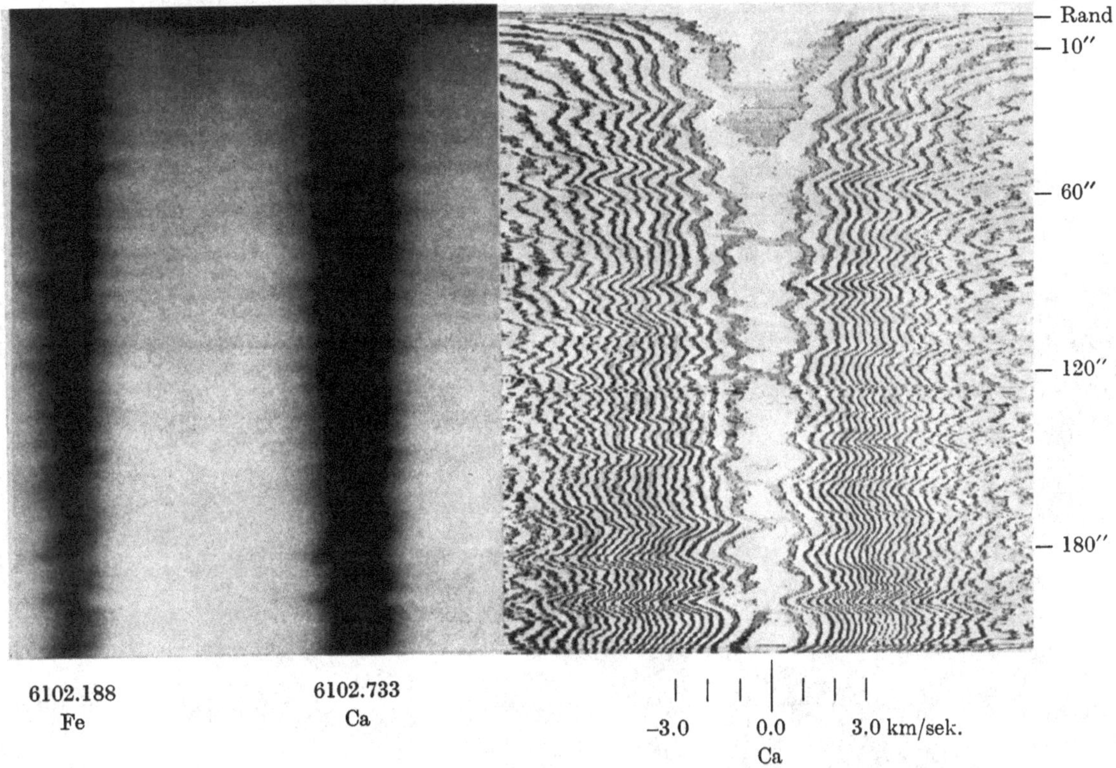

Abb. 18.6. Ein Spektrogramm hoher Dispersion der Sonnenoberfläche, aufgenommen am McMath-Hulbert-Observatorium der Universität von Michigan. Die beiden Fraunhoferschen Absorptionslinien haben ein gezacktes Aussehen. Immer wenn das Bild eines Granulums auf den Spektrographenspalt fällt, ist die Fraunhoferlinie nach Violett verschoben infolge der Dopplerverschiebung des nach außen strömenden Gases. Den Gebieten zwischen den Granulen entspricht eine Rotverschiebung. Die Registrierkurven auf der rechten Seite der Abbildung sind Kurven gleicher Schwärzung auf einer Photographie der Linie λ 6102,733 des Kalziums. Die Länge des Spalts entspricht rund 3½ Bogenminuten, radial nach innen vom Sonnenrand, der sich in der Figur oben befindet.

Die Chromosphäre wurde zum ersten Male während einer totalen Sonnenfinsternis beobachtet, als für wenige Sekunden die Photosphäre von der Mondscheibe bedeckt war und nur noch die glühenden Gase der Chromosphäre sichtbar blieben. Abb. 18.7 zeigt vier Photographien eines kleinen Teils des Sonnenrandes. Die helle Sonnenscheibe war dabei im Fernrohr durch ein Diaphragma soweit abgedeckt, daß nur ein schmaler Streifen der Photosphäre zu sehen war, an den sich die diffuse und unregelmäßige Struktur der Chromosphäre anschließt. Man beachte, daß der Rand der Photosphäre im obersten Bild verhältnismäßig scharf ist; die Chromosphäre besteht aus einem nebligen Band mit strahlenförmigen Streifen nach oben. Die Photographien zeigen den unregelmäßigen Charakter der Chromosphäre; die feinen strahlenförmigen Streifen, die sich über dem allgemeinen Dunst erheben, sind die Spikulen, die mit einer Geschwindigkeit von der Ordnung 20 km/sec nach oben schießen und in rund zwei Minuten wieder verschwinden.

Während einer Finsternis, wenn die Photosphäre vollständig vom Mond bedeckt wird, bleiben nur die glühenden Chromosphärengase sichtbar; in diesem Moment erscheint die Chromosphäre dem Auge intensiv rot, weil der größte Teil der sichtbaren Strahlung durch die Emissionslinie H_α erzeugt wird. Das Spektrum der Chromosphäre zeigt noch zahlreiche andere

Emissionslinien und ist unter der Bezeichnung „Flash"-Spektrum bekannt. Die meisten der Emissionslinien sind einfache Umkehrungen der Fraunhoferschen Absorptionslinien der Scheibe. Es bestehen jedoch einige wichtige Unterschiede zwischen ihnen: Das Flash-Spektrum zeigt sowohl mehr Linien ionisierter Metalle, als auch mehr Linien hoch angeregter neutraler Atome als das Spektrum der Scheibe. Die Intensität der Emissionslinien ändert sich mit der Höhe in der Chromosphäre. Die Balmer-Linien des Wasserstoffs, zwei starke Ca-II-Linien, ein paar Heliumlinien und eine Linie des ionisierten Heliums entstehen in Höhen bis zu 10 000 km oder mehr über der Photosphäre.

Da die Linien des He I und He II zu ihrer Anregung eine höhere Temperatur erfordern als die der Photosphäre, ziehen wir den Schluß, daß die Chromosphärentemperatur beträchtlich höher als 4600° ist, der Anregungstemperatur der oberen Photosphäre, die aus Intensitäten der Fraunhoferschen Absorptionslinien abgeleitet wurde, und sogar noch etwas höher als 6000° *K*, der aus den Strahlungsgesetzen abgeleiteten effektiven Temperatur der unteren Photosphäre. Die Temperatur in den äußeren Sonnenschichten erreicht in der oberen Photosphäre ein Minimum und nimmt in größeren Höhen wieder zu (Abb. 18.8). Dies steht qualitativ mit dem beobachteten Dichtegradienten in der Chromosphäre in Einklang: Sie erstreckt sich in weit größere Höhen über der Photosphäre, als einer Temperatur von $T =$ 4600° K entspricht. In Abb. 18.8 ist die Temperaturänderung in der Chromosphäre dargestellt. Der Mechanismus, durch den die Chromosphäre aufgeheizt und getragen wird, ist noch nicht vollständig aufgeklärt worden, doch dürfte er mit den Bewegungen der strahlenförmigen Spikulen im Zusammenhang stehen.

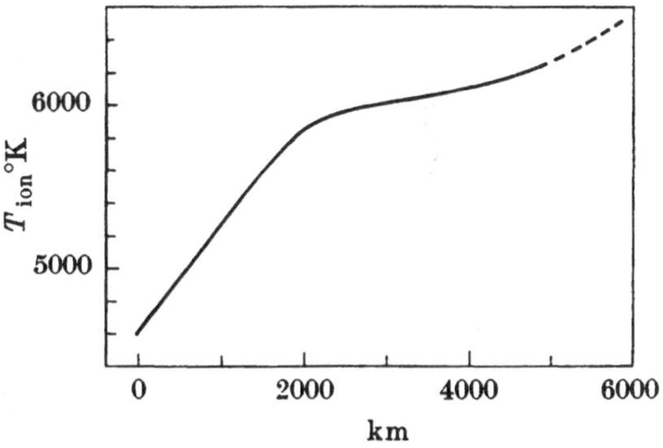

Abb. 18.8. Temperaturanstieg in der Chromosphäre mit zunehmender Höhe über der Photosphäre.

In Abb. 18.9 ist ein Spektrogramm der Sonnenscheibe nahe dem Rande zu sehen, welches das breite Band der H_α-Absorptionslinie und mehrere schwache und schmale Fraunhoferlinien zeigt. Das Aussehen der Wasserstofflinie ist zwar dem der Kalziumlinie in Abb. 18.6 ähnlich, jedoch besteht ein Unterschied insofern, als die Wasserstofflinie in schmalen Streifen auf der Scheibe symmetrisch nach Rot und Violett verbreitert ist, ein Phänomen, das nicht durch Doppler-Verschiebungen infolge aufsteigender und absteigender Strömungen erklärt werden kann. Diese Art von symmetrischer Verbreiterung wird durch Druck- und Temperaturunterschiede an verschiedenen Stellen der Sonnenscheibe bewirkt. Man beachte, daß die H_α-Linie eine Aufwölbung am Sonnenrand hervorruft. Diese Ausdehnung der H_α-Strahlung wird durch die Chromosphäre verursacht.

Neuerdings hat man das Ultraviolett-Spektrum der Sonne mit Hilfe von Raketen aus Höhen von 100 bis 200 km aufgenommen. Im Wellenlängenbereich unter 1900 Å wurden viele

---

←

Abb. 18.7. Photographien der Chromosphäre der Sonne, aufgenommen von Richard B. Dunn am Sacramento Peak-Observatorium am 5. August 1955. Die helle Sonnenscheibe war im Fernrohr durch eine undurchsichtige Scheibe verdeckt bis auf den äußersten Rand der Photosphäre und der darüberliegenden unscharfen Chromosphäre. Alle vier Aufnahmen geben denselben Teil des Sonnenrandes rund 48° südlich des Ostpunktes wieder. Das erste und dritte Bild wurden im Licht des kontinuierlichen Spektrums aufgenommen, das zweite und vierte im Licht der H_α-Linie der Balmer-Serie des Wasserstoffs. Die strahlenförmigen Spikulen sind am besten auf den H_α-Bildern zu sehen.

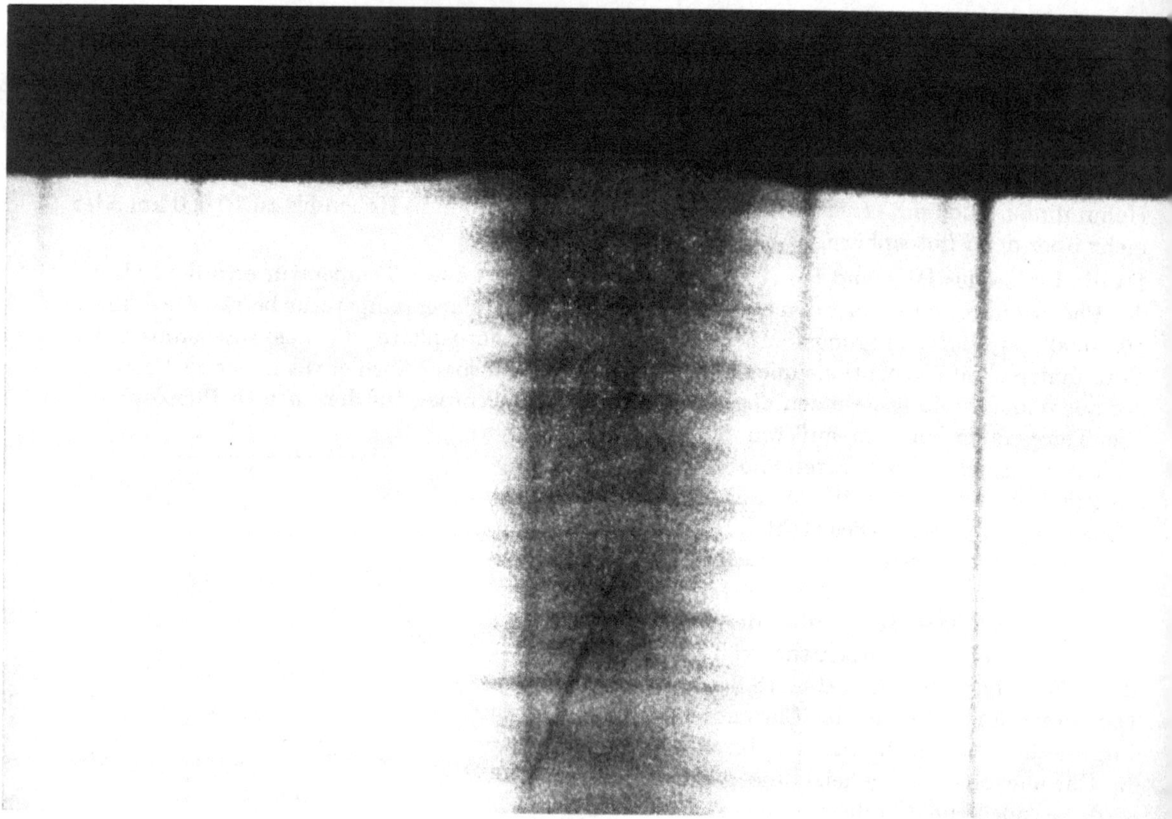

Abb. 18.9. Ein Spektrogramm, das die breite H_α-Linie auf der Sonnenscheibe in Nähe des Randes zeigt. *(Photographie des McMath-Hulbert-Observatoriums, Universität von Michigan.)*

Emissionslinien gefunden; die stärkste davon ist die L_α-Linie des Wasserstoffs. Andere Linien von hochionisierten Metallen sind ebenfalls vorhanden, und diese, zusammen mit der Breite der L_α-Linie, weisen darauf hin, daß sie in den Chromosphärenschichten höherer Temperatur entstehen. Man nimmt an, daß die starke L_α-Strahlung aus der Chromosphäre die ionisierte Schicht in der Erdatmosphäre erzeugt (Abschnitt 5.8). Sonnenstrahlung mit Wellenlängen zwischen 10 und 100 Å (harte und weiche Röntgenstrahlen) wurde auch mit Hilfe von Lichtzählrohren entdeckt. Ob diese Strahlung kontinuierlich ist oder sich aus diskreten Emissionslinien zusammensetzt, ist noch nicht bekannt.

18.6 Die Korona

Wenn die Mondscheibe groß genug ist, um die gesamte Chromosphäre abzudecken, erscheint um die Sonne gegen den dunklen Hintergrund des Himmels eine perlweiße Korona, deren Helligkeit etwa die Hälfte derjenigen des Vollmonds beträgt. In der Vergangenheit konnte die Korona nur während totaler Finsternisse beobachtet werden, aber seit der Erfindung des Koronographen durch B. Lyot — eines Instruments, das das Streulicht der hellen Sonnenscheibe eliminiert —, ist die innere Korona an jedem klaren Tage der Beobachtung zugänglich.

Abb. 18.10. Photographie der Sonnenkorona, aufgenommen während der Finsternis vom 18. Mai 1901 von einer Expedition des Lick-Observatoriums nach Padang, Sumatra. Die Sonnenfleckenaktivität hatte zu dieser Zeit fast ihren Minimalwert. Die Korona zeigt polare Strahlen, die den Kraftlinien eines Stabmagneten ähnlich sind. Die Korona besitzt in Richtung des Sonnenäquators eine größere Ausdehnung. *(Photographie des Lick-Observatoriums.)*

Die Korona besteht aus zwei sich überlagernden Teilen: der K-Korona oder wahren Korona und der F-Korona, die aus dem inneren Zodiakallicht entsteht (Abschnitt 14.7). Das Spektrum der Korona wird vom Licht beider Quellen erzeugt. Das Spektrum der F-Korona rührt von reflektiertem Sonnenlicht her und ist leicht festzustellen; das der K-Korona zeigt einen kontinuierlichen Untergrund mit Emissionslinien. Die kontinuierliche Emission entsteht durch Streuung des Sonnenlichts an vielen freien Elektronen. Die Fraunhoferschen Absorptionslinien

Abb. 18.11. Photographie der Sonnenkorona, aufgenommen während der Finsternis vom 30. August 1905 von einer Expedition des Lick-Observatoriums nach Aswan, Ägypten. Die Sonnenfleckenaktivität hatte zu dieser Zeit nahezu ihren Maximalwert. Die Erscheinung der Korona war ungefähr symmetrisch. Man beachte, daß der Mondrand wegen der gebirgigen Struktur seiner Oberfläche unregelmäßig ist. *(Photographie des Lick-Observatoriums.)*

sind verwaschen wegen des Doppler-Effekts infolge der hohen thermischen Geschwindigkeiten der streuenden Elektronen.

Der Ursprung der Emissionslinien der Korona war bis 1942 ein Rätsel, als B. Edlén die meisten von ihnen als „verbotene" Linien von Kalzium-, Eisen- und Nickelatomen identifizierte, die zwischen 9 bis 15 ihrer Elektronen verloren haben und die sich daher in Zuständen hoher Ionisation befinden.

Die stärkste Emissionslinie der Korona hat eine Wellenlänge von 5303 Å und wurde als dem Fe XIV zugehörig identifiziert. Diese Linie wird im Laboratorium nicht beobachtet und wird als „verboten" angesehen. Das ungestörte Eisenatom besitzt 26 Elektronen. Übergänge zwischen verschiedenen Energieniveaus des äußersten Elektrons ergeben das Spektrum des neutralen Eisens Fe I; wenn dieses Elektron vom Atom abgetrennt wird, wird das letztere einfach-ionisiert. Übergänge eines der verbleibenden Elektronen erzeugen das Spektrum des einfach-ionisierten Eisens Fe II usw. Wenn die Energien von zusammenstoßenden Elektronen oder von Photonen eine Größenordnung von fast 1000 eV haben — was einer Temperatur von rund einer Million Grad entspricht —, werden 13 Elektronen vom Eisenatom abgetrennt. Es ist dann 13fach ionisiert und erzeugt das Spektrum von Fe XIV. Eins der verbleibenden 13 Elektronen kann dann aus einem Zustand in einen anderen höherer Anregung übergehen und dann wieder in „Kaskadensprüngen" über mehrere Zwischenzustände in den normalen ungestörten Zustand zurückkehren. Gewöhnlich bleibt ein Elektron nur 10^{-8} sec in jedem der angeregten Zustände. Aber gelegentlich kann es auch in Kaskaden in einen angeregten Zustand gelangen, in dem es viele Sekunden oder sogar Stunden bleibt, bevor es in eine Bahn niedrigerer Energie zurückfällt. Der Physiker würde sagen, daß zwar die „Lebensdauer" eines normalen Anregungszustandes eines Elektrons 10^{-8} sec beträgt, daß aber in vielen Atomen eine Anzahl von angeregten Zuständen mit sehr langen „Lebensdauern" vorkommt.

Bei Versuchen im Laboratorium würde das angeregte Eisenatom mit den Wänden seines Behälters zusammenstoßen, lange bevor sein Elektron Zeit gehabt hätte, aus dem Zustand mit langer Lebensdauer in einen Zustand niedrigerer Energie überzugehen. Der Stoß würde bewirken, daß das Elektron in irgendeinen anderen angeregten Zustand übergeht — meistens wahrscheinlich in einen mit kurzer Lebensdauer. Und es würde dann in einen niedrigeren Zustand herabfallen unter Emission einer „erlaubten" Linie.

In der Korona werden die Atome nicht durch Zusammenstöße mit den Wänden eines Behälters gestört. Auch kommt es nicht häufig zu Zusammenstößen mit anderen Atomen oder Elektronen. Daher bleiben viele Elektronen ungestört, während sie sich in Anregungszuständen langer Lebensdauer befinden. Sie können dann auch in Zustände niedrigerer Energie unter Emission „verbotener" Linien übergehen. Obgleich diese Linien im Laboratorium nicht beobachtet werden, lassen sich ihre Wellenlängen aus den beobachteten Wellenlängen erlaubter Linien berechnen. Man nehme zum Beispiel an, daß ein Atom sich in einem Grundzustand $n = 1$, in einem angeregten Zustand langer Lebensdauer $n = 2$ und einem noch höher angeregtem Zustand kurzer Lebensdauer $n = 3$ befinden kann. Wenn das Atom starker Strahlung ausgesetzt wird, wird es ionisiert werden. Das Ion kann dann ein freies Elektron in die Bahn $n = 3$ einfangen. Nach 10^{-8} sec kann dieses in die Bahn $n = 1$ herabfallen und dabei eine erlaubte Linie der Wellenlänge $\lambda_{3\to1}$ emittieren. Die Energie im Zustand $n = 3$ wird zu

$$E = \frac{h\,c}{\lambda_{3\to1}}$$

berechnet. Ein anderes ionisiertes Atom fängt auch ein freies Elektron in den Zustand $n = 3$ ein, aber nach 10^{-8} sec fällt dieses Elektron in den Zustand $n = 2$ und sendet eine erlaubte Linie $\lambda_{3\to2}$ aus. Die Energiedifferenz zwischen den Zuständen $n = 3$ und $n = 2$ beträgt

$$E = \frac{h\,c}{\lambda_{3\to2}}.$$

Obwohl wir die Linie $\lambda_{2\to1}$ im Laboratorium nicht beobachten, kann ihre Wellenlänge aus

$$E - \Delta E = \frac{h\,c}{\lambda_{2\to1}}$$

berechnet werden. In dieser Weise gelang es Edlén, das Emissionslinienspektrum der Korona zu entwirren. Sämtliche Ergebnisse deuten darauf hin, daß die Temperatur der Korona bei rund 10^6 Grad liegt.

Dieser Schluß wird durch andere Beobachtungen bestätigt. Nur bei sehr hoher Temperatur würde ein Gas freie Elektronen genügend großer Geschwindigkeit enthalten, um die Fraunhoferschen Absorptionslinien im Spektrum von Sonnenlicht, das an Elektronen reflektiert (oder gestreut) wurde, vollkommen zu verwischen.

Wir beobachten die Sonne mit ihrer Oberflächentemperatur von 6000° durch eine Gasmasse, deren Temperatur 1 000 000° beträgt. Nun erhebt sich die Frage: Warum ergab die Anwendung der Strahlungsgesetze in Abschnitt 16.1 die niedrige Temperatur der Sonnenoberfläche und nicht die hohe Temperatur der Korona? Die Korona ist von äußerst niedriger Dichte und niedriger Opazität und daher für Strahlung, die von unten in sie eintritt, weitgehend durchlässig. Sie ist kein „schwarzer Körper", weil sie nicht die gesamte von unten einfallende Strahlung absorbiert. Die in Abschnitt 16.1 behandelten Strahlungsgesetze lassen sich nur auf schwarze Körper anwenden. Wir können uns ein Experiment vorstellen, bei dem ein warmer Ofen durch eine transparente Schicht sehr heißen Gases beobachtet wird: Die Wärme, die uns erreicht, ist größtenteils Wärme des Ofens und nicht des davor befindlichen heißeren Gases geringer Dichte.

Die Korona ist nur in dem Spektralbereich durchsichtig, dessen Wellenlänge kürzer als 50 cm ist. Beobachtungen mit einem Radioteleskop bei Wellenlängen über 50 cm weisen nur die Strahlung der Korona nach. Die aus solchen Messungen abgeleitete Temperatur steht in Einklang mit der aus dem Spektrum erschlossenen Koronatemperatur von 10^6 Grad.

Die Struktur der Korona ist nicht immer die gleiche. Zur Zeit maximaler Sonnenaktivität ist ihr Licht symmetrisch um die Sonne verteilt. Zur Zeit des Minimums der Sonnenaktivität ist sie in Polnähe abgeflacht und in der Äquatorebene weit ausgedehnt. Zwei Photographien der Korona sind in Abb. 18.10 und 18.11 wiedergegeben, die eine im Aktivitätsminimum, die andere im Maximum. Die feinen Strahlen in den Polgegenden besonders zur Zeit minimaler Sonnenaktivität ähneln magnetischen Kraftlinien und bestätigen Beobachtungen, aus denen hervorgeht, daß die Sonne ein Magnet ist (Abschnitt 19.6).

Aufgaben

1. Welches würde die beobachtete Wellenlänge der Linie λ 6102,733 sein, wenn diese von einem Granulum erzeugt würde, daß sich in der Photosphäre der Sonne mit einer Geschwindigkeit von 3 km/sec aufwärts bewegt?
2. Berechne die Doppler-Verschiebung der H_α-Linie des Wasserstoffs ($\lambda = 6563$ Å) einer Spikule, die sich mit einer Geschwindigkeit von 20 km/sec aufwärts bewegt.
3. Man bestimme die Wellenlänge der verbotenen grünen Nordlichtlinie des O I (die dem Übergang $2 \rightarrow 1$ entspricht) aus den Wellenlängen der zwei erlaubten Linien $\lambda_{3\rightarrow 1} = 999$ Å und $\lambda_{3\rightarrow 2} = 1217$ Å.

19. DIE AKTIVITÄT DER SONNE

19.1 Sonnenflecken

Masse, Radius und Leuchtkraft der Sonne haben sich wahrscheinlich seit einigen Milliarden Jahren nicht merklich verändert. Die Sonnenoberfläche weist aber eine größere Zahl von vorübergehenden und schnell wechselnden Phänomenen auf, die man unter der Bezeichnung solare Aktivität zusammenfaßt.

Wahrscheinlich ist keine andere solare Erscheinung so intensiv beobachtet worden wie die dunklen Flecken, die von Zeit zu Zeit auf der Sonnenscheibe erscheinen. Die großen dunklen Flächen in Abb. 18.2 sind typische Sonnenflecken; das dunklere zentrale Gebiet heißt die Umbra, die von einem etwas helleren Gebiet umgeben ist, der Penumbra. Sonnenflecken treten gewöhnlich in Gruppen von zwei oder mehreren Einzelflecken auf, von denen der (im Sinne der Sonnenrotation) vorangehende Fleck oft der größere ist.

Die Häufigkeit und Verteilung der Sonnenflecken ist angenähert periodisch. Abb. 19.1 zeigt die Anzahl von Fleckengruppen, die von 1750 bis 1955 beobachtet wurden. Eine klarere Vorstellung von ihrer wechselnden Verteilung erhält man, wenn man die solare Breite eines jeden Flecks oder von Fleckengruppen als Funktion der Zeit aufträgt. Abb. 19.2 gibt das hierbei sich ergebende „Schmetterlings"-Diagramm wieder, eine Bezeichnung, die von E. W. Maunder eingeführt wurde. Die Sonnenfleckenzahlen in der Nähe minimaler Aktivität kommen durch Überschneiden zweier Zyklen zustande. Jeder neue Zyklus beginnt mit einigen wenigen Flecken in Breiten von rund $\pm$ 30° (Flecken werden selten in höheren Breiten als $\pm$ 40° gefunden, und auch am Äquator kommen sie nur selten vor); maximale Häufigkeit wird erreicht, wenn die Flecken in Breiten von etwa $\pm$ 15° erscheinen; der Zyklus endet nach rund 11 Jahren mit ein paar Flecken bei $\pm$ 8°.

Die einzelnen Flecken variieren nach Größe und Lebensdauer; die Mehrzahl besitzt Lebenszeiten von weniger als einem Tag, doch kommen auch größere Flecken vor, die bis zu 70 Tage existieren können. Ein Fleck wird zuerst als kleine runde „Pore" gesehen von rund 2000 km Durchmesser. Die Poren vergrößern sich schnell zu kleinen Flecken und verschwinden gewöhnlich innerhalb eines Tages wieder, aber einige von ihnen entwickeln sich zu großen Flecken, die mehrere Male größer als die Erde sind.

Sonnenflecken erscheinen relativ zur Photosphäre schwarz, weil ihre Temperatur niedriger als die ihrer Umgebung ist. Nach Untersuchungen der Fleckenspektren können ihre effektiven Temperaturen größenordnungsmäßig auf 4500° geschätzt werden. Bezüglich innerer Bewegungen in Flecken deuten Messungen von Doppler-Verschiebungen der Spektrallinien, wenn sich die Flecken nahe dem Sonnenrande befinden, eine zur Oberfläche tangentiale Strömung der Fleckenmaterie an, die in niedrigen Höhen radial nach außen, in größeren Höhen nach innen gerichtet ist; die Geschwindigkeiten sind von der Ordnung von 2 oder 3 km/sec.

Wenn ein Atom sich in einem Magnetfeld befindet, werden die Energieniveaus seiner Elektronen etwas verändert; alle Übergänge, die einem Elektron bei Vorhandensein eines Magnetfeldes möglich sind, führen zur Emission von Photonen, deren Energie von derjenigen von Photonen, die ein Atom bei Abwesenheit eines Magnetfeldes emittiert, ein wenig verschieden ist. Die Änderung der Energie der Photonen bewirkt eine Aufspaltung der Absorptionslinien.

Wenn eine Lichtquelle, die normalerweise eine Serie einzelner Emissions- oder Absorptionslinien erzeugt, zwischen die Pole eines starken Elektromagneten gebracht wird, so erzeugt sie dieselbe Serie, aber die einzelnen Linien sind nunmehr in drei oder mehr symmetrisch verteilte Komponenten aufgespalten. Diese als Zeemaneffekt bekannte Erscheinung wurde 1908 von G. E. Hale in den Spektren von Sonnenflecken entdeckt. Da die magnetische Aufspaltung mit der Intensität des Feldes zunimmt, war Hale imstande, die Feldstärken der verschiedenen

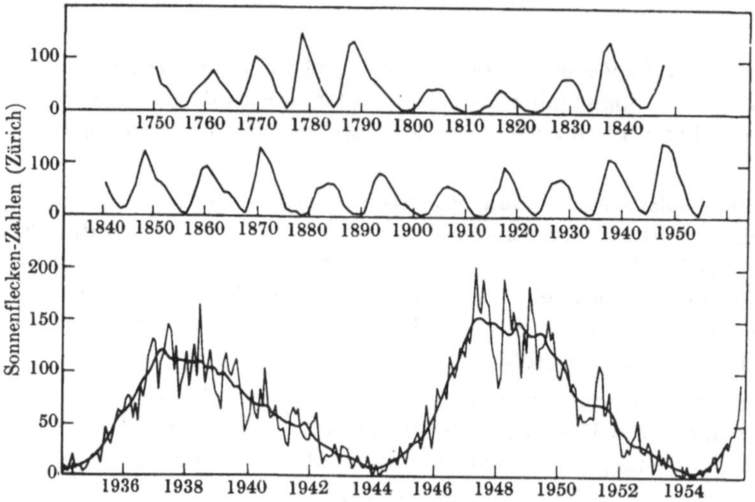

Abb. 19.1. Kurve der Sonnenfleckenzahlen zwischen 1750 und 1955 von S. B. Nicholson. Die Maxima und Minima kehren in Abständen von rund 11 Jahren wieder. Man beachte, daß die Maxima um 1780, 1860 und 1950 etwas höher sind als die der dazwischenliegenden Zyklen. Dies würde eine zusätzliche Periodizität von rund 90 Jahren andeuten. Ferner beachte man, daß auf ein etwas höheres Maximum gewöhnlich ein etwas weniger hohes Maximum folgte.

Arten von Flecken zu bestimmen. Das Feld eines kleinen Flecks liegt gewöhnlich bei 100 Gauss, in großen Flecken können magnetische Feldstärken bis zu 4000 Gauss vorkommen. Meistens sind bei Beobachtung eines Zeeman-Tripletts im Laboratorium mit Hilfe eines gewöhnlichen Spektrographen, wenn das erzeugende Feld stark genug ist, alle drei Komponenten sichtbar. Aber wenn man einen polarisierenden Kristall oder ein Polarisationsfilter in den Strahlengang bringt, lassen sich entweder die mittlere oder die beiden äußeren Komponenten auslöschen. Mittels einer etwas komplizierteren Polarisationsanordnung ist es möglich, erst die eine der äußeren Komponenten und dann die andere auszulöschen. In einer bestimmten Stellung des Polarisators verschwindet die rechte Komponente; und wenn der Polarisator um 90° gedreht wird, verschwindet die linke Komponente. Wenn das Magnetfeld umgekehrt wird (z. B. wenn man den elektrischen Strom im Elektromagneten in umgekehrter Richtung fließen läßt), löscht die erste Orientierung des Polarisators die linke Komponente aus und die zweite Orientierung die rechte. Die Magnetfelder in Sonnenflecken sind meist nicht stark genug, um die Zeeman-Komponenten als getrennte Spektrallinien zeigen zu können. Sie überlagern sich und bilden eine einzige breite Linie. Aber mit der Polarisationsanordnung kann man zuerst den rechten Rand der breiten Absorptionslinie auslöschen und dann den linken Rand. Die verbleibenden Teile der Linie erscheinen folglich in Wellenlänge gegeneinander verschoben. Aus dem Betrag dieser Verschiebung und der Orientierung des Polarisators war Hale imstande, nicht nur die Intensitäten der Sonnenfleckenfelder, sondern auch ihre Polaritäten zu bestimmen.

→

Abb. 19.2. Diagramm der Verteilung der Sonnenflecken in solarer Breite zwischen 1874 und 1953, gezeichnet an der Sternwarte Greenwich. Unter dem „Schmetterlings"-Diagramm sind die entsprechenden Kurven der Sonnenfleckenhäufigkeit sowie ganz unten die der Indices der erdmagnetischen Störungen wiedergegeben.

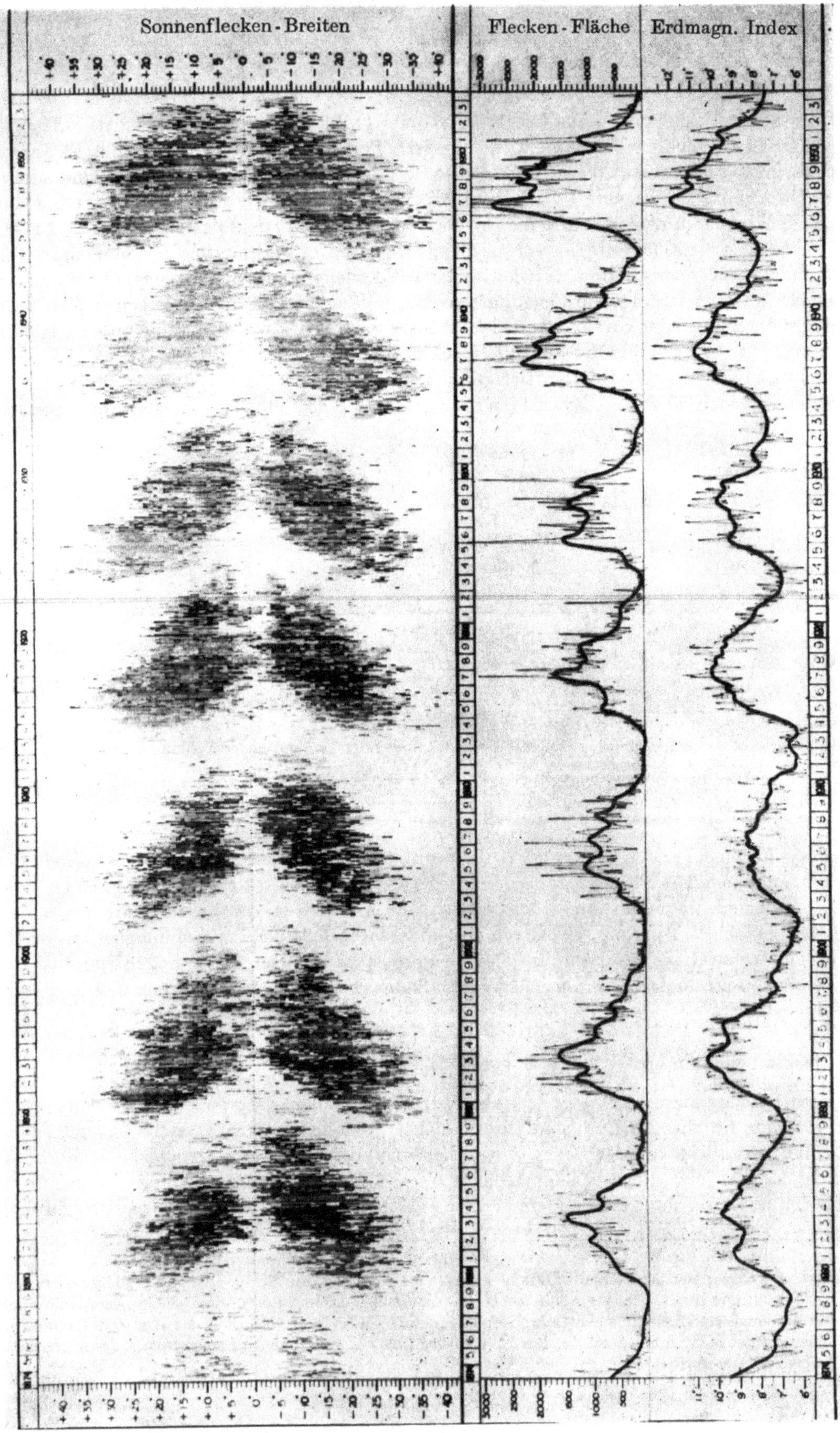
Sonnenflecken-Breiten
Flecken-Fläche
Erdmagn. Index

In einer Sonnenfleckengruppe ist die Polarität des größten Flecks derjenigen des kleineren Flecks oder der kleineren Flecken entgegengesetzt. Ferner hängt die Polarität der Flecken in irgendeinem Zyklus derart von ihrer Breite ab, daß die größten Flecken nördlich und südlich des Äquators entgegengesetzte Polarität besitzen. Weiterhin ist die Fleckenpolarität in einem 11jährigem Zyklus umgekehrt wie die im vorangehenden und im folgenden Zyklus. In dem Zyklus von 1924 bis 1935 hatte der vorangehende (oder führende, im Sinne der Sonnenrotation) Fleck auf der Nordhemisphäre eine negative Polarität wie ein nach Süden zeigender Magnetpol auf der Erde; der nachfolgende Fleck hatte entgegengesetzte Polarität. Zur selben Zeit hatte auf der Südhalbkugel der vorangehende Fleck positive Polarität wie ein nach Norden zeigender Magnetpol auf der Erde und der folgende Fleck hatte negative Polarität (Abb. 19.3). Im nächsten Zyklus 1935—1946 verhielten sich die nördlichen Flecken so wie die südlichen Flecken im vorangehenden 11-Jahres-Zyklus und umgekehrt. Somit hat der magnetische Sonnen-

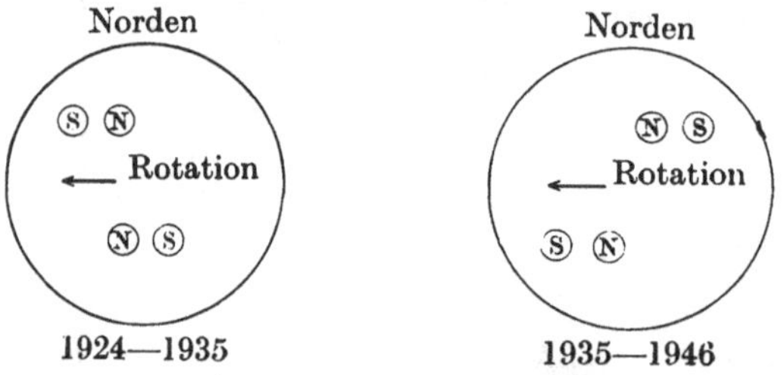

Abb. 19.3

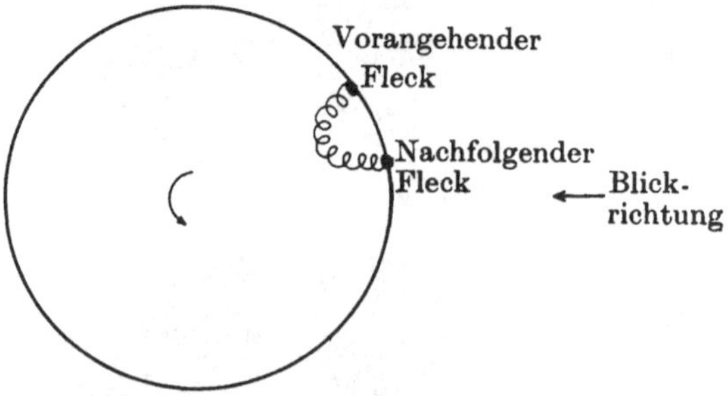

Abb. 19.4

Abb. 19.3. Die Umkehrung der Polarität in aufeinanderfolgenden Sonnenfleckenzyklen.

Abb. 19.4. Zur Deutung der entgegengesetzten Polaritäten von Sonnenfleckenpaaren auf Grund der Annahme solarer Wirbel.

fleckenzyklus eine Periode von rund 22 Jahren — das Doppelte der 11jährigen Periode der Fleckenhäufigkeit. Die Fleckenpaare entgegengesetzter Polarität können als die Enden eines hufeisenförmigen Magneten angesehen werden, die sich bis in die Photosphäre erstrecken (Abb. 19.4). Nach V. Bjerknes, H. Alfvén und anderen besteht der Hufeisenmagnet aus einem Wirbel ionisierten Gases, größtenteils unter der Photosphäre, dessen Bewegung in Spiralbahnen durch eine weiträumige Zirkulation in der Sonne bewirkt wird, die eine Periode von 22 Jahren besitzt.

19.2 Spektroheliogramme

Ein Spektroheliogramm ist eine Sonnenphotographie, nicht im integrierten weißen Licht aller Wellenlängen, für die die Emulsion empfindlich ist, sondern im Licht eines äußerst engen Wellenlängenbereichs von der Breite eines Ångström oder sogar noch weniger. Solche Photographien können jetzt mit speziellen Lichtfiltern aufgenommen werden, die in sehr schmalen Bändern durchlässig sind. Eine andere Methode besteht darin, mit einem Spaltspektrographen

→

Abb. 19.5. Photographien der Sonne. Die Reihe auf der linken Seite wurde am 10. Oktober 1926 aufgenommen und stellt dar: eine direkte Photographie der Sonne im weißen Licht (oben), eine gleichzeitige Aufnahme im Licht des ionisierten Kalziums (Mitte) und eine Aufnahme im Licht der H_α-Linie des Wasserstoffs (unten). Die Bilder auf der rechten Seite wurden am 14. Oktober 1926 aufgenommen. *(Photographien der Mt. Wilson und Palomar-Observatorien.)*

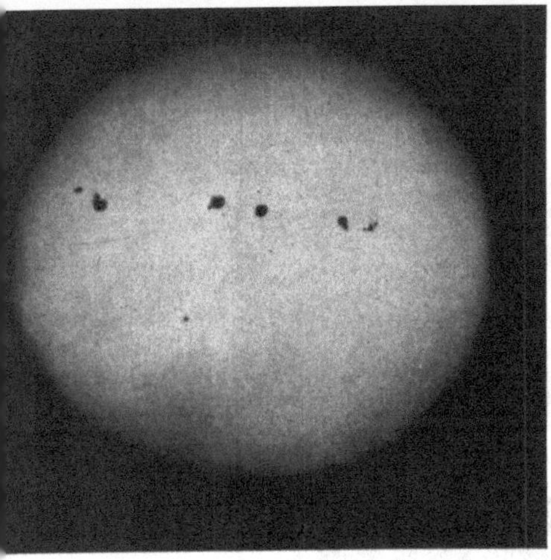
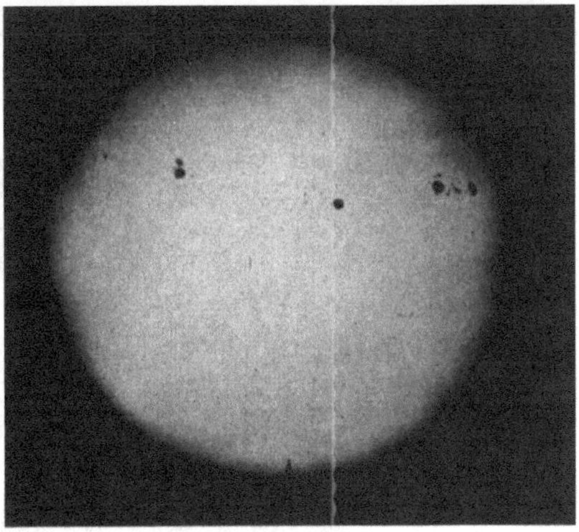
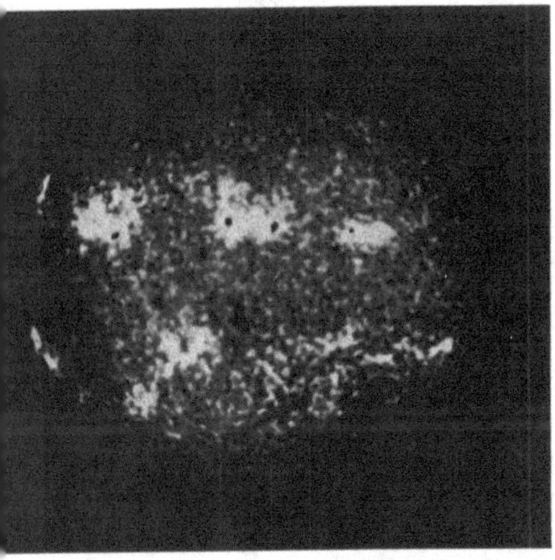
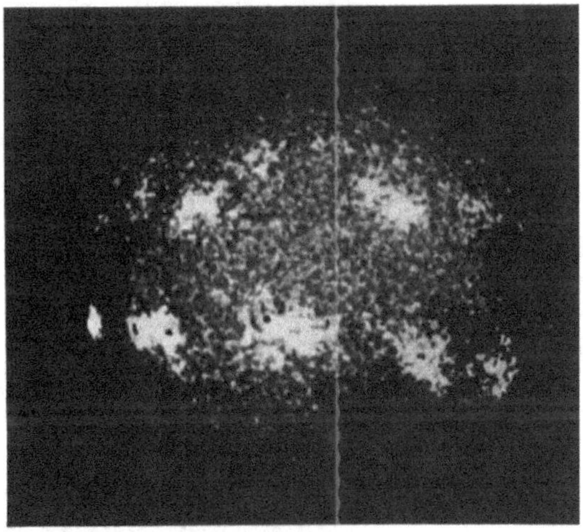
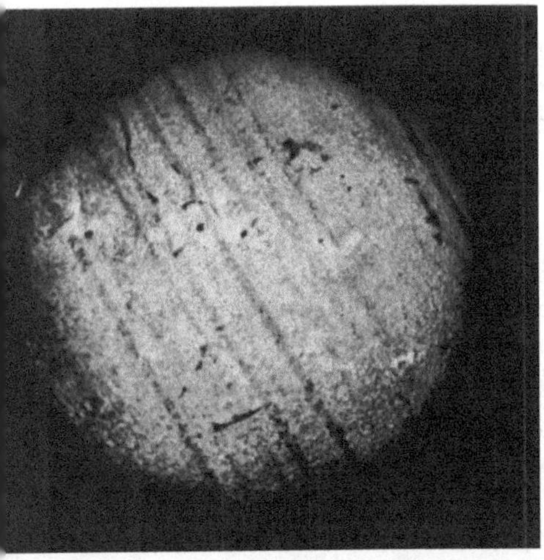
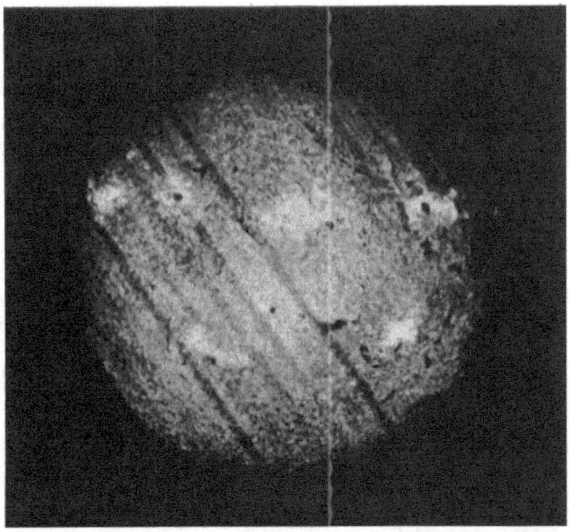

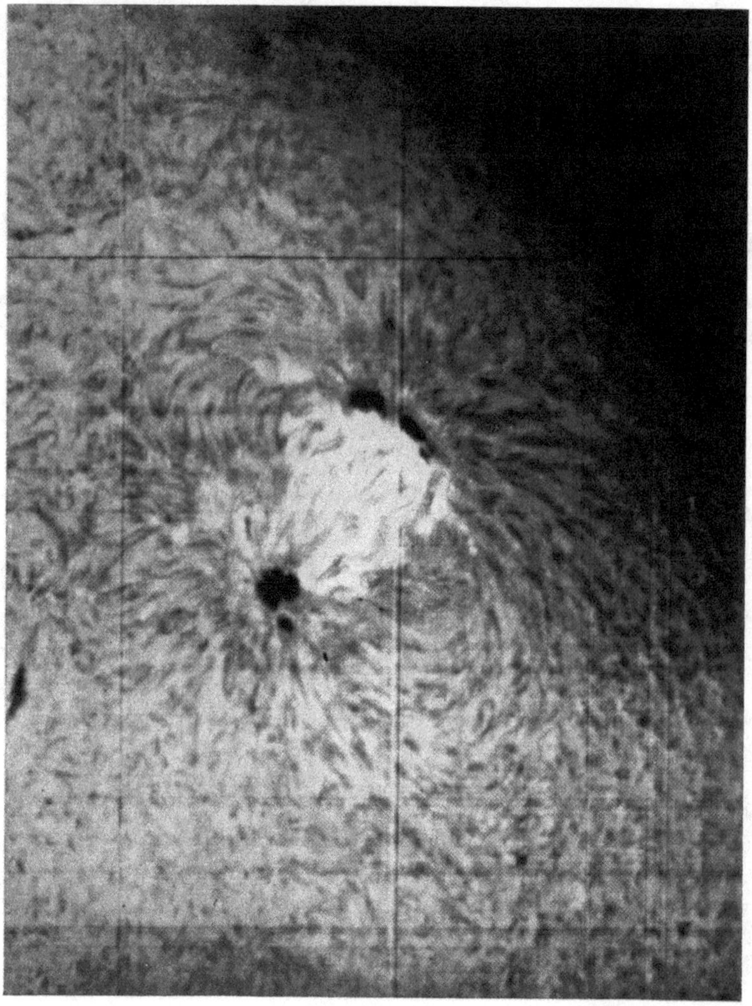

Abb. 19.6. Spektroheliogramm einer bipolaren Sonnenfleckengruppe im Lichte der H_α-Linie des Wasserstoffs, aufgenommen am 25. Juli 1937 am Mount Wilson-Observatorium. *(Aus „Die Sonne", herausgegeben von G. P. Kuiper, University of Chicago Press 1953, copyright by the University of Chicago.)*

(Abschnitt 33.9) ein Spektrum der Sonnenscheibe zu erzeugen und mit Hilfe eines zweiten Spalts in der Ebene des Spektrums aus ihm einen schmalen Streifen herauszublenden. Man läßt dann das Sonnenbild über den ersten Spalt des Spektrographen wandern, während eine photographische Platte mit derselben Geschwindigkeit hinter dem zweiten Spalt vorbeigeführt wird. Das Ergebnis ist ein Sonnenbild in dem Wellenlängenintervall, das durch den zweiten Spalt isoliert wurde.

Da die Fraunhoferlinien durch Atome in der oberen Photosphäre der Sonne erzeugt werden, zeigt ein Spektroheliogramm, das im Restlicht der zentralen Wellenlängen einer starken Absorptionslinie aufgenommen wurde, die Photosphäre in einer relativ hohen Schicht. Spektroheliogramme haben ein gänzlich anderes Aussehen als direkte Photographien im weißen Licht.

Abb. 19.5 zeigt zwei Reihen von drei gleichzeitigen Sonnenphotographien, von denen die erste im weißen Licht (oben), die zweite in der Wellenlänge einer starken Absorptionslinie des ionisierten Kalziums (Mitte) und die dritte in der Wellenlänge der H_α-Linie des Wasserstoffs (unten) aufgenommen wurde. Das Kalzium-Spektroheliogramm zeigt das höchste Niveau der Sonnenatmosphäre und die Photographie im weißen Licht erfaßt auch die tiefsten Schichten. Die linke Reihe wurde am 10. Oktober 1926, die rechte Reihe am 14. Oktober 1926 aufgenommen. Die direkten Bilder zeigen die Rotation der Sonne und auch die Verteilung der Flecken in einer mittleren Breite. Im Lichte des Kalziums sind die Flecken von Gebieten hoher Leuchtkraft, den Flocculi, umgeben. In der Nähe des Sonnenrandes sind sie im weißen Licht sichtbar und werden dann Fackeln genannt. Fackeln sind Wolken in höheren Schichten, die aus leuchtendem Kalziumdampf bestehen. Eine Anzahl von Flocculi sieht man in Gebieten, die fleckenfrei sind. In solchen Gebieten können sich Flecken entwickeln oder es waren dort Flecken einige Tage vor den Aufnahmen vorhanden. Die Sonnenscheibe zeigt im Kalziumlicht ein buntscheckiges Aussehen, ein Struktur, die nicht mit der feinen Granulation identisch ist, die man im weißen Licht sieht. Auch die Wasserstoff-Photographien zeigen helle Gebiete, die mit den Flecken in Verbindung stehen, aber sie unterscheiden sich im Aussehen von den Kalzium-Flocculi. Zusätzlich gibt es zahlreiche dunkle Filamente, die das Licht der Photosphäre darunter absorbieren und die als Eruptionen oder Protuberanzen erscheinen würden, wenn sie am Sonnenrande erblickt würden. Abb. 19.6 ist ein Spektroheliogramm im Lichte von H_α, auf dem die Feinstruktur der Chromosphäre in der Nähe einer bipolaren Fleckengruppe zu sehen ist. Die hellen Gebiete in der Umgebung der Sonnenflecken sind Wasserstoff-Fackeln oder -Flocculi. Während sie auf direkten Aufnahmen nur schwach sichtbar sind, gehören sie zu den besonders auffälligen Objekten auf Spektroheliogrammen. Die Struktur der die Gruppe umgebenden Filamente deutet Spiralbewegungen der Gase an.

19.3 Fackeln

Die flächenmäßige Ausdehnung der Fackeln ist größer als die der Sonnenfleckengruppen; manchmal werden Fackeln auch in fleckenfreien Gebieten beobachtet. Die Mitten der Fackelzonen und die Häufigkeiten der Fackeln verändern sich jedoch im Rhythmus des Fleckenzyklus von ungefähr elf Jahren. Zusätzlich zu den Fackeln in niedrigen Breiten gibt es zwei Zonen polarer Fackeln etwas nördlich von $+70°$ und südlich von $-70°$ Breite.

Die Fackeln werden gewöhnlich schon sichtbar, bevor die mit ihnen verbundenen Sonnenflecken erscheinen, und sie überdauern sie um viele Tage. Die strukturellen Einzelheiten der Fackeln ändern sich schnell, wenn auch nicht so schnell wie die photosphärischen Granulen.

19.4 Chromosphärische Ausbrüche

Gelegentlich wird ein Gebiet nahe einer Sonnenfleckengruppe plötzlich sehr viel heller als seine Umgebung, besonders im Lichte von H_α. Diese Form der Sonnenaktivität ist unter der Bezeichnung eines Ausbruchs (flare) bekannt. Er dauert durchschnittlich etwa eine Stunde und wird gekennzeichnet durch einen schnellen Anstieg zu maximaler Intensität, die eine kurze Zeit andauert, und eine langsamere Rückkehr zur normalen Helligkeit (Abb. 19.7).

→

Abb. 19.7. Aufnahmen von vier solaren Ausbrüchen im Lichte der H_α-Linie des Wasserstoffs. Oben links: 26. April 1948; oben rechts: 18. Mai 1949; unten links: 26. Juni 1952; unten rechts: 8. Mai 1951. *(Photographie des McMath-Hulbert-Observatoriums, Universität von Michigan.)*

Abb. 19.8. Die Entwicklung eines solaren Ausbruchs am Sonnenrand, photographiert im Lichte der H_α-Linie des Wasserstoffs am 8. Mai 1951. Die Aufnahmezeiten in Weltzeit waren: $15^h\,0{,}7^m$, $15^h\,3{,}5^m$, $15^h\,5{,}2^m$, $15^h\,5{,}7^m$, $15^h\,6{,}3^m$, $15^h\,7{,}4^m$, $15^h\,10{,}0^m$, $15^h\,11{,}9^m$. *(Photographie des McMath-Hulbert-Observatoriums, Universität von Michigan.)*

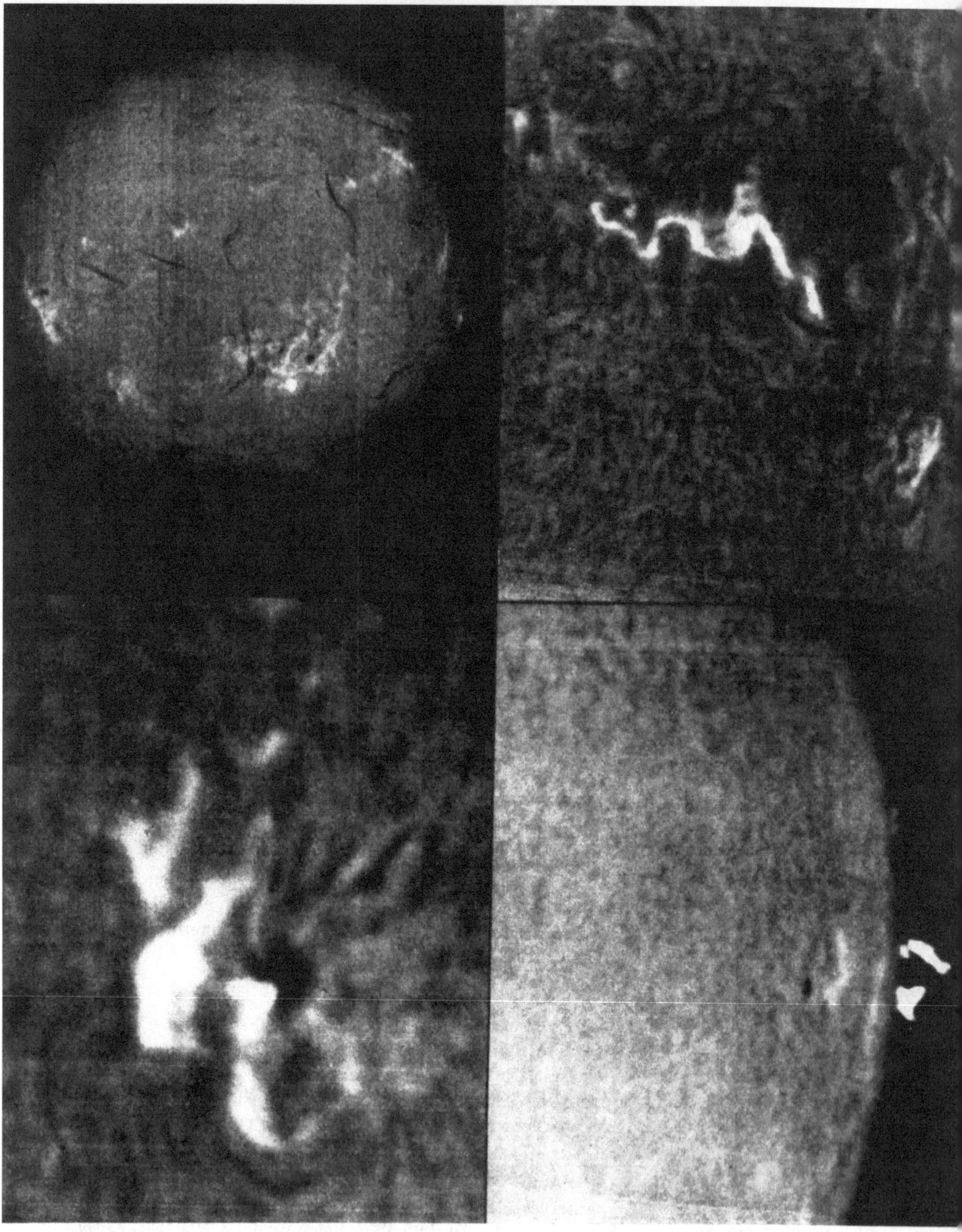

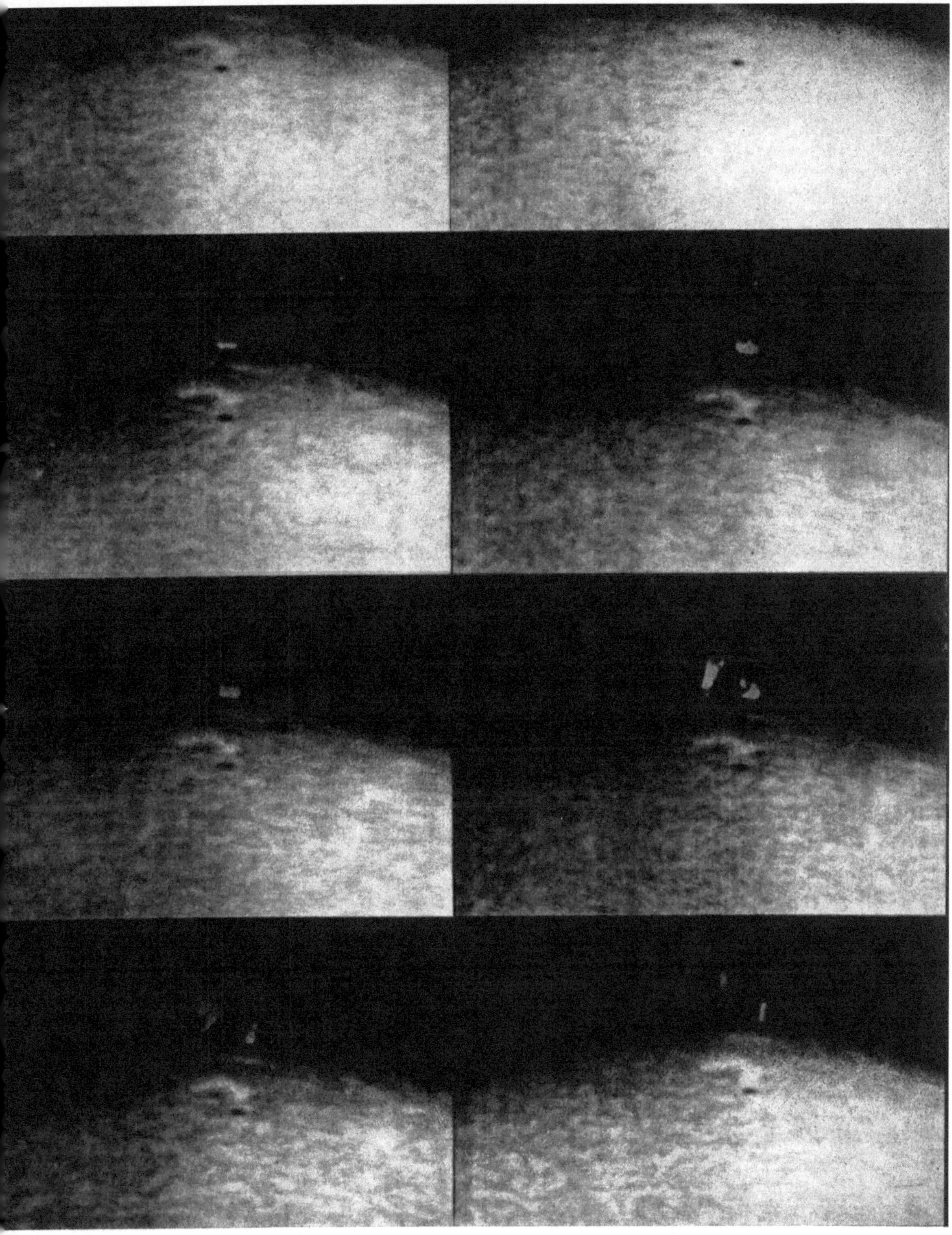

Solche Ausbrüche werden gelegentlich auch am Sonnenrand beobachtet. Ein Beispiel gibt Abb. 19.8, die in einer Reihe von Photographien im Licht von H_α die Entwicklung des Ausbruchs am 8. Mai 1951 zeigt. Dieser Ausbruch schoß während der ersten 60 Sekunden mit einer Geschwindigkeit von 700 km/sec empor, erreichte eine Höhe von 60 000 km und verblieb während der restlichen Zeit seines Bestehens ungefähr in derselben Höhe.

Chromosphärische Ausbrüche sind nicht nur wegen ihres bemerkenswerten Helligkeitsanstiegs interessant, sondern auch weil sie die Ionosphäre und das Magnetfeld der Erde beeinflussen (Abschnitt 20.2). In den letzten Jahren wurde eine Anzahl von „Flare-Sternen" entdeckt, die anscheinend Intensitätsschwankungen unterliegen, die den bei solaren Ausbrüchen beobachteten ähnlich sind.

Die Spektren verschiedener Ausbrüche sind nicht identisch, aber das allen gemeinsame hervorstechende Kennzeichen ist die starke H_α-Ausstrahlung. Ein Flare-Spektrum zeigt ein nur sehr schwaches Kontinuum. Daher ist auf einer direkten Photographie im weißen Licht der Ausbruch gegen den Hintergrund fast unsichtbar.

19.5 Filamente und Protuberanzen

Aus dem H_α-Spektroheliogramm der Abb. 19.5 ersieht man, daß die Chromosphäre eine Feinstruktur aus einem Netz langer und schmaler dunkler Streifen besitzt. In der Nähe eines Sonnenflecks haben diese Streifen eine filamentartige Struktur und bilden ein Muster ähnlich einem Wirbel. Am Rande sieht man die Filamente gegen den dunklen Himmel als leuchtende Protuberanzen.

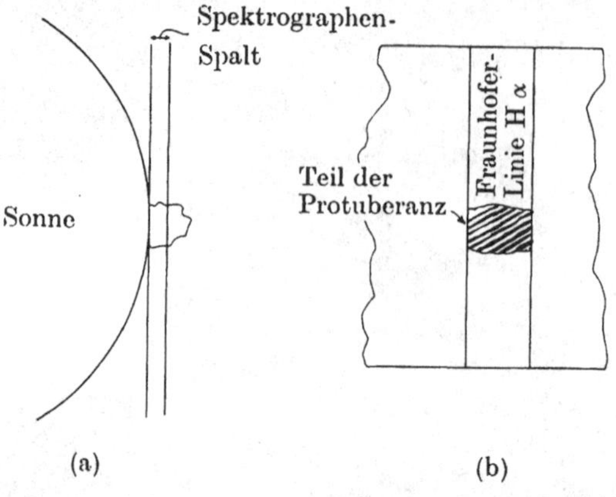

Abb. 19.9. Methode zur Beobachtung von Protuberanzen mit Hilfe eines Spektroskops.

Vor der Erfindung des Spektroskops konnten die Protuberanzen nur während totaler Sonnenfinsternisse beobachtet werden. Jetzt kann man sie an fast jedem klaren Tage durch ein kleines visuelles Spektroskop sehen, dessen relativ breiter Spalt tangential zum Sonnenrand orientiert ist (Abb. 19.9). Die Protuberanzen emittieren eine kräftige Wasserstoffstrahlung. Man erkennt, daß das Spektrum aus einem schwachen kontinuierlichen Hintergrund von Sonnenlicht besteht, das durch Reflexion in der Erdatmosphäre entsteht, und einem glänzend roten Fleck von H_α-Strahlung in Form des Teils der Protuberanz, dessen Bild auf den Spalt fällt. Wenn das Sonnenbild etwas verschoben wird, kann man den gesamten Umriß der Protuberanz erblicken. Das Spektroskop dient hierbei dazu, das blau-weiße Himmelslicht in ein kontinuierliches Spektrum auseinanderzuziehen und dadurch den Kontrast zwischen dem Himmel und der Protuberanz zu verstärken.

Lichtfilter mit schmalen Durchlässigkeitsbereichen — 1 Å oder weniger —, die angefertigt wurden, um speziell nur H_α-Strahlung auszublenden, können vor dem Okular eines Fernrohrs angebracht werden, um die Protuberanzen direkt zu beobachten. Die Größe der Protuberanzen schwankt zwischen eben wahrnehmbaren Spikulen bis zu enormen Ausbrüchen, die vielmals größer als die Erde sind.

Alle Protuberanzen ändern ihre Gestalt, in dem ruhenden Typ sind jedoch die inneren Bewegungen klein, und die Protuberanzen können tagelang mit nur geringfügigen Änderungen

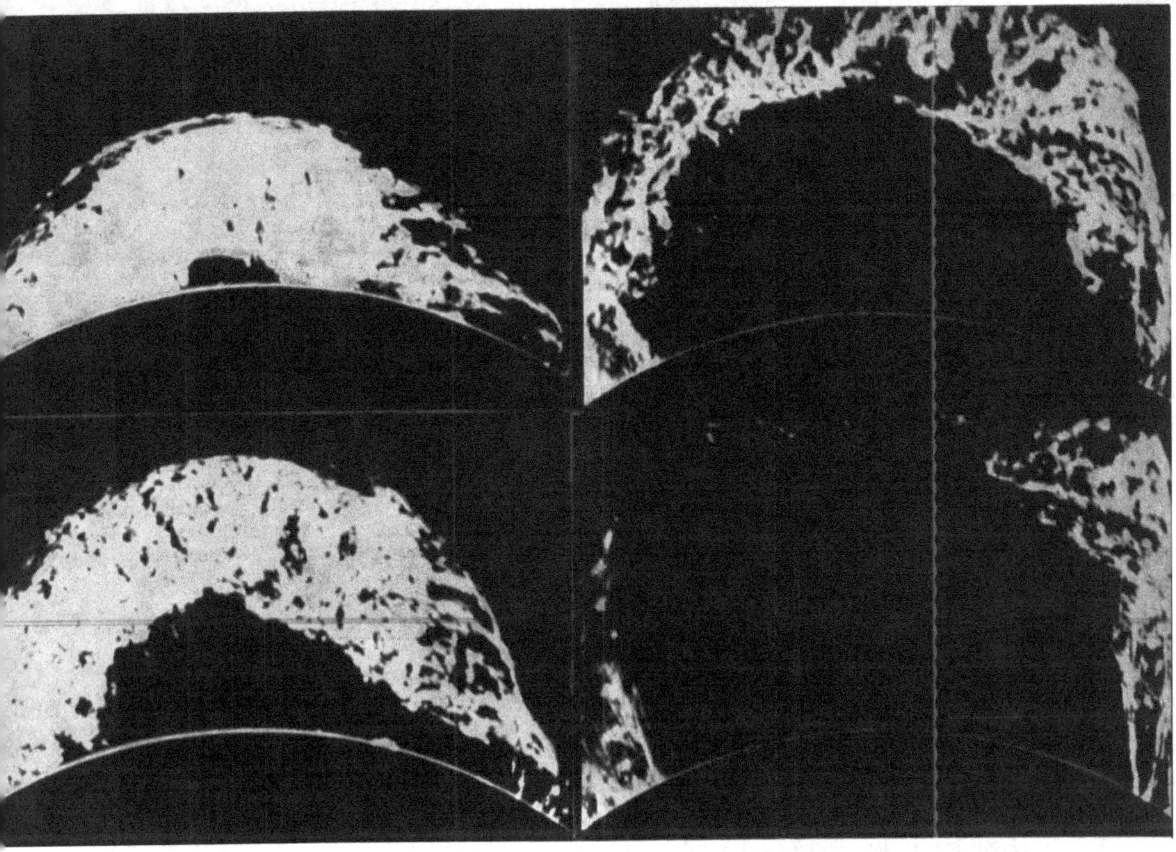

Abb. 19.10. Eruptive Protuberanz vom 4. Juni 1946. *(Aus „Die Sonne", herausgegeben von G. P. Kuiper, University of Chicago Press 1953, copyright by the University of Chicago.)*

bestehen bleiben. Andere Protuberanzen gehören zum eruptiven Typ und können schnell über der Photosphäre in einer geraden oder gekrümmten Bahn aufsteigen. Noch andere werden von Magnetfeldern auf der Sonnenoberfläche beeinflußt: Ihre Gase strömen längs gekrümmten Kraftlinien von einer Stelle auf der Sonne zur anderen. Viele Protuberanzen sind wahrscheinlich unsichtbar, wenn sie die Sonnenoberfläche verlassen. Sie können plötzlich in beträchtlicher Höhe sichtbar werden und strömen nach einem Aktivitätszentrum auf der Sonne, wobei sie manchmal einen leuchtenden Fleck erzeugen.

Gelegentlich entfernt sich auch eine Protuberanz von der Sonne in beschleunigter Bewegung, die wahrscheinlich auf magnetische Kräfte zurückzuführen ist und bei der vielleicht der Strahlungsdruck mitwirkt. Wenn sie aufsteigt, nimmt gewöhnlich ihre Helligkeit ab. Nichtsdestoweniger hat man einige Protuberanzen bis zu Entfernungen von der Ordnung von 1 500 000 km über der Photosphäre verfolgen können. Wenn ihr Licht erlischt, werden sie zu unsichtbaren Wolken ionisierter Atome, die durch den Strahlungsdruck von der Sonne weggetrieben werden; gelangen sie zufällig einmal in die Umgebung der Erde, so rufen sie magnetische Störungen und Polarlichterscheinungen hervor.

Die Geschwindigkeiten der Protuberanzen liegen gewöhnlich merklich unter der Entweichungsgeschwindigkeit von der Sonne. E. Pettit fand Werte, die sich zwischen einigen km/sec und

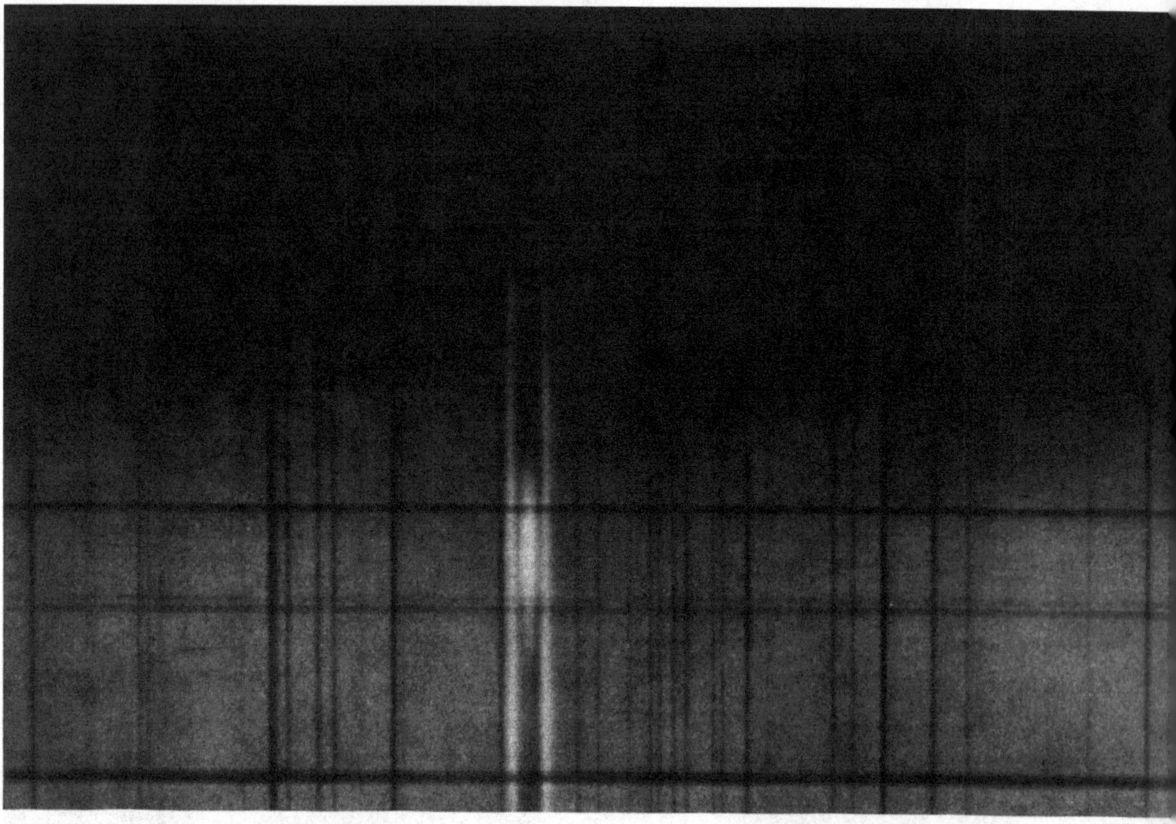

Abb. 19.11. Spektrum des Sonnenrandes mit zwei kleinen Protuberanzen. *(Photographie des McMath-Hulbert-Observatoriums, Universität von Michigan.)*

etwa 200 km/sec bewegen. Aber aus der Tatsache, daß diese Bewegungen oft plötzlichen Beschleunigungen unterliegen, kann man auf das Vorhandensein einer abstoßenden Kraft schließen, die wahrscheinlich mit den magnetischen Feldern in den solaren Aktivitätszonen in Verbindung steht.

Abb. 19.10 zeigt die Entwicklung einer bemerkenswerten eruptiven Protuberanz am 4. Juni 1946, die eine Maximalhöhe von 300 000 km erreichte. In Abb. 19.11 ist das Spektrum des Sonnenrandes in der Umgebung von H_α abgebildet, photographiert durch einen engen Spektrographenspalt. Die H_α-Linie ist in zwei Emissionskomponenten aufgespalten. An zwei Stellen kreuzte der Spalt die Bilder kleiner Protuberanzen; an diesen Stellen zeigt die H_α-Linie kräftige zentrale Emissionen zwischen den beiden vom Sonnenrand erzeugten Komponenten.

19.6 Das Magnetfeld der Sonne

In einem schwachen Magnetfeld werden die Zeeman-Komponenten der Fraunhofer-Linien nicht vollständig aufgelöst, sondern sie bilden einzelne verbreiterte Spektrallinien. Doch ist die Polarisation der rechten und linken Ränder der breiten Linie entgegengesetzt. Und daher kann eine Polarisationsvorrichtung wie die von Hale zum Studium der Sonnenflecken benützte dazu dienen, kleine Linienverschiebungen zu entdecken, wenn man die Vorrichtung rotieren läßt.

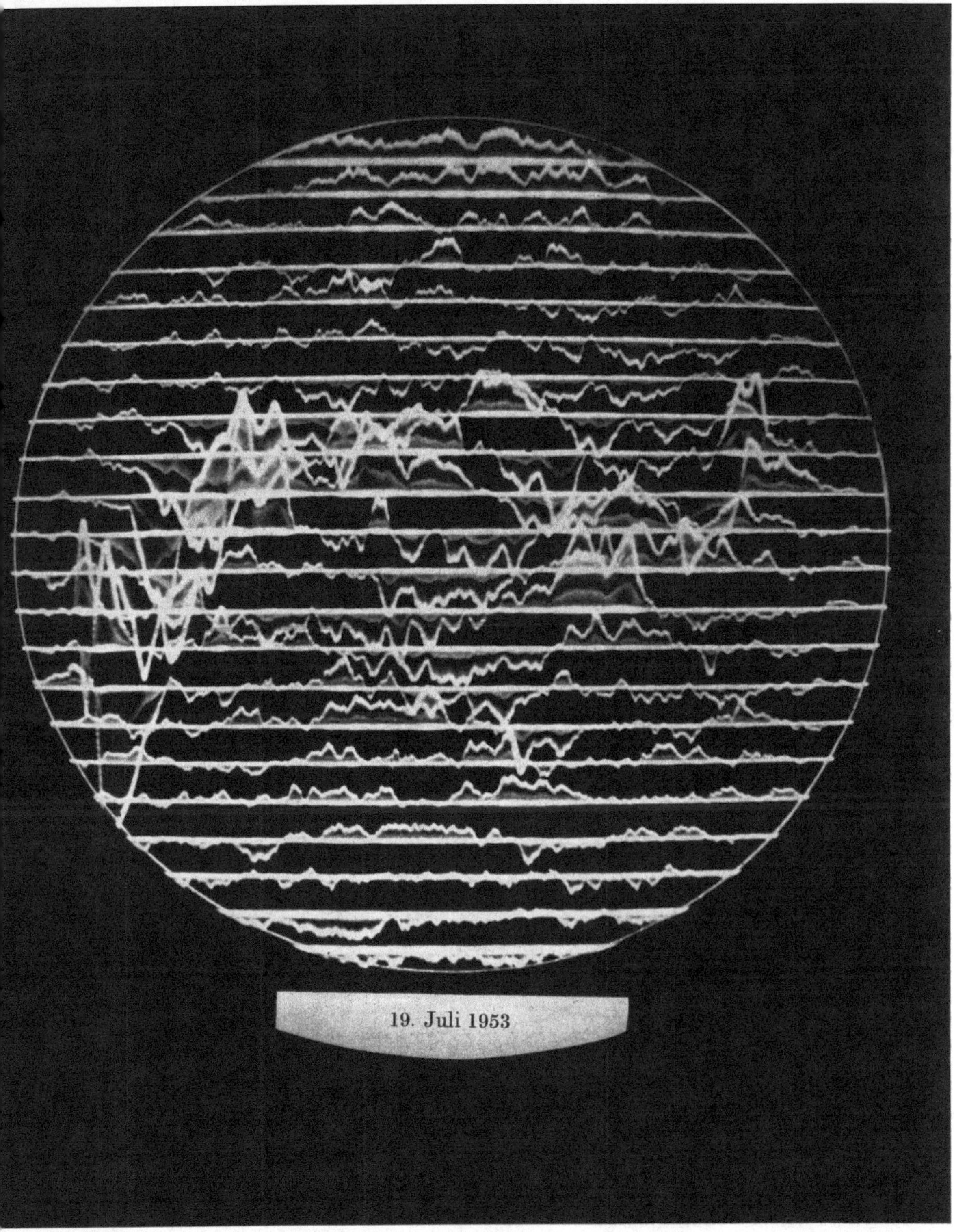

Abb. 19.12. Magnetogramm der Sonne von H. D. und H. W. Babcock, das die Lage, Polarität und Intensität schwacher Magnetfelder auf der Sonne zeigt. Eine Abweichung nach oben von einer Bezugslinie zeigt an, daß der Feldvektor zum Beobachter hin gerichtet ist und umgekehrt. Das Intervall zwischen je zwei Linien entspricht etwa 1 Gauss. Norden ist oben, Osten rechts. Die Existenz eines allgemeinen Magnetfeldes wird durch die Abweichungen in der Nähe der Pole bewiesen, die im Norden positiv, im Süden negativ sind. Nahe dem Äquator finden sich mehrere ausgedehnte bipolare magnetische Gebiete.

Die Beobachtungen für eine ins einzelne gehende Übersicht über das solare Magnetfeld während eines 22jährigen Zyklus werden zur Zeit von H. D. und H. W. Babcock auf dem Mount Wilson durchgeführt. Eins ihrer Magnetogramme der Sonne ist in Abb. 19.12 wiedergegeben. Die magnetische Aufspaltung einer Absorptionslinie wird quer über die Sonne in 22 verschiedenen solaren Breiten gemessen und die entsprechende Stärke des Magnetfeldes durch Abweichungen von den 22 Breitenlinien nach oben oder unten zum Ausdruck gebracht. Die großen Abweichungen von den horizontalen Linien nahe dem Zentrum der Sonne weisen auf das Vorhandensein eines kräftigen Magnetfeldes in diesem Gebiet hin. Die Polarität des Feldes wird durch die Richtung der Abweichungen angezeigt, und man sieht, daß sie plötzliche Umkehrungen aufweist. Solche Felder sind Sonnenflecken zuzuordnen. An den Polen ist das Feld verhältnismäßig schwach, aber es ist dort ziemlich beständig und von entgegengesetzter Polarität auf der Nord- und Südhalbkugel. Daraus ist zu schließen, daß die Sonne ein allgemeines Magnetfeld von der Größenordnung von einigen Gauss besitzt.

19.7 Die Sonnenrotation

Eine der beiden grundlegenden Methoden zur Bestimmung der Rotationsperiode der Sonne beruht auf der Beobachtung von Sonnenflecken. Schon 1630 bemerkte Scheiner, daß Sonnenflecken in der Nähe des Äquators sich schneller bewegten als in höheren Breiten gelegene Flecken. Dies ließ ihn vermuten, daß die Rotationsperiode von der Breite abhängt und am Äquator am kleinsten ist. Im Jahre 1863 fand Carrington, daß die äquatoriale Umdrehungsdauer der Sonne 24,96 Tage beträgt, in 35° Breite dagegen 26,83 Tage.

Für Breiten, in denen normalerweise keine Flecken auftreten, wird eine Methode angewandt, die sich auf die Doppler-Verschiebung der Spektrallinien stützt. Im Spektrum des sich entfernenden Randes sind die Linien nach Rot verschoben, in dem des sich nähernden Randes nach Violett. Der Ostrand bewegt sich auf uns zu und der Westrand von uns weg mit einer Geschwindigkeit von 2 km/sec am Äquator. Die Rotationsperiode ergibt sich dann aus der Beziehung

$$\text{Äquatorgeschwindigkeit der Rotation} = 2\ \text{km/sec} = \frac{2\pi R_\odot}{\text{Periode}}.$$

Die Periode nimmt in der Richtung nach den Polen zu und auch mit der Höhe in der Photosphäre. Die Richtung der Rotation ist die gleiche wie die der Bahnbewegungen der Planeten und der axialen Rotation aller Planeten außer Uranus.

Aufgaben

1. Bestimme die Wellenlänge maximaler Intensität im kontinuierlichen Spektrum eines typischen Sonnenflecks.
2. Ein typischer Sonnenfleck hat einen Winkeldurchmesser von rund 1′. Berechne den linearen Durchmesser eines solchen Flecks in km.
3. Berechne die Umdrehungsdauer der Sonne aus der beobachteten äquatorialen Rotationsgeschwindigkeit von 2 km/sec.

20. SOLAR-TERRESTRISCHE BEZIEHUNGEN

20.1 Die Strahlung der Sonne

Nahezu alle Formen der Energie, von denen der Mensch Gebrauch macht, lassen sich auf die Sonne zurückführen. Die Energie in den Nahrungsmitteln ist im wesentlichen Sonnenlicht, das im Laub grüner Pflanzen gesammelt und durch Photosynthese in Kohlehydraten gespeichert wurde; in Kohle und Öl steckt Sonnenenergie, die vor Millionen Jahren in prähistorischen Wäldern umgewandelt und gespeichert wurde. Wind- und Wasserkraft sind mechanische Auswirkungen der Sonnenwärme auf die Atmosphäre und auf die Ozeane, Seen und Flüsse der Erde. Wahrscheinlich sind die einzigen Energieformen, die nicht direkt auf die Sonne zurückzuführen sind, die Energie der Gezeiten und die der radioaktiven Stoffe in der Erdkruste.

Die Sonne ist ununterbrochen in Tätigkeit; Sonnenflecke und -fackeln entwickeln sich in unregelmäßigen Intervallen von ein paar Tagen, gewaltige chromosphärische Ausbrüche leuchten auf, Spikulen und Protuberanzen erheben sich Tausende von Kilometern über die Sonnenoberfläche. Einige der dadurch bewirkten terrestrischen Effekte sind Schwunderscheinungen bei Radiowellen, plötzliches Ansteigen der solaren Radiostrahlung, magnetische Stürme, Polarlichterscheinungen und außergewöhnliche Verstärkung der kosmischen Strahlung. Welches die exakten Mechanismen sind, die diese Effekte verursachen, und welche solaren Phänomene im einzelnen dafür verantwortlich zu machen sind, ist noch nicht voll geklärt worden. Doch steht fest, daß alle diese terrestrischen Effekte nach Anzahl und Intensität während des Sonnenfleckenmaximums ihren Höhepunkt erreichen.

Die Menge der Energie, die die Erde von der Sonne empfängt, ist nicht absolut konstant. Einige Beobachter haben gefunden, daß nahe dem Fleckenmaximum die Erde an integriertem Sonnenlicht ein oder zwei Prozent mehr Energie erhält als im Fleckenminimum. Die Zunahme an Ultraviolettstrahlung im Maximum ist jedoch größer als in anderen Wellenbereichen. Die ionisierten Schichten der Erdatmosphäre (Abschnitt 5.8) entstehen infolge der Einwirkung der solaren Ultraviolett-Strahlung auf die verdünnten Gase der oberen Atmosphäre, und daher ist zu erwarten, daß Änderungen des Betrages des von der Sonne einfallenden ultravioletten Lichtes Änderungen der Eigenschaften der Ionosphäre bewirken.

20.2 Radiostörungen

Unterbrechungen des Rundfunkempfangs und Störungen der Radareinrichtungen etwa durch a) plötzliche Schwunderscheinungen, b) starke ionosphärische Stürme und c) eruptionsartiges Ansteigen des Rauschens beim Radioempfang treten immer dann auf, wenn ein helleuchtendes Eruptionsgebiet in der Nähe eines besonders großen Sonnenflecks den Sonnenmeridian überschreitet. Radioschwund tritt auf der ganzen von der Sonne beleuchteten Halbkugel der Erde fast gleichzeitig mit dem Erscheinen einer Eruption ein. Man muß daher einen kräftigen Anstieg der Ultraviolettstrahlung dafür verantwortlich machen, der sich mit Lichtgeschwindigkeit in acht Minuten von der Sonne bis zur Erde ausbreitet. Die plötzliche Zunahme der Ultraviolett-Strahlung bewirkt, daß die Ionisation der sogenannten D-Schicht so stark erhöht wird, daß an

Orten, die normalerweise guten Empfang haben, in bestimmten Wellenbereichen der Rundfunkempfang plötzlich aussetzt. Ein solcher Schwund kann mehrere Minuten bis Stunden dauern.

Ernstere Radiostörungen sind die ionosphärischen Stürme, die die ganze Erde beeinflussen und mehrere Tage dauern. Im Gegensatz zu den Schwunderscheinungen werden sie wahrscheinlich durch Korpuskularstrahlung der Sonne hervorgerufen, d. h. durch Ströme geladener Teilchen — Elektronen, Protonen und andere Ionen —, die rund einen Tag benötigen, um von der Sonne zur Erde zu gelangen. Die Wirkung dieser korpuskularen Strahlung auf die E-, F_1- und F_2-Schicht, die im Normalfall Radiowellen reflektieren, scheint in einer plötzlichen Aufspaltung dieser Schichten, ihrer Neubildung in anormalen Höhen und einer verstärkten Absorption der längeren Wellenlängen zu bestehen. Diese ionosphärischen Effekte stehen mit den magnetischen Stürmen und den Polarlichtern in Zusammenhang.

Eruptionsartiges Ansteigen des Rauschens stellt eine von mehreren Arten solarer Emission von Radiowellen dar. Die Tatsache, daß die Sonne ein starker Sender von Radiowellen ist, wurde erst während des zweiten Weltkrieges erkannt, als die Radar-Technik entwickelt wurde. Die Wellenlängen, die von der Sonne ausgestrahlt und von der Atmosphäre durchgelassen werden, liegen zwischen einem Zentimeter und mehreren Metern (normale Rundfunkwellen besitzen Wellenlängen von nahezu 1 km); sie erzeugen ein konstantes zischendes Geräusch in Radar-Geräten und Kurzwellenempfängern, z. B. in solchen für das Fernsehen. Radiostrahlungsausbrüche stehen in engem Zusammenhang mit den chromosphärischen Ausbrüchen, die mehrere Minuten dauern und deren Intensitäten mehrere Größenordnungen über der normalen Helligkeit der Sonnenoberfläche liegen.

20.3 Magnetische Stürme und Polarlichter

Während magnetischer Stürme, wenn Richtung und Stärke des magnetischen Feldes der Erde (Abschnitt 5.7) schnellen Schwankungen unterliegen, ist der Telephon- und Telegraphenverkehr gelegentlich unterbrochen. Ein von der Sonne ausgehender Strahl von Korpuskeln, der einen Sturm in der Ionosphäre hervorruft und etwa einen Tag benötigt, um von einem Störungsgebiet auf der Sonne zur Erde zu gelangen, erzeugt elektrische Ströme hoch oben in der Erdatmosphäre. Die Wechselwirkung dieser Ströme mit dem normalen Magnetfeld der Erde führt zu Schwankungen des Feldes, und die sich ändernden magnetischen Kraftlinien schneiden die Telephon- und Telegraphenleitungen. In den Drähten werden elektrische Ströme induziert, die die Unterbrechung jeder Nachrichtenübermittlung auf große Entfernungen verursachen. Zur Zeit starker Störungen können Sicherungen durchbrennen und die Fernschreiber fehlerhafte und sinnentstellte Mitteilungen drucken.

Die Aurora borealis und Aurora australis (die Nord- und Südlichter) sind weitere geophysikalische Erscheinungen, die mit der solaren Korpuskularstrahlung in Verbindung stehen und die gewöhnlich in den arktischen und antarktischen Gebieten beobachtet werden.

In der Nähe des Erdäquators sind Polarlichter niemals sichtbar. Außergewöhnliche Erscheinungen sieht man gelegentlich in einigen 40 Grad Abstand vom magnetischen Nordpol, der ungefähr in 70° nördlicher Breite liegt, wodurch im Längenbereich der Vereinigten Staaten der Südrand der Sichtbarkeitszone bis an die mexikanische Grenze verschoben wird. Mit zunehmender magnetischer Breite steigt die Polarlichthäufigkeit an, bis sie in der Entfernung

→

Abb. 20.1. Nordlichtphotographie. *(Photographiert von Victor C. Hessler, Geophysikalisches Institut der Universität von Alaska.)*

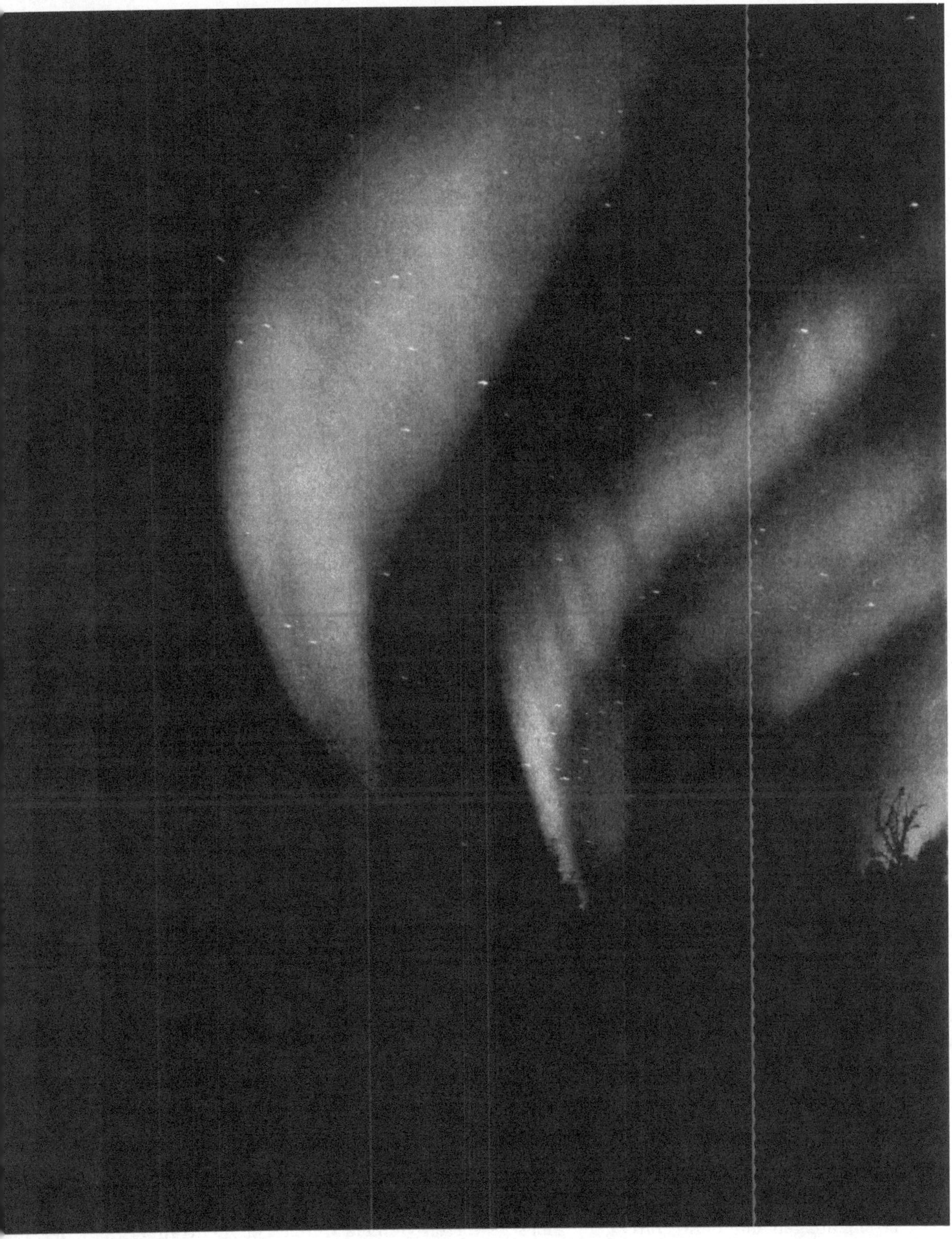

von etwa 20° vom Magnetpol ein Maximum erreicht. Diese Zone verläuft ungefähr von der mittleren Hudson-Bucht nach Point Barrow in Alaska, in Europa durch das nördliche Skandinavien. In 70° magnetischer Breite sind in zwei von drei Nächten Polarlichter zu beobachten. In noch größerer Polnähe nimmt ihre Häufigkeit wieder ab.

Die Nordlichter erscheinen in den mannigfaltigsten Formen. Ein Teil von ihnen ist relativ unveränderlich, bei ihnen unterscheidet man allgemeinen „Nordlichtdunst" ohne bestimmte Begrenzung, horizontale leuchtende Bogen nahe dem Nordhorizont und vertikale Bänder und „Draperien" (Abb. 20.1). Es gibt auch schnell veränderliche Polarlichter mit Bändern, die sich auf und ab bewegen oder seitlich verschieben. Die häufigste Form ist das pulsierende Polarlicht aus großen und kleinen Streifen, die in Perioden von acht bis zehn Sekunden pulsieren. Die Streifen selbst bleiben einige Minuten hindurch im Umriß ziemlich konstant, sie verändern sich aber auch gelegentlich in ungewöhnlicher Weise. Sie erinnern uns an den Wassergischt, der bei einem starken Sturm aufgepeitscht wird und einem Reisenden auf dem Deck eines Ozeandampfers ins Gesicht spritzt.

Die isolierten Strahlen und Streifen sind wahrscheinlich die typischste Form des Polarlichtphänomens. Im Jahre 1914 zeigten L. Vegard und seine Mitarbeiter in Norwegen, daß diese Streifen in Annäherung den Kraftlinien des permanenten Magnetfelds der Erde folgen. Da in unseren Breiten die meisten Erscheinungen nördlich von uns auftreten, sehen wir am häufigsten eine Anzahl vertikaler Bänder über dem Nordhorizont. Aber gelegentlich kann sich eine Nordlichterscheinung auch senkrecht über uns entfalten längs einer Kraftlinie, die in unserem magnetischen Zenit in die Erdatmosphäre eintritt. In diesen Fällen erblicken wir eine prächtige Nordlichtkorona mit glänzenden Strahlen, deren Ausgangspunkt der magnetische Zenit ist und die von ihm aus in allen Richtungen zum Horizont hin auseinanderlaufen.

Schon 1896 entwickelte K. Birkeland die Grundgedanken für die Aufklärung der Beziehungen zwischen dem Magnetfeld der Erde und den Polarlichtern. Er setzte eine kleine magnetisierte Metallkugel — die „Terrella" — in eine evakuierte Kammer und beschoß sie mit Elektronen. Die Oberfläche der Terrella war mit einer fluoreszierenden Schicht bedeckt, die an den Stellen, wo sie von Elektronen getroffen wurde, aufleuchtete, so daß diese beobachtet werden konnten. Bei geeigneter Wahl der Elektronengeschwindigkeit und des Magnetfeldes der Terrella war die leuchtende Fläche auf zwei Zonen begrenzt, die eine in Nähe des magnetischen Nordpols, die andere in Nähe des magnetischen Südpols der Kugel. Birkeland bemerkte auch den engen Zusammenhang zwischen den Häufigkeiten der Nordlichter und der Sonnenflecken in ihrer elfjährigen Periode und baute die Hypothese aus, daß die Polarlichter ihre Entstehung Strömen von geladenen Teilchen verdankten, die von der Sonne ausgingen. Aber die Natur dieser Teilchen blieb noch unbekannt.

Die Experimente von Birkeland wurden von anderen Forschern fortgesetzt, besonders von einer Gruppe skandinavischer Geophysiker, und wurden durch die Theorie von Carl Stoermer weitgehend gedeutet. Dieser zeigte, daß ein geladenes Teilchen von der Sonne vom Magnetfeld der Erde derart abgelenkt werden wird, daß es sich nach einem der Pole bewegt, dabei auf spiralförmiger Bahn die Erde umkreist und auf der Nachtseite in die Atmosphäre eindringt. Ein negatives Teilchen, wie z. B. ein Elektron, wird stark nach einer Seite abgelenkt, während ein positives Teilchen, etwa ein Proton mit seiner viel größeren Masse, um einen kleineren Betrag in entgegengesetzter Richtung abgelenkt wird. In der Regel stehen intensive Polarlichterscheinungen mit dem Durchgang eines gestörten Gebiets durch den Zentralmeridian der Sonne in Verbindung.

Es gibt aber auch viele Polarlichter, wie auch magnetische Stürme, die nicht direkt mit Sonnenflecken, Protuberanzen, chromosphärischen Ausbrüchen oder ähnlichem zusammenhängen. In der Tat gibt es manchmal Fälle, in denen auf der Sonne keine ungewöhnliche Erscheinung zu finden ist, mit der ein helles Polarlicht in Beziehung stehen könnte. Doch wenn wir zeitlich zurückgehen, finden wir oft, daß ein, zwei oder mehr Sonnenumdrehungen vorher ein magnetisch aktives Gebiet oder „M-Gebiet“ Quelle einer großen Eruption war.

Man hat wiederholt gefunden, daß große Eruptionen auf der Sonne, in Form heftiger Protuberanzen, sich oft bestimmten Strahlen der Sonnenkorona zuordnen lassen. Der größte Teil der in einer Sonnenprotuberanz emporgeschleuderten Massen kehrt zweifellos zur Sonnenoberfläche zurück — Filmaufnahmen des McMath-Hulbert- und des High Altitude-Observatoriums zeigen die fallenden Filamente nach solchen Eruptionen. Ein Teil der Gasmassen entweicht jedoch für immer aus dem Gravitationsfeld der Sonne und wird nach außen vom Strahlungsdruck beschleunigt. Wie E. Pettit und andere gezeigt haben, sind die Beschleunigungen manchmal sehr groß, Geschwindigkeiten von Hunderten von km pro sec sind nicht außergewöhnlich.

Vermutlich sind diese solaren Partikel oder Korpuskeln gewöhnliche Atome, neutral oder ionisiert je nachdem, wie der Fall liegt. Wenn sie sich von der Sonne entfernen, unterliegen sie dem Strahlungsdruck der intensiven kontinuierlichen Sonnenstrahlung und werden dadurch noch stärker nach außen beschleunigt, und zwar deshalb, weil ihre Auswärtsbewegung sie das Licht der Photosphäre wegen des Doppler-Effekts nach Rot verschoben „sehen“ läßt. Wenn sie sich nicht bewegten, könnten sie nur das Sonnenlicht „sehen“ oder absorbieren, dessen Intensität teilweise durch Absorption durch ähnliche Atome zwischen ihnen und der Sonne abgeschwächt ist, wobei eine solare Absorptionslinie erzeugt würde. Ihre schnelle Auswärtsbewegung macht sie jedoch unempfindlich gegen das Licht in der Linie, und sie werden daher von dem vollen Licht des kontinuierlichen Spektrums getroffen. Dieser 1926 von E. A. Milne in Oxford vorgeschlagene Mechanismus ergibt eine Endgeschwindigkeit von rund 1630 km/sec, die einem Wert von 27 Stunden für die Zeit entspricht, die die Atome brauchen, um von der Sonne zur Erde zu gelangen, und daher den Zeitunterschied von ein oder zwei Tagen erklärt, der zwischen dem Durchgang einer Protuberanz durch den Zentralmeridian der Sonne und dem Beginn eines Polarlichts oder eines starken magnetischen Sturms auf der Erde besteht.

Im Jahre 1929 schlug S. Chapman eine einfache Methode vor, um Milnes Theorie zu prüfen. Während eines starken und zeitlich ausgedehnten magnetischen Sturmes sollte der Raum zwischen Erde und Sonne mit zahlreichen, sich schnell nähernden Atomen erfüllt sein. Vielleicht ließen sich diese Atome durch ihre Absorptionswirkung auf die Sonnenstrahlung entdecken. Diese Prüfung wurde 1941—1942 auf dem Mount Wilson von R. S. Richardson durchgeführt, der im Sonnenspektrum während eines magnetischen Sturmes ein Paar flache, nach Violett verschobene H- und K-Absorptionslinien des ionisierten Kalziums fand. Aus dem Doppler-Effekt wurde die Geschwindigkeit der Ca-Atome zu 600 bis 1000 km/sec in Richtung zur Erde bestimmt.

Die Anwesenheit von Wasserstofflinien in den Spektren einiger, aber nicht aller Polarlichter wurde 1933 von Vegard entdeckt und von Stoermer bestätigt. Seine letzten Beobachtungen zeigten Vegard, daß die Balmer-Linien oft breit und manchmal nach Violett verschoben sind. Ähnliche Ergebnisse erhielt auch C. W. Gartlein von der Cornell-Universität, der seit 1942 die Wasserstofflinien in rund 75 Nächten beobachtete.

Die aufschlußreichsten Resultate erbrachten jedoch die Nächte vom 18. und 19. August 1950, als ein außergewöhnlich helles Nordlicht über den meisten der nördlichen Vereinigten Staaten beobachtet wurde. Während dieses Nordlichts richtete A. B. Meinel einen Spektrographen nach zwei Himmelsgebieten. Abb. 20.2 zeigt das Profil der H_α-Emissionslinie des Wasserstoffs, wenn der Spektrograph zuerst senkrecht zu den Kraftlinien des erdmagnetischen Feldes orientiert war und dann parallel zu diesen Linien nach dem magnetischen Zenit, der in den Vereinigten Staaten nicht weit vom geographischen Zenit entfernt liegt. Im zweiten Fall war das Maximum des Linienprofils 10 Å nach Violett verschoben, und die Linie besaß einen breiten violetten Flügel. Nach dem Doppler-Effekt betrug die durchschnittliche Annäherungsgeschwindigkeit der Wasserstoffatome 450 km/sec mit einer Höchstgeschwindigkeit von 3000 km/sec. Wenn der Spektrograph senkrecht zu den Kraftlinien gerichtet war (nahe dem Nordhorizont in den Breiten der Vereinigten Staaten), wurde ein unverschobenes Profil beobachtet. Meinels Beobachtungen beweisen, daß die Wasserstoffkerne oder Protonen hoher Geschwindigkeit längs der Kraftlinien in die Erdatmosphäre eintreten. Die Geschwindigkeiten von 450 bis 3000 km/sec entsprechen Flugdauern von der Sonne von vier Tagen bis 14 Stunden.

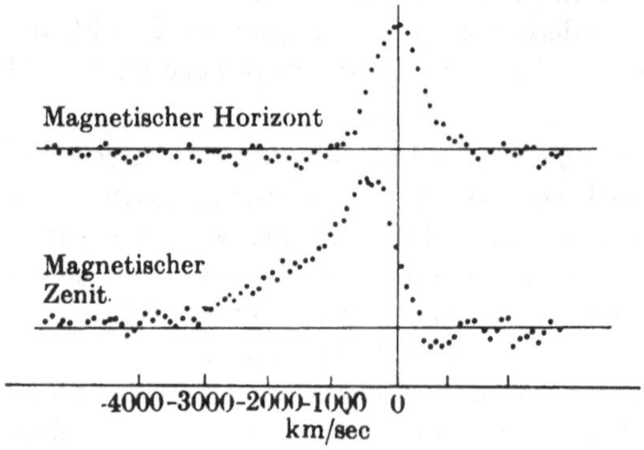

Abb. 20.2. Profil der H_α-Linie des Wasserstoffs in einem Nordlichtspektrum nach A. B. Meinel. Das obere Profil wurde beobachtet, wenn der Spektrograph nach dem magnetischen Horizont gerichtet war, das untere, wenn das Instrument zum magnetischen Zenit gerichtet war.

Die durchschnittliche Zeitdifferenz von einem Tag zwischen dem Ausbruch auf der Sonne und dem Einsetzen eines magnetischen Sturmes und eines Polarlichts entspricht einer Geschwindigkeit von 2000 km/sec. Da die Bewegung der solaren Protonen schnell durch Zusammenstöße verlangsamt wird, stehen diese beiden unabhängigen Ergebnisse in guter Übereinstimmung miteinander.

Die Erscheinungen der Polarlichter und magnetischen Stürme sind viel verwickelter, als allgemein angenommen wird. Es gibt zum Beispiel die sonnenbeschienenen Nordlichter, die Stoermer in Höhen bis zu 1000 km entdeckt hat. Ferner gibt es magnetische Störungen und verschiedene Schwankungen im Ionisationszustand der oberen Erdatmosphäre, die durch ultraviolettes Sonnenlicht hervorgerufen werden. Es ist möglich, daß wir einmal gezwungen sein werden, zur Erklärung des Polarlichts mehrere Theorien zu kombinieren.

20.4 Kosmische Strahlen

Die solare Korpuskularstrahlung, die für magnetische Stürme und Polarlichter verantwortlich ist und die die Entfernung von der Sonne zur Erde in rund einem Tag mit einer Geschwindigkeit von 2000 km/sec zurücklegt, besitzt eine Energie von $3 \cdot 10^4$ eV pro Teilchen. Jedoch erreichen Teilchen mit ganz beträchtlich höherer Energie, zwischen einer Milliarde und Milliarden von Milliarden Elektronenvolt, die Erdatmosphäre aus allen Richtungen; diejenigen von ihnen mit relativ kleiner Energie werden nach den Magnetpolen der Erde abgelenkt. Diese Teilchen sind unter der Bezeichnung primäre kosmische Strahlen bekannt. Bei den Teilchen, die ursprünglich von außen in die Erdatmosphäre eindringen, handelt es sich hauptsächlich um Protonen mit einer prozentual geringen Beimischung von Kernen schwererer Elemente. Entsprechend den Energien von 10^{18} eV müssen sie Geschwindigkeiten besitzen, die der Lichtgeschwindigkeit sehr nahe kommen.

Seit 1942 hat man fünf helle solare Ausbrüche beobachtet, die von einem außergewöhnlichen Anstieg der Intensität der kosmischen Strahlung begleitet waren, der etwa eine Stunde später einsetzte. Zu keiner dieser Zeiten wurde aber ein Ansteigen der Intensität der kosmischen Strahlen am magnetischen Äquator beobachtet. Daher müssen die kosmischen Strahlen, die in heftigen Explosionen auf der Sonne ihren Ursprung haben, Energien von der Größenordnung 10^9 eV besitzen. Die Quelle der kosmischen Strahlen höherer Energie muß anderswo gesucht werden, zum Beispiel in alten Supernovae wie dem Krebs-Nebel (Abschnitt 28.7).

20.5 Andere Effekte

Die Wirkungen der Sonnenflecken und verwandter solarer Phänomene auf die Erde sind elektrischer und magnetischer Natur und sind mit Bestimmtheit nachgewiesen. Einige Wissenschaftler glauben, daß auch die Zeiten wirtschaftlicher Konjunktur, das menschliche Befinden, Kriege und viele andere soziale Erscheinungen mit den Sonnenflecken in Zusammenhang stehen. Aber die Korrelationen sind nicht sehr überzeugend. Doch gibt es eine Gruppe von Phänomenen, die mit Wetteränderungen und mit der Wachstumsgeschwindigkeit von Pflanzen und Tieren in Verbindung stehen und die eine entfernte Beziehung zum Sonnenfleckenzyklus aufweisen.

Die Witterungserscheinungen lassen sich natürlich auf die Sonne und die Drehung der Erde um ihre Achse zurückführen. Veränderliche Wetterbedingungen mit den Schwankungen der Sonnenaktivität in Verbindung zu bringen, ist jedoch äußerst schwierig. Einige Autoritäten haben von 11-, 23- oder 68 jährigen Zyklen in Luftdruck, Temperatur, Niederschlagsmenge und Häufigkeit von Stürmen berichtet. Die zahlreichen, dabei beteiligten Effekte sind aber zu eng miteinander verwoben, als daß die Beziehungen als gesichert gelten könnten oder für langfristige Wetterprognose verwertbar wären.

Diese Feststellung gilt auch von den vielen Versuchen, Zusammenhänge zwischen dem Wachstum von Pflanzen und Tieren und dem Sonnenfleckenzyklus nachzuweisen. Eine offensichtliche Ausnahme bildet A. E. Douglass' Studie der Änderung der Breiten von Baumringen. Durch Untersuchung von Tausenden von Bäumen, hauptsächlich in den südwestlichen Staaten der USA, war es ihm möglich, einen periodischen Wechsel von breiten und schmalen Ringen zu entdecken, der die Existenz von Zyklen beschleunigten und verzögerten Wachstums andeutet. Überall auf der Erde wurden die Ringmuster als allen Bäumen gemeinsam festgestellt, so daß Douglass imstande war, damit das Alter von Bäumen und Holzblöcken zu bestimmen und eventuell sogar seinen Baumkalender 3000 Jahre zurückzuverfolgen. Auf Grund dieses reichhaltigen Materials ergaben sich gut-bestimmte Wachstumsperioden von 7, 11 und 23 Jahren Länge. Im allgemeinen entsprechen dem Fleckenmaximum weite Ringe, was zeigt, daß dann die Bedingungen für schnelles Wachstum günstig sind. Ein interessantes Streiflicht auf diese Untersuchung: Douglass konnte keine Perioden in den Ringbreiten während der Jahre 1645 bis 1715 finden und wollte wegen dieses negativen Ergebnisses schon seinen Versuch aufgeben, die Ringe dem Sonnenfleckenzyklus zuzuordnen. Er erfuhr jedoch später, daß während des obigen Zeitraums nur sehr wenige Flecken beobachtet worden waren.

Aufgaben

1. Berechne die Zeit, die das Sonnenlicht benötigt, um die Erde zu erreichen.
2. Berechne die Zeit, die solare Protonen mit 1000 km/sec Geschwindigkeit zum Erreichen der Erde brauchen.
3. Welche Doppler-Verschiebung zeigt die H_α-Linie (λ 6563 Å), die durch ein Wasserstoffatom erzeugt wird, das sich in der Sichtlinie mit einer Geschwindigkeit von 1000 km/sec bewegt,

4. a) Berechne die kinetische Energie eines Protons, dessen Geschwindigkeit 1000 km/sec beträgt.

   b) Welches würde die kinetische Energie eines Protons sein, dessen Geschwindigkeit 10^5 km/sec beträgt? (Bei der Berechnung der kinetischen Energie eines solchen Protons muß man die relativistische Formel für die kinetische Energie eines Objekts der Ruhemasse m_0 und der Geschwindigkeit v verwenden:

$$E_{\text{kin}} = m_0 c^2 \cdot \left(\frac{1}{\sqrt{1 - \frac{v^2}{c^2}}} \right),$$

   worin für ein Proton $m_0 = 1{,}7 \cdot 10^{-24}$ g ist.)

21. DER URSPRUNG DES SONNENSYSTEMS

21.1 Das Problem

Von den vielen Teilgebieten der Astronomie ist das reizvollste und auch das schwierigste die Kosmogonie, das Studium des Ursprungs und der Entwicklung des Sonnensystems. Die Theorie muß die Gesetzmäßigkeiten in den Bewegungen der Planeten (Abschnitt 9.1), ihre Abstände von der Sonne (Bodes Beziehung) und ihre physikalischen Eigenschaften erklären; ferner die Systeme der Satelliten und ihre rechtläufigen und rückläufigen Bewegungen, die Saturnringe, die kleinen Planeten und ihre Bahnen, die Zusammensetzung der Kometen, die Bahnen der Kometen und die damit in Verbindung stehenden Meteorschauer. Die Theorie muß mit dem Alter der Erde verträglich sein, sowie mit der Verteilung des Drehimpulses im Sonnensystem und mit der chemischen Zusammensetzung der Planeten und der Sonne.

99,9 Prozent der Masse des Sonnensystems sind in der Sonne konzentriert. Folglich müssen alle kosmogonischen Theorien sich in erster Linie mit dem Ursprung der Sonne befassen. Die Sonne ist aber nach Masse, Größe, Dichte, Oberflächentemperatur und Energieerzeugung ein Durchschnittsstern. Milliarden anderer Sterne im Milchstraßensystem sind ihr weitgehend ähnlich. Ursprung und Entwicklung von ihnen allen müssen gleich gewesen sein. Daher ist a priori die Annahme plausibel, daß viele, wenn nicht alle, von diesen Milliarden Sternen einander ähnlich sind, nicht nur in ihren beobachtbaren Eigenschaften, sondern auch in anderer Hinsicht, wie etwa dem Besitz von Planeten und Satelliten, von Kometen und von Zodiakallichtstaub, wenn dies auch zur Zeit noch unbeobachtbar ist.

Die Milchstraße in der Nachbarschaft der Sonne besteht nun zu annähernd gleichen Teilen aus Sternen und aus Gas mit einer kleinen Beimischung von fein verteiltem Staub. Alle kosmogonischen Theorien gehen von der Voraussetzung aus, daß das ursprüngliche Medium des Milchstraßensystems aus Gas bestand — möglicherweise nur aus Wasserstoff —, das um eine Achse rotierte, die in einer Entfernung von rund $3 \cdot 10^{17}$ km von der heutigen Position des Sonnensystems durch das Milchstraßenzentrum ging. Die Rotation veranlaßte die gasförmige Galaxis, sich abzuplatten und die gegenwärtige linsenähnliche Form anzunehmen. Die einzelnen Atome bewegten sich in Keplerbahnen um die galaktische Zentralmasse: Die dem Zentrum relativ nahen Atome hatten schnellere Bewegungen und kürzere Umlaufsperioden als diejenigen in der Nähe der Peripherie. Die Gasmasse rotierte nicht wie ein starrer Körper, sondern nahezu so wie der Saturnring heute.

Die Nichtgleichförmigkeit der Rotation bewirkte einen Scherungseffekt — die schneller bewegten Atome innen hatten die Tendenz, die langsamer bewegten äußeren Atome mitzureißen; dies wiederum setzte eine große Zahl von turbulenten Wirbeln in Bewegung — gerade so wie turbulente Wirbel an der Grenzfläche von zwei Luftschichten entstehen, die verschiedene Windgeschwindigkeiten besitzen. Keine derartigen Wirbel existieren im Saturnring, weil dessen Einzelteilchen sich exakt in Kreisbahnen um den Planeten bewegen, alle in derselben Ebene, und weil die Teilchen in keiner wahrnehmbaren Wechselwirkung miteinander stehen. In dem ursprünglichen galaktischen Gas besaßen die Atome andererseits außer ihren kreisförmigen galaktischen Bewegungen zusätzlich noch thermische Geschwindigkeiten in allen Richtungen und waren daher bestrebt, sich gegenseitig zu beeinflussen, was die Entstehung von Wirbeln unvermeidlich machte.

Ein einmal gebildeter Wirbel konnte sich entweder in dem umgebenden Gas wieder auflösen, wie es immer der Fall ist, wenn sich Wirbel in Luft bilden, oder er konnte seine Identität praktisch für immer behalten und fortgesetzt an Masse zunehmen, indem er zusätzlich Atome aus dem angrenzenden Medium an sich zog, wenn zufällig seine Dichte etwas größer als die der Umgebung und seine Temperatur hinreichend niedrig war. Die Bedingungen, die erfüllt sein müssen, damit ein Wirbel größer werden kann, sind von J. H. Jeans und anderen untersucht worden. Sie sind so einschränkend, daß es wahrscheinlich nur sehr wenigen Wirbeln gelingen würde, ihre Identität zu behalten, wenn nicht einige andere Prozesse die Entstehung von Sternen aus Wirbeln begünstigen würden. Zu ihnen gehört beispielsweise die Wirkung von Magnetfeldern, von denen man weiß, daß sie im interstellaren Raum existieren. S. Chandrasekhar, W. H. McCrea, S. S. Huang und mehrere andere Astronomen haben diese Prozesse untersucht. Doch gibt es noch keine vollständige Theorie, die die ursprüngliche Bildung beständiger Verdichtungen im interstellaren Gas erklärt.

Wenn aber einmal eine Verdichtung irgendwie entstanden (Abb. 21.1) und es ihr möglich ist, durch ihre Eigengravitation der auflösenden Gezeitenkraft der gesamten Galaxis zu widerstehen, dann muß sie sich zusammenziehen. Wenn die Kondensation zu Beginn nicht rotiert — ein äußerst unwahrscheinlicher Stand der Dinge —, würden die Atome einfach nach dem Zentrum fallen unter Umwandlung der kinetischen Energie in Wärme. Die Zeit, die ein Atom braucht, um von der Peripherie einer typischen gasförmigen Verdichtung bis zu der Fläche zu fallen, wo sich schließlich die Photosphäre eines Sternes befinden wird, kann in der in Abschnitt 10.3 geschilderten Weise berechnet werden. Es ergeben sich dafür rund 10^6 bis 10^7 Jahre. Aber gewöhnlich werden die Atome miteinander zusammenstoßen, und daher wird der Kondensationsprozeß mehr Zeit in Anspruch nehmen, vielleicht 10^8 Jahre der Größenordnung nach.

Nach hinreichend großer Temperaturerhöhung und Verkleinerung des Volumens wird in Übereinstimmung mit den idealen Gasgesetzen ein Gasdruck wirksam, der die äußeren Schichten der Kondensation im Gleichgewicht halten und den Prozeß der Gravitationskontraktion zum Stillstand bringen wird. Noch bevor dieses Stadium erreicht sein wird, kann das Zentrum der sich zusammenziehenden Masse heiß genug geworden sein, um Licht ausstrahlen zu können, und die Kondensation wird dann ein junger Stern im frühsten Stadium — dem Kontraktionsstadium — seiner Entwicklung sein. Wenn die Zentraltemperatur weiter ansteigt, werden auch die thermischen Geschwindigkeiten der Atome größer werden. Das Gas wird dann ionisiert werden, und schließlich werden Kernprozesse anfangen, gewaltige Mengen von Energie zu liefern. Zu diesem Zeitpunkt wird der Stern in ein Stadium seiner Entwicklung eintreten, in dem er sich fast im Gleichgewicht befindet (man kann ihn dann als „Hauptreihen"-Stern beschreiben, Abschnitt 25.4), und er wird in diesem Zustand bleiben, solange noch ein hinreichender Vorrat an Kernbrennstoff vorhanden ist. Im Fall der Sonne mag die Kontraktionsperiode der Entwicklung nach Berechnungen von L. G. Henyey einige hundert Millionen Jahre gedauert haben. Der Gleichgewichtszustand besteht schon seit $5 \cdot 10^9$ Jahren und kann noch etwa $5 \cdot 10^{10}$ Jahre länger bestehenbleiben. Schließlich wird die Sonne, wenn ihr Vorrat an Kernbrennstoff fast erschöpft sein wird, sich wieder zu verändern beginnen (Abschnitt 26.5).

Ein Einzelstern kann nicht mehr Masse in sich vereinigen als ungefähr das 100fache der Sonnenmasse. Andernfalls würde der Strahlungsdruck so stark anwachsen, daß der Stern explodieren würde. Dies wurde schon vor langer Zeit aus theoretischen Gründen von

---

←

Abb. 21.1. Ein Teil des Nebels NGC 2237 im Monoceros, aufgenommen mit dem 48-Zoll-Schmidt-Teleskop im roten Licht. Dieser Gasnebel enthält eine größere Zahl sehr kleiner sphärischer schwarzer Wölkchen oder Globulen, die Kondensationen von Gas und Staub darstellen und aus denen sich Sterne bilden könnten. *(Photographie der Mount Wilson und Palomar-Observatorien.)*

A. S. Eddington nachgewiesen. Die Beobachtungen ergeben, daß die meisten massereichen Sterne etwa 75mal schwerer als die Sonne sind; alle diejenigen, deren Masse die der Sonne um einen Faktor 25 oder mehr übertrifft, sind nach den Beobachtungen instabil und verlieren Masse durch Strahlungsdruck oder explosionsartige Vorgänge. Wenn daher die anfängliche gasförmige Verdichtung weniger als $100 \cdot 2 \cdot 10^{33}$ g Masse enthielt, würde sich ein Einzelstern gebildet haben, und die äußersten, verdünnten Schichten der Kondensation würden eine neblige Hülle um den Stern herum bilden. Im Fall der Sonne wird dieses Gas als der „ursprüngliche solare Nebel" bezeichnet. Wenn die Kondensation sehr viel mehr Masse enthielt, als in einem Einzelstern vereinigt sein könnte, würde sich ein Doppelstern, eventuell auch ein mehrfacher Stern, oder ein Sternhaufen gebildet haben.

Alle kosmogonischen Theorien schreiben die Bildung der Planeten Kondensationen im Sonnennebel zu. Sie unterscheiden sich voneinander durch die Vorstellungen von der Art und Weise, wie der Sonnennebel entstand und in ihm die Planeten, Satelliten und Kometen gebildet wurden.

21.2 Der Anfangszustand des Sonnensystems

Das Alter der Erde und der Meteoriten (Abschnitt 5.10) ist von der Größenordnung $5 \cdot 10^9$ Jahre. Vermutlich existiert das ganze Sonnensystem mindestens schon ebenso lange. Aber war das Planetensystem, unmittelbar nach seiner Entstehung, schon im gleichen Zustand, in dem es sich heute befindet? Es besteht keine Einmütigkeit unter den Astronomen hinsichtlich dieser Fragen. Die Sonne verliert natürlich an Masse infolge der in ihr sich abspielenden Kernprozesse in einem Umfang, der groß erscheint, wenn man ihn in Gramm oder Tonnen ausdrückt: $4 \cdot 10^{12}$ g oder rund vier Millionen Tonnen pro sec. Wenn ihr gesamter Vorrat an Wasserstoff in Helium umgewandelt werden sollte, würde die Sonnenmasse nur um weniger als ein Prozent vermindert werden — so groß ist ihre jetzige Masse. Aber dieser unbedeutende Verlust würde wahrscheinlich mehr als ausgeglichen werden durch Einfangen interstellarer Materie durch die Sonne auf ihrem Wege durch die Wolken des Milchstraßensystems.

Die Bewegungen der Planeten lassen sich auf der Grundlage der Keplerschen Gesetze und unter Berücksichtigung der gegenseitigen Störungen der Planeten mit großer Genauigkeit für die nahe Zukunft voraussagen. Jedoch können die Berechnungen nicht über Zeitintervalle von der Ordnung von $5 \cdot 10^9$ Jahren ausgedehnt werden; die Berechnungen sind nicht nur zu schwierig, sondern die gegenwärtig beobachteten Positionen der Planeten sind auch nicht genau genug, um fünf Milliarden Jahre zurück extrapolieren zu können.

Theoretische Untersuchungen haben ergeben, daß sich in erster Näherung die großen Halbachsen der Bahnen der Erde und der anderen erdähnlichen Planeten während der letzten paar hundert Millionen Jahre nur sehr wenig verändert haben, und sie mögen sich auch nicht wesentlich in fünf Milliarden Jahren verändert haben. Weniger Sicherheit besteht über die Änderungen der jupiterähnlichen Planeten. G. P. Kuiper hat mehrere empirische Tatsachen zusammengestellt als Beweis dafür, daß keine größeren Änderungen in irgendeiner der Planetenentfernungen eingetreten sind: das nahezu geometrische Entfernungsgesetz (Bodesche Beziehung), die gegenwärtigen kleinen Exzentrizitäten und die geringen Neigungen der Planeten. Diese Eigenschaften könnten nicht als Ergebnis der Störungen von ein oder zwei massereichen Planeten erklärt werden.

21.3 Drehimpuls

Ein sich geradlinig bewegender Körper besitzt Impuls, dessen Betrag gleich dem Produkt aus der Masse des Körpers und seiner Geschwindigkeit ist. Bei geradliniger Bewegung ist somit

$$\text{Impuls} = \text{Masse} \cdot \text{Geschwindigkeit}.$$

Ein Körper in kreisender Bewegung besitzt Drehimpuls analog dem Impuls der geradlinigen Bewegung. Drehimpuls definiert man als das Produkt aus dem Trägheitsmoment des Körpers und seiner Winkelgeschwindigkeit. Man nehme an, daß eine Kugel der Masse m, die an einer Schnur festgebunden ist, eine Kreisbahn beschreibt. Ihr Trägheitsmoment I ist das Produkt aus ihrer Masse und dem Quadrat des Radius ihrer Bahn:

$$I = m \cdot r^2,$$

und daher ist

$$\text{Drehimpuls} = \text{Trägheitsmoment} \cdot \text{Winkelgeschwindigkeit}$$
$$= m \cdot r^2 \cdot \omega,$$

worin ω die Winkelgeschwindigkeit der Kugel ist, d. h. der Winkel, um den sie sich in einer Sekunde bewegt. Da $r \cdot \omega$ die lineare Bahngeschwindigkeit des Körpers (oder eines kleinen Elements im Innern eines rotierenden Körpers) ist, kann der Drehimpuls auch ausgedrückt werden als

$$\text{Drehimpuls} = \text{lineare Rotationsgeschwindigkeit} \cdot \text{Masse} \cdot \text{Abstand vom Zentrum.}$$

Zum Beispiel beträgt die Bahngeschwindigkeit Jupiters $1{,}5 \cdot 10^6$ cm/sec, seine Masse $2 \cdot 10^{30}$ g und sein Abstand von der Sonne $7{,}8 \cdot 10^{13}$ cm. Daher ist sein Bahndrehimpuls

$$A_{\text{Jupiter}} = m \cdot v \cdot r = 2 \cdot 10^{50} \text{ g cm}^2/\text{sec}.$$

Jupiter dreht sich auch um seine Achse, und dies trägt zu seinem gesamten Drehimpuls bei, aber der Betrag dieser Komponente ist klein und kann vernachlässigt werden.

Die Sonne rotiert um ihre Achse mit einer äquatorialen Geschwindigkeit von 2 km/sec. In höheren Breiten ist die Geschwindigkeit kleiner. Über den Charakter der Rotation im Sonneninnern läßt sich von seiten der Beobachtung nichts aussagen, aber es ist wahrscheinlich, daß die Rotationsgeschwindigkeit annähernd linear nach dem Zentrum hin abnimmt, wie es der Fall sein würde, wenn die Sonne ein fester Körper wäre. Das Trägheitsmoment eines festen rotierenden Körpers kann streng berechnet werden; zu einem rohen Näherungswert gelangt man schon, wenn man annimmt, daß im Durchschnitt ein Gramm Sonnenmaterie eine Rotationsgeschwindigkeit von 0,5 km/sec ($5 \cdot 10^4$ cm/sec) und einen Abstand von der Rotationsachse von $5 \cdot 10^{10}$ cm besitzt. Damit ergibt sich für den Drehimpuls der Sonne:

$$A_{\text{Sonne}} = m \cdot v \cdot r = 2 \cdot 10^{33} \cdot 5 \cdot 10^4 \cdot 5 \cdot 10^{10}$$
$$= 5 \cdot 10^{48} \text{ g cm}^2/\text{sec}.$$

Das Verhältnis der beiden Werte für Jupiter und Sonne ist

$$\frac{A_{\text{Jupiter}}}{A_{\text{Sonne}}} = \frac{2 \cdot 10^{50}}{5 \cdot 10^{48}} = 40\,.$$

Eine genauere Rechnung würde zeigen, daß Jupiter allein 60 Prozent des gesamten Drehimpulses des Sonnensystems besitzt; auf die vier äußeren Planeten entfallen 98% des Gesamtbetrages. Jede Theorie über den Ursprung des Sonnensystems muß dieser eigentümlichen Verteilung des Drehimpulses auf seine verschiedenen Teilkörper Rechnung tragen.

Das Prinzip von der Erhaltung des Drehimpulses ist von fundamentaler Bedeutung für alle Entwicklungstheorien; der Gesamtdrehimpuls eines isolierten Systems bleibt immer konstant. Ein bekanntes Beispiel ist der Schlittschuhläufer, der sich mit ausgestreckten Armen langsam dreht, aber anfängt schneller zu rotieren, wenn er die Arme näher an den Körper heranbringt (wodurch sein Trägheitsmoment abnimmt). Das Produkt aus seinem Trägheitsmoment und seiner Winkelgeschwindigkeit muß konstant bleiben, daher muß ω größer werden, wenn I

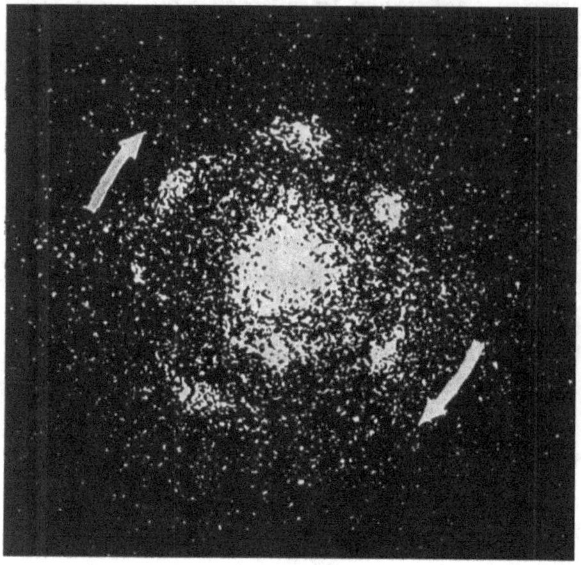

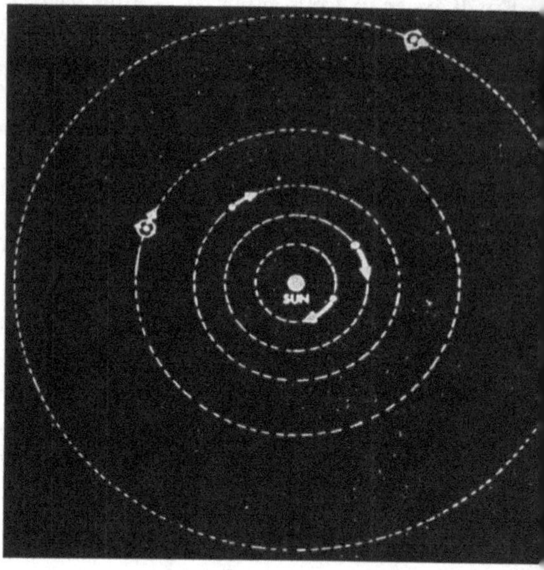

1755 — Kants Theorie legt eine in Wölkchen zerfallene rotierende Masse aus Gas und Staub zugrunde, deren Wölkchen durch Materieaufsammlung größer werden und Planeten und Satelliten bilden. Der restliche Teil des Nebels zieht sich zusammen und bildet die Sonne.

Abb. 21.2. Drei Hypothesen über den Ursprung des Sonnensystems: die Hypothese von Kant, die Hypothese von Laplace und die Hypothese von Chamberlin-Moulton. *(Nach T. L. Page, aus „Physics Today“.)*

---

abnimmt. Allgemein gilt, daß jedes rotierende Objekt, das an Größe abnimmt, seine Winkelgeschwindigkeit steigern muß. Da fast alle Hypothesen über den Ursprung des Sonnensystems mit der Vorstellung sich zusammenziehender Gaskugeln arbeiten, bildet die Erhaltung ihres Drehimpulses ein wichtiges Kriterium, das erfüllt sein muß.

Wenn die Planeten in die Sonne gezogen würden, würde sich deren äquatoriale Geschwindigkeit von dem heutigen Wert von 2 km/sec auf rund 60 oder 70 km/sec erhöhen. Wenn der Sonnennebel ursprünglich 100mal mehr Masse enthielt als jetzt die Planeten, würde die Rotationsgeschwindigkeit der vereinigten Masse auf mehrere Tausend km/sec ansteigen. Eine so große Rotationsgeschwindigkeit übersteigt die Stabilitätsgrenze der Sonne, die verlangt, daß die Zentrifugalkraft nicht größer als die Schwerkraft sein soll. Mit anderen Worten, die Sonne hätte nicht die gesamte Masse eines Sonnennebels aufnehmen können, der $^{1}/_{10}$ der Sonnenmasse (100mal die Masse der jetzt vorhandenen Planeten) enthielt.

Es gibt zwingende Gründe für die Annahme, daß die Masse des ursprünglichen Sonnennebels rund 0,1 Sonnenmasse betrug. Es ist dann möglich, das Gesetz von der Erhaltung des Drehimpulses zur Abschätzung der Rotationsgeschwindigkeit der Verdichtung im interstellaren Gas anzuwenden, aus der sich sowohl die Sonne als auch der ursprüngliche Sonnennebel gebildet haben. Man stelle sich vor, daß die vereinigte Masse von Sonne und Sonnennebel mit ihrem großen anfänglichen Drehimpuls auf eine Kugel verteilt wären, deren Radius rund 1 000 000 mal größer als der jetzige Sonnenradius wäre. Ein solches Volumen relativ dichten interstellaren Gases würde rund eine Sonnenmasse enthalten mit einer durchschnittlichen Geschwindigkeit von der Größenordnung 0,1 km/sec. Das ist eine vernünftige Folgerung aus dem, was über die inneren Bewegungen des interstellaren Gases bekannt ist.

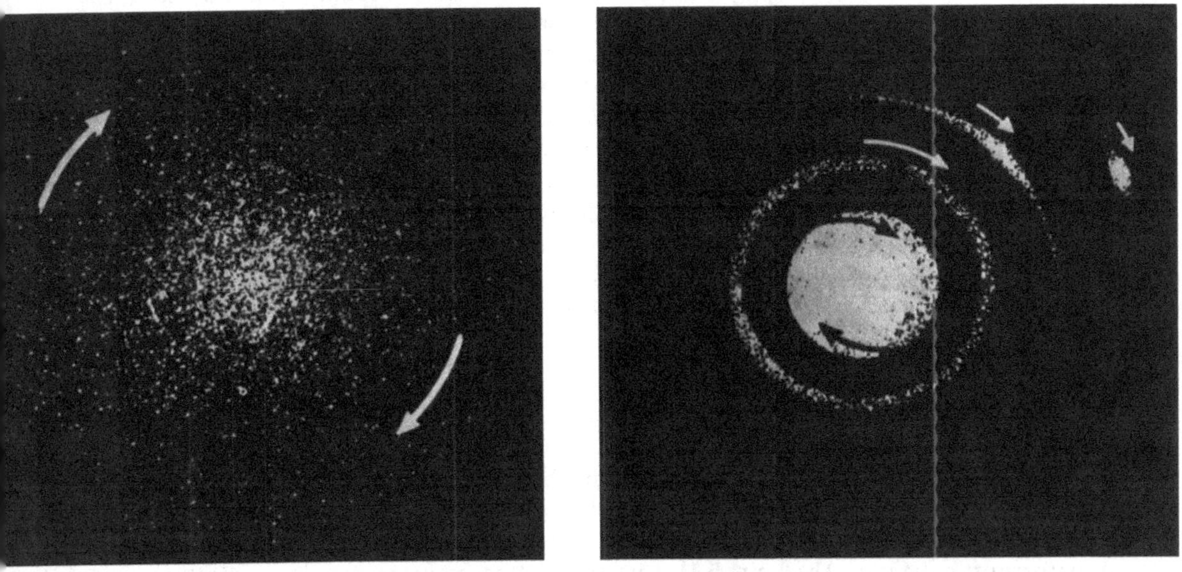

1796 — Laplaces Theorie geht von einem rotierenden Nebel aus heißem Gas aus, der sich abkühlt und zusammenschrumpft. Er dreht sich dann schneller und stößt Gasringe ab, die sich zu Planeten verdichten, während der übrige Teil die Sonne bildet.

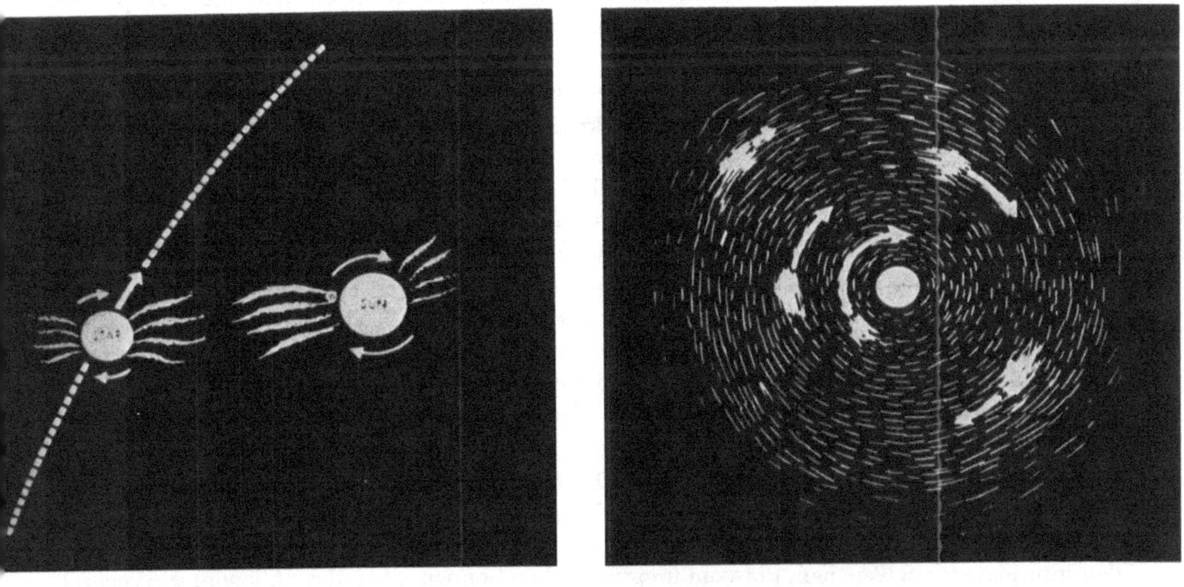

1900 — Die Theorie von Chamberlin-Moulton betrachtet eine enge Begegnung eines Sterns mit der Sonne, die riesige Eruptionen auf beiden Sternen zur Folge hat. Die Sonne bleibt zurück umgeben von einer großen Zahl sogenannter „Planetesimals“, die sich aus den Eruptionsgasen kondensiert haben und langsam zu Planeten zusammenwachsen. Der störende Stern sollte ebenfalls Planeten um sich gebildet haben.

Die chemische Zusammensetzung der Planeten, besonders der erdähnlichen Planeten, ist von der der meisten anderen Himmelskörper ganz verschieden. In Abschnitt 10.4 wurde gezeigt, daß die leichteren Elemente von keinem außer den massereichsten Planeten gehalten werden konnten, und es ist einleuchtend, das Material, aus dem die Planeten gebildet wurden, von gleicher Zusammensetzung wie das der Sonne anzunehmen, d. h. daß im Material der ursprünglichen Planeten (der Protoplaneten) die Elemente im Verhältnis der kosmischen Häufigkeiten vorhanden waren. Wenn das der Fall war, sind die heutigen Planeten nur die Überbleibsel des ursprünglichen Materials, da sie ja die leichteren Elemente größtenteils verloren haben. Obgleich die Planeten jetzt nur 0,001 der Sonnenmasse enthalten, kann das ursprüngliche Material eine Masse von der Ordnung 0,1 der Sonnenmasse besessen haben. Dieser Punkt wurde in den frühen Theorien über den Ursprung des Sonnensystems nicht behandelt.

21.4 Die Nebularhypothese

Die Nebularhypothese, die in großen Zügen von Immanuel Kant im Jahre 1755 (Abb. 21.2) entwickelt und unabhängig 1796 von P. Laplace (Abb. 21.2) aufgestellt und erweitert wurde, verlegt den Ursprung des Sonnensystems in einen langsam rotierenden, sich zusammenziehenden Gasnebel. Nach dem Gesetz von der Erhaltung des Drehimpulses nahm die Rotationsgeschwindigkeit zu, als sich der Nebel infolge seiner Eigenanziehung zusammenzog, wobei ein Äquatorwulst entstand (Abschnitt 5.1). Dieser Wulst vergrößerte sich, bis die Rotation schnell genug wurde, um ihn abzutrennen, und bildete dann einen Gasring in der Äquatorebene. Der Nebel wiederholte mehrmals diesen Prozeß, und es entstand eine Reihe konzentrischer Ringe, von denen jeder sich in einen Planeten verdichtete. Der übrigbleibende Teil des Nebels verdichtete sich ebenfalls, aus ihm ging die Sonne hervor.

Mit fortschreitender Verdichtung wurden die Planeten dann wieder rotationsinstabil, und aus den von den Planeten sich ablösenden Gasringen entstanden die Satelliten. Diese Hypothese erklärt die allgemeinen Gesetzmäßigkeiten im Sonnensystem: Alle Bewegungen sollten rechtläufig sein und die Bahnebenen der Planeten sollten mit ihren Äquatorebenen zusammenfallen, wie auch mit der Äquatorebene der Sonne.

Laplaces Theorie wurde 1861 von J. Babinet kritisiert, der zeigte, daß die Planeten einen viel zu großen Drehimpuls besitzen, und 1884 von M. Fouché und schließlich 1900 von F. R. Moulton. Im Jahre 1936 betonte H. N. Russell, daß die Planeten, während ihre Masse weniger als $^1/_{700}$ der Gesamtmasse des Sonnensystems ausmacht, 98% des Drehimpulses in sich vereinigen. Auf die Sonne mit nahezu der ganzen Masse entfallen nur 2% des Drehimpulses.

Die Laplacesche Theorie verlangt, daß der Zentralkörper den größten Anteil am Drehimpuls auf sich vereinigt; zu der Zeit, wenn ein Ring abgetrennt wurde, hatten die Schichten, die nach innen unmittelbar folgten, aber mit der Sonne verbunden blieben, fast ebensoviel Drehimpuls pro Tonne wie der Ring. Aber die Masse der inneren Schichten muß viel größer gewesen sein als die des Rings, und wenn die Laplacesche Theorie zuträfe, müßte der Gesamtdrehimpuls der Sonne größer als der der Planeten sein.

Dieses Argument gegen Laplace hat an Beweiskraft verloren, da nunmehr nachgewiesen wurde, daß die Sonnenrotation nach Bildung der Planeten durch die Bremswirkung des solaren Magnetfelds beträchtlich vermindert worden sein kann; nach H. Alfvén wird dieses Feld mit den interplanetaren Teilchen, die vom ursprünglichen Sonnennebel übrig blieben, in Wechselwirkung treten. Die Theorie geht von der Vorstellung einer schnell rotierenden Sonne aus, deren Magnetfeld an der Rotation teilnimmt. Ionisierte Teilchen außerhalb der Sonnenatmosphäre bewegen sich nach den Keplerschen Gesetzen um die Sonne und besitzen daher die Tendenz, hinter den Kraftlinien zurückzubleiben. Aber da sie elektrisch geladen sind, ist es schwierig für sie, die Kraftlinien zu kreuzen, und sie werden von ihnen mitgeführt. Daher werden sie beschleunigt werden — Drehimpuls wird von der Sonne auf sie übertragen, bis die Winkelgeschwindigkeiten der Sonne und des Mediums gleich geworden sind. Die Rotation der Sonne wird allmählich vermindert, die des Mediums nimmt zu.

Ein weiterer gewichtiger Einwand gegen Laplaces Vorschlag wurde von W. A. Krat erhoben. Die Bahnebenen der Planeten liegen nicht in derselben Ebene; zum Beispiel sind diejenigen von Merkur und Venus gegen die Erdbahnebene um $7\overset{\circ}{.}0$ bzw. $3\overset{\circ}{.}4$ geneigt. Und die Erdbahnebene (die Ekliptik) ist gegen den Sonnenäquator um $7\overset{\circ}{.}2$ geneigt. Die Laplacesche Nebularhypothese verlangt, daß alle Neigungen ursprünglich Null waren; aber wenn die Bahnen einmal koplanar waren, hätte dies für immer so bleiben müssen — Störungen hätten die beobachteten Neigungen nicht erzeugen können. Daher muß man annehmen, daß die Bahnen ursprünglich nicht in der gleichen Ebene lagen, und das macht jede Theorie unannehmbar, die den Ursprung der Planeten der Rotationsinstabilität einer einzigen schnellrotierenden Gasmasse zuschreibt.

21.5 Andere Theorien

Mehrere Theorien wurden vorgeschlagen, die das Sonnensystem als Ergebnis einer engen Begegnung der Sonne mit einem anderen Stern auffassen. Nach der Theorie von Chamberlin-Moulton (Abb. 21.2), die um 1900 aufgestellt wurde, ging ein Stern nahe an der Sonne vorbei, die ursprünglich keine Planeten besaß, und verursachte riesige Gaseruptionen sowohl auf der Sonne als auch auf dem Stern. Dabei blieben eine Menge von Gaspartikeln zurück, die alle die Sonne in einer Richtung umkreisten in der Ebene, die durch die Sonne und die Bahnebene des Sterns bestimmt wurde. Diese Masse kühlte sich ab und bildete kleine Körperchen oder „Planetesimals", aus denen die Planeten durch Einfangen weiterer Teilchen hervorgingen. Die Materie, die nicht in Planetenform zusammengeballt wurde, erfüllte die wichtige Funktion, durch Reibungswiderstand die Exzentrizitäten der Planetenbahnen zu verkleinern, die anfänglich sehr groß gewesen sein werden.

Die Begegnungstheorien setzen ein sehr unwahrscheinliches Ereignis voraus: den sehr dichten Vorübergang eines Sterns an der Sonne in dem Gebiet, das jetzt von den Planeten eingenommen wird. W. J. Luyten und F. Nölke haben bewiesen, daß ein Gasfilament, das aus der Sonne herausgerissen wurde, sich sehr schnell wegen der Gravitationskräfte zerstreuen würde; und L. Spitzer hat gezeigt, daß die hohe Temperatur des Filaments seine Auflösung bewirken würde, lange bevor es sich zu Planeten verdichten könnte.

1945 schlug C. F. von Weizsäcker eine Modifikation der Nebulartheorie vor. Er nahm einen scheibenförmigen Gasnebel mit einer Masse von der Ordnung von 0,1 Sonnenmasse an, der die Sonne umgab und in dem innere Bewegungen in Form turbulenter Wirbel entstanden. Als Ergebnis der turbulenten Bewegungen sollte es in den Zonen zwischen großen Wirbeln zu Massenzusammenballungen gekommen sein. Die Bewegungsrichtung wurde durch die ursprüngliche Rotation des Nebels festgelegt, und für die Entfernungsskala der Planeten war die Skala der Turbulenz maßgebend. Die kleinen Planeten werden als Ergebnis der Explosion eines früher vorhandenen großen Planeten erklärt.

21.6 Die Protoplaneten-Hypothese

Ein wichtiger Fortschritt in neuerer Zeit knüpft sich an Kuipers Bemerkung, daß „es fast so aussieht, als sei das Sonnensystem ein degenerierter Doppelstern, in dem die zweite Masse nicht zu einem einzigen Stern verdichtet, sondern zerstreut worden sei und die Planeten und Kometen bildete". Er hat daher die Häufigkeitsverteilung der großen Halbachsen von Doppelsternbahnen im Milchstraßensystem (Abschnitt 29.5) untersucht. Sein Diagramm zeigt, daß sie zwischen 0,01 und 100 000 astronomischen Einheiten liegen; der Durchschnittswert beträgt 20 Einheiten, der der Durchschnittsentfernung der großen Planeten von der Sonne ziemlich nahe liegt.

Heute beträgt die Gesamtmasse der Planeten rund $^1/_{1000}$ der Sonnenmasse. Wir haben jedoch schon gesehen, daß die ursprüngliche Masse des Nebels, aus dem die Planeten entstanden, mindestens 100mal so groß oder gleich $^1/_{10}$ der Sonnenmasse war. In einigen 20% aller Doppelsterne besitzt die kleinere Komponente nur $^1/_{10}$ oder weniger der Masse des Hauptsterns. Mit Kuipers Worten: „Da rund die Hälfte der Sterne Doppelsterne sind, kann man sagen, daß etwa 10 Prozent der Sterne Begleiter besitzen, deren Massen nicht mehr als 0,1 der Gesamtmasse ausmachen. Mehrere astrometrische Doppelsterne mit sekundären Komponenten, deren Massen zwischen 0,1 und 0,01 Sonnenmassen liegen, stützen die Ansicht, daß Doppelsterne mit großem Massenverhältnis keine Ausnahme darstellen."

Der Mechanismus, der in einigen Fällen in einem Nebel zwei Sterne von 1 und 0,1 Sonnenmasse hervorbringt und in anderen Fällen einen einzigen Stern von Sonnenmasse und ein System von Kondensationen oder Protoplaneten der Gesamtmasse 0,1 Sonnenmasse, wird im einzelnen nicht genau angegeben. Wenn sich die Protoplaneten jedoch einmal gebildet haben, würden sie sich zu Planeten kontrahieren, aber der größte Teil des ursprünglichen Sonnennebels würde an den interstellaren Raum verlorengehen, und jeder Planet würde nur beträchtlich weniger Masse als sein ursprünglicher Protoplanet besitzen.

Auf jeden Fall gibt es in der Milchstraße viele Sterne, die als Einzelsterne wie die Sonne erscheinen. Nahezu alle von ihnen rotieren langsam. Wenn sich Einzelsterne durch Kontraktion aus geeigneten Nebelmassen entwickelt haben, müssen sie in 99 von 100 Fällen schnell rotieren. In Wirklichkeit rotieren aber fast alle so langsam wie die Sonne, als wäre der von Alfvén diskutierte Bremseffekt bei ihnen wirksam gewesen. Damit dies eintreten konnte, müssen sie von einem diffusen Medium umgeben gewesen sein, auf das sie den größten Teil ihres Drehimpulses haben übertragen können, und gerade wie im Fall der Sonne sollten sich in einer solchen Nebelhülle Planeten gebildet haben. Kuiper schätzt, daß die Sterne im Milchstraßensystem etwa im Verhältnis 1 zu 100 oder 1000 Planetenfamilien besitzen können. Die Entstehung von Planetensystemen steht also in engem Zusammenhang mit dem Ursprung von Doppelsternen, von mehrfachen Systemen und sogar von Sternhaufen.

Die Neigungen der Planetenbahnen sind ein Anzeichen dafür, daß der Sonnennebel eine merkliche Dicke rechtwinklig zur ursprünglichen Rotationssymmetrieebene besaß. Diese läßt sich mit der „invariablen Ebene" des Sonnensystems identifizieren. Sie stellt einen Durchschnittswert für das System dar, und ihre Orientierung kann nur durch äußere Kräfte verändert werden. Wenn sich die Neigung einer der Planetenbahnen infolge von Störungen ändert, müssen sich die Neigungen einer oder mehrerer der anderen Bahnen in entgegengesetzter Richtung verändern.

Der innerste Planet Merkur hat die größte Bahnneigung gegen die invariable Ebene (außer Pluto); sie beträgt rund 6½ Grad bei einem Sonnenabstand von 0,4 astronomischer Einheit (Abb. 21.3). Ein Protoplanet in einer solchen Bahn würde eine Dicke des Sonnennebels von etwa 0,1 astronomischer Einheit anzeigen. Weiter außen, etwa im Jupiterabstand von rund 5 astr. Einheiten mit einer Neigung von 20 Bogenminuten gegen die invariable Ebene, würde die Gesamtdicke ebenfalls ungefähr 0,1 astr. Einheit betragen. Wenn man Pluto von der Betrachtung ausschließt (der äußerste Planet könnte früher ein Satellit des Neptun gewesen sein), ist es plausibel, für den ursprünglichen Sonnennebel eine Dicke von 0,1 astr. Einheit und einen Radius von rund 30 Einheiten anzunehmen. Das Volumen würde dann etwa 10^{42} cm^3 betragen haben. Wenn die Gesamtmasse gleich der heutigen Masse der Planeten rund $2 \cdot 10^{30}$ g gewesen wäre, würde sich für die ursprüngliche Dichte der Wert $2 \cdot 10^{-12}$ g/cm^3 ergeben.

Der Sonnennebel kann etwas dünner als 0,1 astr. Einheit gewesen sein: Kuiper setzt sie rund fünfmal kleiner an und erhöht damit die Dichte. Aber auch dann könnte die mittlere Dichte des ursprünglichen Nebels nicht viel größer als 10^{-11} g/cm³ gewesen sein. wenn er nur die jetzige Masse der Planeten enthielt. Hätte sich in einem solchen Sonnennebel ein Protoplanet als beständige Verdichtung bilden können?

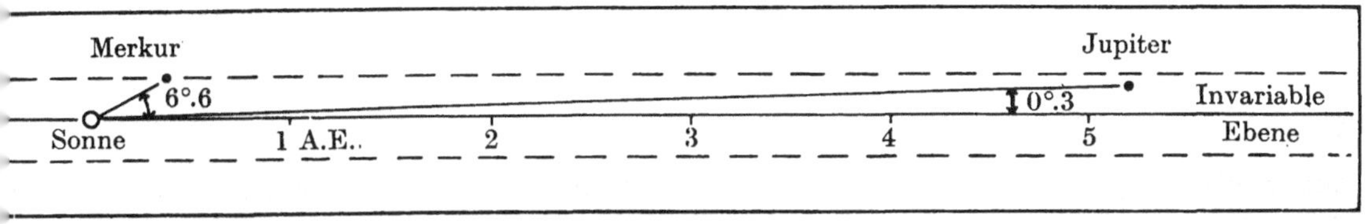

Abb. 21.3. Neigungen der Bahnebenen von zwei Planeten gegen die invariable Ebene. Die beiden gestrichelten Linien zeigen ungefähr die Dicke des ursprünglichen Sonnennebels an. *(Sky and Telescope.)*

21.7 Gezeiteninstabilität

Um diese Frage zu beantworten, muß eins der ältesten Probleme der klassischen Astronomie erörtert werden, nämlich das der Gezeiteninstabilität. Wir kennen dieses Problem unter der Bezeichnung Rochesche Grenze im Falle eines Satelliten im Gravitationsfeld seines Planeten. Seine Bedeutung für die Theorie des Sonnennebels wurde zuerst von Kuiper erkannt.

Newtons Gravitationsgesetz ist alles, was wir für die Diskussion des Problems der Gezeiteninstabilität brauchen. In Abb. 21.4 stellen die kleinen Kreise zwei Verdichtungen dar, von

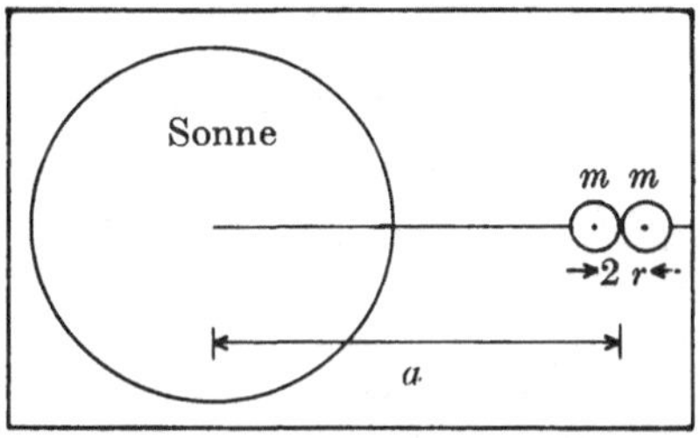

Abb. 21.4. Gezeiteninstabilität im Sonnennebel. *(Sky and Telescope.)*

denen jede eine Masse von m g und einen Radius von r cm besitzt. Ihr mittlerer Abstand von der Sonne beträgt a cm. Wenn die beiden Massen durch ihre gegenseitige Anziehung zusammengehalten werden könnten, würden sie eine beständige Kondensation bilden. Aber die Sonne zieht die ihr nähere stärker an als die entferntere und strebt danach, sie auseinander zu ziehen; damit sie gegenüber den Gezeitenkräften stabil sein können, muß ihre gegenseitige Anziehung mindestens so groß sein wie die Differenz zwischen der Sonnenanziehung auf die beiden einzelnen Massen.

Die Anziehung der beiden Kondensationen aufeinander beträgt $G \cdot \frac{m \cdot m}{(2\,r)^2}$ oder $G \cdot \frac{m^2}{4\,r^2}$ dyn, worin $G = 7 \cdot 10^{-8}$ cgs. Ist M die Sonnenmasse, so macht ihre Anziehung auf die nähere Kondensation $G \cdot \frac{M \cdot m}{(a - r)^2}$ dyn, auf die entferntere $G \cdot \frac{M \cdot m}{(a + r)^2}$ dyn aus. Für die Differenz zwischen diesen Anziehungen ergibt sich

$$G \cdot M \cdot m \left\{ \frac{1}{(a - r)^2} - \frac{1}{(a + r)^2} \right\} \text{ dyn}.$$

Es läßt sich zeigen, daß der eingeklammerte Faktor in Annäherung gleich $4\,r/a^3$ ist. Daher werden die beiden Kondensationen gerade dann imstande sein, der Auflösung durch die Anziehung der Sonne zu widerstehen und ein stabiles System zu bilden, wenn

$$G \cdot \frac{m^2}{4\,r^2} = 4\,G \cdot M \cdot m \cdot \frac{r}{a^3}$$

oder

$$\frac{m}{r^3} = \frac{16\,M}{a^3}$$

ist. Die Masse jeder (als sphärisch vorausgesetzten) Kondensation ist aber $m = \frac{4\,\pi}{3}\,r^3\varrho$, wenn ϱ die Dichte bedeutet. Wenn wir dies in das obige Kriterium für Gezeiteninstabilität einsetzen, finden wir

$$\frac{4\,\pi\,r^3\,\varrho}{3\,r^3} = \frac{16\,M}{a^3}\,,$$

oder in großer Annäherung

$$\varrho = \frac{4\,M}{a^3}\,.$$

Damit Verdichtungen gegen Gezeitenkräfte stabil sein können, muß die Dichte des Sonnennebels in einem gegebenen Punkt größer sein als die vierfache Sonnenmasse dividiert durch die dritte Potenz des Abstands von der Sonne. Wenn der mittlere Abstand 10 astr. Einheiten oder $1{,}5 \cdot 10^{14}$ cm und die Sonnenmasse $2 \cdot 10^{33}$ beträgt, verlangt das Kriterium, daß zur Entstehung eines beständigen Protoplaneten die Dichte des Sonnennebels mindestens gleich $4 \cdot 2 \cdot 10^{33}/(1{,}5 \cdot 10^{14})^3$ oder angenähert $2 \cdot 10^{-9}$ g/cm³ gewesen sein muß — also rund 100mal mehr als die Dichte, die aus der gegenwärtigen Gesamtmasse der Planeten folgt. Dieser Widerspruch verschwindet, wenn wir annehmen, daß der ursprüngliche Sonnennebel das 100fache der Masse aller heutigen Planeten enthielt.

Nach der Theorie hat sich der Gasnebel vor der Bildung der Protoplaneten zusammengezogen und begonnen, unter Erhaltung seines Drehimpulses schneller und schneller zu rotieren. Nach Bildung der Protoplaneten waren die Gezeitenkräfte zwischen diesen und der Protosonne groß genug, um ihre Umlaufs- und Umdrehungsdauern in Übereinstimmung zu bringen. Als sie sich noch weiter zusammenzogen, nahmen ihre „rechtläufigen" Rotationen zu, wieder als Folge der Erhaltung des Drehimpulses. Sie bildeten einen dichten Kern, der von leichteren Gasen wie H, He, Ammoniak und Methan umgeben war. Einige von ihnen können instabil geworden sein, aus ihnen gingen sekundäre Wolken — die Protosatelliten — hervor. Die letzteren konnten sich nicht weiter teilen wegen der starken Gezeitenkräfte zwischen ihnen und ihren Protoplaneten. Inzwischen nahm die Kontraktion in den Protosatelliten, den Protoplaneten und der Protosonne ihren Fortgang, in allen waren die Mischungsverhältnisse der chemischen Elemente gleich. Da die Protosonne noch rund 94% der Gesamtmasse des Nebels enthielt, nahm bei ihrer Kondensation die Zentraltemperatur einen hinreichend hohen Wert an, damit die Umwandlung von Wasserstoff in Helium in Gang kommen konnte, und die Leuchtkraft der Protosonne wurde groß genug, um den ionisierten Nebel in ihrer Umgebung zerstreuen zu können. Nachdem der interplanetare Raum frei geworden war, begannen die Protoplaneten ihre leichteren Elemente durch Verdampfung zu verlieren, und ihre Temperaturen wurden in der Folgezeit durch den Betrag an Sonnenwärme bestimmt, den sie erhielten. Da die Protoplaneten ihre leichteren Elemente verloren, nahmen ihre Massen ab und folglich die mittleren Abstände ihrer bereits gebildeten Satelliten zu. Kuiper nimmt an, daß durch diesen Mechanismus einige Satelliten den Anziehungsbereich der Protoplaneten, aus denen sie entstanden waren, verlassen konnten. Ein paar von ihnen wurden später als „irreguläre" Satelliten wiedereingefangen; andere mögen die Trojanergruppe der kleinen Planeten gebildet haben; ein Satellit, der dem Neptun verloren ging, gelangte in eine exzentrische Bahn und wurde zum Planeten Pluto.

21.8 Stellare Planetensysteme

Unter Vorwegnahme der Ergebnisse späterer Kapitel dieses Buches ist es von Interesse, Kuipers Hypothese im Lichte dessen zu prüfen, was wir über Sterne und Nebel wissen. Der Sonnennebel ist vollkommen verschieden von allen bekannten galaktischen Nebelmassen wie etwa der im Orion; diese hat eine Dichte von der Ordnung 10^{-20} g/cm^3. Auch kann der Sonnennebel nicht mit B. J. Boks dunklen runden Globulen identifiziert werden. Dagegen könnten, weil ja die Bildung von Planetensystemen wahrscheinlich auch in der Gegenwart in der Umgebung vieler, scheinbar einzelner Sterne vom Typ der Sonne vor sich geht, solche Sonnennebel durch ein Fernrohr sichtbar sein.

Von der Erde aus würde ein Nebel mit einem Durchmesser von 60 astr. Einheiten in einer Entfernung von rund $2 \cdot 10^{15}$ km unter einem Winkel von etwa $1''$ erscheinen. Nicht viele Sterne würden nahe genug sein, um solche nebligen Scheiben zu zeigen, aber spektroskopische Effekte könnten beobachtbar sein. Wenn man den Nebel von der Kante betrachten würde, dürfte der Lichtweg in ihm so lang sein, daß die Opazität des Nebels den Zentralstern unsichtbar machen würde. Aber bei senkrechter Aufsicht auf ihre Symmetrieebenen würden solche Nebel wahrscheinlich Emissionslinien des Wasserstoffs und möglicherweise auch anderer Elemente zeigen.

Jedoch ist die Lebensdauer eines Sonnennebels relativ kurz — vielleicht nur eine Million Jahre. Und daher ist, obgleich viele Sterne während ihrer langen Lebensdauern zeitweilig von einem solchen Nebel umgeben sein können, notwendigerweise nicht zu erwarten, daß viele Nebel dieser Art gegenwärtig existieren.

Um einen Sonnennebel aufzufinden, sollte man eine Durchmusterung unter relativ jungen Sternen etwa von Sonnenmasse durchführen. Es wäre verlockend, die *T* Tauri-Veränderlichen (Abschnitt 28.8) als solche Sterne zu betrachten. Ihre Spektren zeigen Emissionslinien, die fast sicher in nebligen Schalen oder Hüllen entstehen. Ihre Absorptionslinien sind oft „verschleiert", als ob ihre Zentralsterne durch eine ziemlich dicke Schicht verdunkelnden Materials gesehen würden. Auch sind sie gewöhnlich breit, als ob die Sterne keine Zeit gehabt hätten, die anfänglich großen Rotationsgeschwindigkeiten sich vermindern zu lassen. Einige Sterne des *T* Tauri-Typs sind offensichtlich in einem Gebiet im Orion entstanden, wo sie in Nebelmassen eingebettet sind.

Aufgaben

1. a) Berechne den Drehimpuls der Erde, der sich aus ihrer Bahnbewegung ergibt.
   b) Vergleiche den Drehimpuls der Erde aus ihrer Bahnbewegung mit dem Drehimpuls der Sonne aus der Sonnenrotation.
   c) Wenn die Sonne einmal doppelt soviel Masse wie jetzt enthielt, welches wäre der ursprüngliche Abstand der Erde von der Sonne gewesen?
2. a) Man bestimme den niedrigsten Dichtewert, den der Mond haben dürfte, um noch gegen die Gezeitenkräfte stabil zu sein.
   b) Wie nahe hätte der Mond (Dichte = 3 g/cm^3) der Erde kommen können, ohne seine Stabilität gegen die Gezeitenkräfte zu verlieren?
3. Würde der Kern eines Kometen (Dichte = 1 g/cm^3) gegen Gezeitenkräfte stabil sein, wenn er an der Sonne in einer Entfernung von $2 \cdot 10^5$ km vorbeiginge?

22. ENTFERNUNGEN UND LEUCHTKRÄFTE DER STERNE

22.1 Sternparallaxen

Die Messung von Sternparallaxen wurde im Abschnitt 6.5 beschrieben. Die Bestimmung der trigonometrischen Parallaxen der Sterne ist von fundamentaler Bedeutung für die Stellarastronomie, denn ohne Kenntnis der Entfernungen der Sterne können wir nur sehr wenig Aufschluß über ihre Helligkeiten, ihre Größen und ihre Verteilung im Raume erhalten.

Die lineare Entfernung (in km) eines Sterns, dessen Parallaxe bekannt ist, kann leicht gefunden werden, da ja die Parallaxe eines Sterns der Winkel ist, unter dem der Radius der Erdbahn von dem Stern aus erscheint.

Die Parallaxe des nächsten Sterns α Centauri beträgt 0,″751 (Abb. 22.1). Da 1 astr. Einheit = 1,5 · 10⁸ km ist, kann die Entfernung bis α Centauri aus dem Verhältnis

$$\frac{p''_{\alpha\,\mathrm{Cen}}}{360° \cdot 60' \cdot 60''} = \frac{1{,}5 \cdot 10^8}{2\pi\, d_{\alpha\,\mathrm{Cen}}}$$

gefunden werden, und zwar ist, da $p_{\alpha\,\mathrm{Cen}} = 0{,}''751$,

$$d_{\alpha\,\mathrm{Cen}} = \frac{360 \cdot 60 \cdot 60 \cdot 1{,}5 \cdot 10^8}{2\pi \cdot 0{,}751} = 4{,}1 \cdot 10^{13}\ \mathrm{km}\,.$$

22.2 Entfernungseinheiten

Da die Entfernungen der Sterne groß sind, hat man zwei neue Längeneinheiten eingeführt. Das Parsec wird als die Entfernung definiert, aus der der Radius der Erdbahn unter einem Winkel von 1″ erscheint:

1 parsec = Entfernung eines Sterns, dessen Parallaxe 1″ ist.

In km erhält man diese Strecke aus dem Verhältnis

$$\frac{1}{360° \cdot 60' \cdot 60''} = \frac{1{,}5 \cdot 10^8}{2\pi \cdot d_{\mathrm{psc}}}$$

oder

$$1\ \mathrm{parsec} = 3{,}1 \cdot 10^{13}\ \mathrm{km}.$$

Somit ist der Abstand von α Centauri in parsec

$$d_{\alpha\,\mathrm{Cen}} = \frac{4 \cdot 1 \cdot 10^{13}}{3{,}1 \cdot 10^{13}} = 1{,}3\ \mathrm{parsec}\,.$$

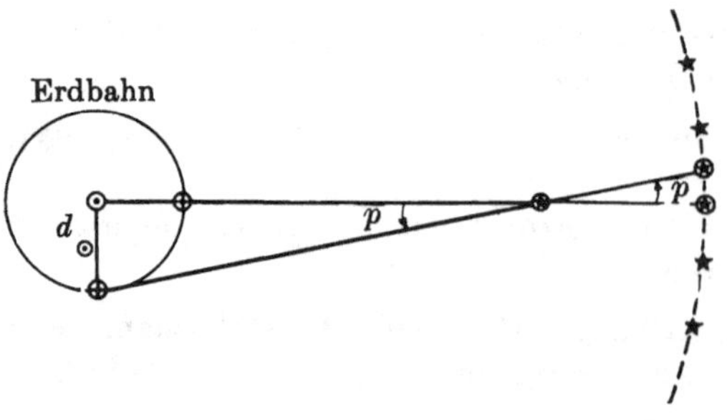

Abb. 22.1. Die Parallaxe von α Centauri.

Definitionsgemäß befindet sich ein Stern, dessen Parallaxe gleich 1″ ist, in einer Entfernung von 1 parsec. Hat er eine Parallaxe von ½″ oder 0″,5, beträgt sein Abstand 2 parsec. Allgemein ist

$$d \text{ parsec} = \frac{1}{p''}.$$

Für α Centauri gilt

$$d_{\alpha\,\mathrm{Cen}} = \frac{1}{0{,}751} = 1{,}3 \text{ parsec}.$$

Die andere Entfernungseinheit ist das Lichtjahr:

1 Lichtjahr = Strecke, die vom Licht in einem Jahr zurückgelegt wird.

Tabelle 22.1 Entfernungseinheiten

		km	a. E.	LJ.	pc.
1 Kilometer	=	1	$6{,}7 \cdot 10^{-9}$	$1{,}1 \cdot 10^{-13}$	$3{,}2 \cdot 10^{-14}$
1 astr. Einheit	=	$1{,}5 \cdot 10^{8}$	1	$1{,}6 \cdot 10^{-5}$	$4{,}8 \cdot 10^{-6}$
1 Lichtjahr	=	$9{,}5 \cdot 10^{12}$	$6{,}3 \cdot 10^{4}$	1	$3{,}1 \cdot 10^{-1}$
1 Parsec	=	$3{,}1 \cdot 10^{13}$	$2{,}1 \cdot 10^{5}$	3,3	1

Da die Lichtgeschwindigkeit im Vakuum $3 \cdot 10^5$ km/sec beträgt und ein Jahr $3{,}16 \cdot 10^7$ Sekunden hat, ist

$$1 \text{ Lichtjahr} = 3 \cdot 10^5 \cdot 3{,}16 \cdot 10^7 \text{ km}$$
$$= 9{,}5 \cdot 10^{12} \text{ km}.$$

Der Abstand von α Centauri beträgt dann in Lichtjahren:

$$d_{\alpha\,\mathrm{Cen}} = \frac{4{,}1 \cdot 10^{13}}{9{,}5 \cdot 10^{12}} = 4{,}3 \text{ LJ.}$$

Die Umwandlung der in der Astronomie gebrauchten Entfernungseinheiten ist in Tabelle 22.1 angegeben.

Ausgedehnte Programme von Parallaxenmessungen werden an vielen Sternwarten durchgeführt. Mehrere Tausend Sterne mit meßbaren Parallaxen wurden gefunden, aber wegen der technischen Schwierigkeiten bei der Messung sehr kleiner relativer Verschiebungen von Sternbildern auf photographischen Platten liegt die untere Grenze für eine meßbare Parallaxe bei rund 0″,01, d. h. die Methode der trigonometrischen Parallaxen zur Bestimmung von Sternentfernungen ist nur bis zu Entfernungen von der Größenordnung 100 parsec anwendbar. In späteren Kapiteln dieses Buches werden andere Methoden zur Schätzung von Sternentfernungen beschrieben werden. Sie alle beruhen jedoch letztlich auf Bestimmungen der trigonometrischen Parallaxe der nächsten Sterne.

22.3 Scheinbare Größen

Die astronomische Helligkeitseinheit ist die Sterngröße. Definitionsgemäß unterscheiden sich die scheinbaren Helligkeiten zweier Sterne, deren Helligkeitsunterschied 5 Größenklassen beträgt, um einen Faktor 100. Diese Größendifferenz wird in gleiche Intervalle unterteilt derart, daß zwei Sterne mit einer Helligkeitsdifferenz von einer Größe sich um einen Faktor $2{,}512 = \sqrt[5]{100}$ unterscheiden. Wenn die scheinbaren Größen zweier Sterne m_a und m_b sind und ihre entsprechenden scheinbaren Helligkeiten l_a und l_b, dann ist, wenn

$$m_a - m_b = +5\,,$$

$$l_b = 100\, l_a\,,$$

und wenn

$$m_a - m_b = +1$$

ist,

$$l_b = 2{,}512 \cdot l_a\,.$$

Tabelle 22.2 enthält das Helligkeitsverhältnis für die Größenunterschiede 0 bis 20:

Tabelle 22.2 Skala der Sterngrößen

$\Delta m = m_a - m_b$	l_b / l_a
0	1,00
0,5	1,585
1,0	2,512
2,0	6,31
3,0	15,85
4,0	39,8
5,0	100,0
6,0	251,2
7,0	631
10,0	10 000
15,0	1 000 000
20,0	100 000 000

Mit Hilfe dieser Tabelle läßt sich das Helligkeitsverhältnis von zwei beliebigen Sternen berechnen, wenn der Größenunterschied bekannt ist. Zum Beispiel beträgt der Größenunterschied zwischen α Centauri und dem schwächsten mit dem 200-Zoll-Teleskop auf dem Mount Palomar beobachtbaren Stern rund 24 d. h. $5 + 5 + 5 + 5 + 4$ Größenklassen. Das Helligkeitsverhältnis ist dann $100 \cdot 100 \cdot 100 \cdot 100 \cdot 40$ oder $4 \cdot 10^9$, d. h. α Centauri erscheint 4 Milliarden mal heller als der schwächste Stern, der gegenwärtig beobachtet werden kann.

Der Nullpunkt der Größenskala ist willkürlich; durch internationales Übereinkommen war er ursprünglich so festgelegt worden, daß die Größe von Polaris, des Polarsterns, $+2{,}0$ sein sollte. Der Polarstern ist jedoch ein veränderlicher Stern, dessen Helligkeit innerhalb eines kleinen Bereichs variiert; daher wird der Nullpunkt jetzt mit Hilfe anderer Sterne festgelegt, deren Helligkeiten genau gemessen worden sind. Ein Stern, der 2,512mal schwächer als der Polarstern ist, hat die Größe $+3$, ein Stern, der um ebensoviel heller als der Polarstern ist, die Größe $+1$. α Centauri ist 6,31mal heller als der Polarstern; daher wird seine Größe durch eine kleinere Zahl zum Ausdruck gebracht und, da 6,31 einer Größendifferenz 2 entspricht, beträgt die Größe von α Centauri $+2{,}0 - 2 = 0$. Sirius andererseits ist 25mal (oder $1{,}585 \cdot 15{,}85$mal) heller als der Polarstern, was einem Größenunterschied von $0{,}5 + 3{,}0 = 3{,}5$ entspricht; die Größe des Sirius beträgt daher $+2{,}0 - 3{,}5 = -1{,}5$. Die scheinbare Größe der Sonne ist

— 26,73 (nach J. Stebbins), und folglich ist die Sonne rund 28 (= 5 + 5 + 5 + 5 + 5 + 3) Größenklassen oder $100 \cdot 100 \cdot 100 \cdot 100 \cdot 100 \cdot 15{,}85 = 1{,}585 \cdot 10^{11}$mal heller als Polaris. In ähnlicher Weise fand man, daß der schwächste im 200″-Teleskop sichtbare Stern rund 10^{20}mal schwächer als die Sonne ist.

22.4 Visuelle, photographische und bolometrische Größen

Wie die Sonne strahlen auch die Sterne angenähert wie schwarze Körper und senden Energie im gesamten Wellenlängenbereich aus. Wenn der Gesamtbetrag der Energie gegeben ist, den ein Stern in allen Wellenlängen ausstrahlt, so definiert die resultierende Helligkeit seine bolometrische Größe.

In der Praxis werden Sterngrößen gewöhnlich aus Bildern auf einer photographischen Platte oder aus Beobachtungen mit einer lichtelektrischen Zelle oder einem visuellen Photometer abgeleitet. Diese verschiedenen Empfänger des Sternlichts erfassen jeweils nur einen kleinen Bereich des Spektrums. Abb. 22.2 zeigt die Spektralgebiete einer typischen Energieverteilungskurve eines schwarzen Körpers, in denen das menschliche Auge, die photographische Platte und eine lichtelektrische Infrarotzelle am empfindlichsten sind. Wenn ein Stern eine Temperatur besitzt, die der Kurve in Abb. 22.2 entspricht, so würde er dem Auge heller erscheinen als der photographischen Platte, während im Infrarot für seine Helligkeit der kleinste von den drei Werten gemessen würde.

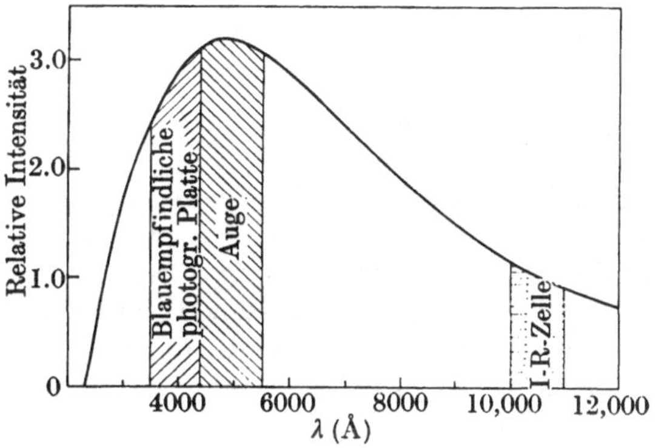

Abb. 22.2. Bereiche maximaler Empfindlichkeit der photographischen Platte, des menschlichen Auges und der lichtelektrischen Infrarotzelle.

Bolometrische Größen werden wegen der Opazität der Erdatmosphäre und auch, weil Strahlungsempfänger, die Strahlung aller Wellenlängen erfassen — das Bolometer und das Radiometer —, nicht sehr empfindlich sind und nur für helle Objekte Verwendung finden können, nicht direkt gemessen. Die empfindlichsten photometrischen Instrumente machen Gebrauch von der photographischen Platte, dem menschlichen Auge und verschiedenen Arten lichtelektrischer Zellen, die sämtlich auf begrenzte Wellenlängenbereiche beschränkt sind. Dementsprechend werden visuelle, photographische und infrarote Größen getrennt für jeden Stern bestimmt. Die visuellen und die photographischen Größen werden mit m_v und m_p bezeichnet; die Differenz zwischen ihnen für einen gegebenen Stern $m_p - m_v$ ist der Farbenindex.

Die visuellen Sterngrößen werden jetzt ebenfalls photographisch mittels Emulsionen, deren Empfindlichkeit der des Auges ähnlich ist, oder lichtelektrisch mit Hilfe von speziellen Zellen und geeigneten Farbfiltern bestimmt. Der Nullpunkt der Skala der Farbenindizes wurde so festgelegt, daß $m_p - m_v = \text{F. I.} = 0$ ist, wenn die Temperatur des Sterns 10 000° beträgt. Dies bedeutet nicht, daß die in Abb. 22.2 als photographisch bzw. visuell empfindlich bezeichneten Flächen gleich sind, wenn die Kurve des schwarzen Körpers der Temperatur $T = 10\,000°$ entspricht. Im Prinzip werden die blau-empfindlichen und die gelb-empfindlichen Platten so belichtet, daß die Bilder von Sternen mit $T = 10\,000°$ genau gleich sind. Sterne, deren Oberflächentemperaturen größer als 10 000° sind, sind reicher an blauem Licht, und ihre Bilder sind auf der blau-empfindlichen Emulsion kräftiger als auf der gelb-empfindlichen. Die photographische Größe ist dann numerisch kleiner als die visuelle Größe, und der Farbenindex wird negativ. Für einen Stern, dessen Temperatur kleiner als 10 000° ist, gilt das Umgekehrte. Zum Beispiel ist der Farbenindex — 0,32, wenn $T = 25\,000°$ ist. Die Sonne mit ihrer effektiven Temperatur von 6 000° besitzt einen Farbenindex von + 0,53. Die Farbenindizes stehen mit der Oberflächentemperatur der Sterne in Zusammenhang. Daher genügt es, die visuelle und photographische Größe eines Sterns zu finden, um angenähert seine Oberflächentemperatur bestimmen zu können.

Die bolometrischen Größen sind physikalisch von größerer Bedeutung als jene der anderen Skalen, da sie ja Anhaltspunkte über die Gesamtleuchtkraft oder die Energieausstrahlung der Sterne liefern. Diese Größen lassen sich berechnen, wenn die Temperatur des Sterns und eine seiner anderen Größen bekannt sind. Die bolometrische Größe der Sonne wird willkürlich ihrer visuellen Größe gleich gesetzt. Für heißere und kühlere Sterne hat man „bolometrische Korrektionen" abgeleitet. So ist für einen Stern mit $T = 25\,000°$ die bolometrische Korrektion, die man zur visuellen Größe addieren muß, — 2,7 und für einen Stern mit $T = 4000°$ ist sie —0,73.

Die vorstehende Diskussion der Farben der Sterne läßt den Effekt der interstellaren Rötung außer acht, der in Abschnitt 23.3 behandelt werden wird. Sie ist jedoch ohne merklichen Fehler auf alle Sterne in der unmittelbaren Nachbarschaft der Sonne anwendbar.

22.5 Absolute Größen

Die Skala der scheinbaren Größen reicht von —26,7 für die Sonne bis + 24 für die schwächsten Sterne, die mit dem 200″-Teleskop zu beobachten sind. Zu dieser enormen Ausdehnung der Größenskala tragen zwei Faktoren bei: die Streuung der wahren Leuchtkräfte der Sterne und die Verschiedenheit ihrer Abstände von der Erde. Die Sonne steht zum Beispiel der Erde viel näher als irgendein anderer Stern, und folglich erscheint sie viel heller als die anderen Sterne.

Um die wahren Leuchtkräfte der Sterne miteinander vergleichen zu können, ist es notwendig, den Abstandsfaktor aus den scheinbaren Größen zu eliminieren. Zu diesem Zweck berechnen wir die Größe, die ein Stern haben würde, wenn er sich in einer bestimmten Standard-Entfernung von der Erde befände. Die *absolute Größe* eines Sterns definieren wir als die scheinbare Größe, die der Stern haben würde, wenn er in eine Entfernung von 10 parsec vom Sonnensystem versetzt wäre.

Die Intensität der Sonnen- oder Sternstrahlung ändert sich umgekehrt proportional zum Quadrat des Abstands von der Lichtquelle. Wenn die Sonne doppelt so weit von der Erde entfernt wäre, würde ihre scheinbare Helligkeit ein Viertel so groß sein. Die Standard-Entfernung von 10 parsec ist gleich $2 \cdot 10^6$ astr. Einheiten. Daher würde die scheinbare Helligkeit der Sonne in 10 parsec Entfernung $\frac{1}{(2 \cdot 10^6)^2}$ ihrer Helligkeit im Abstand einer astronomischen Einheit betragen. Wenn die Intensität um einen Faktor $(2 \cdot 10^6)^2 = 4 \cdot 100 \cdot 100 \cdot 100 \cdot 100 \cdot 100 \cdot 100$ herabgesetzt wird, so vermindert sich die Sterngröße um

$$1{,}5 + 5 + 5 + 5 + 5 + 5 + 5 = 31^{\mathrm{m}}_{\cdot}5.$$

Daher ist die absolute Größe der Sonne

$$-\,26{,}7 + 31{,}5 = +\,4^{\mathrm{m}}_{\cdot}8.$$

Als nächstes betrachte man α Centauri, der in einer Entfernung von 1,3 parsec die scheinbare Größe 0 hat. In 10 parsec Entfernung würde sein Abstand $10/1{,}3 = 8$mal größer sein und seine Helligkeit um den Faktor $8^2 = 64$ verringert werden. Dies entspricht rund 4,5 Größenklassen. Somit ist die absolute Größe von α Centauri annähernd $0 + 4{,}5 = 4^{\mathrm{m}}_{\cdot}5$.

Die Sonne und α Centauri befinden sich näher als 10 parsec, und ihre absoluten Größen sind daher kleiner als ihre scheinbaren Größen. Die meisten Sterne sind jedoch weiter als 10 parsec entfernt. Zum Beispiel hat Spica oder α Virginis eine Parallaxe von $0\overset{''}{.}02$ und eine scheinbare visuelle Größe von 1,2. Die Bestimmung ihrer absoluten Größe erfolgt in folgenden Schritten:

1. Der Abstand von Spica ist 1/0,02 = 50 parsec.
2. Spica ist also 5mal weiter als 10 parsec entfernt.
3. Die Helligkeit der Spica in 10 parsec Entfernung würde daher 5^2 oder 25mal größer als in 50 parsec Entfernung sein.
4. Die entsprechende Änderung der Größe beträgt rund 3,5.
5. Da Spica in 10 parsec Entfernung heller sein würde als in 50 parsec Entfernung, muß die Differenz von 3,5 Größen von der scheinbaren Größe subtrahiert werden.

$$M_{\text{Spica}} = m - \Delta m = +1{,}2 - 3{,}5 = -2\overset{\text{m}}{.}3.$$

Die absolute visuelle Größe der Spica beträgt daher —2,3.

Da die absoluten Größen entweder aus visuellen oder photographischen oder bolometrischen scheinbaren Größen abgeleitet werden können, ist es notwendig, zwischen visuellen, photographischen und bolometrischen absoluten Größen zu unterscheiden.

Zwei Beobachtungsdaten sind zur Bestimmung der absoluten Größe eines Sterns erforderlich: seine Parallaxe und seine scheinbare Größe. Die Sterne höchster Leuchtkraft haben absolute bolometrische Größen von der Ordnung —10 und absolute visuelle Größen von der Ordnung —7. Bei den schwächsten bekannten Sternen sind die absoluten bolometrischen Größen von der Ordnung +18 und die absoluten visuellen Größen von der Ordnung +19. Die bolometrischen Helligkeiten erstrecken sich also über einen Bereich von rund 28 Größenklassen.

Aufgaben

1. Die eine Komponente eines physischen Doppelsterns hat eine scheinbare visuelle Größe 2,0 und eine Temperatur von 25 000°. Die scheinbare visuelle Größe der anderen Komponente beträgt 9,2 und ihre Temperatur 4 000°.
   a) Wie groß sind die scheinbaren bolometrischen Größen dieser Sterne?
   b) Um wieviel ist die Leuchtkraft des heißen Sterns größer als die des kühlen?
   c) Die absolute visuelle Größe des heißen Sterns ist —3. Bestimme die Entfernung des Doppelsterns.
   d) Welches ist die absolute visuelle Größe des kühlen Sterns?
   e) Wie groß ist die Parallaxe des Doppelsterns?
2. Im Abstand von einer astronomischen Einheit beträgt die scheinbare Größe der Sonne —27 und die des Planeten Jupiter würde —5 betragen.
   a) Bestimme die scheinbaren Größen von Sonne und Jupiter von α Centauri aus.
   b) Berechne den Winkelabstand von Sonne und Jupiter ebenfalls von α Centauri aus.
3. Man nehme an, daß es im Milchstraßensystem 10^{11} Sterne gibt, die der Sonne ähnlich sind. Ermittle die absolute Gesamtgröße der Milchstraße.
4. Der Abstand des Nebelhaufens in der Virgo beträgt 8 Millionen parsec. Ein Astronom, der diese Gruppe heute beobachtet, sieht sie so, wie sie vor wie langer Zeit aussah?

23. DIE VERTEILUNG DER STERNE IN DER MILCHSTRASSE

23.1 Scheinbare Verteilung der Sterne am Himmel

Die Milchstraße erscheint in einer mondlosen Nacht als ein verschwommenes leuchtendes Band, das sich längs eines Großkreises (des galaktischen Äquators) über die Himmelssphäre erstreckt. Die Sonne muß daher in der Ebene der Milchstraße liegen. Wenn diese Ebene über oder unter dem Sonnensystem gelegen wäre, würde die Milchstraße an der Himmelssphäre als kleiner Kreis erscheinen oder bei hinreichend großem Abstand als ein kleiner Fleck in der Nähe des einen der galaktischen Pole.

Ein kleines Fernrohr löst das Licht der Milchstraße größtenteils in Tausende von einzelnen Sternen auf. Nur an wenigen Stellen bleibt es unauflösbar, hier befinden sich offenbar Gasmassen von unregelmäßiger Form, die entweder leuchtend oder dunkel sind. Die Milchstraßenebene, in der unsere Sonne liegt, enthält nicht nur den größten Teil der Sterne, sondern auch die meisten der Gasnebel. Die Milchstraße, unser Sternsystem, ist ein stark abgeplattetes, linsenförmiges Gebilde aus Sternen und Nebeln.

23.2 Sternzählungen

Im Prinzip könnte die Lage der Sonne im Milchstraßensystem aus den Sternzahlen in verschiedenen Gebieten des Himmels bestimmt werden. Der Einfachheit halber nehme man an, daß alle Sterne dieselbe wahre Leuchtkraft besitzen, so daß ihre relativen Helligkeiten als Maß für ihre Abstände dienen könnten. Ein Stern, der eine Größenklasse schwächer als ein anderer wäre, würde sich in $\sqrt{2{,}512}$ oder 1,6 mal größerer Entfernung befinden. N_r sei die Anzahl aller Sterne innerhalb einer Kugel des Radius r parsec um die Sonne als Mittelpunkt, die schwächsten beobachtbaren Sterne in dieser Kugel würden von der Größe m_r sein. Und N_{r+1} sei die Anzahl der Sterne in einer hierzu konzentrischen Kugel des Radius $1{,}6 \cdot r$ parsec, in dieser Kugel würden die schwächsten Sterne von der Größe $m_r + 1$ sein.

Wenn die Sterne gleichförmig im Raum verteilt wären, würden die Gesamtzahlen der Sterne in beiden Kugeln ihren Rauminhalten proportional sein:

$$\frac{N_{r+1}}{N_r} = \frac{N_{1,6\cdot r}}{N_r} = \frac{\frac{4\pi}{3}(1{,}6\cdot r)^3}{\frac{4\pi}{3}r^3} = 1{,}6^3 = 4{,}0.$$

Somit sollte sich, wenn wir die Anzahlen aller Sterne heller als $m_r + 1$ und heller als m_r feststellen, für das Verhältnis beider Anzahlen der Wert 4 ergeben. Jedoch haben die Sterne nicht alle die gleiche wahre Leuchtkraft. Daher sollten wir die Zählungen nur für Sterne mit gleicher Farbe und gleichem Spektrum durchführen. Zum Beispiel könnten wir uns bei den Zählungen auf die Sterne beschränken, die der Sonne ähnlich sind. Dann würden in guter Annäherung die erfaßten Sterne von gleicher Leuchtkraft sein, und für das Verhältnis der Gesamtzahlen würden wir 4,0 finden vorausgesetzt, daß die Annahme gleichförmiger Verteilung der Sterne im Raum zutrifft.

Solche Zählungen hat man für verschiedene Sterntypen durchgeführt und dabei für das Verhältnis der Sternzahlen

$$\frac{N_{r+1}}{N_r} = 2{,}5 \text{ bis } 3$$

gefunden, ein Wert, der wesentlich kleiner als 4,0 ist. Dies könnte vermuten lassen, daß die Sterne nicht gleichförmig im Raum verteilt sind, sondern daß ihre Häufigkeit in allen Richtungen von der Sonne aus abnimmt. In dem resultierenden Modell des Milchstraßensystems, dem sogenannten Kapteynschen Universum, befindet sich die Sonne im Zentrum (Abb. 23.1), sein Durchmesser beträgt rund 6000 parsec. Wir wissen heute, daß dieses Modell nicht zutrifft, weil es das Phänomen der interstellaren Absorption außer acht läßt.

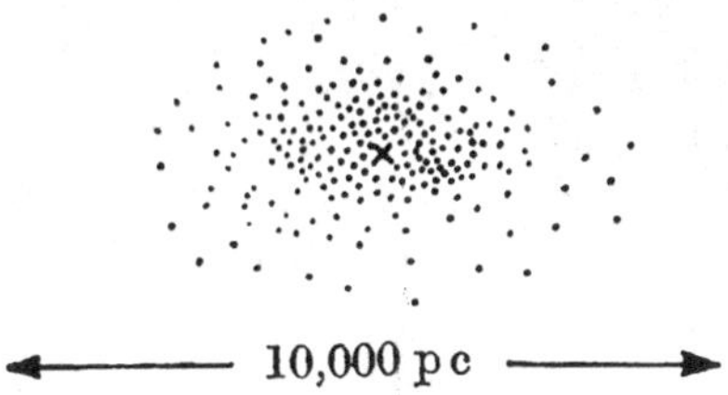

Abb. 23.1. Das Kapteynsche Universum. Die Sonne steht im Zentrum des abgeflachten Sternsystems.

23.3 Interstellare Absorption

Das Kapteynsche Universum wurde aus Sternzählungen abgeleitet unter der Voraussetzung, daß die beobachteten Helligkeiten der Sterne ein verläßliches Maß für deren Entfernungen darstellen. Das würde richtig sein, wenn der interstellare Raum vollkommen transparent wäre. Eine Reihe von Beobachtungen, die nach den Arbeiten von J. C. Kapteyn gemacht wurden, haben gezeigt, daß die Voraussetzung nicht zutreffend ist, sondern daß vielmehr der interstellare Raum eine große Menge Staub enthält, der die scheinbaren Helligkeiten der Sterne in der Milchstraße herabsetzt. Folgende Beobachtungen haben zur Entdeckung der interstellaren Absorption geführt:

1. R. J. Trumpler untersuchte 1930 mehrere Hundert galaktische (oder offene) Sternhaufen, dies sind Gruppen von dicht beieinander stehenden Sternen in der Milchstraße. Die am besten bekannte Gruppe dieser Art sind die Plejaden (Siebengestirn), die für das unbewaffnete Auge im Sternbild des Stiers (Taurus) leicht sichtbar sind und die aus sieben Sternen, die ähnlich wie die Sterne des Großen Bären angeordnet sind, gebildet werden. Im Fernrohr ist zu erkennen, daß dieser Haufen aus mehreren Hundert Sternen besteht, die in Nebelmassen eingebettet sind.

Die offenen Haufen lassen sich nach der Zahl der zu einem Haufen gehörigen Sterne und nach ihrer Konzentration nach dem Haufenzentrum hin in mehrere Klassen einteilen. Alle Haufen einer Klasse besitzen ungefähr die gleiche Größe. Trumpler schloß daraus, daß ein Haufen einer bestimmten Klasse, der von der Erde aus gesehen einen Winkeldurchmesser von $^1/_{40}$ Grad besitzt, zehnmal weiter entfernt ist als ein Haufen derselben Klasse, dessen Winkeldurchmesser $^1/_4$ Grad beträgt. Dementsprechend sollten, wenn der Raum vollkommen durchsichtig wäre, alle Sterne des entfernteren Haufens 10^2mal schwächer sein als die Sterne, die dem näheren Haufen angehören. Ein Helligkeitsverhältnis 100 entspricht einem Unterschied von 5 Größenklassen: Alle Sterne des entfernteren Haufens sollten also 5 Größenklassen schwächer sein als die des weniger entfernten Haufens. In Wirklichkeit fand man aber, daß sich die scheinbaren Helligkeiten um rund 6 Größenklassen unterschieden. Dies ließ Trumpler vermuten, daß der interstellare Raum nicht ganz transparent, sondern von einem diffusen absorbierenden Medium erfüllt sei.

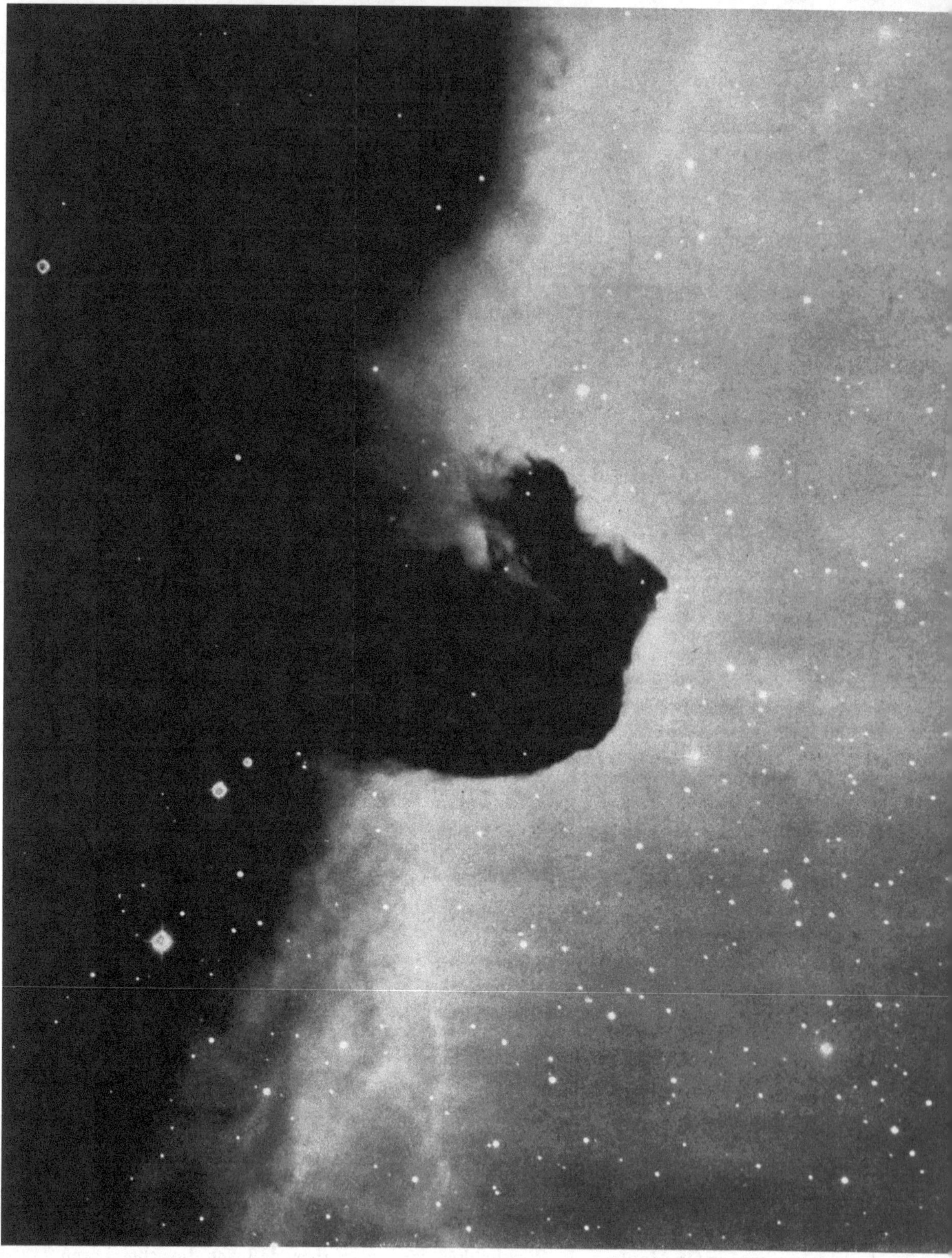

2. Kugelförmige Sternhaufen, in denen die Sterne dicht zusammengedrängt sind, fand man in Entfernungen weit außerhalb der Grenzen des Kapteynschen Universums, und nach H. Shapley sind diese Haufen gleichförmig verteilt, nicht um die Sonne, sondern um ein weit entferntes Zentrum in Richtung zum Sternbild des Schützen. Bei denjenigen Kugelhaufen, die zufällig in der Nähe der galaktischen Pole liegen (90° vom galaktischen Äquator entfernt), ist die scheinbare Helligkeit nur sehr wenig verringert; diejenigen, die in der galaktischen Ebene oder in ihrer Nähe liegen, sind dagegen viel schwächer, als es der Fall sein würde, wenn der Raum transparent wäre. Daraus ist zu schließen, daß die absorbierende Schicht in der galaktischen Ebene liegt und relativ dünn ist.

3. Sehr entfernte Galaxien werden nur über oder unter der galaktischen Ebene beobachtet. Die Zone, in der keine extragalaktischen Nebel vorkommen, folgt den Umrissen der Milchstraße und läßt erkennen, daß die absorbierende Schicht für optisch wahrnehmbare Strahlung undurchlässig ist.

4. Scharfe Absorptionslinien, deren Aussehen von dem stellarer Absorptionslinien verschieden ist, treten in den Spektren entfernter Sterne auf; sie entstehen in den Gasen im interstellaren Raum.

5. Emissionslinien von Wasserstoffatomen — insbesondere der Balmer-Serie — und von anderen Atomen im interstellaren Raum, werden in weiten Gebieten der Milchstraße beobachtet. Von besonderer Bedeutung ist eine Wasserstoffemissionslinie im Radiobereich mit einer Wellenlänge von 21 cm.

6. Die entfernteren Mitglieder irgendeiner besonderen Klasse von Sternen sind röter als die weniger weit entfernten Mitglieder, was auf eine interstellare Rötung durch kleine Staubteilchen im interstellaren Raum hindeutet.

7. In der Milchstraße kommen dunkle Gebiete vor, die jedes Sternlicht abschirmen (Abb. 23.2 und 23.3). Wenn sie sich in der Nähe eines Sterns befinden, reflektieren die Dunkelnebel das Licht des Sterns und erscheinen als leuchtende „Reflexionsnebel". Oder es werden, wenn der Stern sehr heiß ist, die Gase im interstellaren Raum ionisiert, und man beobachtet dann selbstleuchtende „Emissionsnebel".

23.4 Kosmische Radiowellen

Während der letzten Jahre haben Untersuchungen der Radiostrahlung unsere Kenntnisse von der galaktischen Struktur, die ursprünglich nur auf optischen Beobachtungen basieren, bestätigt und erweitert. In Tabelle 23.1 sind eine Anzahl Wellenlängen (λ) und Frequenzen (Zahl der Schwingungen pro sec, ν) für den Radiobereich des Spektrums zusammengestellt. Ein elektrischer Wechselstrom von 60 Schwingungen pro Sekunde (Hertz) würde einer Wellenlänge von 5000 km — fast gleich dem Erdradius — entsprechen. Ein Kilohertz ist gleich 1000 Hertz und ein Megahertz gleich 10^6 Hertz. Wellenlänge und Frequenz sind durch die Beziehung

$$\lambda \cdot \nu = c$$

miteinander verbunden (c = Lichtgeschwindigkeit).

Das Rauschen der kosmischen Radiostrahlung besitzt ein kontinuierliches Spektrum von etwa 10 cm bis 15 m und wird aus dem Milchstraßensystem als Ganzem und von kleinen diskreten Quellen empfangen. Die Intensität der allgemeinen Radiostrahlung ist am stärksten längs der

---

←

Abb. 23.2. Der Pferdekopf-Nebel. Eine dunkle Wolke absorbierender Materie befindet sich vor einem gasförmigen Emissionsnebel. *(Photographiert mit dem 200''-Teleskop. Mount Wilson und Palomar-Observatorien.)*

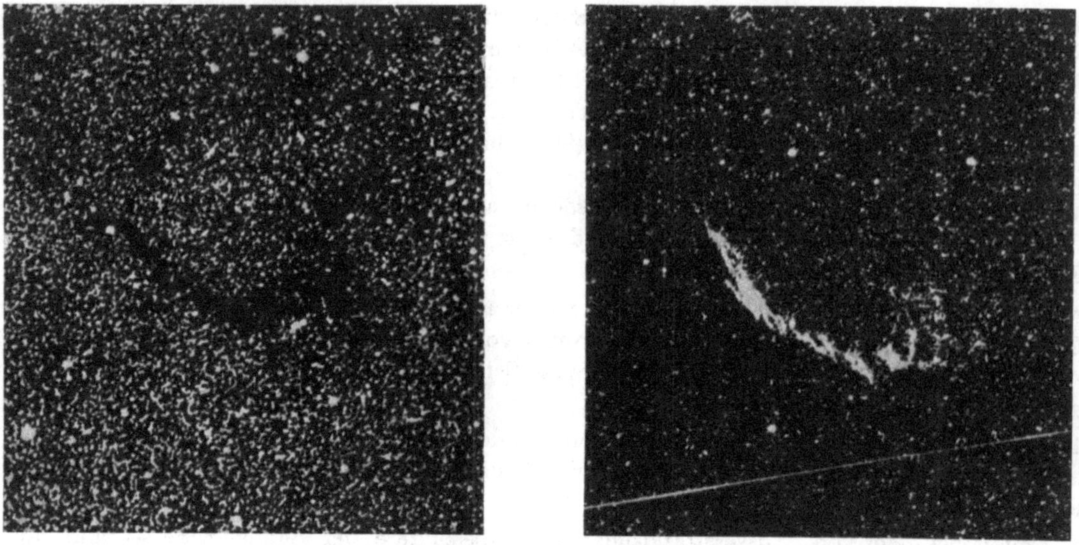

Abb. 23.3. Eine kleine Dunkelwolke vor einem Sternfeld und ein gasförmiger Emissionsnebel von fast gleicher Gestalt. Die lange weiße Linie ist die Spur eines Meteors. *(Photographie des Yerkes-Observatoriums.)*

Milchstraße und hat ein ausgeprägtes Maximum in Richtung zum galaktischen Zentrum im Schützen. Sie entspricht sehr weitgehend der Verteilung der Sterne, wie sie sich aus Sternzählungen ergeben hat. Doch ist die Intensität der kosmischen Radiowellen relativ so hoch, daß die Milchstraße einschließlich des galaktischen Kerns im Radiogebiet 10 000mal heller als die Sonne ist, während optisch die Sonne 10^{11}mal heller als das Sternlicht ist.

Zusätzlich zu dem allgemeinen Radiorauschen aus der Milchstraße wirken viele kleine Gebiete am Himmel als außergewöhnlich starke Radiosender. Diese diskreten Radioquellen wurden ursprünglich „Radiosterne" genannt. Neuere Kataloge führen fast 2000 von ihnen auf. Wegen des geringen Auflösungsvermögens der meisten Radioteleskope ist es schwierig, ihre genauen

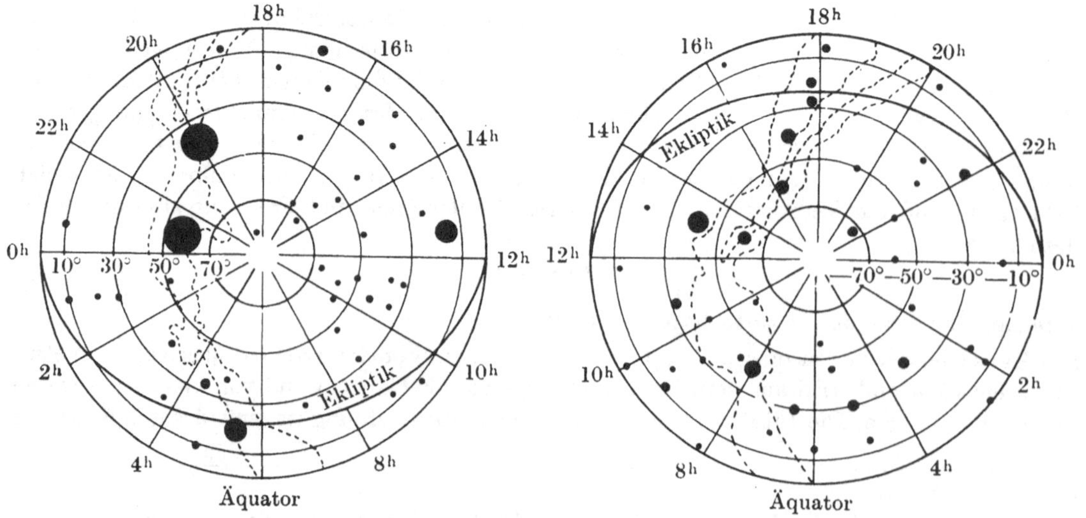

Abb. 23.4. Verteilung der auffallendsten Radioquellen über den Himmel. *(Nach I. S. Schklowskij.)*

Positionen zu messen, und die Katalogangaben widersprechen sich häufig. Im Jahre 1954 wurden nur rund 40 von allen Beobachtern festgestellte Quellen offiziell katalogisiert, ihre Zahl nimmt jedoch dauernd zu, je größere und bessere Radioinstrumente in Dienst gestellt werden. Abb. 23.4 zeigt die Verteilung der auffälligsten Quellen über den Himmel; die Stärke der Quellen wird durch die Größe der Kreise angedeutet. Zwei Tatsachen kommen in der Abbildung deutlich zum Ausdruck, die stärkeren Quellen liegen vorwiegend in der Milchstraße und die schwächeren Quellen zeigen praktisch keine Konzentration nach der Milchstraßenebene.

Tabelle 23.1 Wellenlängen und Frequenzen von Radioquellen

λ		ν	Beschreibung
10 000 Å =	0,001 mm	$3 \cdot 10^8$ MHz	Äußerstes rotes Ende des sichtbaren Spektrums
	0,1 mm	$3 \cdot 10^6$ MHz	Langwellige Grenze des Infrarotlichtes
	10 cm	3000 MHz	Kontinuierliche Strahlung des Orionnebels
	21 cm	1420 MHz	Emissionslinie des neutralen Wasserstoffs
	60 cm	500 MHz	Kontinuierliche Strahlung aus der Milchstraße und von diskreten Radioquellen
	3 m	100 MHz	
	15 m	20 MHz	
	200 m	1500 KHz	Bereich der Rundfunkwellen
0,6 km =	600 m	500 KHz	
	20 km	15 KHz	Langwellige Grenze für Rundfunk

Trotz der Versuche vieler Beobachter, die diskreten Radioquellen mit sichtbaren Objekten zu identifizieren, sind nur rund die Hälfte der zuverlässig bekannten Quellen mit Objekten verbunden, die gesehen oder photographiert werden können. Fünf verschiedene Arten von sichtbaren Objekten haben sich als Radioquellen herausgestellt:

1. Gasnebel, wie der Orionnebel oder der Trifidnebel (Abb. 23.5), emittieren 10 cm-Radiowellen, sie sind aber schwach im Gebiet der Meterwellen. Die Intensität der Radioemission dieser Objekte ist ungefähr so groß, wie sie bei einer Temperatur von 10 000° K zu erwarten ist. Diese Nebel sind Gebiete ionisierten Wasserstoffs (H II), die auch die Balmer-Linien emittieren.

2. Besondere neblige Filamente, die visuell sehr unauffällig sind, aber spektroskopisch differentielle Geschwindigkeiten von 3000 km/sec und eigentümliche Ionisationserscheinungen zeigen, sind äußerst starke Radiostrahler im Meterwellengebiet. Bis W. Baade und R. Minkowski die intensivste diskrete Radioquelle mit unauffälligen nebligen Filamenten in der Cassiopeia identifizierten, war dieser Objekttyp übersehen worden.

3. Überreste von Supernovae — der bekannteste von ihnen ist der Krebs-Nebel im Stier — strahlen Radiowellen aus, deren Wellenlänge bei einem Meter liegt. Der Krebs-Nebel (Abb. 23.6) ist die drittstärkste Radioquelle. Die Supernovae, die in unserem Sternsystem 1054 (im Taurus), 1572 (in der Cassiopeia) und 1604 (im Ophiuchus) aufleuchteten, sind diskrete Radioquellen.

4. Normale galaktische Systeme, wie der Andromeda-Nebel (Abb. 1.1), sind relativ starke Radioquellen. Ihre Radiostrahlung ist dem kontinuierlichen Rauschen ähnlich, das von unserer Milchstraße emittiert wird.

5. Unter den stärksten Radioquellen befinden sich trotz ihrer großen Abstände von uns gewisse besondere Sternsysteme und Galaxien, die miteinander kollidieren. Wenn zwei Galaxien

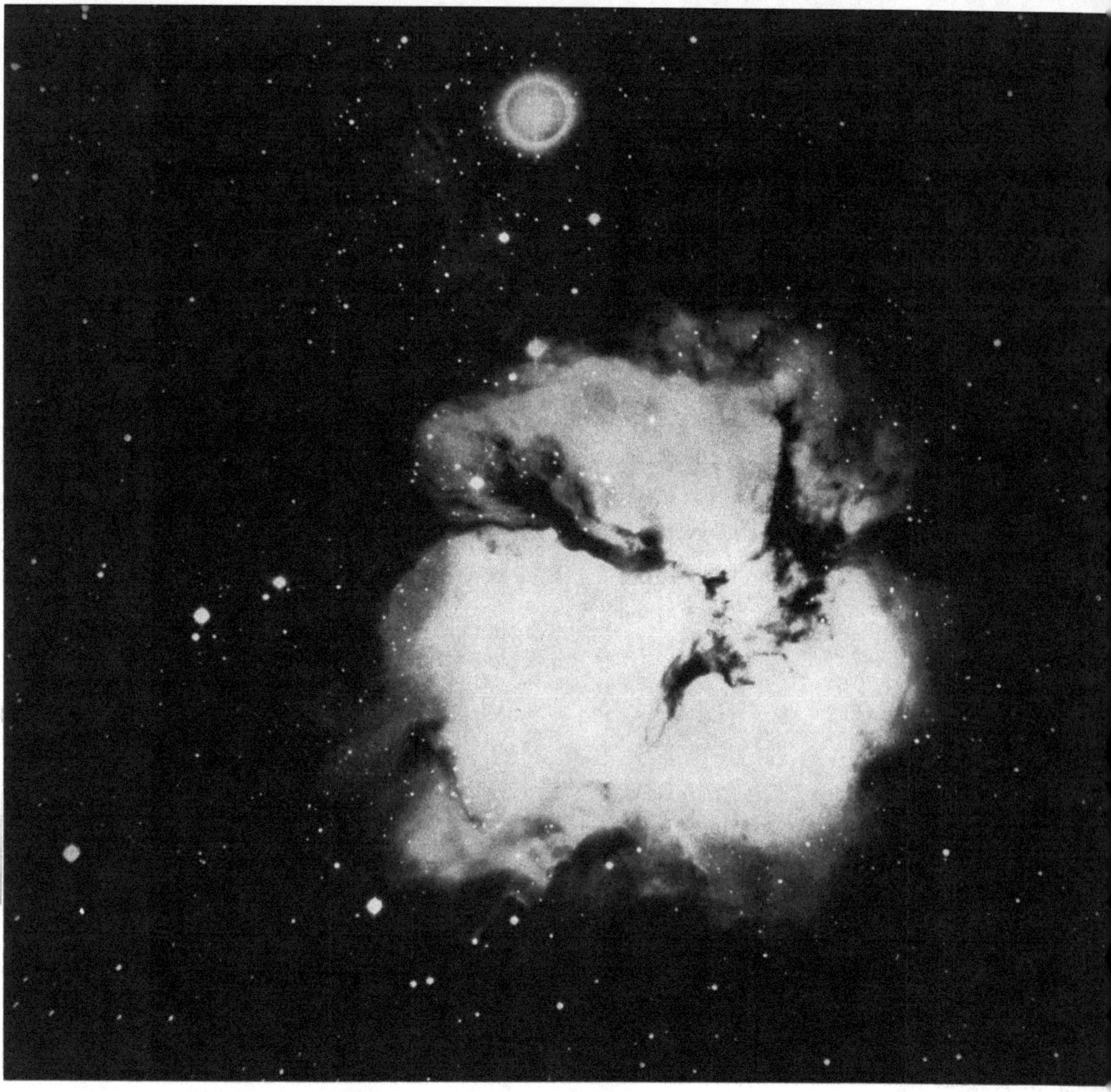

Abb. 23.5. Der Trifid-Nebel im Schützen, M 20 oder NGC 6514. *(Photographiert mit dem 200''-Teleskop, Mount Palomar-Observatorium.)*

„zusammenstoßen", bleiben die ihnen angehörenden Sterne fast ungestört. Dagegen erleiden die Atome, Moleküle und Staubkörner zahlreiche Zusammenstöße, wodurch heftige turbulente Bewegungen hervorgerufen werden.

Die ersten beiden Arten der oben genannten Objekte sind sehr stark in der Milchstraßenebene konzentriert; die beiden anderen Arten sind fast gleichförmig über den Himmel verteilt. Die nebligen Filamente, die Supernovareste und die kollodierenden Galaxien haben eine Eigenschaft gemeinsam: sehr große zufällige Bewegungen in Gaswolken.

Eins der eindrucksvollsten Ereignisse in der Entwicklung der Radioastronomie war die Voraussage (von H. C. van de Hulst) und Entdeckung der 21 cm(1420 MHz)-Emissionslinie des atomaren Wasserstoffs. Der Grundzustand, die kleinste Bahn des einzigen Elektrons des Wasserstoffatoms, besteht aus zwei sehr dicht beieinanderliegenden Unterzuständen. Die

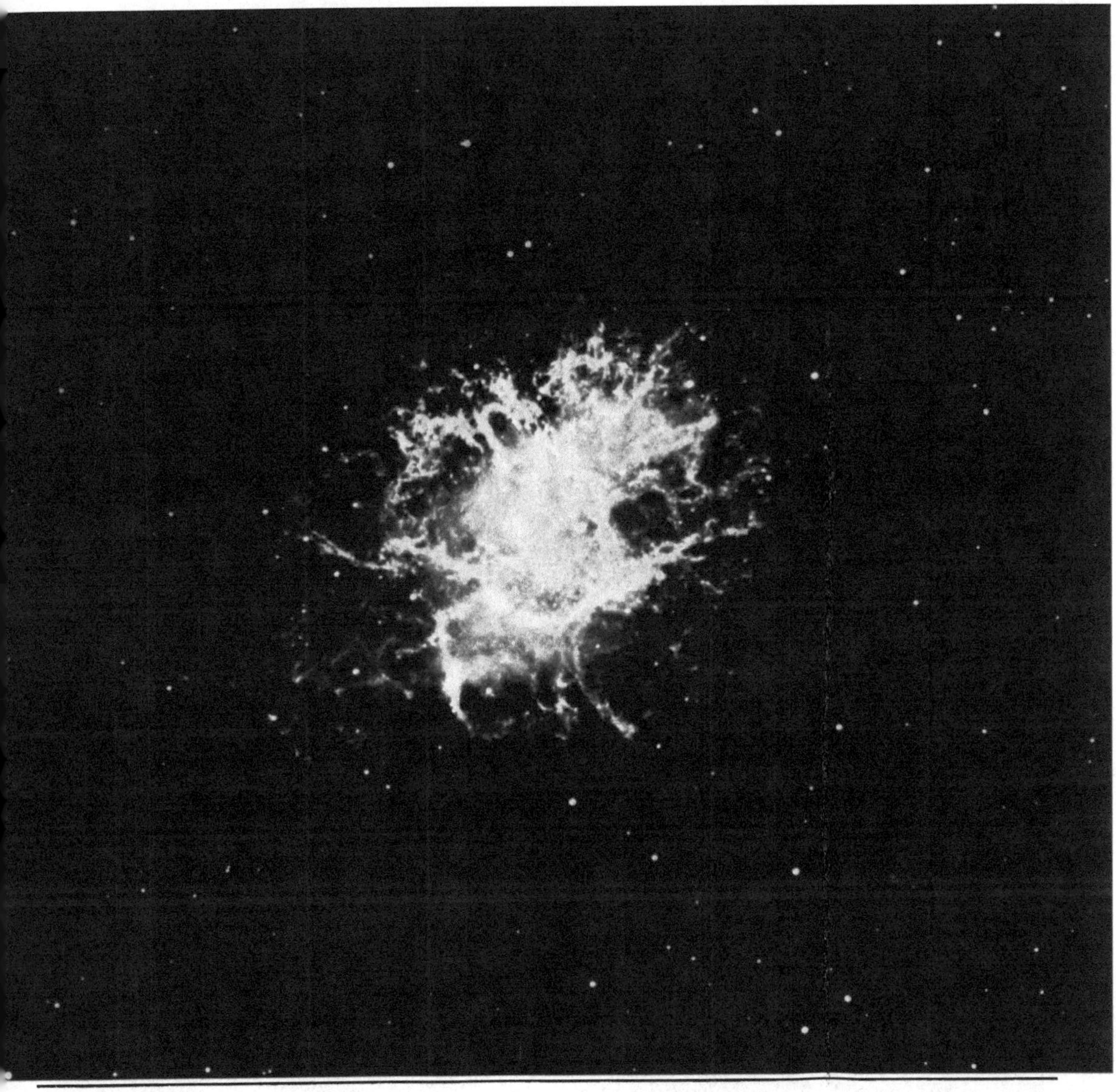

Abb. 23.6. Der Krebs-Nebel, M 1 oder NGC 1952, im Stier. Photographiert im roten Licht mit dem 200″-*Teleskop. (Mount Wilson und Palomar-Observatorien.)*

21 cm-Radioemissionslinie entsteht, wenn das Elektron vom höheren zum niedrigeren dieser beiden Zustände übergeht. Da neutrales Wasserstoffgas einer der häufigsten Bestandteile der Spiralarme unseres Sternsystems ist und da die 21 cm-Strahlung von interstellarem Staub nicht absorbiert wird, ermöglicht die Untersuchung dieser Linie es den Astronomen, mehrere Spiralarme von der Sonnenumgebung bis zur entgegengesetzten Seite der Galaxis zu verfolgen.

23.5 Galaktische Struktur

Als das Vorhandensein von interstellarem Staub und Gas festgestellt worden war, wurde es offensichtlich, daß das Kapteynsche Universum die Struktur des Milchstraßensystems nicht zutreffend darstellte und daß seine Begrenzung eine Täuschung war, die durch die Abschwä-

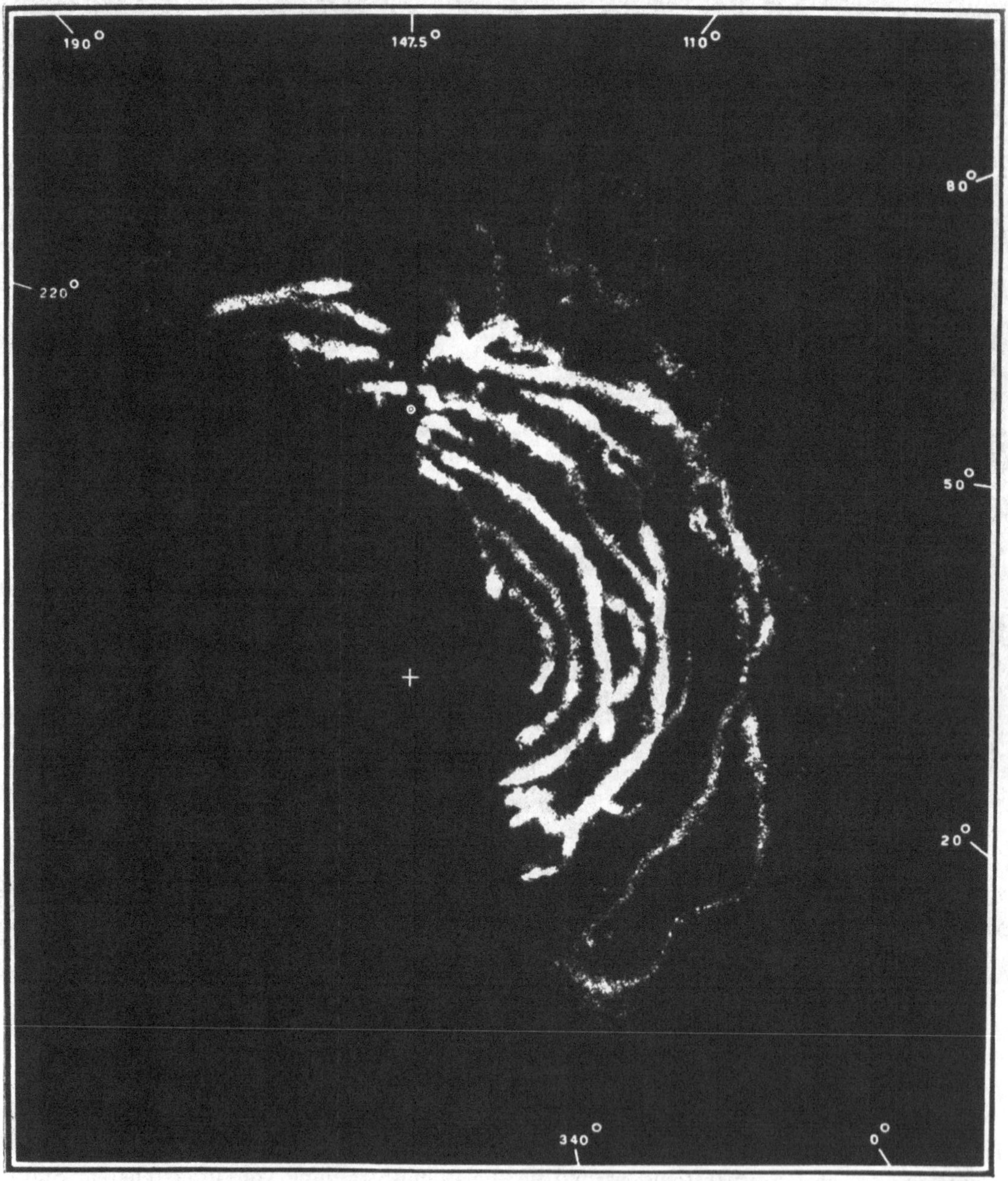

Abb. 23.7. Schematische Verteilung der Wolken kalten Wasserstoffs in der galaktischen Ebene, hergeleitet aus Radiobeobachtungen der 21 cm-Linie an der Sternwarte Leiden. Das Kreuz deutet das galaktische Zentrum an, der kleine Kreis die Sonne.

chung des Sternlichts durch interstellare Absorption erzeugt wurde. Das Milchstraßensystem erstreckt sich bis in weit größere Entfernungen, als ein optisches Fernrohr durchdringen kann. Für Radio-Teleskope besteht jedoch keine solche Schranke, weil die 21 cm-Strahlung den interstellaren Staub ungehindert durchdringt. Die Bestimmung der Größe der Galaxis beruht

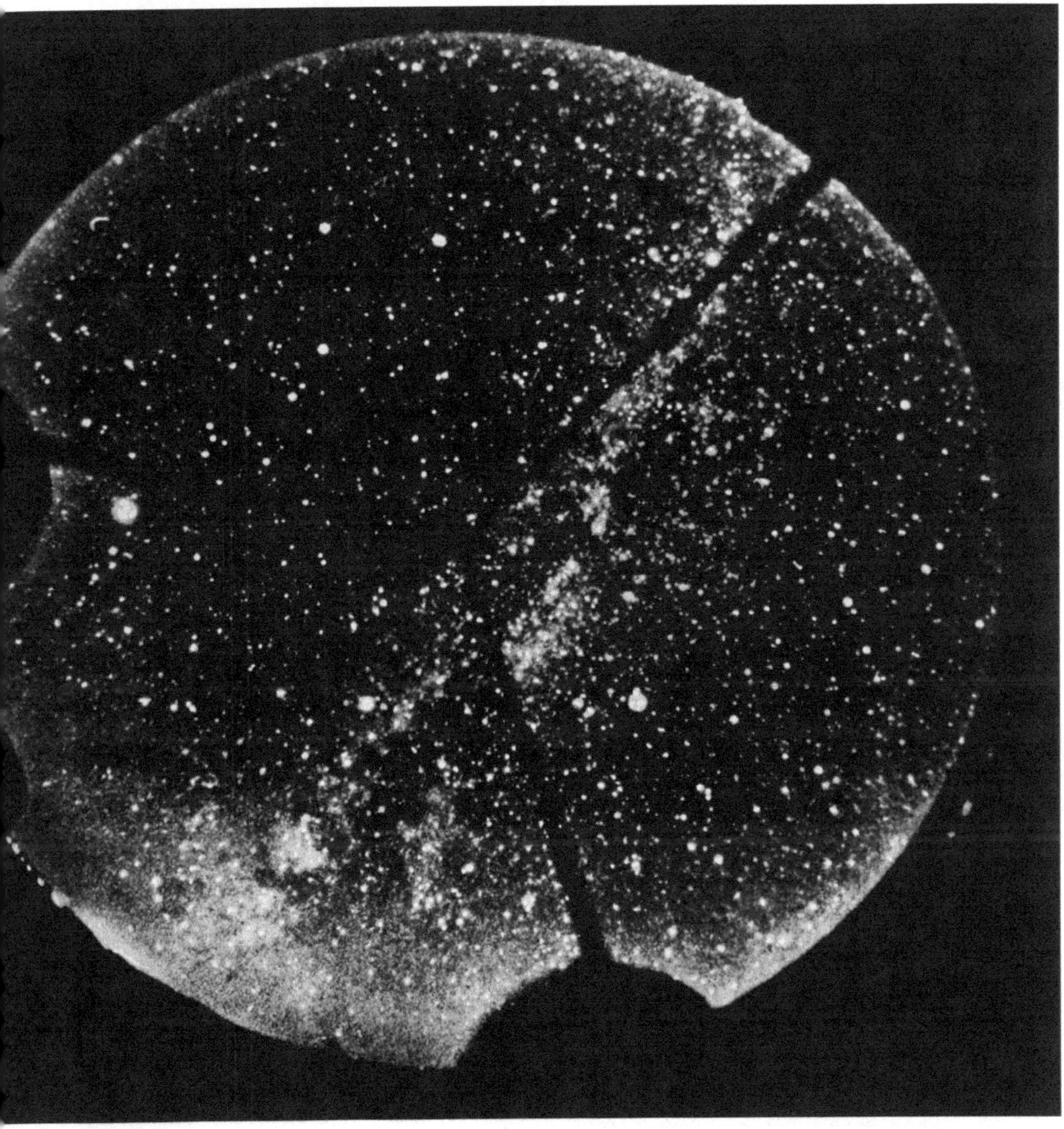

Abb. 23.8. Die Milchstraße vom Schützen bis zum Perseus. *(Photographiert am Yerkes-Observatorium mit einer Weitwinkel-Kamera im Oktober 1950.)*

auf sekundären Methoden der Entfernungsmessung, die in späteren Kapiteln besprochen werden, ihre Gestalt aber wird schematisch in Abb. 23.7 dargestellt.

Der Spiralcharakter der Milchstraße ist nicht ungewöhnlich; zahlreiche schwache Galaxien am Himmel zeigen ähnliche Formen (Abb. 1.5). Für sie alle ist ein zentraler Kern charakteristisch, der von Spiralarmen umgeben wird, die sich mehrere Male herumwinden können. Staub und Gas beobachtet man in den Armen der meisten Spiralnebel, so daß bei seitlichem Anblick der Kern vielfach durch dunkle Wolken absorbierender Materie verdeckt wird.

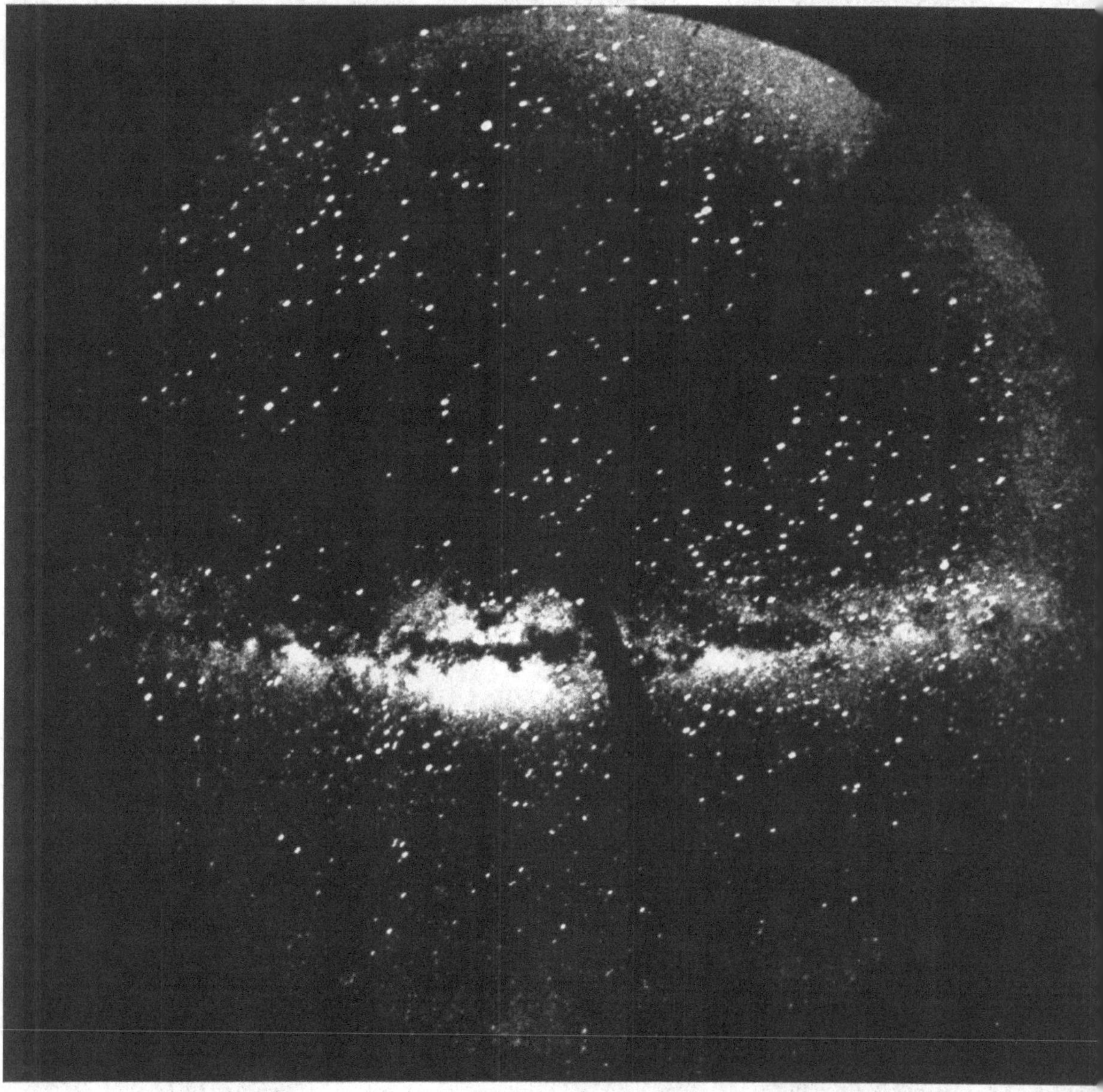

Abb. 23.9. Die Milchstraße vom Schützen bis zum Kreuz des Südens. Das Zentrum der Milchstraße wird durch Dunkelwolken verdeckt. *(Photographiert von A. D. Code mit einer Weitwinkel-Kamera.)*

Abb. 23.8 ist eine mit einer Weitwinkel-Kamera aufgenommene Photographie, sie überdeckt in galaktischer Länge ein Feld von rund 140° und zeigt die Milchstraße vom Schützen bis zum Perseus. In Abb. 23.9 wird der Teil der Milchstraße vom Schützen bis zum Kreuz des Südens wiedergegeben, in dieser Richtung liegt der Kern des Milchstraßensystems. Abb. 23.10 gibt zum Vergleich das Bild eines typischen Spiralnebels, NGC 4565, von der Kante gesehen; seine

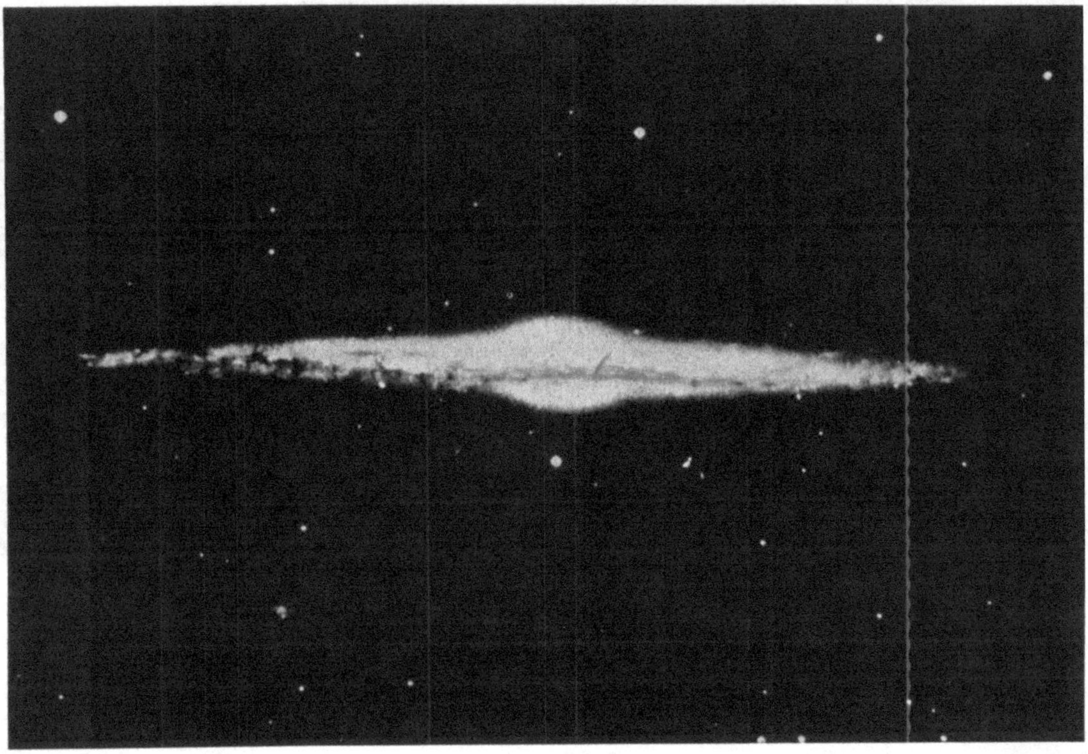

Abb. 23.10. Der Spiralnebel NGC 4565. Es besteht eine auffallende Ähnlichkeit zwischen dieser entfernten Galaxis und den zentralen Teilen der Milchstraße (Abb. 23.9). *(Photographie des Yerkes-Observatoriums.)*

Ähnlichkeit mit der Milchstraße ist überraschend groß. Die aus mehreren Aufnahmen zusammengesetzte Abb. 23.11 schließlich zeigt den südlichen Teil der Milchstraße vom Adler bis zum Schiffsegel (Vela).

Aufgaben

1. Die Sonne umkreist das Zentrum unseres Sternsystems mit einer Geschwindigkeit von ungefähr 300 km/sec. Wie groß wäre die Doppler-Verschiebung der 21 cm-Linie, die von einer stationären Wasserstoffwolke im Sternbild des Schwans emittiert wird?

2. Von zwei Sternhaufen A und B ist bekannt, daß sie physikalisch identisch sind. Von der Erde aus gesehen nimmt Haufen A am Himmel eine Fläche von 10′ Durchmesser ein, der Durchmesser des Haufens B beträgt 1′. Haufen B ist 5,8 Größenklassen schwächer als Haufen A.
   a) Man schätze den Abstand des Haufens B vom Haufen A.
   b) Um wie viele Größenklassen würde B schwächer als A sein, wenn der interstellare Raum durchsichtig wäre?

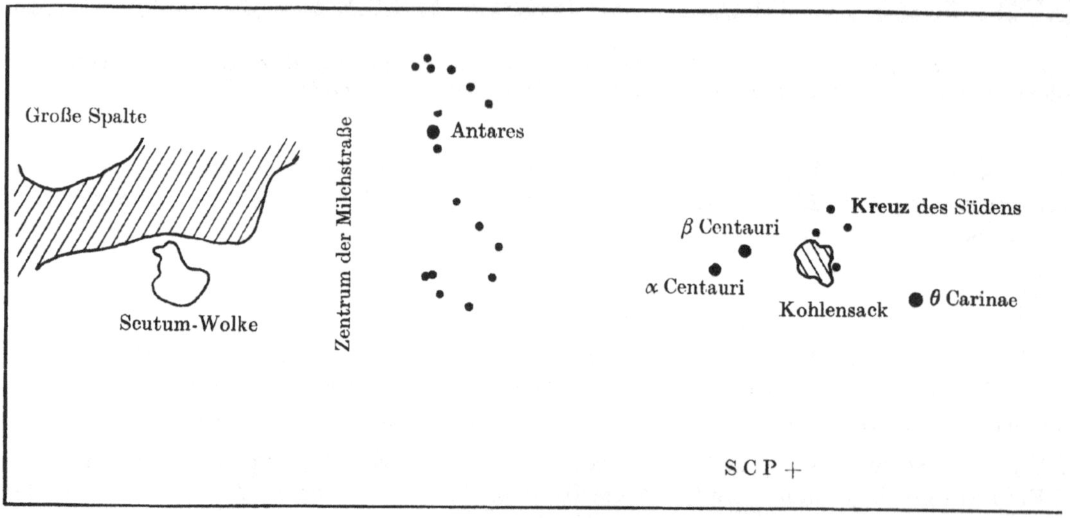

Abb. 23.11. (a) Übersicht über die südliche Milchstraße von Aquila bis Vela nach Aufnahmen von Code. In (b) sind mehrere Objekte identifiziert. *(Photographie der Mount Wilson und Palomar-Observatorien.)*

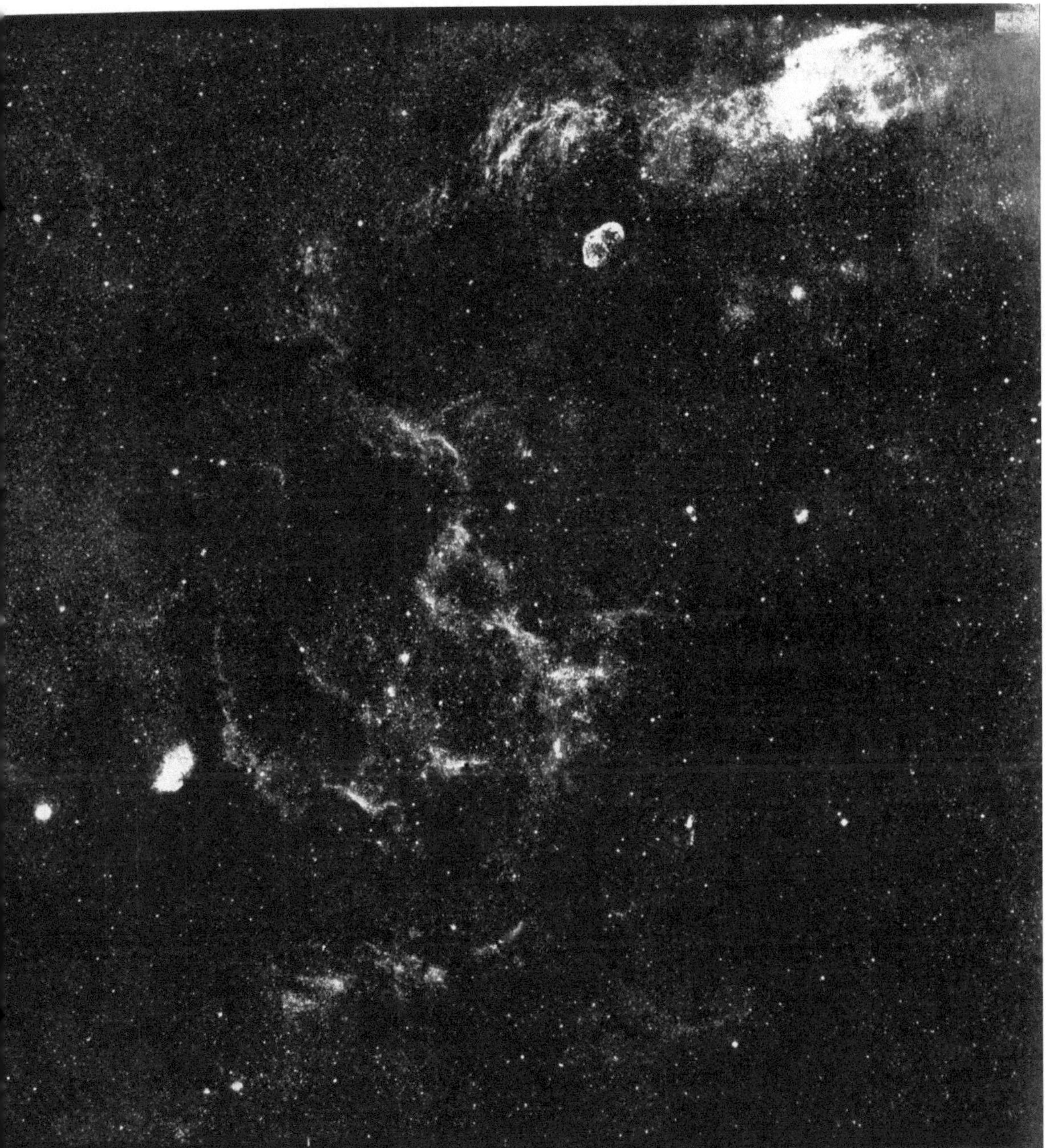

Abb. 23.12. Teilgebiet der Milchstraße im Schwan. *(Aufgenommen mit dem 48″-Schmidt-Teleskop der Mount Wilson und Palomar-Observatorien.)*

24. STERNBEWEGUNGEN

24.1 Die Rotation der Galaxien

Die Spektren vieler Galaxien, besonders von solchen, die von der Seite gesehen werden, zeigen geneigte Absorptions- und Emissionslinien, wenn der Spektrographenspalt längs der großen Achse des linsenförmigen Bildes verläuft. Keine Neigung wird beobachtet, wenn der Spalt auf dieser Achse senkrecht steht. Auch bei senkrechter Aufsicht auf eine Galaxis sind die Linien nicht geneigt. Aus diesen Beobachtungen geht hervor, daß die Galaxien um Achsen rotieren, die rechtwinklig zu ihren Symmetrieebenen durch ihre Zentren gehen. Der Andromeda-Nebel, eine der nächsten Galaxien, befindet sich in einer Entfernung von nur 440 000 parsec oder $1{,}5 \cdot 10^6$ Lichtjahren von der Milchstraße, und es ist daher möglich, die Radialgeschwindigkeiten von vielen Einzelheiten in ihm zu messen. Einer seiner Spiralarme nähert sich der Sonne mit einer Geschwindigkeit von — 500 km/sec, während sich der gegenüberliegende Arm mit einer Geschwindigkeit von + 100 km/sec entfernt. Das Zentrum des Spiralnebels hat eine Geschwindigkeit von — 280 km/sec. Nach Messungen von N. U. Mayall (Abb. 24.1) hat ein Punkt in einem Winkelabstand von 2° (oder 120′) vom Kern (was etwa 7000 parsec entspricht) eine Rotationsgeschwindigkeit von rund 200 km/sec. Die Rotationsperiode beträgt ungefähr $3 \cdot 10^8$ Jahre. Die zentralen Teile des Andromedanebels rotieren wie ein fester Körper (dies bedeutet nicht, daß der innere Teil der Galaxis ein fester Körper ist), während in größeren Abständen vom Kern die Rotationsgeschwindigkeit den Keplerschen Gesetzen gemäß abnimmt.

24.2 Die Rotation der Milchstraße

Da alle näheren Spiralnebel rotieren, ist die Annahme berechtigt, daß die Milchstraße sich ebenfalls um eine Achse dreht, die durch ihren Kern geht, und daß die Sonne und die Sterne an dieser galaktischen Rotation teilnehmen dürften. Um die Rotationsgeschwindigkeit der Milchstraße in der Entfernung der Sonne vom Kern zu bestimmen, hat man die Doppler-Verschiebungen in den Spektren von Objekten zu messen, die die Rotationsbewegung nicht mitmachen.

Die Milchstraße ist ein Glied der „lokalen Gruppe" von Galaxien, die einen kleinen Haufen bilden, obgleich sie voneinander durch Hunderttausende von Parsec getrennt sind. Es ist zulässig, sie relativ zueinander angenähert in Ruhe anzunehmen; ihre Radialgeschwindigkeiten spiegeln daher die Bewegung des Beobachters wider, bei der es sich im Wesentlichen um die galaktische Rotation der Sonne handelt. Die Radialgeschwindigkeit der großen Magellanschen Wolke beträgt + 276 km/sec, während im Abstand von 180° von ihr am Himmel der Andromedanebel eine Radialgeschwindigkeit von annäherungsweise — 300 km/sec besitzt. Wir schließen hieraus, daß sich die Sonne dem Andromedanebel nähert und von der großen Magellanschen Wolke entfernt. N. U. Mayall fand aus den Doppler-Verschiebungen bei zwölf Systemen der lokalen Gruppe, daß die galaktische Rotation der Sonne sich auf 300 km/sec beläuft und nach dem hellen Stern Deneb im Sternbild des Schwans gerichtet ist — in rund 90° Abstand von der Richtung zum galaktischen Zentrum.

Aus Abb. 24.2 ersieht man, daß die galaktische Rotation so gerichtet ist, daß die Spiralarme sich aufwickeln. Der innere Arm der Milchstraße rotiert schneller als der Arm, dem die Sonne

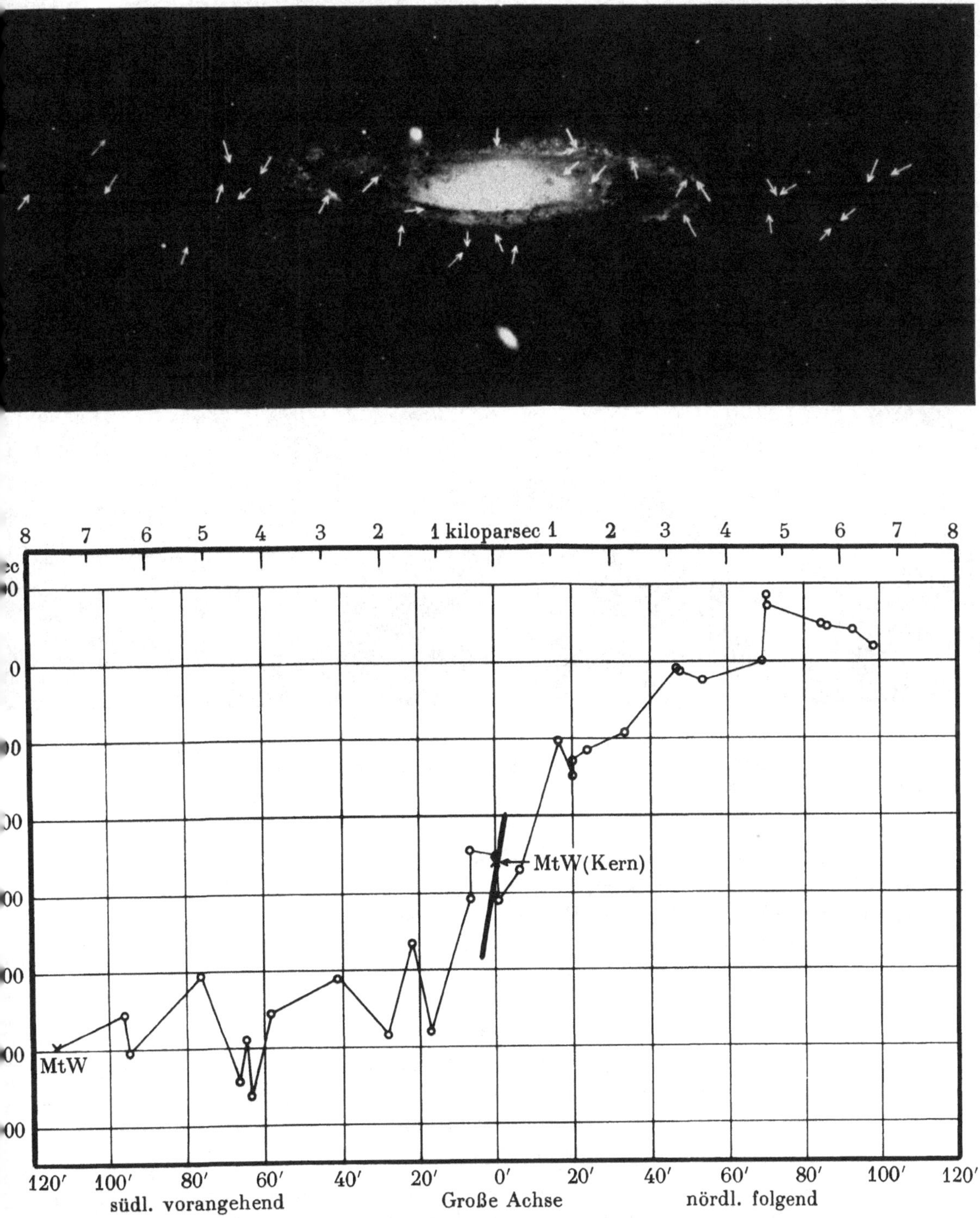

Abb. 24.1. Rotation des Andromedanebels. Es sind die Geschwindigkeiten von 32 von N. U. Mayall beobachteten Objekten im Andromedanebel eingetragen. Die gerade Linie in der Mitte stellt H. W. Babcocks Messungen von Absorptionslinien nicht-aufgelöster Sterne im Kerngebiet dar. *(Lick-Observatorium.)*

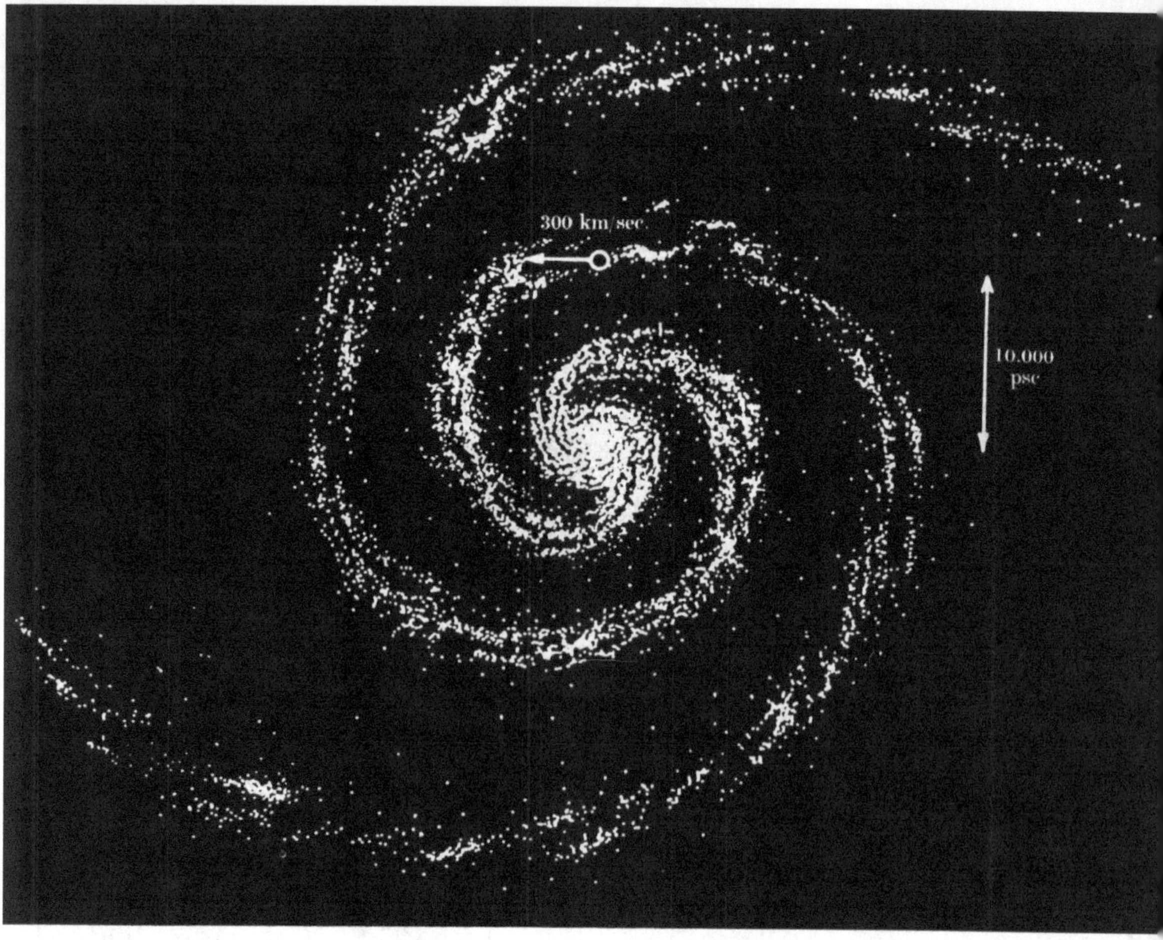

Abb. 24.2. Galaktische Rotation der Milchstraße. Der kleine Kreis gibt den Ort der Sonne an. Der Pfeil zeigt angenähert in die Richtung nach dem Sternbild des Schwans. Der Abstand der Sonne vom galaktischen Zentrum beträgt rund 8000 parsec.

angehört, und die Geschwindigkeiten gehorchen den Keplerschen Gesetzen. Der Umfang der galaktischen Bahn der Sonne beträgt $2\pi R = 2\pi \cdot 8000$ parsec oder mit hinreichender Genauigkeit $2\pi \cdot 3 \cdot 10^{17}$ km. Bei einer Rotationsgeschwindigkeit der Sonne von 300 km/sec ist dieser Umfang auch gleich $300 \cdot P_G$ km, worin P_G die Periode bedeutet, und damit ergibt sich

$$2\pi \cdot 3 \cdot 10^{17} = 300\, P_G$$

oder

$$P_G = 2 \cdot 10^8 \text{ Jahre.}$$

Somit hat die Sonne während der Lebensdauer des Sonnensystems ($5 \cdot 10^9$ Jahre) rund 25 Umläufe um den galaktischen Kern vollendet. Die Gesamtmasse des galaktischen Kerns kann aus dem dritten Keplerschen Gesetz in der Newtonschen Form

$$(M_1 + M_2) \cdot P^2 = a^3$$

berechnet werden, worin die M in Sonnenmassen, P in Jahren und a in astronomischen Einheiten ausgedrückt sind. Setzt man in diesen Ausdruck die berechnete Periode und den Wert von a (rund $10\,000 \cdot 2 \cdot 10^5$) ein, so findet man für $M_1 + M_2 = 2 \cdot 10^{11}$ Sonnenmassen. M_2, die Masse der Sonne, kann vernachlässigt werden. Die Masse des Kerns beträgt also effektiv $2 \cdot 10^{11}$ Sonnenmassen.

Der Effekt der galaktischen Rotation kann auch aus Bewegungen entfernter, zu unserem Sternsystem gehörender Sterne bestimmt werden, ohne daß man hierfür auf extragalaktische Objekte zurückzugreifen braucht. Er ist in der Tat 1927 von J. H. Oort auf diese Weise entdeckt worden. Man betrachte eine Anzahl Sterne in der Entfernung der Sonne vom galaktischen Zentrum (8000 parsec). Die meisten von ihnen beschreiben Kreisbahnen um dieses Zentrum, und nach dem dritten Keplerschen Gesetz bewegen sie sich alle mit der gleichen Geschwindigkeit. Diese Sterne sehen wir in der Projektion auf die Himmelssphäre beiderseits des galaktischen Zentrums in etwas weniger als 90° Abstand — etwa in den Sternbildern Schwan und Argo. Sie werden den Effekt der galaktischen Rotation nicht zeigen. Dagegen werden Sterne in 7000 parsec Abstand vom Zentrum sich schneller bewegen und daher die Tendenz haben, die Sonne zu überholen. Diejenigen in Richtung zum Zentrum im Schützen werden an uns vorbeiziehen, ihre Positionen am Himmel werden sich systematisch ändern, ihre Radialgeschwindigkeiten aber keine systematische Komponente besitzen. Diejenigen in 45° Abstand vom Zentrum, etwa im Adler und Pfeil, werden sich im Mittel von uns entfernen, während die Sterne im gleichen Abstand auf der anderen Seite des Zentrums, im Centaurus, sich uns nähern werden.

In ähnlicher Weise werden Sterne, die vom Zentrum weiter entfernt sind als die Sonne, etwa 9000 parsec, bei ihrer galaktischen Kreisbewegung von der Sonne überholt werden. Die Sterne in Nähe des Antizentrums (180° vom Zentrum), ungefähr in den Zwillingen, besitzen keine systematischen Radialgeschwindigkeiten, haben aber die Tendenz, ihre äquatorialen Koordinaten an der Sphäre in entgegengesetztem Sinne wie die Sterne im Schützen zu ändern. Die Sterne im Perseus, 45° vom Antizentrum, nähern sich uns (oder vielmehr wir nähern uns ihnen), während die in der Jungfrau, 45° vom Antizentrum auf der anderen Seite, sich von uns entfernen. Aus dem beobachteten Betrag der Entfernung oder Annäherung, der sich für die hier betrachtete Sterngruppe auf $\pm$ 20 km/sec beläuft, war es Oort möglich zu zeigen,

1. daß die galaktischen Bahnen in der Sonnenumgebung wirklich sehr nahe (wenn auch nicht exakt) kreisförmig sind;
2. daß sie dem dritten Keplerschen Gesetz entsprechen und
3. daß die Masse der Zentralteile des Sternsystems von der Größenordnung von $2 \cdot 10^{11}$ Sonnenmassen ist.

24.3 Die Pekuliargeschwindigkeit der Sonne

In Abschnitt 24.2 war die galaktische Rotationsgeschwindigkeit aus den Radialgeschwindigkeiten *entfernter* Objekte abgeleitet worden, weil alle Sterne in der Nähe der Sonne zu einem einzigen Spiralarm gehören und ihre Bewegung teilen. Zusätzlich zu dieser Rotationsgeschwindigkeit besitzt jeder Stern eine kleine individuelle Pekuliarbewegung. Die Sterne in der Nachbarschaft der Sonne können mit einem Moskitoschwarm verglichen werden; der Schwarm als Ganzes wird vom Winde fortgeweht (galaktische Rotation), aber jeder Moskito bewegt sich innerhalb des Schwarms mit seiner eigenen individuellen Geschwindigkeit (Pekuliarbewegung).

Die Sonne bewegt sich unzweifelhaft ebenfalls unter ihren Nachbarsternen. Wenn dem so ist, sollten die Sterne, die wir in der Richtung der Sonnenbewegung sehen, im Mittel Annäherungsgeschwindigkeiten zeigen, die in entgegengesetzter Richtung dagegen Entfernungsgeschwindigkeiten; Sterne in 90° Abstand von diesen beiden Richtungen sollten im Mittel sich weder nähern noch entfernen. Statistische Untersuchungen der Radialgeschwindigkeiten der näheren Sterne haben ergeben, daß sich die Sonne mit einer Geschwindigkeit von 20 km/sec nach einem Punkt im Sternbild des Herkules bewegt. Die Pekuliarbewegungen der Sterne in der Sonnenumgebung sind von derselben Größenordnung und nach dem Zufall verteilt. Die größte Pekuliarbewegung eines Sterns liegt bei etwa 500 km/sec.

Wir können nun die im vorigen Abschnitt (24.2) gegebene Deutung des Effekts der galaktischen Rotation noch etwas verfeinern: Der gesamte Schwarm der näheren Sterne, einschließlich der Sonne, bewegt sich in einer Kreisbahn um das galaktische Zentrum. Jeder einzelne Stern aber weicht mehr oder weniger von dieser Kreisbewegung ab. Im Fall der Sonne ist die Abweichung ziemlich unbedeutend, weil die Pekuliargeschwindigkeit von 20 km/sec im Vergleich zur galaktischen Rotation von 300 km/sec klein ist. Aber gelegentlich können die Abweichungen auch ziemlich beträchtlich sein; es gibt Sterne, die sehr exzentrische Bahnen um das Zentrum beschreiben, und ein paar sind bekannt, die sich sogar in entgegengesetzter Richtung wie die Sonne und die große Mehrzahl der Sterne bewegen.

24.4 Eigenbewegung und Tangentialgeschwindigkeit

Die Messung von Doppler-Verschiebungen gibt lediglich über die Bewegungen der Sterne im Visionsradius Aufschluß. Zur Bestimmung der Bewegungen rechtwinklig zum Visionsradius werden die Sternkoordinaten α und δ auf direkten Photographien gemessen, die im zeitlichen Abstand von mehreren Jahren aufgenommen wurden. Wir nehmen an, α_1, δ_1 und α_2, δ_2 seien die Koordinaten eines Sterns, die auf Photographien mit 10 Jahren Zwischenzeit gemessen wurden. Die beiden Rektaszensionen und die beiden Deklinationen werden aus folgenden Gründen nicht übereinstimmen:

1. Wegen der Erdpräzession verschieben sich die Schnittpunkte des Äquators mit der Ekliptik langsam westwärts, so daß die vom Frühlingspunkt aus gemessenen Rektaszensionen aller Sterne mit der Zeit zunehmen. Auch die Deklinationen ändern sich in bestimmten Teilen des Himmels nach Norden, in anderen nach Süden.

2. Wenn ein Stern dem Sonnensystem genügend nahe steht, kann seine Pekuliarbewegung groß genug sein, um meßbare Veränderungen in den Koordinaten zu bewirken. Die Winkeldistanz, die ein Stern am Himmel in einem Jahr zurückzulegen scheint, ist seine gesamte Eigenbewegung μ. Die beiden Komponenten der Eigenbewegung sind

$$\mu_\alpha = \frac{\alpha_2 - \alpha_1}{10}, \quad \mu_\delta = \frac{\delta_2 - \delta_1}{10},$$

worin die α und δ wegen der Präzession korrigiert sind. Die gesamte Eigenbewegung kann aus der Beziehung $\mu^2 = \mu_\alpha^2 + \mu_\delta^2$ gefunden werden, wenn der Stern im Äquator steht. In anderen Deklinationen wird eine etwas kompliziertere Formel gebraucht.

Die Pekuliarbewegung der Sonne von 20 km/sec in Richtung zum Herkules wirkt sich nicht nur auf die Radialgeschwindigkeiten der in der Nähe gelegenen Sterne aus, sondern auch auf ihre Eigenbewegungen. Der Einfachheit halber nehme man an, daß alle Sterne außer der Sonne sich in Ruhe befinden. Dann zeigen diejenigen, die in Richtung zum Apex und Antapex (die Richtungen nach denen hin, bzw. von denen fort sich die Sonne bewegt) liegen, maximale Doppler-Verschiebungen aber keine Eigenbewegungen. Sterne in Nähe des Apex dagegen scheinen von ihm aus zu divergieren, während Sterne in Nähe des Antapex nach diesem hin konvergieren. Der Effekt ist ähnlich wie bei einem Meteorschauer, wo die sich in parallelen Bahnen bewegenden Meteore von einem Punkt am Himmel herzukommen scheinen.

Abb. 24.3 veranschaulicht die Radialgeschwindigkeiten und Eigenbewegungen, die durch die Sonnenbewegung bedingt sind, für Sterne, die als im Raume ruhend und im gleichen Abstand von der Sonne angenommen werden. Die Sonnengeschwindigkeit wird durch den Pfeil dargestellt, der nach dem Apex im Herkules zeigt. Alle Sterne scheinen eine Geschwindigkeit zu besitzen, die diesem Pfeil dem Betrage nach gleich, der Richtung nach entgegengesetzt ist. Diese „reflektierte" Sonnenbewegung, dargestellt durch die gestrichelten Linien, besteht aus zwei Komponenten, von denen die eine (die Radialgeschwindigkeit) Annäherung an die Sonne oder Entfernung von der Sonne, die andere (die Tangentialgeschwindigkeit) die Bewegung senkrecht zum Visionsradius bedeutet. Der Winkel, unter dem von der Sonne aus der Vektor der Tangentialgeschwindigkeit erscheint, ist die Eigenbewegung des Sterns. Für alle Sterne, die 90° oder mehr vom Apex entfernt sind, sind die Radialgeschwindigkeiten von der Sonne weg gerichtet; bei einem Apexabstand von genau 90° ist die Radialgeschwindigkeit gleich Null. Die Tangentialgeschwindigkeiten sind Null am Apex und Antapex und wachsen allmählich

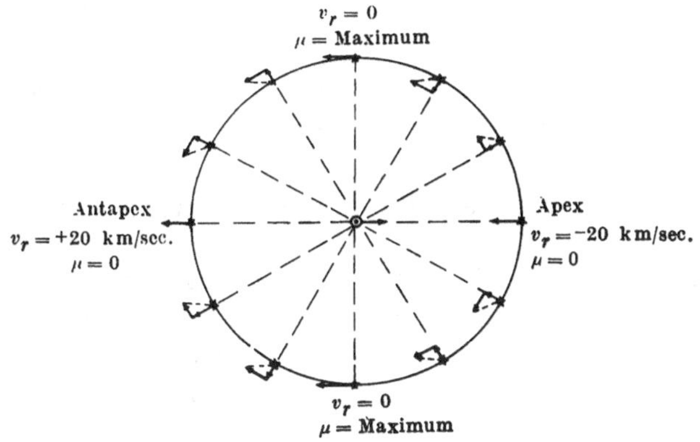

Abb. 24.3. Die Pekuliarbewegung der Sonne. Im Mittel nähert sich ein Stern im Apex der Sonne mit einer Geschwindigkeit von 20 km/sec und entfernt sich ein Stern im Antapex mit derselben Geschwindigkeit von der Sonne. Andere Sterne besitzen radiale und tangentiale Komponenten außer, wenn sie 90° vom Apex entfernt sind, wo die Radialgeschwindigkeitskomponenten verschwinden und die Eigenbewegung ihr Maximum hat.

bis auf 20 km/sec halbwegs dazwischen an. Die individuellen Eigenbewegungen hängen von den Entfernungen der Sterne von der Sonne ab. Ein Stern, dessen Abstand von der Sonne zweimal so groß ist wie der eines anderen Sterns, wird nur eine halb so große Eigenbewegung haben.

Der aus den Sternen der näheren Sonnenumgebung bestimmte Sonnenapex liegt an der Himmelssphäre nicht weit von der Richtung der galaktischen Rotation des gesamten Sternschwarms, dem die Sonne angehört (wir können diesen Schwarm als einen Teil des Spiralarms unseres Milchstraßensystems betrachten, in dem die Sonne sich befindet). Es ist daher nicht immer leicht, die Effekte der galaktischen Rotation und der Pekuliarbewegung der Sonne zu trennen. Doch bestehen bedeutende Unterschiede zwischen beiden. So sind rechtwinklig zur Pekuliarbewegung der Sonne die stellaren Eigenbewegungen im Mittel auf beiden Seiten vom Apex weg gerichtet. Der Effekt der galaktischen Rotation andererseits bewirkt, daß die Eigenbewegungen im Gebiet des galaktischen Zentrums in Richtung der Rotation, in Nähe des Antizentrums aber im entgegengesetzten Sinne orientiert sind.

24.5 Raumgeschwindigkeiten

Wir wollen die Raumgeschwindigkeiten der folgenden beiden Sterne berechnen:

Stern	α (1900)	δ (1900)	Parallaxe	μ_α	μ_δ	Gesamt-Eigenbewegung	Beobachtete Radial-geschwindigkeit
ξ Herculis	18^h	$+29°$	$0''.018$	$+0''.085$	$-0''.019$	$0''.087$	-2 km/sec
π Pavonis	18^h	$-64°$	$0''.024$	$+0''.015$	$-0''.190$	$0''.191$	-16 km/sec

1. Ausschaltung der Sonnenbewegung: ξ Herculis liegt angenähert am Sonnenapex. Daher tritt zu seiner eigenen Radialgeschwindigkeit die Sonnengeschwindigkeit von -20 km/sec in Richtung nach diesem Stern hinzu. Die Radialgeschwindigkeit von ξ Herculis selbst ist

folglich — 2 + 20 oder 18 km/sec. π Pavonis liegt 90° vom Apex entfernt; die Sonnenbewegung spiegelt sich daher allein in der Eigenbewegung dieses Sterns wider. In einer Entfernung von $1/0''.024$ oder 42 parsec sind die Komponenten von μ, soweit sie auf die Sonnenbewegung zurückzuführen sind, (für $\alpha = 18^h$) $\mu_\alpha = 0''.000$, $\mu_\delta = 0''.101$; diese Komponenten lassen sich für jeden Stern berechnen, wenn seine Parallaxe und seine Position am Himmel bekannt sind (die tatsächlichen Berechnungen werden hier nicht besprochen). Die pekuliare Eigenbewegung von π Pavonis beträgt $0''.090$.

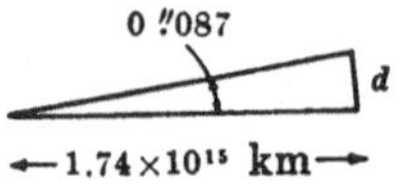

Abb. 24.4. Die Eigenbewegung von ξ Herculis. Die Entfernung des Sterns beträgt $1{,}74 \cdot 10^{15}$ km und die gesamte Eigenbewegung $0''.087$; d ist die tangentiale Komponente der Strecke, die der Stern in einem Jahr zurücklegt.

2. Berechnung der Tangential-Geschwindigkeit: Der Abstand von ξ Herculis beträgt $1/0''.018 = 56$ parsec oder $56 \cdot 3{,}1 \cdot 10^{13} = 1{,}74 \cdot 10^{15}$ km. In einem Jahr verschiebt sich seine Stellung um $0''.087$. Unter Verwendung des Wertes für die Entfernung dieses Sterns ergibt sich für die Länge (d) des Weges (Abb. 24.4), den er in einem Jahr durchläuft,

$$\frac{0''.087}{360 \cdot 60 \cdot 60} = \frac{d}{2\pi \cdot 1{,}7 \cdot 10^{15}}$$

oder

$$d = 7{,}2 \cdot 10^8 \text{ km}.$$

Die Tangentialgeschwindigkeit beträgt also

$$v_t = 7{,}2 \cdot 10^8/3{,}16 \cdot 10^7 = 23 \text{ km/sec}.$$

Eine ähnliche Berechnung zeigt, daß π Pavonis eine Tangentialgeschwindigkeit von 18 km/sec besitzt.

3. Ermittlung der Raumgeschwindigkeit: Die beiden Komponenten der räumlichen Geschwindigkeiten v kann man vektoriell addieren:

$$v^2 = v_r^2 + v_t^2 .$$

Für ξ Herculis ist

$$v^2 = 18^2 + 23^2; \quad v = 29 \text{ km/sec},$$

und für π Pavonis

$$v^2 = (-16)^2 + 18^2; \quad v = 24 \text{ km/sec}.$$

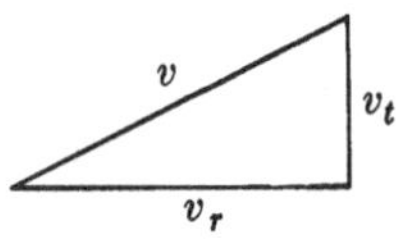

Abb. 24.5. Berechnung der Raumgeschwindigkeit eines Sterns. v_r ist die radiale, v_t die tangentiale Komponente.

24.6 Bewegungshaufen

In einigen Millionen Jahren wird sich das uns vertraute Aussehen der Sternbilder verändert haben wegen der Pekuliarbewegungen der Sterne, die meist nach dem Zufall verteilt sind. Mehrere Sterngruppen besitzen jedoch auffallend ähnliche Eigenbewegungen und Radialgeschwindigkeiten. Abb. 24.6 (b) zeigt den Großen Bären (Ursa Major), wie er jetzt aussieht, (a) die relativen Stellungen der Sterne desselben Sternbilds vor 100 000 Jahren und (c) 100 000 Jahre später. Fünf der sieben Sterne (die durch eine ausgezogene Linie verbunden sind) haben ihre relative Stellung zueinander behalten: Sie haben gleiche Eigenbewegungen und bilden einen „Bewegungshaufen". Wir kennen mehrere solcher Haufen. Unter ihnen sind die Hyaden im Sternbild des Stiers der bekannteste. Von 132 Sternen wissen wir, daß sie Glieder dieser Gruppe sind, und weitere 200 schwache Sterne mögen außerdem dazugehören.

Die einzelnen Mitglieder des Haufens besitzen große Eigenbewegungen, rund 0".1 pro Jahr, die alle nach einem Konvergenzpunkt gerichtet sind, der 26° entfernt liegt — in Rektaszension $6^h\,8^m$ und Deklination $+\,9°$ — dicht bei der Stelle, wo die Sternbilder Orion, Zwillinge und Einhorn zusammentreffen. Die Hyaden entfernen sich von uns unter einem Winkel mit einer Radialgeschwindigkeit von rund 38 km/sec.

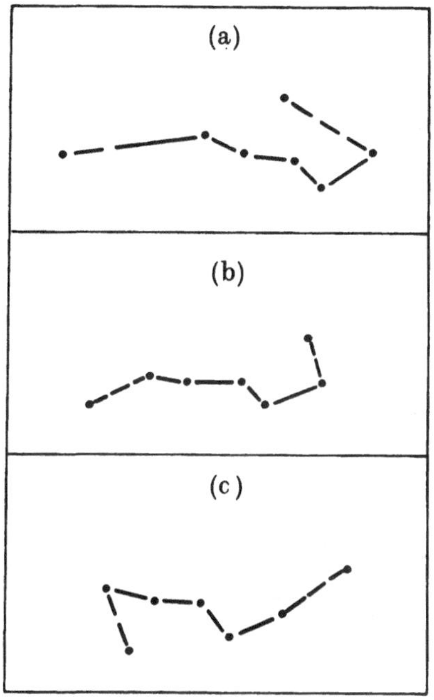

Abb. 24.6. Eigenbewegungen der Sterne des Großen Bären.

In Abb. 24.7 werden nach J. A. Pearce die Hyadensterne durch Punkte dargestellt. Die Richtung und der relative Betrag ihrer Eigenbewegungen werden durch die Pfeile angezeigt. Der Konvergenzpunkt des Haufens ist gut bestimmt, und seine Existenz besagt, daß sich die einzelnen Sterne mit gleichen Geschwindigkeiten auf parallelen Bahnen von der Sonne entfernen. Wenn der Haufen sich nähern würde, ergäbe sich im Diagramm eine Divergenz der Pfeile; ein Konvergenzpunkt würde nicht vorhanden sein, sondern statt dessen ein Radiant wie bei einem Meteorschauer.

Diese charakteristischen Eigenschaften der Hyaden gestatten es uns, die Entfernungen der einzelnen Haufensterne mit hoher Genauigkeit zu finden. Die Methode beruht auf der Tatsache, daß Radialgeschwindigkeiten in km pro Sekunde gemessen, während Eigenbewegungen in Bogensekunden pro Jahr beobachtet werden. Da wir im Fall eines Hyadensterns die wirkliche Bewegungsrichtung des Sterns im Raum erkennen können, lassen sich Radialgeschwindigkeit und Eigenbewegung in folgender Weise zur Ableitung der Entfernung des Sterns verbinden.

Wir nehmen an, daß vier Sterne einem Bewegungshaufen angehören (Abb. 24.8). Sie alle haben dieselbe räumliche Bewegung v. Stern A im Diagramm bewegt sich direkt von der Sonne weg, seine Eigenbewegung ist gleich Null, seine Radialgeschwindigkeit gleich v_r. Stern B besitzt eine kleine Eigenbewegung in der Richtung zum Konvergenzpunkt. Stern C hat eine etwas größere Eigenbewegung, die ebenfalls nach dem Konvergenzpunkt zeigt. Stern D hat die größte Eigenbewegung und seine Radialgeschwindigkeit ist Null. In allen Fällen ist der Winkel, den die räumliche Bewegung v mit dem Visionsradius bildet, gleich dem Winkelabstand des Sterns vom Konvergenzpunkt an der Himmelssphäre und läßt sich somit leicht finden.

Wenn wir diesen Winkel ω für einen Haufenstern messen, dessen Radialgeschwindigkeit v_r beobachtet wurde, kann die räumliche Bewegung des Sterns durch maßstabsgerechte Umrechnung aus dem einfachen rechtwinkligen Dreieck in Abb. 24.9 abgeleitet werden. Hierin ist v_t die zum Visionsradius senkrechte Komponente der räumlichen Bewegung. Sie läßt sich auf dieselbe Weise aus dem Diagramm finden. Da die Radialgeschwindigkeit v_r in km pro sec gegeben ist, wenn man sie aus den Doppler-Verschiebungen der Spektrallinien eines Sterns bestimmt hat, ergeben sich v und v_t in den gleichen Einheiten.

Die Beobachtung liefert uns die Eigenbewegung μ des Sterns in Bogensekunden pro Jahr. Die Größen v_t und μ lassen sich leicht miteinander in Beziehung setzen. Dazu berechnen wir

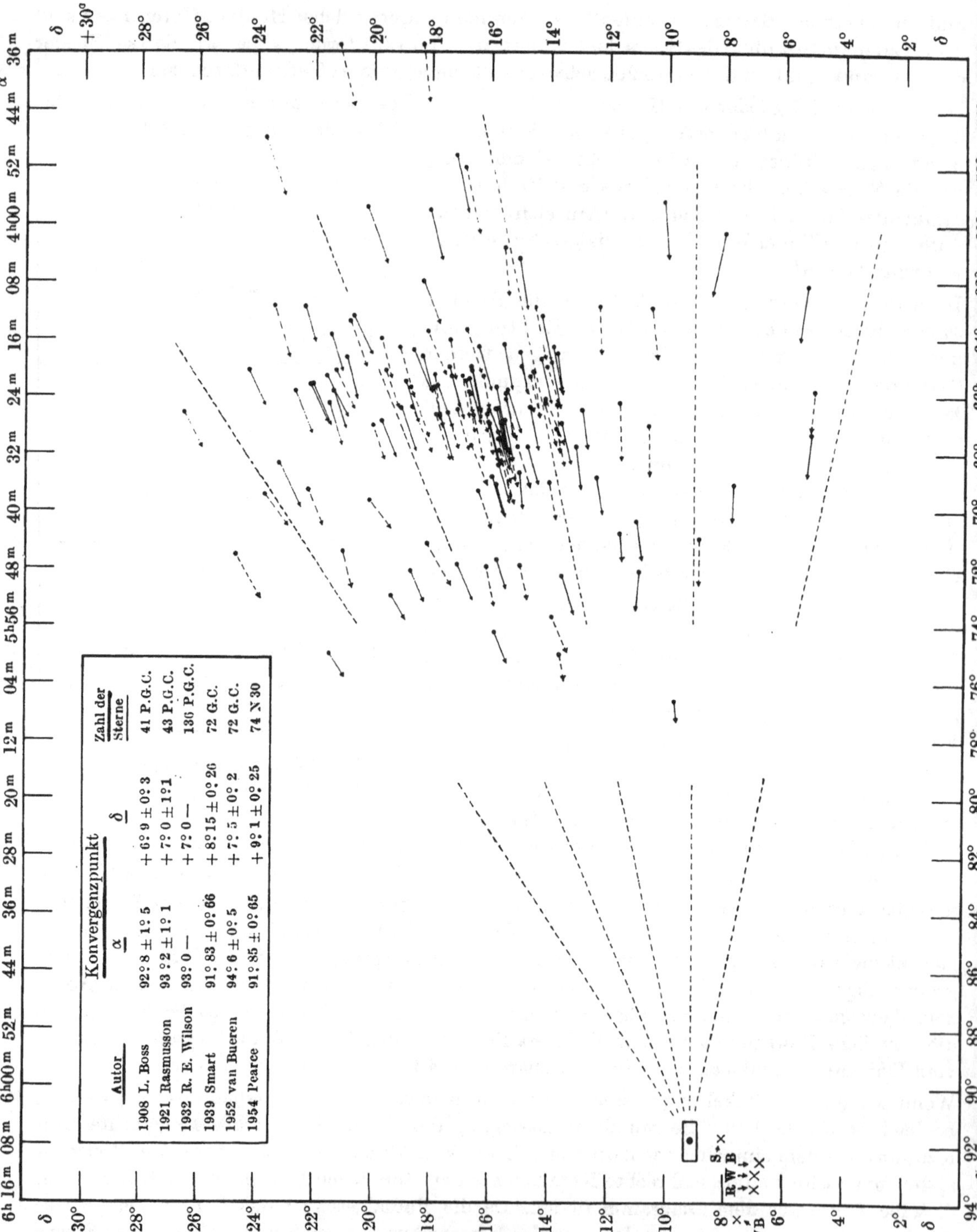

Abb. 24.7. Der Bewegungshaufen im Stier. Die Eigenbewegungen der Sterne werden durch Pfeile dargestellt. *(Nach J. A. Pearce.)*

die Zahl von Kilometern, die der Stern in einem Jahr zurücklegt, wenn man die räumliche Bewegung auf den Himmel projiziert. Wenn die Entfernung des Sterns d km beträgt, bewegt sich der Stern

$$2\pi \cdot d \cdot \frac{\mu}{360° \cdot 60' \cdot 60''}$$

in einem Jahr. Dieser Wert ist gleich $3{,}2 \cdot 10^7 \cdot v_t$, der Tangentialgeschwindigkeit multipliziert mit der Anzahl der Sekunden in einem Jahr. Wir können beide Ausdrücke gleichsetzen und die Entfernung des Sterns d ausrechnen. Auf diese Weise ergibt sich für den Abstand des

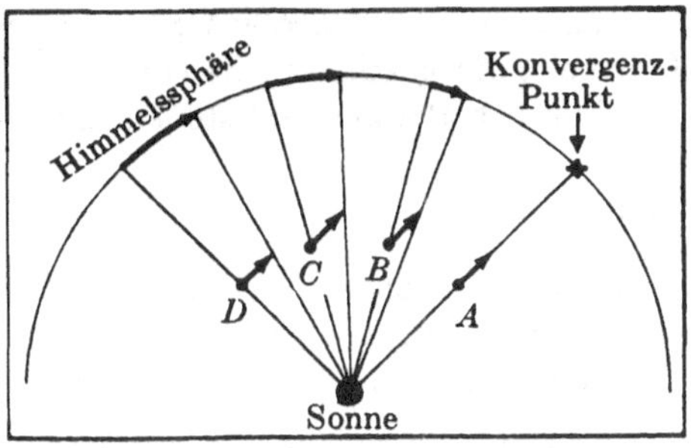

Abb. 24.8. Der Konvergenzpunkt eines Bewegungshaufens. Die vier Sterne A, B, C, D haben gleiche räumliche Geschwindigkeiten. In der Projektion auf die Sphäre sind die Pfeile nach dem Konvergenzpunkt gerichtet. *(Sky and Telescope.)*

Zentrums des Hyadenhaufens der Wert 37 parsec oder rund 120 Lichtjahre. Der Durchmesser des Haufens ist aber beträchtlich, rund 20 parsec. Daher dürften die nächsten Hyadensterne von der Sonne nur 27 parsec entfernt sein, während für andere der Abstand 47 parsec beträgt. Die räumliche Bewegung v des Haufens ist gleich 43,2 km/sec.

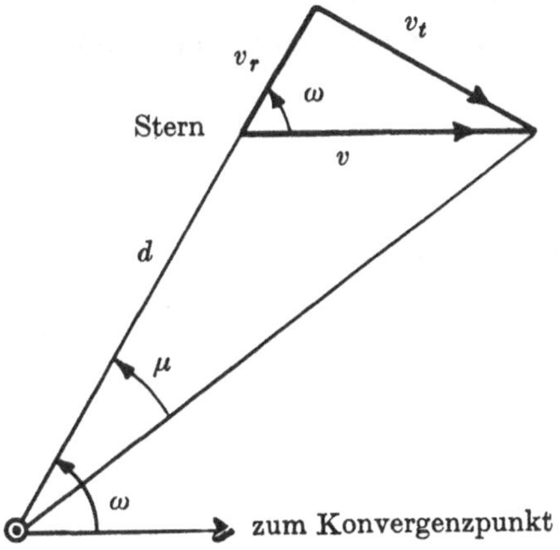

Abb. 24.9

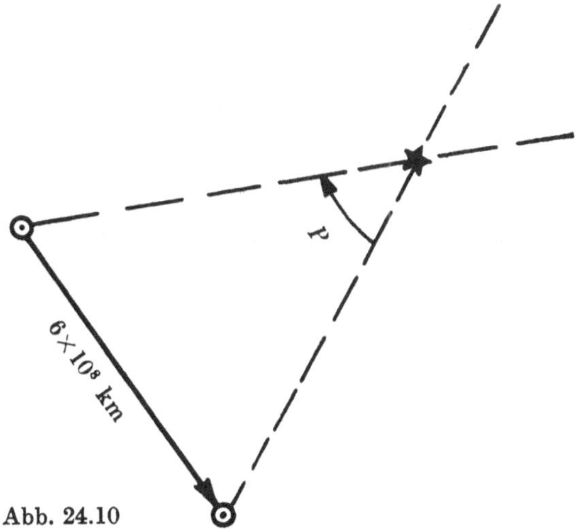

Abb. 24.10

Abb. 24.9. Die Raumbewegung eines Sterns in einem Bewegungshaufen. Mit ω ist der Winkel zwischen dem Stern und dem Konvergenzpunkt bezeichnet; v_r ist die Radialgeschwindigkeit, v_t die tangentiale Geschwindigkeit und v die räumliche Bewegung.

Abb. 24.10. Die statistische Parallaxe eines Sterns. In einem Jahr legt die Sonne $6 \cdot 10^8$ km zurück. Dies verursacht eine Ortsverschiebung eines Sterns um den Winkel P.

24.7 Statistische Parallaxen

Die Standard-Grundlinie für die Bestimmung trigonometrischer Parallaxen ist die astronomische Einheit von $1{,}5 \cdot 10^8$ km. Um die Länge dieser Grundlinie noch zu vergrößern, kann die Sonnenbewegung benutzt werden. In einem Jahr legt die Sonne $20 \cdot 3{,}2 \cdot 10^7 = 6 \cdot 10^8$ km zurück; in 10 Jahren verschiebt sich ihre Position im Raum, relativ zu benachbarten Sternen, um $6 \cdot 10^9$ km. Die Koordinaten eines Nachbarsterns ändern sich infolge der Sonnenbewegung. Wenn alle Sterne außer der Sonne in Ruhe wären, könnten ihre Abstände durch Messung des Winkels P in Abb. 24.10 bestimmt werden. Die Sterne besitzen nun aber eigene Pekuliarbewegungen, und daher versagt die Methode für jeden einzelnen von ihnen. Doch dürfen wir wegen des Zufallscharakters der Sternbewegungen im allgemeinen die Annahme machen, daß für eine hinreichend große Gruppe (zum Beispiel für Sterne einer bestimmten scheinbaren Helligkeit) die pekuliaren Sternbewegungen sich im Mittel aufheben. Die sich so ergebenden „statistischen Parallaxen" stellen Mittelwerte für die gesamte Gruppe dar.

Aufgaben

1. Aus dem dritten Keplerschen Gesetz berechne man die Rotationsperiode des ersten Spiralarms außerhalb des Arms, dem die Sonne angehört. Den Abstand dieses äußeren Arms vom Zentrum der Milchstraße setze man zu 12 000 parsec an.
2. Ein Stern bewege sich in einer Kreisbahn um das galaktische Zentrum mit einer Umlaufszeit von $5 \cdot 10^8$ Jahren.
   a) Berechne seine Bahngeschwindigkeit und vergleiche sie mit der der Sonne.
   b) Gib die Punkte seiner Bahn an, in denen dieser Stern eine Annäherungs- und Entfernungsgeschwindigkeit relativ zur Sonne aufweist.
3. Man behandle die Fragen *a* und *b* der Aufgabe 2 unter der Voraussetzung, daß die Umlaufszeit des Sterns um das galaktische Zentrum 10^8 Jahre beträgt.
4. Bestimme die Eigenbewegung, die aus der galaktischen Rotation der Sonne resultiert, für eine Galaxis in Richtung zum galaktischen Pol im Abstand von 100 000 parsec von der Sonne.
5. Zeige, daß die Tangentialgeschwindigkeit eines Sterns

$$\frac{4{,}74\,\mu}{p}\ \text{km/sec}$$

   beträgt, worin μ die gesamte Eigenbewegung und p die Parallaxe ist.

25. DIE KLASSIFIKATION DER STERNE

25.1 Die stellare Temperatursequenz

In erster Näherung dürfen die Sterne als schwarze Strahler angesehen werden, und ihre Temperaturen lassen sich dann durch Messung der Intensität des Lichts in ihren kontinuierlichen Spektren in verschiedenen Wellenlängen bestimmen. Wenn es möglich ist, die Wellenlänge zu ermitteln, bei der die Intensität des Sterns ein Maximum erreicht, läßt sich das Wiensche Verschiebungsgesetz (Abschnitt 16.1) anwenden, um die Oberflächentemperatur zu bestimmen. Liegt das Maximum zu weit im infraroten oder ultravioletten Gebiet, um beobachtet werden zu können, so kann man die Temperatur ableiten, indem man die relativen Intensitäten als Funktion der Wellenlänge aufträgt und die resultierende Kurve mit einer Reihe von Kurven des schwarzen Körpers gleich denen in Abb. 16.1 vergleicht. Selbst wenn nur ein Teil der Planck-Kurve aus den Beobachtungen ableitbar ist, sollte ihre Neigung ausreichen, um die Temperatur festzulegen. Endlich läßt sich die Temperatur auch aus dem Farbenindex schätzen, wenn die visuelle und photographische Größe eines Sterns bestimmt worden ist.

Auf diese Weise hat man gefunden, daß die Temperaturen der meisten Sterne zwischen 3000° und 50 000° liegen. Die heißesten Sterne sind sehr selten, eine große Anzahl besitzt aber Temperaturen von der Größenordnung 3500°. Da interstellare Absorption von einem Rötungseffekt begleitet ist, kann diese Methode direkt nur im Falle der näheren Sterne angewandt werden, deren Licht nicht merklich von Staubwolken absorbiert wird. Im Falle eines sehr entfernten Sterns kann die interstellare Rötung bewirken, daß ein tatsächlich heißer blauer Stern so rot wie ein relativ kühler Stern erscheint. Die Intensitätsverteilungen in den kontinuierlichen Spektren von durch interstellaren Staub geröteten Sternen sind jedoch keiner aus der Schar der Planck-Kurven ähnlich. Es ist daher möglich, die Oberflächentemperatur und den Betrag der interstellaren Rötung getrennt zu ermitteln, indem man die Abweichungen der beobachteten Kurven von den Planck-Kurven mißt.

25.2 Sternradien

Messungen der trigonometrischen Parallaxe und der scheinbaren Größe eines Sterns ergeben seine absolute Größe (die ein Maß für die wirkliche Leuchtkraft darstellt). Messungen der Farbe und des kontinuierlichen Spektrums des Sterns legen seine Temperatur fest. Die von einem Stern in alle Richtungen pro cm^2 seiner Oberfläche emittierte Energie wird durch das Stefansche Gesetz

$$Q = \sigma \cdot T^4$$

gegeben. Die gesamte von einem Stern ausgestrahlte Energie ist die Summe der Energien, die von allen Quadratzentimetern seiner Oberfläche emittiert werden. Die Leuchtkraft beträgt dann

$$L = 4\pi R^2 \cdot Q = 4\pi\sigma \cdot R^2 \cdot T^4. \qquad (25.1)$$

Für die Sonne sind L, T und R in cgs-Einheiten bekannt.

Gleichung 25.1 läßt sich verwenden, um den Radius irgendeines Sterns zu bestimmen, dessen absolute Größe und Temperatur bekannt sind. Zum Beispiel besitzt α Canis Majoris (Sirius) eine absolute (bolometrische) Größe von + 0,8, seine Oberflächentemperatur liegt bei 10 000°, während die Sonne mit einer Temperatur von 6000° eine absolute bolometrische Größe von + 4,6 hat. In 10 parsec Abstand würde die Sonne 4,6 — 0,8 = 3,8 oder ungefähr 4 Größenklassen schwächer als α Canis Majoris sein. Eine Differenz von 4 Größenklassen entspricht einem Intensitätsverhältnis 40, d. h. die Leuchtkraft von α Canis Majoris $L_{\alpha\,\mathrm{CMa}}$ ist 40mal größer als die der Sonne $L_\odot$. Da Gleichung 25.1 für jeden Stern gilt, ist

$$L_{\alpha\,\mathrm{CMa}} = 4\,\pi\,\sigma \cdot R^2_{\alpha\,\mathrm{CMa}} \cdot T^4_{\alpha\,\mathrm{CMa}}$$

und

$$L_\odot = 4\,\pi\,\sigma \cdot R^2_\odot \cdot T^4_\odot\,.$$

Durch Division beider Gleichungen ergibt sich

$$\frac{L_{\alpha\,\mathrm{CMa}}}{L_\odot} = \left(\frac{R_{\alpha\,\mathrm{CMa}}}{R_\odot}\right)^2 \cdot \left(\frac{T_{\alpha\,\mathrm{CMa}}}{T_\odot}\right)^4.$$

Setzt man in diesen Ausdruck das Verhältnis der Leuchtkräfte und die Temperaturen der beiden Sterne ein, so findet man

$$40 = \left(\frac{R_{\alpha\,\mathrm{CMa}}}{R_\odot}\right)^2 \cdot \left(\frac{10\,000}{6\,000}\right)^4$$

oder

$$\left(\frac{R_{\alpha\,\mathrm{CMa}}}{R_\odot}\right)^2 = 40 \cdot \left(\frac{6}{10}\right)^4$$

und daraus

$$\frac{R_{\alpha\,\mathrm{CMa}}}{R_\odot} = 6{,}3 \cdot 0{,}36 \text{ oder } R_{\alpha\,\mathrm{CMa}} = 2\,R_\odot\,.$$

Da der Radius der Sonne 700 000 km beträgt, wird der Radius von α Canis Majoris angenähert

$$R_{\alpha\,\mathrm{CMa}} = 1\,400\,000 \text{ km}.$$

In ähnlicher Weise läßt sich der Radius von σ Draconis aus dessen absoluter bolometrischer Größe + 6,0 und Temperatur 5000° berechnen:

1. Die Differenz in der absoluten bolometrischen Größe zwischen σ Draconis und der Sonne ist + 6,0 — 4,6 = 1,4.

2. Diese Größendifferenz ist einem Leuchtkraftverhältnis von

$$\frac{L_{\sigma\,\mathrm{Dra}}}{L_\odot} = \frac{1}{4}$$

   äquivalent.

3. Aus Gleichung 25.1 folgt

$$\frac{L_{\sigma\,\mathrm{Dra}}}{L_\odot} = \left(\frac{R_{\sigma\,\mathrm{Dra}}}{R_\odot}\right)^2 \cdot \left(\frac{T_{\sigma\,\mathrm{Dra}}}{T_\odot}\right)^4$$

oder

$$\frac{1}{4} = \left(\frac{R_{\sigma\,\mathrm{Dra}}}{R_\odot}\right)^2 \cdot \left(\frac{5\,000}{6\,000}\right)^4.$$

Löst man nach $R_{\sigma\,\mathrm{Dra}}$ auf, erhält man

$$R_{\sigma\,\mathrm{Dra}} = \sqrt{\frac{1}{4}}\left(\frac{6}{5}\right)^2 \cdot R_\odot = 0{,}7 \cdot R_\odot\,.$$

Selbst für die größten existierenden Teleskope sind die Winkeldurchmesser der Mehrheit der Sterne zu klein, um sich direkt messen zu lassen. Zum Beispiel beträgt der berechnete Durchmesser des Sirius $2{,}8 \cdot 10^6$ km. Die trigonometrische Parallaxe ist rund $0\overset{\prime\prime}{.}37$ und die Entfernung daher $1/0{,}37 = 2{,}7$ parsec $= 8{,}4 \cdot 10^{13}$ km. Damit ergibt sich der Winkeldurchmesser des Sirius aus der Beziehung

$$\frac{d''}{360° \cdot 60' \cdot 60''} = \frac{2{,}8 \cdot 10^6 \text{ km}}{2\,\pi \cdot 8{,}4 \cdot 10^{13} \text{ km}}$$

zu

$$d'' = 0\overset{\prime\prime}{.}005\,.$$

Das Auflösungsvermögen eines optischen Fernrohrs beträgt nun aber (Abschnitt 33.4)

$$\text{AV.} = 5\overset{\prime\prime}{.}6/a\,,$$

worin a die Öffnung des Fernrohrs in Zoll bedeutet. Im Fall des 200″-Palomar-Reflektors ergibt dies

$$\text{AV.} = 5\overset{\prime\prime}{.}6/200 = 0\overset{\prime\prime}{.}03\,.$$

Daher ist Sirius selbst unter den besten atmosphärischen Bedingungen nicht als Scheibe zu sehen. Ein paar sehr große Sterne (Überriesen) jedoch, die uns relativ nahe sind, besitzen Winkeldurchmesser, die gerade innerhalb des Auflösungsvermögens des 200″-Teleskops liegen. Zum Beispiel hat α Orionis (Beteigeuze) mit einer Parallaxe von $0\overset{\prime\prime}{.}017$ und einer visuellen absoluten Größe —3 einen berechneten Winkeldurchmesser von $0\overset{\prime\prime}{.}048$ oder einen linearen Durchmesser vom 300fachen des Sonnendurchmessers. Es sei jedoch bemerkt, daß die Parallaxe von α Orionis so klein ist, daß sein Abstand nicht genau bekannt ist. In Tabelle 25.5 ist nach P. van de Kamp der Wert $\pi = 0\overset{\prime\prime}{.}005$ angegeben. Mit Hilfe eines Spezialinstruments, des Interferometers (Abschnitt 33.10), war es möglich, das Auflösungsvermögen des Fernrohrs zu verbessern. Nach dieser Methode hat man die Winkeldurchmesser von einem Dutzend Sterne gemessen. Die Ergebnisse stimmen mit den Berechnungen überein.

25.3 Spektralklassifikation

Die Temperatur eines Sterns wirkt sich nicht nur auf die Intensitätsverteilung in seinem kontinuierlichen Spektrum aus, sondern auch auf die Absorptionslinien, die in seiner Atmosphäre erzeugt werden.

Die Grundgedanken, auf denen die Analyse der Sternspektren beruht, wurden in Kapitel 17 und 18 entwickelt. Das Vorhandensein einer Absorptionslinie in einem Sternspektrum ist das Ergebnis der Absorption von Strahlungsenergie durch die äußeren Elektronen von Atomen in den kühleren Atmosphärengasen. Diese äußeren Elektronen sind fähig, eine Anzahl von diskreten Wellenlängen zu absorbieren, die von den Anfangs- und Endzuständen der Elektronen abhängen. Zum Beispiel muß, damit eine Balmer-Linie des Wasserstoffs in Absorption in einem Sternspektrum auftreten kann, die Atmosphäre viele Wasserstoffatome enthalten, deren Elektronen sich im Zustand $n = 2$ befinden. Da dies ein angeregter Zustand ist, werden nur in einem Gas mit relativ hoher Temperatur die atomaren Zusammenstöße energiereich genug sein, um viele Wasserstoffatome in diesen Zustand versetzen zu können. Abb. 25.1 (a) gibt den Prozentsatz der Wasserstoffatome im Zustand $n = 2$ als Funktion der Temperatur. Wir sollten erwarten, daß die Balmer-Linien des Wasserstoffs mit ansteigender Temperatur an Stärke zunehmen würden. Bei sehr hohen Temperaturen sind die Zusammenstöße der Atome so energiereich, daß sie imstande sind, die Wasserstoffatome zu ionisieren. Abb. 25.1 (b) gibt den Prozentsatz neutraler Wasserstoffatome in Abhängigkeit von der Temperatur. Obgleich die Wahrscheinlichkeit, ein nicht-ionisiertes Wasserstoffatom im Zustand $n = 2$ zu finden, mit der Temperatur zunimmt, fällt die Wahrscheinlichkeit, ein neutrales Atom in irgendeinem Zustand zu finden, noch schneller ab, und die zu erwartende Änderung in der Stärke der Balmer-Linien mit der Temperatur ist die, die durch die Kurve in Abb. 25.1 (c) gegeben wird; sie zeigt einen stetigen Anstieg mit der Temperatur bis etwa 10 000° und einen Abfall bei höheren Temperaturen als 10 000°.

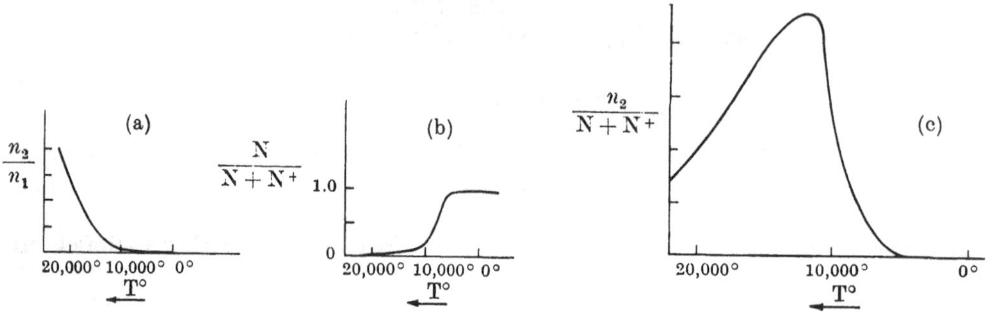

Abb. 25.1. Prozentzahlen für Wasserstoff in verschiedenen Zuständen. In (a) ist das Verhältnis der Anzahl der Wasserstoffatome im Zustand $n = 2$ zur Zahl der Atome im Grundzustand, in (b) das Verhältnis der Zahl der neutralen Atome bzw. in (c) der Wasserstoffatome im Zustand $n = 2$ zur Gesamtzahl aller Atome dargestellt.

Die Stärken der Absorptionslinien anderer Atome lassen sich in gleicher Weise voraussagen. In Abb. 25.2 sind die Intensitäten der stärksten Absorptionslinien der verbreitetesten Elemente in Abhängigkeit von der Temperatur dargestellt; aus der Abbildung sind die Temperaturen ersichtlich, bei denen die Linien ihre Maximalintensität erreichen.

Da die Sterntemperaturen innerhalb des Bereichs der Abb. 25.2 liegen, sollten die beherrschenden Züge der Absorptionsspektren der Sterne sich in Übereinstimmung mit dem Diagramm ändern. Im Sonnenspektrum, das für einen Stern der Temperatur 6000° charakteristisch ist, sind die stärksten Absorptionslinien diejenigen der Metalle, während die Balmer-Linien des Wasserstoffs schwach sind.

Nahezu alle Sternspektren lassen sich in einer Reihe anordnen, in der sich die Intensitäten der Absorptionslinien kontinuierlich ändern. Die „Spektralsequenz" war empirisch aufgestellt

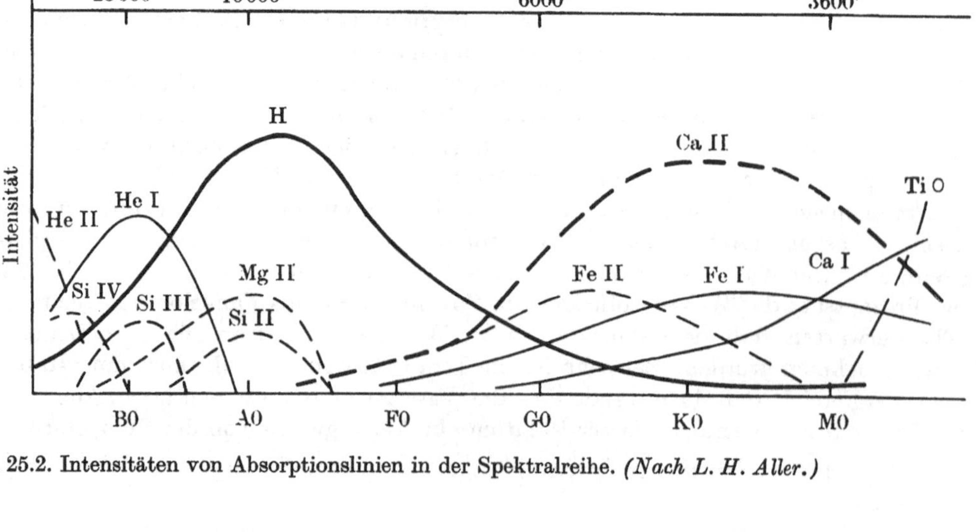

Abb. 25.2. Intensitäten von Absorptionslinien in der Spektralreihe. *(Nach L. H. Aller.)*

worden, lange bevor der Mechanismus der Linienbildung aufgeklärt worden war. Sie enthält sieben Gruppen, die mit den Buchstaben *O*, *B*, *A*, *F*, *G*, *K*, *M* bezeichnet werden. Die Unterteilungen der Gruppen werden durch eine Zahl hinter dem Buchstaben angezeigt (z. B. B 0, B 1, B 2, ... B 9, A 0). Das Sonnenspektrum wird als G 2 klassifiziert. Sternspektren, die für die sieben Gruppen typisch sind, sind in Abb. 25.3 wiedergegeben und die charakteristischen Merkmale in Tabelle 25.1 zusammengestellt.

Tabelle 25.1 Spektralklassifikation der Sterne

Klasse	Temperatur	Spektrale Merkmale
O	50 000°	Linien hochionisierter Atome: He II, Si IV, N III usw.; Wasserstoff schwach, gelegentlich schwache Emission einiger He II- und N III-Linien.
B 0	25 000°	He II fehlt, He I stark (Maximum bei B 2), Si III und O II vorhanden, H stärker.
B 5	15 600°	He I stark, H stärker, Si II und Mg II vorhanden.
A 0	11 000°	H im Maximum, He I fehlt, Mg II und Si II stark, Fe II, Ti II schwach, Ca II schwach.
A 5	8 700°	H noch stark, Mg II, Si II, Fe II, Ti II nahe dem Maximum, Ca II stärker, Fe I und andere neutrale Metalle schwach aber vorhanden.
F 0	7 600°	H schwächer, Ca II stark, Fe II, Cr II usw. ungefähr gleich Fe I, Cr I usw.
F 5	6 600°	Ca II sehr stark, Linien des Fe I und anderer neutraler Elemente überwiegen gegenüber denen der einfach ionisierten Elemente.
G 0	6 000°	Sonnenähnlich, Ca II im Maximum, sehr reiches atomares Spektrum wegen der großen Zahl von Linien des Fe I und anderer neutraler Elemente, molekulare CH-Banden vorhanden.
G 5	5 500°	Ca II und Linien neutraler Metalle sehr stark, CH-Banden stärker, CN stark, besonders in Riesensternen.
K 0	5 100°	H relativ schwach, alle neutralen Atomlinien sehr stark, molekulare Banden stärker.
M 0	3 600°	Neutrale Linien sehr stark, Ti O-Banden vorhanden, aber ziemlich schwach.
M 5	3 000°	Ähnlich M 0, aber Ca I λ 4226 sehr stark, Ti O-Banden noch stärker.
R und N	3 060°	Molekulare Banden des CN, CH und C_2 stark, Ti O fehlt. Linienspektrum ähnelt dem von K- oder M-Sternen.
S	3 000°	Molekulare Banden des ZrO, YO und LaO, die bei anderen Typen nicht vorhanden sind, sehr stark, Linien neutraler Atome stark einschließlich derjenigen des Zirkoniums und Technetiums.

Der Vergleich der hauptsächlichsten Absorptionsmerkmale der Spektralklassen mit den Temperaturen, die bei ihren Maximalintensitäten zu erwarten sind (Abb. 25.3), zeigt, daß die von Miss Annie J. Cannon von der Harvard-Universität empirisch aufgestellte Spektralsequenz eine Temperatursequenz ist. Die Temperaturen in der zweiten Spalte der Tabelle 25.1 sind auf diese Weise abgeleitet worden.

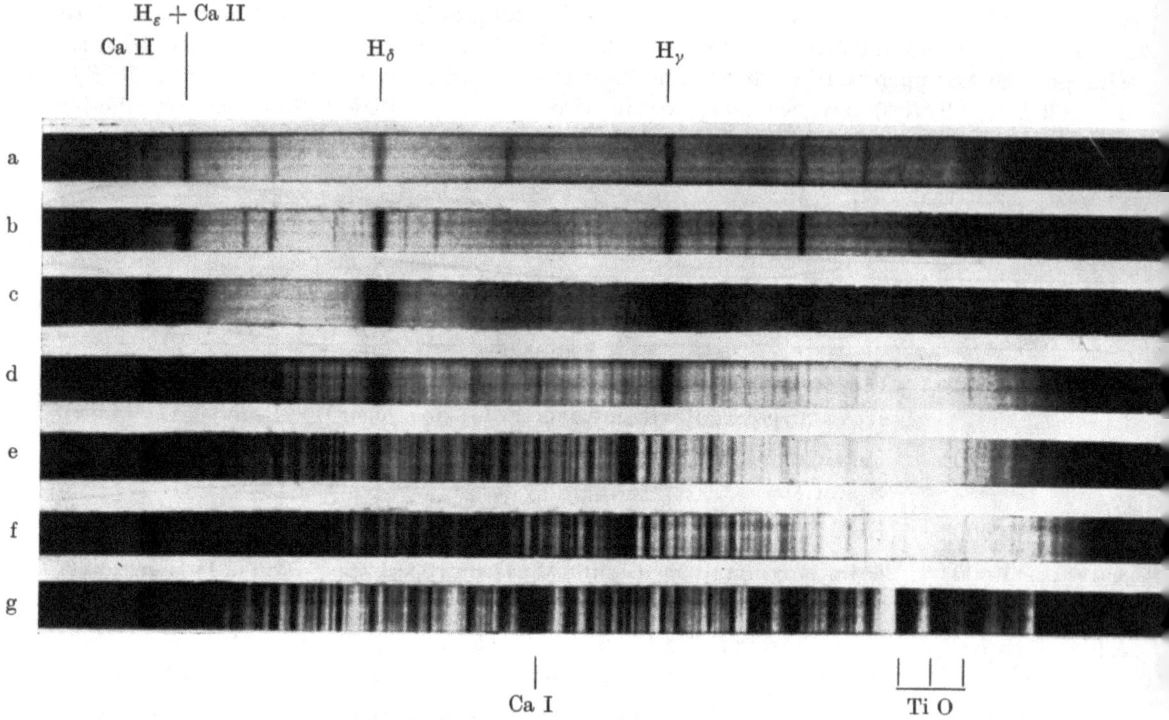

Abb. 25.3. Typische Sternspektren: (a) λ Cephei-Spektraltyp O6; (b) τ Scorpii B0; (c) α Coronae Borealis A0; (d) δ Aquilae F0; (e) Sonne G2; (f) ε Cygni K0; (g) α Herculis A M5 (Die scharfe Absorptionslinie des Ca II bei λ Cephei ist interstellaren Ursprungs.) *(Lick-Observatorium.)*

Es muß betont werden, daß die Intensitäten der Fraunhofer-Linien nicht notwendig ein Maß für die Häufigkeiten der chemischen Elemente darstellen. Das Spektrum des A-Sterns α Coronae Borealis zum Beispiel enthält sehr starke Wasserstofflinien, während im Sonnenspektrum sehr starke Linien des ionisierten Kalziums und des neutralen (nichtionisierten) Schwefels zu finden sind. Doch sind die relativen Häufigkeiten des Wasserstoffs, Kalziums und Schwefels in α Coronae Borealis und in der Sonne fast genau gleich. Die beobachteten Unterschiede sind die Folge der Differenz in ihren Oberflächentemperaturen (und in geringerem Maße in den Elektronendrucken ihrer Atmosphären). Um die relativen Häufigkeiten der Elemente zu

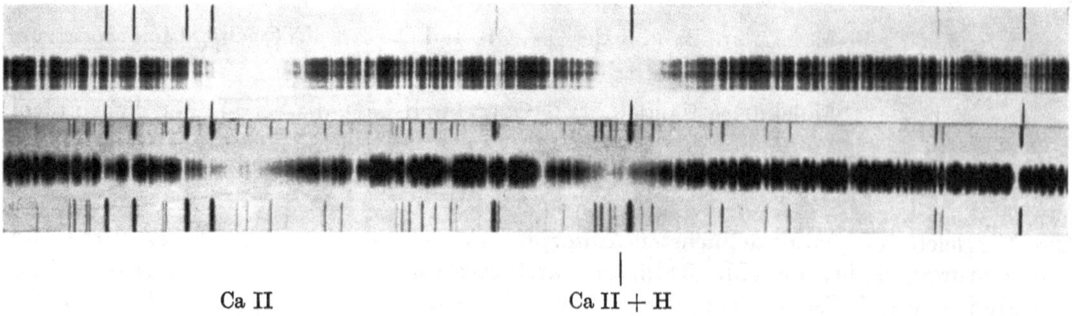

Abb. 25.4. Spektren des Prokyon (oben) und des Arktur (unten). Der erste ist ein Zwergstern des Spektraltyps F5, der zweite ein Riesenstern des Spektraltyps K2.

bestimmen, ist es erforderlich, die Intensitäten der atomaren und molekularen Linien zu messen. Das Verfahren ist ziemlich kompliziert, es beruht auf einem Vergleich der Intensität einer stellaren Absorptionslinie mit der Intensität derselben Linie im Laboratorium, wo sie erzeugt wird, indem man kontinuierliche Strahlung durch ein Glasrohr schickt, das eine bekannte Zahl von Atomen oder Molekülen eines speziellen chemischen Elements oder einer Verbindung enthält. Die sich ergebenden Häufigkeiten sind für die große Mehrzahl der Sterne einschließlich der Sonne nahezu gleich, sie werden gewöhnlich als „kosmische Häufigkeiten" bezeichnet. Es gibt jedoch viele Sterne mit abweichenden Häufigkeiten. Von besonderem Interesse sind die, die reich an Helium und arm an Wasserstoff sind.

25.4 Das H-R-Diagramm

Die Leuchtkraft, die Temperatur und der Radius eines Sterns sind nicht voneinander unabhängig. Mit Hilfe der Gleichung 25.1 kann eine dieser Größen durch die beiden anderen ausgedrückt werden. Bei den Sternen variieren alle drei Parameter in einem weiten Bereich. Die leuchtkräftigsten Sterne, von denen es nur wenige gibt, sind etwa 10^6mal heller als die Sonne. Anstatt $2 \cdot 10^{33}$ erg/sec in den Raum auszustrahlen, emittieren die „Verschwender"-Sterne $2 \cdot 10^{39}$ erg/sec. Die Sterne geringster Leuchtkraft sind rund 10^6mal schwächer als die Sonne. Die heißesten Sterne (von denen es im Milchstraßensystem nur ein paar gibt) besitzen Oberflächentemperaturen von einigen 100 000°, vielleicht sogar von 1 000 000°, während die kältesten Sterne eine Temperatur von nur 1 000° haben dürften. Da kühle Sterne hauptsächlich die relativ langen Wellen infraroten Lichts ausstrahlen jenseits des Empfindlichkeitsbereichs des menschlichen Auges, der höchstempfindlichen photographischen Platten und elektronischen Empfangsgeräte, ist es wahrscheinlich, daß es kühlere Sterne gibt, die noch nicht entdeckt sind. Die größten bekannten Sterne sind mehrere hundertmal größer als die Sonne. Ein außergewöhnlich großer „Überriese" würde, wenn er in das Zentrum des Sonnensystems versetzt wäre, sich fast soweit wie die Saturnbahn erstrecken. Der kleinste Stern hat ungefähr die Größe des Mondes oder etwa $^1/_{400}$ des Radius der Sonne.

In Anbetracht der Verschiedenheit der stellaren Temperaturen, Leuchtkräfte und Durchmesser könnte man erwarten, daß alle Kombinationen dieser Parameter nach dem Zufall verteilt im Milchstraßensystem vertreten wären. Dies kann geprüft werden, indem man je zwei von ihnen (die dritte ließe sich aus diesen beiden ableiten) für eine große Zahl von Sternen auswählt und die Leuchtkraft oder die absolute Helligkeit eines jeden Sterns gegen seine Temperatur (oder seine Spektralklasse oder seinen Farbenindex) aufträgt.

In den ersten Jahren dieses Jahrhunderts erkannten E. Hertzsprung und H. N. Russell unabhängig voneinander, daß es sehr wenige blaue Sterne geringer Leuchtkraft gibt und daß die roten Sterne zwei deutlich getrennte Gruppen bilden: die einen sind der Sonne und σ Draconis, die anderen hoher Leuchtkraft sind μ Geminorum, Arktur (α Bootis), Antares (α Scorpii) und Beteigeuze (α Orionis) ähnlich. Russell bezeichnete die Sterne geringer Leuchtkraft als „Zwerge" und die Sterne hoher Leuchtkraft als „Riesen" oder „Überriesen".

Im Jahre 1911 trug Hertzsprung zuerst die Leuchtkräfte der Sterne mehrerer galaktischer Haufen — der Plejaden, der Hyaden usw. — gegen ihre Farbäquivalente auf, die er mit Hilfe eines groben Gitters gemessen hatte, das er vor einem photographischen Fernrohr anbrachte. Das Gitter erzeugte kleine „Beugungs"-Spektren, aus denen die Farben der Sterne abgeleitet werden konnten. In den resultierenden Diagrammen kam deutlich zum Ausdruck, daß die Leuchtkräfte und die Farben (oder Temperaturen) der Sterne nicht nach dem Zufall verteilt sind; wenn sie es wären, würden die Bildpunkte gleichmäßig über die ganze Fläche des Diagramms verstreut sein. Sie waren jedoch in zwei getrennten Gebieten konzentriert: der „Hauptreihe" und dem „Riesenast".

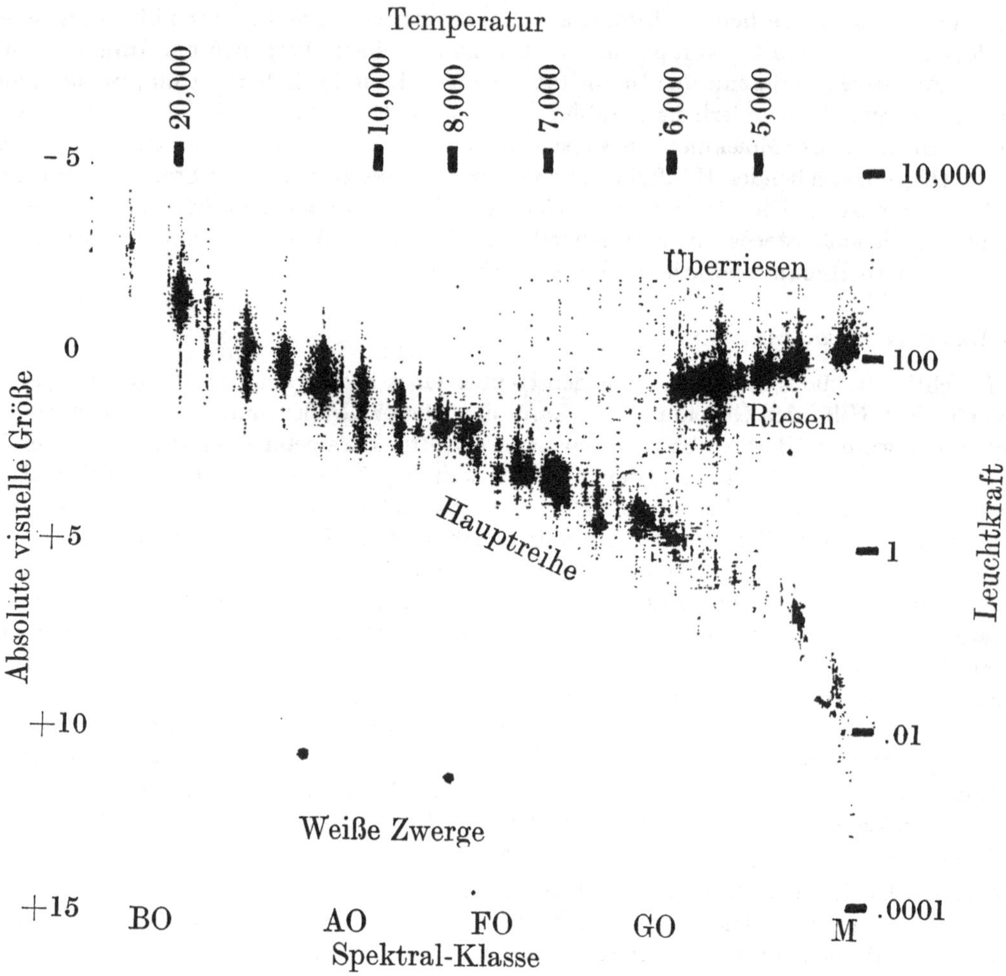

Abb. 25.5. Das H-R-Diagramm. *(Nach W. Gyllenberg.)*

1913 legte Russell ein ähnliches Diagramm vor, das sich nicht auf einen einzigen galaktischen Haufen bezog, sondern auf eine Gruppe von Sternen in der Nachbarschaft der Sonne, für die die Entfernungen und damit auch die Leuchtkräfte nach der Methode der trigonometrischen Parallaxen bestimmt worden waren. Das sich ergebende Diagramm ist Hertzsprungs Diagramm für galaktische Haufen sehr ähnlich, und es ließ sich an ihm zeigen, daß dieselben Sequenzen, die „Hauptreihe" (der Zwerge) und der „Riesenast", die in einer geschlossenen Sterngruppe unterschieden werden können, sich auch bei Sternen unterscheiden lassen, die wahrscheinlich nicht zu einer physikalisch verbundenen Gruppe gehören.

Das Russell-Diagramm, von dem Abb. 25.5 ein auf neueren Beobachtungen beruhendes Beispiel gibt, muß im Lichte der durch die Beobachtungsmöglichkeiten gezogenen Grenzen betrachtet werden. Da es unmöglich ist, die Temperaturen und die Spektralklassen von absolut schwachen Sternen in großen Entfernungen von der Sonne zu beobachten und zu messen, besteht eine starke Tendenz, die Sterne hoher Leuchtkraft zu begünstigen. Daher gibt das H-R-Diagramm in Abb. 25.5 nicht die richtige Häufigkeitsverteilung der Sterne längs der

Hauptreihe wieder, und es zeigt auch nicht die korrekten relativen Anzahlen von Zwergen und Riesen.

Um diese Schwierigkeit zu vermeiden, kann ein H-R-Diagramm gezeichnet werden, das bis zu einer bestimmten Entfernung von der Sonne vollständig ist. Abb. 25.6 enthält nur die Sterne, deren Entfernung nach einer Zusammenstellung von P. van de Kamp aus dem Jahre 1953 5 parsec nicht übersteigt. Es kommen darunter keine Riesen und keine sehr heißen blauen Hauptreihensterne vor; die Häufigkeiten der Sterne nehmen schnell nach dem Gebiet hin zu, das von den roten Zwergen besetzt ist. In den Spektralklassen A und F findet man drei Punkte,

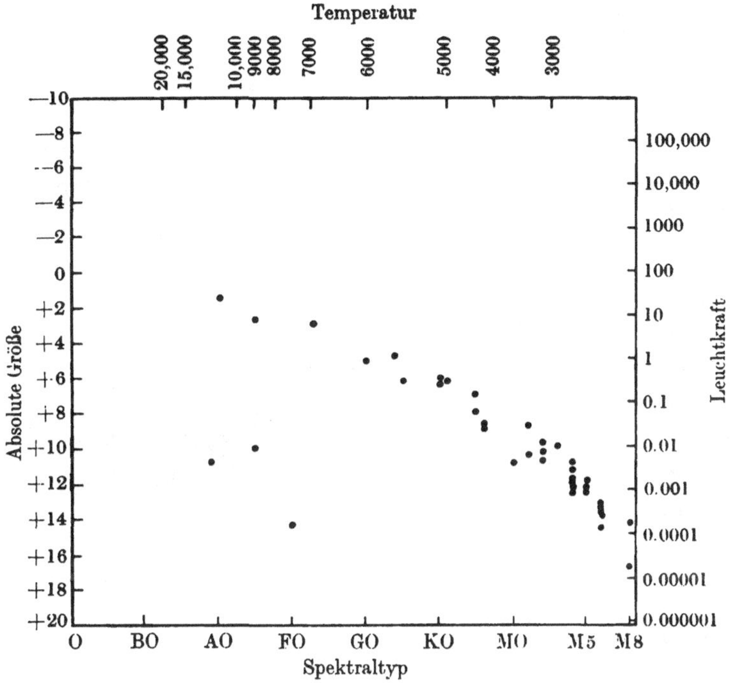

Abb. 25.6. Das H-R-Diagramm der Sterne, deren Entfernungen von der Sonne kleiner als 5 parsec sind.

die Sternen der absoluten Größe + 10 bis + 16 entsprechen; die Häufigkeit dieser „weißen Zwerge" (Abschnitt 25.9) scheint von ähnlicher Größenordnung zu sein wie die Häufigkeit der Hauptreihensterne der gleichen Farbe.

Die Sterne, die in einem Volumen von 10 parsec Radius enthalten sind, zeigt Abb. 25.7. Die Kennzeichen des begrenzteren Diagramms kommen deutlich zum Ausdruck: Es besteht eine ausgeprägte Konzentration im unteren rechten Teil; man kann jetzt einige A-Sterne mehr auf der Hauptreihe zählen, und es ist eine entsprechend größere Zahl weißer Zwerge vorhanden. Auch gibt es ein paar Sterne, die deutlich über der Hauptreihe liegen, und die Streuung der Punkte längs der Hauptreihe ist so groß, daß sie nicht gänzlich Beobachtungsfehlern zugeschrieben werden kann. Mit anderen Worten, zwei Hauptreihensterne können der gleichen Spektralklasse angehören oder dieselben Temperaturen besitzen und sich doch in der Leuchtkraft um einen Faktor der Größenordnung 2 unterscheiden.

Aber selbst in diesem Diagramm, das eine größere Zahl von Sternen erfaßt, gibt es keine Riesen und keine Überriesen. Sterne, die merklich über der Hauptreihe liegen, die aber nicht als Riesen mit einer Leuchtkraft vom rund 100fachen der der Sonne angesehen werden können, bezeichnet man als Unterriesen. Ähnlich heißen diejenigen Sterne, die unter der Hauptreihe liegen und nicht zur Gruppe der weißen Zwerge gehören, Unterzwerge.

Da die Sonne nahe dem Rande eines Spiralarms der Milchstraße liegt, dürfte die Häufigkeitsverteilung der Sterne, die zur Zeichnung der Diagramme in den Abbildungen 25.5 und 25.6 benutzt wurden, für unseren Spiralarm charakteristisch sein. Dies Diagramm braucht aber nicht notwendig für andere Spiralarme repräsentativ zu sein, und es ist ganz bestimmt nicht typisch für jene relativ seltenen Sterne, die sich zwischen den Armen oder in beträchtlichem Abstand über oder unter der Symmetrieebene des Sternsystems befinden, den Sternen „hoher Geschwindigkeit". Es ist zu erwarten, daß in der Sonnenumgebung einige Sterne vorkommen werden, die vom Ort ihrer Entstehung einen weiten Weg zurückgelegt haben. Solche Sterne

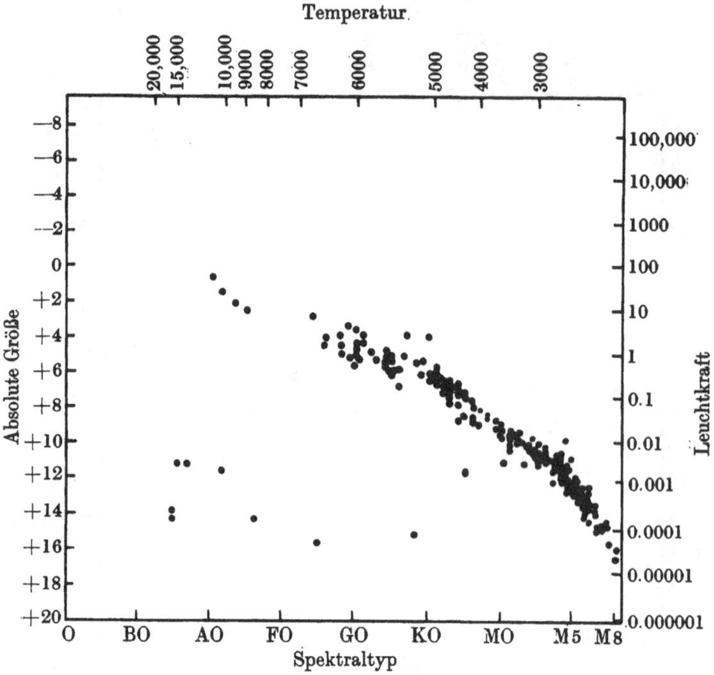

Abb. 25.7. Das H-R-Diagramm der Sterne, deren Entfernungen von der Sonne kleiner als 10 parsec sind.

sollten sich in ihren Bewegungen und physikalischen Kennzeichen von der normalen Population des Spiralarms unterscheiden. W. Baade hat darauf hingewiesen, daß es zwei Sterngemische oder Sternpopulationen gibt: Die Sterne der Population I sind charakteristisch für den Spiralarm und diejenigen der Population II für den Raum zwischen den Spiralarmen, für das Zentralgebiet der Milchstraße und für die Gebiete weit über und unter der Mittelebene der Milchstraße. Die H-R-Diagramme in Abb. 25.6 und 25.7 erfassen meist Sterne der Population I, aber einige Sterne, so die Unterzwerge, gehören zur Population II, obwohl sie sich jetzt in der Nachbarschaft der Sonne befinden.

Wenn ein H-R-Diagramm für eine sehr große Zahl von Sternen in dem lokalen galaktischen Spiralarm gezeichnet werden könnte, das alle Sterne innerhalb einer Entfernung von rund 500 parsec umfaßte, würden mindestens ein paar Bildpunkte in nahezu allen Teilen des Diagramms zu finden sein. Die Hauptsequenzen sind Gebiete starker Konzentration von Punkten. Am auffälligsten ist der ziemlich schmale diagonale Streifen der Hauptreihe. Wenn die verhältnismäßig seltenen Sterne außerhalb der Hauptreihe vorläufig außer acht gelassen werden, liefert die Hauptreihe eine zweite Beziehung zwischen den drei Parametern — Leuchtkraft, Temperatur und Radius. Die erste Beziehung, die wir in Abschnitt 25.2 benützten, hatte die Form

$$L = 4\,\pi\,\sigma \cdot R^2 \cdot T^4.$$

Je höher die Temperatur eines Hauptreihensterns (oder je früher der Spektraltyp), desto größer ist die Leuchtkraft des Sterns. Die Leuchtkraft ist proportional der in die Potenz 5½ erhobenen Temperatur, d. h.

$$L \sim T^{5^1/_2}.$$

Diese Beziehung zwischen Leuchtkraft und Temperatur läßt sich theoretisch für Sterne ableiten, die im Aufbau der Sonne ähnlich sind (Abschnitt 29.7). Daher ist die Existenz einer schmalen Hauptreihe, auf der mindestens 95 Prozent aller Sterne einschließlich der Sonne liegen, ein starkes Argument für die Annahme, daß der Aufbau der meisten Sterne von denselben physikalischen Gesetzen beherrscht wird, die für die Sonne gelten; sie müssen angenähert die gleiche chemische Zusammensetzung besitzen. In späteren Kapiteln wird gezeigt werden, daß die Masse (und das Alter) eines Sterns seine Lage auf der Hauptreihe bestimmt.

25.5 Riesen

Neben der Hauptreihe gibt es im H-R-Diagramm noch mehrere andere Gebiete, in denen die Bildpunkte der Sterne konzentriert sind. Die ,,Riesen“ mit Oberflächentemperaturen von der Ordnung 4000° sind rund 10 Größenklassen heller als Hauptreihensterne der gleichen Temperatur. Man vergleiche zum Beispiel μ Geminorum und HD 180617:

	m_v	Parallaxe	Sp.-Typ	M_v
μ Geminorum	3,2	+ 0\".021	M 3 III	—0,3
HD 180617	9,1	+ 0\".168	M 3,5 V	+ 9,8

Da die Temperaturen dieser Sterne angenähert gleich sind, sind auch ihre bolometrischen Korrektionen (die Werte, die zu den visuellen Größen zu addieren sind, um sie in die bolometrischen Größen umzuwandeln) ungefähr gleich. Ihr Unterschied in der absoluten visuellen Größe, 10,1, ist daher auch gleich ihrem Unterschied in der bolometrischen Größe; er entspricht einem Faktor 10 000 in der Leuchtkraft, d. h.

$$\frac{L_{\mu\,\mathrm{Gem}}}{L_{HD\,180617}} = 10^4 = \left(\frac{R_{\mu\,\mathrm{Gem}}}{R_{HD\,180617}}\right)^2 \cdot \left(\frac{T_{\mu\,\mathrm{Gem}}}{T_{HD\,180617}}\right)^4.$$

Da

$$T_{\mu\,\mathrm{Gem}} = T_{HD\,180617},$$

schließen wir, daß

$$R_{\mu\,\mathrm{Gem}} = \sqrt{10^4} \cdot R_{HD\,180617} = 100 \cdot R_{HD\,180617}$$

ist.

Der Radius des Riesen ist 100mal größer als der des Hauptreihensterns, ein Größenverhältnis, das ungefähr dem von Sonne und Erde entspricht.

25.6 Überriesen

Der Riesenast nimmt ein verhältnismäßig gut definiertes Gebiet im H-R-Diagramm ein; die sehr seltenen Sterne über ihm sind die Überriesen. Als Beispiel dafür sei α Orionis (Beteigeuze) angeführt; die scheinbare visuelle Größe dieses Sterns variiert von + 0,4 bis + 1,3, und der Spektraltyp ist M 2 oder M 3. Da die Parallaxe 0\".017 beträgt, ist die absolute visuelle Größe rund —3. Somit ist er ungefähr 16 Größenklassen heller als ein Hauptreihenstern des Spektraltyps M 3. Da ein Größenunterschied von 16^m einem Leuchtkraftverhältnis von $2{,}5 \cdot 10^6 : 1$ entspricht, unterscheiden sich die Radien eines Überriesen und eines M 3-Hauptreihensterns um einen Faktor $\sqrt{2{,}5 \cdot 10^6}$ oder rund 1000. Ein Überriese ist bis zu 10mal größer als ein Riese und seine Leuchtkraft etwa 100mal höher.

25.7 Leuchtkraftkriterien

Obgleich die Riesen und Überriesen sehr nahe dieselben spektralen Eigenschaften und dieselben Farben besitzen wie Hauptreihensterne ähnlicher Spektraltypen, sind einige Absorptionslinien in den Sternen hoher Leuchtkraft verstärkt. Die Atmosphäre eines Riesen ist weit ausgedehnt und viel weniger dicht als die eines Hauptreihensterns. Daher ist in der ersteren die Ionisation größer als in der letzteren. Linien, die in den Spektren von Riesen und Überriesen verstärkt sind, werden oft als Indikatoren für den Druck in einer Sternatmosphäre verwendet. Sie dienen indirekt als „Leuchtkraftkriterien".

Die ursprüngliche Klassifikation von Sternspektren, die im Henry-Draper-Katalog der Harvard-Sternwarte gipfelte und listenmäßig die Spektraltypen von mehreren 100 000 Sternen erfaßte, war eine eindimensionale Klassifikation: Die Spektralklassen oder -typen waren direkt mit den Temperaturen der Sterne korreliert. Die Leuchtkraftkriterien, die von den Unterschieden in den atmosphärischen Drucken oder Dichten der Überriesen, Riesen und Zwerge abhängen, erweiterten die Klassifikation um eine Dimension: Jede Spektralklasse der eindimensionalen Harvard-Klassifikation wird aufgeteilt in Unterklassen mit verschiedener Atmosphärendichte; und da die letztere mit der Leuchtkraft korreliert ist (da ja die Schwerkraft an der Oberfläche eines Sterns geringer Dichte und hoher Leuchtkraft kleiner ist als bei einem kompakteren Hauptreihenstern) ist die zweite Koordinate die absolute Größe.

Die Bedeutung dieser zweiten Koordinate war schon lange vorher von N. Lockyer in England und von Antonia C. Maury in den Vereinigten Staaten vermutet worden. Sie wurde weitgehend bestätigt durch die Entdeckung der wichtigsten Leuchtkraftkriterien im Jahre 1913 durch W. S. Adams und A. Kohlschütter am Mount Wilson-Observatorium.

Die zweidimensionale Klassifikation wurde am Yerkes-Observatorium durch W. W. Morgan, P. C. Keenan, W. P. Bidelman und Nancy Roman weiter ausgebaut. Ihre Kriterien waren empirisch. Die Daten der von ihnen mit relativ kleiner Dispersion (um viele schwache Objekte zu erfassen) beobachteten Sterne wurden nicht in einer linearen Folge geordnet, sondern zu einem rechteckigen Diagramm verarbeitet, dessen eine horizontale Koordinate der Spektraltyp ist, während als zweite vertikale Koordinate die „Leuchtkraftklasse" aufgetragen wird.

Morgans Leuchtkraftklassen sind folgende:

- Ia. Überriesen höchster Leuchtkraft
- Ib. Überriesen geringerer Leuchtkraft
- II. Helle Riesen
- III. Normale Riesen
- IV. Unterriesen (zwischen Riesen und Hauptreihensternen)
- V. Hauptreihensterne
- Sd. Unterzwerge (mit geringerer Leuchtkraft als Hauptreihensterne)
- Wd. Weiße Zwerge.

In der Beobachtungspraxis ist es nicht zweckmäßig, die Spektraltypen so zu ordnen, daß sie allein von der Temperatur abhängen, oder die Leuchtkraftklassen so, daß sie nur für die absolute Größe ein Maß darstellen. Die Bezeichnung eines Sterns mit einem bestimmten Ordnungssymbol, wie etwa M 3 III für μ Geminorum, bedeutet einen Kompromiß zwischen Kriterien, die sich etwas widersprechen. Aus diesem Grunde sind die Temperaturen von Sternen gleichen Spektraltyps aber verschiedener Leuchtkraft nicht genau gleich. Morgan und Roman haben ihre Einteilung der Oberflächentemperaturen in Tabellenform zusammengefaßt (Tabelle 25.2):

Tabelle 25.2 Temperaturen und Spektraltypen

Sp.-Typ	T_e
B 0	25 000° K
B 5	15 600
A 0	11 000
A 5	8 700
F 0	7 600

Sp.-Typ	Hauptr. V	Unterriesen IV	Riesen III	II	Überriesen Ib
F 5	6 600°	6 540°	6 470°	6 340°	6 200°
G 0	6 000	5 750	5 300	5 150	5 000
G 5	5 520	5 080	4 650	4 470	4 290
K 0	5 120	4 650	4 200	4 010	3 820
K 5	4 400	—	3 550	3 430	3 320
M 0	3 600	—	3 340	3 270	3 210
M 5	—	—	2 710	—	—

In Tabelle 25.3 sind die Hauptgruppen relativ seltener Sterne aufgeführt, deren Spektren sich nicht in die zweidimensionale Klassifikation Morgans einordnen lassen. Die Bedeutung einiger dieser Gruppen wird in späteren Kapiteln besprochen werden.

Selbst unter den „normalen" Sternen einer jeden Klasse der Morganschen Klassifikation sind die Spektren nicht vollkommen identisch. Darin deutet sich das Vorhandensein weiterer Koordinaten in einem idealen Klassifikationsschema an. Die interessanteste unter diesen besteht in reellen Unterschieden in den Häufigkeiten der chemischen Elemente, die von Unterschieden im Alter der Sterne herrühren.

Tabelle 25.3

Sternspektren, die sich nicht in die zweidimensionale Klassifikation einordnen lassen

Name der Gruppe	Spektral-Typ	Spektrale Kennzeichen	Mögliche Ursache der Anomalie
Zwei Reihen von Wolf-Rayet-Sternen:		Breite Emissionslinien des C bzw. N	Relativ große Häufigkeit von Kohlenstoff und Stickstoff
1. Kohlenstoff-Reihe	WC5—WC8		
2. Stickstoff-Reihe	WN5—WN8		
Emissionslinien-Sterne frühen Typs	Be—Ae	Emissionslinien des Wasserstoffs	Ausgedehnte Gashüllen um den Stern

Fortsetzung von Tabelle 25.3

Name der Gruppe	Spektral-Typ	Spektrale Kennzeichen	Mögliche Ursache der Anomalie
Sterne mit breiten flachen Absorptionslinien	A—F	Flache breite Profile	Schnelle Achsenrotation
Besondere A-Sterne: Eu-Sterne, Mn-Sterne usw.	A	Anormale und veränderliche Intensität der Linien eines oder mehrerer der Ionen: Mn II, Si II, Eu II, Cr II, Sr II	Intensivierung bestimmter Linien durch Zeeman-Effekt des stellaren Magnetfeldes, ungleichmäßige Verteilung verschiedener Atomarten über die Sternoberfläche
Metalliniensterne	A—F	K-Linie des Ca II abnorm schwach im Vergleich zu metallischen Linien	
Sterne der Population II (Sterne hoher Geschwindigkeit, Haufenveränderliche usw.)	F—M	Abschwächung der CN-Banden im Vergleich zu normalen G- und K-Sternen	Relative Häufigkeit von C und H wahrscheinlich mitbeteiligt
	R	Beträchtliche Verstärkung der CH-Banden	Relative Häufigkeit von C und H wahrscheinlich mitbeteiligt
Kohlenstoff-Sterne	C oder R, N	Kräftige Absorptionsbanden von C_2 und CN. TiO übernormal	Hoher Kohlenstoffgehalt
S-Typ	S	Absorptionsbanden des ZrO, YO, LaO; Gewöhnlich auch TiO vorhanden	Hoher Gehalt an Zirkonium usw.

25.8 Spektroskopische Parallaxen

Die absolute Größe eines Sterns läßt sich aus seiner Lage im H-R-Diagramm abschätzen, wenn der Stern nach seinen spektroskopischen Eigenschaften klassifiziert worden ist. Aus dem Unterschied zwischen absoluter und scheinbarer Größe kann die Entfernung des Sterns (oder seine „spektroskopische Parallaxe") berechnet werden.

Für Entfernungen, die unter etwa 100 parsec liegen, sind trigonometrische Parallaxen zuverlässig; bei größeren Entfernungen übersteigen die Meßfehler den Wert der Parallaxe. Spektroskopische Parallaxen erfordern nur, daß der Stern hell genug ist, damit sein Spektrum beobachtet werden kann; daher ist diese Methode ein leistungsfähiges Mittel zur Bestimmung der Parallaxen entfernter Sterne. Tabelle 25.4 enthält die absoluten Größen für die verschiedenen Spektralklassen nach P. C. Keenan und W. W. Morgan.

Tabelle 25.4 Absolute Größen und Spektraltypen

Typ	Hauptreihe V	Unterriesen IV	Riesen III	II	Überriesen Ib	Ia
B 0	—3,9	—4,2	—4,5	—5,2	—6,0	—6,7
B 5	—1,3	—2,2	—3,2	—4,5	—5,7	—7,0
A 0	+0,3	—0,4:	—1,1	—3,0:	—4,8	—7,0
A 5	2,2	+1,4	0,0	—2	—4,5	—7,0
F 0	3,0	2,0:	+0,6	—2	—4,5	—7,0
F 5	3,5	2,7	1,0	—2	—4,5	—7,0
G 0	4,4	3,2	0,7	—2	—4,5	—7,0
G 5	5,1	3,4	0,2	—2,0	—4,5	—7,0
K 0	6,0	3,4	0,2	—2,1	—4,5	—7,0
K 5	7,8	...	—0,3	—2,4	—4,5	—7,0
M 0	9,2	...	—0,4	—2,4	—4,5	—7,0
M 5	12,3	...	...	...	...	...

25.9 Die weißen Zwerge

Die Dichte einer Sternatmosphäre ist nicht nur von Einfluß auf die Intensitäten vieler Absorptionslinien, sondern auch auf ihre Breiten. Wenn ein freies Elektron oder ein Ion zufällig sehr dicht an ein strahlendes Atom gelangt, werden die Energiezustände gestört derart, daß das Bahnelektron des Atoms ein Photon absorbieren kann, dessen Energie etwas verschieden ist von derjenigen eines Photons, das absorbiert würde, wenn keine Störung vorhanden wäre. Das Nettoergebnis einer großen Zahl gestörter Übergänge ist die Bildung einer Absorptionslinie, die nicht ganz scharf ist, sondern über einen merklichen Wellenlängenbereich verbreitert ist. Sehr scharfe Absorptionslinien entstehen in Atmosphären niedriger Dichte, zum Beispiel in den Überriesen.

Das andere Extrem sind die „weißen Zwerge" — schwache blaue oder gelbe Sterne, die rund 9 oder 10 Größenklassen unter der Hauptreihe im H-R-Diagramm liegen. Sie besitzen äußerst dichte Atmosphären, und einige ihrer Absorptionslinien sind mehrere Hundert Ångström breit. Die Balmer-Linien eines Überriesen und eines weißen Zwerges sieht man in Abb. 25.8.

Die weißen Zwerge besitzen Farben, die auf Sterne frühen Typs hindeuten, aber sie sind rund 10 Größenklassen schwächer als Sterne der Hauptreihe. Sie müssen daher sehr klein sein. Wolf 1346 hat eine absolute Größe von +10,9, aber seine Farbe ist dieselbe wie die von

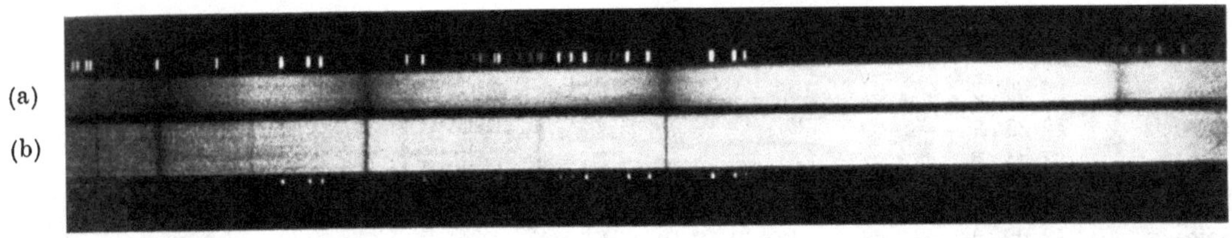

Abb. 25.8. Spektren zweier Sterne, (a) 40 Eridani, ein weißer Zwerg, (b) σ Cygni, ein B9-Überriese. Die großen Breiten der Wasserstofflinien in dem weißen Zwerg sind durch den hohen Druck in seiner Atmosphäre bedingt. *(Photographie des Lick-Observatoriums.)*

α Delphini, eines B 9 V-Sterns der absoluten Größe 0,0. Der Differenz von 11 Größenklassen entspricht ein Faktor $2{,}5 \cdot 10^4$ in der Leuchtkraft und dieser wiederum einem Faktor $\sqrt{2{,}5} \cdot 10^2$ oder 160 im Radius. Der Radius von α Delphini ist, wie sich zeigen läßt, 2,5mal so groß wie der der Sonne, so daß der Radius von Wolf 1346 2,5/160 oder ungefähr 0,02 des Sonnenradius beträgt — nur rund das Doppelte des Erdradius.

Nicht alle sogenannten weißen Zwerge sind der Farbe nach weiß. Wolf 489 zum Beispiel hat einen Farbenindex von +0,95, was ungefähr der Wert für einen K 2-Hauptreihenstern ist; er wird trotzdem als weißer Zwerg bezeichnet.

Die Massen der weißen Zwerge sind der der Sonne ähnlich; ihre Dichten und Schwerebeschleunigungen an der Oberfläche sind extrem groß. Die Atmosphäre eines weißen Zwergs dürfte nur einige Fuß dick sein. S. Chandrasekhar und M. Schoenberg haben gezeigt, daß aus theoretischen Gründen die Massen der weißen Zwerge nicht größer als 1,5 Sonnenmassen sein können.

Tabelle 25.5 Die 20 hellsten Sterne

(nach P. van de Kamp, Publ. A. S. P., Vol. 65, p. 30)

Name	R. A. 1950	Dekl. 1950	Abstand in parsec	Jährl. Eigenbewegung	Scheinb. vis. Größen und Spektren der Komponenten			Absolute vis. Größe der Komponenten		
					A	B	C	A	B	C
Sirius	$6^h42^m,9$	—16°39′	2,67	1″,32	—1,6 A0	7,1 wd	—	+1,3	+10,0	—
Canopus	6 22,8	—52 40	55:	0,02	—0,9 F0	—	—	—4,6:	—	—
α Centauri	14 36,2	—60 38	1,31	3,68	+0,3 G0	1,7 K5	11 M5e	+4,7	+ 6,1	15,4
Wega	18 35,2	+38 44	8,12	0,35	0,1 A0	—	—	—0,5	—	—
Capella	5 13,0	+45 57	14	0,44	0,2 G0	10,0 M1	13,7 M5	—0,5	+ 9,3	13,0
Arktur	14 13,4	+19 27	11	2,29	0,2 K0	—	—	0,0	—	—
Rigel	5 12,1	— 8 15	199:	0,01	0,3 B8p	—	—	—6,2:	—	—
Prokyon	7 36,7	+ 5 51	3,46	1,25	0,5 F5	10,8 wd	—	+2,8	+13,1	—
Achernar	1 35,9	—57 29	43:	0,09	0,6 B5	—	—	—2,6:	—	—
β Centauri	14 0,3	—60 08	61:	0,04	0,9 B1	—	—	—3,1:	—	—
Altair	19 48,3	+ 8 44	5,06	0,66	0,9 A5	—	—	+2,4	—	—
Beteigeuze	5 52,5	+ 7 24	199:	0,03	(0,9)M2	—	—	(—5,6:)	—	—
α Crucis	12 23,8	—62 49	67:	0,05	1,4 B1	1,9 B1	—	—2,7:	— 2,2:	—
Aldebaran	4 33,0	+16 25	21	0,20	1,1 K5	13 M2	—	—0,5	+11,4	—
Pollux	7 42,3	+28 09	11	0,62	1,2 K0	—	—	+1,0	—	—
Spica	13 22,6	—10 54	49:	0,05	1,2 B2	—	—	—2,2:	—	—
Antares	16 26,3	—26 19	52:	0,03	1,2 M1	5,2 B4	—	—2,4:	+ 1,6:	—
Fomalhaut	22 54,9	—29 53	7,0	0,37	1,3 A3	—	—	+2,1	—	—
Deneb	20 39,7	+45 06	165:	0,00	1,3 A2p	—	—	—4,8	—	—
Regulus	10 5,7	+12 13	26	0,24	1,3 B8	7,6 K2	13	—0,7	+ 5,6	11,0

Tabelle 25.6 Sterne näher als 5 parsec

Name	R. A. 1950	Dekl. 1950	Abstand in parsec	Jährl. Eigen-bewe-gung	Radial-geschwin-digkeit km/sec	Scheinb. vis. Größen und Spektren der Komponenten A	B	C	Absolute vis. Größe der Komponenten A	B	C
α Centauri	$14^h36^m{,}2$	—60°38′	1,31	3″,68	— 25	0,3 G0	1,7 K5	11 M5e	4,7	6,1	15,4
Barnard's Stern	17 55,4	+ 4 33	1,84	10,30	—108	9,5 M5	*	—	13,2	*	—
Wolf 359	10 54,2	+ 7 20	2,36	4,84	+ 13	13,5 M6e	—	—	16,6	—	—
Luyten 726—8	1 36,4	—18 13	2,42	3,35	+ 29	12,5 M6e	13,0 M6e	—	15,6	16,1	—
Lalande 21185	11 0,6	+36 18	2,51	4,78	— 86	7,5 M2	*	—	10,5	*	—
Sirius	6 42,9	—16 39	2,67	1,32	— 8	—1,6 A0	7,1 wd	—	1,3	10,0	—
Ross 154	18 46,7	—23 53	2,85	0,67	— 4	10,6 M5e	—	—	13,3	—	—
Ross 248	23 39,4	+43 55	3,16	1,58	— 81	12,2 M6e	—	—	14,7	—	—
ε Eridani	3 30,6	— 9 38	3,31	0,97	+ 15	3,8 K2	—	—	6,2	—	—
Ross 128	11 45,1	+ 1 7	3,34	1,40	— 13	11,1 M5	—	—	13,5	—	—
61 Cygni	21 4,7	+38 30	3,40	5,22	— 64	5,6 K6	6,3 M0	*	7,9	8,6	*
Luyten 789—6	22 35,7	—15 37	3,43	3,27	— 60	12,2 M6	—	—	14,5	—	—
Prokyon	7 36,7	+ 5 21	3,46	1,25	— 3	0,5 F5	10,8 wd	—	2,8	13,1	—
ε Indi	21 59,6	—57 0	3,49	4,67	— 40	4,7 K5	—	—	7,0	—	—
Σ 2398	18 42,2	+59 33	3,56	2,29	+ 1	8,9 M4	9,7 M4	—	11,1	11,9	—
Groombridge 34	0 15,5	+43 44	3,59	2,91	+ 14	8,1 M2e	10,9 M4e	—	10,3	13,1	—
τ Ceti	1 41,7	—16 12	3,62	1,92	— 16	3,6 G4	—	—	5,8	—	—
Lacaille 9352	23 2,6	—36 9	3,65	6,87	+ 10	7,2 M2	—	—	9,4	—	—
BD +5°1668	7 24,7	+ 5 29	3,80	3,73	+ 26	10,1 M4	—	—	12,2	—	—
Lacaille 8760	21 14,3	—39 4	3,92	3,46	+ 23	6,6 M1	—	—	8,6	—	—
Kapteyn's Stern	5 9,7	—45 0	3,98	8,79	+242	9,2 M0	—	—	11,2	—	—
Krüger 60	22 26,3	+57 27	4,02	0,87	— 24	9,9 M4	11,4 M5e	—	11,9	13,4	—
Ross 614	6 26,8	— 2 47	4,02	0,97	+ 24	10,9 M5e	+	—	12,9	+	—
BD —12°4523	16 27,5	—12 32	4,11	1,24	— 13	10,0 M5	—	—	11,9	—	—
v.Maanen's Stern	0 46,5	+ 5 10	4,23	2,98	+ 26	12,3 wdF	—	—	14 2	—	—
Wolf 424	12 30,9	+ 9 18	4,47	1,87	— 5	12,6 M6e	12,6 M6e	—	14,3	14,3	—
Groombridge1618	10 8,3	+49 42	4,51	1,45	— 27	6,8 K5	—	—	8,5	—	—
CD —37°15492	0 2,5	—37 36	4,57	6,09	+ 24	8,6 M3	—	—	10,3	—	—
CD —46°11540	17 24,9	—46 51	4,69	1,15	—	9,7 M4	—	—	11,3	—	—
BD +20°2465	10 16,9	+20 7	4,72	0,49	+ 10	9,5 M4e	*	—	11,1	*	—
CD —44°11909	17 33,5	—44 16	4 78	1,14	—	11,2 M5	—	—	12,8	—	—
CD —49°13515	21 30,2	—49 13	4,78	0,78	—	9 M3	—	—	10,6	—	—
A0e 17415—6	17 36,7	+68 23	4,84	1,31	— 17	9,1 M3	—	—	10,7	—	—
Ross 780	22 50,5	—14 31	4,84	1,12	+ 9	10,2 M5	—	—	11,8	—	—
Lalande 25372	13 43,2	+15 10	4,87	2,30	+ 15	8,6 M2	—	—	10,2	—	—
CC 658	11 42,7	—64 33	4,90	2,69	—	11 wd	—	—	12,5	—	—
40 Eridani	4 13,0	— 7 44	5,00	4,08	— 42	4,5 K0	9,2 wdA	11.0 M5e	6,0	10,7	12,5

* bedeutet unsichtbaren Begleiter.

\+ Dieser Begleiter wurde zuerst in den Störungen der Bahn des Hauptsterns entdeckt und von Baade 1955 mit dem 200″-Palomar-Teleskop photographiert.

Aufgaben

1. Der Stern Sirius hat zwei Komponenten — Sirius A mit der scheinbaren visuellen Größe —1,6 und dem Spektraltyp Al V und Sirius B mit der scheinbaren visuellen Größe 7,1 und einer Farbe, die ungefähr der von Sirius A gleicht.
   a) Berechne den Radius von Sirius B relativ zu Sirius A.
   b) In welches Gebiet des H-R-Diagramms fällt Sirius B?
   c) Berechne die spektroskopische Parallaxe von Sirius A (unter der Annahme, daß ein Al V-Stern eine absolute Größe von +0,9 hat).
2. Der Stern δ Bootis hat zwei Komponenten — A mit der scheinbaren visuellen Größe 3,50 und dem Spektraltyp G 8 und B mit der scheinbaren Größe 7,84 und dem Spektraltyp G 0. Die Parallaxe des Doppelsterns beträgt $0''.028$.
   a) Berechne die Radien der beiden Komponenten in Sonneneinheiten.
   b) Zu welcher Sequenz des H-R-Diagramms gehört jeder dieser Sterne?
3. Ein Stern habe die scheinbare Größe +4, seine Parallaxe betrage $0''.005$ und sein Spektrum zeige kräftige Absorptionslinien des He I. Der Stern liege in einem Gebiet, das eine Wolke interstellaren Gases und Staubes enthält. Man schätze ab, um wie viele Größenklassen die Helligkeit dieses Sterns durch die Wolke herabgesetzt wird.
4. Die bolometrische Korrektion des Sterns α Delphini ($T = 12\,000°$) beträgt $-0^m.4$ und seine visuelle absolute Größe $0^m.0$. Berechne den Radius dieses Sterns in Einheiten des Sonnenradius.

26. STERNHAUFEN

26.1 Galaktische Sternhaufen

Es gibt zwei Arten von Sternhaufen im Milchstraßensystem, die sich grundlegend in Größe, Stabilität und Verteilung unterscheiden. Für viele von ihnen wurden die H-R-Diagramme in den letzten Jahren abgeleitet auf Grund von genauen lichtelektrischen Beobachtungen in zwei Wellenlängen (um Farb-Äquivalente zu erhalten). Die meisten der zur Zeit verfolgten Gedankengänge über die Sternentwicklung und in gewissem Umfang auch über die galaktische Entwicklung beruhen auf der Deutung dieser Diagramme.

Ein galaktischer Sternhaufen besteht aus einigen hundert Sternen, die sich alle angenähert im gleichen Abstand von der Sonne befinden und in derselben Richtung bewegen. Die galaktischen oder offenen Haufen liegen in den Spiralarmen der Milchstraße. Für diejenigen, in denen die Eigenbewegungen der einzelnen Mitglieder bekannt sind — die Bewegungshaufen —, lassen sich die Abstände oft genau berechnen (Abschnitt 24.6); ihre Ausdehnung kann dann aus den Winkeln gefunden werden, unter denen sie von der Erde aus erscheinen. Kann man die einzelnen Sterne eines Haufens nach ihren Spektren klassifizieren, so läßt sich der Haufenabstand aus den spektroskopischen Parallaxen berechnen. R. J. Trumpler entwickelte eine statistische Methode, um die Abstände entfernter Haufen aus ihren Winkeldurchmessern abzuschätzen. Er fand, wenn man sie nach der Zahl der Haufenmitglieder und nach dem Grad der Konzentration der Sterne nach dem Haufenzentrum in Klassen einteilte, daß alle Haufen einer bestimmten Klasse angenähert den gleichen linearen Durchmesser haben. Um daher den linearen Durchmesser eines weit entfernten Haufens abzuleiten, war es nur notwendig, seine Klasse zu bestimmen.

Die rund 400 bekannten galaktischen Haufen variieren stark in ihren physikalischen Eigenschaften; einige enthalten nur ein Dutzend Sterne, andere mehrere Hundert. Ihre Durchmesser liegen zwischen 1,5 parsec und 15 bis 20 parsec; die Dichte der Sterne in ihnen schwankt von einem bis etwa 80 pro Kubikparsec.

Unter den offenen Haufen sind die Plejaden am bekanntesten (Abb. 26.1). Der hellste Stern in ihnen ist Alcyone (η Tauri) vom Spektraltyp B und der scheinbaren Größe 3. Neuere Untersuchungen haben zur Entdeckung von mehr als 250 Mitgliedern geführt, von denen die schwächsten von der scheinbaren Größe 17 sind. Sie gehören sämtlich der Hauptreihe an; Riesen und weiße Zwerge sind nicht vertreten. Sie besitzen alle die gleichen Eigenbewegungen, die so nahe parallel sind, daß kein Konvergenzpunkt existiert. Daher kann die Bewegungshaufen-Methode zur Bestimmung des Abstands der Plejaden nicht angewandt werden. Aber durch Vergleich des unteren Teils der Hauptreihe der Plejaden mit der der Sterne in der Sonnenumgebung im H-R-Diagramm fand O. J. Eggen die Entfernung zu 140 parsec. Der Haufen ist von diffusen Nebelmassen umgeben, die das Licht der helleren Sterne in ihnen reflektieren. Diese feinen Nebel sind wahrscheinlich die Überbleibsel von wesentlich dichteren, aus denen sich die Sterne gebildet haben.

Abb. 26.2 zeigt zwei Photographien des mittleren Teils des Orionnebels von G. H. Herbig am Lick-Observatorium; (a) wurde im ultravioletten Licht aufgenommen und zeigt nur die blauen

Sterne mit den vier Sternen des „Trapezes“ in der Mitte; (b) wurde im infraroten Licht aufgenommen und zeigt einen interessanten Haufen rotverfärbter Sterne in der Nachbarschaft des Trapezes. Diese Sterne stehen unzweifelhaft mit dem umgebenden Nebel in Verbindung.

26.2 Kugelhaufen

Mehr als einhundert kugelförmige Sternhaufen kennt man im Milchstraßensystem, und vielleicht noch einmal hundert bleiben dem Blick verborgen durch verdunkelnde Wolken interstellaren Staubes. Ein einziger Kugelhaufen kann mehrere 100 000 Sterne enthalten, doch scheinen einige weniger sternreich zu sein als andere. Der mittlere lineare Durchmesser eines kugelförmigen Haufens liegt bei 40 parsec. Somit enthält ein solcher Haufen im Mittel etwa zehnmal soviele Sterne pro Kubikparsec wie ein durchschnittlicher offener Haufen.

Sternzählungen haben ergeben, daß in vielen Haufen die Sterndichte ungefähr mit der dritten Potenz des Abstands vom Zentrum abnimmt. Daher kann in Mittelpunktsnähe die Dichte wohl 100mal größer sein als die mittlere Dichte. Wenn sich die Sonne im Zentrum eines solchen Haufens befände, würden die hellsten Sterne ungefähr Mondhelligkeit zeigen und bei der Betrachtung vom Haufeninnern aus würde der Himmel von Sternen funkeln; sogar absolut schwache Haufenmitglieder könnten leicht mit unbewaffnetem Auge gesehen werden.

Die Verteilung der Kugelhaufen über den Himmel ist nicht gleichförmig. Auf der einen Seite der Mittellinie der Milchstraße liegen ungefähr ebenso viele wie auf der anderen, aber wegen der starken Abschirmung durch Staubwolken können in der galaktischen Ebene selbst nur wenige beobachtet werden. Die Haufen sind nicht gleichförmig in galaktischer Länge verteilt, sondern sie sind stark im Gebiet des Sternbilds des Schützen konzentriert, d. h. in Richtung zum galaktischen Zentrum. Auf der von diesem Zentrum abgewandten Himmelshälfte befinden sich fast keine kugelförmigen Haufen.

Die Kugelhaufen stehen daher mit der Milchstraße in Verbindung und bilden einen angenähert sphärischen „Halo“ um sie.

Eine bemerkenswerte Eigenschaft der Kugelhaufen ist ihre fast kugelförmige Gestalt. Abb. 26.3, eine photographische Aufnahme von M 13, ist in dieser Hinsicht typisch. Bei genauer Prüfung zeigen jedoch die meisten Kugelhaufen schwache Abplattungen.

Die hellsten Kugelhaufen, ω Centauri und 47 Tucanae, befinden sich am Südhimmel und sind für das unbewaffnete Auge als etwas neblige Sterne sichtbar. Der hellste Kugelhaufen am Nordhimmel ist Messier 13 (benannt nach einem französischen Astronomen, der einen Katalog von Haufen und Nebeln herausgab) im Sternbild des Herkules. Die kugelförmigen Sternhaufen enthalten keine diffusen Nebel, sondern nur Sterne. Obgleich die meisten von ihnen sehr weit entfernt sind, sind ihre Abstände ziemlich zuverlässig bestimmt worden, hauptsächlich von H. Shapley. Viele Kugelhaufen enthalten Sterne von veränderlicher scheinbarer (und absoluter) Helligkeit. Von den „Haufen-Veränderlichen“ ist bekannt, daß ihre mittleren absoluten Größen gleich 0,0 sind (Abschnitt 30.8). Wenn ihre mittleren scheinbaren Größen bekannt sind, lassen sich ihre Entfernungen in der üblichen Weise berechnen (Abschnitt 22.3). So ist zum Beispiel in M 13 die mittlere scheinbare Größe der Veränderlichen $+15$. In ihrem tatsächlichen Abstand von der Sonne sind sie $15 - 0 = 15$ Größenklassen schwächer, als sie sein würden, wenn sie sich in der Standardentfernung von 10 parsec befänden. 15 Größenklassen $(5 + 5 + 5)$ entsprechen aber einem Intensitätsverhältnis von 10^6. Da Licht an Intensität wie das Quadrat des

→

Abb. 26.1. Der Zentralteil der Plejaden. Die helleren Sterne sind von Nebeln des Reflexionstyps umgeben. *(Photographie des Yerkes-Observatoriums.)*

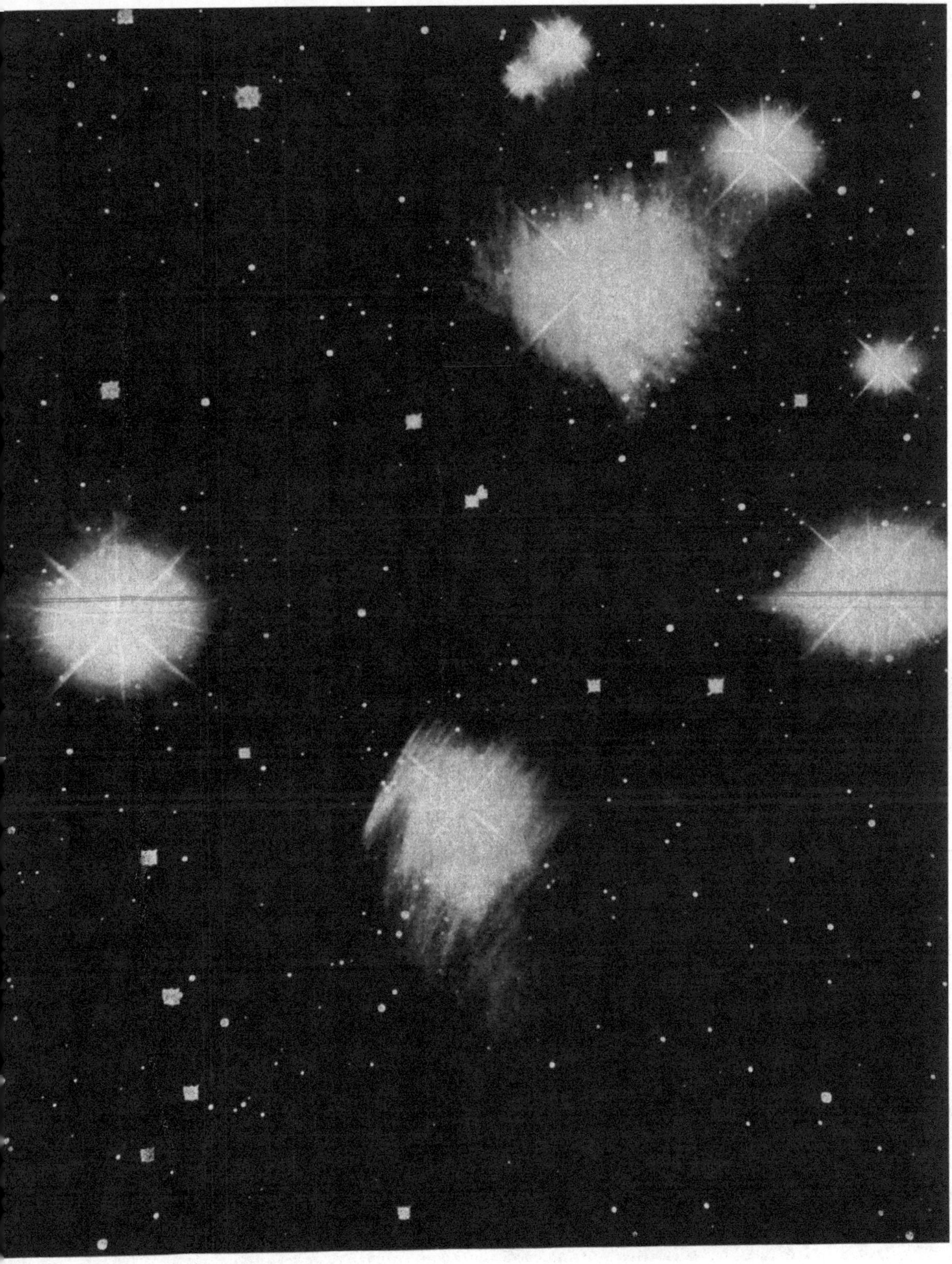

Abb. 26.2. Der Zentralteil des Orion-Nebels, photographiert von G. H. Herbig am Lick-Observatorium: (a) im ultravioletten Licht, (b) (auf S. 325) im infraroten Licht.

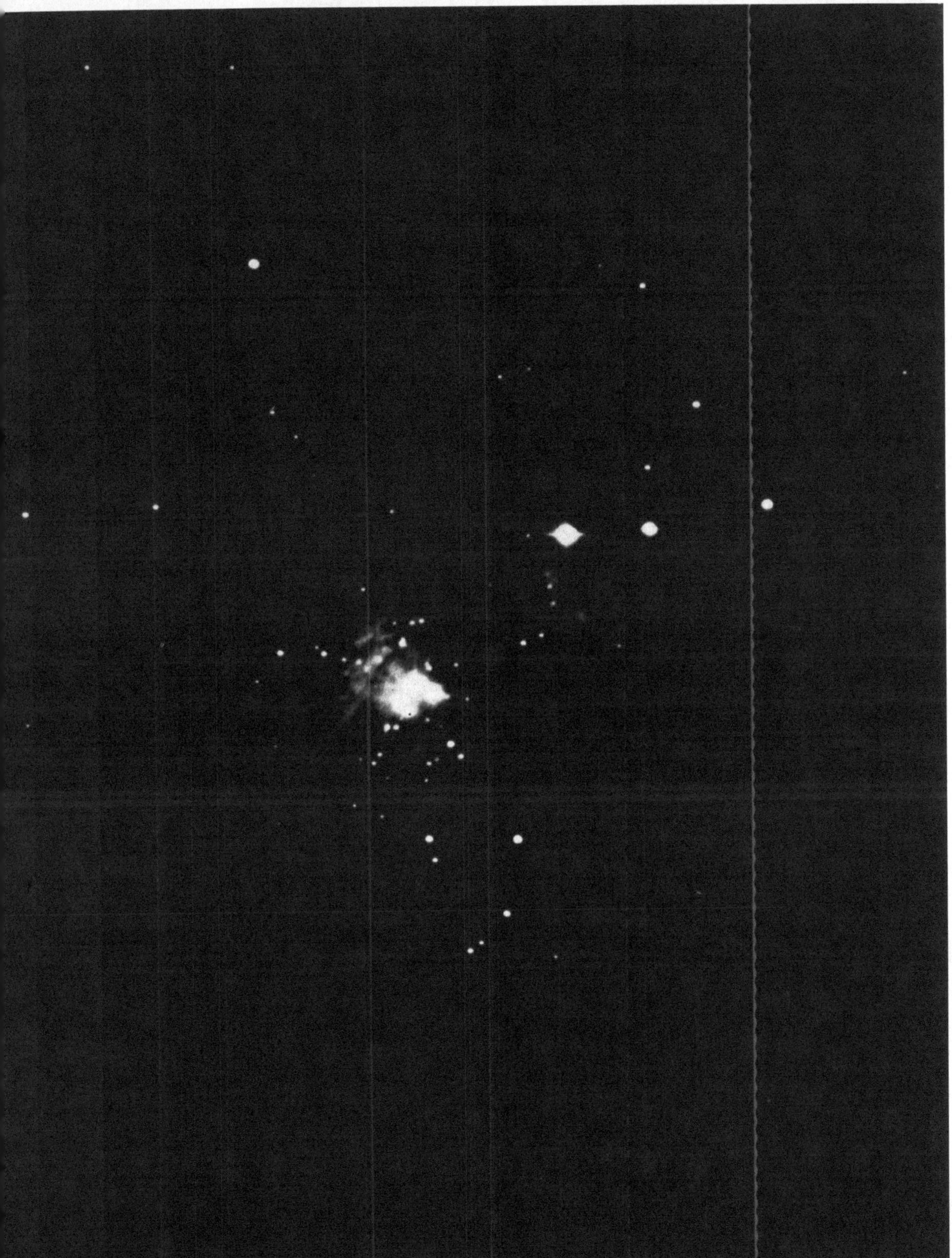

Abb. 26.3. Der Kugelhaufen M 13 im Herkules, photographiert mit dem 200-Zoll-Teleskop. *(Photographie der Mount Wilson und Palomar-Observatorien.)*

Abstands abnimmt, muß die Entfernung von M 13 $10^3 = 1000$ mal größer als die Standardentfernung von 10 parsec sein:

$$\text{Entfernung von M 13} = 10\,000 \text{ parsec.}$$

Sternzählungen in den äußeren Teilen eines kugelförmigen Haufens haben Werte von mehreren 10 000 ergeben. Im Zentrum überlagern sich die Sternbilder und bilden einen unaufgelösten Lichtfleck auf Photographien, die lange genug belichtet wurden, um die schwächeren Sterne erfassen zu können. Aber durch Extrapolation von den Außengebieten auf das Innere kommt man auf eine Gesamtzahl von mehreren 100 000 Sternen in einem durchschnittlichen Kugelhaufen.

Es gibt noch eine andere Methode, die zu einer rohen Abschätzung der Sternzahlen in Kugelhaufen führt. Auf Aufnahmen mit einem kurzbrennweitigen photographischen Instrument ist das Bild eines kugelförmigen Haufens dem eines einzelnen Sterns ähnlich, und es ist möglich, die integrierte scheinbare Helligkeit des Haufens zu bestimmen. Zum Beispiel beträgt die integrierte scheinbare Größe von M 13 ungefähr $+6$. Sein Abstand, abgeleitet mit Hilfe veränderlicher Sterne, liegt bei 10 000 parsec. Folglich würde in der Standardentfernung von 10 parsec die integrierte absolute Helligkeit des Haufens $+6 - 15 = -9$ betragen. Nun ist die absolute Helligkeit der Sonne $+5$. Daher ist der Haufen als Ganzes 14 Größenklassen heller als die Sonne. Er leuchtet, als ob er 400 000 Sterne von der absoluten Leuchtkraft der Sonne enthielte.

Der kugelförmige Halo des Milchstraßen-Systems wird aus Kugelhaufen gebildet, aus einer geringen Anzahl von Einzelsternen (hierbei dürfte es sich um Sterne handeln, die aus den Haufen entwichen sind) und aus einer verdünnten Wolke kalten Wasserstoffgases, die Strahlung von 21 cm Wellenlänge aussendet. Der Halo nimmt in keinem nennenswerten Ausmaß an der galaktischen Rotation teil. Das flache System der Spiralarme rotiert innerhalb des Halos mit hoher Geschwindigkeit. Daher kommt in den beobachteten Radialgeschwindigkeiten der Kugelhaufen bei statistischer Betrachtungsweise die galaktische Rotation der Sonne zum Ausdruck. In Richtung zum Cygnus gelegene Haufen scheinen sich schnell der Sonne zu nähern, die auf der entgegengesetzten Halbkugel des Himmels gelegenen Haufen scheinen sich von ihr zu entfernen.

Die Kugelhaufen und die Einzelsterne in der Milchstraßenumgebung sind natürlich der Anziehung des galaktischen Kerns ausgesetzt. Ihre Bahnen müssen extrem langgestreckt sein, mit Exzentrizitäten, die dicht bei 1 liegen, und müssen im Perigalaktikum (ein Begriff, der dem Perihel im Sonnensystem analog ist) in den Kern des Milchstraßensystems eintauchen. C. F. von Weizsäcker und S. von Hoerner haben in einer statistischen Untersuchung der Radialgeschwindigkeiten von Kugelhaufen nach Beobachtungen von N. U. Mayall am Lick-Observatorium gezeigt, daß dies tatsächlich der Fall ist.

Nach dem zweiten Keplerschen Gesetz sollte ein Haufen in seiner größten Entfernung vom galaktischen Kern — dem Apogalaktikum — fast zur Ruhe kommen und sich andererseits im Perigalaktikum sehr schnell bewegen; den größten Teil seiner Lebensdauer würde er sich in der Nähe des Apogalaktikums befinden. Es ist daher vernünftig anzunehmen, daß die gegenwärtigen Abstände der Haufen vom Milchstraßenkern (die mit Hilfe einer einfachen geometrischen Konstruktion zu berechnen sind, wenn ihre Abstände von der Sonne bekannt sind) angenähert ihre apogalaktischen Entfernungen darstellen. Da die Ellipsenbahnen der Haufen sehr gestreckt sind, sind diese Abstände ungefähr gleich ihren großen Bahnachsen.

Zum Beispiel bilden der galaktische Kern, die Sonne und M 13 angenähert ein gleichseitiges Dreieck. Die Entfernung von der Sonne bis zum Kern und bis M 13 beträgt rund 10000 parsec; daher ist der Abstand des Kerns von M 13 ebenfalls 10 000 parsec. Dies ist die große Achse der galaktischen Bahn von M 13. Die große Halbachse beträgt die Hälfte davon oder 5000 parsec.

Das dritte Keplersche Gesetz kann nun angewandt werden, um die galaktische Umlaufszeit von M 13 zu bestimmen. Die große Halbachse der galaktischen Bahn der Sonne beträgt rund 10 000 parsec, ihre galaktische Umlaufsdauer $2 \cdot 10^8$ Jahre. Daher läßt sich das dritte Keplersche Gesetz in folgender Form schreiben:

$$\frac{(\mathfrak{M}_G + \mathfrak{M}_{M\,13}) \cdot P^2_{M\,13}}{(\mathfrak{M}_G + \mathfrak{M}_\odot) \cdot P^2_\odot} = \frac{a^3_{M\,13}}{a^3_\odot}.$$

Die Massen von M 13 und von der Sonne sind im Vergleich zur Masse des galaktischen Systems zu vernachlässigen. Daher ist

$$\frac{\mathfrak{M}_G + \mathfrak{M}_{M\,13}}{\mathfrak{M}_G + \mathfrak{M}_\odot} = 1\,.$$

Setzt man numerische Werte ein, so ergibt sich

$$\frac{P^2_{M\,13}}{(2 \cdot 10^8)^2} = \left(\frac{5000}{10\,000}\right)^3$$

oder

$$P_{M\,13} \approx 10^8 \text{ Jahre.}$$

Während der Lebensdauer des Milchstraßensystems, $6 \cdot 10^9$ Jahre, ist jeder Haufen einige 60 Male in den galaktischen Kern eingetaucht. Weizsäcker nimmt an, daß vor rund $6 \cdot 10^9$ Jahren die Milchstraße eine große turbulente Wolke war, die größtenteils aus Wasserstoff bestand. Sie rotierte um ihren Mittelpunkt und zerfiel allmählich in kleinere Wirbel oder Wölkchen, in denen die Sternbildung vor sich gehen konnte. Die meisten der Wölkchen sammelten sich in der Nähe der Äquatorebene der Milchstraße an und bildeten das heute beobachtete linsenförmige Spiralsystem. Gelegentlich kam es auch vor, daß Gaswolken zurückblieben und in die Hülle übergingen. Hiervon rotierte jede einzelne um ihr eigenes Zentrum und würde sich in ein isoliertes abgeflachtes System von Gas und Sternen konzentriert haben, wenn sie ungestört geblieben wäre. Aber nach rund 10^8 Jahren tauchte die Wolke mit ihren neu gebildeten Sternen in den Kern des Spiralsystems ein. Die Sterne der Wolke werden bei diesem Vorgang nicht ernstlich gestört worden sein. Selbst im Kern der Milchstraße sind die Entfernungen zwischen benachbarten Sternen so groß, daß Zusammenstöße und nahe Begegnungen von Sternen des Kerns mit solchen der Wolke äußerst selten waren. Aber die gasförmige Komponente der Wolke wird mit dem Gas der Spiralarme oder des galaktischen Kerns zusammengetroffen und stark in ihrer Bewegung gebremst worden sein. Die Sterne der Wolke — die jetzt einen Kugelhaufen bildet, der frei von Gas ist, aber die ursprüngliche sphärische Gestalt behalten hat — werden sich weiter längs ihrer gemeinsamen elliptischen Bahn bewegen. Die heute beobachteten Kugelhaufen sind die Überbleibsel der ursprünglichen Wolken des galaktischen Halos. Sie bestehen aus den ältesten Sternen des galaktischen Systems, weil ja die Sternbildung aufhörte, nachdem das Gas aus ihnen herausgefegt worden war, während sie die ersten Male durch die Mittelebene der Milchstraße hindurchgingen, und weil jede Materie, die den Sternen eines Kugelhaufens an den interstellaren Raum verlorengeht, in der gleichen Weise hinweggefegt wird. Bei den Kugelhaufen handelt es sich um Objekte, die gänzlich aus Sternen der Population II bestehen und deren Alter von der Größenordnung $6 \cdot 10^9$ Jahre ist.

26.3 Stabilität von Sternhaufen

Wenn die Eigenanziehung eines Sternhaufens die auflösenden Gezeitenkräfte der Milchstraße übersteigt, ist der Haufen stabil, und wenn der Stabilitätsfaktor groß ist, kann der Haufen ohne ernstliche Störung seine Identität für viele Milliarden Jahre behalten. Wenn jedoch die auflösende Wirkung der Milchstraße größer als die Eigenanziehung des Haufens ist, wird dieser nicht länger stabil bleiben und sich in relativ kurzer Zeit auflösen. Wenn die beiden Größen gleich sind, befindet sich der Haufen an der Instabilitätsgrenze. Das Problem der Stabilität eines Haufens ist dem gleichen Problem für eine Verdichtung in dem ursprünglichen Sonnennebel ähnlich (Abschnitt 21.7). Das Stabilitätskriterium war

$$\varrho = \frac{4\,M}{a^3},$$

worin ϱ die niedrigste Dichte ist, bei der eine Verdichtung durch ihre Eigenanziehung der Auflösung durch die Gezeitenkräfte einer Masse M widerstehen kann, die sich im Abstand a von der Verdichtung befindet. Wenn die Kondensation rotiert oder innere turbulente Bewegungen aufweist, ist das Verdichten für sie schwieriger und aus diesem Grunde haben W. G. Fessenkow und andere den Zahlenfaktor 4 auf 10 erhöht:

$$\varrho = \frac{10\,M}{a^3}.$$

Im Fall des Sonnennebels war M die Sonnenmasse in g und a die Entfernung von der Kondensation bis zur Sonne in cm. Die resultierende kritische Dichte wurde in g/cm³ ausgedrückt. Im Fall eines Haufens ist es zweckmäßig, die Zentralmasse M (die der inneren Teile des galaktischen Systems) in Sonnenmassen und die Entfernung a in parsec anzugeben. Die Dichte wird dann in Sonnenmassen pro Kubikparsec ausgedrückt.

Sternpopulationen I und II

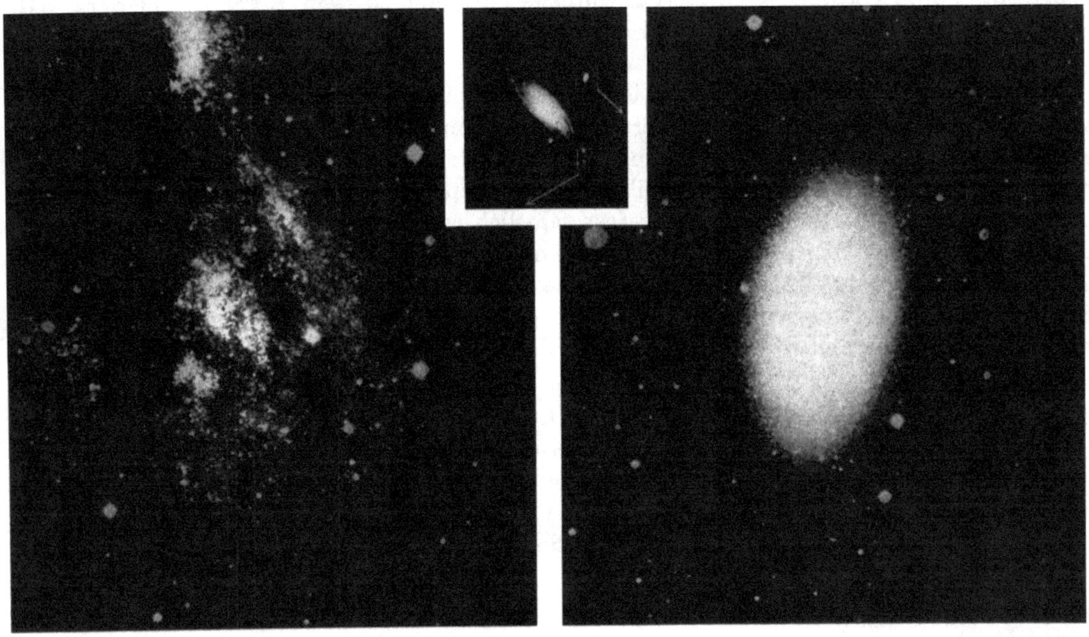

Der Andromeda-Nebel zeigt auf dieser Photographie im blauen Licht Riesen und Überriesen der Population I in den Spiralarmen. Der neblige Fleck links oben setzt sich aus nicht-aufgelösten Sternen der Population II zusammen.

NGC 205, der Begleiter des Andromeda-Nebels, zeigt auf dieser Aufnahme im Gelb Sterne der Population II. Die hellsten Sterne sind rot und 100mal schwächer als die blauen Riesen der Population I.

Die sehr hellen, auf beiden Abbildungen gleichförmig verteilten Sterne sind Vordergrundsterne, die unserem eigenen Milchstraßensystem angehören.

Abb. 26.4. Die Sternpopulationen I und II. *(Photographie der Mount Wilson und Palomar-Observatorien.)*

In dem galaktischen Haufen der Plejaden beträgt die Dichte in Mittelpunktsnähe rund drei Sterne pro parsec^3. Da die Plejaden einen Teil der Milchstraße bilden, ist die Anziehung der inneren Teile des Systems der von etwa 10^{11} Sonnenmassen äquivalent. Der Abstand der Plejaden vom galaktischen Zentrum liegt bei 10 000 parsec, seine dritte Potenz also bei 10^{12}. Das Verhältnis des 10fachen der anziehenden Masse zu dieser dritten Potenz beträgt daher $10^{12}/10^{12}$ oder 1 Stern pro parsec^3. Das Zentralgebiet der Plejaden würde somit gerade stabil sein und die äußeren Teile instabil. In Zeiten von der Ordnung von rund ein oder zwei Milliarden Jahren dürften die Störungen durch die Milchstraße die Gestalt dieses Haufens wesentlich verändern und ihn vielleicht sogar gänzlich auflösen.

Im Fall des galaktischen Haufens der Hyaden, in dem die beobachtete Sterndichte nur von der Ordnung 0,25 Stern pro parsec^3 ist, ist die Sachlage kritischer, und dieser Haufen befindet sich an der Grenze der Instabilität. Alle die Haufen, die Sterndichten von weniger als ein Stern pro parsec^3 haben, sind instabil und müssen sich ziemlich schnell unter dem Einfluß der Gezeitenkräfte des Milchstraßensystems auflösen.

Die wirklichen Vorgänge bei der Auflösung eines galaktischen Haufens sind ziemlich verwickelt. Die Lebensdauer einer solchen Gruppe muß nach einer statistischen Methode zur Abschätzung der akkumulierten Wirkung der Störungen sowohl von benachbarten Sternen als auch des galaktischen Systems als Ganzes berechnet werden. Die ausführlichste Arbeit dieser Art wurde von S. Chandrasekhar durchgeführt, der zu dem Ergebnis gelangte, daß Haufen wie den Plejaden die Hälfte ihrer Mitglieder in etwa $2 \cdot 10^9$ Jahren verloren gehen wird.

Obgleich die stabileren Haufen in etwas längeren Zeiträumen aufgelöst werden und die weniger stabilen in noch nicht einer Milliarde Jahren verschwinden werden, steht der von Chandrasekhar abgeleitete Mittelwert mit der Auffassung in Einklang, daß ein solcher Haufen seine Identität nur für einen Bruchteil des Alters des Milchstraßensystems als Ganzes behalten kann. Die jetzt beobachteten galaktischen Haufen sind fast sämtlich relativ junge Gebilde, und diejenigen, die vor mehr als drei Milliarden Jahren entstanden sind, haben sich schon längst in den größeren Gebilden der Spiralarme zerstreut. Eine mögliche Ausnahme ist M 67, ein galaktischer Haufen, der rund 440 parsec über der Milchstraßenebene liegt und daher nicht den großen stellaren Störungen unterworfen ist, die auf die Haufen in der galaktischen Ebene einwirken.

Die mittlere Dichte eines Kugelhaufens, der einen Radius von 40 parsec besitzt, beträgt rund 0,4 Stern pro parsec^3, aber in Mittelpunktsnähe kann die Dichte leicht 100- oder sogar 1000mal größer sein. Das Stabilitätskriterium liefert in diesem Falle höchstens den Wert ein Stern pro parsec^3. Offenbar sind die Kugelhaufen sehr stabile Gebilde (ausgenommen die äußersten Teile, aus denen gelegentlich Sterne „verdampfen" können), und ihr Stabilitätsgrad ist in Nähe des Zentrums so groß, daß sie zweifellos ihre Identität unendlich lange behalten können.

26.4 Farben-Helligkeits-Diagramme

Die hohe Genauigkeit, die sich mit modernen lichtelektrischen Photometern bei der Messung der Helligkeiten und Farben der Sterne erreichen läßt, hat den Anstoß zu neuen Untersuchungen von Diagrammen gegeben, in denen die absoluten Helligkeiten gegen die Farben aufgetragen sind. Im Prinzip sind sie den H-R-Diagrammen äquivalent.

Im Fall eines Sternhaufens können alle ihm angehörenden Sterne als in derselben Entfernung von der Sonne befindlich angesehen werden. Ihre scheinbaren Größen geben eine zutreffende

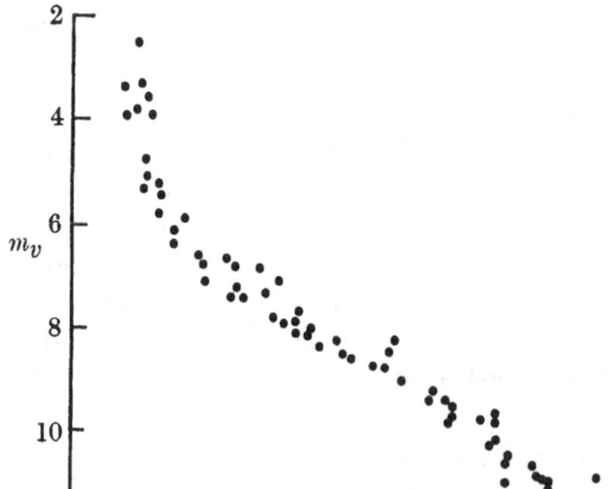

Abb. 26.5

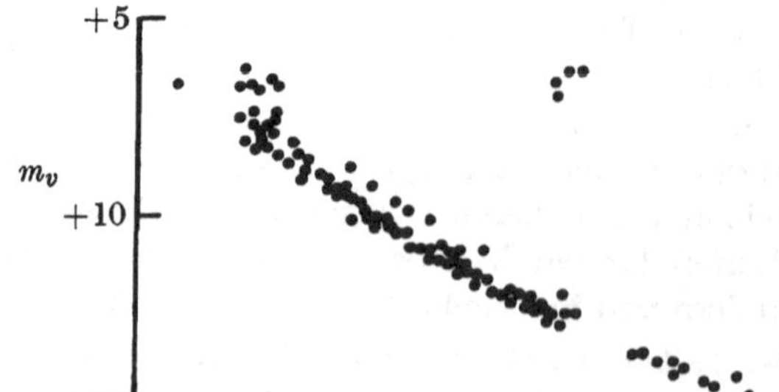

Abb. 26.6

Abb. 26.5. Das Farben-Helligkeits-Diagramm der Plejaden nach H. L. Johnson und W. W. Morgan.

Abb. 26.6. Das Farben-Helligkeits-Diagramm der Praesepe nach H. L. Johnson.

Vorstellung von dem Bereich, über den sich ihre wahren Leuchtkräfte verteilen; der Abstand des Haufens beeinflußt nur den Nullpunkt der Größenskala.

Abb. 26.5 zeigt ein Diagramm, das von H. L. Johnson und W. W. Morgan für die Plejaden gezeichnet wurde; Abb. 26.6 gibt ein entsprechendes Diagramm für den galaktischen Haufen Praesepe. Die diagonal verlaufenden Streifen von Punkten sind die Hauptreihen der beiden Haufen. Wenn man die unteren Teile beider Hauptreihen zur Deckung bringt, differieren die oberen Enden merklich. Beide sind steil nach oben gekrümmt, aber in den Plejaden liegt der Wendepunkt nach oben bei dem Farbenindex —0,1, während er in der Praesepe sich bei etwa +0,3 befindet. Die Plejaden enthalten keine Sterne mit einem Spektraltyp früher als ungefähr B 3 und diejenigen am Wendepunkt nach oben gehören zu den Typen B 5 bis B 8. In der Praesepe gibt es keine B-Sterne, und der Wendepunkt nach oben liegt bei den Spektraltypen A 0 bis A 5. Dieser Effekt wurde von Trumpler entdeckt und später von Kuiper als Folge der Entwicklung der heißesten Sterne jeden Haufens gedeutet.

Die unteren Teile der Hauptreihen sind ungewöhnlich schmal, weit schmaler als es bei den Sternen in der Nachbarschaft der Sonne der Fall ist. Dies läßt vermuten, daß die Mitglieder eines jeden Haufens eine hinsichtlich des Aufbaus und der chemischen Zusammensetzung homogene Gruppe bilden; auch sind sie angenähert gleich alt. Verschiedene Haufen können sich aber stark im Alter unterscheiden.

Die heißesten Sterne jeden Haufens, zum Beispiel des Doppelhaufens im Perseus (h und χ) in Abb. 26.7, sind vom Spektraltyp O. Ihre absoluten bolometrischen Größen übersteigen die der Sonne um etwa 10 Größenklassen. Dies entspricht einem Intensitätsverhältnis von 10^4; anstatt $2 \cdot 10^{33}$ erg/sec erzeugen sie $2 \cdot 10^{37}$ erg/sec. Obgleich sie rund 10mal mehr Masse als die Sonne enthalten und daher anfangs einen entsprechend größeren Vorrat an Wasserstoff besitzen, verbrennen sie diesen etwa 1000mal schneller. Ihre „Lebenserwartungen" sind folglich viel kürzer als die der Sonne; merkliche entwicklungsbedingte Änderungen, die von der teilweisen Erschöpfung des Wasserstoffvorrats herrühren, können bei diesen Sternen schon nach Zeitintervallen von einer Milliarde Jahre Länge oder noch weniger auftreten. Wenn ein Haufen heiße O-Sterne enthält, muß er verhältnismäßig jung sein. Wenn sein Alter von der Ordnung 10^8 Jahre ist, werden seine O-Sterne ihren Aufbau und ihre Temperatur geändert haben. Die Theorie der Sternentwicklung läßt erwarten, daß ein O-Stern mit zunehmendem Alter zuerst ein B-Stern mit überdurchschnittlicher Leuchtkraft wird, dann ein A- oder F-Unterriese und schließlich vielleicht ein kühler Riese.

Die Beobachtungen deuten an, daß gegenwärtig einige ziemlich junge Haufen, wie h und χ Persei, existieren, in denen die normale Hauptreihe noch unverändert bis zu den heißesten B- und O-Sternen reicht. Andere Haufen, wie die Hyaden, sind alt — vielleicht einige hundert Millionen oder sogar eine Milliarde Jahre — und ihre ursprünglich blauen Sterne haben sich zu roten Riesen entwickelt. Der älteste bisher beobachtete galaktische Haufen ist M 67. Er enthält rund 500 Sterne der scheinbaren visuellen Größe 10 bis 16 und dürfte noch viele schwächere Sterne enthalten. Der früheste Spektraltyp eines Sterns in M 67 liegt dicht bei A 0; der späteste, soweit bisher beobachtet, ist K, der eines rötlichen Riesen. Das Farben-Helligkeits-Diagramm von Johnson und Sandage ist in Abb. 26.8 wiedergegeben. Im oberen linken Teil des Diagramms findet man ein paar bläuliche Sterne, die angenähert auf der Hauptreihe liegen. Im unteren rechten Teil sind eine große Zahl von Zwergen zu sehen, deren scheinbare Größe schwächer als 13 ist und die Farbenindizes von 0,5 und größer haben. Sie gehören der Hauptreihe an — ungefähr im Gebiet der Sonne. Es sind Zwerge der Spektraltypen F 5 und später.

Von besonderer Bedeutung ist der deutlich ausgebildete Riesenast, der bei der scheinbaren Größe 13 beginnt und sich von der Hauptreihe nach rechts erstreckt und von da aufwärts in die obere rechte Ecke des Diagramms. Dieser Zug an M 67 ist zweifellos ein extremer Fall der

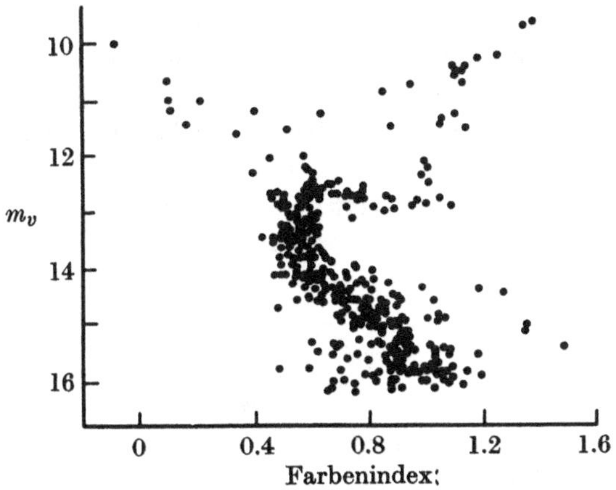

→

Abb. 26.8. Das Farben-Helligkeits-Diagramm des offenen Haufens M 67 nach H. L. Johnson und A. Sandage.

Abb. 26.9. Das Farben-Helligkeits-Diagramm des Kugelhaufens M 3 nach H. C. Arp, W. Baum und A. Sandage.

↓

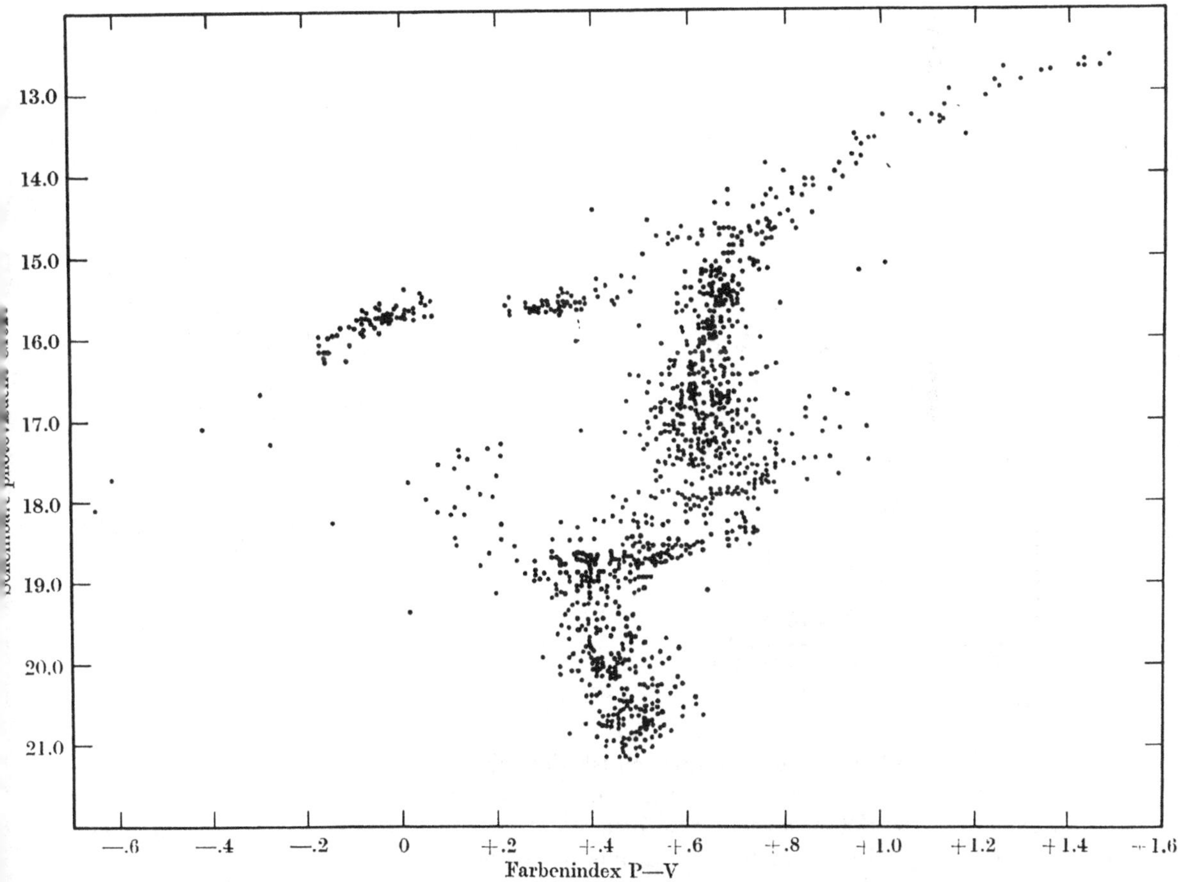

←

Abb. 26.7. Der Doppelhaufen h und χ Persei. *(Photographiert von F. E. Ross mit dem 60″-Teleskop des Mount Wilson-Observatoriums.)*

Tendenz der Hauptreihe nach oben, die in anderen galaktischen Haufen bei höheren Temperaturen beobachtet wird. Er ähnelt, aber entspricht nicht genau dem Verhalten der Riesenäste der Kugelhaufen.

Im Gegensatz zu den offensichtlichen Unterschieden in den Farben-Helligkeits-Diagrammen der galaktischen Haufen besteht eine große Ähnlichkeit unter den Diagrammen der Kugelhaufen. Abb. 26.9 zeigt das Farben-Helligkeits-Diagramm von M 3, Abb. 26.10 das von M 13. Beide lassen die gleichen hauptsächlichsten Sequenzen erkennen. Von der Hauptreihe ist nur

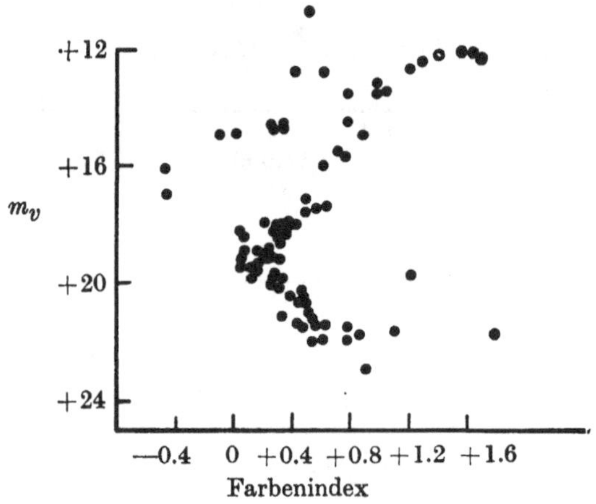

←

Abb. 26.10. Das Farben-Helligkeits-Diagramm des Kugelhaufens M 13 nach W. Baum.

Abb. 26.11. Farben-Helligkeits-Diagramm mehrerer Kugelhaufen: Die Diagramme sind einander so angepaßt, daß in (a) die absoluten Größen der Haufenveränderlichen gleich Null sind und in (b), daß die unteren Teile der Hauptreihe zusammenfallen.

↓

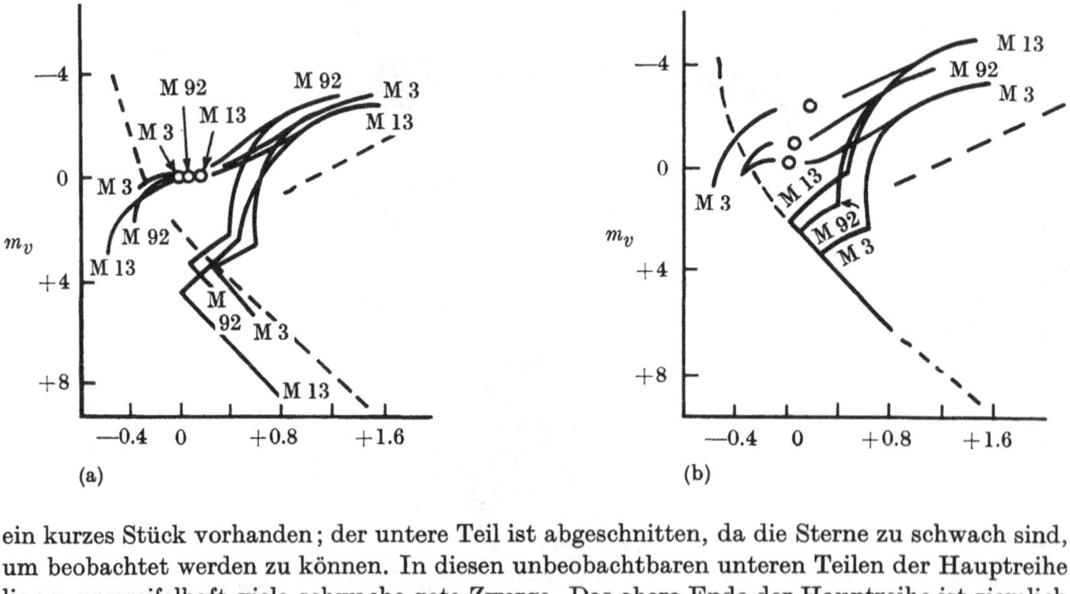

ein kurzes Stück vorhanden; der untere Teil ist abgeschnitten, da die Sterne zu schwach sind, um beobachtet werden zu können. In diesen unbeobachtbaren unteren Teilen der Hauptreihe liegen unzweifelhaft viele schwache rote Zwerge. Das obere Ende der Hauptreihe ist ziemlich scharf begrenzt; dies ist ein Anzeichen für das sehr hohe Alter der Kugelhaufen.

Die angenähert horizontalen Äste erstrecken sich weit nach links und schließen eine Anzahl sehr blauer Sterne mit Farbenindizes von der Ordnung —$0^m{,}65$ ein. In dem M 3-Diagramm stellt die Lücke in dem horizontalen Ast ein Gebiet dar, in dem kurzperiodische Veränderliche des Haufentyps gefunden werden. Alle Kugelhaufen zeigen einen eigenartigen gekrümmten, fast vertikalen Riesenast ähnlich dem Riesenast des galaktischen Haufens M 67.

Obgleich bei oberflächlicher Betrachtung sich die Farben-Helligkeits-Diagramme der Kugelhaufen zu gleichen scheinen, zeigt eine Überlagerung der Diagramme, daß sie nicht genau übereinstimmen. Wenn die absolute Größe der Haufenveränderlichen gleich 0,0 für alle Haufen angenommen wird, erhält man Abb. 26.11 (a) als Ergebnis der Überlagerung der Diagramme. In diesem Fall liegt die Hauptreihe von M 13 mehr als eine Größenklasse unter denen von M 92 und M 3, aber die roten Riesen aller drei Haufen besitzen ungefähr die gleichen absoluten Helligkeiten, und die oberen Endpunkte der Hauptreihen liegen angenähert an derselben Stelle. Eine andere Methode der Überlagerung wird in Abb. 26.11 (b) dargestellt, in der die unteren Teile der Hauptreihen für alle drei Haufen zusammenfallen. In diesem Fall haben die hellsten Sterne — die roten Riesen — und die Haufenveränderlichen verschiedene Helligkeiten in den verschiedenen Haufen und die Endpunkte der Hauptreihen unterscheiden sich um beträchtliche Beträge. Kein schlüssiges Beweismaterial steht bisher zur Verfügung, um zu entscheiden, welche dieser Methoden, die Haufen zu vergleichen, richtig ist.

26.5 Der innere Aufbau der Sterne

Die Kernprozesse im Sterninnern sind sehr temperaturempfindlich: Unter 15 Millionen Grad sind sie fast unwirksam, bei etwa 20 Millionen Grad und darüber sind sie sehr ergiebig. Daher findet die Umwandlung von Wasserstoff in Helium nur im tiefen Innern eines Sternes statt, wo sich ein „konvektiver Kern" bilden kann, in dem schnelle Durchmischung der Gase stattfindet. Außerhalb des konvektiven Kerns geht die Durchmischung sehr langsam vor sich (mit Ausnahme vielleicht in rotierenden Sternen und in einigen Überriesen). Die äußeren Schichten bleiben wasserstoffreich, ihre Temperaturen sind zu niedrig, als daß Kernprozesse ablaufen könnten, und ihr Wasserstoff wird nicht durch Konvektionsströme nach innen transportiert.

Der konvektive Kern wird allmählich seinen Wasserstoff verlieren und wird dann größtenteils aus Helium bestehen. S. Chandrasekhar und M. Schönberg haben gezeigt, daß mit dem Abklingen der Kernenergieerzeugung in Nähe des Sternmittelpunkts auch die Kraft, die die Konvektionsströme im Kern aufrechterhält, verschwinden wird. Das Gas wird zur Ruhe kommen und nicht länger irgendwelche Energiequellen enthalten; es wird von einer intensiv heißen Hülle mit normalem Wasserstoffgehalt umgeben und wird eine gleichförmige Temperatur von der Größenordnung 20 Millionen Grad annehmen.

Das Verhalten eines Sterns während des folgenden Stadiums ist von F. Hoyle, M. Schwarzschild, A. Sandage und anderen untersucht worden; der Heliumkern nimmt an Masse zu und, da in ihm keine Energie mehr durch Umwandlung von Wasserstoff in Helium erzeugt wird, gibt es nichts, was verhindern könnte, daß sich der Stern kontrahiert, ein Prozeß, der vorübergehend aufgehalten wurde, als der ursprüngliche „Protostern" begann, im Zentrum Energie zu erzeugen. Im weiteren Verlauf dieses neuen Kontraktionsstadiums muß es zu einer Neuverteilung der Massen in den äußeren Schichten kommen, und zwar ergeben die Berechnungen, daß diese Schichten zu expandieren beginnen und an der Oberfläche kühler werden, während die Zentraltemperatur über die ursprünglichen 20 Millionen Grad des isothermen Kerns ansteigt. Der Stern als Ganzes nimmt an Leuchtkraft etwas zu. Seine Entwicklungslinie im H-R-Diagramm würde von links nach rechts verlaufen. Im Helligkeitsmaximum besitzt er eine innere Temperatur von rund 10^8 Grad und einen Heliumkern von angenähert 50% der Sternmasse. Hoyle und Schwarzschild nehmen an, daß zur Zeit der Maximalhelligkeit der Kern genügend heiß ist, damit Helium durch den sogenannten Salpeter-Prozeß zu schwereren Elementen aufgebaut werden kann. Wenn dies zutrifft, würde die innere Temperatur des Sterns noch weiter ansteigen; er könnte dann auch an der Oberfläche heißer werden, und die Entwicklungslinie im H-R-Diagramm würde wieder von rechts nach links verlaufen. Abb. 26.12 gibt die berechneten Punkte längs der Entwicklungslinien von Sternen wieder, die Zahlen über den Punkten bedeuten den Bruchteil der Sternmasse, der im Heliumkern enthalten ist. Wir wollen annehmen, die Entwicklungslinien seien für eine Reihe von Sternen verschiedener Masse berechnet worden. Im allgemeinen läuft die Entwicklung eines Sterns größerer Masse schneller ab als die eines Sterns kleiner Masse. Wenn wir als Nächstes quer durch die verschiedenen Entwicklungslinien eine Kurve legen, die Punkte gleichen Sternalters miteinander verbindet, würden wir dadurch im H-R-Diagramm (oder im Farben-Helligkeits-Diagramm) den Ort einer Gruppe von Sternen verschiedener Masse aber gleichen Alters festlegen. Dies ist genau das, was wir in den H-R-Diagrammen offener und kugelförmiger Haufen finden.

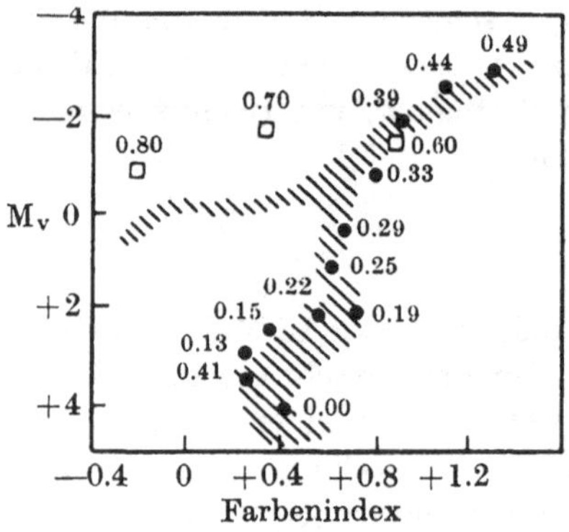

Abb. 26.12. Berechnete Lage von Sternen im H-R-Diagramm nach F. Hoyle und M. Schwarzschild. Die schraffierten Gebiete stellen das H-R-Diagramm für M 3 dar. Die offenen Quadrate entsprechen Modellen, in denen Helium-Fusionsprozesse ablaufen.

Das endgültige Schicksal eines sehr alten Sterns ist nicht bekannt. Es gibt aber Anzeichen dafür, daß die älteren galaktischen Haufen weiße Zwerge enthalten, während in jüngeren Haufen dies nicht der Fall ist. Man hat daher vermutet, daß ein roter Riese, nachdem er im H-R-Diagramm wieder von rechts nach links gewandert ist und ein blauer Stern unternormaler Leuchtkraft geworden ist, ein weißer Zwerg werden dürfte, vielleicht unter explosionsartigem Verlust eines Teils seiner Masse wie im Fall einer Nova (Abschnitt 28.6).

Von den in Abb. 26.13 gezeigten galaktischen Haufen ist der Doppelhaufen h und χ Persei einer der jüngsten, und M 67 ist fast so alt wie ein Kugelhaufen. Doch unterscheidet sich der Riesenast von M 67 merklich von denen von Kugelhaufen. Daher müssen seine Sterne im H-R-Diagramm Entwicklungswege durchlaufen haben, die von denen von Kugelhaufensternen verschieden sind, wahrscheinlich wegen eines anfänglichen Unterschieds in den Häufigkeiten der Metallatome. Diese Hypothese ist durch D. M. Popper bestätigt worden, der fand, daß die Spektren roter Riesen in M 67 normale Metallinien-Intensitäten aufweisen, während in den Kugelhaufen M 3 und M 92 die Metallinien außergewöhnlich schwach sind. Wahrscheinlich bildeten sich die Kugelhaufen in einem Medium niedriger Häufigkeit der Metalle, während M 67 und die anderen galaktischen Haufen in einem Medium entstanden, in dem die Metallhäufigkeit die gleiche war wie in den heutigen Gasnebeln.

Ein bedeutender Fortschritt unseres Wissens von der Entwicklung der Sterne wurde auf Grund von Untersuchungen einiger sehr junger Haufen erzielt, die heiße O-Sterne sehr hoher Leuchtkraft enthalten, die nicht älter als ein paar Millionen Jahre sein können. Diese Sterne liegen jetzt auf der Hauptreihe, weil das ursprüngliche Kontraktionsstadium ihrer Entwicklung nur einige 100 000 Jahre gedauert hat. Sterne kleiner Masse, wie die Sonne, benötigen jedoch viele Millionen Jahre, um sich so weit zu kontrahieren, daß sie die Hauptreihe erreichen. Daher sollten die kühleren Sterne eines jungen Haufens rechts der normalen Hauptreihen liegen.

Das erste Anzeichen für derartige anormale H-R-Diagramme fand sich in der Arbeit von P. P. Parenago über den mit dem Orion-Nebel verbundenen Sternhaufen. Die heißesten und daher auch massereichsten Sterne dieser „Assoziation" (ein lockerer Haufen, der eine große

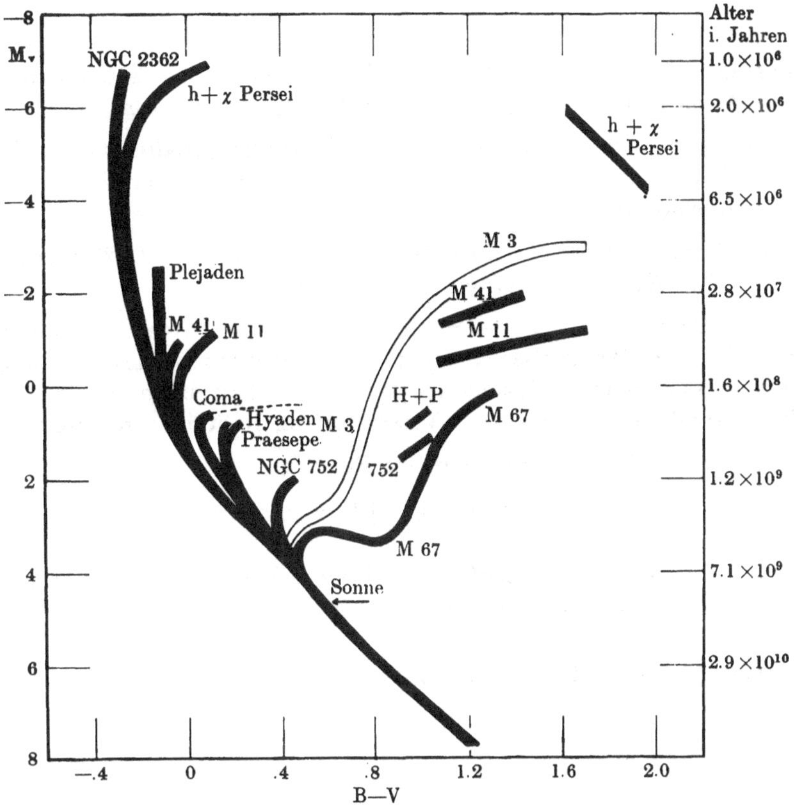

Abb. 26.13. Überlagerung der Farben-Helligkeits-Diagramme mehrerer galaktischer Haufen und eines Kugelhaufens (M 3). *(Nach A. Sandage.)*

Abb. 26.14. Das Farben-Helligkeits-Diagramm des jungen galaktischen Haufens NGC 2264 nach M. F. Walker. Die lange Linie stellt die normale Hauptreihe dar. Die kurze Linie ist der normale Riesenast; die heißeren Sterne liegen auf der Hauptreihe, die kühleren über ihr.

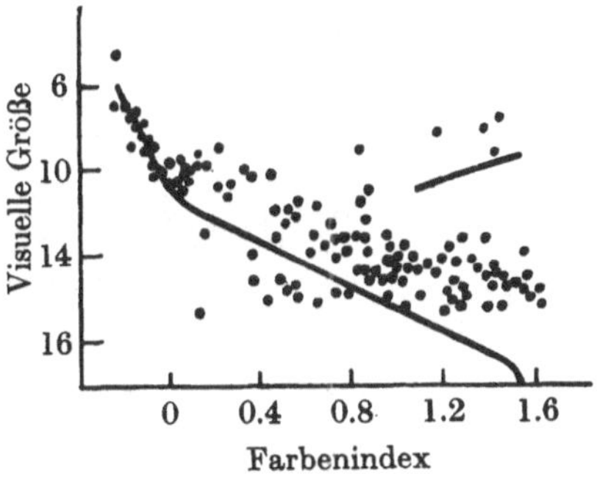

Fläche des Himmels überdeckt), gehören der Hauptreihe an, während die masseärmeren, kühleren Sterne darüber liegen.

Das Farben-Helligkeits-Diagramm eines anderen jungen Haufens, NGC 2264, wurde von M. F. Walker abgeleitet (Abb. 26.14). Auch hier liegen die Sterne größerer Masse vom Spektraltyp A 0 bis O 7 auf der normalen Hauptreihe, und die kühleren Sterne weichen mehr und mehr davon ab. Dies Beweismaterial führt zu dem Schluß, daß in den jüngsten Haufen der untere Teil der Hauptreihe nach oben oder nach rechts verschoben ist; in den ältesten Haufen ist der obere Teil verzerrt. Einige der kühlen Sterne, die über der Hauptreihe liegen, sind Veränderliche vom T Tauri-Typ (Abschnitt 28.8).

Aufgaben

1. Die Haufenveränderlichen des Kugelhaufens M 92 haben die scheinbare Größe $+15$. Man bestimme den Abstand von M 92 (unter Vernachlässigung der interstellaren Absorption).
2. Die scheinbare Gesamthelligkeit eines durchschnittlichen Kugelhaufens im Andromedanebel beträgt $+14$. Man schätze den Abstand dieses Nebels ab (unter Vernachlässigung der interstellaren Absorption).
3. Man vergleiche die Stabilität des galaktischen Haufens der Hyaden (0,25 Sterne pro parsec^3) mit der des Kugelhaufens M 13 (10 Sterne pro parsec^3).
4. Die Masse der heißesten Sterne in den Plejaden betrage im Mittel 10 Sonnenmassen, ihre mittlere Leuchtkraft $2 \cdot 10^{37}$ erg/sec. Berechne die Lebensdauer eines solchen Sterns unter der Annahme, daß er anfangs gänzlich aus Wasserstoff bestanden hat und seine Leuchtkraft durch Umwandlung des gesamten Wasserstoffs in Helium aufrechterhält.
5. Bei hinreichend hohen Temperaturen wird die Reaktion

$$He^4 + Be^8 \rightarrow C^{12} + \gamma$$

ablaufen.

a) Welcher Betrag an Masse wird bei dieser Reaktion in Energie umgewandelt? (Die Massen von He^4 und C^{12} entnehme man Tabelle 15.1; die Masse von Be^8 beträgt 8,0078 atomare Masseeinheiten).

b) Wieviel Energie wird bei dieser Reaktion frei?

27. INTERSTELLARE MATERIE

27.1 Interstellarer Wasserstoff

Die Milchstraße enthält eine gewaltige Menge Gas und fein-verteilten interstellaren Staub. Der größte Teil davon ist in Wolken zusammengeballt, die von runden schwarzen kompakten Globulen aus Staub mit Durchmessern von $^1/_{10}$ oder $^1/_{100}$ Lichtjahr bis zu riesigen chaotischen Gas- und Staubansammlungen reichen, die sich 100 parsec weit erstrecken wie zum Beispiel die Wolken im Orion, Stier, Schwan und Skorpion.

Diese kosmischen Wolken stehen mit den Spiralarmen des Milchstraßensystems in Zusammenhang. Sie sind stark nach der Milchstraßenebene konzentriert in einer Schicht, die nur rund 300 parsec dick ist, sich aber mindestens 50mal so weit in der Symmetrieebene erstreckt.

In der Umgebung des Sonnensystems hat das Wasserstoffgas im Mittel eine Dichte von etwa einem Atom pro cm^3. Das in einem Kubiklichtjahr enthaltene Gas besitzt eine Masse von einigen 10^{30} Gramm. Wenn man die Sterne gleichförmig im Raum verteilen könnte, würde die resultierende Dichte von gleicher Größenordnung sein. Die Materie ist somit in dem Spiralarm, dem die Sonne angehört, ziemlich gleichmäßig auf Sterne und Wasserstoffwolken verteilt.

Andere Gase als Wasserstoff sind ebenfalls vorhanden, und ihre atomaren Häufigkeiten sind denen sehr ähnlich, die man in der Sonne und in den meisten Sternen der Population I gefunden hat. Diese Gase sind im Raum so selten, daß man sie eher als Verunreinigungen ansehen darf — sie tragen sehr wenig zur Gesamtmasse des Mediums bei.

Die Liste der kosmischen Häufigkeiten in Tabelle 10.3 zeigt, daß mit Ausnahme von Lithium, Beryllium und Bor die leichteren Elemente weit häufiger als die schweren sind. Die geringen Häufigkeiten von Lithium, Beryllium und Bor können das Ergebnis von Kernprozessen in den Sternen sein. Aber wenn dies so ist, war dann das ursprüngliche Medium reich an diesen Elementen? L. Spitzer jr. hat die Aufmerksamkeit auf die kosmogonische Bedeutung dieser Frage gelenkt. Aus seinen Beobachtungen — soweit sie bis jetzt vorliegen — geht hervor, daß das interstellare Medium gegenwärtig arm an wenigstens zwei dieser Elemente ist: Lithium und Beryllium. Bor ist nicht beobachtbar. Daher müssen wir folgern, daß entweder schon im ursprünglichen Medium diese Elemente fehlten oder daß das, was wir jetzt als interstellares Gas beobachten, sich zu irgendeinem Zeitpunkt in der Vergangenheit im Inneren von Sternen befunden hat, wo es Kernprozessen ausgesetzt war, bei denen diese Elemente größtenteils vernichtet wurden. Eine dritte Möglichkeit, daß nämlich diese Elemente im interstellaren Gas durch Kernprozesse abgebaut wurden, erscheint nicht wahrscheinlich.

In der Nachbarschaft heißer Sterne ist das Wasserstoffgas fast vollständig ionisiert: Die Ionen und Elektronen bewegen sich unabhängig voneinander in der Wolke. Wenn es zufällig zu einer nahen Begegnung zwischen ihnen kommt und ein Proton ein Elektron einfängt, rufen sie das rot-grüne Leuchten der Gasnebel hervor. Ein einziger O-Stern kann den gesamten Wasserstoff innerhalb einer Kugel von 400 Lichtjahren Radius ionisieren. Aber ein etwas kühlerer Stern der Spektralklasse B 0 ionisiert das Gas nur bis zu einer Entfernung von 80 Lichtjahren. Die Gebiete, in denen der interstellare Wasserstoff ionisiert ist, heißen H II-Gebiete, diejenigen, in denen der Wasserstoff neutral ist, H I-Gebiete. Die ionisierende Wirkung sonnenähnlicher Sterne ist so unbedeutend, daß keine leuchtenden Nebel in ihren Umgebungen nachzuweisen sind mit Ausnahme des Falles der Sonne selbst (Abschnitt 14.8). Aber sogar die Sonne ionisiert den gesamten Wasserstoff innerhalb der Grenzen des Planetensystems. Zum Beispiel bestehen die Wolken solaren Gases, die Polarlichterscheinungen auf der Erde hervorrufen, meist aus ionisiertem Wasserstoff: freien Protonen und freien Elektronen.

Die Ionisation des interstellaren Wasserstoffs in der Nachbarschaft von Sternen erfolgt auf Kosten der stellaren Ultraviolettstrahlung jenseits der Grenze der Lyman-Serie bei 912 Å. Diese Strahlung wird von dem gasförmigen Medium absorbiert. Wenn der Stern sehr heiß ist, strahlt er im Ultraviolett so stark, daß er das Medium bis zu einer Entfernung von 400 Lichtjahren ionisieren kann. Über diese Entfernung hinaus gelangt fast keine Sternstrahlung, deren Wellenlänge kürzer als 912 Å ist. In längeren Wellenlängen ist die Strahlung des Sterns sehr wenig geschwächt. B. Strömgren hat gezeigt, daß die Grenze, bei der des Sterns Ultraviolett-Strahlung aufgebraucht ist, sehr scharf ist. Daher erscheinen die H II-Gebiete auf Photographien als runde Scheiben oder Ringe mit wohldefinierter äußerer Begrenzung und mit einem oder mehreren O-Sternen oder frühen B-Sternen im Mittelpunkt. Ähnliche H II-Gebiete sind in den Spiralarmen anderer Sternsysteme sichtbar, in sehr entfernten Spiralnebeln hat man sie zuweilen irrtümlich für helle Sterne gehalten.

Ein kleines interstellares Teilchen, dessen Eigenschaften die eines „schwarzen Körpers" sind, würde eine sehr niedrige Temperatur besitzen. Wenn es sich in unserem Spiralarm befände, und zwar nicht in zu großer Nähe eines Sterns, würde von ihm aus der Himmel dem von der Erde aus gesehenen Nachthimmel ähnlich sein. Das Teilchen würde einen kleinen Betrag an Wärme und Licht von allen Sternen seiner Umgebung erhalten, aber diese Strahlung würde nur ausreichen, um seine Temperatur auf rund 3° K zu erhöhen. Trotz der äußerst niedrigen Temperatur des interstellaren Raumes, sind die H II-Gebiete nicht kalt, sondern sehr heiß: ihre Temperatur liegt bei 10 000°.

Um diesen scheinbaren Widerspruch zu erklären, wollen wir uns der Bedeutung des Begriffs Temperatur erinnern. In Abschnitt 10.4 war gezeigt worden, daß die Temperatur ein Maß für die zufälligen Geschwindigkeiten der Atome und Moleküle in dem Medium ist. Ungefähr einmal im Monat erfährt jedes interstellare Wasserstoffatom einen Zusammenstoß mit einem Photon der Strahlung der benachbarten Sterne. Ein Photon der Wellenlänge 912 Å — der Lyman-Grenze — hat gerade genug Energie, um das Elektron abzutrennen. Wenn das Proton und das Elektron einmal aus dem Bereich ihrer gegenseitigen (elektrischen) Coulomb-Anziehung gelangt sind, steht keine Energie mehr zur Verfügung, um ihre Geschwindigkeit zu steigern.

Aber im Licht der Sterne gibt es viele andere Photonen, deren Wellenlängen kürzer als 912 Å sind und deren Energien daher größer sind als diejenigen, die zur Ionisation des Wasserstoffatoms benötigt werden. Diese energiereichen Photonen besitzen einen genügend großen Energieüberschuß, um den freien Elektronen und Protonen noch kinetische Energie zuführen zu können, die um so größer ist, je kleiner die Wellenlänge des ionisierenden Photons ist.

Die resultierende Verteilung der atomaren und elektronischen Geschwindigkeiten hängt nicht von der Entfernung des ionisierenden Sterns ab, sondern nur von der Zusammensetzung seiner Strahlung. Wenn die Temperatur des Sterns hoch ist und sein Licht viele Photonen mit Wellenlängen unter 912 Å enthält, wird den Bewegungen der freien Elektronen und Protonen eine Verteilung aufgeprägt, die einer hohen Temperatur entspricht. Wenn der Stern kühl ist, wie die Sonne, strahlt er nur ein paar ultraviolette Photonen aus, von denen die meisten Wellenlängen nahe bei 912 Å besitzen. Daher würde die Sonne den abgetrennten Elektronen nur relativ langsame Bewegungen erteilen, und die Gastemperatur wird niedriger sein als in der Nachbarschaft eines heißen Sterns.

Wenn das interstellare Gas sich weit entfernt von beiden Arten von Sternen befindet, werden die Zusammenstöße von Atomen und Photonen weniger häufig sein und die Ionisationen pro

Zeiteinheit seltener. Der Prozentsatz ionisierter Atome wird kleiner sein, aber die Temperatur des Gases, gemessen durch die Bewegungen der freien Elektronen, wird angenähert 10 000° bleiben. Da die Zahl der Elektronen pro Volumeneinheit kleiner sein wird als in der Nachbarschaft eines heißen Sterns, werden die Zusammenstöße mit der hohen Zahl neutraler Atome zu einer durchschnittlichen Geschwindigkeitsverteilung führen, die einer niedrigeren Temperatur entspricht.

Das Vorhandensein von Wolken neutralen Wasserstoffs wurde auf Grund von Beobachtungen der Wasserstoff-Emissionslinie der Wellenlänge 21 cm mit Radioteleskopen entdeckt. Die Temperatur dieser Wolken ist von der Größenordnung 100° K.

Die Atome in den kalten Gebieten des interstellaren Raumes können sich zu einfachen Molekülen verbinden, CH, CH_4, NH_3, H_2O usw., und diese Moleküle wiederum können aneinander haften und kleine Staubkörner bilden. Das Gas ist weitgehend transparent für Strahlung längerer Wellenlängen, als zur Ionisation gebraucht werden, aber die Staubkörner absorbieren die Strahlung sehr wirksam. Letztere bewirken eine intensive Lichtschwächung in Dunkelwolken und sogar in relativ offenen Gebieten der Milchstraße. Die Gesamtmasse der Staubkörner beläuft sich auf nur ein oder zwei Prozent aller interstellaren Materie — der übrige Teil ist vorwiegend Wasserstoff.

27.2 Diffuse Nebel

Die Sterne in den Plejaden und diejenigen im Orion sind in turbulente Nebel eingebettet, deren Formen unregelmäßig sind und die von Sternen beleuchtet werden. Die mit den Plejaden verbundenen Nebelmassen besitzen ein Spektrum, das mit dem der hellsten Sterne des Haufens identisch ist; danach handelt es sich bei diesen Nebeln um Reflexionsnebel.

Im Spektrum des Orionnebels finden sich viele Emissionslinien des Wasserstoffs, Heliums, ionisierten Sauerstoffs und anderer Elemente. Die hellsten Sterne der Plejaden sind vom Typ B 5 bis A, die des Orionnebels vom Typ O bis B 1. Die letzteren sind heiß genug, um den Nebel ionisieren zu können, dessen Licht dadurch entsteht, daß Elektronen wiedereingefangen werden und in Kaskadensprüngen von Zuständen hoher Energie in solche niedriger Energie übergehen. Alle Nebel, die sich Sternen frühen Typs, d. h. O, B 0 oder B 1, zuordnen lassen, zeigen im Spektrum Emissionslinien und heißen daher Emissionsnebel. Nach L. H. Aller und D. E. Osterbrock beträgt die Dichte des Orionnebels 10^3 bis 10^4 Wasserstoffatome pro cm^3 und ist damit mehr als 1000mal größer als die durchschnittliche Dichte des interstellaren Gases. Da ja der Wasserstoff nahezu vollständig ionisiert ist, beträgt die Elektronendichte auch 10^3 bis 10^4 Elektronen pro cm^3.

Die Abbildungen 27.1 und 27.2 sind zwei direkte Photographien des Emissionsnebels M 8; die erste wurde im Licht der verbotenen Emissionslinie λ 3727 Å des O II aufgenommen und die zweite im gelben Gebiet des Spektrums, in dem es keine kräftigen nebularen Emissionslinien gibt.

Die Strahlung der meisten Emissionsnebel enthält auch etwas reflektiertes Sternlicht zusätzlich zu der diskreten Strahlung ihrer Emissionslinien. Wenn die Reflexions- und Emissionsnebel der Zusammensetzung nach identisch wären, sollten die letzteren heller leuchten als die ersten: Das gestreute Sternlicht würde dasselbe sein, aber die Emissionsnebel würden eine zusätzliche Komponente besitzen, die von der Fluoreszenz des Wasserstoffs und anderer Atome herrührt. Aber dies ist nicht der Fall. Schon vor langer Zeit zeigte E. P. Hubble, daß beide Arten von Nebeln die gleiche kaum wahrnehmbare Flächenhelligkeit in einem Abstand von rund 10 parsec von einem Stern der absoluten Größe —5 besitzen.

Abb. 27.1. Direkte Photographie des Emissionsnebels M 8 im Schützen im Licht der starken Emissionslinie λ 3727. *(Photographiert von G. H. Herbig, Lick-Observatorium.)*

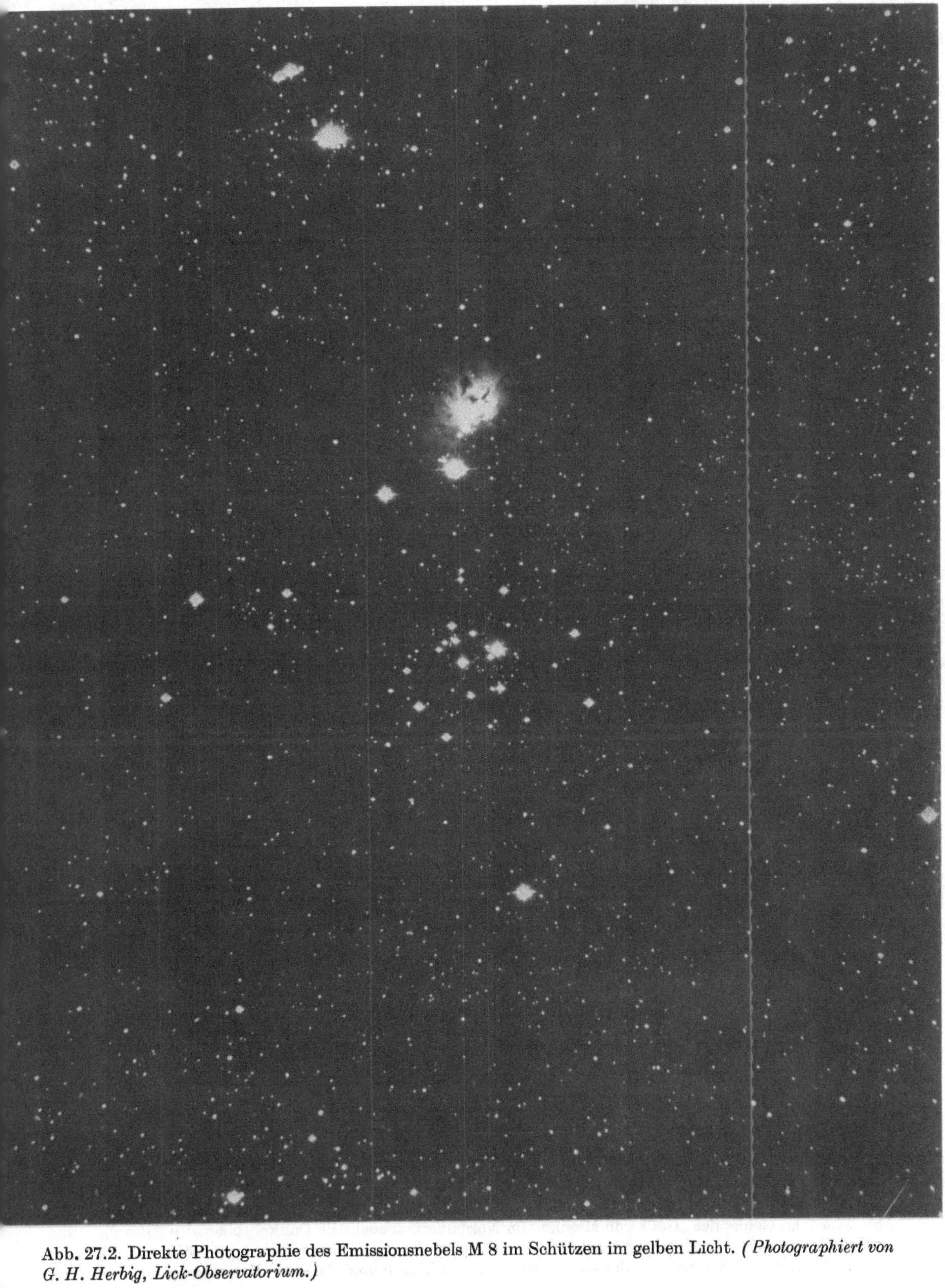

Abb. 27.2. Direkte Photographie des Emissionsnebels M 8 im Schützen im gelben Licht. *(Photographiert von G. H. Herbig, Lick-Observatorium.)*

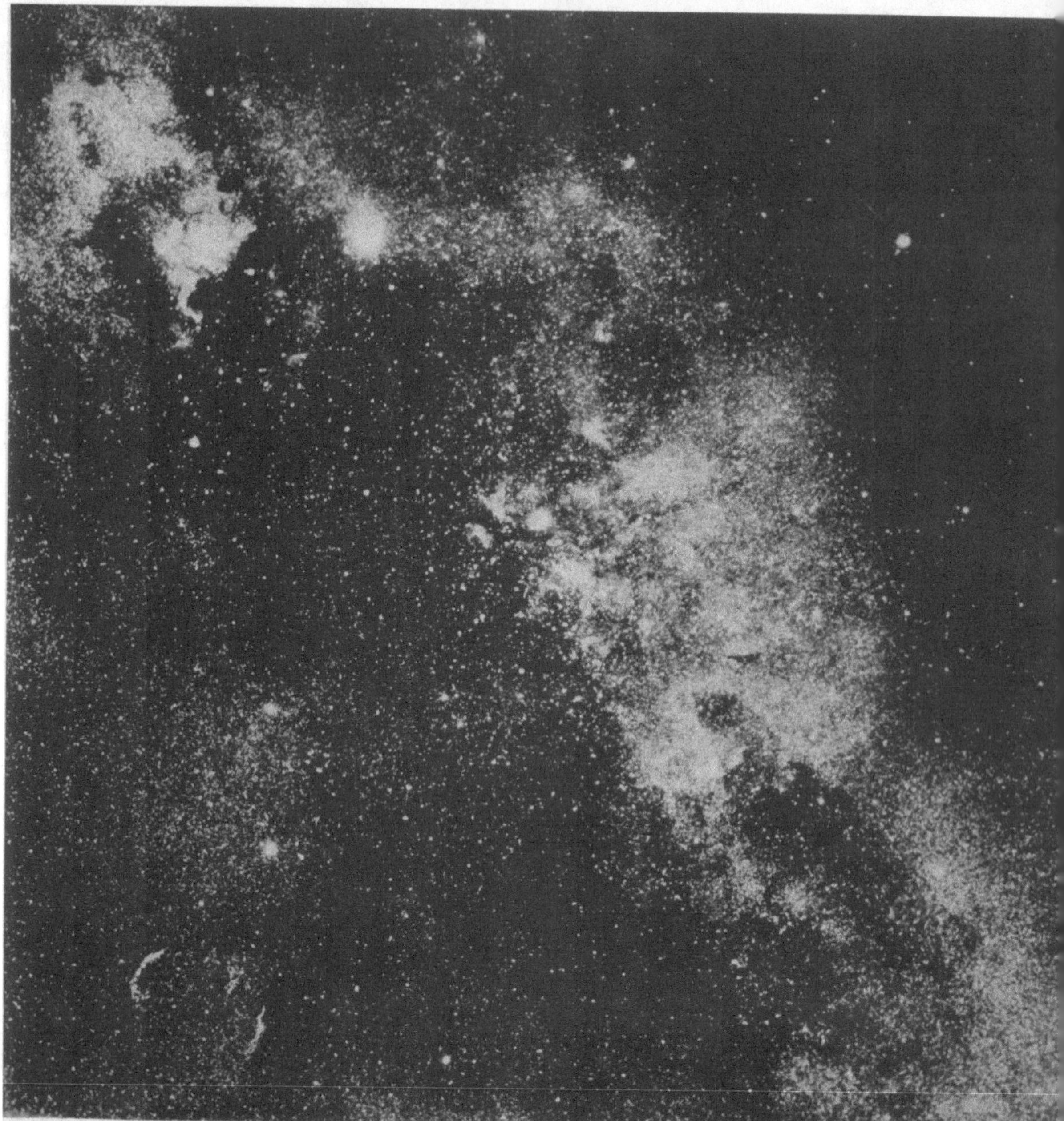

Abb. 27.3. Die Milchstraße im Schwan. Der Nordamerikanebel liegt in der oberen linken Ecke. *(Aus dem „Atlas der Milchstraße", von F. E. Ross und M. R. Calvert.)*

→

Abb. 27.4. Das Gebiet des „Golfs von Mexiko" im Nordamerikanebel. Die Dunkelwolke ist nicht vollständig undurchsichtig; eine Anzahl Sterne scheint durch sie hindurch. *(Photographiert im roten Licht mit dem 48-Zoll-Schmidt-Teleskop auf dem Mount Palomar, Mount Wilson und Palomar-Observatorien.)*

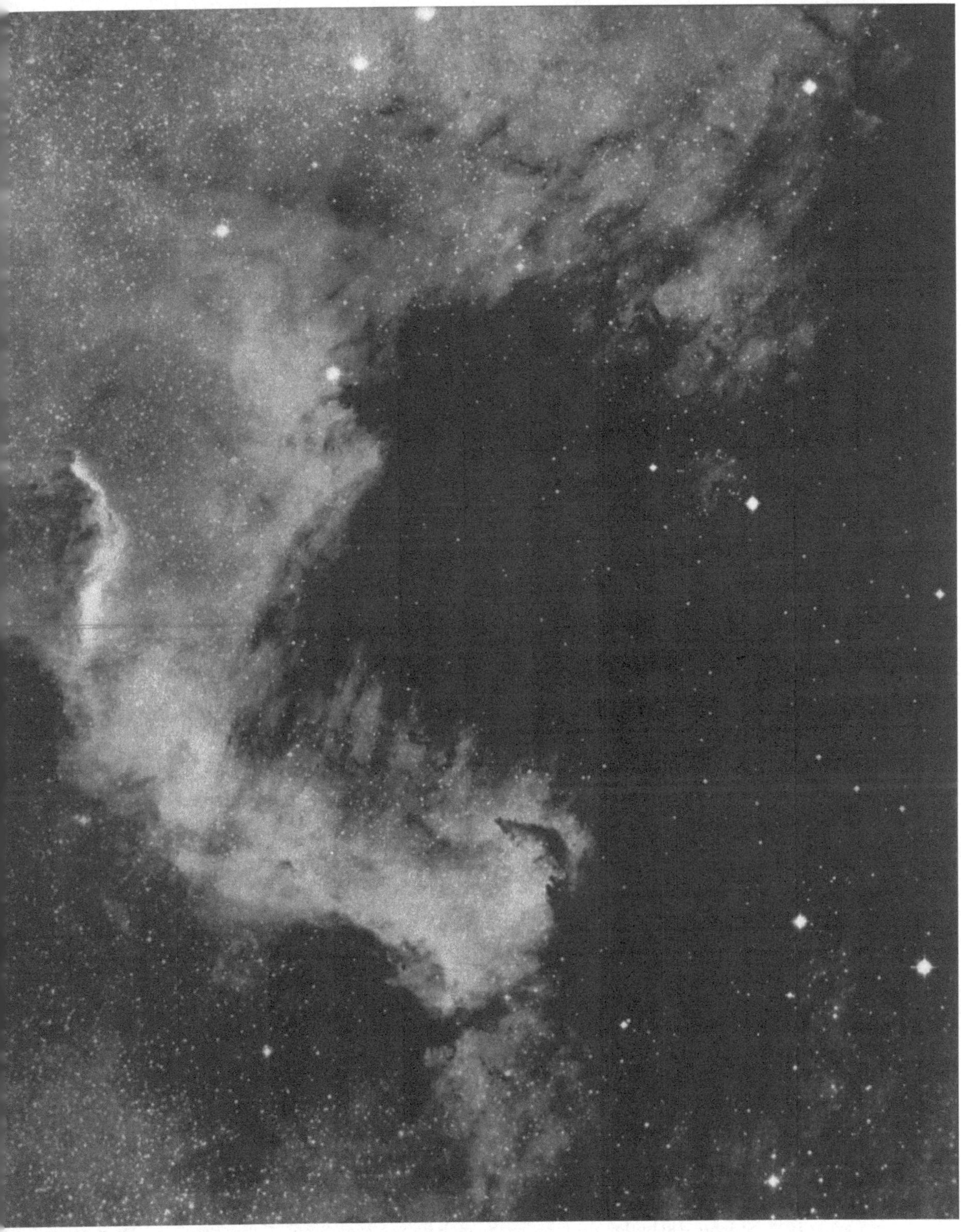

27.3 Dunkelnebel

Abb. 27.3 zeigt eine Aufnahme der Milchstraße im Schwan; der hellste Stern ist Deneb, links von ihm sieht man einen Emissionsnebel, der unter dem Namen Nordamerikanebel allgemein bekannt ist. Das Gebiet des „Golfs von Mexiko" in Abb. 27.4 ist nicht vollständig undurchsichtig — ein paar schwache Hintergrundsterne sind in ihm sichtbar. Die Entfernung eines dunklen Nebels kann man abschätzen, indem man die Anzahlen A (m) der Sterne pro Quadratgrad zwischen den Größen m und $m + 1$ in der Dunkelwolke und in den benachbarten nichtverdunkelten Gebieten des Himmels durch Abzählen bestimmt. In einer Entfernung von 100 parsec würde ein Dunkelnebel, der eine Größenklasse absorbiert, auf die näheren Sterne

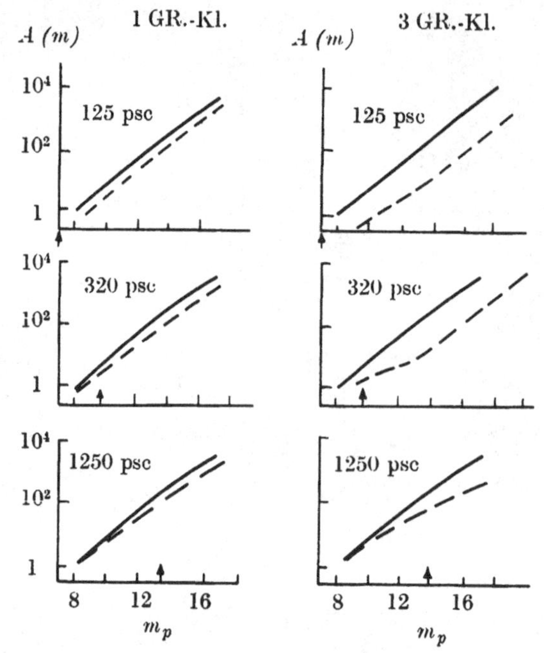

Abb. 27.5. Theoretische „Wolf-Kurven". Die ausgezogenen Linien stellen die Sternzählungen in einem nicht-verdunkelten Gebiet dar, die gestrichelten Linien die in einem verdunkelten Gebiet. Für die Absorptionsbeträge der Dunkelwolke sind in (a) 1^m, in (b) 3^m angenommen. Die kleinen Pfeile auf der Abszissenachse bezeichnen die scheinbaren Größen, für die die durchschnittlichen Parallaxen gleich den reziproken Abständen der Dunkelwolken sind. *(Nach B. J. Bok.)*

keinen Einfluß ausüben: Die Zahlen A (m) werden in beiden Gebieten gleich sein. Bei den schwächeren Sternen jedoch wird sich der Einfluß der Wolke bemerkbar machen, da viele der Sterne hinter ihr liegen werden. Wenn wir die Werte A (m) für aufeinanderfolgende scheinbare Größen m getrennt für das nichtverdunkelte Gebiet und für die Dunkelwolke auftragen, erhalten wir daher zwei „Wolf-Kurven" von der Art der Kurven in Abb. 27.5. In (a) ist die Wirkung eines Nebels, der eine Größenklasse absorbiert, wiedergegeben, in (b) die eines Nebels, der drei Größenklassen absorbiert. Die ausgezogene Linie bezieht sich jeweils auf die Zählungen im nichtverdunkelten Gebiet, die gestrichelte Linie stellt die Sternzahlen in der Wolke dar. Fast alle Sterne, die schwächer als 8^m sind, sind weiter als 125 parsec entfernt; sie befinden sich daher hinter der Wolke, deren Abstand 125 parsec beträgt. Wenn die Wolke eine Größenklasse absorbiert, erscheinen alle Sterne in dem dunklen Gebiet 1^m schwächer als die im nichtverdunkelten Gebiet. Im Abstand von 1250 parsec hat ein durchschnittlicher Stern die scheinbare Größe 10^m; Sterne, die heller sind, befinden sich in den meisten Fällen näher als 1250 parsec. Wenn der Nebel diesen Abstand hat, werden von ihm die Sterne, die heller als 10^m sind, nicht beeinflußt, und die Zählungen sind im dunklen und im unverdunkelten Gebiet gleich. Für schwächere Helligkeiten ergeben die Zählungen in dem verdunkelten Gebiet kleinere Werte als im unverdunkelten, so daß $A\ (m)_{\text{unverdunkelt}} = A\ (m + 1)_{\text{verdunkelt}}$ ist (für m größer als 10).

Abb. 27.6 stellt die Sternzählungen von M. Wolf in den dunklen und den benachbarten nicht-verdunkelten Gebieten des Nordamerikanebels dar. Ein Vergleich der Abbildungen 27.6 und 27.5 zeigt, daß der Dunkelnebel anscheinend 3^{m} absorbiert und sich in einer Entfernung von 1250 parsec befindet.

Im Mittel beläuft sich die interstellare Verdunklung auf $0^{m}{,}8$ pro 1000 parsec; eine Absorption dieser Größenordnung könnte entweder durch kleine Eiskristalle von etwa 1 Mikron (10^{-4} cm) Durchmesser oder durch Eisenpartikeln, die rund $^{1}/_{10}$ so groß sind, bewirkt werden. Alle anderen Arten von Teilchen würden auf so hohe Dichten des interstellaren Mediums führen, daß dessen Gesamtmasse unwahrscheinlich groß sein würde. Sowohl Eiskristalle als auch

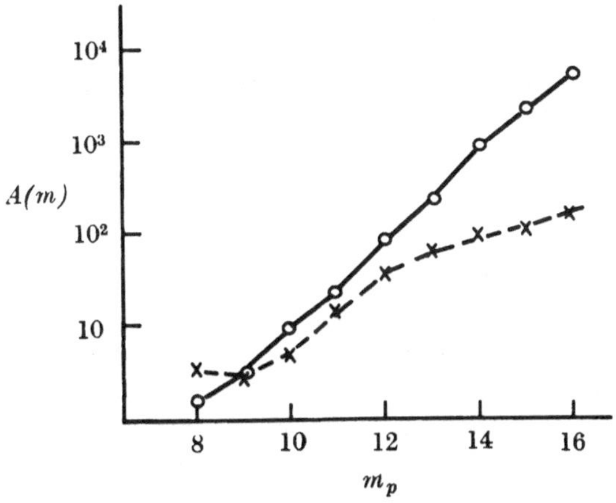

Abb. 27.6

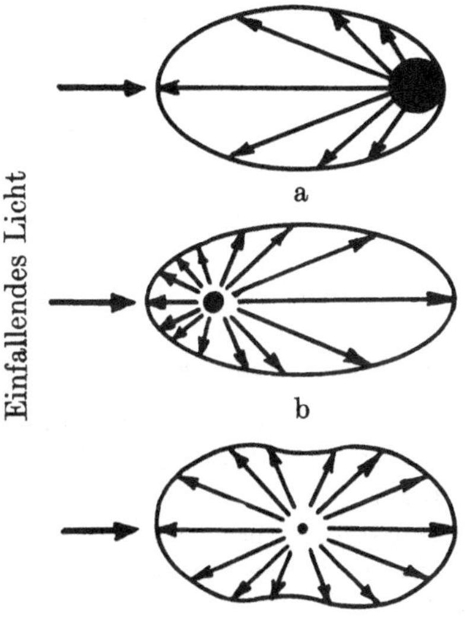

Abb. 27.7 c

Abb. 27.6. Beobachtete „Wolf-Kurven" im Gebiet des Nordamerikanebels. Die ausgezogene Kurve bezieht sich auf das nicht-verdunkelte Gebiet, die gestrichelte Kurve auf die Dunkelwolke.

Abb. 27.7. Streuungseigenschaften von Teilchen verschiedener Größe. (a) stellt große Teilchen dar, (b) Teilchen mit Durchmessern von der Ordnung 10^{-4} cm, (c) kleinere Teilchen und Moleküle.

Eisenteilchen können die beobachtete Verfärbung verursachen und das Licht vorwiegend nach vorn streuen (Abb. 27.7), wie es die Beobachtungsergebnisse von L. G. Henyey und J. L. Greenstein verlangen.

Eine rohe Schätzung der Teilchendichte im interstellaren Raum läßt sich in folgender Weise erhalten. Die Absorption von $0^{m}{,}8$ pro 1000 parsec oder $3 \cdot 10^{21}$ cm bedeutet, daß in dieser Entfernung die Intensität des durchgelassenen Lichtes nur etwa halb so groß ist, wie sie sein würde, wenn der Raum durchsichtig wäre.

Jedes Körnchen vermindert die Intensität des einfallenden Lichtstrahls um einen kleinen Bruchteil. Wenn das Teilchen groß ist, würde sein Querschnitt $\pi \cdot r^2$ cm² betragen, und es würde diesen Betrag aus einem Strahl von 1 cm² Querschnitt absorbieren. An kleinen Teilchen wird das einfallende Licht gebeugt, und die effektiven Querschnitte der Teilchen sind nicht genau gleich den geometrischen Querschnitten; nichtsdestoweniger wollen wir für eine rohe Abschätzung annehmen, daß jedes Teilchen als verdunkelnder Schirm von $\pi \cdot (5 \cdot 10^{-5})^2$ cm² $= 10^{-8}$ cm² Querschnitt wirkt. Wenn N Teilchen, die sich gegenseitig nicht verdecken, in einem Volumen von 1 cm² Querschnitt und 1000 parsec Länge enthalten sind, werden sie das Licht um einen Faktor $N \cdot 10^{-8}$ schwächen. Damit dieser Betrag gleich ½ (rund $0^{m}\!,8$) wird, muß N etwa $5 \cdot 10^7$ betragen. In Wirklichkeit werden sich die Teilchen mindestens teilweise gegenseitig verdecken, und es sind mehr als N Teilchen erforderlich: 10^8 würde eine gute Näherung darstellen. Wenn sie gleichförmig in einem Volumen von 1000 parsec Länge verteilt sind, dann entfallen auf 1 cm³ $10^8/3 \cdot 10^{21} = 3 \cdot 10^{-14}$ Teilchen, d. h. im Kubikkilometer sind 30 Staubkörnchen vorhanden.

Die Masse eines Korns beträgt

$$\frac{4\pi}{3}(5 \cdot 10^{-5})^3 \cdot \varrho_{\text{Korn}}\,.$$

Wenn die Körner aus gewöhnlichem Eis, H_2O, bestehen, ist $\varrho_{\text{Korn}} = 1\ \text{g/cm}^3$. Daher besitzt jedes Korn eine Masse von rund $5 \cdot 10^{-13}$ g. Die Dichte des Staubes im interstellaren Raum ist daher

$$3 \cdot 10^{-14} \cdot 5 \cdot 10^{-13} \approx 10^{-26}\ \text{g/cm}^3.$$

Um diesen Wert mit der Dichte des interstellaren Gases zu vergleichen, kann man von der Tatsache Gebrauch machen, daß der interstellare Raum ein Wasserstoffatom der Masse 10^{-24} g im cm³ enthält. Daher beträgt die durchschnittliche Dichte des interstellaren Gases 10^{-24} g/cm³ oder rund 100mal die Dichte des Staubes.

27.4 Die Polarisation des Sternlichts

Licht kann als ein Schwingungsvorgang angesehen werden, bei dem die Schwingungen rechtwinklig zur Fortpflanzungsrichtung erfolgen. Sternlicht besteht aus einer großen Zahl elektromagnetischer Wellen, von denen jede ihre eigene Schwingungsebene besitzt. Wenn alle Schwingungsebenen vorkommen, sagt man, das Licht sei unpolarisiert; wenn wir es mit Wellen in nur einer Ebene zu tun haben, spricht man von linear polarisiertem Licht. Abb. 27.8 (a)

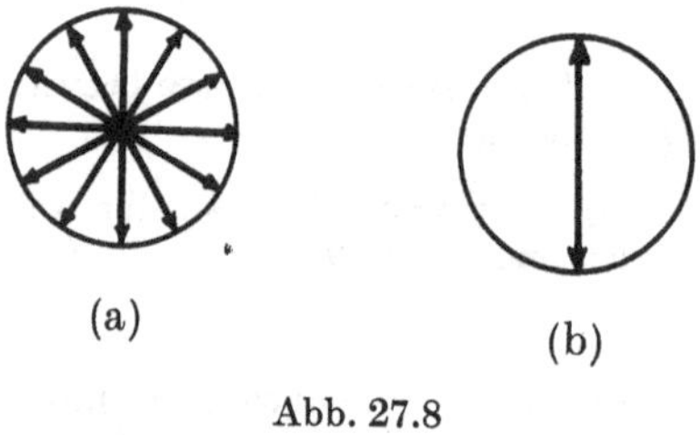

Abb. 27.8

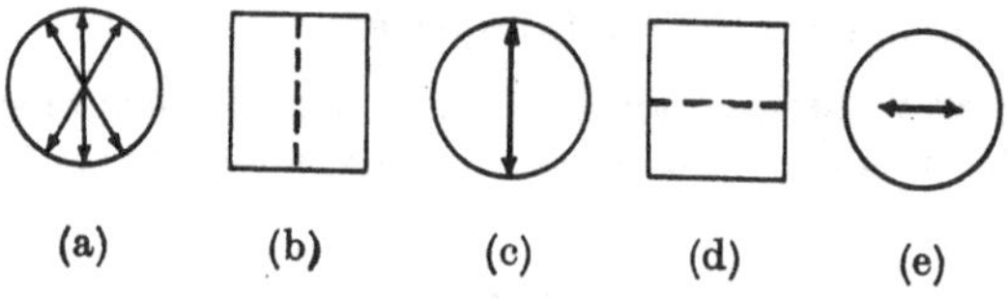

Abb. 27.9

Abb. 27.8. Polarisation des Lichts: (a) unpolarisiertes Licht, (b) linear polarisiertes Licht.

Abb. 27.9. Nachweis der Polarisation: (a) einfallendes partiell polarisiertes Licht; (b) Orientierung des Polarisationsfilters; (c) durchgelassenes linear polarisiertes Licht; (d) andere Orientierung des Filters; (e) durchgelassenes linear polarisiertes Licht.

erläutert schematisch die Verhältnisse in einem unpolarisierten Lichtstrahl, (b) die in einem linear polarisierten Strahl. In beiden Fällen breitet sich das Licht senkrecht zur Papierebene aus.

Polarisiertes Licht kann man mit Hilfe eines sogenannten Nicolschen Prismas oder eines Polaroid-Filters nachweisen, die beide nur für Licht in einer Schwingungsebene durchlässig sind. Wenn unpolarisiertes Licht (Abb. 27.8 a) durch ein Polaroid-Filter geschickt wird, wird der hindurchgehende Teil wie in Abb. 27.8 (b) polarisiert sein. Wenn dieses polarisierte Licht durch ein anderes Polaroid-Filter geschickt wird, das nur die Schwingungen senkrecht zu den

Schwingungen des vom ersten Filter durchgelassenen Lichts hindurchtreten läßt, so wird überhaupt kein Licht zu sehen sein. Die Schwingungsebene des von einem Polarisationsfilter durchgelassenen Lichts kann durch Drehung des Filters verändert werden. Wenn zum Beispiel das zweite Filter gegen das erste um 90° gedreht wird, so würde es Licht in derselben Ebene wie das erste durchlassen, und das einfallende Licht würde durch beide Filter hindurchgehen. Um den Polarisationsgrad einer Lichtquelle zu bestimmen, wird der Lichtstrahl durch ein Polaroid-Filter geschickt und die Intensität des durchgelassenen Lichts für verschiedene Stellungen des Filters gemessen.

In Abb. 27.9 stellt (a) Licht dar, das in nur drei Ebenen schwingt. Schickt man das Licht durch ein Polarisationsfilter, das in der durch die gestrichelte Linie in (b) angedeuteten Ebene durchlässig ist, so wird es nur noch die in (c) gezeichnete Komponente enthalten. Dreht man das Filter um 90°, so daß es in der in (d) angedeuteten Ebene durchlässig ist, so kann ein kleiner Teil des Lichts der Komponenten hindurchtreten, die mit der senkrechten Komponente in (a) einen Winkel bilden. Einen solchen Lichtstrahl nennt man partiell polarisiert. Im vorstehenden Beispiel wird in Stellung (b) des Filters die maximal mögliche Lichtmenge durchgelassen, in Fall (d) nur ein Minimum. Der Polarisationsgrad P wird durch

$$P = \frac{I_b - I_d}{I_b + I_d}$$

gemessen, worin die I die Intensitäten des in den Stellungen b oder d des Filters hindurchtretenden Lichts sind.

Natürliche Lichtquellen sind gewöhnlich unpolarisiert, und ein Polarisationsfilter, das solches Licht durchläßt, bewirkt keine Intensitätsänderung, wenn es gedreht wird. Reflektiertes oder gestreutes Licht ist oft polarisiert. In der Astronomie wurde die Erscheinung der Polarisation von B. Lyot und anderen in Verbindung mit der Reflexion des Lichts an den Planetenoberflächen untersucht und von einer größeren Zahl von Beobachtern im Zusammenhang mit der Sonnenkorona. In der Stellarastronomie beginnt sie erst jetzt eine Rolle zu spielen.

Vom Licht der Reflexionsnebel war schon seit längerer Zeit bekannt, daß es partiell polarisiert ist, und zwar ist, wenn die von einem Polarisationsfilter durchgelassene Schwingungsebene auf der Verbindungslinie des Nebels mit dem beleuchtenden Stern senkrecht steht, die Flächenhelligkeit des Nebels merklich kleiner als bei der um 90° verschiedenen Stellung des Filters. Diese Art von Polarisation wird durch kleine Teilchen verursacht gemäß den Gesetzen der Lichtstreuung und wird oft als radiale Polarisation bezeichnet. Für den Reflexionsnebel NGC 6729 fanden W. T. Whitney und E. B. Weston Werte für P bis zu 35%. Wohlbekannt ist diese Art der Polarisation beim Licht des Tageshimmels, wo sie leicht mit einem Paar Polarisationsgläsern zu beobachten ist.

Das von einer Wolke kleiner Teilchen durchgelassene Sternlicht ist nicht notwendig polarisiert. Das Sonnenlicht wird beim Durchgang durch die Erdatmosphäre infolge Absorption durch die Luftmoleküle geschwächt, bleibt aber dabei unpolarisiert. Dies beruht auf der Symmetrie des Streuprozesses. Dagegen fanden A. W. Hiltner und J. S. Hall aus lichtelektrischen Beobachtungen, daß Sternlicht oft polarisiert ist und daß eine rohe Korrelation zwischen den Beträgen der Polarisation und der interstellaren Rötung besteht. Hiltner bemerkte, daß die Polarisationsebenen von dicht beieinanderstehenden Sternen oft parallel sind; und ferner, daß die allgemeine Tendenz besteht, daß die Polarisationsebenen von Sternen in Nähe der Milchstraße parallel zur galaktischen Ebene verlaufen. Diese Eigenschaften der interstellaren Polarisation lassen erkennen, daß die Teilchen im Raum nicht sphärisch, sondern nadelförmig oder elliptisch sind und daß sie vorwiegend in einer Richtung ausgerichtet sind, wahrscheinlich durch die Wirkung interstellarer Magnetfelder.

27.5 Der Ursprung der Staubteilchen

Von J. H. Oort und H. C. van de Hulst wurde die Ansicht vertreten, daß interstellare Körnchen sich an Kondensationskernen bilden, bei denen es sich anfangs um nichts anderes als um polyatomare Moleküle handelt, und daß sie ziemlich schnell wachsen. Sie fanden, daß im Durchschnitt in 10^8 Jahren ein Teilchen einen Durchmesser von rund einem Mikron (10^{-4} cm) erreicht, was auch die von den Beobachtungen angedeutete Größe ist. Da die Milchstraße bestimmt viel älter als 10^8 Jahre ist, muß es einen Mechanismus geben, der verhindert, daß die Teilchen größer als ein Mikron werden; vielleicht verdampfen die Teilchen, wenn sie miteinander zusammenstoßen. Es ist überraschend, daß die Teilchen aller Wolken ungefähr gleich groß sind. Vermutlich sind alle alt genug, um einen Gleichgewichtszustand erreicht haben zu können.

27.6 Interstellare Absorptionslinien

Die kontinuierlichen Spektren entfernter Sterne werden nicht nur durch die Absorptionslinien unterbrochen, die in ihren Atmosphären entstehen, sondern auch durch mehrere scharfe Absorptionslinien, die von Atomen im interstellaren Raum erzeugt werden (Abb. 25.3). Diese Linien lassen sich oft an ihren Doppler-Verschiebungen erkennen.

Die Intensitäten der interstellaren Linien stehen mit den Entfernungen der Sterne in Zusammenhang. Beträgt deren Abstand 50 parsec, so sind die Linien fast unsichtbar, während sie bei 1000 parsec Abstand manchmal zu den stärksten Linien im Spektrum gehören. Wegen dieses Umstands hat man sie oft als Entfernungsindikatoren verwendet. Rechtwinklig zur galaktischen Ebene sind die interstellaren Linien immer schwach. Die sie erzeugende Gasschicht ist stark zur Milchstraßenebene konzentriert und nimmt an der galaktischen Rotation teil.

Nach W. S. Adams und C. S. Beals sind die interstellaren Linien oft doppelt oder sogar mehrfach. Jede Komponente ist scharf und schmal und wird offensichtlich in einer gesonderten Wolke oder Gasverdichtung mit eigener Pekuliarbewegung relativ zu anderen Wolken erzeugt. Ein Lichtstrahl kann auf seinem Wege von einem 500 parsec entfernten Stern zur Erde mehrere Wolken von zehn oder mehr parsec Durchmesser zu durchlaufen haben.

G. Münch hat gezeigt, daß die Spektren sehr entfernter Sterne, die nicht in unserem Spiralarm liegen, sondern in dem nächsten nach außen, gewöhnlich mehrfache interstellare Linien enthalten, die in einer oder mehreren Wolken des anderen Arms entstehen. Zwischen den Spiralarmen gibt es keine isolierten Wolken.

Die auffallendsten interstellaren Absorptionslinien sind die des ionisierten Kalziums (H und K), die J. Hartmann 1904 entdeckte, und die des neutralen Natriums, die einige Jahre später von Mary Heger (Mrs. C. D. Shane) gefunden wurden. Einige weitere interstellare Linien wurden von Astronomen am Mount Wilson-Observatorium bemerkt — vornehmlich des neutralen Kalziums und Eisens, des ionisierten Titaniums und des ionisierten und neutralen CH und CN.

Die Balmer-Linien des Wasserstoffs werden nicht in Absorption beobachtet, nicht einmal wenn sie nicht von kräftigen stellaren Balmer-Linien überlagert sind (wenn interstellare Wasserstofflinien in den Spektren von Novae und Wolf-Rayet-Sternen vorhanden wären, würde man sie innerhalb starker und breiter stellarer Emissionslinien sehen). Dieses Fehlen der interstellaren Wasserstofflinien zu erklären ist von großer Bedeutung. Die Balmer-Linien entstehen vom zweiten Energieniveau ($n = 2$) aus. Bevor ein Wasserstoffatom H_α absorbieren kann, muß es zuerst L_α absorbiert haben oder es wurde zuerst ionisiert und fing später ein freies Elektron in das zweite Energieniveau ($n = 2$) ein. Das angeregte Elektron bleibt in diesem Niveau während eines Zeitintervalls von rund 10^{-8} sec. Dann geht es automatisch in den Grundzustand ($n = 1$) über. In dem intensiven Strahlungsfeld einer Sternatmosphäre trifft das angeregte Wasserstoffatom ein anderes geeignetes Photon in erheblich weniger als 10^{-8} sec. Es kann daher dieses Photon absorbieren, während sich das Elektron noch auf der zweiten Bahn befindet, und so eine Balmer-Linie erzeugen. Im interstellaren Raum jedoch trifft das Atom erst nach mehreren Tagen oder Wochen ein zweites Photon. Lange vor dem ist aber das angeregte Elektron bereits in den Grundzustand übergegangen, in dem es wieder ein Lyman-Quant, aber kein Balmer-Quant absorbieren kann. Damit erklärt sich, warum alle interstellaren Absorptionslinien aus den Grundzuständen der verschiedenen Atome entstehen. Wenn die interstellaren Lyman-Linien beobachtet werden könnten, würden sie zweifellos äußerst kräftig sein.

Diese Einschränkung gilt nicht für die Emissionslinien. Ein neutrales Wasserstoffatom kann ein Photon absorbieren, wodurch sein Elektron in die Bahn $n = 3$ gehoben wird, oder es kann ein freies Elektron in diese Bahn einfangen, nachdem es ionisiert wurde. Nach 10^{-8} sec kann das Elektron in die Bahn $n = 2$ übergehen, wobei die H_α-Linie in Emission entsteht. Nach weiteren 10^{-8} sec wird es in die erste Bahn fallen und dabei die unbeobachtbare L_α-Strahlung emittieren. Die H II-Gebiete des interstellaren Gases sind genau die Gebiete, die durch Kaskadensprünge eingefangener Elektronen im Lichte von H_α, H_β usw. leuchten.

Den Ionisationsgrad des interstellaren Gases findet man aus dem beobachteten Intensitätsverhältnis der Linie des ionisierten Kalziums bei λ 3934 Å und der des neutralen Kalziums bei λ 4227 Å. Das Ergebnis ist

$$N_2\,(\text{Ca II})/N_1\,(\text{Ca I}) = 100,$$

worin N_2 die Zahl der einfachionisierten Kalzium-Atome (Ca II) pro cm^3 und N_1 die Zahl der neutralen Kalzium-Atome (Ca I) pro cm^3 bedeuten. Dieses Verhältnis ist dem ähnlich, das in den Spektren von Sternen wie Sirius und Wega beobachtet wird, deren Temperaturen von 10 000° der des interstellaren Gases gleich sind. Sowohl im interstellaren Gas als auch in der Sternatmosphäre sind die meisten Kalzium-Atome doppelt ionisiert (Ca III). Obgleich die Linien des Ca III nicht im beobachtbaren Teil des Spektrums liegen, zeigt die Berechnung, daß

$$N_3\,(\text{Ca III})/N_2\,(\text{Ca II}) = 10$$

ist. Es ist überraschend, daß die Ionisation des interstellaren Gases derjenigen der Atmosphäre eines A-Sterns ähnlich ist. Die Temperaturen sind in der Tat ähnlich; aber die Dichten sind ganz verschieden. Niedrige Dichte begünstigt die Ionisation, wie es in einer Überriesenatmosphäre der Fall ist. Warum ist dann die Ionisation des interstellaren Gases nicht weitaus größer als in den Atmosphären von Sirius und Wega ? Um hierauf eine Antwort geben zu können, betrachte man 1 cm^3 des interstellaren Raumes. Wenn er zu einem gegebenen Zeitpunkt N_1 neutrale Kalzium-Atome enthält, werden Ionisationsprozesse bestrebt sein, N_1 um einige Atome zu vermindern und sie in ionisierte Kalzium-Atome zu verwandeln, wodurch deren Zahl N_2 erhöht wird. Offenbar kann die Abnahme von N_1 und die Zunahme von N_2 nicht ständig andauern, sondern es muß einen Gleichgewichtszustand geben derart, daß die

$$\text{Zahl der Ionisationen} = \text{Zahl der Rekombinationen}$$

ist. Die Ionisationen suchen N_2 auf Kosten von N_1 zu vergrößern; aber das Einfangen freier Elektronen durch Ionen verkleinert N_2 und erhöht N_1.

Die Zahl der Ionisationen muß der Zahl verfügbarer neutraler Atome N_1 proportional sein und auch der Zahl passender Photonen pro cm^3 N_{ph}. Die Zahl der Ionisationen ist daher eine Funktion der Temperatur der Strahlung. Die Zahl der Rekombinationen ist proportional der Zahl der Ionen N_2 und auch der Zahl der freien Elektronen N_e pro cm^3. Daneben enthält die Zahl der Rekombinationen einen Wahrscheinlichkeitsfaktor, der von den Geschwindigkeiten

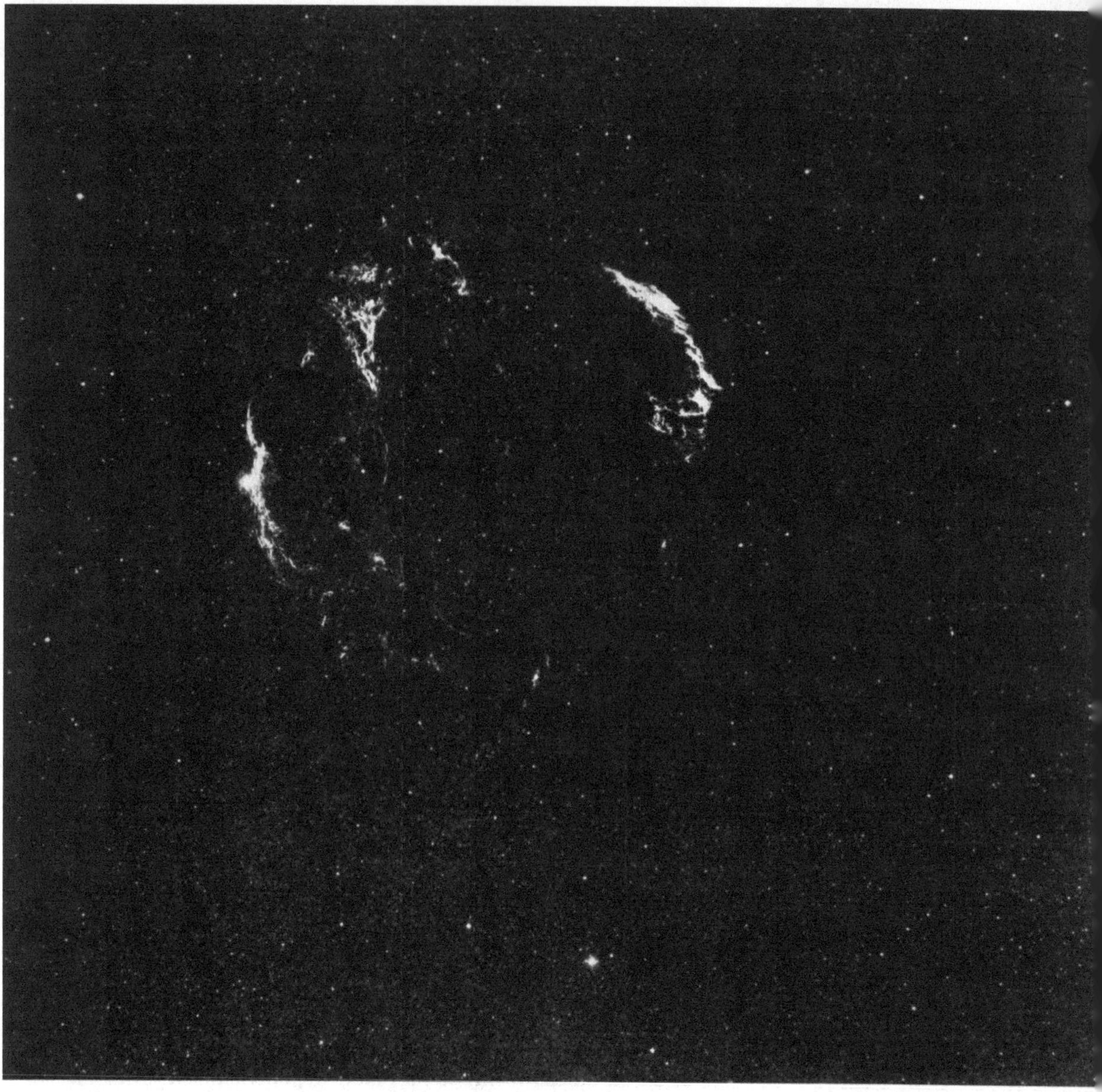

Abb. 27.10. Cirrus-Nebel im Schwan — aufgenommen mit dem 48″-Schmidt-Teleskop auf dem Mount Palomar. Von diesem Nebel ist bekannt, daß er sich ausdehnt und den Überrest einer alten Nova darstellen dürfte. *(Photographie der Mount Wilson und Palomar-Observatorien.)*

und den Querschnitten der Teilchen abhängt. Die Gleichgewichtsbedingung kann dann in folgender Form geschrieben werden:

$$N_1 \cdot N_{ph} = N_2 \cdot N_e \cdot \text{Rekombinationswahrscheinlichkeit.}$$

Dies ist die Ionisationsgleichung, die 1920 von dem indischen Astrophysiker M. N. Saha zuerst aufgestellt wurde. Sie wird gewöhnlich in der Form

$$\frac{N_2}{N_1} N_e = N_{ph} \cdot (\text{Funktion von Ionisationspotential und Temperatur})$$

angegeben, Die Photonenzahl pro cm^3 ist im interstellaren Gas äußerst klein, weil die Sterne, die die Photonen liefern, außerordentlich weit entfernt sind. Das Verhältnis der N_{ph} im interstellaren Raum und in einer Sternatmosphäre gleicher Temperatur beträgt etwa 10^{-15}. Man bezeichnet es als den „Verdünnungsfaktor" der Strahlung. Wenn die Elektronendichte N_e im interstellaren Gas der in einer Sternatmosphäre gleich wäre, würde der Ionisationsgrad $\frac{N_2}{N_1}$ im interstellaren Raum 10^{15}mal kleiner sein als im Sirius. Aber die Beobachtungen zeigen, daß die Ionisation die gleiche ist. Daher muß N_e im interstellaren Raum 10^{15}mal kleiner als in der Sirius-Atmosphäre sein. Die Zahl der Elektronen in der Sternatmosphäre ist bekannt: Sie beträgt angenähert 10^{15} pro cm^3. Somit ist im interstellaren Raum

$$N_e = 10^{15}/10^{15} = 1 \text{ Elektron pro cm}^3.$$

Die Gesamtzahl von Ca II-Atomen in einem Volumen von 1 cm^2 Querschnitt, das sich von der Erde bis zu dem Stern erstreckt, in dessen Spektrum die interstellare Ca II-Linie beobachtet wurde, läßt sich im Prinzip durch Vergleich mit einer Linie bestimmen, die im Laboratorium in einem Gefäß erzeugt wird, das eine bestimmte Zahl von Ca-Ionen enthält. Wenn der Abstand des Sterns 1000 Lichtjahre oder 10^{21} cm beträgt, beläuft sich die Zahl der Ca-Ionen auf 10^{13}; in einem cm^3 werden sich dann $10^{13}/10^{21} = 10^{-8}$ Ca-Ionen befinden. Die Zahl der neutralen Ca-Atome ist nur gleich 10^{-10} pro cm^3, und die Zahl der zweifach ionisierten Ca-Atome ist 10mal größer als die der einfach ionisierten Atome, also 10^{-7} pro cm^3. Somit liegt die Zahl der Ca-Atome sehr nahe bei 10^{-7} pro cm^3 (oder 1 Ca-Atom pro 10^7 cm^3). Offenbar gibt es keinen Ionisationsgrad des Kalziums, der die hohe Elektronendichte — 1 pro cm^3 — im interstellaren Gas erklären könnte. Die Elektronen müssen von einem weit häufigeren Element stammen, und zwar von einem ziemlich hoch ionisierten Element. Helium ist nicht genügend ionisiert, daher muß die Quelle der freien Elektronen der Wasserstoff sein.

Die Ionisation des Wasserstoffs kann mit Hilfe der Ionisationsgleichung berechnet werden; es ergibt sich, daß das Gas nur 1 Wasserstoffatom pro cm^3 enthält. Das steht mit der beobachteten Helligkeit der H II-Gebiete des interstellaren Raumes im Lichte der Balmer-H_α-Linie in Einklang.

Außer den scharfen atomaren und molekularen interstellaren Absorptionslinien zeigen die Spektren entfernter Sterne eine Anzahl ziemlich breiter, bis jetzt noch nicht identifizierter Absorptionslinien. Die stärkste bei λ 4430 Å ist enger mit der interstellaren Rötung korreliert als mit den Entfernungen der Sterne. Daher hat man die Vermutung ausgesprochen, daß diese Absorptionserscheinungen verursacht werden könnten durch die sehr kalten Kristalle, aus denen die interstellaren Körnchen aufgebaut sind.

27.7 Die Bestandteile des interstellaren Mediums

Nach Radiobeobachtungen ist die durchschnittliche Dichte des Gases im interstellaren Raum (in der Nachbarschaft der Sonne) mindestens 100mal so groß wie die der festen Teilchen. Somit ist das Gas und nicht der Staub der hauptsächlichste Faktor bei der Bildung der Spiralarme. Die Zusammensetzung des interstellaren Gases hat man aus den Stärken der interstellaren Absorptionslinien geschätzt. Für dieses Gas wird ein zweifacher Ursprung angenommen: Ein Teil muß bereits in den frühsten Epochen des Milchstraßensystems existiert haben, ein wesentlicher Bruchteil ist aber auch von den Sternen beigesteuert worden. Die Sonne zum Beispiel verliert Atome in Form von Wolken von Protonen und anderen Ionen. Ein Stern frühen Typs emittiert Teilchen in noch weit größerer Zahl als die Sonne. Die Arbeiten von W. G. Fessenkow und A. G. Massewitsch haben ergeben, daß der Massenverlust der Leuchtkraft des Sterns proportional ist. Verschiedene Arten von Sternen sind von Gashüllen umgeben, die ständig Atome in den interstellaren Raum „verdampfen".

Aufgaben

1. a) Berechne die Wellenlänge maximaler Intensität für einen Stern der effektiven Temperatur (1) 50 000°, (2) 10 000°.
   b) Welcher Stern würde das größere H II-Gebiet besitzen?
2. a) Man bestimme das Verhältnis N_3 (Ca III)/N_1 (Ca I) für interstellares Gas.
   b) Berechne die Zahl freier Elektronen, die in einem Volumen von 1 $cm^2 \cdot 1000$ Lichtjahren (10^{21} cm) von Ca III erzeugt werden.
   c) Berechne die Dichte des Kalziums im interstellaren Raum in g/cm^3 (Masse eines Ca-Atoms $= 6{,}64 \cdot 10^{-23}$ g).
   d) Vergleiche das Ergebnis von (c) mit der Dichte des interstellaren Wasserstoffgases.

28. STERNE UND NEBEL

28.1 Wolf-Rayet-Sterne

Die hervorstechendsten spektroskopischen Eigenschaften der (mit dem Buchstaben W bezeichneten) Wolf-Rayet-Sterne sind Emissionslinien atomaren Ursprungs, oft 60 bis 100 Ångström breit und manchmal 10 bis 20mal heller als das angrenzende kontinuierliche Spektrum. In einigen Fällen treten in Verbindung mit den Emissionslinien an deren violetter Kante schwache und diffuse Absorptionslinien auf. Die hellen Linien sind meist hochionisierten Atomen des Heliums, Stickstoffs, Sauerstoffs, Siliziums und Kohlenstoffs zuzuordnen. Neutrales Helium ist vorhanden, die Wasserstofflinien jedoch sind ziemlich schwach. Man kennt nur rund 200 Wolf-Rayet-Sterne.

Die W-Sterne sind entfernte Objekte hoher absoluter Leuchtkraft. Schätzungen ihrer absoluten Größe bewegen sich zwischen —4 und —8 und beruhen auf Untersuchungen einiger W-Sterne, die in nahen galaktischen Systemen, in der großen und kleinen Magellanschen Wolke und in Sternhaufen bekannten Abstands zu beobachten sind. Diese absolut hellen Sterne gehören auch zu dea heißesten bekannten Sternen; ihre Temperaturen werden auf 60 000° bis 100 000° geschätzt. Für ihre Radien hat man Werte gefunden, die rund das Doppelte des Sonnenradius betragen.

C. S. Beals hat überzeugende Gründe für die Auffassung vorgebracht, daß die Emissionsbanden expandierenden Gashüllen zuzuschreiben seien, die die W-Sterne umgeben. Seine Hypothese wird durch das Vorhandensein der Absorptionslinien an den violetten Kanten der hellen Linien gestützt. Abb. 28.1 erläutert diese Effekte. Das durch die Punkte *A* und *B* gehende Sternlicht wird in der Hülle absorbiert, wobei dunkle Linien mit großen Doppler-Verschiebungen nach Violett entstehen, weil sich die Gase der Erde schnell nähern. Das rote Gegenstück der violetten Absorptionslinien fehlt, weil die Punkte auf der abgewandten Seite des Sterns (z. B. bei *D*), wo die Entfernungsgeschwindigkeit der Hülle am größten ist, verdeckt sind. Im Emissionsgebiet der Hülle auf beiden Seiten des Sterns (Punkt *C* und *F*) gibt es keine Bewegung in Richtung des Visionsradius. Punkt *E* jedoch besitzt eine große Entfernungskomponente, während andere Punkte mit beträchtlicher Geschwindigkeit auf die Erde zukommen. Wegen des erheblichen Spielraums in den Geschwindigkeiten in Richtung des Visionsradius sind die Emissionslinien verbreitert.

Eine Anzahl Wolf-Rayet-Sterne sind Glieder von Doppelstern-Systemen. Es gibt ernstliche Gründe für die Annahme, daß sie alle solche Doppelsternkomponenten sein könnten, daß dies aber nur bei den Systemen nachweisbar ist, deren Bahnebenen nahezu in der Blickrichtung liegen. Wenn dies zutrifft, muß bei den Objekten, die keine Bahnbewegung zeigen (Abschnitt 29.2), die Bahnebene auf dem Visionsradius fast senkrecht stehen, d. h.

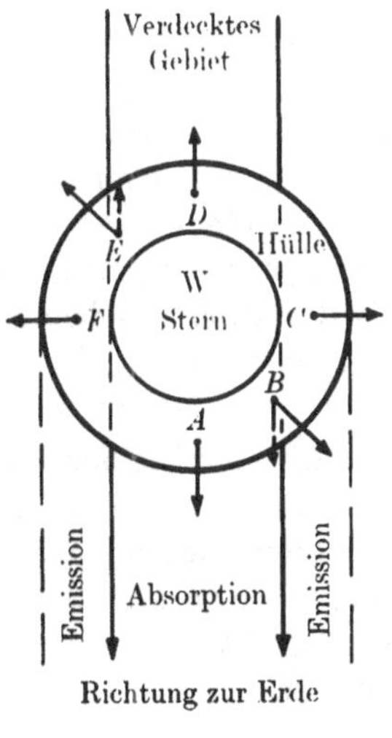

Abb. 28.1. Schematische Darstellung eines Wolf-Rayet-Sterns. Die Gashülle dehnt sich nach allen Richtungen aus.

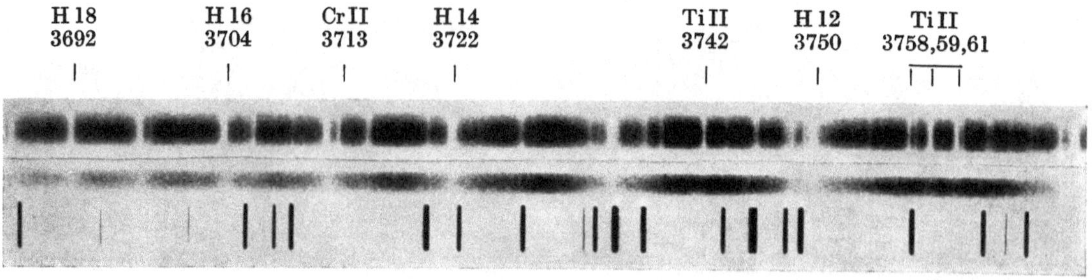

Abb. 28.2. Zwei Spektren von Pleione. Oben: 1944, unten: 1923.

nahezu mit der Tangentialebene an die Himmelssphäre zusammenfallen. Die Emissionslinien der Sterne, die man für Einzelsterne hält, sind gerade so breit wie die der bekannten Doppelsterne. Folglich handelt es sich bei den emittierenden Gasen nicht um flache oder nahezu flache äquatoriale Scheiben oder Ringe, sondern sie müssen im wesentlichen in sphärischer Form verteilt sein. In dieser Hinsicht unterscheiden sich die Wolf-Rayet-Sterne grundlegend von den schnellrotierenden B-Sternen mit ringförmigen Hüllen (Abschnitt 28.2 und 29.8).

28.2 Hüllen-Sterne

Der Mechanismus, der einen Wolf-Rayet-Stern veranlaßt, sphärische Gashüllen abzustoßen, ist nicht bekannt, die Gasringe jedoch in den Äquatorebenen der sogenannten Hüllensterne sind wahrscheinlich das Ergebnis einer Rotationsinstabilität. Der Stern Pleione — einer der weniger auffälligen, mit unbewaffnetem Auge sichtbaren Mitglieder der Plejaden — ist ein typischer Vertreter dieser Gruppe.

Als das Pleione-Spektrum zum erstenmal photographiert worden war, wies E. C. Pickering an der Harvard-Sternwarte daraufhin, daß es nicht nur die üblichen Absorptionslinien des Wasserstoffs und Heliums enthielte, sondern auch doppelte Emissionslinien des Wasserstoffs auf beiden Seiten der Absorptionslinien dieses Elements. Die Emissionslinien wurden allmählich schwächer, und 1905 waren sie verschwunden. Die Absorptionslinien blieben jedoch unverändert; sie waren breit und diffus, und ihr Aussehen führte zu dem Schluß, daß Pleione sich schnell um ihre Achse dreht — etwa 100mal schneller als die Sonne. Darüber hinaus erschien es wahrscheinlich, daß die Rotationsachse auf dem Visionsradius senkrecht steht.

Es war schon bekannt, daß ein schnellrotierender Stern am Äquator instabil werden könnte. Die Sonne mit ihrer langsamen äquatorialen Rotation von 2 km/sec ist hochgradig stabil. Die schnelle Rotation der Pleione dagegen bewirkt eine starke Abplattung, und ihre Zentrifugalkraft könnte sogar andere Prozesse fördern, durch die am Äquator Materie abgelöst und die Bildung eines Gasrings verursacht wird. Anzeichen für einen solchen Ring oder eine solche Hülle (shell) erschienen plötzlich 1938, und das Spektrum dieses Objekts blieb bis 1952 sichtbar, als der Ring anscheinend „weggeblasen" wurde. Wegen seiner großen Entfernung von uns konnte der Ring nicht im Fernrohr gesehen werden; aber seine Existenz ließ sich aus dem Auftreten scharfer Absorptionslinien erschließen.

Der Ring der Pleione war niemals sehr dicht. Von seiner Bildung im Jahre 1938 an bis etwa 1944 schritt seine Entwicklung mehr und mehr voran, wie durch das Stärkerwerden der in dem Ring erzeugten scharfen Absorptionslinien gezeigt wurde. Aus den Maximalintensitäten der Linien konnten eine Dichte von 10^{11} Wasserstoffatomen pro cm^3 (viel weniger als in der Sonnenatmosphäre) und eine Gesamtmasse von etwa dem 10^{-9}fachen der Masse des Sterns abgeleitet werden.

Abb. 28.2 gibt zwei Spektren der Pleione wieder, das eine aus dem Jahre 1923, das andere aus dem Jahre 1944. Das ältere Spektrum ist typisch für einen gewöhnlichen Absorptionslinienstern vom Spektraltyp B 5; in dem Spektrum von 1944 sind eine Anzahl schmaler Absorptionslinien des Fe II, Cr II und anderer ionisierter Metalle vorhanden. Alle Absorptionslinien der Pleione vor 1938 waren durch die schnelle Rotation des Sterns verbreitert; die scharfen Linien der Metalle, die 1938 erschienen, dagegen ließen kein Anzeichen für eine schnelle Rotation mehr erkennen. Gleichzeitig blieben aber die breiten Wasserstoff- und Heliumlinien sichtbar. Der schnellrotierende Stern behielt sein B 5-Spektrum, in seiner Umgebung bildete sich aber 1938 ein Ring aus verdünntem Gas mit relativ langsamer Rotation. Wenn der Ring, was wahrscheinlich ist, infolge Rotationsinstabilität in den äquatorialen Schichten der Atmosphäre des B 5-Sterns entstand, so muß die Rotationsgeschwindigkeit des Rings einen Wert angenommen haben, der der Erhaltung des Drehimpulses entspricht. Die Rotationsgeschwindigkeit der normalen Sternatmosphäre betrug 200 km/sec; wenn sie in eine Höhe von einem Sternradius über der Photosphäre gehoben wird, würde ihre Rotationsgeschwindigkeit sich auf 100 km/sec vermindern, weil der Drehimpuls A gleich $m \cdot v \cdot r$ ist. Wenn A unverändert bleibt, muß sich v proportional $1/r$ ändern.

Die scharfen Absorptionslinien des Rings zeigen eine viel geringere Doppler-Verbreiterung. Der Grund dafür ist darin zu suchen, daß diese Linien in einem nur kleinen Teil des Rings entstehen — demjenigen, der vor der Photosphäre des Sterns liegt. Um die Rotationsgeschwindigkeit des Rings zu bestimmen, ist es notwendig, die Doppler-Verschiebungen der Emissionskomponenten der Wasserstofflinien zu messen. Die resultierenden Werte stimmen mit der vorausgesagten Geschwindigkeit von 100 km/sec überein.

Die scharfen Linien, die im Ring der Pleione entstehen, sind denen ähnlich, die in der Atmosphäre des A 2-Überriesen α Cygni (Deneb) erzeugt werden. Jedoch bestehen einige auffallende Unterschiede. Zum Beispiel ist im Pleione-Spektrum die Mg II-Linie bei λ 4481 Å abnorm schwach. Zur Erklärung dieser Diskrepanz muß man das untere Energieniveau der Mg II-Linie betrachten und mit den unteren Energieniveaus anderer Linien vergleichen, etwa von Fe II, Ti II usw., die in beiden Sternen von vergleichbarer Intensität sind. Der untere Zustand der Mg II-Linie ist normal in dem Sinne, daß ein Elektron imstande ist, aus ihm nach rund 10^{-8} sec in den Grundzustand des Mg II-Ions überzugehen. Die unteren Zustände der Fe II- und Ti II-Linien aber haben lange Lebensdauern, sie sind metastabil, und ein Elektron bleibt in einem von ihnen für etwa eine Sekunde, bevor es in einen niedrigeren Zustand übergehen kann. Im Ring der Pleione geht das Mg II-Elektron in den Grundzustand über, bevor es Zeit gehabt hat, ein Photon der λ 4481-Strahlung zu absorbieren. In α Cygni sind die Photonen so zahlreich, daß λ 4481-Quanten in weniger als 10^{-8} sec absorbiert werden. Daher ist die Absorptionslinie des Mg II in α Cygni stark und in Pleione schwach. Im Fall der Fe II-, Ti II- usw. Linien besteht keine derartige Differenz: In beiden Sternen hat das Elektron viel Zeit, um ein Photon

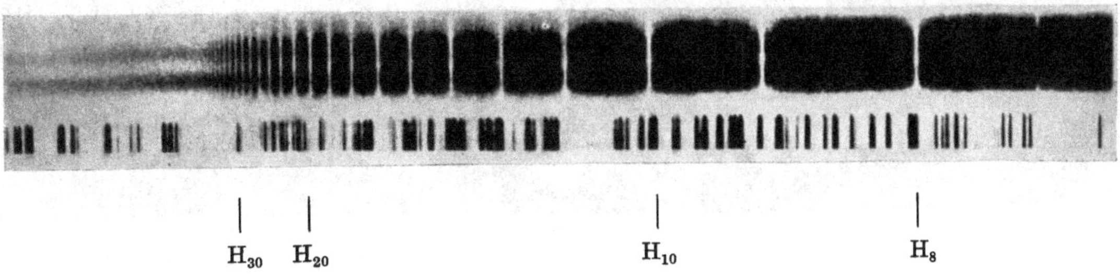

Abb. 28.3. Das Spektrum des Hüllensterns 48 Librae. Die scharfen Balmer-Absorptionslinien konvergieren nach der Balmer-Grenze.

einfangen zu können, bevor es in Gefahr ist, in ein niedrigeres Energieniveau zu fallen. Dieser Effekt ist ähnlich, wenn auch weniger ausgeprägt, dem Effekt der Unterdrückung aller Linien im Spektrum des interstellaren Gases, die von angeregten Zuständen ausgehen. Es läßt sich zeigen, daß der Betrag der Abschwächung der Absorptionslinie Mg II 4481 eine Funktion des Winkels ist, unter dem der Stern vom Ring aus erscheint. Dieser Winkel hängt von dem Radius des Ringes ab.

Mehrere Dutzend Hüllen-Sterne sind eingehend von A. Underhill und anderen Astronomen untersucht worden. Alle diese Sterne sind in ihren wichtigsten Eigenschaften der Pleione ähnlich.

28.3 Planetarische Nebel

Bei der visuellen Beobachtung durch ein kleines Fernrohr erscheint ein planetarischer Nebel, wie etwa der Eulennebel im Großen Bären oder der Ringnebel in der Leier (Abb. 28.4), als kleines grünes Scheibchen, das einige Ähnlichkeit mit den Planeten Uranus oder Neptun aufweist. Von dieser Ähnlichkeit leitet sich die Bezeichnung ,,planetarisch" ab. Diese beiden Planeten verdanken ihre bleiche grünliche Farbe dem Gehalt ihrer Atmosphären an Methangas, das gelbes und rotes Licht stark absorbiert, während die planetarischen Nebel wegen intensiver Emissionslinien in ihren Spektren, die auf Fluoreszenz des doppelt ionisierten Sauerstoffs zurückzuführen sind, grün erscheinen. Diese Strahlung, die gewöhnlich mit N_1 und N_2 bezeichnet wird, hat die Wellenlängen 4959 Å und 5007 Å und erscheint dem Auge grün. Als diese Linien zuerst in den Nebelspektren gemessen wurden, glaubte man, daß sie von einem bis dahin unbekannten Element erzeugt würden, das man ,,Nebulium" nannte und daher mit N_1 und N_2 bezeichnete. In Wirklichkeit jedoch handelt es sich um ,,verbotene" Linien des O III, die nur von einem Gas äußerst niedriger Dichte emittiert werden können.

Auf Photographien, die mit großen Teleskopen aufgenommen wurden, zeigen die planetarischen Nebel in ihrer Struktur eine große Mannigfaltigkeit von Formen. Der größte und nächste, NGC 7293 im Wassermann, ist ein leuchtender Ring, der rund halb so groß wie der Mond erscheint. Auf W. Baades Aufnahme dieses Nebels (Abb. 28.5) kann man eine Vielheit von Einzelheiten erkennen; im dunklen inneren Teil dieses Objekts lassen schmale, strahlenförmige Streifen heftige Bewegungen vermuten. Einige andere planetarische Nebel sind so klein, daß sie fast wie Sterne aussehen. Wenn dies auch teilweise auf Unterschiede in der Entfernung zurückzuführen ist, so schwanken doch die wahren Dimensionen der planetarischen Nebel zwischen rund 20 000 und fast 200 000 astronomischen Einheiten.

Die Anzahl der als planetarisch erkannten Nebel in der Milchstraße ist verhältnismäßig klein. Noch vor 10 Jahren waren nur etwa 100 bekannt. Seitdem hat R. Minkowski mehrere 100 von ihnen im Kerngebiet unseres Sternsystems gefunden, von denen die meisten sehr weit entfernt sind; und K. G. Henize hat mehr als 100 am Südhimmel entdeckt. Wir kennen jetzt einige 500 planetarische Nebel in Abständen bis zu 10 000 parsec von der Sonne, und es muß noch weitere Hunderte innerhalb dieser Entfernung geben, die durch interstellare Staubwolken verdunkelt werden. Die Gesamtzahl planetarischer Nebel in der ganzen Milchstraße dürfte von der Ordnung 10 000 und noch mehr sein.

Die Verteilung der planetarischen Nebel über den Himmel zeigt eine ausgeprägte Konzentration in der Richtung zum galaktischen Kern, doch gibt es auch einige in Abständen vom galaktischen Zentrum von mehr als 10 000 parsec. Die planetarischen Nebel sind nicht sehr

---

←

Abb. 28.4. Der Ringnebel in der Leier. Dieser gasförmige planetarische Nebel umschließt einen schwachen heißen Stern. *(Photographie der Mount Wilson und Palomar-Observatorien.)*

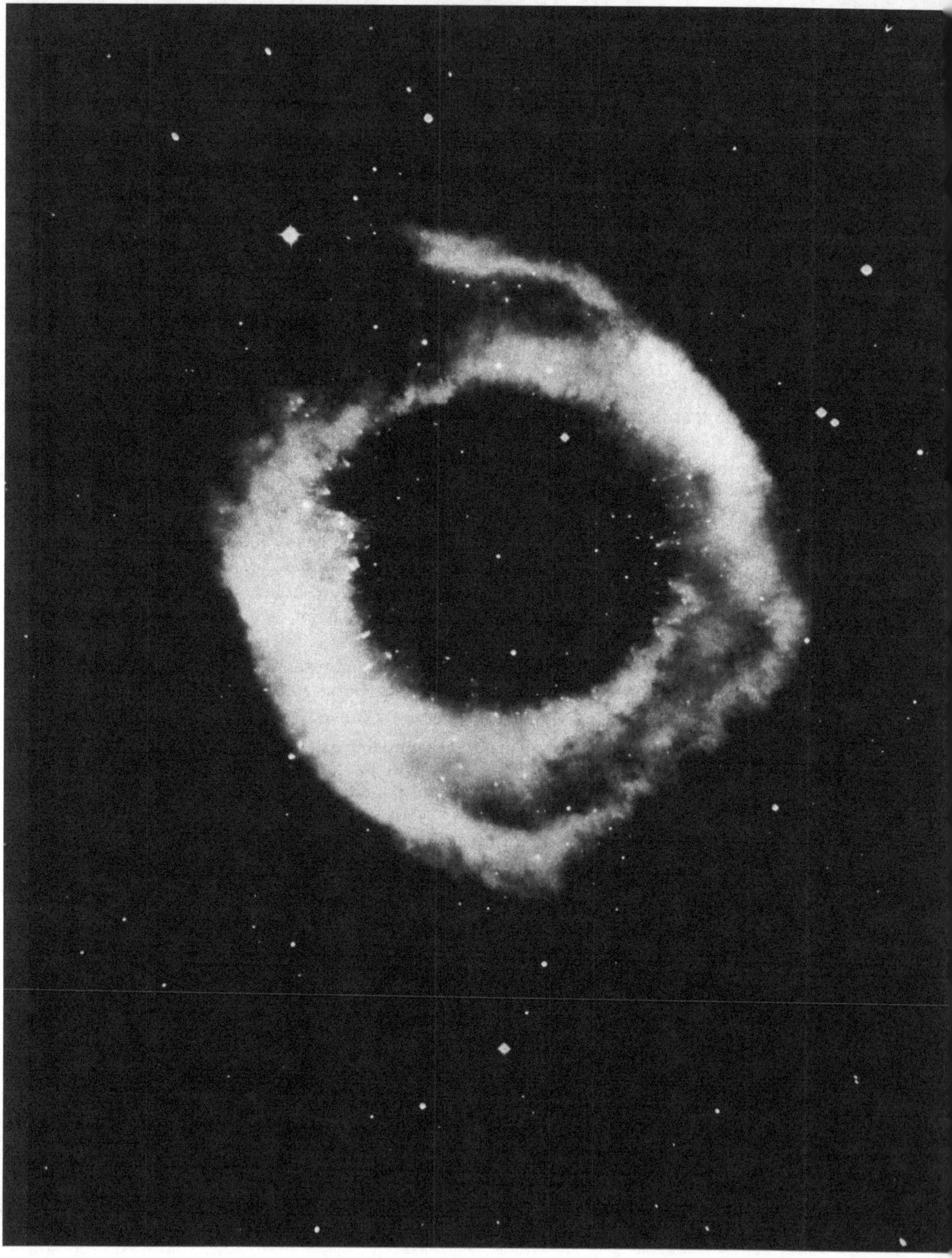

stark nach der Mittelebene der Milchstraße zusammengedrängt. Sie bilden ein schwach abgeplattetes System, das dem der RR Lyrae-Veränderlichen (Abschnitt 31.3) ähnlich ist und sich von dem sehr flachen System der O- und B-Sterne und der diffusen hellen und dunklen Nebel unterscheidet.

Die planetarischen Nebel scheinen daher zu Baades Population II zu gehören, die die sehr alten Sterne unseres Sternsystems (wie auch die in Kugelhaufen), die RR Lyrae-Veränderlichen (Haufenveränderlichen) und die Sterne hoher Geschwindigkeit umfaßt. In der Tat ist ein planetarischer Nebel bekannt, der zu dem Kugelhaufen NGC 7078 gehört.

Daher ist es wahrscheinlich, daß wenigstens einige der ältesten Sterne im Laufe ihrer Entwicklung die charakteristischen Eigenschaften der planetarischen Nebel ausbilden sollten. Da bis jetzt nur ein solches Objekt unter 10 Millionen Sternen in Kugelhaufen gefunden worden ist, dürfen wir schließen, daß entweder das Stadium des planetarischen Nebels von relativ kurzer Dauer ist oder daß viele Sterne dieses Stadium überhaupt umgehen.

Im Innern eines typischen planetarischen Nebels befindet sich ein sehr heißer Zentralstern, dessen Oberflächentemperatur von der Größenordnung 50 000° bis 100 000° sein dürfte und der viel kleiner als die Sonne ist, aber ungefähr dieselbe Masse besitzt.

Ein planetarischer Nebel selbst erscheint wesentlich heller als sein Zentralstern. Obgleich das gesamte Licht des Nebels Fluoreszenzlicht des Zentralsterns ist, erscheint dieser dem Auge oder der photographischen Platte relativ schwach, da er so heiß ist, daß er vorwiegend ultraviolette Strahlung aussendet. Die Dichte eines planetarischen Nebels ist niedrig — nur 10^4 Atome pro cm^3 —, und seine Temperatur, gemessen durch die zufälligen Bewegungen der freien Elektronen, liegt bei 10 000°.

Das ultraviolette Licht des Zentralsterns ionisiert die neutralen Wasserstoffatome im Nebel und trennt somit ihre Elektronen ab; die Sternstrahlung wird bei diesem Prozeß aufgebraucht. Wenn das Atom anschließend ein Elektron einfängt, strahlt es Licht aus; das Elektron dürfte zuerst in eine Bahn hoher Energie eingefangen werden. Wenn es dann in Zustände geringerer Energie übergeht, strahlt es eine Anzahl charakteristischer Wellenlängen aus, wie etwa H_α, und schließlich, wenn das Elektron in den Grundzustand herabfällt, strahlt das Atom L_α aus. Die Summe aller emittierten Lichtintensitäten muß der Intensität der ursprünglichen ionisierenden Strahlung des Sterns gleich sein. H. Zanstra hat die Intensitäten der Wasserstoff-Emissionslinien in planetarischen Nebeln gemessen und setzte ihre Summe gleich der Gesamtenergie der stellaren Ultraviolettstrahlung mit kürzeren Wellenlängen als 912 Å. Dann konnte die Temperatur, die der Stern haben müßte, um genau diesen Betrag an ultraviolettem Licht zu emittieren, aus dem Planckschen Gesetz berechnet werden. Wenn der Nebel so verdünnt ist, daß er nicht alles Sternlicht kürzer als 912 Å absorbiert, werden die Intensitäten der Wasserstofflinien nur einem Bruchteil des wahren Betrags an Ultraviolettstrahlung entsprechen, und die wirkliche Temperatur des Sterns wird größer sein als die berechnete.

Zanstra hat diese Methode ausgebaut und sie auf andere Atome ausgedehnt, so auf ionisiertes Helium. Es ergaben sich im allgemeinen hohe Temperaturen für die anregenden Sterne — von der Ordnung 50 000° und sogar noch höher.

Alle planetarischen Nebel dehnen sich aus mit Geschwindigkeiten von etwa 10 bis 50 km/sec (Abb. 28.6). Die expandierende Gashülle, die einen typischen planetarischen Nebel ausmacht, war wahrscheinlich einmal ein Teil des Zentralsterns. G. A. Gursadjan nimmt an, daß das

---

←

Abb. 28.5. Der planetarische Nebel NGC 7293 nach einer Aufnahme von W. Baade. Die schmalen Lichtstrahlen im inneren dunklen Teil des Nebels deuten auf heftige Bewegungen hin. *(Photographie der Mount Wilson und Palomar-Observatorien.)*

Spektren des planetarischen Nebels NGC 2392

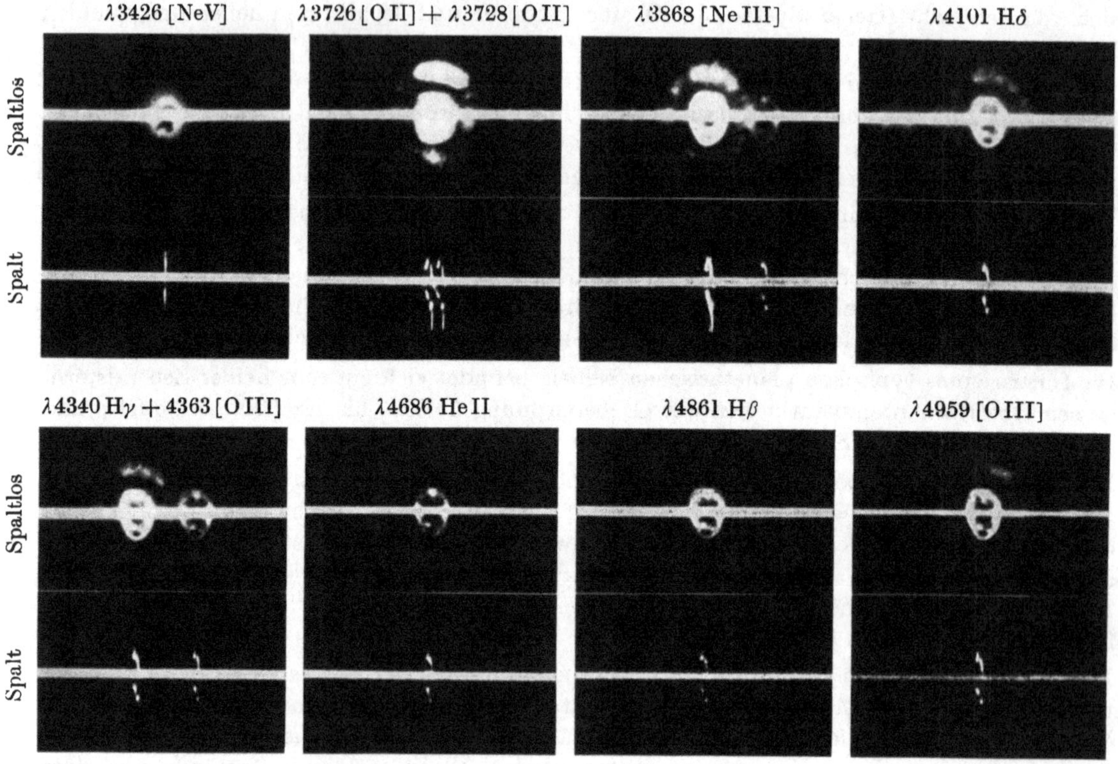

Abb. 28.6. Spektrum des planetarischen Nebels NGC 2392, photographiert von O. C. Wilson am Mount Wilson-Observatorium. Das Kontinuum ist das des Zentralsterns. Die mit „spaltlos" bezeichneten Spektren zeigen die monochromatischen Bilder des Nebels in den darüber angegebenen Emissionslinien. Die mit „Spalt" bezeichneten Spektren zeigen die durch den Doppler-Effekt verzerrten Emissionslinien. Die beiden benachbarten verbotenen O II-Linien, die verbotene Ne III-Linie 3868 und die erlaubte Wasserstofflinie H_δ zeigen, daß die nähere Seite des Nebelrings auf uns zukommt, während die von uns abgewandte Seite sich entfernt. *(Photographie der Mount Wilson und Palomar-Observatorien.)*

tatsächliche Ausströmen von Gas aus dem Stern nur von kurzer Dauer war und nicht mehr anhält. Das Abstoßen der Hülle fand innerhalb eines verhältnismäßig kurzen Zeitintervalls statt, vielleicht vor rund 20 000 Jahren.

Wenn die Gashülle fortfährt zu expandieren, trifft sie auf interstellare Materie, die relativ zum Zentralstern als ruhend angesehen werden kann. Die Hülle fegt die interstellaren Atome und Staubteilchen auf, die ihrerseits die Expansion zu verlangsamen und die äußeren Teile des Nebels zu verdichten suchen. Dies erklärt, warum viele planetarische Nebel gutbegrenzte Außenränder haben und nicht allmählich schwächer werden, wie man erwarten sollte, wenn sich der Nebel in ein Vakuum ausdehnte.

Es ist sicher, daß die planetarischen Nebel weder zu den Wolf-Rayet-Sternen noch zu den Neuen Sternen in engen Beziehungen stehen. Sie dürften ein spätes Stadium in der Entwicklung bestimmter roter Riesen oder R Coronae Borealis-Sterne darstellen, deren durch die Kontraktion ihrer isothermen Kerne eingeleitetes „Aufblähen" tatsächlich zu einem Abstoßen einer dünnen Oberflächenschicht führt.

Von einem einzigen planetarischen Nebel, NGC 7293, ist der Abstand — 26 parsec — aus A. van Maanens trigonometrischer Parallaxe bekannt. Die mittlere Entfernung von 21 planetarischen Nebeln — 1 400 parsec — wurde von van Maanen aus ihren Eigenbewegungen und Radialgeschwindigkeiten berechnet. Unter Verwendung dieser Daten hat I. S. Schklowskij eine ziemlich zuverlässige Liste individueller Entfernungen einer großen Zahl von planetarischen Nebeln aufgestellt. Seine Ergebnisse scheinen zu zeigen, daß die Massen der Nebel in grober Näherung gleich sind; die absoluten Größen ihrer Zentralsterne liegen zwischen -1^m und $+10^m$.

Der Zentralstern von NGC 7293 besitzt eine absolute Größe von +9,8. Aber seine Farbe ist blau, und er emittiert pro cm² seiner Oberfläche ebensoviel Energie wie ein normaler O-Stern der absoluten Größe —4. Der Unterschied $13^m_{,}8$ in der absoluten Helligkeit entspricht einem Intensitätsverhältnis von rund 330 000: Der Zentralstern von NGC 7293 muß $\sqrt{330\,000} =$ 600mal kleiner sein als ein normaler O-Stern (oder rund 60mal kleiner als die Sonne).

Die Masse des Zentralsterns ist nicht bekannt, aber eine plausible Schätzung dürfte 1 Sonnenmasse oder $2 \cdot 10^{33}$ g sein. Ist dem so, würde die mittlere Dichte des Zentralsterns

$$\frac{2 \cdot 10^{33}}{\frac{4\pi}{3}\left(\frac{7 \cdot 10^{10}}{60}\right)^3} = 300\,000 \text{ g/cm}^3$$

betragen. Der Stern müßte ein weißer Zwerg sein.

Schklowskij nimmt an, daß, wenn sich ein planetarischer Nebel in einigen 20 000 Jahren entwickelt, sein Zentralstern ebenfalls in dieser Zeit aus einem ziemlich normalen Objekt in einen weißen Zwerg übergeht.

Wenn die Gesamtzahl der planetarischen Nebel im Milchstraßensystem konstant bleibt — rund 60 000 (was auf einer ziemlich kühnen Extrapolation von den 500 bisher entdeckten beruht) — und wenn rund 20 000 Jahre erforderlich sind, damit ein planetarischer Nebel seine Entwicklung durchläuft, müßten in jedem Jahr etwa 60 000/20 000 = 3 Zentralsterne von planetarischen Nebeln weiße Zwerge werden und 3 weitere Sterne planetarische Nebel. Während einer Milliarde von Jahren würde sich die Zahl der weißen Zwerge in unserem Sternsystem um $3 \cdot 10^9$ vergrößern, was der geschätzten Gesamtzahl von weißen Zwergen sehr nahe kommt.

Während der Anfangsstadien ihrer Entwicklung müssen die planetarischen Nebel dicht gewesen sein — 10^9 bis 10^{12} Wasserstoff-Atome pro cm³. Eine solche Hülle würde nicht lichtdurchlässig sein: Die Zentralsterne wären unsichtbar und die äußeren Schichten der Nebel wären kalt. Unter dieser Bedingung würden die Vorläufer der planetarischen Nebel den normalen kühlen Riesen sehr ähnlich sein. Aber um als Vorläufer der planetarischen Nebel gelten zu können, müßten die roten Riesen zwei Bedingungen erfüllen:

1. Ihre räumlichen Bewegungen und ihre galaktische Verteilung müßten der der planetarischen Nebel und weißen Zwerge ähnlich sein.
2. Sie müßten ziemlich kleine Massen besitzen — etwa gleich der der Sonne —, weil ihnen nur ein kleiner Bruchteil der ursprünglichen Masse als expandierender Nebel verlorengeht.

Die veränderlichen Sterne vom Typ R Coronae Borealis und die unregelmäßigen RV Tauri-Veränderlichen könnten diese Bedingungen erfüllen.

28.4 R Coronae Borealis-Sterne

Diese Sterne strahlen für Monate und Jahre mit konstanter Helligkeit, werden dann aber plötzlich schwächer um mindestens zwei Größenklassen und oft noch mehr; anschließend kehren sie langsam zu ihrer alten Helligkeit zurück. Im Helligkeitsmaximum sind ihre Spektren

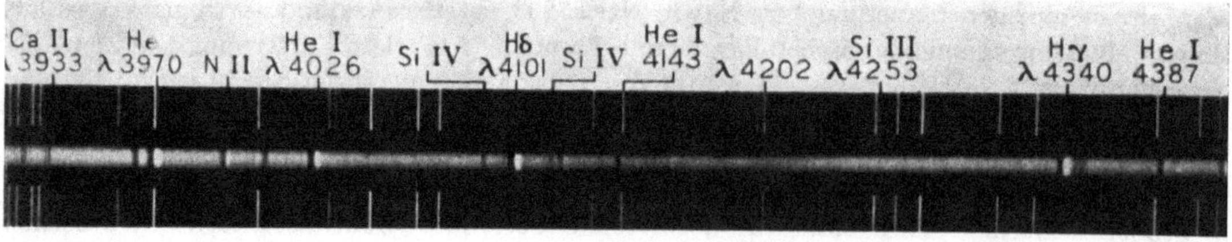

Abb. 28.7. Das Spektrum von P Cygni. Die Emissionslinien werden von violetten Absorptionskomponenten flankiert. *(Aufgenommen von C. S. Beals, Dominion Astrophysical Observatory, Victoria, B. C.)*

denen anderer Sterne hoher Leuchtkraft ähnlich, doch erscheinen ihre Atmosphären arm an Wasserstoff und reich an Kohlenstoff. In der Nähe des Helligkeitsminimums zeigen sie kräftige Emissionslinien.

Diese Sterne sind kürzlich eingehend von G. H. Herbig am Lick-Observatorium untersucht worden. Auf Grund eines beträchtlichen Beobachtungsmaterials ist es wahrscheinlich, daß Beziehungen zwischen den R Coronae Borealis-Sternen und den planetarischen Nebeln bestehen, die in großer Anzahl in der Nähe des galaktischen Zentrums gefunden werden. Einer dieser Veränderlichen besitzt im Helligkeitsminimum eine kleine neblige Hülle und ein Spektrum gleich dem eines Gasnebels. Die äußeren Atmosphären der R Coronae Borealis-Sterne scheinen sich mit Geschwindigkeiten auszudehnen, die von ähnlicher Größenordnung wie die in planetarischen Nebeln beobachteten Expansionsgeschwindigkeiten sind. Nach W. P. Bidelman stimmen die Verteilungen der beiden Arten von Objekten am Himmel weitgehend überein. Herbig schließt: Da „die planetarischen Nebel als solche sicherlich nur vorübergehende Objekte sind und wenn eine beobachtbare Klasse von Himmelskörpern existiert, der die Objekte angehören, die als ihre Vorläufer im Entwicklungsgang anzusehen sind, . . . stellt die R Coronae Borealis-Gruppe einen der ersten Kandidaten für diese Rolle dar."

28.5 P Cygni-Sterne

C. S. Beals hat eine Liste von 69 Sternen — davon 11 in den Magellanschen Wolken — zusammengestellt, die im Spektrum dem Prototyp dieser Gruppe, P Cygni, ähnlich sind. Das Spektrum dieses Sterns (Abb. 28.7) zeigt kräftige, aber nicht besonders breite Emissionslinien mit nach Violett verschobenen Absorptionskomponenten auf einem kontinuierlichen Hintergrund, der einer Strahlung hoher Temperatur entspricht. Die Ursache dieser Erscheinungen ist (wie in den W-Sternen) eine expandierende Hülle um den Zentralstern (Abb. 28.1).

Die Geschichte von P Cygni ist sehr interessant. Im Jahre 1600 nahm dieser vorher unsichtbare Stern plötzlich an Helligkeit zu, bis er die 3. Größe erreichte. In dieser Helligkeit blieb er bis 1606, als er begann, wieder schwächer zu werden, und erreichte 1620 die 6. Größe. Danach war er einige Jahre lang für das unbewaffnete Auge unsichtbar, begann aber 1654 erneut heller zu werden und erreichte 1655 die Helligkeit 3,5, bei der er vier Jahre lang stehen blieb. 1715 war er bis zur Größe 5,2 abgesunken, die er seitdem angenähert mit nur geringen Schwankungen beibehalten hat. Dieses Verhalten erinnert an das eines Neuen Sterns. Die meisten anderen P Cygni-Sterne haben nur kleine Änderungen in der Helligkeit und im Spektrum gezeigt.

Beals hat die Entfernung von P Cygni auf rund 1000 parsec und die absolute Helligkeit auf etwa —6 geschätzt. Der Durchschnittswert der absoluten Größe von P Cygni liegt bei —4,5 und die Oberflächentemperatur zwischen 10 000° und 40 000° K. Es ist möglich, daß die P Cygni-Sterne und die Wolf-Rayet-Sterne verwandte Objekte sind und daß der Hauptunterschied zwischen ihnen in der Temperatur liegt.

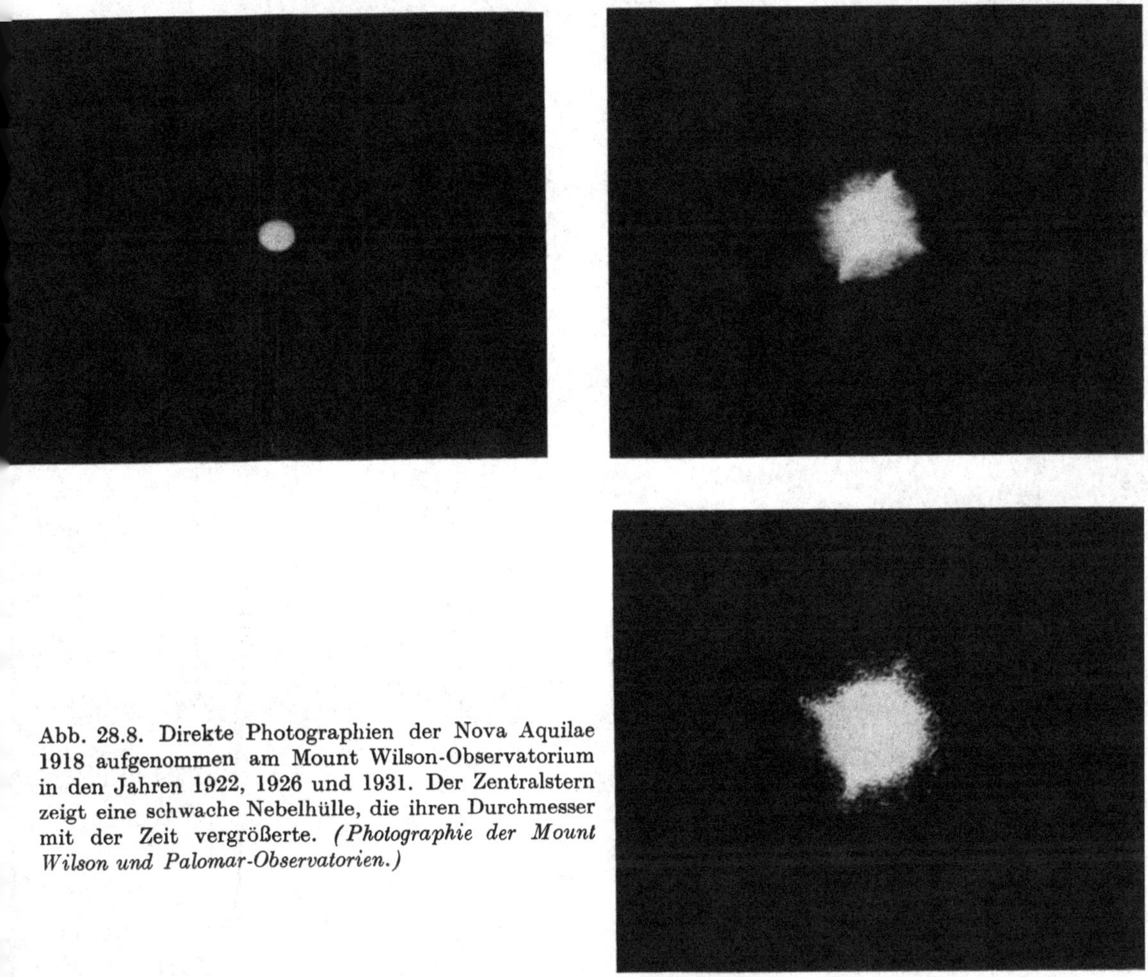

Abb. 28.8. Direkte Photographien der Nova Aquilae 1918 aufgenommen am Mount Wilson-Observatorium in den Jahren 1922, 1926 und 1931. Der Zentralstern zeigt eine schwache Nebelhülle, die ihren Durchmesser mit der Zeit vergrößerte. *(Photographie der Mount Wilson und Palomar-Observatorien.)*

28.6 Novae und Supernovae

Die P Cygni-Sterne und die planetarischen Nebel besitzen Gashüllen, die sich mehr oder weniger gleichförmig viele Jahre lang ausdehnen mit Geschwindigkeiten, die selten 100 km/sec übersteigen. Den Gegensatz zu diesen Sternen bilden die Neuen Sterne oder Novae, die plötzlich unter gewaltiger Helligkeitszunahme explodieren und Hüllen abstoßen, die sich mit Geschwindigkeiten von der Ordnung 1000 km/sec ausdehnen. In Abb. 28.8 sieht man drei Photographien der Nova Aquilae, deren Helligkeit 1918 um mehr als 13 Größenklassen anstieg. Die Aufnahmen aus den Jahren 1922, 1926 und 1931 zeigen die expandierende Gashülle, die die Nova umgibt. Messungen an diesen und anderen Direktphotographien ergaben, daß der Radius der Hülle um rund 1″ pro Jahr zunahm. Die Radialgeschwindigkeit der Expansionsbewegung betrug 1700 km/sec, und durch Vergleich der scheinbaren Winkelexpansion mit der bekannten linearen Expansion wurde der Abstand der Nova zu 1200 Lichtjahre bestimmt. Im Maximum erreichte die Nova eine absolute Größe von rund —8; vor dem Aufleuchten betrug die absolute Helligkeit ungefähr +5.

Während des schnellen Anstiegs einer Nova zur Maximalhelligkeit ist ihr Spektrum dem eines P Cygni-Sterns ähnlich; im Maximum sind die Emissionslinien schwächer oder sie können

sogar verschwinden. Nach dem Maximum ändert sich das Spektrum vollkommen. Im Fall der Nova Herculis (1934) wies in diesem Stadium das Spektrum ähnliche Züge wie das eines F 5-Überriesen auf. Zusätzlich zu einer neuen Serie von Absorptionslinien wurden Emissionen von H, Ca II und Fe II beobachtet, aber wegen ihrer großen Breite war die Identifizierung dieser Linien schwierig. Schließlich blieben nur die Emissionslinien der expandierenden Hülle übrig.

In den Anfangsstadien eines Nova-Ausbruchs beginnt ein großer Teil der äußeren Schichten des Sterns sich auszudehnen, ohne dabei seine Opazität zu verändern. Der Radius des Sterns wird größer, die Oberflächentemperatur hat jedoch keine Zeit, sich dem anzupassen. Daher ist die Zunahme der Leuchtkraft einer Nova zuerst allein durch die Zunahme der Oberfläche bedingt. Wenn sich die aufgeblähte Hülle weiter ausdehnt, wird sie durchsichtiger, bis das Spektrum anfängt, neue violett-verschobene Serien von Absorptionslinien zu zeigen, die in einer zweiten von der Photosphäre abgestoßenen Hülle entstehen. Manchmal werden mehrere Schalen nacheinander abgestoßen und expandieren mit sogar noch größerer Geschwindigkeit als die erste. Nach ein paar Tagen überholen die später folgenden Schalen die erste, und in diesem Zeitpunkt treten im Spektrum verschiedene Änderungen der Linien auf. Nach einem weiteren Zeitintervall werden die Gashüllen für die kontinuierliche Strahlung des Sterns in ihrem Innern durchlässig. Zu dieser Zeit kommt es gewöhnlich zu einer plötzlichen Abnahme der Leuchtkraft der Nova — die beobachtete Strahlung kommt größtenteils von dem kleinen Stern selbst und nicht von den ausgedehnten und undurchsichtigen expandierenden Schichten. Die letzteren werden in ihrem Spektrum den planetarischen Nebeln und Wolf-Rayet-Sternen mit ihren kräftigen und breiten Emissionslinien hochionisierter Atome wie O III, He II, Ne III, Fe IV usw. immer ähnlicher.

Während der Anstieg zur Maximalleuchtkraft in einer Nova plötzlich vor sich geht und manchmal nur ein paar Stunden dauert, verläuft der Helligkeitsabfall nach dem Maximum allmählich; er kann einige Wochen, Monate oder sogar Jahre dauern. Daher unterscheidet man zwischen „langsamen" und „schnellen" Novae. Nova Aquilae 1918 war eine schnelle Nova. Nova Herculis 1934 war eine mäßig langsame.

Die meisten Novae sind sehr weit entfernt. Vor ihrem Aufleuchten sind ihre absoluten Helligkeiten der der Sonne ähnlich und ihre scheinbaren Größen sind gewöhnlich schwächer als 10^m oder sogar 15^m. Unter den Millionen anderen Sternen ähnlicher scheinbarer Helligkeit sind sie nicht leicht ausfindig zu machen, sogar obgleich ihre Spektren von denen der meisten anderen Sterne etwas verschieden sind.

Nach einem Ausbruch kehrt eine Nova langsam zu ihrer früheren Helligkeit zurück. Nach B. W. Kukarkin und P. P. Parenago sind die Novaausbrüche rekurrente Erscheinungen: Nova T Coronae Borealis hatte 1866 einen Ausbruch, der sich 1946, 80 Jahre später, in sehr ähnlicher Form wiederholte. Ihr Helligkeitsanstieg betrug rund 8 Größenklassen. Eine andere rekurrente Nova, T Pyxidis, leuchtet etwa alle zwanzig Jahre auf. Bei ihr beträgt der Schwankungsbereich der Helligkeit 7^m. Die Intervalle zwischen den Ausbrüchen sind mit den Helligkeitsamplituden korreliert. Wenn eine Nova an Helligkeit um nur 1^m oder 2^m zunimmt (solche Sterne werden gewöhnlich als novaähnlich bezeichnet), wiederholen sich ihre Ausbrüche in Abständen von einigen Jahren oder, in besonderen Fällen, sogar von einigen Monaten. Wenn die Beziehung zwischen Zeitintervall und Helligkeitsamplitude auf gewöhnliche Novae extrapoliert wird, bei denen die Größendifferenz Δm von der Ordnung 13 ist, findet man, daß das Zeitintervall zwischen den Ausbrüchen von der Größenordnung 100 000 Jahre sein sollte.

←
Abb. 28.9. Eine Direktphotographie der Nova Persei 1901 und ihrer Hülle. *(Photographie mit dem 200-Zoll-Teleskop der Mount Wilson und Palomar-Observatorien.)*

Eine besondere Gruppe der novaähnlichen Sterne sind die Veränderlichen vom Typ SS Cygni. Bei ihnen verläuft das Aufleuchten ähnlich wie bei den gewöhnlichen Novae, jedoch im allgemeinen weniger heftig. SS Cygni selbst und AE Aquarii sind enge Doppelsterne. Die rekurrente Nova T Coronae Borealis ist ebenfalls ein Doppelstern.

Eine Post-Nova ist der Prae-Nova sehr ähnlich: Es handelt sich um einen blauen Stern unternormaler Leuchtkraft, oft ohne jede Absorptions- oder Emissionslinie. Während eines einzigen Ausbruchs stößt der Stern einen kleinen Bruchteil seiner Masse — rund 10^{-5} — ab in den Raum und strahlt eine beträchtliche Energiemenge im Laufe weniger Wochen oder Monate aus. Die gesamte aus der Lichtkurve abgeleitete Energie, die bei einem Ausbruch emittiert wird, beträgt rund 10^{45} erg. Wenn der ursprüngliche Stern eine Masse gleich der Sonnenmasse hatte und wenn er aus Wasserstoff bestand, würde sein gesamter Vorrat an Kernenergie aus der Umwandlung von H in He gleich $0{,}01 \cdot 2 \cdot 10^{33} \cdot (3 \cdot 10^{10})^2 = 2 \cdot 10^{52}$ erg sein. Aber die Novae sind Mitglieder der Sternpopulation II: Sie kommen nicht nur in den Spiralarmen, sondern auch zwischen ihnen vor. Daher sind sie wahrscheinlich sehr alt und haben schon den größten Teil ihres Wasserstoffvorrats verbraucht. Wenn sie bei einem Aufleuchten $^1/_{100\,000}$ ihrer Masse verlieren, würden sie nach 10^4maligem Aufleuchten einen beträchtlichen Teil ihrer gegenwärtigen Massen abgestoßen haben. Da die Ausbrüche in Abständen von etwa 10^5 Jahren aufeinander folgen, würde es rund 10^9 Jahre dauern, bis die Nova ein Stern sehr kleiner Masse geworden ist — vielleicht ein weißer Zwerg.

Im Laufe von 10^4 Ausbrüchen würde die Nova über ihre normale Ausstrahlung bei Minimalhelligkeit hinaus einen Überschuß von $10^{45} \cdot 10^4 = 10^{49}$ erg erzeugen. Da die Post-Nova blau ist, wird ihre absolute bolometrische Größe etwa 5^m heller als ihre photographische Größe $+5$ sein. Daher strahlt sie ungefähr 100mal mehr Energie pro sec aus als die Sonne und emittiert in den 10^9 Jahren zwischen den Ausbrüchen

$$100 \cdot 10^9 \cdot 3 \cdot 10^7 \cdot 4 \cdot 10^{33} = 10^{52}\ \text{erg}.$$

Dies ist ein so großer Bruchteil der gesamten $2 \cdot 10^{52}$ erg, die aus der Umwandlung von H in He verfügbar sind, daß es vernünftig erscheint anzunehmen, daß dem Stern aus der Umwandlung von He in schwere Elemente (Salpeter-Prozeß) ein großer Betrag zusätzlicher Energie zur Verfügung steht. Es ist möglich, daß die Ausbrüche unstetige Umschichtungen der Außenteile eines alten Sterns darstellen, in dem Kernprozesse miteinander konkurrieren.

Die Anzahl gewöhnlicher Novaausbrüche im Milchstraßensystem beträgt zwei oder drei Dutzend pro Jahr. Eine systematische Untersuchung der Novaerscheinungen im Andromedanebel M 31 während eines Zeitraumes von zwei Jahren durch H. C. Arp hat diese Schätzung angenähert bestätigt. Mehrere Novae haben expandierende Nebel gezeigt, einige Jahre nachdem sie zuerst gesehen wurden. Ein Neuer Stern, Nova Herculis 1934, besteht, wie M. Walker gefunden hat, aus einem engen Paar sehr kleiner Sterne, die einander mit einer Periode von $4^h\,39^m$ umkreisen.

Die bei weitem auffälligste aller Sternexplosionen ist die einer Supernova. Bei einer normalen Nova nimmt die Leuchtkraft etwa um einen Faktor 500 000 zu. Eine helle Supernova steigert ihre Helligkeit 100 000 000mal, ihre absolute Größe beträgt im Maximum —16,5, und sie ist dann der leuchtkräftigste Einzelstern im Sternsystem und ist manchmal heller als die gesamte Galaxis.

Nach F. Zwicky erscheint in einem durchschnittlichen Sternsystem ungefähr eine Supernova in 400 Jahren. Da die Milchstraße etwas größer ist als eine durchschnittliche Galaxis, kann in ihr die Häufigkeit beträchtlich größer sein. Der Krebs-Nebel (der im folgenden Abschnitt behandelt wird) ist der Überrest einer Supernova, die im Jahre 1054 aufleuchtete; sie erreichte eine scheinbare Größe von —5 — mehrmals heller als die Venus — und war bei vollem Tageslicht sichtbar. Eine andere galaktische Supernova erschien 1572 im Sternbild der Kassiopeia und blieb 18 Monate sichtbar. Tycho Brahe fand, daß sie im Maximum der scheinbaren Helligkeit der Venus gleichkam. Eine weitere galaktische Supernova war Keplers Nova von 1604, deren Überbleibsel von W. Baade in der Form unregelmäßiger nebliger Flecken ähnlich dem Krebs-Nebel aufgefunden wurden.

Die gesamte Energieausstrahlung einer Supernova während ihres Aufleuchtens beträgt rund 10^{49} erg — ein erheblicher Bruchteil des gesamten Energievorrats eines Sterns. Die Spektren von Supernovae enthalten Überlagerungen von stark verbreiterten Emissionslinien, von denen die meisten nicht identifiziert worden sind. F. L. Whipple und C. Payne-Gaposchkin ist es gelungen, synthetische Spektren herzustellen, die denen wirklicher Supernovae ähnlich sind, wobei eine Explosionsgeschwindigkeit von 12 000 km/sec und eine zur Ionisation von He, C, N, O, Fe usw. ausreichende Temperatur angenommen wurden. Sie glauben, daß Wasserstoff in Supernovae weniger häufig als in der Sonne oder in normalen Sternen ist. Es besteht nur geringer Zweifel daran, daß bei einer Supernova-Explosion ein beträchtlicher Bruchteil der Masse des Sterns — vielleicht zwischen $^1/_{10}$ und $^1/_{100}$ — abgestoßen wird. Eine so gewaltige Explosion könnte sich kaum ereignen, wenn nicht im Sterninnern ein heftiger Kernprozeß abliefe.

28.7 Der Krebs-Nebel

Der Krebs-Nebel (Abb. 23.6) ist der Überrest einer Supernova, die im Jahre 1054 in unserem Milchstraßensystem explodierte, wie in mehreren chinesischen und japanischen Chroniken berichtet wird. Dieser „Gaststern" erreichte eine scheinbare Helligkeit, die größer war als die der Venus im größten Glanz, und blieb zwei Jahre lang sichtbar. Der Radius des Nebels, dessen Expansion 1054 begann, wird immer noch um $0\overset{''}{.}21$ pro Jahr größer nach Messungen von J. C. Duncan auf Photographien, die in Abständen von vielen Jahren aufgenommen wurden. Gleichzeitig zeigt das von N. U. Mayall photographierte Spektrum kräftige doppelte Emissionslinien mit Doppler-Verschiebungen, die einer Expansionsgeschwindigkeit von 1300 km/sec entsprechen. Mayall machte die einleuchtende Annahme, daß sich der Krebs-Nebel nach allen Seiten gleichmäßig ausdehnt. Daher ist im Abstand des Nebels von der Sonne eine Geschwindigkeit von 1300 km/sec oder $1300 \cdot 3{,}2 \cdot 10^7$ km/Jahr $= 4 \cdot 10^{10}$ km/Jahr einer Winkelverschiebung von $0\overset{''}{.}21$/Jahr äquivalent, und nach einer schon wiederholt in diesem Buch angewandten Methode haben wir

$$\frac{2\pi \cdot D}{4 \cdot 10^{10}} = \frac{360° \cdot 60' \cdot 60''}{0\overset{''}{.}21},$$

worin D der Abstand des Krebs-Nebels in km ist. Als Ergebnis erhält man ungefähr

$$D = 1300 \text{ parsec.}$$

Der Radius des Nebels ist jetzt etwa gleich 180″. Mit der jetzigen Expansionsgeschwindigkeit von $0\overset{''}{.}21$/Jahr ergibt sich, daß der ganze Nebel vor $180''/0\overset{''}{.}21 = 860$ Jahren in Nähe seines Zentrums konzentriert gewesen sein sollte, was mit dem in den chinesischen Chroniken berichteten Jahr des Aufleuchtens nahe übereinstimmt.

Der Nebel besteht aus zwei verschiedenen, sich aber teilweise überlagernden Erscheinungen. Auf Photographien, die auf H_α-empfindlichen Emulsionen aufgenommen werden (in deren Sensibilitätsbereich auch zwei verbotene Linien des ionisierten Stickstoffs liegen), findet man ein verwickeltes Netzwerk heller Filamente, die in ihrer Struktur den Sonnenprotuberanzen ähneln. Diese Filamente zeigen Emissionslinien des Wasserstoffs, des neutralen und ionisierten Heliums und anderer Atome und Ionen, die für planetarische Nebel typisch sind. K. Wurm wies nach, daß die Dichte in den Filamenten 10^4 Atome pro cm^3 betragen dürfte. Da der Radius des Nebels etwa gleich 180″ oder 1 parsec ist, ist sein Volumen ungefähr $\frac{4\pi}{3}(3 \cdot 10^{18})^3 = 10^{56}$ cm^3. Wenn jeder Kubikzentimeter 10^4 Atome enthielte, würde die Gesamtzahl gleich 10^{60} sein, und wenn es sich bei den meisten von ihnen um Wasserstoff handelt, würde die Masse 10^{36} oder ein Vielfaches der Sonnenmasse betragen. Doch erfüllen die Filamente sicherlich nicht das gesamte Volumen; ein Tausendstel des Volumens sollte eine bessere Schätzung sein und, wenn das zutrifft, würde die Masse der Filamente 10^{33} g sein — rund die Hälfte der Sonnenmasse. In zwei neueren Untersuchungen durch I. S. Schlowskij in der Sowjet-Union und J. H. Oort in den Niederlanden wird unter Berücksichtigung, daß die Masse der Filamente nur unsicher bekannt ist, vermutet, daß sie bei 0,1 oder sogar nur 0,01 Sonnenmasse liegt.

Aufnahmen von W. Baade mit den 100″- und 200″-Teleskopen zeigen, daß außer den Filamenten ein heller amorpher Nebel vorhanden ist, dessen Spektrum vollkommen kontinuierlich ist (Abb. 28.10). Es handelt sich um keinen Reflexionsnebel, weil seine scheinbare Integralhelligkeit $+9$ ist, während die scheinbare Helligkeit des Zentralsterns (der der Überrest der Nova sein dürfte) $+16$ ist. Die amorphe Nebelmasse strahlt daher mehrere 100mal mehr sichtbares Licht aus als der Stern.

Freie Elektronen emittieren kontinuierliche Strahlung, wenn sie Beschleunigungen oder Verzögerungen bei engen Begegnungen mit anderen Teilchen erfahren. Solche Prozesse werden „frei-freie" Übergänge genannt zum Unterschied von „frei-gebundenen" Übergängen, bei denen die Elektronen unter Emission kontinuierlicher Strahlung (Lyman-, Balmer-Kontinuum usw.) eingefangen werden.

Wie auch immer der Mechanismus sein mag, der die kontinuierliche Strahlung des Nebels erzeugt, er muß die Tatsache erklären, daß der Nebel visuell viele Male heller als der Stern ist. Wenn die Energie aus der Strahlung des Sterns stammt, muß dessen Temperatur sehr hoch sein und seine Größe sehr klein, um folgende Forderungen erfüllen zu können: (1) Die Energie der Sternstrahlung in Wellenlängen unter 912 Å muß zur Erzeugung des Lichts des Nebels ausreichen und (2) muß die Menge des sichtbaren Lichts des Sterns mit seiner geringen Leuchtkraft verträglich sein. Unter diesen Voraussetzungen fand R. Minkowski für den Zentralstern eine Oberflächentemperatur von 500000°, einen Radius gleich $0{,}02\,R_\odot$, eine durchschnittliche Dichte gleich $180000\,\bar{\varrho}_\odot$ und eine Leuchtkraft gleich $30000\,L_\odot$. Die Dichte des amorphen Teils des Nebels würde dann rund 10^2 oder 10^3 Atome pro cm^3 betragen und die Gesamtmasse des Nebels etwa 20 Sonnenmassen. Da der Zentralstern wahrscheinlich eine Masse von der Ordnung einer Sonnenmasse hat, könnte dies bedeuten, daß während der Explosion der größte Teil der ursprünglichen Masse abgestoßen wurde. Eine andere Theorie des Krebs-Nebels wurde jedoch 1955 aufgestellt. M. A. Waschakidse und W. A. Dombrowskij zeigten, daß das Licht des amorphen Teils des Nebels stark polarisiert ist. Dies wurde von J. H. Oort und T. Walraven bestätigt und besonders von W. Baade, dessen Aufnahmen mit verschiedenen Orientierungen eines Polaroidfilters im Brennpunkt des 200-Zöllers in den Abbildungen 28.11 und 28.12 zu sehen sind. Baade weist auf verschiedene strukturelle Einzelheiten des Nebels in Abb. 28,10 (unten) hin, die ohne Filter aufgenommen wurde, und fügt hinzu: „Man betrachte die Struktur des Nebels in jedem dieser Bilder ..... und verfolge ihre Intensitätsänderungen in den Abbildungen, wenn der Analysator im Positionswinkel gedreht wird. Man bemerkt sogleich, daß die Struktureinzelheiten verschwinden, wenn der elektrische Vektor parallel zu

→

Abb. 28.10. Direktphotographien des Krebs-Nebels von W. Baade: oben im Licht der H_α-Linie, unten im grünen Licht. Die Filamentstruktur erscheint im Licht des Wasserstoffs, während der amorphe Nebel ein kontinuierliches Spektrum besitzt. *(Photographie der Mount Wilson und Palomar-Observatorien.)*

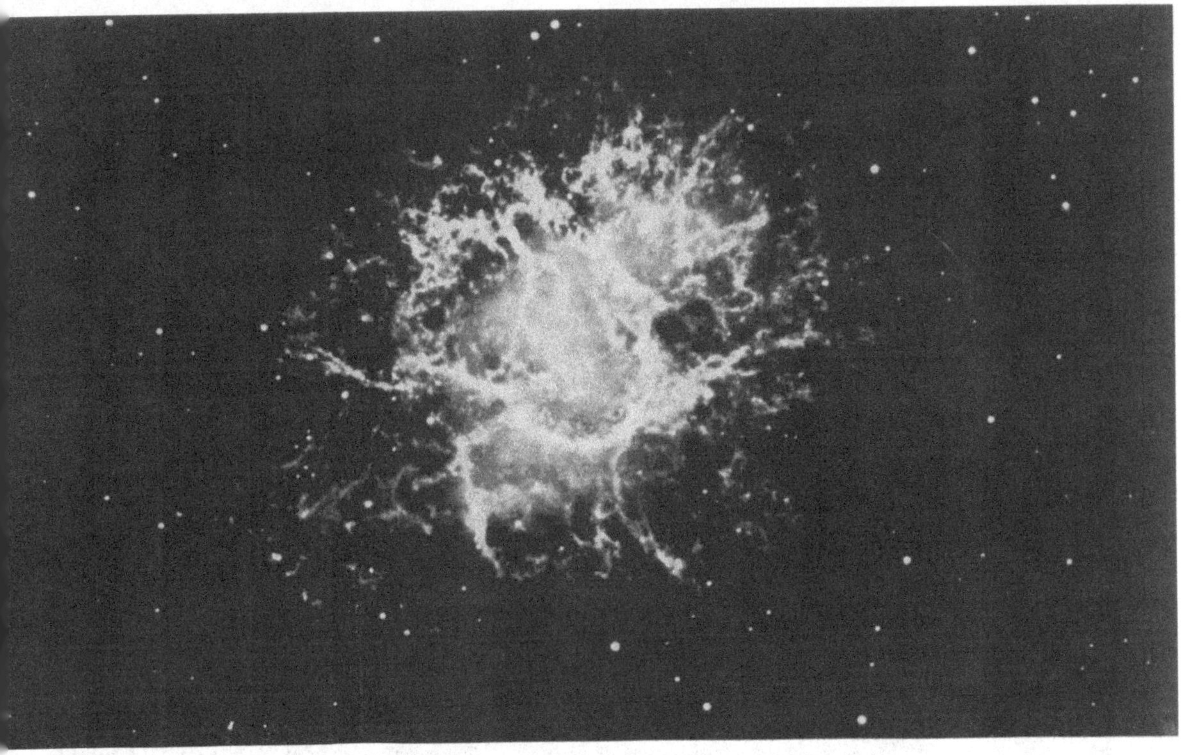

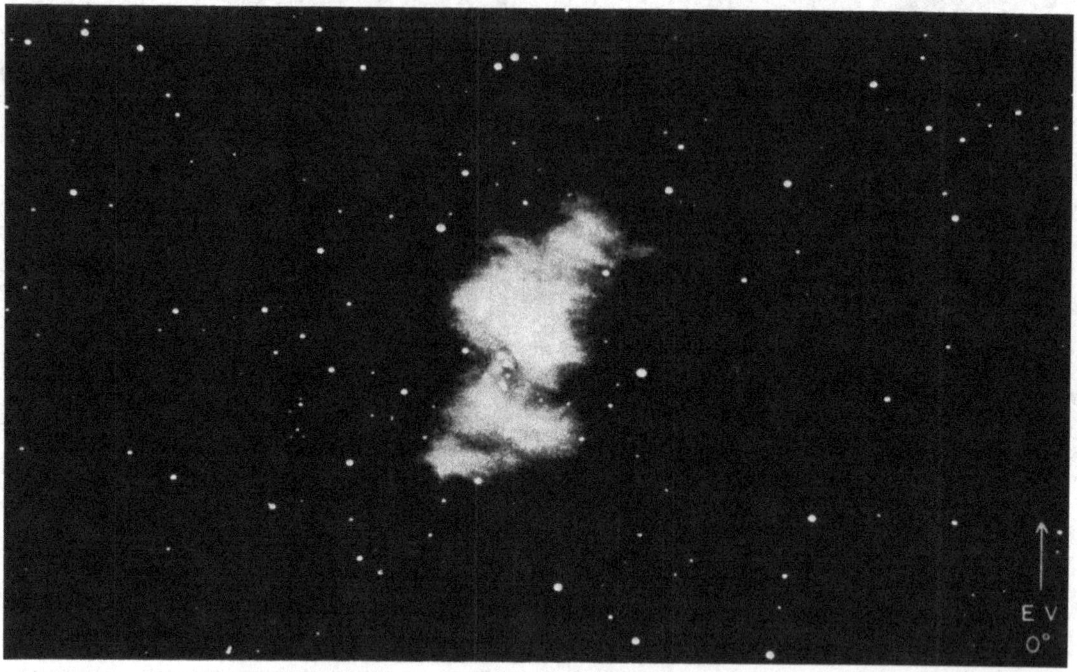

Abb. 28.11 und Abb. 28.12. Direktphotographien des Krebs-Nebels im polarisierten Licht, aufgenommen von W. Baade. Die Pfeile zeigen die Orientierung des Polaroidfilters an. *(Mount Wilson und Palomar-Observatorien.)*

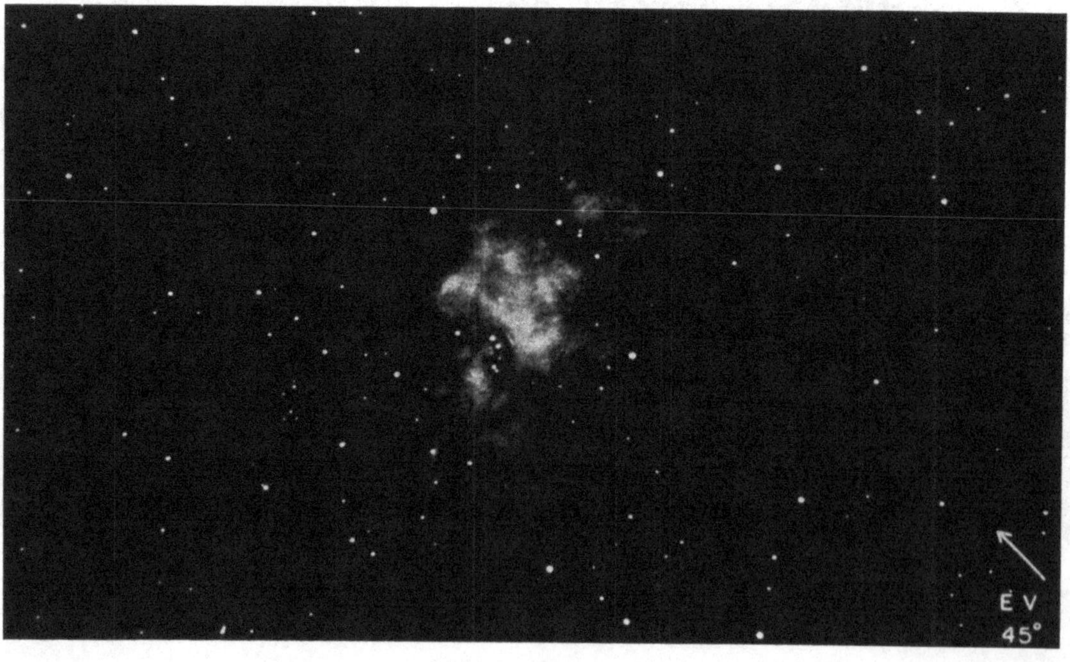

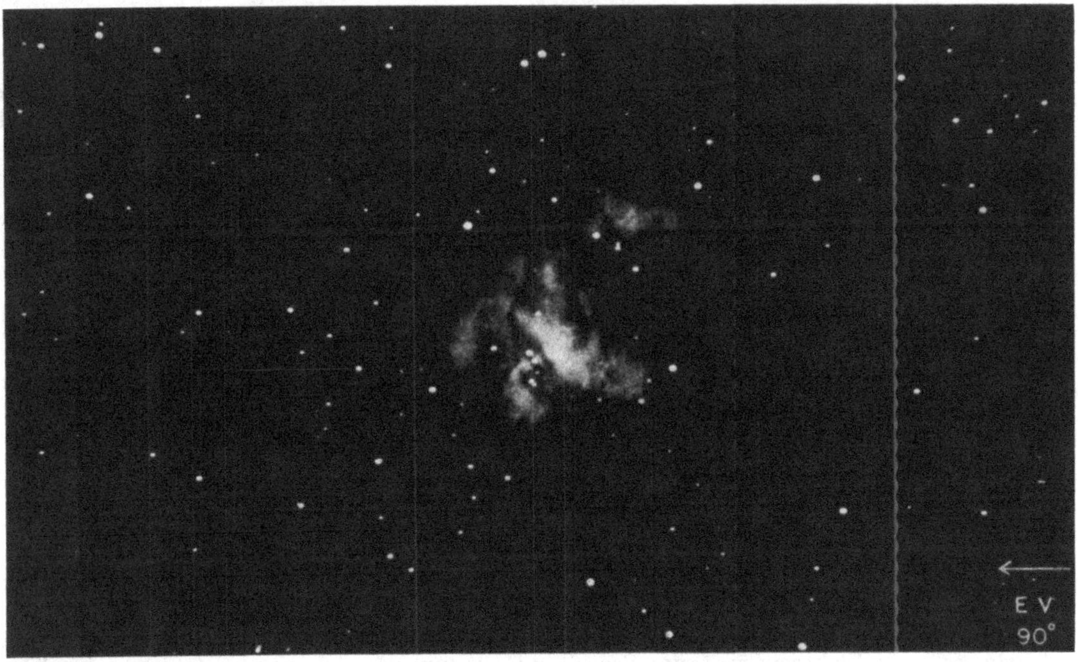
E V
90°

E V
135°

ihnen verläuft. Sie spiegeln offenbar das zugrunde liegende magnetische Feld wider." Mit anderen Worten, die strukturellen Einzelheiten folgen eng den magnetischen Kraftlinien.

Nach der von Schklowskij und unabhängig von Oort und Walraven entwickelten Theorie wird das Licht des Nebels durch sehr schnelle Elektronen erzeugt, die von einem Magnetfeld gezwungen werden, um und längs seiner Kraftlinien Spiralbahnen zu beschreiben. Diese Kraft wirkt bremsend auf die Elektronen, sie werden verzögert und emittieren dabei total polarisiertes Licht. Diese Erscheinung wird als „Synchrotron-Mechanismus" bezeichnet, weil sie auch beobachtet wird, wenn sich Elektronen hoher Energie im Magnetfeld eines Beschleunigers im Laboratorium — des Synchrotrons — bewegen.

Äußerst schnelle Elektronen mit Energien von der Ordnung von $2 \cdot 10^{11}$ (200 Milliarden) Elektronenvolt sind erforderlich, um sichtbare Strahlung zu erzeugen. Dagegen können weit weniger energiereiche Elektronen von der Ordnung von 10^9 eV, wenn sie durch ein Magnetfeld von ungefähr 10^{-3} Gauss verzögert werden, ziemlich langwellige Strahlung, zwischen 10 cm und 7,5 m, erzeugen. Solche Strahlung vom Krebs-Nebel wurde mit Hilfe von Radio-Teleskopen entdeckt.

Die Elektronen hoher Energie des Krebs-Nebels besitzen hinsichtlich ihrer Energie einige Ähnlichkeit mit der kosmischen Strahlung. Oort und Walraven vertreten die Ansicht, daß der Krebs-Nebel und ähnliche Objekte, die aus Supernova-Explosionen hervorgehen, als Quelle für den größeren Teil der auf der Erde beobachteten kosmischen Strahlung in Frage kommen.

Die Masse des amorphen Teils des Nebels ist nach der Synchrotron-Theorie sehr klein. Wenn auf jedes schnelle Elektron ein freies Proton entfällt (um nämlich eine große negative elektrische Ladung des Nebels zu vermeiden), — das jedoch keine Rolle bei der Lichterzeugung spielt —, so ist die Masse des Nebels von der Größenordnung von 10^{-7} Sonnenmasse. Die Quelle der Elektronen hoher Energie ist nicht bekannt. Die kinetische Energie der Masse, die vor 900 Jahren explodierte, war nicht groß genug, um sie erzeugen zu können. Oort und Walraven nehmen an, daß Teilchen hoher Energie ständig aus dem stellaren Überrest der Supernova herausgeschleudert werden. Auf Direktphotographien des Nebels sieht man kleine leuchtende Wölkchen, die ihren Ort in Zeiten von der Ordnung von Tagen und Wochen verändern. Diese Wölkchen könnten aus sehr schnellen Elektronen bestehen, die gegenwärtig von dem Zentralstern abgestoßen werden.

28.8 Die T Tauri-Sterne

Die früher diskutierten instabilen Sterne verlieren einen Teil ihrer Masse an den interstellaren Raum entweder allmählich oder durch unstetige Ausbrüche. Die abgestoßene Materie wird gelegentlich in Form einer nebligen Hülle um den Stern sichtbar. Die Sterne der als T Tauri-Veränderliche bekannten Gruppe sind immer in Dunkelwolken eingebettet, aber die Wechselwirkung zwischen Nebeln und Sternen ist bei ihnen nicht so offensichtlich wie bei den planetarischen Nebeln, den Novae und den Supernovae.

A. H. Joy fand, daß die T Tauri-Sterne ein charakteristisches Emissionslinienspektrum mäßiger Anregung besitzen, das vorwiegend H- und Ca II-Linien enthält, und daß es sich bei ihnen um unregelmäßige Veränderliche handelt. Außer den Emissionslinien zeigen die T Tauri-Veränderlichen Absorptionslinien ähnlich denen von Hauptreihensternen der Spektralklassen F 8 bis M mit Ausnahme, daß in den helleren Sternen, für die Spektren hoher Dispersion verfügbar sind, die T Tauri-Absorptionslinien diffuser sind.

Die Entfernung der Dunkelwolken im Taurus liegt bei 150 parsec; da viele T Tauri-Sterne mit diesen Wolken in Verbindung stehen, beträgt ihr Abstand ebenfalls 150 parsec. Die absoluten Größen der T Tauri-Sterne der Klasse G, wie sie sich aus ihren scheinbaren Größen und ihren

Abständen ergeben, sind denen der Hauptreihensterne der Klasse G ähnlich; jedoch sind Sterne der Spektral-Typen K und M in der T Tauri-Gruppe von 2 bis 3 Größenklassen höherer Leuchtkraft als Hauptreihensterne gleichen Spektraltyps. Es ist wahrscheinlich, daß diese Abweichung von der Hauptreihe derjenigen ähnlich ist, die man im Orion-Nebel und im galaktischen Haufen NGC 2264 (Abschnitt 26.5) gefunden hat, und daß sie darauf hindeutet, daß die T Tauri-Sterne Objekte sind, die sich erst vor relativ kurzer Zeit in den Dunkelwolken des interstellaren Raumes gebildet haben.

Die diffusen Absorptionslinien der T Tauri-Sterne sind wahrscheinlich durch schnelle Achsenrotation bedingt. G. H. Herbig vertrat die Ansicht, daß diese Sterne sehr jung seien und sich noch im Kontraktionsstadium befänden, so daß die Zeit noch nicht ausgereicht hätte, um die Bremswirkung von Magnetfeldern (Abschnitt 21.4) oder die Umwandlung von Rotationsdrehimpuls in Bahndrehimpuls von Planeten bei ihnen zur Geltung kommen zu lassen. Viele Mitglieder späten Typs von sehr jungen galaktischen Haufen sind T Tauri-Veränderliche (Abschnitt 26.5).

Außer den normalen kontinuierlichen Spektren entsprechend ihrem jeweiligen Spektraltyp besitzen die T Tauri-Sterne vielfach ein überlagertes kontinuierliches Spektrum veränderlicher Intensität, das oft reich an ultraviolettem Licht ist und die Absorptionslinien verschleiert, ja sie gelegentlich sogar unsichtbar werden läßt. Der Ursprung dieses Kontinuums ist nicht mit Sicherheit bekannt; es könnte auf einen Prozeß zurückzuführen sein ähnlich dem, der die Synchrotron-Strahlung im Krebs-Nebel verursacht.

Aufgaben

1. Berechne die Expansionsgeschwindigkeit der Hülle eines Wolf-Rayet-Sterns aus der Breite der Emissionslinie λ 4686 des He II-Atoms, die 62 Å beträgt.
2. Die neblige Hülle um die Nova Aquilae 1918 ist um 1″ pro Jahr im Radius größer geworden. Die Expansionsgeschwindigkeit beträgt 1700 km/sec.
   a) Berechne den Abstand der Nova Aquilae.
   b) Die Nova Aquilae 1918 erreichte im Maximum die scheinbare Größe —1,4; welches war ihre absolute Größe zu dieser Zeit?
   c) Unter der Annahme, daß die Helligkeit der Nova Aquilae 1918 während ihres Aufleuchtens um 13 Größenklassen zugenommen hat, bestimme man die scheinbare und absolute Größe der Nova vor dem Aufleuchten.
3. Wie groß würde die scheinbare Helligkeit einer Supernova im Andromedanebel sein (Abstand des Nebels = 440000 parsec)?
4. Wie groß würde die scheinbare Helligkeit eines Wolf-Rayet-Sterns in den Magellanschen Wolken sein (Abstand der Wolken = 45000 parsec)?

29. DOPPELSTERNE

29.1 Sternmassen

Unter den Sternen innerhalb von 10 parsec Sonnenabstand sind rund 50 Prozent Doppelsterne, die sich in Ellipsenbahnen umkreisen. Die beiden Komponenten bewegen sich um ihr gemeinsames Gravitationszentrum gemäß dem Newtonschen Gravitationsgesetz. Newtons Fassung des dritten Keplerschen Gesetzes lautet für einen Doppelstern:

$$(\mathfrak{M}_1 + \mathfrak{M}_2)\, P_{12}^2 = a_{12}^3\,, \qquad (29.1)$$

worin die Summe $\mathfrak{M}_1 + \mathfrak{M}_2$ der Sternmassen in solaren Einheiten ausgedrückt ist, P und a in Jahren bzw. astronomischen Einheiten.

Der nächste Nachbar der Sonne, α Centauri, hat einen 1,5 Größenklassen schwächeren Begleiter, dessen Umlaufsperiode 80,089 Jahre beträgt. Der Winkelabstand beider Sterne ist im Mittel gleich 17.''665. Da α Centauri 260000 astr. Einheiten entfernt ist, ergibt sich der durchschnittliche Abstand beider Komponenten voneinander aus der Beziehung

$$\frac{17{,}665}{360 \cdot 60 \cdot 60} = \frac{a}{2\,\pi \cdot 260\,000}$$

zu $a = 22$ astron. Einheiten.

Wir wollen annehmen, daß dies die große Halbachse der Bahn sei. Setzt man die Werte für a und P in Gleichung 29.1 ein, erhält man

$$\mathfrak{M}_1 + \mathfrak{M}_2 = \frac{a^3}{P^2} = \frac{(22)^3}{(80)^2}$$

oder

$$\mathfrak{M}_1 + \mathfrak{M}_2 = 1{,}7 \text{ Sonnenmassen.}$$

Diese Überlegung erläutert die einzige direkte Methode zur Massenbestimmung, die in der Stellarastronomie zur Anwendung kommt und deren Bedeutung nicht hoch genug eingeschätzt werden kann. Wenn die Umlaufsperiode eines Doppelsterns und der mittlere Abstand seiner Komponenten (oder besser, die große Halbachse seiner relativen Bahn) bekannt sind, läßt sich die Summe ihrer Massen ermitteln.

29.2 Beobachtungsmethoden

Drei verschiedene Methoden sind zur Untersuchung von Doppelsternsystemen in Gebrauch: (1) Direkte visuelle Beobachtungen mit einem Fernrohr, durch das eine große Zahl anscheinend einzelner Sterne in Doppelsterne aufgelöst wird. (2) Spektroskopische Beobachtungen der Doppler-Verschiebungen, durch die oft das Vorhandensein von zwei Sternen nachgewiesen werden kann. (3) Photometrische Messungen, die im Falle von Bedeckungsveränderlichen — wenn die Bahnebene im Visionsradius liegt und die Komponenten sich gegenseitig verfinstern können — den Doppelsterncharakter solcher Systeme enthüllen.

Visuelle Doppelsterne. Man kennt rund 23 000 Doppelsterne, die unter die etwas willkürliche Definition eines visuellen Doppelsterns von R. G. Aitken fallen: Der Winkelabstand darf nicht größer sein als

20″ für Sterne der scheinbaren Größe	4
10″	6
5″	9
3″	11
1″ für alle schwächeren Sterne.	

Die meisten Doppelsterne, die diese Kriterien erfüllen, sind physische Paare, d. h. die Komponenten befinden sich sehr nahe im gleichen Abstand von der Sonne. Die wenigen, bei denen dies nicht zutrifft, sind optische Paare, denen keine besondere Bedeutung zukommt.

Die Beobachtung eines visuellen Doppelsterns umfaßt die Messung der Distanz d (in Bogensekunden) der Komponenten und des Positionswinkels p, d. h. des Winkels zwischen dem Meridian und der Verbindungslinie beider Komponenten.

In Abb. 29.1 sind die Messungen des visuellen Doppelsterns ξ Ursae Majoris von 1822 bis 1955 eingezeichnet. Die Periode beträgt 60 Jahre, und die schwächere Komponente hat schon mehr als zwei vollständige Umläufe vollendet. Die Figur stellt die Projektion der Bahn auf die

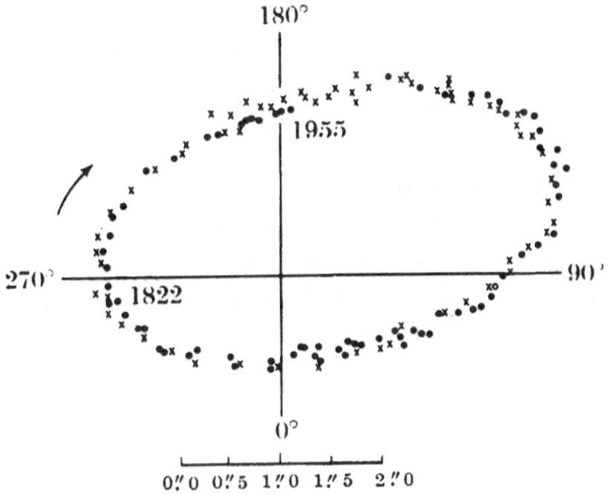

Abb. 29.1

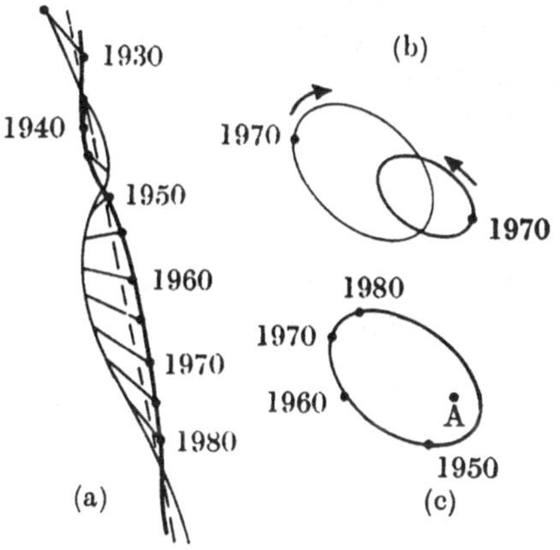

Abb. 29.2

Abb. 29.1. Die scheinbare Bahn des visuellen Doppelsterns ξ Ursae Majoris. Die kleinen Kreuze stellen Beobachtungen zwischen 1822 und 1899 dar; die ausgefüllten Kreise sind Positionen, die zwischen 1900 und 1955 gemessen wurden.

Abb. 29.2. Die visuelle Bahn des Sirius. Die dickere Kurve in (a) zeigt die sinusartige Bewegung des Hauptsterns, die dünnere Kurve die sinusartige Bewegung des Begleiters, eines weißen Zwergs, die gestrichelte Kurve gibt die Bewegung des Schwerpunkts des Systems wieder; (b) zeigt die scheinbaren Bahnen der beiden Komponenten um ihr gemeinsames Gravitationszentrum und (c) die scheinbare Bahn des Begleiters um den Hauptstern.

Himmelssphäre dar. Ein Blick läßt erkennen, daß diese Kurve nicht die wahre Bahn ist, weil sie nicht in Einklang mit den Keplerschen Gesetzen steht: Die hellere Komponente (A) befindet sich nicht im Brennpunkt der Ellipse. Es ist jedoch möglich, die „scheinbare Bahn" in die „wahre Bahn" umzuwandeln. die den Keplerschen Gesetzen gehorcht und deren Projektion auf die Sphäre in der Abbildung dargestellt ist. Das schließt die Bestimmung der Neigung i in sich, des Winkels zwischen der Bahnebene und der Himmelssphäre. In der Regel genügen zwei Bahnen von gleicher Form den Beobachtungen, eine mit der Neigung $+i$, die andere mit der Neigung $-i$.

Die wahre Bahn von ξ Ursae Majoris hat eine Exzentrizität von 0,4, eine große Halbachse von 2″,5 und eine Neigung von $\pm 57°$ gegen die Himmelssphäre. Da die Parallaxe dieses Doppelsterns 0″,127 beträgt, ist seine Entfernung gleich $1{,}6 \cdot 10^6$ astron. Einheiten. Die große Halbachse a findet man aus

$$\frac{2''\!.5}{360° \cdot 60' \cdot 60''} = \frac{a}{2 \cdot \pi \cdot 1{,}6 \cdot 10^6}$$

zu

$$a = 20 \text{ astron. Einheiten.}$$

Die Gesamtmasse des Systems folgt aus Gleichung 29.1:

$$(\mathfrak{M}_A + \mathfrak{M}_B)_{\xi\,\mathrm{UMa}} = \frac{a^3}{P^2} = 2{,}2 \text{ Sonnenmassen.}$$

1844 fand F. W. Bessel, daß die Eigenbewegung des Sirius nicht gleichmäßig geradlinig ist, sondern in erster Näherung sinusartig mit einer Periodizität von 50 Jahren (Abb. 29.2). Er schloß, daß Sirius ein Doppelstern ist, der eine elliptische Bahn um den Schwerpunkt des Systems beschreibt, der eine gleichförmige Eigenbewegung besitzt. Achtzehn Jahre später entdeckte Alvan G. Clark einen schwachen Stern, Sirius B, dessen Anziehung auf Sirius A die von Bessel entdeckte sinusartige Bewegung hervorruft. Die Bahn des Sirius B wird durch die dünne Linie in Abb. 29.2 (a) dargestellt. Die Umlaufsdauer beträgt 50 Jahre und die relative große Halbachse 20 astron. Einheiten. Für die Summe der Massen findet man

$$\mathfrak{M}_A + \mathfrak{M}_B = \frac{(20)^3}{(50)^2} = 3{,}2 \text{ Sonnenmassen.} \qquad (29.2)$$

In diesem Fall kann man die Lage des Schwerpunkts des Systems bestimmen und auch das Massenverhältnis der beiden Komponenten ableiten (Abschnitt 7.3). Wie man aus Abb. 29.2 (a) entnehmen kann, liegt der Schwerpunkt etwa um einen Faktor 2 näher bei Sirius A als bei Sirius B. Daher ist das Massenverhältnis

$$\mathfrak{M}_A / \mathfrak{M}_B = 2$$

oder

$$\mathfrak{M}_A = 2\,\mathfrak{M}_B\,.$$

Setzt man diesen Wert für $\mathfrak{M}_A$ in (29.2) ein, so ergibt sich

$$2\,\mathfrak{M}_B + \mathfrak{M}_B = 3{,}2$$

oder

$$\mathfrak{M}_B = 1 \text{ Sonnenmasse.}$$

Der Siriusbegleiter ist besonders interessant, weil es sich bei ihm um den ersten weißen Zwerg handelt, der entdeckt wurde (Abschnitt 25.9).

Der Stern 61 Cygni, bei dem zum erstenmal eine trigonometrische Parallaxe genau gemessen wurde, stellt einen anderen interessanten Fall dar. Dieser Stern ist ein wohlbekannter visueller Doppelstern, und durch eine Untersuchung der Bewegungen seiner beiden Komponenten umeinander konnte K. A. Strand zeigen, daß noch ein weiterer unsichtbarer Stern vorhanden ist, der die eine der sichtbaren Komponenten umkreist. Die Masse des dritten Körpers wird auf $^1/_{60}$ Sonnenmasse oder rund 16 mal die Masse Jupiters geschätzt.

Spektroskopische Doppelsterne: Wenn zwei Sterne dicht beieinander stehen oder wenn sie sich in großer Entfernung von der Sonne befinden, können die einzelnen Komponenten des Doppelsterns nicht getrennt gesehen werden, und das System sieht wie ein Einzelstern aus. Es ist jedoch möglich, den Doppelsterncharakter eines solchen Systems mit spektroskopischen Mitteln nachzuweisen, vorausgesetzt, daß die Bahnebene des Doppelsterns auf dem Visionsradius nicht genau senkrecht steht. Abb. 29.3 (a) zeigt das Doppelsternsystem ζ Ursae Majoris, das zu weit entfernt ist, um visuell aufgelöst werden zu können, ausgenommen vielleicht mit Hilfe eines Interferometers in Verbindung mit einem großen Fernrohr. Seine Absorptionslinien erscheinen in zwei Komponenten aufgespalten (Abb. 29.4), von denen die eine einer Annäherung, die andere einer Entfernung entspricht. Wenn sich die Sterne in den Stellungen *b* und *d* in Abb. 29.3 befinden, sind die Geschwindigkeiten am größten und die Linien um den Höchstbetrag getrennt. Wenn sich beide Sterne senkrecht zum Visionsradius (a und c) bewegen, verschwinden die Doppler-Verschiebungen, und die Linienkomponenten fallen zusammen.

Die Geschwindigkeitskurven der beiden Komponenten von ζ Ursae Majoris (Abb. 29.3) wurden erhalten, indem man die gemessenen Radialgeschwindigkeiten in Abhängigkeit von der Zeit auftrug. Aus ihrer Gestalt kann man die Bahn und die Massen der Komponenten ableiten. Die Kurven zeigen, wie sich die Geschwindigkeitskomponenten der Sterne in Richtung des

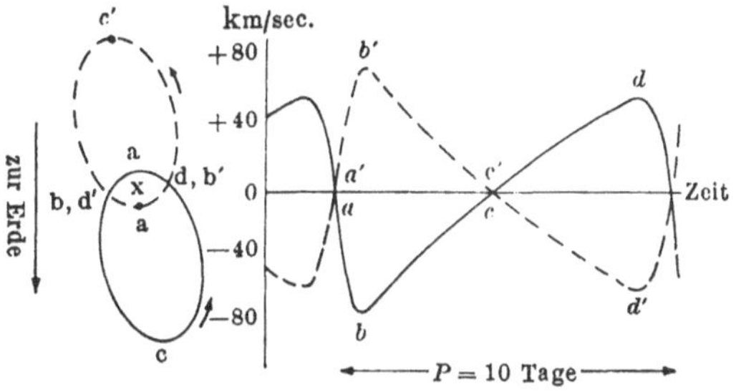

Abb. 29.3. Der spektroskopische Doppelstern ζ Ursae Majoris. Links: die Bahnen der beiden Komponenten um den gemeinsamen Schwerpunkt; rechts: die Geschwindigkeitskurven der beiden Komponenten.

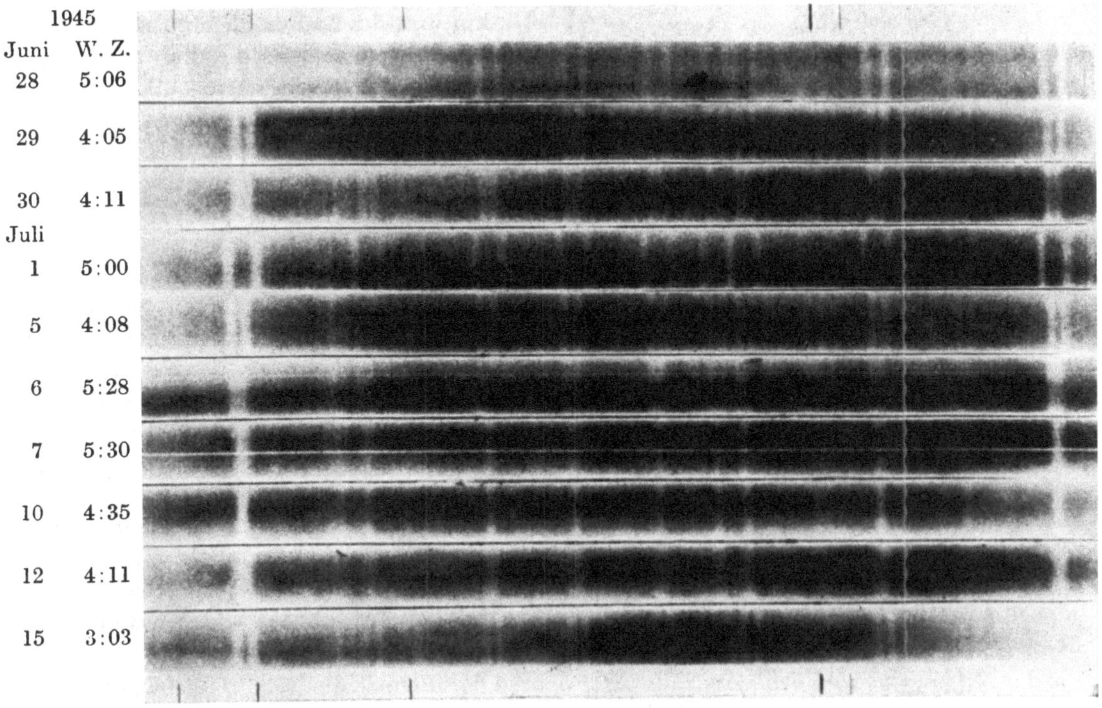

ζ Ursae Majoris

Abb. 29.4. Spektren von ζ Ursae Majoris.

Visionsradius mit der Zeit ändern. Wenn die Bahnen kreisförmig sind, werden die Geschwindigkeitskurven symmetrische Sinuskurven sein, im Fall exzentrischer Bahnen jedoch sind die Kurven unsymmetrisch (Abb. 29.5). Die Länge der großen Achse läßt sich bei spektroskopischen Doppelsternen nicht ableiten (wenn nicht die Sterne gleichzeitig Komponenten eines Bedeckungssystems sind) — nur ihre Projektion auf den Visionsradius. Da der Wert von a unbekannt ist, kann die Summe der Massen nicht berechnet werden, sondern nur eine „Massenfunktion", in die sowohl die Neigung der Bahnebene als auch die Massen der beiden Sterne eingehen.

Zur Erläuterung der Bedeutung der Massenfunktion wollen wir eine in der Ebene des Visionsradius gelegene Kreisbahn von zwei Sternen betrachten, die sich um den gemeinsamen Schwerpunkt mit einer Periode von 10 Tagen oder 864 000 Sekunden bewegen. Die beiden Sterne mögen gleiche Massen und gleiche Leuchtkräfte besitzen, so daß beide Geschwindigkeitskurven aus den Doppler-Verschiebungen abgeleitet werden können. Da die Massen gleich sind, haben die beiden Geschwindigkeitskurven dieselbe Amplitude; die halbe Amplitude ist gleich der Bahngeschwindigkeit jeder Komponente um den Schwerpunkt. Sie betrage 50 km/sec. Wenn eine Komponente als fest im Raum angesehen wird, so beträgt die Bahngeschwindigkeit der anderen dann rund 100 km/sec. Der Umfang der relativen Bahn ist gleich 100 km/sec · 864 000 sec = 10^8 km und ihr Radius gleich $10^8/2\pi$. Nach Umwandlung dieses Bahnradius in astronomische Einheiten (0,1 astron. Einheit) und der Periode in Jahresbruchteile ($2{,}7 \cdot 10^{-2}$ Jahr), würde das dritte Keplersche Gesetz die Summe der Massen (1,4 Sonnenmassen) ergeben. Auf jede Komponente würde 0,7 Sonnenmasse entfallen.

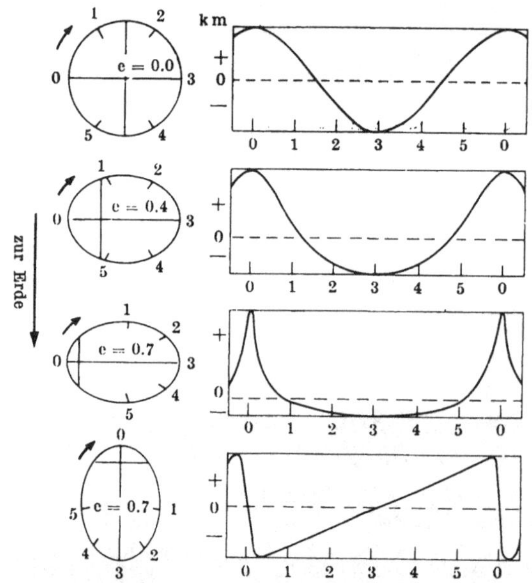

Abb. 29.5. Die Geschwindigkeitskurven von vier spektroskopischen Doppelsternen, deren Bahnexzentrizitäten und Bahnneigungen verschieden sind.

Zu einer Schwierigkeit führt jedoch die Tatsache, daß der Beobachter keine Möglichkeit hat festzustellen, ob die Bahnebene wirklich im Visionsradius liegt. Die Gestalt der Geschwindigkeitskurven hängt von der Neigung nicht ab. Wenn zum Beispiel die Bahn 30° gegen die Himmelssphäre (oder 60° gegen den Visionsradius) geneigt wäre, könnte man immer noch aus den Doppler-Verschiebungen der beiden Linienkomponenten einen Wert von 100 km/sec ableiten. Aber diese Größe wäre jetzt die verkürzte Komponente einer Bahngeschwindigkeit von 200 km/sec. Der Verkürzungsfaktor (in diesem Fall ½) läßt sich für jeden Neigungswinkel mittels einer einfachen geometrischen Konstruktion finden bzw. er wird durch die trigonometrische Funktion sin i (Sinus der Neigung) gegeben. Im vorliegenden Fall, in dem $\sin i = 1/2$, ist die wahre Bahngeschwindigkeit doppelt so groß wie die verkürzte; daher sind nunmehr auch der Umfang und der Radius der Bahn doppelt so groß wie vorher.

Da die Neigung gewöhnlich unbekannt ist, deutet der Beobachter seine Geschwindigkeitskurven, als ob die Bahnebenen im Visionsradius lägen, und er drückt seine Ergebnisse in der Form aus, daß er sagt, der wahre Bahnradius habe den Wert, den er unter dieser nicht korrekten Voraussetzung abgeleitet haben würde, dividiert durch den Verkürzungsfaktor sin i.

Um die Summe der Massen beider Sterne zu erhalten, muß der Beobachter natürlich statt des unter der Voraussetzung $i = 0$ bestimmten Wertes a den durch den Verkürzungsfaktor dividierten Wert $a/\sin i$ verwenden. Dadurch kommt in die Massenbestimmung eine Unsicherheit bezüglich der Neigung hinein; die beobachtete Massensumme ist die unter der Annahme $i = 0$ erhaltene Summe dividiert durch die dritte Potenz des Verkürzungsfaktors.

Die Bestimmung der Geschwindigkeitskurven beider Glieder eines spektroskopischen Doppelsterns ist nur dann möglich, wenn die Leuchtkräfte nahezu gleich sind. Wenn sich die schwächere Komponente um mehr als eine Größenklasse von der helleren (Haupt-)Komponente unterscheidet, macht sich im Spektrum nur das Licht der letzteren bemerkbar. Daher sind die spektroskopischen Doppelsterne in ihrer Mehrzahl Einzellinien-Sterne, und die Geschwindigkeitskurven geben die Bewegung nur einer Komponente relativ zum Schwerpunkt des Systems wieder.

Wenn die Bahnebene eines spektroskopischen Doppelsterns auf dem Visionsradius senkrecht steht, ist keine Bahnbewegung aus Doppler-Verschiebungen der Absorptionslinien nachweisbar, und die Doppelsternnatur des Sterns ist nicht leicht festzustellen. Gelegentlich sind die Spektren der beiden Komponenten hinreichend verschieden, um vereint ein „zusammengesetztes“ Spektrum mit charakteristischen Besonderheiten bilden zu können. Der Stern 12 Comae Berenices, ein bekannter spektroskopischer Doppelstern, ist ein gutes Beispiel dafür. Auf Grund der Metallinien würde sein Spektrum dem Typ G entsprechen. Jedoch sind die breiten Absorptionsflügel der Wasserstofflinien für einen G-Stern zu kräftig. Weiter hat die K-Linie des Ca II, die in einem G-Spektrum breit ist, in diesem Stern einen schmalen scharfen Kern, der für einen frühen Spektraltyp charakteristisch ist. Somit ist das Spektrum von 12 Comae Berenices zusammengesetzt: In ihm überlagern sich das Licht eines G-Riesen und das eines Hauptreihensterns der Spektralklasse A.

Bedeckungsveränderliche: Wenn die Bahnebene eines Doppelsterns durch den Visionsradius geht, kann es zu einer Verfinsterung der einen Komponente durch die andere kommen. Zur Zeit der Verfinsterung ist die Helligkeit des Systems geringer als zwischen den Verfinsterungen.

Da Bedeckungsveränderliche zugleich auch spektroskopische Doppelsterne sind, kennt man oft ihre Geschwindigkeitskurven. Die in Form einer Lichtkurve zusammengefaßten photometrischen Ergebnisse liefern zusätzlich wichtige Aufschlüsse. Abb. 29.6 zeigt die Helligkeitsänderungen des Bedeckungsveränderlichen β Persei (Algol). Da die Neigung der Bahnebene jedes Bedeckungsveränderlichen gegen die Sphäre sehr nahe 90° sein muß, besteht keine Unsicherheit in der Bestimmung der Massen von der Art, wie sie uns im Fall gewöhnlicher spektroskopischer Doppelsterne begegnet ist. Die Theorie der Bestimmung der Bahnelemente aus den Eigenschaften der Lichtkurven, die von H. N. Russell entwickelt wurde, hat es den Astronomen ermöglicht, die Größe und Gestalt, wie auch die Leuchtkraft und den gegenseitigen Abstand der Komponenten abzuschätzen. Weil die Form der Lichtkurve dem Einfluß vieler Faktoren unterliegt, ist ihre vollständige Analyse oft schwierig. Aber ein paar einfache Fälle mögen dazu dienen, einige der Ergebnisse zu erläutern, die das Studium der Lichtkurven von Bedeckungsveränderlichen erbracht hat:

1. Wenn die Umlaufsperiode P Tage beträgt, kommt es während eines Umlaufs zu zwei Bedeckungen im zeitlichen Abstand von rund $P/2$ Tagen. Gewöhnlich bewirkt eine Bedeckung, die Hauptbedeckung, einen tieferen Einschnitt in der Lichtkurve als die andere, die sekundäre Bedeckung.
2. Wenn die Bahn genau kreisförmig ist, folgen die Bedeckungen in Intervallen von genau $P/2$ Tagen aufeinander. Aber die Bahn muß nicht notwendig kreisförmig sein, wenn die Abstände der Bedeckungen $P/2$ Tage betragen. Dies kann in gewissen Fällen auch bei exzentrischen Bahnen der Fall sein. Wenn jedoch die Intervalle nicht gleich sind, sondern das eine etwas länger, das andere etwas kürzer als $P/2$ ist, so muß die Bahn exzentrisch sein.

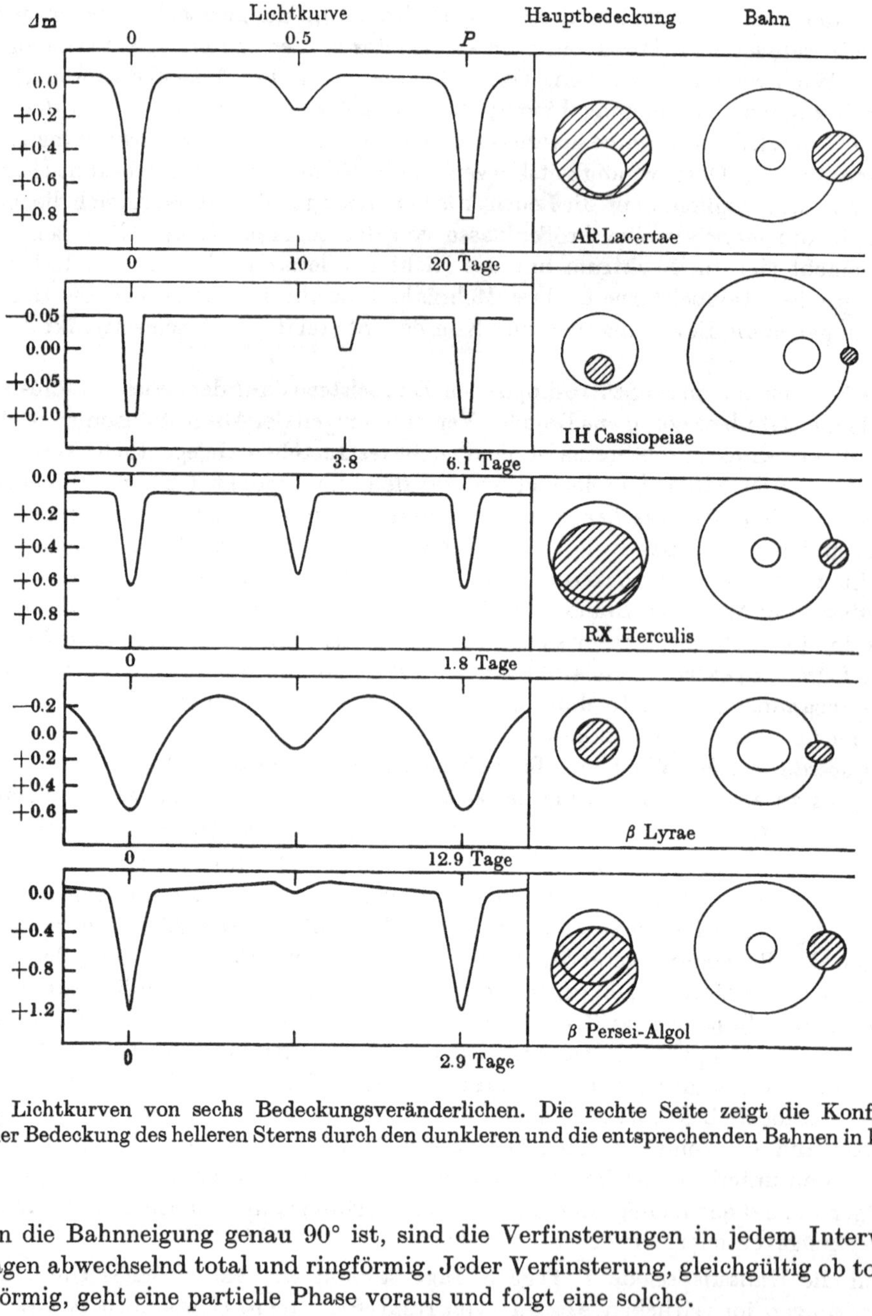

Abb. 29.6. Lichtkurven von sechs Bedeckungsveränderlichen. Die rechte Seite zeigt die Konfiguration während der Bedeckung des helleren Sterns durch den dunkleren und die entsprechenden Bahnen in kleinerem Maßstab.

3. Wenn die Bahnneigung genau 90° ist, sind die Verfinsterungen in jedem Intervall von P Tagen abwechselnd total und ringförmig. Jeder Verfinsterung, gleichgültig ob total oder ringförmig, geht eine partielle Phase voraus und folgt eine solche.
4. Während einer totalen Bedeckung wird das Licht des kleineren Sterns durch den größeren verfinsternden Stern vollständig abgeschirmt; die Helligkeit des Objekts bleibt während der Totalität konstant und ist gleich der Helligkeit der größeren Komponente allein. Tritt in einer Lichtkurve während der Bedeckung eine konstante Phase auf, so zeigt dies an, daß die Verfinsterung total ist.
5. Wenn eine Bedeckung total ist, dann ist die folgende ringförmig. Bei einer ringförmigen Bedeckung setzt sich das beobachtete Licht aus dem Licht des kleineren Sterns und dem

des unverfinsterten Randes des größeren Sterns zusammen. Da alle Sternscheiben in der Mitte heller als am Rande sind, bedeckt die Scheibe des kleineren Sterns zuerst eine „randverdunkelte" Zone am Rande des größeren Sterns, dann ein Gebiet in Nähe des Mittelpunkts und schließlich wieder eine randverdunkelte Zone. Daher ist während einer ringförmigen Verfinsterung der unterste Teil der Lichtkurve nicht streng geradlinig, sondern etwas gekrümmt, und zwar wird der tiefste Punkt zur Finsternismitte erreicht.

6. Wenn die Neigung merklich von 90° abweicht, kann es in dem System nur zu partiellen Bedeckungen kommen. Sowohl die Hauptbedeckung als auch die Nebenbedeckung äußern sich in der Lichtkurve als V-förmige oder scharf gekrümmte Minima. Die Lichtkurve Algols ist von diesem Typus.

7. Wenn die Flächenhelligkeit beider Sterne gleich ist und diese daher dieselbe Oberflächentemperatur besitzen, dann werden die Tiefen zweier aufeinanderfolgender Minima in der Lichtkurve ebenfalls gleich sein. Dies läßt sich auf folgende Weise zeigen. Die Flächenhelligkeit der beiden Sterne sei b (die Randverdunklung werde der Einfachheit halber vernachlässigt), und r_1 und r_2 seien ihre Radien, wobei r_1 größer als r_2 angenommen werde. Dann wird zwischen den Bedeckungen, wenn das Licht beider Sterne wahrgenommen wird, die Intensität

$$\pi r_1^2 b + \pi r_2^2 b$$

beobachtet. Während der totalen Bedeckung sieht man nur das Licht des größeren Sterns:

$$\pi r_1^2 b ,$$

und während der ringförmigen Bedeckung ist das Licht der kleineren Komponente und außerdem der nicht-bedeckte Rand der größeren Komponente sichtbar:

$$\pi r_2^2 b + (\pi r_1^2 b - \pi r_2^2 b) = \pi r_1^2 b .$$

Wenn also in einer Lichtkurve beide Minima gleich tief sind, kann man schließen, daß Temperatur und Spektraltyp der Sterne übereinstimmen. Wenn sie aber verschieden sind (wie im Falle Algols), ist eine Komponente heiß und die andere kühl. Das Verhältnis ihrer Temperaturen kann man aus dem beobachteten Verhältnis der Tiefen der Minima berechnen. Im Algol-System ist die eine Komponente ein B-Stern mit einer Temperatur von 15 000°, die andere ein F-Stern mit einer Temperatur von 7000°.

8. Wir wollen annehmen, daß die Geschwindigkeitskurven beider Komponenten bekannt seien und daß die Periode 10 Tage, die relative Bahngeschwindigkeit 100 km/sec betrage. Dann ist der Umfang der Bahn gleich

$$10 \cdot 86\,400 \cdot 100 \approx 10^8 \text{ km}.$$

Die gesamte Bedeckung möge 10^5 sec dauern (Abb. 29.7). Die Verfinsterung beginnt, wenn von der Erde aus gesehen der Rand des verfinsternden Sterns den Rand des Sterns, der verfinstert wird, gerade berührt, und sie endet, wenn sie wieder in Kontakt sind. Die Länge des vom verfinsternden Stern in 10^5 sec durchlaufenen Bogens beträgt nahezu

$$r_2 + 2\, r_1 + r_2 = 2\,(r_1 + r_2),$$

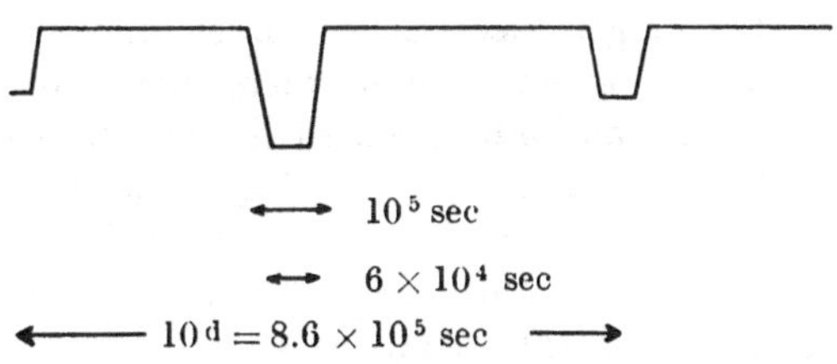

Abb. 29.7. Die Lichtkurve eines hypothetischen Bedeckungsveränderlichen.

wenn die Neigung genau 90° ist (wenn dies nicht zutrifft, wäre eine Korrektion anzubringen). Dieser Bogen verhält sich zum Umfang der Bahn wie 10^5 sec zu 10 Tagen oder rund 10^6 sec:

$$\frac{2(r_1 + r_2)\,\text{km}}{10^8\,\text{km}} = \frac{10^5\,\text{sec}}{10^6\,\text{sec}} = 10^{-1}$$

oder

$$r_1 + r_2 = 5 \cdot 10^6\,\text{km}.$$

Durch diese einfache Überlegung kann man die Summe der Radien der beiden Sterne bestimmen, ohne daß ein Fernrohr erforderlich ist, das sie in zwei Scheibchen auflöst. Die Lichtkurve erlaubt aber noch weitere Schlüsse. Die partiellen Phasen werden in der Lichtkurve durch zwei fast gerade abfallende bzw. ansteigende Stücke dargestellt, zwischen denen die konstante oder fast konstante totale oder ringförmige Phase liegt. In unserer hypothetischen Lichtkurve dauere jede partielle Phase $2 \cdot 10^4$ sec. Die Dauer der Totalität würde dann $10^5 - 2\,(2 \cdot 10^4) = 6 \cdot 10^4$ sec betragen. Die Totalität beginnt in dem Moment, in dem der kleinere Stern gänzlich hinter dem größeren verfinsternden Stern verschwunden ist, und sie endet, wenn der erstere hinter der Scheibe des letzteren gerade wieder hervorzutreten beginnt.

Der in den $6 \cdot 10^4$ sec der Totalität zurückgelegte Bogen ist gleich $2(r_1 - r_2)$ und daher ist

$$\frac{2 \cdot (r_1 - r_2)\,\text{km}}{10^8\,\text{km}} = \frac{6 \cdot 10^4\,\text{sec}}{10^6\,\text{sec}}$$

oder

$$r_1 - r_2 = 3 \cdot 10^6\,\text{km}.$$

Da

$$r_1 + r_2 = 5 \cdot 10^6\,\text{km},$$

ist also

$$r_1 = 4 \cdot 10^6\,\text{km}, \quad r_2 = 10^6\,\text{km}.$$

Damit sind die Radien der Komponenten getrennt bestimmt.

9. Die Lichtkurven sphärischer Sterne, die sich umeinander bewegen, verlaufen zwischen den Bedeckungen parallel zur waagerechten Achse. Statt dessen zeigen aber einige Bedeckungsveränderliche durchweg gekrümmte Kurven, was darauf hinweist, daß die Sterne nicht sphärisch, sondern eiförmig sind, eine Folge der Gezeitenwirkung, die sie aufeinander ausüben. Diese Art von „Elliptizität" tritt fast immer dann auf, wenn die Komponenten sehr dicht beieinander stehen.

   Im vorstehenden Beispiel waren der Bahnumfang 10^8 km und der Radius $10^8/2\pi = 16 \cdot 10^6$ km. Die Summe der Radien der Komponenten war aber gleich $5 \cdot 10^6$ km, so daß der Abstand zwischen ihren Oberflächen $11 \cdot 10^6$ km betragen würde. Damit würden sie wahrscheinlich nicht dicht genug beieinander stehen, damit die Elliptizität von Bedeutung sein könnte.

10. Bei einigen Lichtkurven findet man eine andere Art von Asymmetrie. Im Falle Algols ist die Helligkeit vor und nach dem Nebenminimum größer als vor und nach dem Hauptminimum. Dabei handelt es sich um den Reflexionseffekt. Wenn die kleinere helle und heiße Komponente von Algol vor seiner größeren schwachen und kühlen Komponente steht, wird das Licht der unsichtbaren Hemisphäre des kleinen hellen Sterns teilweise von dem dahinterstehenden großen Stern aufgefangen und reflektiert; dieses Licht ist zusätzlich zum Licht der sichtbaren Hemisphäre des großen kühlen Sterns zu beobachten.

29.3 W Ursae Majoris und β Lyrae

Die Lichtkurve von W Ursae Majoris (Abb. 29.8) zeigt zwei fast identische Bedeckungen in jedem Zyklus von $^1/_3$ Tag. Der Spektraltyp dieses Doppelsterns und der anderer ähnlicher Veränderlicher ist ungefähr G, und die absolute Helligkeit ist im Maximum +5. Die Spektraltypen der Komponenten sind nahe gleich und die Absorptionslinien sind bei beiden deutlich erkennbar. Eine der Komponenten verletzt jedoch die Masse-Leuchtkraft-Beziehung (Ab-

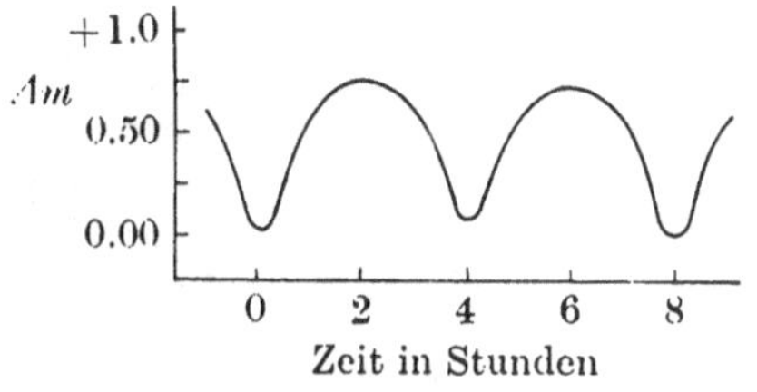

Abb. 29.8. Die Lichtkurve von W Ursae Majoris.

schnitt 29.7). Wahrscheinlich besitzen diese Doppelsterne gemeinsame Gashüllen, durch die eine Angleichung der äußeren Schichten der Sterne stattfindet, wodurch bewirkt wird, daß diese ähnlicher zu sein scheinen, als mit der Masse-Leuchtkraft-Beziehung zu vereinbaren ist. Die Absorptionslinien sind durch Rotation beträchtlich verbreitert mit einer Periode, die mit der Umlaufsperiode identisch ist.

Die Lichtkurve von β Lyrae ist in Abb. 29.6 wiedergegeben. Das Spektrum dieses Sterns ist in allen Einzelheiten untersucht worden, und man hat gefunden, daß es aus drei Teilen besteht: 1. einem Absorptionsspektrum eines B 9-Riesen, das eine Geschwindigkeitskurve mit 13 tägiger Periode und einer Amplitude von 367 km/sec liefert; 2. einem anormalen Absorptionsspektrum, das dem eines B 2-Sterns ähnlich ist, aber wenig oder keine Geschwindigkeitsänderung zeigt, und 3. einem Emissionsspektrum wechselnder Intensität. Die Deutung der spektroskopischen und photometrischen Beobachtungen führt auf folgendes Modell: Das System besteht aus zwei Sternen, von denen der eine ein Riese vom Spektraltyp B 9 ist und 96 Prozent des Gesamtlichts liefert; der andere ist zu schwach, um im Spektrum zur Geltung kommen zu können, obgleich seine Oberflächenhelligkeit der eines F-Sterns entspricht. Beide Sterne berühren sich nahezu, und ein Strom heißen Gases geht von dem B 9-Stern nach dem F-Stern über, während kühleres Gas von dem F-Stern nach dem B 9-Stern strömt. Einmal während eines Umlaufs verdeckt die F-Komponente beide Ströme für kurze Zeit. Wegen der Erhaltung des Drehimpulses werden beide Ströme abgelenkt und bilden einen expandierenden Ring um das System, wie in Abb. 29.9 dargestellt. So ist β Lyrae ein Beispiel für einen engen Doppelstern, der beständig Materie — etwa 10^{22} g/sec — an den interstellaren Raum verliert. Dieser Massenverlust läßt die Periode langsam zunehmen. Da die Gesamtmasse rund 10^{35} g beträgt, würden $10^{35}/10^{22} = 10^{13}$ sec oder 300 000 Jahre erforderlich sein, um sie gänzlich aufzubrauchen, wenn der Massenverlust im gegenwärtigen Umfang andauert. Aber höchst wahrscheinlich dürfte der Stern in einem viel kürzeren Zeitraum seinen Charakter ändern. Da β Lyrae unter den Tausenden von Doppelsternen, die bisher entdeckt wurden, fast einzig dasteht, ist die Annahme berechtigt, daß sein jetziges Entwicklungsstadium nur von kurzer Dauer sein wird.

29.4 Die Sterne größter Masse

Der massereichste Stern, der zur Zeit bekannt ist, ist Plasketts Stern oder HD 47129, ein spektroskopischer Doppelstern, dessen Periode 14,4 Tage oder rund $1{,}2 \cdot 10^6$ sec beträgt. Bedeckungen hat man bei ihm nicht beobachtet; daher wissen wir, daß die Bahn nicht genau durch den Visionsradius geht. Aber wahrscheinlich weicht sie nicht sehr davon ab.

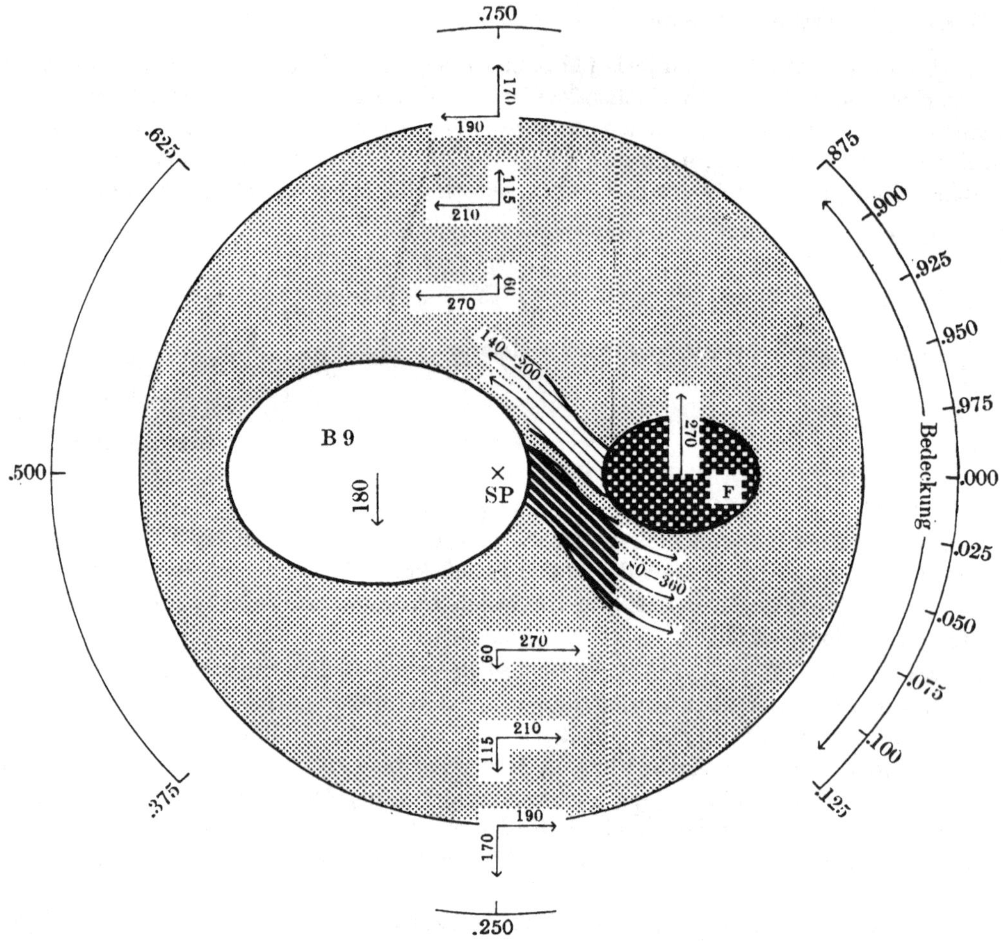

Abb. 29.9. Das System β Lyrae. Die Hauptbedeckung tritt ein, wenn der kühle F-Stern vor dem heißen B 9-Stern zu sehen ist. Die Mitte der Hauptbedeckung ist mit der Phase .000 bezeichnet. Die Nebenbedeckung tritt bei der Phase .500 ein, wenn der B 9-Stern vor dem F-Stern steht. Zwei Gasströme sind dargestellt, von denen der dichtere Geschwindigkeiten zwischen 80 und 360 km/sec besitzt. Das ganze System ist in eine flache Gasmasse geringer Dichte eingebettet, die um das Gravitationszentrum mit Geschwindigkeiten zwischen 270 und 190 km/sec rotiert. Der Nebel dehnt sich auch mit Geschwindigkeiten zwischen 60 und 170 km/sec aus.

Das Spektrum zeigt zwei Reihen von Absorptionslinien, beide vom Spektraltyp O, und die Geschwindigkeitskurven der zwei Komponenten sind nahezu symmetrisch, die Bahnen sehr nahe kreisförmig. Die halben Amplituden der zwei Geschwindigkeitskurven unterscheiden sich nur wenig — beide betragen rund 220 km/sec. Die Massen der Komponenten sind fast identisch, und die relative, auf den Visionsradius projizierte Bahngeschwindigkeit eines Sterns in bezug auf den anderen ist gleich 2 · 220 oder 440 km/sec.

Wir können nun die Beschleunigung der einen Komponente relativ zur anderen berechnen, wie es in Abschnitt 4.1 für die Erde in bezug auf die Sonne und in Abschnitt 5.3 für den Mond in bezug auf die Erde durchgeführt wurde. Wir wollen annehmen, daß die wahre Bahngeschwindigkeit 440 km/sec beträgt.

Der Umfang der relativen Bahn ist dann

$$440 \cdot \text{Periode} = 440 \cdot 1{,}2 \cdot 10^6 = 5{,}3 \cdot 10^8 \text{ km},$$

und ihr Radius ist

$$\frac{5{,}3 \cdot 10^8}{2\pi} = 8{,}4 \cdot 10^7 \text{ km} = 8{,}4 \cdot 10^{12} \text{ cm}.$$

Würde auf den Stern keine Kraft wirken, so würde er sich nach dem ersten Newtonschen Gesetz in einer Sekunde um 440 km längs einer Geraden bewegen. Daher ergibt sich seine Fallstrecke nach der anderen Komponente hin aus dem Lehrsatz des Pythagoras zu:

$$\begin{aligned}(8{,}4 \cdot 10^7)^2 + (440)^2 &= (8{,}4 \cdot 10^7 + \mathrm{X})^2 \\ &= (8{,}4 \cdot 10^7)^2 + 2 \cdot 8{,}4 \cdot 10^7 \mathrm{X} + \mathrm{X}^2.\end{aligned}$$

Die Größe X^2 ist klein und kann vernachlässigt werden. Somit ist

$$X = \frac{(440)^2}{1{,}7 \cdot 10^8} = \frac{19 \cdot 10^4}{1{,}7 \cdot 10^8} = 1{,}1 \cdot 10^{-3} \text{ km} = 110 \text{ cm}.$$

Die Beschleunigung ist doppelt so groß wie die Fallstrecke:

$$\text{Beschleunigung} = 220 \text{ cm/sec}^2,$$

und die diese Beschleunigung bewirkende Kraft ergibt sich nach Newtons zweitem Bewegungsgesetz zu

$$F = \mathfrak{M}_* \cdot a = 220\, \mathfrak{M}_* \text{ dyn}.$$

Diese Kraft muß andererseits die Newtonsche allgemeine Gravitationskraft sein:

$$F = 6{,}7 \cdot 10^{-8} \frac{\mathfrak{M}_* \cdot \mathfrak{M}_*}{d^2} = 6{,}7 \cdot 10^{-8} \frac{\mathfrak{M}_*^{\,2}}{(8{,}4 \cdot 10^{12})^2} \text{ dyn}.$$

Setzt man sie gleich der aus der Beschleunigung berechneten Kraft, so findet man

$$220\, \mathfrak{M}_* = 6{,}7 \cdot 10^{-8} \frac{\mathfrak{M}_*^{\,2}}{(8{,}4 \cdot 10^{12})^2}$$

oder

$$\mathfrak{M}_* = \frac{220 \cdot (8{,}4 \cdot 10^{12})^2}{6{,}7 \cdot 10^{-8}} \text{ g} \approx 2{,}3 \cdot 10^{35} \text{ g}$$

oder rund 100 Sonnenmassen.

Wir haben die Masse von Plasketts Stern aus der Beschleunigung einer Komponente relativ zur anderen abgeleitet auf dieselbe Weise, wie wir in Abschnitt 4.1 die Beschleunigung der Erde in bezug auf die Sonne ableiteten. In Wirklichkeit aber wirkt nach Newtons drittem Bewegungsgesetz auf jede Komponente dieselbe Kraft. Daher beträgt in bezug auf den Schwerpunkt des Doppelsterns die Beschleunigung jeder Komponente die Hälfte des berechneten Wertes oder 110 cm/sec². Im Fall des Systems Erde-Sonne ist die Beschleunigung der Sonne im Vergleich zu der der Erde zu vernachlässigen, und wir benützten diese (0,59 cm/sec²) in Abschnitt 15.1 zur Bestimmung der Sonnenmasse. Tatsächlich war aber die Größe, die wir so berechneten, die Summe der Massen von Erde und Sonne. Im vorliegenden Fall sind die beiden anziehenden Körper an Masse ungefähr gleich. Bei Verwendung der relativen Beschleunigung einer Komponente in bezug auf die andere wird daher die Gesamtmasse des Doppelsterns berechnet. Da wir die durch die Bahnneigung bedingte Verkürzung vernachlässigt haben, muß die wahre Masse jeder Komponente etwas größer als 50 Sonnenmassen sein.

Plasketts Stern ist hochgradig instabil. In seinem Spektrum findet man sehr breite Emissionslinien, die beweisen, daß eine ausgedehnte Wolke verdünnten Gases von dem System mit Geschwindigkeiten von der Ordnung 700 km/sec abgestoßen wird.

29.5 Doppelsternstatistik

Die wesentlichsten statistischen Ergebnisse sind folgende:

1. Die Perioden von Doppelsternen liegen zwischen $4^h\ 39^m$ (bei dem Bedeckungsveränderlichen der Nova Herculis 1934) und vielen Tausenden von Jahren.
2. Alle Arten von Doppelsternen gehen stetig ineinander über. Sie bilden eine kontinuierliche Folge von Systemen mit verschiedenen Perioden und großen Halbachsen der Bahnen. Die Bedeutung dieses Resultats wurde bereits in Abschnitt 21.6 besprochen.
3. Doppelsterne sind im Milchstraßensystem sehr häufig. In der Sonnenumgebung ist nahezu jeder zweite Stern Glied eines Doppelsternsystems.
4. Doppelsterne kurzer Periode haben öfters kreisförmige Bahnen als solche langer Periode. Gelegentlich besitzen jedoch Doppelsterne mit Perioden von nur einigen Tagen Länge Bahnexzentrizitäten in der Nähe von 0,9.
5. Bei vielen Doppelsternen liegen beide Komponenten auf der Hauptreihe im H-R-Diagramm. Es gibt aber auch Systeme, deren eine Komponente ein blauer Hauptreihenstern ist, während es sich bei dem Begleiter um einen kühlen Riesen oder einen weißen Zwerg handelt (zum Beispiel Sirius). Diese Kombinationen geben wichtige Aufschlüsse über die Entwicklungslinien der Sterne im H-R-Diagramm. Da mäßig weite Doppelsterne sehr stabile Gebilde sind, die nicht leicht durch Störungen vorübergehender Sterne oder durch Gezeitenkräfte des Milchstraßensystems auseinandergerissen werden, liefern sie zusätzlich Aufschlüsse über entwicklungsbedingte Änderungen in verschiedenen Sterntypen. Es ist einleuchtend, für die Komponenten in jedem gegebenen Doppelsternsystem gleiches Alter (in Jahren) anzunehmen.
6. Gelegentlich kommen dreifache Sterne in Form eines engen Paares mit einem entfernten Begleiter vor (Abb. 29.10). Vierfache Sterne bestehen gewöhnlich aus zwei engen Paaren, die sich umeinander bewegen. Castor ist tatsächlich ein sechsfaches System, da er aus drei engen Paaren besteht. Systeme von der Art des Trapezes im Orion, in dem die Entfernungen

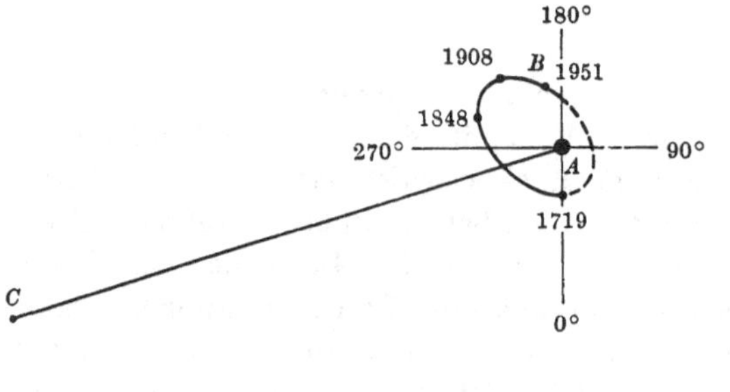

Abb. 29.10. Das mehrfache System Castor (α Geminorum). Stern *A* der Größe 2,0 ist ein spektroskopischer Doppelstern mit einer Periode von 9 Tagen. Stern *B* der Größe 2,8 ist ein spektroskopischer Doppelstern mit einer Periode von 3 Tagen. Das Paar *B* bewegt sich in mehreren hundert Jahren um das Paar *A*. Der Stern *C* der Größe 10 ist ebenfalls ein spektroskopischer Doppelstern mit einer Periode von 0,8 Tagen. Paar *C* umkreist das vierfache System mit einer Periode von mehreren tausend Jahren.

aller sechs Komponenten von gleicher Größenordnung sind, findet man selten. Das Trapez scheint auseinander zu fliegen ebenso wie einige lockere Sterngruppen, die „Assoziationen" genannt werden. (Dies wurde zuerst von W. A. Ambarzumjan aus theoretischen Gründen vorausgesagt. Die Voraussage wurde von A. Blaauw durch Beobachtungen bestätigt.)

7. Die Teilungstheorie für die Entstehung enger Doppelsterne, die früher unter den Astronomen sehr verbreitet war, ist weitgehend durch die Theorie einer gemeinsamen Entstehung von

zwei oder mehreren Verdichtungen in einer rotierenden interstellaren Gas- und Staubwolke ersetzt worden.

29.6 Die Entwicklung von Doppelsternen

Die Perioden von Doppelsternen sind auf einen Bereich verteilt, der von einigen Stunden bis zu rund 10^7 Jahren reicht, und was die Abstände ihrer Komponenten anbetrifft, so gibt es Paare, in denen sich die Komponenten fast berühren, bis zu Paaren mit Abständen von der Ordnung von 44 000 astron. Einheiten — rund ein Achtel der Entfernung von α Centauri von der Sonne. Der größte Abstand wurde nach G. van Biesbroeck in dem Doppelstern B. D. —32°6181 (auch als Luytens Doppelstern bekannt) beobachtet. Zweifellos geht die Entwicklung der Komponenten weit getrennter Doppelsterne wie im Fall von Einzelsternen vor sich: Es besteht keine Wechselwirkung zwischen den Komponenten.

Von engen Systemen jedoch weiß man, daß ihre Komponenten sich gegenseitig beeinflussen: Es kommen Gasströme von einer Komponente zur andern vor (wie in β Lyrae, Abschnitt 29.3), und in vielen engen Algol-ähnlichen Bedeckungsveränderlichen werden die kleineren, aber helleren und massereicheren Komponenten von rotierenden Gasringen umgeben, die in ihren Spektren doppelte Emissionslinien des Wasserstoffs verursachen. Während der partiellen Phasen der Hauptbedeckungen dieser Sterne verdecken die größeren, kühleren und weniger massereichen Unterriesen-Komponenten zuerst den sich nähernden Teil des Ringes: Die violett-verschobene Emissionslinie verschwindet; während der Totalität kann der ganze Ring bedeckt werden; in den späteren Stadien der partiellen Phase wird der sich entfernende Teil des Ringes bedeckt.

Eines der überraschendsten Ergebnisse der spektroskopischen Untersuchung solcher engen Doppelsterne war die Tatsache, daß die Massen der größeren und kühleren Komponenten sich oft als außergewöhnlich klein erwiesen — von der Ordnung von 0,1 bis 0,5 der Sonnenmasse. Sie weichen ernstlich von der Masse-Leuchtkraft-Beziehung (Abschnitt 29.7) in dem Sinne ab, daß sie entweder für ihre kleinen Massen eine zu große Leuchtkraft besitzen oder daß für ihre beobachteten Leuchtkräfte ein beträchtliches Massendefizit besteht.

1954 äußerten Z. Kopal in Manchester und J. A. Crawford in Berkeley unabhängig voneinander die Ansicht, daß diese sekundären (gegenwärtig weniger massereichen) Komponenten enger Doppelsterne ursprünglich massereicher als ihre Begleiter gewesen wären und sich infolge von Kernprozessen in ihrem Innern — wie im Fall von Einzelsternen — ausgedehnt hätten, daß aber diese Expansion aufgehört hätte, da die Größe einer Doppelsternkomponente nicht über einen bestimmten wohldefinierten Wert hinaus anwachsen könne, ohne daß der aufgeblähte Stern seine äußeren Schichten verlöre (in einem Einzelstern gibt es eine solche Grenze nicht, er kann sich ausdehnen, bis er ein Riese oder sogar ein Überriese wird). Diese Schichten würden nicht länger dem Stern angehören, sondern imstande sein, sich frei auf verwickelten Bahnen von ihm nach der Hauptkomponente zu bewegen und vielleicht auch wieder zurück. Der Doppelstern könne dann nicht mehr als aus zwei deutlich getrennten Komponenten bestehend aufgefaßt werden, sondern stattdessen gäbe es dann zwei stellare Kerne in einer ziemlich dünnen gemeinsamen Gashülle. Eine Anzahl enger Doppelsterne habe mindestens eine Komponente, die schon die maximal mögliche Größe erreicht habe; jede weitere Expansion müßte zu einem Massenverlust dieser Komponente und zum teilweisen Übergang der verlorenen Masse auf die andere kleinere Komponente führen.

Sowohl seitens der Beobachtung als auch der Theorie sprechen gewichtige Gründe dafür, daß die Entwicklung der Komponenten enger Doppelsterne wesentlich verschieden von der von Einzelsternen verläuft. Doch ist es noch nicht möglich, die Entwicklungslinien der Doppelsterne im H-R-Diagramm aufzuzeigen.

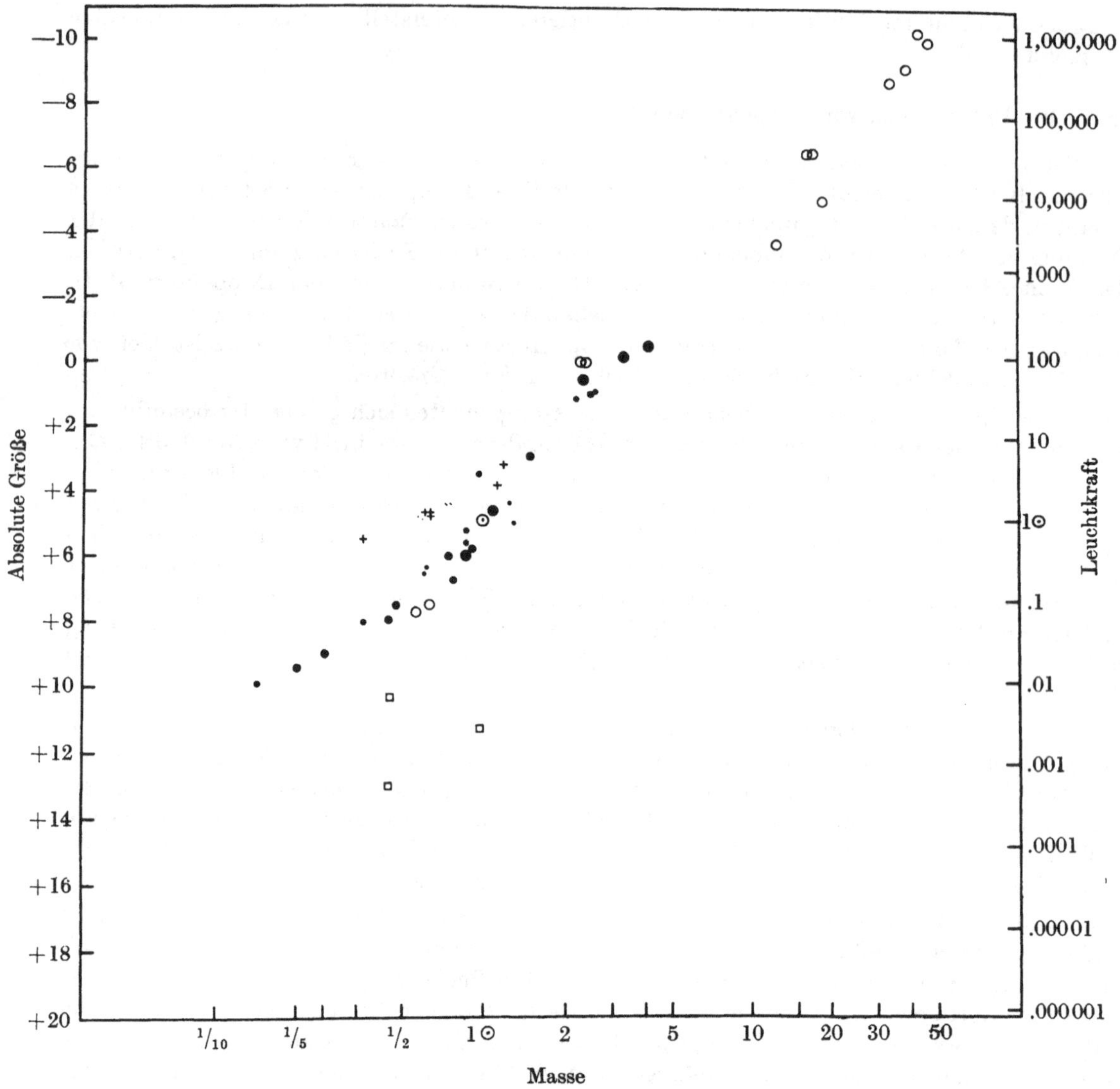

Abb. 29.11. Die Masse-Leuchtkraft-Beziehung. Die drei Quadrate stellen weiße Zwerge dar, die Punkte und offenen Kreise bedeuten visuelle und spektroskopische Doppelsterne, wobei jede Komponente einzeln eingetragen ist. Einige visuelle Doppelsterne in den Hyaden werden durch Kreuze dargestellt.

29.7 Die Masse-Leuchtkraft-Beziehung

Eine der wichtigsten statistischen Beziehungen zwischen den physikalischen Eigenschaften der Sterne ist diejenige zwischen Masse und Leuchtkraft. In der Tat bilden die „Masse-Leuchtkraft-Beziehung" und das H-R-Diagramm (Temperatur-Leuchtkraft-Beziehung) die Grundlage aller Theorien des Sternaufbaus und der Sternentwicklung.

Abb. 29.11 gibt ein von Kuiper 1938 aufgestelltes Diagramm wieder, in dem alle Sterne mit zuverlässig bekannten Massen und Leuchtkräften eingetragen sind. Da Doppelsterne die einzige Möglichkeit zur direkten Bestimmung von Sternmassen bieten, beziehen sich die Punkte in Abb. 29.11 auf die Teilsterne von Doppelsternsystemen. Die beobachteten Massen liegen etwa zwischen 0,1 und 75 Sonnenmassen. Es fällt sofort auf, daß die Punkte das Diagramm nicht gleichmäßig bedecken, sondern in einem schmalen Streifen konzentriert sind, der sich von Sternen mit kleinen Massen und niedrigen Leuchtkräften bis zu Sternen großer Masse und hoher Leuchtkraft erstreckt. Man schätzt, daß mindestens 90 Prozent der Sterne in der Milchstraße der Hauptreihe angehören und der Masse-Leuchtkraft-Beziehung gehorchen.

Wenn die Sterne nach demselben Modell wie die Sonne (Abschnitt 16.3) aufgebaut sind und wenn ihre chemische Zusammensetzung (X und Y) die gleiche ist, so findet man, daß die theoretische Masse-Leuchtkraft-Beziehung mit der aus den Beobachtungen abgeleiteten Kurve übereinstimmt. Sterne, die dieser Beziehung nicht gehorchen, müssen nach einem anderen Modell aufgebaut sein. Zwei solcher Fälle sind die weißen Zwerge (die für ihre Massen eine zu geringe Leuchtkraft besitzen) und die Wolf-Rayet-Sterne (deren Masse kleiner als die der O-Sterne ist, denen sie in der Temperatur ähnlich sind). Die Begleiter bestimmter enger Doppelsterne sind ebenfalls ziemlich leuchtkräftig trotz der Tatsache, daß ihre Massen nur einen Bruchteil der Sonnenmasse betragen; diese „Unterriesen" haben Radien, die den der Sonne um das Zwei- bis Fünffache übersteigen.

Die Massen der Sterne höchster Leuchtkraft in Kugelhaufen sind nicht bekannt, aber man glaubt, daß ihre Entwicklung von dem Teil der Hauptreihe ausgegangen ist, in dem sich die Sonne jetzt befindet, und daß ihre Massen von der Ordnung der zweifachen Sonnenmasse sind. Wahrscheinlich erfüllen sie ebenfalls nicht die Masse-Leuchtkraft-Beziehung.

29.8 Sternrotation

Das Phänomen der Achsendrehung von Sternen wurde vor rund 50 Jahren von F. Schlesinger am Allegheny-Observatorium entdeckt. Während er die Geschwindigkeitskurve eines Bedeckungsveränderlichen untersuchte, bemerkte er, daß während der partiellen Phase, die der Mitte der Hauptbedeckung vorausging, die Radialgeschwindigkeiten systematisch größer waren, als mit den Keplerschen Gesetzen zu vereinbaren war, und daß sie nach der Mitte der Bedeckung unter den glatt verlaufenden Kurvenzweig fielen. Der Effekt ist schematisch in Abb. 29.12 dargestellt. Da der bedeckende Stern für eine Registrierung seines Spektrums zu

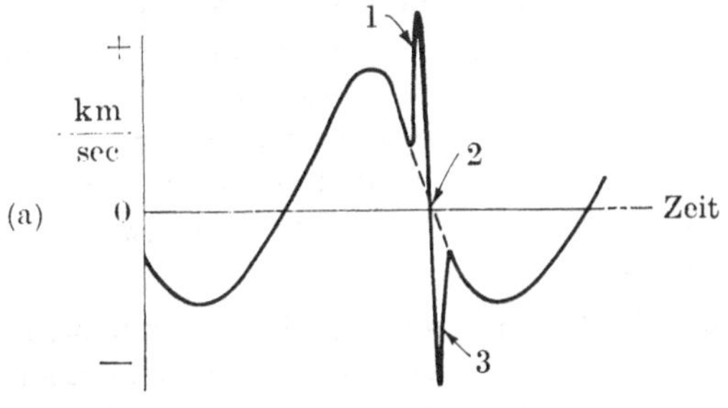

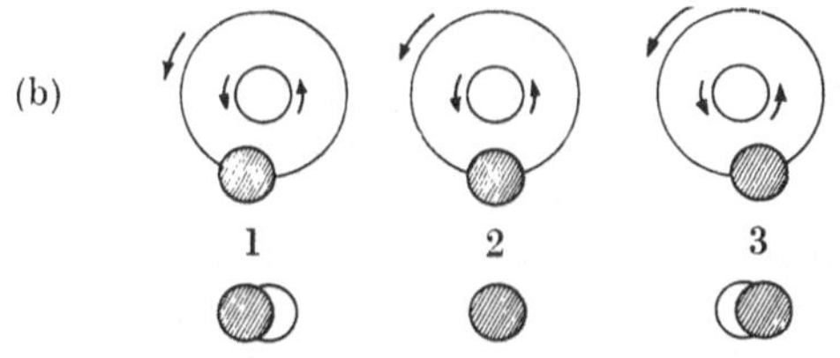

Abb. 29.12. Rotationsstörungen der Geschwindigkeitskurve eines Bedeckungsveränderlichen.

schwach war, kam während der beiden partiellen Phasen das Licht des Spektrums zuerst vom einen und dann vom anderen Rand des hellen verfinsterten Sterns. Wenn daher der helle Stern um seine Achse rotiert, scheint sein sichtbarer Rand sich relativ zur Bewegung des Zentrums zu entfernen. Nach der Mitte der Bedeckung scheint der andere Rand, wenn er hinter dem bedeckenden Stern hervortritt, sich zu nähern. Diese Erscheinung wurde viele Jahre später unabhängig von R. A. Rossiter in der Geschwindigkeitskurve von β Lyrae und von D. B. McLaughlin in der von Algol gefunden. Sie wurde seitdem in mehreren Dutzend Bedeckungsveränderlichen nachgewiesen. In allen Doppelsternsystemen ist der Sinn der Rotation aller

Sterne derselbe wie der des Bahnumlaufs. In vielen engen Systemen stimmt ferner die Rotationsdauer eines jeden Sterns mit der Umlaufsdauer überein.

Wenn die helle Komponente des Bedeckungsveränderlichen nicht verfinstert wird, kommt das Licht, das den Spektrographen erreicht, von allen Teilen ihrer Scheibe. Die wahren Bilder aller Sterne im Brennpunkt eines Fernrohrs sind sehr viel kleiner als die Öffnung des Spektrographenspalts. Daher wird eine Spektrallinie von einer großen Anzahl sehr feiner Absorptionslinien gebildet, von denen jede von einem schmalen Streifen der Scheibe des Sterns erzeugt wird. Insgesamt ergibt dies eine verbreiterte Spektrallinie.

Wenn die Rotationsgeschwindigkeit des Sterns groß ist, kann der Verbreiterungseffekt sehr auffällig sein. Die Verbreiterung der Linie oder besser noch das photometrisch gemessene Linienprofil kann zur Bestimmung der in den Visionsradius fallenden Komponente der äquatorialen Rotationsgeschwindigkeit eines Einzelsterns verwandt werden. Dies ist bei mehreren tausend Sternen verschiedenen Spektraltyps geschehen. Die Ergebnisse deuten an, daß Hauptreihensterne der Spektralklassen F 5 und später fast immer langsam rotieren. Die Rotationsgeschwindigkeiten der O-, B-, A- und frühen F-Sterne sind oft sehr groß. Zum Beispiel haben unter den B-Sternen nur wenige vollkommen scharfe Spektrallinien und besitzen daher keine rotationsbedingten Geschwindigkeitskomponenten im Visionsradius. Dies kann zweierlei bedeuten: entweder rotiert ein solcher Stern überhaupt nicht oder, wenn er rotiert, fällt seine Rotationsachse in den Visionsradius.

Die größten beobachteten Rotationsgeschwindigkeiten unter den B-Sternen sind von der Größenordnung von 500 km/sec. Wahrscheinlich stehen die Rotationsachsen dieser Sterne auf dem Visionsradius senkrecht.

Es ist nicht möglich, für einen einzelnen Stern die wahre äquatoriale Rotationsgeschwindigkeit zu bestimmen, weil die Neigung der Achse unbekannt ist. Aber es ist möglich, statistisch die Prozentsätze der Sterne zu berechnen, deren Achsen 0° bis 10°, 10° bis 20°, usw. gegen den Visionsradius geneigt sind. Da es nur eine mögliche Orientierung der Achse mit der Neigung 0°, aber unendlich viele Orientierungen (im Positionswinkel) mit der Neigung 90° gegen den Visionsradius gibt, sollte die zu erwartende Zahl von Sternen mit sehr scharfen Linien klein, die von Sternen mit breiten Linien jedoch groß sein.

Dieser Gedankengang beruht auf der Annahme, daß die Orientierung der Rotationsachsen in der Milchstraße ausschließlich durch den Zufall bestimmt wird. Mittels einer etwas komplizierten statistischen Behandlung ist es möglich, die beobachteten Häufigkeiten der Komponenten in Richtung des Visionsradius in Häufigkeiten wahrer äquatorialer Rotationsgeschwindigkeiten umzuwandeln. Man findet dann, daß etwa 21 Prozent der B-Sterne wahre Rotationsgeschwindigkeiten zwischen 0 und 50 km/sec, 51 Prozent zwischen 50 und 100 km/sec, 19 Prozent zwischen 100 und 150 km/sec, 5 Prozent zwischen 150 und 200 km/sec, 2 Prozent zwischen 200 und 300 km/sec und 2 Prozent über 300 km/sec besitzen.

Unter den Sternen mit scharfen Absorptionslinien befinden sich solche, die langsam oder überhaupt nicht rotieren, und andere, die schnell rotieren können, deren Achsen aber parallel zum Visionsradius gerichtet sind. Da die statistischen Daten sich auf Einzelsterne beziehen, gibt es zur Zeit keinen Weg, um zwischen beiden Gruppen unterscheiden zu können.

Von den sehr schnell rotierenden B-Sternen zeigt eine große Zahl Emissionslinien des Wasserstoffs, die ihren normal verbreiterten Absorptionslinien überlagert sind. Ordnet man die B-Sterne mit Emissionslinien (Typ Be) in einer Folge nach zunehmender Breite dieser Linien, so findet man, daß auch die Breite der Absorptionslinien längs dieser Folge zunimmt. Daher muß die Verbreiterung der Emissionslinien ebenfalls der Rotation zugeschrieben werden. Jedoch beträgt die Rotationsverbreiterung der Emissionslinien immer nur rund $1/2$ bis $1/3$ derjenigen der Absorptionslinien. Da die Emissionslinien in einer äußeren Schale oder einem äußeren Ring entstehen, die sich von der rotationsinstabilen Atmosphäre eines schnellrotierenden Sterns abgelöst haben, muß der Drehimpuls erhalten bleiben (Abschnitt 28.2). Dies führt zur Bestimmung des Radius des Rings, der rund zwei- bis dreimal so groß ist wie der Sternradius.

Wenn eine statistische Analyse durchgeführt wird, bei der nur die äquatorialen Rotationsgeschwindigkeiten verwendet werden, die sich aus der Vermessung der Spektrogramme von Be-Sternen ergeben haben, und wenn dabei die Zufallsverteilung der Achsenrichtungen berücksichtigt wird, so deuten die resultierenden Häufigkeiten an, daß es in dieser Gruppe keine langsam rotierenden Sterne gibt, sondern daß in Wirklichkeit alle Be-Sterne schnell rotieren müssen mit äquatorialen Geschwindigkeiten zwischen rund 250 und 500 km/sec. Somit erlaubt die Existenz von einigen Be-Sternen mit scharfen Absorptions- und Emissionslinien dem Beobachter die Feststellung, daß wir bei einer Anzahl schnellrotierender Sterne auf den Pol sehen.

Wenn die Achse eines Be-Sterns einen Winkel von genau 90° mit dem Visionsradius bildet, geht die Ebene des Gasrings durch diesen hindurch. Das vom Stern kommende Licht durchläuft in dieser Ebene eine ausgedehnte Gasschicht und wird durch die Atome des Rings absorbiert. Dies ruft die Erscheinung der „Hüllensterne" hervor, wofür Pleione ein Beispiel ist (Abschnitt 28.2).

Das fast vollständige Fehlen schnellrotierender Sterne vom Typ der Sonne ist kosmogonisch interessant. Man kennt jedoch eine Anzahl ziemlich schnell rotierender Riesensterne des Spektraltyps F und G. A. Slettebak und A. Sandage haben gezeigt, daß die beobachteten Rotationsgeschwindigkeiten dieser Sterne mit der Hypothese verträglich sind, daß sie vor ein paar hundert Millionen Jahren Hauptreihensterne eines früheren Spektraltyps — vielleicht A oder B — waren. Da sie jetzt größer sind als zu der Zeit, als sie sich auf der Hauptreihe befanden, dürfte die Erhaltung des Drehimpulses ihre ursprünglichen Rotationsgeschwindigkeiten von der Ordnung einiger 100 km/sec auf die jetzt beobachteten Werte — etwa 75 bis 100 km/sec — vermindert haben. Wahrscheinlich haben sie niemals die Bremswirkung eines mit dem Stern in einem „Sonnennebel" rotierenden Magnetfeldes erfahren (Abschnitt 21.4). Entweder haben sie niemals neblige Gashüllen besessen, aus denen sich Planetensysteme hätten entwickeln können, oder sie hatten wegen ihrer relativ kurzen Lebensspanne nicht Zeit genug, um einen größeren Betrag ihres Drehimpulses auf den Nebel bzw. auf das mit ihnen verbundene Planetensystem zu übertragen.

Aufgaben

1. Die Periode des Doppelsterns $\varkappa$ Pegasi beträgt 11,35 Jahre und die große Halbachse der Bahn des Paares $0\overset{''}{.}29$. Die Gesamtmasse des Systems nehme man zu 2 Sonnenmassen an. Man berechne die Parallaxe von $\varkappa$ Pegasi. (Auf diese Weise bestimmte Parallaxen sind als dynamische Parallaxen bekannt.)
2. An welchen Stellen der Geschwindigkeitskurve eines spektroskopischen Doppelsterns würde man erwarten dürfen, eine Bedeckung beobachten zu können, wenn die Bahnebene durch den Visionsradius geht?
3. Aus der Lichtkurve von 1 H Cassiopeiae in Abb. 29.6 und der Angabe, daß die Bahngeschwindigkeit des kleineren Sterns 200 km/sec beträgt, schätze man
   a) den Durchmesser des kleineren Sterns ab;
   b) den Durchmesser des größeren Sterns ab (es werde $i = 90°$ angenommen);
   c) wie groß ist die gesamte Helligkeitsänderung von 1 H Cass während einer Periode?
4. Ein B-Stern, dessen Radius gleich 5 Sonnenradien ist, habe eine äquatoriale Rotationsgeschwindigkeit von 300 km/sec, und seine Rotationsachse stehe auf dem Visionsradius senkrecht. Man bestimme die maximale Verbreiterung der Absorptionslinie λ 4481 infolge dieser Rotation.

30. VERÄNDERLICHE STERNE

30.1 Echte Veränderliche

Viele Sterne zeigen Änderungen ihrer Helligkeit, nicht weil sie verfinstert werden, sondern infolge innerer Vorgänge in den Sternen selbst. Diese Sterne bezeichnet man oft als „echte" oder „wirkliche" Veränderliche. Zehntausende solcher veränderlichen Sterne sind bisher entdeckt und katalogisiert worden, und es ist wahrscheinlich, daß alle Sterne in ihrer Helligkeit veränderlich sind, wenn auch für die meisten von ihnen der Schwankungsbereich kleiner als 0,002 Größenklassen ist, der Genauigkeitsgrenze, die mit modernen photometrischen Meßinstrumenten erreichbar ist.

Die physikalischen Ursachen, die dem Lichtwechsel veränderlicher Sterne zugrunde liegen, sind noch nicht in allen Fällen restlos geklärt worden. Es gibt jedoch einige wohldefinierte Gruppen von Veränderlichen, für die diese Ursachen untersucht worden sind. Die wichtigsten unter ihnen sind folgende:

1. *Explodierende Sterne.* In Supernovae, Novae und ähnlichen Veränderlichen (SS Cygni-Sternen), die Gaswolken in Schalen- oder Ringform entwickeln (Kapitel 28), wird unterhalb der äußersten atmosphärischen Schichten Energie angesammelt, die bei einem Ausbruch plötzlich frei wird. Die Ausbrüche sind nicht streng periodisch, aber sie wiederholen sich bei ein und demselben Stern in ungefähr gleichen Zeitintervallen.

2. *Pulsierende oder oszillierende Sterne.* Sie sind besonders wichtig und werden in mehrere Klassen unterteilt. Sie führen streng periodische radiale Schwingungen aus, mit denen entsprechende periodische Temperaturschwankungen verbunden sind.

3. *Unregelmäßige Veränderliche*, von denen wir mehrere verschiedene Typen kennen, in denen allen die Helligkeitsänderungen nicht periodisch sind, aber die Intervalle zwischen aufeinanderfolgenden Maxima oder Minima sich um einen Vorzugswert häufen, der für jeden Stern typisch ist. Bei diesen Veränderlichen hängen die beobachteten Helligkeitsschwankungen nicht direkt von der wechselnden Größe oder Temperatur der Oberfläche einer schwingenden Gaskugel ab wie bei den pulsierenden Veränderlichen, sondern es handelt sich dabei um sekundäre Effekte, die durch die periodischen Oszillationen, welche vorhanden sein müssen, aber unbeobachtbar bleiben, induziert oder ausgelöst werden.

4. *Spektrum-Veränderliche*, in welchen kleine periodische Helligkeitsänderungen mit auffälligen Intensitätsschwankungen der Absorptionslinien verbunden sind. Diese Veränderlichen sind zugleich magnetische Veränderliche, und die Ursache ihrer Schwankungen steht mit ihren magnetischen Eigenschaften in Zusammenhang.

5. *Sterne mit Flecken* sind veränderlich, (1) weil Zahl und Verteilung der Flecken auf ihren Oberflächen wechseln und (2) weil die Rotation andere Teile der Oberfläche ins Blickfeld bringt, in denen Zahl und Größe der Flecken verschieden sind. Die Flecken können entweder dunkel (wie Sonnenflecken) oder hell (wie Sonnenfackeln oder -eruptionen) sein. Extreme Fälle der letzteren werden als „Flare-Sterne" bezeichnet. Die Helligkeit eines solchen Sterns kann plötzlich in ein oder zwei Minuten um eine Größenklasse zunehmen und nach dem Maximum in 10 bis 15 Minuten wieder zum normalen Wert zurückkehren. Der bemerkenswerteste, zur

Zeit bekannte Flare-Stern ist L 726-8, der von W. J. Luyten an der Universität von Minnesota entdeckt wurde.

6. *Sterne mit äußerst schnellen Helligkeitsschwankungen*, die durch eine Instabilität in der Photosphäre verursacht werden, kommen am häufigsten unter den blauen Sternen unternormaler Leuchtkraft vor, die ihren Wasserstoffvorrat größtenteils verbraucht haben. Die bemerkenswerteste Helligkeitsänderung dieser Art wurde von M. F. Walker an der Nova Herculis 1934 entdeckt. Zu bestimmten Zeiten zeigt die Lichtkurve dieses Bedeckungssystems Schwankungen von $0\overset{m}{,}07$ Amplitude und 1,180 Minuten Periode — die kürzeste periodische Änderung, die bekannt ist. Zu anderen Zeiten jedoch bleiben die Schwankungen aus.

7. *T Tauri-Veränderliche* und verwandte Objekte (Abschnitt 28.8) findet man nur in dunklen Staub- und Gaswolken. Eine Zeitlang glaubte man, daß ihre unregelmäßigen Helligkeitsschwankungen durch veränderliche Verdunklung durch Wolken, die vor den Sternen vorbeizögen, verursacht würden. Es ist möglich, daß in einigen Fällen der Lichtwechsel tatsächlich dieser Ursache zuzuschreiben ist; bei der Mehrzahl der T Tauri-Sterne jedoch handelt es sich um echte Helligkeitsschwankungen, die offenbar nicht durch Atome und Körnchen bewirkt werden, die aus Nebeln in die Sterne eindringen, sondern sie sind irgendwie die Folge von Instabilitäten in sehr jungen Sternen, die sich noch im Kontraktionsstadium befinden.

Der restliche Teil dieses Kapitels soll einer etwas mehr ins Einzelne gehenden Besprechung von einigen dieser Gruppen echter Veränderlicher gewidmet sein.

Neu entdeckte Veränderliche werden mit einem oder zwei großen Buchstaben vor dem Genitiv des Sternbildnamens bezeichnet. Der erste in einem Sternbild gefundene Veränderliche wird mit R bezeichnet, der zweite mit S, und so weiter bis Z. Für die weiteren Veränderlichen wird das Schema RR, RS—RZ, SS, ST—SZ und so weiter bis ZZ verwandt. In einigen Sternbildern hat man sogar noch mehr Veränderliche gefunden, man setzt die Bezeichnung dann mit AA, AB—AZ, BB, BC—BZ usw. fort. Beispielsweise ist der Stern DQ Herculis eine Nova, die 1934 aufleuchtete und die neuerdings als Bedeckungsveränderlicher erkannt worden ist; SS Cygni ist ein echter Veränderlicher von etwas unregelmäßiger Natur, der einer Nova ähnelt; bei RR Lyrae handelt es sich um einen pulsierenden Stern, der die Gruppe der sogenannten Haufenveränderlichen repräsentiert. Wenn ein Stern schon in der alten Form durch einen griechischen Buchstaben und das Sternbild bezeichnet wird, so hat man diese Bezeichnung beibehalten; zum Beispiel sind β Lyrae und δ Cephei zwei Veränderliche, der eine mit Bedeckungslichtwechsel, der andere mit echten Helligkeitsänderungen.

Gruppen oder Typen von veränderlichen Sternen werden häufig nach einem besonderen Stern benannt, der als Prototyp der Gruppe dient; so spricht man zum Beispiel von β Canis Majoris-Sternen und W Virginis-Sternen. Die Gruppe der Cepheiden wird nach ihrem Prototyp δ Cephei benannt.

30.2 Beobachtungsdaten

Die wichtigste Quelle unseres Wissens über veränderliche Sterne ist die Lichtkurve, eine graphische Darstellung der scheinbaren Helligkeit des Sterns als Funktion der Zeit. Lichtkurven, die für verschiedene Gruppen von Veränderlichen charakteristisch sind, werden in Abb. 30.1 wiedergegeben. Jede von ihnen besitzt vier wichtige Kennzeichen: die Periode oder das Zeitintervall zwischen zwei aufeinanderfolgenden Helligkeitsmaxima (oder -minima); die Amplitude oder den Schwankungsbereich zwischen maximaler und minimaler Helligkeit; den Grad der Symmetrie der Kurve und den Grad der Regelmäßigkeit, mit der sich Amplitude und Gestalt der Kurve in verschiedenen Zyklen wiederholen. Die einzelnen Gruppen veränderlicher Sterne verhalten sich in bezug auf diese Kennzeichen ganz verschieden.

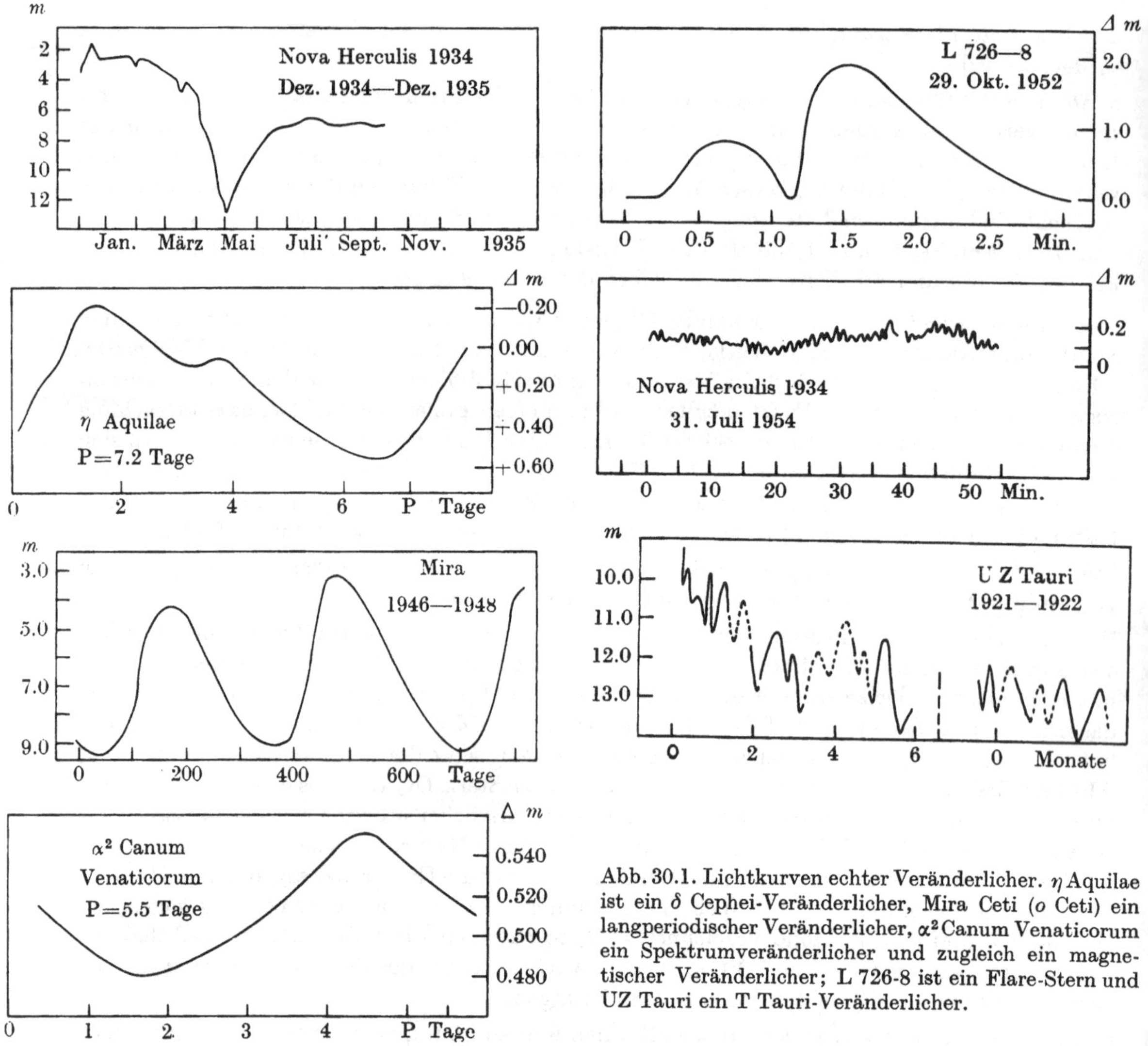

Abb. 30.1. Lichtkurven echter Veränderlicher. η Aquilae ist ein δ Cephei-Veränderlicher, Mira Ceti (o Ceti) ein langperiodischer Veränderlicher, α^2 Canum Venaticorum ein Spektrumveränderlicher und zugleich ein magnetischer Veränderlicher; L 726-8 ist ein Flare-Stern und UZ Tauri ein T Tauri-Veränderlicher.

Die Geschwindigkeitskurve, die die Radialgeschwindigkeit des Sterns in Abhängigkeit von der Zeit graphisch darstellt, trägt ebenfalls dazu bei, die Natur eines Veränderlichen verständlich zu machen. Alle pulsierenden veränderlichen Sterne zeigen periodische Änderungen der Radialgeschwindigkeit, weil ihre Oberflächenschichten sich abwechselnd dem Beobachter nähern und sich von ihm entfernen. Die Beziehung zwischen maximaler Helligkeit und Annäherungsgeschwindigkeit jedoch ist für verschiedene Gruppen dieser Sterne verschieden.

Die Änderungen des Spektraltyps eines Veränderlichen lassen sich dazu verwenden, die Änderungen seiner Temperatur zu bestimmen. Zur Zeit des Maximallichts ist der Stern gewöhnlich heißer als im Minimum.

30.3 Gruppen pulsierender Sterne

Tabelle 30.1 enthält eine Liste der Gruppen pulsierender Sterne mit ihren Perioden, Amplituden, Spektraltypen, ihrer Verteilung und absoluten Helligkeit. Ihre Lage im H-R-Diagramm wird schematisch in Abb. 30.2 dargestellt. Die Hauptreihe, der Riesenast und der weiße Zwerg-Ast des ursprünglichen H-R-Diagramms für Sterne in der Nachbarschaft der Sonne sind unschraffiert eingezeichnet; die vollkommen schwarzen Äste stellen das H-R-Diagramm sehr alter Sterne dar, etwa der Mitglieder von Kugelhaufen.

Folgende Schlußfolgerungen lassen sich aus einer Betrachtung der Gruppen pulsierender Sterne ziehen:

1. Pulsierende Veränderliche treten in allen Spektralklassen B bis M auf.
2. Mit Ausnahme der Zwerg-Cepheiden sind alle pulsierenden Sterne Riesen oder Überriesen.
3. Die Perioden aller Veränderlichen irgendeiner Gruppe nehmen mit abnehmender Dichte der Sterne zu.
4. Verschiedene Gruppen lassen sich entweder der Spiralarmpopulation (I) oder der Halopopulation (II) zuordnen.

Tabelle 30.1 Hauptgruppen pulsierender Sterne

Art der Veränderlichen	Periode	Amplitude	Spektrum	Verteilung	Absolute Helligkeit
β Canis Majoris	4^{h}	$0^{m}\!,1$	B	In Spiralarmen	—3
Zwerg-Cepheiden	3^{h}	1	A und F	In Spiralarmen	+2
RR Lyrae oder Haufen	12^{h}	1	A	Im Halo und in Kernnähe	0
Klassische Cepheiden	7^{d}	1	F und G	In Spiralarmen	—3
W Virginis	15^{d}	1	F und G	Im Halo und in Kernnähe	—2
RV Tauri	75^{d}	2	G und K	Im Halo und in Kernnähe	—2
Lang-periodische kurzer Periode	175^{d}	5	M	Im Halo und in Kernnähe	—1
Lang-periodische langer Periode	350^{d}	6	M	In Spiralarmen	0
Halbregelmäßige	100^{d}	1	M	In Spiralarmen, im Halo und im Kern	—2

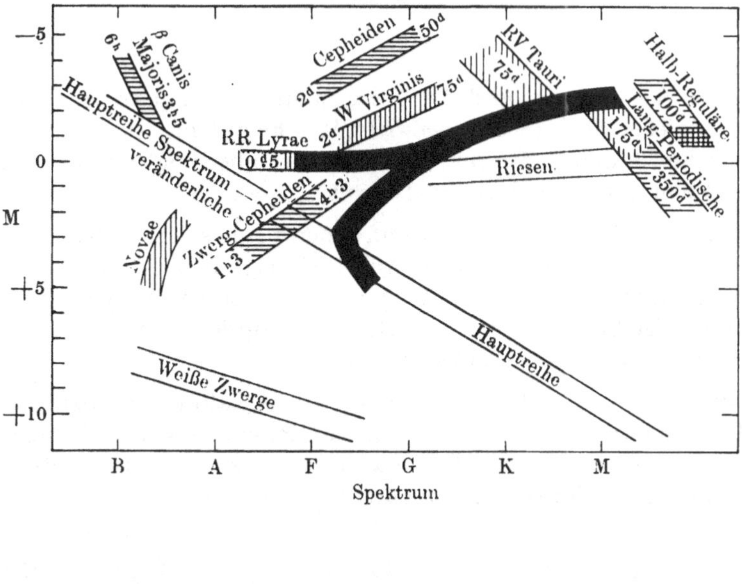

Abb. 30.2. Das H-R-Diagramm für echte Veränderliche. Die Zahlen deuten die Perioden an. Waagrechte Schraffierung kennzeichnet Sterne der Population I, senkrechte Schraffierung Sterne der Population II.

30.4 Der Mechanismus von Sternpulsationen

Normalerweise befinden sich die Sterne im mechanischen Gleichgewicht. Es kann aber vorkommen, daß dieser Gleichgewichtszustand gestört wird. Ein kleiner Anstieg der inneren Temperatur kann nämlich bewirken, daß der die äußeren Schichten tragende Gasdruck größer wird als die Gravitationsanziehung des Sterns auf diese Schichten. Der Stern wird sich dann ausdehnen; dabei werden aber die Dichte und folglich auch der Druck der Gase abnehmen, so daß die nach außen wirkende Kraft auf die expandierenden Schichten wieder kleiner wird. Hat der Stern einmal angefangen, sich auszudehnen, wird er über die Gleichgewichtslage hinausschießen derart, daß der Gasdruck nach außen kleiner wird als die Schwerkraft nach innen.

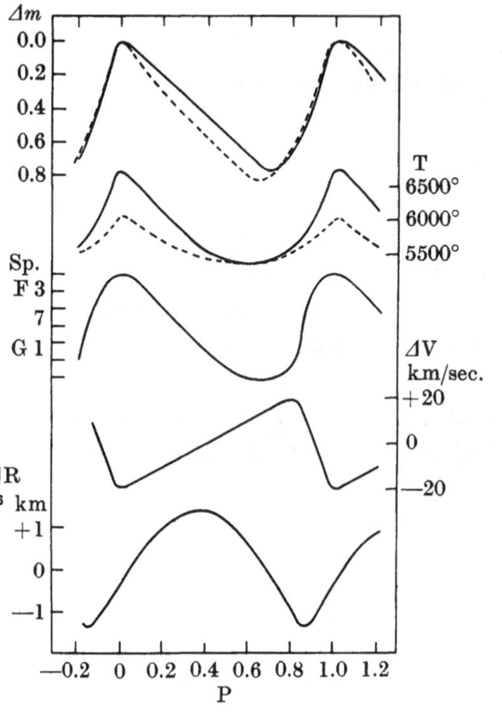

Abb. 30.3. Schwankungen von δ Cephei. Die ausgezogene Linie oben ist die beobachtete Lichtkurve. Die gestrichelte Linie gibt ihren Verlauf wieder, wenn sich der Sternradius nicht ändern würde. Die nächste Kurve zeigt die Temperaturänderung unter zwei verschiedenen Voraussetzungen. Die dritte Kurve gibt die Änderung des Spektraltyps. Die vierte Kurve ist die Geschwindigkeitskurve. Die unterste Kurve schließlich stellt die Schwankungen des Sternradius dar. Die Abszisse ist die Phase, ausgedrückt in Bruchteilen der Periode von 5,37 Tagen. *(Nach W. Becker.)*

Wenn dies eintritt, wird der Stern anfangen sich zusammenzuziehen. Die Kontraktion wird sich wieder über die Gleichgewichtslage hinaus fortsetzen, und dabei wird der Druck soweit zunehmen, daß er die Schwerkraft wieder überwiegt und der gesamte Zyklus der Expansion und Kontraktion von neuem beginnt.

Nach Ansicht von H. Shapley und anderen sind solche Pulsationen die Ursache der Helligkeitsschwankungen der Cepheiden. Abb. 30.3 zeigt die Änderungen der Helligkeit, der Temperatur, des Spektraltyps und der Radialgeschwindigkeit von δ Cephei, dessen Periode 5,37 Tage beträgt. Wenn der Stern am hellsten ist, ist der Spektraltyp am weitesten nach dem frühen Ende verschoben und die Temperatur am höchsten.

Die Perioden der Pulsationen hängen innerhalb einer jeden Sterngruppe von den mittleren Dichten der Sterne ab. Die Theorie des Phänomens ist zu kompliziert, um sie hier diskutieren zu können, sie ist aber der Theorie einer schwingenden Saite ähnlich, deren Schwingungsperiode um so kürzer ist je größer die Spannung.

Die Periode einer pulsierenden Gaskugel ist der Quadratwurzel aus ihrer mittleren Dichte umgekehrt proportional:

$$P \sim \frac{1}{\sqrt{\varrho}}$$

oder

$$P \cdot \sqrt{\varrho} = \text{const.}$$

Für einen Stern mit der mittleren Dichte der Sonne (1,4 g/cm³) würde die Pulsationsperiode — wenn der Stern in Schwingungen versetzt werden könnte — zwei Stunden betragen. Ein Riese wie δ Cephei besitzt eine mittlere Dichte der Ordnung $4 \cdot 10^{-4}$ derjenigen der Sonne. Die Quadratwurzel aus $4 \cdot 10^{-4}$ ist $2 \cdot 10^{-2}$; daher sollte die Periode von δ Cephei $2/(2 \cdot 10^{-2}) =$ 100 Stunden oder mehr als vier Tage betragen. Die Beobachtungen ergeben 5,37 Tage, was mit dem berechneten Wert in guter Übereinstimmung steht.

Die unterste Kurve der Abb. 30.3 zeigt, wie weit sich die Photosphäre von δ Cephei über ihr Normalniveau erhoben hat bzw. darunter abgesunken ist zu jedem Zeitpunkt des 5,37 Tage-Zyklus. Diese Kurve läßt sich leicht aus der Geschwindigkeitskurve berechnen. Die letztere gibt die Radialgeschwindigkeit in km/sec in jedem Punkt der Zeitskala, etwa an den Stellen 0,0, 0,2, 0,4 usw. der Periode. Wenn zum Beispiel zur Zeit 0,0 die Geschwindigkeit —20 km/sec und zur Zeit 0,2 —10 km/sec beträgt, ist die durchschnittliche Geschwindigkeit während des ersten Intervalls gleich —15 km/sec. Das Zeitintervall von 0,2 P dauert rund 1 Tag oder 86 400 sec. Während dieses Intervalls hebt sich die Photosphäre um $15 \cdot 86\,400 = 1{,}3 \cdot 10^6$ km. Addiert man hierzu den Zuwachs während des zweiten und der folgenden Intervalle, so ist es möglich nachzuweisen, daß die gesamte Radiusänderung von δ Cephei sich auf rund $2{,}7 \cdot 10^6$ km beläuft. Nun liegt der aus absoluter Helligkeit und Temperatur berechnete normale Radius von δ Cephei bei etwa $4 \cdot 10^7$ km; daher ist die Radiusänderung von δ Cephei, wie auch der meisten anderen pulsierenden Sterne, von der Größenordnung von 7 bis 8 Prozent des Radius.

Die Theorie des Sternaufbaus läßt erwarten, daß die Temperatur zur Zeit größter Kompression (kleinsten Radius) am größten ist. Dies würde der Zeitpunkt sein, wenn die Gasmassen in Ruhe sind, d. h. er würde der Radialgeschwindigkeit Null auf dem absteigenden Ast der Geschwindigkeitskurve entsprechen; denn gerade vor dem Stadium größter Kompression bewegen sich die Gase noch nach dem Sternzentrum hin, also vom Beobachter weg, unmittelbar danach aber beginnen sie, sich wieder zum Beobachter hin in Bewegung zu setzen.

Die Kurven in Abb. 30.3 lassen jedoch erkennen, daß in Wirklichkeit die Maximaltemperatur zur Zeit der größten Annäherungsgeschwindigkeit eintritt, eine Tatsache, die auf Grund des einfachen pulsierenden Modells nicht zu erwarten war. M. Schwarzschild hat zu ihrer Erklärung angenommen, daß zwar das tiefe Innere des Sterns gemäß dieser Theorie pulsiert, daß aber in den äußersten Schichten des Sterns die Schwingungen in Phase nicht alle übereinstimmen, wodurch eine Verschiebung der Lichtkurve gegen die Kurve der Radiusänderungen um den beobachteten Betrag verursacht wird.

Der Lichtwechsel aller anderen Gruppen streng periodisch pulsierender Sterne wird in ähnlicher Weise gedeutet, jedoch besitzt jede Gruppe ihre eigenen Besonderheiten. Bei den β Canis Majoris- und RR Lyrae-Sternen sowie bei den Zwerg-Cepheiden sind die Perioden sehr kurz — nur 79 Minuten bei SX Phoenicis —, und jeder Veränderliche besitzt gewöhnlich zwei oder mehr Perioden von nahezu, aber nicht genau gleicher Dauer. Diese Schwingungen bewirken wie in der Akustik Schwebungen, die den Lichtkurven ein seltsam unregelmäßiges Aussehen geben.

Die RR Lyrae-Sterne besitzen Perioden von weniger als einem Tag, und ihre Lichtkurven sind denen der Cepheiden ähnlich. Von besonderem Interesse ist das Verhalten der Wasserstoffabsorptionslinien im Spektrum von RR Lyrae: Wenn der Stern hell ist, sind diese Linien kräftig und breit und gleichen dann den Linien eines 10 000°-Sterns, z. B. der Wega. Die Linienverschiebungen zeigen, daß die Atmosphäre von RR Lyrae sich im Stadium schneller Ausdehnung befindet; die Gase bewegen sich nach außen und erzeugen, von der Erde aus gesehen, eine Doppler-Verschiebung nach dem violetten Ende des Spektrums.

Wenn die Helligkeit abnimmt, werden die Wasserstofflinien schmaler und schwächer. Die expandierende Atmosphäre wird kühler und erreicht eine Temperatur von rund 7000°, dabei nimmt ihr Druck ab, je weiter sie sich über die Photosphäre erhebt. Allmählich kommt die Auswärtsbewegung der Expansion durch die Schwerkraft zum Stehen, und der zu weit ausgedehnte Stern fängt an sich zusammenzuziehen. Die Absorptionslinien werden durch den Doppler-Effekt nach Rot verschoben. Nach der Theorie sollte die Kontraktion andauern, bis die nach innen fallenden Gase über ihr normales Niveau hinausgelangt sind und im Stern ein überschüssiger Gasdruck entsteht, der der Schwerkraft entgegenwirkt und schließlich einmal die Gase ihre Bewegungsrichtung umkehren läßt. Die scharfen Wasserstofflinien werden schnell schwächer und verschwinden in einem Stadium, in dem sie noch Kontraktion statt Expansion anzeigen.

Aber noch ehe diese Linien vollständig verschwunden sind, zeigt das Spektrum neue Absorptionslinien des Wasserstoffs, die ungewöhnlich breit und verschwommen sind, als ob sie in den tiefsten Schichten der Atmosphäre von RR Lyrae erzeugt würden. Diese Linien sind nach Violett verschoben und zeigen die nach außen gerichtete Expansionsbewegung einer tiefen Schicht an, die schon einsetzt, während die Kontraktion der oberen Schicht noch andauert. Die Linienverdopplung bewirkt eine Unstetigkeit in der Geschwindigkeitskurve. Die beiden Schichten treffen mit einer Relativgeschwindigkeit von der Ordnung 100 km/sec aufeinander. Der Zeitpunkt des Zusammentreffens wird bei RR Lyrae durch das Auftreten schmaler Emissionslinien des Wasserstoffs gekennzeichnet. Aerodynamiker haben im Laboratorium ähnliche Emissionserscheinungen erzeugen können.

R. F. Sanford auf dem Mount Wilson hat gezeigt, daß eine Diskontinuität gleicher Art in den Radialgeschwindigkeiten des Cepheiden W Virginis vorkommt, dessen Periode 17,3 Tage beträgt. Und H. A. Abt entdeckte, daß viele Metallinien in diesem Stern doppelt sind — als ob sie in zwei einander entgegenwirkenden Schichten erzeugt würden. Die tiefere, expandierende Schicht ist etwa 1000° heißer als die äußere, kontrahierende Schicht. Vor kurzem schließlich fand R. P. Kraft in dem klassischen Cepheiden X Cygni doppelte Absorptionslinien. Wahrscheinlich handelt es sich um eine sehr verbreitete Erscheinung.

Mehr als 1300 Veränderliche sind in Kugelhaufen identifiziert worden. Die meisten von ihnen gehören zur RR Lyrae-Gruppe und besitzen Perioden, die kürzer als ein Tag sind. Doch gehören 67 der 1300 Veränderlichen in der Liste von H. S. Hogg nicht zu dieser Gruppe, da ihre Perioden länger als ein Tag sind und ihre Leuchtkräfte größer als die der RR Lyrae-Sterne. Die Lichtkurve und die spektralen Änderungen dieser 67 Sterne sind denen des galaktischen Cepheiden W Virginis ähnlich. A. H. Joy hat daraus geschlossen, daß gewöhnliche Cepheiden in den Kugelhaufen äußerst selten sind oder vielleicht gänzlich fehlen und daß die besondere Gruppe der W Virginis-Veränderlichen zur Sternpopulation II gehört und die einzige Art langperiodischer Cepheiden ist, die jetzt in diesen Haufen vorkommt. Das überrascht nicht, weil die Sterne in Kugelhaufen hinsichtlich Ursprung und nachfolgender Entwicklung ganz verschieden sein müssen von den Sternen in den Spiralarmen der Milchstraße.

Die Lichtkurve und die spektroskopischen Eigentümlichkeiten von W Virginis sind von denen normaler Cepheiden mit Perioden ähnlicher Größenordnung merklich verschieden. Noch auffälliger ist die große mittlere Radialgeschwindigkeit von W Virginis, —66 km/sec. Eine so große Geschwindigkeit legt die Vermutung nahe, daß W Virginis ein Stern „hoher Geschwindigkeit“ sein könnte, d. h. ein „Eindringling“, der in Wirklichkeit zu dem stationären Halo der

Milchstraße gehört und zufällig in einen Spiralarm gelangt ist. Da er hinter der galaktischen Rotation dieses Arms zurückbleibt, scheint er eine schnelle Geschwindigkeit in der Richtung zu besitzen, die der der galaktischen Rotation entgegengesetzt ist. Die Bezeichnung „hohe Geschwindigkeit" sollte genau genommen für die Sonne und ihre normalen Nachbarn der Population I gebraucht werden, da diese Sterne sich alle angenähert in Kreisbahnen um das galaktische Zentrum bewegen mit einer Geschwindigkeit von rund 300 km/sec (Abschnitt 24.2), während die schnellbewegten Sterne die Nachbarschaft des Sonnensystems in stark exzentrischen Bahnen erreichen und an der Rotation der Spiralarme um das galaktische Zentrum nicht teilnehmen.

Von Bedeutung ist, daß die Verteilung der Kugelhaufen im Raume und ihre Bewegungen denen der Sterne hoher Geschwindigkeit sehr ähnlich sind. Beide sind angenähert sphärisch-symmetrisch um den galaktischen Kern verteilt, und beide besitzen große systematische Geschwindigkeiten relativ zu den Sternen der Sonnenumgebung.

Die Haufenveränderlichen sind stark nach dem galaktischen Zentrum im Schützen konzentriert. B. W. Kukarkin hat gefunden, daß die RR Lyrae-Sterne, von denen die meisten zur Gruppe der schnell-bewegten Sterne gehören, einen sphärischen Halo um die Milchstraße bilden; ihre Verteilung gleicht der der Kugelhaufen und der W Virginis-Gruppe der Cepheiden. Das sind die Kennzeichen der Sterne der Population II. Die veränderlichen Sterne, die man in galaktischen Haufen und in der Sonnenumgebung gefunden hat, wie etwa die normalen Cepheiden, die β Canis Majoris-Sterne usw., gehören zur Population I.

30.5 Langperiodische Veränderliche

Trägt man die Perioden der echten Veränderlichen gegen ihre Spektraltypen auf, so erhält man eine Beziehung, die als Perioden-Spektren-Beziehung bekannt ist. Die Haufen-Veränderlichen gehören den frühsten Spektralklassen an und besitzen folglich die höchsten photosphärischen Temperaturen; die Cepheiden haben mittlere Temperaturen, und die langperiodischen Veränderlichen besitzen die spätesten Spektraltypen und die niedrigsten Temperaturen.

Der Prototyp der langperiodischen Veränderlichen ist der Stern Mira Ceti, dessen Lichtkurve in Abb. 30.1 zu sehen ist. Seine scheinbare visuelle Größe liegt im Maximum zwischen 2 und 5 (1779 erreichte er sogar die Größe 1,2) und sinkt im Minimum auf 8 bis 10 ab. Seine Periode ist nicht konstant, sondern schwankt um einen Mittelwert von 330 Tagen. Sein Spektraltyp ist M 6 im Helligkeitsmaximum und M 9 im Minimum.

Aus radiometrischen Beobachtungen von E. Pettit und S. B. Nicholson geht hervor, daß die Oberflächentemperatur von Mira im Helligkeitsminimum rund 1900° und im Maximum 2600° K beträgt. Das Verhältnis dieser Temperaturen ist 1,37. Nach dem Stefanschen Gesetz ist die Gesamtstrahlung pro cm² der Oberfläche der vierten Potenz der Temperatur proportional. Folglich strahlt jeder Quadratzentimeter der Oberfläche Miras im Maximum $1{,}37^4 = 3{,}5$ mal mehr Licht und Wärme aus als im Minimum. Doch beträgt der visuelle oder photographische Schwankungsbereich der Sternstrahlung rund 5 Größenklassen, was einer hundertfachen Helligkeitsänderung entspricht.

Es bestehen mehrere Gründe für diese Diskrepanz. Erstens nimmt die sichtbare Strahlung mit der Temperatur stärker zu als die Gesamtstrahlung (Abb. 30.4). Zweitens pulsiert der Stern, wenn auch die radialen Bewegungen nach außen und innen ziemlich klein sind: Der Radius ändert sich um rund 20 Prozent und die Oberfläche um einen Faktor $1\frac{1}{2}$. Diese beiden Effekte erklären aber nur einen Teil der beobachteten Amplitude der Lichtkurve. Der restliche Teil kann erklärt werden (1) durch eine Verstärkung der Absorptionsbanden und -linien im Spektrum, wenn der Stern schwach ist, und (2) durch Verschleierung durch zeitweilig in höheren Atmosphärenschichten auftretende Wolken fester und flüssiger Teilchen.

Im Jahre 1925 bestimmte F. G. Pease den Winkeldurchmesser von Mira mit dem Mount Wilson-Interferometer zu 0″.056, was bei einer Entfernung des Sterns von 50 parsec ungefähr dem 300fachen des Sonnendurchmessers entspricht.

Miras spektroskopisches Verhalten ist ziemlich verwickelt. Im roten Spektralgebiet herrschen die Absorptionsbanden des Titanoxyds vor. Das photographische Spektralgebiet ist dicht besetzt mit atomaren und molekularen Absorptionslinien und -banden. Es kommen auch

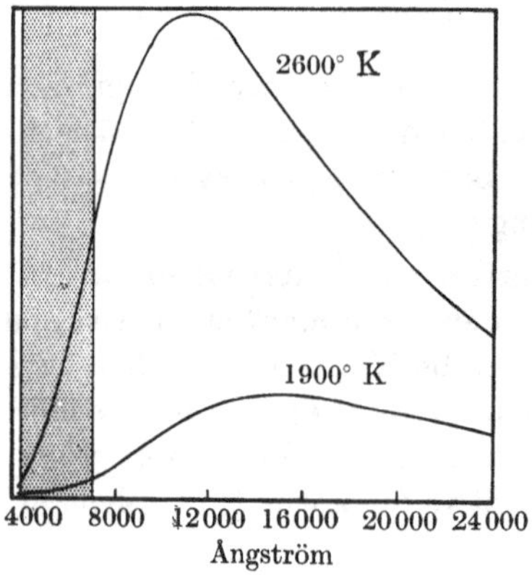

Abb. 30.4. Energieverteilung im Spektrum von Mira Ceti im Helligkeitsmaximum (2600°) und -minimum (1900°). Das schraffierte Gebiet umfaßt die Strahlung, die zur scheinbaren visuellen Helligkeit des Veränderlichen beiträgt. *(Sky and Teleskope.)*

starke Emissionslinien des Wasserstoffs vor, wenn auch einige von ihnen, insbesondere H_ε, infolge Absorption durch überlagerte Atome des Kalziums, des Eisens und anderer Elemente fehlen.

Die Wasserstoffemissionslinien entstehen tief unterhalb der photosphärischen Schichten des Sterns. Die Ausdehnung der Gasatmosphäre mit ihren Wolken fester Teilchen ist nicht bekannt, aber wegen der Kompliziertheit der spektroskopischen Veränderungen ist die Schlußfolgerung einleuchtend, daß ihre radiale Ausdehnung sehr groß ist, selbst im Vergleich zum Sternradius. Aus Untersuchungen ähnlicher Sterne ist zu schließen, daß die roten Überriesen oft von äußerst weit verteilten Gasmassen umgeben werden.

Bei dem Mechanismus, der diesen Änderungen zugrunde liegt, handelt es sich wahrscheinlich um eine Pulsation des ganzen Sterns oder mindestens seiner äußeren Schichten. Die Masse von Mira ist rund 10mal so groß wie die der Sonne und die mittlere Dichte etwa 100 Millionenmal kleiner als die der Sonne. Eine Gaskugel von so niedriger Dichte wird sehr langsam pulsieren. Da aber weder die Lichtkurve noch die spektralen Erscheinungen sich von Zyklus zu Zyklus wiederholen, müssen die streng periodischen Pulsationen der lang-periodischen Veränderlichen als Auslösungsmechanismus für verschiedene mehr oder weniger unregelmäßige atmosphärische Erscheinungen wirken.

A. H. Joy entdeckte, daß die Zentren aller starken Absorptionslinien im Spektrum Miras von einem kontinuierlichen Spektrum ausgefüllt werden, dessen Intensität nach Violett zunimmt, wie bei einem blauen Stern. Er folgerte, daß Mira ein zusammengesetztes Spektrum besitzt: Zusätzlich zum gewöhnlichen M-Spektrum eines Überriesen ist ein besonderes Spektrum eines B-Sterns 10. Größe vorhanden. Joy bemerkte, daß das B-Spektrum, wenn der Spektrographenspalt in einem bestimmten Positionswinkel stand, etwas gegen das M-Spektrum verschoben erschien, und er deutete dies als Folge der relativen Stellung der beiden Sterne zueinander an der Sphäre. Auf Grund seiner Voraussagen gelang es R. G. Aitken, den blauen Begleiter visuell zu beobachten. Das Licht des Begleiters schwankt unabhängig von dem des Überriesen um etwa zwei Größenklassen mit einer Periode von rund 14 Jahren. Die Umlaufsdauer des visuellen Paares ist viel länger und beträgt Jahrzehnte oder sogar Jahrhunderte. Das Licht des B-Sterns kann durch absorbierende Materie in einer zeitweilig vorhandenen Staub- (oder „Rauch"-) Hülle um den M-Überriesen geschwächt werden.

Einer der bemerkenswertesten lang-periodischen (oder unregelmäßigen) Veränderlichen ist α Herculis, ein M 5-Überriese, dessen Helligkeit zwischen der Größe 3,0 und 4,0 in Intervallen von einigen Monaten schwankt. α Herculis ist auch ein gutbekannter visueller Doppelstern, sein Begleiter, ein gelber Stern der scheinbaren Größe 5,6, umkreist den roten Überriesen in rund 4000 Jahren. Der Winkeldurchmesser des Hauptsterns wurde von F. G. Pease mit einem Interferometer zu 0,"03 bestimmt, und sein Durchmesser dürfte, da der Abstand des Sterns 150 parsec beträgt, rund 500mal so groß sein wie der der Sonne.

A. J. Deutsch hat gezeigt, daß das ganze Doppelsternsystem in eine weitausgedehnte Gashülle eingebettet ist, deren Radius rund 1000 astron. Einheiten oder 10^{11} km beträgt.

30.6 Kurzperiodische Veränderliche

Mehrere Gruppen von Veränderlichen besitzen Perioden von der Ordnung 0,2 Tag oder weniger als 5 Stunden. Bei einer dieser Gruppen handelt es sich um die Zwerg-Cepheiden. Ihre Spektraltypen liegen zwischen A und F, und ihre absoluten Größen betragen rund +2; sie sind somit viel schwächer als die RR Lyrae-Sterne und natürlich auch viel kleiner und dichter als diese.

Die Helligkeitsschwankung der Zwerg-Cepheiden (Abb. 30,5) macht bei denen der kürzesten Periode etwa eine Größenklasse aus und bei denen längerer Periode noch weniger. Die Bewegungen dieser Veränderlichen sprechen dafür, daß sie keine echten schnellbewegten Sterne sind, sondern eher der Spiralarm-Population I als der Halo-Population II zuzurechnen sind. Berücksichtigt man die Tatsache, daß nur die nächsten Zwerg-Cepheiden hell genug sind, um leicht entdeckt werden zu können, so dürfte in einem gegebenen Volumen in der Sonnenumgebung ihre Zahl rund ebenso groß sein wie die der RR Lyrae-Sterne. Andererseits kommen sie in Kugelhaufen fast gar nicht vor.

Eine weitere Gruppe pulsierender Sterne mit sehr kurzen Perioden sind die β Canis Majoris-Veränderlichen, bei denen kleine, etwas unregelmäßige Helligkeitsschwankungen (etwa $0^{m}_{,}1$) beobachtet werden. Ihre Perioden liegen zwischen 3 und 6 Stunden. Bei vielen von ihnen ist es möglich, die Geschwindigkeits- und Lichtkurven durch Überlagerung von zwei Sinuskurven mit etwas verschiedener Amplitude und Periode darzustellen. Zum Beispiel fand W. F. Meyer, daß zwei Sinuskurven mit den Perioden $6^h\,0^m$ und $6^h\,2^m$ die beobachteten Geschwindigkeitskurven von β Canis Majoris wiedergeben. Die Absorptionslinien der β Canis Majoris-Ver-

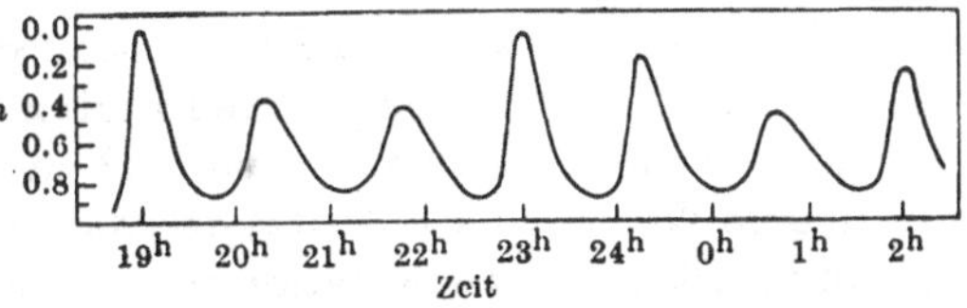

Abb. 30.5

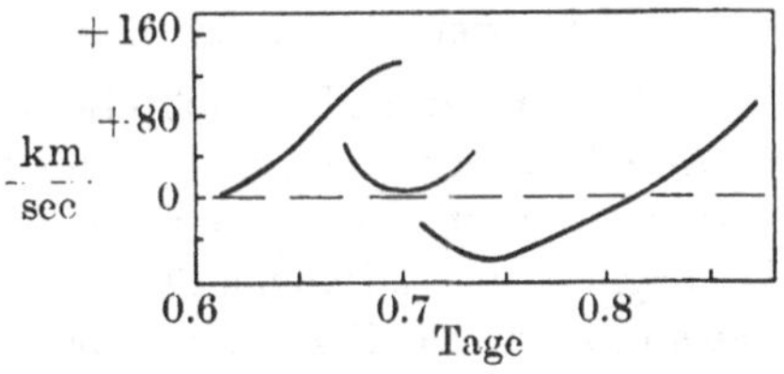

Abb. 30.6

Abb. 30.5. Die Lichtkurve des Zwerg-Cepheiden SX Phoenicis am 29. August 1952. Dieser Stern besitzt zwei fast gleiche Perioden, die in der Lichtkurve Schwebungen erzeugen.

Abb. 30.6. Die Geschwindigkeitskurve des Veränderlichen BW Vulpeculae. Der Stern gehört zur β Canis Majoris-Gruppe. Die Geschwindigkeitskurve besteht aus drei Zweigen.

änderlichen unterliegen periodischen Schwankungen der Breite, und sie spalten sich manchmal in zwei oder sogar drei Komponenten auf, wodurch in den Geschwindigkeitskurven eine Unstetigkeit verursacht wird (Abb. 30.6).

30.7 Spektrum-Veränderliche

Die Spektrum-Veränderlichen gehören in der Regel der Klasse A an, zeigen aber zusätzlich zu den Absorptionslinien, die normalerweise in dieser Klasse vorhanden sind, oft ungewöhnlich kräftige Absorptionslinien der seltenen Erden, so von ionisiertem Europium, ionisiertem Gadolinium usw. Andere Mitglieder der Gruppe der Spektrum-Veränderlichen haben abnorm kräftige Linien des ionisierten Chroms, ionisierten Strontiums oder ionisierten Siliziums. In den Spektren der meisten von ihnen ist das ionisierte Kalzium ungewöhnlich schwach. Die Intensitäten lassen sich auf Grund der in Abschnitt 25.3 behandelten Ionisationstheorie nicht erklären. Wenn zum Beispiel einfach-ionisiertes Europium durch starke Absorptionslinien repräsentiert wird, würde die Theorie ergeben, daß die Linien des doppelt-ionisierten Europiums sehr schwach sein sollten. Doch hat P. Swings gezeigt, daß in mehreren Spektrum-Veränderlichen sowohl das einfache wie auch das doppelt-ionisierte Europium überangeregt sind. Dies läßt sich nur durch die Annahme einer ungewöhnlich großen Häufigkeit des Europiums in der Sternatmosphäre erklären.

Die Spektrum-Veränderlichen besitzen folgende gemeinsame Kennzeichen:

1. Die Absorptionslinien zeigen periodische Änderungen der Intensität, oft derart, daß wenn eine Gruppe von Linien, z. B. des Eu II, kräftig ist, eine andere Gruppe von Linien, z. B. Cr II, schwach ist.

2. Die Helligkeiten schwanken mit gleicher Periode, aber mit kleiner Amplitude (gewöhnlich rund $0\overset{m}{,}1$).

3. Sie besitzen veränderliche Magnetfelder, deren Perioden nach den Beobachtungen von H. W. Babcock denen der Licht- und Geschwindigkeitskurven und der Intensitäten der Absorptionslinien gleich sind.

Ein typisches Beispiel ist α^2 Canum Venaticorum, in dessen Spektrum die Eu II-Linien ihre Intensität mit einer Periode von 5,5 Tagen ändern, während der Intensitätswechsel der Cr II-Linien zwar mit gleicher Periode, aber 180° verschiedener Phase vor sich geht. Die Intensität anderer Linien, so des Si II und Mg II, schwankt nicht merklich. Die Helligkeit des Sterns variiert ebenfalls mit der Periode von 5,5 Tagen.

In Abb. 30.7 sind Babcocks Beobachtungen des Magnetfeldes von α^2 Canum Venaticorum wiedergegeben, das zwischen +5000 und —4000 Gauss mit der 5,5-Tage-Periode schwankt. Das Feld hat den maximalen negativen Wert, wenn die Eu II-Linien am kräftigsten sind.

A. J. Deutsch hat die beobachtete Feldumkehr und die Intensitätsänderungen der Linien durch die Annahme eines rotierenden Sterns erklärt, dessen magnetische Achse gegen die Rotationsachse geneigt ist. Wenn der Stern rotiert, kommen zuerst der magnetische Nordpol und dann der magnetische Südpol ins Blickfeld, was einen scheinbaren Wechsel der Polarität des Magnetfeldes bedingt. Die Periode der magnetischen Änderungen ist gleich der Rotationsperiode des Sterns. Die spektroskopischen Beobachtungen zeigen, daß je kürzer die Periode der magnetischen Schwankungen ist, desto diffuser die Absorptionslinien des Spektrumveränderlichen sind. Die vier magnetisch und spektral veränderlichen Sterne, deren Spektren in Abb. 30.8 abgebildet sind, nämlich α^2 Canum Venaticorum, HD 34452, χ Serpentis und HD 124224 besitzen Perioden von 5,5, 2,52, 1,6 und 0,5 Tagen Länge. Die Breite der Absorptionslinie λ 4481 ändert sich in deutlicher Abhängigkeit vom rotationsbedingten Doppler-Effekt.

Der periodische Intensitätswechsel der Absorptionslinien wurde von Deutsch einem Bestreben verschiedener Atome und Ionen, sich in bestimmten Teilen der Oberfläche des rotierenden Sterns anzusammeln, zugeschrieben. Zum Beispiel ist im Fall von α^2 Canum Venaticorum Europium in Nähe des einen Magnetpols häufiger, während Chrom sich in der Nähe des anderen Pols zu sammeln sucht.

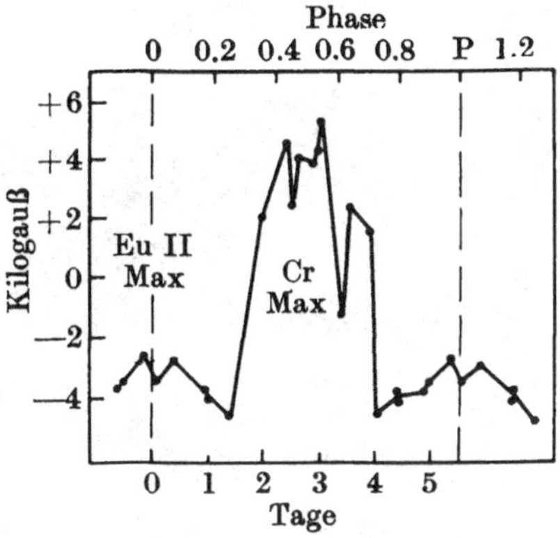

Abb. 30.7. Magnetische Änderungen des Spektrum-Veränderlichen α^2 Canum Venaticorum.

Aber sowohl Deutsch wie auch Babcock haben darauf hingewiesen, daß die Theorie des „schiefen Rotators“ nicht ausreicht, um alle magnetischen und spektralen Besonderheiten dieser Sterne zu erklären. Wahrscheinlich pulsieren sie auch in einer stark von magnetischen Kräften beeinflußten Art und Weise. In diesem Zusammenhang ist es von Interesse, daß Babcock gefunden hat, daß der galaktische Haufen-Veränderliche RR Lyrae zugleich ein magnetischer Veränderlicher ist.

30.8 Die Perioden-Leuchtkraft-Beziehung

Im Jahre 1912 entdeckte Miss H. Leavitt an der Harvard-Sternwarte eine enge Beziehung zwischen den mittleren scheinbaren Helligkeiten und den Perioden der Cepheiden in der kleinen Magellanschen Wolke — einem unregelmäßigen Sternsystem in 150 000 Lichtjahren Abstand von der Milchstraße. In einer Untersuchung von 25 Veränderlichen legte sie ein Diagramm vor, in dem die scheinbaren Helligkeiten der Sterne im Maximum und Minimum gegen ihre Perioden aufgetragen waren. Diese „Perioden-Leuchtkraft-Kurve“ stellt den Ausgangspunkt aller neueren Arbeiten über die Entfernungen der Sternsysteme dar. Miss Leavitts Diagramm zeigte, daß ein δ Cephei-Veränderlicher, dessen Periode 10mal länger als die eines anderen Veränderlichen ist, angenähert zwei Größenklassen heller als dieser ist. Wenn somit zwei Cepheiden im Maximum die gleiche scheinbare Helligkeit besitzen, die Periode des einen jedoch vier Tage beträgt, während die des anderen gleich 40 Tagen ist, dann ist der Veränderliche längerer Periode in Wirklichkeit 6,25mal (oder zwei Größenklassen) heller als der andere. Da die Helligkeit sich umgekehrt proportional dem Quadrat des Abstands ändert, ist der Stern längerer Periode $\sqrt{6{,}25} = 2{,}5$mal weiter entfernt als der Stern kürzerer Periode.

Wenn der Abstand des näheren Sterns unbekannt ist, liefern diese Beobachtungen nur relative Entfernungswerte. Um die absolute Entfernungsskala festzulegen, muß man den Nullpunkt der Perioden-Leuchtkraft-Kurve kennen. Miss Leavitts Arbeit wurde von H. Shapley weiter ausgebaut, der auf dieser Grundlage praktisch anwendbare Methoden zur Bestimmung eines Maßstabs für kosmische Entfernungen entwickelte.

Wenn der Abstand eines einzigen veränderlichen Sterns vom Cepheiden-Typ genau nach der trigonometrischen Methode gemessen und wenn der Betrag der interstellaren Absorption

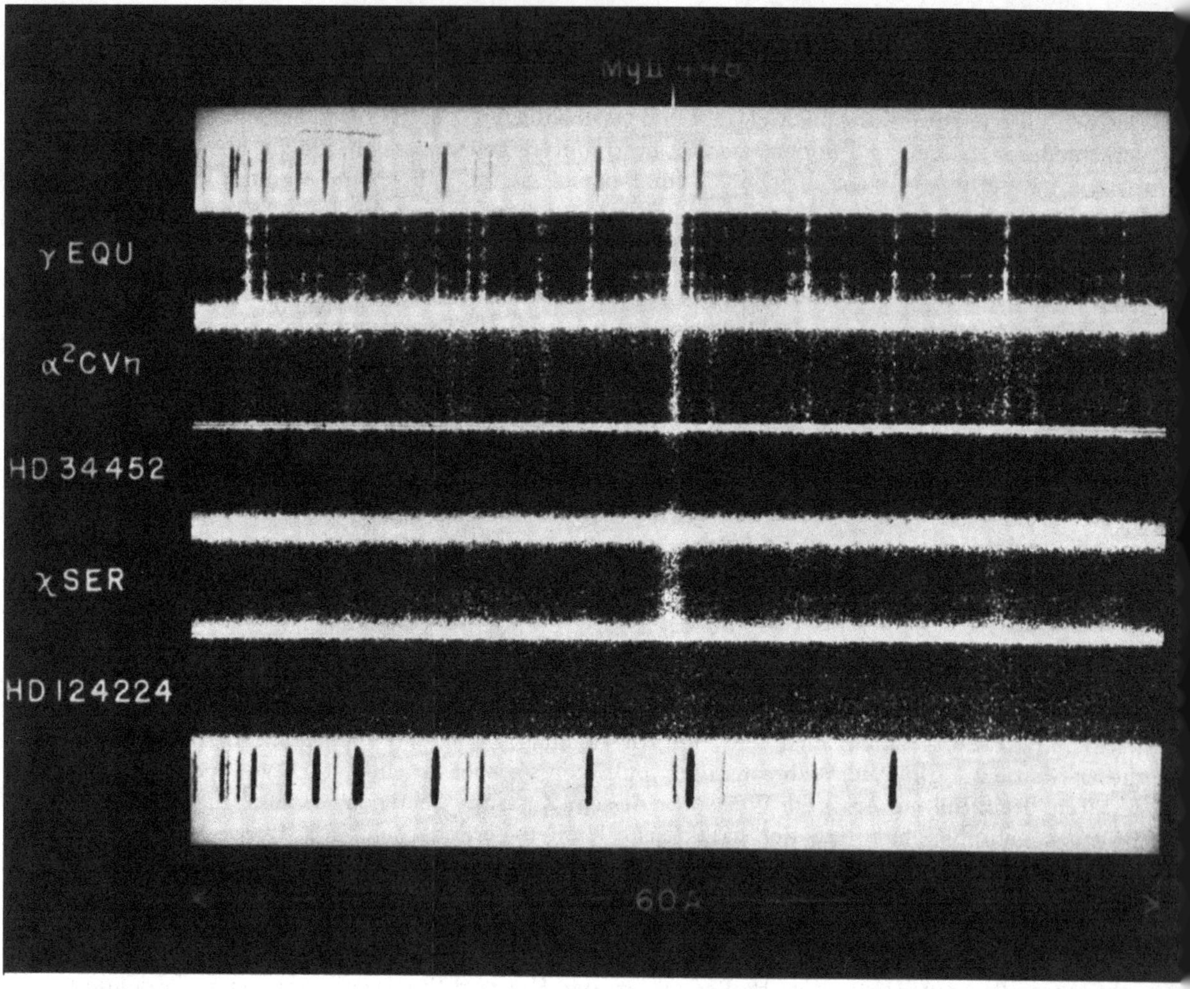

Abb. 30.8. Die Spektren von vier magnetischen Veränderlichen. Die Absorptionslinien sind am breitesten im Spektrum von HD 124224, dessen Periode nur 0,5 Tag beträgt. Das Spektrum von γ Equulei dient als Vergleichsspektrum. *(Photographie* von *A. J. Deutsch.)*

zwischen der Sonne und diesem Veränderlichen zuverlässig geschätzt werden könnte, stände eine direkte Bestimmung des Nullpunkts zur Verfügung. Doch selbst die hellsten der δ Cephei-Veränderlichen sind so weit entfernt, daß die gewöhnliche trigonometrische Methode versagt. In Bewegungssternhaufen gibt es keine Cepheiden und ebenfalls nicht in galaktischen Haufen, deren Abstände mit Hilfe des H-R-Diagramms bestimmt werden könnten. Die einzige Methode zur Abschätzung der Entfernungen der galaktischen Cepheiden besteht in einer statistischen Bestimmung auf der Grundlage von Radialgeschwindigkeiten und Eigenbewegungen (Abschnitt 24.7). Auf diese Weise legte Shapley den Nullpunkt der Perioden-Leuchtkraft-Kurve fest, in der die Abszisse dieselbe Bedeutung hat wie in der Perioden-Leuchtkraft-Kurve von Miss Leavitt, die Ordinate aber die absoluten Helligkeiten der Veränderlichen halbwegs zwischen Maximum und Minimum darstellt. Dieses Diagramm kann daher dazu benützt werden, um die individuellen Abstände von δ Cephei-Veränderlichen zu bestimmen, nachdem man ihre Perioden gefunden hat.

Für die Haufenveränderlichen mit Perioden von weniger als einem Tag hat man eine absolute Helligkeit 0,0 gefunden. Eine starke Anhäufung dieser Sterne mit scheinbaren Größen von rund $+17{,}5$ befindet sich im Zentralgebiet der Milchstraße. Wegen der interstellaren Absorption mußten diese Helligkeiten um $2{,}^{m}8$ korrigiert werden: 17,5 — 2,8 = 14,7. Da ihre absoluten Helligkeiten $0{,}^{m}0$ betragen, sind sie 14,7 Größenklassen oder $76 \cdot 10^4$mal schwächer, als sie in 10 parsec Entfernung sein würden. Folglich sind ihre Abstände $\sqrt{76 \cdot 10^4}$ oder $8{,}7 \cdot 10^2$mal größer als 10 parsec: Der Abstand des Milchstraßenzentrums beträgt also $8{,}7 \cdot 10^2 \cdot 10 = 8{,}7 \cdot 10^3$ parsec.

Die gleiche Methode wurde von E. P. Hubble und anderen zur Bestimmung der Abstände der näheren galaktischen Systeme benutzt, in denen man zwar viele Cepheiden aber keine Haufenveränderlichen entdeckt hatte. Die früheren Bestimmungen waren durch einen ernsten Fehler in dem ursprünglichen Wert des Nullpunkts der Perioden-Leuchtkraft-Kurve verfälscht.

Im Jahre 1949 wurde es offensichtlich, daß der Nullpunkt der klassischen Cepheiden um 1,5 Größenklassen fehlerhaft war, der der Haufenveränderlichen stellte sich als richtig heraus. In Shapleys Perioden-Leuchtkraft-Diagramm bildeten diese beiden Gruppen eine stetig ineinander übergehende Folge; die Haufenveränderlichen mit Perioden von ½ Tag waren rund zwei Größenklassen schwächer als die klassischen Cepheiden mit Perioden von 10 Tagen. Die scheinbaren Helligkeiten der letzteren betrugen 20^{m} nach Messungen auf direkten Photographien des Andromeda-Nebels (M 31) mit dem 100-Zoll-Teleskop. Die ersteren waren zu schwach, um mit diesem Instrument beobachtet werden zu können, ihre scheinbaren Helligkeiten betrugen aber nach Shapleys Kurve $+22^{m}$ und sollten innerhalb der Reichweite des 200''-Teleskops vom Mount Palomar liegen.

Baade fand jedoch, daß die Haufenveränderlichen auf Aufnahmen von M 31 mit dem 200-Zöller nicht sichtbar waren, während die hellsten kühlen Sterne der Population II (d. h. Sterne, die den hellsten Riesen in Kugelhaufen ähnlich sind) zu sehen waren. Da man weiß, daß die letzteren rund 1,5 Größenklassen heller sind als die Haufenveränderlichen, schloß er, daß die scheinbare photographische Größe der Haufenveränderlichen in M 31 nicht $22{,}^{m}4$, wie es die ursprüngliche Perioden-Leuchtkraft-Beziehung verlangt, sondern vielmehr $23{,}^{m}9$ beträgt. Der Andromeda-Nebel muß daher viel weiter entfernt sein, als man bis dahin geglaubt hatte, weil nicht nur die Haufenveränderlichen nicht zu beobachten, sondern auch weil mit dem 200-Zöller höchstens nur die hellsten Sterne der Population II zu unterscheiden sind.

Dieses Ergebnis erlaubt uns noch nicht, zwischen einem möglichen Fehler in der Perioden-Leuchtkraft-Beziehung der klassischen Cepheiden und einem solchen in der der Haufenveränderlichen zu unterscheiden. Jedoch war Baade imstande, die Frage mit Hilfe von A. Sandages Farben-Helligkeits-Diagramm des Kugelhaufens M 3 (Abb. 26.9) zu klären, das einen Teil des Zwergastes (der Hauptreihe) enthält. Dieser Ast kann mit der Hauptreihe von H. Johnsons Diagramm der nächsten Sterne zur Deckung gebracht werden, wenn man für die Haufenveränderlichen in M 3 eine absolute Helligkeit von 0,0 annimmt, in Übereinstimmung mit früheren Bestimmungen. Der Fehler von 1,5 Größenklassen (der einem Fehler um einen Faktor 2 in den Entfernungen entspricht) ist daher den klassischen Cepheiden zuzuschreiben, und zwar müssen ihre Helligkeiten durchweg erhöht werden. Die korrigierte Entfernung des Andromeda-Nebels beträgt 440 000 parsec.

Aufgaben

1. Ein Stern mit der mittleren Dichte der Sonne (1,4 g/cm³) würde mit einer Periode von 2 Stunden pulsieren.
   a) Welche Pulsationsperiode würde ein Stern besitzen, dessen Dichte 10^4mal so groß wie die der Sonne ist? (M. F. Walker vertrat die Ansicht, daß die schnellen Helligkeitsschwankungen der Nova Herculis (Abschnitt 30.1) durch eine Pulsation der einen Komponente des zentralen Doppelsterns, die einem weißen Zwerg ähnlich sein könnte, bedingt sein dürften).

b) Welche Pulsationsperiode würde ein Stern besitzen, dessen Dichte das 10^{-4}fache der Sonnendichte beträgt?

c) Ein Haufenveränderlicher besitzt eine Pulsationsperiode von einem Tag. Wie groß ist seine mittlere Dichte?

2. Aus Abb. 30.3 berechne man die Gesamtänderung des Radius von δ Cephei mit Hilfe der Geschwindigkeitskurve (die über $\frac{1}{2} P$ gemittelte Geschwindigkeit werde gleich 5 km/sec angenommen).

3. Für einen RR Lyrae-Stern sei eine mittlere scheinbare Größe $+6$ beobachtet worden.

   a) Wie groß ist die Entfernung des Sterns?

   b) Welches ist seine wahrscheinlichste Geschwindigkeit relativ zur Sonne?

   c) Welches ist seine wahrscheinlichste Geschwindigkeit relativ zum galaktischen Zentrum?

4. δ Cephei ist ein sonnennaher klassischer Cepheiden-Stern. Welches ist seine wahrscheinlichste Geschwindigkeit relativ

   a) zur Sonne,

   b) zum galaktischen Zentrum?

5. Berechne die Wellenlängen maximaler Intensität des langperiodischen Veränderlichen Mira für das Helligkeitsmaximum und -minimum.

31. STERNSYSTEME

31.1 Die Identifizierung extragalaktischer Systeme

Mit einem kleinen Fernrohr oder sogar schon mit dem unbewaffneten Auge kann man viele neblige Objekte am Himmel beobachten. Der erste größere Katalog solcher Objekte wurde gegen Ende des 18. Jahrhunderts von dem französischen Astronomen Charles Messier aufgestellt, und noch heute werden viele bekannte Objekte mit den Nummern seines Katalogs bezeichnet: der Kugelhaufen in Abb. 26.3 als M 13, der Ring-Nebel in der Leier als M 57, der Andromeda-Nebel als M 31.

Rund einhundert Jahre nach der Veröffentlichung von Messiers Katalog stellte A. J. Dreyer eine ausgedehnte Liste von mit größeren Fernrohren angestellten Beobachtungen zusammen und gab sie unter dem Namen „Neuer General-Katalog (NGC) von Nebeln und Sternhaufen" heraus. Einige Jahre später veröffentlichte er einen „Index-Katalog" (IC) von Nebeln und Sternhaufen als Ergänzung zum NGC. Diese beiden Kataloge enthalten die Orte und kurze Beschreibungen von einigen 6000 Nebeln und Sternhaufen (Messier hatte nur 100 aufgeführt). Die meisten nebligen Objekte werden mit ihren NGC- oder IC-Nummern bezeichnet; der Andromeda-Nebel, M 31, ist auch als NGC 224 bekannt.

Die Kataloge enthalten Objekte verschiedenster Art: M 3 ist ein kugelförmiger Sternhaufen, M 57 ein planetarischer Nebel, M 31 ein Spiralnebel. Die Frage nach der wirklichen Struktur der meisten dieser Objekte konnte durch visuelle Beobachtungen nicht geklärt werden. Auf lang-belichteten photographischen Aufnahmen werden die äußeren Teile von M 31 in Sterne aufgelöst, und weil sich einige von ihnen als δ Cephei-Veränderliche erwiesen, konnte die Entfernung des Andromeda-Nebels bestimmt werden. Auf diesem Wege fand E. P. Hubble 1929, daß die Cepheiden im Andromeda-Nebel etwa $4^{m}_{,}6$ schwächer sind als die Cepheiden gleicher Periode in der kleinen Magellanschen Wolke. Dies bedeutet, daß der Abstand von M 31 8,3mal größer ist als der Abstand der Wolke. Der Winkeldurchmesser der kleinen Magellanschen Wolke beträgt rund 6°, während der Hauptteil von M 31 etwa $3\frac{1}{2}°$ überdeckt. Wenn die Entfernung von M 31 um einen Faktor 8,3 verkleinert, der Nebel also in die Entfernung der kleinen Wolke versetzt würde, so betrüge sein Durchmesser $8{,}3 \times 3\frac{1}{2}°$ oder 30°, und er würde am Himmel eine Fläche so groß wie die des Großen Bären überdecken. Die kleine Magellan-Wolke ist in Wirklichkeit viel kleiner als M 31.

A. D. Thackeray stellte fest, daß die Haufenveränderlichen in der kleinen Wolke scheinbare Helligkeiten von der Ordnung 19,0 besitzen, was nach Korrektion wegen interstellarer Absorption einer Entfernung von rund 50 000 parsec entspricht — etwa dem 5fachen des Abstands der Sonne vom galaktischen Zentrum. Die Wolken sind keine Verdichtungen der Milchstraße, sondern unabhängige Systeme; M 31, der noch fast zehnmal weiter von der Milchstraße entfernt ist, muß in der Tat eine andere „Weltinsel" sein.

Die lineare Größe des Andromeda-Nebels kann berechnet werden, da ja sein Abstand bekannt ist: Sie ergibt sich ein wenig größer als die der Milchstraße. Diese beiden Spiralnebel sind einander sehr ähnlich, nicht nur in der Größe. sondern auch in der Zusammensetzung: Dunkelwolken aus interstellarem absorbierenden Staub, leuchtende H II-Gebiete, veränderliche Sterne einschließlich Supernovae und gewöhnliche Novae, Kugelhaufen und offene Haufen, alle diese

Objekte hat man in M 31 gefunden. Auch rotiert M 31 um eine Achse, die auf seiner Symmetrieebene senkrecht steht (Abschnitt 24.1).

31.2 Die Klassifikation extragalaktischer Systeme

Die Magellanschen Wolken (Abb. 31.1) und M 31 sind typische Vertreter zweier Arten von Sternsystemen, die sich in Größe und Gestalt wesentlich unterscheiden. Ein Versuch, die Galaxien zu klassifizieren, wurde von E. P. Hubble durchgeführt; sein System besteht aus drei Fundamentalklassen: Spiralnebel (S), unregelmäßige Nebel (I) und elliptische Nebel (E).

1. *Spiralnebel*: Die spiralförmigen Galaxien weisen eine große Vielfalt von Formen auf. Man kann zwei Hauptgruppen unterscheiden: normale Spiralen und Balkenspiralen. Jede Gruppe wird in die Klassen *a*, *b* und *c* unterteilt, wobei für die Zuordnung zu diesen Unterklassen teils das Verhältnis der auf die Arme entfallenden Materiemenge zu der in den Kerngebieten, teils die Form und der Grad der Auflösung der Arme maßgebend sind. Beispiele für diese Unterklassen der Spiralnebel sind in den Abbildungen 31.2—31.5 wiedergegeben. M 31 und die Milchstraße sind Sb-Objekte.

Die Arme aller Spiralnebel enthalten O- und B-Sterne hoher Leuchtkraft, wie auch Staub- und Gaswolken. Baade hat darauf hingewiesen, daß die Existenz der Spiralarme das Vorhandensein von Gas und Staub zu erfordern scheint, und er nimmt an, daß eine Galaxis nicht imstande gewesen sein würde, Spiralarme zu bilden, wenn nicht in den frühen Entwicklungsstadien eines solchen Systems Gas und Staub vorhanden gewesen wäre. Wenn aber nach Bildung der Arme der Staub aus dem System entfernt worden wäre (zum Beispiel als Folge eines Zusammenstoßes mit einer anderen Galaxis), so wäre zwar die Spiralform erhalten geblieben, aber die Arme würden dann nur aus Sternen bestehen.

2. *Unregelmäßige Nebel*: Die Magellanschen Wolken sind Beispiele für die unregelmäßigen Nebel, in denen ein zentraler Kern und eine Symmetrieebene nicht vorhanden sind. Nach einer Schätzung von Hubble ist etwa jeder vierte Nebel unregelmäßig. Die große Wolke enthält blaue Sterne und rote Überriesen sowie dunkle Staubmassen, die die entfernteren Nebel verdecken. Weiter enthält sie reichlich ionisierten Wasserstoff in Form leuchtender Gasnebel. In beiden Wolken ist neutraler Wasserstoff in größerer Menge vorhanden, wie aus Radiobeobachtungen hervorgeht, die in Australien angestellt wurden. Schließlich gibt es in ihnen auch einige Tausend typische Cepheiden. Alle diese Objekte findet man in der Milchstraße und in M 31 in den Spiralarmen, und sie sind kennzeichnend für Baades Population I. In der großen Wolke gibt es jedoch auch mehrere Kugelhaufen, und mindestens einer von ihnen enthält Haufenveränderliche der Population II. Die große Wolke hat daher, wenn sie auch hauptsächlich aus Objekten der Population I besteht, eine kleine Beimischung der Population II.

Die kleine Wolke ist fast frei von absorbierendem Staub, und entfernte Galaxien können ungeschwächt durch sie hindurch gesehen werden. Dies läßt vermuten, daß die kleine Wolke verhältnismäßig reicher an Objekten der Population II ist als die große Wolke. Doch besitzt die kleine Wolke auch einige Wasserstoffemissionsnebel, die der Population I zuzurechnen sind.

3. *Elliptische Nebel*: Die Form der elliptischen Nebel bleibt die gleiche, wenn die Belichtungszeiten verlängert werden; zwar werden in den äußeren Teilen mehr Sterne abgebildet, aber

---

→

Abb. 31.1. Die Magellanschen Wolken. Aufgenommen von T. Houck mit einem 3zölligen Objektiv an der südafrikanischen Station des Harvard-Observatoriums. Der helle Stern rechts oben ist α Eridani, das sternähnliche Bild rechts von der kleinen Wolke ist der Kugelhaufen 47 Tucanae, ein Mitglied unseres galaktischen Systems.

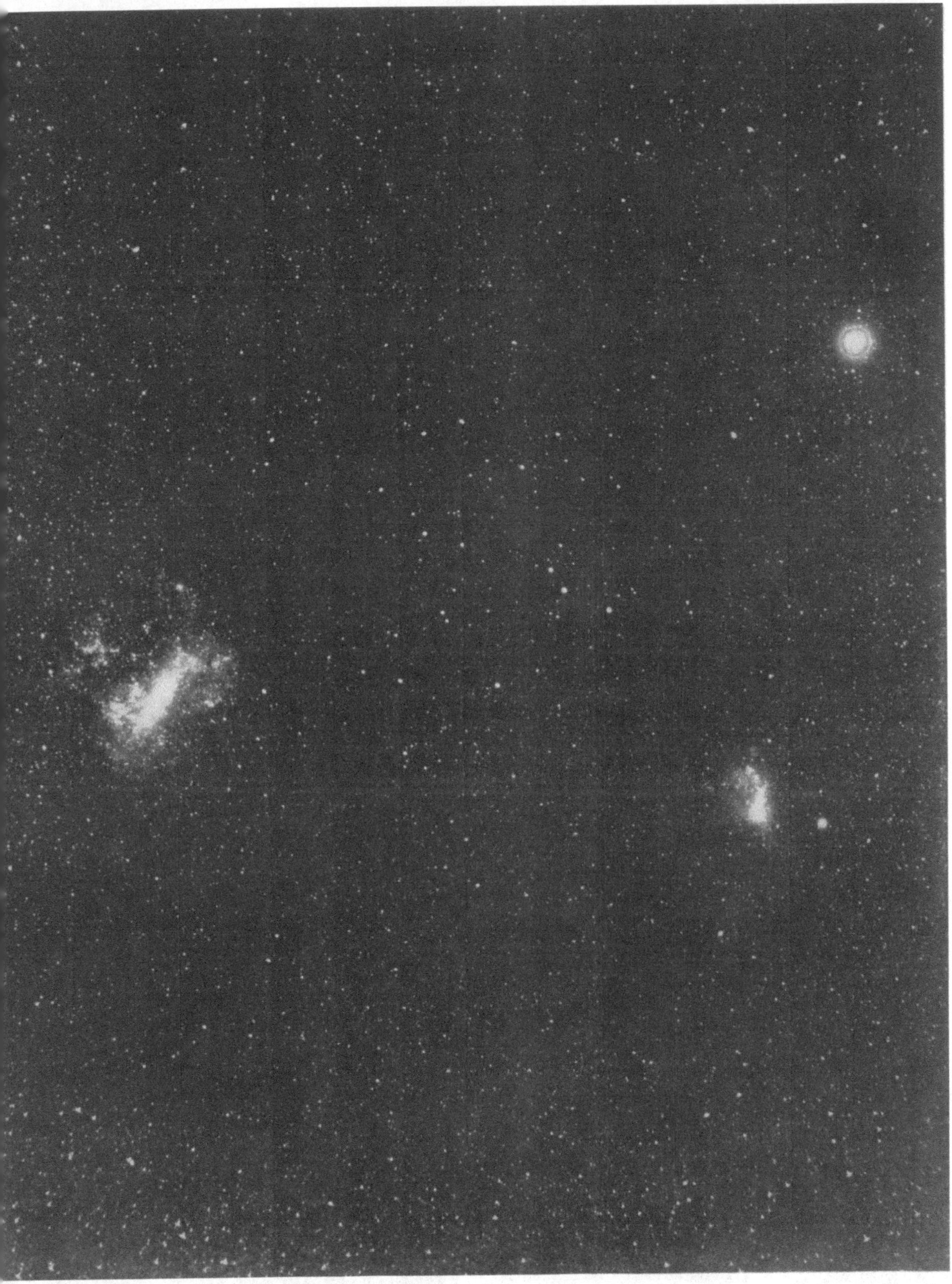

Abb. 31.2. Der Spiralnebel NGC 2841 vom Typ Sb. *(Photographiert mit dem 200″-Teleskop, Mount Wilson und Palomar-Observatorien.)*

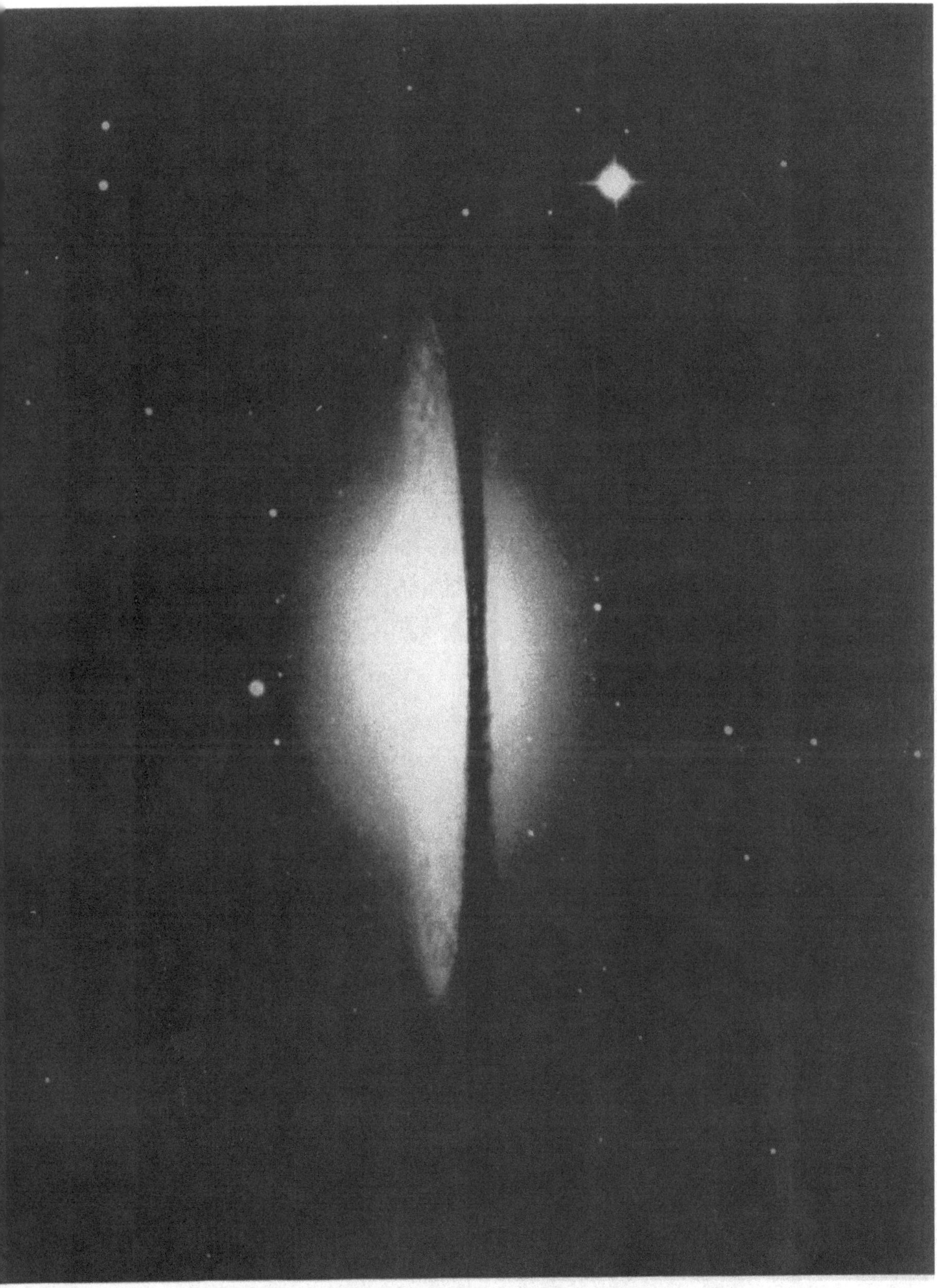

Abb. 31.3. Der Spiralnebel NGC 4594 vom Typ Sb, aufgenommen mit dem 200″-Teleskop. Diese Galaxis sehen wir von der Kante, sie wird von einem Streifen absorbierenden Staubes umgeben. *(Photographie der Mount Wilson und Palomar-Observatorien.)*

Abb. 31.4. Der Balken-Spiralnebel NGC 1300. *(Photographie der Mount Wilson und Palomar-Observatorien.)*

Abb. 31.5. Der elliptische Nebel NGC 205, der Begleiter des Andromeda-Nebels. *(Photographie der Mount Wilson und Palomar-Observatorien.)*

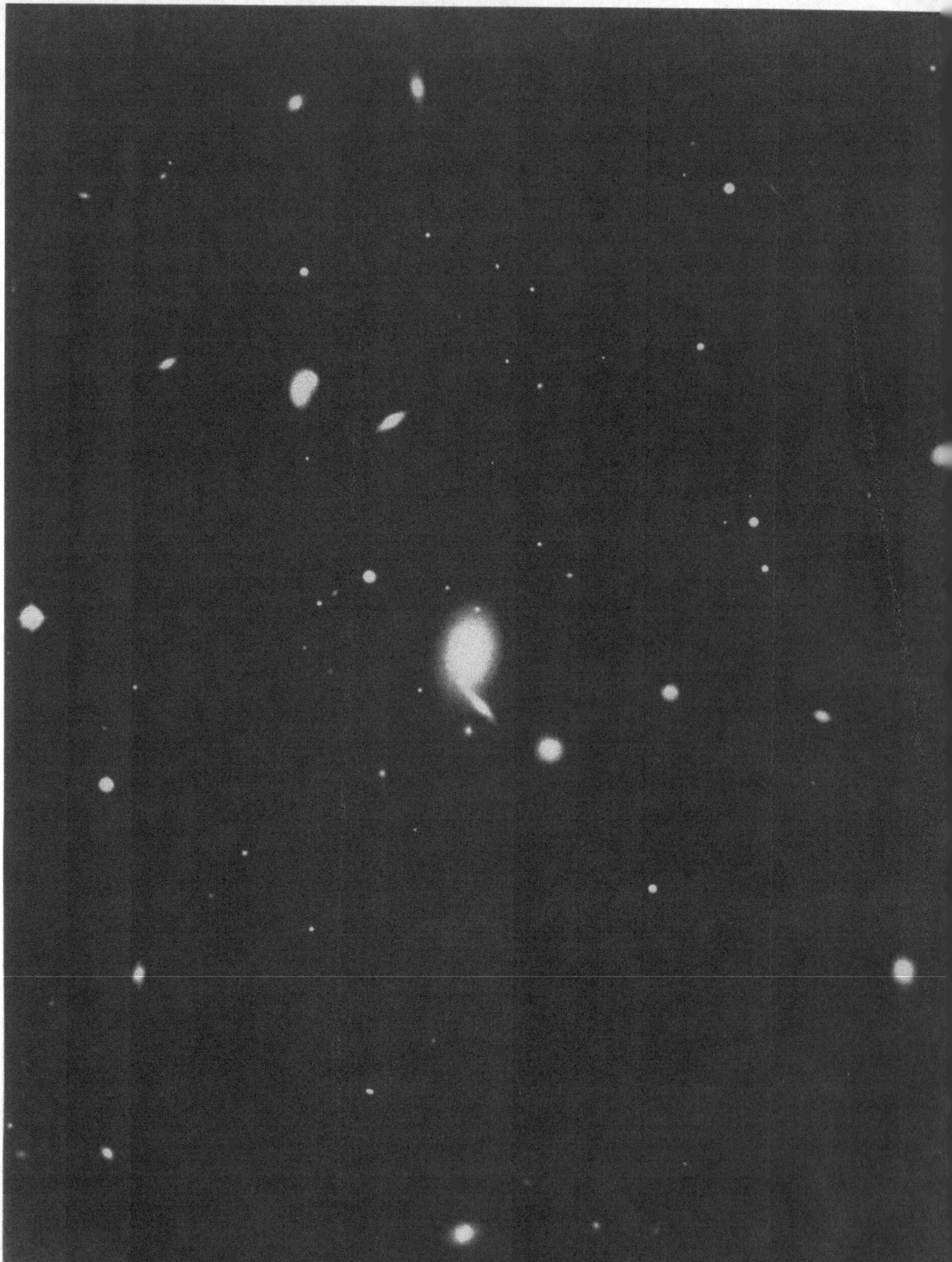

die Kurven gleicher Sterndichte behalten den ellipsoidischen Umriß, den schon kurzbelichtete Aufnahmen erkennen lassen.

Ein wohlbekanntes Beispiel für eine elliptische Galaxis ist der Begleiter des Andromeda-Nebels NGC 205 (Abb. 31.5), der auf langbelichteten Aufnahmen in Sterne aufgelöst wurde. Baade hat in diesem System zwei Absorptionsstreifen gefunden, die das Vorhandensein von Staub anzeigen, und ein Dutzend heller B-Sterne. Abgesehen von diesen „Verunreinigungen" gehören die vorherrschenden stellaren Objekte in NGC 205 zur Population II; die hellsten Sterne sind rote Riesen.

31.3 Die Farben der Galaxien

J. Stebbins und A. E. Whitford haben ausgedehnte lichtelektrische Messungen der Farben verschiedener Klassen galaktischer Systeme durchgeführt. Tabelle 31.1 enthält ihre Ergebnisse.

Baade hat darauf hingewiesen, daß die beobachteten Farben sich auf zwei Gruppen verteilen: Die E- und Sa-Nebel, sowie die Zentralgebiete der Sb-Nebel haben sämtlich Farbenindizes von etwa +0,87; die sehr offenen Spiralen (späten Typs) der Klasse Sc haben Farbenindizes von +0,45. Die von Stebbins und Whitford beobachteten Farben hängen stark von den Farben der hellsten Sterne eines jeden Systems ab, denn wenn eine Galaxis eine große Anzahl roter Riesen und nur wenige Hauptreihensterne der Klassen O und B enthält, wird ihre Farbe röter sein als die einer Galaxis, deren hellste Mitglieder Hauptreihensterne frühen Typs sind.

Tabelle 31.1 Farbenindizes von Galaxien

Klasse	Farbenindex
E	+0,87
Sa	0,83
Sb (Zentralgebiet)	0,92
Sc	0,45

31.4 Spektralklassifikation von Galaxien

Bei allen Systemen außer den allernächsten wird allein das integrierte Licht beobachtet. Ihr Spektrum ist daher zusammengesetzt, da Sterne und Nebel in dem System dazu beitragen W. W. Morgan hat neuerdings eine Methode zur Spektralklassifikation von Galaxien entwickelt, deren Hauptmerkmale auf die genäherte Form des H-R-Diagramms einer jeden Galaxis schließen lassen. Er fand, daß in den Spektren von Sb-Spiralen (wie M 31) Absorptionslinien vorkommen, die das Vorhandensein vieler K-Riesen wahrscheinlich machen. Dies bedeutet nicht, daß Hauptreihensterne des Spektraltyps K in solchen Systemen fehlen, aber Morgan und Mayall schätzen, daß das Verhältnis von K-Zwergen zu K-Riesen nicht größer als 50:1 sein kann (in der Sonnenumgebung beträgt das Verhältnis 40:1).

Die Sc-Spiralen und die unregelmäßigen Nebel wie die Magellanschen Wolken werden als „A-Systeme" klassifiziert. Diese Gruppe zeigt kräftige Wasserstofflinien. Die unregelmäßigen Galaxien enthalten wahrscheinlich zahlreiche Hauptreihensterne der Typen A, B und F; ihre

←
Abb. 31.6. Ein Nebelhaufen in Coma Berenices. *(Photographie der Mount Wilson- und Palomar-Observatorien.)*

H-R-Diagramme dürften dem eines jungen galaktischen Haufens ähnlich sein. In den Sc-Spiralen findet man auch Anzeichen für eine gutbesetzte Hauptreihe, wie durch ihre Farben schon nahegelegt wird. Die Sb- und Sa-Spiralen andererseits zeigen deutlich die für kühle Riesen charakteristischen Merkmale, während Hauptreihensterne frühen Typs in ihnen nur relativ schwach vertreten zu sein scheinen; ihre H-R-Diagramme dürften mit denen der älteren galaktischen Haufen Ähnlichkeit haben. Die Zusammensetzung der elliptischen Nebel schließlich kommt der der Kugelhaufen ziemlich nahe.

Morgans Klassifikation spricht dafür, daß die Entwicklung der Galaxien die Entwicklung der in ihnen enthaltenen Sterne widerspiegelt: Die elliptischen Systeme sind die ältesten und die unregelmäßigen Systeme die jüngsten.

31.5 Nebelzählungen

Auf jeder langbelichteten Aufnahme eines Himmelsausschnitts außerhalb der ,,nebelarmen Zone“ im Bereich der absorbierenden Wolken der Milchstraße sind entfernte Galaxien in sehr großer Zahl zu sehen. Abb. 31.6 gibt die Photographie eines Gebiets im Sternbild Coma Berenices wieder, in dem die Zahl der Nebel die Zahl der dem Milchstraßensystem angehörenden Sterne übersteigt.

Nebelzählungen von H. Shapley, F. Zwicky und anderen fortführend haben C. D. Shane und C. A. Wirtanen auf photographischen Himmelsaufnahmen mit dem 20-Zoll-Teleskop des Lick-Observatoriums die Nebel heller als 18,7 Größenklassen gezählt. Die Ergebnisse wurden in Diagrammen niedergelegt, in denen die Linien gleicher Nebeldichte eingezeichnet wurden. Es besteht eine ausgeprägte Tendenz der Galaxien zur Haufenbildung; der Coma-Haufen ist einer der am besten bekannten. Die Spektren von 23 Mitgliedern dieses Haufens sind von M. L. Humason beobachtet worden: Sie alle besitzen angenähert die gleiche Radialgeschwindigkeit $+6700 \pm 1000$ km/sec. G. O. Abell konnte zeigen, daß viele Nebelhaufen ,,Haufen von Haufen“ bilden.

31.6 Zusammenstöße von Galaxien

Die Milchstraße ist mit einem Durchmesser von 30 000 parsec ein ziemlich großes Sternsystem. Der Andromeda-Nebel, der nächste von ähnlicher Größe, ist rund 440 000 parsec von uns entfernt; das Verhältnis des Abstands der nächsten großen Galaxis zu ihrem Durchmesser beträgt somit nur etwa 15. Es ist daher plausibel zu erwarten, daß es zwischen Galaxien viel häufiger zu Zusammenstößen kommen wird als zwischen Sternen innerhalb eines Sternsystems, denn bei Sternen ist das Verhältnis Entfernung zu Durchmesser von der Ordnung $2 \cdot 10^7$. Während enge Begegnungen von Sternen selbst für Zeitintervalle von einigen Milliarden Jahren Länge zu vernachlässigen sind, kommt den Zusammenstößen von Galaxien für die Entwicklung des Universums wahrscheinlich eine erhebliche Bedeutung zu.

Die durchschnittliche Nebeldichte im beobachtbaren Teil des Universums beträgt etwa drei pro Kubikmegaparsec (1 megaparsec $= 10^6$ parsec); die durchschnittliche Entfernung zwischen zwei benachbarten Galaxien ist daher von der Ordnung $7 \cdot 10^5$ parsec. Die mittlere pekuliare Radialgeschwindigkeit eines Nebels in der lokalen Gruppe liegt bei 100 km/sec. Es ist jedoch plausibel, die zufälligen Geschwindigkeiten von Galaxien, die der lokalen Gruppe nicht angehören, viel größer anzusetzen — von der Ordnung 1000 km/sec vielleicht. Man betrachte eine einzelne Galaxis, die sich mit einer Geschwindigkeit von 1000 km/sec bewegt. Um die Entfernung zurückzulegen, die sie von ihrem nächsten Nachbarn trennt, würde sie

$$\frac{7 \cdot 10^5 \cdot 3 \cdot 10^{13}}{10^3} = 2 \cdot 10^{16} \text{ sec}$$

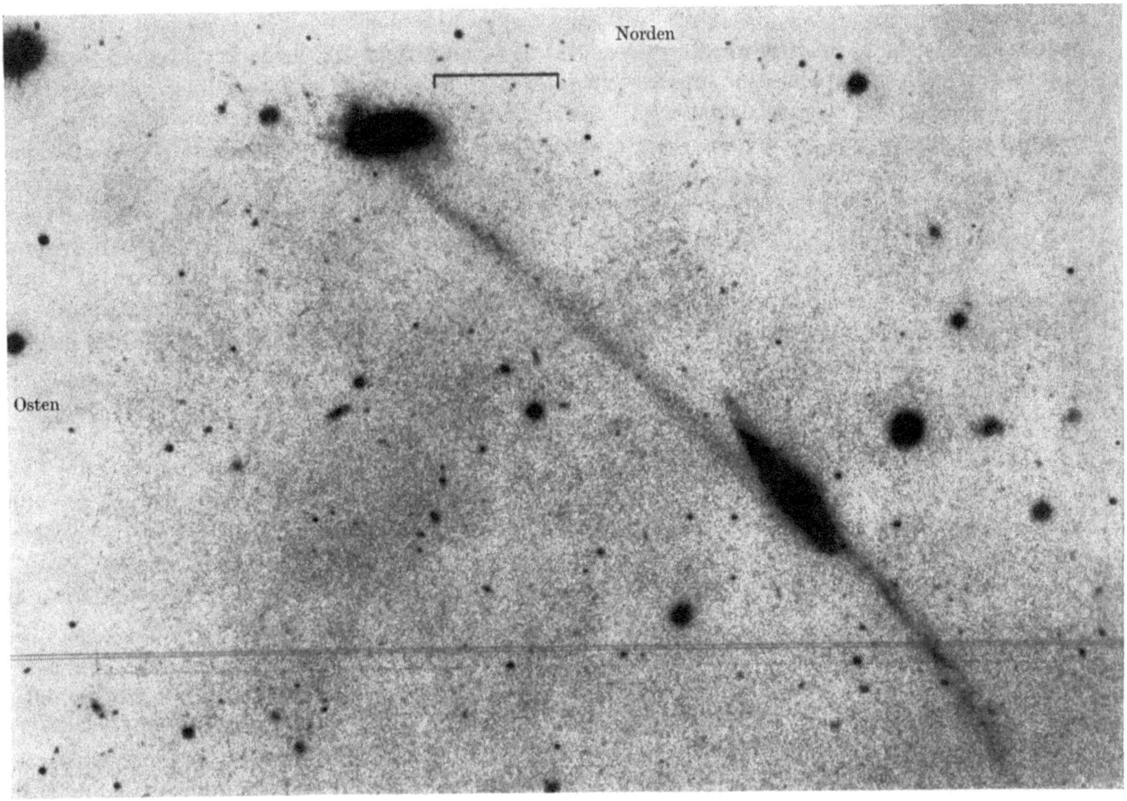

Abb. 31.7. Gezeitenstörungen in einem Paar benachbarter Nebel, aufgenommen von F. Zwicky. Die am oberen Rand eingezeichnete Marke hat eine Länge von 1′. *(Photographie der Mount Wilson und Palomar-Observatorien.)*

oder rund 10^9 Jahre benötigen. Vom ursprünglichen Ort der bewegten Galaxis aus würde ihr nächster Nachbar am Himmel eine Fläche von 4 Quadratgrad bedecken; daher ist die Wahrscheinlichkeit, daß die bewegte Galaxis in einer Milliarde Jahre mit ihrem nächsten Nachbarn zusammenstoßen wird, gleich dem Verhältnis von 4 Quadratgrad zur Zahl der Quadratgrade der Himmelssphäre (rund 40 000). Somit würde die Galaxis im Mittel einen Zusammenstoß in 10^{13} Jahren erleiden. Für die Milchstraße und jedes andere Sternsystem ist diese Wahrscheinlichkeit viel zu klein, um irgendwelche Bedeutung haben zu können. Aber die Anzahl der Galaxien im beobachtbaren Teil des Universums ist sehr groß; und daher ist es schon im allgemeinen Nebelfeld wahrscheinlich, daß ein System unter einigen 100 000 bereits einen Zusammenstoß erlitten hat.

In einem dichten Nebelhaufen, zum Beispiel in dem in der Coma Berenices, ist die Wahrscheinlichkeit für einen Zusammenstoß viel größer. Der Haufen enthält rund 40 Nebel in einem Gebiet von etwa 40′ Radius um das Zentrum. Seine Entfernung von uns beträgt größenordnungsmäßig 10^7 parsec, das Volumen des inneren Teils des Haufens also $6{,}6 \cdot 10^{-3}$ Kubikmegaparsec, und die Nebeldichte in dem Haufen liegt ungefähr bei 6000 pro Kubikmegaparsec. Die zufälligen Radialgeschwindigkeiten der Haufenmitglieder sind von der Ordnung 1000 km/sec, und ihre räumlichen Bewegungen (die zwar unbekannt sind, sich aber statistisch berechnen lassen) betragen etwa 2000 km/sec. Nach Schätzungen von L. Spitzer jr. und W. Baade hat eine Galaxis in diesem Haufen im Mittel mehrere Zusammenstöße mit einer anderen Galaxis des Haufens während der letzten $3 \cdot 10^9$ Jahre gehabt. Sie konnten zeigen, daß die Sterne dabei nur sehr wenig gestört werden; denn um merklich abgelenkt werden zu können, müßten zwei Sterne sich sehr dicht aneinander vorbeibewegen, aber solch enge Sternbegegnungen sind wegen der gewaltigen gegenseitigen Abstände der Sterne unwahrscheinlich. Die Auswirkungen auf das interstellare Gas würden jedoch „katastrophal" sein, wenn seine Dichte gleich oder größer als 0,1 Wasserstoffatom pro cm^3 wäre. Zusammenstöße zwischen H-Atomen mit intergalaktischen Geschwindigkeiten wären hinreichend intensiv, um die Atome zu ionisieren; das ursprünglich größtenteils neutrale Gas würde schnell ionisiert werden und würde eine Geschwindigkeitsverteilung annehmen, die einer Temperatur von der Ordnung $6 \cdot 10^7$ Grad entspricht — ein Wert, der hoch genug ist, um dem Gas das Entweichen aus beiden zusammenstoßenden Systemen zu ermöglichen. Vielen Mitgliedern des Coma-Haufens dürfte der interstellare Staub und das interstellare Gas gänzlich verloren gegangen sein.

Die Beobachtungen zeigen, daß viele Nebel des Coma-Haufens zu einer Sonderklasse gehören, die von Hubble mit SO bezeichnet wurde. Sie sind stark abgeplattet — viel stärker als die elliptischen Systeme und fast so stark wie die typischen Spiralnebel. Aber ihnen fehlen absorbierende Wolken und Gas, und sie zeigen wenig oder gar keine Spiralstruktur. Spitzer und Baade nehmen an, daß diese Galaxien ihre diffusen Gasmassen schon vor langer Zeit als Folge von Zusammenstößen verloren haben. Das Fehlen von Spiralarmen in ihnen dürfte daraufhinweisen, daß die Zusammenstöße stattfanden, bevor die Spiralstruktur sich entwickelte.

Radioastronomen haben eine kräftige Radiostrahlungsquelle im Sternbild Cygnus gefunden; direkte Aufnahmen dieses Gebiets mit dem 200-Zöller zeigen einen Nebelhaufen, dessen hellste Mitglieder von der 17. photographischen Größe sind. Die als Cygnus A bezeichnete Radioquelle fällt mit einem eigentümlichen Nebel zusammen, der zwei Kondensationen aufweist, die 2′ voneinander entfernt sind. Baade und Minkowski erklären das besondere Aussehen dieses Objekts als Folge der Gezeitenwirkung zweier zusammenstoßender Galaxien aufeinander. Das optische Spektrum von Cygnus A zeigt zahlreiche kräftige Emissionslinien. In der Tat fand W. A. Baum, daß mehr als 50 Prozent des Gesamtlichts des Objekts in den Emissionslinien ausgestrahlt werden.

Die scheinbare photographische Größe von Cygnus A beträgt 18^m. Wenn die Entfernung zehnmal größer wäre, wäre die scheinbare Größe 23^m, und das Objekt würde sich an der Grenze der Sichtbarkeit für das 200″-Teleskop befinden; doch würde es immer noch eine leicht zu entdeckende Radioquelle sein. Der Energiebetrag, den es im Radiobereich des Spektrums ausstrahlt, ist erheblich größer als der Betrag, den das Plancksche Gesetz für jede in Frage kommende Temperatur verlangt.

31.7 Rotverschiebungen und Helligkeiten extragalaktischer Nebel

Im Jahre 1929 veröffentlichte Hubble eine lineare Beziehung zwischen den Geschwindigkeiten und Entfernungen der Galaxien: je größer die Entfernung, desto größer die Entfernungsgeschwindigkeit. Zwischen 1929 und 1936 bestimmte M. L. Humason auf dem Mount Wilson die Rotverschiebungen vieler schwacher Nebel. Hierbei wurden Geschwindigkeiten bis zu 40 000 km/sec gefunden — mehr als ein Zehntel der Lichtgeschwindigkeit.

Das Problem, die Entfernungen schwacher Nebel abzuschätzen, ist sogar noch schwieriger als die mühevolle und hohe Anforderungen stellende Aufgabe, ihre Spektren zu photographieren. Für eine geringe Zahl näherer Sternsysteme, lassen sich δ Cephei-Veränderliche als Distanzindikatoren verwenden. Mit Hilfe dieser Entfernungen ließ sich nachweisen, daß die absoluten Helligkeiten der hellsten, einzeln wahrnehmbaren Sterne in jedem Spiralnebel im wesentlichen gleich sind; daher können drei oder vier der hellsten Sterne in einem Nebel als Distanzindikatoren verwandt werden, wenn in ihm keine Cepheiden vorkommen.

Die integrierte absolute Größe der Galaxien liegt zwischen —12 (Sculptor-System) und —19,8 (Milchstraße und Andromedanebel); daher ist es nicht möglich, eine zuverlässige Entfernung für einen sehr schwachen Nebel abzuleiten, indem man seine integrierte scheinbare Helligkeit mißt und für ihn eine mittlere absolute Helligkeit annimmt. In einem Nebelhaufen sind jedoch alle Typen vertreten, und die Annahme erscheint plausibel, daß die mittlere absolute Helligkeit (—18) der fünf hellsten Mitglieder eines Haufens für alle Haufen gleich ist. Das Mittel der scheinbaren Größen der fünf hellsten Galaxien in einem Haufen ergibt dann seine Entfernung.

Hubbles Hauptergebnisse waren folgende:

1. Die Beziehung zwischen Rotverschiebung und Entfernung ist bis zu einer Entfernung von annähernd 250 Millionen Lichtjahren linear.
2. Die Sonnenbewegung relativ zu rund einem Dutzend Systemen der lokalen Gruppe ist im wesentlichen der galaktischen Rotation zuzuschreiben; jedoch dürfte auch die Milchstraße selbst eine kleine Pekuliargeschwindigkeit ($\approx$ 100 km/sec) relativ zu den näheren Feldnebeln außerhalb der lokalen Gruppe besitzen.
3. Die Beziehung zwischen Rotverschiebung und Entfernung scheint in der lokalen Gruppe nicht erfüllt zu sein.

Hubble betrachtete seine Arbeit als einen ersten Vorstoß, doch waren die Ergebnisse so revolutionierend, daß sie weitere Forschungen anregten. Insbesondere führten Humason und N. U. Mayall ein zwanzigjähriges Beobachtungsprogramm durch, dessen Ergebnisse 1956 veröffentlicht wurden zusammen mit vielen neuen Messungen scheinbarer Größen schwacher Nebel durch A. R. Sandage.

Mehr als 800 Galaxien sind auf dem Mount Wilson und auf dem Mount Palomar sowie am Lick-Observatorium spektroskopisch beobachtet worden; für alle von ihnen wurden Rotverschiebungen $\Delta\lambda$ der Spektrallinien gemessen und durch Multiplikation der relativen Linienverschiebung $\Delta\lambda/\lambda$ mit der Lichtgeschwindigkeit c in km/sec ausgedrückt. In Übereinstimmung mit Hubble wurde festgestellt, daß die Mitglieder der lokalen Gruppe der Rotverschiebung-Entfernungs-Beziehung nicht gehorchen, während für die schwächeren Nebel die Zunahme der Radialgeschwindigkeit mit der Entfernung sehr ausgeprägt ist. Abb. 31.8 zeigt die Spektren von fünf Galaxien.

Über die Entfernungen der schwächeren Nebel besteht noch einige Unsicherheit. Die im vorigen Kapitel behandelte Revision der Perioden-Leuchtkraft-Beziehung für Cepheiden verlangt eine Erhöhung der wirklichen Helligkeiten der veränderlichen Sterne, die von Hubble zur Bestimmung der Entfernungen von sechs der nächsten Sternsysteme — der beiden Magellanschen Wolken, NGC 6822, IC 1613, M 33 und M 31 — benutzt wurden. Dies machte eine Änderung der Entfernungen ungefähr um einen Faktor 2 notwendig. Und da die Methoden zur Abschätzung extragalaktischer Entfernungen, soweit sie auf den Helligkeiten der hellsten nicht veränderlichen Sterne und den Gesamthelligkeiten von Galaxien beruhen, die Kenntnis der Entfernungen der nächsten Sternsysteme voraussetzen, geht in die ganze ursprüngliche extragalaktische Entfernungsskala der Nullpunktsfehler der Perioden-Leuchtkraft-Beziehung der Cepheiden ein.

Wenn dies die einzige Korrektion an Hubbles ursprünglicher Entfernungsskala wäre, könnte man eine verbesserte Rotverschiebung-Entfernungs-Beziehung leicht ableiten. Doch hat Sandage mit Hilfe des 200-Zöllers gezeigt, daß einige der Objekte, die von Hubble als „hellste Sterne" einer Galaxis aufgefaßt wurden, tatsächlich H II-Gebiete (Abschnitt 27.1) sind, die einen oder mehrere O- oder B-Sterne einschließen. Somit wurde ein zusätzlicher systematischer Fehler begangen, wenn man für diese Objekte die absoluten Größen der hellsten aufgelösten Sterne ansetzte. Und schließlich beruhte die Helligkeitsskala selbst, die Hubble für die schwächsten mit dem 100″-Teleskop meßbaren Sterne verwandte, auf unsicheren photographischen

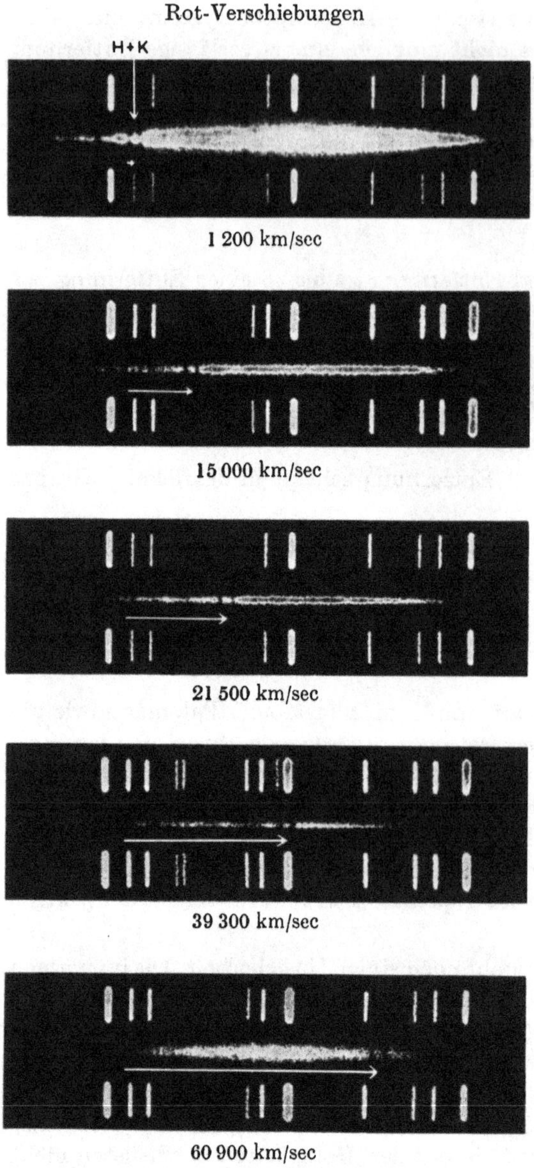

Abb. 31.8. Die Spektren von fünf Galaxien mit Rotverschiebungen, die Geschwindigkeiten zwischen 1200 und 60900 km/sec entsprechen. Ihre Abstände liegen zwischen 23 Millionen und einer Milliarde Lichtjahren. *(Photographiert von M. L. Humason.)*

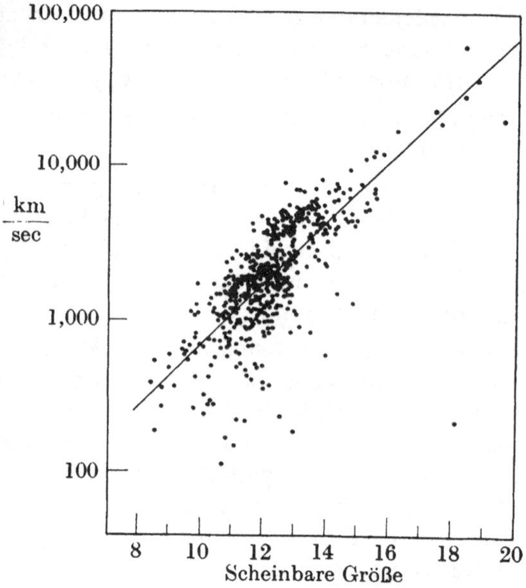

Abb. 31.9. Die Beziehung zwischen Rotverschiebung und scheinbarer Größe der Galaxien. Die Rotverschiebungen sind in km/sec entsprechend der Entfernungsgeschwindigkeit ausgedrückt. *(Nach M. L. Humason, N. U. Mayall und A. Sandage.)*

Standardwerten. Wegen dieser Unsicherheiten wurde statt der Beziehung zwischen Rotverschiebung und Entfernung in Abb. 31.9 die zwischen Rotverschiebung und scheinbarer Helligkeit wiedergegeben. Die scheinbaren Größen von 474 Nebeln wurden wegen interstellarer Absorption und wegen des Schwächungseffekts der Rotverschiebung selbst korrigiert. Ferner wurde die Rotverschiebung wegen der Sonnenbewegung relativ zur lokalen Nebelgruppe korrigiert. Um diese Beziehung zwischen Rotverschiebung und scheinbarer Helligkeit in eine vorläufige Rotverschiebung-Entfernungs-Beziehung umzuwandeln, nahm Sandage an, daß die obere Grenze der absoluten Helligkeit einer Riesengalaxis der des Andromedanebels gleich sei, nämlich —19,82. Dies ermöglichte es ihm, den Abstand zu berechnen und die Zunahme der Entfernungsgeschwindigkeit zu 200 km/sec pro 10^6 parsec zu bestimmen. Mit dieser „Hubble-Konstanten“ der Entfernungsgeschwindigkeit ist es möglich, die Expansion in die

Vergangenheit zurückzuverfolgen und zu berechnen, vor wie langer Zeit alle Galaxien in einem Punkt konzentriert waren. Das Ergebnis ist das „Alter des Universums", $5 \cdot 10^9$ Jahre.

Die Deutung der Rotverschiebungen entfernter Nebel als echter Geschwindigkeitseffekt ist zuweilen angezweifelt worden. Es besteht zwar noch keine absolute Sicherheit, daß sie richtig ist, aber wenn die Rotverschiebungen keine wahren Doppler-Effekte sind, so gleichen sie den letzteren doch in erstaunlicher Weise. Die Doppler-Verschiebung $\Delta\lambda$ ist der Wellenlänge λ proportional, da ja

$$\Delta\lambda = \lambda \cdot \frac{v}{c}.$$

Diese Eigenschaft der Rotverschiebung ließ sich im optischen Gebiet über einen ziemlich weiten Wellenlängenbereich verifizieren. Dagegen konnten Beobachtungen der 21-cm-Wasserstofflinie im Spektrum der Radioquelle Cygnus A durch A. E. Lilley und E. F. McClain am Marine-Forschungslaboratorium in Washington später weder von diesen Autoren selbst, noch von anderen Radio-Astronomen bestätigt werden. Es besteht daher zur Zeit noch keine Möglichkeit, an extragalaktischen Objekten die Rotverschiebung der 21-cm-Linie mit der von Linien im optischen Spektrum zu vergleichen.

Zum Schluß zitieren wir aus Hubbles George Darwin-Vorlesung vor der Royal Astronomical Society am 8. Mai 1953 folgende Stelle:

Es wird in Zukunft möglich sein, noch weiter in den Raum vorzudringen — die Rotverschiebungen zeitlich noch weiter zurückzuverfolgen —, aber wir haben den Gipfelpunkt schon überschritten; die Instrumente werden zunehmend teurer werden und der Fortschritt sich ständig verlangsamen. Die erfolgversprechendsten Programme für die unmittelbare Zukunft nehmen das beobachtbare Gebiet in seinen gegenwärtigen Grenzen als gegeben an und lassen nur mäßige Fortschritte erwarten, in größere Weiten vorzudringen, werden aber vor allem auf eine Erhöhung der Genauigkeit und Zuverlässigkeit der Beobachtungen gerichtet sein. Der Pionierzeit wird eine Periode sorgfältiger Kleinarbeit folgen, und die Forschung wird der nächsten Dezimale anstatt der nächsten Ziffer gelten. Dieses Vorgehen verspricht eine Verminderung der Zahl noch unbekannter Welten mit derselben Gewißheit, wie durch die frühere schnelle Übersicht über das Neuland. Und später vielleicht, in einer glücklicheren Generation, wenn die Kosten für ein Schlachtschiff gefahrlos statt zur Sicherung des Lebens für die Pflege der Wissenschaft ausgegeben werden dürfen, kann der Marsch nach vorn wieder aufgenommen werden.

... Von unserer irdischen Heimat aus schauen wir hinauf zum Himmel und streben danach, uns ein Bild von der Welt zu verschaffen, in die wir hineingeboren sind. Unser Blick reicht heute schon weit hinaus in den Raum. Mit unserer nächsten Umgebung sind wir ziemlich vertraut. Aber mit zunehmender Entfernung nimmt unser Wissen mehr und mehr ab, bis wir am fernen Horizont unter unbestimmten Beobachtungen voller Fehler und Irrtümer nur noch nach Festpunkten tasten, denen kaum mehr etwas Wirkliches entspricht. Das Suchen wird weitergehen. Der Drang nach Wissen ist älter als die Geschichte. Er ist noch nicht befriedigt und wird niemals zum Stillstand kommen.

Aufgaben

1. Die interstellare Absorption in Richtung der Magellanschen Wolken möge 1^m betragen. Die mittlere scheinbare Helligkeit der RR Lyrae-Sterne in der kleinen Wolke ist $+19$. Man berechne den Abstand der Wolke.
2. Der Winkeldurchmesser des Andromeda-Nebels beträgt 210′, seine Entfernung 440000 parsec. Man bestimme den Durchmesser dieses Sternsystems in parsec.

3. Das elliptische Fornax-System besitzt einen Winkeldurchmesser von 60′ und eine scheinbare photographische Helligkeit von $+9^{m}{,}0$. Sein Abstand beträgt 290 000 parsec.
   a) Berechne seinen linearen Durchmesser in parsec.
   b) Wie groß ist seine absolute photographische Helligkeit?
   c) Wie viele Sterne enthält das System annähernd?
   (Hinweis: Man nehme an, daß das System nur Sterne vom Typ der Sonne mit einer absoluten Größe $+5$ enthält.)
4. Berechne die kinetische Energie, die ein interstellares Wasserstoffatom in einer bestimmten Galaxis relativ zu einem interstellaren Wasserstoffatom in einer anderen Galaxis besitzt. Man nehme an, daß die Relativgeschwindigkeit der Wasserstoffatome 2000 km/sec beträgt. Würde die kinetische Energie dieser Atome ausreichen, um im Falle eines Zusammenstoßes der beiden Systeme die Atome zu ionisieren?
5. Wie groß ist die Wahrscheinlichkeit für einen Zusammenstoß der Sonne mit einem Nachbarstern? Die mittlere Entfernung zwischen Sonne und Stern werde zu 1 parsec angenommen; die mittlere Pekuliarbewegung eines Sterns sei gleich 30 km/sec, und der Winkeldurchmesser des nächsten Sterns betrage von der Sonne aus gesehen 0,004 Bogensekunden.
6. Berechne die Doppler-Verschiebung der Linie λ 3934 des Ca II für ein Mitglied des Nebelhaufens in der Hydra, dessen Radialgeschwindigkeit gleich 60 900 km/sec ist. In welchem Bereich des Spektrums dieses Systems würde man die Linie beobachten?

32. RELATIVITÄT

32.1 Newtonsche Mechanik

Der erste Schritt zum Verständnis der Relativitätstheorie ist eine klare Vorstellung vom Newtonschen Bewegungsbegriff. Man betrachte ein Projektil, das abgefeuert wurde, während senkrecht zu seiner Bewegungsrichtung ein starker Wind wehte. Die Kraft des Windes auf das Projektil lenkt dieses ab. Je größer die Masse des Projektils, desto geringer ist die Ablenkung und desto kleiner die Beschleunigung. Bei hinreichend großer Masse übt die Kraft des Windes keinen wahrnehmbaren Effekt auf das Projektil aus, und es wird nicht beschleunigt. Newton schloß daraus, daß sich die Bahnen großer Massen in rein geometrischer Form beschreiben lassen: Für eine unendlich große Masse oder für eine unendlich kleine Kraft ist die Beschleunigung gleich Null, und die Masse bewegt sich mit gleichförmiger Geschwindigkeit. Die Eigenschaft der Materie, die diese befähigt, in gleichförmiger Bewegung (mit konstanter Geschwindigkeit in einer konstanten Richtung) zu verharren, heißt ihre Trägheit (inertia). Da alle Körper etwas Trägheit besitzen, haben sie die Tendenz, sich mit gleichförmiger Geschwindigkeit zu bewegen, da aber die Massen nicht unendlich groß sind, bewirkt jede auf sie wirkende Kraft eine Beschleunigung. Je größer die Kraft, desto größer ist die Beschleunigung; und je größer die Masse, desto kleiner ist die Beschleunigung:

$$a = \frac{F}{m}. \tag{32.1}$$

Die Bewegung eines jeden Körpers läßt sich als Kombination zweier Komponenten auffassen: der Trägheitskomponente, bei der es sich um den Weg eines Körpers mit unendlicher Masse handelt, und der dynamischen Komponente, die eine Änderung der Anfangsgeschwindigkeit bewirkt.

Newtons erstes Bewegungsgesetz, das häufig als Trägheitsgesetz bezeichnet wird, besagt, daß Körper ihre gleichförmig geradlinige Bewegung beizubehalten suchen, wenn auf sie keine äußere Kraft wirkt: Die Trägheitskomponente ist gleichförmig und geradlinig. Auf der Erdoberfläche wird ein Projektil aber schon abgelenkt, wenn kein Wind weht. In Abschnitt 6.2 war gezeigt worden, daß dieser Effekt eine Folge der Erdrotation ist. Wenn man sie auf der Erde mißt, ist die Trägheitskomponente der Bewegung nicht geradlinig. Die Feststellung, die Trägheitskomponente der Bewegung sei geradlinig, ist sinnlos, wenn sie nicht auf ein spezielles Koordinatensystem bezogen wird; relativ zur Erde ist sie nicht geradlinig. Ein Bezugssystem, in dem die Trägheitskomponente geradlinig ist, heißt Inertialsystem. In einem solchen System würde das Foucault-Pendel in einer festen Ebene schwingen und den Newtonschen Bewegungsgesetzen würde Genüge geleistet.

Wenn die Bewegungen von Körpern nicht in einem Inertialsystem gemessen werden, wie es auf der Erde der Fall ist, sind ihre Trägheitskomponenten nicht gleichförmig, und es treten gelegentlich „Scheinkräfte“ auf, denen die beobachteten Beschleunigungen zugeschrieben werden. Die Ablenkung eines Projektils wird zuweilen als Wirkung einer „Coriolis-Kraft“ erklärt. Offenbar ist keine „wirkliche“ Kraft notwendig, um das Projektil abzulenken; der Grund ist einfach der, daß die Erde kein Inertialsystem ist.

32.2 Newtons Gravitationsgesetz

Beim freien Fall stoßen wir auf ein neues Problem. Versucht man, die Bewegung eines fallenden Körpers in eine Trägheitskomponente und eine dynamische Komponente aufzuteilen, so findet man, daß die gesamte Bewegung gleich der Trägheitskomponente ist, da ja ein Körper mit großer Masse mit derselben Beschleunigung fällt wie ein Körper kleiner Masse.

Newton erklärte dieses Phänomen durch die Annahme, daß die Gravitationskraft der Masse des angezogenen Körpers proportional sei, so daß die Kraft um so größer sei, je größer die Masse, auf die sie wirkt. Da Newtons zweites Gesetz besagt, daß $a = F/m$ ist, und da ferner F proportional zu m angenommen wird, fällt die Masse heraus, und die Beschleunigung eines fallenden Körpers ist von seiner Masse unabhängig. P. Frank stellt fest, daß „eine Masse sich im Gravitationsfeld so verhält, wie wenn sie keiner Kraft unterworfen wäre, sondern nur der Trägheit. Da sich weiter die Masse nicht längs einer Geraden bewegt (ein Projektil beschreibt eine parabolische Bahn), verhält sie sich wie ein Körper, der relativ zu einem System, welches kein Inertialsystem ist, das Trägheitsgesetz befolgt."

32.3 Einsteins Äquivalenzprinzip

Um die Analyse der Schwerkraft zu vereinfachen, stellen wir uns die Erde als einen nichtrotierenden Körper vor, der relativ zum galaktischen System in Ruhe ist. Ein Projektil unendlich großer Masse, auf das keine Kraft wirkt, würde sich längs einer Geraden bewegen. Aber die Schwerebeschleunigung (die wir der Einfachheit halber als konstant über die Erdoberfläche annehmen) läßt das Projektil ohne Rücksicht auf seine Masse eine Parabelbahn beschreiben. Newton deutete dies als Wirkung der Schwerkraft, die der Masse des Körpers proportional ist und daher eine von der Masse unabhängige Beschleunigung hervorruft.

Im Jahre 1912 zeigte Einstein, daß es möglich ist, die beobachtete Schwerebeschleunigung als Auswirkung einer nach oben gerichteten Beschleunigung des Bezugssystems aufzufassen, relativ zu welchem das Fallen des Körpers beobachtet wird. Die Trägheitskomponente der Bewegung eines Körpers, der im wahren Inertialsystem in Ruhe ist, scheint relativ zum bewegten System nach unten beschleunigt zu sein; in diesem bewegten Bezugssystem scheint der Körper zu Boden zu fallen mit einer Beschleunigung, die von seiner Masse unabhängig ist. Einsteins „Äquivalenzprinzip" stellt fest, daß diese beiden Auffassungen eines fallenden Körpers den Beobachtungen in gleicher Weise gerecht werden.

32.4 Die Ablenkung des Sternlichts

In Übereinstimmung mit Einstein kann man die Bewegung eines Körpers in einem Gravitationsfeld nicht als Wirkung einer Kraft, sondern als reine Trägheitserscheinung betrachten. Da das Grundgesetz der Optik besagt, daß ein Lichtstrahl, wenn er nicht gestört wird, seine anfängliche Ausbreitungsrichtung relativ zu einem Inertialsystem beibehält, sollte die Beschleunigung eines Bezugssystems in der Ausbreitung des Lichtstrahls zum Ausdruck kommen. Wie in Abb. 32.1 dargestellt, gehe der Strahl durch einen schmalen Spalt und falle im Abstand d auf eine Wand. Mit der Lichtgeschwindigkeit c benötigt das Licht d/c sec, um vom Spalt zur Wand zu gelangen. Während dieses Zeitintervalls hat sich das Bezugssystem, dem Spalt und Wand angehören, mit der Beschleunigung g cm/sec pro Sekunde aufwärts bewegt, worin g die Schwerebeschleunigung bedeutet. In d/c sec hat sich daher die Wand um die Strecke $\frac{g}{2}\left(\frac{d}{c}\right)^2$ nach oben verschoben und der Strahl, obgleich er sich relativ zu einem Inertialsystem geradlinig ausgebreitet hat, erscheint um den Betrag PP' oder $\frac{g}{2}\left(\frac{d}{c}\right)^2$ nach unten abgelenkt. Die

Lichtablenkung wird durch den Winkel α in Abb. 32.1 gegeben, der von der geraden Linie und der Tangente an die Parabelbahn des Strahls in P' gebildet wird. Da diese Tangente die Gerade im Abstand $d/2$ vom Spalt schneidet, ergibt sich der Winkel aus dem Verhältnis

$$\frac{\alpha}{360} = \frac{\frac{1}{2}\, g \left(\frac{d}{c}\right)^2}{2\,\pi \cdot \left(\frac{d}{2}\right)}$$

oder

$$\alpha = \frac{360\, g \cdot d}{2\,\pi \cdot c^2}\,.$$

Dieser Winkel ist äußerst klein. Wenn zum Beispiel d gleich der Entfernung vom Pol zum Äquator der Erde ist, beträgt α etwa $^1/_{5000}$ einer Bogensekunde.

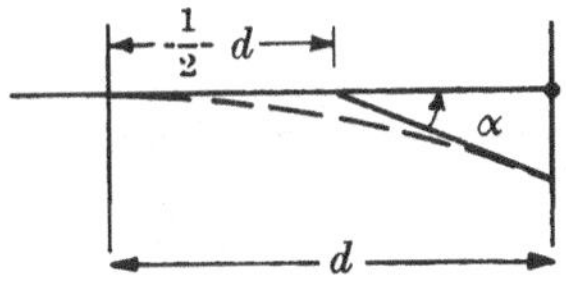

Abb. 32.1. Ablenkung des Lichts in einem Gravitationsfeld.

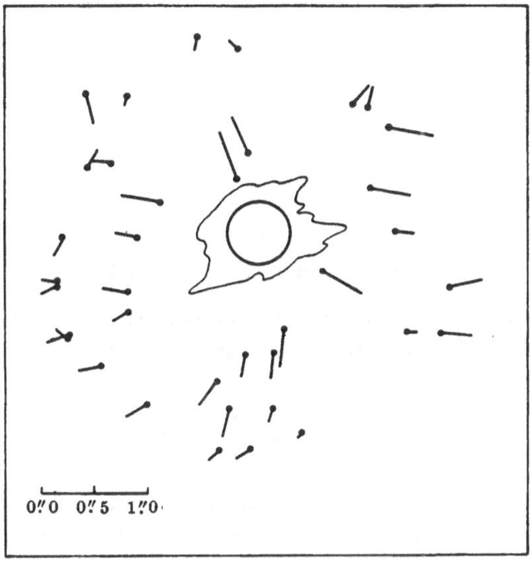

Abb. 32.2. Die Verschiebung von Sternpositionen während der totalen Sonnenfinsternis von 1922.

Die Schwerebeschleunigung ist auf der Sonne viel größer als auf der Erde, und der Ablenkungswinkel wird auch größer sein, nämlich 0″.87. Der beobachtete Wert ist jedoch zweimal so groß, 1″.75. Um diese Diskrepanz aufzuklären, muß man mit Einstein annehmen, daß der Raum selbst in der Nachbarschaft einer großen Masse gekrümmt ist und geometrische Eigenschaften besitzt, die vom Euklidischen Raum unserer Sinne abweichen. Ein Körper, der sich allein unter dem Einfluß seiner eigenen Trägheit bewegt, kann sich dann nicht mehr geradlinig bewegen, auch nicht relativ zu einem wirklichen Inertialsystem. Die Inertialbewegung ist gekrümmt, obgleich „so geradlinig wie möglich" im gekrümmten Raum. In einem schwachen Gravitationsfeld sind die gekrümmten Trägheitsbahnen mit den Planetenbahnen identisch, die aus dem Newtonschen Gravitationsgesetz abgeleitet wurden, aber wenn sich ein Objekt in der Nähe einer großen Masse wie etwa der Sonne befindet, hört das Newtonsche Gesetz auf streng gültig zu sein. Einstein berechnete den Weg eines Lichtstrahls, der dicht an der Sonne vorbeiging, und sagte voraus, daß er von der Euklidischen geraden Linie um rund 0″.87 abgelenkt werden würde. Die gesamte Ablenkung des Sternlichts, die er voraussagte, betrug 1″.75, dieser Wert ist die Summe der Ablenkungseffekte, die durch die Schwerebeschleunigung der Sonne, also durch das effektive „Gewicht des Lichts", und durch die Raumkrümmung bedingt sind. Während der Finsternisse von 1919 und 1922 wurden photographische Aufnahmen des Himmels in der Umgebung der Sonne gewonnen und auf ihnen die Sternpositionen sorgfältig vermessen und mit ihren normalen Positionen verglichen. Abb. 32.2 zeigt die Ergebnisse der Messungen aus dem Jahre 1922 von Astronomen des Lick-Observatoriums; man fand, daß sie gleich den von Einstein vorausgesagten Werten waren, und alle späteren Finsternisexpeditionen haben dieses Ergebnis der Größenordnung nach bestätigt.

32.5 Gravitationsrotverschiebung

Eine kleine Masse m in sehr großem Abstand von einer großen Masse M des Radius R (Abb. 32.3) wird durch ihre Anziehung nach M hin beschleunigt, und wenn sie zu gegebener Zeit auf der Oberfläche der letzteren auftrifft, wird ihre kinetische Energie auf einen Wert angewachsen sein, der gleich ihrer sogenannten potentiellen Energie $G\frac{m \cdot M}{R}$ ist. Umgekehrt müßte die kleine Masse, um aus dem Gravitationsfeld von M entweichen zu können, den gleichen Energie-

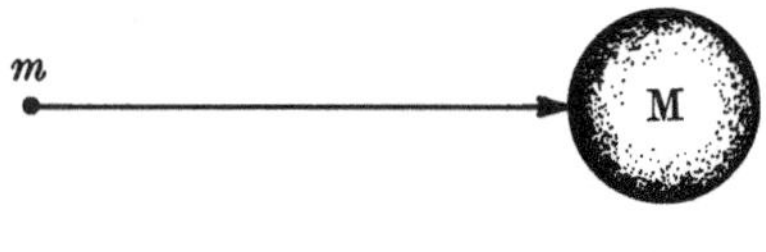

Abb. 32.3. Die potentielle Energie einer kleinen Masse m ist gleich dem Produkt aus der Gravitationskonstanten und den beiden Massen dividiert durch ihren Abstand. An der Oberfläche der Masse M beträgt sie $G\frac{m \cdot M}{R}$, worin R der Radius der großen Masse ist.

betrag $G\frac{m \cdot M}{R}$ verwenden. Dieser Ausdruck kann im Fall der Erde nachgeprüft werden. In Abschnitt 10.3 fanden wir für die Entweichungsgeschwindigkeit von der Erde den Wert 11,2 km/sec. Die kinetische Energie einer aus dem Unendlichen auf die Erdoberfläche fallenden Masse von 1 g würde

$$\frac{m}{2} v^2 = \frac{1\,\mathrm{g} \cdot (11{,}2 \cdot 10^5)^2\,\mathrm{cm}^2/\mathrm{sec}^2}{2} = 6 \cdot 10^{11}\,\mathrm{erg}$$

betragen. Die Masse der Erde M ist gleich $6 \cdot 10^{27}$ g und ihr Radius gleich $6{,}4 \cdot 10^8$ cm. Für die potentielle Energie einer Grammasse an der Erdoberfläche ergibt sich dann

$$G\frac{m \cdot M}{R} = 6{,}7 \cdot 10^{-8}\,\frac{1\,\mathrm{g} \cdot 6 \cdot 10^{27}\,\mathrm{g}}{6{,}4 \cdot 10^8\,\mathrm{cm}} = 6 \cdot 10^{11}\,\mathrm{erg}\,.$$

Wenn ein Lichtquant mit einer Energie von $\frac{hc}{\lambda}$ von der Masse M emittiert wird, muß es Energie vom Betrag $G\frac{m \cdot M}{R}$ aufwenden, um aus dem Potentialfeld des Körpers zu entweichen; d. h. wenn ein Photon der effektiven Masse m sich von der Masse M entfernt, nimmt seine Energie ab, und wenn es schließlich von dem anziehenden Körper frei ist, hat es Energie im Betrag von $G\frac{m \cdot M}{R}$ verbraucht, und die verbleibende Energie beträgt $\frac{hc}{\lambda'}$, wo λ' größer als λ ist. Die Differenz zwischen der Anfangs- und Endenergie des Photons ist

$$\frac{hc}{\lambda} - \frac{hc}{\lambda'} = G\frac{m \cdot M}{R}$$

oder

$$\frac{\lambda' - \lambda}{\lambda \cdot \lambda'} = \frac{G\,m\,M}{h\,c\,R}\,.$$

Die träge Masse des Photons kann aus Einsteins Beziehung zwischen Masse und Energie

$$E = m \cdot c^2$$

gefunden werden. Da für das Photon

$$E = \frac{h\,c}{\lambda}$$

ist, ergibt sich

$$\frac{h\,c}{\lambda} = m\,c^2$$

oder

$$m = \frac{h}{\lambda\,c}.$$

Dies führt zu der Beziehung

$$\frac{\lambda' - \lambda}{\lambda \cdot \lambda'} = \frac{G}{h\,c}\,\frac{M}{R}\,\frac{h}{\lambda\,c}$$

oder

$$\frac{\Delta\lambda}{\lambda} = \frac{G}{c^2}\,\frac{M}{R}, \qquad (32.2)$$

der Formel für Einsteins Rotverschiebung: Sie besagt, daß bei Licht, das einen Körper großer Masse, etwa einen Stern, verlassen hat, eine Wellenlängenverschiebung zu beobachten sein sollte, vorausgesetzt, daß nicht von einem Punkt in einem gleich starken Gravitationsfeld aus

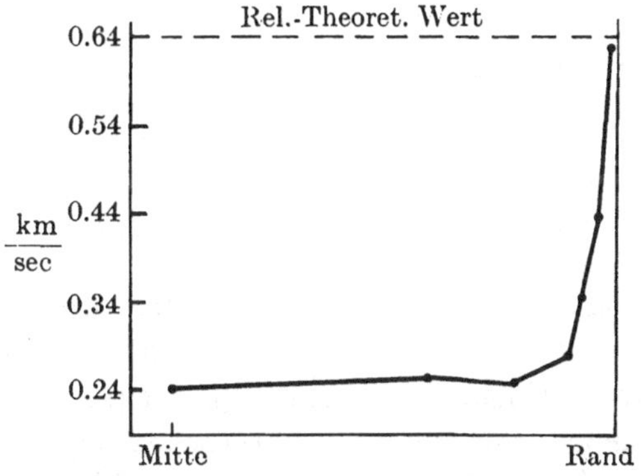

Abb. 32.4. Rotverschiebungen von Fraunhofer-Linien am Rande der Sonne. Der vorausgesagte Wert von 0,6 km/sec wird am Sonnenrand beobachtet.

beobachtet wird. Da das Gravitationsfeld eines Sterns viel stärker als das der Erde ist, sollte die Einsteinsche Rotverschiebung bei Sternlicht beobachtbar sein, und zwar sollte sie von der Erde gesehen um so größer sein, je stärker das Schwerefeld des Sterns ist.

Messungen von C. E. St. John auf dem Mount Wilson an 1537 Fraunhofer-Linien im Sonnenspektrum haben im Mittel die erwartete Verschiebung nachgewiesen, aber es spielen dabei zahlreiche komplizierende Faktoren mit. Der wichtigste besteht in einer progressiven Zunahme des Betrags der Rotverschiebung vom Zentrum nach dem Rande der Sonnenscheibe, wie in Abb. 32.4 erläutert wird. Bei neueren Untersuchungen der Sonnenaktivität ergab sich, daß die radialen Bewegungen in der Sonnenatmosphäre ziemlich merklich sind und den Einsteinschen Rotverschiebungseffekt der Absorptionslinien zu verdecken suchen. Am Sonnenrand jedoch bewirken die radialen Bewegungen in der Sonnenatmosphäre keine meßbaren Doppler-Verschiebungen. Daher erscheint die echte Einsteinsche Rotverschiebung am deutlichsten in den Wellenlängenmessungen am äußersten Rande der Sonnenscheibe.

Die Relativitäts-Rotverschiebung im Fall der Sonne kann aus Gleichung 32.2 berechnet werden und wird gewöhnlich durch die der Wellenlängenänderung äquivalente Geschwindigkeit in km/sec ausgedrückt. Nach der Doppler-Formel ist

$$\frac{\Delta\lambda}{\lambda} = \frac{v}{c},$$

weiterhin ist aber

$$\frac{\Delta\lambda}{\lambda} = \frac{G\,M}{c^2\,R},$$

und daher ergibt sich

$$v = \frac{G\,M}{c\,R}.$$

Im Fall der Sonne ist

$$v = \frac{6{,}7 \cdot 10^{-8} \cdot 2 \cdot 10^{33}}{3 \cdot 10^{10} \cdot 7 \cdot 10^{10}}\ \mathrm{cm/sec} = 0{,}6\ \mathrm{km/sec}.$$

Bei einer Wellenlänge von 4000 Å würde die entsprechende Rotverschiebung 0,01 Å betragen.

Da die Relativitäts-Rotverschiebung proportional zu M/R ist, resultiert der größte Effekt bei massereichen Sternen mit kleinem Radius. Besonders groß sollte er bei weißen Zwergen sein, deren Massen ungefähr gleich der Sonnenmasse, deren Radien jedoch nur von der Ordnung von 0,02 Sonnenradius sind. Die Relativitäts-Rotverschiebung sollte daher bei diesen Sternen rund 50mal größer als bei der Sonne sein — etwa 30 km/sec.

Zur Prüfung dieses Wertes muß man die wirkliche Radialgeschwindigkeit eines weißen Zwerges, wie auch seine Masse und seinen Radius kennen. Diese Forderungen sind nur bei zwei weißen Zwergen erfüllt — Sirius B und 40 Eridani B. Beide sind Komponenten von Doppelsternen, deren Hauptkomponenten Hauptreihensterne sind. Die wahren Radialgeschwindigkeiten der weißen Zwerge lassen sich durch Messung der Radialgeschwindigkeiten ihrer Hauptkomponenten finden. Da Periode und Parallaxe dieser beiden Systeme bekannt sind, kann man die Massen der weißen Zwerge nach dem dritten Keplerschen Gesetz bestimmen. Aus ihren Farben und absoluten Helligkeiten sind auch ihre Temperaturen und damit ihre Radien zu ermitteln.

W. S. Adams am Mount-Wilson-Observatorium und J. H. Moore am Lick-Observatorium fanden eine restliche Rotverschiebung von 20 km/sec im Spektrum von Sirius B, und D. M. Popper fand eine solche von 21 km/sec im Spektrum von 40 Eridani B. Somit zeigen diese beiden weißen Zwerge Rotverschiebungen, die mit der Einsteinschen Theorie in Einklang stehen.

32.6 Das Vorrücken des Merkurperihels

Es wurde schon früher erwähnt, daß die Planetenbahnen mit den nach dem Newtonschen Gravitationsgesetz berechneten Bahnen übereinstimmen, außer wenn der Planet der Sonne sehr nahe steht. Die Störungen der Planeten bewirken langsame Änderungen ihrer Bahnen, insbesondere ein Vorrücken des Perihels. Bei Merkur ist jedoch der beobachtete Wert für dieses Vorrücken des Merkurperihels (574 Bogensekunden pro Jahrhundert) zu groß, um sich restlos auf die Störungen zurückführen zu lassen; es bleibt eine Differenz von 43″ übrig. Sie wurde von Einstein als Folge der Raumkrümmung in der Nachbarschaft der Sonne erklärt.

Aufgaben

1. Berechne die Entweichungsgeschwindigkeit
   a) von der Sonne (Masse $= 2 \cdot 10^{33}$ g, Radius $= 7 \cdot 10^{10}$ cm)
   b) von Sirius B (Masse $= 2 \cdot 10^{33}$ g, Radius $= 10^{8}$ cm).
2. Die Masse von Sirius B ist angenähert gleich der der Sonne; sein Radius beträgt das 0,02fache des Sonnenradius. Wenn ein Beobachter auf dem Sirius B die Wellenlänge der H_α-Linie der Balmer-Serie (λ 6563) messen sollte, die von einem H-Atom auf der Sonne emittiert würde, wie groß würde die Gravitations-Verschiebung der Linie sein? Wäre die Linie nach Rot oder nach Violett verschoben?
3. Man nehme für die Gesamtmasse des Andromeda-Nebels den Wert $2 \cdot 10^{11}$ Sonnenmassen an, für den Radius den Wert 10 000 parsec und berechne die entsprechende Gravitations-Rotverschiebung (in km/sec).

33. FERNROHRE UND HILFSINSTRUMENTE

33.1 Einige Eigenschaften des Lichts

Die erste Bestimmung der Lichtgeschwindigkeit wurde 1675 von Ole Römer an Hand von Beobachtungen der Finsternisse der Jupitermonde durchgeführt. Helligkeitsmessungen während der Finsternisse ergaben für alle Wellenlängen dieselbe Geschwindigkeit des Lichts. Zuverlässigere Resultate erbrachten Bestimmungen der genauen Zeiten der Minima von entfernten Bedeckungsveränderlichen in verschiedenen Wellenlängen. Auch in diesem Fall fand man in allen Wellenlängen den gleichen Wert für die Lichtgeschwindigkeit im Vakuum:

$$c = 3 \cdot 10^{10}\ \mathrm{cm/sec} = 3 \cdot 10^{5}\ \mathrm{km/sec}.$$

In einem Medium breitet sich das Licht nicht mit der Geschwindigkeit c aus, sondern mit einer kleineren Geschwindigkeit; und außerdem hat Licht verschiedener Wellenlängen verschiedene Geschwindigkeiten. Der Brechungsindex eines Mediums wird durch

$$n = \text{Brechungsindex} = \frac{c}{v}$$

definiert, worin v die Lichtgeschwindigkeit in dem Medium ist. Typische Werte des Brechungsindex für zwei verschiedene Wellenlängen enthält Tabelle 33.1.

Licht verhält sich so, als wäre es ein Wellenphänomen, und seine Farbe hängt von der Wellenlänge ab. In Abb. 33.1 bilden die Wellen eines Lichtstrahls, der sich mit der Geschwindigkeit c in Richtung der Pfeile ausbreitet, eine „Front", die durch die vertikalen Linien angedeutet wird.

Wenn Licht einer bestimmten Wellenlänge im Vakuum schief auf eine plan-parallele Glasplatte auffällt (Abb. 33.2), wird seine Geschwindigkeit im Glas herabgesetzt. Da das Glas gegen die Wellenfront geneigt ist, erreicht der untere Teil des Strahls die obere Grenzfläche des Glases in A und wird beim Eintritt in das Glas verzögert, während der obere Teil der Wellenfront noch die Strecke $A'B'$ mit der Geschwindigkeit c zurückzulegen hat; dies ver-

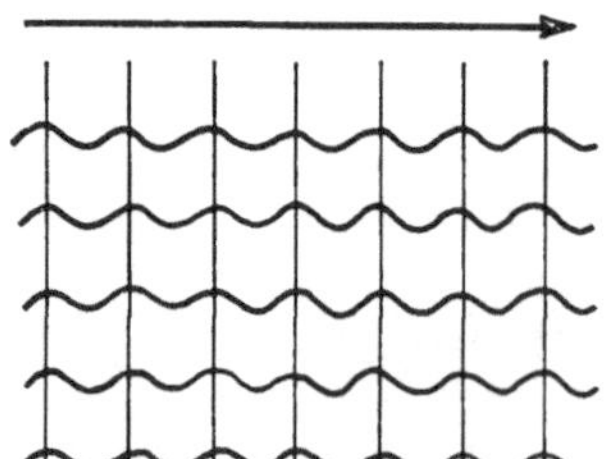

Abb. 33.1

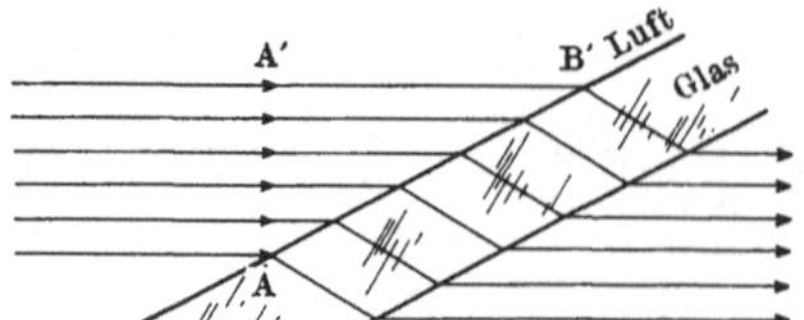

Abb. 33.2

Abb. 33.1. Die Wellenfront eines parallelen Strahlenbündels.

Abb. 33.2. Durchgang von parallelem Licht durch eine planparallele Glasplatte.

ursacht eine Richtungsänderung der Front beim Eintritt in das Glas, die als Brechung oder Refraktion bezeichnet wird. Wenn die Front die untere Grenzfläche des Glases erreicht, tritt sie zuerst in *C* aus und erfährt nunmehr eine Brechung in entgegengesetzter Richtung. Das Endergebnis ist eine kleine Parallelverschiebung des Lichtstrahls.

Tabelle 33.1 Brechungsindices

	4000 Å	7000 Å
Luft	1,000298	1,000291
Wasser	1,343	1,330
Kronglas	1,531	1,513
Flintglas	1,650	1,610
Fluorit	1,442	1,432

33.2 Eigenschaften der Linsen

Wir wollen den Weg eines Lichtstrahls durch ein Prisma verfolgen. Wie im Fall der planparallelen Platte wird er beim Eintritt in das Glas gebrochen, aber der obere Teil des Strahles tritt zuerst wieder aus, da er ja im Prisma eine kleinere Strecke zurücklegt als der untere Teil. Der Strahl wird zweimal im gleichen Sinne gebrochen und tritt in einer von der ursprünglichen Richtung abweichenden Richtung wieder aus (Abb. 33.3). Der Winkel zwischen dem einfallenden und dem gebrochenen Strahl ist die Ablenkung des Prismas.

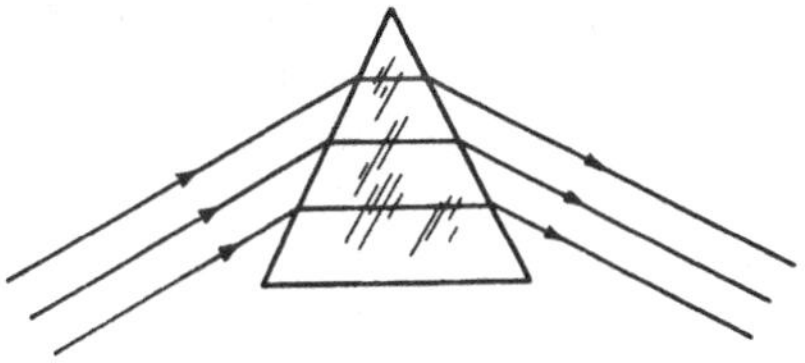

Abb. 33.3

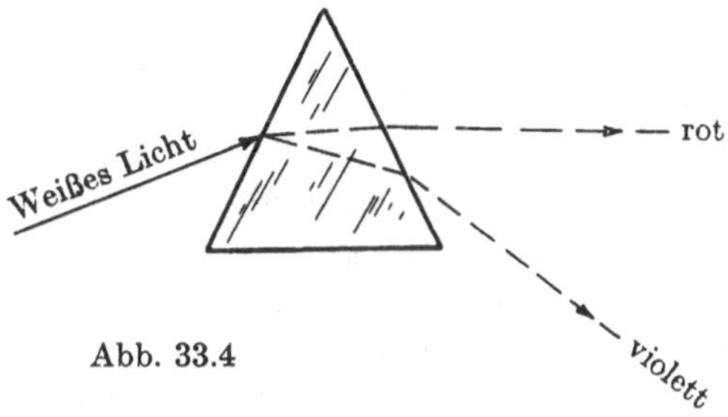

Abb. 33.4

Abb. 33.3. Durchgang eines parallelen monochromatischen Lichtstrahls durch ein Prisma.

Abb. 33.4. Durchgang weißen Lichts durch ein Prisma.

Wenn das einfallende Licht zwei verschiedene Wellenlängen enthält, werden ihre Geschwindigkeiten im Glas verschieden sein, und sie werden um verschiedene Beträge gebrochen werden (Abb. 33.4). Da im Glas die Geschwindigkeit blauen Lichtes kleiner als die roten Lichtes ist (Tabelle 33.1), werden die blauen Strahlen stärker als die roten gebrochen, und die beiden Strahlen sind nicht mehr parallel, wenn sie aus dem Prisma austreten.

Betrachten wir nun zwei Prismen, deren Grundflächen sich wie in Abb. 33.5 (a) berühren; auf sie möge Licht nur einer einzigen Wellenlänge fallen. Wenn die Ablenkungen der beiden Prismen gleich sind, werden sich die gebrochenen Strahlen schneiden, wie in der Figur dargestellt ist. Hierauf beruht das Prinzip einer einfachen Konvexlinse: Sie kann aufgefaßt werden als Kombination von unendlich vielen Prismen mit verschiedenen Brechungswinkeln, die das Licht eines parallelen Strahls in einem Punkt, dem Brennpunkt, zusammenführen (Abb. 33.5 (b)).

Der Abstand des Brennpunkts vom Zentrum der Linse heißt die Brennweite. Sie ist um so kürzer, je größer die Krümmung der Linse ist. Paralleles Licht, das schief auf die Linse fällt, wird in einem Brennpunkt gesammelt, der in gleichem Abstand über oder unter der optischen Achse liegt, der Linie, die durch das Zentrum der Linse und den Brennpunkt F geht.

33.3 Aberrationen einer einfachen Linse

Eine einfache, von sphärischen Flächen begrenzte Linse kann nicht das gesamte parallele Licht in einem einzigen Brennpunkt sammeln. Dafür gibt es mehrere Gründe:

1. *Sphärische Aberration*: Licht, das durch die äußeren Teile einer Linse hindurchgeht, die von sphärischen Flächen begrenzt wird, konvergiert in einem Brennpunkt, der näher bei der Linse liegt, als der, in dem das durch die zentralen Teile gehende Licht gesammelt wird (Abb. 33.6). Eine photographische Platte in F zeigt ein scharfes Bild, das von den äußeren Lichtstrahlen

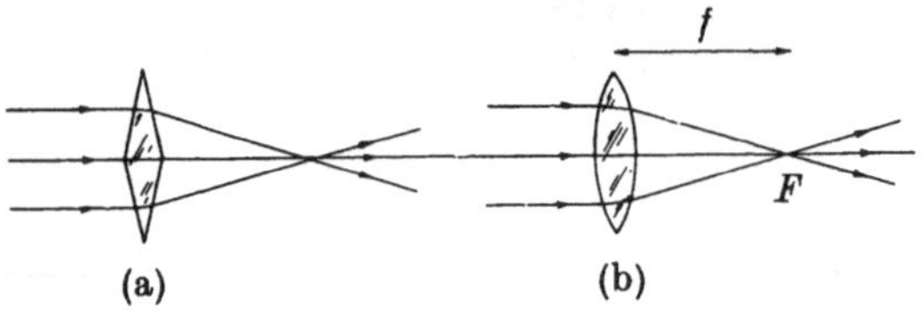

Abb. 33.5

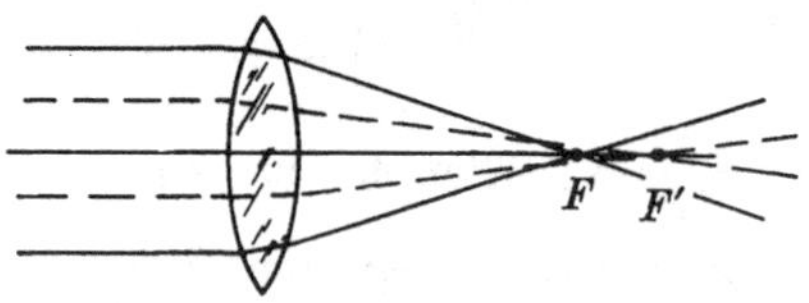

Abb. 33.6

Abb. 33.5. Durchgang von Licht durch zwei Prismen (a) und durch eine bikonvexe Linse (b). F ist der Brennpunkt der Linse, f ihre Brennweite.

Abb. 33.6. Sphärische Aberration einer einzelnen Bikonvexlinse.

gebildet wird, umgeben von einem unscharfen extrafokalen Bild, das von den zentralen Lichtstrahlen gebildet wird. Um die sphärische Aberration einer einzelnen Linse zu beseitigen, ist es notwendig, die Grenzflächen des Glases zu verändern, und zwar müssen sie nichtsphärisch gemacht werden.

2. *Chromatische Aberration*: Wie im vorigen Abschnitt erwähnt, wird violettes oder blaues Licht beim Durchgang durch Glas stärker als rotes Licht gebrochen; der Brennpunkt für violettes Licht liegt daher der Linse näher als der für rotes Licht. Eine photographische Platte im violetten Brennpunkt wird ein scharfes violettes Bild zeigen, das von einem extrafokalen Fleck roten Lichts umgeben ist (Abb. 33.7 (a)).

Es ist möglich, die chromatische Aberration größtenteils zu beseitigen, wenn man zwei verschiedene Glassorten mit verschiedenem Brechungsindex verwendet. Wenn wir hinter eine bikonvexe Linse eine bikonkave Linse aus der gleichen Glassorte und mit derselben Krümmung der Grenzflächen setzen, wird ein durch beide Linsen hindurchgehender Lichtstrahl angenähert parallel austreten, die Konkavlinse kompensiert die Sammelwirkung der Konvexlinse. Wenn wir aber für die Konkavlinse eine schwerere Glassorte (Flintglas) als für die Konvexlinse (Kronglas) nehmen, lassen sich die Krümmungen der Konkavlinse so anpassen, daß der rote und der violette Brennpunkt zusammenfallen (Abb. 33.7 (b)). In Abb. 33.8 sind die „Dispersionskurven" für Kron- und Flintglas wiedergegeben, in denen der Brechungsindex gegen die Wellenlänge aufgetragen ist.

Nehmen wir an, daß wir die Krümmung der Konkavlinse so anpassen, daß die Brennweite für rotes Licht der Konvexlinse in Abb. 33.7 (a) bis zum Punkt F in Abb. 33.7 (b) verlängert wird. Für violettes Licht übersteigt der Brechungsindex von Flintglas den von Kronglas um einen größeren Betrag als für rotes Licht. Daher wird die Brennweite für violette Strahlen mehr verlängert als die für rote Strahlen. Durch geeignete Wahl der Krümmungen der Linsenflächen kann man erreichen, daß der violette und der rote Brennpunkt zusammenfallen.

Die ultravioletten und infraroten Strahlen werden aber auf diese Weise nicht voll wegen chromatischer Aberration korrigiert und auch die Zwischenfarben, grün und gelb, werden nicht genau im Punkt F gesammelt. So bleibt beim einfachen, aus zwei Linsen bestehenden

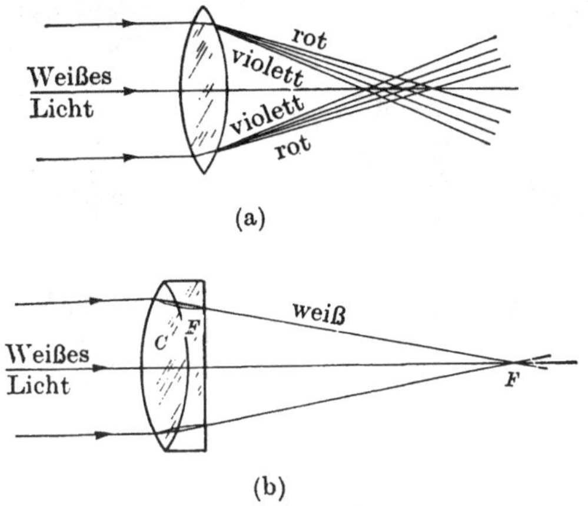

Abb. 33.7

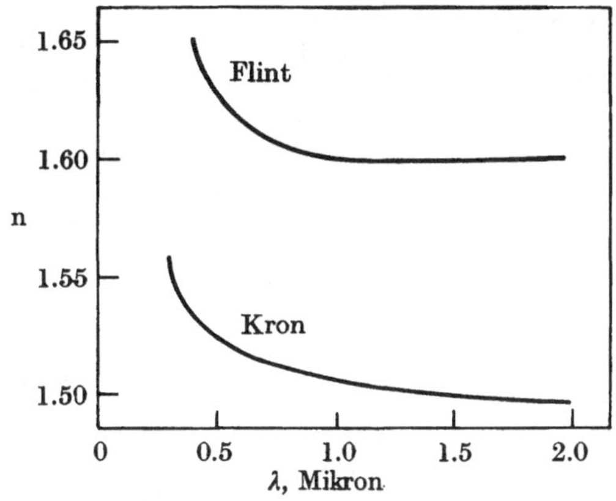

Abb. 33.8

Abb. 33.7. Chromatische Aberration einer Konvexlinse (a); Durchgang weißen Lichts durch ein achromatisches Objektiv (b).

Abb. 33.8. Dispersionskurven für Flint- und Kronglas.

„achromatischen" Objektiv ein kleiner Rest chromatischer Aberration übrig. Eine weit bessere Korrektion kann man erhalten, wenn man zu dem Objektiv eine dritte oder sogar eine vierte Linse hinzufügt.

Das achromatische Objektiv erfüllt noch eine weitere wichtige Funktion: es kann so berechnet werden, daß auch die sphärische Aberration beseitigt wird, ohne daß es nötig ist, nichtsphärische Glasflächen zu verwenden. Diese sind schwer herzustellen und sind daher sehr teuer.

33.4 Der Refraktor

Ein Refraktor besteht aus einem achromatischen Objektiv, das gewöhnlich durch Angabe seines Durchmessers (Apertur, Öffnung) und seiner Brennweite charakterisiert wird; das Öffnungs-Verhältnis eines Refraktors ist das Verhältnis des Objektivdurchmessers zu seiner Brennweite. Der 36″-Refraktor des Lick-Observatoriums (Abb. 33.9) besitzt eine Brennweite von 60 Fuß; sein Öffnungsverhältnis ist daher

$$\frac{36}{60 \cdot 12} = \frac{1}{20}.$$

Die Haupteigenschaften eines Teleskops sind seine Lichtstärke, sein Auflösungsvermögen und seine Vergrößerung.

1. *Die Lichtstärke*: Der Hauptzweck eines Teleskops besteht darin, schwache Lichtquellen wahrnehmbar zu machen. Es sammelt in seinem Brennpunkt alle Strahlen, die von seinem Objektiv aufgefangen werden. Das unbewaffnete Auge erfaßt demgegenüber nur die Strahlen,

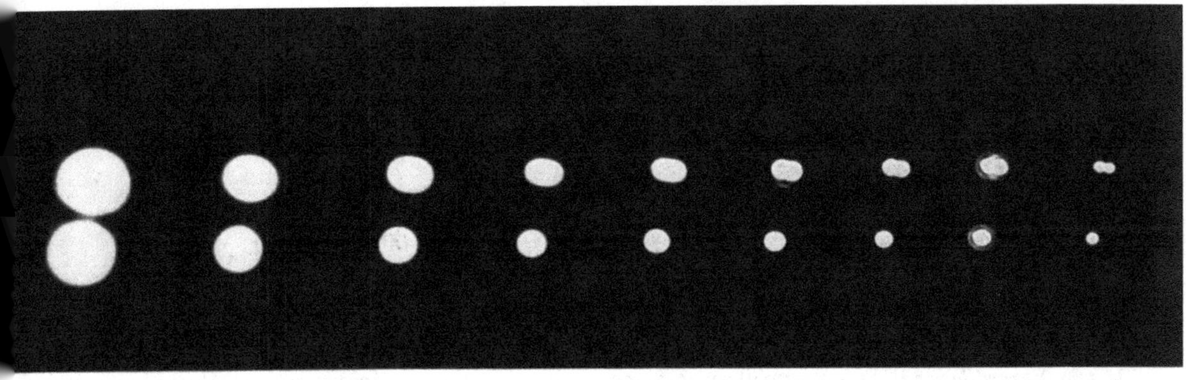

Abb. 33.10. Bilder eines dreifachen Sternes, der mit verschiedenen Öffnungen beobachtet wurde. Die größte Öffnung ergab die kleinsten Bilder (rechts). *(Aus W. T. Skilling und R. S. Richardson, Astronomy, Henry Holt and Company, 1949.)*

die durch die Pupille hindurchtreten, deren Durchmesser etwa $^1/_5$ Zoll beträgt. Die Lichtstärke eines Fernrohrs ist das Verhältnis der Fläche seines Objektivs zu der des menschlichen Auges. Zum Beispiel ist die Lichtstärke des 36″-Refraktors

$$\frac{\frac{\pi}{4} \cdot 36^2}{\frac{\pi}{4} \cdot \left(\frac{1}{5}\right)^2} = 3 \cdot 10^4 .$$

Der 36″-Refraktor empfängt 30 000mal mehr Licht als das unbewaffnete menschliche Auge. Ein Stern erscheint also bei der Betrachtung durch den 36″-Refraktor 30 000mal oder 11 Größenklassen heller, als wenn er mit bloßem Auge beobachtet wird. Da es sich bei den schwächsten Sternen, die mit bloßem Auge sichtbar sind, um Sterne 6. Größe handelt, beträgt die Grenzgröße des 36-Zöllers etwa $6 + 11 = 17$.

2. *Das Auflösungsvermögen*: Selbst wenn es möglich wäre, ein Teleskop mit vollkommenen optischen Flächen herzustellen, würde das Bild eines sehr entfernten Sterns kein geometrischer Punkt sein. Licht, das durch ein Fernrohr hindurchgeht, erfährt eine Störung, die als „Beugung“ (Diffraktion) bezeichnet wird. Sie kann als eine Verzerrung der Wellen an den Linsenrändern aufgefaßt werden und bewirkt, daß das Sternbild etwas diffus ist. Je kleiner die Öffnung, desto größer sind die Beugungseffekte. Abb. 33.10 zeigt die Bilder eines dreifachen Sterns, der mit Teleskopen verschiedener Öffnung photographiert wurde. Das Auflösungsvermögen eines Fernrohrs wird als der kleinste Winkelabstand zweier Sterne definiert, bei dem diese getrennt zu sehen sind. Sein Zahlenwert beträgt:

$$\text{Auflösungsvermögen} = 2''\!.52 \cdot 10^5 \frac{\lambda}{a} ,$$

worin a die Öffnung und λ die Wellenlänge bedeuten, beide in denselben Einheiten gemessen. Wenn a in Zoll ausgedrückt wird, ist das Auflösungsvermögen für sichtbares Licht

$$\text{Auflösungsvermögen} = \frac{5''\!.6}{a} .$$

←
Abb. 33.9. Der 36-Zoll-Refraktor des Lick-Observatoriums.

Für den 36″-Refraktor des Lick-Observatoriums ist das Auflösungsvermögen gleich

$$\frac{5''\!.6}{36} = 0''\!.16\,.$$

Das 250-Fuß-Radio-Teleskop in Manchester (England) arbeitet bei einer Wellenlänge von 20 cm und hat daher ein Auflösungsvermögen von

$$2''\!.52 \cdot 10^5 \frac{20\ \text{cm}}{250 \cdot 2{,}54 \cdot 12\ \text{cm}} = 660'' = 0^\circ\!.2\,.$$

Man ersieht daraus, daß ein optisches Teleskop hinsichtlich des Auflösungsvermögens einem Radioteleskop weitaus überlegen ist.

3. *Die Vergrößerung*: Die Vergrößerung eines Fernrohrs wird definiert als das Verhältnis des Winkels, unter dem ein Objekt bei der Betrachtung durch das Fernrohr erscheint, zu dem Winkel, unter dem es mit bloßem Auge gesehen wird. Der Durchmesser s des Mondbildes in einem Fernrohr mit der Brennweite f (Abb. 33.11) wird durch den Ausdruck

$$\frac{\alpha}{360^\circ} = \frac{s}{2\pi f}$$

gegeben, worin $\alpha = \frac{1}{2}^\circ$ der Winkeldurchmesser des Mondes für das unbewaffnete Auge ist. Wenn das Bild des Mondes in der Brennebene des Teleskops aus der Entfernung f (Abb. 33.11) betrachtet wird, wird sein Winkeldurchmesser genau gleich dem des Mondes sein, wenn er mit bloßem Auge betrachtet wird, nämlich gleich α. Wenn das Auge näher an das Bild herangebracht wird, wird dieses größer erscheinen; zum Beispiel wird das Mondbild bei Betrachtung aus der Entfernung $f/2$ von der Brennebene unter dem Winkel 2α erscheinen und die Vergrößerung wird $2\alpha/\alpha = 2$ betragen.

Um dem Auge die Betrachtung des Brennpunktbildes aus einem möglichst kleinen Abstand zu ermöglichen, verwendet man ein Vergrößerungsglas oder ein Okular. Man darf in diesem Fall annehmen, das Auge befinde sich in einem Abstand von der Brennebene, der gleich der Brennweite des Okulars ist. Die Vergrößerung eines Teleskops ist dann gleich dem Verhältnis der Brennweite des Objektivs zur Brennweite des Okulars. Zum Beispiel hat der 36″-Lick-

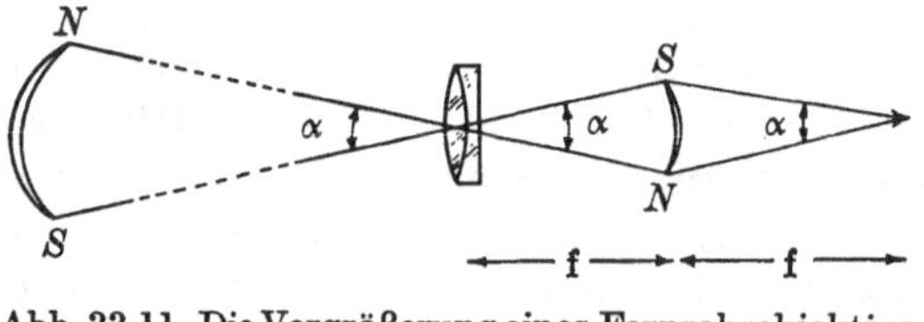

Abb. 33.11. Die Vergrößerung eines Fernrohrobjektivs. Der Mond NS wird von dem Objektiv in der Brennebene als SN abgebildet. Die Vergrößerung ist 1, wenn das Bild aus einem Abstand betrachtet wird, der gleich der Brennweite ist.

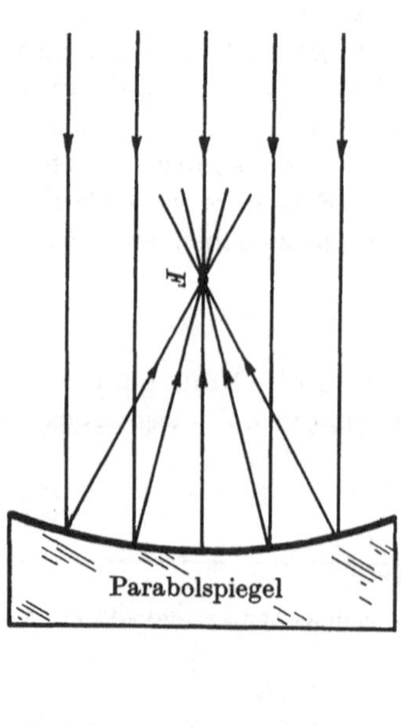

Abb. 33.12. Die Brennpunktseigenschaft eines parabolischen Spiegels.

Abb. 33.13. Das 200″-Spiegelteleskop auf dem Mount Palomar. *(Photographie der Mount Wilson und Palomar-Observatorien.)*

Refraktor eine Brennweite von 60 Fuß. Bei Verwendung eines Okulars von $^1/_4$ Zoll Brennweite ergibt sich für die Vergrößerung

$$\frac{60 \cdot 12}{\frac{1}{4}} \approx 3\,000\,.$$

Die Vergrößerung kann weiter erhöht werden, wenn man Okulare noch kleinerer Brennweite verwendet. Doch gibt es einen Punkt, über den hinaus eine Erhöhung der Vergrößerung nutzlos wird. Wenn die Vergrößerung groß genug ist, um das Beugungsscheibchen eines Sterns sichtbar zu machen, wird weitere Vergrößerung keine zusätzlichen Einzelheiten im Bild mehr erkennen lassen. Optische Fehler des Teleskops und Turbulenz in der Erdatmosphäre begrenzen die Vergrößerung noch mehr. Vergrößerungen über 1000 werden selten angewandt.

33.5 Der Reflektor

Der größte Refraktor in der Welt ist das 40″-Teleskop des Yerkes-Observatoriums der Universität von Chicago. Refraktoren noch größerer Öffnung sind nicht herzustellen wegen technischer Konstruktionsschwierigkeiten. Spiegelteleskope hat man mit Öffnungen von 82, 100, 120 und 200 Zoll gebaut.

Wenn Licht reflektiert wird, ist der Winkel, den der einfallende Strahl mit der Normalen (der Senkrechten auf der reflektierenden Fläche) bildet, gleich dem Winkel, den der reflektierte Strahl mit der Normalen bildet. Paralleles Licht, das von einer parabolischen Fläche reflektiert wird, wird in einem einzigen Brennpunkt gesammelt, wie durch Abb. 33.12 erläutert wird. Ein Parabolspiegel hat keine sphärische Aberration. Da die Lichtgeschwindigkeit bei dem Reflexionsprozeß nicht geändert wird, zeigt das Spiegelteleskop auch keine chromatische Aberration. Das größte Teleskop, der 200″-Reflektor auf dem Mount Palomar, besitzt eine Brennweite von 55 Fuß und ein Öffnungsverhältnis von 1:3,3 (Abb. 33.13).

Nach dem üblichen Verfahren zur Herstellung eines Parabolspiegels wird zuerst auf einer Glasscheibe, wofür man vorzugsweise eine Glassorte mit kleinem Ausdehnungskoeffizienten wählt, wie etwa Pyrex-Glas, eine sphärische konkave Fläche geschliffen. Bei einem sphärischen Spiegel tritt sphärische Aberration auf: Die in Nähe des Spiegelrandes auffallenden Lichtstrahlen werden in einem Brennpunkt gesammelt, der der Spiegelfläche näher liegt als der Brennpunkt der zentralen Strahlen. Dies läßt sich korrigieren, indem man die Spiegelfläche derart verändert, daß ihre Krümmung am Rande kleiner ist als in der Mitte. Die endgültige Form der Fläche ist die eines Paraboloids. Die Spiegelfläche wird mit einer dünnen Aluminium- oder Silberschicht belegt, um ihr Reflexionsvermögen zu erhöhen. Ein Spiegelteleskop besitzt hauptsächlich folgende Vorteile: 1. Das Schleifen und Polieren der Oberfläche eines großen Spiegels ist relativ einfach; 2. da die Glasscheibe nur als Träger der optischen Fläche dient (es tritt kein Licht hindurch), kann Glas verwendet werden, das hinsichtlich seiner optischen Eigenschaften nicht homogen ist; 3. chromatische und sphärische Aberration fehlen vollkommen; 4. es ist möglich, einen sehr großen Spiegel auf seiner ganzen Grundfläche zu lagern, wodurch das „Durchhängen" vermieden wird, das bei einer schweren Linse auftritt, die nur am Rande gefaßt ist.

Dem stehen aber bei einem Spiegelteleskop auch Nachteile gegenüber. Nach Lageänderungen nimmt ein Spiegel niemals wieder vollkommen die ursprüngliche Form an. Kleine Druckänderungen durch die Spiegellagerung, wie auch Temperaturänderungen bedingen ernstere Deformationen als das Durchhängen einer Linse um den gleichen Betrag. Dies ist besonders nachteilig, wenn man dieselbe Himmelsgegend wiederholt in verschiedenen Jahren aufzunehmen hat. Die Aluminiumbelegung eines Spiegels wird nach etwa 5 Jahren oder weniger unbrauchbar, und ihre Erneuerung macht es notwendig, den Spiegel aus seiner Lagerung zu nehmen. Wenn der frisch aluminisierte Spiegel wieder eingesetzt wird, ist es nicht möglich, den alten Zustand genau wiederherzustellen, und kleine Unterschiede auf den Photographien sind die Folge.

Wenn auch sphärische und chromatische Aberration bei einem Parabolspiegel nicht auftreten, so gibt es doch noch eine weitere Aberration, die seine Verwendungsmöglichkeiten einschränkt. Wenn ein paralleles Lichtbündel wie in Abb. 33.14 unter einem Winkel auf einen Spiegel auffällt, wird es nicht mehr in einem scharfen Brennpunkt abgebildet, sondern das Bild ähnelt dann einem kleinen Kometenschweif. Diese Verzeichnung oder „Coma" (Abb. 33.15) begrenzt das nutzbare Bildfeld eines Spiegelteleskops. Bei dem 200-Zöller hat das Bildfeld einen Durchmesser von nur 10 Bogenminuten.

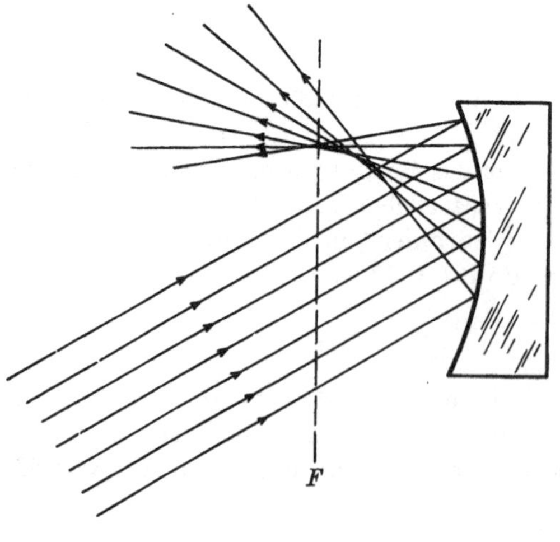

Abb. 33.14. Der Coma-Effekt bei einem Parabolspiegel.

Abb. 33.15. Eine Direkt-Photographie der Gegend des Kugelhaufens M 13, aufgenommen von G. van Biesbroeck mit dem 24-zölligen Parabolspiegel des Yerkes-Observatoriums. Die Sternbilder am Rand der Platte sind durch den Coma-Effekt verzerrt.

33.6 Die Schmidt-Kamera

Die Coma-Fehler kommen bei der Schmidt-Kamera in Fortfall, die nach Bernhard Schmidt benannt wurde, der sie 1930 erfunden hat. Anstatt die sphärische Aberration des Spiegels durch den mühseligen Parabolisierungsprozeß zu beseitigen, setzte Schmidt eine dünne Korrektionsplatte vor die Fokalebene, die die äußeren Zonen parallel einfallenden Lichts genau um den Betrag divergent machte, der zur Kompensierung der sphärischen Aberration notwendig ist. Ein schematischer Querschnitt durch eine Schmidt-Kamera ist in Abb. 33.16 dargestellt, worin die Krümmung der Korrektionsplatte übertrieben gezeichnet wurde, um ihre allgemeine Gestalt zu verdeutlichen. Die Korrektionsplatte befindet sich im Krümmungsmittelpunkt des sphärischen Spiegels — der Abstand dieses Punktes vom Spiegel ist gleich der doppelten Brennweite —, und sie wirkt als Blende, die die Öffnung des einfallenden Lichtbündels begrenzt. Der sphärische Spiegel wird größer als die Korrektionsplatte gemacht, um „Vignettierung" zu vermeiden. Bei einem optischen System dieser Art tritt kein Coma-Effekt auf. Die meisten Schmidt-Spiegel besitzen nutzbare Bildfelder von 25 Quadratgrad oder mehr.

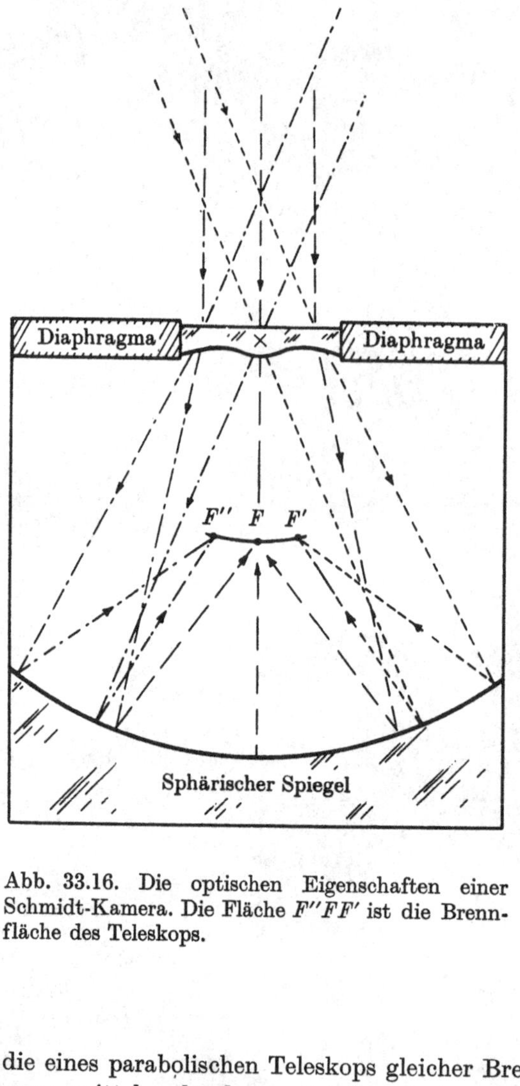

Abb. 33.16. Die optischen Eigenschaften einer Schmidt-Kamera. Die Fläche $F''FF'$ ist die Brennfläche des Teleskops.

Die Größe des von einem Fernrohr erzeugten Bildes ist eine Funktion der Brennweite des Objektives und die Helligkeit des Bildes eine Funktion der Lichtstärke. Daher sind bei einem Teleskop großer Öffnung und kurzer Brennweite die Bilder klein und hell. Aus diesem Grunde wird das Öffnungsverhältnis als Maß für die Leistung eines photographischen Teleskops gebraucht. Schmidt-Kameras werden gewöhnlich mit großem Öffnungsverhältnis hergestellt: Die 48''-Schmidt-Kamera auf dem Mount Palomar hat ein Öffnungsverhältnis von 1:2,5 (Abb. 33.17); die für Meteorbeobachtungen entwickelten „Super-Schmidt"-Kameras haben Öffnungsverhältnisse von 1:0,85 und ihr Gesichtsfeld umfaßt rund 52 Quadratgrad.

Die Schmidt-Kamera hat zwei Nachteile: Die Länge des Tubus muß doppelt so groß sein wie die eines parabolischen Teleskops gleicher Brennweite (weil die Korrektionsplatte im Krümmungsmittelpunkt des sphärischen Spiegels angebracht ist); ferner ist die Brennfläche des Schmidtspiegels gekrümmt, und die photographische Platte oder der Film muß zur Anpassung an diese Fläche gebogen werden. In einigen Kameras wird der Film an eine Glasscheibe von der Form der Brennfläche angedrückt, in anderen Instrumenten wird zusätzlich eine Bildebnungslinse dicht vor die photographische Platte gesetzt.

Abb. 33.17. Das 48zöllige Schmidt-Teleskop auf dem Mount Palomar. *(Photographie der Mount Wilson und Palomar-Observatorien.)*

33.7 Fernrohrmontierungen

Durchgangs-Instrumente werden gewöhnlich auf einer senkrechten Säule montiert und sind um eine horizontale und eine vertikale Achse beweglich, so daß es möglich ist, das Instrument in horizontaler (azimutaler) Richtung um 360° und in Höhe um 90° vom Zenit bis zum Horizont zu drehen. Spezielle Formen sind der Meridiankreis und der Vertikalkreis. Beim Meridiankreis ist das Fernrohr auf einer festen horizontalen Achse montiert, die in Ost-West-Richtung auf festen Pfeilern gelagert ist. Mit dem Fernrohr ist ein großer geteilter Kreis verbunden, auf dem die Zenitdistanz (oder die Deklination) eines Sterns im Meridian abzulesen ist. Der Vertikalkreis ist fest auf einer horizontalen Nord-Süd-Achse montiert, er gibt die Zenitdistanz eines Sterns, wenn dieser durch den „ersten Vertikal" des Beobachtungsorts geht.

Größere Teleskope werden meist in einer Form montiert, daß sie sich in den beiden Himmelskoordinaten Rektaszension und Deklination bewegen lassen. Dazu werden zwei Achsen gebraucht. Die Polachse oder Stundenachse ist parallel zur Erdachse gerichtet und bildet daher mit dem Horizont einen Winkel, der gleich der Breite des Beobachtungsortes ist (Abschnitt 3.5). Wenn das Fernrohr um die Stundenachse gedreht wird, bewegt es sich parallel zum Äquator in Rektaszension oder Stundenwinkel. Die Deklinationsachse steht auf der Stundenachse senkrecht, Drehung um diese Achse läßt das Fernrohr sich in Deklination bewegen. Soll ein Fernrohr auf einen Stern gerichtet werden, so hat man Deklination und Stundenwinkel des Sterns mittels der beiden Teilkreise einzustellen. In dieser Stellung wird das Instrument festgeklemmt und eine mechanische Antriebsvorrichtung läßt das Teleskop in 24 Stunden eine vollständige Umdrehung um die Polachse ausführen: Das Fernrohr folgt dann automatisch dem Stern in seiner täglichen Bahn an der Himmelssphäre.

33.8 Radio-Teleskope

Im Jahre 1888 begann ein junger deutscher Physiker Heinrich Hertz mit elektrischen Funken zwischen zwei durch eine kleine Lücke getrennten Metallstäben zu experimentieren. Die Funken wurden durch einen Induktionsapparat erzeugt und riefen in den Stäben oszillierende Ströme hervor. In einem Abstand von ein paar hundert Fuß brachte Hertz eine Drahtschleife an, die an einer Stelle unterbrochen war, wobei sich die Enden des Drahts aber fast berührten. Gewöhnlich konnte man in der Lücke dieses Empfangskreises nichts beobachten, wenn man aber die beiden Stäbe der Sendeapparatur veränderte, konnte man zuweilen kleine Funken in der Lücke des Empfängers sehen. Wenn das Instrument in geeigneter Weise abgestimmt war, erschien ein Teil der Energie des Funkens im Induktionsapparat als Funken in der Lücke der Drahtschleife; Energie wurde durch den Raum durch elektromagnetische Wellen vom Induktor zur Schleife übertragen.

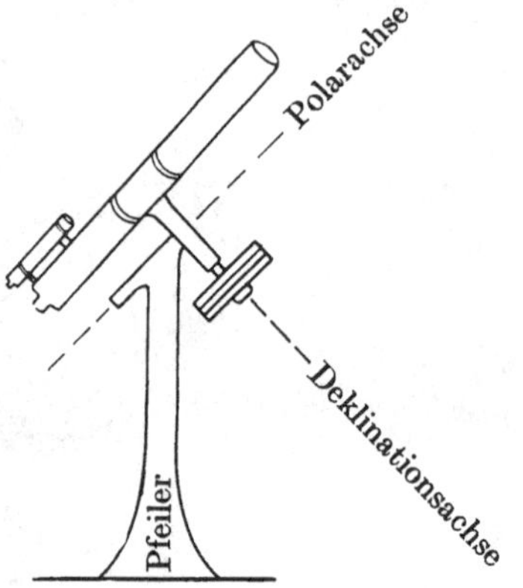

Abb. 33.18. Äquatoriale oder parallaktische Montierung eines Fernrohrs.

Auf diese Weise erzeugte und demonstrierte Hertz nicht nur elektromagnetische Wellen, sondern er konnte auch ihre Reflexions-, Interferenz- und Brechungseigenschaften nachweisen. So gelang es ihm, durch Aufstellung einer großen Metallplatte hinter dem Sender die unsichtbaren Wellen zu verstärken und die Intensität des Funkens im Empfänger zu erhöhen. Ferner konzentrierte er mit einer großen Pechlinse die Wellen genau auf den Empfänger und erhielt eine intensive elektromagnetische Strahlung.

In der modernen Radiotechnik wird eine Vakuum-Röhre verwandt, um in einer geeigneten Antenne mächtige elektromagnetische Schwingungen zu erzeugen, die dann in den Raum ausgestrahlt und von einem abgestimmten Empfänger aufgefangen werden. Es ist seit langem bekannt, daß Radiowellen sich deshalb über große Entfernungen ausbreiten, weil sie an einer Schicht elektrisch geladener Atome und Moleküle in der oberen Atmosphäre reflektiert werden. Das Reflexionsvermögen ist jedoch nicht für alle Wellenlängen dasselbe, noch ist es während Tag und Nacht gleich. Die kürzeren Wellen, die beim gewöhnlichen Radar und beim Fernsehen verwendet werden, werden von der oberen Atmosphäre durchgelassen und können gewöhnlich nur von solchen Empfängern aufgenommen werden, die in Sichtweite der Sendeantenne liegen. Der Bereich dieser Wellenlängen erstreckt sich von einigen Metern bis zu einigen Zentimetern (1 m entspricht einer Frequenz von 300 Mega-Hertz), sie werden von einem Dipol-Strahler emittiert, dessen Länge gleich der gewünschten Wellenlänge oder gleich der Hälfte davon ist. Im Prinzip entspricht ein solcher Dipol der Länge der beiden Hertzschen Metallstäbe.

Beim Kurzwellen-Radar, wo es notwendig ist, die ausgesandte Strahlung in eine bestimmte Richtung zu lenken, wird der Dipol oft vor einem parabolischen Reflektor aus Metallplatten montiert. Damit diese Vorrichtung aber wirksam werden kann, muß die Öffnung des Reflektors erheblich größer sein als die Wellenlänge des Dipols. Für längere Wellen von der Größenordnung von 1 m und mehr ist die Verwendung solcher Reflektoren daher im allgemeinen nicht empfehlenswert. Stattdessen kann man in gewissem Umfang eine Richtwirkung erzielen mit Hilfe von Drahtantennen, die in geeigneter Weise angeordnet sind und deren Ausstrahlung in bestimmten Richtungen durch reflektierende Schirme aus Drahtnetz verstärkt wird.

Außer in der Wellenlänge besteht kein wesentlicher Unterschied zwischen sichtbarem Licht, Wärmestrahlung und Radiostrahlung. Und ebenso besteht kein wesentlicher Unterschied zwischen einem Radioteleskop und einem optischen Teleskop: Beide sind so gebaut, daß sie die gesamte für sie erreichbare Strahlungsenergie auffangen und im Brennpunkt auf einen Empfänger vereinigen, wobei es sich um das menschliche Auge, die photographische Platte oder einen elektrischen Dipol handeln kann. Die Art der Emulsion auf einer photographischen Platte bestimmt deren Wellenlängenempfindlichkeit; die Länge des Dipols bestimmt den Wellenlängenbereich, in dem das Radioteleskop arbeiten kann. Das Radioinstrument erzeugt kein scharfes Bild, aber es ist möglich, mit ihm das Vorhandensein von Strahlung im Frequenzbereich der Radiowellen zu entdecken. Die Quelle derartiger Strahlung kann ein Stern sein, der wie ein schwarzer Körper strahlt und daher Strahlungsenergie in allen Wellenlängen emittiert, es kann aber auch eine Ansammlung geladener Teilchen, etwa eine turbulente Gasmasse sein.

Es gibt zwei grundlegend verschiedene Arten von Radio-Beobachtungen. Gegenstand der einen Art sind reflektierte Radiosignale, die von der Beobachtungsstation ausgesandt wurden. Von einem leistungsfähigen Sender werden hierbei in einem schmalen Frequenzband kräftige Impulse ausgestrahlt, die vom Monde oder von Meteorschweifen teilweise zum Beobachter hin reflektiert werden. Für diese Beobachtungen sind ein Sender und ein Empfänger erforderlich. Für die zweite Art von Radio-Beobachtungen wird nur ein Empfänger gebraucht; die beobachtete Strahlung stammt von irgendwelchen Himmelsobjekten.

Radioteleskope, die zur Beobachtung von Strahlung von größenordnungsmäßig 20 cm Wellenlänge bestimmt sind, besitzen ein Auflösungsvermögen von $46°/A$, wobei A die Öffnung in Fuß bedeutet. Ein 60füßiges Teleskop würde also ein Auflösungsvermögen von rund 1° besitzen. Die Antennen solcher Teleskope sind parabolische Reflektoren aus Metallplatten oder Drahtschirmen. Die von dem Dipol in ihrem Brennpunkt empfangene Strahlung wird verstärkt und registriert. Abb. 33.19 zeigt das 60-Fuß-Teleskop der Harvard-Universität.

Für Wellenlängen über 1 m sind parabolische Reflektoren wegen ihres begrenzten Auflösungsvermögens nicht vorteilhaft. Für diese Wellenlängen verwendet man Serien von Dipolen wie zum Beispiel bei der Anordnung in Abb. 33.20. Sie steht in Australien und arbeitet mit einer Wellenlänge von 3 m. Ihre effektive Fläche beträgt 50 m^2, ihr Auflösungsvermögen annähernd 17°.

33.9 Spektrographen

Ein Spektrograph dient zur Untersuchung der von der Wellenlänge abhängenden Eigenschaften einer Lichtquelle. Wenn man vor dem Objektiv eines Fernrohrs ein Prisma anbringt, wird das einfallende Licht zerlegt, wie in Abb. 33.22 dargestellt. Auf einer photographischen Platte im Brennpunkt des Fernrohrs entstehen die Bilder der Sterne in allen Wellenlängen. Wenn der Stern kontinuierliche Strahlung emittiert, erhält man eine Reihe sich überschneidender Sternbilder in Form eines Spektrums. Zur Verbreiterung des Spektrums läßt man das Bild des Sterns sich gewöhnlich rechtwinklig zur Dispersionsrichtung etwas verschieben.

Abb. 33.19. Das 60füßige Radioteleskop der Harvard-Universität.

Abb. 33.20. Ein Radio-Teleskop in der Nähe von Sydney, Australien. Es besteht aus einem Aggregat paralleler Dipole, die für eine Wellenlänge von 3 m berechnet sind. *(Aus J. L. Pawsey und R. N. Bracewell, Radio-Astronomie, Oxford University Press, 1955.)*

Das Spektrum eines Emissionsnebels, der durch ein Objektivprisma photographiert wurde, zeigt mehrere Bilder des Nebels, jedes von ihnen im Lichte einer der diskreten Wellenlängen, aus denen die Nebelstrahlung sich zusammensetzt. Abb. 28.6 (oben) zeigt das Spektrum des planetarischen Nebels NGC 2392.

Der Spaltspektrograph ist ein Instrument, das ebenfalls ein Prisma (oder ein Beugungsgitter) zur Zerlegung des Lichts verwendet, das außerdem aber noch einen schmalen Spalt besitzt, auf den das Bild des Sternes abgebildet wird. Auf der photographischen Platte erhält man ein Dispersionsbild des vom Stern beleuchteten Spalts mit Hilfe zweier Linsen. Ein Spalt-Spektrogramm des Ringnebels in der Leier ist in Abb. 28.6 (unten) wiedergegeben. Die Emissionslinien sind die Bilder des Spalts und sind daher schmal und für genaue Messungen geeignet. Die

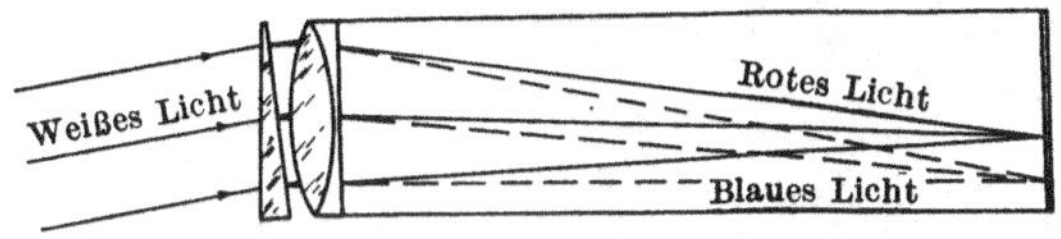

Abb. 33.22

Abb. 33.23

Abb. 33.22. Durchgang weißen Lichts durch ein Objektiv-Prisma.

Abb. 33.23. Durchgang weißen Lichts durch einen Spalt-Spektrographen.

wesentlichen Teile eines Spalt-Spektrographen sind in Abb. 33.23 zu sehen: der Spalt, die Kollimatorlinse, die das Licht parallel macht, bevor es das Prisma erreicht, das Prisma selbst (oder mehrere Prismen) und die Kameralinse, die das zerlegte Licht auf eine photographische Platte oder auf ein Registriergerät abbildet. Für Messungen ist es zweckmäßig, ein Vergleichsspektrum von Emissionslinien einer Laboratoriumslichtquelle, etwa eines Eisenbogens, über und unter dem Stern- oder Nebelspektrum zu photographieren, um ein Bezugssystem von bekannten, nicht durch Doppler-Effekt verschobenen Linien zur Verfügung zu haben.

Die lineare Dispersion eines Spektrographen wird durch die Anzahl von Ångström-Einheiten pro Millimeter des Spektrogramms gemessen. Die Dispersion des Originalspektrogramms von ζ Ursae Majoris in Abb. 29.4 beträgt 3,8 Å/mm. Die höchste mit dem 100-Zöller auf dem Mount Wilson erreichbare Dispersion ist 2,8 Å/mm. Von sehr schwachen Objekten kann man nur Spektren kleiner Dispersion erhalten. Sonnenspektrographen andererseits können Dispersionen von 0,1 Å/mm haben.

Moderne Spektrographen werden oft mit Beugungsgittern gebaut, die die gleiche Wirkung wie ein Prisma haben. Wenn paralleles Licht von einer entfernten Quelle durch eine sehr kleine Öffnung hindurchtritt, so wirkt die letztere wie eine Lichtquelle. Abb. 33.25 zeigt paralleles Licht, das auf drei kleine Öffnungen fällt, von denen kugelförmige Wellenfronten ausgehen. Wie im Fall von Wasserwellen interferieren die verschiedenen Wellenfronten miteinander: In einem Punkt, in dem ein Wellenberg mit einem anderen zusammentrifft, hat die resultierende Lichtintensität ein Maximum, in einem Punkt, in dem ein Wellenberg mit einem Wellental zusammentrifft, ist die resultierende Intensität gleich Null. Setzt man eine Linse hinter die Öffnungen und fokussiert das Licht auf einen Schirm oder eine photographische Platte, so

---

←

Abb. 33.21. Die Kuppel des 200-Zoll-Teleskops auf dem Mount Palomar. *(Photographie der Mount Wilson und Palomar-Observatorien.)*

Abb. 33.24. Der Bruce-Spektrograph des Yerkes-Observatoriums. Dieser Spektrograph ist mit drei Prismen ausgerüstet; der Kollimator befindet sich unten, die Kamera oben, parallel zum Kollimator.

entsteht in den Punkten, in denen die verschiedenen Wellenberge der „gebeugten" Lichtstrahlen zusammentreffen, eine Reihe von Bildern der ursprünglichen Quelle. Die so erhaltenen Bilder werden analog den aufeinanderfolgenden Ordnungen der Interferenzstreifen bezeichnet. Bei einem Spalt in der Anordnung der Abb. 33.26 (a), der durch eine monochromatische Lichtquelle beleuchtet wird, entsteht eine Reihe von Bildern des Spalts (Abb. 33.26 (b)). Da jede Wellenlänge ihre eigenen charakteristischen Fronten hat, ist die Lage der Bilder für jede Wellenlänge verschieden. Wenn die Quelle in Abb. 33.26 (a) zwei diskrete Wellenlängen, eine im Violett, die andere im Grün, emittiert, dann werden die Ordnungen der Interferenzen wie in Abb. 33.26 (c) liegen. Die Spaltbilder in verschiedenen Wellenlängen fallen in der nullten Ordnung zusammen, aber in den anderen Ordnungen sind sie voneinander getrennt, und zwar um so weiter, je höher die Ordnung. Benützt man zur Beleuchtung des Spalts eine kontinuier-

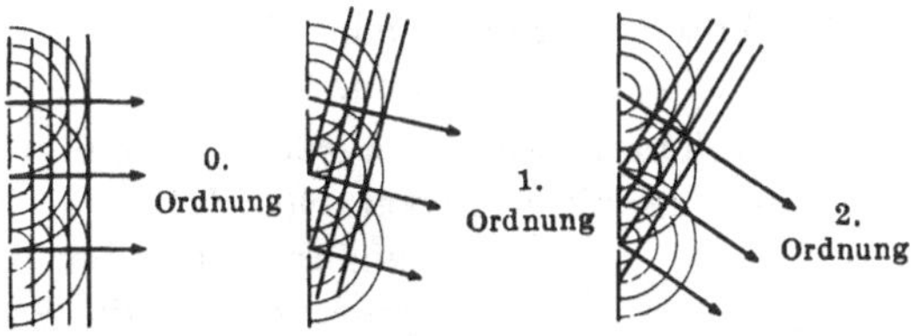

Abb. 33.25. Interferenz sphärischer Wellenfronten hinter drei Öffnungen in einem Schirm, der von parallelem Licht beleuchtet wird. Die als paralleles Bündel von links kommenden Lichtstrahlen breiten sich nach Durchgang durch die drei Öffnungen mit kugelförmigen Wellenfronten aus. In der nullten Ordnung sind die Wellenfronten alle in Phase, daher verstärken sich die Lichtintensitäten von den drei Öffnungen gegenseitig. Gegen die Normale auf dem Schirm geneigte Strahlen werden sich zuerst auslöschen und auf dem Schirm einen dunklen Ring hervorrufen. Wenn die Neigung der Strahlen nach Durchgang durch die Öffnungen gerade so groß ist, daß die Differenzen zwischen den Weglängen eine Wellenlänge betragen, verstärken sich die Intensitäten von den drei Öffnungen wieder. In der zweiten Ordnung beträgt die Wegdifferenz zwei Wellenlängen.

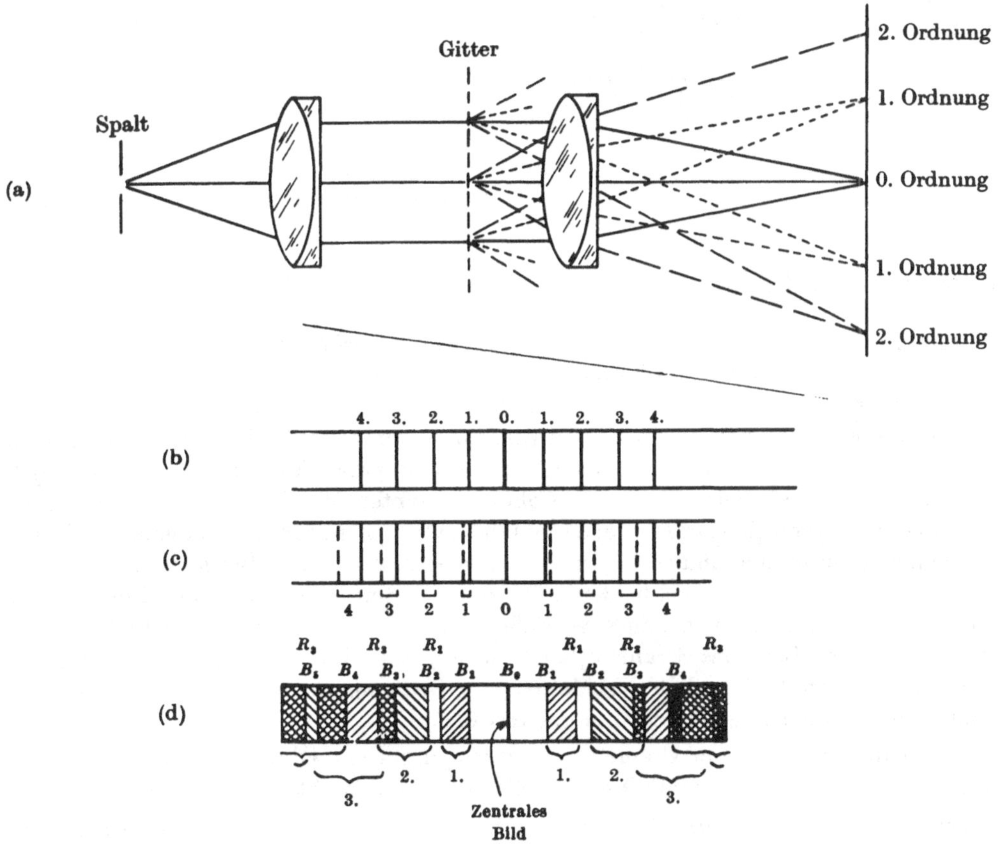

Abb. 33.26. Entstehung von Spektren bei einem durchsichtigen Gitter.

liche Lichtquelle, so setzt sich das resultierende Interferenzbild aus Spektren zusammen, die sich in den höheren Ordnungen überlagern (Abb. 33.26 (d)). Die Dispersion des Spektrums ist um so größer, je höher die Ordnung der Interferenz ist. Wenn man also Licht durch ein „Beugungsgitter" schickt (oder das Licht an ihm reflektieren läßt), erhält man das

Spektrum der Lichtquelle. Je dichter die Spalte oder die Furchen des Gitters beieinander liegen, um so größer ist die Dispersion der Spektren.

Die Gitter, die in Sternspektrographen verwendet werden, stellt man gewöhnlich her, indem man mit einem Diamanten in eine aluminisierte ebene Glasplatte Furchen einritzt. Solche aufeinanderfolgenden parallelen Furchen wirken genau so wie die Spalte in Abb. 33.26 und suchen den Effekt einer einzigen Furche zu verstärken. Es existieren einige Gitter, in die 20 000 parallele Furchen pro Zentimeter eingeritzt sind. Die geteilte Fläche ist bei den größten Gittern etwa 15 × 18 cm² groß.

Sehr grobe Gitter aus einer Reihe von parallelen Metallstäben, getrennt durch offene Zwischenräume, werden oft vor dem Objektiv eines Fernrohrs angebracht (Abb. 33.27), wenn man Sternspektren sehr kleiner Dispersion zu erhalten wünscht.

Abb. 33.27. Grobes Objektiv-Gitter vor der Linse des 40-Zoll-Refraktors des Yerkes-Observatoriums.

33.10 Das Interferometer

Eine interessante Anwendung hat die Erscheinung der Interferenz des Lichts im Michelson-Interferometer gefunden. Bei ihm befindet sich vor dem Objektiv des Fernrohrs ein Schirm mit zwei parallelen Spalten (*M* und *N* in Abb. 33.28, die man sich senkrecht zur Papierebene zu denken hat). Ein entfernter Stern, dessen Bild für alle praktischen Zwecke als punktförmige Lichtquelle betrachtet werden kann, deren Strahlen als paralleles Bündel auf das Objektiv fallen, wird in der Fokalebene (*F*) des Fernrohrs beobachtet. Wie im Fall des Gitters sind die Lichtwege m_0 und n_0 von gleicher Länge; daher fallen, wenn sie sich in der Fokalebene schneiden, ihre Wellenberge zusammen und erzeugen ein zentrales Bild. Die Lichtwege m_1 und n_1 dagegen sind nicht gleich lang. Aber in den beiden, mit „erster Ordnung" bezeichneten Punkten unterscheiden sich ihre Längen um genau eine Wellenlänge, und ein Berg des Strahls m_1 fällt mit dem vorhergehenden Berg des Strahls n_1 zusammen. Dadurch entsteht ein Paar von Bildern. Zwischen dem Zentralbild und den Bildern erster Ordnung interferieren die Strahlen miteinander, und es erfolgt folglich Auslöschung des Lichts.

Betrachtet man das Bild in der Brennebene mit einem starken Okular, so erscheint ein Stern als kleiner Lichtfleck, der aus abwechselnd hellen und dunklen Streifen besteht.

Wenn der Schirm vor dem Fernrohr durch einen anderen ersetzt wird, bei dem die Spalte *M* und *N* dichter beieinander liegen, werden die Streifen auseinanderrücken. Der Effekt ist ähnlich dem der zwei Gitter, von denen das eine wenige Furchen, das andere viele Furchen pro Zentimeter hat; das erste ergibt Spektren kleinerer Dispersion als das zweite.

Die Bilder in den beiden Fällen paralleler Spalte werden schematisch durch die ausgezogenen Kurven in Abb. 33.28 (b) (kleiner Spaltabstand) und (c) (großer Spaltabstand) dargestellt. Dabei handelt es sich um die Bilder eines Einzelsterns; bei einem Doppelstern erzeugt jede Komponente ihr eigenes Streifensystem.

Während der Beobachtungen wird der Abstand von M und N verändert. Bei einem speziellen Wert für diesen Abstand ist die Lage der Streifen diejenige der Abb. 33.28 (c): Die dunklen Streifen des einen Sterns fallen mit den hellen Streifen des anderen Sterns zusammen. Dies tritt ein, wenn der Abstand s der beiden Öffnungen so groß ist, daß

$$\theta = \frac{1}{2} \frac{\lambda}{s},$$

worin θ der Winkelabstand der beiden Sterne und λ die Wellenlänge des Lichts sind. Der Abstand der Öffnungen läßt sich direkt an dem Schirm vor dem Fernrohrobjektiv messen,

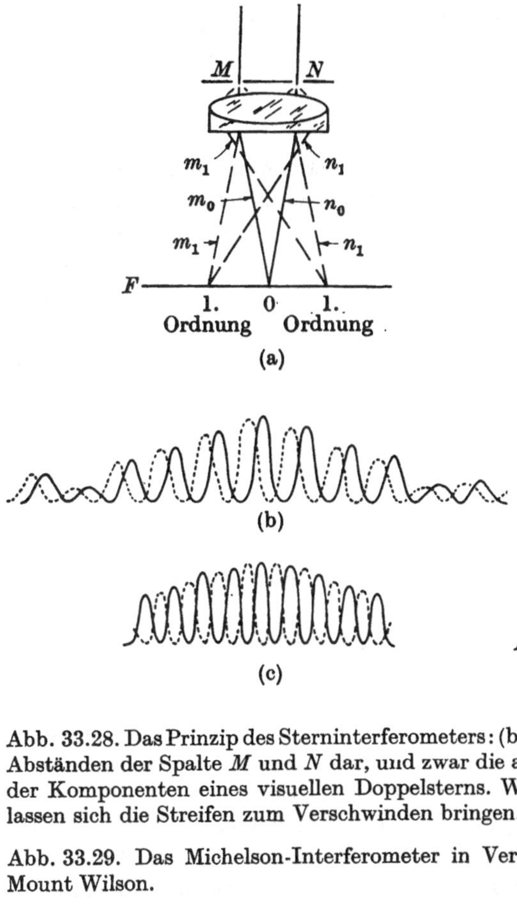

Abb. 33.28

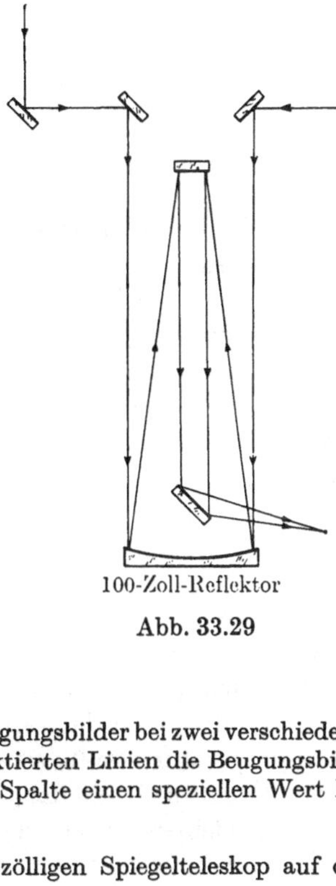

Abb. 33.29

Abb. 33.28. Das Prinzip des Sterninterferometers: (b) und (c) stellen die Beugungsbilder bei zwei verschiedenen Abständen der Spalte M und N dar, und zwar die ausgezogenen und punktierten Linien die Beugungsbilder der Komponenten eines visuellen Doppelsterns. Wenn der Abstand der Spalte einen speziellen Wert hat, lassen sich die Streifen zum Verschwinden bringen.

Abb. 33.29. Das Michelson-Interferometer in Verbindung mit dem 100zölligen Spiegelteleskop auf dem Mount Wilson.

und für die Wellenlänge kann man die von visuellem Licht annehmen. Wenn zum Beispiel die Streifen bei einem Abstand der Spalte von 10 Zoll verschwinden, beträgt der Winkel θ angenähert 0,″2. Mit einem 10zölligen Fernrohr ohne Interferometer lassen sich keine Doppelsterne trennen, die näher als 0,″5 beieinander stehen. Durch Verwendung des Interferometers läßt sich das Auflösungsvermögen eines Fernrohrs etwa um einen Faktor 2 steigern.

Einen noch größeren Gewinn erzielt man mit einer sinnreichen Modifikation des Interferometers, die von A. A. Michelson erfunden wurde (Abb. 33.29). Mit Hilfe von zwei kleinen ebenen Spiegeln kann der effektive Spaltabstand auf das Mehrfache der Öffnung des Fernrohrs vergrößert werden.

Das Michelson-Interferometer hat man zur Messung der Durchmesser mehrerer Einzelsterne angewandt. So hat man mit einem Sterninterferometer mit einem Spaltabstand von 3 m in Verbindung mit dem 100″-Teleskop auf dem Mount Wilson den Durchmesser der Beteigeuze gemessen. Es ergab sich der Wert 0″047.

Das Interferometerprinzip wurde ferner erfolgreich in der Radio-Astronomie zur Erhöhung des Auflösungsvermögens angewandt. Zwei Dipole im Abstand von einer endlichen Zahl von Wellenlängen sind einem Michelson-Interferometer äquivalent: Der zweite Dipol erzeugt Interferenz mit den Signalen, die vom ersten Dipol empfangen werden. Wenn infolge der täglichen Bewegung eine Punktquelle, die Radiostrahlung emittiert, den Meridian überschreitet und dabei von einer stationären zusammengesetzten Antenne erfaßt wird, so zeigt das Registriergerät eine Reihe getrennter Streifen. Bei einer ausgedehnten Radioquelle sind die Streifen verwaschen und nicht deutlich getrennt.

33.11 Das Thermoelement

Zur Bestimmung der Temperaturen von Planeten und Sternen verwendet man ein Spezialinstrument, das Thermoelement, in der Fokalebene des Fernrohrs. Es dient dazu, mit hoher Genauigkeit den kleinen Temperaturzuwachs zu messen, den die Gesamtstrahlung des Objekts im Brennpunkt des Fernrohrs erzeugt. Im Prinzip könnte man diese Messung auch mit Hilfe eines gewöhnlichen Thermometers durchführen, aber die Genauigkeit würde dann ganz unzureichend sein.

Ein Thermoelement besteht aus zwei verschiedenen Metallen, die an ihrer Verbindungsstelle zusammengelötet sind. Zum Beispiel kann man ein kleines Stück Kupferdraht mit einem Eisendraht verbinden. Die freien Enden der beiden Drähte werden mit einem Amperemeter verbunden, das einen in der Drahtschleife fließenden Strom mißt. Wenn die Verbindungsstelle beider Drähte Strahlung irgendeiner Wellenlänge ausgesetzt wird, so nimmt die Temperatur an dieser Stelle zu und das Amperemeter zeigt einen schwachen elektrischen Strom an. Auf diese Weise lassen sich Temperaturunterschiede von der Ordnung eines Millionstel Grad zwischen der erwärmten Lötstelle und den anschließenden Teilen des elektrischen Stromkreises messen.

Wenn der Beobachter die Temperatur eines astronomischen Objekts bestimmen will, z. B. die einer bestimmten Stelle auf der Marsscheibe, so wird das Bild des Planeten sorgfältig eingestellt, so daß der ins Auge gefaßte Fleck genau auf die Lötstelle des Thermoelements fällt. Mittels geeigneter Filter wird das reflektierte Sonnenlicht, das eine Energieverteilung besitzt, die der Sonnentemperatur von 6000° entspricht, größtenteils absorbiert, bevor es das Thermoelement erreicht. Übrig bleibt die langwelligere Strahlung (Wärmestrahlung), sie fällt auf die Lötstelle des Thermoelements und erhöht dort die Temperatur. Der dieser sehr kleinen Temperaturänderung äquivalente Strom wird mit dem Amperemeter gemessen. Die von dem Fleck auf dem Mars ausgestrahlte Wärmemenge muß dann nach einer ähnlichen Methode berechnet werden, nach der in Abschnitt 15.4 die von der Sonne ausgestrahlte Gesamtenergie ermittelt wurde. Auf diese Weise ergibt sich der Betrag an Wärmeenergie, der von einem Quadratzentimeter der Marsoberfläche emittiert wird, und das führt dann durch Anwendung des Stefanschen Gesetzes zur Bestimmung der Temperatur des Flecks.

33.12 Lichtelektrische Photometrie

Genaue Messungen der Größen und Farben von Sternen sind in fast allen Teilgebieten der Stellarastronomie notwendig. Das genaueste Verfahren hierfür macht Gebrauch von einer lichtelektrischen Zelle, in der ein elektrischer Strom dadurch entsteht, daß bei Bestrahlung mit Licht aus einer Metallschicht Elektronen frei werden. Fast alle Metalle zeigen diesen Effekt unter dem Einfluß von ultravioletter Strahlung, als besonders geeignet haben sich aber die Alkali-Metalle, wie Kalium und Caesium, erwiesen, weil sie auch gegen sichtbares Licht empfindlich sind. Doch werden diese Metalle vom atmosphärischen Sauerstoff angegriffen, und daher muß die lichtempfindliche Schicht in eine Vakuum-Röhre oder in eine mit einem verdünnten Edelgas gefüllte Röhre eingeschlossen werden.

In einer einfachen Photozelle werden die negativen Elektronen, die beim Auftreffen von Photonen frei werden, von einer Anode angezogen, die positiv geladen ist relativ zu der Alkalischicht, aus der die Kathode besteht. Solange die Zelle von dem einfallenden Licht beleuchtet wird, fliegen Elektronen von der Kathode zur Anode und in dem Stromkreis, von dem die Zelle einen Teil bildet, fließt ein elektrischer Strom. Die Stärke dieses Photostroms kann genau gemessen werden; sie ist der Intensität des auffallenden Lichts proportional.

Photozellen verbesserter Bauart nutzen die Tatsache aus, daß die von den Lichtstrahlen losgelösten Elektronen weitere Elektronen freimachen, wenn sie auf eine andere geeignete Metallschicht auftreffen. Die Zahl der so erzeugten Sekundärelektronen hängt von der Geschwindigkeit der auftreffenden Teilchen ab. Sie lassen sich beschleunigen, indem man die elektrische Potentialdifferenz zwischen aufeinanderfolgenden Paaren von Metallschichten vergrößert. Mit den meisten Metallen ist es möglich, zwei Sekundärelektronen aus einem Primärelektron zu erhalten, und für bestimmte Alkalimetalle kann die Ausbeute bis auf 10:1 ansteigen.

Diese Erscheinung wird in den Elektronen-Vervielfachern verwertet, die jetzt allgemein in der astronomischen Photometrie gebraucht werden. Eine typische RCA 1 P 21-Röhre hat neun aufeinanderfolgende Verstärkungsstufen mit einer Potentialdifferenz von je 90 bis 100 Volt zwischen aufeinanderfolgenden Caesiumoxyd-Schichten. Der Wirkungsgrad der einzelnen Röhren ist verschieden, aber eine am Lick-Observatorium benützte Röhre ermöglicht eine Verstärkung von 5,5 pro 90 Volt jeder Stufe; jedes primäre Photoelektron aus der ersten Schicht dieser Röhre macht $5{,}5^9$ oder $3{,}7 \cdot 10^6$ Elektronen in der neunten Stufe frei. Diese gewaltige Verstärkung des lichtelektrischen Effekts erklärt die hohe Empfindlichkeit der Zelle.

Es ist von Wichtigkeit, die Quantenausbeute der ersten Schicht zu kennen. Sie wird definiert als die Anzahl von Elektronen, die von einem auffallenden Lichtquant losgelöst werden. Direkte Messungen haben ergeben, daß das Verhältnis bei etwa 1 zu 10 liegt: nur eins von 10 auffallenden Photonen trennt ein primäres Elektron ab. Aber selbst unter diesen Umständen ist die Quantenausbeute noch etwa 100mal größer als die einer hochempfindlichen photographischen Emulsion.

Es gibt noch einige andere Typen von lichtempfindlichen Apparaten mit sogar noch höherer Quantenausbeute als bei der Photozelle, wenn auch nur für bestimmte Spektralbereiche. Am wichtigsten hiervon ist die Widerstandszelle, deren Grundlage die Tatsache bildet, daß der elektrische Widerstand gewisser Substanzen durch Absorption von Strahlung erheblich vermindert wird. Zum Beispiel nimmt der Widerstand einer dünnen Bleisulfid- oder Thalliumsulfid-Schicht stark ab, wenn sie infrarotem Licht ausgesetzt wird.

In einer Widerstandszelle ist der Strom direkt proportional der Lichtintensität in den Wellenlängen, für welche die Zelle empfindlich ist. Die Quantenausbeute einer Widerstandszelle erreicht Werte bis zu $1/2$; die Infrarotempfindlichkeit kann 100 oder 1000mal größer sein als die der besten Caesiumoxyd-Photozelle. für kürzere Wellenlängen ist der Gewinn jedoch weniger beträchtlich. Da die meisten astronomischen Lichtquellen im Infrarot schwach sind, hat man diese Zellen bisher nur zur Untersuchung von hellen roten Sternen, von Planeten usw. verwendet.

Mit modernen astronomischen Photometern ist man imstande, die Helligkeiten aller Sterne zu messen, die auf Aufnahmen mit den längsten überhaupt möglichen Belichtungszeiten auf hochempfindlichen Emulsionen zu entdecken waren. Die untere Grenze der Helligkeit eines Sterns, der im Brennpunkt des 200-Zöllers einen noch merklichen Effekt in einer Photozelle bewirkt, liegt bei etwa $+24^{m}$. Diese Grenze ist nicht durch die Empfindlichkeit der Zelle und auch nur in relativ geringem Maße durch die Öffnung des Teleskops bedingt, sondern hierfür ist hauptsächlich die Helligkeit des nächtlichen Himmels maßgebend infolge des Zusammenwirkens von Nachthimmelleuchten, nicht aufgelösten Sternen und diffuser nebularer Emission und Reflexion. Bei einer scheinbaren Helligkeit von 23^{m} oder 24^{m} werden die Sternbilder durch die Helligkeit des Nachthimmels nahezu ausgelöscht.

Eine weitere Begrenzung des konventionellen photoelektrischen Verfahrens liegt darin, daß bei ihm kein Bild entsteht wie bei einer direkten photographischen Himmelsaufnahme. Wenn der Ort eines Sterns bekannt ist, kann seine Helligkeit gemessen werden. Wenn aber der Stern zu schwach ist, um zuerst auf einer direkten Photographie wahrgenommen werden zu können, würde seine Entdeckung mit beträchtlichen Schwierigkeiten verbunden sein.

Im Prinzip ist dieses Problem durch die Erfindung des Fernsehens gelöst worden. Aber die Verfahren des Fernsehens sind nicht ohne weiteres auf die äußerst schwachen Lichtquellen anwendbar, mit denen es die Astronomie der Sterne und Nebel zu tun hat. Um die hohe Quantenausbeute lichtelektrischer Empfänger voll ausnützen zu können, müssen die Photoelektronen, die aus einer Kathodenschicht in der Fokalebene eines Fernrohrs frei werden, von einer photographischen Platte oder einer geeigneten Anodenschicht aufgefangen werden, und zwar so, daß das Bild erhalten bleibt, das auf der Kathodenschicht unter Einwirkung des Lichts der einzelnen Sterne und Nebel entstanden ist. Instrumente zur Erzeugung des Elektronenbildes eines Feldes von Sternen und Nebeln werden Bildwandler genannt. Auf diesem Gebiet hat A. Lallemand an der Sternwarte Paris beträchtliche Fortschritte erzielt.

Aufgaben

1. Wie groß ist die Lichtgeschwindigkeit bei der Wellenlänge 4000 Å
   a) im Vakuum?
   b) in Luft?
   c) in Fluorit?

2. a) Wie groß ist das Öffnungsverhältnis des 200″-Spiegelteleskops, dessen Brennweite 55 Fuß beträgt?
   b) Wie groß ist die Lichtstärke des 200-Zöllers?
   c) Welche Helligkeit hat der schwächste Stern, der im 200-Zöller sichtbar ist?
   d) Welches theoretische Auflösungsvermögen hat der 200-Zöller?
   e) Welche Vergrößerung erreicht man mit einem Okular von $^1/_4$ Zoll Brennweite am 200″-Spiegelteleskop?

3. Der Stern α Aurigae hat zwei Komponenten, deren Abstand $0{,}''054$ beträgt. Kann dieser Stern aufgelöst werden mit dem
   a) Lick-Refraktor von 36″ Öffnung?
   b) 200″-Spiegelteleskop?

KONSTANTENTAFEL

Lichtgeschwindigkeit c	$= 2{,}998 \cdot 10^{10}$ cm/sec
Gravitationskonstante G	$= 6{,}67 \cdot 10^{-8}$ dyn cm²/g²
Masse des Wasserstoffatoms H	$= 1{,}66 \cdot 10^{-24}$ g
Stefansche Konstante σ	$= 5{,}67 \cdot 10^{-5}$ erg/cm² sec Grad⁴
Konstante des Wienschen Verschiebungsgesetzes	$= 2{,}90 \cdot 10^{7}$ Å Grad
Masse der Erde	$= 5{,}98 \cdot 10^{27}$ g
Äquatorradius der Erde	$= 6{,}378 \cdot 10^{8}$ cm
Länge des tropischen Jahres	= 365,2422 Tage
Länge des siderischen Jahres	$= 365{,}2564$ Tage $= 3{,}1558 \cdot 10^{7}$ sec
Schiefe der Ekliptik	= 23° 27′ 8″ (1900)
Präzession längs der Ekliptik	= 50″,26 pro Jahr (1900)
Mittlerer Abstand des Mondes	$= 3{,}844 \cdot 10^{10}$ cm
Masse des Mondes	$= 7{,}35 \cdot 10^{25}$ g
Radius des Mondes	$= 1{,}74 \cdot 10^{8}$ cm
Masse der Sonne	$= 1{,}99 \cdot 10^{33}$ g
Radius der Sonne	$= 6{,}96 \cdot 10^{10}$ cm
Leuchtkraft der Sonne	$= 3{,}86 \cdot 10^{33}$ erg/sec
1 astronomische Einheit (a. E.)	$= 1{,}496 \cdot 10^{13}$ cm
1 Lichtjahr	$= 9{,}461 \cdot 10^{17}$ cm $= 6{,}324 \cdot 10^{4}$ a. E.
1 parsec	= 3,262 Lichtjahre
	$= 2{,}0626 \cdot 10^{5}$ a. E. $= 3{,}086 \cdot 10^{18}$ cm
Radius des Milchstraßensystems	= 15 000 oder 20 000 parsec
Zentrale Dicke des Milchstraßensystems	= 5 000 parsec
Abstand der Sonne vom galaktischen Zentrum	= 8 000 parsec
Rotationsgeschwindigkeit der Milchstraße im Abstand der Sonne vom Zentrum	= 300 km/sec

Karte der Äquatorzone →

Bei Verwendung auf der Nordhalbkugel ist die Karte nach Süden zu halten. Die Stundenkreise sind senkrechte Linien. Da diese Kreise nach den beiden Polen konvergieren sollten, sind die Sternbilder in höheren Deklinationen (größer +50°) beträchtlich verzerrt. Die Rektaszension (in Stunden) ist am oberen und unteren Rand der Karte vermerkt, die Deklination (in Grad) auf jeder Seite. Der Frühlingspunkt ist mit ♈ und der Herbstpunkt mit ♎ bezeichnet. GNP bedeutet den galaktischen Nordpol, GSP den galaktischen Südpol. Zu dem am unteren Rand der Karte angegebenen Datum fällt der jeweilige Stundenkreis um 20^h Ortszeit mit dem Meridian zusammen.

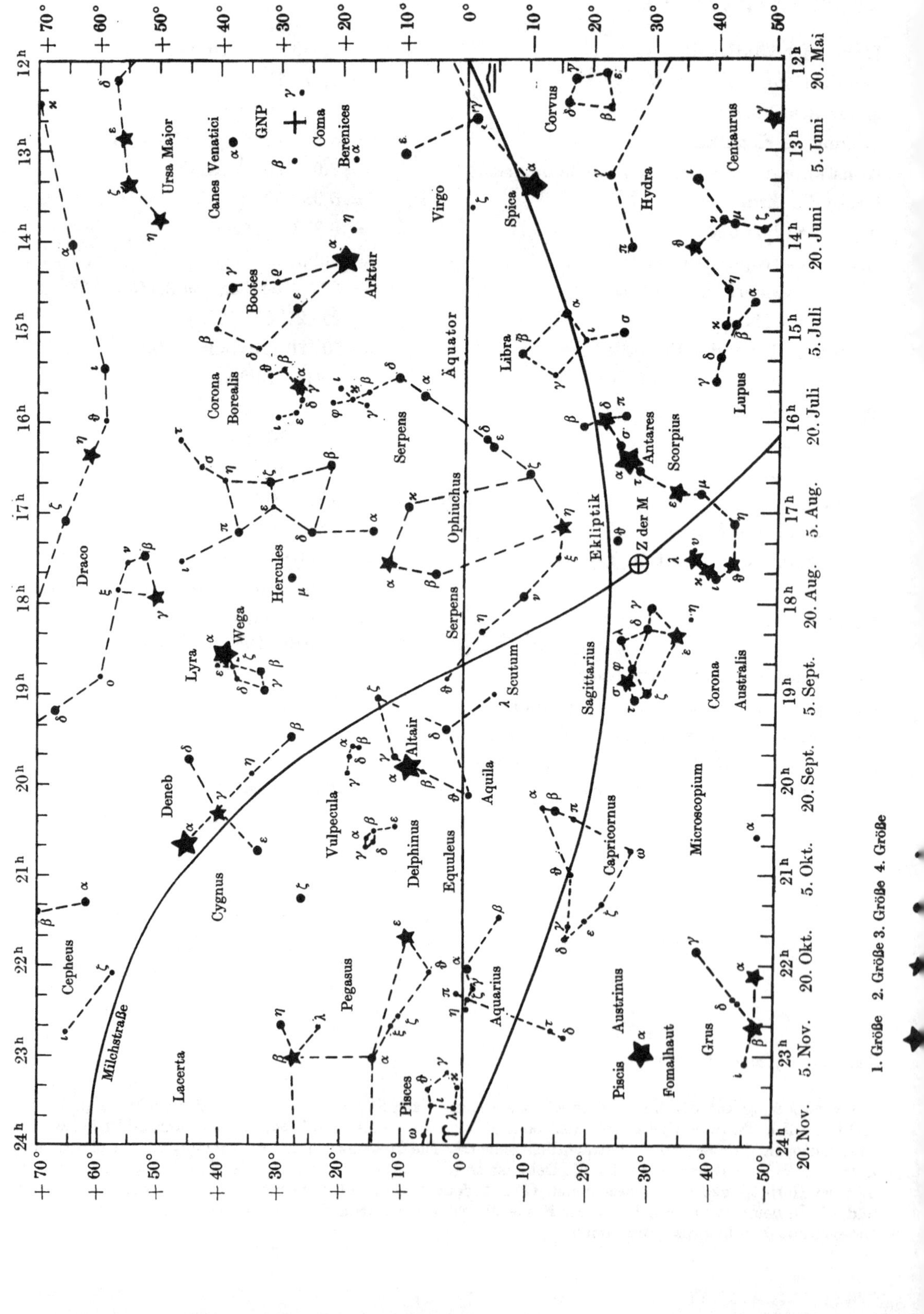

12h 13h 14h 15h 16h 17h 18h 19h 20h 21h 22h 23h 24h
+70° +60° +50° +40° +30° +20° +10° 0° −10° −20° −30° −40° −50°
20. Mai
5. Juni
20. Juni
5. Juli
20. Juli
5. Aug.
20. Aug.
5. Sept.
20. Sept.
5. Okt.
20. Okt.
5. Nov.
20. Nov.
Ursa Major
Canes Venatici
GNP
Coma
Berenices
Virgo
Corvus
Spica
Hydra
Centaurus
Arktur
Bootes
Corona
Borealis
Serpens
Äquator
Libra
Lupus
Draco
Hercules
Ophiuchus
Ekliptik
Antares
Scorpius
Z der M
Lyra
Wega
Serpens
Scutum
Sagittarius
Corona
Australis
Deneb
Vulpecula
Altair
Aquila
Delphinus
Equuleus
Capricornus
Microscopium
Cygnus
Cepheus
Pegasus
Aquarius
Piscis
Austrinus
Fomalhaut
Grus
Milchstraße
Lacerta
Pisces
1. Größe 2. Größe 3. Größe 4. Größe

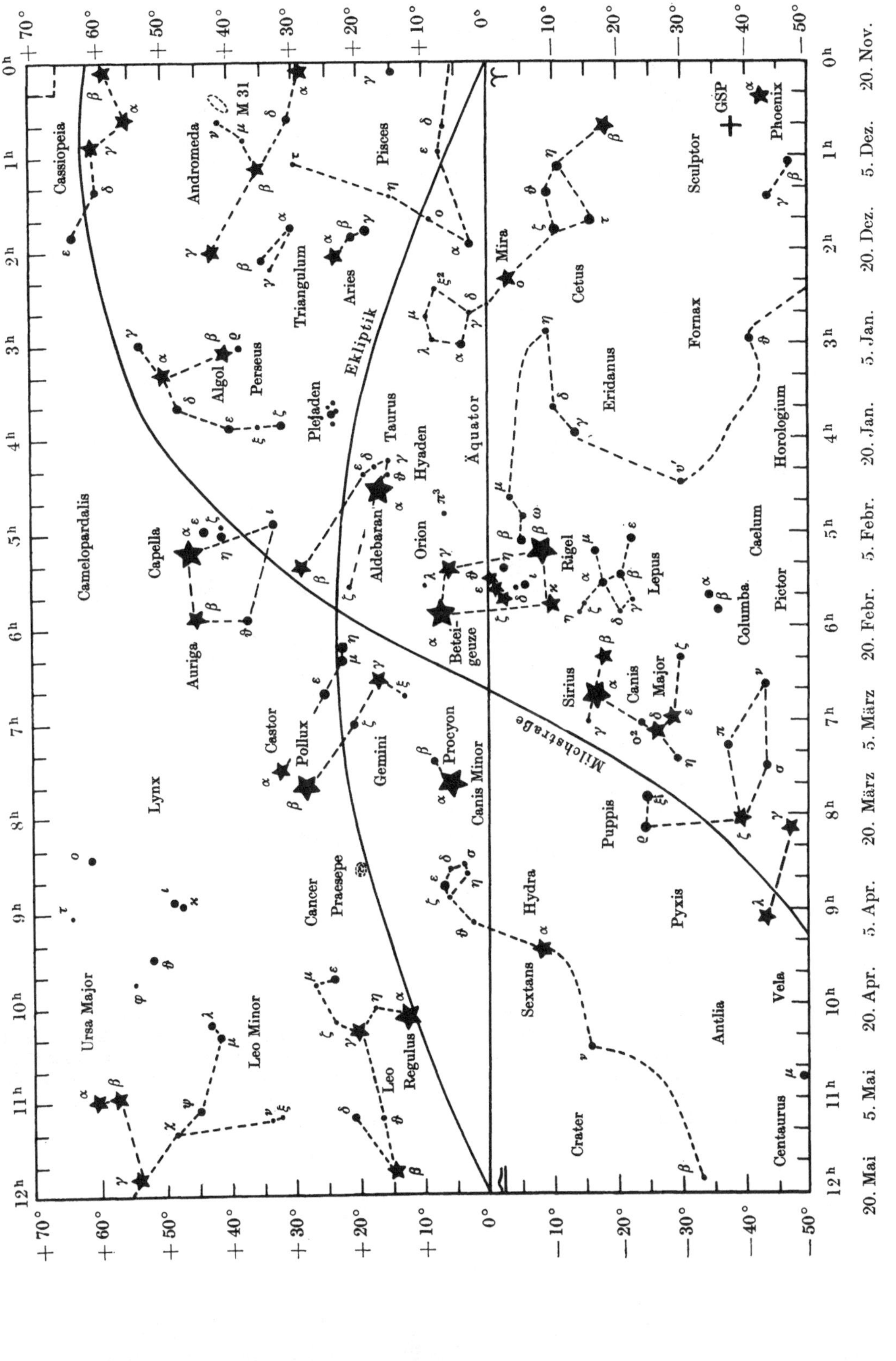
0h
1h
2h
3h
4h
5h
6h
7h
8h
9h
10h
11h
12h
+70°
+60°
+50°
+40°
+30°
+20°
+10°
0°
−10°
−20°
−30°
−40°
−50°
20. Nov.
5. Dez.
20. Dez.
5. Jan.
20. Jan.
5. Febr.
20. Febr.
5. März
20. März
5. Apr.
20. Apr.
5. Mai
20. Mai
Cassiopeia
Andromeda
M 31
Pisces
Triangulum
Aries
Perseus
Algol
Plejaden
Ekliptik
Taurus
Hyaden
Aldebaran
Äquator
Mira
Cetus
Sculptor
GSP
Phoenix
Fornax
Eridanus
Horologium
Camelopardalis
Capella
Auriga
Orion
Beteigeuze
Rigel
Lepus
Caelum
Columba
Pictor
Canis Major
Sirius
Milchstraße
Castor
Pollux
Gemini
Procyon
Canis Minor
Lynx
Puppis
Pyxis
Cancer
Praesepe
Hydra
Sextans
Ursa Major
Leo Minor
Leo
Regulus
Vela
Antlia
Crater
Centaurus

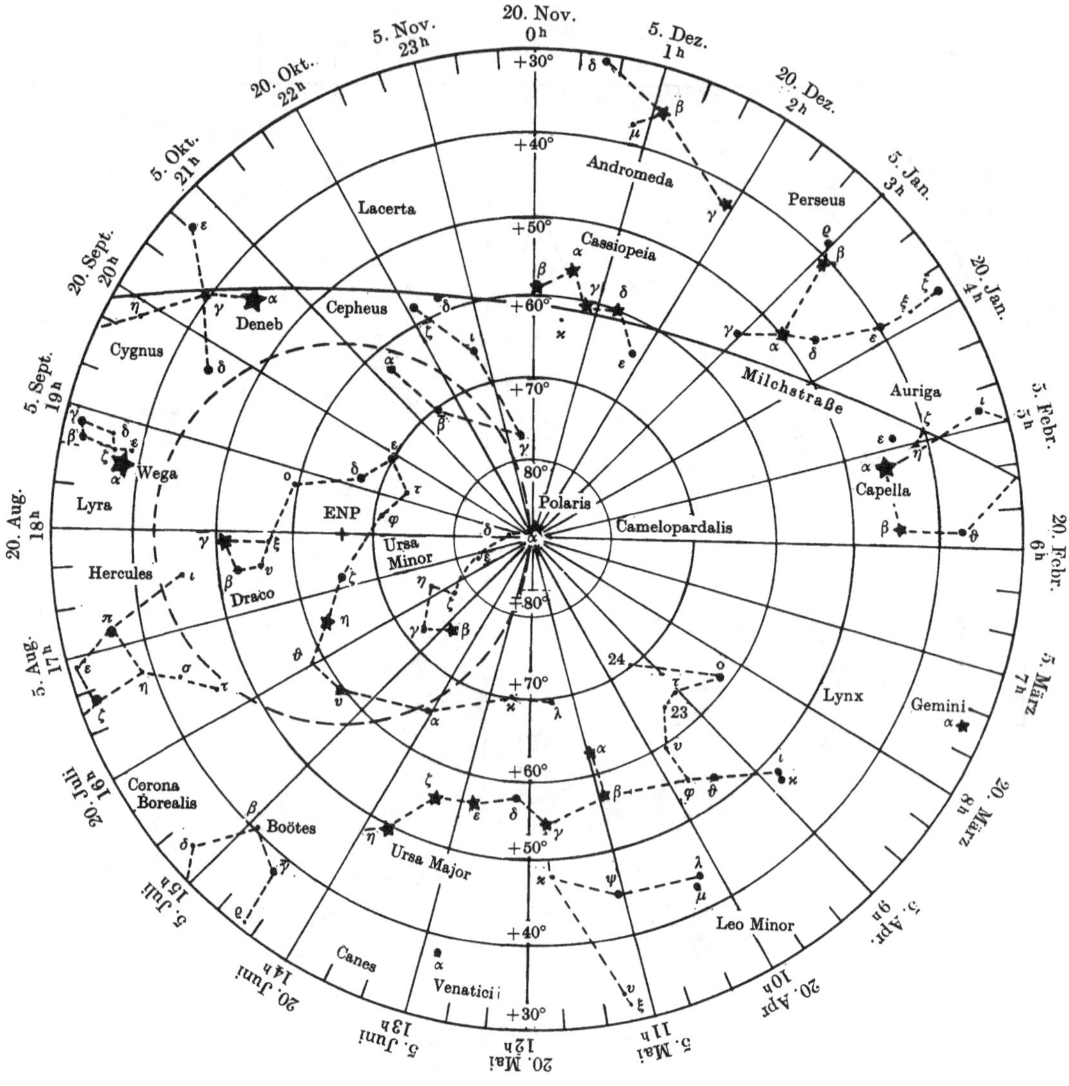

Karte der nördlichen Zirkumpolarsterne

Bei Verwendung auf der Nordhalbkugel ist die Karte nach Norden zu halten. Die Stundenkreise konvergieren nach dem nördlichen Himmelspol. Die Rektaszension (in Stunden) ist am Rande vermerkt, die Deklination (in Grad) an den kleinen konzentrisch zum nördlichen Himmelspol verlaufenden Kreisen. ENP bedeutet den Nordpol der Ekliptik, und der Kreis mit $23\frac{1}{2}°$ Radius um ENP als Mittelpunkt ist die Bahn, die der nördliche Himmelspol infolge der Präzession beschreibt. Zu dem am Rande angegebenen Datum fällt der jeweilige Stundenkreis um 20^h Ortszeit mit dem Meridian zusammen.

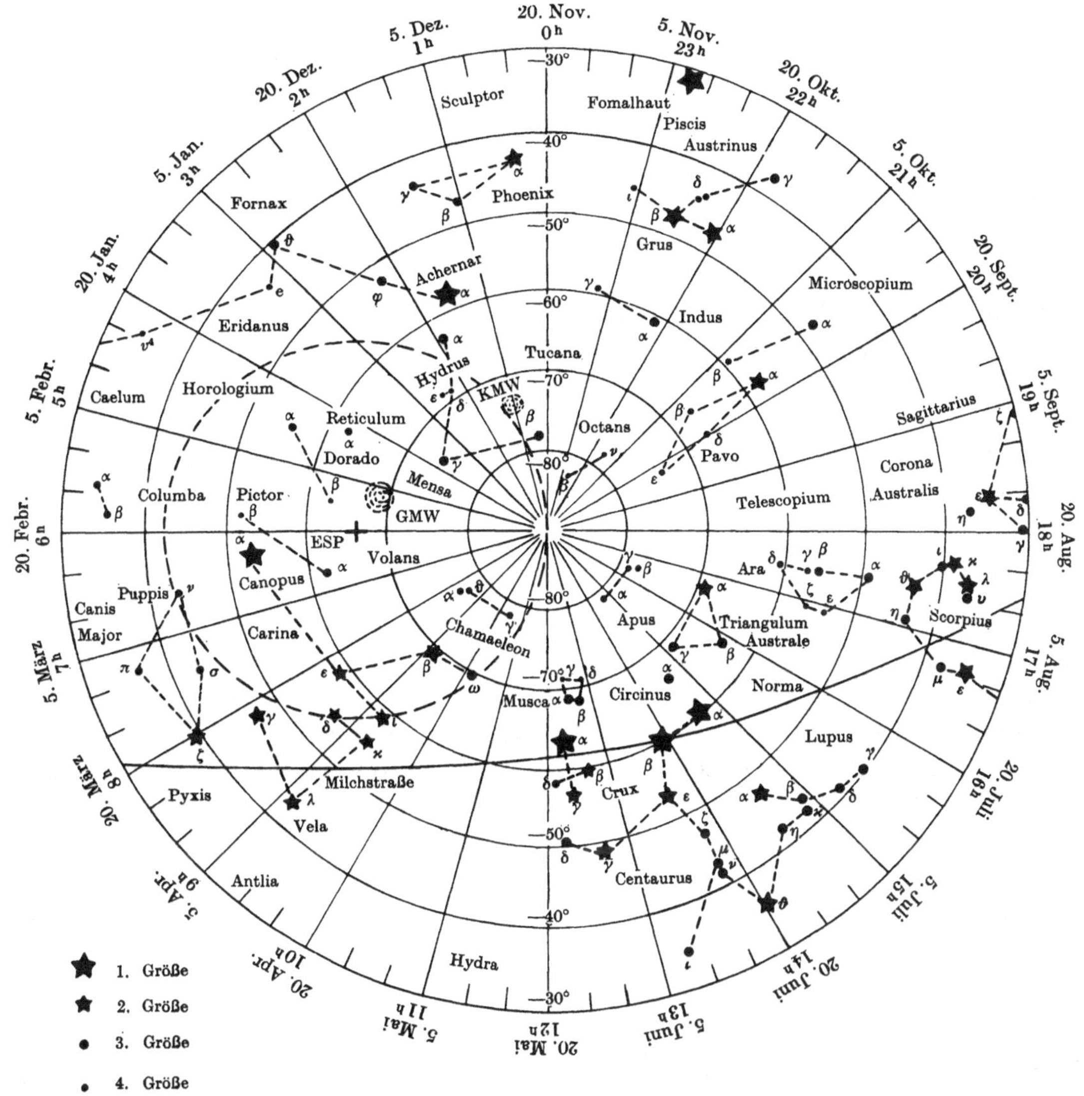

Karte der südlichen Zirkumpolarsterne

Bei Verwendung auf der Südhalbkugel ist die Karte nach Süden zu halten. Die Stundenkreise konvergieren nach dem südlichen Himmelspol, die Rektaszension (in Stunden) ist am Rande der Karte vermerkt, die Deklination (in Grad) an den kleinen konzentrisch zum südlichen Himmelspol verlaufenden Kreisen. ESP bedeutet den Südpol der Ekliptik und der Kreis mit $23\frac{1}{2}°$ Radius um ESP als Mittelpunkt die Bahn, die der südliche Himmelspol infolge der Präzession beschreibt. GMW bedeutet die Große Magellansche Wolke und KMW die Kleine Magellansche Wolke. Zu dem am Rande angegebenen Datum geht der jeweilige Stundenkreis um 20h Ortszeit durch den Meridian.

LÖSUNGEN DER AUFGABEN

Kap. 2

1. Anzahl der Sekunden pro Jahr $= 60 \cdot 60 \cdot 24 \cdot 365 = 3{,}2 \cdot 10^7$ sec.
2. Gesamtmasse des Milchstraßensystems $= 2 \cdot 10^{33} \cdot 10^{11} = 2 \cdot 10^{44}$ g.
3. Mondentfernung $= 380000 : 6400 = 59{,}4$ Erdradien.
4. Äquatorumfang der Erde $= 2\pi \cdot 6400 = 40212$ km $= 24988$ Meilen.
5. Sonnenvolumen : Erdvolumen $\approx 10^6 : 1$.
6. Oberfläche einer Kugel, deren Radius gleich der mittleren Entfernung der Erde von der Sonne ist, $= 4\pi \cdot (1{,}5 \cdot 10^{13}\ \text{cm})^2 = 2{,}8 \cdot 10^{27}\ \text{cm}^2$.
7. $68°$ F $= 20°$ C $= 293°$ K.

Kap. 3

1. $l_{\text{Berk.}} = \alpha_{\text{Spika}} - \alpha_{\text{Capella}} = 13^h22^m - 5^h13^m = 8^h9^m = 122\,{}^1\!/\!_4°$ westl. Länge.
2. Sternzeit $= \alpha_{\text{Capella}} = 5^h13^m$.
3. Greenwich liegt $51°29' - 40°49' = 10°40'$ nördlicher als New York.
4. Aus den Definitionen der Rektaszension in 3,3 und des Stundenwinkels und der Sternzeit in 3,6 ergibt sich

   Sternzeit = Stundenwinkel des Frühlingspunktes
   = Stundenwinkel der Capella + Rektaszension der Capella

5. Ja, da die beiden Stundenwinkel des ♈-Punktes und der Capella von 20^h bis 24^h mittlerer Ortszeit um den gleichen Betrag zunehmen.

Kap. 4

1. Die Geschwindigkeit des fallenden Körpers nimmt jede Sekunde um den gleichen Betrag zu, die Beschleunigung ist demnach konstant, und zwar beträgt sie

$$a = \frac{2\,s}{t^2} = \frac{2 \cdot 490}{1} = \frac{2 \cdot 1960}{4} = 980\ \text{cm/sec}^2.$$

2. Die gesuchte Kraft ist $F = m \cdot a = 0{,}001 \cdot 1{,}000\ \text{g} \cdot \text{cm/sec}^2 = 0{,}001$ dyn.

3. $v_{\text{Jup.}} = \dfrac{2\pi \cdot 7{,}8 \cdot 10^8}{12}$ km/Jahr $= 13{,}1$ km/sec $= 13{,}1 \cdot 10^5$ cm/sec. $\omega_{\text{Jup.}}\ \dfrac{360}{12 \cdot 3{,}2 \cdot 10^7} =$ $= 9{,}5 \cdot 10^{-7}$ Grad/sec.

4. $a_{\text{Jup.}} = \dfrac{360 \cdot 2\pi \cdot 13{,}1 \cdot 10^5}{12 \cdot 3{,}2 \cdot 10^7 \cdot 360} = 0{,}022\ \text{cm/sec}^2$.

5. $a_{\text{Jup.}} = \dfrac{6{,}7 \cdot 10^{-8} \cdot 2 \cdot 10^{33}}{7{,}8^2 \cdot 10^{26}} = 0{,}022\ \text{cm/sec}^2$.

Kap. 5

1. Abplattung des Saturn $= \frac{60400 - 54600}{60400} = \frac{1}{10,4} = 0{,}096.$

2. Mittl. Dichte des Saturn $= \frac{95 \cdot 6 \cdot 10^{27}}{\frac{4\pi}{3} \cdot 6{,}04^3 \cdot 10^{27}} = 0{,}62\ \mathrm{g/cm^3}.$

3. $g_{\mathrm{Pol}} = \frac{6{,}7 \cdot 10^{-8} \cdot 6 \cdot 10^{27}}{6{,}357^2 \cdot 10^{16}} = 995\ \mathrm{cm/sec^2};$

$g_{\mathrm{Äqu.}} = \frac{6{,}7 \cdot 10^{-8} \cdot 6 \cdot 10^{27}}{6{,}378^2 \cdot 10^{16}} = 986\ \mathrm{cm/sec^2}.$

Das Gewicht von 1 g Masse ist am Pol am größten.

4. $\Delta r_{\mathrm{Jup.}} = 71400 \cdot 0{,}062 = 4427$ km $= 2750$ Meilen.

5. Erdumfang $= \frac{360°}{7{,}°2} \cdot 5000 \cdot 0{,}161 = 40\,250$ km.

Der antike Wert stimmt mit dem modernen ziemlich genau überein (vgl. Aufgabe 2,4).

6. Die Deklinationsdifferenz beträgt angenähert 4°.

Kap. 6

1. Die durch die Erdrotation bedingte Aberrationsverschiebung beträgt

$$a = 20{,}5 \cdot \frac{0{,}5}{30} = 0{,}''34.$$

2. Analog zu der in 6,2 durchgeführten Rechnung ergibt sich, daß eine anfangs genau richtig gehende Uhr, wenn ihr Gang in 10^d um 10^s, in 1^d also um 1^s zunimmt, um folgende Werte vorgehen wird:

0,5 sec	am	Ende	des	1.	Tages
2,0 ,,	,,	,,	,,	2.	,,
4,0 ,,	,,	,,	,,	3.	,,
6,5 ,,	,,	,,	,,	4.	,,
9,5 ,,	,,	,,	,,	5.	,,
13,0 ,,	,,	,,	,,	6.	,,
17,0 ,,	,,	,,	,,	7.	,,
21,5 ,,	,,	,,	,,	8.	,,
26,5 ,,	,,	,,	,,	9.	,,
32,0 ,,	,,	,,	,,	10.	,,

3. 40 000 : 300 000 = 0,13 sec.

4. 150 000 000 : 300 000 = 500 sec = 8,3 min.

5. Die der Wellenlänge 6000 Å entsprechende Frequenz beträgt $0{,}5 \cdot 10^{15}$ Schwingungen pro sec.

6. $\lambda_{\mathrm{beob.}} = 4861 \left(1 - \frac{30}{300000}\right) \approx 4860{,}5$ Å.

Kap. 7

1. Es ist $\frac{d_{\mathrm{Satellit}}}{360°} = \frac{1\ \mathrm{m}}{2\pi \cdot 10^5\ \mathrm{m}}$ oder $d_{\mathrm{Satellit}} = 0{,}57 \cdot 10^{-3}$ Grad $\approx 2''$.

2. Der Schwerpunkt des Systems Sonne—Jupiter liegt auf der Verbindungslinie beider Körper

$$\frac{7{,}8 \cdot 10^8 \cdot 2 \cdot 10^{30}}{2 \cdot 10^{33}} = 7{,}8 \cdot 10^5\,\text{km}$$

vom Sonnenzentrum entfernt.

3. $\frac{\text{Eros-Entfernung} \cdot 2\pi}{6400} = \frac{360°}{1'}$ oder Entfernung Erde—Eros $= 2 \cdot 10^7$ km.

4. —

5. Nach 7,1 erscheint der Erdradius vom Monde aus unter einem Winkel von fast 1°, nach 7.2 der Mondradius von der Erde aus unter einem Winkel von $^1/_4$°. Fast gleich groß ist der scheinbare Sonnenradius von der Erde aus und, — da die Entfernung Erde—Mond klein gegen die Entfernung Erde—Sonne ist, — auch vom Monde aus gesehen. Daher erscheint vom Monde aus die Erde etwa viermal so groß wie die Sonne.

6. —

7. —

8. $\frac{1}{P_{\text{syn}}} = \frac{1}{7} - \frac{1}{27\,^1/_3} = \frac{1}{9{,}4}$; die synodische Umlaufszeit des Satelliten beträgt 9,4 Tage.

Kap. 8

1. $d_{\text{Erath.}} = \frac{2{,}8\text{ mm}}{165\text{ mm}} \cdot 3480\text{ km} \approx 60\text{ km} \approx 37$ Meilen.

2. $d_{\text{Ptol.}} \approx 140$ km ≈ 87 Meilen.

3. $h_{\text{Wall}}\,\text{mm} = \frac{0{,}8 \cdot 23}{82{,}5} = 0{,}22\text{ mm}$; $h_{\text{Wall}}\,\text{km} = \frac{3480}{165} \cdot 0{,}22\text{ km} \approx 4{,}7$ km.

4. $h_{\text{Piton}}\,\text{mm} = \frac{1{,}6 \cdot 6}{82{,}5} = 0{,}11\text{ mm}$; $h_{\text{Piton}}\,\text{km} = 0{,}11 \cdot 21\text{ km} = 2{,}3$ km.

5. E_{kin} des Mondes $= \frac{1}{2} \cdot 7 \cdot 10^{25} \cdot (10^5)^2 = 3{,}5 \cdot 10^{35}$ erg.

6. Wärmemenge $= \frac{1}{2} \cdot 10^6 \cdot (4 \cdot 10^6)^2 = 8 \cdot 10^{18}$ erg $= 2 \cdot 10^{11}$ cal.

7. Wegen des wesentlich größeren Abstandes des Saturnsystems von der Sonne werden in einer Titanatmosphäer die mittlere Temperatur und damit die mittleren Geschwindigkeiten der Moleküle oder Atome niedriger sein, als sie in einer Mondatmosphäre sein würden. Wenn die thermischen Geschwindigkeiten hinreichend weit unter der Entweichungsgeschwindigkeit liegen, ist es daher möglich, daß Titan im Gegensatz zum Erdmond dauernd eine Atmosphäre halten kann.

Kap. 9

1. a) Synodische Umlaufszeit der Erde vom Mars aus beobachtet $= 780^{\text{d}}$,

$$\text{da } \frac{1}{365} - \frac{1}{687} = \frac{1}{780}.$$

b)

Aspekte:	Phasen:
Untere Konjunktion	Neuerde
Größte westl. Elongation	Halberde
Obere Konjunktion	Vollerde
Größte östl. Elongation	Halberde
Untere Konjunktion	Neuerde

c) Wenn die Erde, vom Mars aus gesehen, in größter Elongation steht, bildet sie mit der Sonne und Mars ein rechtwinkliges Dreieck ESM, dessen rechter Winkel bei E liegt und in dem die Seite ES = 1,0000 und die Seite SM = 1,5237 ist. Für den Winkel EMS, die größte Elongation, ergibt dann die in diesem Buch durchweg verwandte Näherungsrechnung

$$\frac{360° \cdot 1{,}000}{2\pi \cdot 1{,}5237} \approx 38°.$$

Die Genauigkeit dieses Verfahrens ist allerdings im vorliegenden Fall etwas gering. Bei strenger Rechnung erhält man für die größte Elongation der Erde den Wert 41°.

2. Die scheinbaren Bewegungen der äußeren Planeten sind relativ so langsam, daß sie während eines Erdumlaufs nur einen Bruchteil ihres Umlaufs zurücklegen. Daher kann ihr synodischer Umlauf nur wenig länger als ein Jahr dauern. Jupiters siderische Umlaufszeit im besonderen beträgt nahezu 12^a. Der Planet legt also in einem Jahr etwa $^1/_{12}$ eines Umlaufs zurück. Diese $30° = {}^1/_{12}$ Jupiterumlauf muß die Erde zusätzlich zurücklegen, um wieder in dieselbe relative Stellung zu Sonne und Jupiter zu gelangen. Daher dauert der synodische Umlauf Jupiters fast genau $1^a + 1^{mon}$.

3. Die siderische Umlaufszeit des Objekts beträgt 202^d, es würde sich zwischen Merkur und Venus bewegen.

4. —

5. Nach dem 3. Keplerschen Gesetz ist $P^2 = 3^3$ oder $P = \sqrt{27} = 5{,}2$ Jahre.

6. Eine Umlaufsdauer um die Erde von 1 Monat hat ein Objekt in Mondentfernung. Einer Umlaufszeit von $^1/_8$ Monat entspricht daher eine Entfernung von

$$\sqrt[3]{\frac{1}{64}}\ \text{Mondentfernung} = 0{,}96 \cdot 10^5\ \text{km}.$$

7. $\dfrac{P^2}{a^3} = \dfrac{4\pi^2}{G \cdot \mathfrak{M}_E} = 0{,}98 \cdot 10^{-19}$. Daraus $P = \sqrt{7^3 \cdot 0{,}98 \cdot 10^5} = 5{,}8 \cdot 10^3$ sec $= 97$ min.

8. Die Umlaufsperiode eines die Erde in 6400 km Abstand vom Erdmittelpunkt umkreisenden Satelliten ist $5{,}1 \cdot 10^3$ sec, die Länge seiner Bahn $2\pi \cdot 6400 = 40\,200$ km. Seine Geschwindigkeit beträgt daher 7,9 km/sec $= \dfrac{11{,}2}{\sqrt{2}}$ km/sec. 11,2 km/sec ist aber nach 8.8 die Entweichungsgeschwindigkeit von der Erde.

9. a) Pluto und Merkur

b) Venus und Neptun

c) Pluto und Merkur. Denn nach dem 2. Keplerschen Gesetz ist die Geschwindigkeit eines Planeten dem Abstand von der Sonne umgekehrt proportional. Große Exzentrizität einer Planetenbahn bedingt daher auch größere Geschwindigkeitsdifferenzen zwischen Aphel und Perihel als bei kreisähnlichen Bahnen.

10. $\dfrac{\mathfrak{M}_J}{\mathfrak{M}_\odot} = \dfrac{7{,}14^3 \cdot 10^{-9}}{1{,}9^2 \cdot 10^{-4}} = 1{,}01 \cdot 10^{-3}$

11. $\dfrac{\mathfrak{M}_\oplus}{\mathfrak{M}_\odot} = \dfrac{2{,}56^3 \cdot 10^{-9}}{7{,}5^2 \cdot 10^{-4}} = 3 \cdot 10^{-6}$

Kap. 10

1. a) Aus der Energiegleichung findet man für die Geschwindigkeit v des Steins mit $M = 6 \cdot 10^{27}\,g$, $m = 0$, $a = 3{,}84 \cdot 10^{10}$ cm, $r = 1{,}92 \cdot 10^{10}$ cm

$$v = 1{,}45 \cdot 10^5 \text{ cm/sec} = 1{,}45 \text{ km/sec.}$$

b) Für die Geschwindigkeit des Kometen ergibt sich entsprechend mit $M = 2 \cdot 10^{33}\,g$, $m = 0$, $r = 1{,}5 \cdot 10^{13}$ cm, $a = \infty$

$$v = 4{,}2 \cdot 10^6 \text{ cm/sec} = 42 \text{ km/sec.}$$

c) Setzt man die Entweichungsgeschwindigkeit gleich der parabolischen Geschwindigkeit an der Oberfläche des Körpers, so führt die Energiegleichung auf die Nährungsformel

$$v_{\text{Entw.}} = \sqrt{\frac{2\,G \cdot M}{R}}.$$

2. Die Apheldistanz des Halleyschen Kometen liegt, wie aus Tab. 9.2 hervorgeht, zwischen der Entfernung des Neptun und der des Pluto von der Sonne, während die Periheldistanz des Kometen etwas kleiner ist als der Venusabstand von der Sonne. Nimmt man die Voraussetzungen, die bei Berechnung der Werte in Tab. 10.4 gemacht wurden, auch für Kometen als zulässig an, so lassen sich dieser Tabelle die Werte 0,7 km/sec und 2,2 km/sec für die mittlere Geschwindigkeit von H_2-Molekülen im Kopf des Halleyschen Kometen im Aphel- bzw. Perihelabstand entnehmen.

3. Die gesuchte Geschwindigkeit ist

$$2\pi \cdot 71400 \left(\frac{1}{9{,}833} - \frac{1}{9{,}917}\right) = 385 \text{ km/Stunde} = 1{,}07 \cdot 10^4 \text{ cm/sec.}$$

4. $$\Delta\lambda = 7621 \cdot \frac{12{,}6 \cdot 10^5}{3 \cdot 10^{10}} = +\,0{,}32 \text{ Å.}$$

Kap. 11

1. Das gesuchte Zeitintervall Δt ergibt sich für Phobos zu $11^{\text{h}}\,5^{\text{m}}$ aus

$$\frac{1}{\Delta \text{t}} = \frac{1}{7{,}65} - \frac{1}{24{,}617}.$$

Für Deimos ist entsprechend $\Delta t = 5^{\text{d}}\,12^{\text{h}}$.

2. Aus den Daten in Tab. 11.1 findet man den scheinbaren Winkeldurchmesser des Ganymed = 15,'8 (vom Jupitermittelpunkt aus gesehen).

3. Größter Abstand des Satelliten VIII $= a\,(1 + e) = 32{,}9 \cdot 10^6$ km, entsprechender Durchmesser = 0,''25. Kleinster Abstand des Satelliten VIII $= a\,(1 - e) = 14{,}1 \cdot 10^6$ km, entsprechender Durchmesser = 0,''59.

4. Die Sonnenscheibe erscheint vom Jupiter aus unter einem Winkel von 6,'2. Da nach Aufgabe 11.2 der Winkeldurchmesser mindestens des Ganymed vom Jupiter aus gesehen größer ist als der scheinbare Sonnendurchmesser, sind auf dem Jupiter totale Sonnenfinsternisse beobachtbar.

5. Nach dem 3. Keplerschen Gesetz ergibt sich der gesuchte Abstand vom Saturn zu $185{,}7 \cdot 10^3 \cdot \sqrt[3]{\left(\tfrac{1}{3}\right)^2} = 89{,}3 \cdot 10^3$ km.

6. Nach Tab. 10.1 besitzt Saturn eine Rotationsperiode von $10^h\,14^m$ am Äquator. Die Umlaufsperioden der Teilchen des äußeren A-Ringes sind größer als dieser Wert, d. h. diese Teilchen gehen auf dem Saturn im Osten auf und im Westen unter. Umgekehrt gehen die Teilchen im inneren Teil des *B*-Ringes im Westen auf, im Osten unter, da ihre Umlaufsperioden kleiner als die des Saturn sind.

7. a) $v = \frac{2\pi \cdot 2{,}75 \cdot 10^{10}}{(12 \cdot 60 + 27) \cdot 60}\,\text{cm/sec} = 3{,}85 \cdot 10^6\,\text{cm/sec}$

$\frac{\Delta\lambda}{\lambda} = 1{,}28 \cdot 10^{-4}$

b) $v = \frac{2\pi \cdot 2{,}08 \cdot 10^{10}}{(7 \cdot 60 + 46) \cdot 60}\,\text{cm/sec} = 4{,}67 \cdot 10^6\,\text{cm/sec}$

$\frac{\Delta\lambda}{\lambda} = 1{,}56 \cdot 10^{-4}$

8. Der Unterschied der von der Sonne auf Neumond und Vollmond ausgeübten Anziehung ergibt sich zu $0{,}45 \cdot 10^{24}$ dyn, während nach 5,3 die Anziehung der Erde auf den Mond $2 \cdot 10^{25}$ dyn, also etwa das 45fache, beträgt.

Kap. 12

1. Setzt man die Titius-Bodesche Beziehung vom Merkur aus nach innen hin fort, so erhält man für einen hypothetischen intramerkuriellen Planeten, je nachdem welchen Wert man für den Exponenten in dieser Beziehung wählt, Sonnenabstände zwischen $0{,}4 + 0{,}3 \cdot 2^{-2} = 0{,}475$ a. E. und $0{,}4 + 0{,}3 \cdot 2^{-\infty} = 0{,}4$ a. E.

2. a) $a = \sqrt[3]{(\frac{1}{2})^2} \cdot a_{\text{Jup.}} = 0{,}63 \cdot 5{,}2027$ a. E. $= 3{,}28$ a. E.

b) $a = \sqrt[3]{(\frac{1}{3})^2} \cdot a_{\text{Jup.}} = 0{,}48 \cdot 5{,}2027$ a. E. $= 2{,}50$ a. E.

3. Der Entfernung 2,8 a. E. von der Sonne entspricht eine Umlaufsdauer von nahezu $^2/_5$ derjenigen Jupiters. Nach den Ausführungen in 12.1 wird dadurch erklärt, warum in diesem Abstand nur eine geringe Anzahl von kleinen Planeten zu finden ist.

4. $e = \frac{2 - 0{,}3871}{2} = 0{,}81$

5. Nach 12.3 ist der Radius r_x der entstehenden 10 Körper $r_x = \sqrt[3]{\frac{1}{5}} \cdot r$, wenn $r = 20$ km den Radius der beiden ursprünglichen Planeten bedeutet. Die Oberfläche vor dem Zusammenstoß ist dann $2 \cdot 4\pi\, r^2$, die nach dem Zusammenstoß $10 \cdot 4\pi\, r^2 \cdot \sqrt[3]{(\frac{1}{5})^2}$. Für das Verhältnis beider Größen ergibt sich $\frac{1}{5 \cdot \sqrt[3]{\frac{1}{25}}} = \frac{1}{1{,}7}$. Die Gesamtoberfläche nach dem Zusammenstoß ist demnach 70% größer als vorher.

Kap. 13

1. Der Periode des Enckeschen Kometen von 3,3 Jahren ist nach dem 3. Keplerschen Gesetz ein mittlerer Sonnenabstand von 2,22 a. E. äquivalent. Damit findet man für die Exzentrizität der Bahn des Kometen $e = \frac{5{,}2027 - 2{,}22}{2{,}22} = 1{,}34$, welchem Wert eine Hyperbelbahn

entspricht. Da aber der Enckesche Komet ein periodischer Komet ist, muß seine Bahnexzentrizität kleiner als 1 sein. Der Widerspruch erklärt sich dadurch, daß die Angabe „sein Aphel liegt nahe der Jupiterbahn“ zu ungenau ist. Der Aphelabstand des Kometen ist nicht 5,2027 a.E., sondern nur 4,10 a.E. Mit diesem Wert ergibt sich eine Exzentrizität von $e = 0{,}847$.

2. Setzt man, wie in 13,5, für die Dichte des Mikrometeoriten 5 g/cm³, so ergibt sich für das Verhältnis des von der Sonne ausgeübten Strahlungsdrucks zur Schwerkraft in 1 a. E. Abstand von der Sonne der Wert 1 : 40. Das Verhältnis wird noch etwas kleiner, wenn wir den Meteoriten als aus Eisen bestehend annehmen.

3. Der gesuchte Querschnitt beträgt:

$$\frac{1}{2 \cdot 5 \cdot 100} \cdot 4\pi\,(1{,}5 \cdot 10^8)^2 = 9\pi \cdot 10^{13}\ \text{km}^2 \approx 2{,}8 \cdot 10^{14}\ \text{km}^2.$$

4. Die Beschleunigung des ausströmenden Materials verhält sich zu der des Kometen wie 1000 : 1.

Kap. 14

1. Das Zeitintervall $\Delta t = \frac{2 \cdot 130 \cdot 10^5}{3 \cdot 10^{10}}\,\text{sec} = 0{,}9 \cdot 10^{-3}\,\text{sec}.$

2. Von dem Punkt aus, in dem die Feuerkugel zerspringt, erscheint die Strecke 30 km unter einem Winkel von $5^\circ - \frac{30}{2\pi \cdot 6400} \cdot 360^\circ = 4{,}^\circ 73$. Daraus ergibt sich die gesuchte Höhe zu

$$h = \frac{30 \cdot 360}{2\pi \cdot 4{,}73}\,\text{km} \approx 365\ \text{km}.$$

3. Die parabolische Geschwindigkeit in der Entfernung 1 a. E. von der Sonne beträgt $\sqrt{2} \cdot 30 = 42$ km/sec. Die Geschwindigkeit des Meteors relativ zur Erde ist dann im Fall a (rückläufige Bewegung) $42 - 30 = 12$ km/sec, im Fall b (rechtläufige Bewegung) $42 + 30 = 72$ km/sec. Die entsprechenden kinetischen Energien sind

$$E^{\mathrm{a}}_{\text{kin}} = \frac{m}{2} v^2 = \frac{2 \cdot 10^7}{2} \cdot 1{,}2^2 \cdot 10^{12} = 1{,}44 \cdot 10^{19}\ \text{erg}$$

$$\text{bzw. } E^{\mathrm{b}}_{\text{kin}} = \frac{2 \cdot 10^7}{2} \cdot 7{,}2^2 \cdot 10^{12} = 5{,}18 \cdot 10^{20}\ \text{erg}.$$

Sie verhalten sich also wie 1 : 36.

4. Eine ruhende Erde würde aus allen Richtungen von gleichviel Meteoren getroffen. Dies gilt auch, wenn die Erde rotiert. Da sich aber die Erde mit 30 km/sec Geschwindigkeit um die Sonne bewegt, fängt sie auf ihrer im Sinne dieser Geschwindigkeit vorangehenden Halbkugel mehr Meteore auf als die Rückseite. Die größte Meteorhäufigkeit wird der Punkt aufweisen, nach dem sich die Erde hinbewegt. Er liegt 90° westlich der Sonne in der Ekliptik und geht etwa um Mitternacht im Osten auf. Dieser Umstand erklärt, warum in der zweiten Nachthälfte mehr Meteore zu beobachten sind als in der ersten Nachthälfte.

Kap. 15

1. Massenverlust der Sonne durch Strahlung pro sec

$$\frac{L_\odot}{c^2} = \frac{4 \cdot 10^{33}}{9 \cdot 10^{20}} = 0{,}44 \cdot 10^{13}\ \text{g/sec} = 4{,}4 \cdot 10^{6}\ \text{Tonnen/sec.}$$

2. Gesamtmassenverlust der Sonne durch Strahlung

$$= \frac{4 \cdot 10^{33}}{9 \cdot 10^{20}} \cdot 3 \cdot 10^{9} \cdot 365 \cdot 24 \cdot 60 \cdot 60 = 4{,}2 \cdot 10^{29}\ \text{g} \approx 70\ \text{Erdmassen.}$$

3. $(1{,}00813 + 6{,}01700 - 3{,}01700 - 4{,}00389) \cdot 1{,}67 \cdot 10^{-24} \cdot 9 \cdot 10^{20}\ \text{erg} = 6 \cdot 10^{-6}\ \text{erg}$.
(Atommasse von $Li^6 = 6{,}01700$).

4. $T = \dfrac{m \cdot v^2}{3k} = \dfrac{1{,}67 \cdot 10^{-24} \cdot 4 \cdot 10^{14}}{3 \cdot 1{,}4 \cdot 10^{-16}} = 1{,}6 \cdot 10^{6}$ Grad.

Kap. 16

1. Im Sonnenmittelpunkt ist die Wellenlänge maximaler Intensität

$$\lambda_{\max} = \frac{5000 \cdot 6000}{20000000} = 1{,}5\,\text{Å}.$$

2. a) $E = 6 \cdot 10^{-5} \cdot 1000^4 = 6 \cdot 10^7\ \text{erg/sec/cm}^2$.

b) In 16,1 war für denselben Versuch bei 500° Temperatur der Eisenkugel unter sonst gleichen Bedingungen die Öffnungszeit des Verschlusses zu 32^h angegeben worden. Erhöht man die Temperatur auf das Zweifache, so ergibt sich für die Öffnungszeit des Verschlusses $\dfrac{32}{2^4} = 2^h$.

3. Das Verhältnis der beiden Strahlungsdrucke beträgt:

$$\left(\frac{6000}{24000}\right)^4 = 1 : 256.$$

4. a) Die durchschnittliche Energieerzeugung pro sec und g im Sirius

$$= \frac{40 \cdot 4 \cdot 10^{33}}{2 \cdot 2 \cdot 10^{33}} = 40\ \text{erg/sec/g.}$$

b) Nach 15.7 ergibt die Umwandlung von 1 g Wasserstoff in Helium 10^{19} erg. Für die gesamte Siriusmasse folgt daraus die Energie $10^{19} \cdot 2 \cdot 2 \cdot 10^{33} = 4 \cdot 10^{52}$ erg.

c) Die maximale Lebensdauer des Sirius $= \dfrac{4 \cdot 10^{52}}{40 \cdot 4 \cdot 10^{33}}\ \text{sec} = 2{,}5 \cdot 10^{17}\ \text{sec} = 8 \cdot 10^{9}$ Jahre.

5. $T_{\text{Erde}} = \dfrac{\mu \cdot H \cdot P}{k\varrho} = \dfrac{29 \cdot 1{,}7 \cdot 10^{-24} \cdot 10^{6}}{1{,}4 \cdot 10^{-16} \cdot 10^{-3}} = 350°$.

Kap. 17

1. $H_\alpha = \dfrac{h \cdot c}{E} = \dfrac{6{,}6 \cdot 10^{-27} \cdot 3 \cdot 10^{10}}{1{,}88 \cdot 1{,}602 \cdot 10^{-12}} = 6{,}56 \cdot 10^{-5}\ \text{cm} = 6560\ \text{Å}$;
$H_\beta = 4860\ \text{Å}$; $H_\gamma = 4340\ \text{Å}$.

2. Die gesuchte Energiedifferenz ist

$$\Delta E = \frac{6{,}6 \cdot 10^{-27} \cdot 3 \cdot 10^{10}}{0{,}303 \cdot 10^{-5}} = 65{,}4 \cdot 10^{-12} \text{ erg} = 40{,}9 \text{ eV}.$$

3. a) Ionisationspotential des Wasserstoffs

$$= \frac{6{,}6 \cdot 10^{-27} \cdot 3 \cdot 10^{10}}{0{,}912 \cdot 10^{-5} \cdot 1{,}6 \cdot 10^{-12}} \text{eV} = 13{,}5 \text{ eV}.$$

b) Ein Photon der Wellenlänge 800 Å hat eine Energie von $24{,}8 \cdot 10^{-12}$ erg. Um ein Elektron aus der Schale $n = 1$ des Wasserstoffatoms freizumachen, ist eine Energie von 13,5 — 10,19 = 3,3 eV = $5{,}3 \cdot 10^{-12}$ erg erforderlich. Den Überschuß von $(24{,}8 - 5{,}3) \cdot 10^{-12}$ erg nimmt das Elektron in Form von kinetischer Energie mit. Dieser Energie entspricht die Geschwindigkeit $v = \sqrt{\frac{2 \cdot 19{,}5 \cdot 10^{-12}}{9 \cdot 10^{-28}}} = 2{,}1 \cdot 10^{8}$ cm/sec = 2100 km/sec.

Kap. 18

1. Die durch die Bewegung des Granulums bedingte Linienverschiebung beträgt

$$\Delta\lambda = \lambda \cdot \frac{v}{c} = 6102{,}733 \cdot \frac{3 \cdot 10^{5}}{3 \cdot 10^{10}} = 0{,}061 \text{ Å}.$$

Die beobachtete Wellenlänge ist daher

$$\lambda_{\text{beob.}} = 6102{,}733 - 0{,}061 = 6102{,}672 \text{ Å}.$$

2. Die Wellenlänge der H_α-Linie wird durch die Aufwärtsbewegung der Spikule um

$$\Delta\lambda = 6563 \cdot \frac{2 \cdot 10^{6}}{3 \cdot 10^{10}} = 0{,}44 \text{ Å auf } 6562{,}56 \text{ Å verringert.}$$

3. Die Energiedifferenz zwischen den beiden Wellenlängen ergibt sich zu

$$\Delta E = \frac{6{,}6 \cdot 10^{-27} \cdot 3 \cdot 10^{10}}{10^{-5}} \cdot \left(\frac{1}{0{,}999} - \frac{1}{1{,}217}\right) = 3{,}55 \cdot 10^{-12} \text{ erg}.$$

Daraus folgt für die Wellenlänge der grünen Nordlichtlinie

$$\lambda = \frac{19{,}8 \cdot 10^{-17}}{3{,}55 \cdot 10^{-12}} = 5580 \text{ Å}.$$

Kap. 19

1. Die Wellenlänge maximaler Intensität der Strahlung eines typischen Sonnenflecks ist

$$\lambda_{\max} = \frac{3 \cdot 10^{7}}{T} = \frac{3 \cdot 10^{7}}{4500^\circ} = 6670 \text{ Å}.$$

2. Der lineare Durchmesser des Flecks ergibt sich aus der Beziehung

$$\frac{d_{\text{Fleck}}}{1'} = \frac{d_\odot}{16'} = \frac{696000 \text{ km}}{16'} \text{ zu } 43500 \text{ km}.$$

3. Äquatoriale Umdrehungsdauer der Sonne

$$= \frac{2\pi \cdot 696000 \text{ km}}{2 \text{ km/sec}} = 218\,000 \text{ sec} \approx 25^{\text{d}}.$$

Kap. 20

1. $t = 8{,}3^{\text{min}}$. Vgl. Aufgabe 6.4.

2. $t = \dfrac{150 \cdot 10^6\ \text{km}}{1\,000\ \text{km/sec}} = 150\,000\ \text{sec} = 1{,}74$ Tage.

3. Die Dopplerverschiebung der H_α-Linie, erzeugt durch Atome der Geschwindigkeit

$$1000\ \text{km/sec, ist } \Delta\lambda = 6563 \cdot \frac{1000}{300000} = 21{,}88\ \text{Å}.$$

4. a) Die kinetische Energie von Protonen der Geschwindigkeit 1000 km/sec ist

$$E_{\text{kin}} = \frac{m}{2} v^2 = \frac{1{,}7 \cdot 10^{-23}}{2} \cdot (10^8)^2 = 0{,}85 \cdot 10^{-8}\ \text{erg}.$$

b) Die kinetische Energie von Protonen der Geschwindigkeit 10^5 km/sec ist

$$E_{\text{kin}} = m_0 \cdot c^2 \left(\frac{1}{\sqrt{1 - \frac{v^2}{c^2}}} - 1 \right) = 1{,}7 \cdot 10^{-24} \cdot 9 \cdot 10^{20} \left(\frac{1}{\sqrt{1 - \frac{1}{9}}} - 1 \right) = 0{,}93 \cdot 10^{-4}\ \text{erg}.$$

Kap. 21

1. a) Bahndrehimpuls der Erde $= 6 \cdot 10^{27} \cdot 1{,}5 \cdot 10^{13} \cdot 30 \cdot 10^5 = 2{,}7 \cdot 10^{47}\ \text{g} \cdot \text{cm}^2/\text{sec}$.

b) Der Drehimpuls der Sonne infolge ihrer Rotation beträgt nach 21.3 $5 \cdot 10^{48}\ \text{g} \cdot \text{cm}^2/\text{sec}$. Dies ist rund das 20fache des Bahndrehimpuls der Erde.

c) Der Bahndrehimpuls der Erde ist $D_E = \mathfrak{M}_E \cdot a_E^2 \cdot \omega_E$. Für ω_E setzen wir den Wert ein, der sich aus dem 3. Keplerschen Gesetz z. B. in der Form (9.9) unter Berücksichtigung

von (9.3) ergibt: $\omega_E = \dfrac{360}{P_E} = 360 \sqrt{\dfrac{G(\mathfrak{M}_\odot + \mathfrak{M}_E)}{4\pi^2 \cdot a_E^3}}$.

Damit wird $D_E = \mathfrak{M}_E \cdot a_E^2 \cdot 360 \sqrt{\dfrac{G\,(\mathfrak{M}_\odot + \mathfrak{M}_E)}{4\,\pi^2 \cdot a_E^3}} = 360\, \mathfrak{M}_E \sqrt{\dfrac{G \cdot a_E \cdot \mathfrak{M}_\odot}{4\,\pi^2}}$, da $\mathfrak{M}_E$ klein

gegen $\mathfrak{M}_\odot$ ist. Hieraus folgt wegen der Konstanz des Drehimpulses, daß $a_E \cdot \mathfrak{M}_\odot$ konstant ist, daß also der Abstand der Erde von der Sonne halb so groß war zu einer Zeit, als die Sonnenmasse doppelt so groß war wie jetzt.

2. a) Kleinste Dichte des Mondes, bei der dieser in der gegenwärtigen Entfernung von der Erde gerade noch stabil ist:

$$\varrho_{\text{min}} = \frac{4\,\mathfrak{M}_E}{a_☾^3} = 4 \cdot 10^{-4}\ \text{g/cm}^3.$$

b) Kleinste Entfernung des Mondes von der Erde, in der dieser gerade noch stabil sein würde:

$$a_{\text{min}} = \sqrt[3]{\frac{4\mathfrak{M}_E}{\varrho}} = \sqrt[3]{\frac{4 \cdot 6 \cdot 10^{27}}{3}} = 2 \cdot 10^9\ \text{cm}.$$

3. Da die Dichte des Kometenkerns kleiner ist als die Grenzdichte

$$\frac{4\mathfrak{M}_\odot}{a^3} = \frac{4 \cdot 2 \cdot 10^{33}}{8 \cdot 10^{30}} = 10^3 \text{ g/cm}^3,$$

ist der Kometenkern in $2 \cdot 10^5$ km Abstand von der Sonne nicht stabil gegen Gezeitenkräfte.

Kap. 22

1. a) $m_{\text{bol}\,1} = 2{,}0 - 2{,}7 = -0{,}7$; $m_{\text{bol}\,2} = 9{,}2 - 0{,}73 = 8{,}47$ nach 22.4.

b) $\Delta m_{\text{bol}} = 9{,}17$. Diese Helligkeitsdifferenz entspricht einem Leuchtkraftverhältnis von etwa $L_1 : L_2 = 2{,}512^{9{,}17} = 4700 : 1$.

c) Die absolute visuelle Helligkeit des heißen Sterns -3 ist 5^m größer als seine scheinbare visuelle Helligkeit 2,0. Dies bedeutet, daß der Stern in der Standardentfernung 10 parsec 100 mal heller erscheinen würde als in der tatsächlichen Entfernung. Diese beträgt daher $\sqrt{100} \cdot 10$ parsec $= 100$ parsec.

d) Die absolute visuelle Größe der kühlen Komponente ist, wie die der heißen Komponente, 5^m größer als die scheinbare visuelle Größe und beträgt daher $9{,}2 - 5 = 4{,}2$.

e) Die Parallaxe des Doppelsterns ergibt sich aus seiner Entfernung zu $\frac{1}{100 \text{ pc}} = 0\overset{''}{,}01$.

2. a) In der Entfernung von α Centauri erscheinen Sonne und Jupiter $\left(\frac{4{,}1 \cdot 10^{13}}{1{,}5 \cdot 10^8}\right)^2 = (2{,}7 \cdot 10^5)^2$ $= 7{,}5 \cdot 10^{10}$ mal schwächer als in der Entfernung 1 a. E. Diesem Leuchtkraftunterschied entspricht eine Differenz in der Helligkeit von $27\overset{m}{,}2$. Von α Centauri aus gesehen würde also die scheinbare Größe der Sonne $+ 0\overset{m}{,}2$, die Jupiters $22\overset{m}{,}2$ sein.

b) Der lineare Abstand Jupiters von der Sonne — $7{,}8 \cdot 10^8$ km — würde von α Centauri aus unter einem Winkel von $3\overset{''}{,}9$ erscheinen. ($360° \cdot \frac{7{,}8 \cdot 10^8 \text{ km}}{2\pi \cdot 4{,}1 \cdot 10^{13} \text{ km}} = 1{,}1 \cdot 10^{-3}$ Grad $= 3\overset{''}{,}9$).

3. $\frac{L_{\text{Milchstr.}}}{L_{\odot\text{obsolut}}} = 10^{11} = 2{,}512^{27{,}5}$. Daher ist die gesamte Milchstraße $27\overset{m}{,}5$ heller als die Sonne, d. h. $M_{\text{Milchstr.}} = 4{,}8 - 27{,}5 = -22\overset{m}{,}7$.

4. Da $8 \cdot 10^6$ parsec $= 2{,}5 \cdot 10^6$ Lichtjahre ist, entspricht das heutige Aussehen des Nebelhaufens einem 2,5 Millionen Jahre zurückliegenden Zeitpunkt.

Kap. 23

1. Da die durch die galaktische Rotation bedingte Geschwindigkeit der Sonne nach dem Sternbild des Schwans gerichtet ist, würde die von einer stationären Wasserstoffwolke in diesem Sternbild ausgehende 21 cm-Strahlung um $\Delta\lambda = \frac{300}{300000} \cdot 21 \text{ cm} = 0{,}21$ mm nach Violett verschoben sein.

2. a) Aus dem Verhältnis der scheinbaren Durchmesser der Haufen folgt, daß B 10mal weiter entfernt ist als A.

b) Bei vollkommener Durchsichtigkeit des interstellaren Raumes müßte der Haufen $5^m{,}0$ schwächer erscheinen als Haufen A. Die $0^m{,}8$, die B stärker geschwächt erscheint, sind der interstellaren Absorption zuzuschreiben.

Kap. 24

1. $P^2 = \frac{4\pi^2}{G} \cdot \frac{a^3}{\mathfrak{M}}$ oder $P = 2\pi \cdot \sqrt{\frac{a^3}{G \cdot \mathfrak{M}}} = 2\pi \cdot \sqrt{\frac{3{,}1^3 \cdot 10^{54} \cdot 1{,}2^3 \cdot 10^{12}}{6{,}7 \cdot 10^{-8} \cdot 2 \cdot 10^{44}}} =$

$= 4\pi \cdot 10^{15}$ sec $= 4 \cdot 10^8$ Jahre.

2. a) Der Umlaufszeit von $5 \cdot 10^8$ Jahren entspricht ein Abstand des Sterns vom galaktischen Zentrum von 14 000 parsec und eine Geschwindigkeit von 175 km/sec, d. h. etwa das 0,6fache von der der Sonne.

b) Steht der Stern, von der Sonne aus gesehen, in dem galaktischen Längenbereich zwischen 145° und 325°, so zeigt er eine Annäherungsgeschwindigkeit relativ zur Sonne, deren Maximum etwa bei 235° galaktischer Länge (Richtung zum Sternbild des Schwans) liegt. Zwischen 325° und 145° scheint sich der Stern von der Sonne zu entfernen.

3. Im Falle einer Umlaufszeit von 10^8 Jahren beträgt der Abstand vom galaktischen Zentrum 4800 parsec, die Geschwindigkeit 300 km/sec. Die Bereiche, in denen sich der Stern von der Sonne entfernt bzw. sich ihr nähert, sind gegenüber Aufgabe 2b vertauscht.

4. Die gesuchte Eigenbewegung einer Galaxis am galaktischen Pol in 100 000 parsec Abstand von der Sonne infolge von deren galaktischer Rotationsbewegung ist der Winkel, unter dem von der Galaxis aus die Strecke erscheint, die die Sonne in einem Jahre zurücklegt.

Daher ist

$$\frac{EB}{360°} = \frac{300 \cdot 60 \cdot 60 \cdot 24 \cdot 365 \text{ km/Jahr}}{2\pi \cdot 10^5 \cdot 3{,}1 \cdot 10^{13} \text{ km}} \text{ oder } EB = \frac{360 \cdot 60 \cdot 60 \cdot 300 \cdot 60 \cdot 60 \cdot 24 \cdot 365}{2\pi \cdot 3{,}1 \cdot 10^{18}} =$$

$$= 6 \cdot 10^{-4} = 0{,}''0006 \text{ pro Jahr}.$$

5. Die Eigenbewegung μ''/Jahr verhält sich zum Vollkreis wie die von dem Stern mit der Geschwindigkeit v_t km/sec in einem Jahr zurückgelegte Strecke zum Umfang des Kreises, dessen Radius die Entfernung des Sterns von der Sonne $d = \frac{1}{p} \cdot 3{,}086 \cdot 10^{13}$ km ist.

Also besteht die Beziehung $\frac{\mu}{360 \cdot 60 \cdot 60} = \frac{p \cdot v_t \cdot 60 \cdot 60 \cdot 24 \cdot 365}{2\pi \cdot 3{,}086 \cdot 10^{13}}$, woraus sich

$v_t = 4{,}74 \frac{\mu}{p}$ km/sec ergibt.

Kap. 25

1. a) Nach 25.2 ist $\frac{L_A}{L_B} = \left(\frac{R_A}{R_B}\right)^2 \cdot \left(\frac{T_A}{T_B}\right)^4$. Der Helligkeitsdifferenz von $8^m{,}7$ zwischen Sirius A und Sirius B entspricht ein Leuchtkraftverhältnis von 3000 : 1 und $T_A : T_B$ ist 1. Damit folgt

$$R_B = R_A \cdot \sqrt{\frac{1}{3000}} \approx \frac{R_A}{55} \approx 0{,}02\, R_A\,.$$

b) Im H-R-Diagramm fällt der Bildpunkt von Sirius B in das Gebiet der weißen Zwerge.

c) Die Differenz zwischen der scheinbaren und absoluten Größe von Sirius A beträgt $-1{,}6 - 0{,}9 = -2{,}5$ d. h. Sirius A würde in 10 parsec Entfernung nur $^1/_{10}$ so hell erscheinen wie in seiner wahren Entfernung, da die Helligkeitsdifferenz $2^{\mathrm{m}}{,}5$ einem Leuchtkraftverhältnis 10 : 1 äquivalent ist. Die wahre Entfernung des Sirius ist dann

$$\sqrt{\frac{1}{10}} \cdot 10 \text{ parsec} = 3{,}16 \text{ parsec und die Parallaxe } \frac{1}{3{,}16} = 0\overset{''}{,}316 \text{ nach } 22{,}2\,.$$

2. a) Aus der Parallaxe von δ Bootis folgt, daß der Stern 36 parsec entfernt ist. In der Standardentfernung würden seine Komponenten also $3{,}6^2 = 13$mal oder $2\overset{\mathrm{m}}{,}8$ heller sein. Die absoluten Größen sind daher $M_A = 0\overset{\mathrm{m}}{,}7$, $M_B = 5\overset{\mathrm{m}}{,}04$. (Die bolometrische Korrektion ist bei Temperaturen von 5000° bis 6000° sehr klein.) Komponente A ist also $4{,}8 - 0{,}7 = 4\overset{\mathrm{m}}{,}1$ heller, Komponente B $0\overset{\mathrm{m}}{,}24$ schwächer als die Sonne. Mit diesen Zahlen ergibt sich aus der Beziehung $L \sim R^2 \cdot T^4$ im Fall A $44 = \left(\frac{R_A}{R_\odot}\right)^2 \cdot \left(\frac{5\,000}{6\,000}\right)^4$ oder $R_A \approx 10\, R_\odot$ und im Fall B $0{,}8 = \left(\frac{R_B}{R_\odot}\right)^2 \cdot \left(\frac{5000}{6000}\right)^4$ oder $R_B \approx 0{,}9\, R_\odot$.

b) Die A-Komponente liegt auf dem Riesenast, die B-Komponente auf der Hauptreihe.

3. Der Parallaxe $0\overset{''}{,}005$ entspricht die Entfernung 200 parsec. In 10 parsec Entfernung ist der Stern $20^2 = 400$mal oder $6\overset{\mathrm{m}}{,}5$ heller, als er beobachtet wird. Seine absolute Helligkeit ist demnach $-2\overset{\mathrm{m}}{,}5$. Starke *He I*-Absorptionslinien lassen auf den Spektraltyp B_0 schließen. Ein Vergleich mit den in Tabelle 25.4 angegebenen Werten für die absolute Helligkeit zeigt, daß je nachdem, welche Leuchtkraftklasse vorliegt, die Wolke das Sternlicht um 1,4 bis 4,2 Größenklassen schwächt.

4. Die absolute bolometrische Helligkeit von α Delphini beträgt $0{,}0 - 0{,}4 = -0\overset{\mathrm{m}}{,}4$. Sie ist also $5\overset{\mathrm{m}}{,}2$ größer als die der Sonne ($4\overset{\mathrm{m}}{,}8$), was ein Leuchtkraftverhältnis von 120 : 1 bedeutet.

Daraus resultiert

$$\left(\frac{R}{R_\odot}\right)^2 = 120 \cdot \left(\frac{T_\odot}{T}\right)^4 = 120 \cdot \left(\frac{6000}{12000}\right)^4 = 7{,}5 \text{ oder } R_{\alpha\mathrm{Del}} = 2{,}7\, R_\odot\,.$$

Kap. 26

1. Nach 30.8 ist die absolute Größe der Haufenveränderlichen im Mittel gleich $0\overset{\mathrm{m}}{,}0$. In M 92 erscheinen sie 15^{m} oder 10^6mal schwächer. Die Entfernung von M 92 beträgt daher $\sqrt{10^6} \cdot 10$ parsec $= 10\,000$ parsec.

2. Die absolute Größe eines Kugelhaufens wurde in 26.2 zu -9^{m} angegeben. Die Kugelhaufen im Andromedanebel erscheinen 23^{m} oder $16 \cdot 100^4$ mal schwächer. Der Abstand des Nebels dürfte daher etwa $\sqrt{16 \cdot 10^8} \cdot 10$ parsec $= 400\,000$ parsec betragen.

3. Die kritische Dichte auf Grund des Stabilitätskriteriums in 26.3 ist in beiden Fällen $\varrho = 10 \cdot \frac{\text{Masse d. Galaxis}}{(10000 \text{ pc})^3} = 1 \cdot \frac{\text{Sonnenmasse}}{\text{pc}^3}$. Die Dichte der Hyaden liegt unter diesem Wert, der Haufen ist also instabil. Umgekehrt ist die Dichte von M 13 mit 10 Sonnenmassen/pc^3 größer als ϱ, dieses Objekt ist somit als stabil anzusprechen.

4. Nach 15.7 ergibt die Umwandlung von 1 g Wasserstoff in Helium 10^{19} erg. Für die Lebensdauer eines Plejadensterns hat man daher anzusetzen:

$$t = \frac{10 \cdot 2 \cdot 10^{33}\,\text{g} \cdot 10^{19}\,\text{erg/g}}{2 \cdot 10^{37}\,\text{erg/sec}} = 10^{16}\,\text{sec} = 3 \cdot 10^{8}\,\text{Jahre.}$$

5. a) $4{,}00389 + 8{,}00780 - 12{,}00400 = 0{,}00769$ atomare Masseneinheiten oder $0{,}00769 \cdot 1{,}67 \cdot 10^{-24}\,\text{g} = 1{,}28 \cdot 10^{-26}\,\text{g}$.

b) $m \cdot c^2 = 1{,}28 \cdot 10^{-26} \cdot 9 \cdot 10^{20} = 1{,}15 \cdot 10^{-5}$ erg pro Zyklus.

Kap. 27

1. a) (1) $\lambda_{\max} = \dfrac{3 \cdot 10^7}{50000} = 600$ Å; (2) 3000 Å.

b) Der heißere Stern würde das größere *H II*-Gebiet besitzen.

2. a) $N_3\,(\text{Ca III})/N_1\,(\text{Ca I}) = \dfrac{N_3}{N_2} \cdot \dfrac{N_2}{N_1} = 10 \cdot 100 = 1000$.

b) Nach 27.6 beträgt die Anzahl der Ca-Atome im interstellaren Raum 1 pro 10^7 cm³. Davon sind nur $^1/_{10}$ einfach ionisiert, $^1/_{1000}$ neutral. Im Volumen 1 cm² · 10^{21} cm befinden sich daher 10^{14} zweifach ionisierte Ca-Atome, die $2 \cdot 10^{14}$ Elektronen liefern.

c) $\varrho_{\text{Ca}} = 6{,}64 \cdot 10^{-23} \cdot \dfrac{1}{10^7} = 6{,}64 \cdot 10^{-30}\,\text{g/cm}^3$.

d) Da $\varrho_H = 1{,}67 \cdot 10^{-24}\,\text{g/cm}^3$ ist, beträgt die Dichte des interstellaren Calciums nur etwa das 10^{-6}-fache von der des interstellaren Wasserstoffs.

Kap. 28

1. $v_{\text{exp.}} = c \cdot \dfrac{\Delta\lambda}{\lambda} = 3 \cdot 10^{10} \cdot \dfrac{62}{4686}\,\text{cm/sec} = 4000\,\text{km/sec}$.

2. a) Der Ausdehnung von 1″ pro Jahr entspricht eine solche von $1700 \cdot 60 \cdot 60 \cdot 24 \cdot 365 \cdot 10^5$ cm/Jahr $= 5{,}4 \cdot 10^{15}$ cm/Jahr. Hiermit ergibt sich

$$\frac{2\pi \cdot d_{\text{Nova Aqu}}}{5{,}4 \cdot 10^{15}} = \frac{360° \cdot 60' \cdot 60''}{1''} \quad \text{oder} \quad d_{\text{Nova Aqu}} = 1{,}11 \cdot 10^{21}\,\text{cm} = 360\,\text{parsec}.$$

b) Die Nova Aquilae 1918 ist 36mal weiter entfernt, als die Standardentfernung für die absoluten Größen beträgt. In dieser Entfernung wäre sie 1296mal oder $7^{\text{m}}\!,8$ heller. Die absolute Größe der Nova betrug also im Maximum $-\,9^{\text{m}}\!,2$.

c) Scheinbare Helligkeit der Praenova $= -\,1^{\text{m}}\!,4 + 13^{\text{m}}\!,0 = +\,11^{\text{m}}\!,6$, absolute Helligkeit $= +\,3^{\text{m}}\!,8$.

3. Der Abstand des Andromedanebels ist $4{,}4 \cdot 10^4$mal größer als die Standardentfernung 10 parsec. Dies entspricht einem Helligkeitsunterschied von $2 \cdot 10^9$ oder $23^{\text{m}}\!,2$. Eine Supernova in diesem Nebel, deren absolute Größe $-\,16{,}5$ ist, würde also im Maximum eine scheinbare Helligkeit von $6^{\text{m}}\!,7$ besitzen.

4. Die Entfernung der Magellanschen Wolken führt auf ein Intensitätsverhältnis von $4{,}5^2 \cdot 10^6 = 2 \cdot 10^7$ bzw. einen Helligkeitsunterschied von $18^m\!,2$ zwischen absoluter und scheinbarer Größe. Ein Wolf-Rayet-Stern, dessen absolute Größe nach 18.1 zwischen -8 und -4 liegt, würde somit in den Magellan-Wolken eine scheinbare Helligkeit von etwa 10^m—14^m haben.

Kap. 29

1. Aus dem 3. Keplerschen Gesetz ergibt sich die große Halbachse von $\varkappa$ Peg zu $a = \sqrt[3]{\frac{\mathfrak{M} \cdot P^2}{\mathfrak{M}_\odot}} = \sqrt[3]{2 \cdot 11{,}35^2}$ a. E. $= 6{,}37$ a. E. $= 9{,}5 \cdot 10^{13}$ cm. Wenn diese Strecke unter einem Winkel von $0''\!,29$ erscheinen soll, muß der Stern $\frac{9{,}5 \cdot 10^{13} \cdot 360 \cdot 60 \cdot 60}{2\pi \cdot 0''\!,29} = 67{,}6 \cdot 10^{18}$ cm $= 22$ parsec entfernt sein. Seine Parallaxe beträgt dann $\frac{1}{22} = 0''\!,045$.

2. Da während einer Bedeckung eines spektroskopischen Doppelsterns die Richtung der Relativgeschwindigkeit der beiden Komponenten nahezu senkrecht auf dem Visionsradius stehen muß, sind Bedeckungen an den Nullstellen der Radialgeschwindigkeitskurve zu erwarten.

3. Umfang der Bahn der kleineren Komponente ist $U = 200 \cdot 6{,}1 \cdot 24 \cdot 60 \cdot 60 = 1{,}05 \cdot 10^8$ km. Aus Abb. 29.6 ersieht man, daß das Verhältnis der Dauer der Bedeckung zur gesamten Periode etwa 3 mm/44 mm $= 0{,}068$ und das der Dauer der Totalität zur gesamten Periode etwa $1{,}3/44 = 0{,}030$ ist.

Damit wird: $2\,(r_1 + r_2) = 1{,}05 \cdot 10^8 \cdot 0{,}068$ oder $r_1 + r_2 = 3{,}6 \cdot 10^6$ km
und $2\,(r_1 - r_2) = 1{,}05 \cdot 10^8 \cdot 0{,}030$ oder $r_1 - r_2 = 1{,}6 \cdot 10^6$ km.

Aus diesen Werten ergibt sich: a) der Radius der kleineren Komponente zu $r_2 = 10^6$ km und b) der Radius der größeren Komponente zu $r_1 = 2{,}6 \cdot 10^6$ km, während die Abbildung zeigt, daß c) die gesamte Helligkeitsänderung während einer Periode $\Delta m = 0^m\!,15$ ausmacht.

4. $\Delta\lambda = 2 \cdot \frac{v}{c}\,\lambda = \frac{600}{300\,000} \cdot 4481 \approx 9$ Å.

Kap. 30

1. a) Die Pulsationsperiode eines Sterns, der 10^4mal dichter ist als die Sonne, ist $\frac{1}{\sqrt{10^4}} = \frac{1}{100}$ der Pulsationsperiode der Sonne, also $0{,}02^h = 1{,}2$ min.

b) Entsprechend ist die Pulsationsperiode eines Sterns, dessen Dichte das 10^{-4}fache der Sonnendichte beträgt, $100 \cdot 2^h = 8\,^1\!/_3{}^d$.

c) Nach der Perioden-Dichte-Beziehung ist $P \cdot \sqrt{\varrho} = 2^h \cdot \sqrt{1{,}4\ \mathrm{g/cm^3}}$ oder $\varrho = 2^2/24^2 \cdot 1{,}4 = 1{,}4/144 \approx 0{,}01\ \mathrm{g/cm^3}$.

2. Die durch die Pulsation bedingte Radialgeschwindigkeit ist im Mittel während der einen Hälfte der Periode positiv, während der anderen Hälfte negativ. Die gesamte Radiusänderung ist daher

$$2 \cdot \frac{5{,}37}{2} \cdot 24^h \cdot 60^m \cdot 60^s \cdot 5\ \mathrm{km/sec} = 2{,}3 \cdot 10^6\ \mathrm{km}.$$

3. a) Nach Tab. 30.1 ist die absolute Größe der RR Lyrae-Veränderlichen 0^m. Also ist ein solcher Stern der scheinbaren Größe 6^m $2{,}512^6 = 260$ mal schwächer, als er in der Entfernung 10 parsec wäre. Er ist daher $\sqrt{260} = 16$ mal weiter d. h. 160 parsec entfernt.

   b) u. c) Wahrscheinlich dürfte der Stern zu den Sternen „hoher Geschwindigkeit" gehören, die nach 30.4 an der Rotation des Milchstraßensystems nicht teilnehmen. Seine Geschwindigkeit relativ zur Sonne sollte daher angenähert 300 km/sec und relativ zum galaktischen Zentrum 0 km/sec betragen.

4. Die Bewegungen der zur Population I gehörenden klassischen Cepheiden ähneln der Sonnenbewegung. Daher dürfte die Geschwindigkeit eines solchen Sterns relativ zur Sonne klein sein, relativ zum galaktischen Zentrum dagegen etwa 300 km/sec betragen.

5. Nach 30.5 liegt die Oberflächentemperatur von Mira im Maximum bei 2600°, im Minimum bei 1900°. Diesen Temperaturen entsprechen nach dem Wienschen Verschiebungsgesetz die Wellenlängen maximaler Intensität 11 500 Å bzw. 15 800 Å.

Kap. 31

1. Die Differenz zwischen der scheinbaren Helligkeit der RR Lyrae-Veränderlichen in der kleinen Magellan-Wolke und ihrer absoluten Helligkeit ist bei Berücksichtigung von 1^m interstellarer Absorption 18^m. Dem entspricht ein Intensitätsverhältnis von $1{,}6 \cdot 10^7 : 1$ d. h. die Wolke ist $4 \cdot 10^3 \cdot 10$ parsec = 40 000 parsec entfernt.

2. Durchmesser des Andromedanebels $= 2\pi \cdot 440\,000 \cdot \frac{210}{360 \cdot 60} = 27\,000$ parsec.

3. a) Durchmesser des Fornax-Systems $= 2\pi \cdot 290\,000 \cdot \frac{1}{360} = 5000$ parsec.

   b) Das Fornax-System ist 29 000 mal weiter entfernt als ein Objekt in der Standardentfernung 10 parsec. Folglich ist $2{,}512^{\Delta m} = 2{,}9^2 \cdot 10^8$ oder $\Delta m = 22{,}3$ und damit ergibt sich die absolute photographische Helligkeit des Systems zu $+\,9{,}0 - 22{,}3 = -\,13^m\!\!.3$.

   c) Das Fornax-System ist absolut $18^m\!\!.3$ oder $2{,}512^{18{,}3} = 2 \cdot 10^7$ mal heller als die Sonne. Es enthält also rund $2 \cdot 10^7$ Sterne vom Sonnentyp.

4. Die relative kinetische Energie der beiden H-Atome gegeneinander ist

$$E_{\text{kin}} = \frac{m}{2} v^2 = 0{,}83 \cdot 10^{-24} \cdot 4 \cdot 10^{16} \text{ erg} = 3{,}3 \cdot 10^{-8} \text{ erg} = 2 \cdot 10^4 \text{ eV}.$$

   Dieser Wert ist wesentlich größer als das Ionisationspotential des Wasserstoffs (13,53 eV), reicht also zur Ionisierung neutraler Atome aus.

5. Die Pekuliargeschwindigkeit eines Sterns beträgt 30 km/sec $= \frac{1 \text{ parsec}}{3 \cdot 10^4 \text{ Jahre}}$.

   Die Wahrscheinlichkeit, nach $3 \cdot 10^4$ Jahren mit einem anderen Stern zusammenzustoßen, ist gleich dem Verhältnis des Scheibchens, unter dem der Stern zu Anfang von der Sonne aus erscheint, zur gesamten Sphäre d. h.

$$\frac{\pi \cdot 0{,}002^2}{60^2 \cdot 60^2 \cdot 41\,253} = \frac{1}{1{,}2 \cdot 10^{13}} \left(41\,253 = \frac{4\pi \cdot 360^2}{(2\pi)^2} = \text{Anzahl der Quadratgrade der Sphäre}\right).$$

Die Wahrscheinlichkeit, daß die Sonne mit einem benachbarten Stern zusammenstößt, ist demnach von der Größenordnung $\frac{1}{3 \cdot 10^4 \cdot 1{,}2 \cdot 10^{13}} = \frac{1}{3{,}6 \cdot 10^{17} \text{ Jahre}}$.

6. $\Delta\lambda = \frac{v}{c}\,\lambda = \frac{60900}{300000} \cdot 3934 = 800$ Å. Die Linie würde also im ultravioletten Spektralbereich beobachtet werden (vgl. Abb. 6.18).

Kap. 32

1. a) Entweichungsgeschwindigkeit von der Sonne $= 11{,}2 \cdot \sqrt{\frac{\mathfrak{M}_\odot}{\mathfrak{M}_E} : \frac{R_\odot}{R_E}}$

$$= 11{,}2 \cdot \sqrt{\frac{2 \cdot 10^{33} \cdot 6{,}4 \cdot 10^8}{6 \cdot 10^{27} \cdot 7 \cdot 10^{10}}} = 600 \text{ km/sec}$$

b) Entweichungsgeschwindigkeit von Sirius B

$$= 11{,}2 \cdot \sqrt{\frac{2 \cdot 10^{33} \cdot 6{,}4 \cdot 10^8}{6 \cdot 10^{27} \cdot 10^8}} = 16\,400 \text{ km/sec.}$$

2. Im Gegensatz zu dem in 32.5 behandelten Problem wird im vorliegenden Fall von einem Stern aus beobachtet, dessen Schwerefeld stärker ist als das der Sonne, von der die H_α-Strahlung emittiert wird. Es ist daher eine Violettverschiebung der Linie zu erwarten, deren Betrag $\Delta\lambda = 6563 \cdot \frac{6{,}7 \cdot 10^{-8} \cdot 2 \cdot 10^{33}}{9 \cdot 10^{20} \cdot 1{,}4 \cdot 10^9} = 0{,}7$ Å ist.

3. $v = \frac{6{,}7 \cdot 10^{-8} \cdot 2 \cdot 10^{11} \cdot 2 \cdot 10^{33}}{3 \cdot 10^{10} \cdot 10^4 \cdot 3{,}1 \cdot 10^{18}}$ cm/sec $= 0{,}3$ km/sec.

Kap. 33

1. a) Im Vakuum ist $c = 3 \cdot 10^{10}$ cm/sec bei $\lambda = 4000$ Å.

b) In Luft ist $c = \frac{3}{1{,}0003} \cdot 10^{10} = 2{,}9991 \cdot 10^{10}$ cm/sec.

c) In Fluorit ist $c = \frac{3}{1{,}442} \cdot 10^{10} = 2{,}08 \cdot 10^{10}$ cm/sec.

2. a) Das Öffnungsverhältnis des 200-Zöllers ist $\frac{200}{12 \cdot 55} = 1 : 3{,}3$ und

b) seine Lichtstärke $\frac{\pi/4 \cdot 200^2}{\pi/4 \cdot (1/5)^2} = 10^6$.

c) Die Helligkeit des schwächsten im 200-Zöller sichtbaren Sterns ist $2{,}512^{15} = 10^6$mal schwächer als der schwächste, mit bloßem Auge sichtbare Stern. Also ist die Grenzhelligkeit $6 + 15 = 21^{\mathrm{m}}$.

d) Auflösungsvermögen des 200-Zöllers im visuellen Spektralbereich $= \frac{5''\!\!.6}{200} = 0''\!\!.028$.

e) Mit einem Okular von $^1/_4$ Zoll Brennweite erreicht man am 200-Zöller eine Vergrößerung von $\frac{55 \cdot 12}{1/4} = 2640$.

3. a) Der Lick-Refraktor hat nach 33.4 ein Auflösungsvermögen von $0''\!\!.16$. Demnach ist α Aurigae mit diesem Instrument nicht aufzulösen.

b) Dagegen ist dies nach dem Ergebnis der Aufgabe 33.2 d mit dem 200-Zöller möglich.

REGISTER

(Fett gedruckte Seitenzahlen beziehen sich auf Abbildungen)

Aberration, chromatische 434; sphärische 434; — des Sternlichts 87; Konstante der — 88
Ablenkung, — von Geschossen 66, 425; — des Sternlichts 426
Abplattung, — der Erde 49; — der Planeten 137; Ursache der — der Erde 72
Absolute Größe, Definition der — 276; — von Galaxien 421; — der Sterne näher als 5 pc 319; — und Spektraltyp 317; — der 20 hellsten Sterne 318; — von veränderlichen Sternen 397
Absoluter Nullpunkt 26
48 Librae, Hüllensternspektrum 357
Achromatisches Objektiv 435
Albedo, — des Mondes 118; — der Erde 148; — der Planeten 151
Alcyone (η Tauri) 321
α^2 Canum Venaticorum 404–6
α Centauri 14, 272–3, 276–7, 389
Alter, — des Mondes 95; — der Erde 61–2, 204, 262; — der Meteoriten 63; — des Planetensystems 262; — des Universums 22, 423
Andromeda-Nebel, siehe Galaxien
Ångström-Einheit 81
Anregung, — und Ionisation von Atomen 217; —stemperatur 227
Antares (α Scorpii) 309
Apex der Sonnenbewegung 296
Aphel 36
Äquator, Himmels— 31; Erd— 29
Äquatoriale Montierung 444
Äquatoriales Koordinatensystem 31
Äquinox, Frühlings- und Herbst— 31, 35, 78–9
Äquivalenzprinzip 426
Arktur (α Bootis) 85–6, 308–9
Aspekte, — des Mondes 95; — der Planeten 122
Asteroiden 14, 174–9
Astronomische Dämmerung 61
Astronomische Einheit 79–80, 86, 273
Atmosphärische Refraktion 59–60
Atom, —Aufbau 216; —Daten 205; —Gewicht 205; —Zahl 205
Atomuhren 38, 71–2
Auflösungsvermögen von Fernrohren 437

Bahnen der Planeten 122–36, Bahnform als Funktion der Geschwindigkeit 128–9
Balmer-Serie des Wasserstoffs 217–8, 226
Baumringe 257
Bedeckung, — des Krebsnebels durch den Mond 117; — der Jupiter-Monde 164; — von Sternen durch den Mond 117
Bedeckungsveränderliche 381, siehe auch Doppelsterne
β Lyrae 385–6
Beteigeuze (α Orionis) 305, 313, 454
Bewegungshaufen 298
Bewegungen von Galaxien 20, siehe auch Galaxien
BW Vulpeculae 403
Bildwandler 456
Bodes Beziehung 174, 179, 259, 262
Bolometrische, — Größe 275; — Korrektion 276
Boltzmannsche Konstante 142, 211
Breite 29, 33
Brennweite einer Linse 434
Bürgerliche Dämmerung 61

Canon der Finsternisse 101
Capella (α Aurigae) 33, 35, 38
Castor (α Geminorum) 388
Cassinische Teilung 166, 168
Celsius-Skala 26
Cepheiden-Veränderliche 395–401; Perioden-Leuchtkraft-Beziehung der —n 405; Verwendung der —n als Distanzindikatoren 405, 420
Ceres 174, 177
Chandlersche Periode 73
Chemische Elemente, siehe Häufigkeit der —
Chromatische Aberration 434
Chromosphäre der Sonne 223, 228
Coma-Fehler 440
Comptons Experiment 68
Coriolis-Kraft 425
Coulombsches Gesetz 57, 205, 340
Cygnus A-Radioquelle 420

Dämmerung, astronomische und bürgerliche 61
Deimos 162–3, 172

Deklination 31; Deklinationsachse eines Fernrohrs 444
δ Cephei 398–9
Direkte oder rechtläufige Bewegung 122
Dispersionskurven von Flint- und Kronglas **435**
Doppelsterne, Entwicklung der — 389; Einzelliniensterne 381; Massenfunktion der — 380; spektroskopische — 378; Statistik der — 388; visuelle — 376
Doppelsterne: β Persei (Algol) 381–3; 61 Cygni (dunkler Begleiter) 378; W Ursae Majoris 385; ξ Ursae Majoris 377; ζ Ursae Majoris 379; 12 Comae Berenices 381
Doppler-Effekt 84; Doppler-Formel 82
Doppler-Fizeau-Prinzip 82
Drehimpuls 71, 259, 262, 385, 393
Druck, Gas— 142, 211; Strahlungs— 188, 212; — im Sonneninnern 212
Dunkelnebel 344–8
Durchgangsinstrumente 443
Dynamische Parallaxen 393

Effektive Temperatur, — der Sonne 210; — von Sonnenflecken 237
Eigenbewegung 296–302
Einheiten 25
61 Cygni 78, 378
21 cm-Strahlung 283–5, 327, 341, 423
Ekliptik 28, 31
Elektron 205, 216; Elektronendichte 227; Elektronen-Volt 217
Ellipse 127
Elliptische Nebel 410, siehe auch Galaxien
Elliptizität der Sterne 384
Elongation 95; — von Merkur und Venus 122
Emissionsnebel 281, 341–5, 449, siehe auch Nebel
Emissionsspektren 219–22
Energie, —Kurven des schwarzen Körpers 210; Wärme— 115; Kinetische — 115; — und Masse (Einsteinsche Gleichung) 208; potentielle — 428; von der Sonne ausgestrahlte — 203; —gleichung 161
Englisches Maß-System 25
Entfernungseinheiten 25, 272–3
Entweichen von Atmosphären 117–8
Entwicklung, — enger Doppelsterne 389; — von Galaxien 16; — des Sonnensystems 259–71; — der Sterne 335
Erdbahn, Gestalt 99; Radius 79–80, 86, 88; Umfang 86, 88
Erdbebenwellen 54
Erde, Albedo 148; Alter 61–2, 204, 262; Änderungen der Rotationsperiode 70–1; Atmosphäre 57–9, 148; Bahndaten 131; Bahngeschwindigkeit 129; Bahnumlauf 77; Breitenschwankungen 64, 72; Dichte 54; Elastizität 104; Gestalt 47; Inneres 55–6; Jahreszeiten 78–9; Kern 55–6; Magnetfeld 56–7; magnetische Stürme 251–6; Masse 49–51; Photographie von Raketen aus **29**; physikalische Daten 137; Präzession und Nutation 64, 75–7, 79, 296; Radius 47; Radioschwund 251; Rotation 64–72; Rotationsachse 28; Spektrum 148; Umfang 47; Volumen 49; Wetteränderungen 257
Erde-Mond-System 92–5
Erdlicht 150
Erhaltung der Energie 115
Erlaubte Linien 235
Eros 80, 106, 177
E-Schicht 58, 192–3,, 201
Expandierendes Universum 20, 420–3
Explodierende Sterne 394
Extragalaktische Systeme, siehe Galaxien

Fackeln 225, 243
Fahrenheit-Temperaturskala 26
Farbenindex 275
Farben-Helligkeits-Diagramme 330–7, 407
Feldstärke eines Magneten 57
Finsternisse, Mond— 47, **48**, 70, 97–9, 101–3, 120; Sonnen— 97–102, **100**; Stern— 381–5
Flare-Sterne 246, 394
Flocculi 243
Foucault-Pendel 64–7, **89**
Fraunhofer-Absorptionslinien 223, 226–7
Frei-freie Übergänge 370
Frei-gebundene Übergänge 370
Frequenz von Radiowellen 283
Frühlings, —Äquinoktium, —Punkt 31, 35, 78–9

Galaktische, —Rotation 292–6, — Struktur 285–9
Galaktisches System, siehe Milchstraßensystem
Galaktische (offene) Sternhaufen 279, 309, 321; h und χ Persei **331**, **332**, 336; Hyaden 299–301, 329–31; M 67 330–1, 333, 336; NGC 2264 337; Plejaden 279, 309, 321, **323**, 329–31; Praesepe 330–1; Stabilität der — 328–30
Galaxien **12**, **17**, **19**, **21**, **24**, 281, 409–24; Andromeda-Nebel (M 31, NGC 224) **12**, 13, 283, 292, **293**, 368, 409–10, 421–2, 431; Balken-Spiralen **24**, 410; Coma Berenices-Haufen von — **416**, 418 bis 420; elliptische — 410; Fornax-System 424; Größen der — 420; Hydra-Haufen von — 424; Klassifikation von — 410; Rotverschiebungen der — 420; Spiralnebel 410; unregelmäßige — 410; Zählungen von — 418; Zusammenstöße zwischen — 418; NGC 205 **415**; NGC 1300 **414**; NGC 2841 **412**; NGC 4565 **19**, **289**;

NGC 4594 **413**; NGC 5457 (M 101) **21**; NGC 7741 **24**
Galileische Jupitermonde 164–6
Ganymed 162, 172
Gasdruck 142
Gasgesetz 211
Gegenschein 201
Geozentrische Parallaxe 91; — des Mondes 91; — der Sonne 78–80, 85, 94
Geschwindigkeits-Entfernungs-Beziehung der Galaxien 420
Geschwindigkeit, Änderung der — der Erde 87; Entweichungs— 117–8, 138–44 (— der Erde 138–40); — des fallenden Körpers 140; — des Lichts 164, 432
Geschwindigkeit von Molekülen 118; durchschnittliche — 141–4, 206; — von planetarischen Molekülen 144
Gezeiten auf der Erde (Ebbe und Flut) 103
Gezeiten, —Entwicklung 105; —Reibung 105; —Instabilität 269–70
Globulen 271, 339
Granulation der Sonnenoberfläche 227–9
Gravitation (—skraft, —sgesetz) 16, 18, 39–46, 49, 80, 131, 205, 269, 426
Gravitationskonstante 45, 51
Gravitationszentrum 92
Größen, siehe absolute —, scheinbare —

H I- und H II-Gebiete 339, 351, 409, 421
HD 180617 313
Hafenzeit 104
Halbwertzeit des Urans 62
Halo des Milchstraßensystems 322, 327
Haufen von Galaxien 418; Coma-Berenices-Haufen **416**, 418–20; Virgo-Haufen 277
Haufen— (RR Lyrae—) Veränderliche 322, 334, 361, 397–400, 406–8
Häufigkeit der chemischen Elemente 23, 141, 227, 309, 339, 353
Hauptreihensterne 261, 309–13
Hellste Sterne, Tabelle der — 318
Heliozentrische Parallaxe 78
Herbst, —Äquinoktium, —Punkt 31, 35
Himmels, —Äquator 31; —Pole 31; —Sphäre (—Kugel) 30
Horizont 33
Horizontales Koordinatensystem 33
H-R (Hertzsprung-Russell)-Diagramm 309–13, 321
Hüllensterne 356, 393
Hyperbel 127

Ikarus 126, **127**
Inertia 425
Inertialsystem 425
Interferometer 452
Internationale Datumgrenze 37
Interplanetares Gas 201; interplanetarer Staub 198 bis 200
Interstellar —es Gas und —er Staub, —e Absorption 279–81; —e Absorptions- und Emissionslinien 281, 350; Dichte des —en Staubes 348; —e Häufigkeit der Elemente 353; Ionisationsgrad des —en Gases 351; —e Polarisation 348; —e Rötung 381; Streuungseigenschaften des —en Gases und Staubes 347; Ursprung des —en Staubes 350; —er Verdunklungsgrad 347; —er Wasserstoff 339
Invariable Ebene des Sonnensystems 268
Ionisations, —Gleichung 352; —Potential 218; —Temperatur 227
Ionosphäre 58, 246, 251–2
Irreguläre Galaxien 410, siehe auch Galaxien
Isotope 62, 205

Jahr, siderisches — 28, 79; tropisches — 79
Jahreszeiten 78–9; — auf dem Mars 154
v. Jollysche Drehwaage 50
Jupiter 16, 28, 46, 60, 63, 136, 143, **145**, 146, 174, 227, 263; Atmosphäre 147; Bahndaten 131; Drehimpuls 263; innerer Aufbau 138; Kometenfamilie 180, 183; Monde 164–6, 432; physische Daten 137; Roter Fleck 146; Spektrum 147; südliche tropische Störung (der Schleier) 146

Kapteynsches Universum 279, 285
Kelvin-Temperaturskala 26
Keplers Bestimmung der Marsbahn 126
Keplersche Gesetze 127–34, 139, 167, 171, 176, 188, 262, 292, 327, 377
Kernstruktur 204–5
Kinetische Energie 115, 142, 211, 216
Kirchhoffsche Gesetze 222
Kirkwood-Lücken 175–6
Kleine Planeten 14, 174–9
Klimaänderungen auf der Erde 74, 77–9
Knoten einer Bahn 98
Kohlenstoff-Sterne 316
Kohlenstoff-Stickstoff-Zyklus 208
Kometen 14, 23, 130, 180–91; Aufbau 186–7; Gruppen von — 180; —familie Jupiters 180, 183; Koma 186; —wolke 183; Schweif 187–9; Spektrum 186; Ursprung 182
Kometen: Arend-Roland **189**; d'Arrest 187; Biela 186; Brooks **181**; Encke 184–187, 191; Giacobini-Zinner 191, 195; Halley 161, 184, **185**, 189; Mellish 192; Oterma 180, 184; Schwassmann-Wachmann 180, 184

Konjunktion mit der Sonne, — des Mondes 95; — der Planeten 123–4
Konstante der Aberration 88
Kontinuierliches Spektrum 219–22
Konvergenzpunkt eines Bewegungshaufens 299
Koordinaten, — auf der Erde 29; — an der Himmelssphäre 30–33
Kopernikanische Theorie 77, 129
Korona 60, 201, 232–6; F-— 201, 233; K-— 201, 233
Koronograph 232
Kosmische Häufigkeiten 141, 339
Kosmische Strahlen 251, 256, 374
Krater des Mondes 111, 114
Krebs-Nebel 117, 257, 283, **285**, 368–74, **371**, **372**, **373**
Krepp-Ring des Saturns 166
Kugelsternhaufen 281, 322, 401; Masse der — 327; Stabilität der — 328; M 3 333–5; M 13 312, **326**, 327, 334–5, **441**; M 92 334–6; NGC 6522 **15**; NGC 7078 (planetarischer Nebel in —) 361; ω Centauri und 47 Tucanae 322
Künstliche Satelliten 106, 136, 170–2

Länge 29–30, 34
Lang-periodische Veränderliche 397, 401, siehe auch Veränderliche Sterne
Leuchtkraft, Kriterien 314; Beziehung zur Masse 390; Beziehung zur Periode der Cepheiden 405; — der Sterne 276, — der Sonne 203
Librationen des Mondes 107
Licht 22, 80–3; Aberration des —es 87; Geschwindigkeit des —es 82, 164, 432; Wellenlänge des —es 81
Lichtelektrische Photometrie 454–6
Lichtjahr 273
Lichtkurven, — von Bedeckungsveränderlichen 382–3; — von echten Veränderlichen 396
Lichtstärke von Fernrohren 435
Linsen 433, achromatisches Objektiv 435; Brennweite der — 434; chromatische Aberration 434; sphärische Aberration 434
Lokale Nebelgruppe 292, 421
Luytens Doppelstern 389
Lyman-Serie des Wasserstoffs 217

Magellansche Wolken 364, 410, **411**, 421, 423; Große Wolke 292, 355; Kleine Wolke 355, 405, 409, siehe auch Galaxien
Magnetfeld, — der Erde 56; — der Galaxis 57; — der Sonne 56, 248–50, 266; — von Sonnenflecken 56, 238, 240; — der Sterne 57, 394, 404–5
Magnetischer Zenit 255
Magnetische Stürme 252, 255
Magnetogramm der Sonne **249**
Mars 18, 122, 124–7, 130–4, 136, 152–9, 172; atmosphärische Erscheinungen 154; Bahn 126, 152–3; Bahndaten 131; Bahngeschwindigkeit 130; innerer Aufbau 137; jahreszeitliche Änderungen 154; Kanäle 158–9; Masse 134; Photographien des — **155–6**; physische Daten 137; Oberflächenerscheinungen 154; Polkappen 154; Satelliten 162–3
Masse-Leuchtkraft-Beziehung 385, 390–1
Massenfunktion 380
Massenverhältnis, Erde : Mond 95; Mars : Sonne 134
Mechanisches Wärmeäquivalent 116
Mehrfache Sterne 388
Meridiankreis 33–5, 443
Merkur 18, 28, 105, 122–3, 125, 150–1, 164, 179 268–9; Atmosphäre 144, 150; Bahndaten 131; größte Elongation 122; innerer Aufbau 137; physische Daten 137; Vorrücken des Perihels 430
Messier-Katalog 409
Meteore 14, 23, 29, 46, 116, 192–201; Echos 193; Radio— 192–5; sporadische — 190, 195; Schweife **194**
Meteoriten 14, 63, 195, **196**, 197; Hoba-West— 197; Tunguska— 116, 197
Meteorkrater 197; Barringer— **198**; Sibirischer — 197; Tunguska— 197
Meteorschwärme 186, 189–91, 195, 296; Bieliden 186; Leoniden 196; Perseiden 191, 195
Metrisches (cgs-) System der Einheiten 25
Mikrometeoriten 198, **199**
Milchstraßensystem 13–4, 20, 57, 278, **287**, **288**, **290**, **291**, **314**; Rotation des —s 292–5, 421
Mimas 163, 169, 173
Mira (o Ceti) 401–3
Monat, siderischer und synodischer 96
Mond, Albedo 118; Alter 95; Aspekte 95; Atmosphäre 117; Bahn 99; Dichte 95; Entfernung 91; Finsternisse 47, 48, 70, 101–3, 120; Größe 92; Helligkeitsänderungen 119; Karte **108**; Krater 111, 114; Meere 107; Masse 92–5; Oberflächenerscheinungen 107, 111; Radiowellen 121; Phasen 95; Photographien **48**, **96**, **107**, **109**, **110**, **113**; Vulkane 114
μ Geminorum 313

Nächster Stern (Proxima Centauri) 14, 78
Nachthimmelleuchten 59
Nadir 33
Nebel, Dunkel— 344–8; dunkle und helle — **280**, **282**; Emissions— **281**, 341-5, 449; planetarische —, siehe Planetarische Nebel; Polarisation in NGC 6729 349; Reflexions— 281, 341, 349; Spiral— (extragalaktische —, elliptische —) siehe Ga-

laxien; Cirrus— **352**; Krebs— 117, 257, 283, **285**, 368–74, **371**, **372**, **373**; Orion— 283, 321, **324–5**; Pferdekopf— **280**; Trifid— **284**; M 8 **342–3**; NGC 2237 **260**
Nebelkataloge (NGC, IC) 409
Nebularhypothese 266
Nebulium 359
Neigung der Bahnebenen zweier Planeten 268
Neptun 131, 135, 137, 146–7, 169, 174, 268, 271, 359; Atmosphäre 146–7; Bahndaten 131; Entdeckung 135; innerer Aufbau 137; physische Daten 137; Satelliten 163, 169
Neue Sterne, siehe Novae
Neutron 205, 216
Newtons Bewegungsgesetze 18, 43–4, 65, 80, 425
Newtons Modifikation des dritten Keplerschen Gesetzes 131
Nova-ähnliche Sterne (SS Cygni und AE Aquarii) 368
Novae 350, 365–9; rekurrente — 367
Nova, —Aquilae **365**, 367; —Herculis 367–8, 388, 395; —Persei **366**; T Coronae Borealis (rekurrent) 367; T Pyxidis (rekurrent) 367
Nullmeridian 29
Nutation der Erdachse 75–7

Obere Konjunktion 124
Objektivlinse **435**
Offene Haufen, siehe galaktische Haufen
Öffnung eines Teleskops 435
Opazität 214, 223
Oppositionen des Mars 152–3
Optische Doppelsterne 377
Orionnebel, siehe Nebel
Ortsmeridian 29, 34

Pallas 174, 177
Parabel 127
Parabelbahnen 127
Parallaxe, dynamische — 393; geozentrische — 91; heliozentrische — 78; spektroskopische — 316; Stern— 272
Parsec 272
Partielle Finsternis 99
Penumbra, — (Mondschatten) 101; — (Sonnenflecken) 237
Perihel 35; Vorrücken des Merkurperihels 430
Perioden-Leuchtkraft-Beziehung 405, 421
Pferdekopf-Nebel **280**
Phasen, — des Mondes 95; — der Planeten 122–4
Phobos 162–3, 172
Photoelektrische Photometrie 454–6
Photographische Größe 275
Photon 22, 87, 216
Photosphäre der Sonne 223
Photosynthese 159, 251
π Pavonis 297–8
Planck, —sche Konstante 217; —sche Kurven 210; —sches Gesetz 219, 361
Planetenatmosphären, Erhaltung der — 143
Planetarische Nebel 359–63, 367; Eulen-Nebel 359; Ring-Nebel **358**, 359; NGC 2392 (Spektrum) **362**; NGC 7293 359, **360**
Planetesimals 267
Planeten, Aspekte und Phasen 122; Bahndaten 131; Entfernung nach Bodes Beziehung 174; Physische Daten 137; Ursprung 259
Plasketts Stern 385–8
Plejaden, siehe galaktische Haufen
Pleione (Hüllenstern) 356, 393
Pleochroitische Höfe 62
Pluto 28, **135**, 136, 160, 179, 268, 271; Bahndaten 131; Entdeckung 135; Masse 160; Physische Daten 137
Polachse eines Fernrohres 444
Polarisation des Lichts 238, 348; Grad der — 349; interstellare — 349; partielle — 349
Polarisationsfilter 298, **348**, 370
Polaritäten der Sonnenflecken 238, 240
Polarlichter 58, 251–6, **253**
Polarstern (Polaris) 77, 152, 274
Pole, Himmels— 31; Erd— 28; Wanderung der — 73
Populationen I und II 312, 339, 361, 397, 400–1, 403, 407, 410
Positionswinkel eines Doppelsterns 377
Positron 205
Potentialschwelle 206
Potentielle Energie 428
Präzession 64, 75, 79, 296
Prisma, Ablenkung eines —s 439; in Spektrographen 449
Prismenastrolab 35
Protuberanzen 246, 251
Proton 205, 216
Proton-Proton-Zyklus 207
Protoplaneten 267–9
Protosterne 335
Proxima Centauri 14, 78
Ptolemäisches System 77
Pulsierende Sterne 394; Hauptgruppen der — 396–7
Pulsationen der Sterne 398–401

Quadratur, — des Mondes 95; — der Planeten 124
Quanten, —Ausbeute 455; Energie— 216–7: —Theorie 206

Radialgeschwindigkeiten, — von Galaxien **420**; jährliche Änderung der — 84; — von Sternen 296–7
Radiant eines Meteorschauers 190, 299
Radioteleskope 444
Radiowellen, kosmische — 281; Quellen von — 282; — von Jupiter 146; — vom Mond 121; — von der Sonne 236, 252
Randverdunklung, — der Sonne 223; — von Bedeckungsveränderlichen 383
Raumgeschwindigkeiten 297
Reflektor 439–40
Reflexionsnebel 281, **341**, **349**, siehe auch Nebel
Refraktor **435–9**
Refraktion des Lichts 59, 433
Regression der Knoten 98
Rektaszension 31
Relativität 18, 425; Ablenkung des Sternlichts 426–8; Äquivalenzprinzip 426; Gravitationsrotverschiebung 428–30; Vorrücken des Merkurperihels 430
Retrograde oder rückläufige Bewegung 122
Riesensterne **309**, **313–4**, **336**
Ringförmige Finsternis 99
Ringnebel **358**, 359, **449**
Ring des Saturn 166, **167**, 173
Rochesche Grenze 169, 269
Rotation, — der Erde 64; — von Galaxien 292; — der Milchstraße 292; — des Mondes 107; — der Planeten 137, — der Sonne 250
Rote Zwergsterne 311, 334
Rotverschiebung, — von Galaxien 20, 420; Gravitations— 428–30

Salpeter-Prozeß 335, 368
Saros-Zyklus 98
Satelliten. — des Jupiter 164; künstliche — 170; — des Mars 163; — des Neptun 169; des Saturn 166; — des Uranus 169
Saturn 121, **146**, **167**, **168**; Atmosphäre 147; Bahndaten 131; innerer Aufbau 137; physische Daten 137; Ring 168; Satelliten 168; Spektrum **147**, **168**
Schattenzone 55
Scheinbare Größe 273, bolometrische — 275; photographische — 275; — der Sonne 274; Skala der —n 274; — der Sterne näher als 5 pc 319; — der 20 hellsten Sterne 318; visuelle — 275
Schiefe der Ekliptik 36
Schmidt-Kamera 442
Schwankungen der Tageslänge 70
Schwarzer Körper 143, 209, 219, 236
Schwerpunkt 92
Seismische Wellen 54
Sicht 60
Siderisch, —es Jahr 79; —e Periode des Mondes 96; —e Periode der Planeten 124; —er Tag 34
σ Cygni 317
σ Draconis 304, 309
Sirius (α Canis Majoris) 152, 215, 274, 304–5, 351, 377–8; B 377–8, 430
Solarkonstante 203
Solstitium, Sommer— 78; Winter— 79
Sonne 14, 16, 202, **225**; Chromosphäre 223, 228, **230**; Dichte 263; Drehimpuls 263; Energie 263–4; Entweichungsgeschwindigkeit von der — 144; Fackeln 243, 251; Filamente 246; Flares 243, **244**, **245**, 246, 251; Flash-Spektrum 231; Flocculi 243; Fraunhofer-Absorptionslinien 223, 226, 227, 242; Granulation 227, **228**; Größe 202; innerer Aufbau 212; Korona 223, 232, **233**, **234**; Magnetfeld 248, 266; Magnetogramm **249**; Masse 202; Pekuliarbewegung 295; Photosphäre 223; Protuberanzen 246, **247**, **248**, 251; Rotation 250; Spektrum **149**, 223, **224**, 226, **232**, **248**, **308**; Temperatur 209, 231; Turbulenz 227; Ultraviolett-Spektrum 231
Sonnenfinsternisse 99, **100**, **102**, 428
Sonnenflecken 56, 237, 243, 250–1, 257; effektive Temperatur der — 237; Magnetfelder der — 238; Verteilung der — 237, —Zyklus 237
Sonnennebel 262–71, 393
Sonnenuhr 35
Sonnenzeit, mittlere — 36; wahre — 35
Spektralreihe 306–8
Spektralserien 217
Spektrographen 83, 445; Beugungsgitter in — 449; Dispersion von — 449
Spektroheliogramme 240, **241**, **242**
Spektroskopische Doppelsterne 378–81, siehe auch Doppelsterne
Spektroskopische Parallaxe 316
Spektrum-Leuchtkraft-Diagramm, siehe H-R-Diagramm
Spektrum der Strahlung 81
Sphärische Aberration 434
Spica (α Virginis) 277
Spiegelteleskop 439–40
Spiralnebel 409, siehe auch Galaxien
Staub, siehe interstellarer Staub
Statistische Parallaxe 302
Stefansches Gesetz 143, 209, 212, 303, 401
Sterne, absolute Größe und Spektraltypen 317; Assoziationen 336, 388; Bewegungen 18, 292–302; Entwicklung 335; Hauptreihe 309–14; — hoher Geschwindigkeit 312, 400; innerer Aufbau 335; Leuchtkraftkriterien 314; Masse 376; Metalllinien— 316; — näher als 5 pc 319; P Cygni— 364; Plasketts— (größter Masse) 385; Popu-

lationen 312; Radien 303, 384; rote Zwerge 311, 334; Rotation 391; S-Typ— 316; Spektralklassifikation 305–9; Temperatur-Sequenz 303; Temperatur und Spektraltyp 315; Überriesen 313; Unterzwerge 311; weiße Zwerge 311, 317, 363, 368; Wolf-Rayet— 315, 350, 355, 367
Sternhaufen, siehe galaktische Haufen, Kugelhaufen
Sternspuren, tägliche — **32**
Sternwolken **15**
Sternzählungen 278
Sternzeit 34–5
Strahlungsdruck 188, 212
Stratosphäre 58
Supernovae 365–9, siehe auch explodierende Sterne, Krebsnebel
Synchrotron-Mechanismus 374
Synodische Periode, — des Mondes 96; — der Planeten 124–6

Tag, mittlerer Sonnen— 36; Stern— 34; wahrer Sonnen— 35–6
Tägliche Bewegung 28
Tangentialgeschwindigkeit 296, 302
Teleskope, Radio— 444; Reflektoren 439; Refraktoren 435; Schmidt— 442
Tellurische Linien 148
Temperatur, — des Mondes 116; — der Planeten 144; —Skalen 26; — der Sonne 209, 231; — und Spektraltyp 315; — aus Strahlungsgesetzen 209–11
Temperaturgradient der Sonne 213
Terminator des Mondes 112
Thermoelement 454
Thermonukleare Reaktionen 205
Thermosphäre 58
Titan 121, 163, 166
Totale Finsternis 99–103
Triton 170
Trojaner (kleine Planeten) 176, 271
Tropisches Jahr 79
Troposphäre 58
T Tauri-Sterne 271, 337, 374, 395
Typen von Spektren 219

Überriesen 309, 313–4, 357
Umbra, — (Mondschatten) 101; — (Sonnenflecken) 237
Umlauf der Erde 28, 77
Ungleichheit der Sonnentage 35
Universum, expandierendes 20, 420–3
Untere Konjunktion 124
Unterzwerge 311, 314
Uranus 122, 160, 174, 250, 259; Atmosphäre 146–7; Bahndaten 131; Entdeckung 135; innerer Aufbau 137; physische Daten 137; Satelliten 169
Ursprung, — der Galaxien 16; — des Lebens auf den Planeten 159; — der Sonne und Sterne 16, 259, 335

Vektoren 40
Venus 117, 122, **123**, 136, **150**, 151, 160; Atmosphäre 151; Bahndaten 131; größte Elongation 122; innerer Aufbau 137; physische Daten 137
Veränderliche, β Canis Majoris 401, 403; Bezeichnung 395; Cepheiden 395–401, 405–7, 420–1; echte — 394; explodierende — 394; magnetische — 394, 404; kurzperiodische — 403; Mira Ceti 401–3; pulsierende — 394, 396; Hauptgruppen von pulsierenden —n 397; R Coronae Borealis— 362–4; RR Lyrae (Haufen) — 361, 397–401; Spektrum— 394, 404; unregelmäßige — 394; W Virginis 400; Zwergcepheiden 397, 403
Verfinsterungen der Jupitermonde 164
Vergrößerung eines Teleskops 438
Vervielfacherröhren 455
Vesta 177
Visuelle Doppelsterne 376, siehe auch Doppelsterne
Vulkan 179

Wahre Sonnenzeit 351
Wanderung der Pole 73
Wasserstoffatom 218
Wega (α Lyrae) 77, 351
Weiße Zwerg-Sterne 23, 311, 317, 363, 368, 430
Wellenlänge des Lichts 81
Weltzeit 37
Widerstandszellen 455
Wiensches Verschiebungsgesetz 210
Winkelgeschwindigkeit 41
Wintersolstitium 79
Wolf-Kurven 346
Wolf-Rayet-Sterne 315, 350, 355, 367
W Ursae Majoris 385

ξ Herculis 297
ξ Ursae Majoris 377

Zeeman-Effekt 298
Zenit 33
Zeit 25, 34–8
Zeitgleichung 37, 129
ζ Ursae Majoris **379**
Zodiakallicht 14, **200**, 201, 233, 259
Zone, nebelfreie 281, 418
Zonenzeit 37
Zusammengesetztes Spektrum 381, 417
Zustandsgleichung der idealen Gase 211
Zwergsterne 309, siehe auch rote Zwerg-Sterne, weiße Zwerg-Sterne
Zyklonen und Antizyklonen 68